● 国家"十一五"出版规划重点图书
● 空间飞行器设计专业系列教材
● 航天一线专家学术专著

航 天 器 天 线 (上)

——理 论 与 设 计

叶云裳　编著

中国科学技术出版社

·北 京·

图书在版编目（CIP）数据

航天器天线/叶云裳编著. —北京:中国科学技术出版社,2007.1
（空间飞行器设计专业系列教材）
ISBN 978 – 7 – 5046 – 4500 – 5

Ⅰ.现… Ⅱ.叶… Ⅲ.航天器天线 – 高等学校 – 教材 Ⅳ.V443

中国版本图书馆 CIP 数据核字（2006）第 081291 号

自 2006 年 4 月起本社图书封面均贴有防伪标志,未贴防伪标志的为盗版图书。

中国科学技术出版社出版

北京市海淀区中关村南大街 16 号　邮政编码:100081
电话:010 – 62103208　传真:010 – 62183872
http://www.kjpbooks.com.cn
科学普及出版社发行部发行
北京长宁印刷有限公司印刷

*

开本:787 毫米 ×960 毫米　1/16　印张:65　字数:1300 千字
2007 年 3 月第 1 版　　2008 年 3 月第 2 次印刷
印数:1001—1500 册　　（上、下册)总定价:98.00 元
ISBN 978 – 7 – 5046 – 4500 – 5/V · 31

内 容 提 要

本书分为上、下两册,以航天应用为背景,阐述了航天器天线的分析、设计和工程应用。

上册共 12 章,第 1～4 章和第 6 章从电磁场基本理论入手,阐述了航天器天线的现代分析设计理论和方法。第 5 章、第 7～11 章将航天器上常用天线按辐射形式分为四类,即基本电磁辐射单元、线性天线、口径面天线和阵列天线,分别阐述了天线的辐射机理、性能及设计方法。第 12 章介绍了射频连接、馈电及微波无源网络。

下册共 8 章,专门介绍航天器天线工程和新技术。第 13 章从系统和多学科集成设计的角度提出了航天器天线设计新概念。第 14 章介绍了卫星测控天线,第 15 章和第 16 章介绍了通信卫星天线和航天多波束天线,第 17 章介绍了航天微波遥感天线,第 18 章介绍了航天器数传天线,第 19 章介绍了航天智能型天线的基本理论,第 20 章介绍了航天天线及其系统的电测新技术。

全书以各种应用卫星和卫星应用为主线,在介绍航天天线及系统的同时,阐述了相关的新技术及其发展趋势。

作 者 简 介

叶云裳　1942 年出生，研究员，博士生导师，享受国家政府津贴。中国空间技术研究院首批学术带头人，历任总体部天线专业主任设计师、科技委、专家组成员。先后参加并负责了 10 余种空间飞行器型号天线分系统研制和国家重点科研课题的研究，多次获国家级和部级科技奖，多次立功。专业方向主要是航天器天线、卫星系统射频技术和电磁问题的研究。在国内外学术刊物和专业学术会议上发表论文 60 余篇。现为中国空间技术研究院专职教授。

责任编辑　崔　玲
封面设计　雅　钰
责任校对　刘红岩　凌红霞
责任印制　王　沛

总　序

我国航天技术走过了40多年的光辉历程，正面临着21世纪更加蓬勃发展的形势，需要人才，需要知识。

空间飞行器即航天器，包括卫星、飞船、空间站、深空探测器等等。空间飞行器设计专业是航天技术领域的一门主要学科，它所涵盖的知识面很宽，涉及光、机、电、热和系统工程等，是一门多学科交叉综合和工程性很强的新型学科。

本丛书是根据空间飞行器设计专业培养研究生的课程教学需求，同时考虑到空间技术领域的在职中、高级技术人员研究生水平进修的需要而编写的。因此，本丛书全面讲授空间飞行器设计专业领域的基础理论和系统的专门知识，在内容上具有足够的纵深度和宽广度、前沿性和前瞻性。

本丛书的作者都是从事了几十年航天工程的高级设计师和研究员，他们把自己丰富的知识和经验很好地融入这套丛书中，理论与实践密切结合，使本丛书具有很高的学术水平和工程实用价值。

本丛书将陆续出版。它的出版是非常值得祝贺的，相信它不仅是一套不错的研究生教材，能够为培养高级航天技术人才服务；同时又是一套优秀的学术专著，将对我国航天科学与技术的发展作出贡献。

闵桂荣

2001年9月

前　言

为适应空间技术发展和竞争的需求,迫切要求有一支高素质的空间技术人才队伍,人才问题就显得更为突出。近年来,中国空间技术研究院组织了一些从事航天工作多年的专家亲自给研究生和在职人员讲课,并编写相应的专业丛书。这是我院培养跨世纪航天高素质人才的一大举措。在航天器设计和实践过程中,航天器天线与我国航天事业同步发展,在航天器设计领域已形成了独立的分系统和重要的专业门类。本人有幸承担"电磁场理论和航天器天线工程"这门课程的教授任务。在准备课程教案时,很难找到一本合适的教科书作为教材使用,从而萌发编写教材的想法。

航天器天线与其他的一些专门应用的天线不同,它没有固定的天线形式。根据航天器任务和工作要求,天线的形式各不相同。航天器天线的设计往往是在确定的技术、战术要求和约束的条件下构建适用的天线,设计过程为多因素折中与综合过程。多个天线密集于卫星体上,相互之间、天线与星体及太阳翼间的电磁干扰及其抑制是航天器天线设计的另一问题。航天器天线要承受发射时的噪声、振动、冲击和加速度,在轨的失重、高真空、辐射、极端的冷热交变等外空环境。航天器天线设计和实现不仅是对单个天线射频电的设计,而且必须从系统的高度,进行电、机、热的一体化的并行集成设计。半个世纪以来人类的空间活动取得了巨大的发展,积累了丰富的知识和经验。我国从第一个卫星到载人航天工程40余年的历程，我国的空间技术也取得了巨大的发展，我国的卫星天线经历了从无到有、从简单到复杂的过程。半个世纪的发展和经验需要总结，在总结的基础上提高才能应对新的技术挑战。这是着手编写本书的另一个动机。

随着空间应用的发展，航天器天线已成为任何一个航天无线系统不可或缺的重要组成部分。航天器天线影响并制约着整个无线通信系统乃至整个航天器性能和功能，天线技术已成为促进航天系统技术进步和空间应用发展的重要因素。特别是固态器件、大规模微波集成、数字信号处理技术及计算机应用的普及赋予航天器天线更多的内容和更大的潜能。新天线、新功能的设计和实现需要航天器天线研制者拓宽专业知识、在设计理念和设计方法等诸多方面不断提高和更新，因此再学习已成为工作不可缺少的内容。本书也就是应此要求而编写的。

本书特点概括有以下四点：

第一，重视基础和物理概念的阐述。天线设计的基本原理是以经典的电磁场理论为基础的。航天器天线设计要求广泛的知识和扎实的专业理论。没有扎实的理论就谈不上创新性设计，更谈不上具备处理复杂工程问题的能力。因此，本书在讲述过程中力求注意物理概念和机理的阐述，当然现代设计方法离不开数学模型和数值仿真与计算，讲述中不拘泥于冗长的数学推导，而是讲思路、突出其概念和基础理论。

第二，突出一个"新"。迄今为止尚未见到一本系统介绍航天器天线的技术专著。随着空间技术的发展，飞行器天线在航天领域越来越具重要性。本书力求系统全面地介绍航天器天线理论与技术,内容不局限于教科书中讲述的内容,而是结合最近二三十年间空间技术和卫星应用的发展,重点介绍现代航天器天线领域中的新技术、新概念和新成果。本书的新还体现在重点介绍现代设计方法,不重复传统的设计理念。因为高性能的现代航天器天线仅靠传统方法是设计不出来的,必须加重解析模拟和计算机辅助方法。利用理论方法和数学模型研究天线,使天线设计更加精确、更加完美。

第三,突出工程及应用。理论方法建立起来的设计必须通过实验予以验证,特别是对耐受航天特殊环境的验证;另外航天产品的可靠性、寿命设计与验证也是航天工程实现不可少的。本书提出了卫星天线热、机、电一体化集成设计技术、卫星天线集合的电磁兼容设计技术、卫星天线最优布局的电磁 CAD 模装技术、天线卫星工程化内容和程序,这都是工程实践中新的设计理念和方法。

第四,本书适用对象面宽。在读的硕士生、博士生、从事航天天线设计和总体的系统工程技术人员,都可根据自己的情况对教材进行适合个人的取舍。同时本书也可作为航天总体工程的技术参考。

本书分为相对独立的上、下两册。上册讲述航天器天线理论与设计,下册主要讲述航天器天线工程与新技术。它力求在理论性、实用性、系统性和方向性紧密结合的基础上,重点突出工程技术的实用性和先进性。本教材谈及了国际和国内卫星天线的一些成果和经验,其中也包括了本人 40 多年从事航天器天线工作的经验和成果。

本书共有 20 章,第 1、2、3、4 章讲述应用电磁场基础理论和现代航天器天线分析与设计的基本理论与方法。第 1

章考虑到部分对象的实际情况，首先介绍场量与算子及电磁场基本原理，这是学习本书必须具备的数学和物理概念。第2章以分离变量法和格林函数法为重点介绍航天器天线及其电磁问题中常采用的基本数学物理方法。第3章以泛函与变分入手，介绍电磁场及天线问题的计算机数值方法基础，其中有限元法、差分法、矩量法都是现代天线设计常用方法。第4章讲述了天线的一般专业概念，天线的性能及辐射参数，场源之间的变换关系。其后的6章按其辐射的基本形式，按章分门别类地讲述卫星上应用较多的天线的辐射机理和设计。第5章讲述反射面天线性能与设计，其中包含了馈源的分析与设计。第6章以辐射积分为出发点阐述利用计算机的反射面天线的现代分析与设计技术。在此基础上讨论了零交叉极化的双偏反射面天线和高效赋形双反射面天线的设计。第7章是透镜天线，介绍透镜天线的辐射机理、性能和参数设计。第8章是宽带天线，介绍了几种UHF/S/C频段常用的宽带天线形式和宽频带馈电与匹配技术。第9章为新型螺旋天线，从周期结构的观点分析螺旋结构上的波、模特性，揭示螺旋天线新的应用。第10章为微带天线，分别从传输线法、腔模理论法和全波分析法阐述微带天线的辐射机理和设计，讨论宽带设计和微带阵列。第11章是阵列天线，介绍线阵、面阵和共形阵的基本辐射特性，讨论相控阵天线的馈电、扫描、多波束等问题以及阵列的优化设计。第12章是天馈无源微波器件，讨论在收发信机与天线间的微波（射频）传输，列出了常用的微波传输线、连接器、功率分配与合成器、各种射频终端等无源微波器件。第13章是航天器天线设计新概念，从航天器天线总体和系统角度讨论航天器天线问题。首先阐明了航天器天线的设计特点和研制方法,航天器天线热、机、电计算机一体化并行集成设计,航天器天线集合的 EMC 问题,星体上天线辐射方向图,天线集合的电磁 CAD 模装技术和最优布局以及卫星工程化问题等。第 14 章航天测控天线,本章介绍了典型的卫星测控天线的设计与应用,其中包括近地轨道、地球同步静止轨道及再入轨道段的卫星测控天线。GPS 作为卫星测控的补充也列入讨论之中。针对目前陆基测控网面临的问题和困难,简要地讨论了天基测控网的航天器测控天线问题。第 15 章是地球同步轨道通信卫星天线,第 16 章是航天多波束天线,这两章重点是针对通信卫星与卫星通信技术阐述赋形区域波束、点波束、多点波束和扫描波束覆盖的天线设计;对波纹喇叭和反射面多波束天线给出了一些简便而不失工程应用精度的设计公式。并从发展角度讨论航天有源相控阵天线的相关问题。第 17 章是航天微波遥感天线,以中国"神舟"飞船多模态微波遥感天线为例,介绍微波遥感天线的设计及相关问题,包括航天高精度反射面天线的实现,天线热、机、电一体化并行设计,反射面的对齐与变形的光测技术,主波束效率的分析计算。本章还介绍微波成像雷达的 SAR 天线。第 18 章是航天器的数据传输天线。本章讲述近地轨道卫星上目前应用最多的几种固定覆盖的赋形波束数传天线的设计和性能,还介绍了适应高速数传需求及天基立体信息网的以定向多波束相控阵天线为代表的新型数传天线。面对航天器在通信抗干扰、波束在轨重构、多功能快捷变以及自主控制方面的需求,第 19 章专门从阵列天线与数字信号处理技术结合入手,阐述了航天智能天线的理论基础。第 20 章是航天器天线的电测。结合整星无线系统的电测介绍以近场测量为主的航天器天线测量新技术、航天天线特有的一些测量。每章中都加入一些应用实例。

　　能完成这本书的写作，首先要感谢我的工作单位中国空间技术研究院给予我参加多项航天工程的机会，在40年的实践中参加和负责了10多个重点卫星型号的天线研制和国家重点预研课题，我从中得以进步和提高，并积累了一些知识和经验，为我写这本书奠定了基础。另外要感谢中国空间技术研究院人力资源部的领导和同志们，特别要感谢教育委员会主任谭维炽教授的帮助和鼓励，否则，这本书是不可能完成的。还要感谢北京大学龚中麟教授、北京航空航天大学吕善伟教授、23所姜新发研究员、504所高选正研究员和514所曾令儒研究员，他们对书稿进行了详细的审阅，为书稿修改提出了宝贵的意见。我的学生们为本书的录入和编排给予了很多的帮助，一并表示感谢。最后还应感谢我的丈夫何志勤研究员在各方面给予我的支持和关爱。

　　本人学识有限，时间仓促，教材的体系、选材以及教材本身定有不妥和错误之处，恳请专家、同行及广大读者批评指正，对此深表谢意。

叶云裳

2006年8月

目　　录

第1章　应用电磁场理论基础

天线设计是以电磁场理论为基础，Maxwell 方程揭示了电磁场的宏观规律。广义地说，天线问题归根结底就是求解电磁场的边值问题。电磁场问题涉及场与波的量，这些量常用矢量或并矢来表述。源和场的相互关系和基本规律从数学角度来看是场量与算子的作用，这些算子有微分算子、积分算子等。本章从电磁场理论的基础谈起。一方面介绍矢量与算子的基本关系，另一方面从宏观电磁场基本规律的 Maxwell 方程开始，介绍电磁场的一些基本关系。

1.1　场量与算子

1.1.1　矢量及其运算

自然界中有些量只有大小，我们称它为标量，而有些量既有大小又有方向，称为矢量。在进行电磁场分析和天线设计中应用最多的就是矢量。本节简要介绍在电磁场和天线领域最常用到的一些矢量及其基本关系。

标量场是指在空间区域 D 的每点 $M(x,y,z)$ 对应一个数量值 $\varphi(x,y,z)$。它在此区域内就构成一个标量场。用点 $M(x,y,z)$ 的标函数 $\varphi(x,y,z)$ 来表示。例如，温度场 $T(x,y,z)$，密度场 $\rho(x,y,z)$。

矢量场是指在空间区域 D 的每点 $M(x,y,z)$ 对应一个矢量值 $\vec{R}(x,y,z)$。它在此区域内就构成一个矢量场。用点 $M(x,y,z)$ 的矢函数 $\vec{R}(x,y,z)$ 来表示。例如，电场 $\vec{E}(x,y,z)$，磁矢位 $\vec{A}(x,y,z)$。

1.1.1.1　矢量的表示

矢量是有方向、有大小的量。在几何中一个有向线段就是一个矢量的直观表示。数学上可表示为 $\vec{A} = A\hat{a}$，A 为矢量的幅值；$\hat{a}$ 为单位矢量，它的模为1，它的方向就是 $\vec{A}$ 的方向，

$$\hat{a} = \frac{\vec{A}}{|\vec{A}|} = \frac{\vec{A}}{A} \tag{1-1}$$

在直角坐标系中

$$\vec{A} = A_x\hat{x} + A_y\hat{y} + A_z\hat{z} \tag{1-2}$$

$$|\vec{A}| = A = \sqrt{(A_x^2 + A_y^2 + A_z^2)}$$

$$\hat{a} = \frac{\vec{A}}{|\vec{A}|} = \frac{A_x\hat{x} + A_y\hat{y} + A_z\hat{z}}{\sqrt{A_x^2 + A_y^2 + A_z^2}} \qquad (1-3)$$

直角坐标分量与球坐标表示有如下关系

$$A_x = |A|\sin\theta\cos\varphi$$

$$A_y = |A|\sin\theta\sin\varphi \qquad (1-4)$$

$$A_z = |A|\cos\theta$$

式中,$|\vec{A}|$,θ,φ 分别代表矢量 $\vec{A}$ 在球坐标系下的模、极角和方位角。

1.1.1.2　矢量的加与减

在直角坐标系中二矢量可表示为

$$\vec{A} = A_x\hat{x} + A_y\hat{y} + A_z\hat{z} \qquad \vec{B} = B_x\hat{x} + B_y\hat{y} + B_z\hat{z}$$

二矢量 $\vec{A}$,$\vec{B}$ 的和与差为

$$\vec{C} = (A_x \pm B_x)\hat{x} + (A_y \pm B_y)\hat{y} + (A_z + B_z)\hat{z} \qquad (1-5)$$

这就是平行四边形法则,或矢量头尾相连法则。

1.1.1.3　位置与距离矢量

有二位置矢量 $\vec{R}_1$,$\vec{R}_2$,在直角坐标系下写为

$$\vec{R}_1 = \overrightarrow{OP_1} = x_1\hat{x} + y_1\hat{y} + z_1\hat{z}$$

$$\vec{R}_2 = \overrightarrow{OP_2} = x_2\hat{x} + y_2\hat{y} + z_2\hat{z}$$

O 为坐标原点,从 P_1 到 P_2 的距离矢量为 $\vec{R}_{12}$,它可写成

$$\vec{R}_{12} = \overrightarrow{P_1P_2} = \vec{R}_2 - \vec{R}_1 = (x_2 - x_1)\hat{x} + (y_2 - y_1)\hat{y} + (z_2 - z_1)\hat{z} \qquad (1-6)$$

P_1,P_2 间的距离 d 等于 $|\vec{R}_{12}|$

$$d = |\vec{R}_{12}| = [(x_2 - x_1)^2 + (y_2 - y_1)^2 + (z_2 - z_1)^2]^{1/2} \qquad (1-7)$$

1.1.1.4　矢量点积

二矢量点积后为标量

$$\vec{A} \cdot \vec{B} = A_xB_x + A_yB_y + A_zB_z = AB\cos\theta_{AB} \qquad (1-8)$$

θ_{AB} 是二矢量之间的夹角。如果非零的二矢量点积为零,则这二矢量垂直。

1.1.1.5　矢量叉积

二矢量叉积后仍为矢量,该矢量的方向垂直于二矢量所构成的平面,$\hat{n}$ 为该平面法向单位向量。

$$\vec{A} \times \vec{B} = \hat{n}AB\sin\theta_{AB} = \begin{vmatrix} \hat{x} & \hat{y} & \hat{z} \\ A_x & A_y & A_z \\ B_x & B_y & B_z \end{vmatrix} = \begin{pmatrix} (A_yB_z - A_zB_y)\hat{x} \\ (A_zB_x - A_xB_z)\hat{y} \\ (A_xB_y - A_yB_x)\hat{z} \end{pmatrix} \qquad (1-9)$$

如果二非零矢量有 $\vec{A} \times \vec{B} = 0$，则二矢量共线。这是二矢量共线的充分必要条件。

二矢量夹角为 θ，则有 $\cos\theta = \dfrac{\vec{A} \cdot \vec{B}}{|\vec{A}| \cdot |\vec{B}|}$；$\sin\theta = \dfrac{|\vec{A} \times \vec{B}|}{|\vec{A}| \cdot |\vec{B}|}$。

1.1.1.6　三矢量的点积和叉积

$$\vec{A} \cdot (\vec{B} \times \vec{C}) = \vec{B} \cdot (\vec{C} \times \vec{A}) = \vec{C} \cdot (\vec{A} \times \vec{B}) \qquad (1-10)$$

$$\vec{A} \cdot (\vec{B} \times \vec{C}) = \begin{vmatrix} A_x & A_y & A_z \\ B_x & B_y & B_z \\ C_x & C_y & C_z \end{vmatrix} \qquad (1-11)$$

1.1.1.7　三矢量的叉积

$$\vec{A} \times (\vec{B} \times \vec{C}) \neq (\vec{A} \times \vec{B}) \times \vec{C} \qquad (1-12)$$

$$\vec{A} \times (\vec{B} \times \vec{C}) = \vec{B}(\vec{A} \cdot \vec{C}) - \vec{C}(\vec{A} \cdot \vec{B}) \qquad (1-13)$$

1.1.2　场量与算子

1.1.2.1　标量场的梯度(Gradient of a Scalar Field)

梯度算子的定义：梯度算子常用"∇"表示，也可写成 grad，表示为：

在直角坐标系中
$$\nabla = \frac{\partial}{\partial x}\hat{x} + \frac{\partial}{\partial y}\hat{y} + \frac{\partial}{\partial z}\hat{z} \qquad (1-14a)$$

在圆柱坐标系中

$$\left. \begin{aligned} &\nabla = \frac{\partial}{\partial r}\hat{r} + \frac{1}{r}\frac{\partial}{\partial \varphi}\hat{\varphi} + \frac{\partial}{\partial z}\hat{z} \\ &(r, \varphi, z): \quad r = \sqrt{x^2 + y^2}, \quad \tan\varphi = \frac{y}{x} \end{aligned} \right\} \qquad (1-14b)$$

在球坐标系中

$$\left. \begin{aligned} &\nabla = \frac{\partial}{\partial R}\hat{R} + \frac{1}{R}\frac{\partial}{\partial \theta}\hat{\theta} + \frac{1}{R\sin\theta}\frac{\partial}{\partial \varphi}\hat{\varphi} \\ &(R, \theta, \varphi): \quad x = R\sin\theta\cos\varphi, \quad y = R\sin\theta\sin\varphi, \quad z = \cos\theta \end{aligned} \right\} \qquad (1-14c)$$

梯度算子本身并没有什么物理意义，但它作用一个标量后变成矢量，该矢量的幅值等于单位距离上该物理量的最大变化率，而它的方向是沿最大增加的方向。因此函数的方向微分有 $\dfrac{\mathrm{d}T}{\mathrm{d}l} = \nabla T \cdot \vec{a_l}$,式中 T 是给定坐标系下,坐标变量的

已知函数,$\hat{a_l}$ 是 $\mathrm{d}\vec{l}$ 的单位矢量,$\dfrac{\mathrm{d}T}{\mathrm{d}l}$ 是沿 $\hat{a_l}$ 方向的方向微分。

电场 $\vec{E}$ 与电位 φ 有 $\vec{E} = -\nabla\varphi$ 的关系。

常用的梯度算子特性如下:

$$\left.\begin{aligned} \nabla(U+V) &= \nabla U + \nabla V \\ \nabla(UV) &= U\nabla V + V\nabla U \\ \nabla U^n &= nU^{n-1}\nabla U \end{aligned}\right\} \tag{1-15}$$

1.1.2.2　矢量场的散度(Divergence of a Vector Field)

矢量散度的定义如下:

在直角坐标系中
$$\nabla \cdot \vec{E} = \frac{\partial E_x}{\partial x} + \frac{\partial E_y}{\partial y} + \frac{\partial E_z}{\partial z} \tag{1-16a}$$

在圆柱坐标系中
$$\nabla \cdot \vec{A} = \frac{1}{r}\frac{\partial}{\partial r}(rA_r) + \frac{1}{r}\frac{\partial A_\varphi}{\partial \varphi} + \frac{\partial A_z}{\partial z} \tag{1-16b}$$

在球坐标系中

$$\nabla \cdot \vec{E} = \frac{1}{R^2}\frac{\partial}{\partial R}(R^2 E_R) + \frac{1}{R\sin\theta}\frac{\partial}{\partial \theta}(E_\theta\sin\theta) + \frac{1}{R\sin\theta}\frac{\partial}{\partial \varphi}E_\varphi \tag{1-16c}$$

散度性质如下:

$$\left.\begin{aligned} \nabla \cdot (\lambda\vec{E_1} + x\vec{E_2}) &= \lambda\nabla \cdot \vec{E_1} + x\nabla \cdot \vec{E_2} \\ \nabla \cdot (\varphi\vec{A}) &= \varphi\nabla \cdot \vec{A} + \vec{A}\nabla\varphi \\ \nabla \cdot (\vec{A} \times \vec{B}) &= \vec{B} \cdot \nabla \times \vec{A} - \vec{A} \cdot \nabla \times \vec{B} \end{aligned}\right\} \tag{1-17}$$

电场由电荷产生,矢量 $\vec{E}$ 的散度有 $\nabla \cdot \vec{E} = -\dfrac{\rho}{\varepsilon}$,并有:

$$\nabla \cdot (\vec{E_1} + \vec{E_2}) = \nabla \cdot \vec{E_1} + \nabla \cdot \vec{E_2}$$

自然界中无磁荷存在,因此 $\nabla \cdot \vec{B} = 0$,表明磁场为无散场。

1.1.2.3　矢量场的旋度(Curl of a Vector Field)

$\vec{B}$ 矢量场旋度常用 $\mathrm{cur}\vec{B}$ 或 $\nabla \times \vec{B}$ 表示。称"$\nabla \times$"为旋度算子,它与矢量 $\vec{B}$ 作用的关系如下式:

$$\nabla \times \vec{B} = \begin{vmatrix} \hat{x} & \hat{y} & \hat{z} \\ \dfrac{\partial}{\partial x} & \dfrac{\partial}{\partial y} & \dfrac{\partial}{\partial z} \\ B_x & B_y & B_z \end{vmatrix} = \frac{1}{r}\begin{vmatrix} \hat{r} & r\hat{\phi} & \hat{z} \\ \dfrac{\partial}{\partial r} & \dfrac{\partial}{\partial \phi} & \dfrac{\partial}{\partial z} \\ B_r & rB_\phi & B_z \end{vmatrix} = \frac{1}{r^2\sin\theta}\begin{vmatrix} \hat{r} & r\hat{\theta} & r\sin\theta\hat{\varphi} \\ \dfrac{\partial}{\partial r} & \dfrac{\partial}{\partial \theta} & \dfrac{\partial}{\partial \varphi} \\ B_r & rB_\theta & r\sin\theta B_\varphi \end{vmatrix}$$

$$\tag{1-18}$$

式中右边各式分别为直角坐标、圆柱坐标和球坐标的矢量场旋度的表示式。

旋度主要性质如下：

$$\begin{aligned} \nabla \times (\lambda \vec{A} + \chi \vec{B}) &= \lambda \, \nabla \times \vec{A} + \chi \, \nabla \times \vec{B} \\ \nabla \times (\varphi \vec{A}) &= \varphi \, \nabla \times \vec{A} + \nabla \varphi \times \vec{A} \end{aligned} \Bigg\} \qquad (1-19)$$

(1) Stokes 定律：

$$\int_s \nabla \times \vec{B} \mathrm{d}\vec{s} = \oint_c \vec{B} \mathrm{d}\vec{l} \qquad (1-20)$$

此式表明矢量 $\vec{B}$ 的旋度在表面 s 上的面积分等于该矢量沿包围表面 s 的曲线 c 上的线积分。

(2) 矢量恒等式：

$$\nabla \cdot (\nabla \times \vec{A}) \equiv 0 \qquad (1-21)$$

$$\nabla \times (\nabla V) \equiv 0 \qquad (1-22)$$

(3) 磁场为无散场,利用式(1-21)可引入一矢量 $\vec{A}$,它与磁感应强度矢量 $\vec{B}$ 有 $\vec{B} = \nabla \times \vec{A}$ 的关系。通称 $\vec{A}$ 为磁矢位,对均匀、各向同性、线性媒质有

$$\nabla \cdot \vec{H} = 0, \qquad \vec{H} = \frac{1}{\mu} \nabla \times \vec{A} \qquad (1-23)$$

根据矢量恒等式(1-22),静电场为无旋场,因此可引入一标量位函数 φ,它与电场有 $\vec{E} = -\nabla \varphi$ 的关系。

1.1.2.4　Laplac 算子(拉普拉斯算子)

Laplac 是双重微分算子,一般写成"$\nabla^2 = \nabla \cdot \nabla$",首先是对场量作梯度,然后再对作用后的矢量取散度。对于标量 U 拉普拉斯算子为

$$\nabla^2 U = \nabla \cdot \nabla U = \nabla \cdot \vec{A}, \qquad \nabla U = \vec{A} \qquad (1-24)$$

在直角坐标系中

$$\nabla^2 U = \frac{\partial A_x}{\partial x} + \frac{\partial A_y}{\partial y} + \frac{\partial A_z}{\partial z} = \frac{\partial^2 U}{\partial x^2} + \frac{\partial^2 U}{\partial y^2} + \frac{\partial^2 U}{\partial z^2} \qquad (1-25a)$$

在圆柱坐标系中

$$\nabla^2 U = \frac{1}{r} \frac{\partial}{\partial r}\left(r \frac{\partial U}{\partial r}\right) + \frac{1}{r^2} \frac{\partial^2 U}{\partial \varphi^2} + \frac{\partial^2 U}{\partial U^2} \qquad (1-25b)$$

在球坐标系中

$$\nabla^2 U = \frac{1}{R^2} \frac{\partial}{\partial R}\left(R^2 \frac{\partial U}{\partial R}\right) + \frac{1}{R^2 \sin\theta} \frac{\partial}{\partial \theta}\left(\sin\theta \frac{\partial U}{\partial \theta}\right) + \frac{1}{R^2 \sin^2\theta} \frac{\partial^2 U}{\partial^2 \varphi} \qquad (1-25c)$$

标量函数经拉普拉斯算子作用后仍是标量。令 $\vec{E} = E_x \hat{x} + E_y \hat{y} + E_z \hat{z}$,拉普

拉斯算子作用于矢量就等于拉普拉斯算子分别作用于矢量的三个分量后相加。有

$$\nabla^2\vec{E} = \left(\frac{\partial^2}{\partial x^2} + \frac{\partial^2}{\partial y^2} + \frac{\partial^2}{\partial z^2}\right)\vec{E} = \nabla^2 E_x\hat{x} + \nabla^2 E_y\hat{y} + \nabla^2 E_z\hat{z} \qquad (1-26)$$

矢量恒等式：

$$\nabla^2\vec{E} = \nabla(\nabla \cdot \vec{E}) - \nabla \times (\nabla \times \vec{E}) \qquad (1-27)$$

1.2　Maxwell 方程和电磁波的辐射

1.2.1　Maxwell 方程

Maxwell 以严谨的数学形式概括了宏观电磁现象规律,建立了完整的 Maxwell 方程。

1.2.1.1　Maxwell 方程的微分形式和积分形式

Maxwell 方程的微分形式为：

$$\left.\begin{aligned} \nabla \times \vec{E} &= -\frac{\partial \vec{B}}{\partial t} \\ \nabla \times \vec{H} &= \vec{J} + \frac{\partial \vec{D}}{\partial t} \\ \nabla \cdot \vec{D} &= \rho \\ \nabla \cdot \vec{B} &= 0 \end{aligned}\right\} \qquad (1-28)$$

Maxwell 方程的积分形式为：

$$\left.\begin{aligned} \oint_c \vec{E} \cdot \mathrm{d}\vec{l} &= -\int_s \frac{\partial \vec{B}}{\partial t} \cdot \mathrm{d}\vec{s} \\ \oint_c \vec{H} \cdot \mathrm{d}\vec{l} &= \int_s \vec{J} \cdot \mathrm{d}\vec{s} + \int_s \frac{\partial \vec{D}}{\partial t} \cdot \mathrm{d}\vec{s} \\ \oint_s \vec{D} \cdot \mathrm{d}\vec{s} &= \int_v \rho_v \cdot \mathrm{d}v \\ \oint_s \vec{B} \cdot \mathrm{d}\vec{s} &= 0 \end{aligned}\right\} \qquad (1-29)$$

微分形式表示了电磁场空间"点"的关系。其第一式表明,变化的磁场会产生有旋的电场,这就是磁生电现象。式中 $\frac{\partial \vec{B}}{\partial t}$ 为磁感应强度的变化率,它又称为

位移磁流密度。对应的积分式表示沿任何闭合路径的电场积分(电动势)等于穿过该路径包围的面积的位移磁流。位移磁流密度就是磁感应强度的变化率。等号右边的负号表明磁通方向与电场旋转的方向相反。我们知道积分方向就是电磁感应的感应电动势的方向,这方向如与磁通方向成右螺旋,$\partial \vec{B}/\partial t$ 必须取负号,即感应电动势 $\varepsilon = -\partial \phi/\partial t$。最大单位面积的感应电动势等于穿过该单位面的位移磁流密度($-\partial \vec{B}/\partial t$),其中负号意义与前同。

微分第二式表明,不但传导电流 $\vec{J}$ 可产生磁场,变化的电场也可以激发出磁场,这就是电生磁现象。同样 $\dfrac{\partial \vec{D}}{\partial t}$ 为电位移矢量的变化率。对应的积分式正是沿任何闭合路径的磁场积分(磁势)等于穿过该路径包围的面积的全电流。在电磁场问题中全电流包括传导电流和位移电流,位移电流是由电位移通量的变化产生的。最大单位面积的磁势等于穿过该单位面的全电流。最大单位面积的磁势就是 $\vec{H}$ 的旋度,也就是 $\nabla \times \vec{H} = \dfrac{\hat{m}}{\mathrm{d}s} \displaystyle\int \vec{H} \cdot \mathrm{d} \vec{l}$,其中 $\hat{m}$ 表示沿最大磁势方向的单位矢量,l 是 $\mathrm{d}s$ 的周边;$\hat{m}$ 与积分面垂直,其指向与积分方向成右螺旋关系。Maxwell 方程的第一式和第二式的核心是揭示了变化的电场和变化的磁场是相互联系的、不可分割的统一体,这揭示了电磁场的存在。这一点与静电场和恒定磁场是有本质的区别的。

Maxwell 微分第三式表明从任何封闭表面穿出的电位移通量等于封闭面内所包围的自由电荷。从空间点的关系来看,有 $\nabla \cdot \vec{D} = \oint_s \vec{D} \cdot \mathrm{d} \vec{s} / \mathrm{d}v$,它表明电位移矢量的散度就是从单位体积穿出的电位移通量。

微分第四式表明穿过任何闭合表面的磁通量总是恒等于零,说明没有自由磁荷的存在,磁力线总是闭合的。静电场和恒定磁场间没有任何联系,只有当场量随时间变化时,电和磁场间才有了相互的关系,位移电流和位移磁流将电场和磁场联系起来了,才有电磁波的产生。

电磁场理论所研究的核心问题就是在特定媒质中,满足边界条件的 Maxwell 方程的解。

1.2.1.2　电磁场矢量与媒质间的结构方程(本构关系)

本构关系就是描述电磁场量与媒质之间的结构关系。一般媒质可分为电介质、磁介质和导体。对各向同性、线性媒质,其本构关系有

$$\vec{D} = \varepsilon \vec{E}$$
$$\vec{B} = \mu \vec{H}$$

$$(1-30)$$

ε,μ 分别是媒质的介电常数和磁导率。在真空中 $\mu = \mu_0 = 4\pi \times 10^{-7} H/m, \varepsilon = \varepsilon_0 = 8.85 \times 10^{-12} F/m$。

在一般媒质(含电介质)中

$$\vec{D} = \varepsilon_0 \vec{E} + \vec{P}$$
$$\vec{B} = \mu_0 \vec{H} + \vec{M}$$
(1-31)

式中,$\vec{P}$ 为电极化强度矢量,表示单位体积内电偶极矩的矢量和;$\vec{M}$ 为磁化强度矢量,表示单位体积内磁偶极矩的矢量和(在此引入的 $\vec{M}$ 与磁流的标记相同,请注意区分)。

在各向同性线性媒质中

$$\left. \begin{array}{ll} \vec{P} \propto \vec{E}, & \vec{P} = \varepsilon_0 \chi_e \vec{E} \\ \vec{M} \propto \vec{H}, & \vec{M} = \mu_0 \chi_m \vec{H} \end{array} \right\}$$
(1-32)

式中,χ_e, χ_m 为媒质电极化率和磁化率。

一般各向同性线性媒质,介电常数和磁导率为

$$\left. \begin{array}{l} \varepsilon = (1 + \chi_e)\varepsilon_0 = \varepsilon_0 \varepsilon_r \\ \mu = (1 + \chi_m)\mu_0 = \mu_0 \mu_r \end{array} \right\}$$
(1-33)

ε_r, μ_r 为相对介电常数和相对磁导率。

从媒质导电关系考虑,由微分欧姆定律 $\vec{J} = \gamma \vec{E}$,γ 为媒质电导率,$\vec{J}$ 是电流密度。当 $\gamma = 0$ 时为理想介质;当 $\gamma = \infty$ 时为理想导体;当 $0 < \gamma < \infty$ 时为导电媒质。

1.2.1.3　媒质分界面上(两侧)电磁场关系(边界条件)

在两种媒质的分界面上电磁场的关系常被称为不同媒质界面场量的衔接条件。它反映从一个媒质到另一个媒质过渡时,分界面上电磁场变化规律。在分界面上各点 Maxwell 方程的微分形式已失去意义。由 Maxwell 积分形式可导出

$$\left. \begin{array}{ll} \hat{n} \times (\vec{H}_1 - \vec{H}_2) = \vec{K}, & \hat{n} \cdot (\vec{B}_1 - \vec{B}_2) = 0 \\ \hat{n} \times (\vec{E}_1 - \vec{E}_2) = 0, & \hat{n} \cdot (\vec{D}_1 - \vec{D}_2) = \sigma \end{array} \right\}$$
(1-34)

式中,$\vec{K},\sigma$ 分别为面电流密度(传导电流)和面电荷密度(自由电荷)。左边第一式表明磁场的切向分量是不连续的,除非分界面上无自由面电流存在。左边第二式表明电场的切向分量总是连续的。右边第一式表明 $\vec{B}$ 的法向分量总是连续的,这是因为没有自由磁荷的存在。右边第二式说明 $\vec{D}$ 的法向分量是不连续的,除非分界面上无自由面电荷存在。有时又把式(1-34)叫做分界面上的场方程。实际上只要有两个切向场条件就够了。

当分界面一侧为理想介质,另一侧为理想导体时,因导体电导率 $\gamma = \infty$,内

部不可能存在电场($\vec{J} = \gamma\vec{E}$),因此不可能存在时变磁场($\nabla \times \vec{E} = -\dfrac{\partial \vec{B}}{\partial t}$)。所以理想导体内部场恒等于零,即 $\vec{E}_2 = 0, \vec{H}_2 = 0, \vec{D}_2 = 0, \vec{B}_2 = 0$。导体边界条件有:

$$\left.\begin{aligned}\hat{n} \times \vec{H}_1 &= \vec{K} \\ \hat{n} \times \vec{E}_1 &= 0 \\ \hat{n} \cdot \vec{B} &= 0 \\ \hat{n} \cdot \vec{D}_1 &= \sigma\end{aligned}\right\} \qquad (1-35)$$

在理想导体表面处的介质中,只有电场法向分量和磁场切向分量。电力线垂直于理想导体表面,而磁力线平行于理想导体表面。这个边界条件在求解很多天线问题时常遇到。

边界条件的另一描述:在两种媒质分界面上,媒质性质发生突变,因而场量也发生突变,这些场量在边界面上的不连续使 Maxwell 方程微分形式中的空间微分失去意义。而是采用积分形式的 Maxwell 方程,可得到导体边界面的边界条件:

(1) $H_{2t} - H_{1t} = J_s$,经过边界面上某点时,磁场强度切向分量的突变等于该点的面电流密度。

(2) $E_{2t} - E_{1t} = 0$,经过边界面的切向电场连续。

(3) $D_{2n} - D_{1n} = \rho_s$,经过边界面上某点时,电位移矢量的法线分量的突变等于该点上自由电荷的面密度。

(4) $B_{2n} - B_{1n} = 0$,经过边界面上某点时,磁位移矢量的法线分量是连续的,因为没有自由磁荷的存在。

以上各式中下标"t"表示切向分量;"n"表示法向分量。

1.2.1.4　电流连续性方程

电磁场的源是电荷和电流。电荷不能产生也不能消灭。电荷的有序流动就形成电流。在有电荷流动的空间内任取一个闭合包面 S,在单位时间内从 S 流出的电流应等于所包围体积内单位时间总电荷的减少量。其数学表示式有

$$\oint \vec{J} \cdot \mathrm{d}\vec{s} = -\frac{\partial}{\partial t}\int_v \rho \mathrm{d}v \qquad (1-36)$$

这就是电流连续性方程的积分式。根据高斯定理有 $\oint \vec{J} \cdot \mathrm{d}\vec{s} = \int_v \nabla \cdot \vec{J} \mathrm{d}v$,写成微分形式有 $\nabla \cdot \vec{J} = -\dfrac{\partial \rho}{\partial t}$,这就是电荷守恒定律的数学表达式,也称为电流连续性方程的微分表达式。电流连续性方程将电流与电荷间的关系确定。

1.2.2　电磁场的波动性

1.2.2.1　无界空间电磁场的波动方程

电磁场是物质的一种形式,以波动形式传播的电磁场称为电磁波。在无源空间、各向同性线性媒质$(\vec{D} = \varepsilon\vec{E}, \vec{B} = \mu\vec{H}, \vec{J} = \gamma\vec{E})$中,Maxwell 方程可写成

$$\left.\begin{array}{l} \nabla \times \vec{E} = -\mu \dfrac{\partial \vec{H}}{\partial t} \\[2mm] \nabla \times \vec{H} = \gamma\vec{E} + \varepsilon \dfrac{\partial \vec{E}}{\partial t} \\[2mm] \nabla \cdot \vec{E} = 0 \\[2mm] \nabla \cdot \vec{H} = 0 \end{array}\right\} \qquad (1-37)$$

从公式(1-37)第一式取旋度,代入第二式中得到

$$\nabla \times \nabla \times \vec{E} + \mu\varepsilon \frac{\partial^2 \vec{E}}{\partial t^2} + \gamma\mu \frac{\partial \vec{E}}{\partial t} = 0$$

利用矢量恒等式$\nabla \times \nabla \times \vec{E} = \nabla(\nabla \cdot \vec{E}) - \nabla^2\vec{E}$ 和式(1-37)第三式可得

$$\nabla^2\vec{E} - \mu\gamma \frac{\partial \vec{E}}{\partial t} - \mu\varepsilon \frac{\partial^2 \vec{E}}{\partial t^2} = 0 \qquad (1-38a)$$

同理可得

$$\nabla^2\vec{H} - \mu\gamma \frac{\partial \vec{H}}{\partial t} - \mu\varepsilon \frac{\partial^2 \vec{H}}{\partial t^2} = 0 \qquad (1-38b)$$

式(1-38)就是无源导电媒质中,电场和磁场满足的广义波动方程。当 $\gamma = 0$ 时,式(1-38)变成

$$\nabla^2\vec{H} - \mu\varepsilon \frac{\partial^2 \vec{H}}{\partial t^2} = 0 \qquad (1-39a)$$

$$\nabla^2\vec{E} - \mu\varepsilon \frac{\partial^2 \vec{E}}{\partial t^2} = 0 \qquad (1-39b)$$

式(1-39)为齐次波动方程,表明无损耗媒质中脱离了场源的电场和磁场(即场源不存在)是以波动形式向前运动。在良导体中,波动方程变为

$$\left.\begin{array}{l} \nabla^2\vec{H} - \mu\gamma \dfrac{\partial \vec{H}}{\partial t} = 0 \\[2mm] \nabla^2\vec{E} - \mu\gamma \dfrac{\partial \vec{E}}{\partial t} = 0 \end{array}\right\} \qquad (1-40)$$

式(1-40)形式上属扩散方程,又称涡流方程或集肤效应方程。

1.2.2.2 电磁波的产生——电磁波辐射的推迟位

由 Maxwell 方程 $\nabla \times \vec{E} = -\dfrac{\partial \vec{B}}{\partial t}, \vec{B} = \nabla \times \vec{A}$，可得 $\nabla \times (\vec{E} + \dfrac{\partial \vec{A}}{\partial t}) = 0$，由此可引入标量位函数 φ，它满足 $\vec{E} + \dfrac{\partial \vec{A}}{\partial t} = -\nabla \varphi$。由于规范不变性，还不能唯一地确定 $\vec{A}, \varphi$，这就在 $\vec{A}, \varphi$ 选择上再增加了一个自由度。通过对 $\vec{A}, \varphi$ 的适当选择可使问题的数学简化：

（1）如果选择 A, φ，使之满足洛伦兹条件，有

$$\nabla \cdot \vec{A} + \mu \varepsilon \frac{\partial \varphi}{\partial t} = 0 \tag{1-41}$$

上述联立的偏微分方程就化为非齐次的波动方程：

$$\nabla^2 \vec{A} - \mu \varepsilon \frac{\partial^2 \vec{A}}{\partial t^2} = -\mu \vec{J}, \qquad \nabla^2 \varphi - \mu \varepsilon \frac{\partial^2 \varphi}{\partial^2 t} = -\frac{\rho}{\varepsilon} \tag{1-42}$$

这就是达朗贝尔方程。已知 $\vec{J}$ 可求出 $\vec{A}$，已知 ρ 可求出 φ，但它们不是独立的，应满足电流连续方程式(1-36)。利用 $\vec{B} = \nabla \times \vec{A}, \vec{E} = -\nabla \varphi - \dfrac{\partial \vec{A}}{\partial t}$ 的关系可求出 $\vec{E}, \vec{B}$。

（2）如果选择 $\vec{A}, \varphi$，使之满足 $\nabla \cdot \vec{A} = 0$，即库仑规范，则有

$$\nabla^2 \vec{A} - \mu \varepsilon \frac{\partial^2 \vec{A}}{\partial t^2} - \mu \varepsilon \frac{\partial}{\partial t} \nabla \varphi = -\mu \vec{J} \tag{1-43a}$$

$$\nabla^2 \varphi = -\frac{\rho}{\varepsilon} \quad 泊松方程 \tag{1-43b}$$

式(1-42)和式(1-43)正是矢位 $\vec{A}$ 和标位 φ 满足的达朗贝尔方程。它们的解有

$$\vec{A}(\vec{r}, t) = \frac{\mu}{4\pi} \int_v \frac{\vec{J}(\vec{r}', t')}{R} \mathrm{d}v' $$

$$\varphi(\vec{r}, t) = \frac{1}{4\pi\varepsilon} \int_v \frac{\rho(\vec{r}', t')}{R} \mathrm{d}v' \left.\begin{array}{c}\\ \\ \\ \end{array}\right\} \tag{1-44}$$

$$\varphi(\vec{r}) = \frac{1}{4\pi\varepsilon} \int_v \frac{\rho(\vec{r}')}{R} \mathrm{d}v' $$

式中，$R = |\vec{r} - \vec{r}'|$，$t' = t - \dfrac{R}{v}$，$v = \dfrac{1}{\sqrt{\varepsilon\mu}}$。这个公式告诉我们，电磁位函数是由各体积元内电荷和电流的贡献叠加的。更重要的是 t 时刻 $\vec{r}$ 处的 $\vec{A}$ 和 φ 是分别

由较早时刻 $t' = t - R/v$ 的电流和电荷分布决定的。即早一些时刻在 $\vec{r}'$ 处所发生的电荷、电流的变化经过 R/v 时间之后才施加到 $\vec{r}$ 处的场。这表明电磁扰动是以有限的速度 v 传播的,我们称这个特解为滞后位。从滞后位解得到电磁扰动是以有限速度传播的重要概念。再强调一下:在 t 时刻,空间某一点 $\vec{r}$ 处的矢位 $\vec{A}$ 和标位 ϕ 的值是由较早时刻($t' = t - R/v$)的电流、电荷分布确定的,而不是由当前时刻 t 的电流、电荷分布所确定。这就是我们常说的滞后位(retarded potentials),而 R/v 叫滞后时间(time of retarding)。这表明电磁波在空间是以有限速度 v 向外传播的。

时变电场 $\vec{E}(t)$ 产生时变磁场,同时时变磁场又产生电场,这种循环方式就形成了能在空间或媒质中传播的电磁波。当它的传播受一种媒质所界定或控制时,如传输线,这种电磁波为在导波媒质中传输的电磁波。地球表面与电离层间对(3~30 MHz)频带的短波无线电波传输就形成了一个自然导波结构,在这种频带内电离层是一个好的反射体。电磁波也能在无界媒质中传输,其中最常见到的就是光波和天线的发射。无损媒质中的平面波是我们研究的最基础的一种波。因为根据 Fourier 分析任何复杂的电磁波都可展开成一系列的单频平面波的叠加,因此在此只研究具有一定频率一定传播方向的正弦均匀平面波。时变电磁场中,场量和场源除了是空间的函数还是时间的函数。设随时间作正弦变化,这样不失一般性,因为任何时变场都可分解成若干个正弦时变场的叠加。

式(1-44)没有考虑边界效应,这意味该积分是在整个空间进行的,因此式(1-44)应是达朗贝尔方程或泊松方程在无界空间的解。

1.2.2.3　有界区域内达朗贝尔方程的解

假设在给定区域内电荷和电流分布及边界条件已知,对于任意函数 (ϕ, ψ),它是时间 t 和空间坐标的函数。Green 定理(从矢量恒等式可得)有如下积分式

$$\iint_v (\phi \nabla'^2 \psi - \psi \nabla'^2 \phi) \mathrm{d}v' \mathrm{d}t' = \iint_s (\phi \nabla' \psi - \psi \nabla' \phi) \cdot \mathrm{d}\vec{s}' \mathrm{d}t' \qquad (1-45)$$

将式(1-45)应用到达朗贝尔方程上,先求标位 φ。取 $\phi = \varphi$,ψ 就是 Green 函数,并选它满足波动方程 $\nabla^2 \psi - \dfrac{1}{v^2} \dfrac{\partial^2 \psi}{\partial t^2} = 0$,该方程的解为 $\psi = \dfrac{1}{R} g\left(t + \dfrac{R}{v}\right)$,其中 $R = |\vec{r} - \vec{r}'|$,g 是任意函数。我们注意到 ψ 在 $R = 0$ 处为奇异点。由于式(1-45)是对任意区域 v 的积分,为避开奇异点,我们把这一点划出积分区域之外。为此我们以 $R = 0$ 为圆心作一个极小球面 s_0。把式(1-45)的积分区域取在 s 和 s_0 中间所包围的体积内。该积分区域内每一点都满足 ψ 的波动方程,这

时式(1-45)可写成

$$\int dv' \left(\int (\phi \nabla'^2 \psi - \psi \nabla'^2 \phi) dt' \right) = \oint_{s+s_0} ds' \left(\int (\phi \nabla' \psi - \psi \nabla' \phi) dt' \right) \quad (1-46)$$

Green 函数可取

$$\psi = \frac{1}{4\pi R} \delta \left(t' + \frac{R}{v} - t \right) \quad (1-47)$$

这时由达朗贝尔方程得到

$$\nabla^2 \varphi = \frac{1}{v^2} \frac{\partial^2}{\partial t'^2} \varphi - \frac{1}{\varepsilon} \rho \quad (1-48)$$

将式(1-47)和式(1-48)代入式(1-45)经演绎可得到

$$\varphi(\vec{r}, t) = \int_v \frac{\rho \left(r', t - \frac{R}{v} \right)}{4\pi\varepsilon R} dv' + \frac{1}{4\pi} \oint_s \frac{1}{R} \left[\left(\nabla' - \frac{\vec{R}}{vR} \frac{\partial}{\partial t'} - \frac{\vec{R}}{R^2} \right) \varphi \right] \bigg|_{t'=t-R/v} \cdot d\vec{s}'$$

$$(1-49)$$

类似可得

$$\vec{A}(\vec{r}, t) = \frac{\mu}{4\pi} \int_v \frac{\vec{J} \left(r', t - \frac{R}{v} \right)}{R} dv' + \frac{1}{4\pi} \oint \frac{1}{R} \left[\left(\nabla' - \frac{\vec{R}}{vR} \frac{\partial}{\partial t'} - \frac{\vec{R}}{R^2} \right) \vec{A} \right] \bigg|_{t'=t-R/v} \cdot d\vec{s}'$$

$$(1-50)$$

　　式(1-49)和式(1-50)正是有界空间标位 φ 和矢位 $\vec{A}$ 的解。如果积分区是整个空间,则边界面将延伸到无穷远,式(1-49)和式(1-50)右端第二项的面积分都等于零。这时即为无界空间的解,这和前面的式(1-44)结果相同。

1.2.2.4　波的概述

　　波是很多物理过程的自然结果。比如,海洋湖泊中的波和浪、空气中传输的声波、拉紧的带子产生的机械波、电磁波、光波、地震波……这些波都有下列共同的特性:①波以运动将能量从一处带到另一处;②波都以一定的速度传播,比如真空中的光波和电磁波速度 $v = 3 \times 10^8$ m/s,空气中的声波速 $v \approx 330$ m/s;③波具有线性性。就是说波彼此间不影响,两个线性波的总和就是这两个波单独存在状态的相加;④波一般有两种,一种是短时间扰动引起的瞬态波;另一种由振荡源产生的连续简谐。对电磁波和天线主要研究的是后一种;⑤波是时间和空间的函数。在此,首先研究几种情况下的正弦波。

　　(1) 无损媒质中的波

　　这种波在媒质中或在表面传输时幅度(能量)不受衰减。波的瞬态表示式有

$$y(x,t) = A\cos(\omega t - \beta x + \varphi_0) = A\cos\phi(x,t) \qquad (1-51)$$

式(1-51)表示以角频率 ω，初始相角 φ_0，沿 x 方向传播的简谐波，y 代表波的瞬时幅度，它随时间和空间而变。$\omega = \dfrac{2\pi}{T}$，T 是时间周期，$\phi(x,t) = (\omega t - \beta x + \varphi_0)$，$\phi$ 以弧度表示，为波的相位。为简化，可令起始相位 $\varphi_0 = 0$。它是沿 x 方向传输的行波。式中，$\omega = 2\pi f(\text{rad/s})$ 为波的角频率。$\beta = \dfrac{2\pi}{\lambda}(\text{rad/m})$ 为相位常数，又称波数。

(2) 有损媒质中的波

波的幅度随传播而衰减，其瞬态场可写成

$$y(x,t) = Ae^{-\alpha x}\cos(\omega t - \beta x + \varphi_0) = Ae^{-\alpha x}\cos\phi(x,t) \qquad (1-52)$$

在有损媒质中，行波在 x 方向进行，其幅度是按 $e^{-\alpha x}$ 的规律衰减的，其他与无损媒质相同。

1.3　时谐电磁场

1.3.1　正弦电磁场的复数表示

随时间作正弦变动(简谐)的电磁场，我们称为时谐电磁场。这是最基础的。因为任意随时间变化的电磁场量都可以应用 Fourier 和 Laplac 变换，变成一系列呈正弦变化的电磁场的叠加。对时谐场利用复数量表示可使数学公式简化。

时谐电磁场的瞬时场可写成：

$$\vec{E}(x,y,z,t) = E_{xm}(x,y,z)\cos(\omega t + \varphi_x)\hat{x} + E_{ym}(x,y,z)\cos(\omega t + \varphi_y)\hat{y} +$$
$$E_{zm}(x,y,z)\cos(\omega t + \varphi_z)\hat{z} \qquad (1-53)$$

式中，ω 为角频率，$\omega = 2\pi f$；$\varphi_x,\varphi_y,\varphi_z$ 是各个坐标分量的初始相角。写成复数形式有

$$\vec{E}(x,y,z,t) = \mathrm{Re}[\dot{\vec{E}}(x,y,z)\sqrt{2}\,e^{j\omega t}] \qquad (1-54)$$

式中

$$\dot{\vec{E}}(x,y,z) = \dot{E}_x\hat{x} + \dot{E}_y\hat{y} + \dot{E}_z\hat{z}$$

$$= \frac{1}{\sqrt{2}}E_{xm}e^{j\varphi_x}\hat{x} + \frac{1}{\sqrt{2}}E_{ym}e^{j\varphi_y}\hat{y} + \frac{1}{\sqrt{2}}E_{zm}e^{j\varphi_z}\hat{z} \qquad (1-55)$$

$\dot{E}(x,y,z)$ 就是电场强度 $\vec{E}$ 的复矢量形式,又称复数电场强度。它不是时间函数,只是空间位置函数,复数量的大小是瞬时量的有效值。当采用 $e^{j\omega t}$ 的时间因子时,对场矢量的时间求导就是相应的复矢量乘上 $j\omega$ 因子,因此

$$\frac{\partial \vec{E}}{\partial t}(x,y,z,t) = j\omega \mathrm{Re}[\dot{\vec{E}}(x,y,z)\sqrt{2}\,e^{j\omega t}] \tag{1-56}$$

$$\nabla \times \dot{\vec{E}} = -j\omega \dot{\vec{B}}$$

这样,除对场矢量的时间求导用相应的复矢量乘上 $j\omega$ 因子外,瞬时量场方程与复数量方程有相同的形式。如果电流和电荷是以角频率 ω 作正弦变化的话,所激励的矢位和标位也以相同的频率作正弦变化。这时在无界空间的复数形式解为

$$\dot{\vec{A}}(\vec{r}) = \frac{\mu}{4\pi}\int_v \frac{\dot{\vec{J}}(r')e^{-jkR}}{R}\mathrm{d}v'$$

$$\dot{\varphi}(\vec{r}) = \frac{1}{4\pi\varepsilon}\int_v \frac{\dot{\rho}(r')e^{-jkR}}{R}\mathrm{d}v'$$

式中 $k = \omega\sqrt{\varepsilon\mu}$,$k$ 是相位常数,积分式中 e^{-jkR} 表示离源点距离为 $\vec{r}$ 的观察点场的变化迟后于 $\vec{r}'$ 处源的相位,其值为 kR,$R = |\vec{r} - \vec{r}'|$。

1.3.2　复数形式的麦克斯韦方程组

根据复数表示,Maxwell 方程的复数形式可写成:

$$\left.\begin{array}{ll} \nabla \times \dot{\vec{E}} = -j\omega \dot{\vec{B}} & \nabla \times \dot{\vec{H}} = \dot{\vec{J}} + j\omega \dot{\vec{D}} \\ \nabla \cdot \dot{\vec{D}} = \dot{\rho} & \nabla \cdot \dot{\vec{B}} = 0 \\ \dot{\vec{J}} = \gamma \dot{\vec{E}} & \dot{\vec{B}} = \mu \dot{\vec{H}} \qquad \dot{\vec{D}} = \varepsilon \dot{\vec{E}} \end{array}\right\} \tag{1-57}$$

同样,从式(1-57)的第一式看出,变化的磁场会激发出电场,且电场不再是无旋场了。式(1-57)第二式为修正后的安培定律,即全电流定律。该式表明不单传导电流能激发磁场,而且变化的电场也能激发磁场。这两个式子表明变化的电场和磁场是相互联系、不可分割的统一体。把它称作电磁场。

1.3.3　波动方程的复数表示

凡是以时间和空间两种变量来表示的场都可称为波。描述波特性的方程叫做波动方程。电磁波服从波动方程,可以认为是对时间变化的电磁场,从这个意

义上看,波和时变场是两个同义词。

由 $\nabla^2 \vec{A} - \mu\varepsilon \dfrac{\partial^2 \vec{A}}{\partial t^2} = -\mu \vec{J}$ 推出

$$\nabla^2 \dot{\vec{A}} + k^2 \dot{\vec{A}} = -\mu \dot{\vec{J}}, \quad k^2 = \omega^2 \mu\varepsilon \qquad (1-58)$$

由 $\nabla^2 \varphi - \mu\varepsilon \dfrac{\partial^2 \varphi}{\partial t^2} = -\dfrac{\rho}{\varepsilon}$ 推出

$$\nabla^2 \dot{\varphi} + k^2 \dot{\varphi} = -\dfrac{\rho}{\varepsilon}, \quad k^2 = \omega^2 \mu\varepsilon \qquad (1-59)$$

ε,μ 分别为媒质的介电常数和磁导率。式(1-58)和式(1-59)就是复数形式的亥姆霍兹方程。

对无源自由空间电场和磁场满足

$$\nabla^2 \vec{H} - \mu\varepsilon \dfrac{\partial^2 \vec{H}}{\partial t^2} = 0 \qquad \nabla^2 \vec{E} - \mu\varepsilon \dfrac{\partial^2 \vec{E}}{\partial t^2} = 0$$

这是齐次亥姆霍兹方程,其复数形式可写成

$$\left. \begin{array}{c} \nabla^2 \dot{\vec{H}} + k^2 \dot{\vec{H}} = 0 \\[2mm] \nabla^2 \dot{\vec{E}} + k^2 \dot{\vec{E}} = 0 \end{array} \right\} \qquad (1-60)$$

式中, $k^2 = \omega^2 \mu(\varepsilon - j\dfrac{\gamma}{\omega})$, k 为波传播常数, γ 为电导率。

(1) 当 $\dfrac{\gamma}{\omega\varepsilon} \ll 1$(通常取为 $1/100$), $k^2 = \omega^2 \mu\varepsilon$,为理想电介质。

(2) 当 $\dfrac{\gamma}{\omega\varepsilon} \gg 1$(通常取为 100), $k^2 = -j\omega\mu\gamma$,为良导体。

(3) 当 $\dfrac{1}{100} < \dfrac{\gamma}{\omega\varepsilon} < 100$ 为导电媒质,它介于良导体与理想介质之间。

同一媒质在不同频率的场作用下可以呈现不同的媒质特性,因为它的导电特性与频率成反比。

1.3.4　无界空间中磁矢位和电标位的复数形式解

$$\dot{\vec{A}}(\vec{r}) = \dfrac{\mu}{4\pi} \int_v \dfrac{\dot{\vec{J}}(\vec{r}')e^{-jk|\vec{r}-\vec{r}'|}}{|\vec{r}-\vec{r}'|} \mathrm{d}v'$$

$$\dot{\varphi}(\vec{r}) = \dfrac{1}{4\pi\varepsilon} \int_v \dfrac{\dot{\rho}(\vec{r}')e^{-jk|\vec{r}-\vec{r}'|}}{|\vec{r}-\vec{r}'|} \mathrm{d}v' \qquad (1-61)$$

式中，$k = \omega\sqrt{\mu\varepsilon}$，如果电流和电荷是以角频 ω 作正弦变化，则它们激发的矢位和标位也以相同频率作正弦变化。式中，$e^{jk|\vec{r}-\vec{r}'|} = e^{jkR}$，表示离源点 R 距离的观察点处场的变化滞后于 r' 处的源的变化，其相位差为 kR（这与前面分析结果相同），见图 1-1。

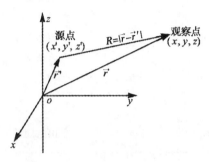

图 1-1　源和观察点坐标表示

1.4　电磁场的若干定理

1.4.1　二重性原理

如果描述两种不同对象的方程有同样的数学形式，它们的解也将取相同的数学形式，我们称这种具有相同形式的两个方程为二重性方程。在二重性方程中具有同样位置的量叫二重量。在电磁场中，典型的二重性问题是一类问题所有源属于电的类型，而另一类问题所有源属于磁的类型。电流和磁流分别代表电类型和磁类型源，它们的场方程就是二重性方程，如表 1-1 所示（注意：为表示其二重性，这里取 $\nabla \times \vec{A} = \vec{H}$，而不是 $\nabla \times \vec{A} = \vec{B}$，这中间差一个系数 μ）。为简化表示，以后场量的复量顶上的"·"均予略去。

表 1-1　二重性方程

电性源 $\vec{J}$（电流）	磁性源 $\vec{M}$（磁流）
$\nabla \times \vec{E} = -j\omega\mu\vec{H}$	$\nabla \times \vec{H} = j\omega\varepsilon\vec{E}$
$\nabla \times \vec{H} = j\omega\varepsilon\vec{E} + \vec{J}$	$\nabla \times \vec{E} = -j\omega\mu\vec{H} - \vec{M}$
$\vec{H} = \nabla \times \vec{A}$	$\vec{E} = -\nabla \times \vec{F}$
$\vec{A} = \dfrac{1}{4\pi}\iiint \dfrac{\vec{J}\,e^{-jk|\vec{r}-\vec{r}'|}}{|r-r'|}\mathrm{d}v'$	$\vec{F} = \dfrac{1}{4\pi}\iiint \dfrac{\vec{M}e^{-jk|\vec{r}-\vec{r}'|}}{|r-r'|}\mathrm{d}v'$

比较表 1-1,可得到对应的二重量,见表 1-2。

表 1-2　对应的二重量

电性源	磁性源
电场强度 $\vec{E}$	磁场强度 $\vec{H}$
$\vec{H}$	$\vec{E}$
电流密度 $\vec{J}$	磁流密度 $\vec{M}$
磁矢位 $\vec{A}$	电矢量 $\vec{F}$
$j\omega\varepsilon$	$-j\omega\mu$
$-j\omega\mu$	$j\omega\varepsilon$
自由空间波数 k	k
自由空间波阻抗 $\eta = \sqrt{\dfrac{\mu_0}{\varepsilon_0}}$	自由空间波导纳 $\dfrac{1}{\eta}$

二重性概念全部基于方程的数学对称性。电荷运动产生电流,可想象磁荷运动产生磁流是数学上的一种对称形式,并不表明磁荷的存在。这种处理方法在解决同时存在电源和磁源问题时特别方便。例如,某一问题可分成二重性问题,常常可以使数学处理工作减半。例如,无限均匀空间内同时有电源和磁源存在,因为场方程的线性,总场可以作为两部分场的叠加。为明确起见,令:

$$\left.\begin{aligned}\vec{E} &= \vec{E}' + \vec{E}'' \\ \vec{H} &= \vec{H}' + \vec{H}''\end{aligned}\right\} \tag{1-62}$$

式中

$$\left.\begin{aligned}\nabla \times \vec{H}' &= -j\omega\varepsilon\vec{E}' + \vec{J} \\ -\nabla \times \vec{E}' &= j\omega\mu\vec{H}'\end{aligned}\right\}$$

和

$$\left.\begin{aligned}\nabla \times \vec{H}'' &= j\omega\varepsilon\vec{E}'' \\ -\nabla \times \vec{E}'' &= j\omega\mu\vec{H}'' + \vec{M}\end{aligned}\right\}$$

全部解是两部分解的叠加,一部分来自 $\vec{J}$(电流),另一部分来自 $\vec{M}$(磁流),

$$\left.\begin{aligned}\vec{E} &= -\nabla \times \vec{F} + \frac{1}{j\omega\varepsilon}(\nabla \times \nabla \times \vec{A} - \vec{J}) \\ \vec{H} &= \nabla \times \vec{A} + \frac{1}{j\omega\mu}(\nabla \times \nabla \times \vec{F} - \vec{M}) \\ \vec{A}(\vec{r}) &= \frac{1}{4\pi}\iiint \frac{\vec{J}(\vec{r})e^{-jk|\vec{r}-\vec{r}'|}}{|\vec{r}-\vec{r}'|}d\tau' \\ \vec{F}(\vec{r}) &= \frac{1}{4\pi}\iiint \frac{\vec{M}(\vec{r})e^{-jk|\vec{r}-\vec{r}'|}}{|\vec{r}-\vec{r}'|}d\tau'\end{aligned}\right\} \tag{1-63}$$

这就是对于无限均匀媒质空间,有电流和磁流的空间场的全部解。根据二重性原理,求得其中一部分,另一部分则可直接得到。

尽管磁流和磁荷并不存在,但小电流环可视为磁偶极子,载流线圈可视为其法向磁流。利用二重性原理可从电偶极子辐射特性导出磁偶极子辐射特性。

1.4.2　唯一性原理

场的唯一性原理是给出了波动方程有唯一解的条件。如果两个问题有相同的边界条件,则它们具有相同的解。就是说边界条件保证了波动方程解的唯一性。由封闭面 S 所包围的区域 V 中,场可由在 V 中的源加上其边界上 $\vec{E}$ 的切向场分量确定,或由 V 中的源和边界上 $\vec{H}$ 的切向分量或一部分边界上 $\vec{E}$ 的切向分量和其余边界上的 $\vec{H}$ 的切向分量唯一确定。唯一性定理可确定场与源一一对应的关系。

将唯一性原理推广,设封闭面 S 包围场源,V' 是 S 面外的空间。假设 V' 是无源空间,该区域内的场可由 S 面上 $\vec{E}$ 的切向分量或包面上 $\vec{H}$ 的切向分量,或面 S 上一部分 $\vec{E}$ 切向场和另一部分包面上 $\vec{H}$ 切向场唯一确定。

在某一空间区域内,能产生同样场的两种源称为在该区域内是等效的(或称为等效源)。如图 $1-2$ 所示,S 面之内有源,S 之外是自由空间。S 面内源在 S 包面外部自由空间产生的场与在 S 面上等效电流或等效磁流产生的场是完全相同的。

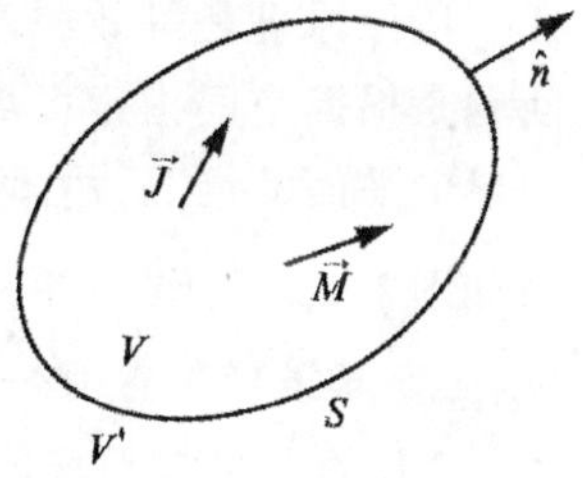

S 面上等效电流(惠更斯源)

$$\vec{J}_S = \hat{n} \times \vec{H} \qquad (1-64a)$$

S 面上等效磁流

$$\vec{J}_M = -\hat{n} \times \vec{E} \qquad (1-64b)$$

图 1-2　唯一性原理图

$\hat{n}$ 是从 S 面向外指向的单位法矢量。$\vec{J}_S$ 和 $\vec{J}_M$ 称为等效源。根据唯一性定理,只要封闭面上的 $\vec{E}$ 或 $\vec{H}$ 的切向场分量已知,就可确定封闭面外空间的场了,因此等效问题可只用磁流(切向电场)或只用电流(切向磁场)表示。

1.4.3　场的相似变换原理

场的相似变换原理(又称扩/缩比原理)表明具有不同物理尺度但电尺度完全相同的两个辐射-散射问题的场分布保持完全相似性。

设第一个辐射-散射问题中,频率为 ω_1,媒质特性参数为:介电常数、磁导

率和电导率分别为 $\varepsilon_1, \mu_1, \gamma_1$，长度矢量 $\vec{r}_1$，电、磁场矢量为 $\vec{E}_1, \vec{H}_1$。第二个辐射－散射问题中的频率为 ω_2，媒质特性参数为：介电常数、磁导率和电导率分别为 $\varepsilon_2, \mu_2, \gamma_2$，长度矢量 $\vec{r}_2$，电、磁场矢量为 $\vec{E}_2, \vec{H}_2$。如果频率改变而媒质的电特性 ε, μ, γ 仍维持不变，当频率提高 m 倍，物理尺度相应缩到原来的 $1/m$（即电尺度保持不变），则电磁场分布保持不变，即当 $f_2 = mf_1$，$\vec{r}_2 = \dfrac{1}{m}\vec{r}_1$，$\varepsilon(f_2) = \varepsilon(f_1)$，$\mu(f_2) = \mu(f_1)$，$\gamma(f_2) = \gamma(f_1)$ 时，这两种情况下的场分布维持不变。利用这一原理，对天线场分布的研究可根据实际情况进行扩比和缩比模型实验，其结果与原型是一样的。要达到频率改变媒质的电特性 ε, μ, γ 都维持不变，这在实践中是很少严格达到的，平时我们进行的扩比/缩比实验一般都是近似的。尽管如此，扩比/缩比试验在航天器天线中还是有较大的工程意义的。不过对天线输入阻抗的影响较之方向图更敏感些，所以一般扩比/缩比模型试验对方向图的研究居多。

1.4.4　镜像原理

镜像原理是等效源定理在无限大导电平面的一个具体应用。电磁场的边值问题是根据空间指定区域边界上场的信息来确定区域内场的。对于边界面为理想导电平面的情况，由理想导电体边界上 $\vec{E}$ 的切向场分量 $\equiv 0$ 的条件，可以导出如图 1－3 所示的"镜像"概念。垂直于导电平面的一电流元 $\dot{I}_l$，为保持边界条件，必在其镜像位置有一个相应的 I_l 电流元存在。这两个源的共同作用就保证了 $x > 0$ 的上半空间场的等效相同。对于水平或者倾斜的电流元也有类似的结果，如图 1－3 所示。

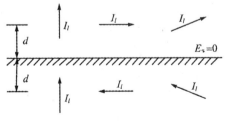

图 1－3　镜像原理图

利用镜像原理，在 $x > 0$ 的上半空间的场就可利用一个镜像源替代理想导电平面，获得相同的场分布。这个原理在确定很多辐射与散射问题上十分有用。比如源附近(发射天线)有一个电大尺寸的金属板，金属板(如卫星体表面)上半空间的辐射场可根据镜像原理来处理。有时会给问题求解带来方便。

1.4.5　感应定理

这是确定一组源在有障碍物情况下辐射问题的解。假设在无障碍物时源产生的入射场是 $\vec{E}^i, \vec{H}^i$，有障碍物时场变为 $\vec{E}, \vec{H}$，障碍物产生的散射场 $\vec{E}^s, \vec{H}^s$ 应为有障碍物时的场和入射场之差，即

$$\left.\begin{array}{l} \vec{E}^s = \vec{E} - \vec{E}^i \\ \vec{H}^s = \vec{H} - \vec{H}^i \end{array}\right\} \tag{1-65}$$

散射场可以想象为障碍物表面上的传导电流和磁流以及极化流所产生的场。保留障碍物，假定原来的场 $\vec{E}, \vec{H}$ 存在于障碍物之内部，而散射场 $\vec{E}^s, \vec{H}^s$ 存在于障碍物的外部。这两种场在各自区域内部都是无源的，为了支持这些场，S 面上必须有面电流，即

$$\left.\begin{array}{l} \vec{J}_s = \hat{n} \times (\vec{H}^s - \vec{H}) \\ \vec{M}_s = (\vec{E}^s - \vec{E}) \times \hat{n} \end{array}\right\} \tag{1-66}$$

式中，$\hat{n}$ 是由 S 面向外指出的单位法向量，将式(1−65)代入式(1−66)中得

$$\begin{array}{l} \vec{J}_s = \vec{H}^i \times \hat{n} \\ \vec{M}_s = \hat{n} \times \vec{E}^i \end{array} \tag{1-67}$$

根据唯一性定理，这些流在有障碍物存在而辐射时，就产生了假定的散射场(该源在 S 内为 $\vec{E}, \vec{H}$，在 S 之外为 $\vec{E}^s, \vec{H}^s$)，这就是感应定理。在有障碍物存在的情况下，空间场由两部分组成，一部分是由源产生的入射场 $\vec{E}^i, \vec{H}^i$，另一部分是由 $\vec{E}^i, \vec{H}^i$ 在障碍物表面感应出表面电磁流 $\vec{J}_s = \vec{H}^i \times \hat{n}$ 和 $\vec{M}_s = \hat{n} \times \vec{E}^i$ 的散射场 $\vec{E}^s, \vec{H}^s$，因此有障碍物的空间场：

$$\left.\begin{array}{l} \vec{E} = \vec{E}^i + \vec{E}^s \\ \vec{H} = \vec{H}^i + \vec{H}^s \end{array}\right\} \tag{1-68}$$

当障碍物为理想导体时，在 S 面上的 $\vec{E}$ 必须满足边界条件 $\hat{n} \times \vec{E} = 0$，必有 $\hat{n} \times \vec{E}^s = -\hat{n} \times \vec{E}^i$，要维持 S 面外 $\vec{E}^s, \vec{H}^s$，则 S 面上必然有下列感应磁流

$$\vec{M}_s = \vec{E}^s \times \hat{n} = \hat{n} \times \vec{E}^i \tag{1-69}$$

按照唯一性概念，式(1−69)的磁流在有导电障碍物而辐射时，在导电障碍物 S 面外必产生 $\vec{E}^s, \vec{H}^s$。

1.4.6　互易性原理

场的互易性原理是关于两组源相互作用的定理。在各向同性的线性媒质

中,存在两套相同频率的源 $\vec{J}_a, \vec{M}_a; \vec{J}_b, \vec{M}_b$。由 a 源单独产生的场为 $\vec{E}_a, \vec{H}_a$,由 b 源单独产生的场为 $\vec{E}_b, \vec{H}_b$,在此定义场 a 对源 b 的反应为

$$\langle a, b \rangle = \iiint (\vec{E}_a \vec{J}_b - \vec{H}_a \vec{M}_b) \mathrm{d}\tau \qquad (1-70\mathrm{a})$$

同样,场 b 对源 a 的反应为

$$\langle b, a \rangle = \iiint (\vec{E}_b \vec{J}_a - \vec{H}_b \vec{M}_a) \mathrm{d}\tau \qquad (1-70\mathrm{b})$$

互易定理就是

$$\langle a, b \rangle = \langle b, a \rangle \qquad (1-71)$$

公式(1-71)表明,场 a 对源 b 的反应等于场 b 对源 a 的反应。具体说,工作在发射模式下的天线 A 有一电动势,使得工作在接收模式下的天线 B 获得感应电流 I,则当天线 B 上加上相同的电动势时,在天线 A 上同样可获得相同的感应电流。根据互易定理由线性各向同性物质构成的任何天线,它的接收方向图与发射方向图应是完全相同的。由此引出天线的收发互易定理,在进行天线方向图测试时,对天线的辐射方向图常用接收状态进行。两种工作模式下,天线的阻抗也相同。

1.5 电磁问题解的构成

1.5.1 磁矢位 $\vec{A}$ 和电矢位 $\vec{F}$

如何构成一些电磁问题的解,在前面已经谈到用磁矢位 $\vec{A}$ 和电标位 φ,其实电磁场位函数还有另外的选择。本节提出用磁矢位 $\vec{A}$ 和电矢位 $\vec{F}$ 来构成电磁问题的解,这在研究天线辐射问题和导波问题时会带来一些方便,实际中常常应用。

例如,在天线辐射问题中,常把辐射空间当成一均匀无源区域,这时 Maxwell 方程可写成

$$\left. \begin{array}{l} \nabla \times \vec{E} = -j\omega\mu\vec{H} \\ \nabla \times \vec{H} = j\omega\varepsilon\vec{E} \\ \nabla \cdot \vec{E} = 0 \\ \nabla \cdot \vec{H} = 0 \end{array} \right\} \qquad (1-72)$$

由于 $\vec{E}, \vec{H}$ 无散,可引入 $\vec{A}, \vec{F}$,令

$$\vec{H} = \nabla \times \vec{A}, \qquad \vec{E} = -\nabla \times \vec{F} \qquad (1-73)$$

$\vec{A}, \vec{F}$ 分别称为磁矢位和电矢位(为了使表示更简洁和对称,这里引入的 $\vec{A}$ 与 $\vec{B}$

$= \nabla \times \vec{A}$ 差一个系数 μ,请注意)。

将式(1-73)第一式代入式(1-72)第一式中有 $\nabla \times (\vec{E} + j\omega\mu\vec{A}) = 0$,任何无旋场矢量可用一标量的负梯度表示。令 $\vec{E} + j\omega\mu\vec{A} = -\nabla \Phi^a$,$\Phi^a$ 叫电标位。由式(1-72)第二式 $\nabla \times \vec{H} = j\omega\varepsilon\vec{E}$ 得

$$
\left.
\begin{aligned}
\nabla \times \nabla \times \vec{A} - j\omega\varepsilon(-\nabla \Phi^a - j\omega\mu\vec{A}) = 0 \\
\nabla \times \nabla \times \vec{A} - k^2 \vec{A} = -j\omega\varepsilon \nabla \Phi^a
\end{aligned}
\right\} \tag{1-74}
$$

同样,$\nabla \times \vec{H} = -j\omega\varepsilon\nabla \times \vec{F} \Rightarrow \nabla \times (\vec{H} + j\omega\varepsilon\vec{F}) = 0$,令 $\vec{H} + j\omega\varepsilon\vec{F} = -\nabla \Phi^f$,$\Phi^f$ 叫磁标位。由式(1-72)第一式 $\nabla \times \vec{E} = -j\omega\mu\vec{H}$ 得

$$
\left.
\begin{aligned}
\nabla \times \vec{E} &= -j\omega\mu(-j\omega\varepsilon\vec{F} - \nabla \Phi^f) \\
\nabla \times \nabla \times \vec{F} &- j\omega\mu(-\nabla \Phi^f - j\omega\varepsilon\vec{F}) = 0 \\
\nabla \times \nabla \times \vec{F} &- k^2 \vec{F} = -j\omega\mu \nabla \Phi^f
\end{aligned}
\right\} \tag{1-75}
$$

利用恒等式 $\nabla \times \nabla \times \vec{A} = \nabla(\nabla \cdot \vec{A}) - \nabla^2\vec{A}$ 有

$$
\left.
\begin{aligned}
\nabla(\nabla \cdot \vec{A}) - \nabla^2\vec{A} - k^2\vec{A} = -j\omega\varepsilon \nabla \Phi^a \\
\nabla(\nabla \cdot \vec{F}) - \nabla^2\vec{F} - k^2 \vec{F} = -j\omega\mu \nabla \Phi^f
\end{aligned}
\right\} \tag{1-76}
$$

$\vec{A}$ 仅规定了 $\nabla \times \vec{A} = \vec{H}$,因此 $\nabla \cdot \vec{A}$ 还可以自由选择,如果令

$$
\nabla \cdot \vec{A} = -j\omega\varepsilon\Phi^a, \quad \nabla \cdot \vec{F} = -j\omega\mu\Phi^f
$$

式(1-76)可写成

$$
\left.
\begin{aligned}
\nabla^2\vec{A} + k^2 \vec{A} = 0 \\
\nabla^2\vec{F} + k^2 \vec{F} = 0
\end{aligned}
\right\} \tag{1-77}
$$

式(1-77)是矢量位的波动方程,利用二重性原理和矢量恒等式,在无源的情况下,可得

$$
\left.
\begin{aligned}
\vec{E} &= -j\omega\mu\vec{A} + \frac{1}{j\omega\varepsilon}\nabla(\nabla \cdot \vec{A}) - \nabla \times \vec{F} \\
\vec{H} &= \nabla \times \vec{A} - j\omega\varepsilon\vec{F} + \frac{1}{j\omega\mu}\nabla(\nabla \cdot \vec{F})
\end{aligned}
\right\} \tag{1-78}
$$

这是用磁矢位和电矢位给出的无源空间电磁场最普遍的表达式。这里要强调的是 $\vec{A}$,$\vec{F}$ 仅是场矢量数学恒等式之间的变换结果,不能认为 $\vec{A}$ 是得自 $\vec{J}$,而 $\vec{F}$ 得自 $\vec{M}$。在此,不管其实际的源如何,场总可以用 $\vec{A}$ 和 $\vec{F}$ 来代表。由于这是数学形式上的变换,因此我们可以根据实际情况对矢位作某些特殊的选择,可使数学求解问题变得更简明。

1.5.2　Z 向横电场和 Z 向横磁场的空间场表示

如果我们取 $\vec{F} = 0$ 的话,令 $\vec{A} = \psi\hat{u}_z$,这就是 Z 向横磁。则

$$\left.\begin{array}{l} \vec{E} = -j\omega\mu\vec{A} + \dfrac{1}{j\omega\varepsilon}\nabla(\nabla\cdot\vec{A}) \\[2mm] \vec{H} = \nabla\times\vec{A} \end{array}\right\} \tag{1-79}$$

按直角坐标把 $\vec{A} = \psi\hat{u}_z$ 代人,场可展开成

$$\left.\begin{array}{ll} E_x = \dfrac{1}{j\omega\varepsilon}\dfrac{\partial^2\psi}{\partial x\partial z}, & H_x = \dfrac{\partial\psi}{\partial y} \\[3mm] E_y = \dfrac{1}{j\omega\varepsilon}\dfrac{\partial^2\psi}{\partial y\partial z}, & H_y = -\dfrac{\partial\psi}{\partial x} \\[3mm] E_z = \dfrac{1}{j\omega\varepsilon}\left(\dfrac{\partial^2}{\partial z^2}+k^2\right)\psi, & H_z = 0 \end{array}\right\} \tag{1-80}$$

$H_z = 0$ 的场称为对 Z 的横磁场(TM)。

如果选择

$$\vec{A} = 0, \qquad \vec{F} = \psi\hat{u}_z \tag{1-81}$$

为 Z 向横电场,则

$$\left.\begin{array}{l} \vec{H} = -j\omega\varepsilon\vec{F} + \dfrac{1}{j\omega\mu}\nabla(\nabla\cdot\vec{F}) \\[2mm] \vec{E} = -\nabla\times\vec{F} \end{array}\right\} \tag{1-82}$$

用直角坐标将 $\vec{A} = 0, \vec{F} = \psi\hat{u}_z$ 代人,场可展开成

$$\left.\begin{array}{ll} H_x = \dfrac{1}{j\omega\mu}\dfrac{\partial^2\psi}{\partial x\partial z}, & E_x = -\dfrac{\partial\psi}{\partial y} \\[3mm] H_y = \dfrac{1}{j\omega\mu}\dfrac{\partial^2\psi}{\partial y\partial z}, & E_y = \dfrac{\partial\psi}{\partial x} \\[3mm] H_z = \dfrac{1}{j\omega\mu}\left(\dfrac{\partial^2}{\partial z^2}+k^2\right)\psi, & E_z = 0 \end{array}\right\} \tag{1-83}$$

$E_z = 0$ 的场称为对 Z 的横电场(TE)。

最一般的情况是场既非横电场也非横磁场,那么均匀无源空间中的任意场总可以表示成 TM 场和 TE 场的叠加。这时令

$$\vec{A} = \psi^a\hat{c}, \qquad \vec{F} = \psi^f\hat{c} \tag{1-84}$$

$\vec{c}$ 是固定矢量,有

$$\left.\begin{array}{l} \vec{E} = -\nabla\times(\vec{c}\,\psi^f) + \dfrac{1}{j\omega\varepsilon}\nabla\times\nabla\times(\vec{c}\,\psi^a) \\[2mm] \vec{H} = \nabla\times(\vec{c}\,\psi^a) + \dfrac{1}{j\omega\mu}\nabla\times\nabla\times(\vec{c}\,\psi^f) \end{array}\right\} \tag{1-85}$$

式中,ψ 是波动方程 $\nabla^2\psi + k^2\psi = 0$ 的解。从上可见,选择磁矢位 $\vec{A}$ 和电矢位 $\vec{F}$ 来构成电磁问题的解时,可根据实际情况对磁矢位 $\vec{A}$ 和电矢位 $\vec{F}$ 进行适当的剪

裁或叠加,利用其对偶性有时使问题变得简单和方便。特别对辐射场问题、导波场问题有更明显的好处。对此解法最后可归结为标量波动方程的解,如何选择这些 ψ 是我们现在要研究的问题。

如果该区域不是无源的,但仍是均匀的,则有

$$\left.\begin{aligned} -\nabla \times \vec{E} &= j\omega\mu\vec{H} + \vec{M} \\ \nabla \times \vec{H} &= j\omega\varepsilon\vec{E} + \vec{J} \end{aligned}\right\} \tag{1-86}$$

式(1-86)的一般解可以由所谓特解和无源方程的通解(所谓辅助解)叠加构成,特解就是源的矢位积分解,所以在有源的均匀区域内的解可写成

$$\left.\begin{aligned} \vec{E} &= \vec{E}_{ps} + \vec{E}_{cs} \\ \vec{H} &= \vec{H}_{ps} + \vec{H}_{cs} \end{aligned}\right\} \tag{1-87}$$

特解(ps)应为无限区域、均匀媒质内电流和磁流所构成的全部电磁场解。因此,特解可以想象是由这区域之内的源所形成的场。通解(cs)是无源方程的辅助解。辅助解可以看成是由这区域之外的源形成的场。

对辐射而言,往往需要计算有限区域源所形成的辐射场。这比计算近区场容易,因为对 $|\vec{r} - \vec{r}'|$ 可作远场近似。对辐射远场有

$$\left.\begin{aligned} \vec{A} &= \frac{e^{-jkr}}{4\pi r}\iiint_v \vec{J}(\vec{r}')e^{jkr'\cos\xi}\mathrm{d}v' \\ \vec{F} &= \frac{e^{-jkr}}{4\pi r}\iiint_v \vec{M}(\vec{r}')e^{jkr'\cos\xi}\mathrm{d}v' \end{aligned}\right\} \tag{1-88}$$

ξ 是 $\vec{r}$ 与 $\vec{r}'$ 间的夹角。$\vec{r}$ 是坐标原点到远场点的矢径,$\vec{r}'$ 是坐标原点到源点的矢径。无界空间辐射电磁场具有横电磁等特性,有

$$\left.\begin{aligned} E_\theta &= \eta H_\varphi \\ E_\varphi &= -\eta H_\theta \end{aligned}\right\} \tag{1-89}$$

按照 $H' = \nabla \times \vec{A}$ 可计算由 $\vec{J}$ 所形成的 $\vec{H}$ 场,仅保留 r^{-1} 项,有

$$\left.\begin{aligned} H'_\theta &= (\nabla \times \vec{A})_\theta = jkA_\varphi \\ H'_\varphi &= (\nabla \times \vec{A})_\varphi = -jkA_\theta \end{aligned}\right\} \tag{1-90}$$

E' 由式(1-89)确定。同样在辐射区由 $\vec{M}$ 所形成的部分 $\vec{E}''$ 场有

$$\left.\begin{aligned} E''_\theta &= -(\nabla \times \vec{F})_\theta = -jkF_\varphi \\ E''_\varphi &= -(\nabla \times \vec{F})_\varphi = jkF_\theta \end{aligned}\right\} \tag{1-91}$$

H'' 由式(1-89)确定。辐射区的总场是这些部分场之和,有

$$\left.\begin{aligned} E_\theta &= -j\omega\mu A_\theta - jkF_\varphi \\ E_\varphi &= -j\omega\mu A_\varphi + jkF_\theta \end{aligned}\right\} \tag{1-92}$$

　　由此看出求辐射场时不需要对矢位进行微分，由矢位相应的分量就可得到。而且对矢位的积分计算也是较简单的，它直截了当地表明了场和源的关系。这正是电磁场辐射和天线问题的分析中常采用位函数的原因。

　　当对 $\vec{A}, \vec{F}$ 计算时，积分式（1-88）中的指数因子 $r'\cos\xi$ 对不同的坐标系的表达式如下：

直角坐标系中　　$r'\cos\xi = xx' + yy' + zz'$

柱坐标系中　　　$r'\cos\xi = \rho'\sin\theta\cos(\varphi - \varphi) + zz'\cos\theta$ 　　　　　　（1-93）

球坐标系中　　　$r'\cos\xi = r'[\cos\theta\cos\theta' + \sin\theta\sin\theta'\cos(\varphi - \varphi')]$

　　和直角坐标和柱坐标一样，在球坐标系中，常将场分成对 r 的 TE 和对 r 的 TM 场叠加。如果按以前的选择，令 $\vec{A} = A_r\hat{r}, \vec{F} = F_r\hat{r}$，可按式（1-78）解出场，但发现 A_r, F_r 并不是标量亥姆霍兹方程的解，因为 $\nabla^2 A_r \neq (\nabla^2\vec{A})_r$。要确定 A_r, F_r 所必须满足的方程，再回到一般的矢位方程，见式（1-76）。如果对磁矢位令 $\vec{A} = A_r\hat{r}$，利用式（1-76）的第一式展开，方程的 θ, φ 分量有

$$\frac{\partial^2 A_r}{\partial r\partial\theta} = -j\omega\varepsilon\frac{\partial\Phi^a}{\partial\theta}, \qquad \frac{\partial^2 A_r}{\partial r\partial\varphi} = -j\omega\varepsilon\frac{\partial\Phi^a}{\partial\varphi} \qquad (1-94)$$

式中，Φ^a 为任意标量。注意，如果选择 $-j\omega\varepsilon\Phi^a = \dfrac{\partial A_r}{\partial r}$ 的话，式（1-94）的两式都成立，将此式代入式（1-76），展开所得的 r 分量方程为

$$\frac{\partial^2 A_r}{\partial r^2} + \frac{1}{r^2\sin\theta}\frac{\partial}{\partial\theta}\left(\sin\theta\frac{\partial A_r}{\partial\theta}\right) + \frac{1}{r^2\sin^2\theta}\frac{\partial^2 A_r}{\partial\varphi^2} + k^2 A_r = 0 \qquad (1-95)$$

很易证明式（1-95）就是 $(\nabla^2 + k^2)\dfrac{A_r}{r} = 0$。因此在球坐标系下 A_r/r 就是亥姆霍兹方程的解。利用二重性原理，对 $\vec{F}$ 也有同样的解。于是，在空间电磁场的分析与计算中，如果空间场以 r 的横电场和 r 的横磁场叠加形成的话，其磁矢位和电矢位的选择应为：

$$\vec{A} = \vec{r}\psi^a, \qquad \vec{F} = \vec{r}\psi^f$$

式中，$\vec{r} = r\hat{r}$ 是从原点出发的矢径。这样空间电磁场可表示为［将 $\vec{A} = \vec{r}\psi^a, \vec{F} = \vec{r}\psi^f$ 代入式（1-73），叠加得到场］：

$$\left.\begin{aligned}\vec{E} &= -\nabla\times\vec{r}\psi^f + \frac{1}{j\omega\varepsilon}\nabla\times\nabla\times\vec{r}\psi^a \\ \vec{H} &= \nabla\times\vec{r}\psi^a + \frac{1}{j\omega\mu}\nabla\times\nabla\times\vec{r}\psi^f\end{aligned}\right\} \qquad (1-96)$$

该式代表了以 r 的横电场和 r 的横磁场表示的无源均匀空间的电磁场。

　　式（1-96）中的各 ψ 值都乘以 r，因此引用另一类型的球面 Bessel 函数

$\hat{B}_n(kr)$ 是方便的,它和球 Bessel 函数 b_n 与半奇数阶柱 Bessel 函数 B_n 有以下关系:

$$\hat{B}_n(kr) = krb_n(kr) = \sqrt{\frac{kr\pi}{2}} B_{n+1/2}(kr) \tag{1-97}$$

式(1-97)的球面 Bessel 函数,其定性行为和相应的柱面 Bessel 函数是相同的,它们满足的微分方程是

$$\left[\frac{\mathrm{d}^2}{\mathrm{d}r^2} + k^2 - \frac{n(n+1)}{r^2}\right]\hat{B}_n = 0 \tag{1-98}$$

此式与球坐标系分离变量所得到的 R 方程(球 Bessel 方程):

$$\frac{\mathrm{d}}{\mathrm{d}r}\left(r^2 \frac{\mathrm{d}R}{\mathrm{d}r}\right) + [(kr)^2 - n(n+1)]R = 0$$

相比,仅须用 $\hat{B}_n$ 代替 R 就能得到式(1-98)的微分方程。以式(1-97)球 Bessel 函数表示的 A_r, F_r 的一般形式:

$$\sum_{m,n} C_{m,n}\hat{B}_n(kr)L_n^m(\cos\theta)h(m\varphi)$$

由 $\hat{B}_n$ 可得与 $B_{n+1/2}$ 相对应的名称和符号。j_n 是第一类球贝塞尔函数;n_n 是第二类球 Bessel 函数,又称球纽曼函数;$h_n^{(2)}$ 是第三类球面汉开尔函数。$h(m\varphi)$ 是 φ 分量方程解的谐函数,L_n^m 是 θ 分量方程解的连带的勒让德函数。

当 $\psi_{mn} = j_n(kr)P_n^m(\cos\theta)e^{jm\varphi}$,代表了包含 $r = 0$ 的球内有限场的基本波函数。因为在 $r = 0$ 处 $\hat{B}_n$ 为有限值的唯一球 Bessel 函数是 $j_n(kr)$;当 $\psi_{mn} = h_n^{(2)}(kr)P_n^m(\cos\theta)e^{jm\varphi}$,代表了球外有限场(包含 $r \to \infty$)的基本波函数,这必须选择向外行波。有关解的构成在第 2 章中还要详述。

令 $\vec{A} = A_r\hat{r}, \vec{F} = F_r\hat{r}$,按式(1-78)展开的场各分量可写成

$$\left.\begin{aligned}
E_r &= \frac{1}{j\omega\varepsilon}\left(\frac{\partial^2}{\partial r^2} + k^2\right)A_r \\[6pt]
E_\theta &= \frac{-1}{r\sin\theta}\frac{\partial F_r}{\partial\varphi} + \frac{1}{j\omega\varepsilon r}\frac{\partial^2 A_r}{\partial r\partial\theta} \\[6pt]
E_\varphi &= \frac{1}{r}\frac{\partial F_r}{\partial r} + \frac{1}{j\omega\varepsilon r\sin\theta}\frac{\partial^2 A_r}{\partial r\partial\varphi} \\[6pt]
H_r &= \frac{1}{j\omega\mu}\left(\frac{\partial^2}{\partial r^2} + k^2\right)F_r \\[6pt]
H_\theta &= \frac{1}{r\sin\theta}\frac{\partial A_r}{\partial\varphi} + \frac{1}{j\omega\mu r}\frac{\partial^2 F_r}{\partial r\partial\theta} \\[6pt]
E_\varphi &= -\frac{1}{r}\frac{\partial A_r}{\partial r} + \frac{1}{j\omega\mu r\sin\theta}\frac{\partial^2 F_r}{\partial r\partial\varphi}
\end{aligned}\right\} \tag{1-99}$$

当 $F_r = 0$，只有 A_r 存在时，得到对 r 的 TM 场。同样当 $A_r = 0$，只有 F_r 存在时，代表了对 r 的 TE 场。这个关系在球面坐标系中解天线及电磁问题时经常用到。一般从矢位开始，利用上述关系求得场，这是一种比较方便的途径。

参 考 文 献

1　数学手册. 高等教育出版社,1979

2　R. F. Harrington, Time-Harmonic Electromagnetic Field, McGraw-Hill Book Co. ,1961

3　Fawwaz T. Ulaby, Fundamental of Applied Electromagnetics,科学出版社,2002

4　马西奎.电磁场理论及应用.西安交通大学出版社,2000

第 2 章 天线与电磁问题的数学物理方法

本章从分离变量法和格林函数法入手介绍天线和电磁辐射问题的基本数学物理方法。在不失数学严密性前提下,说明常用解析方法的基本原理及使用要点。比较详细地阐述了波动方程解的构成、各种形式的波函数、空间散射场以及场与源间的并矢关系,从中揭示出电磁辐射问题的数学物理关系。为复杂航天器天线综合和航天器天线集合的电磁问题提供分析与综合的方法,为航天器天线的现代分析设计提供建模的理论依据。

2.1 分离变量法

天线辐射和电磁问题大多归结为二阶偏微分方程的求解。分离变量法是数学物理方法中最常应用的求解方法,也是天线及电磁场边值问题中最常用的有效方法之一。分离变量法的基本思想是:将多个变量的偏微分方程化为一些单变量的常微分方程,找出满足边界条件的一些特解,用这些特解的线性组合构成问题的解。能否应用分离变量法除了与方程形式有关外,坐标系的选择对分离变量法也很重要。如果适当选用正交坐标系,使问题的边界与坐标系某一个坐标面或几个坐标面的部分重合,那么方程本身和边界条件就都能进行变量分离。分离变量法在数学物理方程中已有专门讲述,本节不再重复,仅从电磁理论和天线分析的应用角度来讨论这个问题。

2.1.1 直角坐标系亥姆霍兹方程的解

矢量亥姆霍兹方程的求解可分为三个标量亥姆霍兹方程来解。假设标量亥姆霍兹方程的波函数用 ψ 来表示,有 $\nabla^2\psi + k^2\psi = 0$,在直角坐标系下它可写成

$$\frac{\partial^2\psi}{\partial x^2} + \frac{\partial^2\psi}{\partial y^2} + \frac{\partial^2\psi}{\partial z^2} + k^2\psi = 0 \qquad (2-1)$$

利用分离变量令 $\psi = X(x)Y(y)Z(z)$,式(2-1)变为

$$\frac{1}{X}\frac{\partial^2 X}{\partial x^2} + \frac{1}{Y}\frac{\partial^2 Y}{\partial x^2} + \frac{1}{Z}\frac{\partial^2 Z}{\partial z^2} + k^2 = 0 \qquad (2-2)$$

该式每一项至多依赖一个坐标,由于每个坐标独立变化,只有在每一项都不依赖于坐标时,才能使式(2-2)对所有的坐标值为零,于是令

$$\frac{1}{X}\frac{\partial^2 X}{\partial x^2} = -k_x^2, \quad \frac{1}{Y}\frac{\partial^2 Y}{\partial y^2} = -k_y^2, \quad \frac{1}{Z}\frac{\partial^2 Z}{\partial z^2} = -k_z^2 \qquad (2-3)$$

k_x, k_y, k_z 都是不依赖 x, y, z 坐标的常数。分离参量满足

$$k_x^2 + k_y^2 + k_z^2 = k^2 \qquad (2-4)$$

经过上述分离变量处理,一个二阶偏微分方程就变换成三个常微分方程求解了。现在以矩形波导电磁场分析为例说明亥姆霍兹方程在直角坐标系下的分离变量法,借此也对波导管内场作一个复习。

波导管内场满足亥姆霍兹方程有

$$\left. \begin{array}{c} \nabla^2 \vec{E} + k^2 \vec{E} = 0 \\ \nabla^2 \vec{H} + k^2 \vec{H} = 0 \end{array} \right\} \qquad (2-5)$$

假定波导管壁为理想导体,那么在波导界面,沿切线方向的电场分量和沿法线方向的磁场分量必等于零。如图 2-1 所示,其边值条件有

$$\left. \begin{array}{l} y = 0 \text{ 和 } y = b, E_x = 0 \\ x = 0 \text{ 和 } x = a, E_y = 0 \\ x = 0, x = a; y = 0, y = b \text{ 处}, E_z = 0 \\ x = 0 \text{ 和 } x = a, H_x = 0 \\ y = 0 \text{ 和 } y = b, H_y = 0 \end{array} \right\} \qquad (2-6)$$

式(2-6)中的 5 个边界条件是彼此独立的,由此可决定波导中场的解。

通常将矩形波导内场分为横电波($E_z = 0$)和横磁波($H_z = 0$)两种。

2.1.1.1　横电波场

波导内横电波场 $E_z = 0$,轴向磁场可写成 $H_z = X(x)Y(y)Z(z)$,并设沿正 z 向传播的行波,令 $Z(z) = e^{-\gamma z}$,这时场可写成

$$H_z = X(x)Y(y)e^{-\gamma z} \qquad (2-7)$$

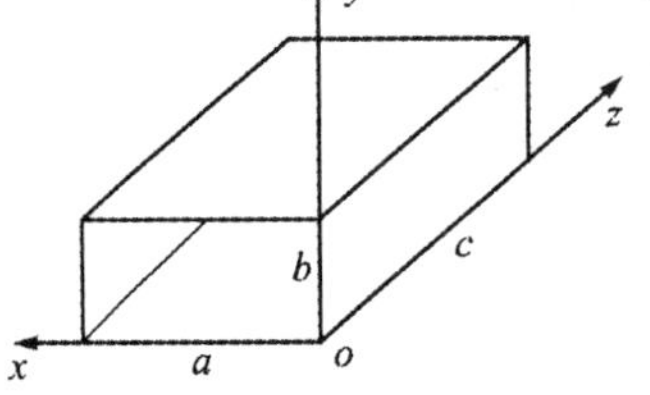

利用分离变量法得

图 2-1　矩形波导坐标图

$$\left. \begin{array}{l} \dfrac{X''}{X} = -k_x^2 \\[2mm] \dfrac{Y''}{Y} = -k_y^2 \\[2mm] k_c^2 = k_x^2 + k_y^2 \end{array} \right\} \qquad (2-8)$$

式(2-8)的解有

$$X = A\cos(k_x x) + B\sin(k_x x)$$
$$Y = C\cos(k_y y) + D\sin(k_y y)$$

代入式(2-7)得

$$H_z = [A\cos(k_x x) + B\sin(k_x x)][C\cos(k_y y) + D\sin(k_y y)]e^{-rz}$$
$$= H_o \cos(k_x x + \psi_x) \cdot \cos(k_y y + \psi_y)e^{-rz}$$

由边界条件

$$x = 0 \text{ 处}, E_y = 0, \text{即} \left.\frac{\partial H_z}{\partial x}\right|_{x=0} = 0, \text{由此得 } B = 0$$

$$y = 0 \text{ 处}, E_x = 0, \text{即} \left.\frac{\partial H_z}{\partial y}\right|_{y=0} = 0, \text{由此可得 } D = 0$$

因此 $\psi_x = \psi_y = 0$,所以

$$H_z = H_0 \cos(k_x x)\cos(k_y y)e^{-\gamma z} \tag{2-9}$$

式中,$H_0 = AC$,它由初始激励情况决定。

同样,由 $x = a$ 处的边界条件: $E_y = 0$,即 $\left.\frac{\partial H_z}{\partial x}\right|_{x=a} = 0$, 可得

$$\sin(k_x a) = 0; \quad k_x a = m\pi, \text{即} \ k_x = \frac{m\pi}{a} \quad m = 0,1,2,\cdots \tag{2-10}$$

由 $y = b$ 处的边界条件: $E_x = 0$,即 $\left.\frac{\partial H_z}{\partial y}\right|_{y=b} = 0$,可得

$$\sin(k_y b) = 0; \quad k_y b = n\pi, \text{即} \ k_y = \frac{n\pi}{b} \quad n = 0,1,2,\cdots \tag{2-11}$$

则

$$k_c = \sqrt{k_x^2 + k_y^2} = \sqrt{\left(\frac{m\pi}{a}\right)^2 + \left(\frac{n\pi}{b}\right)^2} \tag{2-12}$$

由式(2-12)可见,m,n 取不同值时,k_c 的值也不同,因而场的各分量也不同。这就意味着波导中存在各种不同类型(模式)的波,

$$\left.\begin{aligned}
k_c^2 &= \gamma^2 + k^2 \\
k^2 &= \omega^2 \varepsilon\mu \\
H_z &= H_0 \cos\left(\frac{m\pi}{a}x\right)\cos\left(\frac{n\pi}{b}y\right)e^{-\gamma z}
\end{aligned}\right\} \tag{2-13}$$

2.1.1.2 横磁波的场

因为 $H_z = 0, E_z \neq 0, E_z$ 满足的波动方程有

$$\frac{\partial^2 E_z}{\partial x^2} + \frac{\partial^2 E_z}{\partial y^2} = -k_c^2 E_z \tag{2-14}$$

同样,由边界条件在 $x=0$,$y=0$ 处 $E_z=0$ 和在 $x=a$,$y=b$ 处 $E_z=0$ 可得

$$E_z = E_0 \sin(k_x x)\sin(k_y y)e^{-\gamma z} \tag{2-15}$$

式中,E_0 为常数,由激励条件决定;$k_x=\dfrac{m\pi}{a}$,$k_y=\dfrac{n\pi}{b}$。

2.1.1.3　矩形波导内场分布

当 E_z,H_z 解出后,根据 Maxwell 方程组的关系可确定其他场分量如下

$$\left.\begin{aligned}
E_x &= -\frac{1}{\gamma^2+k^2}\left(\frac{\gamma\partial E_z}{\partial x}+j\omega\mu\frac{\partial H_z}{\partial y}\right)\\[2mm]
E_y &= \frac{1}{\gamma^2+k^2}\left(-\frac{\gamma\partial E_z}{\partial y}+j\omega\mu\frac{\partial H_z}{\partial x}\right)\\[2mm]
H_x &= \frac{1}{\gamma^2+k^2}\left(j\omega\varepsilon\frac{\partial E_z}{\partial y}-\gamma\frac{\partial H_z}{\partial x}\right)\\[2mm]
H_y &= -\frac{1}{\gamma^2+k^2}\left(j\omega\varepsilon\frac{\partial E_z}{\partial x}+\gamma\frac{\partial H_z}{\partial y}\right)
\end{aligned}\right\} \tag{2-16}$$

利用上式,矩形波导中传输的 TE_{mn} 型波的场分布为

$$\left.\begin{aligned}
E_x &= \frac{j\omega\mu\dfrac{n\pi}{b}}{-\alpha_{mn}^2+\omega^2\mu\varepsilon}H_0\cos\left(\frac{m\pi}{a}x\right)\sin\left(\frac{n\pi}{b}y\right)e^{j(\omega t-\alpha_{mn}z)}\\[3mm]
E_y &= \frac{-j\omega\mu\dfrac{m\pi}{a}}{-\alpha_{mn}^2+\omega^2\mu\varepsilon}H_0\sin\left(\frac{m\pi}{a}x\right)\cos\left(\frac{n\pi}{b}y\right)e^{j(\omega t-\alpha_{mn}z)}\\[3mm]
E_z &= 0\\[3mm]
H_x &= \frac{j\alpha_{mn}\dfrac{m\pi}{a}}{-\alpha_{mn}^2+\omega^2\mu\varepsilon}H_0\sin\left(\frac{m\pi}{a}x\right)\cos\left(\frac{n\pi}{b}y\right)e^{j(\omega t-\alpha_{mn}z)}\\[3mm]
H_y &= \frac{j\alpha_{mn}\dfrac{n\pi}{b}}{-\alpha_{mn}^2+\omega^2\mu\varepsilon}H_0\cos\left(\frac{m\pi}{a}x\right)\sin\left(\frac{n\pi}{b}y\right)e^{j(\omega t-\alpha_{mn}z)}\\[3mm]
H_z &= H_0\cos\left(\frac{m\pi}{a}x\right)\cos\left(\frac{n\pi}{b}y\right)e^{j(\omega t-\alpha_{mn}z)}
\end{aligned}\right\} \tag{2-17}$$

式中,

$$\alpha_{mn}=\sqrt{\omega^2\varepsilon\mu-\left(\frac{m\pi}{a}\right)^2-\left(\frac{n\pi}{b}\right)^2},\quad k_c^2=\left(\frac{m\pi}{a}\right)^2+\left(\frac{n\pi}{b}\right)^2,\quad \gamma=j\alpha_{mn} \tag{2-18}$$

临界波长:

$$\lambda_c = \frac{2\pi}{k_c} = \frac{2}{\left[\left(\dfrac{m}{a}\right)^2 + \left(\dfrac{n}{b}\right)^2\right]^{1/2}} \tag{2-19}$$

波导中能传播的波的波长一定要小于临界波长。这与同轴传输线中的 TEM 波有本质区别。临界波长不仅与波导尺寸有关,而且与阶数 m,n 的取值有关。

同样,利用分离变量法也可导出矩形波导内 TM_{mn} 模的场表示,有以下关系式:

$$\left.\begin{aligned}
H_x &= \frac{j\omega\varepsilon\dfrac{n\pi}{b}}{-\alpha_{mn}^2 + \omega^2\mu\varepsilon}E_0\sin\left(\frac{m\pi}{a}x\right)\cos\left(\frac{n\pi}{b}y\right)e^{j(\omega t - \alpha_{mn}z)} \\[2ex]
H_y &= \frac{-j\omega\varepsilon\dfrac{m\pi}{a}}{-\alpha_{mn}^2 + \omega^2\mu\varepsilon}E_0\cos\left(\frac{m\pi}{a}x\right)\sin\left(\frac{n\pi}{b}y\right)e^{j(\omega t - \alpha_{mn}z)} \\[2ex]
H_z &= 0 \\[2ex]
E_x &= \frac{-j\alpha_{mn}\dfrac{m\pi}{a}}{-\alpha_{mn}^2 + \omega^2\mu\varepsilon}E_0\cos\left(\frac{m\pi}{a}x\right)\sin\left(\frac{n\pi}{b}y\right)e^{j(\omega t - \alpha_{mn}z)} \\[2ex]
E_y &= \frac{-j\alpha_{mn}\dfrac{n\pi}{b}}{-\alpha_{mn}^2 + \omega^2\mu\varepsilon}E_0\sin\left(\frac{m\pi}{a}x\right)\cos\left(\frac{n\pi}{b}y\right)e^{j(\omega t - \alpha_{mn}z)} \\[2ex]
E_z &= E_0\sin\left(\frac{m\pi}{a}x\right)\sin\left(\frac{n\pi}{b}y\right)e^{j(\omega t - \alpha_{mn}z)}
\end{aligned}\right\} \tag{2-20}$$

在 TM_{mn} 情况下,当 $m=0$ 或 $n=0$ 时,$E_z=0$,那么场的其他分量也都等于零,因此在横磁波的情况下 TM_{0n},TM_{m0} 是不存在的。TM_{11} 型波是最低阶模。

对 TE_{mn} 模而言,TE_{10}($m=1$,$n=0$)是最低阶模。其场分量有:

$$\left.\begin{aligned}
E_y &= -j\omega\frac{2a}{\lambda}H_0\sin\left(\frac{\pi x}{a}\right)e^{j(\omega t - \alpha_{10}z)} \\[2ex]
H_x &= -j\sqrt{1 - \left(\frac{\lambda}{2a}\right)^2}\,\frac{2a}{\lambda}H_0\sin\left(\frac{\pi x}{a}\right)e^{j(\omega t - \alpha_{10}z)} \\[2ex]
H_z &= H_0\cos\left(\frac{\pi x}{a}\right)e^{j(\omega t - \alpha_{10}z)} \\[2ex]
E_x &= E_z = H_y = 0
\end{aligned}\right\} \tag{2-21}$$

而且有:

$$\left.\begin{array}{l}\lambda_{临界} = 2a \\[2mm] \gamma_{10} = ja_{10} = j\dfrac{2\pi}{\lambda}\sqrt{1-\left(\dfrac{\lambda}{2a}\right)^2} \\[3mm] \lambda_g = \lambda\Big/\sqrt{\sqrt{1-\left(\dfrac{\lambda}{2a}\right)^2}} \\[3mm] v_g = \dfrac{c}{\sqrt{1-\left(\dfrac{\lambda}{2a}\right)^2}}\end{array}\right\} \qquad (2-22)$$

2.1.1.4　矩形波导尺寸选择的原则

(1) 保证矩形波导内只能传输一种最低型波,而高次型波为截止状态。即

$$\lambda_{c(最靠近的高次波)} < \lambda < \lambda_{c(最低型波)} \qquad (2-23)$$

对矩形波导而言,最低阶模为 TE_{10} 波,设波导宽边为 a,它应满足 $\dfrac{\lambda}{2} < a < \lambda$;设窄边为 b,窄边应满足 $0 < b < \dfrac{\lambda}{2}$(因为 $\lambda_{c(TE10)} = 2a$,$\lambda_{c(TE20)} = a$ $\lambda_{c(TE01)} = 2b$,所以一般选择矩形波导尺寸为 $a \approx 0.7\lambda$,$b \approx 0.35\lambda$)。

(2) 必须保证能传输所规定的功率,并使损耗小。

(3) 为了制造方便,波导尺寸应尽可能地小、节省重量等。

2.1.2　圆柱坐标系亥姆霍兹方程的解

以圆波导中的电磁场分析为例说明其解法(图 2-2)。和矩形波导一样,在圆波导中横电磁波(TEM)是不可能存在的。可激励两种波型:一种是横电波,一种是横磁波。

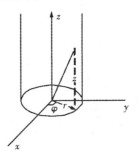

图 2-2　圆波导坐标系示图

2.1.2.1　横磁波(TM 波)

$H_z = 0$,$E_z \neq 0$。圆柱坐标系下,E_z 波动方程为

$$\frac{\partial^2 E_z}{\partial r^2} + \frac{1}{r}\frac{\partial E_z}{\partial r} + \frac{1}{r^2}\frac{\partial^2 E_z}{\partial \varphi^2} + k_c^2 E_z = 0 \qquad (2-24)$$

式中,$k^2 = \omega^2 \varepsilon\mu$,$k_c^2 = \gamma^2 + k^2$。用分离变量法,$E_z$ 有如下形式的解

$$E_z = R(r)F(\varphi)e^{j\omega t - \gamma z} \qquad (2-25)$$

将式(2-25)代入式(2-24)中得到

$$\left.\begin{array}{l} -\dfrac{F''}{F} = n^2 \\[2mm] r^2\dfrac{R''}{R} + r\dfrac{R'}{R} + k_c^2 r^2 = n^2 \end{array}\right\} \qquad (2-26)$$

其中第一式解为

$$F = A\cos(n\varphi + \psi_n) \qquad (2-27)$$

式中,A 是幅度,ψ_n 是所选坐标系的周向角。由于波导的圆对称性,可设 $\psi_n = 0$;又因为圆波导中 $0° \sim 360°$ 的周期性,因此 n 应是整数。式(2-26)中第二式为 n 阶 Bessel 方程,它的解为

$$R = BJ_n(k_c r) + CN_n(k_c r) \qquad (2-28)$$

式中,B,C 为任意常数,$J_n(k_c r)$ 和 $N_n(k_c r)$ 分别为 n 阶第一、第二类 Bessel 函数。第二类 Bessel 函数又称纽曼函数,它当 $r \to 0$ 时,$N_n \to \infty$。由于波导中心场应为有限值的条件,常数 C 应为零。这时波动方程解变成

$$E_z = E_0 J_n(k_c r)\cos(n\varphi)e^{j\omega t - \gamma z} \qquad (2-29)$$

$E_0 = AB =$ 常数,由最初的激励条件决定。在波导内表面 $r = a$ 处,由边界条件,有 $E_\varphi = 0, E_z = 0$。这只有当 $J_n(k_c a) = 0$ 时,这个条件才能满足,即

$$k_c a = v_{ni}, \qquad k_c = \frac{v_{ni}}{a} \qquad (2-30)$$

v_{ni} 是 n 阶第一类 Bessel 函数第 i 个根。

圆波导中 TM 型波的场分布有以下结果

$$\left.\begin{array}{l} H_r = -\dfrac{j\omega\varepsilon n}{r}\left(\dfrac{a}{v_{ni}}\right)^2 E_0 J_n\left(\dfrac{v_{ni}}{a}r\right)\sin(n\varphi)e^{j(\omega t - \alpha_{ni}z)} \\[3mm] H_\varphi = -\dfrac{j\omega\varepsilon a}{v_{ni}}E_0 J'_n\left(\dfrac{v_{ni}}{a}r\right)\cos(n\varphi)e^{j(\omega t - \alpha_{ni}z)} \\[3mm] H_z = 0 \\[3mm] E_r = \dfrac{-j\alpha_{ni}a}{v_{ni}}E_0 J'_n\left(\dfrac{v_{ni}}{a}r\right)\cos(n\varphi)e^{j(\omega t - \alpha_{ni}z)} \\[3mm] E_\varphi = \dfrac{j\alpha_{ni}n}{r}\left(\dfrac{a}{v_{ni}}\right)^2 E_0 J_n\left(\dfrac{v_{ni}}{a}r\right)\sin(n\varphi)e^{j(\omega t - \alpha_{ni}z)} \\[3mm] E_z = E_0 J_n\left(\dfrac{v_{ni}}{a}r\right)\cos(n\varphi)e^{j(\omega t - \alpha_{ni}z)} \end{array}\right\} \qquad (2-31)$$

圆波导中 TM 型波的截止波长,

$$\lambda_c^{TM} = \frac{2\pi a}{v_{ni}}, \qquad k_c^{TM} = \frac{v_{ni}}{a} \qquad (2-32)$$

由式(2-32)知，圆波导中可以存在无穷多个 TM 型波，不同的 n，i 有不同的波型。TM 型波的截止波长由 n 阶 Bessel 函数的根决定。表 2-1 列出了圆波导中 TM 型波头几个模式的截止波长。

表 2-1 圆波导中 TM 型波头几个模式的截止波长

波型	v_{ni}	λ_c	波型	v_{ni}	λ_c
E_{01}	2.405	2.62a	E_{21}	5.135	1.22a
E_{11}	3.832	1.64a	E_{02}	5.520	1.14a

横磁场最低阶模是 E_{01}，它的截止波长

$$\lambda_{\text{截止}} = \frac{2\pi}{k_c} = \frac{2\pi a}{v_{01}} = 2.61a \qquad (2-32a)$$

2.1.2.2 横电波（TE 波）

与 TM 型波有类似的分析。

$H_z \neq 0$，$E_z = 0$。圆柱坐标系下，H_z 波动方程有

$$\frac{\partial^2 H_z}{\partial r^2} + \frac{1}{r}\frac{\partial H_z}{\partial r} + \frac{1}{r^2}\frac{\partial^2 H_z}{\partial \varphi^2} + k_c^2 H_z = 0 \qquad (2-33)$$

式中，$k^2 = \omega^2 \varepsilon \mu$，$k_c^2 = \gamma^2 + k^2$。用分离变量法，$H_z$ 有下列形式

$$H_z = R(r)F(\varphi)e^{j\omega t - \gamma z} \qquad (2-34)$$

TE_{ni} 模的场分布有：

$$\left.\begin{aligned}
E_r &= \frac{j\omega\mu n}{r}\left(\frac{a}{\mu_{ni}}\right)^2 H_0 J_n\left(\frac{\mu_{ni}}{a}r\right)\sin(n\varphi)e^{j(\omega t - \alpha_{ni}z)} \\
E_\varphi &= \frac{j\omega\mu a}{\mu_{ni}}H_0 J'_n\left(\frac{\mu_{ni}}{a}r\right)\cos(n\varphi)e^{j(\omega t - \alpha_{ni}z)} \\
E_z &= 0 \\
H_r &= \frac{-j\alpha_{ni}a}{\mu_{ni}}H_0 J'_n\left(\frac{\mu_{ni}}{a}r\right)\cos(n\varphi)e^{j(\omega t - \alpha_{ni}z)} \\
H_\varphi &= \frac{j\alpha_{ni}n}{r}\left(\frac{a}{\mu_{ni}}\right)^2 H_0 J_n\left(\frac{\mu_{ni}}{a}r\right)\sin(n\varphi)e^{j(\omega t - \alpha_{ni}z)} \\
H_z &= H_0 J_n\left(\frac{\mu_{ni}}{a}r\right)\cos(n\varphi)e^{j(\omega - \alpha_{ni}z)}
\end{aligned}\right\} \qquad (2-35)$$

式中，μ_{ni} 是 n 阶的第一类 Bessel 函数一阶导数的第 i 个根，

$$\lambda_c^{TE} = \frac{2\pi a}{\mu_{ni}}, \quad k_c^{TE} = \frac{\mu_{ni}}{a} \qquad (2-36)$$

由式(2－36)知,圆波导中可以存在无穷多个 TE 型波,不同的 n,i 有不同的波型。TE 型波的截止波长由 n 阶 Bessel 函数的一阶导数的根决定。表 2－2 列出了圆波导中 TE 型波头几个模式的截止波长。

表 2－2　圆波导中 TE 型波头几个模式的截止波长

波型	μ_{ni}	λ_c	波型	μ_{ni}	λ_c
H_{11}	1.841	$3.41a$	H_{01}	3.832	$1.64a$
H_{21}	3.054	$2.06a$	H_{31}	4.201	$1.50a$

对 $H_{11}(TE_{11})$ 模的截止波长, $\lambda_c = 2\pi a/\mu_{11} = 3.41a$, $\mu_{11} = 1.841$ 。

2.1.2.3　圆波导中波型讨论

(1)由场分量表示式可见,圆波导中可以存在 TE_{ni} , TM_{ni} 型波。由于 μ_{n0} , v_{n0} 不存在,所以在圆波导中只可以有 H_{0i} , H_{ni} , E_{0i} , E_{ni} 的模, $i \neq 0$ 。

(2)只有当传输频率高于截止频率的波才可在波导中传输,就是说波长必须小于截止波长。截止波长由圆波导的半径决定。圆波导中最低阶的磁波是 H_{11} ,最低阶的电波是 E_{01} 。合理选择圆波导尺寸可以保证单模传输,其条件是: $2.62a < \lambda_c < 3.41a$ 。这就是说工作波长 λ 在 $2.62a \sim 3.41a$ 范围内,波导中单模传输 H_{11} 。

(3)圆波导中波型的简并。圆波导中波型有两种简并,一种是极化简并,另一种是 (H_{0i},E_{1i}) 模间简并。从场分量来看,沿 φ 方向的场有 $\cos n\varphi$, $\sin n\varphi$ 两种可能的分布,对应同样的 n,i 有两种场分布形式,其不同之处只是极化面旋转了 $90°$,这叫极化简并。圆波导中除 H_{0i} , E_{0i} 外都存在极化简并。极化简并表明波在圆波导中传输时,这些模的极化面会发生旋转不固定。从截止波长来看,模简并就是不同的模有相同的截止波长, H_{0i} , E_{1i} 二模之间就存在模简并。

(4)用作旋转连接的圆波导 E_{01} 模,是圆波导中最低阶电模,没有简并,其截止波长 $\lambda_c = 2.62a$ 。该模场旋转对称,沿周向无变化。它作为天线扫描装置的旋转关节模式,在卫星天线上经常应用。由于 E_{01} 模不是圆波导的基模,应用时,应通过激励等方式避免基模 H_{11} 的产生。

2.1.3　球坐标系亥姆霍兹方程的解

球坐标系如图 2－3 所示,当给定的边界为球面状特征时,可用球坐标系 (r,θ,φ) 的分离变量法。在球坐标系中亥姆霍兹方程为:

$$\frac{1}{r^2}\frac{\partial}{\partial r}\left(r^2\frac{\partial \psi}{\partial r}\right) + \frac{1}{r^2\sin\theta}\frac{\partial}{\partial\theta}\left(\sin\theta\frac{\partial \psi}{\partial\theta}\right) + \frac{1}{r^2\sin^2\theta}\frac{\partial^2 \psi}{\partial\varphi^2} + k^2\psi = 0 \quad (2-37)$$

应用分离变量法,令

$$\psi(r,\theta,\psi) = R(r)H(\theta)\Phi(\varphi) \quad (2-38)$$

上式除以 ψ 乘以 $r^2\sin^2\theta$,经两次分离变数并化简,可得三个变量的常微分方程:

$$\left.\begin{array}{l} \dfrac{\mathrm{d}^2\Phi}{\mathrm{d}^2\varphi} + m^2\Phi = 0 \\[3mm] r^2\dfrac{\mathrm{d}^2R}{\mathrm{d}^2r} + 2r\dfrac{\mathrm{d}R}{\mathrm{d}r} + [(kr)^2 - n(n+1)]R = 0 \\[3mm] \dfrac{1}{\sin\theta}\dfrac{\mathrm{d}}{\mathrm{d}\theta}\left(\sin\theta\dfrac{\mathrm{d}H}{\mathrm{d}\theta}\right) + \left[n(n+1) - \dfrac{m^2}{\sin^2\theta}\right]H = 0 \end{array}\right\} \quad (2-39)$$

分离常数有 m 和 $n(n+1)$。三种分离常数并无相互关系。式(2-39)中第一式为谐方程,产生 $h(m\varphi)$ 的解。其中第二个 R 方程和 Bessel 方程密切相关,其解为球 Bessel 函数,写为 $b_n(kr)$。第三个 θ 方程和 Legendre 方程有关,其解为连带的 Legendre 函数,一般用 $P_n^m(\cos\theta)$ 来表示。这样球坐标系下的亥姆霍兹方程基本波函数可写成:

$$\psi_{m,n} = b_n(kr)L_n^m(\cos\theta)h(m\varphi) \quad (2-40)$$

以波函数 ψ 代表电磁场时,从解的构成,可令 ψ 为 $\vec{A}$ 或 $\vec{F}$ 的直角坐标分量,其中 Z 分量与各球坐标分量的关系最简单。如使用 $\vec{A}$,令 $\vec{A} = \hat{z}\psi = \hat{r}\psi\cos\theta - \hat{\theta}\psi\sin\theta$,这就形成了对 z 的 TM 场。

同样,根据二重性原理,对 z 的 TE 场可选择 $\vec{F} = \hat{z}\psi = \hat{r}\psi\cos\theta - \hat{\theta}\psi\sin\theta$。

这样以球面波函数表示的电磁场可用其 TM 和 TE 场叠加而成。当然场也可由 r 的 TM 场和 r 的 TE 场叠加而成。

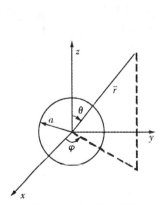

图 2-3 球坐标系示意图

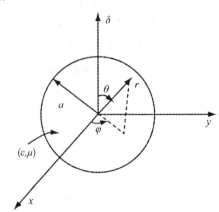

图 2-4 球形谐振腔示意图

例题　求球形谐振腔内场,以此说明球坐标下的波函数表示,如图 2-4 所示。

有一个半径为 a 的充满介电常数为 (ε,μ) 均匀介质的导电球壳形成的谐振腔。首先研究单个波函数可能满足的边界条件。我们仍将其内场当成为 r 的横电场和 r 的横磁场。

在此对 r 的 TE(横电场)可选择电矢位

$$F_r = j_n(kr)P_n^m(\cos\theta)\begin{Bmatrix}\cos m\varphi\\ \sin m\varphi\end{Bmatrix} \tag{2-41}$$

式中,n,m 均为整数,谐振腔内场包括 $r=0$ 场要为有限,需选择第一类球 Bessell 函数,j_n 为第一类 n 阶球 Bessell 函数。该腔包含了 $\theta=0,\pi$ 的区域,因此选择连带勒让德函数 $P_n^m(\cos\theta)$。式(2-41)中, $m=0,1,2,\cdots$；$n=1,2,3,\cdots$。

同样对 r 的 TM 场可选择磁矢量

$$A_r = j_n(kr)P_n^m(\cos\theta)\begin{Bmatrix}\cos m\varphi\\ \sin m\varphi\end{Bmatrix} \tag{2-42}$$

通过 F_r,A_r 可求出各场的表示式,有

$$\left.\begin{aligned}
E_r &= \frac{1}{j\omega\varepsilon}\left(\frac{\partial^2}{\partial r^2}+k^2\right)A_r\\[4pt]
E_\theta &= \frac{-1}{r\sin\theta}\frac{\partial F_r}{\partial\varphi}+\frac{1}{j\omega\varepsilon r}\frac{\partial^2 A_r}{\partial r\partial\theta}\\[4pt]
E_\varphi &= \frac{1}{r}\frac{\partial F_r}{\partial\varphi}+\frac{1}{j\omega\varepsilon r\sin\theta}\frac{\partial^2 A_r}{\partial r\partial\varphi}\\[4pt]
H_r &= \frac{1}{j\omega\mu}\left(\frac{\partial^2}{\partial r^2}+k^2\right)F_r\\[4pt]
H_\theta &= \frac{1}{r\sin\theta}\frac{\partial A_r}{\partial\varphi}+\frac{1}{j\omega\mu r}\frac{\partial^2 F_r}{\partial r\partial\theta}\\[4pt]
H_\varphi &= -\frac{1}{r}\frac{\partial A_r}{\partial\theta}+\frac{1}{j\omega\mu r\sin\theta}\frac{\partial^2 F_r}{\partial r\partial\varphi}
\end{aligned}\right\} \tag{2-43}$$

由边界条件确定其本征值。在 $r=a$ 面上,切向电场恒为零,即 $E_\theta=E_\varphi=0$,对 TE 场有 $j_n(ka)=0$,ka 必定是球 Bessel 函数的一个零点;对 TM 场有 $j'_n(ka)=0$,ka 必定是球 Bessel 函数一阶导数的一个零点。因此可得到对应的本征值如表 2-3,表 2-4。

表 2－3 $j_n(u)$ 的零点 u_{np}

	$n=1$	$n=2$	$n=3$	$n=4$
$P=1$	4.493	5.763	6.988	8.183
$P=2$	7.725	9.095	10.417	11.705
$P=3$	10.904	12.323	13.698	15.040

表 2－4 $j'_n(u)$ 的零点 u'_{np}

	$n=1$	$n=2$	$n=3$	$n=4$
$P=1$	2.744	3.870	4.978	6.062
$P=2$	6.117	7.443	8.722	9.968
$P=3$	9.317	10.713	12.064	13.380

由边界条件有 $k=\dfrac{u_{np}}{a}$(对 TE 场) 和 $k=\dfrac{u'_{np}}{a}$(对 TM 场)，$p=1,2,3,\cdots$。因为 $k=2\pi f_r \sqrt{\varepsilon\mu}$，由此可得球形谐振腔横电模的谐振频率

$$(f_r)^{TE}_{mnp} = \frac{u_{up}}{2\pi a \sqrt{\varepsilon\mu}} \qquad (2-44)$$

横磁模的谐振频率

$$(f_r)^{TM}_{mnp} = \frac{u'_{up}}{2\pi a \sqrt{\varepsilon\mu}} \qquad (2-45)$$

由上式可见，f_r 正比于 u_{np} 和 u'_{np}，而不依赖 m，对相同的谐振频率有不同的模式，这些模式有简并性。其中三个最低阶 TE 模的位函数为

$$\left. \begin{array}{l} (A_r)_{0,1,1} = j_1(4.493\,\dfrac{r}{a})\cos\theta \\[2mm] (A_r)^E_{1,1,1} = j_1(4.493\,\dfrac{r}{a})\sin\theta\cos\varphi \\[2mm] (A_r)^O_{1,1,1} = j_1(4.493\,\dfrac{r}{a})\sin\theta\sin\varphi \end{array} \right\} \qquad (2-46)$$

这三种模式有同样的模式图。其中"O、E"分别代表奇、偶模，对应于 $\sin m\varphi$ 和 $\cos m\varphi$ 的选择，除在空间相互转 90°外，场结构是一样的。同样对 TM 场也有类似的结果。

分离变量法的解题步骤总结如下：

（1）按给定的场域形状选择适当的坐标系，使场域的边界能与某个坐标面吻合，并写出给定边值问题在该坐标系中的表达式。

（2）将偏微分方程通过"分离变量"转化为常微分方程。

（3）解各常微分方程并组成偏微分方程的通解，其中分离常数和系数待定。

（4）由边界条件确定分离常数和系数，使问题得到唯一确定的解。

2.1.4　本征值与本征函数

用分离变量法解电磁场偏微分方程时，都要遇到分离常数，而且这些分离常数必须取某些特定值（否则，只能得到恒等于零的无意义解）。一般把这些特定值称为问题的本征值。不同的本征值对应不同的常微分方程。这些常微分方程的特解都会有本征值。一般称这一系列的特解为本征函数。而把相应的常微分方程与其定解条件的结合称为本征值问题。分离变量法解偏微分方程得到的齐次二阶线性常微分的普遍形式为

$$\frac{\mathrm{d}}{\mathrm{d}x}\left(p(x)\frac{\mathrm{d}u}{\mathrm{d}x}\right) - q(x)u + \lambda w(x)u = 0 \tag{2-47}$$

前面讨论的偏微分方程都是齐次的。这里 $p(x)$、$q(x)$、$w(x)$ 都是连续函数，并有 $p(x) > 0$，$w(x) > 0$，λ 是一个参数，即分离变量引入的分离常数。为满足原来电磁场偏微分方程给定的边界条件，只有 λ 取特定值。λ 的这些取值叫本征值，所对应的满足边界条件的非零解称为本征函数。

当 $p(x) = x$，$q(x) = n^2/x$，$w(x) = 1$，$\lambda = k^2$ 时，式（2-47）化为典型的 Bessel 方程

$$\frac{\mathrm{d}}{\mathrm{d}x}\left(x\frac{\mathrm{d}u}{\mathrm{d}x}\right) + \left(k^2 x - \frac{n^2}{x}\right)u = 0 \tag{2-48}$$

当 $p(x) = 1 - x^2$，$q(x) = 0$，$w(x) = 1$ 时，式（2-47）化为勒让德方程

$$\frac{\mathrm{d}}{\mathrm{d}x}\left[(1 - x^2)\frac{\mathrm{d}u}{\mathrm{d}x}\right] + \lambda u = 0 \tag{2-49}$$

有界区域（即有边界条件的）电磁场问题的本征值和本征函数都是一些离散值；当无界区域问题其本征值变为连续的，待求函数将由本征函数的线性组合变成积分表示。

2.2　自由空间波动方程解的讨论

亥姆霍兹方程通常又称无源空间的波动方程，它在微波与天线问题中最常用到。在分离变量法讨论的基础上，再一次对实际应用的相关问题作进一步地

讨论,以提高大家对航天器天线工程分析与设计能力。

2.2.1 直角坐标系波动方程解的构成

直角坐标系下,利用分离变量可得出三个谐方程,其解为谐函数 $h(k_x x) \to \sin k_x x, \cos k_x x, e^{\pm jk_x x}$ 的形式。因此,亥姆霍兹方程解可写为 $\psi_{k_x,k_y,k_z} = h(k_x x) h(k_y y) h(k_z z)$。

基本波函数之线性组合必定也是亥姆霍兹方程的解,其一般波函数有

$$\psi = \sum_{k_x} \sum_{k_y} B_{k_x,k_y} h(k_x x) h(k_y y) h(k_z z) \tag{2-50}$$

B_{k_x,k_y} 为常数,而 k_i 值由边界条件决定。k_i 中仅有两个可独立选择(因为有 $k_x^2 + k_y^2 + k_z^2 = k^2 = \omega^2 \mu\varepsilon$ 的关系式),k_i 值为本征值或特征值。对应于各种本征值的基本波函数称为本征函数。当本征值取连续参数时,亥姆霍兹方程解可写成积分形式

$$\psi = \int_{k_x} \int_{k_y} f(k_x, k_y) h(k_x x) h(k_y y) h(k_z z) dk_x dk_y \tag{2-51}$$

式中,$f(k_x, k_y)$ 为一解析函数,它是分离常数 k_x, k_y 的函数,由边界条件决定。积分是在复区域 $k_x k_y$ 内任何路径上进行的。上述积分式表明分离参量是连续变化的,称本征值具有连续谱。在有界区域(波导、谐振器等)解的本征值是不连续的离散谱。在无界区域(天线)常为连续谱,如式(2-51),该积分式是 *Fourier* 积分。谐函数的数学表示和物理解释见表 2-5。

表 2-5 谐函数的性质

谐函数 $h(kx)$	传播常数 $k = \beta - j\alpha$	波 的 性 质
	k 为实数,$e^{-j\beta x}$	$+x$ 向的无衰行波
e^{-jkx}	k 为虚数,$e^{-\alpha x}$	衰落场
	k 为复数,$e^{-\alpha x} e^{-j\beta x}$	沿 $+x$ 向的衰落行波
	k 为实数,$\sin\beta x$	驻波
$\sin kx$	k 为虚数,$-j\mathrm{sh}\alpha x$	衰落场
	k 为复数,	局部化驻波
	$\sin\beta x \mathrm{ch}\alpha x - j\cos\beta x \mathrm{sh}\alpha x$	

2.2.2 柱面坐标系波动方程解的构成

柱坐标系下,利用分离变量法也可得到三个独立的常微分方程。其中 $Z(z)$

和 $\phi(\varphi)$ 为谐函数,它与直角坐标下分离变量得到的谐函数相同。R 方程是 n 阶 Bessel 方程。

R 方程解的基本波函数 $B_n(k_\rho\rho) \rightarrow J_n(k_\rho\rho)$,$N_n(k_\rho\rho)$,$H_n^{(1)}(k_\rho\rho)$,$H_n^{(2)}(k_\rho\rho)$ 等函数形式,它们分别是第一类 Bessel 函数、第二类 Bessel 函数(又叫纽曼函数)和第一、第二类汉克尔函数。

该亥姆霍兹方程的基本波函数可写成,$\psi_{k\rho,n,k_z} = B_n(k_\rho\rho)h(n\varphi)h(k_z z)$,$k_\rho$,$k_z$ 满足:$k_\rho^2 + k_z^2 = k^2$,$k^2 = \omega^2 \varepsilon\mu$。一般波函数是基本波函数的线性叠加

$$\psi = \sum_n \sum_{k_z} c_{n,k_z} B_n(k_\rho\rho)h(k_z z)h(n\varphi) \tag{2-52}$$

式中,c_{n,k_z} 为常数,其中 φ 为角坐标,要使 φ 在 $(0 \sim 2\pi)$ 域内为单值,就必须有 $\psi(\varphi) = \psi(2\pi + \varphi)$,则 $h(n\varphi)$ 必然是周期性的,其中 n 只可能取整数。对 n 的求和通常是 φ 的 Fourier 级数形式。

当 k_ρ 或 k_z 取连续谱时,波函数可写成积分形式有

$$\psi = \sum_n \int_{k_z} f_n(k_z)B_n(k_\rho\rho)h(k_z z)h(n\varphi)\mathrm{d}k_z \tag{2-53a}$$

$$\psi = \sum_n \int_{k_\rho} g_n(k_\rho)B_n(k_\rho\rho)h(k_z z)h(n\varphi)\mathrm{d}k_\rho \tag{2-53b}$$

积分是在复平面上的任何围线上进行的,$f_n(k_z)$,$g_n(k_\rho)$ 是由边界条件确定的函数。积分为 Fourier 积分。如果场包括 $\rho = 0$ 处,要使其为有限值,$B_n(k_\rho\rho)$ 必然以 $J_n(k_\rho\rho)$ 为基本波函数,其解有

$$\psi_{k_\rho,n,k_z} = J_n(k_\rho\rho)e^{jn\varphi}e^{jk_z z}, \qquad k_\rho = \pm\sqrt{k^2 - k_z^2} \tag{2-54a}$$

如果场包括 $\rho \rightarrow \infty$ 的区域,满足辐射条件

$$\psi_{k_\rho,n,k_z} = H_n^{(2)}(k_\rho\rho)e^{jn\varphi}e^{jk_z z} \tag{2-54b}$$

柱面波函数的数学表示和物理解释见表 2-6。

表 2-6 柱面波函数的特性

柱面波函数 $B_n(k\rho)$	$k = \beta - j\alpha$ β,α 为实数	当 $k\rho$ 很大时,类似于	当 $k\rho$ 很大时,波的性质
$J_n(k\rho)$,第一类 Bessel 函数 $J_0(0)=1$;$J_n(0)=0$,$n>0$	k 为实数	$\propto \cos k\rho$	表现为振荡,柱面驻波
$N_n(k\rho)$,第二类 Bessel 函数 $N_n(0)=\infty$	k 为实数	$\propto \sin k\rho$	表现为振荡,柱面驻波

柱面波函数 $B_n(k\rho)$	$k = \beta - j\alpha$ β,α 为实数	当 $k\rho$ 很大 时,类似于	当 $k\rho$ 很大时, 波的性质
$H_n^{(1)}(k\rho)$,第一类 Hankel 函数 $H_n^{(1)} = J_n(k\rho) + jN_n(k\rho)$	k 为实数	$\propto e^{jk\rho}$	向内行的柱面行波
	k 为虚数	$\propto e^{-\alpha\rho}$	代表衰落场
	k 为复数	$\propto e^{-\alpha\rho}e^{j\beta\rho}$	向内的衰落(或增强)行波
$H_n^{(2)}(k\rho)$,第二类 Hankel 函数 $H_n^{(2)} = J_n(k\rho) - jN_n(k\rho)$	k 为实数	$\propto e^{-jk\rho}$	向外行的柱面行波
	k 为虚数	$\propto e^{-\alpha\rho}$	代表衰落场
	k 为复数	$\propto e^{-\alpha\rho}e^{-j\beta\rho}$	向外的衰落(或增强)行波

说明:当 k 变为虚数时,$k = -j\alpha$,波函数变为修正的 Bessel 函数 I_n 和 K_n,它与 Bessel 函数的关系有

$$I_n(\alpha\rho) = j^n J_n(-j\alpha\rho) \\ K_n(\alpha\rho) = \frac{\pi}{2}(-j)^{n+1}H_n^{(2)}(-j\alpha\rho) \Bigg\} \qquad (2-55)$$

当 $\alpha\rho$ 为实数时,I_n,K_n 也为实数。其渐近性有,$I_n(\alpha\rho) \to e^{\alpha\rho}$,$K_n(\alpha\rho) \to e^{-\alpha\rho}$,表现为衰落场。因此修正的 Bessel 函数可用于代表衰落类型的场。对电磁波的形象理解可与日常生活现象对应,水中投石产生的是 Bessel 类型的柱面波;而风吹过水面产生的是谐函数的波。

2.2.3   球坐标系波动方程解的构成

球坐标系下,亥姆霍兹方程通过分离变量可得到三个常微分方程。这三个方程中,第一式是一个谐方程,其解为一个谐函数记为 $h(m\varphi)$。如果要在 $(0° \sim 360°)$ 内有单值,m 必定为整数。它选择:$\sin(m\varphi)$,$\cos(m\varphi)$,$e^{jm\varphi}$ 和 $e^{-jm\varphi}$ 及其线性组合。而第二式是球 Bessel 方程,其解用 $b_n(kr)$ 表示,它与普通柱 Bessel 函数有以下关系:

$$b_n(kr) = \sqrt{\frac{\pi}{2kr}}B_{n+1/2}(kr) \qquad (2-56)$$

定性地看,球 Bessel 函数与相应的柱 Bessel 函数有相同的性状。当 k 为实数时,$j_n(kr)$,$n_n(kr)$ 代表驻波;$h_n^{(1)}(kr)$,$h_n^{(2)}(kr)$ 分别代表向内和向外行的球面行波;零阶球 Bessel 函数是谐函数乘以 $(1/kr)$,有

$$j_0(kr) = \frac{\sin kr}{kr}, \qquad n_0(kr) = -\frac{\cos kr}{kr}$$

$$h_0^{(1)}(kr) = \frac{e^{jkr}}{jkr}, \qquad h_0^{(2)}(kr) = -\frac{e^{-jkr}}{jkr} \qquad (2-57)$$

对较高阶的球 Bessel 函数是 $(1/kr)$ 乘以 $\sin(kr)$ 和 $\cos(kr)$ 的线性组合(多项式)。

第三式是勒让德方程,其解为连带勒让德函数 $L_n^m(\cos\theta) \to P_n^m(\cos\theta)$, $Q_n^m(\cos\theta)$ 形式,它们分别为第一类和第二类连带勒让德函数。因此球坐标下亥姆霍兹方程的基本波函数

$$\psi_{m,n} = b_n(kr)L_n^m(\cos\theta)h(m\varphi) \qquad (2-58)$$

在 $r=0$ 处具有有限值的唯一球 Bessel 函数是 $j_n(kr)$,它代表了球内有限场的基本波函数(含 $r=0$),有

$$\psi_{m,n} = j_n(kr)P_n^m(\cos\theta)e^{jm\varphi} \qquad m,n \text{ 为整数} \qquad (2-59a)$$

代表球外的有限场必须选择向外行波(包括 $r \to \infty$),其波函数有

$$\psi_{m,n} = h_n^{(2)}(kr)P_n^m(\cos\theta)e^{jm\varphi} \qquad m,n \text{ 为整数} \qquad (2-59b)$$

亥姆霍兹方程更一般的解应是基本波函数的线性组合

$$\psi = \sum_m \sum_n C_{m,n}b_n(kr)L_n^m(\cos\theta)h(m\varphi) \qquad (2-59c)$$

式中 $C_{m,n}$ 是常数。

到此,把三种常用坐标系下的亥姆霍兹方程解的一般形式又做了概括,这能帮助我们在求解问题时恰当地选择解的形式,为分析计算提供便捷。

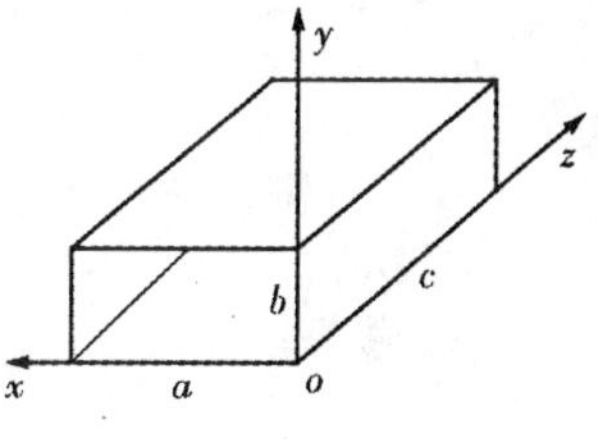

例题 1　矩形谐振腔各边长为 a,b,c,已知腔内磁矢位 $\vec{A} = A_z\hat{z} = c\sin\frac{\pi x}{a}\sin\frac{\pi y}{b}\cos\frac{\pi z}{c}e^{j\omega t}$,试求 $\vec{E}$ 和 $\vec{B}$(图 2-5)。

图 2-5　矩形谐振腔示意图

解:
$$\vec{B} = \nabla \times \vec{A} = \begin{vmatrix} \hat{i} & \hat{j} & \hat{k} \\ \dfrac{\partial}{\partial x} & \dfrac{\partial}{\partial y} & \dfrac{\partial}{\partial z} \\ 0 & 0 & A_z \end{vmatrix}$$

$$= \hat{i}\left(\frac{c\pi}{b}\sin\frac{\pi x}{a}\cos\frac{\pi y}{b}\cos\frac{\pi z}{c}e^{j\omega t}\right) - \hat{j}\left(\frac{c\pi}{a}\cos\frac{\pi x}{a}\sin\frac{\pi y}{b}\cos\frac{\pi z}{c}e^{j\omega t}\right)$$

$$H_x = \frac{B_x}{\mu_0}, \qquad H_y = \frac{B_y}{\mu_0}$$

$$\nabla \times \vec{H} = \begin{vmatrix} \hat{i} & \hat{j} & \hat{k} \\ \dfrac{\partial}{\partial x} & \dfrac{\partial}{\partial y} & \dfrac{\partial}{\partial z} \\ H_x & H_y & 0 \end{vmatrix} = \hat{i}\left(-\dfrac{\partial H_y}{\partial z}\right) + \hat{j}\left(\dfrac{\partial H_x}{\partial z}\right) + \hat{k}\left(\dfrac{\partial H_y}{\partial x} - \dfrac{\partial H_x}{\partial y}\right)$$

$$\nabla \times \vec{H} = \dfrac{\partial \vec{D}}{\partial t} = j\omega \hat{D}$$

$$\varepsilon \dfrac{\partial E_x}{\partial t} = -\dfrac{\partial H_y}{\partial z} = \dfrac{c\pi^2}{\mu_0 ac}\cos\dfrac{\pi x}{a}\sin\dfrac{\pi y}{b}\sin\dfrac{\pi z}{c}e^{j\omega t}$$

$$E_x = j\dfrac{c\pi^2}{\mu_0 \varepsilon_0 ac\omega}\cos\dfrac{\pi x}{a}\sin\dfrac{\pi y}{b}\sin\dfrac{\pi z}{c}e^{j\omega t}$$

$$E_y = \int \dfrac{1}{\varepsilon_0}\cdot\dfrac{\partial H_x}{\partial z}\mathrm{d}t = j\dfrac{c\pi^2}{\mu_0 \varepsilon_0 bc\omega}\sin\dfrac{\pi x}{a}\cos\dfrac{\pi y}{b}\sin\dfrac{\pi z}{c}e^{j\omega t}$$

$$E_z = \int \dfrac{1}{\varepsilon_0}\cdot\left(\dfrac{\partial H_y}{\partial x} - \dfrac{\partial H_x}{\partial y}\right)\mathrm{d}t$$

$$= -j\dfrac{c\pi^2}{\mu_0 \varepsilon_0 \omega}\left(\dfrac{1}{a^2} + \dfrac{1}{b^2}\right)\sin\dfrac{\pi x}{a}\sin\dfrac{\pi y}{b}\cos\dfrac{\pi z}{c}e^{j\omega t}$$

若用$\dfrac{\partial D_x}{\partial t} = j\omega D_x$,关系会更简化一些

$$E_x = \dfrac{-1}{j\omega E}\cdot\dfrac{\partial H_y}{\partial z}$$

例题 2　求证无界理想介质中任意方向 $\hat{n}^\circ$ 传播的平面波可写成 $\vec{E} = \vec{E}_m e^{j(k\hat{n}^\circ\cdot\vec{r} - \omega t)}$。

提示:$\vec{E}$ 满足波动方程$\nabla^2\vec{E} = \mu\varepsilon\dfrac{\partial^2\vec{E}}{\partial t^2}$,则说明 $\vec{E}$ 是向任意方向传播的。

$$\hat{n}^\circ\cdot\vec{r} = x\cos\alpha + y\cos\beta + z\cos\gamma$$
$$\vec{r} = \hat{i}x + \hat{j}y + \hat{k}z$$
$$\vec{E} = \vec{E}_m e^{j[k(x\cos\alpha + y\cos\beta + z\cos\gamma) - \omega t]}$$
$$\nabla^2\vec{E} = \dfrac{\partial^2\vec{E}}{\partial x^2} + \dfrac{\partial^2\vec{E}}{\partial y^2} + \dfrac{\partial^2\vec{E}}{\partial z^2}$$

待证式左边
$$\nabla^2\vec{E} = \vec{E}_m(\cos^2\alpha + \cos^2\beta + \cos^2\gamma)(jk)^2 e^{j[k(x\cos\alpha + y\cos\beta + z\cos\gamma) - \omega t]}$$

待证式右边
$$\mu\varepsilon\dfrac{\partial^2\vec{E}}{\partial t^2} = -\omega^2\mu\varepsilon\vec{E} = (jk)^2\vec{E}$$

左、右两边相等,表明 $\vec{E}$ 是向任意方向传播的电磁波。

2.3　波的变换及散射问题

空间飞行器的各种无线射频系统往往都集中在一个十分有限的空间里,而且无线频率分布较广。天线集合通过电磁波形成的相互作用和影响很难避免。在预估天线辐射性能和辐射系统 EMC 设计中,常常涉及场和场、场和波间的相互作用和影响。本节专门就这种问题的处理给出一些基本的方法、思路和途径。

在处理辐射与散射的数学模型时,将某一种坐标系的基本波函数以另一坐标系的基本波函数来表示是经常应用到的。我们把这种类型的表示式转换称为波的变换。本节在讨论波的变换基础上对多种情况下的散射问题也进行了分析。

2.3.1　平面波变换成柱面波的表示

假设将沿 x 方向传输的平面波 e^{-jkx} 改用柱面波表示。假设此波在原点是有限的,相对 φ 呈 2π 的周期性。利用 $J_n(k\rho) = \dfrac{j^n}{2\pi}\displaystyle\int_{-\pi}^{\pi} e^{-jk\rho\cos\varphi}e^{-jn\varphi}\mathrm{d}\varphi$ 的关系,e^{-jkx} 平面波以 Fourier 级数展开可表示为

$$e^{-jkx} = e^{-jk\rho\cos\varphi} = \sum_{n=-\infty}^{\infty} a_n J_n(k\rho)e^{jn\varphi} \tag{2-60}$$

式中,a_n 为展开系数,将上式两边乘以 $e^{-jm\varphi}$,再从 $0\to2\pi$ 对 φ 积分

$$\int_0^{2\pi} e^{-jk\rho\cos\varphi}e^{-jm\varphi}\mathrm{d}\varphi = \sum_{n=-\infty}^{\infty} a_n J_n(k\rho)\int_0^{2\pi} e^{jn\varphi}e^{-jm\varphi}\mathrm{d}\varphi$$

利用三角函数的正交性,只有 $m = n$ 时,积分不为 0,其余为 0。所以

$$\int_0^{2\pi} e^{-jk\rho\cos\varphi}e^{-jm\varphi}\mathrm{d}\varphi = 2\pi a_m J_m(k\rho)$$

左边对 $k\rho$ 的 m 次导数,令 $\rho = 0$ 可算出

$$j^{-m}\int_0^{2\pi}\cos^m\varphi e^{-jm\varphi}\mathrm{d}\varphi = \frac{2\pi j^{-m}}{2^m}$$

右边的 m 次导数在 $\rho = 0$ 处算出是 $2\pi a_m/2^m$,因此 $a_m = j^{-m}$,所以

$$e^{-jkx} = e^{-jk\rho\cos\varphi} = \sum_{n=-\infty}^{\infty} j^{-n}J_n(k\rho)e^{jn\varphi} \tag{2-61}$$

此式是平面波(e^{-jkx})波函数表示成柱面波基本波函数的表示式。对式 (2-61) 两边乘 $e^{-jn\varphi}$ 并积分,得柱面波的平面波表示式为

$$J_n(k\rho) = \frac{j^n}{2\pi}\int_0^{2\pi} e^{-jk\rho\cos\varphi} e^{-jn\varphi}\,\mathrm{d}\varphi \qquad (2-62)$$

2.3.2　圆柱坐标原点的平移变换

对圆柱坐标系原点平移的变换，考虑波函数

$$\psi = H_0^{(2)}(k|\vec{\rho} - \vec{\rho}'|)$$

$$= H_0^{(2)}\left[k\sqrt{\rho^2 + \rho'^2 - 2\rho\rho'\cos(\varphi - \varphi')}\right] \qquad (2-63)$$

$\vec{\rho}', \vec{\rho}$ 如图 2-6 所示。现在将 ψ 想象成在 ρ' 点的线源的场，并以源在原点的柱面波函数表示。这里再用以 $\rho = 0$ 为参考的波函数来表示 ψ。

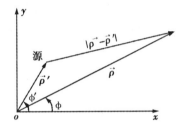

图 2-6　圆柱坐标原点平移示意图

在 $\rho < \rho'$ 区域内，波函数应是 $J_n(k\rho)e^{jn\varphi}$，其中 n 是整数，它满足 $\rho = 0$ 是有限的，并对 φ 呈 2π 周期性。在 $\rho > \rho'$ 区域内，波函数是 $H_n^{(2)}(k\rho)e^{jn\varphi}$，其中 n 是整数，因为 ψ 代表向外行波。并且 ψ 对加撇和不加撇的坐标应是对称的（互易性），因而 ψ 有下式

$$\psi = \begin{cases} \displaystyle\sum_{n=-\infty}^{\infty} b_n H_n^{(2)}(k\rho')J_n(k\rho)e^{jn(\varphi-\varphi')} & \rho < \rho' \\[3mm] \displaystyle\sum_{n=-\infty}^{\infty} b_n H_n^{(2)}(k\rho)J_n(k\rho')e^{jn(\varphi-\varphi')} & \rho > \rho' \end{cases} \qquad (2-64)$$

式中，b_n 是常数，为计算 b_n，令 $\rho' \to \infty$ 和 $\varphi' = 0$，应用 Hankel 函数渐近式 $H_0(k\rho) \approx \sqrt{\dfrac{2j}{\pi k\rho}}e^{-jk\rho}$，式(2-63)可写成：

$$\psi = H_0^{(2)}(k|\vec{\rho} - \vec{\rho}'|)\xrightarrow[\rho' \to \infty]{\varphi' \to 0}\sqrt{\frac{2j}{\pi k\rho'}}e^{-jk\rho'}e^{jk\rho\cos\varphi}$$

此时构成 ψ 的表示式变成

$$\psi \xrightarrow[\rho' \to \infty]{\varphi' \to 0}\sqrt{\frac{2j}{\pi k\rho'}}e^{-jk\rho'}\sum_{n-\infty}^{\infty} b_n j^n J_n(k\rho)e^{jn\varphi}$$

这些都是平面波表示式,从式(2-61)得 $b_n = 1$,于是

$$H_0^{(2)}(k|\vec{\rho} - \vec{\rho}'|) = \begin{cases} \sum_{n=-\infty}^{\infty} H_n^{(2)}(k\rho') J_n(k\rho) e^{jn(\varphi-\varphi')} & \rho < \rho' \\ \sum_{n=-\infty}^{\infty} H_n^{(2)}(k\rho) J_n(k\rho') e^{jn(\varphi-\varphi')} & \rho > \rho' \end{cases} \qquad (2-65)$$

式(2-65)称为汉克尔函数的相加定理。上标(2)换成(1)也是有效的:

$$H_0^{(1)}(k|\vec{\rho} - \vec{\rho}'|) = \begin{cases} \sum_{n=-\infty}^{\infty} H_n^{(1)}(k\rho') J_n(k\rho) e^{jn(\varphi-\varphi')} & \rho < \rho' \\ \sum_{n=-\infty}^{\infty} H_n^{(1)}(k\rho) J_n(k\rho') e^{jn(\varphi-\varphi')} & \rho > \rho' \end{cases} \qquad (2-66)$$

因为 $H_0^{(1)} = H_0^{(2)*}$,将 $H_0^{(2)}$ 和 $H_0^{(1)}$ 的相加定理相加得

$$J_0(k|\vec{\rho} - \vec{\rho}'|) = \sum_{n=-\infty}^{\infty} J_n(k\rho') J_n(k\rho) e^{jn(\varphi-\varphi')} \qquad (2-67)$$

式(2-67)正是第一类 Bessel 函数的相加定理。从 $H_0^{(1)}$ 的相加定理减去 $H_0^{(2)}$ 的相加定理就得到第二类 Bessel 函数的相加定理有

$$N_0(k|\vec{\rho} - \vec{\rho}'|) = \sum_{n=-\infty}^{\infty} N_n(k\rho') N_n(k\rho) e^{jn(\varphi-\varphi')} \qquad (2-68)$$

2.3.3　平面波与球面波的变换

前面研究了平面波与柱面波函数间的变换。本节用类似方法研究平面波与球面波函数间的变换关系。为了把平面波 e^{jkz} 以球面波函数表示,在此仍假设平面波在原点为有限值,并不依赖于 φ

$$e^{jkz} = e^{jkr\cos\theta} = \sum_{n=0}^{\infty} a_n j_n(kr) P_n(\cos\theta) \qquad (2-69)$$

为求展开系数,上式两边乘以 $P_q(\cos\theta)\sin\theta$,并在 $0\sim\pi$ 内对 θ 积分,利用其正交性得:

$$\int_0^\pi e^{jkr\cos\theta} P_n(\cos\theta)\sin\theta d\theta = \frac{2a_n}{2n+1} j_n(kr) \qquad (2-70)$$

上式左边对 kr 求 n 次导数,并在 $r=0$ 算出结果:

$$j^n \int_0^\pi \cos^n\theta P_n(\cos\theta)\sin\theta d\theta = \frac{j^n 2^{n+1}(n!)^2}{(2n+1)!} \qquad (2-71)$$

式(2-70)右边对 r 求 n 次导数,在 $r=0$ 算出结果是:

$$\frac{2^{n+1}(n!)^2}{(2n+1)(2n+1)!}a_n \qquad (2-72)$$

由(2-71)和(2-72)两式相等,得 $a_n = j^n(2n+1)$,代回式(2-69)有

$$e^{jkz} = e^{jkr\cos\theta} = \sum_{n=0}^{\infty} j^n(2n+1)j_n(kr)P_n(\cos\theta) \qquad (2-73)$$

这就是平面波以球面波函数表示的变换关系。同时得到恒等式:

$$\hat{j}_n(kr) = \frac{j^{-n}}{2}\int_0^\pi e^{jkr\cos\theta}P_n(\cos\theta)\sin\theta d\theta \qquad (2-74)$$

2.3.4　柱面波到球面波的变换

考虑柱面波 $J_0(k\rho)$,它在 $r=0$ 处是有限的,并不依赖于 φ,且对 $\theta = \frac{\pi}{2}$ 对称,因此有下列展开式

$$J_0(k\rho) = J_0(kr\sin\theta) = \sum_{n=0}^{\infty} b_n j_{2n}(kr)P_{2n}(\cos\theta) \qquad (2-75)$$

对上式两边乘以 $P_q(\cos\theta)\sin\theta$,并从 $0 \to \pi$ 对 θ 积分,利用 $P_n(\cos\theta)$ 的正交性有:

$$\int_0^\pi J_0(kr\sin\theta)P_{2n}(\cos\theta)\sin\theta d\theta = \frac{2b_n}{(4n+1)}j_{2n}(kr) \qquad (2-76)$$

式(2-76)建立了球 Bessel 函数的积分表示式。为确定 b_n,两边对 kr 微分 $2n$ 次,并令 $r=0$,得

$$b_n = \frac{(-1)^n(4n+1)(2n-1)!}{2^{2n-1}n!(n-1)!}$$

因此得到

$$J_0(k\rho) = J_0(kr\sin\theta) = \sum_{n=0}^{\infty} \frac{(-1)^n(4n+1)(2n-1)!}{2^{2n-1}n!(n-1)!}j_{2n}(kr)P_{2n}(\cos\theta)$$

$$(2-77)$$

式(2-77)就是柱函数 $J_0(k\rho)$ 的球面波函数表示。

2.3.5　球面 Hankel 函数的相加定理

现在考虑一种球面坐标系到另一种球面坐标系的波的变换。在球坐标表示下,r' 处点源的场表示为:

$$h_0^{(2)}(k|\vec{r} - \vec{r}'|) = j\frac{e^{-jk|\vec{r}-\vec{r}'|}}{|\vec{r} - \vec{r}'|} \qquad (2-78)$$

点源坐标为 (r', θ', φ')，场点坐标为 (r, θ, φ)。$\vec{r}, \vec{r}'$ 二矢径间的夹角为 ξ，它可表示为：

$$\cos\xi = \cos\theta\cos\theta' + \sin\theta\sin\theta'\cos(\varphi - \varphi') \tag{2-79}$$

在 $r < r'$ 的区域内，允许波函数是 $j_n(kr)P_n(\cos\xi)$；在 $r > r'$ 的区域内，允许波函数是 $h_n^{(2)}(kr)P_n(\cos\xi)$。而且这个场对 $\vec{r}, \vec{r}'$ 对称，因而可构成

$$h_n^{(2)}(k|\vec{r} - \vec{r}'|) = \begin{cases} \sum\limits_{n=0}^{\infty} c_n h_n^{(2)}(kr')j_n(kr)P_n(\cos\xi) & r < r' \\ \sum\limits_{n=0}^{\infty} c_n h_n^{(2)}(kr)j_n(kr')P_n(\cos\xi) & r > r' \end{cases} \tag{2-80}$$

式中，c_n 是常数，如果让源退到无限远，在原点附近的场便是平面波，利用渐近式

$$h_n^{(2)}(z) = \frac{j^{n+1}e^{-jz}}{z}$$

式 (2-80) 的左边

$$h_0^{(2)}(k|\vec{r} - \vec{r}'|)\Big|\xrightarrow[r' \to \infty]{\theta \to 0} \frac{je^{-jkr'}}{kr'}e^{jkr\cos\theta}$$

对其右边

$$\xrightarrow[r' \to \infty]{\theta \to 0} \frac{je^{-jkr'}}{kr'}\sum_{n=0}^{\infty} c_n j^n j_n(kr)P_n(\cos\theta)$$

比较上两式，并将它与式 (2-73) 相比，可得 $c_n = 2n+1$，因此

$$h_n^{(2)}(k|\vec{r} - \vec{r}'|) = \begin{cases} \sum\limits_{n=0}^{\infty} (2n+1)h_n^{(2)}(kr')j_n(kr)P_n(\cos\xi) & r < r' \\ \sum\limits_{n=0}^{\infty} (2n+1)h_n^{(2)}(kr)j_n(kr')P_n(\cos\xi) & r > r' \end{cases} \tag{2-81}$$

式 (2-81) 就是球面 Hankel 函数的相加定理。将上标 (2) 换成 (1) 也成立：

$$h_n^{(1)}(k|\vec{r} - \vec{r}'|) = \begin{cases} \sum\limits_{n=0}^{\infty} (2n+1)h_n^{(1)}(kr')j_n(kr)P_n(\cos\xi) & r < r' \\ \sum\limits_{n=0}^{\infty} (2n+1)h_n^{(1)}(kr)j_n(kr')P_n(\cos\xi) & r > r' \end{cases}$$

$$\tag{2-82}$$

同样，由于 $h_n^{(1)} = h_n^{(2)*}$，也可写成对 $j_0(k|\vec{r} - \vec{r}'|)$ 的相加定理，和对 $n_0(k|\vec{r} - \vec{r}'|)$ 的相加定理。

2.3.6 波的散射问题

现在研究平面波入射的圆柱散射问题。取入射波为 z 向极化沿 x 方向入射。要计算半径为 a 的圆柱体对平面波入射的散射场,可按以下步骤进行。

第一步:如图 2-7 所示。空间场应是入射场与散射场的叠加。有导电圆柱存在时,空间场有

$$E_z = E_z^s + E_z^i \tag{2-83}$$

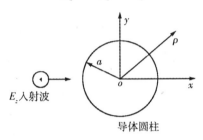

图 2-7 平面波入射的圆柱体散射示意图

第二步:波的变换。将入射平面波转换成柱面波表示,有

$$E_z^i = E_0 e^{-jkx} = E_0 e^{-jk\rho\cos\varphi} \tag{2-84}$$

$$E_z^i = E_0 \sum_{n=-\infty}^{\infty} j^{-n} J_n(k\rho) e^{jn\varphi} \tag{2-85}$$

第三步:为了表示向外行波,散射场形式必取为

$$E_z^s = E_0 \sum_{n=-\infty}^{\infty} j^{-n} a_n H_n^{(2)}(k\rho) e^{jn\varphi} \tag{2-86}$$

第四步:总场为

$$E_z = E_0 \sum_{n=-\infty}^{\infty} j^{-n} \left[J_n(k\rho) + a_n H_n^{(2)}(k\rho) \right] e^{jn\varphi} \tag{2-87}$$

在圆柱表面 $\rho = a$,必满足 $E_z = 0$ 的导体边界条件有

$$a_n = \frac{-J_n(ka)}{H_n^{(2)}(ka)} \tag{2-88}$$

圆柱面的表面电流

$$J_z = H_\varphi \big|_{\rho=a} = \frac{1}{j\omega\mu} \cdot \frac{\partial E_z}{\partial \rho} \bigg|_{\rho=a} \tag{2-89}$$

将(2-88)和(2-87)二式代入式(2-89),并利用恒等式:

$$H_n^{(2)} = J_n - jN_n$$

$$J_n(x)N'_n(x) - N_n(x)J'_n(x) = \frac{2}{\pi x}$$

式(2-89)可简化为

$$J_z = \frac{2E_0}{\omega\mu\pi a} \sum_{n=-\infty}^{\infty} \frac{j^{-n}e^{jn\varphi}}{H_n^{(2)}(ka)} \qquad (2-90)$$

在一根细线上，$n = 0$ 项变为主项，基本上存在的是电流丝。应用 $H_n^{(2)}$ 小自变量公式 $H_n^{(2)}(ka)\xrightarrow[ka \to 0]{} J_0(x) - jN_0(x) = 1 - j\frac{2}{\pi}\ln\frac{\gamma x}{2}$，$\gamma = 1.781$，$\ln\gamma = 0.5772$ 欧拉常数，求得的总电流为

$$I = \int_0^{2\pi} J_z a\,d\varphi = \frac{2\pi E_0}{j\omega\mu\ln ka} \qquad (2-91)$$

可见，在一细线上的电流与入射场相位差 90°。

在远离圆柱处能用 $H_n^{(2)}$ 渐近公式使式(2-86)散射场

$$E_z^s \xrightarrow[k\rho \to \infty]{} E_0\sqrt{\frac{2j}{\pi k\rho}}e^{-jk\rho}\sum_{n=-\infty}^{\infty} a_n e^{jn\varphi} \qquad (2-92)$$

a_n 由式(2-88)确定，散射场与入射场之比值为

$$\left|\frac{E_z^s}{E_z^i}\right| = \sqrt{\frac{2}{\pi k\rho}}\left|\sum_{n=-\infty}^{\infty} \frac{J_n(ka)}{H_n^{(2)}(ka)}e^{jn\varphi}\right| \qquad (2-93)$$

式(2-93)就是以入射场归一的散射场图的计算公式。

对于小 ka，$n = 0$ 项变为主项，

$$\left|\frac{E_z^s}{E_z^i}\right|\xrightarrow[ka \to 0]{} \frac{\pi}{2\ln ka}\sqrt{\frac{2}{\pi k\rho}} \qquad (2-94)$$

细线散射图是一个圆，这是预料到的，因为这线基本上就是一条电流丝。

当入射场对 z 是横向偏振的，它就可以表示为：

$$H_z^i = H_0 e^{-jkx} = H_0\sum_{n=-\infty}^{\infty} j^{-n}J_n(k\rho)e^{jn\varphi} \qquad (2-95)$$

仍将总场作为入射场和散射场之和，

$$H_z = H_z^i + H_z^s \qquad (2-96)$$

为表示向外行波，散射场

$$H_z^s = H_0\sum_{n=-\infty}^{\infty} j^{-n}b_n H_n^{(2)}(k\rho)e^{jn\varphi} \qquad (2-97)$$

而总场表示为：

$$H_z = H_0 \sum_{n=-\infty}^{\infty} j^{-n} \left[J_n(k\rho) + b_n H_n^{(2)}(k\rho) \right] e^{jn\varphi} \qquad (2-98)$$

边界条件是：

$$\rho = a, \qquad E_\varphi = 0$$

根据

$$E_\varphi = \frac{1}{j\omega\varepsilon} (\Delta \times H_z \hat{z})_\varphi$$

$$= \frac{jk}{\omega\varepsilon} H_0 \sum_{n=0}^{\infty} j^{-n} \left[J'_n(k\rho) + b_n H_n^{(2)'}(k\rho) \right] e^{jn\varphi} \qquad (2-99)$$

其中

$$\nabla \times \vec{H} = \frac{\partial \vec{D}}{\partial t} = \begin{vmatrix} \hat{r} & \hat{\varphi} & \hat{z} \\ \dfrac{\partial}{\partial \rho} & \dfrac{1}{\rho}\dfrac{\partial}{\partial \varphi} & \dfrac{\partial}{\partial z} \\ 0 & 0 & H_z \end{vmatrix} = j\omega\varepsilon \vec{E}$$

当满足边界条件

$$b_n = \frac{-J'_n(ka)}{H_n^{'(2)}(ka)} \qquad (2-100)$$

圆柱上表面电流

$$J_\varphi = H_z \big|_{\varphi=a} = -\frac{j2H_0}{\pi ka} \sum_{n=-\infty}^{\infty} \frac{j^{-n} e^{jn\varphi}}{H_n^{(2)'}(ka)} \qquad (2-101)$$

对于小的 ka，$n=0$ 项变为主要的。然而 $n=\pm 1$ 项能更有效地辐射，而不能忽略(以下是证明)。

远离圆柱的散射场为

$$H_z^s \xrightarrow[k\rho \to \infty]{} H_0 \sqrt{\frac{2j}{\pi k\rho}} e^{jk\rho} \sum_{n=-\infty}^{\infty} b_n e^{jn\varphi} \qquad (2-102)$$

将 b_n 代入上式，于是散射场与入射场之比

$$\left| \frac{H_z^s}{H_z^i} \right| = \sqrt{\frac{2}{\pi k\rho}} \left| \sum_{n=-\infty}^{\infty} \frac{J'_n(ka)}{H_n^{(2)}(ka)} e^{jn\varphi} \right| \qquad (2-103)$$

对于小的 ka，求得

$$\frac{J'_n(ka)}{H_n^{(2)'}(ka)} = \begin{cases} \dfrac{-j\pi(ka)^2}{4} & n=0 \\[3mm] \dfrac{j\pi(ka)^2}{4} & |n|=1 \\[3mm] \dfrac{j\pi(ka/2)^2 |n|}{|n|!(|n|-1)!} & |n|>1 \end{cases} \qquad (2-104)$$

因而对于细线散射场图计算公式

$$\left|\frac{H_z^s}{H_z^i}\right|\Bigg|_{ka \to 0} \to \frac{\pi(ka)^2}{4}\sqrt{\frac{2}{\pi k\rho}}\,|1 - 2\cos\varphi| \qquad (2-105)$$

式(2-101)中 $n=0$ 项是等效于 z 向磁流丝,而 $n=\pm 1$ 两项等效于 y 向电偶极子。

更一般的问题是与导电圆柱平行的流丝散射问题,如图 2-8 所示。平面波入射是 $\rho' \to \infty$ 的特殊情况。当流丝的电流是 I 时,入射场

$$E_z^i = \frac{-k^2 I}{4\omega\varepsilon}H_0^{(2)}(k\,|\,\bar{\rho} - \bar{\rho}'\,|) \qquad (2-106)$$

对 $\rho < \rho'$ 应用相加定理

$$E_z^i = \frac{-k^2 I}{4\omega\varepsilon}\sum_{n=-\infty}^{\infty} H_n^{(2)}(k\rho')J_n(k\rho)e^{jn(\varphi-\varphi')} \qquad (2-107)$$

对此必须形成相同形式的散射场,但以 J_n 换成 $H_n^{(2)}$ 即

$$E_z^s = \frac{-k^2 I}{4\omega\varepsilon}\sum_{n=-\infty}^{\infty} C_n H_n^{(2)}(k\rho')H_n^{(2)}(k\rho)e^{jn(\varphi-\varphi')} \qquad (2-108)$$

$E_z = E_z^i + E_z^s$,由(2-107)和(2-108)二式,在 $\rho = a$,$E_z = 0$ 的边界的条件确定

$$C_n = -J_n(ka)/H_n^{(2)}(ka) \qquad (2-109)$$

于是总场

$$E_z = \begin{cases} \dfrac{-k^2 I}{4\omega\varepsilon}\sum\limits_{n=-\infty}^{\infty} H_n^{(2)}(k\rho')[J_n(k\rho) + C_n H_n^{(2)}(k\rho)]e^{jn(\varphi-\varphi')} & \rho < \rho' \\[3mm] \dfrac{-k^2 I}{4\omega\varepsilon}\sum\limits_{n=-\infty}^{\infty} H_n^{(2)}(k\rho)[J_n(k\rho') + C_n H_n^{(2)}(k\rho')]e^{jn(\varphi-\varphi')} & \rho > \rho' \end{cases}$$

$$(2-110)$$

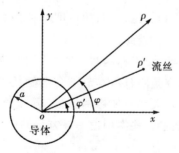

图 2-8　导电圆柱平行于流丝的散射问题示意图

这样的解对 ρ, φ 和 ρ', φ'(互易性)是对称的,在此式(2-109) C_n 与式(2-88) a_n 是一样的,即代表了"反射系数",它们一般不依赖于入射场,将式

(2-110)的第二式特殊化到远区,有

$$E_z \xrightarrow[k\rho \to \infty]{} f(\rho) \sum_{n=-\infty}^{\infty} j^n \left[J_n(k\rho') - \frac{J_n(ka)}{H_n^{(2)}(ka)} H_n^{(2)}(k\rho') \right] e^{jn(\varphi - \varphi')}$$

$$(2-111)$$

图 2-9 就是按式(2-111)计算的。图中,圆柱体半径 $a = 3.75\lambda$,电流丝离开圆柱体 0.25λ 的远区辐射场。图中虚线为无穷大平板替代圆柱体之结果。

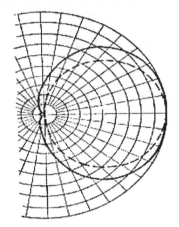

图 2-9　平行导电圆柱流丝的辐射场图

2.4　格林函数法

格林函数法是利用格林函数求解电磁场边值问题的一种方法。格林函数是相应于点源的波动方程的解。当点源的场即格林函数已知时,一般分布源的解可看成是点源的线性叠加。因此,格林函数法是先找出与给定问题的边界相同,更为简单的单位点源的解,即格林函数,通过叠加原理来求边界相同,但边界条件更为复杂的场源分布问题的解。本节结合电磁场理论中的波动方程(亥姆霍兹方程),引出标量格林函数和并矢格林函数,再一次用数学方程揭示电磁场与源的相互物理关系,并通过一些实例说明该方法的应用。

2.4.1　标量源的格林函数

2.4.1.1　点源的概念及其数学表示

介绍格林函数法前先介绍点源的数学表示。若在 $\vec{r}'$ 处有一点电荷 q,则电

荷密度可写成

$$\rho = q\delta(\vec{r} - \vec{r}') = \begin{cases} 0 & \vec{r} \neq \vec{r}' \\ \infty & \vec{r} = \vec{r}' \end{cases} \tag{2-112}$$

显然

$$\int_{v'} \rho \mathrm{d}v' = \int_{v'} q\delta(\vec{r} - \vec{r}') \mathrm{d}v' = q \tag{2-113}$$

处于 $\vec{r}'$ 处单位电荷的电荷密度为：

$$\rho = \delta(\vec{r} - \vec{r}') \tag{2-114}$$

这里 δ 函数就是单位源的符号表示。下面简述 δ 函数的定义和性质。

δ 函数定义：

$$\int_{-\infty}^{\infty} \delta(x)\mathrm{d}x = 1$$

$$\delta(x) = \begin{cases} 0 & x \neq 0 \\ \infty & x = 0 \end{cases} \tag{2-115}$$

$\delta(x)$ 表示除原点外的值均为零。同时它在 $(-\infty \to \infty)$ 内的积分为 1。

δ 函数的主要性质：

$$\left. \begin{aligned} &\int_{-\infty}^{\infty} f(x)\delta(x - x_0)\mathrm{d}x = f(x_0) \\ &x\delta(x) = 0 \\ &\delta(-x) = \delta(x) \\ &\int_{-\infty}^{\infty} f(x)\delta(ax - b)\mathrm{d}x = \frac{1}{a}f\left(\frac{b}{a}\right) \\ &\int_{-\infty}^{\infty} \delta'(x)f(x)\mathrm{d}x = -\int_{-\infty}^{\infty} \delta(x)f'(x)\mathrm{d}x = -f'(0) \\ &\int_{-\infty}^{\infty} \delta^{(n)}(x)f(x)\mathrm{d}x = (-1)^n \frac{\mathrm{d}^n f}{\mathrm{d}x^n}\bigg|_{x=0} \end{aligned} \right\} \tag{2-116}$$

设 $h(x)$ 为单位阶跃函数，单位阶跃函数的导数是 δ 函数，有 $h'(x) = \delta(x)$。位于 $\vec{r}'$ 的带电量为 q 的点电荷，空间电荷分布密度为 ρ，用 δ 函数表示，$\rho = q\delta(\vec{r} - \vec{r}')$。在圆柱坐标下

$$\rho(r, \varphi, z) = [q\delta(r - r')\delta(\varphi - \varphi')\delta(z - z')]/r \tag{2-117a}$$

在球坐标下

$$\rho(r, \theta, \varphi) = q\delta(r - r')\delta(\theta - \theta')\delta(\varphi - \varphi')/r^2\sin\theta \tag{2-117b}$$

线密度 $\tau(z)$ 平行于 z 轴，且通过 $(r', \varphi', 0)$，则体密度可表示成

$$\rho(r, \varphi, z) = \tau(z)\delta(r - r')\delta(\varphi - \varphi')/r \tag{2-118}$$

如果在 $r=a$ 的球面上，存在面电荷 $\sigma(\theta,\varphi)$，则体密度可写成

$$\rho(r,\theta,\varphi)=\sigma(\theta,\varphi)\delta(r-a) \qquad (2-119)$$

2.4.1.2　从格林函数获得一般边值问题的解

格林函数一般用 $G(\vec{r},\vec{r'})$ 表示，它代表在 $\vec{r'}$ 处的一单位正电荷点源在 r 处产生的效果(响应)。格林函数的对称性有如下表示

$$G(\vec{r},\vec{r'})=G(\vec{r'},\vec{r}) \qquad (2-120)$$

它表示位于 $\vec{r'}$ 的单位点源，在一定的边界条件下，在 $\vec{r}$ 处产生的效果等于位于 $\vec{r}$ 处同样强度点源在相同边界条件下，在 $\vec{r'}$ 处产生的效果。这就是电磁场理论的互易原理。引入格林函数意义在于，只要求出格林函数，给定问题的解就能用有限积分表示。格林函数的边值问题比一般的问题简单，边值条件都是齐次的，方程右边是 δ 函数。通过格林函数将微分方程和边界条件转为积分方程，从而借助于近似的数值方法求解，因此建立积分方程正是格林函数法的主要用途。

用格林公式可以把一般泊松方程的边值问题的解同格林函数联系起来。格林第二公式：

$$\int_v (\phi\nabla'^2\psi-\psi\nabla'^2\phi)\mathrm{d}v'=\oint_s (\phi\nabla'\psi-\psi\nabla'\phi)\hat{n}'\mathrm{d}s' \qquad (2-121)$$

静电场问题的泊松方程(静电位)为

$$\nabla'^2\varphi(\vec{r'})=-\rho(\vec{r'})/\varepsilon \qquad (2-122)$$

在此令 $\phi=\varphi(\vec{r'})$，$\psi=G(\vec{r'},\vec{r})$，将其代入式(2-121)中，利用式(2-122)和 $\nabla^2 G(\vec{r},\vec{r'})=-\delta(\vec{r},\vec{r'})$ 的关系，有

$$-\left\{\varphi(\vec{r})-\int_v\left\{\frac{\rho(\vec{r'})}{\varepsilon}G(\vec{r'},\vec{r})\mathrm{d}v'\right\}=\oint_s\left\{\varphi(\vec{r'})\frac{\partial G(\vec{r'},\vec{r})}{\partial n'})-G(\vec{r'},\vec{r})\frac{\partial\varphi(\vec{r'})}{\partial n'}\right\}\mathrm{d}s'\right.$$

由上式得

$$\varphi(\vec{r})=\int_v\frac{\rho(\vec{r'})}{\varepsilon}G(\vec{r'},\vec{r})\mathrm{d}v'+\oint_s\left[G(\vec{r'},\vec{r})\frac{\partial\varphi(\vec{r'})}{\partial n'}-\varphi(\vec{r'})\frac{\partial G(\vec{r},\vec{r'})}{\partial n'}\right]\mathrm{d}s'$$

$$(2-123)$$

源坐标带撇，如 $\vec{r'}$；场点(观察点)坐标不带撇，如 $\vec{r}$。积分是对源点进行的。由上式求 φ 还有困难，因为它还不是 φ 的解，实际上是 φ 的一个积分方程，但可通过格林函数 $G(\vec{r},\vec{r'})$ 的适当选择消去两个面积分中的一个，得到仅包含 $\varphi|_s$ 或 $\frac{\partial\varphi}{\partial n}|_s$ 中的一个，这就解决了这一问题。

对第一类静电边值问题，给定边界条件是 $\varphi|_s=0$。如果选取满足 $G(\vec{r},\vec{r'})|_s=0$ 的边界条件的格林函数 $G(\vec{r'},\vec{r})$，则式(2-123)可变为

$$\varphi(\vec{r}) = \int_{v} \frac{\rho(\vec{r'})}{\varepsilon} G(\vec{r'},\vec{r}) \mathrm{d}v' - \oint_{s} \varphi(\vec{r'}) \frac{\partial G(\vec{r},\vec{r'})}{\partial n'} \mathrm{d}s' \quad (2-124)$$

式(2-124)就是用格林函数表示的第一类边值问题的解。该式只要求得了 $G(\vec{r},\vec{r'})$，在边界上 $\varphi|_{s}$ 值给定情况下，区域 V 内任一点 $\vec{r}$ 的电位 $\varphi(\vec{r})$ 就可算出来，因而第一类静电边值问题的解也就求出。

对第二类静电边值问题。格林函数在边界上允许选取的最简单形式为

$$\frac{\partial G}{\partial n'} \Big|_{s} = -\frac{1}{s} \quad (s \text{ 是边界面的总面积}) \quad (2-125)$$

对二维问题，定解域是二维平面，s 就是边界的总周长。将上式代入式(2-123)有

$$\varphi(\vec{r}) = \int_{v} \frac{\rho(\vec{r'})}{\varepsilon} G(\vec{r'},\vec{r}) \mathrm{d}v' + \oint_{s} G(\vec{r'},\vec{r}) \frac{\partial \varphi(\vec{r'})}{\partial n'} \mathrm{d}s' + \frac{1}{s} \oint_{s} \varphi(\vec{r'}) \mathrm{d}s'$$

$$(2-126)$$

或

$$\varphi(\vec{r}) = \int_{v} \frac{\rho(\vec{r'})}{\varepsilon} G(\vec{r'},\vec{r}) \mathrm{d}v' + \oint_{s} G(\vec{r'},\vec{r}) \frac{\partial \varphi(\vec{r'})}{\partial n'} \mathrm{d}s' + <\varphi>_{s}$$

$$(2-127)$$

$<\varphi>_{s}$ 为 φ 在边界面 s 上的平均值。式(2-127)为第二类边值问题的格林函数解的形式。对于三维空间区域来说，s 是边界面的总面积。在式(2-124)和式(2-127)中令 $\rho(\vec{r'}) = 0$，就得到拉普拉斯方程的相应边值问题的解。

2.4.1.3 亥姆霍兹方程的解

考虑两个非齐次的亥姆霍兹方程

$$(\nabla'^2 + k^2) A_i(\vec{r'}) = -J_i(\vec{r'}) \quad i = x, y, z$$
$$(\nabla'^2 + k^2) G(\vec{r'},\vec{r}) = -\delta(\vec{r'} - \vec{r}) \quad (2-128)$$

采用与泊松方程相同的步骤，令 $\phi = A_i(\vec{r'})$，$\psi = G(\vec{r'},\vec{r})$，将其代入格林第二公式(2-121)，并利用式(2-128)得

$$A_i(\vec{r}) = \int_{v} G(\vec{r'},\vec{r}) J_i(\vec{r'}) \mathrm{d}v' + \oint_{s} [G(\vec{r'},\vec{r}) \frac{\partial A_i(\vec{r'})}{\partial n'} - A_i(\vec{r'}) \frac{\partial G(\vec{r'},\vec{r})}{\partial n'}] \mathrm{d}s'$$

$$(2-129)$$

上式对应于 $i = x, y, z$ 三分量，写成矢量形式有

$$\vec{A}(\vec{r}) = \int_{v} G(\vec{r'},\vec{r}) \vec{J}(\vec{r'}) \mathrm{d}v' + \oint_{s} [G(\vec{r'},\vec{r}) \frac{\partial \vec{A}(\vec{r'})}{\partial n'} - \vec{A}(\vec{r'}) \frac{\partial G(\vec{r'},\vec{r})}{\partial n'}] \mathrm{d}s'$$

$$(2-130)$$

对第一类边值问题，给定边界上 $\vec{A}$ 的值。如选取满足 $G(\vec{r}\,',\vec{r})|_s = 0$ 的格林函数，则式（2-130）变成

$$\vec{A}(r) = \int_v G(\vec{r}\,',\vec{r})\vec{J}(\vec{r}\,')\mathrm{d}v' - \oint_s \vec{A}(\vec{r}\,')\frac{\partial G(\vec{r}\,',\vec{r})}{\partial n'}\mathrm{d}s' \qquad (2-131)$$

这就是格林函数表示的第一类边值问题的解。

对第二类边值问题，即给定了边界面上的 $\partial\vec{A}/\partial n'$ 的值。如选取满足条件 $\dfrac{\partial G(\vec{r}\,',\vec{r})}{\partial n'}\bigg|_s = 0$ 的格林函数，式（2-130）变成

$$\vec{A}(\vec{r}) = \int_v G(\vec{r}\,',\vec{r})\vec{J}(\vec{r}\,')\mathrm{d}v' + \oint_s G(\vec{r}\,',\vec{r})\frac{\partial\vec{A}(\vec{r}\,')}{\partial n'}\mathrm{d}s' \qquad (2-132)$$

这就是用格林函数表示的第二类边值问题的解。

总之，格林函数法的实质是通过格林公式把给定边值问题化成求解相应的格林函数问题。显然引进格林函数后，原给定边值问题解就可用有限的积分形式表示。将分布源的效应看成是点源的效应的叠加。但一般来说求格林函数并不是一件容易的事，因此上面的推导公式只是有形式解的意义。具体问题还应进一步具体分析和处理。

下面给出最简单情况的格林函数形式——求无界空间的格林函数。

格林函数公式可写为

$$(\nabla'^2 + k^2)G(r,\vec{r}\,') = -\delta(\vec{r}\,',\vec{r})$$

对于 Z 轴上的线源，取圆柱坐标 (r,φ,z)，线源仅与 r 有关，因此格林函数方程简化为

$$\frac{1}{r}\frac{\mathrm{d}}{\mathrm{d}r}\left(r\frac{\mathrm{d}G}{\mathrm{d}r}\right) + k^2 G = -\frac{1}{2\pi r}\delta(r) \qquad (2-133)$$

设 $r \neq 0$，求解齐次方程

$$\frac{1}{r}\frac{\mathrm{d}}{\mathrm{d}r}\left(r\frac{\mathrm{d}G}{\mathrm{d}r}\right) + k^2 G = 0 \qquad (2-134)$$

式（2-134）为零阶 Bessel 方程，因此 $G(r) = A\mathrm{H}_0^{(2)}(kr)$，由 $r=0$ 点的奇异性可确定常数 A。$A = j/4$，于是

$$G(r) = \frac{1}{4}j\mathrm{H}_0^{(2)}(kr) \qquad (2-135)$$

当源放在 $\vec{r}\,'$，则

$$G(\vec{r},\vec{r}\,') = \frac{1}{4}j\mathrm{H}_0^{(2)}(k|\vec{r}-\vec{r}\,'|) \qquad (2-136)$$

式(2-136)通常称为二维亥姆霍兹方程的基本解。

由式(2-128)得在一维和三维情况下,格林函数分别是

$$\left.\begin{aligned} G(x,x') &= \frac{j}{2k}e^{-jk|x-x'|} \\ G(\vec{r},\vec{r}') &= \frac{1}{4\pi|\vec{r}-\vec{r}'|}e^{-jk|\vec{r}-\vec{r}'|} \end{aligned}\right\} \qquad (2-137)$$

2.4.2 并矢格林函数法

在 2.4.1 中我们已经讨论了标量源与场的格林函数关系。当源为矢量时 (如电流、磁流等),它有三个空间分量。每一个空间分量产生的矢量场又有三个分量。三个分量源共产生 $3\times3=9$ 个场分量。源和场分量间的关系表示成 9 个相乘因子,构成 3×3 的矩阵,由此构成并矢格林函数的关系。本节将从矢量源的概念出发,引入脉冲源及其叠加概念,即并矢格林函数法求解电磁问题。最后我们将导出应用最普遍的口径积分公式。

2.4.2.1 单位脉冲源及其响应

Maxwell 方程描述了空间电磁场的规律。根据二重性原理可写成

$$\begin{aligned} j\omega\varepsilon\vec{E} - \nabla\times\vec{H} &= -\vec{J} \\ j\omega\mu\vec{H} + \nabla\times\vec{E} &= -\vec{M} \end{aligned} \qquad (2-138)$$

Maxewell 方程加上边界条件就可得到场的分布。根据叠加原理由一系列源产生的场是每一个源单独产生场的叠加。一般用某一体积内的电流和磁流来模拟源分布。在此设 $\vec{J}(r')$ 和 $\vec{M}(r')$ 为任意矢量源电流的分布,$\vec{r}' = x'\hat{x} + y'\hat{y} + z'\hat{z}$ 是源电流取样点的位置矢量。整个电、磁流产生的辐射场可用一个积分式给出

$$\vec{E}(r) = \int [\vec{E}_{Ie}(r,r',\vec{J}(r')) + \vec{E}_{Im}(r,r',\vec{M}(r'))]\mathrm{d}x'\mathrm{d}y'\mathrm{d}z' \qquad (2-139a)$$

$$\vec{H}(r) = \int [\vec{H}_{Ie}(\vec{r},\vec{r}',\vec{J}(\vec{r}')) + \vec{H}_{Im}(\vec{r},\vec{r}',\vec{M}(\vec{r}'))]\mathrm{d}x'\mathrm{d}y'\mathrm{d}z' \qquad (2-139b)$$

该积分是对源分布取样点各单位脉冲源产生场的叠加。积分是在源所在体积内进行的。式中,$\vec{E}_{Ie}(r,r',\vec{J}(r'))$ 和 $\vec{E}_{Im}(r,r',\vec{M}(r'))$ 分别是由矢量脉冲电流和磁流在 r 处辐射的矢量电场;$\vec{H}_{Ie}(r,r',\vec{J}(r'))$ 和 $\vec{H}_{Im}(r,r',\vec{M}(r'))$ 是由相同的矢量脉冲电、磁流在 r 处辐射的矢量磁场。$\vec{E}_{Ie}(r,r',\vec{J}(r'))$、$\vec{E}_{Im}(r,r', \vec{M}(r'))$、$\vec{H}_{Ie}(r,r',\vec{J}(r'))$ 和 $\vec{H}_{Im}(r,r',\vec{M}(r'))$ 并不代表源电流分布的辐射场

而是代表位置 r' 处单个取样点的辐射场,下标 I 代表脉冲响应函数。脉冲响应函数的自变量有三个,即电流源坐标、观察点位置和源分布的取样点位置。如果引入 δ 函数来表示取样源分布,这在数学表示上是清楚的。因为 δ 函数在源所在位置之外的任何位置都等于零。这函数在整个空间的积分有

$$\iiint \delta(r)\mathrm{d}x\mathrm{d}y\mathrm{d}z = 1 \qquad (2-140)$$

式中 $r = |\vec{r}| = \sqrt{(x^2 + y^2 + z^2)}$,因此三维 δ 函数可写成 $\delta(r - r') = \delta(x - x')\delta(y - y')\delta(z - z')$。它除了在 $r = r'$ 点外,全部等于零。它在全空间积分有

$$\iiint \delta(r - r')\mathrm{d}v' = \iiint \delta(x - x')\delta(y - y')\delta(z - z')\mathrm{d}v' = 1 \qquad (2-141)$$

积分中带"'"者表示积分变元,积分在整个空间内进行。根据 Maxwell 方程,矢量场脉冲响应与脉冲电流元间的关系由下列方程表示

$$j\omega\varepsilon\vec{E}_{Ie}(\vec{r},\vec{r}',\vec{J}(\vec{r}')) - \nabla \times \vec{H}_{Ie}(\vec{r},\vec{r}',\vec{J}(\vec{r}')) = -\vec{J}(\vec{r}')\delta(r - r') \qquad (2-142\mathrm{a})$$

$$j\omega\mu\vec{H}_{Ie}(\vec{r},\vec{r}',\vec{J}(\vec{r}')) + \nabla \times \vec{E}_{Ie}(\vec{r},\vec{r}',\vec{J}(\vec{r}')) = 0 \qquad (2-142\mathrm{b})$$

$$j\omega\varepsilon\vec{E}_{Im}(\vec{r},\vec{r}',\vec{M}(r')) - \nabla \times \vec{H}_{Im}(\vec{r},\vec{r}',\vec{M}(\vec{r}')) = 0 \qquad (2-142\mathrm{c})$$

$$j\omega\mu\vec{H}_{Im}(\vec{r},\vec{r}',\vec{M}(\vec{r}')) + \nabla \times \vec{E}_{Im}(\vec{r},\vec{r}',\vec{M}(\vec{r}')) = -\vec{M}(\vec{r}')\delta(\vec{r} - \vec{r}')$$

$$(2-142\mathrm{d})$$

式(2-142a)和(2-142d)右边代表脉冲源,对脉冲源在全空间积分就得到电流源和磁流源 $\vec{J}(\vec{r}'),\vec{M}(\vec{r}')$。要得到矢量源辐射的矢量场需要用到并矢算子。因为完整的格林函数必须把矢量源电流和磁流的三个空间分量的每一个与辐射场矢量的关系建立起来,这样就有 9 个标量关系构成一个 3×3 矩阵,组成了并矢格林函数(Dyadic Green's Function)。并矢格林函数可以想象成空间脉冲效应。由所有源电流分布的格林函数叠加就给出了总的辐射场。在此天线源电流分布是问题的出发点,应为已知的。表面电流产生场可以通过在对面电流取样,将离散取样点电流的辐射场叠加就可得到总的辐射场。各源产生的总场应是取样点上单个源产生的场的矢量和。脉冲电流解的唯一性必须规范空间边界条件。比如,在一个导电表面(电壁),必须有边界面上切向电场 = 0 的条件;一个磁壁表面,要求它切向磁场必须等于零。总的电磁场也必须满足其边界条件。这有两种方式实现,一种是脉冲响应就满足边界条件;另一种是脉冲响应的入射场和边界上感应电流产生的反射场叠加后满足边界条件。第一种方法往往用在封闭结构区间,如波导与腔体内部,使源的单个脉冲响应在研究区域内满足边界条件,总场通过对在源分布区域内脉冲响应的积分得到。如果边界表面非常复杂,并不能同坐标系中某个常数表面重合,这种方法就有困难。第二种方法

常使用于天线辐射问题中。它能给出 Maxwell 方程的精确解。例如,在导电表面,入射场的感应电流辐射正好可抵消边界上切向电场使总场满足边界条件。

2.4.2.2　辐射场的数学模型

（1）格林函数公式

并矢格林函数与矢量点源相乘就给出了矢量辐射场,源的所有取样的脉冲响应能够进行矢量叠加而得到总的辐射场,因此可写成:

$$\vec{E}_{le}(\vec{r}, \vec{r}', \vec{J}(\vec{r}')) = -\underline{\underline{G}}_{EJ}(\vec{r}, \vec{r}')\vec{J}(\vec{r}') \qquad (2-143a)$$

$$\vec{E}_{Im}(\vec{r}, \vec{r}', \vec{M}(\vec{r}')) = -\underline{\underline{G}}_{EM}(\vec{r}, \vec{r}')\vec{M}(\vec{r}') \qquad (2-143b)$$

$$\vec{H}_{le}(\vec{r}, \vec{r}', \vec{J}(\vec{r}')) = -\underline{\underline{G}}_{HJ}(\vec{r}, \vec{r}')\vec{J}(\vec{r}') \qquad (2-143c)$$

$$\vec{H}_{Im}(\vec{r}, \vec{r}', \vec{M}(\vec{r}')) = -\underline{\underline{G}}_{HM}(\vec{r}, \vec{r}')\vec{M}(\vec{r}') \qquad (2-143d)$$

式中,下面画两横道表示该量为并矢,并矢下标第一个字母代表场的类型(电场 E 或磁场 H),下标的第二个字母代表产生场的源电流的类型(电流 J、磁流 M)。负号表示并矢格林函数与空间电磁脉冲响应是反向的。由脉冲电流源产生的电场的格林函数写成矩阵形式有

$$\underline{\underline{G}}_{EJ}(\vec{r}, \vec{r}') = \begin{bmatrix} G_{EJxx}(\vec{r}, \vec{r}') & G_{EJxy}(\vec{r}, \vec{r}') & G_{EJxz}(\vec{r}, \vec{r}') \\ G_{EJyx}(\vec{r}, \vec{r}') & G_{EJyy}(\vec{r}, \vec{r}') & G_{EJyz}(\vec{r}, \vec{r}') \\ G_{EJzx}(\vec{r}, \vec{r}') & G_{EJzy}(\vec{r}, \vec{r}') & G_{EJzz}(\vec{r}, \vec{r}') \end{bmatrix} \qquad (2-144)$$

并矢与一矢量的点积有

$$\underline{\underline{G}}_{EJ}(\vec{r}, \vec{r}') \cdot \vec{J}(\vec{r}') = \begin{bmatrix} G_{EJxx}(\vec{r}, \vec{r}') & G_{EJxy}(\vec{r}, \vec{r}') & G_{EJxz}(\vec{r}, \vec{r}') \\ G_{EJyx}(\vec{r}, \vec{r}') & G_{EJyy}(\vec{r}, \vec{r}') & G_{EJyz}(\vec{r}, \vec{r}') \\ G_{EJzx}(\vec{r}, \vec{r}') & G_{EJzy}(\vec{r}, \vec{r}') & G_{EJzz}(\vec{r}, \vec{r}') \end{bmatrix} \cdot \begin{bmatrix} J_x(\vec{r}') \\ J_y(\vec{r}') \\ J_z(\vec{r}') \end{bmatrix}$$

$$(2-145)$$

并矢(3×3 矩阵)点积一个矢量(3×1 列矩阵)得到一个矢量(3×1 列矩阵)。但它与矢量和矢量的点积不同,矢量点积为标量,如下式所示:

$$\vec{V}_1 \cdot \vec{V}_2 = (V_{1x} \quad V_{1y} \quad V_{1z}) \begin{bmatrix} V_{2x} \\ V_{2y} \\ V_{2z} \end{bmatrix} = V_{1x}V_{2x} + V_{1y}V_{2y} + V_{1z}V_{2z}$$

$$(2-146)$$

并矢也可由它的分量写成对应的矩阵形式有

$$G = \begin{bmatrix} G_{xx} & G_{xy} & G_{xz} \\ G_{yx} & G_{yy} & G_{yz} \\ G_{zx} & G_{zy} & G_{zz} \end{bmatrix} = \begin{bmatrix} G_{xx}\hat{x}\hat{x} + G_{xy}\hat{x}\hat{y} + G_{xz}\hat{x}\hat{z} \\ G_{yx}\hat{y}\hat{x} + G_{yy}\hat{y}\hat{y} + G_{yz}\hat{y}\hat{z} \\ G_{zx}\hat{z}\hat{x} + G_{zy}\hat{z}\hat{y} + G_{zz}\hat{z}\hat{z} \end{bmatrix} \qquad (2-147)$$

式中

$$\hat{x}\hat{x} = \begin{bmatrix} 1 & 0 & 0 \\ 0 & 0 & 0 \\ 0 & 0 & 0 \end{bmatrix}, \qquad \hat{x}\hat{y} = \begin{bmatrix} 0 & 1 & 0 \\ 0 & 0 & 0 \\ 0 & 0 & 0 \end{bmatrix}, \qquad \hat{x}\hat{z} = \begin{bmatrix} 0 & 0 & 1 \\ 0 & 0 & 0 \\ 0 & 0 & 0 \end{bmatrix},$$

$$\hat{y}\hat{x} = \begin{bmatrix} 0 & 0 & 0 \\ 1 & 0 & 0 \\ 0 & 0 & 0 \end{bmatrix}, \qquad \hat{y}\hat{y} = \begin{bmatrix} 0 & 0 & 0 \\ 0 & 1 & 0 \\ 0 & 0 & 0 \end{bmatrix}, \qquad \hat{z}\hat{z} = \begin{bmatrix} 0 & 0 & 0 \\ 0 & 0 & 0 \\ 0 & 0 & 1 \end{bmatrix}$$

单位并矢

$$\underline{\underline{1}} = \begin{bmatrix} 1 & 0 & 0 \\ 0 & 1 & 0 \\ 0 & 0 & 1 \end{bmatrix} = \hat{x}\hat{x} + \hat{y}\hat{y} + \hat{z}\hat{z} \qquad (2-147a)$$

零并矢

$$\underline{\underline{0}} = \begin{bmatrix} 0 & 0 & 0 \\ 0 & 0 & 0 \\ 0 & 0 & 0 \end{bmatrix} - 0 \qquad (2-147b)$$

现在研究由源分布产生的电磁场。$\vec{J}(\vec{r}'),\vec{M}(\vec{r}')$ 是任意矢量源电、磁流分布。$\vec{r}' = x'\hat{x} + y'\hat{y} + z'\hat{z}$ 代表源取样点的位置矢量。整个体积内源分布 $\vec{J}(\vec{r}')$，$\vec{M}(\vec{r}')$ 产生的辐射场应该是对源分布的取样点所产生的场(脉冲响应)的积分(叠加)，有

$$\vec{E}(\vec{r}) = -\iiint \underline{\underline{G}}_{EJ}(\vec{r},\vec{r}')\vec{J}(\vec{r}')\mathrm{d}v' - \iiint \underline{\underline{G}}_{EM}(\vec{r},\vec{r}')\vec{M}(\vec{r}')\mathrm{d}v'$$

$$(2-148a)$$

$$\vec{H}(\vec{r}) = -\iiint \underline{\underline{G}}_{HJ}(\vec{r},\vec{r}')\vec{J}(\vec{r}')\mathrm{d}v' - \iiint \underline{\underline{G}}_{HM}(\vec{r},\vec{r}')\vec{M}(\vec{r}')\mathrm{d}v'$$

$$(2-148b)$$

一旦并矢格林函数已知，由式(2-148)就可计算出辐射场。从式(2-143)可见，格林函数加到适当的矢量源上，然后再把所有源取样的贡献矢量相加[如式(2-148)]就得到了辐射场。并矢格林函数作为 Maxwell 方程组脉冲激励的解，也将用来得到天线辐射场。该天线可由取样表面电流分布模拟。

(2) 标量格林函数

把式(2-143)代入式(2-142)得到

$$j\omega\varepsilon \, \underline{\underline{G}}_{EJ}(\vec{r},\vec{r}') - \nabla \times \underline{\underline{G}}_{HJ}(\vec{r},\vec{r}') = \underline{\underline{1}}\delta(\vec{r}-\vec{r}') \qquad (2-149\text{a})$$

$$j\omega\mu \, \underline{\underline{G}}_{HJ}(\vec{r},\vec{r}') + \nabla \times \underline{\underline{G}}_{EJ}(\vec{r},\vec{r}') = \underline{\underline{0}} \qquad (2-149\text{b})$$

$$j\omega\varepsilon \, \underline{\underline{G}}_{EM}(\vec{r},\vec{r}') - \nabla \times \underline{\underline{G}}_{HM}(\vec{r},\vec{r}') = \underline{\underline{0}} \qquad (2-149\text{c})$$

$$j\omega\mu \, \underline{\underline{G}}_{HM}(\vec{r},\vec{r}') - \nabla \times \underline{\underline{G}}_{EM}(\vec{r},\vec{r}') = \underline{\underline{1}}\delta(\vec{r}-\vec{r}') \qquad (2-149\text{d})$$

式中,G_{EJ} 为电-电并矢格林函数,它是由电流产生的电场;G_{EM} 为电-磁并矢格林函数,它代表由磁流产生的电场;G_{HJ} 为磁-电并矢格林函数,G_{HM} 为磁-磁并矢格林函数。以此类推,其下标第一位代表场,而第二位代表源。而由(2-149b)和(2-149c)给出并矢格林函数之间的关系有

$$\underline{\underline{G}}_{HJ}(\vec{r},\vec{r}') = \frac{-1}{j\omega\mu}\nabla \times \underline{\underline{G}}_{EJ}(\vec{r},\vec{r}') \qquad (2-150\text{a})$$

$$\underline{\underline{G}}_{EM}(\vec{r},\vec{r}') = \frac{1}{j\omega\varepsilon}\nabla \times \underline{\underline{G}}_{HM}(\vec{r},\vec{r}') \qquad (2-150\text{b})$$

利用式(2-150)关系,将式(2-149b)和式(2-149c)分别代入式(2-149a)和式(2-149d)中,并利用矢量恒等式 $\nabla \times \nabla \times \vec{E} = \nabla(\nabla \cdot \vec{E}) - \nabla^2\vec{E}$ 的关系,化简得

$$\nabla\nabla \cdot \underline{\underline{G}}_{EJ}(\vec{r},\vec{r}') - \nabla^2\underline{\underline{G}}_{EJ}(\vec{r},\vec{r}') - k^2\underline{\underline{G}}_{EJ}(\vec{r},\vec{r}') = j\omega\mu\underline{\underline{1}}\delta(\vec{r}-\vec{r}')$$

$$(2-151\text{a})$$

$$\nabla\nabla \cdot \underline{\underline{G}}_{HM}(\vec{r},\vec{r}') - \nabla^2\underline{\underline{G}}_{HM}(\vec{r},\vec{r}') - k^2\underline{\underline{G}}_{HM}(\vec{r},\vec{r}') = j\omega\varepsilon\underline{\underline{1}}\delta(\vec{r}-\vec{r}')$$

$$(2-151\text{b})$$

式(2-151)代表了并矢算子 $\underline{\underline{G}}_{EJ}$,$\underline{\underline{G}}_{HM}$ 作用到源电流产生辐射场的基本特性,仅用两个并矢格林函数就可完全表示矢量辐射场。

把式(2-149a)和式(2-149d)取散度再化简,式(2-151)两式可写为:

$$\underline{\underline{G}}_{EJ} = -j\omega\mu\left(\underline{\underline{1}} + \frac{\nabla\nabla}{k^2}\right)\frac{\delta(\vec{r}-\vec{r}')}{\nabla^2 + k^2} \qquad (2-152\text{a})$$

$$\underline{\underline{G}}_{HM} = -j\omega\varepsilon\left(\underline{\underline{1}} + \frac{\nabla\nabla}{k^2}\right)\frac{\delta(\vec{r}-\vec{r}')}{\nabla^2 + k^2} \qquad (2-152\text{b})$$

上式中都包含同一因子

$$g(\vec{r},\vec{r}') = -\frac{\delta(\vec{r}-\vec{r}')}{\nabla^2 + k^2} \qquad (2-153)$$

称 g 为标量格林函数。它满足下式:

$$(\nabla^2 + k^2) g(\vec{r} - \vec{r}') = -\delta(\vec{r} - \vec{r}') \qquad (2-154)$$

自由空间内式(2-153)的解可写成

$$g(\vec{R}) = \frac{e^{-jkR}}{4\pi R} \qquad (2-155)$$

式中,$\vec{R} = \vec{r} - \vec{r}'$,该矢量代表源点与场点间的矢量,$R = |\vec{R}| \neq 0$。标量格林函数表示了由点源发出的辐射波的幅值和相位特性,它在物理上表示为一个向外行进的球面波辐射。指数项是波的相位,分母代表波的幅值。这是一个标量函数,因为是均匀空间,它仅与辐射元发出波前的距离有关。它不包括辐射场的极化信息。这也是要引入并矢格林函数的意义所在。

2.4.2.3 并矢格林函数

在此仍假设研究的区域是均匀、各向同性,因此空间内点源产生的场与 $\vec{R}$ 的取向无关,这就是标量格林函数。当要考虑电流源矢量辐射场(极化取向)时,就必须考虑并矢格林函数。各向同性空间,与角度的微分应等于零,即 $\frac{\partial g}{\partial \theta} = 0$ 和 $\frac{\partial g}{\partial \varphi} = 0$。自由空间标量格林函数为

$$g(\vec{R}) = \frac{e^{-jkR}}{4\pi R}$$

其中 $R - |r - r'| = \sqrt{(x-x')^2 + (y-y')^2 + (z-z')^2}$,源点坐标 $\vec{r}' = x'\hat{x} + y'\hat{y} + z'\hat{z}$;观察点坐标 $\vec{r} = x\hat{x} + y\hat{y} + z\hat{z}$。

标量格林函数的梯度

$$\nabla g = -\hat{R} \left(\frac{1}{R} + jk \right) g, \quad k = \frac{2\pi}{\lambda} \qquad (2-156)$$

$$\nabla R = \hat{R}$$

矢径 $\vec{R}$ 的单位矢量的散度

$$\nabla \cdot \hat{R} = R_{ux} + R_{uy} + R_{uz} \qquad (2-157)$$

式中

$$\left.\begin{array}{l} R_{ux} = \hat{R} \cdot \hat{x} = \dfrac{x - x'}{R} \\[2mm] R_{uy} = \hat{R} \cdot \hat{y} = \dfrac{y - y'}{R} \\[2mm] R_{uz} = \hat{R} \cdot \hat{z} = \dfrac{z - z'}{R} \\[2mm] \hat{R} = R_{ux}\hat{x} + R_{uy}\hat{y} + R_{uz}\hat{z} = \dfrac{\vec{R}}{|\vec{R}|} \end{array}\right\} \qquad (2-158)$$

将式(2－154)代入式(2－152)可得

$$\underline{\underline{G}}_{EJ} = j\omega\mu\left(\underline{\underline{1}} + \frac{\nabla\nabla}{k^2}\right)g \tag{2－159a}$$

$$\underline{\underline{G}}_{HM} = j\omega\varepsilon\left(\underline{\underline{1}} + \frac{\nabla\nabla}{k^2}\right)g \tag{2－159b}$$

$\nabla\nabla g$ 是一并矢,将(2－156)和(2－157)两式代入运算,可得到它的矩阵表示

$$\nabla\nabla g = \begin{bmatrix} \dfrac{\partial}{\partial x} \\[2mm] \dfrac{\partial}{\partial y} \\[2mm] \dfrac{\partial}{\partial z} \end{bmatrix} \left[-\left(\frac{1}{R} + jk\right)g\begin{pmatrix} R_{ux} & R_{uy} & R_{uz} \end{pmatrix} \right]$$

$$= g\left(\frac{1}{R^2} + \left(\frac{1}{R} + jk\right)^2\right) \begin{bmatrix} R_{ux}(R_{ux} & R_{uy} & R_{uz}) \\ R_{uy}(R_{ux} & R_{uy} & R_{uz}) \\ R_{uz}(R_{ux} & R_{uy} & R_{uz}) \end{bmatrix} +$$

$$\begin{bmatrix} -\left(\dfrac{1}{R} + jk\right)g\dfrac{1}{R}(1 - R_{ux}^2 & -R_{ux}R_{uy} & -R_{ux}R_{uz}) \\[2mm] -\left(\dfrac{1}{R} + jk\right)g\dfrac{1}{R}(-R_{ux}R_{uy} & 1 - R_{uy}^2 & -R_{uy}R_{uz}) \\[2mm] -\left(\dfrac{1}{R} + jk\right)g\dfrac{1}{R}(-R_{ux}R_{uz} & -R_{uy}R_{uz} & 1 - R_{uz}^2) \end{bmatrix}$$

$$= \frac{g}{R^2}\hat{R}\hat{R} + g\left(\frac{1}{R} + jk\right)^2\hat{R}\hat{R} - \frac{g}{R}\left(\frac{1}{R} + jk\right)(\underline{\underline{1}} - \hat{R}\hat{R})$$

$$= g\hat{R}\hat{R}\left(\frac{2}{R^2} + j\frac{2k}{R} - k^2\right) - g(\underline{\underline{1}} - \hat{R}\hat{R})\left(\frac{1}{R^2} + j\frac{k}{R}\right) \tag{2－160}$$

将式(2－159)改写为

$$\underline{\underline{G}}_{EJ} = j\omega\mu\left(\underline{\underline{1}} + \frac{\nabla\nabla}{k^2}\right)g = j\omega\mu\left(\underline{\underline{1}}g + \frac{\nabla\nabla}{k^2}g\right) \tag{2－161a}$$

$$\underline{\underline{G}}_{HM} = j\omega\varepsilon\left(\underline{\underline{1}} + \frac{\nabla\nabla}{k^2}\right)g = j\omega\varepsilon\left(\underline{\underline{1}}g + \frac{\nabla\nabla}{k^2}g\right) \tag{2－161b}$$

将式(2－161)代入式(2－150)中,因为 $\nabla\times(\nabla\nabla g)=0$,可得

$$\underline{\underline{G}}_{HJ} = -\frac{1}{j\omega\mu}\nabla\times\underline{\underline{G}}_{EJ}(\vec{r},\vec{r}\,') = -\nabla\times\left(\underline{\underline{1}}g + \frac{\nabla\nabla}{k^2}g\right)$$

$$= -\nabla\times(\underline{\underline{1}}g) = -(\nabla g)\times\underline{\underline{1}} \tag{2－161c}$$

$$\underline{\underline{G}}_{EM}(\vec{r},\vec{r}\,') = (\nabla g)\times\underline{\underline{1}} \tag{2－161d}$$

这时

$$\underline{\underline{G}}_{EJ}(\vec{R}) = j\omega\mu \frac{e^{-jkR}}{4\pi R}\left[(1-\hat{R}\hat{R})\left(1-\frac{1}{(kR)^2}-j\frac{1}{kR}\right)+\hat{R}\hat{R}\left(\frac{2}{(kR)^2}+j\frac{2}{kR}\right)\right]$$

$$(2-162a)$$

$$\underline{\underline{G}}_{HM}(\vec{R}) = j\omega\varepsilon \frac{e^{-jkR}}{4\pi R}\left[(1-\hat{R}\hat{R})\left(1-\frac{1}{(kR)^2}-j\frac{1}{kR}\right)+\hat{R}\hat{R}\left(\frac{2}{(kR)^2}+j\frac{2}{kR}\right)\right]$$

$$(2-162b)$$

$$\underline{\underline{G}}_{HJ}(\vec{R}) = \left(\frac{1}{R}+jk\right)\frac{e^{-jkR}}{4\pi R}\hat{R}\times\underline{\underline{1}}$$

$$(2-162c)$$

$$\underline{\underline{G}}_{EM}(\vec{R}) = -\left(\frac{1}{R}+jk\right)\frac{e^{-jkR}}{4\pi R}\hat{R}\times\underline{\underline{1}}$$

$$(2-162d)$$

并矢

$$\hat{R}\hat{R} = \begin{bmatrix} R_{ux}^2 & R_{ux}R_{uy} & R_{ux}R_{uz} \\ R_{uy}R_{ux} & R_{uy}^2 & R_{uy}R_{uz} \\ R_{uz}R_{ux} & R_{uz}R_{uy} & R_{uz}^2 \end{bmatrix}$$

$$(2-163)$$

式中，$R_{ux}=\dfrac{x-x'}{R}$，$R_{uy}=\dfrac{y-y'}{R}$，$R_{uz}=\dfrac{z-z'}{R}$ 是 $\hat{R}$ 的直角坐标分量。

脉冲电流源的辐射场可表示成源和观察点相对距离 R 的函数，将式(2-143)改写为：

$$\left.\begin{aligned} \vec{E}_{Ie}(\vec{r},\vec{r}',\vec{J}(\vec{r}')) &= \vec{E}_{Ie}(\vec{R},\vec{J}) = -\underline{\underline{G}}_{EJ}(\vec{R})\cdot\vec{J} \\ \vec{H}_{Im}(\vec{r},\vec{r}',\vec{M}(\vec{r}')) &= \vec{H}_{Im}(\vec{R},\vec{M}) = -\underline{\underline{G}}_{HM}(\vec{R})\cdot\vec{M} \\ \vec{H}_{Ie}(\vec{r},\vec{r}',\vec{J}(\vec{r}')) &= \vec{H}_{Ie}(\vec{R},\vec{J}) = -\underline{\underline{G}}_{HJ}(\vec{R})\cdot\vec{J} \\ \vec{E}_{Im}(\vec{r},\vec{r}',\vec{M}(\vec{r}')) &= \vec{E}_{Im}(\vec{R},\vec{M}) = -\underline{\underline{G}}_{EM}(\vec{R})\cdot\vec{M} \end{aligned}\right\}$$

$$(2-164)$$

源电流仅是矢量源位置(r')的函数，总辐射场通过这样的源的叠加得到

$$\vec{E}_e(\vec{r},\vec{J}) = -\int\underline{\underline{G}}_{EJ}(\vec{R})\vec{J}(\vec{r}')\mathrm{d}s'$$

$$= -j\omega\mu\int\frac{e^{-jkR}}{4\pi R}(1-\hat{R}\hat{R})\vec{J}(\vec{r}')\left(1-\frac{1}{(kR)^2}-j\frac{1}{kR}\right)\mathrm{d}s'$$

$$-j\omega\mu\int\frac{e^{-jkR}}{4\pi R}\hat{R}\hat{R}\cdot\vec{J}(\vec{r}')\left(\frac{2}{(kR)^2}+j\frac{2}{kR}\right)\mathrm{d}s' \quad (2-165a)$$

$$\vec{H}_m(\vec{r},\vec{M}) = -\int\underline{\underline{G}}_{Hm}(R)\vec{M}(r')\mathrm{d}s'$$

$$= -j\omega\varepsilon\int\frac{e^{-jkR}}{4\pi R}(1-\hat{R}\hat{R})\vec{M}(r')\left(1-\frac{1}{(kR)^2}-j\frac{1}{kR}\right)\mathrm{d}s'$$

$$- j\omega\epsilon \int \frac{e^{-jkR}}{4\pi R} \hat{R}\hat{R} \cdot \vec{M}(\vec{r}\,') \left(\frac{2}{(kR)^2} + j\,\frac{2}{kR} \right) ds' \quad (2-165\text{b})$$

$$\vec{H}_e(\vec{r},\vec{J}) = - \int \underline{\underline{G}}_{HJ}(R) \vec{J}(\vec{r}\,') ds'$$

$$= - \int \left(\frac{1}{R} + jk \right) \frac{e^{-jkR}}{4\pi R} \hat{R} \times \vec{J}(\vec{r}) ds' \quad (2-165\text{c})$$

$$\vec{E}_m(\vec{r},\vec{M}) = - \int \underline{\underline{G}}_{Hm}(R) \vec{M}(\vec{r}\,') ds'$$

$$= \int \left(\frac{1}{R} + jk \right) \frac{e^{-jkR}}{4\pi R} \hat{R} \times \vec{M}(\vec{r}\,') ds' \quad (2-165\text{d})$$

假设源是表面分布的,式(2-165)的积分就在源所在的表面进行。其实,在绝大多数情况下,式(2-165a)和式(2-165b)都可以利用 Maxwell 方程通过对式(2-165c)和(2-165d)两边取旋度,旋度算子与积分算子交换处理得到。

2.4.3　辐射场区分析

2.4.3.1　三个典型的辐射场区

式(2-165)给出了辐射矢量场的最普遍的表示式。这些场矢量中包括有 $(1 - \hat{R}\hat{R}) \cdot \vec{J}(\vec{r}\,')$,$(1 - \hat{R}\hat{R}) \cdot \vec{M}(\vec{r}\,')$,$\hat{R}\hat{R} \cdot \vec{J}(\vec{r}\,')$,$\hat{R}\hat{R} \cdot \vec{M}(\vec{r}\,')$ 的矢量场因子。其中有 $\frac{1}{R}$ 项、$\frac{1}{R^2}$ 项和 $\frac{1}{R^3}$ 项。因此场按距源的距离大致可分为三个区域:

(1) 电抗近场区($R < \frac{\lambda}{2\pi}$):在此区内以 $\frac{1}{R^3}$ 项为主,这时在式(2-165)中保留 $\frac{1}{R^3}$ 项,对 $\frac{1}{R}$ 项和 $\frac{1}{R^2}$ 项可忽略,此时可简化为

$$\vec{E}_e(\vec{r},\vec{J}) = - j\omega\mu \int \frac{e^{-jkR}}{4\pi k^2 R^3} (\underline{\underline{1}} - \hat{R}\hat{R}) \vec{J}(\vec{r}\,') ds' \quad (2-166\text{a})$$

$$\vec{H}_m(\vec{r},\vec{M}) = - j\omega\epsilon \int \frac{e^{-jkR}}{4\pi k^2 R^3} (\underline{\underline{1}} - \hat{R}\hat{R}) \vec{M}(\vec{r}\,') ds' \quad (2-166\text{b})$$

$$\vec{H}_e(\vec{r},\vec{J}) = - \int \frac{e^{-jkR}}{4\pi R^2} \hat{R} \times \vec{J}(\vec{r}\,') ds' \quad (2-166\text{c})$$

$$\vec{E}_m(\vec{r},\vec{M}) = - \int \frac{e^{-jkR}}{4\pi R^2} \hat{R} \times \vec{M}(\vec{r}\,') ds' \quad (2-166\text{c})$$

(2) 辐射场区是以 $\frac{1}{R}$ 项为主要项的,式(2-165)可简化成

$$\vec{E}_e(\vec{r},\vec{J}) = - j\omega\mu \int \frac{e^{-jkR}}{4\pi R} (\underline{\underline{1}} - \hat{R}\hat{R}) \vec{J}(\vec{r}\,') ds' \quad (2-167\text{a})$$

$$\vec{H}_m(\vec{r},\vec{M}) = -j\omega\varepsilon \int \frac{e^{-jkR}}{4\pi R}(1 - \hat{R}\hat{R})\vec{M}(\vec{r}\,')\mathrm{d}s' \qquad (2-167b)$$

$$\vec{H}_e(\vec{r},\vec{J}) = -jk \int \frac{e^{-jkR}}{4\pi R}\hat{R} \times \vec{J}(\vec{r}\,')\mathrm{d}s' \qquad (2-167c)$$

$$\vec{E}_m(\vec{r},\vec{M}) = jk \int \frac{e^{-jkR}}{4\pi R}\hat{R} \times \vec{M}(\vec{r}\,')\mathrm{d}s' \qquad (2-167d)$$

积分式中 $\hat{R}$ 和 $\hat{R}\hat{R}$ 都是源坐标 r' 和观察点 r 的函数,而积分是对源坐标 r' 进行的。

(3) 辐射场区按其距离又分为辐射近场区和辐射远区。辐射近场区又称费伦涅尔区,当观察点距离 R 在 $\frac{\lambda}{2\pi} < R < \frac{2D^2}{\lambda}$ 范围内时,为辐射近场区。这时的上限距离是线性口径 D 的最小远区距离,在此距离上口径 D 的中心到边缘相位差为 22.5°,即 $\frac{\lambda}{16}$。在此距离范围内,口径面内各点的相位差对积分起主要影响,因此在沿轴方向场呈现出振荡形式。在此区内的口径分布的相差是需考虑的。

通常当 $R > \frac{2D^2}{\lambda}$ 时为辐射远场区(radiation far field)。由于 $R \gg D$,D 为积分区域,因此它允许将 $\hat{R}$ 和 $\hat{R} \cdot \hat{R}$ 从积分号内提出。这时远场可写成

$$\vec{E}_e(\vec{r},\vec{J}) = -j\omega\mu(1 - \hat{R}\hat{R}) \int \frac{e^{-jkR}}{4\pi R}\vec{J}(\vec{r}\,')\mathrm{d}s' \qquad (2-168a)$$

$$\vec{H}_m(\vec{r},\vec{M}) = -j\omega\varepsilon(1 - \hat{R}\hat{R}) \int \frac{e^{-jkR}}{4\pi R}\vec{M}(\vec{r}\,')\mathrm{d}s' \qquad (2-168b)$$

$$\vec{H}_e(\vec{r},\vec{J}) = -jk\hat{R} \times \int \frac{e^{-jkR}}{4\pi R}\vec{J}(\vec{r}\,')\mathrm{d}s' \qquad (2-168c)$$

$$\vec{E}_m(\vec{r},\vec{M}) = -jk\hat{R} \times \int \frac{e^{-jkR}}{4\pi R}\vec{M}(\vec{r}\,')\mathrm{d}s' \qquad (2-168d)$$

辐射远场区在天线设计中是最重要的,因为这是绝大多数天线实际工作范围。为确定天线的性能,天线远场方向图是需精确计算的。辐射近场区对反射面天线设计还是有意义的,因为馈源一般处于主反射面的辐射近场区,利用物理光学方法就可精确地计算辐射近场区。阵列天线设计时,电抗近场区变得比较重要,因为这决定阵列单元的有源阻抗,实际上这影响到阵元的复激励,当然最终影响到包括阵列远场方向图在内的辐射特性。

2.4.3.2 辐射场的计算

由源分布计算辐射场首先要用到下列式子

$$(1 - \hat{\hat{R}}\hat{R}) \cdot \vec{M} = \begin{bmatrix} (1 - R_{ux}^2)M_x & -R_{ux}R_{uy}M_y & -R_{ux}R_{uz}M_z \\ -R_{uy}R_{ux}M_x & +(1 - R_{uy}^2)M_y & -R_{uy}R_{uz}M_z \\ -R_{uz}R_{ux}M_x & -R_{uy}R_{uz}M_y & +(1 - R_{uz}^2)M_z \end{bmatrix} \quad (2-169)$$

$$\hat{R} \times \vec{M} = \begin{bmatrix} \hat{x} & \hat{y} & \hat{z} \\ R_{ux} & R_{uy} & R_{uz} \\ M_x & M_y & M_z \end{bmatrix} = \begin{bmatrix} R_{uy}M_z - R_{uz}M_y \\ R_{uz}M_x - R_{ux}M_z \\ R_{ux}M_y - R_{uy}M_x \end{bmatrix} \quad (2-170)$$

$$\nabla = \hat{x}\frac{\partial}{\partial x} + \hat{y}\frac{\partial}{\partial y} + \hat{z}\frac{\partial}{\partial z} = -j\vec{k} \quad (2-171)$$

$\vec{k}$ 为波矢量,它的幅值 $|\vec{k}| = (\omega^2\mu\epsilon)^{1/2} = \dfrac{2\pi}{\lambda}$,其方向 $\hat{k} = \hat{R}$,为源指向场点(观察点)的方向,即为传播方向。在辐射远区中,电磁场间有下列关系:

$$\vec{E} = -\frac{1}{\omega\epsilon}\vec{k} \times \vec{H} = -Z_0\hat{k} \times \vec{H} \quad (2-172a)$$

$$\vec{H} = -\frac{1}{\omega\mu}\vec{k} \times \vec{E} = Y_0\hat{k} \times \vec{E} \quad (2-172b)$$

$Z_0 = \dfrac{1}{Y_0} = \sqrt{\dfrac{\mu}{\epsilon}}$,为自由空间波阻抗。式(2-172)在计算辐射近区场时,该式是作用到每一个单独的源分布上,因为 $\hat{R}$ 项是在积分号里面,然而当考虑传输场垂直于给定场表面时,表面法线 $\hat{n}_f$ 可以替代 $\hat{k}$,因此式(2-172)可用 $\hat{n}_f$ 代替 $\hat{k}$,得到与场表面切向电场。当引入 $f(\vec{r}',\vec{J},\vec{r},k)$,

$$\vec{f}(\vec{r}',\vec{J},\vec{r},k) = \frac{1}{4\pi}\int\left(\frac{1}{|\vec{r}-\vec{r}'|} + jk\right)\frac{e^{-jk|\vec{r}-\vec{r}'|}}{|\vec{r}-\vec{r}'|}\frac{\vec{r}-\vec{r}'}{|\vec{r}-\vec{r}'|} \times \vec{J}\,\mathrm{d}s'$$

$$(2-173)$$

由式(2-165c)和式(2-165d)简化得到传输场矢量

$$\vec{H}(\vec{r}) = -\vec{f}(\vec{r}',\vec{J},\vec{r},k)$$

$$\vec{E}(\vec{r}) = \vec{f}(\vec{r}',\vec{M},\vec{r},k)$$

其他场分量由式(2-172)得到。对于电抗近场有

$$\vec{f}_{XNF}(\vec{r}',\vec{J},\vec{r},k) = \frac{1}{4\pi}\int\frac{e^{-jk|\vec{r}-\vec{r}'|}}{|\vec{r}-\vec{r}'|^2}\frac{\vec{r}-\vec{r}'}{|\vec{r}-\vec{r}'|} \times \vec{J}\,\mathrm{d}s' \quad (2-173a)$$

对于辐射近场区有

$$\vec{f}_{NF}(\vec{r}',\vec{J},\vec{r},k) = j\frac{k}{4\pi}\int\frac{e^{-jk|\vec{r}-\vec{r}'|}}{|\vec{r}-\vec{r}'|}\frac{\vec{r}-\vec{r}'}{|\vec{r}-\vec{r}'|} \times \vec{J}\,\mathrm{d}s' \quad (2-173b)$$

对辐射远场区有

$$\vec{f}_{FF}(\vec{r}\,',\vec{J},\vec{r},k) = j\frac{ke^{-jkr}}{4\pi r}\hat{r} \times \int \vec{J}\, e^{jkr\cdot\hat{r}}\,\mathrm{d}s' \qquad (2-173c)$$

式中 $\hat{r}\cdot\vec{r}'$ 代表了从坐标原点到源点矢径在远场点(观察点)方向上的投影距离。于是积分式中指数项给出了远场辐射的相位因子。积分式中幅度因子 $\vec{r}-\vec{r}'\approx \vec{r}$，$|\vec{r}-\vec{r}'|\approx|\vec{r}| = r$。$\vec{r}$ 是坐标原点到观察点的矢径，其幅值等于 r，其单位向量为 $\hat{r}$。

天线方向图计算中远场方向的单位矢量为

$$\hat{r} = \hat{x}\cos\phi\sin\theta + \hat{y}\cos\phi\sin\theta + \hat{z}\cos\theta \qquad (2-174)$$

远场场矢量没有沿传播方向的分量，因此远场场矢量可写成与传播方向垂直的二分量场，如用球坐标表示，场矢量间的单位矢量有下列关系：

$$E_\theta \rightarrow (\vec{r}\times\vec{J})\cdot\hat{\theta} = -\hat{\phi}\cdot\vec{J}$$
$$E_\phi \rightarrow (\hat{r}\times\vec{J})\cdot\hat{\phi} = \hat{\theta}\cdot\vec{J} \qquad (2-175)$$

式 $(2-173c)$ 是口面天线远区辐射场计算最普遍的积分公式。用 $(2-173a)\sim (2-173c)$ 代替式 $(2-173)$ 使辐射计算大为简化。利用简单的 FORTRAN 编程加上 MATLAB 就可以完成其计算。另外本书第六章还专门研究反射面天线的辐射积分计算。

至此，通过并矢格林函数的方法揭示了源和场之间的严格关系，并在远场近似条件下又给出了口径面辐射积分公式。这是研究辐射问题的基础。

参 考 文 献

1　R. F. Harrington. Time - Harmonic Electromagnetic Fields. Mcgraw - Hill Book. Co. 1961

2　Leo Diaz. Antenna Engineering Using Physical Optics. Artech House, Inc. 1996

3　刘式适. 特殊函数. 气象出版社,1988

4　马西奎. 电磁场理论及应用. 西安交通大学出版社,2000

第3章　天线及电磁问题的数值方法

航天工程中涉及的天线及电磁辐射问题能够获得解析解的很少,随着计算机应用的普及和计算数学的发展,现代分析与设计技术多借助计算机数值处理求解。在电磁专业领域逐步形成了"计算电磁学"的一门新分支。泛函与变分原理是众多数值方法的基础,本章以此入手,阐述了在天线和电磁辐射问题中广泛应用的有限差分法、有限元法、矩量法和边界元法的基本原理和基本的计算处理流程。最后还简要地介绍了在工程设计中应用较多的最优化方法。这些内容能让读者对电磁问题的数值计算方法有一个基本的了解,初步掌握航天器天线现代设计方法和理念。

3.1　概述

求解天线和电磁问题的方法大体上可分为解析法和数值法。解析法包括建立与求解偏微分方程和积分方程。严格求解偏微分方程的经典方法是分离变量法;严格求解积分方程的方法是变换数学法。解析法得到的是一种理论解,精度高、计算量小,但能解决的问题十分有限。近似解析法常用的有微扰法、变分法、多极子展开法,还有电磁场的高频近似法(几何光学、物理光学和几何绕射理论(GTD))和低频近似法,这些也属于解析法,但不是严格解析法。天线和电磁问题求解的传统过程是基于解析模型的,从 Maxwell 方程和赫姆霍兹方程出发,加上特定的边界条件及本构参数就可得到一个微分或积分方程体系,然后编程计算。这一过程的特点是:①强调电磁分析和数学分析;②给出一个紧凑的、计算效率高的程序;③程序对最终的用户只有很少的自由度,适用专用程序的开发,对新问题往往又需另编程计算。数值法是用高性能的计算机直接地以数值的、程序的形式代替解析形式来描述天线及电磁场问题。近些年借助于计算数学中的数值方法来求电磁问题近似解的越来越多,因此在电磁学研究和应用中形成了一个新的分支,即计算电磁学。它是借助计算机用计算数学的方法求解电磁问题的总称。计算电磁学是利用数值方法把连续变量函数离散化,把微分方程化为差分方程,把积分方程化成有限求和的形式,从而建立起收敛的代数方程组,然后利用计算机求解。从这个意义上讲也可统称为计算机方法。目前计算机应用的普及和技术的发展，已出现了一些商业电磁分析软件，比如 Anoft-HF-SS、Super-NEC、CST-微波工作软件等，它们为电磁问题的分析和设计提供了十分有用的工具，大大方便了设计工作。本章不去介绍这些软件的具体应用步骤（这个工作是较简单和直接的），而是通过简单的例子，说明这些数值计算的基本原理和方法。着重在基础理论上讲述电磁场问题的计算机数值方法。

数值方法与解析方法相比有以下优点：①普适性强，用户拥有较大自由度，一个特定问题的边界条件、电气结构、激励等不编入基本程序，而是用户通过人机界面输入；②用户不必具备高度专业化的电磁场理论、数学和数值技术方面的知识就能用提供的程序解决一些问题。而它的缺点是数据输入量大、计算量大、受硬件条件限制大。这些问题随着计算机、存储技术和计算数学的发展，目前已不是主要问题了。

在进行计算机求解之前，数值方法都需要进行解析预处理，预处理工作量越少这个方法实现起来就越容易。评价一个方法好坏有精度、计算效率、存储要求、适应性及多功能性等方面。本章把变分原理作为诸多数值方法的基础，首先简要地介绍泛函及变分。然后着重介绍电磁场计算中广泛应用的有限差分法、有限元法、矩量法和最优化方法等。

3.2　泛函与变分

变分法是数学物理方法中的一个重要分支。通过变分法可以把一个任意边界条件下求解微分方程的问题化为泛函求极值的问题。变分法是确定求泛函极值的一种方法。求解泛函极值的问题称为变分问题。

凡函数的变量是由一个或几个函数的选取而确定的函数叫"泛函"。I 是一个函数 $y = y(x)$ 的函数，可写成 $I = I[y] = I[y(x)]$。我们统称 I 为泛函，简而言之泛函是函数的函数。泛函与复合函数是两种完全不同的概念。比如，复合函数：$z = y^2$，$y = \sin x$，式中给定一个 x 值，就有一个 y 值，相应有一个 z 值。而泛函 I 是以整个函数 $y(x)$ 为变量的函数，而不是仅依赖于若干分散的自变量。

最速下降问题是历史上著名的变分问题。由此说明泛函极值问题。如图 3-1 所示。设定点 $A(0,0)$ 和 $B(x_1,y_1)$ 不在同一垂线上，某一质量为 m 的质点，在重力的作用下沿曲线自由滑到 B 点，试确定一条使质点滑行时间最短的曲线。

设曲线 AB 段的方程为 $y = y(x)$，下滑到该曲线 S 任意点 (x,y) 处的速率 $v = \dfrac{\mathrm{d}s}{\mathrm{d}t}$，其中 s 是 A 点到 (x,y) 的弧长，根据能量守恒

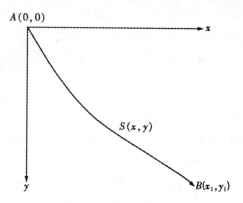

图 3 - 1 最速下降示图

$$\frac{1}{2}mv^2 = mgy \tag{3-1}$$

即

$$v = \frac{ds}{dt} = \sqrt{2gy} \tag{3-2}$$

再利用弧长微分公式 $ds = \sqrt{1 + y'^2}\,dx$ 得

$$dt = \sqrt{\frac{1 + y'^2}{2gy}}\,dx \tag{3-3}$$

上式两边积分,可得从 A 点沿曲线 $y(x)$ 下滑到 B 点所用时间

$$T = \int_0^{x_1} \sqrt{\frac{1 + y'^2}{2gy}}\,dx \tag{3-4}$$

可见,时间 T 是曲线 $y(x)$ 的函数,称 T 为 $y(x)$ 的泛函,记作 $T[y(x)]$。

因此,求最短滑行时间问题变为求满足式(3-5)条件的 $y(x)$,即为泛函 $T(y(x))$ 的极值问题

$$\left.\begin{array}{l} T = \displaystyle\int_0^{x_1} \sqrt{\dfrac{1 + y'^2}{2gy}}\,dx \to \min \\[2mm] y(0) = 0 \\[1mm] y(x_1) = y_1 \end{array}\right\} \tag{3-5}$$

最速下降曲线问题的泛函 T 依耐于函数 $y(x)$,它满足 $y(0) = 0$, $y(x_1) = y_1$ 的端值条件(即边界条件),在变分法中常把具有某些共同特性的函数集称作"容许函数类"。而最速下降线就是要从如上描述的容许函数类中获得使 T 达到极小的那些曲线。

泛函的定义域属于函数的集合或函数空间；泛函的值域属于实数或复数的数量空间。数学里，函数极值问题为微分问题；而泛函极值问题为变分问题。求泛函极值的方法为"变分法"。满足一定边界条件的泛函极值问题称为变分问题。

泛函取极值的条件是变分为零。变分问题就是泛函极值问题。泛函极值的计算方法类似于函数极值的计算方法。首先介绍变分的概念。函数微分是函数增量的线性主部，即如果函数 $y(x)$ 的增量 $\Delta y = y(x + \Delta x) - y(x) = A(x)\Delta x + 0(\Delta x)$，则函数 $y(x)$ 的微分为 $\mathrm{d}y = A(x)\mathrm{d}x$。

如果函数 $y(x)$ 在 x_0 处达到极值，则有 $\mathrm{d}y(x)\big|_{x=x_0} = 0$。如果泛函 $I[y(x)]$ 在函数 $y_0(x)$ 上达到极值，则有 $\delta I(y(x))\big|_{y=y_0(x)} = 0$，即泛函的变分等于零。

泛函取极值的必要条件是变分为零。设 $y_0(x)$ 是使 $I(y(x))$ 取极值的函数，那么对任意 δy，这等于函数 $\varphi(\lambda) = I(y_0(x) + \lambda\delta y)$ 在 $\lambda = 0$ 时达到极值。函数 $\varphi(\lambda) = I(y_0(x) + \lambda\delta y)$ 在 $\lambda = 0$ 时达到极值，必有 $\varphi'(0) = \delta I = 0$。换言之，如泛函变分 δI 存在，则 δI 等于函数 $\varphi(\lambda) = I(y_0(x) + \lambda\delta y)$ 的导函数在 $\lambda = 0$ 处的值，必有

$$\delta I = \frac{\mathrm{d}\varphi}{\mathrm{d}\lambda}\big|_{\lambda=0} = 0 \qquad (3-6)$$

式(3-6)是泛函取得极值的必要条件，如果要判断泛函 $I[y(x)]$ 是否有极值、是极大还是极小应看二阶变分。

容易证明，变分算子 δ 与微分算子 d 的性质完全相似，变分算子有以下性质：

$$\delta(I_1 \pm I_2) = \delta I_1 \pm \delta I_2 \qquad (3-6a)$$

$$\delta(I_1 I_2) = I_1\delta I_2 + I_2\delta I_1 \qquad (3-6b)$$

$$\delta(I_1/I_2) = \frac{I_2\delta I_1 - I_1\delta I_2}{I_2^2} \qquad (3-6c)$$

$$\frac{\mathrm{d}}{\mathrm{d}x}(\delta y) = \delta\left(\frac{\mathrm{d}y}{\mathrm{d}x}\right) \qquad (3-6d)$$

$$\delta\int_a^b y(x)\mathrm{d}x = \int_a^b \delta y(x)\mathrm{d}x \qquad (3-6e)$$

对二元函数的泛函问题。用 u 代表二元函数 $u(x,y)$，I 是 u 的泛函，泛函变分的计算公式是

$$\delta I = \frac{\mathrm{d}\varphi(\lambda)}{\mathrm{d}\lambda}\Big|_{\lambda=0}$$

这里 $\varphi(\lambda)=I[u(x,y)+\lambda\delta u(x,y)]$，泛函 $I(u)$ 取得极值的条件是变分为零。当 $\delta I=0$ 为泛函取得极值的条件，这与一元函数类同。

3.3　尤拉方程

3.3.1　单变元函数的泛函变分

尤拉方程是解变分问题的一种方法，这种方法将变分问题转变为微分方程，称为尤拉(Euler)方程。解尤拉方程便得到变分问题的解。设有泛函

$$I[y(x)] = \int_{x_1}^{x_2} F[x,y(x),y'(x)]\mathrm{d}x \tag{3-7}$$

泛函的极值有

$$\delta I = \int_{x_1}^{x_2} \left(\frac{\partial F}{\partial y}\delta y - \frac{\partial F}{\partial y'}\delta y'\right)\mathrm{d}x = 0 \tag{3-8}$$

对上式第二项经分部积分，利用 $\delta y(x_1)=\delta y(x_2)=0$ 的关系，极值条件化为 $\delta I = \int_{x_1}^{x_2}\left[\frac{\partial F}{\partial y} - \frac{\mathrm{d}}{\mathrm{d}x}\left(\frac{\partial F}{\partial y'}\right)\right]\delta y\mathrm{d}x = 0$ ，所以必定有

$$\frac{\partial F}{\partial y} - \frac{\mathrm{d}}{\mathrm{d}x}\left(\frac{\partial F}{\partial y'}\right) = 0 \tag{3-9}$$

式(3-9)就是在容许函数类 s 中使泛函式(3-7)达到极值的函数 $y(x)$ 应适合的必要条件，称为"尤拉方程"。现只需求出满足所给边界条件 $y(x_1)=y_1$，$y(x_2)=y_2$ 的尤拉方程的解答，由此得到的函数必然使式(3-7)取极值。得到的解 $y(x)$ 称为泛函式(3-7)的极值曲线(函数)。泛函求极值函数问题与求解其尤拉方程是等价的，即通过尤拉方程使泛函变分的求解化为微分方程的求解。

例　求最速下降曲线 $y(x)$，即求解式(3-5)，在此令 $F=\sqrt{\dfrac{1+y'^2}{2gy}}$，将 F 直接代入尤拉方程 $\dfrac{\partial F}{\partial y} - \dfrac{\mathrm{d}}{\mathrm{d}x}\left(\dfrac{\partial F}{\partial y'}\right)=0$，得到一个繁杂的微分方程，再对其微分方程求解。最后得到最速下降线的方程：

$$\left.\begin{aligned} x &= \frac{c_1}{2}(2t - \sin 2t) + c_2 \\ y &= \frac{c_1}{2}(1 - \cos^2 t) \end{aligned}\right\} \tag{3-10}$$

将边值条件 $y(0) = 0$ 和 $y(x_1) = y_1$ 代入上式确定 c_1, c_2。参变数 t 有 $y' = \cot t$ 的关系。式(3-10)代表的最速下降曲线为圆滚曲线。

前面在研究泛函 $I[y(x)] = \int_{x_1}^{x_2} F[x, y(x), y'(x)] \mathrm{d}x$ 的极值时,是假设函数 $y(x)$ 取自函数类 s,而 s 中的函数都满足 $y(x_1) = y_1, y(x_2) = y_2$ 的条件,这是两边界端点固定的情况。现假设左端点固定,右端点可沿 $x = x_2$ 线自由移动,在这种情况下,根据泛函 $I[y(x)]$ 取极值的必要条件 $\delta I = 0$,经过类似的推导得

$$\delta I = \int_{x_1}^{x_2} \left[\frac{\partial F}{\partial y} - \frac{\mathrm{d}}{\mathrm{d}x} \left(\frac{\partial F}{\partial y'} \right) \right] \delta y \mathrm{d}x + \left[\frac{\partial F}{\partial y'} \delta y \right]_{x = x_2} \qquad (3-11)$$

因为此式对一切 δy 都应成立。当然对满足附加条件 $\delta y_{x = x_2} = 0$ 的那部分 δy 更应成立。所以 $y(x)$ 仍必须满足 Euler 方程式(3-9)。这样代回前式,$\delta I = 0$ 可补足确定解所需的另一个边界条件,$\dfrac{\partial F}{\partial y'} \delta y \bigg|_{x = x_2} = 0$,上式对任意的 δy 成立,所以有

$$\frac{\partial F}{\partial y'} \bigg|_{x = x_2} = 0 \qquad (3-12)$$

在这种情况下,泛函 I 取极值的必要条件是所求极值函数 $y(x)$ 必须满足 Euler 方程,同时 $y(x_1) = y_1$ 以及在 $x = x_2$ 必须满足式(3-12)。由此可见式(3-12)不必对泛函的容许函数类作为条件提出,它是从达到泛函极值的函数的最基本的必要条件 $\delta I = 0$ 自然推出的,这种条件称为"自然边界条件"。自然边界条件对应于微分方程的第二类边界条件。

从上面的讨论可见,泛函的形式有两个明显的优点:①泛函本身就包含了微分方程的第二类边界条件,无需另外考虑,只要找到泛函就可以了。而在微分方程中,却没有包含这类边界条件,需作专门考虑,否则得不到定解。因此,变分原理中,把含有独立函数的导数的边界条件称为自然边界条件。而把微分方程的第一类边界称为强加边界条件,因为它在变分过程中是强加上去的;②泛函被积函数中包含的最高阶导数的阶次低于微分方程中最高阶导数的阶次,可使计算简化。

3.3.2　多元函数的泛函变分

多自变量和多因变量情况,设有泛函

$$I(u) = \iint_s F(x, y, u, u_x, u_y) \mathrm{d}x \mathrm{d}y \qquad (3-13)$$

式中，x,y 为自变量；u 为 x,y 的待定函数。积分域 s 在 xy 平面内且 $u(x,y)$ 在 s 域边界 C 上为给定的，在边界上 $\delta u = 0$，这时泛函取极值的条件为

$$\delta I = \iint_s \left[\left(\frac{\partial F}{\partial u} \delta u + \frac{\partial F}{\partial u_x} \delta u_x + \frac{\partial F}{\partial u_y} \delta u_y \right) \right] \mathrm{d}x \mathrm{d}y = 0 \qquad (3-14)$$

式中，变分 δu 在 s 内为连续可微，并在边界 C 上为零，在其他处为任意值。利用分部积分法，对含有导数的微分项进行积分，最后得

$$\delta I = \iint_s \left\{ \left[\frac{\partial F}{\partial u} - \frac{\partial}{\partial x} \left(\frac{\partial F}{\partial u_x} \right) - \frac{\partial}{\partial y} \left(\frac{\partial F}{\partial u_y} \right) \right] \delta u \right\} \mathrm{d}x \mathrm{d}y = 0 \qquad (3-15)$$

又因为在 s 域内 δu 的任意性，于是上式改为

$$\frac{\partial F}{\partial u} - \frac{\partial}{\partial x} \left(\frac{\partial F}{\partial u_x} \right) - \frac{\partial}{\partial y} \left(\frac{\partial F}{\partial u_y} \right) = 0 \qquad (3-16)$$

这就是对应于泛函式(3-13)的尤拉(Euler)方程，是 I 取极值的必要条件。它是二阶偏微分方程。解这个方程，得到带积分常数的极值函数 u。代入沿 C 之边界条件后，解出积分常数，最后得到函数 $u(x,y)$。

对于两个自变量 x,y，两个因变量 $u(x,y)$ 和 $v(x,y)$ 的情况，泛函可写成

$$I(u,v) = \iint_s F(x, y, u, v, u_x, u_y, v_x, v_y) \mathrm{d}x \mathrm{d}y \qquad (3-17)$$

相应的 Euler 方程为

$$\frac{\partial F}{\partial u} - \frac{\partial}{\partial x} \left(\frac{\partial F}{\partial u_x} \right) - \frac{\partial}{\partial y} \left(\frac{\partial F}{\partial u_y} \right) = 0$$

$$\frac{\partial F}{\partial v} - \frac{\partial}{\partial x} \left(\frac{\partial F}{\partial v_x} \right) - \frac{\partial}{\partial y} \left(\frac{\partial F}{\partial v_y} \right) = 0$$

u 是三个自变量 (x,y,z) 的函数的情况，令 $u = u(x,y,z)$，且 $u(x,y,z)$ 在三维区域 Ω 的边界 Γ 上的值是给定的，有 $u|_\Gamma = g(x,y,z)$，求满足这一条件时，使泛函 $I(u) = \iiint_\Omega F(x, y, z, u, u_x, u_y, u_z) \mathrm{d}x \mathrm{d}y \mathrm{d}z$ 取极值的 u。按泛函极值要求有 $\delta I = 0$，可得到相应的尤拉方程

$$\frac{\partial F}{\partial u} - \frac{\partial}{\partial x} \left(\frac{\partial F}{\partial u_x} \right) - \frac{\partial}{\partial y} \left(\frac{\partial F}{\partial u_y} \right) - \frac{\partial}{\partial z} \left(\frac{\partial F}{\partial u_z} \right) = 0 \qquad (3-18)$$

式(3-18)是二阶的三维偏微分方程。解这个方程得到带积分常数的三维函数 u，代入边界条件 $u|_\Gamma = g(x,y,z)$ 后，解出积分常数，最后得到极值函数 $u(x, y,z)$。

例题 1　求与下列变分问题相应的边值问题

$$I(u) = \iint_s \left[\left(\frac{\partial u}{\partial x} \right)^2 + \left(\frac{\partial u}{\partial y} \right)^2 - 2f(x,y)u \right] \mathrm{d}x\mathrm{d}y \text{ 取极值} \Big\}$$

$$u(x,y)|_c = g(x,y), g(x,y) \text{为一已知函数}$$

解:式中 c 是二维区域 s 的边界。因为要泛函变分等于零,由尤拉方程可导出 $-\left(\frac{\partial^2 u}{\partial x^2} + \frac{\partial^2 u}{\partial y^2} \right) = f(x,y)$。这就是泊松方程。所以泛函极值函数 $u(x,y)$ 就

是下列微分方程的解。$\begin{cases} \nabla^2 u = -f(x,y) \\ u|_c = g(x,y) \end{cases}$ 在 s 域中的解。

这就是一个典型的边值问题。

例题 2　求与下列变分问题对应的边值问题。

$$I(u) = \iiint_\Omega \left(\left(\frac{\partial u}{\partial x} \right)^2 + \left(\frac{\partial u}{\partial y} \right)^2 + \left(\frac{\partial u}{\partial z} \right)^2 - 2f(x,y,z)u \right) \mathrm{d}x\mathrm{d}y\mathrm{d}z \text{ 取极值。} \Big\}$$

$$u(x,y,z)|_\Gamma = g(x,y,z)$$

解:泛函取极值其变分应为零,按照尤拉方程,经微分计算得与上述变分对应的边值问题是:

$$\frac{\partial^2 u}{\partial x^2} + \frac{\partial^2 u}{\partial y^2} + \frac{\partial^2 u}{\partial z^2} = -f(x,y,z) \text{(在 } \Omega \text{ 中)} \Big\}$$

$$u(x,y,z)|_\Gamma = g(x,y,z)$$

这里研究的变分问题的边界都是固定的,由此转变而成的电磁问题的边界也是固定的,即在固定边界上有给定的函数值,这相当于第一边界条件,还有一些电磁问题的边界属于第二或第三边界条件,在此不一一叙述了。

3.4　变分问题的直接解法——里兹法

前面对泛函极值求解归结为 Euler 微分方程的求解,这是变分问题的间接解法。通过这一间接解法可看出,某些微分方程边值问题的求解等价于相应的变分问题的求解。对于变分问题也可根据极值意义采用直接方法处理,以求其近似解。里兹法就是求解变分问题的一种近似方法。

里兹法的基本思想是用一个适当选择的函数 $\varphi_i(x)$ 的有限项线性组合来逼近其真实解,并称此为试探解。它可写成

$$\tilde{y} = \sum_{i=1}^n c_i \varphi_i(x) \tag{3-19}$$

其中,每个函数 $\varphi_i(x)$ 都能单独满足边界条件。为计算方便往往将 $\varphi_i(x)$ 选为一组正交函数,泛函可写成

$$I(u) = \int_{x_1}^{x_2} F(x,y,y')\mathrm{d}x$$

$$\approx \int_{x_1}^{x_2} F[x, \sum_{i=1}^{n} c_i\varphi_i(x), \sum_{i=1}^{n} c_i\varphi'_i(x)]\mathrm{d}x \qquad (3-20)$$

这样,经积分就把泛函转化成这些系数 $c_i(i=1,2,\cdots,n)$ 的函数,即

$$I(u) = I(c_1,c_2,\cdots,c_n) \qquad (3-21)$$

函数 $I(u)$ 对各系数 c_i 求偏导,并令偏导为零,即

$$\frac{\partial I}{\partial c_i} = 0 \quad (i=1,2,\cdots,n) \qquad (3-22)$$

解线性联立方程组(3-22),就可求出 c_i,并代入式(3-19)中得到函数极小值的近似解。当 $n\to\infty$,若 $\tilde{y}\to y$,则收敛于精确解。一般来说,近似解的精度与试探函数系 $\varphi_i(x)$ 的选择及项数的多寡有关。

例题 1　已知 $y(0)=0,y(1)=0$,试确定 $y=f(x)$,使泛函 $I(y)=\int_0^1 (y'^2+2x^3 y)\mathrm{d}x$ 取极值。

解:以幂级数前四项的线性组合为试探解,令

$$y = c_0 + c_1 x + c_2 x^2 + c_3 x^3$$

将边界条件代入上式,得到 $c_0=0,c_1=-(c_2+c_3)$,并将此代入上式得

$$y = -(c_2+c_3)x + c_2 x^2 + c_3 x^3$$

代入泛函 $I(y)$ 中,积分后得

$$I = \frac{1}{3}c_2^2 + \frac{4}{5}c_3^2 + c_2 c_3 - \frac{1}{15}c_2 - \frac{4}{35}c_3$$

求偏导 $\partial I/\partial c_i$ 得下列方程组

$$\frac{\partial I}{\partial c_2} \Rightarrow \frac{2}{3}c_2 + c_3 = \frac{1}{15}$$

$$\frac{\partial I}{\partial c_3} \Rightarrow c_2 + \frac{8}{5}c_3 = \frac{4}{35}$$

由此解出 $c_2=-\frac{4}{35},c_3=\frac{1}{7}$,则近似解 $y=\frac{1}{35}(5x^3-4x^2-x)$。该变分问题的精确解是 $y=\frac{1}{20}(x^5-x)$,试探解与精确解比较(精确解是五次幂多项式,试探

解是三次幂多项式),在求解范围内其偏差小于1%。当试探解选用5次幂以上的多项式,则能得到精确的结果。

例题 2　求泊松方程第一边值问题:

$$\begin{cases} \nabla^2 u = -2, & (-a \leqslant x \leqslant a; -b \leqslant y \leqslant b) \\ u(-a,y) = u(a,y) = u(x,-b) = u(x,b) = 0 \end{cases}$$

解:与此方程对应的变分问题是

$$\begin{cases} I(u) = \iint \left[\left(\dfrac{\partial u}{\partial x} \right)^2 + \left(\dfrac{\partial u}{\partial y} \right)^2 - 4u \right] \mathrm{d}x\mathrm{d}y \\ u(-a,y) = u(a,y) = u(x,-b) = u(x,b) = 0 \end{cases}$$

由于方程和边界对 x 轴和 y 轴对称,因此选择

$$\varphi_0 = (a^2 - x^2)(b^2 - y^2)$$
$$\varphi_1 = \varphi_0 x^2$$
$$\varphi_2 = \varphi_0 y^2$$
$$\vdots$$

如果只取 $n=1$ 一项, $u(x,y) = \alpha\varphi_0(x,y)$ 作试探解,并代入泛函中,积分后取 $\dfrac{\partial I}{\partial \alpha} = 0$,得

$$\alpha = \frac{5}{4(a^2 + b^2)}$$

于是试探解为

$$u(x,y) = \frac{5}{4} \frac{(a^2 - x^2)(b^2 - y^2)}{(a^2 + b^2)}$$

考虑本例为二维正方形域 $a=b$,取三个元素 $\varphi_0, \varphi_1, \varphi_2$,由于对 $x=y$ 也是对称性的,试探解可取

$$u(x,y) = (a^2 - x^2)(b^2 - y^2)[\alpha_1 + \alpha_2(x^2 + y^2)]$$

类似的步骤,确定系数,最后得试探解

$$u(x,y) = \frac{35}{16 \times 377} \frac{1}{a^2} (a^2 - x^2)(b^2 - y^2)\left(74 + 15\frac{x^2 + y^2}{a^2} \right)$$

此即为 $a=b$ 时的解。

里兹法的根本缺点是在全区域上选择试探函数系列 φ_i,这在实际问题中很难做到。对于边界形状复杂的二维以及三维变分问题,难找到一个函数系列的线性组合满足边界条件。而且当函数项数增加时运算更加复杂。这些缺点限制

了里兹法的应用。有限元法由于仅在剖分单元上选取试探函数,克服了里兹法的缺点,使这种变分问题的直接解法可在工程计算中实现,开创了数值计算的一个全新领域。

　　许多微波及天线问题需要用数值模型预示它们的特性。电磁问题常归结为 Maxwell 方程 + 边值条件并进行计算机数值求解。在得到数值解前有两项工作要做:①将原始方程变换成计算机能处理的形式,比如线性方程组;②必须用适当的方法对变换后的新方程进行数值求解。在进行这两步前要用一种极值化的泛函关系代替原始方程使之变成一组线性方程。有限元法(FEM, finite elementmethod)就属于这类数值方法。有限元就是利用变分法求解其原始方程的。举例说明:

　　泊松方程 $\nabla^2\phi = -\dfrac{\rho}{\varepsilon}$ 和亥姆霍兹或波动方程 $\nabla^2\phi = -k^2\phi$ 都可看成是一算子作用到一未知函数上。令 L 为一算子,L 可代替 ∇^2,它涉及空间位置的微分,ϕ 是场或位函数矢量的分量,$k^2 = \omega^2\varepsilon\mu = \dfrac{\omega}{c}$,式中 ϕ 是未知函数,ρ 是输入函数(源)。

　　边界条件有:

　　(1)已知边界场值,$\phi(s)\big|_{c_0} = \phi_0(s)$;

　　(2)已知边界法向微分,$\dfrac{\partial\phi}{\partial n}\bigg|_{c_0} = q(s)$;

　　(3)混合条件,即 $\dfrac{\partial\phi}{\partial n}\bigg|_{c_0} + \gamma(s)\phi(s)\big|_{c_0} = p(s)$

　　当边界方程右边 = 0,为齐次边界。在电磁问题中,当电场完全和某一表面相切时就构成理想磁壁,其边界有 $\dfrac{\partial\phi}{\partial n}\bigg|_{c_0} = 0$;同样当电场完全和某一表面垂直时,磁场与某一表面相切就构成理想电壁,有 $\phi(s)\big|_{c_0} = 0$。这个边界条件可以是实际的,也可以是虚拟的。

　　从原始方程推导泛函,泛函通常是包含了未知函数及其导数的一个积分表达式。泛函求极值就得到了未知函数,它就是原来问题的解。这个问题叫欧拉问题。泛函可写成

$$I(y(x)) = \int_{x_1}^{x_2} F(x, y(x), y'(x)) \mathrm{d}x$$

　　例题 3　带边界条件的平行板电位问题,如图3-2所示。

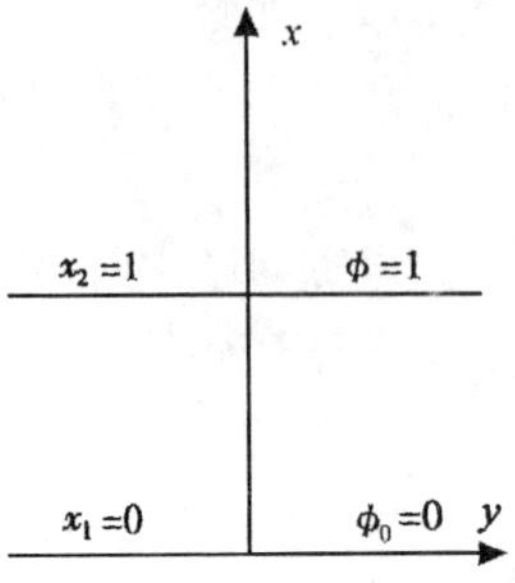

电位方程有 $\nabla^2 \phi = \dfrac{\partial^2 \phi}{\partial x^2} + \dfrac{\partial^2 \phi}{\partial y^2} = 0$，为推演简化，在

此令 $\dfrac{\partial^2 \phi}{\partial y^2} = 0$，对应的泛函有

$$I(y(x)) = \int_{x_1}^{x_2} F(x, y(x), y'(x))\,\mathrm{d}x = \int_{x_1}^{x_2} \left(\frac{\mathrm{d}\phi}{\mathrm{d}x}\right)^2 \mathrm{d}x$$

由欧拉方程有，$\dfrac{\partial F}{\partial y} - \dfrac{\mathrm{d}}{\mathrm{d}x}\left(\dfrac{\partial F}{\partial y'}\right) = 0$，经演算得

图 3-2　平行板电容示图

$$2\frac{\mathrm{d}^2 \phi}{\mathrm{d}x^2} = 0, \qquad \phi = c_1 + c_2 x$$

将边界条件代入，$x = x_1, c_1 = 0$；$x = x_2, c_2 = 1$；得 $\phi = x$。

用里兹方法解，ϕ 可用一组已知独立函数 f_i（可为多项式、指数函数、Bessel 函数……）写出。这些函数叫基函数，它们在定义域内又称为试探函数。此时 ϕ 可写成 $\phi = \sum_{i=1}^{N} \alpha_i f_i$；$\alpha_i$ 是待求的未知系数，试探函数必须满足边界条件（狄里赫利边界条件），但不一定满足其他边界条件。前面叫基本边界条件；其他条件叫自然边界条件，且由极值化步骤自动满足。对 $x_1 = 0, x_2 = 1$ 的边界条件提出试探函数

$$\phi(x) = ax^2 + bx + c$$

验证狄里赫利条件得到：$\phi(x_1) = 0 \Rightarrow c = 0$；$\phi(x_2) = 1 \Rightarrow b = 1 - a$。将此结果代入上式有 $\phi(x) = ax^2 + (1 - a)x$。将此式代入泛函式中

$$I(\phi) = \varepsilon_0 \int_{x_1}^{x_2} \left(\frac{\mathrm{d}\phi}{\mathrm{d}x}\right)^2 \mathrm{d}x = \varepsilon_0 \int_0^1 [a(2x - 1) + 1]^2 \,\mathrm{d}x$$

现在泛函是用系数 a（叫变分参量）来表示的。问题变成求 a 的值使泛函最小。因此变分式为

$$\frac{\partial I}{\partial a} = \varepsilon_0 \int_0^1 2[a(2x - 1) + 1](2x - 1)\,\mathrm{d}x = 0$$

显然只有 $a = 0$ 时上式 $= 0$，于是问题解

$$\phi(x) = (1 - a)x = x$$

通常变分表达式中包含了许多变分参量，因为泛函必须对所有变分参量极值化，所以上面步骤将产生一组包含这些参量的线性方程组，求解这个方程组才可得到。

上面我们对平行板电位问题用欧拉方程和里兹方法求解都作了说明，可以

看出两种方法其结果是完全一样的。

3.5　有限差分法

有限差分法是分析电磁场问题的一种数值方法。计算机速度的提高、存储空间的增大,促进了数值方法的迅速发展。有限差分法的基本思想是把场域用网格进行分割,用离散的、只含有限个未知数的差分方程来近似代替具有连续变量的微分方程及其边界条件,并把相应的差分方程的解作为原始边值问题微分方程的近似解。有限差分法对电磁问题求解通常可采用以下步骤:

(1)采用一定的网格划分方式离散化场域,通常规则的网络有正方形、矩形、平行四边形等。

(2)基于差分原理的应用,对场域的偏微分方程及场域边界上的边界条件进行差分离散化处理,给出相应的差分离散化格式。

(3)解差分方程,结合选定的代数方程组的解法编制计算程序,求解由上所得对应于待求边值问题的差分方程组,所得解答即为该边值问题的数值解。

3.5.1　差分格式

以二维空间内静电场拉普拉斯方程为例,说明差分法的应用。如图 3-3(a)所示,Γ 界定的二维区域 D,静电场边值问题:

$$\left.\begin{array}{l}\dfrac{\partial^2 \varphi}{\partial x^2} + \dfrac{\partial^2 \varphi}{\partial y^2} = 0 \quad （在\ D\ 内） \\[4mm] \varphi_{\Gamma} = f(s) \end{array}\right\} \qquad (3-23)$$

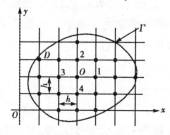

图 3-3(a)　场域内差分节点示意图

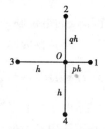

图 3-3(b)　边界节点示意图

应用有限差分法,首先要确定网络节点的分布方式,以偏导数用有限差商表示的均匀网格为例

$$\varphi_x = \frac{\partial \varphi}{\partial x}\bigg|_{x=x_0} \approx \frac{\varphi(x_0+h,y_0)-\varphi(x_0-h,y_0)}{2h} = (\varphi_1-\varphi_3)/2h \qquad (3-24)$$

h 为步距,若足够地小,对应的二阶偏导数有

$$\frac{\partial^2 \varphi}{\partial x^2}\bigg|_{x=x_0} \approx \frac{\varphi_x(x_0+h/2,y_0)-\varphi_x(x-h/2,y_0)}{h} = (\varphi_1-2\varphi_0+\varphi_3)/h^2$$

$$(3-25)$$

同样

$$\frac{\partial^2 \varphi}{\partial y^2}\bigg|_{y=y_0} \approx \frac{\varphi_2-2\varphi_0+\varphi_4}{h^2} \qquad (3-26)$$

将式(3-25)、式(3-26)代入式(3-23),经差分离散后,二维拉普拉斯方程的近似公式为

$$\varphi_1+\varphi_2+\varphi_3+\varphi_4-4\varphi_0=0 \qquad \varphi_0=\frac{\varphi_1+\varphi_2+\varphi_3+\varphi_4}{4} \qquad (3-27)$$

这就是规则正方形网格内某点的电位所满足的拉普拉斯方程的差分格式或差分方程。由式(3-27)说明,在点0的电位 φ_0 可近似地取其周围相邻四点电位的平均值。对于紧邻边界的节点,其边界不一定正好落在正方形网格节点上,如图3-3(b)所示,其中1,2为边界上节点,p,q 为小于1的正数。仿上所述,可推得对于临近边界的节点拉普拉斯方程的差分格式为

$$\frac{\varphi_1}{p(1+p)}+\frac{\varphi_2}{q(1+q)}+\frac{\varphi_3}{1+p}+\frac{\varphi_4}{1+q}-\left(\frac{1}{p}+\frac{1}{q}\right)\varphi_0=0 \qquad (3-28)$$

式中,φ_1,φ_2 分别是给定边界条件,函数 $f(s)$ 在对应边界点处的值,是已知的。在场域 D 内的每一个节点都有一个差分方程,通过这些方程把各个内节点的电位以及边界上节点的电位联系起来了。只要解这个联立方程组,便可求解各个节点的电位值,并将其作为原拉普拉斯方程边界问题的近似解。

3.5.2　差分方程组的解法

解实际问题,由于节点个数很多,联立差分方程的个数往往高达上百、上千个,直接解法是不适用的。好在每一个差分方程中只包含很少几项,可采用逐次近似的迭代方法求解。下面介绍几种常用的解法。

3.5.2.1　高斯─塞德尔迭代法

用双标号 (I,J) 表示网络节点,先对节点 (I,J) 选取迭代初值 $\varphi^{(0)}(I,J)$。第 $k+1$ 次迭代

$$\varphi^{(k+1)}(I,J)=\frac{1}{4}\left[\varphi^{(k+1)}(I-1,J)+\varphi^{(k+1)}(I,J-1)+\varphi^{(k)}(I+1,J)+\varphi^{(k)}(I,J+1)\right]$$

$$(3-29)$$

反复迭代($k=0,1,2,3,\cdots$),必须注意当迭代过程中遇到边界节点时,需要用式(3-28)中的边界条件代入,即 $\varphi(I,J)=f(I,J)$。迭代一直进行到所有内节点满足修正条件:

$$\left|\varphi^{(k+1)}(I,J)-\varphi^{(k)}(I,J)\right|<w$$

$$(3-30)$$

w 是规定的最大允许误差。高斯—塞得尔迭代中网络节点可按"从左到右""从下到上"的自然顺序排列。

3.5.2.2　逐次超松弛法

逐次超松弛法是前者之变形。它在迭代过程中,为了加快收敛速度,在把所得结果依次代入进行计算的同时,还使用把每次迭代的变化量加权后再代入。相应迭代格式为

$$\varphi^{(k+1)}(I,J)=\varphi^{(k)}(I,J)+\frac{\alpha}{4}\left[\varphi^{(k)}(I+1,J)+\varphi^{(k)}(I,J+1)\right.$$
$$\left.+\varphi^{(k+1)}(I-1,J)+\varphi^{(k+1)}(I,J-1)-4\varphi^{(k)}(I,J)\right]\quad(3-31)$$

式中 α 是一个加速收敛因子,$1<\alpha<2$,是一个供选择的参数。逐次超松弛法的快慢与加速收敛因子有着明显的关系。逐次超松弛法是目前应用最广泛的方法之一。

举例:求下列问题的近似解,图 3-4 为场域及边界图示。

$$\frac{\partial^2 u}{\partial x^2}+\frac{\partial^2 u}{\partial y^2}=0\quad(0<x<20,0<y<10)$$

$$u(x,0)=u(x,10)=0$$

$$u(0,y)=0,\quad u(20,y)=100$$

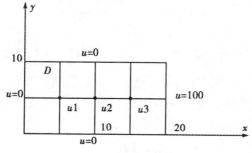

图 3-4　场域及边界图示

解:取 $h=5$,作正方形网络,如图 3-4,得差分方程

$$\left.\begin{array}{l} 4u_1 - u_2 = 0 \\ 4u_2 - u_1 - u_3 = 0 \\ 4u_3 - u_2 = 100 \end{array}\right\} \qquad (3-32)$$

利用高斯—塞得尔迭代格式

$$\left.\begin{array}{l} u_1{}^{(k+1)} = u_2{}^{(k)}/4 \\[2mm] u_2{}^{(k+1)} = \dfrac{1}{4}\big[\,u_1{}^{(k+1)} + u_3{}^{(k)}\,\big] \\[2mm] u_3{}^{(k+1)} = \dfrac{1}{4}\big[\,u_2{}^{(k+1)} + 100\,\big] \\[2mm] k = 0,1,2,3,\cdots \end{array}\right\} \qquad (3-33)$$

选取迭代初值 $u_1{}^{(0)}=2$,$u_2{}^{(0)}=7.5$,$u_3{}^{(0)}=30$,经过 6 次迭代得 $u_1=1,786$,$u_2=7.143$,$u_3=26.786$。

若步距 $h=2.5$,允许最大误差 $w=0.00005$,经过 32 次迭代得到解如下表。

$u_1=0.3530$	$u_2=0.9131$	$u_3=2.0102$	$u_4=4.2957$	$u_5=9.1531$	$u_6=19.6631$	$u_7=43.2101$
$u_8=0.4988$	$u_9=1.2893$	$u_{10}=2.8323$	$u_{11}=6.0193$	$u_{12}=12.6537$	$u_{13}=26.2894$	$u_{14}=53.1774$
$u_{15}=0.3530$	$u_{16}=0.9131$	$u_{17}=2.0103$	$u_{18}=4.2957$	$u_{19}=9.1531$	$u_{20}=19.6632$	$u_{21}=43.2101$

如果应用逐次超松弛法,则迭代次数与加速收敛因子 α 的关系见下表,可见当 $\alpha\approx1.3$ 时迭代次数最快。

α	1.00	1.10	1.20	1.30	1.40	1.50
迭代次数	32	26	20	16	18	24

3.5.3 边界条件的近似处理

前面的介绍仅把研究对象局限于第一类边值问题。事实上好多问题给定的还有第二、第三边界条件。下面将常用的一些边界条件差分离散的计算格式作个小结,这里只考虑正方形网络划分的情况。

拉普拉斯方程 $\dfrac{\partial^2 \varphi}{\partial x^2} + \dfrac{\partial^2 \varphi}{\partial y^2} = 0$ 有三种边界:

第一类边界条件

$$\varphi|_{\Gamma} = f(s) \tag{3-34}$$

如果网格点正好落在边界 Γ 上,对边界条件离散化处理就是把函数 $f(s)$ 的值直接赋与各边界节点。如果边界 Γ 不通过网格划分时所引进的节点,那么紧邻边界的节点的差分格式按式(3-28),把点函数 $f(s)$ 的值直接赋予边界线与网格线的交点 1 和 2,如图 3-3(a)和(b)所示。

第二类边界条件

$$\frac{\partial \varphi}{\partial n} = q$$

第三类边界条件

$$\frac{\partial \varphi}{\partial n} + \sigma \varphi = q \tag{3-35}$$

从一般性看,我们讨论第三类边界条件,因为当 $\sigma = 0$ 就是第二边界条件。

如图 3-5 所示,为了利用边界条件式 (3-35),可从靠近的不规则点 A 作一直线与边界 C 垂直相交于 B 点,并设此线与 X 轴的交角为 α,由于外法向微商

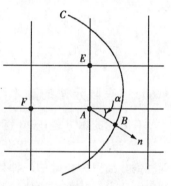

$$\frac{\partial \varphi}{\partial n} = \frac{\partial \varphi}{\partial x}\cos(\hat{n}, \hat{x}) + \frac{\partial \varphi}{\partial y}\cos(\hat{n}, \hat{y}) \tag{3-36}$$

$\hat{n}$ 是区域的外法线 AB 的方向,对 φ 的偏微商用对应的差分代替,并令边界节点的外法向微商近似等于在边界上 B 点的微商,即 $(\partial \varphi / \partial n)_B \approx (\partial \varphi / \partial n)_A$。再代入式(3-35)中,得边界条件有

图 3-5　边界条件处理示意图

$$\frac{\varphi_A - \varphi_F}{h}\cos\alpha - \frac{\varphi_E - \varphi_A}{h}\sin\alpha + \sigma_B\varphi_A = q_B \tag{3-37}$$

式中,σ_B,q_B 分别表示 σ 和 q 在边界点 B 的值,而 φ_A 是边界节点 A 的值。从上式可解出 φ_A 得

$$\varphi_A = \begin{cases} \dfrac{\varphi_F + k\varphi_E + hq_B\sqrt{1+k^2}}{1 + k + h\sigma_B\sqrt{1+k^2}} & \alpha \neq \pi/2, k = \tan\alpha \\[4mm] \dfrac{\varphi_E + hq_B}{1 + h\sigma_B} & \alpha = \pi/2 \end{cases} \tag{3-38}$$

根据上述方法可在网格的各个紧邻边界的内点上给出相应的差分方程,它们和各内部节点的差分方程联立起来构成一个封闭的线形方程组。网格形状可任意选择,不一定限于正方形,以使各紧邻边界的内点尽量与边界靠近,得到较

高精度的近似解。

上面谈到的有限差分法，一般是在频域进行的。近年来非正弦电磁场理论与技术的发展，时域有限差分法越受重视。自 1966 年 K. S. Yee 提出了时域有限差分的基本原理，特别是吸收边界条件的改善、完全匹配层的提出和应用以及对各种非标准网格划分技术、计算量压缩技术、抗误差积累技术的深入研究，已使时域有限差分的应用十分普及，它使电磁场理论与计算从处理稳态问题发展到瞬态问题，从处理标量场问题发展到直接处理矢量场问题。时域有限差分法也是以差分原理为基础，而不同的是它直接从 Maxwell 方程组出发，将它转换成差分方程组，对一定体积内和一时间段上的电磁场的数据采样。它是对电磁场问题的最原始、最本质、最完备的数值模拟，具有最广泛的实用性。这方法使用起来简单、直观，容易掌握和推广。本书不再对该方法进行阐述，有意者可参考[5]。

3.6 有限元法

3.6.1 有限元法的基本概念

有限元的思想是在 20 世纪 40 年代处理力学问题时首先提出的。60 年代末到 70 年代初有限元法逐渐移植到了电磁场工程领域。有限元法是以变分原理和剖分插值为基础的一种数值计算方法。前面已经谈到在应用基于变分原理的里兹法求微分方程边值问题时，试探函数选择十分重要，然而当求解几何形状不规则的问题时，试探函数很难构造出来。这里介绍的有限元法是把里兹法与有限差分法结合起来，在理论上以变分原理为基础，在具体方法上则利用了差分离散处理的思想，其基本思路是：

(1)首先，把求解微分方程的边值问题化为等价的泛函求极值的变分问题。

(2)将场域划分为有限个小单元。

(3)这样把变分问题近似转化为有限子空间的多元函数求极值问题，将变分问题的近似解作为所求原微分方程边值问题的近似解。

有限元法有广泛的应用前景主要在于该方法有以下优点：

(1)有限元法采用物理上离散与分片多项式插值，因此具有对材料、边界、激励的广泛适应性。

(2)有限元基于变分原理，将数理方程求解变成代数方程组的求解，因此非常简易。

(3)有限元采用矩阵形式和单元组装方法,其各环节易于标准化,程序通用性强,有较高的计算精度,适宜制作商业软件。

有限元法的特点是无论什么对象、什么问题都可在各个方向上离散,并一律采取分片低阶多项式插值来逼近各类问题的解函数。在通用性的另一面带来了自由度多、计算时间长、工作量大的缺点,必须借助中、大型计算机,在很大程度上依赖于计算机的能力。对于天线辐射问题大多为无界区间的求解,由于其边界条件难以妥善处理,使有限元法求得的解在一些情况下误差较大。当然这些问题随着计算机及计算技术的发展正在得到改善。

3.6.2　一维问题的有限元法

在此以一维问题说明用有限元法解微分方程边值问题的思路和过程。考虑常微分方程的二点边值问题,现有

$$\begin{cases} 1 - \dfrac{d^2 u}{dx^2} = 0 & 0 < x < 1 \\ u(0) = 0, & u(1) = 1 \end{cases} \tag{3-39}$$

相应的变分问题

$$\begin{cases} I(u) = \displaystyle\int_0^1 \left(\dfrac{1}{2} u'^2 + u\right) dx \ \text{取极值} \\ u(0) = 0, & u(1) = 1 \end{cases} \tag{3-40}$$

现在我们用有限元法按下列步骤求变分问题式(3-40)的近似解。

(1)单元剖分和构造插值函数

将区间$[0,1]$用等分点 $x_0 = 0, x_1 \cdots x_{i-1}, x_i \cdots x_{n-1}, x_n = 1$ 剖分成 n 个子区间,这些子区间叫"单元",这些等分点为"节点",第 i 个单元e_i 长度$x_i - x_{i-1} = 1/n = h$。区间$[0,1]$二端点 x_0, x_n 的函数值$u(x_0), u(x_n)$为已知值。

要求区间内各节点的函数值,这样把连续函数的求解化为节点上函数值的求解,称为离散化处理。在每个单元 e_i 上,构造 $u(x)$ 的线性插值函数

$$u_i(x) = u_{i-1} + (u_i - u_{i-1})\frac{x - x_{i-1}}{h} \tag{3-41}$$

式中,u_{i-1}, u_i 分别表示在节点x_{i-1}, x_i 的值。

(2)单元分析和单元刚度矩阵

将式(3-40)积分分解成各单元的积分,第 i 单元上的积分可写为

$$I_i(u) = \int_{x_{i-1}}^{x_i} \left(\frac{1}{2} u'^2 + u\right) dx = \int_{x_{i-1}}^{x_i} \left\{\frac{1}{2}[u'_i(x)]^2 + u_i(x)\right\} dx \tag{3-42}$$

将式(3-41)代入上式积分得

$$I_i(u) = \frac{1}{2h}(u_i - u_{i-1})^2 + \frac{h}{2}(u_i + u_{i-1}) \qquad (3-43)$$

写成矩阵形式,在此记

$$\boldsymbol{K}^{(i)} = \frac{1}{2h}\begin{bmatrix} 1 & -1 \\ -1 & 1 \end{bmatrix}, \qquad \boldsymbol{F}^{(i)} = \frac{h}{4}\begin{bmatrix} -1 \\ -1 \end{bmatrix}$$

上面 $K^{(i)}$, $F^{(i)}$ 分别为单元 e_i 的单元刚度矩阵和单元载荷向量。则

$$\boldsymbol{I}_i(u) = [u_{i-1}, u_i] \boldsymbol{K}^{(i)} \begin{bmatrix} u_{i-1} \\ u_i \end{bmatrix} - 2\boldsymbol{F}^{(i)\mathrm{T}} \begin{bmatrix} u_{i-1} \\ u_i \end{bmatrix} \qquad (3-44)$$

(3)总体合成和总刚度矩阵

对各单元积分求和,得到式(3-40)的积分

$$I(u) = \sum_{i=1}^{n} I_i(u) \qquad (3-45)$$

若记 $\boldsymbol{u} = [u_0, u_1, \cdots, u_n]^\mathrm{T}$ 列矩阵

$$\boldsymbol{C}^{(i)} = \begin{bmatrix} 0 & 0 & \cdots & 1 & 0 & 0 & \cdots & 0 & 0 \\ 0 & 0 & \cdots & 0 & 1 & 0 & \cdots & 0 & 0 \end{bmatrix}$$
$$ 0 \quad 1 \quad \cdots \quad i-1 \quad i \quad i+1 \quad \cdots \quad n-1 \quad n$$

则 $\begin{bmatrix} u_{i-1} \\ u_i \end{bmatrix} = \boldsymbol{C}^{(i)} \boldsymbol{u}$,从而第 i 个单元的积分表示为

$$\begin{aligned} I_i(u) &= (\boldsymbol{C}^{(i)} \boldsymbol{u})^\mathrm{T} \boldsymbol{K}^{(i)} (\boldsymbol{C}^{(i)} \boldsymbol{u}) - 2\boldsymbol{F}^{(i)} (\boldsymbol{C}^{(i)} \boldsymbol{u}) \\ &= \boldsymbol{u}^\mathrm{T} \boldsymbol{C}^{(i)\mathrm{T}} \boldsymbol{K}^{(i)} \boldsymbol{C}^{(i)} \boldsymbol{u} - 2(\boldsymbol{C}^{(i)\mathrm{T}} \boldsymbol{F}^{(i)})^\mathrm{T} \boldsymbol{u} \end{aligned} \qquad (3-46)$$

于是各单元积分和为

$$I(u) = \sum_{i=1}^{n} I_i(u) = \boldsymbol{u}^\mathrm{T} \boldsymbol{K} \boldsymbol{u} - 2\boldsymbol{F}^\mathrm{T} \boldsymbol{u} \qquad (3-47)$$

其中的 $(n+1)$ 阶矩阵为

$$\boldsymbol{K} = \sum_{i=1}^{n} \boldsymbol{C}^{(i)\mathrm{T}} \boldsymbol{K}^{(i)} \boldsymbol{C}^{(i)} = \sum_{i=1}^{n} \begin{bmatrix} 0 & \cdots & 0 & 0 & \cdots & 0 \\ \vdots & & \vdots & \vdots & & \vdots \\ 0 & \cdots & K_{11}^{(i)} & K_{12}^{(i)} & \cdots & 0 \\ 0 & \cdots & K_{21}^{(i)} & K_{22}^{(i)} & \cdots & 0 \\ \vdots & & \vdots & \vdots & & \vdots \\ 0 & \cdots & 0 & 0 & \cdots & 0 \end{bmatrix} \begin{matrix} 0 \\ \\ i-1 \\ i \\ \\ n \end{matrix} \qquad (3-48)$$
$$ 0 \qquad\quad i-1 \quad i \qquad\qquad n$$

$(n+1)$ 维列向量为

$$F = \sum_{i=1}^{n} C^{(i)\mathrm{T}} F^{(i)} = \sum_{i=1}^{n} [0 \cdots 0 \quad F_1^{(i)} \quad F_2^{(i)} \quad 0 \cdots 0]^{\mathrm{T}} \quad (3-49)$$

K, F 分别被称为"总刚度矩阵"和"总载荷向量"，它们是在叠加过程中逐步形成的。式(3-45)中，$I(u)$ 是各节点上的函数值 u_i 的函数，即写成 $I(u) = I(u_0, u_1, \cdots, u_n)$，也可将 $I(u)$ 看成变量 $(u_0, u_1, \cdots, u_n)$ 的多元函数。

(4)取极值

我们的目的是求出使泛函 $I(u)$ 达到极小的 $u_0, u_1, \cdots, u_n$。泛函 $I(u)$ 取极值，相当于多元函数 $I(u_0, u_1, \cdots, u_n)$ 取极值，故有必要条件

$$\frac{\partial}{\partial u_i}(u^{\mathrm{T}} K u - 2F^{\mathrm{T}} u) = 0 \quad i = 0, 1, 2, \cdots, n$$

所以

$$\sum_{j=1}^{n} K_{ij} u_j = F_i \quad i = 0, 1, 2, \cdots, n \quad (3-50)$$

则有 $(n+1)$ 个联立方程的矩阵、向量形式，可简写为

$$K u = F \quad (3-51)$$

(5)边界条件的处理

因为 $u_0 = 0, u_n = 1$ 为已知，故未知量只有 $u_1, u_2, \cdots, u_{n-1}$ 共 $(n-1)$ 个。因此在式(3-48)和式(3-49)中应注意 $\frac{\partial I(u)}{\partial u_0} = 0, \frac{\partial I(u)}{\partial u_n} = 0$ 没有意义，删去首、尾二方程，且把其余方程中包含的 u_0 和 u_n 分别改为 0 和 1，从而得到方程组

$$\sum_{j=1}^{n-1} K_{ij} u_j = F_i - K_{i0} \times u_0 - K_{in} \times u_n \quad i = 1, 2, \cdots, n-1 \quad (3-52)$$

若记

$$\overline{K} = \begin{bmatrix} K_{11} & K_{12} & \cdots & K_{1, n-1} \\ K_{21} & K_{22} & \cdots & K_{2, n-1} \\ \vdots & & & \vdots \\ K_{(n-1)1} & K_{(n-1)2} & \cdots & K_{(n-1),(n-1)} \end{bmatrix}$$

$$\overline{u} = \begin{bmatrix} u_1 \\ u_2 \\ \vdots \\ u_{n-1} \end{bmatrix}$$

$$\overline{\boldsymbol{F}} = \begin{bmatrix} F_1 - K_{10} \times u_0 - K_{1n} \times u_n \\ F_2 - K_{20} \times u_0 - K_{2n} \times u_n \\ \vdots \\ F_{n-1} - K_{n-1,0} \times u_0 - K_{n-1,n} \times u_n \end{bmatrix}$$

式(3-52)写成

$$\overline{\boldsymbol{K}}\overline{\boldsymbol{u}} = \overline{\boldsymbol{F}} \qquad\qquad (3-53)$$

式(3-52)或式(3-53)称为"有限元方程组"。

回到本节一开始的常微分方程二点边值问题。我们把区间$[0,1]$等分成4个单元,即取 $n=4, h=1/4$,则方程(3-53)的具体形式是

$$\begin{bmatrix} 2 & -1 & 0 \\ -1 & 2 & -1 \\ 0 & -1 & 2 \end{bmatrix} \begin{bmatrix} u_1 \\ u_2 \\ u_3 \end{bmatrix} = \begin{bmatrix} -1/16 \\ -1/16 \\ 15/16 \end{bmatrix} \qquad (3-54)$$

(6)解有限元方程组

式(3-54)是一个含三个未知数的线性方程组,其解有 $u_1 = 0.15625$,$u_2 = 0.37500, u_3 = 0.65625$,将 $x = 0.25, 0.5$ 和 0.75 代入相应的精确解 $u = 0.5x^2 + 0.5x$ 中,可得 u 的值,它与上面有限元解没有差别。

用有限元法解二维、二维变分问题的基本思路和过程也是如此,不再罗列。

3.6.3　有限元法小结

有限元法的基础分为两方面:一是变分原理,它是 Rutz 法 + 伽略金法的一种变形;二是剖分插值,它是差分方法即网格法的一种变形。对平面区域作剖分时,基本单元可取为三角形、矩形、平行四边形等。

单纯三角形剖分是最简单、最常用、适应性最强的。基本单元为三角形的几何剖分与分片插值:首先把一多边形域分为一系列三角形。确切来说剖分为点元、线元和面元。设点元标号和坐标为(x_k, y_k),$k = 1, 2, \cdots, N_0$;线元二顶点和标号为(m_{1k}, m_{2k}),$k = 1, 2, \cdots, N_1$;面元三顶点和标号为(n_{1k}, n_{2k}, n_{3k}),$k = 1, 2, \cdots, N_2$;这样剖分就完全确定了。处理时可在关键和重要部位加密,其他部分可放宽。

变分问题的离散化(单元分析与总体合成),即对三角形进行线性插值。有限元法离散化后得到的线性代数方程组 $\boldsymbol{Au} = \boldsymbol{b}$ 的系数矩阵 $\boldsymbol{A}$ 是正定的,而且还是稀疏的(大部分矩阵元素为零)。这样可节省存储空间和运算量。因此在实际运算中可用超松弛法等类似的迭代方法。对称、正定和稀疏特性对数值计算

是有利的。

有限元各个环节如单元剖分、总体合成、代数解算、结果解释等在程序实现上便于标准化。所以对同一类问题无论几何形状或物理参数分布如何,无论采用什么插值方法都可用同一套标准程序来求解,因此有各种商用软件的出现。设计者只需准备有关剖分的几何、物理参数的最低限度信息即可,可大大缩短分析计算的周期。商业软件包(如 Ansoft - HFSS 软件)具有自适应网络划分功能不需要人为地调整有限元网格划分,为有限元的工程计算带来更多便捷,同时使二维或三维结构的全波分析成为可能。

有限元法求解电磁场边值问题的具体步骤可概括为:

(1)找出与边值问题对应的泛函及其变分问题;

(2)将场域 D 划分成 N_E 个三角形单元,确定各节点的编号和坐标,各单元的编号和面积,各边界三角形单元的编号和长度(先对区间进行剖分,划分成许多小单元);

(3)将单元中的函数用该单元的基函数及节点上的函数值展开,即把连续问题离散化。基函数可采用线性插值函数,也可采用高次插值函数;

(4)进行单元合成分析,形成总刚度矩阵和总右端向量(在每一个小单元作插值后,对泛函积分,再对各单元求和。这样把连续函数的泛函离散成节点上的函数值的泛函);

(5)根据泛函取极值的条件,得出各节点的函数值应满足的有限元方程组(联立代数方程组);

(6)强加第一类边界条件,然后用直接法或迭代法求解有限元方程组,得各节点的函数值。

这就是用有限元法解二维、三维变分问题的基本思路和过程。

3.7　矩量法(Method of Moment,MoM)

它是一种求解泛函的普通方法,既适用于求解微分方程,又适用于求解积分方程。目前大都用来求解积分方程,已成为求解电磁问题的一种普遍方法。在天线的辐射、散射、绕射的计算中和一些微波结构的分析中常被采用。本节阐述其基本概念和简单的应用举例。

3.7.1　矩量法的基本原理

设有算子方程

$$L(u) = f \tag{3-55}$$

式中,L 是线性算子,算子方程可以是微分方程也可是积分方程,f 是已知的源函数,代表一种激励;u 是待求的场函数。为简化,在此暂且设为二维平面(x,y)函数,在函数空间取一组基函数 g_n(与里兹法相似),展开待求场函数

$$u(x,y) = \sum_{n=1}^{N} \alpha_n g_n(x,y) \tag{3-56}$$

注意:每项 $g_n(x,y)$ 都满足算子方程的边界条件。α_n 是待定的展开系数,N 是正整数。当 $N \to \infty$ 时可得到精确解。实际问题只要求一定的准确度,因而 N 是有限的,视要求精度而定。因算子 L 的线性特性有

$$\sum_{n=1}^{N} \alpha_n L(g_n) = f \tag{3-57}$$

选在 $L(u)$ 值域上的权函数 $w_1, w_2, \cdots, w_N$ 与 $L(g_n)$ 作内积$\langle L(g_n), w_m \rangle$得出

$$\sum_{n=1}^{N} \alpha_n \langle L(g_n), w_m \rangle = \langle f, w_m \rangle \qquad m = 1,2,\cdots,N \tag{3-58}$$

写成矩阵形式

$$L_{mn}\boldsymbol{\alpha}_n = \boldsymbol{f}_m \tag{3-59}$$

式中

$$\boldsymbol{L}_{mn} = \begin{bmatrix} <L(g_1),w_1> & <L(g_2),w_1> & \cdots \\ <L(g_1),w_2> & <L(g_2),w_2> & \cdots \\ \vdots & \vdots & \vdots \\ \cdots & \cdots & <L(g_N),\omega_N> \end{bmatrix} \tag{3-60}$$

$$\boldsymbol{\alpha}_n = \begin{bmatrix} \alpha_1 \\ \alpha_2 \\ \vdots \\ \alpha_N \end{bmatrix} \tag{3-61}$$

$$\boldsymbol{f}_m = \begin{bmatrix} <f,w_1> \\ <f,w_2> \\ \vdots \\ <f,w_N> \end{bmatrix}, \quad \boldsymbol{g}_n = \begin{bmatrix} g_1 \\ g_2 \\ \vdots \\ g_N \end{bmatrix} \tag{3-62}$$

如果矩阵 L_{mn} 的逆矩阵存在,则 α_n 便可由下式给出

$$\boldsymbol{\alpha}_n = \boldsymbol{L}_{mn}^{-1}\boldsymbol{f}_m \tag{3-63}$$

将展开系数 α_n 代入式(3 - 59)便可得到原来算子方程(3 - 57)的解

$$u(x,y) = \sum_{n=1}^{N} \alpha_n g_n(x,y) = \boldsymbol{g}_n^{\mathrm{T}} \boldsymbol{L}_{mn}^{-1} \boldsymbol{f}_m \qquad (3-64)$$

解有赖于选择合适的 g_n，w_n。g_n 应该能较好地逼近 u，w_n 也应是线性无关的，并依赖于 f 的性质。

3.7.2   基函数和权函数的选择

用矩量法解决电磁问题,其繁简和精度高低,在很大程度上取决于基函数 g_n 和权函数 w_m 的选择,对计算结果有很大影响。一般基函数可选择全域基和分域基;权函数也可选择全域权、分域权和点匹配几种,下面将分别叙述。

3.7.2.1   基函数的选择

（1）全域基函数

全域基函数是指在算子 L 定义域内的全域上都有意义的一种基函数。它们满足边界条件且彼此线性无关,通常有 Fourier 级数:$g_n = \cos n\alpha$,$\sin n\alpha$;马克劳林级数:$g_n = x^n$,幂级数;勒让德多项式:$p_n(x)$等。

全域基的优点是收敛快,缺点是在未知函数的特性事先不了解或者很难用一个函数在全域描述它时,很难选择合适的全域基函数。有时即使找到合适的全域基函数,由于算子本身很复杂,再加上求内积运算使积分变得更复杂,增加了计算量,限制其应用。

（2）分域基函数

分域基函数不是在算子 L 定义域的全域上存在,仅存在于算子定义域的各个分域上的函数。选择分域基作为未知函数的展开函数,在矩量法求解的离散化过程中是一种区域离散,即未知函数表示为各个分域上存在的函数的线性组合。这与有限元法的网格划分、分区插值的方法有类似。分域基函数通常有分段均匀(脉冲)函数、分段线性(三角形)函数。

一维脉冲函数可写成:

$$P(x - x_n) = \begin{cases} 1 & |x - x_n| \leqslant h/2 \\ 0 & |x - x_n| > h/2 \end{cases} \qquad (3-65a)$$

三角函数可写成:

$$T(x - x_n) = \begin{cases} 1 - \dfrac{|x - x_n|}{h} & |x - x_n| \leqslant h \\ 0 & |x - x_n| > h \end{cases} \qquad (3-65b)$$

式中 h 是在$(0,1)$区间内等间距剖分的长度。由图 3－6 可见，$P(x-x_n)$仅有两个值，计算较为简单。$T(x-x_n)$，当 n 不同时是线性无关的，但并非正交，相邻分段点之间实际上近似为线性变化。

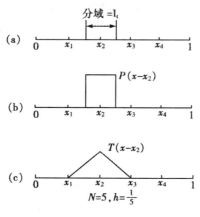

(a)区间划分　(b)脉冲函数　(c)三角函数

图 3－6　一维空间的分域基函数

待求解函数表示为

$$u = \sum_{n=1}^{N} \alpha_n T(x - x_n) \qquad (3-66)$$

分域基都具有"局部化"的特点，只在一个局部范围不为零，其余全为零。一般分域基数值稳定性高，而整域基的收敛性好。当所选择的基函数与实际解越接近时，收敛越快。所以基函数的选择应结合场的定性分析和经验。

3.7.2.2　权函数的选择

不同类型的权函数选择将得到各种不同计算模式的矩量法。常用的有两种：①选择权函数＝基函数，称为伽辽金法计算模式；②点匹配法，只要求近似解在一些离散点上满足方程式。这就相当于采用狄拉克函数为权函数。

现举点匹配说明问题的求解。设方程和边界条件仍为

$$-\frac{\mathrm{d}^2 u}{\mathrm{d}x^2} = 1 + 4x^2$$
$$u(0) = u(1) = 0 \qquad (3-67)$$

基函数选 $g_n = x - x^{n+1}$，取权函数 $w_m = \delta(x - x_m)$，x_m 为匹配点。为求出点匹配解，我们将$[0,1]$区间分为 $N+1$ 个子区间，等间隔划分，则 $x_m = \dfrac{m}{N+1}$，

$m = 1, 2, \cdots, N$。将权函数和基函数代入下式

$$\boldsymbol{L}_{mn} = \begin{bmatrix} \langle L(g_1), w_1 \rangle & \langle L(g_2), w_1 \rangle & \cdots \\ \langle L(g_1), w_2 \rangle & \langle L(g_2), w_2 \rangle & \cdots \\ \vdots & \vdots & \vdots \end{bmatrix}$$

$$\boldsymbol{\alpha}_n = \begin{bmatrix} \alpha_1 \\ \alpha_2 \\ \vdots \\ \alpha_N \end{bmatrix} \qquad \boldsymbol{f}_m = \begin{bmatrix} \langle f, w_1 \rangle \\ \langle f, w_2 \rangle \\ \vdots \\ \langle f, w_N \rangle \end{bmatrix}$$

求出元素为

$$\left.\begin{aligned} l_{mn} &= n(n+1)\left(\frac{m}{N+1}\right)^{n-1} \\ f_m &= 1 + 4\left(\frac{m}{N+1}\right)^2 \end{aligned}\right\} \tag{3-68}$$

如果 $N = 1, l_{11} = 2, f_1 = 2$，有 $\alpha_1 = 1$，于是

$$\varphi(x) \approx \alpha_1 g_1 = x - x^2$$

如果 $N = 2$，矩阵方程

$$\begin{bmatrix} 2 & 2 \\ 2 & 4 \end{bmatrix} \begin{bmatrix} \alpha_1 \\ \alpha_2 \end{bmatrix} = \begin{bmatrix} 13/9 \\ 25/9 \end{bmatrix}$$

求得

$$\alpha_1 = 1/18, \quad \alpha_2 = 2/3$$

$$\varphi(x) = \frac{13}{18} x - \frac{1}{18} x^2 - \frac{2}{3} x^3$$

如果 $N = 3$，则可得到准确解

$$\varphi(x) = \frac{5}{6} x - \frac{1}{2} x^2 - \frac{1}{3} x^4$$

而 $N = 4$，继续得到准确解。

　　点匹配法比伽略金法精度低一些，在低阶解中对匹配点的位置很敏感。但是我们看到这种方法的典型意义在于：对于高阶解，均匀分割的匹配点能得到较好的结果，而且矩量法随着 N 的增大，能给出更为满意的计算精度。

3.8　边界元法

　　有限差分法、有限元法、矩量法都可称之为区域型方法。这些方法所选择的

函数完全的或局部的满足问题的边界条件,而后在所研究的区域中,用这些函数去逼近微分方程;而另一种方法称为"边界法",这种方法所选择的函数满足区域内微分方程,但并不满足边界条件,而后再用这些函数去逼近边界条件。边界元方法(Boundary Element Method)就属于这一类。边界元法是在有限元法以后发展起来的一种数值方法,它可以理解为边界积分法和有限元法的混合技术,即由格林公式把微分方程变成感兴趣边界上的积分方程,然后通过类似的有限元法中应用的离散化过程进行求解。可以说边界元法是解边界积分方程的有限元法。在此以拉普拉斯方程为例说明边界元法解边值问题的基本思路和过程。

三维静电场问题,取 $G(\vec{r'}, \vec{r}) = 1/4\pi R$,按矢量恒等式静电场电位有

$$\varphi = \frac{1}{4\pi\varepsilon}\int_v \frac{\rho \mathrm{d}v'}{R} + \frac{1}{4\pi}\oint_s \left[\frac{1}{R}\frac{\partial\varphi}{\partial n'} - \varphi\frac{\partial}{\partial n'}\left(\frac{1}{R}\right)\right]\mathrm{d}s' \qquad (3-69)$$

同样,由亥姆霍兹方程,令 $G(R) = \dfrac{e^{-jkR}}{4\pi R}$,也可导出

$$\psi = \frac{1}{4\pi}\int_v \frac{f}{R}e^{-jkR}\,\mathrm{d}v' + \frac{1}{4\pi}\oint_s \left[\frac{1}{R}e^{-jkR}\frac{\partial\psi}{\partial n'} - \psi\frac{\partial}{\partial n'}\left(\frac{1}{R}e^{-jkR}\right)\right]\mathrm{d}s' \qquad (3-70)$$

式(3-70)是电磁场问题的克希荷夫积分公式。式中 $\dfrac{e^{-jkR}}{4\pi R}$ 是基本解,$f(r)$ 是波源密度函数。上两式是场的积分方程,也都称为边界积分方程,它们是边界积分法和边界元法的基础。该法广泛应用到工程电磁场领域。

3.8.1 边界积分方程

在此以拉普拉斯方程为例说明:

$$\left.\begin{array}{ll} \nabla^2 u(x,y) = 0 & (x,y) \in D \\ u = \bar{u} & (\text{在 } \Gamma_1 \text{ 上}) \\ q = \partial u/\partial n = \bar{q} & (\text{在 } \Gamma_2 \text{ 上}) \end{array}\right\} \qquad (3-71)$$

式中,D 是具有边界线 $\Gamma = (\Gamma_1 + \Gamma_2)$ 的二维求解区域,现利用边界元法解上述边值问题。

由格林公式和二维自由空间拉普拉斯方程的基本解(为 $\dfrac{1}{2\pi}\ln\dfrac{1}{r}$)可导出区域 D 中任意一点的 u_i 为

$$u_i = -\oint_\Gamma \left[u\frac{\partial}{\partial n}\left(\frac{1}{2\pi}\ln\frac{1}{r}\right) - \left(\frac{1}{2\pi}\ln\frac{1}{r}\right)\frac{\partial u}{\partial n}\right]\mathrm{d}\Gamma \qquad (3-72)$$

上式表明,区域 D 中任意点的 u 可用边界上的 u 及其法向导数值表示。只要边界上的 $u, \dfrac{\partial u}{\partial n}$ 全部已知时,在域 D 内任意点的 u 就能确定。但边界上的 u

及 u 的导数并未完全知道,由式(3-71)知,在 Γ_1 上已知 u,在 Γ_2 上已知 $\frac{\partial u}{\partial n}$。现将 i 点移至边界,如果边界为二维区域的光滑边界,有

$$\frac{1}{2}u_i = -\oint_\Gamma \Big[u\frac{\partial}{\partial n}\Big(\frac{1}{2\pi}\ln\frac{1}{r}\Big) - \Big(\frac{1}{2\pi}\ln\frac{1}{r}\Big)\frac{\partial u}{\partial n}\Big]\mathrm{d}\Gamma \qquad (3-73)$$

式(3-73)建立了边界上 u 及其 $\frac{\partial u}{\partial n}$ 的关系,利用边界元法解出 Γ_1 上的 $\partial u/\partial n$ 和 Γ_2 上的 u 来,然后将 Γ 上全部的 $\partial u/\partial n$ 和 u 代入式(3-72),即可计算区域 D 内部任意点 i 的 u。

3.8.2 积分方程的离散化方法

将边界 Γ 剖分成许多小段(称作单元),见图3-7,然后在各单元插值。插值可分为零次(常数)插值、一次(线性)插值和二次插值,分别称为常数单元、线性单元和二次单元。在此以常数单元为例说明。

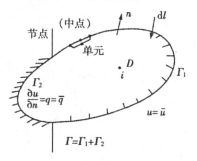

图3-7　二维场的边界元离散

设将边界 Γ 共分成 N 段,每一段用一直线逼近,作为一个单元。其中 N_1 个属于 Γ_1(第一类边界),N_2 个属于 Γ_2(第二类边界)。如果采用常数单元,则每个单元上的 u 和 $\frac{\partial u}{\partial n}$ 都是常数,以此作为该单元中点之值(即取单元的中点为节点)。且在每个单元上,u 和 $\frac{\partial u}{\partial n}$ 中只有一个是作为已知条件给定的,所以变量数与节点数相等。在用边界条件之前,积分方程(3-73)可对点"i"离散成:

$$\frac{1}{2}u_i + \sum_{j=1}^{N}\int_{\Gamma_j} u\frac{\partial}{\partial u}\Big(\frac{1}{2\pi}\ln\frac{1}{r}\Big)\mathrm{d}\Gamma = \sum_{j=1}^{N}\int_{\Gamma_j}\Big(\frac{1}{2\pi}\ln\frac{1}{r}\Big)\frac{\partial u}{\partial n}\mathrm{d}\Gamma \qquad (3-74)$$

式中,Γ_j 表示单元 j,现在它作为边界用。由于每个单元中 u 和 $\frac{\partial u}{\partial n}$ 都是常数,故

可提出积分号外,得

$$\frac{1}{2}u_i + \sum_{j=1}^{N}\left[\int_{\Gamma_j}\frac{\partial}{\partial u}\left(\frac{1}{2\pi}\ln\frac{1}{r}\right)\mathrm{d}\Gamma\right]u_j = \sum_{j=1}^{N}\left[\int_{\Gamma_j}\left(\frac{1}{2\pi}\ln\frac{1}{r}\right)\mathrm{d}\Gamma\right]q_j \quad (3-75)$$

式中,$\left.\dfrac{\partial u}{\partial n}\right|_{\Gamma_j} = q_j$。

3.8.3　求解方程组

令

$$\left.\begin{array}{l} H_{ij} = \displaystyle\int_{\Gamma_j}\frac{\partial}{\partial n}\left(\frac{1}{2\pi}\ln\frac{1}{r}\right)\mathrm{d}\Gamma \\[4mm] G_{ij} = \displaystyle\int_{\Gamma_j}\frac{1}{2\pi}\ln\frac{1}{r}\mathrm{d}\Gamma \end{array}\right\} \quad (3-76)$$

式(3-76)中的积分容易解析计算。利用式(3-76),式(3-75)可改写为

$$\frac{1}{2}u_i + \sum_{j=1}^{N}H_{ij}u_j = \sum_{j=1}^{N}G_{ij}q_j \quad (3-77)$$

或

$$\sum_{j=1}^{N}H_{ij}u_j = \sum_{j=1}^{N}G_{ij}q_j \quad (3-78)$$

式中

$$H_{ij} = \begin{cases} H_{ij} & (i\neq j) \\ H_{ij}+1/2 & (i=j) \end{cases} \quad (3-79)$$

如果每一个单元的中点($i=1,2,\cdots,N$)都建立方程式(3-78),那么就得到 N 个方程的线性方程组,写成矩阵形式有

$$\boldsymbol{Hu} = \boldsymbol{GQ} \quad (3-80)$$

$\boldsymbol{H}$、$\boldsymbol{G}$ 都是 N 阶方阵,它们的元素分别是 H_{ij},G_{ij}。$\boldsymbol{u}$、$\boldsymbol{Q}$ 都是 N 维列向量,它们的元素分别是 u_j,q_j。因为有 N_1 个 u 值和 N_2 个 q 值在边界上是已知的,故在式(3-80)中有 N 个未知数。求解方程组可得到边界上所有的 u 和 q。然后用式(3-72)可求出区域 D 内部任一点的 u 值。求 u_i 时也要把式(3-72)离散化,写成

$$u_i = \sum_{j=1}^{N}q_jG_{ij} - \sum_{j=1}^{N}u_jH_{ij}$$

由上可见,边界元法的最大优点是可以降低求解问题的维数,只在研究区域的边界上剖分单元。将三维问题变为二维问题,将二维问题变为一维问题,使其

数值计算较有限元计算简单,所划分的单元数目少于有限元,这可减少方程组数目和求解问题所需的数据,大大节约机时。边界元法还可解决区域法所无法解决的有关无限区域的一类问题。

边界元也有不足之处:①代数方程组系数矩阵不是稀疏矩阵,矩阵元计算量大,收敛性态不理想;②场域中利用了自由空间基本解,这对求解含有非均匀媒质的边值问题和分片均匀媒质是不太合适的,这种情况使用有限元更合适;③如果需要求解内域场点的值,由于每次重复求解矩阵元,计算繁杂。

总之有限元与边界元各有优缺点,在解某些边值问题时可联合使用以提高解题效率。

3.9　最优化方法概论

3.9.1　概述

航天工程是一个非常复杂的庞大系统,面对这样的系统,问题变得十分复杂,要求也越来越高。许多问题仅用传统的数学方法已难解决,新的数学理论和新的数学方法随之产生,其中最优化方法就是在计算机应用普及和大量工程实际基础上发展起来的一种选定最佳决策的学科。具体来说,最优化方法主要研究在一定限制条件下,选取某种方案以达到最优目标的方法。最优化方法和最优化理论是近几十年随电子计算机的发展和普及而发展起来的,已成为工程设计中的一种常用方法,普遍受到工程技术人员的重视和推广应用。在航天器天线设计中也是一项不可缺少的分析、设计方法。在最优化方法中我们把达到最优目标的方案叫最优方案。探索最优方案的方法叫最优化方法。这种方法的数学理论叫最优化理论。空间航天工程设计,不使用最优化方法是很难设想的。有了专业基础理论、使用了计算机又采用了最优化方法进行设计,可以说是如虎添翼,可大大提高设计水平。因此最优化方法成为工程科技人员必须掌握的基本知识。本节只是从原理和概念上简要的介绍这个方法,作为实际应用的基础。具体的最优化方法和相关的计算数学问题已超出本书范围,应用需要可查阅相关的资料[6,8]。最优化在航天天线设计中的应用随处可见,在此仅举二例说明。

(1)低轨卫星数传天线赋形波束的优化设计

低轨卫星的轨道高度一般在 400～1000km 范围,这种卫星对地面的覆盖角较大,一般其圆锥角多在 2×(60°～70°) 范围,在此覆盖范围内星地间的传输距离变化较大,为了使地面接收电平在可视弧段内不因覆盖角而变化就必须通过星载数传天线辐射方向图设计以抵消空间衰减在覆盖区域内的电平变化。我们称具有这种性能的波束为地球匹配赋形波束。根据卫星和地球间的几何关系可得出理想赋形波束函数，这就是我们设计的目标。然而实际达到的性能会与理想分布有差异，差异到什么程度就可接受，根据应用要求又有一些约束条件。以一线性阵列天线为例，达到地球匹配赋形波束的优化设计的数学模型为

$$\min F(\theta) = \left| 20\log[\, G(\theta)/G_m(\theta_m)] - 20\log \left| R(\theta)/R_m \right| \right| \qquad (3-81)$$

约束条件为：①入端匹配，端口 VSWR < 1.5；②预定的阵列口径场分布，$|I_n|\,e^{j\phi_n}$，$n = 1,2,\cdots,N$；③预定辐射效率 $P_r/P_{in} \geqslant \eta$。

式(3-81)中，$G(\theta)$，$R(\theta)$ 分别为覆盖角 θ 的天线增益和星地间斜距；$G_m(\theta_m)$，R_m 分别为最大覆盖角的增益及星地间最大斜距；P_r，P_{in} 分别为辐射功率和输入功率。式(3-81)为该优化设计之目标函数。最优化设计就是要求在满足上述 3 项约束的条件下，使式(3-81)成立的天线辐射增益 $G(\theta)$。

(2)微波宽带阶梯阻抗变换器的优化设计

设计目标是要使工作频带内阻抗匹配达最佳。为此，在工作频带内取 31 个频点，每个频率取样点上对应的反射系数 $|\Gamma_{i+1}|$ 满足要求，则可认为该频带内对应的最大反射系数的模也满足要求。在此对 31 个取样点所对应的反射系数的模进行优化。其数学模型为

$$\left. \begin{aligned} &\min_y F(y) = \min_y \left\{ \max_{i=1,\cdots,31} \left| \Gamma_{i+1}(y,f_i) \right| \right\} \\ &\text{s.t. } L_k > 0, \quad Z_{0,k} > 0 \quad (k = 1,2,\cdots,n) \end{aligned} \right\} \qquad (3-82)$$

其中

$$y = (Z_{01}, L_1, Z_{02}, \cdots, Z_{0n}, L_n)$$

$$f_i = f_{\min} + \Delta f(i-1), \qquad i = 1,\cdots,31$$

y 为欧氏空间 $2n$ 维矢量，包括各段的特性阻抗和段长，为正实数。

3.9.2　最优化问题的数学模型与分类

3.9.2.1　根据问题特点分类

最优化问题是求变量 $x_1, x_2, \cdots, x_n$ 使函数 $f(x_1, x_2, \cdots, x_n)$ 达到极小，即求解函数极值问题。通称 $f(x_1, x_2, \cdots, x_n)$ 为目标函数。最优化问题一般可分为以下四类：

(1)无约束极小化问题

求 $\boldsymbol{x} = (x_1, x_2, \cdots, x_n)^{\mathrm{T}}$，使 $f(\boldsymbol{x})$ 达到最小。$\boldsymbol{x}$ 可当成欧氏空间的 n 维矢

量,可写成

$$\min f(\boldsymbol{x}) \text{或} \min_{x \in R^n} f(\boldsymbol{x})$$

(2)等式约束极小化问题

求 $\boldsymbol{x} = (x_1, x_2, \cdots, x_n)^{\mathrm{T}}$,使它满足条件 $g_i(\boldsymbol{x}) = 0$, $i = 1, 2, \cdots, m$,且使 $f(\boldsymbol{x})$ 达到最小。可记为:

$$\begin{cases} \min f(\boldsymbol{x}) \\ g_i(\boldsymbol{x}) = 0, \quad i = 1, 2 \cdots, m \end{cases}$$

$f(\boldsymbol{x})$ 为目标函数,$g_i(\boldsymbol{x}) = 0, i = 1, 2 \cdots, m$,为约束条件。

(3)不等式约束极小化问题

求 $\boldsymbol{x} = (x_1, x_2, \cdots, x_n)^{\mathrm{T}}$,它满足条件 $g_i(\boldsymbol{x}) > 0, i = 1, 2, \cdots, m$,且使 $f(\boldsymbol{x})$ 达到最小,记为:

$$\begin{cases} \min f(\boldsymbol{x}) \\ g_i(\boldsymbol{x}) > 0, \quad i = 1, 2, \cdots, m \end{cases} \tag{3-83}$$

(4)一般性约束极小化问题

可记为:

$$\begin{cases} \min f(\boldsymbol{x}) \\ g_i(\boldsymbol{x}) \geqslant 0, \quad i = 1, 2, \cdots, m \\ h_i(\boldsymbol{x}) = 0, \quad j = 1, 2, \cdots, p \end{cases} \tag{3-84}$$

$f(\boldsymbol{x})$ 为目标函数,$g_i(\boldsymbol{x}) \geqslant 0$ 和 $h_j(\boldsymbol{x}) = 0$ 均为约束条件。

上面四大类问题可概括为两大类问题:一类是无约束最优化问题,$\min f(\boldsymbol{x}), x \in R^n$ 或 $\min f(\boldsymbol{x})$;另一类为约束最优化问题,$\min f(\boldsymbol{x}), g_i(\boldsymbol{x}) \geqslant 0$,$i = 1, 2, \cdots, m$。

3.9.2.2　根据函数类型分类

设目标函数为 $f(\vec{x})$,约束条件函数为 $g_i(\vec{x})(i = 1, 2, \cdots, m)$。如果 $f(\vec{x})$ 和 $g_i(\vec{x})(i = 1, 2, \cdots, m)$ 都为线性函数,则称此为线性规划;如果 $f(\vec{x})$ 为二次函数,$g_i(\vec{x})(i = 1, 2, \cdots, m)$ 都是线性函数,则称此为二次规划;如果 $f(\vec{x})$ 不是一次或二次函数,或者 $g_i(\vec{x})(i = 1, 2, \cdots, m)$ 不全是线性函数,则称此规划为非线性规划。

3.9.2.3　按最优化解法分类

最优化方法一般有解析法、直接法和计算机法。解析方法主要利用函数解析性质去构造迭代公式,使之收敛到极值和极值点;直接法对函数解析性质(如可微性等)无要求,而是根据一定的数学原理,用尽量少的计算量直接比较函数值的大小确定极值点的位置(比如大家知道的0.618法)。解析法中常用到函数的一阶或二阶导数,但在实际中遇到的函数解析表达十分复杂,有时甚至写不出明确的解析表达式,无法求出导数,这时解析法不能应用。而直接法是仅仅利用函数值的信息,去寻找最优解的一种方法。计算机优化方法,是工程实践中应用较广泛的一种方法。在计算机发展与普及的今天,任何一种算法都应当充分利用计算机这一有效工具。

3.9.3　优化算法的基础知识

3.9.3.1　函数的极值

(1)二元函数的极值判别条件

设 $f(x,y)$ 的定义域为区域 D,(x_0,y_0) 为 D 中的一个内点,如果 $f(x,y)$ 在点 (x_0,y_0) 可微,则该点为极值点的必要条件是在 (x_0,y_0) 处 $\dfrac{\partial f}{\partial x} = \dfrac{\partial f}{\partial y} = 0$;取得极值的充要条件是 $f(x,y)$ 在点 (x_0,y_0) 二次可微,$\nabla f(x_0,y_0) = 0$。

如果 $f''_{xx}(x_0,y_0) > 0$,$\left| \begin{array}{cc} f''_{xx} & f''_{xy} \\ f''_{yx} & f''_{yy} \end{array} \right|_{(x_0,y_0)} > 0$,则 (x_0,y_0) 为 $f(x,y)$ 的极小点。

如果 $f''_{xx}(x_0,y_0) < 0$,$\left| \begin{array}{cc} f''_{xx} & f''_{xy} \\ f''_{yx} & f''_{yy} \end{array} \right|_{(x_0,y_0)} > 0$,则 (x_0,y_0) 为 $f(x,y)$ 的极大点。

如果 $\left| \begin{array}{cc} f''_{xx} & f''_{xy} \\ f''_{yx} & f''_{yy} \end{array} \right|_{(x_0,y_0)} < 0$,则 (x_0,y_0) 不是 (x_0,y_0) 的极值点,该点 (x_0,y_0) 为 $f(x,y)$ 的鞍点。

(2)多元函数的极值判别条件

为了表达方便,使用向量和矩阵的记号来表达 n 维空间的点和目标函数的近似表达式。f 是定义在 n 维欧氏空间 R^n 内区域 D 上的函数。

设 $f:D \rightarrow R^1(D \subseteq R^n)$,$\boldsymbol{x}^*$ 是 D 的一个内点,$f(x)$ 在点 $\boldsymbol{x}^*$ 可微,如果 $\boldsymbol{x}^*$ 是 $f(\boldsymbol{x})$ 的极值点,则 $\nabla f(\boldsymbol{x}^*) = 0$ 为极值的必要条件。如果再加上函数在点 $\boldsymbol{x}^*$ 二次可微,而且函数在 $\boldsymbol{x}^*$ 的 Hesse 矩阵 $\left[\dfrac{\partial^2 f}{\partial x_i \partial x_j} \right]_{n \times n} > 0$,则 $\boldsymbol{x}^*$ 为 $f(\boldsymbol{x})$ 的极小值点。

(3)多元函数极值问题的迭代法——一维搜索寻查法

多元函数 $f(x)$，x 为 N 维向量，求多元函数极值常采用迭代法，其基本思路是先选择 $f(x)$ 极小点的一个初始点 x^0（又称迭代初值），逐次产生一系列的点 $x^{(1)}, x^{(2)}, x^{(3)} \cdots, x^{(k)}, \cdots$，使 $f(x^0) > f(x^{(1)}) > \cdots > f(x^{(k)}) > \cdots$，并要点列 $\{x^{(k)}\}$ 极限就是 $f(x)$ 的极小点 x^*。

产生点列 $\{x^{(k)}\}$ 最常用的方法是一维搜索寻查法。首先选择迭代初值 x^0，从 x^0 出发沿某一规定方向 s_0 求 f 的极值点 $x^{(1)}$；然后再从 $x^{(1)}$ 点出发沿某一规定方向 s_1 求 f 的极值点 $x^{(2)}$；然后再从 $x^{(2)}$ 点出发……如此继续，直到达到要求点为止。这当中 s_k 为第 $k+1$ 次迭代的寻查方向，也就是求参数 λ 的值 λ_k 使

$$f(x^{(k)} + \lambda_k s_k) = \min_{\lambda} f(x^{(k)} + \lambda s_k) \tag{3-85}$$

式中 λ 为步长因子。

常用的一维搜索方法有如下几种：

1)"成功—失败"法，又称进退法（成功了下一步大步前进，失败了下一步搜索就小步后退）。

2)"0.618 法"又称黄金分割法，是求单峰函数极限的一种试探法。

3) 多项式插值法，多项式是逼近函数的一种常用工具。用插值多项式 $P(x)$ 来逼近表达连续函数 $f(x)$，即 $P(x) \approx f(x)$，把 $P(x)$ 的极小值作为 $f(x)$ 的极小值点来近似。通常 $P(x)$ 为二次或三次多项式，即称为"二次插值法"或"三次插值法"。

4)"D.S.C."法(Davieo Swam Campey 提出了下列插值法)，它是外推法与内插法相结合，比较法与插值法相结合，并吸取了几种方法之优点而组成的综合方法。基本特点是利用逐次加倍的步长，一直到超过最小值后，作一次二次插值，在接近最小值点附近作二次插值比其他处作二次插值要精确一些。

(4)无约束最优化方法——解析法

这是应用较广的方法，理论比较成熟，另外还可把一些约束问题转化为无约束问题处理，所以它是最优化方法中的基本方法。下面提出几种常用方法，有关具体应用可参考文献。

1) 最速下降法：柯西提出，从任一点 $X^0 \in R^n$ 出发，沿什么方向下降最快？答案是沿负梯度方向。该方向又称最速下降方向。以负梯度方向作为搜索方向的算法称为最速下降法。其计算步骤如下：①取初始点 $X^0 \in R^n$，精度 $\varepsilon > 0$，令 $k := 0$；②计算 $S^k := -\nabla f(X^k)$，若 $\| S^k \| \leqslant \varepsilon$，则停，$X^* = X^k$；否则转③；③线性搜索：$\min_{\lambda > 0} f(X^k + \lambda S^k) = f(X^k + \lambda_k S^k)$，令 $x^{k+1} := x^k + \lambda s^k$，$k := k + 1$，转②。

2) 牛顿法:最速下降法是以函数的一次近似为基础而提出的算法,而牛顿法和拟牛顿法是以函数的二次近似为基础提出的算法。总的来讲,二次近似法比一次近似法要精确些,特别在局部最小点附近,用二次近似来确定的搜索方向可能有较快的收敛速度。

3) 共轭梯度法:共轭梯度法或共轭方向法已成为非线性规划中最具生命力的方法。它是利用在点 X^k 处的梯度来构造共轭方向的算法。最速下降法开始几步收敛较快,越往后越慢。在最优解近旁,牛顿法虽然收敛较快,但要计算 $[\nabla^2 f(X)]^{-1}$,计算量和存储量都较大。而本法的收敛速度介于最速下降法与牛顿法之间,不要求计算 $[\nabla^2 f(X)]^{-1}$,对于二次函数只需迭代有限次数就能达到最优点。

3.9.4　计算机优化方法举例

在计算机普及和发展的今天,任何一种算法都应考虑充分利用计算机这一有效工具。下面介绍几个简单例子说明利用计算机优化的直接方法。

3.9.4.1　完全枚举法

它是针对一些简单的情况,把函数所有的值都找出来,然后从所有可能解中找出极小值或极大值,最后选择出最优解的方法。

例题　$\max x_0 = 2x + 3y$

$s.t.\ 0 \leqslant x \leqslant 5;\ 0 \leqslant y \leqslant 5,\ x,y$ 为整数。

解　首先列出所有可能的解 (x,y) 和对应的目标函数 x_0,然后求出最大的 x_0 和最优解。所有可能的 $(x,y)x_0$ 列表如下。

$(x,y)x_0$	$(x,y)x_0$	$(x,y)x_0$	$(x,y)x_0$	$(x,y)x_0$	$(x,y)x_0$
(0,0)0	(0,1)3	(0,2)6	(0,3)9	(0,4)12	(0,5)15
(1,0)2	(1,1)5	(1,2)8	…	…	(1,5)17
(2,0)4	…	…	…	…	(1,5)15
(5,0)10	(5,1)13	…	…	…	(5,5)25

由上可见最优解为 $x=5,y=5$;最优值 $x_0=25$。这种完全枚举法是在试验中获得最优解的常用方法,简单直观。

3.9.4.2　Montecarlo 法

当可行解的个数过分大时,用计算机执行枚举法已有困难,这时可考虑用 Montocarlo 法,即用随机抽样法求近似解。

例 1 解非线性整数规划(目标函数不是二次函数,其解为整数,见下式):

$$\max p = x_1^2 + x_1 x_2 - x_2^2 + x_1 x_3 - x_3^2 + 8x_4^2 - 17x_5^2$$

$$+ 6x_6^3 + x_4 x_5 x_6 x_7 + x_8^3 + x_9^4 - x_{10}^5 - x_5 x_{10} + 18 x_3 x_6 x_7$$

$$s.t. \quad 0 \leqslant x_i \leqslant 99, \quad i = 1, \cdots, 10$$

x_i 是整数,可行解有 $100^{10} = 10^{20}$,这是一个非常大的数字,无法短时间用逐个枚举法计算出最优点,因此可从可行解中随机抽出 10^6 个点(集中抽样)得到近似解。

其源程序(FORTRAN 源程序)如下:

```
DIMENSION Y(10)
INTEGER X(10),IX(10)
PMAX = -1.0E + 38
DO 1 I = 1,1000000
DO 10 J = 1,10
Y(J) = UNI(0)
10 X(J) = Y(J) * 100
P = X(1) * X(1) + X(1) * X(2) - X(2) * X(2) + X(1) * X(3) - X(3) * X(3)
C + 8 * X(4) * X(4) - 17 * X(5) * X(6) + 6 * X(6) ** 3 + X(4) * X(5) * X(6) * X(7)
C + X(8) ** 3 + X(9) ** 4 - X(10) ** 5 - X(5) * X(10) + 18 * X(3) * X(6) * X(7)
IF (P.GT.PMAX) GO TO 2
GO TO 1
2 CONTINUE
DO 4  K = 1,10
4  IX(K) = X(K)
PMAX = P
1  CONTINUE
WRITE(3,3)  IX(1),IX(2),IX(3),⋯,IX(10),PMAX
3  FORMAT  (3X,11I10)
STOP
END
```

输出结果为

70,66,66,98,97,95,95,9,99,9,197580315

计算结果:

$x_1^* = 70, x_2^* = 66, x_3^* = 66, x_4^* = 98, x_5^* = 97, x_6^* = 95, x_7^* = 95, x_8^* = 9,$
$x_9^* = 99, x_{10}^* = 9, p^* = 197580315$。注意这是一个近似解。

对于一般的非线性规划,如果所求最优解的精度为0.01,则以步长为 0.01 进行搜索,可将它转化为整数规划问题,仍可用计算机直接优化方法求解。

例 2 $\min C = 40\pi rh + 72\pi r^3$,

$s.t.\pi r^2 h + 0.666667\pi r^3 = 300$, $1 \leqslant r \leqslant 3.1$, $10 \leqslant h \leqslant 80$。

解   设所求 r 精确到 0.01,FORTRAN 源程序如下:

```
CMIN = 1.0E + 38
PI = 3.14159265
DO 1 I = 1,211
R = 1 + (I − 1) * 0.01
H = (300 − 0.666667 * PI * R ** 3)/(PI * R * R)
IF (H.LT.10.OR.H.GT.80) GO TO 1
C = 40 * PI * R * H + 72 * PI * R * R
IF (C.LT.CMIN) GO TO 2
GO TO 1
2   RR = R
HH = H
CMIN = C
1 CONTINUE
WRITE(3,3) RR,HH,CMIN
3 FORMAT (10X,3F10.3)
STOP
END
```

输出结果为

2.830,10.037,5380.898,

即 $r^* = 2.830, h^* = 10.037, c^* = 5380.898$。

3.9.5   最优化方法在无线电工程设计中的应用

最优化方法应用十分广泛,任何一项工程,任何一个器件或天线设计,凡是要选定一些设计参数的,原则上都可以归结为相应的一个优化问题。

例题   微波宽带阶梯阻抗变换器的优化设计。

(1)设计输入:工作频带 $f = 1500 \sim 4500\text{MHz}$,阻抗变化比为 10:1(150Ω:15Ω)。

(2)设计要求:对给定节数 n,求最佳特性阻抗 z_{ok} 和最佳长度 L_k($k=1$,$2\cdots,n$),使在给定频带中,反射系数 $|\Gamma_{n+1}|$ 达最小。变换器参数如图 3-8 所示。

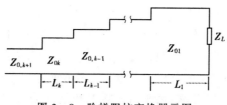

图 3-8　阶梯阻抗变换器示图

(3)约束条件:$L_k>0$,$z_{ok}>0$,$k=1,2,\cdots,n$。

(4)数学公式:某一节界面输入阻抗

$$z_k = z_{ok}\frac{z_{k-1}+z_{ok}j\tan(\beta_i L_k)}{z_{ok}+z_{k-1}j\tan(\beta_i L_k)}, \quad k=1,2\cdots,n \tag{3-86}$$

某一节界面反射系数

$$\Gamma_{k+1} = \frac{z_k - z_{0,k+1}}{z_k + z_{0,k+1}}, \quad k=0,1,2,\cdots,n$$
$$\beta_i = \frac{2\pi f_i}{c}, \quad c=3\times10^8\text{m/s}, \quad i=1,2,\cdots,p \tag{3-87}$$

式中,z_k 为第 k 段的输入阻抗(Ω),z_{ok} 为第 k 段的特性阻抗,L_k 为第 k 段的长度。为了便于计算机执行,将式(3-86)分成实部与虚部。令

$$\left.\begin{array}{l}z_0 = A_0 + z_k = A_k + jB_k \\ z_{k+1} = A_{k+1} + jB_{k+1}\end{array}\right\} \tag{3-88}$$

式中,$k=0,1,\cdots,n-1$。

由式(3-87)得

$$\Gamma_{n+1} = C_n + jD_n = \frac{A_n^2 - z_{0,n+1}^2 + B_n^2}{(A_n + z_{0,n+1})^2 + B_n^2} + j\,\frac{2B_n z_{0,n+1}}{(A_n + z_{0,n+1})^2 + B_n^2} \tag{3-89}$$

$|\Gamma_{n+1}| = \sqrt{C_n^2 + D_n^2}$,$\Gamma_{n+1}$ 为第 n 节阻抗变换段输入反射系数,其中 $z_{0,n+1} = 15\Omega$,$z_{0,1}=150\Omega$。

(5)数学模型:将 1500~4500MHz 分成 30 段,共有 31 个取样点,$p=31$,相邻间距 $=100$MHz。若每个取样点 f_i 对应的反射系数 $|\Gamma_{n+1}|$ 满足要求,则可认为带内对应的最大反射系数模也满足要求。故以下对这 31 个取样点对应的最大反射系数模进行优化。此问题的数学模型归纳为:

$$\hat{F} = \min_{y} F(\boldsymbol{y}) = \min_{y} [\max_{i=1\sim31} | \Gamma_{n+1}(\boldsymbol{y}, f_i) |]$$

$$s,t \quad L_k > 0, \quad z_{0,k} > 0, \quad k = 1, 2, \cdots, n \qquad (3-90)$$

其中

$$\boldsymbol{y} = (z_{01}, L_1, z_{02}, L_2, \cdots, z_{0n}, L_n)^{\mathrm{T}}$$

$$f = 1500 + 100(i-1), \quad i = 1, 2, \cdots, 31$$

　　本问题为带约束的优化问题,因为 $L_k > 0, z_{0,k} > 0$ 是自然存在的,可舍去约束条件变成无约束最优化问题以简化计算。采用直接搜索法求解。

　　(6)求解方法与计算步骤:由于目标函数由迭代公式给出且带有取模运算,用直接搜索方法求解为宜。

　　一维搜索的计算步骤:采用 D.S.C.(Davies Swam Campey)法,用逐次倍增的步长进行搜索,直到刚超过最小值后,作一次二次插值,所以函数值下降较快。具体计算步骤计算框图和计算结果就不一一写出。

　　最优化方法仅讲到了一些非常基础的东西,应用时可参考专业图书[6~8]和资料。

参 考 文 献

1　马西奎编.电磁场理论和应用.西安交通大学出版社

2　R.F.Harrington. Time – Harmonic Electromagnetic Fields. McGraw – HillBookCo. 1961

3　FawwazT. Ulaby. Fundamental of Applied Electromagnetics.(应用电磁学基础)(2001 Media. Edition)

4　任朗.天线理论基础.人民邮电出版社,1980

5　王秉中.计算电磁学.科学出版社,2002

6　陈开周.最优化方法.西北电子工程出版社

7　上海交通大学数学教研室.工程数学—线性代数.人民教育出版社

8　南京大学数学系计算数学专业编.最优化方法.科学出版社

第4章 天线的基本特性

前 3 章讲述了电磁场问题的基本理论以及现代天线一般的分析方法,后面讲述航天器(主要是卫星)上常用天线的分析与设计。对于不同的工作频段,不同的应用目的及不同的应用环境,航天器天线的种类和形式是各种各样的。为了不受具体应用的限制,本书基本上把卫星上常用天线分为基本电磁辐射单元天线、线性天线、面天线和阵列天线四类加以阐述。作为卫星天线它也具备一般天线的基本特性。所以首先就其天线的基本特性阐述。本章首先介绍了航天器天线辐射特性的主要特征量,包括工作频段、方向性系数和增益、辐射方向图、噪声温度、极化和阻抗匹配等的定义和基本关系;之后按四种天线辐射形式分别阐述了源和辐射场的基本关系。从 Fourier 变换关系,再一次地从物理和数学的依从关系上揭示天线辐射的基本性质。

4.1 天线辐射性能的特征量

4.1.1 辐射源的场区

如果把一发射天线置于球坐标系之原点,该天线向周围辐射电磁波。电磁波的功率密度分布一般是距离和空间角度的函数。按照距天线的距离可将天线周围场区分为感应场区、辐射近场区和辐射远场区。感应场区是紧靠天线的区域,该区内电磁波感应场占优势,电场与磁场时间差 90 度,无辐射功率,电、磁能量相互交替地储藏于天线附近的空间,又称为电抗近场区。对电小尺寸的偶极天线感应场区的外边界为 $\lambda/2\pi$,该场随离天线距离增加而急剧衰减。在此场区之外是辐射近场区和辐射远场区。辐射近场区界于感应场区和辐射远场区之间,该区内天线辐射电磁场的空间角分布随距离而改变。它与辐射远场区的边界通常定为 $R = 2D^2/\lambda$,D 是天线口径。当 $R \geqslant 2D^2/\lambda$ 时为辐射远场区,该区有以下特点:场的幅值与距离成反比;辐射场空间角分布不随距离而改变;方向图的主瓣、边瓣和零值点都已形成;一般说来,在 $R = 2D^2/\lambda$ 的距离上测试天线辐射特性与在无穷远处结果差别甚微,因此称该距离为远场距离标准。天线辐射问题就是研究天线在该区的性状。

4.1.2　天线功率传输

如果收发天线相互处于辐射远场区,问接收天线接收功率是多少? 在此设发射天线输入功率为 p_t,天线效率为 η,辐射功率:

$$P_t' = \eta p_t \qquad (4-1)$$

接收天线处的功率密度:

$$p(\theta,\varphi) = \frac{P_t'D_t(\theta,\varphi)}{4\pi R^2} \qquad (4-2)$$

式中, D_t 是发射天线的方向性系数, R 是收发天线间的距离。

假如接收天线对入射场极化是全匹配的,则接收天线的接收功率

$$P_r = P_t'D_t(\theta,\varphi)G_r(\theta',\varphi')\left(\frac{\lambda}{4\pi R}\right)^2 \qquad (4-3)$$

$G_r(\theta',\varphi')$ 是接收天线在 (θ',φ') 方向上的增益。上式就是著名的 Friis 传输公式。它把发射天线增益、接收天线增益、发射功率、接收功率和收发间距离联系起来了,这在信道计算中常常用到。

4.1.3　典型的天线辐射性能参数

4.1.3.1　工作频率与带宽

工作频率和带宽是指天线工作的频率和频带范围。在天线规定的工作带宽内,天线各项性能指标均应满足预定的要求。通常把满足天线方向图和阻抗特性要求的频率范围称为天线的带宽。航天器天线的带宽要足够,以防止因周围环境变化导致天线谐振频率(中心频率)漂移而造成天线覆盖频带不够;但从抑制干扰和 EMC 设计出发并不是越宽越好。在满足工作频带前提下不希望带宽有太大的裕量。

4.1.3.2　方向性函数和辐射方向图

天线辐射(或接收)电磁能量的空间选择性称为天线的方向性,它是相对辐射场强的空间角分布函数。在距离 r 的球面上,辐射(或接收)场强可写成:

$$E = Af(\theta,\varphi) \qquad (4-4)$$

A 是比例系数, $f(\theta,\varphi)$ 称为天线的方向性函数。如果用方向性函数的最大值归一上式可写成:

$$F(\theta,\varphi) = f(\theta,\varphi)/f_{max} \qquad (4-5)$$

把 $F(\theta,\varphi)$ 或 $f(\theta,\varphi)$ 绘制成图形就是天线的辐射方向图。其中表示幅值

特性的叫幅值方向图,表示相位特性的叫相位方向图,表示极化特性的叫极化方向图。天线方向图一般是三维空间曲面图形,如图 4-1 所示。工程上常用二正交面上的剖面图来描述其方向性。一般取电场矢量与传播方向构成的平面叫 E 面方向图。同样磁场矢量与传播方向构成的平面叫 H 面方向图,如图 4-2 所示。

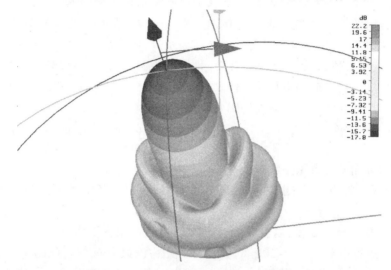

图 4-1　天线的三维空间方向图

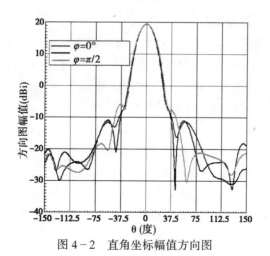

图 4-2　直角坐标幅值方向图

天线远区辐射场矢量是空间角度的函数可以写成

$$\vec{E}(\theta,\varphi) = E_\theta(\theta,\varphi)\hat{\theta} + E_\varphi(\theta,\varphi)\hat{\phi} \qquad (4-6)$$

式中 E_θ，E_φ 是空间角坐标函数，是一个复函数，可写为：

$$E_i(\theta,\varphi) = \left| E_i(\theta,\varphi) \right| e^{j\phi_i(\theta,\varphi)} \qquad i = \theta,\varphi \qquad (4-7)$$

i 代表某一个分量。$\left| E_i(\theta,\varphi) \right|$ 代表辐射场某分量的幅值，$\phi_i(\theta,\varphi)$ 代表其相位，将 $\left| E_i(\theta,\varphi) \right|$ 和 $\phi_i(\theta,\varphi)$ 用图形表示出来就是该天线的某一场分量的幅值与相位方向图，一般应为空间的立体图。实际中应用最多的是天线在某一平面的辐射方向图，其表示方法可用直角坐标表示，图中横坐标为空间角，纵坐标为电场幅值（或相位）。也可用极坐标表示，即在一圆面上，极角代表空间角度；在 $0°\sim360°$ 范围内对应的半径长度代表场的幅值或相位值。在工程应用中常将幅值方向图用最大值归一的分贝（dB）数表示：

$$E_i(\theta,\varphi)(\text{dB}) = 20\lg \left| \frac{\left| E_i(\theta,\varphi) \right|}{\left| E_i(\max) \right|} \right| \qquad (4-8)$$

辐射方向图的典型参数为：

（1）3dB 波束宽度：以主辐射瓣中的最大值归一，其电平下降为 -3dB 的角域。

（2）10dB 波束宽度：以主波束中的最大值为准，电平下降至 -10dB 的角域。

（3）边瓣电平：$SLL = 20\lg$ |（边瓣 max 值/主波束 max 值）|（dB）

（4）前后比：指最大辐射（或接收）方向的场值与反方向最大场值之比，通常用 F/B 表示，$F/B(\text{dB}) = 20\lg$（前区最大值/后区最大值）。

4.1.3.3　方向性系数及增益

（1）方向性系数（directivity）：天线方向性是用数字表示天线辐射能量在空间集中程度的量度。在相同辐射功率条件下天线在给定方向辐射强度与平均辐射强度之比定义为天线方向性系数。辐射能量越集中，天线方向性就越高。对各向同性均匀辐射天线来说，其方向性系数规定为 1。

天线在某个方向上的辐射能流密度可用平均功率密度 $\phi(\theta,\varphi)$ 来表示：

$$\phi(\theta,\varphi) = \text{Re}(\vec{E} \times \vec{H}^*) \qquad (4-9)$$

其单位为瓦/立体角。球坐标系中远场能流沿半径方向，辐射能密度可写成：

$$\phi_r(\theta,\varphi) = \phi_{r\theta}(\theta,\varphi) + \phi_{r\varphi}(\theta,\varphi)$$

式中，$\phi_{r\theta}$ 和 $\phi_{r\varphi}$ 分别代表 θ 和 φ 场分量所含的辐射能密度，它们有以下关系：

$$\phi_{r\theta}(\theta,\varphi) = \frac{\left| E_\theta \right|^2}{\eta_0} \qquad (4-10)$$

$$\phi_{r\varphi}(\theta,\varphi) = \frac{\left| E_\varphi \right|^2}{\eta_0} \qquad (4-11)$$

注意:时谐场复数表示中场量代表的有效值,因此平均功率、平均能密度无需加 1/2。η_0 为自由空间波阻抗。总辐射能量为:

$$P_R = \int_0^{2\pi} \int_0^{\pi} \phi_r(\theta', \varphi') \sin\theta' d\theta' d\varphi' \qquad (4-12)$$

平均辐射的能密度:

$$\phi_{ave} = P_R \bigg/ \int_0^{2\pi} \int_0^{\pi} \sin\theta d\theta d\varphi = P_R/4\pi \qquad (4-13)$$

因此天线方向性系数定义为:

$$D_g(\theta, \varphi) = \frac{\phi_r(\theta, \varphi)}{\varphi_{ave}} = \frac{4\pi}{P_R} \phi_r(\theta, \varphi) \qquad (4-14)$$

式中,$\phi_r(\theta, \varphi)$是天线在某一方向(θ, φ)上的辐射能密度;$\phi_r(\theta, \varphi)$与各向均匀辐射(平均)能密度之比定义为该天线在某一方向(θ, φ)的方向性系数。

(2) 天线增益(antenna gain):它既表征了天线在某个特定方向上辐射能量的集中程度,又表征了该天线的换能效率。在将导波场转换成空间辐射场过程中,部分能量被转换成辐射能量,其余部分在转换过程中消耗掉了。因此引入一个辐射效率 η,这时天线增益可表示为:

$$G(\theta, \varphi) = \eta D_g(\theta, \varphi), \qquad \eta \text{ 是} \leqslant 1 \text{ 的正实数} \qquad (4-15)$$

对无耗天线来说 $\eta = 1$,则有:

$$G(\theta, \varphi) = D_g(\theta, \varphi)$$
$$D_g(\theta, \varphi) = D_\theta(\theta, \varphi) + D_\varphi(\theta, \varphi) \qquad (4-16)$$

$$D_\theta(\theta, \varphi) = \frac{4\pi\phi_{r\theta}(\theta, \varphi)}{\int_0^{2\pi} \int_0^{\pi} \phi_r(\theta', \varphi') \sin\theta' d\theta' d\phi'} \qquad (4-17)$$

$$D_\varphi(\theta, \varphi) = \frac{4\pi\phi_{r\varphi}(\theta, \varphi)}{\int_0^{2\pi} \int_0^{\pi} \phi_r(\theta', \varphi') \sin\theta' d\theta' d\phi'} \qquad (4-18)$$

用 dB 表示增益有:

$$G(\theta, \varphi)(\text{dB}) = 10\lg D_g(\theta, \varphi) + 10\lg\eta \qquad (4-19)$$

4.1.3.4　等效接收面积(equivalent receiving area)

这是表征接收天线性能的一个重要特征量。如果 S 是入射平面波功率密度,以 W/m² 表示;P_r 是天线接收功率,以 W 表示,那么有方程:

$$P_r(\theta, \varphi) = SA_r(\theta, \varphi) \qquad (4-20)$$

式中,$A_r(\theta, \varphi)$定义为天线的等效接收面积,以 m² 表示,它是入射信号投射角之

函数。为了能量的最大接收,应满足:①极化匹配,天线极化与来波极化完全匹配;②其终端为一匹配接收机。这时经推导可以得到:

$$A_r(\theta,\varphi) = \frac{\lambda^2}{4\pi}G(\theta,\varphi) \tag{4-21}$$

等效接收面积与天线实际面积之比定义为天线口径效率,

$$\eta_A = \frac{天线等效接收面积}{天线物理口径面积}$$

当已知入射信号的功率密度 S 和天线的最大方向增益 $G(\theta_0,\varphi_0)$ 时,由上二式可以求出最大接收功率电平。如果接收机与天线不完全匹配时,还需扣除反射损耗因子,即乘上 $(1-|\Gamma|^2)$,Γ 是反射系数。此时,接收功率为:

$$P_r = S\frac{\lambda^2}{4\pi}G(\theta_0,\varphi_0)(1-|\Gamma|^2) \tag{4-22}$$

4.1.3.5　地面站接收天线的品质因素(G/T_A)

G 为天线增益,T_A 为天线噪声温度,它不是天线的物理温度,而是天线噪声功率的表征。在天线端口:

$$T_A = \frac{\int_0^{2\pi}\int_0^{\pi}T_B(\theta,\varphi)G(\theta,\varphi)\sin\theta\mathrm{d}\theta\mathrm{d}\varphi}{\int_0^{2\pi}\int_0^{\pi}G(\theta,\varphi)\sin\theta\mathrm{d}\theta\mathrm{d}\varphi} \tag{4-23}$$

式中,T_B 为亮度温度,它表示辐射源辐射能量大小。上式表示天线接收到的各类辐射源发射的亮度温度在天线端口形成的天线温度,T_A 又叫天线噪声温度。天线噪声温度随频率、天线指向、天线辐射方向图(旁瓣、后瓣电平)……甚至与时间、季节等因素都有关系。天线噪声温度大致由以下几部分组成:

$$T_A = \frac{T_{SK}}{L_{at}} + T_{at} + T_{SL} \tag{4-24}$$

式中,T_{SK} 为宇宙噪声温度,T_{at} 为大气噪声温度;L_{at} 为大气吸收衰减;T_{SL} 为天线旁瓣噪声温度;$T_{SL} = T_{SL1} + T_{SL2} + T_{SL3}$;$T_{SL1}$ 代表进入旁瓣的地面噪声的等效温度;T_{SL2} 表示进入旁瓣的大气噪声的等效温度;T_{SL3} 表示进入旁瓣的太阳噪声的等效温度。

天线噪声温度 T_A 直接影响接收机性能。在此,设用一段馈线将天线与接收机相连,接收机系统等效噪声温度为:

$$T_s = T_r + T_a \tag{4-25}$$

式中,T_r 为接收机噪声温度。T_a 为在接收机输入端处的天线噪声温度。假设

馈线衰减系数为 $\alpha(Np)$，线长为 l，T_0 为环境温度（对室温$\approx 293K$），则

$$T_a = T_A e^{-2al} + T_0(1 - e^{-2al}) \tag{4-26}$$

接收机入端噪声功率

$$P_s = K(T_a + T_r)\Delta f = KT_s\Delta f \tag{4-27}$$

$K = -228.6\text{dB}, J/K$ 为波尔兹曼常数。Δf 为接收机工作带宽。T_s 为接收机入端的系统噪声温度。

4.1.3.6　天线的极化

（1）极化的定义

极化与方向图和增益一样都是表征天线辐射的基本特征量。在均匀各向同性媒质中，天线辐射场是一横电磁波（TEM），电场与磁场均在与传播方向垂直的平面内，彼此间有固定关系（$\vec{E} \times \vec{H} \Rightarrow \vec{S}, \left|\dfrac{E}{H}\right| = \eta_0$）。因此研究天线电磁波极化通常是以电场来定义的。假设天线辐射电场为 $\vec{E}(t, \vec{r})$，在与波传播方向垂直面内（极化平面）以电场矢端所描绘的轨迹来定义波的极化。以下论述中，假设天线辐射为时谐场，电场矢量的大小随时间作正弦（余弦）变化。

（2）极化的分类（图 4-3）

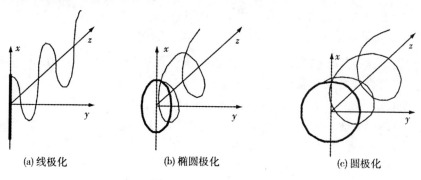

(a) 线极化　　　(b) 椭圆极化　　　(c) 圆极化

图 4-3　三种极化表示

线极化：电场矢量随时间始终在一固定方向上变化，在一个周期内其矢端轨迹描绘出一条直线，如图 4-3(a)所示，这就是线极化波，其瞬时场可写为：

$$\vec{E}(t, \vec{r}) = E_0 \sin(\omega t + \varphi)\hat{x} \tag{4-28}$$

式中，ω 为简谐振动之角频率，φ 是 $t = 0$ 时电场之初始相角，代表了 x 方向线极化波。

椭圆极化：如果经过一周期，电场矢端在极化平面上的投影为一个椭圆，便

称其波为椭圆极化波,如图 4-3(b)所示。两个频率相同、传播方向一致、只是相位与振幅不等的线极化波,其合成场在传播方向垂直平面内的电场矢端投影一般是一个椭圆。空间任一个电场矢量总可以分成两个正交线极化分量,其瞬时场可写为:

$$\vec{E}(t) = E_{1m}\cos\omega t \hat{u}_1 + E_{2m}\cos(\omega t + \delta)\hat{u}_2 = E_1(t)\hat{u}_1 + E_2(t)\hat{u}_2 \quad (4-29)$$

消除时间因子可得到合成场矢量扫描的轨迹:

$$\left(\frac{E_1}{E_{1m}}\right)^2 + \left(\frac{E_2}{E_{2m}}\right)^2 - 2\frac{E_1 E_2}{E_{1m}E_{2m}}\cos\delta = \sin^2\delta \quad (4-30)$$

其中 E_{1m},E_{2m} 为二正交场分量的幅值,δ 为 $E_2(t)$ 超前 $E_1(t)$ 的相移量。

当 $\delta = n\pi(n = 0,1,\cdots)$,合成场矢量仍是线极化,只是极化方向与 $\hat{u}_1$ 方向呈 θ 角,有 $\theta = \arctan(\pm E_{2m}/E_{1m}) = $ 常数。"+"对应于 n 为偶数,"-"对应于 n 为奇数。此时合成瞬时场:

$$E(t) = \sqrt{E_{1m}^2 + E_{2m}^2}\cos\omega t \quad (4-31)$$

当 $E_{1m} = E_{2m} = E_0$,$\delta = \pm\pi/2$ 时,合成场矢量是圆极化。场矢量为:

$$\vec{E}(t) = E_0\left[\cos\omega t \hat{u}_1 + \cos\left(\omega t \pm \frac{\pi}{2}\right)\hat{u}_2\right]$$

式中,$E_1(t) = E_0\cos\omega t$,$E_2(t) = E_0\sin\omega t$,则

$$[E_1(t)]^2 + [E_2(t)]^2 = E_0^2 \quad (4-32)$$

上式代表了在与其传播方向垂直平面内电场矢端的轨迹为一圆。合成场矢量 $E(t) = E_0$,合成场极化旋转方向为:

$$\theta = \arctan(\pm\tan\omega t) \Rightarrow \pm\omega t$$

说明合成场矢量大小不变,而场矢量方向随时间以角速度 ω 旋转,故称为圆极化波。当 $\delta = \pi/2$,$\theta = -\omega t$,为左旋圆极化;当 $\delta = -\pi/2$,$\theta = \omega t$,为右旋圆极化。

(3) 极化特性的表征

最普通的是椭圆极化,圆极化和线极化仅是其特例。对椭圆极化,它有三种参数表示其特性。

1) 轴比:$r = $ 椭圆长轴/椭圆短轴 $= E_{max}/E_{min}$,用分贝表示有

$$AR(\mathrm{dB}) = 20\lg(E_{max}/E_{min}) = 20\lg r \quad (4-33)$$

2) 极化旋向:右螺旋定则用来判断的极化旋向(IEEE)。它规定眼睛顺着波的传播方向看去,电场矢量沿顺时针方向旋转定义为右旋,反之定义为左旋。另一种判断可用拇指指向波传播方向,当波的电场矢量旋转方向同右手时定义为右旋,反之为左旋。波传播方向的单位矢量 $\hat{u}_p = \hat{u}_1 \times \hat{u}_2$,按坐标轴正方向表

示电场分量,当 $\delta>0$ 为相位超前,$\delta<0$ 为相位滞后。极化旋向是由相位超前场分量旋向相位滞后场分量。符合右手者为右旋,反之为左旋。

3) 极化椭圆之倾角 τ:指极化椭圆长轴与参考轴 $\hat{u}_1$ 之间的夹角:

$$\tau = \frac{1}{2}\arctan\frac{2E_{1m}E_{2m}\cos\delta}{E_{1m}^2 - E_{2m}^2} \tag{4-34}$$

(4) 极化效率

极化效率是表征一个天线在接收一个电磁波时,在能量传递过程中引起的因极化状态造成的能量损失的一种量度。设一个功率密度为 S 的椭圆极化波,从 (θ,φ) 方向远处传到接收天线处,当接收天线极化与来波方向极化是匹配的(即轴比和旋向相符,两长轴间夹角为零),则在接收天线端接收功率 $P_r = SA_r(\theta,\varphi)$,$A_r$ 为天线在 (θ,φ) 方向的有效接收面积。当接收天线极化与来波极化不完全匹配,就会产生极化失配,降低接收功率,其减少系数 L 就叫极化效率。有:

$$P_r = LSA_r(\theta,\varphi) \qquad 0 \leqslant L \leqslant 1 \tag{4-35}$$

当 $L=1$ 全匹配,$P_r = SA_r(\theta,\varphi)$,完全接收;当 $L=0$ 完全失配,$P_r=0$,收不到信号。

一般椭圆极化波间的极化效率可表示为下式:

$$L = \frac{1}{2} \pm \frac{2r_1 r_2}{(r_1^2+1)(r_2^2+1)} + \frac{(r_1^2-1)(r_2^2-1)}{2(r_1^2+1)(r_2^2+1)}\cos2\beta \tag{4-36}$$

式中,r_1,r_2 分别代表两椭圆波之轴比,β 为二极化椭圆长轴间之夹角。第二项"$\pm$"分别代表两椭圆波的旋向,同旋取"$+$"号,反旋取"$-$"号。对各种情况下的极化效率按上式计算,把上式画成曲线可得到图 4-4。工程中,比如在信道电平估计、星地链路设计计算等都可直接查曲线得知极化失配损失。图中横坐标为发射天线轴比,每一小格为 1dB,右边纵坐标为接收天线极化轴比,左边纵轴为极化效率。当两个天线的极化轴比、极化旋向已知时就可查曲线估计极化失配引起的电平损失。当两个天线为同旋时使用上面两张图,反旋时使用下面两张图就可得到该状态下最大和最小极化效率。$\beta=0°$ 和 $\beta=90°$ 代表两种极限情况。对极化旋向相同,$\beta=0°$ 的两天线,极化失配引起的损失是最小的。对两个极化反旋,且 $\beta=90°$ 的情况极化损失最大。

(5) 研究电磁波极化的意义

波的极化和幅值、相位一样是包含信息的,可用它来传递信息。迄今极化的利用已十分广泛了,比如雷达利用圆极化天线实现反云、雨的干扰;气象雷达利

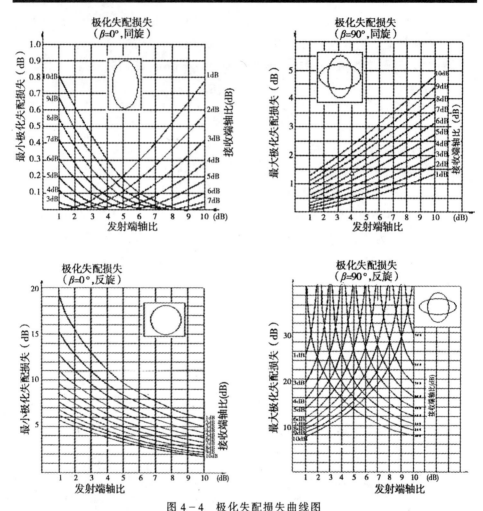

图 4 - 4 极化失配损失曲线图

用雨、雹等的散射极化响应不同来识别目标性质;跟踪航天器的地面天线或飞行器天线多采用圆极化,其目的是提高通信可靠性,避免极化失配造成的信号衰落;在卫星通信中,为了增加无线电频带内的信道数目,对同一频道或邻近通道使用高纯度的正交极化达到极化鉴别的频率复用。另外在天线的近场测量中,也需利用探针天线的不同极化响应反演出远场。所以掌握极化知识不仅对从事高频技术人员,对系统工程人员也是十分重要的。当今复杂、多变的战场电磁环境对雷达探测系统提出更高要求,宽带多极化已成为新一代雷达扩大信息来源、提高探测性能的主要发展趋势。雷达极化信息在电磁信号滤波、目标增强、杂波抑制、目标检测及目标识别等方面具有巨大的应用潜力。如何有效地抑制干扰、改善信号的接收质量一直是雷达、通信、导航等应用领域中特别关注的问题。现已形成了包括时域、频域、时频域、空域滤波较为完整的体系，而极化域滤波目前仅是在极化捷变、分集接收技术上有些应用，而利用极化信息在目标极化检测、干扰抑制、信号增强与滤波等方面的研究正在加紧进行。因此研究电磁波极化特性及其表征是十分重要的。

极化描述了电场矢量端点作为时间函数所形成的空间轨迹的形状和旋向。单色波是一种完全极化波，其电场矢量端点在传播空间任一点处描绘出一个具有恒定椭圆率和倾角的极化椭圆。该椭圆不随时间变化，它是非时变的。实际中一个辐射源产生电磁波不可能是单色的，而是有一定带宽的色散波，波场不再是时谐的。其电场矢量端点在传播空间任一给定点处描绘出的轨迹不再是一个非时变的椭圆，而是一条形状和方向都随时间变化的类似于椭圆的曲线，把这样的波称为部分极化波。显然完全极化波仅是部分极化波的特例。在电磁工程中特别当宽带信号应用的情况，对部分极化波研究也就更有意义。

4.1.3.7　阻抗匹配

前面提到天线是一个电磁能量转换器，无论它从导波场转换成空间波还是相反，天线总要与收发信机相连。一般天线与收发信机间总存在网络和射频馈线，在此谈的阻抗匹配就是涉及这一部分，它的性能好坏直接影响到天线转换效率，因此这一部分也是天线系统中十分重要的一部分。

传输线形式很多，有 TEM 传输、波导、光纤(介质光波导)、各种微带线和平面波导等。其中 TEM 传输线是目前应用最普遍的一种，其中同轴传输线是最典型的 TEM 传输线。假设传输线输入端功率为 P_{in}，由长度为 l 的传输线馈送到天线，由于传输线上存在损耗传到天线上的相对功率为 P_L，有：

$$P_L(\text{dB}) = 10\lg(P_L/P_{in}) = 10\lg(e^{-2al}) \approx 8.68al$$

式中，a 代表单位长度传输线上的衰减，a 的单位为奈比(NB)，1NB=8.686 分贝。

当在传输线终端接一负载 Z_L，经过特性阻抗为 Z_0 的一段传输线 l 后，其输入阻抗并不是 Z_L 而是 Z_{in}，它们间有关系：

$$\frac{Z_{in}}{Z_0} = \frac{Z_L \text{ch}(\gamma L) + Z_0 \text{sh}(\gamma l)}{Z_L \text{sh}(\gamma L) + Z_0 \text{ch}(\gamma l)} = \frac{\dfrac{Z_L}{Z_0} + \text{th}(\gamma l)}{1 + \dfrac{Z_L}{Z_0}\text{th}(\gamma l)}$$

当 $Z_L = 0$ 短路时，$Z_{in} = Z_0 \text{th}(\gamma l)$，对于无损线 $\gamma = j\beta$ 时，$Z_{in} = jZ_0 \tan(\beta l)$；

当 $Z_L = \infty$ 开路时，$Z_{in} = Z_0 \text{cth}(\gamma l)$，对于无损线 $\gamma = j\beta$ 时，$Z_{in} = -jZ_0 \cot(\beta l)$；

当 $Z_L = Z_0$ 时，$Z_{in} = Z_0$，全线行波、无反射达匹配。

由于传输线与负载阻抗不匹配，负载吸收功率并不等于入射功率，吸收功率仅是入射功率的一部分，它与传输线上的驻波比有以下关系：

$$\eta_T = \frac{P_L}{P_{in}} = \frac{4VSWR}{(VSWR + 1)^2}$$

式中 VSWR 为传输线上的驻波比：

$$VSWR = \frac{1 + |\Gamma|}{1 - |\Gamma|}$$

式中，$|\Gamma|$ 为反射系数的模。可以看出，线上驻波比高了，电磁能量传输效率就低了。对收发信机来说，天线就是它们的射频负载，要保证电磁能量的最有效传输，实现收发信机与天线间的阻抗匹配是十分重要的。在工程中首先应规定是什么样的传输线系统，比如 50Ω 同轴线、标准矩形波导……然后规定收发信机与天线的输出阻抗都对该传输线系统匹配，那么它们之间用相同特性阻抗的传输线连上就能保证达到匹配。天线与传输系统间的阻抗匹配是需要调配的，调配方式多种多样。通常对大功率发射天线要求馈线系统驻波比<1.2，其他情况可放宽到驻波比<1.5。

一般希望从天线到传输线或反之要达到最大功率传输而无信号畸变。阻抗概念对天线特别有用，它可规定辐射器件输入端所要求的特性。只要传输线阻抗确定了，天线阻抗设计的目的就是要与之匹配，保证有最大功率传输。阻抗特性可通过测量获得，利用 VSWR 和回波损耗测量可直接变换成输入阻抗。

一般来说，天线输入阻抗由两部分组成：一是自阻抗，另一是互阻抗。自阻抗是自由空间单个天线输入端之阻抗，互阻抗是考虑其他源耦合的影响，其他源可以是反射体或是其他天线等。对空间飞行器来说，载体上天线数目和种类多，又比较密集，星体影响很难避免，一般要计入互阻抗。

4.2 辐射源与场的基本关系

本节将从场和源之间最普遍最广义的关系出发讨论天线辐射的一般规律。首先我们再次提出等效源概念，给出天线辐射场区的界定，然后对几种典型的天线辐射形式用场源间的 Fourier 变换关系进行一般性讨论，从而对天线辐射问题建立明确的物理与数学处理关系。

4.2.1 场的等效源原理

前面进行电磁场理论分析中已经提出了等效源概念，从电磁源决定辐射场的等效性原理在研究天线问题时是十分有用的。虽然它不能使精确解的获得更容易,但它能提出一种近似的方法,对天线的分析与设计都是十分有用的。所以我们再次复习一下等效源概念。

电磁场等效性原理说:电磁场源用一封闭面包围(有时称此为惠更斯面),包面外空间电磁场可由包面上的切向电场或/和切向磁场唯一确定。惠更斯表面的切向场与等效场源的关系有:$\vec{J}_e = \vec{H}_s \times \hat{n}, \vec{J}_m = -\vec{E}_s \times \hat{n}$。由唯一性概念并不必须同时用 $\vec{E}$ 和 $\vec{H}$ 表面切向场,可以是 $\vec{E}_\tau$ 或是 $\vec{H}_\tau$,也可以是一部分表面的 $\vec{E}_\tau$ 和其余表面的 $\vec{H}_\tau$,这一点在处理天线问题中应用得好会带来很大的方便,而且会使问题得到简化。

根据飞行器上常用的天线,把天线按辐射形式分为四大类,即基本电磁辐射元、行波辐射、口径面辐射和阵列辐射。下面也基本上按此分类加以阐述。

4.2.2　电流元辐射

一方面,在甚低频和低频工作的大部分天线,它们的电尺寸都非常小,例如细线偶极天线和单极天线,这类天线由于电尺寸小,其上电流可视为均匀分布,即可以作为电流元来分析。另方面,对于诸如半波天线之类的谐振式天线或其他类型的天线,其尺寸可与波长相比拟的,若要通过分析或计算获知其辐射特性,即可通过线天线上每一微分电流元的辐射场的叠加来分析。因此,电流元的辐射特性既是很多低频天线自身的工程特性,也是各类线天线辐射特性分析、求解的基础。

如图 4-5 所示,假设一个微分电流元沿 z 轴放置,长度为 dz,其上电流为 I,中心位于坐标原点处。其矢位 $\vec{A}$ 仅有 z 分量 A_z,且可表达为:

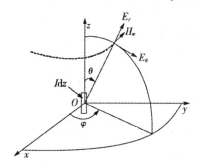

图 4-5　电流元的辐射场

$$\vec{A} = \hat{z}A_z = \hat{z}\mu_0 e^{-jkr} I dz/(4\pi r) \tag{4-37}$$

由矢量位可求出电流元辐射场的各分量为：

$$E_r = \frac{Z_0}{2\pi} k^2 I dz \left[\frac{1}{(kr)^2} - \frac{j}{(kr)^3} \right] \cos\theta e^{-jkr}$$

$$E_\theta = \frac{jZ_0}{4\pi} k^2 I dz \left[\frac{1}{kr} - \frac{j}{(kr)^2} - \frac{1}{(kr)^3} \right] \sin\theta e^{-jkr}$$

$$H_\varphi = \frac{j}{4\pi} k^2 I dz \left[\frac{1}{kr} - \frac{j}{(kr)^2} \right] \sin\theta e^{-jkr} \qquad (4-38)$$

$$E_\varphi = H_r = H_\theta = 0$$

式中，Idz 为电流元的矩，r 为场点到电流元的距离，k 为波数(在自由空间里，$k = k_0 = \frac{2\pi}{\lambda_0} = \omega \sqrt{\varepsilon_0 \mu_0}$)，$Z_0$ 为环境介质的波阻抗(在自由空间，$Z_0 = \sqrt{\mu_0/\varepsilon_0} = \eta_0 = 120\pi\ \Omega$)。

式(4-38)给出了在电流元任意场点处的辐射场。在近场区，$kr \ll 1$，上述式中 $\frac{1}{r^3}$ 和 $\frac{1}{r^2}$ 项起主要作用。在远场区，$kr \gg 1$，则 $\frac{1}{r}$ 项起主要作用。在天线工程中，重点讨论的是远场区的场分布。在远场区，上述表达式简化为：

$$E_\theta = j60\pi \frac{Idz}{\lambda r} \sin\theta e^{-jkr} \qquad\qquad H_\varphi = E_\theta/Z_0 \qquad (4-39)$$

而其余场分量均为零。显然，在远场区，电流元的辐射场为传播方向 r 的横电磁场，空间场强大小随 $\sin\theta$ 规律变化。图 4-6 示出了电流元的辐射方向图。其中图(a)、(b)、(c)分别为电流元 E 面、H 面方向图和立体方向图。

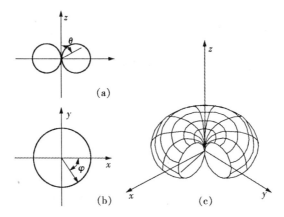

图 4-6　电流元辐射方向图

电流元辐射场的功率密度为：

$$S = E_\theta \cdot H_\varphi^* = \frac{30\pi \mid I \mid^2 \mid dz \mid^2}{\lambda^2 r^2} \sin^2 \theta \qquad (4-40)$$

定义辐射强度 $U(\theta, \varphi) = S(r, \theta, \varphi) \cdot r^2$，它仅是空间角坐标函数。知道了电流元辐射方向图函数，由最大辐射强度 $U_{\max}$ 与平均辐射强度 U_0 之比即可求得电流元辐射的方向性系数为：

$$D_g = U_{\max}/U_0 = \frac{1}{\dfrac{1}{4\pi}\displaystyle\int_0^{2\pi}\int_0^\pi \sin^2\theta\sin\theta d\theta d\varphi} = 1.5 \qquad (4-41)$$

$$D_g = 1.76 \quad \text{dB}i$$

电流元的辐射功率为：

$$P_t = \int_0^{2\pi} d\varphi \int_0^\pi Sr^2 \sin\theta d\theta = 80\pi^2 \left(\frac{\mid I \mid dz}{\lambda}\right)^2 \qquad (4-42)$$

电流元的辐射电阻则为：

$$R_t = P_t/\mid I \mid^2 = 80\pi^2 \left(\frac{dz}{\lambda}\right)^2 \qquad (4-43)$$

而增益为：

$$G = \frac{4\pi U_{\max}}{P_{\text{in}}} = \frac{4\pi U_{\max}}{(R_t + R_l)\mid I \mid^2} \qquad (4-44)$$

式中，P_{in} 为输入功率，R_l 为电流元的损耗电阻。由辐射功率与输入功率之比可计算出电流元的辐射效率为：

$$\eta = \frac{P_t}{P_{\text{in}}} = \frac{R_t}{R_t + R_l} \qquad (4-45)$$

作为一个例子，由电流元的辐射场的叠加来计算半波天线的辐射特性。细线型半波天线的电流分布可近似假设为 $I(z) = I_0 \cos kz$。应用远场近似，电流元 $I(z)$ 到远区场点的距离为 $r(z) = r - z\cos\theta$（图 4-7），则半波天线的远区场为：

$$E_\theta = j\frac{60\pi\sin\theta}{r\lambda}\int_{-\lambda/4}^{\lambda/4} I(z)e^{-jkr(z)}dz = j60I_0\frac{e^{-jkr}}{r} \cdot \frac{\cos\left(\dfrac{\pi}{2}\cos\theta\right)}{\sin\theta} \qquad (4-46)$$

图 4-7 示出了 z 向半波天线的 E 面方向图。在图中，同时也示出电流元的辐射方向图以作比较。同理，对于具有任意长度 l、中心馈电的偶极天线，若假设其上电流仍为余弦分布，则远区电场为：

$$E_\theta = j\frac{60\pi\sin\theta}{r\lambda}\int_{-l/2}^{l/2} I(z)e^{-jkr(z)}\mathrm{d}z = j60I_0\frac{e^{-jkr}}{r}\cdot\frac{\left[\cos\left(\dfrac{kl}{2}\cos\theta\right)-\cos\dfrac{kl}{2}\right]}{\sin\theta}$$

$$(4-47)$$

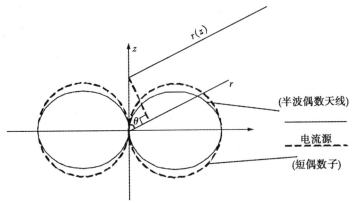

图 4-7 半波天线 E 面方向图

4.2.3 磁流元辐射

尽管磁流及磁流元实际上并不存在,但是某些类型天线的辐射特性却和磁流或磁流元的辐射特性极为相似。例如,直径远小于波长的载流线圈即可视为取向为线圈平面法向的磁流元;而无限大理想导体平面上的缝隙天线,当缝宽远小于波长时,亦可以看成互补的磁流偶极天线,即横跨缝隙的激励电场可用沿缝隙长轴方向流动的等效磁流来取代。

磁流元辐射特性的分析与电流元类似,从电矢量位 $\vec{F}$ 着手,亦可利用电磁场的二重性(电磁对偶)原理直接由电流元辐射场的结果得到,只需将电场和磁场互换即可。

如图 4-8 所示,在 xy 平面内有一载流圆环,其圆心位于坐标原点,面积为 A,电流为 I,这相当于有一沿 z 向的磁流元位于坐标原点,其磁流矩为 IA。该磁流元所产生的场为:

$$E_\varphi = \frac{Z}{4\pi}k^3IA\left[\frac{1}{kr}-\frac{j}{(kr)^2}\right]\sin\theta e^{-jkr}$$

$$H_r = \frac{1}{2\pi}k^3IA\left[\frac{j}{(kr)^2}+\frac{1}{(kr)^3}\right]\cos\theta e^{-jkr} \qquad (4-48)$$

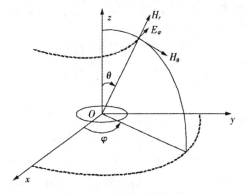

图 4 - 8 磁流元的辐射

$$H_\theta = -\frac{1}{4\pi}k^3 IA\left[\frac{1}{kr} - \frac{j}{(kr)^2} - \frac{1}{(kr)^3}\right]\sin\theta e^{-jkr}$$

$$E_r = E_\theta = H_\varphi = 0$$

在远区，$kr \gg 1$，由上述诸式可导出磁流元的远区场表达式为：

$$E_\varphi = \frac{30k^2 IA}{r}\sin\theta e^{-jkr}$$

$$H_\theta = -\frac{E_\varphi}{Z_0} = -\frac{k^2 IA}{4\pi r}\sin\theta e^{-jkr} \qquad\qquad (4-49)$$

$$E_r = E_\theta = H_\varphi = H_r = 0$$

由此可见，磁流元(小电流环)的方向图与电流元的相同，都为 $\sin\theta$ 的方向图函数，只是极化方向不再是 θ 向而变为 φ 向。显然，它的方向性系数也是 1.5 (1.76dBi)，而其他辐射参数亦可仿上节电流元天线的分析求得。

4.2.4　线源辐射

线天线是电(磁)流沿线分布的一种天线形式，一般有两种形式：一为驻波电流分布，另一为行波电流分布。

4.2.4.1　驻波电流分布的辐射

设线天线电流分布为 $f(x)$，天线方向图函数可表示成电流分布函数的 Fourier 积分：

$$f(\alpha) = \frac{l}{2}\int_{-1}^{1} f(x)e^{jux}\mathrm{d}x \qquad\qquad (4-50)$$

式中，$u = \frac{1}{2}kl\cos\theta$，$l$ 为线源的长度，θ 为线源中心到场点矢径与线源轴向的夹角，x 为线源归一化长度($-1 \leqslant x \leqslant 1$)。当线源电流为均匀、同相分布，即 $f(x)$ ＝1 时($-1 \leqslant x \leqslant 1$)，线源辐射方向图比例于：

$$f(\alpha) = l \frac{\sin u}{u} = l \frac{\sin\left(\dfrac{kl}{2}\cos\theta\right)}{\dfrac{kl}{2}\cos\theta} \tag{4-51}$$

主波束半功率宽度 $2\theta_{0.5} = 50.4\lambda/l$(度)。第一旁瓣电平为 -13.2dB，这仅适用于线源长度 $l \ll \lambda$ 的情况。当线源上电流呈边缘锥削分布时，同样也可按 Fourier 积分计算出辐射方向图。如果线源电流分布为某些电流分布函数之线性叠加，那么辐射方向图也可表示为相应辐射方向图的线性叠加。比如 $f(x)$ ＝ $A + B(1-|x|)$，它是一个边缘电流为 A，线性增加到中心为 $A + B$ 的电流分布，可以看成是一个幅值为 A 的均匀分布加上一个三角形分布[线性增长 $B(1-|x|)$]，如图 4-9 所示。因此辐射场也是这两个分布辐射场之叠加，有：

$$f(\theta) = \frac{1}{2}\int_{-1}^{1}\left[A + B(1-|x|)\right]e^{jux}\,\mathrm{d}x$$

$$= Al\frac{\sin u}{u} + B\frac{l}{2}\left(\frac{\sin\dfrac{u}{2}}{u/2}\right)^2 \tag{4-52}$$

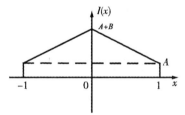

图 4-9　线源口径分布

4.2.4.2　行波线电流辐射

如图 4-10 所示，长度为 L 的线天线上沿 z 方向有一行波电流激励，该电流分布可写为：

$$I(z) = I_0 e^{-jk_c z} \tag{4-53}$$

式中，I_0 是电流幅度，k_c 是电流传播常数，它与自由空间波数 k_0 有关系，$k_c = \gamma k_0$，γ 为比例常数，这与天线结构和周围介质有关。将线天线分为长 $\mathrm{d}z$ 的很多小段，每一段微分电流元产生的场同式(4-39)可写成：

$$dE_\theta = j60\frac{\pi I_z}{\lambda r}\sin\theta \cdot e^{-jkr}dz$$

式中, $r = r_0 - z\cos\theta$, 将上式沿 L 线积分可得该行波电流辐射场:

$$E_\theta = j\frac{60\pi I_0}{r_0}\sin\theta\,\frac{\sin\left[\dfrac{kL}{2}(\gamma - \cos\theta)\right]}{\gamma - \cos\theta}$$

当线源上的电流与自由空间传播速度相同时, $\gamma = 1$, 辐射场:

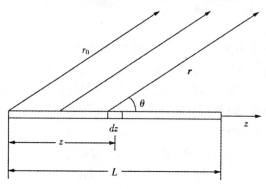

图 4 - 10　行波天线示图

$$E_\theta = \frac{60\pi I_0}{r_0}\sin\theta\,\frac{\sin\left[\dfrac{kL}{2}(1 - \cos\theta)\right]}{1 - \cos\theta} \qquad (4-56)$$

而行波天线的最大辐射方向:

$$\theta_{\max} = \cos^{-1}\left[1 - \frac{\lambda}{2L}\right] \qquad (4-57)$$

　　行波天线是可以把产生辐射的场和电流由一个或多个行波表示, 天线结构支持传播波, 通过这些传播波辐射。行波天线的分析与设计包括两部分内容。首先是确定传播波在结构上的传播常数; 然后是计算其辐射特性, 它是传播常数的函数。在很多情况下, 行波仅有一个方向, 这种天线结构的端头反射是非常小的, 如长线、介质杆天线、波导长槽、螺旋天线等。如果天线结构端头处有一反射波存在, 由两个方向相反的行波形成部分驻波, 广义来说, 这种驻波天线 (或谐振天线) 也可当成是沿两个相反方向传播的波的一类行波天线, 如对称偶极天线、波导中谐振缝。

　　沿 z 轴电流表示为行波有:

$$I(z) = \sum_n B_n e^{-\gamma_n z}$$

式中，B_n 是系数，γ_n 是复传播常数。上式代表天线电流由沿 z 向的多个行波拼成。对每一个行波电流的幅值为 B_n，而传播常数 $\gamma_n = \alpha_n + j\beta_n$，其中 α_n 是衰减常数，β_n 是传播常数。$\beta = \dfrac{2\pi}{\lambda_g}$，$\lambda_g$ 为波导波长。行波相速度 $v = \dfrac{\omega}{\beta}$，$\omega$ 是角频率，v 可大于、等于或小于光速 c。如果 $v > c$，该行波为快波；如果 $v < c$，该行波为慢波。α_n、β_n 表示了传播波的特性。如果一个行波沿导波结构连续地损耗能量，我们称此为漏波(leaking wave)。这意味着行波能量沿结构衰减。应用最多的漏波天线如波导缝槽天线。

表面波将能量束缚在介质及两个不同介质的交界面附近，辐射是在结构或不连续处端头或弯曲或不均匀处发生。表面波不同于漏波之处是漏波辐射是连续的，而表面波只有在导波结构发生某种物理改变时才产生辐射。表面波是一种慢波结构，如自由空间里的介质杆天线，场被限制在介质杆内，场沿杆(或沿天线)径向向外呈指数衰减。

如图 4-11 所示的行波天线，电流沿结构传播可写成：

$$I(z) = I_0 e^{-(\alpha + j\beta)z} = I_0 e^{-\gamma z} \tag{4-58}$$

由矢位可得辐射场：

$$A_\alpha = \frac{\mu I_0}{4\pi} \int_{-l/2}^{l/2} \frac{e^{-\gamma z} e^{-jkr'}}{r'} \mathrm{d}z \tag{4-59}$$

电场 $E_\theta = -j\omega \sin\theta A_z$，经积分计算可得：

$$E_\theta = \frac{j\omega\mu I_0 l\sin\theta}{4\pi r} e^{-jkr} \frac{\sin x_0}{x_0} \tag{4-60}$$

式中，$x_0 = \dfrac{l}{2}(k\cos\theta + j\gamma)$。

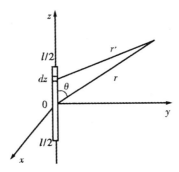

图 4-11　行波天线辐射示图

对幅值均匀分布的情况，$\alpha = 0$，$\gamma = j\beta_0$，$x_0 = \dfrac{l}{2}(k\cos\theta - \beta)$；

当 $\beta \neq 0$，线上电流为行波，其最大辐射方向 $\theta = \cos^{-1}\left(\dfrac{\beta}{k}\right)$；

当 $\beta = k$，其最大辐射方向为端射方向（$\theta = 0°$)或背射方向（$\theta = 180°$)；

当 $\beta = 0$，线上电流为驻波，其最大辐射为侧射方向 $\theta = 90°$。

4.2.5　口径辐射

相当一部分天线如喇叭、反射面、透镜、平面阵等都可认为是从口径(开孔)的辐射。口径面认为是在一个无限平面上一个有限尺寸的开孔，在口径面上的电和/或磁场能用一些近似方法确定，而在口径面外的场均假设为零。远区辐射场就由口径面上的场唯一确定。对电大尺寸的口径来说，这个假设是比较准确的。

口径天线辐射的分析主要有两个步骤：一是计算口径面上电磁场分布；二是根据场源的 Fourier 变换关系确定辐射场。

对二维 Fourier 变换可写成：

$$f(k_x, k_y) = \iint\limits_{-\infty}^{\infty} u(x,y) e^{j(k_x x + k_y y)} \mathrm{d}x \mathrm{d}y \tag{4-61}$$

$$u(x,y) = \frac{1}{4\pi^2} \iint\limits_{-\infty}^{\infty} f(k_x, k_y) e^{-j(k_x x + k_y y)} \mathrm{d}k_x \mathrm{d}k_y$$

无论是用平面波谱法还是矢位法，在 xoy 面上，线极化口径场的同极化的辐射场分量可写成：(采用 ludwing 第三极化定义)

$$E_p(\theta, \varphi) = \cos^2\frac{\theta}{2}\left(1 - \tan^2\frac{\theta}{2}\cos 2\varphi\right) f(\theta, \varphi) \tag{4-62}$$

$$f(\theta, \varphi) = \iint\limits_{-\infty}^{\infty} E_a(x,y,0) e^{j(k_x x + k_y y)} \mathrm{d}x \mathrm{d}y$$

$k_x = k\sin\theta\cos\varphi$，$k_y = k\sin\theta\sin\varphi$，$E_a$ 为口径面主极化的切向电场分布。对高增益天线，$\cos^2\dfrac{\theta}{2} \approx 1$，$\tan^2\dfrac{\theta}{2} \approx 0$，$E_p(\theta, \varphi) \approx f(\theta, \varphi)$，表明口径面切向电场 E_a 与远区辐射场 E_p 之间就是一对 Fourier 变换关系。

4.2.5.1　矩形口径的辐射场

矩形口径尺寸 $a \times b$ 位于 xoy 平面上，如图 4-12 所示，口径内场均匀分布，则利用 Fourier 变换关系均匀分布矩形孔径远场方向图函数为：

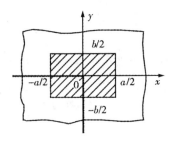

图 4 - 12　平面孔径辐射示图

$$f(k_x, k_y) = ab \frac{\sin(k_x a/2)}{k_x a/2} \cdot \frac{\sin(k_y b/2)}{k_y b/2} \qquad (4-63)$$

式中，$k_x = k\sin\theta\cos\varphi$，$k_y = k\sin\theta\sin\varphi$。对于均匀分布的矩形口径，远区辐射场特性与相应的均匀线电流分布的远区场相似，方向图函数都是 sinc 函数，第一副瓣也是 $-13.2\mathrm{dB}$，半功率瓣宽也是 $0.88\dfrac{\lambda}{l}$(弧度)。

4.2.5.2　圆形口径辐射场

圆口径在工程中有广泛的应用，如反射面天线、圆口径喇叭等。圆口径远区辐射场写为：

$$f(\theta, \varphi) = \int_0^{2\pi} \int_0^a E(r', \varphi') e^{jkr'\sin\theta\cos(\varphi-\varphi')} r' \mathrm{d}r' \mathrm{d}\varphi' \qquad (4-64)$$

式中，a 为口径半径，$E(r', \varphi')$ 为该口径面内的场分布。对于圆旋转对称分布，口径场不随 φ 改变，

$$
\begin{aligned}
f(\theta) &= \int_0^{2\pi} \int_0^a E(r') e^{jkr'\sin\theta\cos(\varphi-\varphi')} r' \mathrm{d}r' \mathrm{d}\varphi' \\
&= 2\pi \int_0^a E(r') J_0(kr'\sin\theta) r' \mathrm{d}r' \qquad (4-65)
\end{aligned}
$$

$J_0(u)$ 是第一类零阶 Bessel 函数，$u = kr'\sin\theta$。

均匀分布圆口径，$E(r') = 1$，则

$$f(\theta) = S \frac{2J_1(u)}{u}, \quad S = \pi a^2, \quad u = ka\sin\theta$$

该方向图函数类似于均匀分布的矩形孔径辐射方向图函数 sinc。但它的第一旁瓣电平更低，为 $-17.6\mathrm{dB}$；半功率瓣宽 $= 1.02 \dfrac{\lambda}{a}$(弧度)，略宽一些，这是因为均匀分布圆口径可认为是四个角部位的场锥削到零的矩形孔径。

为了抑制旁瓣电平，也可采用不同形式的边缘锥削分布，例如选择 N 阶抛

物线分布 $E(r') = \left[1 - \left(\dfrac{r'}{a} \right)^2 \right]^N$。这个分布在圆口径边缘($r' = a$ 处)的口径场强降至零,该口径场归一化的辐射方向图函数:

$$\overline{f}(\theta) = \frac{J_{N+1}(u)}{u^{N+1}} \tag{4-66}$$

式中,$u = ka\sin\theta$。口径场分布函数选择取决于天线用途以及所要求的天线辐射性能。如果圆口径以高斯分布,因为高斯分布的 Fourier 变换就是高斯函数本身,这样辐射方向图无边瓣,辐射电平随着与电轴偏离而下降。由于高斯分布意味着无限口径,实际上有限口径总是要截断的,可形成近似的高斯分布圆口径,将此作为反射面之馈源。实际上混合模喇叭或波纹喇叭就是逼近这种分布的,满足高斯分布的口径场在喇叭边缘场应跌落至零,至少也有 -20dB 跌落。

由给定的辐射方向图求解相应的口径分布函数及其实现方法称为口径综合技术。对任意口径分布函数 $E_x(p)$ 可以展开成复数形式的 Fourier 变换式:

$$E_x(p) = \sum_{-\infty}^{\infty} C_k e^{jkp} \quad (-\pi < p < \pi)$$

$$C_k = \frac{1}{2\pi} \int_{-\pi}^{\pi} E_x(p) e^{-jkp} \, \mathrm{d}p \tag{4-67}$$

因此

$$F(u) = \frac{1}{2\pi} \int_{-\pi}^{\pi} \sum_{-\infty}^{\infty} C_k e^{j(k+u)p} \, \mathrm{d}p$$

$$F(u) = \sum_{-\infty}^{\infty} C_k \frac{\sin[\pi(u+k)]}{\pi(u+k)} \tag{4-68}$$

由上式可以看出,每个 Fourier 展开系数 C_k 就是对 $\dfrac{\sin x}{x}$ 型波束的响应,这些波束分量的空间间距为 u。如果在 $\sin\theta$ 空间其增量为 $\dfrac{\lambda}{a}$ 的话,上述关系就是 Woodward 综合法的基础,这一点在阵列综合中会再提到。

4.2.6　阵列辐射

阵列天线可以看成是离散源构成的阵列。阵列方向图由每个阵元激励的相对幅值和相位以及源阵的几何排布所决定。对相同阵元组成的阵列,总的方向图应是单个源方向图与无方向性单元的阵列方向图(阵因子)相乘。

当单元方向图近无方向性时,阵列总方向图主要取决于阵因子。如果单元方向图本身就是高方向性的,单元方向图和阵因子都很重要,对总的方向图都起着重要的影响。

阵列一般可以分为线阵、面阵和共形阵等。

4.2.6.1 均匀直线阵

若有 n 个相同的点源排列成一条直线,阵元间距相等,激励电流幅度相等。相邻单元的激励相位差为 δ,这个阵称为 n 元均匀直线阵列,其阵因子

$$E = E_1 [1 + e^{j\psi} + e^{j2\psi} + \cdots + e^{j(n-1)\psi}] = E_1 e^{j\frac{(n-1)\psi}{2}} \frac{\sin \frac{n\psi}{2}}{\sin \frac{\psi}{2}} \quad (4-69)$$

式中,$\psi = kd\cos\theta + \delta$,$d$ 是阵元间距,δ 为阵元间相移,E_1 是单元辐射场幅度,θ 是与阵轴线之夹角。如果选取阵中心为相位参考点时,该阵列阵因子

$$E = E_1 \frac{\sin \frac{n\psi}{2}}{\sin \frac{\psi}{2}} \quad (4-70)$$

当单元间距 d 和相位差 δ 取不同值时,阵列表现出不同辐射特性。若要求侧射阵,则 $\theta = \pi/2$,这时 $\psi = kd\cos\frac{\pi}{2} + \delta = 0$,所以 $\delta = 0$,各阵元必为均匀同相激励;若要求阵列为端射阵,则 $\theta = 0$ 或 π,$\psi = kd\cos\theta_0 + \delta = 0$,$\delta = \pm kd$,"+"、"−"号分别对应于最大辐射方向 $\theta_0 = \pi$ 和 $\theta_0 = 0$。当频率一定,阵元间距也一定时,最大辐射方向可由 $\psi = kd\cos\theta_0 + \delta = 0$ 来确定,$\theta_0 = \cos^{-1}\left(\frac{\delta}{kd}\right)$。如果改变阵元间相位差 δ,阵列最大辐射方向 θ_0 也会改变。这就是相控阵天线波束扫描的基本原理。

4.2.6.2 均匀平面阵

多个 x 方向的均匀直线阵沿 y 方向平行排列则可以组成两维均匀平面阵。如果忽略互耦效应,利用直线阵方向图函数相乘来构成平面阵阵因子

$$f(\theta, \varphi) = f_x(\theta, \varphi) f_y(\theta, \varphi)$$

$f_x(\theta, \varphi)$ 是 x 方向直线阵阵因子;$f_y(\theta, \varphi)$ 是 y 方向直线阵阵因子。如果均匀平面阵中所有阵元都是等幅同相激励,则最大辐射方向为侧射($\theta = 90°$)方向,即阵平面法线方向。阵因子

$$f(\theta, \varphi) = \frac{\sin\left(\frac{m\psi_x}{2}\right)}{\sin \frac{\psi_x}{2}} \cdot \frac{\sin\left(\frac{n\psi_y}{2}\right)}{\sin \frac{\psi_y}{2}} \quad (4-71)$$

式中，$\psi_x = kd_x\sin\theta\cos\varphi$，$\psi_y = kd_y\sin\theta\sin\varphi$，$d_x$、$d_y$ 分别为 x 方向和 y 方向线阵的阵元间距，m 和 n 分别是 x 方向和 y 方向的阵元数。

上述离散阵列天线辐射特性分析中均未考虑阵元间互耦效应。互耦会使阵列中各单元激励发生改变，最终影响阵列辐射特性和天线的匹配，因此在工程实现中必须计入互耦影响，实现其幅度、相位和匹配的控制，使之达到预定的分布。

在研究天线辐射场时往往把分布在有限空间的源用一个封闭面包围，该面一般称为 Huygen 面。通常包面中有场分布的部分，我们称其为天线口径，它可是一维线源，也可为面源等。我们把包面上切向场定义为等效场源，而口径外的包面场等于零。对于天线辐射问题的处理首先是确定其等效源（E_τ，H_τ），空间辐射就是等效源的 Fourier 变换。由已知源确定空间场属天线的分析；已知空间辐射场要设计天线这属于天线的综合问题。不管是分析还是综合都可当成是源和场之间的变换，通过 Fourier 变换关系可以得到。

4.3　口径面天线辐射的基本公式

在第 2 章讲格林函数法时，我们从点源和场引入格林函数，分布源产生的场就是这些脉冲点源场的叠加，即得出了格林函数的积分式，从广义的角度给出了源场间最普遍的关系。牢固建立场源间变换的概念对天线设计师来说十分重要，在这里再一次从电磁基本理论导出对口径面天线十分有用的辐射关系。

4.3.1　克希荷夫公式

当知道了口径上的电磁场分布，如何求解辐射场是我们要研究的问题。假定口径上的电磁场分布是已知的。根据惠更斯－夫雷涅尔原理，在天线口径 S 外任意一点 M 的辐射场，可以认为是把口径 S 上每一点都当作一小的辐射源，每个小的辐射源都发出球面波。这些球面波在空间任意点 M 所产生的场的总和（矢量和），构成 M 点的辐射场。惠更斯－夫雷涅尔原理的数学表达式就是克希荷夫（Kirchhoff）公式。应用格林（Green）定理的第二恒等式，可以推导出克希荷夫公式。

由矢量分析，可知格林定理第二恒等式是

$$\int_V (\psi\nabla^2\phi - \phi\nabla^2\psi)\mathrm{d}V = \int_S \left(\psi\frac{\partial\phi}{\partial n} - \phi\frac{\partial\psi}{\partial n}\right)\mathrm{d}S \qquad (4-72)$$

式中，V 为由封闭曲面 S 所包围的体积，见图4-13；ψ，ϕ 是标量函数，要求它们及它们的一阶和二阶导数在体积 V 内连续；∇^2为拉普拉斯算符；$\vec{n}$ 为表面 S 向

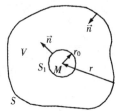

图4-13　克希荷夫公式的推导

内的法线。可以证明，如果 ψ，ϕ 满足了波动方程：

$$\left.\begin{array}{l}\nabla^2\psi + k^2\psi = 0 \\ \nabla^2\phi + k^2\phi = 0\end{array}\right\} \qquad (4-73)$$

式中，$k = \dfrac{2\pi}{\lambda}$，则根据式（4-72）求出体积 V 内任一点 M 的 ψ 和 ϕ 值，此值是以 ψ 和 ϕ 在 S 表面上的值来表示。

设 ϕ 为曲面 S 所包围体积 V 内任一点 M 的某一标量函数，譬如说，电磁场的分量 E_x，E_y 等，并设它满足方程式（4-73）。设 $\psi = \dfrac{e^{-jkr}}{r}$，式中 r 为曲面 S 上某点至点 M 的距离。把 ψ 值带入式（4-73）中，可知它满足波动方程。我们绕 M 点作半径为 r_0 的小球面 S_1，则在 S 和 S_1 所包围的体积中可以满足函数 ψ 连续的要求。

以式（4-73）代入式（4-72），则可知

$$\int_{S_1+S}\left(\phi\frac{\partial\psi}{\partial n} - \psi\frac{\partial\phi}{\partial n}\right)\mathrm{d}S = 0$$

故得

$$\int_{S_1}\left(\phi\frac{\partial\psi}{\partial n} - \psi\frac{\partial\phi}{\partial n}\right)\mathrm{d}S = -\int_{S}\left(\phi\frac{\partial\psi}{\partial n} - \psi\frac{\partial\phi}{\partial n}\right)\mathrm{d}S \qquad (4-74)$$

要求出 M 点的函数值，可令 $r_0 \to 0$，则 S_1 缩小趋于一点。S_1 面上的 ϕ 值可认为就是 M 点的 ϕ 值。在 S_1 所包围的体积内

$$\psi = \frac{e^{-jkr_0}}{r_0}; \qquad \frac{\partial\psi}{\partial n} = -\frac{\partial\psi}{\partial r_0} = \left(\frac{1}{r_0^2} + \frac{jk}{r_0}\right)e^{-jkr_0}$$

故

$$\int_{S_1}\left(\phi\frac{\partial\psi}{\partial n} - \psi\frac{\partial\phi}{\partial n}\right)\mathrm{d}S = \int_{S_1}\left[\phi\left(\frac{1}{r_0^2} + \frac{jk}{r_0}\right)e^{-jkr_0} - \frac{e^{-jkr_0}}{r_0}\frac{\partial\phi}{\partial n}\right]\mathrm{d}S$$

当 $r_0 \to 0$ 时，ϕ 值在 S_1 面上可认为是常数，设此常数为 ϕ_M，因 $r_0 \to 0$，略去 r_0 项，且认为 $e^{-jkr_0} = 1$，则 ϕ 在 S_1 面上积分以 $4\pi r_0^2\phi_M$ 代替。上式左边可写为：

$$\int_{S_1}\left(\phi\frac{\partial\psi}{\partial n} - \psi\frac{\partial\phi}{\partial n}\right)\mathrm{d}S = 4\pi\phi_M \qquad (4-75)$$

将式（4-75）代入式（4-74）中，得

$$\phi_M = -\frac{1}{4\pi}\int_S \left[\phi\frac{\partial}{\partial n}\left(\frac{e^{-jkr}}{r}\right) - \frac{e^{-jkr}}{r}\frac{\partial\phi}{\partial n}\right]dS \tag{4-76}$$

式(4-76)是惠更斯原理的数学表达式,在 1882 年由克希荷夫作出。它表明,若函数 ϕ 及其导数 $\frac{\partial\phi}{\partial n}$ 在封闭曲面 S 上的值为已知时,我们就可以精确地求出在曲面 S 所包围的体积 V 内任意一点 M 的函数 ϕ 的值。

以上求得的克希荷夫公式仅对于标量的函数才是正确的。对于电磁场的问题,我们可以把它应用到场的各个分量上。有

$$\left.\begin{aligned}
E_{xM} &= -\frac{1}{4\pi}\int_S \left[E_{xS}\frac{\partial}{\partial n}\left(\frac{e^{-jkr}}{r}\right) - \frac{e^{-jkr}}{r}\frac{\partial E_{xS}}{\partial n}\right]dS \\
E_{yM} &= -\frac{1}{4\pi}\int_S \left[E_{yS}\frac{\partial}{\partial n}\left(\frac{e^{-jkr}}{r}\right) - \frac{e^{-jkr}}{r}\frac{\partial E_{yS}}{\partial n}\right]dS \\
E_{zM} &= -\frac{1}{4\pi}\int_S \left[E_{zS}\frac{\partial}{\partial n}\left(\frac{e^{-jkr}}{r}\right) - \frac{e^{-jkr}}{r}\frac{\partial E_{zS}}{\partial n}\right]dS \\
H_{xM} &= -\frac{1}{4\pi}\int_S \left[H_{xS}\frac{\partial}{\partial n}\left(\frac{e^{-jkr}}{r}\right) - \frac{e^{-jkr}}{r}\frac{\partial H_{xS}}{\partial n}\right]dS \\
H_{yM} &= -\frac{1}{4\pi}\int_S \left[H_{yS}\frac{\partial}{\partial n}\left(\frac{e^{-jkr}}{r}\right) - \frac{e^{-jkr}}{r}\frac{\partial H_{yS}}{\partial n}\right]dS \\
H_{zM} &= -\frac{1}{4\pi}\int_S \left[H_{zS}\frac{\partial}{\partial n}\left(\frac{e^{-jar}}{r}\right) - \frac{e^{-jkr}}{r}\frac{\partial H_{zS}}{\partial n}\right]dS
\end{aligned}\right\} \tag{4-77}$$

实际问题中(如喇叭天线口径),曲面 S 上只有一部分有电磁场强,即 S 曲面是不闭合的。对开面 S,由电磁场边值条件可知,在其边界上场强的切线分量应该连续,故此边界将分布着线电荷或电流。此时在式(4-77)中应该添上曲面 S 边界的环积分。

对于 S 是平面的情形,且电磁波向口径投射的入射角很小(如喇叭天线),在远区 $r_{SM}\gg\lambda$,同时忽略 $\frac{1}{r_{SM}^2}$ 以上的高次项,可得

$$\vec{E}_M = \frac{j}{2\lambda}\int_S \vec{E}_S\left[1 + |\cos(\vec{n},\vec{r}_{SM})|\right]\frac{e^{-jkr_{SM}}}{r_{SM}}dS \tag{4-78}$$

式中, $\vec{E}_S$ 是天线口径上的电场矢量; r_{SM} 是 M 点至 S 任一点的距离。如果只从标量函数克希荷夫公式出发,对上述情况不考虑 S 边界的环积分,可得

$$E_M \approx \frac{j}{\lambda}\int_S E_S\cos(\vec{n},\vec{r}_{SM})\frac{e^{-jkr_{SM}}}{r_{SM}}dS \tag{4-79}$$

二式差别只是 $\dfrac{1+\cos(\vec{n},\vec{r}_{SM})}{2}$ 与 $\cos(\vec{n},\vec{r}_{SM})$ 之间的差。在天线主瓣范围内，$|\cos(\vec{n},\vec{r}_{SM})|\approx 1$，故二式的差别很少。实际上以上两个公式都是近似的，因没有考虑口径边缘的绕射。只有在口径波长比很大时才可应用。

4.3.2　平面口径上辐射场计算

当天线口径上的场为线性极化时，天线的辐射场可根据克希荷夫公式(4-78)来计算。设在口径内电场的方向沿 y 轴，磁场方向沿 x 轴，口径 S 位于 $xy-$ 平面内(图4-14)，这相当于 TEM 型波在平面上的入射。

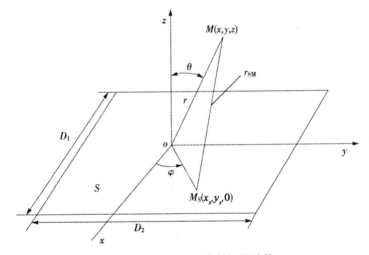

图 4-14　矩形口径绕射场的计算

以直角坐标 x,y,z 表示所要求的远区场点 M 的坐标，而在口径上取一点 M_S 的坐标为 (x_s,y_s)。因此，口径 S 上任意一点 M_S 与 M 点之间的距离为：

$$r_{SM}=\sqrt{(x-x_s)^2+(y-y_s)^2+z^2} \qquad (4-80)$$

若以球坐标 r,θ,φ 表示 M 点的坐标，θ 是直线 OM 与轴 z 之间的夹角，而 φ 是矢径 OM 在 xy 平面上的投影与 x 轴之间的夹角。则有

$$\left.\begin{aligned}x&=r\sin\theta\cos\varphi\\y&=r\sin\theta\sin\varphi\\z&=r\cos\theta\end{aligned}\right\} \qquad (4-81)$$

式中，r 为矢径 OM 的长度，$r=\sqrt{x^2+y^2+z^2}$。将式(4-81)代入式(4-80)，有

$$r_{SM} = \sqrt{(r\sin\theta\cos\varphi - x_s)^2 + (r\sin\theta\sin\varphi - y_s)^2 + r^2\cos^2\theta}$$

因为 $y_s \ll r$ 及 $x_s \ll r$，将上式按二项式定理展开后，只留头两项得：

$$r_{SM} \approx r - x_s\sin\theta\cos\varphi - y_s\sin\theta\sin\varphi \qquad (4-82)$$

又

$$\left| \cos(\vec{n}, \vec{r}_{SM}) \right| \approx \cos(\vec{n}, \vec{r}) = \cos(\vec{z}, \vec{r}) = \cos\theta \qquad (4-83)$$

设口径上的场分布为：

$$\vec{E}_S = A(x_s, y_s) e^{-j\psi(x_s, y_s)} \qquad (4-84)$$

式中，$A(x_s, y_s)$ 为口径场的振幅，$\psi(x, y)$ 为其相位。将这些代入式(4-78)得：

$$E_M \approx j\frac{e^{-jkr}}{\lambda r} \times \frac{1+\cos\theta}{2} \iint_S E_S(x_s, y_s) e^{jk(x_s\sin\theta\cos\varphi + y_s\sin\theta\sin\varphi)} \, \mathrm{d}x_s \mathrm{d}y_s$$

$$\approx j\frac{e^{-jkr}}{\lambda r} \times \frac{1+\cos\theta}{2} \iint_S A(x_s, y_s) e^{jk(x_s\sin\theta\cos\varphi + y_s\sin\theta\sin\varphi) - j\psi(x_s, y_s)} \, \mathrm{d}x_s \mathrm{d}y_s \qquad (4-85)$$

如图 4-14 所示，在 xz 平面(H-平面)上所有各点的坐标 $\varphi = 0$，而在 yz 平面(E-平面)上所有各点的坐标 $\varphi = \dfrac{\pi}{2}$。因此，由式(4-85)可给出两个主平面的辐射场：

$$\left. \begin{aligned} E_H &= j\frac{e^{-jkr}}{2\lambda r}(1+\cos\theta) \iint_S E_S e^{jkx_s\sin\theta} \, \mathrm{d}x_s \mathrm{d}y_s \\ E_E &= j\frac{e^{-jkr}}{2\lambda r}(1+\cos\theta) \iint_S E_S e^{jky_s\sin\theta} \, \mathrm{d}x_s \mathrm{d}y_s \end{aligned} \right\} \qquad (4-86)$$

根据在口径上不同的场分布 E_S，代入式(4-86)可以求得各种情况下的 E_H 和 E_E 值。

4.3.2.1　矩形口径上的同相场

设天线的口径为矩形，D_1, D_2 表示口径的尺寸(图 4-14)。现在我们来考虑在口径上各点的相位是同相的情况。

首先考虑口径上场为均匀分布，即 $E_E = A(x_S, y_S) e^{-j\psi(x_S, y_S)} = E_0$(常量) $= E_y$。在天线工程中，这样的情况是不会遇到的，它是理想的情形。然而，把实际中所遇到的情况与之相比，就可以用来评定实际天线的性能。由式(4-86)有

$$E_H = j\frac{e^{-jkr}}{2\lambda r}(1+\cos\theta)E_0 \int_{-\frac{D_2}{2}}^{\frac{D_2}{2}} \mathrm{d}y_s \int_{-\frac{D_1}{2}}^{\frac{D_1}{2}} e^{jkx_s\sin\theta} \, \mathrm{d}x_s$$

$$E_E = j\frac{e^{-jkr}}{2\lambda r}(1+\cos\theta)E_0 \int_{-\frac{D_1}{2}}^{\frac{D_1}{2}} \mathrm{d}x_s \int_{-\frac{D_2}{2}}^{\frac{D_2}{2}} e^{jky_s\sin\theta} \, \mathrm{d}y_s$$

令 $A = j \dfrac{e^{-jkr}}{2\lambda r}(1 + \cos\theta)E_0$，并将上二式积分后，可得：

$$
\left.\begin{aligned}
E_H &= AS\,\frac{\sin\psi_1}{\psi_1}\\[2mm]
E_E &= AS\,\frac{\sin\psi_2}{\psi_2}
\end{aligned}\right\}\tag{4-87}
$$

式中，$S = D_1 D_2$ 为矩形口径的面积，而

$$
\left.\begin{aligned}
\psi_1 &= \frac{kD_1}{2}\sin\theta\\[2mm]
\psi_2 &= \frac{kD_2}{2}\sin\theta
\end{aligned}\right\}\tag{4-88}
$$

因此，在两主平面上的方向图，即场强与 θ 的关系可写成：

$$
\left.\begin{aligned}
E_H &= \frac{1+\cos\theta}{2}\frac{\sin\left(\dfrac{kD_1}{2}\sin\theta\right)}{\dfrac{kD_1}{2}\sin\theta}\\[4mm]
E_E &= \frac{1+\cos\theta}{2}\frac{\sin\left(\dfrac{kD_2}{2}\sin\theta\right)}{\dfrac{kD_2}{2}\sin\theta}
\end{aligned}\right\}\tag{4-89}
$$

如果口径的尺寸 D_1, D_2 远大于波长 λ，则场的能量集中于 θ 较小的区域。故因子 $\dfrac{1+\cos\theta}{2}$ 的变化很小，可认为 $F(\theta) \approx \dfrac{\sin\psi}{\psi}$。在直角坐标系中，$F(\theta) \approx \dfrac{\sin\psi}{\psi}$，经归一化后的方向图如图 4-15 中的实线所示。从图 4-15 我们可求得方向图半功率点，即在场强 0.707 处的宽度 $2\theta_{H0}$ 和 $2\theta_{E0}$。在场强为 0.707 处，$\psi = 1.39$，即 $\psi_{10} = \dfrac{kD_1}{2}\sin\theta_{H0} = 1.39$，$\psi_{20} = \dfrac{kD_2}{2}\sin\theta_{E0} = 1.39$。

方向图主瓣的宽度为：

$$
\left.\begin{aligned}
2\theta_{H0} &\approx 2\sin\theta_{H0} = 0.89\,\frac{\lambda}{D_1}\\[2mm]
2\theta_{E0} &\approx 2\sin\theta_{E0} = 0.89\,\frac{\lambda}{D_2}
\end{aligned}\right\}\tag{4-90}
$$

由式(4-90)知道，E 和 H 平面内方向图主瓣的宽度是随着该平面内口径的尺寸增加而变小，亦即随着天线的口径的增大，方向图变得尖锐。

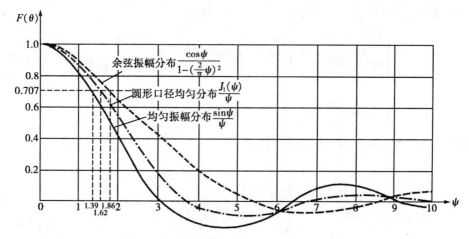

图 4-15　各种口径分布的归一化辐射方向图

现在我们来求矩形口径天线的方向系数 D_g。按定义,方向系数是天线在最大辐射方向上的功率与天线在各方向辐射功率的平均值之比:

$$D_g = \frac{P_{\max}}{P_{\text{aver}}} = \frac{\dfrac{|E|^2_{\max}}{120\pi}}{\dfrac{\displaystyle\int_S \dfrac{E_0^2}{120\pi}\mathrm{d}x_S\,\mathrm{d}y_S}{4\pi r^2}} \qquad (4-91)$$

从公式(4-87)可知,当 $\theta = 0$ 时,$|E|_{\max} = AS = \dfrac{E_0 S}{\lambda r}$。而总辐射功率 $\displaystyle\int_S \dfrac{E_0^2}{120\pi}\mathrm{d}x_s\,\mathrm{d}y_s = \dfrac{E_0^2 S}{120\pi}$。因此,方向系数等于:

$$D_g = \frac{E_0^2 S^2}{120\pi\lambda^2 r^2}\bigg/\frac{E_0^2 S}{4\pi\times120\pi r^2} = 4\pi\frac{S}{\lambda^2} \qquad (4-92)$$

对所有口径面天线的方向系数都可用类似于式(4-92)的公式来表示,有:

$$D_g = \nu\,4\pi\frac{S}{\lambda^2} \qquad (4-93)$$

或 $\nu = D_g\bigg/\dfrac{4\pi S}{\lambda^2}$。$\nu$ 称为天线口径的利用系数。在均匀照射情形,$E_S = E_0$(常量),口径利用系数为最大,此时 $\nu = 1$。

场的振幅沿 x 轴为余弦分布,即 $E_S = E_0\cos\dfrac{\pi x_s}{D_1}$。例如,$TE_{10}$ 型波的开口

矩形波导,口径场就是这种分布。由式(4-86)得:

$$
\left.\begin{aligned}
E_H &= A\int_{-\frac{D_2}{2}}^{\frac{D_2}{2}}\mathrm{d}y_S\int_{-\frac{D_1}{2}}^{\frac{D_1}{2}}\cos\frac{\pi x_S}{D_1}e^{jkx_S\sin\theta}\mathrm{d}x_S = \frac{2}{\pi}AS\,\frac{\cos\psi_1}{1-\left(\frac{2}{\pi}\psi_1\right)^2}\\
E_E &= A\int_{-\frac{D_1}{2}}^{\frac{D_1}{2}}\cos\frac{\pi x_S}{D_1}\mathrm{d}x_S\int_{-\frac{D_2}{2}}^{\frac{D_2}{2}}e^{jky_S\sin\theta}\mathrm{d}y_S = \frac{2}{\pi}A\,\frac{\sin\psi_2}{\psi_2}
\end{aligned}\right\}\quad(4-94)
$$

因此,两个主平面的归一化方向图为:

$$
\left.\begin{aligned}
F_H(\theta) &= \frac{1+\cos\theta}{2}\cdot\frac{\cos\left(\frac{kD_1}{2}\sin\theta\right)}{1-\left(\frac{2}{\pi}\cdot\frac{kD_1}{2}\sin\theta\right)^2}\\
F_E(\theta) &= \frac{1+\cos\theta}{2}\cdot\frac{\sin\left(\frac{kD_2}{2}\sin\theta\right)}{\frac{kD_2}{2}\sin\theta}
\end{aligned}\right\}\quad(4-95)
$$

将式(4-95)中第一式改写为

$$
F(\psi) = \frac{\cos\psi}{1-\left(\frac{2}{\pi}\psi\right)^2}
$$

图4-15中的虚线表示了余弦分布的归一化的方向图。在场强为0.707,即半功率点处:

$$
\psi_1 = \frac{kD_1}{2}\sin\theta_{H0} = 1.86
$$

故当场强为余弦分布时,H平面内方向图主瓣的宽度:

$$
2\theta_{H0}\approx 2\sin\theta_{H0} = 1.18\frac{\lambda}{D_1}\quad(4-96)
$$

从图4-15中的两个方向图对比可以看出:当口径上场强按余弦规律分布时,主瓣的宽度变大了,旁瓣电平降低了。

场的振幅按余弦规律分布时,在$\theta=0$方向,$|E|_{最大}=\frac{2}{\pi}\frac{E_0S}{\lambda r}$。而辐射的总功率:

$$
P = \iint_S\frac{E_0^2\cos^2\left(\frac{\pi x_S}{D_2}\right)}{120\pi}\mathrm{d}x_S\mathrm{d}y_S = \frac{1}{2}\frac{E_0^2S}{120\pi}
$$

用同样的计算方法可得:

$$D_g = \frac{4}{\pi^2} 2 \times 4\pi \frac{S}{\lambda^2} = 0.81 \frac{4\pi S}{\lambda^2} \qquad (4-97)$$

将式(4-97)与式(4-93)比较,可得天线口径的利用系数 $\nu = 0.81$。

4.3.2.2　圆口径上的同相场

图 4-16 表示圆形口径所采用的坐标系。此时用极坐标 ρ_S 和 φ_S 代替在矩形口径时所用的直角坐标系 x_S, y_S。与前节一样,我们亦可求得两个相互垂直的 H 平面和 E 平面内的方向图。将 $x_S = \rho_S \cos\varphi_S$, $y_S = \rho_S \sin\varphi_S$ 代入式(4-86)后得:

$$\left.\begin{array}{l} E_H = j \dfrac{e^{-jkr}}{2\lambda r}(1+\cos\theta)\iint_S E_S e^{jk\rho_S \cos\varphi_S \sin\theta}\rho_S \,\mathrm{d}\rho_S \,\mathrm{d}\varphi_S \\[3mm] E_E = j \dfrac{e^{-jkr}}{2\lambda r}(1+\cos\theta)\iint_S E_S e^{jk\rho_S \sin\varphi_S \sin\theta}\rho_S \,\mathrm{d}\rho_S \,\mathrm{d}\varphi_S \end{array}\right\} \qquad (4-98)$$

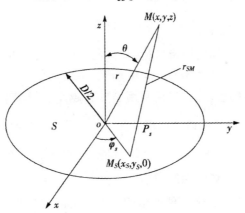

图 4-16　圆形口径的绕射

当口径场均匀分布时,设 $E_{yS} = E_0$(常量),而 $E_{xS} = 0$,于是式(4-98)的积分变为:

$$\left.\begin{array}{l} E_H = A\displaystyle\int_0^a \rho_S \mathrm{d}\rho_S \int_0^{2\pi} e^{jk\rho_S \cos\varphi_S \sin\theta}\mathrm{d}\varphi_S = A\int_0^a 2\pi J_0(k\rho_S \sin\theta)\rho_S \mathrm{d}\rho_S \\[3mm] \qquad = A\pi a^2 \dfrac{2J_1(\psi_3)}{\psi_3} = AS\dfrac{2J_1(\psi_3)}{\psi_3} \\[3mm] E_E = A\displaystyle\int_0^a \rho_S \mathrm{d}\rho_S \int_0^{2\pi} e^{ja\rho_S \sin\varphi_S \sin\theta}\mathrm{d}\varphi_S = AS\dfrac{2J_1(\psi_3)}{\psi_3} \end{array}\right\} \qquad (4-99)$$

式中, $a = \dfrac{D}{2}$,为口径的半径; $J_1(\psi)$ 为第一阶贝塞尔函数; S 为口径的面积;

$$\psi_3 = k\frac{D}{2}\sin\theta。$$

在两个主平面内方向图的形状是相同的,其归一化方向图具有下列形式:

$$
\left.
\begin{aligned}
F_H(\theta) &= (1+\cos\theta)\frac{2J_1(\psi_3)}{\psi_3}\\[2mm]
F_E(\theta) &= (1+\cos\theta)\frac{2J_1(\psi_3)}{\psi_3}
\end{aligned}
\right\}
\tag{4-100}
$$

图 4-15 中的点划线代表均匀同相圆口径方向图函数 $\dfrac{J_1(\psi)}{\psi}$,在 $\dfrac{J_1(\psi)}{\psi}$ 的方向图中,场强为 0.707(半功率点)处,$\psi = 1.62$,对应方向图主瓣宽度为:

$$2\theta_{H0} = 2\theta_{E0} \approx 1.04\frac{\lambda}{D} \tag{4-101}$$

按方向性系数的定义,与前面类似的方法推导可求得:

$$D_g = 4\pi\frac{S}{\lambda^2} \tag{4-102}$$

因此,对于均匀振幅分布的圆形口径,其口径利用系数 ν 亦等于 1。

综上所述,当口径上的场为同相激励时,最大辐射在口径平面的法线方向;口径上场分布的锥削度越大,口径利用系数就越小。等幅同相激励口径的口径利用系数为 1,实际情形的口径利用系数 ν 均小于 1。方向图主瓣的宽度与 $\dfrac{\lambda}{D}$ 成比例(λ 是工作波长,D 是该平面内天线口径的大小)。

4.3.2.3　平面口径上场的相位偏移

实际中,天线口径 S 上可能产生相位不均匀。这种相位的不均匀大致分两类情况:一类是由于天线本身应用的技术特性所要求,比如要求辐射波束偏离口径法线,或要求辐射波束在一角域内扫描,这都要求口径面场量的相位呈线性分布,又比如常利用反射面产生赋形波束,则要求口径面场量的相位按一特定的分布,使口径相位不均匀;另一类则是由于在制造天线工艺过程中,不可能满足理想的设计所引起的。例如抛物面或透镜天线口径上,由于辐射器不是理想的点源,即它所辐射的波不是一理想的球面波,可能在口面产生不均匀相位,也可能是辐射器没有恰好地置于抛物面的焦点位置,或者因为反射器不是一完全理想的抛物面等因素所导致。一般讲来,口径上相位随机偏差的不均匀分布,将使方向图的主瓣变宽和整个旁瓣的电平提高。这里仅对第二类的相位不均匀分布进行讨论。由于口径面内任何相位偏差,只要偏差相对于口径尺度是小量级的,都可用偏差对口径的幂级数展开,分别称为直线律、平方律和立方律等的相位偏移。对方向图综合影响的估计可以采用叠加原理进行,因此下面将分别按直线律、平方律和立方律的相位偏移来分析对方向图的影响。

(1) 直线律相位偏移

当平面波垂直入射到口径平面 S 时,在口径上的场是同相的。而当平面波沿着与 S 的法线成一定角度入射时,口径处场的相位按直线律变化,如图4-17所示。

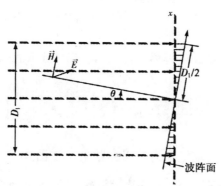

图 4-17　直线律相位偏移

设沿矩形口径的 x 轴(图4-17)的相位偏移是线性的,则口径场分布

$$E_S(x) = E_0 e^{-ja_1\left(\frac{2x_S}{D_1}\right)} \tag{4-103}$$

其中 a_1 是 $x_s = \dfrac{D_1}{2}$ 处的相移。将式(4-103)代入式(4-86)有:

$$E_H = j\frac{e^{-jkr}}{\lambda r}\frac{1+\cos\theta}{2}E_0\int_{-\frac{D_2}{2}}^{\frac{D_2}{2}}dy_S\int_{-\frac{D_1}{2}}^{\frac{D_1}{2}}e^{jkx_S\sin\theta - ja_1\frac{2x_S}{D_1}}dx_S \tag{4-104}$$

积分上式后,得:

$$E_H = AS\frac{\sin(\psi_1 - a_1)}{\psi_1 - a_1} \tag{4-105}$$

我们把式(4-105)与式(4-87)相比,可知当相位沿口径按直线律变化时,方向图的形状并不改变,只是整个方向图有了偏转。

最大辐射发生在 $\sin(\psi_1 - a_1) = 0$。方向图主瓣偏转的角:

$$\theta = \arcsin\frac{a_1\lambda}{\pi D_1} \tag{4-106}$$

a_1 愈大,偏转的角度亦愈大。直线律相位偏移可以产生方向图的偏转,这个特性已经被广泛地应用于雷达的扫描天线中。

（2）平方律相位偏移

当球面波或柱面波入射到口径上时,在口径平面处会形成平方律的相位偏移。当对称抛物面天线的辐射器沿轴离开焦点时,抛物面口径场会产生平方律的相位偏移。由于喇叭内场有柱面波或球面波特性,在喇叭天线口径上也会发生同样的现象。

设沿矩形口径 x 轴的相位偏移为平方分布,则口径场分布:

$$E_S(x) = E_0 e^{-ja_2\left(\frac{2x_S}{D_1}\right)^2} \qquad (4-107)$$

其中 α_2 是 $x_S = \dfrac{D_1}{2}$ 处的相位偏移。将式(4-107)代入式(4-86)可得:

$$E_H = j\frac{e^{-jkr}}{\lambda r}\frac{1+\cos\theta}{2}E_0 \int_{-\frac{D_2}{2}}^{\frac{D_2}{2}} dy_S \int_{-\frac{D_1}{2}}^{\frac{D_1}{2}} e^{jkx_S\sin\theta - ja_2\left(\frac{2x_S}{D_1}\right)^2} dx_S \qquad (4-108)$$

式(4-108)的积分是比较复杂的。积分结果示于图 4-18 中。从图 4-18 可知,在口径上场有平方律相位偏移时,当 $\psi_{最大} < \dfrac{\pi}{8}$,方向图主瓣的形状基本不变,只是主瓣略有变宽。当最大偏移的相位 $\psi_{最大}$ 为 $\dfrac{\pi}{2}$ 时,主瓣与旁瓣混在一起,合并而形成一个更宽的波束。若 $\psi_{最大}$ 增加至 2π 时,则在主辐射方向增益骤降,波瓣出现分裂。一般在天线设计中,为保证主辐射方向的增益,不希望口径上的平方律相位偏移大于 $\dfrac{\pi}{8}$。

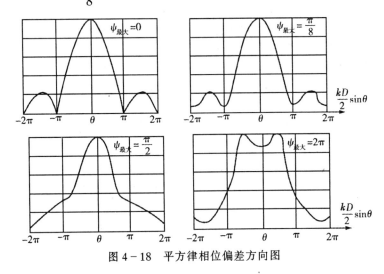

图 4-18   平方律相位偏差方向图

（3）立方律相位偏移

假设在口径上场的相位偏移是遵守立方律的,则口径场分布:

$$E_S(x) = E_0 e^{-j\alpha_3 \left(\frac{2x_S}{D_1}\right)^3}$$

式中, α_3 是 $x_S = \dfrac{D_1}{2}$ 时的最大相位偏移。具有三次方相位偏移的方向图的计算更为复杂,它是一个不对称的相位差。分析指出,它除了使方向图的主瓣产生偏转外,还产生有与主瓣不对称的旁瓣,靠近主瓣偏转一侧的旁瓣变得比另一半的大,见图 4－19。这种相位差的存在是极为有害的,不仅使天线增益下降,对于雷达天线,它极易混淆我们看到的目标。立方项的相位差也称为彗形(coma) 相差。

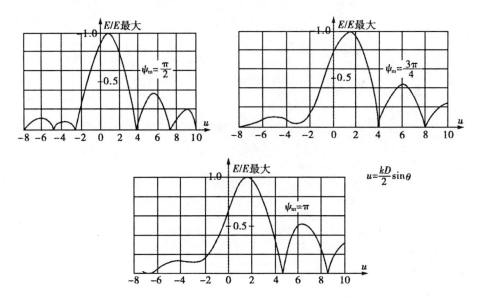

图 4－19　立方律相位偏差方向图

上面对口径面相位分布的分析是普遍的。因为口径面上任意相位的分布可以按幂级数展开,展开式的头几项就是我们上述所讨论的情况。按照叠加原理可以分析更为复杂的口径相位分布的影响并进行相应的控制。

参 考 文 献

1 Thomas A Millgan. Modern Antenna Design. Mcgraw-Hill Book Company

2 林昌禄. 天线工程手册. 电子工业出版社,2002

3 A. C. Ludwing. The Definition of cross polavrigation, IEEE Trans. Vol. Ap − 21 PP. 116 − 119

4 富拉金. 特高频天线. 陈秉钧,肖笃墀译. 国防工业出版社,1962

第5章　反射面天线及馈源

在超高频、微波乃至毫米波波段都广泛应用了一种与聚光灯类似的天线。它是由一次馈源和一个或多个反射面构成,通称反射面天线。反射面天线是各种应用卫星上使用最多的一种天线形式,可作为通信卫星天线,形成赋形区域波束、点波束、多波束及扫描波束;也是航天微波遥感中高度计、散射计和微波辐射计最常用的天线形式。对于不同的应用要求反射面天线形式可以是各种各样的,其性能指标也各有侧重。反射面作用是把一次源的波束转换成给定形状的波束。最常用的是把一次馈源的宽波束转换成在某个方向的窄波束,这就是人们常说的抛物反射面。本章以航天应用为背景,主要以对称抛物面(单反、双反)、偏置抛物面和一次馈源为主线讲述其基本特性和设计,为实用型航天反射面设计打下基础。

5.1　主焦抛物反射面天线

5.1.1　基本几何特性

首先把坐标系与抛物面联系起来,如图 5-1。抛物面的顶点为坐标系的原点,抛物面的对称轴与 z 轴重合,反射面的焦点为 F,焦距为 f,一次馈源置于焦点上。直角坐标系下的对称抛物面方程为:

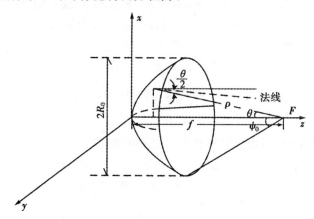

图 5-1　对称抛物面天线几何

$$x^2 + y^2 = 4fz \qquad (5-1)$$

极坐标系中,反射面方程为:

$$\rho = \frac{2f}{1 + \cos\theta} = f\sec^2\frac{\theta}{2} \qquad (5-2)$$

ρ 是焦点到抛物面上任一点的距离,θ 是极角,它是矢径 $\vec{\rho}$ 与轴的夹角,抛物面口径为 $2a = 2R_0$,口径张角为 $2\psi_0$,有

$$\sin\psi_0 = \frac{R_0/f}{1 + (R_0^2/4f^2)} = \frac{4R_0 f}{4f^2 + R_0^2} \qquad (5-3)$$

$$\tan\psi_0 = \frac{4R_0 f}{4f^2 - R_0^2} \qquad (5-4)$$

5.1.2 基本辐射特性

对称、主焦抛物面是最常用的一种反射面形式。它可获得中和高增益、笔形波束辐射。它的设计、分析和制造相对简单、直接。近电轴区的辐射特性用物理光学表面电流和口径场公式的结果基本上是完全一样的。物理光学口径辐射积分可写成

$$\vec{E}(\vec{r}) = -j\frac{\eta}{2\lambda}\frac{e^{-jkR}}{R}(\hat{I} - \hat{R}\hat{R}) \cdot \int_0^a\int_0^{2\pi} \vec{J}(\vec{r}')J_\Sigma e^{jk\hat{R}\cdot\vec{r}'} r'dr'd\varphi' \qquad (5-5)$$

式中,$\hat{I}$ 是单位并矢,$\hat{R}\hat{R}$ 是并矢,$\vec{J}(\vec{r}')$ 为反射面上感应电流。J_Σ 是被积曲面的 Jacobi 变换,根据抛物面方程可求出

$$J_\Sigma = |\hat{n} \cdot \hat{z}|^{-1} \qquad (5-6)$$

观察点矢径的单位向量

$$\hat{R} = \sin\theta\cos\varphi\hat{x} + \sin\theta\sin\varphi\hat{y} + \cos\theta\hat{z} = u\hat{x} + v\hat{y} + w\hat{z}$$

$$u = \sin\theta\cos\varphi, \quad v = \sin\theta\sin\varphi, \quad w = \cos\theta$$

如果以口径面积分表示。设口径面场源坐标为 (r', φ'),有

$$x' = r'\cos\varphi', \quad y' = r'\sin\varphi' \qquad (5-7)$$

$$\hat{n} = -\sin\frac{\theta}{2}\cos\varphi\hat{x} - \sin\frac{\theta}{2}\sin\varphi\hat{y} + \cos\frac{\theta}{2}\hat{z}$$

$$\hat{R}\cdot\vec{r}' = \sin\theta\cos(\varphi-\varphi')r'$$

从馈源到反射面,再由反射面到投影口径的相位

$$\Delta\varphi = k\rho + k\rho\cos\theta = k\rho(1 + \cos\theta) = 2kf \qquad (5-8)$$

投影口径平面定义为过焦点与轴垂直的平面。馈源投射场

$$\vec{E}_i = \frac{e^{-jk\rho}}{\rho}(A_\theta(\theta,\varphi)\hat{\theta} + A_\varphi(\theta,\varphi)\hat{\varphi}) \qquad (5-9)$$

反射场

$$\vec{E}_r = 2(\hat{n} \cdot \vec{E}_i)\hat{n} - \vec{E}_i \tag{5-10}$$

令变数 $r' = as$，这时 s 变化范围为 $0 \sim 1$。对应的口径面辐射积分可简化成

$$\vec{I} = \int_0^1 \int_0^{2\pi} \vec{E}_{as} e^{jkas\sin\theta\cos(\varphi-\varphi')} s\,ds\,d\varphi' \tag{5-11}$$

式中，$\vec{J}_s = 2\hat{n} \times \vec{H}_i = 2 \times \hat{n} \times \hat{P} \times \dfrac{\vec{E}_i}{\eta}$，$\vec{E}_{as} = \vec{J}_s \cdot J_{\Sigma}$。方程右边积分式中 $\vec{E}_{as}$ 是有

效口径分布函数，它由表面电流 $\vec{J}_s$、表面 Jacobi 变换式组成，仅以源坐标 (s, φ') 为变数的因子。积分式中指数项是包含远场坐标 (θ, φ) 的 Fourier 变换核函数。当辐射积分的口径面相对波长来讲很大时，而且主要考虑的是主辐射瓣邻近区域，积分式 $(5-11)$ 是足够准确的。

假设主焦抛物面的口径场分布为

$$\begin{aligned}
\vec{E}_{as} &= E_0 \vec{a}_x \left\{ B + (1-B)\left[1 - \left(\frac{\rho}{a}\right)^2\right]^p \right\} \\
\vec{H}_{as} &= H_0 \vec{a}_y \left\{ B + (1-B)\left[1 - \left(\frac{\rho}{a}\right)^2\right]^p \right\}
\end{aligned} \tag{5-12}$$

式中，a 为圆口径的半径，ρ 为口径面径向坐标，$s = \rho/a$，B 是以中心归一的边缘电平。

把口径场分布函数式 $(5-12)$ 代入，积分式 $(5-11)$ 可写成一般形式

$$I_p = \int_0^1 \int_0^{2\pi} (s^2 - 1)^p e^{jAs\cos\varphi} s\,ds\,d\varphi \tag{5-13}$$

式中，$A = ka\sin\theta$，首先对 φ 积分得

$$I_p = 2\pi \int_0^1 (s^2 - 1)^p J_0(As) s\,ds \tag{5-14}$$

$J_0(As)$ 是第一类零阶 Bessel 函数，$p = 0, 1, 2, 3 \cdots$。利用分部积分计算式 $(5-14)$，可推导出任意 p 的积分

$$I_p = 2\pi(-1)^p 2^p p! \, \frac{J_{p+1}(A)}{A^{p+1}} \tag{5-15}$$

J_{p+1} 是 $p+1$ 阶 Bessel 函数。因此，口径分布为 $(5-12)$ 第一式，抛物面天线归一化辐射场

$$f(\theta) = B J_1(ka\sin\theta)/ka\sin\theta + \left[\frac{1-B}{2(p+1)} 2^{p+1}(p+1)! \, J_{p+1}(ka\sin\theta)/(ka\sin\theta)^{p+1}\right] \tag{5-16}$$

$p = 0$ 为均匀圆口径,其归一化辐射场变为 Airy 函数,有 $\dfrac{J_1(ka\sin\theta)}{ka\sin\theta}$ 的形式。第一边瓣为 -17.57dB。

5.1.3　波束偏离因子(BDF)

抛物面天线馈源偏焦引起笔形波束向反射面轴对侧偏离(扫描)。利用馈源偏焦实现二次波束的偏斜。只要馈源偏焦控制在小范围内,除波束偏离外,对其他辐射特性不会产生明显改变。这在实际中得到了广泛应用。波束扫描角与馈源偏角之比定义为波束偏离因子(BDF)。按图 5-2 所示,设馈源横偏 ε_x,这时辐射积分可写为

$$E(\theta,\phi) = \int_0^{2\pi}\int_0^{D/2} F_0(r,\varphi')e^{-jk[r\sin\theta\cos(\varphi-\varphi')-\varepsilon_x\sin\theta'\cos\varphi']}r\mathrm{d}r\mathrm{d}\varphi' \quad (5-17)$$

式中,$r = \rho\sin\theta'$。假如口径面分布圆对称,上式可简化为

$$E(\theta,\phi) = \int_0^{D/2} F(r)J_0(krA)r\mathrm{d}r \quad (5-18)$$

式中,

$$A^2 = u^2 - \frac{2u_s u\cos\varphi}{M(r)} + \frac{u_s^2}{M^2(r)} \quad (5-19)$$

设偏焦发生在 $\varphi = 0°$ 的平面内,再加上小偏焦近似,此时

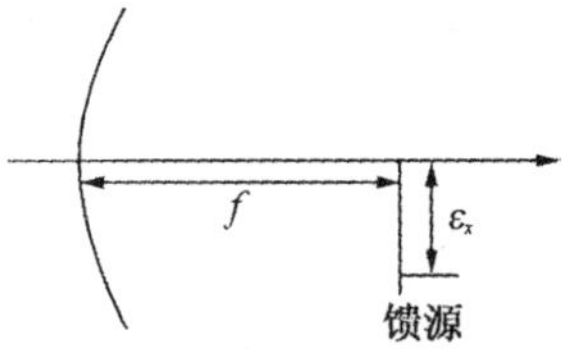

图 5-2　馈源偏焦的图示

$$A = u - \frac{u_s}{M(r)}$$

$$u = \sin\theta$$

$$u_s = \frac{\varepsilon_x}{f} = \tan\theta_s \approx \theta_s$$

$$u_m = \sin\theta_m \approx \theta_m \quad (5-20)$$

$$M(r) = 1 + \left(\frac{r}{2f}\right)^2$$

则 BDF 可表示为

$$\mathrm{BDF} = \frac{u_m}{u_s} \approx \frac{\theta_m}{\theta_s} = \frac{\displaystyle\int_0^{D/2} \frac{F(r)r^3}{M(r)}\mathrm{d}r}{\displaystyle\int_0^{D/2} F(r)r^3\mathrm{d}r} \quad (5-21)$$

式中,$F(r)$ 是口径分布函数。

当口径分布 $F(r)$ 分别为 1.0,$\left[1-\left(\dfrac{r}{a}\right)^2\right]^2$ 和 $0.3+0.7(1-(\dfrac{r}{a})^2)$ 时,对

这三种情况按式(5−21)计算的波束偏离因子(BDF)示于图5−3。反射面常用的 BDF 值多在 0.7～0.95 之间。为了估计扫描损失,利用式(5−18)的口径辐射积分公式,令 $\phi=0$,可得到各种扫描角下的增益。该增益与非偏轴波束增益之比称为扫描增益损失,其扫描增益损失如图5−4。

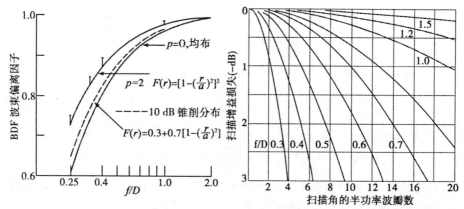

图 5−3　波束偏离因子与(f/D)之关系　　图 5−4　波束扫描的增益损失(馈源横偏)

　　馈源横向偏焦使二次方向图最大指向发生偏离,可得出以下几点规律:增益随波束扫描角增大而下降(扫描损失);波瓣随扫描角增大而变宽;波束扫描角和馈源横偏之间有一个不大于 1 的比例因子,叫波束偏离因子,常记为 BDF;波束偏离使偏离侧的边瓣电平抬高(Coma 瓣),改变符号的第一边瓣常包容于主瓣之中,引起波瓣不对称展宽。而在波束偏离对侧边瓣电平有所降低,扫描过程中随着馈源横偏的增加,泄漏损失也会增加。

　　如果为多馈源(喇叭阵),原则上可以用馈源激励幅度和相位补偿的方法来缓减大角度偏离带来的问题。如果要高精度估计扫描特性或估计大扫描角的辐射特性时,需采用物理光学表面积分处理。

5.1.4　口径遮挡

　　反射面前置物体会引起辐射特性变坏,这些物体大致可分为两类:一类是放在口面中心的如副反射面或馈源喇叭等;另一类是长而细的圆柱结构作为馈源或副面的支撑。下面将介绍这两种影响。

5.1.4.1　聚焦抛物面中心遮挡

　　对一均匀照射、无遮挡抛物面近轴区,y 极化辐射场可写为

$$E_{\varphi} \approx jkE_0 \cos\varphi \frac{e^{-jkR}}{R} e^{-j2kf} \int_0^{D/2} J_0(kr\sin\theta)r\,\mathrm{d}r \qquad (5-22)$$

假设轴对称抛物面的中心区有一个直径为 d 的圆面为遮挡区，按几何光学原理，由于它的遮挡，它对辐射场没有贡献，这时上式改写成

$$E_\varphi \approx jkE_0\cos\varphi \frac{e^{-jkR}}{R}e^{-j2kf}\int_{d/2}^{D/2}J_0(kr\sin\theta)r\,\mathrm{d}r \qquad (5-23)$$

所以

$$E_\varphi \approx jkE_0\cos\varphi \frac{e^{-jkR}}{R}e^{-j2kf}\left(\frac{D}{2}\right)^2\left[\frac{J_1(u)}{u}-\beta^2\frac{J_1(\beta u)}{\beta u}\right] \qquad (5-24)$$

式中，$\beta = d/D$，$u = \pi(D/\lambda)\sin\theta$。同理对 x 极化的 θ 分量场有

$$E_\theta \approx jkE_0\sin\varphi \frac{e^{-jkR}}{R}e^{-j2kf}\left(\frac{D}{2}\right)^2\left[\frac{J_1(u)}{u}-\beta^2\frac{J_1(\beta u)}{\beta u}\right] \qquad (5-25)$$

轴向增益损失

$$L(\mathrm{dB}) = -20\lg(1-\beta^2)\approx 8.7\beta^2 = 8.7\left(\frac{d}{D}\right)^2, \qquad \left(\frac{d}{D}\right)\ll 1 \qquad (5-26)$$

式(5-24)和(5-25)表示了口径遮挡的辐射场，可解释为未遮挡口径辐射场与小遮挡口径辐射场的反相叠加的结果。

对非均匀口径分布，电轴方向因遮挡造成的增益损失可近似写成

$$L(\mathrm{dB}) = -20\lg\left|1-\frac{\displaystyle\int_0^{2\pi}\int_0^{\beta}F(t,\phi')t\,\mathrm{d}t\,\mathrm{d}\phi'}{\displaystyle\int_0^{2\pi}\int_0^{1}F(t,\phi')t\,\mathrm{d}t\,\mathrm{d}\phi'}\right| \qquad (5-27)$$

式中，t 为归一化的径向口径坐标，ϕ' 是口径方位向坐标，$F(t,\phi')$ 是口径场分部函数。一般可写成

$$L(\mathrm{dB}) = -20\lg(1-\alpha\beta^2)\approx 8.7\alpha\beta^2$$

参数 α 的典型取值为 2。焦距为 f 的主焦抛物面，$\alpha\approx\frac{G_0}{32}\left(\frac{f}{D}\right)^2$，式中 G_0 是馈源增益。

5.1.4.2　桁架遮挡

对称抛物面的辐射口径前面有支持馈源（或馈源与副面）的支架，它们多为长而细的桁架结构，会产生遮挡。比较早的分析是把桁架遮挡影响按照零场假设来分析的，即反射面或口径上遮挡部分的电流场假设是没有辐射的。零场分析结果已经十分接近测量值了。但这个假设是隐含桁架的宽度远大于波长，而观察角不远离电轴。此法并未考虑桁架的厚度（横截面）和倾斜，因此它不能区分不同频率和不同极化的影响差异，而且实际中桁架宽度常常与波长是同量级的。目前比较精确的近似是采用感应场比 IFR（Induced Field Ratio）的假设分析。

5.1.5　随机表面误差的影响分析

反射面轮廓与理想抛物面的随机偏差将引起辐射方向图畸变。使天线口径效率降低、零点填起、边瓣包罗抬升。目前对抛物表面随机表面误差的影响分析多采用 Ruze 公式。在此按 Ruze 分析思路介绍表面随机误差对辐射性能影响。

5.1.5.1　分析形面偏差的 Ruze 统计模型

Ruze 分析反射面形面偏差的设计模型是假设:反射面上任意点的随机相位误差的均值为零、均方根误差为高斯分布。邻近点相位误差是相关的,相关度随间距的增加而减少,且按 $exp-(|\overline{r}-\overline{r}'|^2/c^2)$ 规律变化,c 为相关半径。相关半径在口径上为常数,相关半径远小于口径直径,而且在相关半径距离上的口径照射函数为常数。

表面均方根误差(RMS):

$$\varepsilon^2 = \frac{\int_0^{2\pi}\int_0^{D/2} |E(r,\varphi')| \delta_0^2(r,\varphi') r \mathrm{d}r\mathrm{d}\varphi'}{\int_0^{2\pi}\int_0^{D/2} |E(r,\varphi')| r \mathrm{d}r\mathrm{d}\varphi'} \tag{5-28}$$

式中,δ_0 为表面半光程差,在此令半光程差的均值为零。

在上述假设下, 反射面表面随机相位误差:

$$\delta \approx 2\left(\frac{2\pi\varepsilon}{\lambda}\right)(弧度) \tag{5-29}$$

式中,系数 2 表示反射面入射和出射两次光程。对大型结构来说,如果测量抛物反射面表面轴向、法向位置偏差分别为 $\triangle z_i$,$\triangle n_i$,测量点数为 N。对应的半光程差

$$\delta_{0\,i} = \frac{\triangle n_i}{\sqrt{1+(\frac{r}{2f})^2}} = \frac{\triangle z_i}{1+(\frac{r}{2f})^2} \tag{5-30}$$

式中,r 是口径径向距离,表面 RMS 与它们有以下关系:

$$\varepsilon = \sqrt{\frac{\sum_{i=1}^{N} |E_i(r_i,\varphi_i)| \delta_{0i}^2}{\sum_{i=1}^{N} |E_i(r_1,\varphi_i)|}} \tag{5-31}$$

如果口径照射函数为常数时(设表面偏差的均值为零时)

$$\varepsilon = \sqrt{\frac{\sum_{i=1}^{N} \delta_{0i}^2}{N}} \tag{5-32}$$

5.1.5.2 形面偏差引起的增益变化

由上述假设得到的增益函数：

$$G(\theta,\varphi) = G_0(\theta,\varphi)e^{-\delta^2} + \left(\frac{2\pi c}{\lambda}\right)^2 e^{-\delta^2}\sum_{n=1}^{\infty}\frac{(\delta^2)^n}{n!n}e^{-\frac{1}{n}\left(\frac{nc\sin\theta}{\lambda}\right)^2} \quad (5-33)$$

式中，G_0 为无误差的增益函数，(θ,φ) 是球坐标的二极角。在电轴方向的增益减少可写为

$$G(0,0) = \eta\left(\frac{\pi D}{\lambda}\right)^2 e^{-\delta^2}\left[1 + \frac{1}{\eta}\left(\frac{2c}{D}\right)^2\sum_{n=1}^{\infty}\frac{(\delta^2)^n}{n!n}\right] \quad (5-34)$$

式中，η 为口径效率，当相关半径很小且 RMS 也很小时，上式的第二项可忽略不计，因此得到最常应用的公式

$$G(0,0) = \eta\left(\frac{\pi D}{\lambda}\right)^2 e^{-\left(\frac{4\pi\epsilon}{\lambda}\right)^2} \quad (5-35)$$

式(5-35)表明轴向增益按形面公差的指数因子变化，假设形面公差按正态分布，其形面公差引起的增益损失可写为

$$L_G = \frac{G(0,0)}{G_0(0,0)} = e^{-\left(\frac{4\pi\epsilon}{\lambda}\right)^2} \approx -684\left(\frac{\epsilon}{\lambda}\right)^2(\text{dB}) \quad (5-36)$$

当最高工作频率 $\lambda_{\min} = 4\pi\epsilon$ 时，增益损失比无公差增益低 4.3dB，此时轴向增益为

$$G_{\max} \approx \frac{\eta}{43}\left(\frac{D}{\epsilon}\right)^2 \quad (5-37)$$

Ruze 公式也适用于接收天线的焦平面，可用来计算由于表面公差或传输途径(比如，大气不均匀性)引起的焦面点波束特性。Ruze 公式可改写为

$$G(\theta,\varphi) = G_0(\theta,\varphi)e^{-\delta^2} + \left(\frac{\pi D}{\lambda}\right)^2 e^{-\delta^2}\left(\frac{2c}{D}\right)^2 f(\delta, c\sin\theta)$$

$$\hspace{8cm}(5-38)$$

$$f(\delta, c\sin\theta) = \sum_{n=1}^{\infty}\frac{(\delta^2)^n}{n!n}e^{-\frac{1}{n}\left(\frac{nc\sin\theta}{\lambda}\right)^2}$$

上式的第二项为漫射项(diffuse term)因子。由于形面公差会使方向图发生畸变，轴向增益下降、零点填起、零深抬高、边瓣电平也有所抬高。

5.2 对称双反射面天线系统

5.2.1 对称双反射面天线的优缺点

对称双反射面天线是指由对称的反射面(含主、副面)和一个馈源组成的系

统。这类天线的主反射面都是抛物面。副面一般来说有两种:一种是双曲反射面,一种是椭球面。前者为卡塞格林双反系统,后者为格里高利双反系统。副面有两个焦点:一个焦点与主面的焦点重合,另一个焦点与馈源辐射相心重合。

这里以卡式天线系统为例,其几何结构如图 5-5 所示。馈源置于抛物面顶点附近,于副面的远焦点上。双曲副面与主抛物面共焦点。平面波场投射到抛物面上,被抛物面反射后汇聚到焦点上再经双曲面反射到达馈源。接收馈源正在双曲反射面的第二个焦点上。卫星通讯的发展使卡式天线系统的应用更加广泛。卡式天线常作为卫星地面接收天线,它有下列优点:馈源安装在主面顶点,消除了主焦抛物面长的馈线,可降低其 RF 损耗;一次馈源设计比主焦抛物面馈源设计有更多的自由度和灵活性;通过对副面的赋形可对口径照射幅度和相位进行控制;可有较大的焦径比 $\left(\dfrac{f_m}{D}\right)$。其缺点是:有遮挡,特别是小口径情况 $(D/\lambda < 100)$;近主瓣区有较高的边瓣;馈源有较大的物理尺寸。

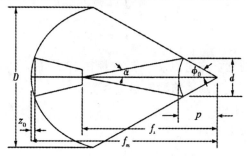

图 5-5　对称双镜天线之几何

5.2.2　卡氏天线的几何及设计

如图 5-5 中, D 为主抛物面直径; f_m 是主抛物面焦距; ϕ_0 是抛物面半张角; d 是双曲副面直径; f_s 是双曲副面的焦距; α 是双曲副面的半张角; p 为双曲面顶点距焦点之距离。由此引出放大系数 M,偏心率 e。

反射面口径直径 D 一般由所要求的辐射瓣宽和增益确定,是反射面设计的重要参数。此外,焦径比 f_m/D 也是一个十分重要的参数,它确定了整体天馈系统的几何尺寸。焦径比 f_m/D 选择需要考虑以下因素:涉及馈源整体纵向尺寸;交叉极化场分量与 $(f_m/D)^2$ 成反比,因此要降低交叉极化电平,焦径比 f_m/D 应尽量选大些;焦径比 f_m/D 的选择必须考虑结构因素。焦径比 f_m/D 过大,副面支撑结构要加长,易造成结构上的困难;尽可能让副镜在馈源的远区辐射场内;副面直径对天线旁瓣特别是近旁瓣影响明显。对大的卡式天线副面直径一般为主面的 10%,大约 10λ。当 D、f_m/D 和 f_s 给定后,卡式天线的其他参数可由下列式子确定。

(1)副镜边缘对主镜焦点的半张角

$$\phi_0 = 2\arctan \frac{1}{4(f_m/D)} \qquad (5-39\text{a})$$

(2)副镜边缘对喇叭相心的半张角

$$\alpha = \tan^{-1}\left(\frac{d/2}{f_s - p}\right) \qquad (5-39\text{b})$$

式中,d 是副面的直径。

(3)副镜漏失率

$$\eta_s = 1 - \frac{\int_0^\alpha F^2(\theta)\sin\theta\,\mathrm{d}\theta}{\int_0^\pi F^2(\theta)\sin\theta\,\mathrm{d}\theta} \qquad (5-39\text{c})$$

式中,$F(\theta)$ 为馈源的远场方向图,α 一般选择在 $20°$ 左右。如果对副镜边缘照射锥控制在 -15dB 左右,则副镜的漏失率 $\eta_s \approx 5\%$。

(4)副镜几何的确定

卡式系统放大系数

$$M = \frac{D}{4f_m}\cot\frac{\alpha}{2} \qquad (5-39\text{d})$$

双曲副面偏心率

$$e = \frac{M+1}{M-1} \qquad (5-39\text{e})$$

双曲面二焦点的距离

$$f_s = \frac{d}{2}\left(\frac{1}{\tan\phi_0} + \frac{1}{\tan\alpha}\right) \qquad (5-39\text{f})$$

双曲副面顶点到主焦抛物面的焦点的距离

$$p = \frac{f_s}{2}\left(\frac{e-1}{e}\right) \qquad (5-39\text{g})$$

(5)副镜远区照射的验证

副镜顶点到喇叭口面中心的距离

$$r_0 = f_s - p \tag{5-40}$$

一般要求副面在喇叭照射场的远区,因此需要满足

$$\frac{r_0 \lambda}{8 a_h^2} \geqslant 1$$

在无特殊要求的情况下可酌情放宽到 $\dfrac{r_0 \lambda}{4 a_h^2} \geqslant 1$。式中 a_h 是喇叭口的半径。

(6)遮挡条件的验证

这类天线最常用的是波纹喇叭,因为它具有圆对称的辐射方向图、低交叉极化、比较固定的辐射中心和较宽工作频段等优点。在此就以波纹喇叭为例说明。喇叭遮挡尺寸 $a'_h = a_h + h + \sigma_1 + \sigma_2$ 其中 h, σ_1, σ_2 分别是波纹喇叭的槽深、壁厚和口面密封层附加厚度。波纹喇叭遮挡角

$$\psi_1 = \tan^{-1}(a'_h / r_0)$$

副镜遮挡,首先计算副镜占据的抛物面轴距 $z_0 = \dfrac{d^2}{16 f_m}$,副镜形成的遮挡角

$$\psi_2 = \tan^{-1}\left(\frac{d/2}{f_m - p - z_0}\right)$$

一般喇叭的遮挡角应不大于副面的遮挡角,即 $\psi_1 \leqslant \psi_2$,如果这个条件没有达到,则需要重新调整设计使之满足。

由上可见,卡式天线系统的几何参数的选择已简化成一组代数式的计算。但这种方法有时导致馈源设计的困难以及馈源、馈源支架及副面实现上有些困难。在此设计中重要的因素是副面尺寸和馈源位置。下面将讲述如何更好地选择这些参数。$d/D < 0.1$ 或遮挡面积不超过 1% 时,按经验,遮挡损失一般小于 0.1dB。当 d/D 超过 0.1 时,遮挡损失会迅速增加;如果副面直径波长比变得太小(比如 $d/D < 10$),穿过主、副反射面的泄漏损失变得很大,这时可考虑采用主焦馈源,但对长线损耗增加的噪声必须计入增益的损耗中;当主反射面的口径不是很大时,即便是最小遮挡,副面遮挡损失也可变得较大;天线直径波长比较大时,副面遮挡、绕射或泄漏损失通常都较小,最后设计由馈源的设计来控制;在最终选择副面直径之前,最好先测量馈源方向图使天线效率达到最佳。这才是最好的设计。

馈源位置、副面口径和卡式天线几何的关系有式(5-39f)。在这些参数选择中还需考虑:馈源位置的限定包括馈源支撑圆锥的长度或重量、反射面顶点前的可用空间、馈源口径和电路可用的横向空间;要求较小的瓣宽,即较大的馈源口径;要维持适当的喇叭口面相差,喇叭的长度就要增加,这使喇叭制造更加困

难,成本会增加。如果馈源设计中恰当地选择馈源位置可避免这一问题的发生。馈源设计和位置的选择要达到最佳设计有一个多次迭代的过程。在选择馈源位置和最佳副面直径之前,要仔细设计馈源。一旦这些参数确定后,就可按照上述流程确定卡式天线的各种几何参数。

5.2.3 等效抛物面概念

等效抛物面概念有时对卡式天线的分析是很有用的。等效抛物面概念是指用一个新的主焦抛物面代替主面和副面。该抛物面的口径与原有的主抛物面口径相同,只是焦距为原主抛物面焦距的 M 倍,有 $f_B = M \times f_m$,而馈源具有相同的照射,见图 5-6。

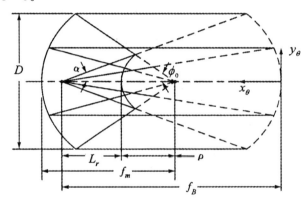

图 5-6 卡式等效抛物面示图

$$M = \frac{D}{4f_m} \cot \frac{\alpha}{2} \qquad (5-41)$$

式中,α 为馈源对副面的半张角,D 是原主抛物面的口径,f_m 是原主抛物面的焦距。

还有一种与卡氏双反射面类似的天线叫格里高利天线。格里高利双反的分析设计与卡氏类同,格里高利双反比卡塞格林双反更易使投射波在副面达到远场条件。如果其他条件相同,格里高利双反天线的纵向尺度要比卡塞格林双反大。这对馈源及副面支撑以及整个天线的结构刚度、强度设计需更多地注意。这两种对称天线,除副面及馈源的遮挡效应外,由于部分反射能量进入馈源造成馈源匹配特性变坏。如果这种影响不可接受的话,多采用偏置双反结构,或其他天线形式。

5.3　反射面天线的效率分析

在反射面天线设计中一个主要考虑的问题是对给定的反射面和馈源系统可以得到的天线增益是多少？和我们在第 4 章天线基本特性中讲到的那样,把天线增益当成是方向性系数与效率之积。在此我们把影响天线增益的一些因素考虑成效率因子,把这些效率因子与理论上的最大方向性系数相乘就得到了实际的增益。这种处理方法有一个好处是使设计者比较明确地知道哪些因素对增益限制起重要作用,设计者就可对那些起重要作用的参数仔细设计并进行改进使之得到最佳设计效果。下面列出影响反射面增益的主要效率因子,一般可分成三部分:一部分是馈源的因素,一部分是反射面的因素,还有一部分是天线罩因素。

5.3.1　馈源效率因子

5.3.1.1　馈源泄漏效率

它定义为由反射面(副面)截获的馈源辐射能量与馈源总辐射能量之比。它表征馈源的辐射能量有多少被反射面利用。该效率因子可写为

$$\eta_s = \frac{\int_0^{2\pi} \int_0^{\alpha} F^2(\psi, \varphi) \sin\psi \, \mathrm{d}\psi \, \mathrm{d}\varphi}{\int_0^{2\pi} \int_0^{\frac{\pi}{2}} F^2(\psi, \varphi) \sin\psi \, \mathrm{d}\psi \, \mathrm{d}\varphi} \qquad (5-42)$$

式中,$F^2(\psi, \varphi)$ 是馈源(一次)方向图。α 为主反射面或副面对馈源的半张角。

5.3.1.2　照射效率

它是口径照明幅值分布与均匀口径分布相比,对增益减少量的量度。可表示为下式

$$\eta_I = \frac{\left| \int_A I(\xi, \gamma) \mathrm{d}A \right|^2}{\int_A |I(\xi, \gamma)|^2 \mathrm{d}A} \qquad (5-43)$$

式中,$I(\xi, \gamma)$ 是口径面 A 上的幅值分布,这可利用计算机对馈源一次方向图积分得到。

我们可以看到,馈源的泄漏效率与照射效率是两个互相制约的因素,泄漏效率低,边缘照射电平必然低,口径分布更加跌落,因而照射效率就低。在设计时

应取其折中。因此常把这两个因素组合,对抛物面而言,它有

$$\eta_l \eta_s = \frac{1}{4\pi^2} \cot\left(\frac{\alpha}{2}\right) \left| \int_0^{2\pi} \int_0^\alpha \sqrt{G_f(\psi,\varphi)} \tan\frac{\psi}{2} d\psi d\varphi \right|^2 \qquad (5-44)$$

式中,G_f 是馈源系统增益函数。

5.3.1.3　交叉极化效率

对称抛物反射面的交叉极化辐射主要由馈源和反射面曲率造成。交叉极化效率

$$\eta_{cross} = \frac{\int_0^{2\pi} \int_0^\pi |E_c(\psi,\varphi)|^2 \sin\psi d\psi d\varphi}{\int_0^{2\pi} \int_0^\pi (|E_c(\psi,\varphi)|^2 + |E_{cros}(\psi,\varphi)|^2) \sin\psi d\psi d\varphi}$$

式中,E_c 为同极化场,E_{cross} 为交叉极化场,这里极化按 Ludwing 的第三极化定义。

而对卡式系统,当 $M > 2$ 时,或一些长焦距天线,馈源半张角小于 $30°$ 或 $f/D > 1$ 的反射面,由反射面曲率产生的交叉极化是非常小的,对一般应用,极化效率损耗都可忽略不计。喇叭交叉极化效率一般在 $96\% \sim 99\%$ 之间,它取决于馈源的类型。

5.3.1.4　馈源相位误差

馈源相位误差一般有四种情况:一是二次(平方)相位误差,它主要影响的是增加泄漏损失;二是馈源相位中心未与副面(或反射面)的焦点重合造成副面(或反射面)的二次相位误差。对卡式系统馈源轴偏造成口径面的平方相位误差,其幅值可写为

$$\Delta\phi = \frac{2\pi}{\lambda}(1 - \cos\alpha)\delta_{ax} \qquad (5-45)$$

式中,δ_{ax} 是馈源与焦点的轴向位移。一般说来这个因子很小,因为在天线对齐与聚焦过程中会通过调整予以消除。第三、第四种相位误差主要由馈源无明显相位中心所致,通过对馈源相位方向图测试可确定。由于二次相差使相位中心随空间角变化,或相散相差使相位中心随切割平面变化。前面通过调整馈源与反射面,散焦可部分补偿;一般相散误差难以补偿,它形成的增益损失

$$\eta_{fa} = \frac{1}{1 + \frac{1}{4}\eta_l \beta^2}$$

式中,$\pm\beta$ 是圆口径相散产生的最大相差,η_l 是照射效率。

5.3.1.5　馈源插损和 VSWR

卡式天线系统因 RF 馈线较短,这部分插损较小。对给定插损 $L(dB)$,其

效率因子

$$\eta_L = 10^{-L/10} \tag{5-46}$$

由于失配引起的效率因子一般也都较小,该效率因子与驻波比 VSWR 的关系有

$$\eta_v = 4 \times VSWR/((1 + VSWR)^2)$$

综上馈源的总效率因子

$$\eta_{feed} = \eta_s \eta_I \eta_{cross} \eta_{aling} \eta_v \eta_L \tag{5-47}$$

式中,η_{aling} 代表馈源相位误差引起的效率因子。

5.3.2 反射面效率因子

5.3.2.1 反射面遮挡效应

反射面遮挡效应包括馈源、副面和支架的影响。它首先减少了截获 RF 能量的可用面积,同时也减少了聚焦于主波束的总的可用能量;由于不连续的口径分布和入射到遮挡面上的散射,增加了边瓣电平。馈源与副面的遮挡通过最佳馈源设计可减至最小。当馈源与副面的投影口径相等则为最小遮挡条件,然而有时由于其他一些因素考虑,不一定能满足最小遮挡条件,因此最终遮挡损失表示为效率因子时有

$$\eta_b \approx \left[1 - \frac{1}{\eta_i} \left(\frac{d}{D}\right)^2 \right]^2 \tag{5-48}$$

在上式中用照射效率 η_i 加权了遮挡面积。同样的遮挡面积,中心遮挡对效率因子起更大的作用,即对整个增益影响更重要。支撑结构的遮挡计算起来比较复杂,近似分析处理有以下结果

$$\eta_{sb} \approx (1 - A_s)^2 \tag{5-49}$$

式中,A_s 代表有效遮挡面积与总面积之比。

5.3.2.2 反射面表面公差

卡式双反射面系统形面公差的效率包括主面和副面两部分,其数学表示有

$$\eta_r = \exp\left[-16\pi^2 (\varepsilon_m^2 + \varepsilon_s^2)/\lambda^2 \right] \tag{5-50}$$

式中,ε_m 是主反射面 RMS 公差,ε_s 是副面 RMS 公差。

5.3.2.3 反射面对准公差

一般由于冷热交变、温度梯度、重力和桁架载荷等因素都会引起反射面变形,如果把馈源置于焦距变化的中间位置的话,可计算出对准效率为

$$\eta_{ra} = \frac{1}{1 + 0.25\eta_i\beta^2} \tag{5-51}$$

式中,$\pm\beta$ 是由相散引起圆口径的极端相位误差,η_i 是照射效率。如果馈源和反射面都存在相散误差的话,相位误差可以相加。组合效率应是对总的相位误差计算而不仅是单个影响。

5.3.2.4 反射面绕射效率 η_{scat}

当反射完全满足几何光学时,绕射的影响可忽略不计,但实际上存在两种损失应当考虑:①副面的绕射;②主面的泄漏。前者和正常计算的泄漏损失相比是很小的,但它表现为在电轴 10°~20°的范围内的边瓣电平。而第二个损失是重要的,它是因为副面尺度有限,在与主面张角之外不能达到锐截止波束而产生的。当副面尺寸增加,$d/\lambda\gg 10$ 时,或当照明锥增加使边缘电流趋于零时,这个因子就逼近于1,可不予考虑。

有关天线罩的损耗以及在实际系统中可能还会有其他损耗,比如反射面为非理想导体的损耗(非全反射)、极化对准误差等因素都会引起增益下降。具体问题具体分析。

反射面的效率就是上述各种效率因子的乘积

$$\eta_{ref} = \eta_b\eta_r\eta_{ra}\eta_{scat} \tag{5-52}$$

反射面天线的总效率就是

$$\eta_{\sum} = \eta_{feed} \times \eta_{ref}$$

因此反射面的增益为

$$G = \eta_{\sum} D_g \tag{5-53}$$

式中,$\eta_{\sum}$ 是反射面的总效率,$D_g = \dfrac{4\pi A}{\lambda^2}$ 是均匀、同相口径反射面的方向性系数,A 是反射面投影口径面积。当为圆口径时,$G = \eta_{\sum}\left(\dfrac{\pi D}{\lambda}\right)^2$,$D$ 为口径直径。

5.4 偏置抛物面天线

对称反射面无论是单反还是双反,馈源、副面(双面)及其支架对反射面口径遮挡总存在,这限制了反射面性能的进一步提高,为克服这个缺点采用偏置反射面天线。

5.4.1 偏置抛物面的优缺点

优点:避免了馈源和副面以及支杆的遮挡,这使由此引起的边瓣电平、交叉

极化得到改善。由于偏置,一次馈源与反射面相互作用减少,一次馈源 VSWR
与主反射面基本无关(当为多馈源和双极化馈源时,反射面造成的馈电单元间的
互耦合较少)。偏置结构与轴对称相比,可维持好的结构刚度,一般 f/D 都选得
较大;偏置反射面(主焦)馈源一般都使用较大口径,可得到较好的方向图和低交
叉极化电平。

缺点:当线极化一次馈源照射时,单偏置抛物面的去极化效应在辐射场中要
产生交叉极化场分量;当圆极化使用时,天线波束有偏斜,而且随极化旋向不同,
二次波束向相反方向偏斜;偏置反射面与对称抛物面相比,结构不对称,使加工
会复杂和麻烦一些。

5.4.2 偏置抛物面的几何

单偏置反射面系统如图 5-7 所示,双偏置反射面天线构形如图 5-8。

利用等效抛物面概念,双偏置反射面天线分析可用等效单反射面代替。在

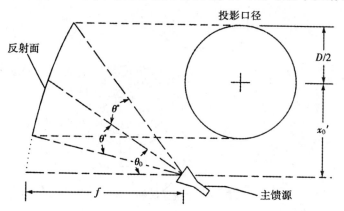

图 5-7 单偏置反射面几何构形

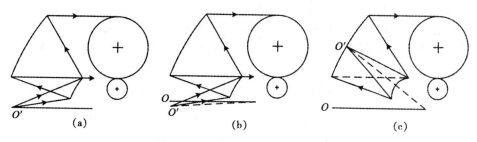

图 5-8 双偏置反射面几何构形

此着重对单偏置反射面天线进行讨论。单偏置反射面的几何如图 5-9 所示:反射面的焦距为 f,偏置角为 θ_0,在焦点馈源对反射面的半张角为 θ^*。(ρ',θ',φ') 或 (x',y',z') 代表母体抛物面坐标系。(ρ,θ,φ) 或 (x,y,z) 为偏置坐标系(有时又称馈源坐标系)。

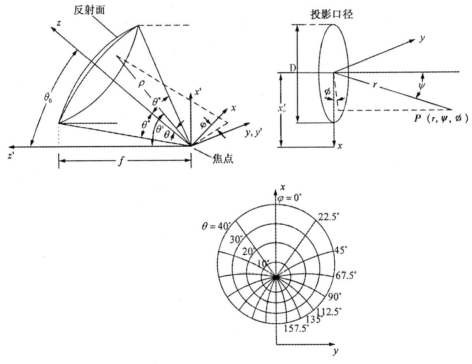

图 5-9　单偏置反射面坐标系

母体抛物面是以焦点为原点,f 为焦距,z' 轴为对称轴的旋转对称抛物面。而偏置抛物面是在母体抛物面上截取一部分。它是与对称轴平行,其直径为 D 的圆柱体与母体抛物面相截而成。因此偏置抛物面为椭圆轮廓,其投影口径为圆。利用馈源坐标系 (x,y,z) 与母体抛物面坐标系 (x',y',z') 的空间关系可得到

$$\vec{\rho} = \rho(\sin\theta\cos\varphi\hat{x} + \sin\theta\sin\varphi\hat{y} + \cos\theta\hat{z})$$

又知

$$\begin{bmatrix} \hat{x}' \\ \hat{y}' \\ \hat{z}' \end{bmatrix} = \begin{bmatrix} \cos\theta_0 & 0 & \sin\theta_0 \\ 0 & 1 & 0 \\ -\sin\theta_0 & 0 & \cos\theta_0 \end{bmatrix} \begin{bmatrix} \hat{x} \\ \hat{y} \\ \hat{z} \end{bmatrix} \tag{5-54}$$

$$\rho' = \rho$$
$$\cos\theta' = \hat{z}' \cdot \hat{\rho} = \cos\theta\cos\theta_0 - \sin\theta\sin\theta_0\cos\varphi$$
$$\sin\theta'\sin\varphi' = \sin\theta\sin\varphi, \quad \hat{y} = \hat{y}'$$
$$\sin\theta'\cos\varphi' = \hat{\rho}\cdot\hat{x}' = \sin\theta\cos\theta_0\cos\varphi + \cos\theta\sin\theta_0$$
$$\tan\varphi' = \frac{\hat{y}'}{\hat{x}'} = \frac{\sin\theta\sin\varphi}{(\cos\theta\sin\theta_0 + \sin\theta\cos\theta_0\cos\varphi)}$$

式(5-54)给出了这两个坐标系变换的基本公式。焦点到反射面任一点的距离

$$\rho = \frac{2f}{1+\cos\theta'} = \frac{2f}{1+\cos\theta\cos\theta_0 - \sin\theta\sin\theta_0\cos\varphi} \tag{5-55}$$

将抛物面投影于 $x'y'$ 平面上为一圆,圆心距母体抛物面的轴向距离即投影口径中心的距离,

$$x'_0 = \frac{2f\sin\theta_0}{\cos\theta_0 + \cos\theta^*} \tag{5-56a}$$

投影口径直径

$$D = \frac{4f\sin\theta^*}{\cos\theta_0 + \cos\theta^*} \tag{5-56b}$$

当偏置角等于零,即对称抛物面时,投影口径圆心的位置

$$x' = 0$$
$$y' = 0 \tag{5-57}$$
$$\rho_{\theta^*} = 2f\tan\theta^*$$

对固定的 θ 角在 $x'y'$ 平面上的投影也是一圆,只是圆心的坐标和半径随 θ 角改变,有

$$x'_0 = \frac{2f\sin\theta_0}{\cos\theta_0 + \cos\theta}$$
$$y'_0 = 0 \tag{5-58}$$
$$\rho_\theta = \frac{2f\sin\theta}{\cos\theta_0 + \cos\theta}$$

在 $z=0$ 的平面上,任意点距反射面焦点距离可写成

$$x' = \vec{\rho}\cdot\hat{x}' = \rho(\cos\theta_0\sin\theta\cos\varphi + \sin\theta_0\cos\theta)$$
$$y' = \vec{\rho}\cdot\hat{y}' = \rho\sin\theta\sin\varphi \tag{5-59}$$

表面单元 $\mathrm{d}x'\mathrm{d}y'$ 的雅可比变换式 J_Σ 可从下式中得到

$$J_\Sigma\mathrm{d}x'\mathrm{d}y' = \rho^2\sin\theta'\mathrm{d}\theta'\mathrm{d}\varphi' = \rho^2\sin\theta\mathrm{d}\theta\mathrm{d}\varphi \tag{5-60}$$

抛物反射面任意一点的外法向矢量

$$-\vec{N} = \hat{\rho} + \hat{z} \tag{5-61}$$

母体抛物面坐标与馈源坐标间有

$$\begin{bmatrix} \hat{x} \\ \hat{y} \\ \hat{z} \end{bmatrix} = \begin{bmatrix} \cos\theta_0 & 0 & -\sin\theta_0 \\ 0 & 1 & 0 \\ \sin\theta_0 & 0 & \cos\theta_0 \end{bmatrix} \begin{bmatrix} \hat{x}' \\ \hat{y}' \\ \hat{z}' \end{bmatrix}$$

$$\begin{bmatrix} \hat{\rho} \\ \hat{\theta} \\ \hat{\varphi} \end{bmatrix} = \begin{bmatrix} \sin\theta\cos\varphi & \sin\theta\sin\varphi & \cos\theta \\ \cos\theta\cos\varphi & \cos\theta\sin\varphi & -\sin\theta \\ -\sin\varphi & \cos\varphi & 0 \end{bmatrix} \begin{bmatrix} \hat{x} \\ \hat{y} \\ \hat{z} \end{bmatrix}$$

$$\hat{n} = \frac{\vec{N}}{|\vec{N}|} = \frac{(\sin\theta\cos\varphi - \sin\theta_0)\hat{x} + \sin\theta\sin\varphi\hat{y} + (\cos\theta_0 + \cos\theta)\hat{z}}{-\sqrt{2(1 + \cos\theta_0\cos\theta - \sin\theta_0\sin\theta\cos\varphi)}}$$

$$= -\sqrt{\frac{\rho}{4f}}\left[(\sin\theta\cos\varphi - \sin\theta_0)\hat{a}_x + \sin\theta\sin\varphi\hat{a}_y + (\cos\theta + \cos\theta_0)\hat{a}_z\right] \tag{5-62}$$

5.4.3　投影口径场

抛物面反射场有

$$\vec{E}_r = 2(\hat{n} \cdot \vec{E}_i)\hat{n} - \vec{E}_i \tag{5-10}$$

馈源辐射场一般可写为

$$\vec{E}_i = \frac{1}{\rho}(A_\theta(\theta, \varphi)\hat{a}_\theta + A_\varphi(\theta, \varphi)\hat{a}_\varphi)e^{-jk\rho} \tag{5-9}$$

式中，A_θ, A_φ 是一次馈源归一化辐射方向图的球坐标 θ, φ 分量，$k = \dfrac{2\pi}{\lambda}$。

馈源到口径面的相位可分为两部分：一部分是馈源辐射相心到反射面的光程，另一部分是反射面到投影口径的光程。第一部分

$$\phi_1 = k\rho$$

第二部分

$$\phi_2 = k\rho\cos\theta' = k\rho(\cos\theta_0\cos\theta - \sin\theta_0\sin\theta\cos\varphi)$$

口径面上相位

$$\phi = \phi_1 + \phi_2 = 2kf \tag{5-63}$$

偏置反射面口径平面的切向电场分布 $\vec{E}_a$ 可近似假设它为馈源投射场的光学反射场。将式（5-9）和式（5-62）代入式（5-10）进行矢量运算，可得到口径面场 E_a。写成直角坐标分量有

$$\begin{bmatrix} E_{ay}(\theta, \varphi) \\ E_{ax}(\theta, \varphi) \end{bmatrix} = K \begin{bmatrix} -S_1 & C_1 \\ C_1 & S_1 \end{bmatrix} \begin{bmatrix} A_\theta(\theta, \varphi) \\ A_\varphi(\theta, \varphi) \end{bmatrix} \tag{5-64}$$

式中

$$S_1 = (\cos\theta_0 + \cos\theta)\sin\varphi$$

$$C_1 = \sin\theta\sin\theta_0 - \cos\varphi(1 + \cos\theta\cos\theta_0) \qquad (5-65)$$

$$K = \frac{e^{-j2kf}}{2f}$$

如果一次馈源为圆极化。圆极化波可分解为空间正交而相位差 90°的两个线极化波。按上面关系,右旋圆极化波的一个线极化分量可写为式(5-9),另一个线极化分量幅值相等、相位滞后 90°,可写为

$$-\frac{j}{\rho}(A_\theta(\theta,\varphi)\hat{a}_\varphi - A_\varphi(\theta,\varphi)\hat{a}_\theta)e^{-jk\rho} \qquad (5-66)$$

馈源入射场

$$\vec{E}_i = \frac{1}{\rho}\{[A_\theta(\theta,\varphi) + jA_\varphi(\theta,\varphi)]\hat{a}_\theta + [A_\varphi(\theta,\varphi) - jA_\theta(\theta,\varphi)]\hat{a}_\varphi\}e^{-jk\rho} \qquad (5-67)$$

利用式(5-64)的关系,经运算化简,在投影口径面横向场可写为

$$\vec{E}_{aR} = \frac{e^{-j2kf}}{\rho}e^{-j\Omega}[A_\theta + jA_\varphi](\hat{x} - j\hat{y}) \qquad (5-68)$$

式中矢量基对 $+Z$ 向传输为右旋圆极化(RHCP),而口径面场是经过反射的场,其传输方向反转,其极化变为反旋圆极化(LHCP)。因此,式(5-68)表示左旋圆极化波的口径面场。式中

$$\Omega(\theta,\varphi) = \arctan(S_1/C_1)$$

$$\frac{\sqrt{(C_1^2 + S_1^2)}}{2f} = \frac{1}{\rho} \qquad (5-69)$$

同样,如果投射场是左旋圆极化波,馈源入射场

$$\vec{E}_i = \frac{1}{\rho}\{[A_\theta(\theta,\varphi) - jA_\varphi(\theta,\varphi)]\hat{a}_\theta + [A_\varphi(\theta,\varphi) + jA_\theta(\theta,\varphi)]\hat{a}_\varphi\}e^{-jk\rho} \qquad (5-70)$$

利用式(5-64)的关系,在投影口径面横向场可写为

$$\vec{E}_{aL} = \frac{e^{-j2kf}}{\rho}e^{j\Omega}(A_\theta - jA_\varphi)(\hat{x} + j\hat{y}) \qquad (5-71)$$

式(5-71)表示投射场是左旋圆极化波的口面场。该口径场辐射右旋圆极化波,仍用图5-9坐标系。

把式(5-68)和式(5-71)除以 $\sqrt{2}$ 得到归一化的投影口径面横向场分布,将它们合并有

$$\begin{bmatrix} E_{aR}(\theta,\varphi) \\ E_{aL}(\theta,\varphi) \end{bmatrix} = \frac{e^{-j2kf}}{\sqrt{2}\rho} \begin{bmatrix} e^{j\Omega} & -je^{j\Omega} \\ e^{-j\Omega} & je^{-j\Omega} \end{bmatrix} \begin{bmatrix} A_{\theta}(\theta,\varphi) \\ A_{\varphi}(\theta,\varphi) \end{bmatrix}$$

式中，E_{aR}，E_{aL} 分别是 RCP 和 LCP 口径场分量。

　　通常情况馈源辐射主极化为右旋或左旋圆极化波，其入射场可分别写为

$$\left. \begin{aligned} \vec{E}_{i/\mathrm{RCP}} &= \frac{e^{-jk\rho}}{\rho} e^{-ja} [A_{\theta}\hat{\theta} - jA_{\varphi}\hat{\varphi}] \\ \vec{E}_{i/\mathrm{LCP}} &= \frac{e^{-jk\rho}}{\rho} e^{-ja} [A_{\theta}\hat{\theta} + jA_{\varphi}\hat{\varphi}] \end{aligned} \right\} \tag{5-72}$$

α 代表椭圆极化的倾角，定义为极化椭圆的长轴与 X 轴的夹角。左、右旋圆极化单位矢量可写成

$$\hat{a}_{RCP} = \frac{1}{\sqrt{2}}(\hat{\theta} - j\hat{\varphi}); \quad \hat{a}_{LCP} = \frac{1}{\sqrt{2}}(\hat{\theta} + j\hat{\varphi}) \tag{5-73}$$

如果用圆极化单位矢量展开馈源辐射场。式(5-72)可改写为

$$\vec{E}_i = \frac{e^{-jk\rho}}{\rho} e^{-ja} \left[\left(\frac{A_{\theta} + A_{\varphi}}{2} \right) \hat{a}_{RCP} + \left(\frac{A_{\theta} - A_{\varphi}}{2} \right) \hat{a}_{LCP} \right]$$

$$\vec{E}_i = \frac{e^{-jk\rho}}{\rho} e^{-ja} \left[\left(\frac{A_{\theta} + A_{\varphi}}{2} \right) \hat{a}_{LCP} + \left(\frac{A_{\theta} - A_{\varphi}}{2} \right) \hat{a}_{RCP} \right] \tag{5-74}$$

　　如果馈源辐射方向图圆旋转对称有 $\Lambda_{\theta} = A_{\varphi}$ 时，馈源辐射场变成纯圆极化的。同样利用式(5-64)，馈源辐射纯圆极化波时，投影口径归一化的切向场表示式

$$\begin{bmatrix} E_{aR}(\theta,\varphi) \\ E_{aL}(\theta,\varphi) \end{bmatrix} = \frac{e^{-j2kf}}{\sqrt{2}\rho} \begin{bmatrix} e^{j(\Omega-a)} & -je^{j(\Omega-a)} \\ e^{-j(\Omega+a)} & je^{-j(\Omega+a)} \end{bmatrix} \begin{bmatrix} A_{\theta}(\theta,\varphi) \\ A_{\varphi}(\theta,\varphi) \end{bmatrix} \tag{5-75}$$

由式(5-75)看出，圆极化投射在式中引入附加相位差 $e^{\pm j(\Omega \mp a)}$，正是这个附加相位差带来了偏置反射面圆极化二次波束的偏斜。式中上一行对应于右旋圆极化，下一行对应于左旋圆极化。由此可见不同极化旋向在孔径面上形成的线性相位正好相反，因此使二次波束因不同旋向产生了相对电轴的不同偏斜。

　　偏置反射面口面场写成更简洁的形式有

$$E_{aM} = \frac{e^{-j2kf}}{\rho} [A_{\theta}(\theta,\varphi) \pm jA_{\varphi}(\theta,\varphi)] e^{\mp j(a \pm \Omega)}$$

式中，$\pm$ 号代表左、右(L/R)旋。对 LHCP 取上面符号，RHCP 取下面符号。式(5-75)适用于很多实用馈源，包括双模馈源、波纹馈源和基模圆锥喇叭。如果为零交叉极化，并有 $A_{\theta} = A_{\varphi}$，这时反射口径面将是纯同极化场，只是有一个 $\alpha \pm \Omega$ 的相位分布引起的波束倾斜。而和线极化馈源相比，零交叉极化的线极

化馈源在投影口径上如果要得到单线极化,除非偏置角为零($\theta_0 = 0$),则变成对称抛物面了。就是说纯线极化波投射到偏置抛物面上,由于反射面结构不对称它会出现去极化效应,口面上有交叉极化分量出现。这个问题对于极化复用的情况来说是需要认真处理的。

5.4.4　辐射场的积分

5.4.4.1　线极化馈源的口径面场(设主极化为 y 向极化)

利用物理光学近似与矢位方法,可建立偏置反射面天线辐射的数学模型。根据 Ludwing 第三极化定义,球坐标分量(θ, φ)可表示为主极化和交叉极化分量,如

$$\begin{bmatrix} e_p \\ e_q \end{bmatrix} = \begin{bmatrix} \sin\varphi & \cos\varphi \\ \cos\varphi & -\sin\varphi \end{bmatrix} \begin{bmatrix} E_\theta \\ E_\varphi \end{bmatrix} \tag{5-76a}$$

一次馈源球坐标分量为 E_θ, E_φ。与此类似,二次坐标系为(r, ψ, ϕ),天线辐射场定义为 E_ψ, E_ϕ,同极化与交叉极化由下式定义

$$\begin{bmatrix} e_p \\ e_q \end{bmatrix} = \begin{bmatrix} \sin\phi & \cos\phi \\ \cos\phi & -\sin\phi \end{bmatrix} \begin{bmatrix} E_\psi \\ E_\phi \end{bmatrix} \tag{5-76b}$$

零交叉极化馈源在轴对称抛物面投影口径上也为零交叉极化场,无去极化效应。

同样球坐标场分量与辐射积分直角坐标分量之间有

$$\begin{bmatrix} E_\psi \\ E_\Phi \end{bmatrix} = \begin{bmatrix} \cos\psi\cos\phi & \cos\psi\sin\phi \\ -\sin\phi & \cos\phi \end{bmatrix} \begin{bmatrix} F_x \\ F_y \end{bmatrix} \tag{5-77}$$

式中

$$F_x = \int_s E_{ax} \frac{e^{-jkR}}{R} ds, \qquad F_y = \int_s E_{ay} \frac{e^{-jkR}}{R} ds$$

F_x, F_y 为口径面辐射积分,式中省略了辐射积分前的系数,R 是口径积分变元至观察点之距离,E_{ax}, E_{ay} 代表口径面切向场分量。将式(5-77)代入式(5-76b)得

$$\begin{bmatrix} e_p \\ e_q \end{bmatrix} = \begin{bmatrix} \sin\phi & \cos\phi \\ \cos\phi & -\sin\phi \end{bmatrix} \begin{bmatrix} \cos\psi\sin\phi & \cos\psi\cos\phi \\ \cos\phi & -\sin\phi \end{bmatrix} \begin{bmatrix} F_y \\ F_x \end{bmatrix} \tag{5-78}$$

对式(5-78)进行运算可得到偏置反射面线极化天线同极化场(E_p)和交叉极化场(E_q)与辐射积分的直接关系。可写成

$$\begin{bmatrix} E_p(\psi, \phi) \\ E_q(\psi, \phi) \end{bmatrix} = \frac{1 + \cos\psi}{2F_p(0,0)} \begin{bmatrix} 1 - t^2\cos2\phi & t^2\sin2\phi \\ t^2\sin2\phi & (1 + t^2\cos2\phi) \end{bmatrix} \begin{bmatrix} F_y(\psi, \phi) \\ F_x(\psi, \phi) \end{bmatrix} \tag{5-79}$$

式中,$t = \tan(\frac{\psi}{2})$,F_y,F_x 是偏置反射面投影口径面上同极化与交叉极化切向电场分布的空间 Fourier 变换(又称口径面积分)。

5.4.4.2 圆极化馈源的口径面场

远场辐射方向图可表示为右旋和左旋分量。与线极化分析类似,主极化与交叉极化分量表示成圆极化分量有下式

$$\begin{bmatrix} \varepsilon_L \\ \varepsilon_R \end{bmatrix} = \frac{1}{\sqrt{2}} \begin{bmatrix} 1 & j \\ 1 & -j \end{bmatrix} \begin{bmatrix} \varepsilon_x \\ \varepsilon_y \end{bmatrix}$$

$$\begin{bmatrix} F_x \\ F_y \end{bmatrix} = \frac{1}{\sqrt{2}} \begin{bmatrix} 1 & 1 \\ -j & j \end{bmatrix} \begin{bmatrix} F_L \\ F_R \end{bmatrix} \qquad (5-80)$$

$$F_{\substack{R \\ L}} = \int_s E_{\substack{aR \\ aL}} \frac{e^{-jkR}}{R} \mathrm{d}s$$

上式代表了口径面右旋和左旋圆极化分量电场的积分。把式(5-76)代入式(5-80)第一式中,再代入式(5-77)和式(5-80)第二式化简得到

$$\begin{bmatrix} \varepsilon_L \\ \varepsilon_R \end{bmatrix} = \frac{1}{\sqrt{2}} \begin{bmatrix} 1 & j \\ 1 & -j \end{bmatrix} \begin{bmatrix} \cos\phi & -\sin\phi \\ \sin\phi & \cos\phi \end{bmatrix} \begin{bmatrix} \cos\psi\cos\phi & \cos\psi\sin\phi \\ -\sin\phi & \cos\phi \end{bmatrix} \begin{bmatrix} 1 & 1 \\ -j & j \end{bmatrix} \begin{bmatrix} F_L \\ F_R \end{bmatrix}$$

$$(5 \quad 81)$$

对式(5-81)计算可得

$$\begin{bmatrix} E_{Rn}(\psi,\phi) \\ E_{Ln}(\psi,\phi) \end{bmatrix} = \frac{(1+\cos\psi)}{2F_R(0,0)} \begin{bmatrix} 1 & t^2\exp(j2\phi) \\ t^2\exp(-j2\phi) & 1 \end{bmatrix} \begin{bmatrix} F_R(\psi,\phi) \\ F_L(\psi,\phi) \end{bmatrix} \quad (5-82)$$

这就是圆极化分量空间辐射场与口径面辐射积分的关系式。

口径面源的坐标为(x',y),而观察点(场点)坐标为(r,ψ,ϕ)。辐射积分可写为(仍省去积分号外系数):

$$F_u = \int_{x'} \int_y E_{su} e^{jk[\sin\psi\cos\phi(x'-x'_0)+y\sin\psi\sin\phi]} \mathrm{d}x'\mathrm{d}y \qquad (5-83)$$

u 代表积分平面口面场的坐标分量。将口径面场分布代入上式,经过矢量间运算简化和辐射积分计算,最后得到反射面的空间辐射场。在此不重复叙述了。

为确定偏置反射面天线辐射方向图必须:①确定反射面参数(f,θ_0,θ^*);②确定馈源一次辐射场(E_θ,E_φ),计算孔径面场分布;③计算其辐射场,即口面场的二维 Fourier 变换。

要比较准确地预示其辐射场,一次馈源模型是关键。二维积分的计算比较麻烦,特别是在频率较高、口径尺寸较大的情况下,如何计算将在第6章中讲述。

5.4.5　偏置馈源

当一次馈源辐射相心与反射面焦点不重合时,利用馈源辐射场的坐标系与偏置抛物面坐标系间适当的坐标变换就可以得到一次馈源偏移的辐射场表示。如果一次馈源偏置相对反射面到馈源距离较小时,其幅度改变对整个天线辐射场预示影响是很小的,实际上可忽略不计。但一次馈源偏焦引起的相位改变对辐射场的影响是需要计入的。参考图 5-10,偏置馈源相位中心位置在(x',y',z'),在坐标系中相对焦点的位置可用 $\vec{\Delta}$ 或(Δ_z,Δ_t 和 φ_0)表示。这里 Δ_t 是小的横向偏移,Δ_z 是小的轴向偏移,φ_0 是在 xy 面内与 x 轴的夹角。若仍用式(5-9)表示馈源方向图时,应加入相位校正项。

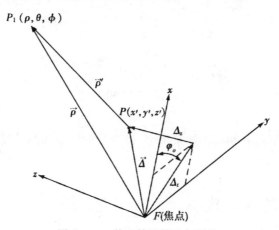

图 5-10　偏置馈源的几何图示

当 $\dfrac{\lambda^2}{\rho^2} \ll 1$,$\dfrac{\Delta_t}{\rho} < 1$,$\dfrac{\Delta_z}{\rho} < 1$ 的条件满足时,馈源辐射场可写为:

$$\vec{E}_i \approx \frac{1}{\rho}[A_\theta(\theta,\varphi)\hat{a}_\theta + A_\varphi(\theta,\varphi)\hat{a}_\varphi]e^{jk(R_1 - \rho)}$$

相位校正项

$$R_1(\theta,\varphi) = \Delta_t\sin\theta\cos(\varphi - \varphi_0) + \Delta_z\cos\theta \qquad (5-84)$$

因此,对于偏置馈源偏置反射面的投影口径面的电场,只需在原无偏焦的口径场式(5-64)中乘上一指数因子 $\exp(jkR_1)$。

偏置抛物面偏置馈源的波束偏离因子。与对称反射面类似,假设反射面偏置角为 θ_0,反射面的半张角为 θ^*,那么偏置抛物面的焦径比定义为:

$$(f/D)_{\text{off}} = \frac{\cos\theta^* + \cos\theta_0}{4\sin\theta^*} \qquad (5-85)$$

如果偏置反射面馈源横偏形成的二次波束偏斜仍用对称抛物面的波束偏离因子表示的话,有下式:

$$\text{BDF}_{\text{off}} = \text{BDF}_{\text{center}} \frac{(f/D)_{\text{off}}}{(f/D)_{\text{center}}} \qquad (5-86)$$

式中,$\text{BDF}_{\text{center}}$,$\text{BDF}_{\text{off}}$分别为对称抛物面和偏置抛物面的波束偏离因子。而$\text{BDF}_{\text{center}}$在本章5.1.3节中已讨论。

在此举一例说明如何确定偏置反射面、偏置馈源的BDF_{off}。设偏置角 $\theta_0 = 45°$,半张角 $\theta^* = 40°$,则

$$\left(\frac{f}{D}\right)_{\text{center}} = \frac{\cos\theta^* + 1}{4\sin\theta^*} = 0.687$$

$$\left(\frac{f}{D}\right)_{\text{off}} = \frac{\cos\theta^* + \cos40°}{4\sin\theta^*} = 0.573$$

查图5-3得 $\text{BDF}_{\text{center}} = 0.928$,将所得到的数据代入式(5-86)得 $\text{BDF}_{\text{off}} = 0.774$。

由上可见,要达到相同的波束偏离,偏置反射面馈源的横偏要比中心对称抛物面的馈源横偏大。

5.5　一次馈源天线

5.5.1　馈源方向图和口径面场分布

馈源的功能就是在焦点上对反射面口径所张的立体角范围内提供符合要求的辐射方向图。为讨论方便,暂以单反射面系统为例。馈源置于焦点上,并假设系统对光学轴具有对称性,所以口径是圆的。馈源设计并不仅由反射面口径尺寸 D 或焦距 f 的单个因素所决定,而是由 f/D 所决定。因为这个比决定了焦点对反射面的最大半张角 ψ_0

$$\tan\frac{\psi_0}{2} = \frac{D}{4f} \qquad (5-87)$$

即便馈源是一理想点源,各向同性辐射,但在口径上的照明仍是不均匀的。这主要是因为从焦点发出的球面波能量的空间衰减按 $1/\rho^2$ 规律改变,因此因空衰形成的口径照明的功率分布(相对中心归一)应是

$$P_i(\theta) = (\frac{f}{\rho})^2 = \cos^4\frac{\theta}{2}$$

相对于口径中心的边缘照射电平有

$$P(\psi_0) = \left[1 + (\frac{D}{4f})^2\right]^{-2}$$

空间衰减因子同样适用于对称双反射面天线,只是 f 取等效抛物面的焦距,它是真实天线的焦距乘放大系数 M。一般 $M > 1$,卡式天线有一个相对大的 f/D(或是 $\geqslant 1$)。因此馈源照射的空间衰减差异减小,这会有更为均匀的口径分布。如果以增益最大为首要考虑的问题,对称双反系统有优势。偏置非对称系统常用来减少或消除馈源之遮挡,这时虽然投影口径是圆的,但它的中心将不和馈源轴反射线重合。以投影口径中心来看空衰不再是对称的。在偏置平面内空衰从口径一边到另一边单调地增加。馈源辐射形成的口径场不再具有圆对称性。假设馈源功率辐射方向图为 $P(\theta, \varphi)$,加上空间衰减因子 $P_i(\theta)$,可得到口径面的有效照射函数

$$P_a = P_i(\theta)P(\theta, \varphi) \tag{5-88}$$

如果馈源的辐射场用 $E(\theta, \varphi)$ 表示,口径平面幅值分布的极坐标表示有

$$f(r, \varphi) = \sqrt{P_i(\theta)}\, E(\theta, \varphi) \tag{5-89}$$

径向口径坐标 r 与 θ 的关系有

$$r = 2f\tan\frac{\theta}{2} \tag{5-90}$$

如果馈源具有理想的相位中心,馈源将以焦点为中心的球面波发射,这就可保证抛物口径面上有均匀的相位分布。这就意味着馈源的辐射场相位仅依赖于半径 ρ,而与角坐标 (θ, φ) 无关。

5.5.2　极化定义

5.5.2.1　参考极化与交叉极化规定

空间电磁波可以分解成两个正交极化波分量表示。波的极化信息在现代各种无线系统中颇具应用潜力。交叉极化是表征波极化纯度的重要物理量,然而在 IEEE 标准中定义的"交叉极化仅是与参考极化正交的极化",对参考极化方向似乎没有一个通用的规定。1973 年 Ludwing[3] 提出了三种极化定义,已得到广泛的实际应用,这里以此为准定义交叉极化。

首先定义波的参考极化分量和交叉极化分量。设场矢量为 $\vec{E}$。$\hat{i}_{ref}$,$\hat{i}_{cros}$ 分别代表参考、交叉极化的单位矢量:

$$参考极化分量 \equiv \vec{E} \cdot \hat{i}_{ref}^{*}$$
$$交叉极化分量 \equiv \vec{E} \cdot \hat{i}_{cros}^{*} \tag{5-91}$$

Ludwing 给出了三种极化定义,如图 5-11。

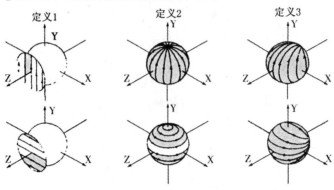

图 5-11　三种极化定义

定义 1:认定直角坐标系中某轴向(y 轴)为参考极化(主极化),而与其正交的(x 轴向)为交叉极化。它们与球坐标分量有如下关系:

$$\hat{i}_{ref.} \equiv \hat{i}_y = \sin\theta\sin\varphi \hat{i}_r + \cos\theta\sin\varphi \hat{i}_\theta + \cos\varphi \hat{i}_\varphi \tag{5-92}$$
$$\hat{i}_{cors.} \equiv \hat{i}_x = \sin\theta\cos\varphi \hat{i}_r + \cos\theta\cos\varphi \hat{i}_\theta - \sin\varphi \hat{i}_\varphi$$

定义 2:参考极化规定为于口径面内电偶极子的极化。如果极化单位矢量与直角坐标系间的关系为 $\tilde{x} = x, \tilde{y} = z, \tilde{z} = -y$,则参考极化和交叉极化的单位矢量与球坐标系单位矢量的关系有

$$\hat{i}_{ref.}^{(2)} \equiv \hat{i}_{\tilde{\theta}} = \frac{\sin\varphi\cos\theta \hat{i}_\theta + \cos\varphi \hat{i}_\varphi}{\sqrt{(1 - \sin^2\theta\sin^2\varphi)}} \tag{5-93}$$
$$\hat{i}_{cros.}^{(2)} \equiv -\hat{i}_{\tilde{\varphi}} = \frac{\cos\varphi \hat{i}_\theta - \cos\theta\sin\varphi \hat{i}_\varphi}{\sqrt{(1 - \sin^2\theta\sin^2\varphi)}}$$

上式取决于方向图和极化坐标系间的关系。当定义 2 的参考与交叉极化交换又可得到另一种表示。

定义 3:参考极化定义为惠更斯源的极化(惠更斯源是在口径面内正交二电和磁偶极子,在 Z 轴有等幅同相场的辐射),交叉极化就是在口径面内参考极化旋转 90°。如果按第 3 极化定义,参考极化 $R(\theta, \varphi)$ 与交叉极化 $C(\theta, \varphi)$ 定义为

$$R(\theta, \varphi) = \vec{E}(\theta, \varphi)[\sin\varphi \hat{i}_\theta + \cos\varphi \hat{i}_\varphi]$$
$$C(\theta, \varphi) = \vec{E}(\theta, \varphi)[\cos\varphi \hat{i}_\theta - \sin\varphi \hat{i}_\varphi] \tag{5-94}$$

这对应于主极化于 y 轴方向,等效于

$$
\begin{aligned}
\hat{i}_{ref}^{(3)} &= \sin\varphi\hat{i}_\theta + \cos\varphi\hat{i}_\varphi \\
&= -(1-\cos\theta)\sin\varphi\cos\varphi\hat{i}_x + [1-\sin^2\varphi(1-\cos\theta)]\hat{i}_y - \sin\theta\sin\varphi\hat{i}_z \\
\hat{i}_{cros}^{(3)} &= \cos\varphi\hat{i}_\theta - \sin\varphi\hat{i}_\varphi \\
&= -[1-\cos^2\varphi(1-\cos\theta)]\hat{i}_x + [(1-\cos\theta)\sin\varphi\cos\varphi]\hat{i}_y - \sin\theta\cos\varphi\hat{i}_z
\end{aligned}
$$

$$(5-95)$$

第 3 极化定义得到较广泛应用,它能与实际的天线辐射方向图测量对应。当参考源绕传播方向转 90°就得到交叉极化,不会产生混淆。

5.5.2.2 反射面天线的极化及坐标定义

极化特性在现代反射面天线设计中已成为一项关键的要求。天线辐射场总可由两个正交矢量确定。这两个矢量有时称为同极化和交叉极化分量。按 Ludwing 第三极化定义,如果主极化场分量为 y 轴方向,二正交球坐标分量为 E_θ, E_φ,那么测量同极化分量与交叉极化分量和一般的球坐标分量之间的关系定义为

$$
\begin{bmatrix} e_p(\theta,\varphi) \\ e_q(\theta,\varphi) \end{bmatrix} = \begin{bmatrix} \sin\varphi & \cos\varphi \\ \cos\varphi & -\sin\varphi \end{bmatrix} \begin{bmatrix} E_\theta \\ E_\varphi \end{bmatrix}
$$

式中,e_p, e_q 分别为同极化和交叉极化。如果主极化为 x 轴方向,则上述关系变为

$$
\begin{bmatrix} e_p(\theta,\varphi) \\ e_q(\theta,\varphi) \end{bmatrix} = \begin{bmatrix} \cos\varphi & -\sin\varphi \\ \sin\varphi & \cos\varphi \end{bmatrix} \begin{bmatrix} E_\theta \\ E_\varphi \end{bmatrix}
$$

图 5-12 示出了馈源与抛物反射面坐标系。图中,(x,y,z) 为直角坐标系,(ρ,θ,φ) 为一次馈源坐标,(R,Θ,Φ) 为远场点坐标。

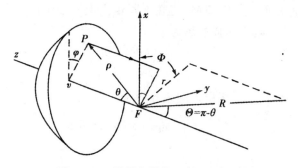

图 5-12 馈源与抛物反射面坐标系

5.5.3 偶极子照射与抛物面口径场

首先研究偶极子自由空间辐射场。设 x 向电偶极子,远场点 P 与 x 轴(极

轴)夹角 ψ,在 xy 面上与 x 轴夹角为 ϕ,如图 5-13 所示。

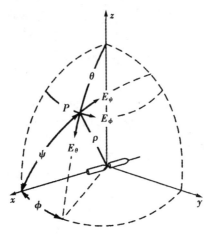

图 5-13　偶极子空间坐标

P 点场仅有单一电场分量

$$E_\psi \propto -\sin\psi$$

径向场分量和方位向场分量均为零。按 Ludwing 第 2 极化定义,偶极子无交叉极化场分量。将这一坐标系转换成抛物面坐标系,馈源投射到反射面上一点 (ρ,θ,φ),按 $\hat{x}\cdot\hat{\theta},\hat{x}\cdot\hat{\varphi}$ 的关系可得到

$$E_\theta \propto \cos\theta\cos\varphi \tag{5-96}$$

$$E_\varphi \propto -\sin\varphi$$

如果要变成对抛物面半空间辐射,再在 $\lambda/4$ 距离上加一个反射平板。由镜像原理近似知,在抛物面半空间辐射场为

$$E_\theta \propto K(\theta)\cos\theta\cos\varphi \tag{5-97}$$

$$E_\varphi \propto -K(\theta)\sin\varphi$$

式中,$K(\theta)$ 是镜像反射平板引入的镜像因子,

$$K(\theta)=\begin{cases}\sin(\dfrac{\pi}{2}\cos\theta) & \theta\leqslant\pi/2 \\[2mm] 0 & \theta\geqslant\pi/2\end{cases} \tag{5-98}$$

应用物理光学近似,抛物面表面反射场

$$\vec{E}_r = 2(\hat{a}_n\cdot\vec{E}_i)\hat{a}_n - \vec{E}_i$$

式中,$\vec{E}_i$ 是反射面入射场,$\hat{n}$ 是表面单位法向量。抛物面法向量可简化成

$$\hat{a}_n = \sin(\theta/2)\cos\varphi\hat{a}_x + \sin(\theta/2)\sin\varphi\hat{a}_y + \cos(\theta/2)\hat{a}_z$$

经反射后的口面场

$$\vec{E}_a = \cos^2(\theta/2)\left[e_p(\theta,\varphi)\hat{a}_x + e_q(\theta,\varphi)\hat{a}_y\right] \qquad (5-99)$$

$\vec{E}_a$ 是反射场投射到口径面上的场分布,把一次馈源辐射场(e_p, e_q)直接变换成抛物反射面口径上的同极化和交叉极化分量。式中,$\cos^2(\theta/2)$是空间衰减因子。这时馈源 E 面和 H 面的方向图分别是 $\varphi = 0°$ 和 $\varphi = 90°$。

将式(5-98)代入式(5-76a)中,得到偶极子的辐射场

$$\begin{bmatrix} e_p(\theta,\varphi) \\ e_q(\theta,\varphi) \end{bmatrix} = \begin{bmatrix} (1+\cos\theta) - (1-\cos\theta)\cos2\varphi \\ -(1-\cos\theta)\sin2\varphi \end{bmatrix}\frac{k(\theta)}{2} \qquad (5-100)$$

上式并不限于偶极子馈源可适用于任何的一次馈源天线。用小环天线或波导窄缝辐射元可实现磁偶极子。如果这个磁偶极子与 y 轴重合,则远区电场也只有一个球坐标场分量,有

$$\begin{aligned} E_\varphi &\propto -\cos\theta\sin\varphi \\ E_\theta &\propto \cos\varphi \end{aligned} \qquad (5-101)$$

同样,将式(5-101)代入式(5-76a)中,则磁偶极子的场分量有

$$\begin{bmatrix} e_p(\theta,\varphi) \\ e_q(\theta,\varphi) \end{bmatrix} \propto \begin{bmatrix} (1+\cos\theta) + (1-\cos\theta)\cos2\varphi \\ (1-\cos\theta)\sin2\varphi \end{bmatrix} \qquad (5-102)$$

电偶极子(x 轴向)馈电,抛物面口径电场如图 5-14(a)所示,磁偶极子(y 轴向)的抛物面口径电场如图 5-14(b)所示。

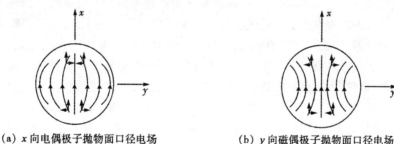

(a) x 向电偶极子抛物面口径电场 　　　(b) y 向磁偶极子抛物面口径电场

图 5-14 抛物面口径电场

当磁偶极子磁流(电压)与电偶极子电流之比等于自由空间波阻抗时,达到"平面波源"条件,可使反射面电流或口径场线性化。由开口矩形波导基模(TE_{10})的辐射可逼近这样一种源,只要它的尺寸相对波长较大。但这个条件对大的圆波导并不满足。当这个条件由电磁偶极子的组合来满足的话,它们的场相加给出的口径场完全是线极化的,在此交叉极化场分量为零。同极化分量与

φ 角无关,实现了圆对称性。

把正交电和磁偶极子对定义为惠更斯源(Huygens Source)。如果以 x 向电偶极子和 y 向磁偶极子组成的惠更斯源,它的辐射场应为

$$E_\theta \propto (1+\cos\theta)\cos\varphi \tag{5-103}$$
$$E_\varphi \propto -(1+\cos\theta)\sin\varphi$$

由此给出的抛物面口径场,包含空衰后有

$$\vec{E}_a \propto 2\cos^4(\theta/2)\hat{a}_x \tag{5-104}$$

从极化纯度来看,这代表了抛物面—理想源。当一次源为 Huygens 源,抛物面 $f/D=0.25$,加上空间衰减,在反射面口径平面上的边缘照射为 -12dB。虽然这样的一次馈源对轴对称抛物面来说不产生交叉极化,但由于反射面曲率,存在轴向电流(即反射面上有 z 向电流)这也会产生低的交叉极化场。这些电流不会对 z 向的轴向场引起任何改变,但它会引起主平面之外的交叉极化电平。比如,一个 $f/D=0.25$,$D>25$ 个波长的对称抛物面,用惠更斯源馈电,这时的交叉极化电平会比主瓣峰值至少低 44dB。这个电平将随 f/D 的增加而迅速减少。惠更斯源仅对轴对称抛物面就口径场的极化纯度而言是一种理想馈源,但对非轴对称的反射面或轴对称的透镜天线来说就没有这个结果了。

5.5.4　简单的主焦喇叭馈源

喇叭天线是由波导激励,截面由波导逐渐扩展而成的。它是航天器天线和航天电磁测量中最常应用的一种微波天线。喇叭应用场合较多,小口径喇叭可作为反射面的馈源、相控阵天线的阵元;大口径喇叭本身就可作为中、高增益定向天线,还可作为卡焦反射面馈源。喇叭可以产生任意极化,包括线极化和圆极化。喇叭结构简单、调整容易、损耗较低、频带较宽是它的优点。这些天线及其组合常应用到同步轨道通信卫星的测控天线和通信载荷天线的馈源、阵列天线及相控阵天线阵单元、微波遥感天线及其定标天线等。喇叭的种类较多,按工作模式有基模、双模、多模、混合模、跟踪模等,按截面形状有矩形、圆形、椭圆和同轴形等。

喇叭的分析有多种方法。一般分为内场和外场,严格精确解有一定困难。一般是不考虑内外场的相互影响,通过波导场结构得到喇叭口径场,比如仅在波导两个壁上加宽的喇叭称为扇形喇叭,可通过锲角的边值问题求解。场在圆柱坐标系下展成 Hankel 函数。在其口面形成柱或球形等相位表面,在该面上可应用 Kirchhoff-Huygens 等效电流法确定其方向图。类似,用球 Hankel 和 Legendre 函数来分析圆锥喇叭,此积分表面为一个球冠。也可以把喇叭口当成口径,在口径上有一个平方相位分布,这也能对口径前半面的方向图有较精确的预示。

改善该方法预示误差可利用 GTD 法。

　　本节仅从工程应用出发,将喇叭口径当成一辐射口径,通过激励波导模近似地确定喇叭口径面上场的幅值分布,然后把口径平面上相位当成是展宽成球和/或柱面波形式,通过喇叭展宽的几何参数可确定其相位分布,这样按辐射积分可计算出喇叭辐射特性,将这些特性制成通用化曲线和列表。当已知喇叭几何参数后,利用这些列表和曲线可求得相应的一些特性和参数。有关喇叭天线的方向性估计,采用以等幅同相口径的方向性为基准,这就是我们熟知的 $D_g = 4\pi S/\lambda^2$,S 是口径面积。然后扣除由于口径面幅值不均匀分布和存在相位偏差所造成的方向性的增益跌落,就得到了喇叭实际的方向性增益。由于喇叭辐射机理简单,本节不更多地讲述,只是说明喇叭天线设计的基本程序和估计方法。图 5-15 表示了喇叭的几何形式。输入波导可以是矩形也可以是圆。设喇叭矩形口径的宽为 W,高度为 H,圆口径半径为 a,喇叭的斜距为 R,喇叭的轴长为 L,喇叭的半张角为 $\theta/2$。口径面上的相位分布—假设球面波达到口径,从口径边缘到中心的最大程差 Δ 有下式

$$\Delta = R - \sqrt{(R^2 - a^2)} = R\left(1 - \sqrt{1 - \frac{a^2}{R^2}}\right)$$

$$\approx R\left[1 - \left(1 - \frac{a^2}{2R^2}\right)\right] = \begin{cases} \dfrac{a^2}{2R} & \text{对圆口径} \\[2mm] \dfrac{W^2}{8R} & \text{对矩形口径} \end{cases} \quad (5-105)$$

程差用波长除之得到无量纲的平方相位分布常数 S

$$S = \frac{\Delta}{\lambda} = \frac{W^2}{8\lambda R} = \left(\frac{a^2}{2\lambda R}\right) \quad (5-106)$$

因为一般喇叭的半张角都较小,采用平方相差是合适的。

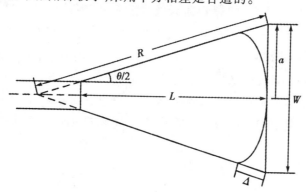

图 5-15　喇叭的几何示图

5.5.4.1　小口径基模喇叭

多模喇叭和混合模喇叭辐射轴对称方向图,并有非常低的交叉极化。它们可以十分理想的逼近惠更斯源,因此这些喇叭广泛地应用于反射面馈源。但是这些喇叭,比如标量混合模喇叭有较大的口径尺寸,有时会引起大的遮挡。因此在有些情况下,对辐射特性没有特殊要求时,开口波导或小喇叭仍是可接受的馈源形式。对开口波导或基模角锥喇叭,如果适当选择喇叭口径尺寸也可达到等化 E 和 H 面瓣宽。这样在主瓣范围内轴对称馈源方向图可得到。其交叉极化分量主要在 ±45° 面上,这种馈源一般是矩形,多限于线极化应用。对这种小口径、小张角馈源(口径上有小的相位差)的 10dB 瓣宽可用下列经验公式估计:

$$
\left.
\begin{aligned}
\text{E 面} - 10\text{dB 瓣宽} \quad & 2\psi_{-10\text{dB}(E)} \approx 88\frac{\lambda}{H}, \quad H/\lambda \leqslant 2.5 \\
\text{H 面} - 10\text{dB 瓣宽} \quad & 2\psi_{-10\text{dB}(H)} \approx 31 + 79\frac{\lambda}{W}, \quad 0.5 \leqslant \frac{W}{\lambda} \leqslant 3
\end{aligned}
\right\}
\tag{5-107}
$$

作为一个例子,主焦抛物面:$f/D = 0.4$,半张角 $\theta^* \approx 64°$,空间衰减 $\approx -3\text{dB}$,如果馈源 -10dB 瓣宽为 128°,则反射面边缘照射锥为 -13dB。按式(5-107),喇叭口径尺寸应为 $H = 0.59\lambda$;$W = 0.81\lambda$。对标准矩形波导 $b' = (0.3 - 0.45)\lambda$ 和 $a' = (0.6 - 0.9)\lambda$,该喇叭 H 面可以无须展宽,而 E 面需展宽到需要尺寸上,这就是人们常说的 E 面扇形喇叭。

对双极化和圆极化应用来说,圆波导和基模小张角圆喇叭有明显优势。当喇叭相对波长较大时,辐射方向图对称性变差,而且在二正交主面之间有高的交叉极化电平。当圆锥喇叭口径在一个波长甚至更小一些时,辐射方向图基本圆对称、交叉极化性能随喇叭展宽角改变。例如当基模圆锥口径 $d = 0.86\lambda$,E 面和 H 面方向图在主瓣范围内对称,有好的轴对称性。-12dB 瓣宽为 145°,可适用于 $f/D = 0.23 \sim 0.40$ 的抛物面天线,没有必要展宽。H_{11} 模圆波导口径 $d = 0.86\lambda$,它不会产生高阶模,最大交叉极化瓣的电平也只有 -26dB。

5.5.4.2　基模角锥喇叭

(1) 矩形角锥喇叭的辐射场

矩形或方波导展宽形成矩形喇叭,它的四壁是金属平板。假设喇叭的 H 面宽度为 W;喇叭的 E 面高度为 H。该口径 E 面和 H 面的平方相位分布常数分别为:

$$
S_e = \frac{\Delta_e}{\lambda} = \frac{H^2}{8\lambda R_e}; \quad S_h = \frac{\Delta_h}{\lambda} = \frac{W^2}{8\lambda R_h}
\tag{5-108}
$$

式中,Δ_e,Δ_h 分别是喇叭在口径面上的 E 面和 H 面上最大相位偏差,R_e,R_h 分别代表喇叭 E 面和 H 面的斜距,如图 5 - 15 所示。输入波导的高和宽为 $b' \times a'$。激励为最低阶模(TE_{10}),其场分布

$$E_y = E_0 \cos(\frac{\pi x}{a}) \qquad (5-109)$$

在口径面上电场分布可近似写成

$$\vec{E}_y = E_0 \cos(\frac{\pi x}{W}) \exp\left\{ -j2\pi \left[S_e (\frac{2y}{H})^2 + S_h (\frac{2x}{W})^2 \right] \right\} \hat{y} \qquad (5-110)$$

对大口径,电场和磁场之比近似等于自由空间波阻抗,利用 Huygens 源近似,最普遍的辐射场积分公式有

$$\vec{f}(\theta, \varphi) = \iint_s \vec{E}_s(x', y') e^{jk(x'\sin\theta\cos\varphi + y\sin\theta\sin\varphi)} \mathrm{d}x'\mathrm{d}y' \qquad (5-111)$$

对喇叭的 E 面方向图(YZ 面),将 $\varphi = 90°$ 代入积分式(5-111),可简化为

$$\vec{f}(\theta, \varphi = 90°) = \iint_s \vec{E}_s(x', y') e^{jk(y'\sin\theta)} \mathrm{d}x'\mathrm{d}y' \qquad (5-112a)$$

同样对喇叭 H 面方向图(XZ 面),将 $\varphi = 0°$ 代入积分式(5-111)简化后有

$$\vec{f}(\theta, \varphi = 0°) = \iint_s \vec{E}_s(x', y') e^{jk(x'\sin\theta)} \mathrm{d}x'\mathrm{d}y' \qquad (5-112b)$$

将式(5-110)的喇叭口径场分布函数代入式(5-112),通过口径面场分布计算辐射方向图。积分采用直角坐标系,并将辐射积分变换到球坐标系中,E 面方向图

$$E_\theta = \frac{jke^{-jkr}}{4\pi r}(1 + \cos\theta) f_{ye}$$

$$f_{ye} = \int_{-W/2}^{W/2} \cos\left(\frac{\pi x}{W}\right) e^{-j2\pi S_h(\frac{2x}{W})^2} \mathrm{d}x \int_{-H/2}^{H/2} e^{-j2\pi S_e(\frac{2y}{H})^2} e^{jk\sin\theta y} \mathrm{d}y \qquad (5-113a)$$

H 面方向图

$$E_\varphi = \frac{jke^{-jkr}}{4\pi r}(1 + \cos\theta) f_{yh}$$

$$f_{yh} = \int_{-W/2}^{W/2} \cos\left(\frac{\pi x}{W}\right) e^{-j2\pi S_h(\frac{2x}{W})^2} e^{jk\sin\theta x} \mathrm{d}x \int_{-H/2}^{H/2} e^{-j2\pi S_e(\frac{2y}{H})^2} \mathrm{d}y \qquad (5-113b)$$

对于不同的 S 计算了 E 面和 H 面的 f_{ye}, f_{yh},得到了如图 5-16 和图 5-17 的曲线,人们称其为基模喇叭通用方向图。对给定的喇叭宽度 W、高度 H 和斜距 R_e/R_h,可分别求出 H 面和 E 面方向图的辐射参数,如喇叭的半功率瓣宽、边瓣电平等。

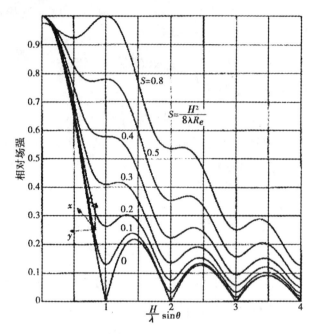

图 5-16 角锥喇叭主模的 E 面辐射方向图

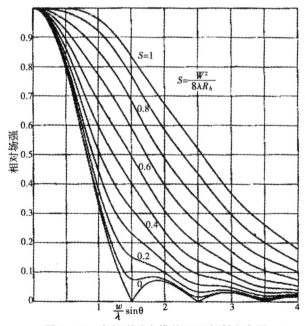

图 5-17 角锥喇叭主模的 H 面辐射方向图

(2)矩形基模角锥喇叭的设计

矩形喇叭设计会涉及多个几何参数,首先我们定义各几何参数以及它们间的关系。激励波导的高和宽为 $b' \times a'$,喇叭口径高宽为 H(E 面)$\times W$(H 面)。利用相似三角形关系可得到与斜距的关系:

$$\left. \begin{array}{l} \dfrac{R_e \cos\left(\dfrac{\theta_e}{2}\right)}{L_e} = \dfrac{H}{H - b'}, \qquad \dfrac{R_h \cos\left(\dfrac{\theta_h}{2}\right)}{L_h} = \dfrac{W}{W - a'} \\[4mm] \sin\dfrac{\theta_h}{2} = \dfrac{W}{2R_h}, \qquad \sin\theta_e = \dfrac{H}{2R_e} \end{array} \right\} \qquad (5-114)$$

式中,R_e,R_h 为喇叭 E、H 面的斜距;H、W 为喇叭 E 面、H 面口径尺寸,即为喇叭的高和宽;a'、b' 为激励波导的宽边(H 面)和窄边(E 面)尺寸。θ_e,θ_h 分别为喇叭E、H 面的展宽角。L_h,L_e 分别定义为 H 面、E 面喇叭轴长,与其他几何参数的关系有

$$L_h = \frac{W - a'}{W}\sqrt{R_h^2 - \frac{W^2}{4}}, \qquad L_e = \frac{H - b'}{H}\sqrt{R_e^2 - \frac{H^2}{4}} \qquad (5-115)$$

当角锥喇叭几何参数确定后,口径面尺寸、口径面内相差及口面场分布就都已确定。将喇叭口径分布和口径相位影响考虑后,喇叭的方向性增益可写为:

$$D(\mathrm{dB}) = 10\lg\left(\frac{4\pi WH}{\lambda^2}\right) - ATL_h - ATL_e - PEL_h - PEL_e \qquad (5-116)$$

式中第一项就是等幅、同相矩形口径的方向性系数。第二、第三项(ALT_e,ALT_h)分别为 E 面和 H 面口径幅值分布引起的方向性损失;最后的两项 PEL_h,PEL_e 为 H 面和 E 面口径相位偏差引起的方向性跌落。由于这类喇叭天线理论十分完善,应用也十分广泛,这些因素的影响已经计算出各种数据和表格,可供设计者直接查用[1]。在此也将有关的数据摘录如下,设计时可直接查用。其中表 5 - 1 是基模喇叭口径场分布的辐射特性。表 5 - 2 是口径平方相差引起的方向性损失(增益跌落),当 E、H 口径面上的平方相位分布常数 S 确定后可查表5 - 2 得到。S 与喇叭口径和斜距的关系见式(5 - 108)。

根据不同的相位偏差(S)可将基模矩形喇叭 3dB 和 10dB 瓣宽对应的角度和喇叭的边长联系起来,见表 5 - 3。

表 5-1　口径场分布的辐射特性

口径分布	均匀分布(E 面方向图)	cos 分布(H 面方向图)
$\approx\cos\left(\dfrac{\pi x}{a}\right)=E_y$	$\dfrac{\sin(k_yH/2)}{k_yH/2}$	$\dfrac{\cos(k_xW/2)}{1-(W/\lambda)^2}$
第一边瓣电平	$-13.2(\mathrm{dB})$	$-23.0(\mathrm{dB})$
HPBW 因子	1.00	1.342
0dB 瓣宽因子	1.00	1.5
口径分布效率,ALT,dB(幅值)	0dB,(1.00)	0.91dB,(0.81)

表 5-2　口径平方相差引起的方向性损失(dB)

S	均匀分布 E 面	cos 分布 H 面	S	均匀分布 E 面	cos 分布 H 面
0.05	0.04	0.02	0.60	5.91	2.44
0.10	0.15	0.07	0.65	6.96	2.82
0.15	0.34	0.16	0.70	8.04	3.20
0.20	0.62	0.29	0.75	9.08	3.58
0.25	0.97	0.45	0.80	9.98	3.95
0.30	1.40	0.65	0.85	10.60	4.31
0.35	1.92	0.88	0.90	10.87	4.65
0.40	2.54	1.14	0.95	10.80	4.97
0.45	3.24	1.43	1.00	10.50	5.25
0.50	4.04	1.75			
0.55	4.93	2.09			

表 5-3　瓣宽与口径相差和边长的关系

	H 面			E 面	
S_h	3dB 瓣宽(弧度) $\dfrac{W}{\lambda}\sin\theta_{3\mathrm{dB}}$	10dB 瓣宽(弧度) $\dfrac{W}{\lambda}\sin\theta_{10\mathrm{dB}}$	S_e	3dB 瓣宽(弧度) $\dfrac{H}{\lambda}\sin\theta_{3\mathrm{dB}}$	10dB 瓣宽(弧度) $\dfrac{H}{\lambda}\sin\theta_{10\mathrm{dB}}$
0	0.5945	1.0194	0	0.4430	0.7380
0.04	0.5952	1.0220	0.04	0.4435	0.7405
0.08	0.6976	1.0301	0.08	0.4452	0.7484
0.12	0.6010	1.0442	0.12	0.4482	0.7631
0.16	0.6073	1.0652	0.16	0.4527	0.7879
0.20	0.6150	1.0949	0.20	0.4590	0.8326
0.24	0.6248	1.1358	0.24	0.4676	1.4592
0.28	0.6372	1.1921	0.28	0.4793	1.5416
0.32	0.6526	1.2700	0.32	0.4956	1.6034
0.36	0.6716	1.3742	0.36	0.5193	1.6605
0.40	0.6951	1.4959	0.40	0.5565	1.7214

	H 面			E 面	
	3dB 瓣宽(弧度)	10dB 瓣宽(弧度)		3dB 瓣宽(弧度)	10dB 瓣宽(弧度)
S_h	$\dfrac{W}{\lambda}\sin\theta_{3dB}$	$\dfrac{W}{\lambda}\sin\theta_{10dB}$	S_e	$\dfrac{H}{\lambda}\sin\theta_{3dB}$	$\dfrac{H}{\lambda}\sin\theta_{10dB}$
0.44	0.7243	1.6123	0.44	0.6281	1.8004
0.48	0.7609	1.7143	0.48		
0.52	0.8070	1.8062	0.52		
0.56	0.8656	1.8947	0.56		
0.60	0.9401	1.9861	0.60		
0.64	1.0317	2.0872	0.64		
0.68	1.1365	2.2047	0.68		
0.72	1.2445	2.3418	0.72		
0.76	1.3473	2.4876	0.76		
0.80	1.4425	2.6246	0.80		
0.84	1.5320	2.7476	0.84		
0.88	1.6191	2.8618	0.88		
0.92	1.7071	2.9744	0.92		
0.96	1.7991	3.0924	0.96		
1.00	1.8970	3.2208	1.00		

　　表 5-3 中没有考虑倾斜因子 $(1+\cos\theta)/2$，在利用此表计算瓣宽时，还需要计入该因子。近轴区这个影响是很小的，它等效于瓣宽稍微变宽即口径稍微减小一点。利用表 5-1、表 5-2、表 5-3 和图 5-15 和图 5-16 就可进行矩形基模喇叭的设计了。因为喇叭设计不外乎是根据要求(比如方向性增益、波瓣宽度、波瓣等化要求等)确定喇叭各几何参数使之达到要求。值得注意的是，在选择参数时，不能使喇叭张角过大(如果允许，半张角应控制在 10°之内)，这不仅避免口面相差过大，而且防止颈部激励高次模。

　　(3)最佳矩形喇叭

　　矩形喇叭有较多的参数，可利用它设计出在各种要求下的最佳喇叭。比如，给定增益，要求设计等化瓣宽，即 E 和 H 面有相同的 3dB/10dB 瓣宽。又比如，选择固定的斜距改变口径宽度，增益随着口径宽度的增加而增加，同时随口径增大，平方相位误差引起的增益损失也更快地增加，这两个因素的作用有一个增益最大点，我们通常称此为最佳矩形喇叭。通常我们把角锥喇叭 H 面、E 面的口面相差分别取在 $S_e=0.25$，$S_h=0.375$ 附近时，增益达到最大的喇叭叫增益最佳角锥喇叭。

　　下面进行最佳矩形喇叭的设计，这是一个迭代过程。增益最大一般发生在

两个平面有近似相同的相位偏差,我们首先取 $S_h = 0.40, S_e = 0.26$。从表 5-3
中找到 3dB 瓣宽有

$$\frac{W}{\lambda}\sin\theta = 0.6951, \qquad \frac{H}{\lambda}\sin\theta = 0.4735 \qquad (5-117)$$

使两个主平面的 3dB 瓣宽相等,从式(5-117)中消除 $\sin\theta$,可得到最佳点

$$\left.\begin{array}{l}\text{有相同的 3dB 波瓣}\quad \dfrac{H}{W} = 0.68 \\[2mm] \text{有相同的 10dB 瓣宽}\quad \dfrac{H}{W} = 1.00\end{array}\right\} \qquad (5-118)$$

S 值给定了喇叭的效率,从表 5-1 和表 5-2 我们可找到这个喇叭由于口
径幅值分布和相位误差带来的方向性降低有,$PEL_h = 1.14\text{dB}, PEL_e = 1.05\text{dB}$,
$ATL_h = 0.91\text{dB}$;因此喇叭口径效率为 49%,有增益

$$G = 0.49 \times \frac{4\pi WH}{\lambda^2} \qquad (5-119)$$

我们由式(5-118)知道 3dB 等化瓣宽的喇叭高宽比,代入(5-119)中可得到

$$\frac{W}{\lambda} = 0.489\sqrt{G}, \qquad \frac{H}{\lambda} = 0.332\sqrt{G} \qquad (5-120)$$

利用式(5-108),将 S_h, S_e 值代入式(5-120)中可得到斜距

$$\frac{R_h}{\lambda} = 0.0746G, \qquad \frac{R_e}{\lambda} = 0.0531G \qquad (5-121)$$

如果给定增益,利用式(5-120)和式(5-121)就可设计出喇叭的各几何参
数,但必须要考虑输入波导尺寸。由波导到口径的轴长对 E 和 H 面而言应该是
相等的。因为喇叭必须在同一个平面内与波导相接,否则为不能实现的设计。
当给定波导尺寸 a' 和 b',保证有相同的轴长 $L_e = L_h = L$ 的关系。利用相似三
角形关系,轴长应满足式(5-115)。如果我们选择维持由式(5-121)给定的 H
面(或 E 面)的斜距,而改变另一个斜距,使其有相同轴长的话。假设维持 H 面
的斜距(按式(5-121)第一式计算),这样会得到 E 面斜距的第二个设计值

$$R_e = \frac{H}{H-b'}\sqrt{L^2 + \frac{(H-b')^2}{4}} \qquad (5-122)$$

为了得到适当的增益我们必须迭代,设计喇叭可通过应用式(5-119)、式
(5-120)、式(5-121)第一式和式(5-122),按下式计算新增益

$$G_{d,new} = \frac{G_{req}G_{d,old}}{G_{actual}} \qquad (5-123)$$

式中,G_{req} 是所要求的增益,$G_{d,old}$ 为原设计的增益,G_{actual} 为实际的增益。

例 1 设计一个喇叭,波导为 WR-90(波导内尺寸 $a' \times b' = 22.86\text{mm} \times 10.16\text{mm}$),要求增益为 22dB,工作频率为 8.25GHz,$\lambda = 36.36\text{mm}$,增益 $G_{req} = G_d = 10^{22/10} = 158.5$。

利用式(5-120)得到口径尺寸

$$W = 0.489\sqrt{G}\lambda = 0.489 \times 12.59 \times 36.36 = 223.85\text{mm}$$

$$H = 0.332\sqrt{G}\lambda = 151.98\text{mm}$$

由式(5-120)第一式和式(5-121)第一式得到

$$\frac{R_h}{\lambda} = 0.0746 \times G = 11.82$$

$$R_h = 429.92\text{mm}$$

$$L_h = \frac{W - a'}{W}\sqrt{R_h^2 - \frac{W^2}{4}}$$

$$= \frac{223.85 - 22.86}{223.85} \times \sqrt{429.92^2 - \frac{223.85^2}{4}} = 372.71\text{mm}$$

为在 E 面得到相同的轴长,利用式(5-122)得

$$R_e = \frac{H}{H - b'}\sqrt{L^2 + \frac{(H - b')^2}{4}}$$

$$= \frac{151.98}{151.98 - 10.16}\sqrt{372.71^2 + \frac{(151.98 - 10.16)^2}{4}}$$

$$= 406.66\text{mm}$$

现在计算增益并与要求相比,因为 S_h 固定,H($S_h = 0.40$)面幅度分布的损失和相位误差损失(查表)有:$PEL_h = 1.14\text{dB}$, $ATL_h = 0.91\text{dB}$,计算

$$S_e = \frac{H^2}{8\lambda R_e} = \frac{151.98^2}{8 \times 36.36 \times 406.44} = 0.1954,$$

查表 5-2,$PEL_e = 0.60\text{dB}$,则

$$G_{actual}(\text{dB}) = 10\lg\frac{4\pi WH}{\lambda^2} - ALT - PEL_h - PEL_e = 22.41$$

$$G_{actual} = 175.8$$

新的设计增益

$$G_d = \frac{G_{req} \cdot G_{d,old}}{G_{act}} = \frac{158.5 \times 158.5}{175.8} = 142.9$$

式中,G_{req} 为所要求的增益,G_{act} 为实得到的增益,$G_{d,old}$ 为原设计增益。

用新的设计增益进行第二次迭代,给出下列尺寸:$W = 175.4\text{mm}$,

$H = 119.1\text{mm}, R_h = 319.8\text{mm}, \ L = 267.5\text{mm}, \ R_e = 298.4\text{mm}, \ S_e = 0.1981,$
$PEL_e = 0.60,$则

$$G(\text{dB}) = 10\lg\frac{4\pi WH}{\lambda^2} - ALT - PEL_h - PEL_e$$

$$= 24.64 - 0.91 - 1.14 - 0.60 = 22.003\text{dB}$$

瓣宽近似相等,H 面为 13.66°,E 面为 13.28°。达到了设计要求,设计完成。

例 2 对给定瓣宽的设计。

矩形波导两个面的瓣宽可以独立地设计。两个面的轴长必须是相同的,然而喇叭的口径宽和高是可以调整的,以给出所要求的瓣宽。我们取一个面的 S,然后变化另一个面的 S 以产生所要求的瓣宽,条件是与第一个面有相同的轴长。因为第一个面的 S 是任意的,其设计不是唯一的。

设计一矩形喇叭,要求 10dB 瓣宽,在 H 面为 30°、E 面为 70°,中心频率 $f_0 =$ 7GHz。输入波导尺寸为 35mm × 17.5mm。因为 H 面有比较窄的瓣宽,因此有较宽的口径。选 $S_h = 0.20$(任意选择)。15°的倾斜因子是 0.15dB,设计时要稍微比 30°的瓣宽大一点,以补偿倾斜因子的影响,$BW_d = \sqrt{\dfrac{10.15}{10}}30° = 30.22°$。利用表 5-3,对这个瓣宽的喇叭宽度有 $\dfrac{W}{\lambda} = \dfrac{1.0949}{\sin(BW_d/2)} = 4.200$,对 7GHz,$W =$ 180mm,$R_h = \dfrac{W^2}{8\lambda S_h} = 472.5\text{mm}$,利用式(5-115),找到轴长 $L_h = L = 373.6\text{mm}$。

因为 E 面瓣宽比 H 面瓣宽宽,E 面口径较小。对初始的 S_e 可取得更小一些,$S_e = 0.04$。在 35°处的倾斜因子 0.82dB,加到方向图损失中,所以要求更大的设计瓣宽

$$BW_d = \sqrt{\frac{10.82}{10}}70° = 72.82°$$

$$\frac{H}{\lambda} = \frac{0.7405}{\sin(BW_d/2)} = 1.248, \quad H = 53.46\text{mm}$$

利用公式找到 $R_e = 208.4\text{mm}, L_e = 139.0\text{mm}$,可见该设计不满足有相同轴长的条件。

当 $S_e = 0.02, H = 53.37\text{mm}, R_e = 415.4\text{mm}, L_e = 278.6\text{mm}$,将此组数据与 $S_e = 0.04$ 的一组数据比较可以看出,当 S_e 由 $0.04 \to 0.02$ 时而口径 H 的变化仅 0.1mm,因此我们取 $H = 53.3\text{mm}$,迫使 R_e 给出与 H 面有相同的轴长,最后取 $R_e = 556.9\text{mm}$ 或 $S_e = 0.0149$,L_e 变化两倍。

综上我们可以知道,在规定工作频率和电性能情况下确定喇叭天线的各尺寸参数,这就是喇叭天线的设计。一般可充分利用现有的曲线和数据,设计是十

分简单和直接的。

(4)相位中心

当喇叭作为反射面馈源时,相位中心是一个比较重要的参数。馈源的相位中心放在反射面的焦点时可使反射面口径相位误差损失降到最小。当喇叭口径无平方相差时($S=0$),相位中心就在喇叭口径面内。随着 S 的增大辐射相心向喇叭顶端移动。相位中心位置是 S 的函数,见表 5-4。表中 L_{Ph},L_{Pe} 分别代表 H 面、E 面相心距面的轴向距离。R_e,R_h 分别为喇叭 E 面和 H 面的几何斜距。

表 5-4　矩形喇叭基模相位中心距口径面的轴向位置

S	H 面 L_{Ph}/R_h	E 面 L_{Pe}/R_e	S	H 面 L_{Ph}/R_h	E 面 L_{Pe}/R_e
0	0	0	0.32	0.334	0.755
0.04	0.0054	0.011	0.36	0.418	
0.08	0.022	0.045	0.40	0.508	
0.12	0.048	0.102	0.44	0.605	
0.16	0.086	0.182	0.48	0.705	
0.20	0.134	0.286	0.52	0.808	
0.24	0.191	0.416			
0.28	0.258	0.572			

5.5.4.3　基模圆锥喇叭

(1)基模圆锥喇叭的辐射特性

同矩形喇叭一样,我们仍用口径场法导出它的辐射场。圆波导的极化方向应由激励波导模的场方向决定。一般情况下圆喇叭多采用圆波导馈电,圆波导采用变换段与矩形标准波导相连。通常用矩形波导的 TE_{10} 模激励圆波导的 H_{11} 模,然后圆波导逐渐展宽形成圆喇叭。波导的模式决定了口径场幅度分布。相当于圆波导中的喇叭顶点有一个点源向口径辐射,口径面相位近似平方律。圆波导中的基模(H_{11})场为

$$E_\rho = \frac{E_0}{\rho} J_1\left(\frac{x'_{11}}{a}\rho\right)\cos\varphi$$
$$E_\varphi = -\frac{E_0 x'_{11}}{a} J'_1\left(\frac{x'_{11}}{a}\rho\right)\sin\varphi \tag{5-124}$$

式中,J_1 为一阶 Bessel 函数,ρ 为波导径向分量,a 是圆喇叭半径,$x'_{11}=1.841$ 是 $J'_1(x)$ 的第一个根。口径平方相差由 $S=\dfrac{a^2}{2\lambda R}$ 决定,R 是喇叭斜边半径。将平方相差加到式(5-124)中,计算圆口径的 Fourier 变换可得到远区辐射场:

$$E_\theta = E_0 \int_0^{2\pi} \int_0^a \left[\frac{J_1(x'_{11}\rho/a)}{\rho} \cos\varphi \frac{\hat{a}_\theta \cdot \hat{a}_\rho}{\cos\theta} \right.$$
$$\left. - \frac{x'_{11}}{a} J'_1\left(\frac{x'_{11}\rho}{a}\right) \sin\varphi \frac{\hat{a}_\theta \cdot \hat{a}_\varphi}{\cos\theta} \right] e^{j\left(k\rho\sin\theta\cos(\phi-\varphi)-2\pi S\left(\frac{\rho}{a}\right)^2\right)} \rho\, d\rho\, d\varphi$$

$$E_\phi = E_0 \int_0^{2\pi} \int_0^a \left[\frac{J_1(x'_{11}\rho/a)}{\rho} \cos\varphi \hat{a}_\rho \cdot \hat{a}_\phi \right. \qquad (5-125)$$
$$\left. - \frac{x'_{11}}{a} J'_1\left(\frac{x'_{11}\rho}{a}\right) \sin\varphi \hat{a}_\varphi \cdot \hat{a}_\phi \right] e^{j\left(k\rho\sin\theta\cos(\phi-\varphi)-2\pi S\left(\frac{\rho}{a}\right)^2\right)} \rho\, d\rho\, d\varphi$$

式中,空间单位矢量间的关系如下

$$\hat{a}_\theta \cdot \hat{a}_\rho = \cos\theta(\cos\varphi\cos\phi + \sin\phi\sin\varphi)$$
$$\hat{a}_\theta \cdot \hat{a}_\varphi = \cos\theta(\sin\phi\cos\varphi - \cos\phi\sin\varphi)$$
$$\hat{a}_\phi \cdot \hat{a}_\rho = \cos\phi\sin\varphi - \sin\phi\cos\varphi$$
$$\hat{a}_\phi \cdot \hat{a}_\varphi = \cos\phi\cos\varphi + \sin\phi\sin\varphi$$
$$S = \frac{\Delta}{\lambda} = \frac{a^2}{2\lambda R}$$

在计算喇叭辐射方向图时必须在积分前乘以 $(1+\cos\theta)/2$ 的倾斜因子或变成分贝数相加。利用式(5-125),令 $\phi=0°$,$\phi=90°$,可分别得到 E 面和 H 面的通用辐射图形,见图 5-18 和图 5-19。

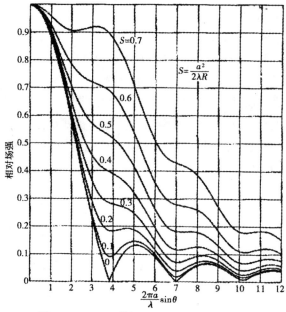

图 5-18 TE_{11} 模圆喇叭 E 面通用方向图

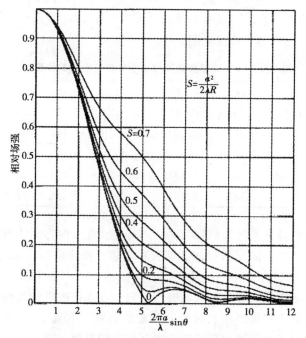

图 5-19　TE_{11} 模圆喇叭 H 面通用方向图

（2）基模圆锥喇叭设计

与角锥喇叭设计类似，按规定的波瓣宽度或按规定的增益来设计圆锥喇叭尺寸。

圆锥喇叭的方向性

$$D_g(\text{dB}) = 20\lg(2\pi a/\lambda) - GF \qquad (5-126)$$

式（5-126）右边第一项仍是等幅同相圆口径的方向性系数，第二项是口径幅度锥削和平方相位偏差形成的方向性损失。表 5-5 根据计算结果总结出了方向性损失的具体数据。当喇叭的几何尺寸已知后，从表 5-5 中可查出 GF，$GF = (ATL + PEL)(\text{dB})$。将对应的值代入式（5-126）中，即可估计出基模圆锥喇叭的方向性系数。

表 5-5　幅度锥和平方相位偏差形成的方向性损失

S	0	0.04	0.08	0.12	0.16	0.20	0.24
$GF(\text{dB})$	0.77	0.80	0.86	0.96	1.11	1.30	1.54
S	0.28	0.32	0.36	0.40	0.44	0.48	0.52
$GF(\text{dB})$	1.82	2.15	2.53	2.96	3.45	3.99	4.59
S	0.56	0.60	0.64	0.68	0.70		
$GF(\text{dB})$	5.28	5.98	6.79	7.66	8.62		

同样,喇叭等效辐射相心在口面后的位置(L_{Pe},L_{Ph})与 S 有关,表 5 - 6 提供了计算结果,设计时可直接查用。

表 5 - 6　基模圆喇叭相位中心在口面后的位置

S	0	0.04	0.08	0.12	0.16	0.20	0.24
H 面,L_{Pe}/R	0	0.0046	0.018	0.042	0.075	0.117	0.171
E 面,L_{Ph}/R	0	0.012	0.048	0.109	0.194	0.305	0.441
S	0.28	0.32	0.36	0.40	0.44	0.48	0.52
H 面,L_{Pe}/R	0.238	0.310	0.397	0.496	0.604	0.715	
E 面,L_{Ph}/R	0.603	0.782	0.801	0.809	0.836	0.872	

当口面无相位误差时,辐射相心就在口面上,此时的方向性损失仅由口面幅值分布不均匀产生。随着 S 的增大相位中心越向锥顶推移,E 面和 H 面相心偏差也越大。

圆锥基模喇叭设计与角锥喇叭设计类似。在现代喇叭天线的应用中通常要求等化波束。由于基模圆喇叭口径面分布使喇叭 H 面瓣较 E 面更宽。圆口径不能像角锥喇叭那样可通过调整喇叭宽高比实现等化。对此性能的改进一般采用双模、多模和混合模喇叭来实现其圆对称性、低副瓣和低交叉极化。

5.5.5　多模喇叭馈源

圆锥喇叭当口径尺寸较大时,辐射方向图的圆不对称性就显现出来了。为了获得圆对称的等化波束,采用多模合成技术,其中 Potter 喇叭就是一种。对大口径的圆锥基模喇叭,要改善辐射的轴对称性可引入 E_{11} 模。E_{11} 模存在基本不影响 H 面口径分布,也就不影响 H 面方向图。当以适当相位与 H_{11} 模组合时,可使喇叭 E 面口径场分布改变,以逼近 H 面的场分布。双模圆锥喇叭常用形式如图 5 - 20 所示。Potter 双模喇叭是在传输主模的圆波导端加一台阶,在台阶处激励出高次模,选择尺寸 a,使在圆波导中只能传输 H_{11},而其他高阶模全被截止;台阶的尺寸选择 $A(\rho = a/A, \tau = 1/\rho = A/a)$ 是要使 H_{11} 和 E_{11} 二模能传输,其余可能被激励的高阶模都被截止;在台阶处激励的 E_{11} 模与 H_{11} 模的模比的相位 $\varphi_{11,0} \approx 0^0$;模比的幅值 $M_{11,0}$ 由 ρ 的大小决定。接着有一段半径为 A 的短波导段,一般称为调相段。它的长度为零就是图 5 - 20(b),接着有一段半张角为 θ_0 的展开段,一般 $\theta_0 < 10^0$。如果展开段为零就是图 5 - 20(c)。要求在口面上 E_{11} 模与 H_{11} 模同相,调节传输段的长度(包括调相段和展开段)就可达到这一目

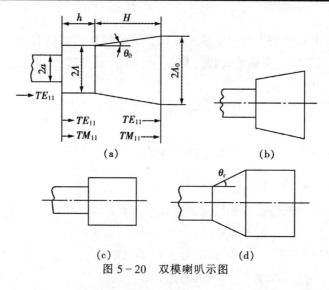

图 5 - 20　双模喇叭示图

的。如果口面上模比 M_{11} 大小合适就可得到具有轴对称性好、交叉极化峰值电平低、边瓣小的辐射方向图。设计时,一般圆波导和台阶尺寸选择应满足下式

$$1.841184 \leqslant ka \leqslant 3.831706$$

$$3.831706 \leqslant kA \leqslant 5.331443 \tag{5-127}$$

这样就可保证除 E_{11} 模与 H_{11} 模外其他模不能激励,或激励了也不能传输。为改善匹配,ka 应接近 3.831705。研究表明:台阶比取得大一些对展宽频带有好处。

双模圆锥喇叭设计步骤可概括如下:

(1) 从波瓣宽度的要求,以 H 面方向图为基准选取圆口径直径 $2A_0/\lambda$。一般选择圆波导半径 $a \approx 0.35\lambda_0$,考虑到工作频段,圆波导半径可在 $0.34\lambda_{max} \sim 0.383\lambda_{min}$ 范围内选择。

(2) 从对 E 面、H 面波瓣宽度等化的要求确定模比 M_{11}。E_{11} 模对 H 面方向图基本无影响。如果要求归一化方向图电平在 $-11 \sim -14\text{dB}$ 以上角域得到等化,且口径较大时,口面模比 M_{11} 一般取

$$M_{11} \approx 0.47\exp(j0)$$

如果要求等化电平在 $-11 \sim -16\text{dB}$,且口径较大时,口面模比 M_{11} 一般取

$$M_{11} \approx 0.36\exp(j0)$$

对应 $u = 3.6 \sim 4.2$,$u = kA_0\sin\theta$,电平在 -12dB 附近的瓣宽 $2\theta_{-12\text{dB}} \approx 162°\dfrac{\lambda}{2A_0}$。用双模实现方向图等化,其口面模比:

$$M_{11} \approx (0.36 \sim 0.6) \exp(j0) \tag{5-128}$$

(3)由口面模比倒推台阶处模比。设台阶处模比的幅值为 $M_{11,0}$，其相位为 $\varphi_{11,0}$。喇叭可当成无损耗的，因此，$M_{11,0} \approx |M_{11}|$。一般说，台阶处模比的相位大多设计在 $20° \sim 30°$。

(4)由 $M_{11,0}$ 求得台阶处直径比。模比相位按 $30°$ 估计时，台阶处模比幅值有下列近似式

$$M_{11,0} \approx 3.41(1 - \sqrt{\rho}) \tag{5-129}$$

一般，可近似确定的 $\tau \approx 1.3 \sim 1.4$，$\rho = \dfrac{1}{\tau}$。

(5)确定传输段包括调相段和展开段的总长度。使口面 H_{11}，E_{11} 同相，有

$$\varphi_{11,0} + \Delta\varphi_1 + \Delta\varphi_2 = 2m\pi, \quad m = 1, 2, \cdots \tag{5-130}$$

为了使变换段尽可能短，m 一般取为 1 或 2。式中，$\varphi_{11,0}$ 为台阶处模比的相位，$\Delta\varphi_1$ 为直波导段 E_{11} 对于 H_{11} 模的相位差，$\Delta\varphi_2$ 为展开段 E_{11} 对于 H_{11} 模的相位差。

(6)半功率瓣宽。E_{11} 模的激励基本上不影响 H 面喇叭的口径分布，它只使 E 面场分布改变，接近于 H 面，形成圆对称波束。而且这种双模喇叭的方向图随模比的变化不敏感，一般半功率瓣宽可按下式估计

$$HPBW \approx 72° \frac{\lambda}{2A_0} \tag{5-131}$$

式中，$2A_0$ 为喇叭口直径，λ 是工作波长。

双模圆锥喇叭在 5% 左右的频带内方向图都具有良好的圆对称性。除双模圆锥喇叭外，多模圆锥喇叭应用也很普遍。这种喇叭与双模喇叭一样，较好地克服了基模圆喇叭 E 面、H 面方向图不对称、辐射相心不重合、E 面旁瓣偏高等缺点。而它的制造和成本也不比基模喇叭高多少，制造难度、体积和重量远比波纹喇叭要小，因此在同步静止轨道通信卫星上常被独立应用到有极化复用要求的系统中，形成双极化复用的覆球波束覆盖，或用作多波束、赋形波束反射面的馈源。多模圆锥喇叭设计的关键是激发和控制所需的高阶模的分量，即模转换系数或模比。一般采用在喇叭纵轴适当位置加台阶和变张角的方法来实现。为了调节各模间的相位使其口径面上有恰当的相位关系，一般采用过渡波导段，过渡段可为柱段和锥段。设计思路和过程与双模相同，在此不再重述。

当 H_{11} 模和 E_{11} 模之间以适当的相位组合时，在喇叭口面上形成线极化分布，如图 5-21 所示。这样使大口径圆锥喇叭具有对称主极化辐射方向图，而且有稳定的相位中心和低交叉极化。

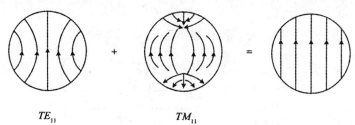

图 5-21　双模圆锥喇叭口面场分布

为了保证高阶模工作远离截止频率,馈电喇叭口径必须大于 1.3 倍波长。因此,双模喇叭最适合于卡式反射面系统或长焦距的前馈反射面系统。

两种用于长焦距的前馈抛物面的双模喇叭如图 5-22 所示。双模喇叭主要尺寸如图:一种为 $d_1 = 0.71\lambda$, $d_2 = 1.31\lambda$, $l = 1.37\lambda$, $\beta = 30°$ 双模喇叭,可作为 $F/D = 0.6$ 的前馈抛物面馈源;另一种为 $d_1 = 0.71\lambda$, $d_2 = 1.86\lambda$, $l = 3.75\lambda$, $\beta = 28°$ 的双模喇叭,可用作 $F/D = 0.8$ 的前馈抛物面馈源。这种双模喇叭将 H_{11} 模的能量转换成 E_{11} 模是在展宽段发生的,而直段 l 仅保证两个模在口径处有适当的相位关系。这种双模喇叭的工作带宽约 10% 左右。

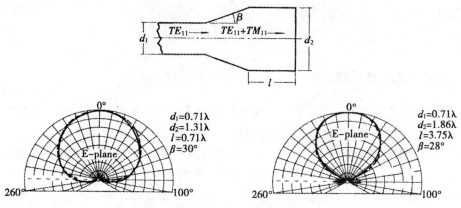

图 5-22　两种尺寸的双模喇叭及辐射方向图

在圆喇叭段采用阶梯不连续产生 E_{11} 模形成双模喇叭。利用方口角锥喇叭也可实现类似结果。在喉部利用台阶把主模 TE_{10} 模能量转换到 TE_{12} 模和 TM_{12} 模上,如图 5-23 所示的角锥双模喇叭(图中长度单位:inch)。

在图 5-23 中,喇叭锥段从 $a_1 = 2.84$inch,到 $a_2 = 4.09$inch,其长度为 5.7inch。阶梯从4.09inch扩展到5.24inch,该段长度为 2.20inch。最后是喇叭

段从 5.24inch 扩展到口面 14inch，这锥段长度为 40inch。该喇叭工作于 $f =$ 2650MHz，辐射方向图轴对称、等化、边瓣电平 < −20dB。

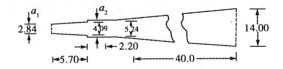

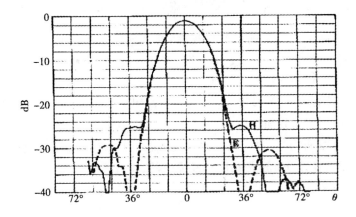

图 5－23　角锥双模喇叭

5.5.6　宽带混合模喇叭

工作带宽较小时，用双模光壁喇叭较为合适。双模圆锥喇叭加载介质环边对带宽有一定的改进。常用的混合模有波纹喇叭和介质圆锥馈源。对卫星跟踪、雷达、射电天文常用波纹喇叭，它可改进效率和减少泄漏，其中极化纯度又是在频率复用技术中应重点考虑的问题。波纹喇叭中 H_{11} 和 E_{11} 模的组合可得到十分理想的辐射特性。周向槽的作用逼使 H_φ，E_φ 在其喇叭壁上都趋于零，因此 TE 和 TM 模有相同的边界。实际上波纹圆波导或波纹圆锥喇叭的主模是由 TE 和 TM 分量的平衡混合组成，所以称混合模。它还有两个附带的优点：①它激励并不需要采用模变换器，这种基模通常称为 HE_{11} 模；②构成 HE_{11} 模的二分量 TE 和 TM 模有相同的截止频率和相同的相速度，因此沿波导任何地方二模都维持恰当的相位关系，与频率无关，所以双模喇叭带宽限制的问题克服了。

应用最广泛的两种波纹喇叭。一种是大张角波纹，它的轴长相对短一些，有时又称标量喇叭。该喇叭显著特点是在喇叭口面形成球面波，偏离平面波的相差至少有半个波长甚至更多,因此,它的辐射方向图形状基本上与频率无大关系,几乎完全由展宽角决定。至少可在 1.5:1 的带宽内在 −15dB 电平上波瓣宽度近似等于喇叭的总展宽角,且为等化的波束;E 面、H 面的相位中心重合为一,就在喇叭的顶点;在展宽角范围内几乎无边瓣。要达到这些特性,喇叭的张角应大于 70°,喇叭口径大约应超过 2.5 个波长。对于 f/D 在 0.33~0.5 范围内的主焦抛物面,这种喇叭是十分理想的一次馈源。但对于小直径波长比的反射面,这种馈源的遮挡要大一些。然而对于 f/D 较小的反射面(比如 $f/D = 0.25$ 左右),可用 90°波纹盘。这是一个平口径波纹,波纹深度约为四分之一波长,由一些同心圆环构成。

另一种是波纹圆波导和小张角波纹喇叭,展宽是渐变的,所以喇叭轴向较长。口径面上的球面波相差约在五分之一波长甚至更小,其相位中心在口径和锥顶之间,随频率改变。

这两种喇叭如图5-24所示。这两种喇叭 HE_{11} 模真正的平衡混合条件只在一个频率上,对应槽深正是该频率的四分之一波长。模比因子 $\bar{\Lambda}$ 近似等于 1。$\bar{\Lambda}$ 是 TE 模轴向磁场分量乘自由空间波阻抗(377Ω)与 TM 模轴向电场分量的比。对 $\bar{\Lambda} > 0$,表明 TE 和 TM 模分量是同相的,叫 HE 模;反之 $\bar{\Lambda} < 0$,为负值,表明二模分量反相,叫 EH 模,这个模除用于跟踪差波束外,一般是不希望有的,应力求避免。

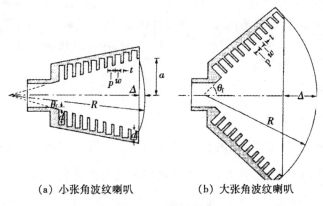

(a) 小张角波纹喇叭　　　　(b) 大张角波纹喇叭

图 5-24　波纹喇叭

5.5.6.1　小张角波纹圆锥喇叭

这种喇叭设计中有三方面的问题要考虑:①激励段,光壁波导馈电与波纹喇叭的连接;②展宽段,把波纹波导直径展宽到口径所要求的直径上;③口径辐射条件的建立,使辐射场有所要求的对称性和良好的交叉极化抑制度。

近年来由于频率复用,对交叉极化要求更为重要,对第三个问题已经有不少的文章讨论,特别是对小张角波纹。对第一个问题就是馈电波导与波纹喇叭之间的连接问题,馈电波导与波纹喇叭连接通常是在喇叭颈部。在此应考虑两方面的问题:馈电段基模 H_{11}(圆波导的模)与波纹段 HE_{11} 模的匹配;必须仔细处理避免模变换过程中产生高阶模。为了在 1:1.5 的频带内得到好的匹配,波纹的深度应设计成渐变的,波纹深度从喇叭端部(颈部)的 $\approx\lambda/2$(低频段)到喇叭口面的 $\lambda/4$(高频端)。在喇叭段每一波长内至少应有 4 个波纹齿,由高频端决定波纹的间距,头几个波纹是用来使喇叭与波导匹配。通过对波纹槽宽度的改变还可改进其匹配。在满足振动与冲击等力学特性的条件下,槽尽可能宽为好。波纹槽深有一个经验公式

$$d = \frac{\lambda}{4} e^{\left[\frac{1}{2.5ka}\right]}, \quad ka > 2 \qquad (5-132)$$

按此公式口面槽深稍微比 $\lambda/4$ 要大一点。a 为波纹喇叭净口径的半径。例如,要达到 40dB 的交叉极化电平,就意味着在喇叭颈部模变换必须对高阶模抑制到很低的水平上。

当波纹段第一个槽深为最低工作频率的半波长时,颈部可获得好的匹配。继后的那些槽深渐变至四分之一波长的谐振深度。在高性能的波纹喇叭设计中沿展宽段模变换是一个重要的问题。为了抑制模变换段的高阶模必须注意两方面问题:①尽量减少展宽角;②维持高的电抗壁,使 $\tan^2 kd \to \infty$(即谐振槽)。

当波纹槽深为 $\lambda/4$,且为平衡混合,$\bar{\Lambda}=1$ 时,喇叭口面场幅值写为直角坐标分量有(设为 x 向极化)

$$E_x \propto J_0\left(\frac{x_{01}}{a}\rho\right)$$
$$E_y \propto 0 \qquad (5-133)$$

这个场分布有以下特点:①无交叉极化分量;②场分布轴对称,且在径向按 $J_0\left(\frac{x_{01}}{a}\rho\right)$ 规律渐变到零,因此有低边瓣电平。这几点正是作为反射面天线理想馈源所期望的。喇叭口面场幅度写成极坐标分量有

$$\left.\begin{array}{l} E_\rho \propto J_0\left(\dfrac{x_{01}}{a}\rho\right)\cos\varphi \\[3mm] E_\varphi \propto -J_0\left(\dfrac{x_{01}}{a}\rho\right)\sin\varphi \end{array}\right\} \qquad (5-133a)$$

式中,$x_{01}=2.405$,是零阶 Bessel 函数 $J_0(x)$ 的第一个根。考虑到口面相位分

布,波纹喇叭口面场等效于具有平方相位分布的惠更斯的辐射。利用口径面辐射积分,把波纹喇叭口面场(计入口径面内平方相差)代入,经计算可得到波纹喇叭的通用方向图,如图5-25所示。

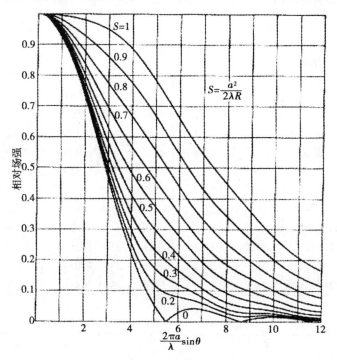

图 5-25　波纹喇叭通用方向图

　　图 5-25 适用于喇叭 10dB 瓣宽小于 74°的情况。当瓣宽大于该值时,喇叭的法兰对小口径喇叭辐射影响较大,此时应该采用标量喇叭。表 5-7 是波纹喇叭满足平衡混合条件时,对各种 S 给出了 3dB,10dB,20dB 瓣宽点的瓣宽因子 $(2\pi a/\lambda)\sin\theta$ 和因口径幅度和平方相差造成的方向性损失。同样,波纹圆锥喇叭的方向性增益可写为

$$D_g(\mathrm{dB}) = 20\lg(2\pi a/\lambda) - ALT - PET \tag{5-134}$$

式中,ALT 为幅度分布引起的增益下降,PET 为口面平方相差引起的增益下降。当相位常数 S 给定后,ALT 和 PET 的值可从表 5-7 中查到。

　　当波纹喇叭作为反射面的馈源时,喇叭的辐射相心是一个重要参数。波纹喇叭的辐射相心与其他喇叭一样,当 $S=0$ 时,相心在喇叭孔径面内,随着 S 的增加其相心向喇叭顶点移动。表 5-8 给出了相位中心随 S 的变化数据。

表 5-7　波纹圆锥喇叭各种 S 下的瓣宽和方向性损失

S	各电平的瓣宽因子 $(2\pi a/\lambda)\sin\theta$			ALT + PEL 方向性损失	S	各电平的瓣宽因子 $(2\pi a/\lambda)\sin\theta$			ALT + PEL 方向性损失
	3dB	10dB	20dB	(dB)		3dB	10dB	20dB	(dB)
0	2.0799	3.5978	4.6711	1.60	0.52	2.3688	4.9532	7.9936	4.04
0.04	2.0791	3.6020	4.6878	1.62	0.56	2.4411	5.2720	8.4262	4.44
0.08	2.0827	3.6020	4.6878	1.66	0.60	2.5317	5.5878	8.9472	4.86
0.12	2.0877	3.6150	4.7405	1.73	0.64	2.6499	5.8913	9.4352	5.31
0.16	2.0974	3.6371	4.8387	1.83	0.68	2.7966	6.1877	9.8514	5.79
0.20	2.1088	3.6692	5.0061	1.96	0.72	2.9946	6.4899	10.2337	6.30
0.24	2.1234	3.7699	5.8451	2.12	0.76	3.2597	6.8134	10.6250	6.83
0.28	2.1415	3.8433	6.3379	2.30	0.80	3.6061	7.1788	11.0735	7.39
0.32	2.1637	3.9372	6.6613	2.52	0.84	4.0189	7.6042	11.6356	7.96
0.36	2.1906	4.0572	6.9179	2.76	0.88	4.4475	8.0852	12.2658	8.54
0.40	2.2231	4.2112	7.1534	3.04	0.92	4.8536	8.5773	12.8236	9.13
0.44	2.2624	4.4090	7.3939	3.34	0.96	5.2331	9.0395	13.3059	9.72
0.48	2.3103	4.6578	7.6633	3.68	1.00	5.5984	9.4701	13.7706	10.29

表 5-8　相位中心距口面的位置和斜距之比

S	L_p/R	S	L_p/R
0	0	0.36	0.386
0.04	0.005	0.40	0.464
0.08	0.020	0.44	0.542
0.12	0.045	0.48	0.614
0.16	0.080	0.52	0.673
0.20	0.124	0.56	0.718
0.24	0.178	0.60	0.753
0.28	0.240	064	0.783
0.32	0.310	0.68	0.811

5.5.6.2　大张角波纹圆锥喇叭(标量喇叭)

当喇叭半张角大于 25°时,一个大的半展宽角 θ_f 使口面上相差大于半个波长以上。辐射方向图计算表明,辐射特性基本上与频率无大关系,它的瓣宽主要与展宽角有关。因为口径面上相位偏差 $\geqslant \pi$,对于给定的张角,喇叭有一个最佳口径(表 5-9)。最佳喇叭的波瓣宽度与半张角 θ_f 呈线性关系有(波瓣宽度的经验公式)

$$\left.\begin{aligned} BW_{3dB} &= 0.74\theta_f \\ BW_{10dB} &= 1.51\theta_f \\ BW_{20dB} &= 2.32\theta_f \end{aligned}\right\} \qquad (5-135)$$

对应的最佳标量喇叭瓣宽与展宽角的线性关系示于图 5-26 中。和小张角波纹喇叭比较,我们会发现二者辐射特性有很大的不同。标量喇叭近电轴附近方向图随频率变化,但在 -15dB 电平上的瓣宽近似于一个常数,并近似等于喇叭的展宽角。该结果表明了标量喇叭一般的辐射特性。标量喇叭的相位中心基本上固定在顶点。

表 5-9　标量喇叭的最佳口径

半张角 $\theta_f(°)$	口径直径($/\lambda$)	半张角 $\theta_f(°)$	口径直径($/\lambda$)
15	10.5	45	3.5
20	8.0	50	3.0
25	6.4	55	2.8
30	5.2	60	2.6
35	4.5	65	2.4
40	3.9	70	2.3

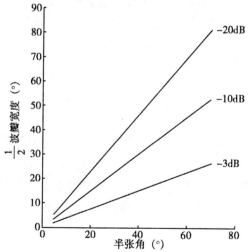

图 5-26　最佳标量喇叭 -3dB, -10dB, -20dB 电平的 1/2 波瓣宽度

5.5.6.3　波纹角锥喇叭

为了使角锥喇叭也有圆锥波纹喇叭类似的性能,出现了矩形波纹喇叭。该喇叭主要是使 E 面也形成和 H 面相同的余弦分布,为此改 E 面光壁形成波纹壁。这样由于 E 面与 H 面都有相同的口径分布,从而实现了圆对称分布方向图。如果双极化应用,在 E 面和 H 面上都应形成波纹。对这种喇叭的分析,两个平面的口面场都采用 H 面分布(cos 分布),可利用矩形喇叭的一些结果。对这种喇叭的两个平面口径幅值分布造成的方向性损失同为 0.91dB。可以应用表5-2中 cos 分布栏的相位分布损失数据。其设计瓣宽可采用表 5-2 矩形喇叭 H 面瓣宽的数据。方形角锥波纹喇叭两个平面有同一的相位分布,可参考表5-4。在很多应用中,方形角锥波纹喇叭能作为圆波纹的更经济的一种替代。方波纹喇叭方向性增益有

$$D_g(\mathrm{dB}) = 20\lg\left(\frac{4\pi W'H'}{\lambda^2}\right) - 2 \times ATL_h - PEL_h - PEL_e \qquad (5-136)$$

式中,W',H'分别为除去波纹后的净口径尺寸。

5.5.7　偏置抛物面的一次馈源

5.5.7.1　偏置反射面焦面场

偏置抛物面天线较对称反射面有许多优点,但去极化效应和波束偏斜现象限制了它在一些方面的应用。为了找到改善性能的技术途径,首先分析沿反射面轴向一平面波入射到反射面口径上时,在偏置反射面焦平面上的电磁场特性。分析表明[2],对长焦距偏置面,假设极化在对称面内(x 向),其焦面场(横向)可写成

$$\left.\begin{aligned}E_x(u',\phi_f) &= \frac{2J_1(u')}{u'} + \frac{jD\sin\theta_0}{2f}\frac{J_2(u')}{u'}\cos\varphi_f \\[2mm] E_y(u',\phi_f) &= \frac{-jD\sin\theta_0}{2f}\frac{J_2(u')}{u'}\sin\varphi_f\end{aligned}\right\} \qquad (5-137)$$

式中,r'_f,φ_f 是焦点(原点)到焦平面任意点的极坐标,D 为偏置面投影口径,f 为焦距,θ_0 为偏置角。u'代表焦平面上一点到焦点归一化距离,$u' = kr'_f\sin\theta^*$,θ^* 为反射面的半张角。为使叙述简化,式中所有常系数都省略。

在非对称面内(y 向)极化波情况,只需将上式 x 和 y 对换,用 $2\pi - \varphi_f$ 代替 φ_f 即有

$$E_y(u', \phi_f) = \frac{2J_1(u')}{u'} + \frac{jD\sin\theta_0}{2f} \frac{J_2(u')}{u'}\cos\varphi_f \Bigg\}$$

$$E_x(u', \phi_f) = \frac{jD\sin\theta_0}{2f} \frac{J_2(u')}{u'}\sin\varphi_f$$

$$(5-138)$$

上两式表示的焦面场中,主极化由两项组成,第一项是轴对称的主极化项,第二项完全与交叉极化项相同。这样使主极化场失去对称性。交叉极化场分量为非对称函数,其幅值随偏置角 θ_0 的增大而增加,而相位与轴对称的同极化分量相差90°。同极化分量中外加的那部分(第二项)和交叉极化场分量都有同样的相位移,随 φ_f 的空间变化呈正交(sin/cos)关系。在焦点附近焦平面场的幅值等电平线如图 5 – 27 所示。

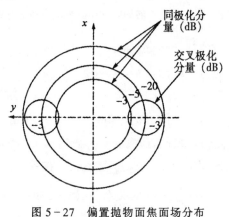

图 5 – 27　偏置抛物面焦面场分布

5.5.7.2　偏置反射面匹配馈源概念

如果要克服偏置抛物面线极化的去极化效应,就必须要求一次馈源能提供与入射场的最佳共轭匹配,那么馈源的口径场必须呈现与焦平面相似的分布和极化特性。当入射平面波极化在对称面上或非对称面上,偏置反射面的焦面场的对称和非对称分量场结构如图 5 – 28（a）所示,与焦平面场匹配（正交线极化）的圆喇叭的口径场结构如图 5 – 28(b)所示。

一般高性能的轴对称馈源(如波纹喇叭)应用于偏置反射面时,仅提供了一个与同极化分量的共轭匹配。如果要对式(5 – 137)和式(5 – 138)所描述的焦面场分布有效地匹配,必引用高阶非对称波导模。在圆柱、矩形或波纹波导中采用模组合方式产生新型馈源才可达到。为了说明这一方法的一般原理,图 5 – 28中描述了构成二线极化分量的偏置抛物面焦面场的对称和不对称分量的特性。为了使光壁圆柱波导与焦面场匹配,要求产生一非对称 TE_{21} 模。这样,圆锥喇

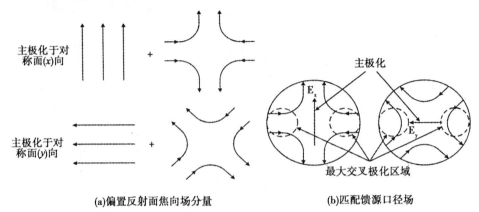

主极化于对
称面(x)向
$+$

主极化于对
称面(y)向
$+$

主极化

E_x

E_y

最大交叉极化区域

(a)偏置反射面焦向场分量　　**(b)匹配馈源口径场**

图 5－28　　与焦平面场匹配的圆喇叭口径场分布

叭口面上 TE_{21} 模场分布写成横向场分量(E_x^1, E_y^1 和 E_x^2, E_y^2)：

$$\left.\begin{array}{l}
E_x^1(u_2{}',\varphi_f)=k'\left[J_1(u_2{}')\cos\varphi_f+J_3(u_2{}')\cos3\varphi_f\right]\\[4pt]
E_y^1(u_2{}',\varphi_f)=-k'\left[J_1(u_2{}')\sin\varphi_f-J_3(u_2{}')\sin3\varphi_f\right]\\[4pt]
E_x^2(u_2{}',\varphi_f)=k''\left[J_1(u_2{}')\sin\varphi_f+J_3(u_2{}')\sin3\varphi_f\right]\\[4pt]
E_y^2(u_2{}',\varphi_f)=k''\left[J_1(u_2{}')\cos\varphi_f-J_3(u_2{}')\cos3\varphi_f\right]
\end{array}\right\}\quad(5-139)$$

式中，k',k''是常系数，比例于两个 TE_{21} 模复系数。在主平面内，即 $\varphi_f=0°$ 和 $\pi/2$，

利用 $J_{n-1}(x)+J_{n+1}(x)=\dfrac{2\pi}{x}J_n(x)$ 的关系，式(5－139)可简化成

$$\left.\begin{array}{l}
E_x^1(u_2{}',0)=4k\dfrac{J_2(u_2{}')}{u_2{}'}\\[10pt]
E_y^1(u_2{}',0)=0\\[8pt]
E_x^2(u_2{}',\pi/2)=0\\[8pt]
E_y^2(u_2{}',\pi/2)=4k''\dfrac{J_2(u_2{}')}{u_2{}'}
\end{array}\right\}\quad(5-140)$$

　　把式(5－140)与式(5－137)相比可见：适当选择 TE_{21} 模系数可使对称面极化（x 轴向）的同极化和交叉极化的非对称分量满足焦面场理想匹配。同样对非对称极化（y 轴向）也可得出类似结果。

　　图 5－29(a) 是适合偏置反射面的圆波导三模匹配馈源的模型样机。该馈源基本上是一个小张角的圆锥喇叭。第一个台阶段（d_3/d_2）是非对称的，它产生 TE_{21} 模，d_2 的直径使其他高阶模都截止。第二个台阶（d_1/d_2）是轴对称的，这段波导尺寸的选择使所有高于 E_{11} 的高阶模都截止。这种对称性的不连续避

免了 TE_{21} 的再产生。模的幅度由台阶的直径比(d_3/d_2，d_1/d_2)决定，而模的相对相位通过不连续的两段圆柱段长度控制。图 5－29(b)是矩形波导三模匹配馈源的原理样机示图。图中明显可见产生非对称模的结构。虽然利用模组合方式可以实现与焦面场的匹配，但这样会大大限制其工作频带，而且实现这种非对称多模馈源也是十分复杂的。

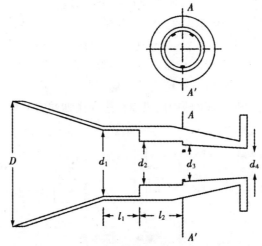

图 5－29(a)　圆波导三模匹配馈源的模型样机

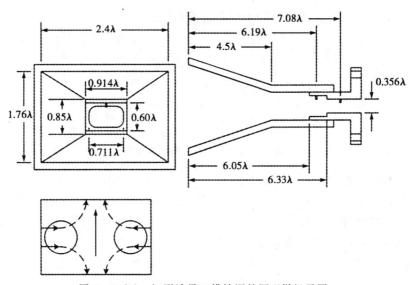

图 5－29(b)　矩形波导三模馈源的原理样机示图

5.5.8　跟踪馈源

一些天线比如雷达，要求天线跟踪如飞机、卫星动目标，确定来波信号方向，以便进行指向控制。为此，反射面天线一般要求有两个方向信号，一个用来控制方位驱动电机的，一个用来对俯仰驱动控制的。要完成这个功能馈源应是两路单脉冲跟踪馈源系统。从单一的雷达脉冲中获得一个距离、一个达波角信息。为了说明跟踪馈源作用原理，仅以最简单的二路单脉冲跟踪系统为例，如图5-30所示。四个相同的喇叭并排，以图中所示连接产生一个和路信号和两路差信号。互连网络叫单脉冲桥路比较器。平衡混合器实现和的功能。和路信号由四个喇叭信号同相叠加(A、B、C、D)，差路信号是恰当的喇叭对反相相加，即$(A+B)-(C+D)$，$(A+C)-(B+D)$。图5-30(b)中的黑点代表一个四端口的混合接头。

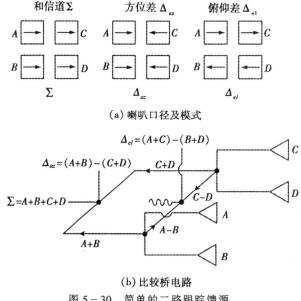

（a）喇叭口径及模式

（b）比较桥电路

图5-30　简单的二路跟踪馈源

四喇叭辐射方向图由单元方向图和阵因子相乘确定。单元方向图就是单个喇叭方向图，是固定不变的。阵因子与和差器有关（比较桥）。和路信号由四喇叭同相叠加使阵因子有一个余弦函数的形式，它照明反射面时是中心轴最大，电平跌落至边缘达最低的和模远场分布。对方位差来说，A、B喇叭同相加和C、D喇叭同相叠加形成二单元阵列。该二元阵反相相加，在方位面内阵因子是相对电轴的正弦函数。差支路对反射面照明的左半面相位与右半面相位相反形成图中所示差波束。当目标在电轴方向,无误差信号伺服驱动无动作,当目标偏离电轴差支路的误差信号经放大加到伺服控制驱动系统中以减少指向误差至最小。对俯仰面也一样。图 5 - 31 示出了和、差方向图。图 5 - 31(a)为馈源的和、差方向图;图 5 - 31(b)为反射面的二次方向图。

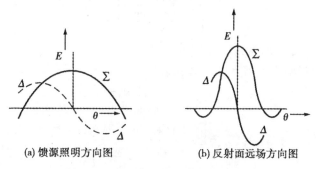

(a) 馈源照明方向图　　(b) 反射面远场方向图

图 5 - 31　四馈源单脉冲辐射方向图

上述这样简单的系统不可能使和路和差路信号对反射面同时达到最佳照明。和方向图有一个中心对称的较陡的斜坡分布,形如余弦函数,这可获得适当口径效率的低边瓣二次方向图。而差支路对反射面是反对称照明,中心照明为零,两半面反向增大达最大。由于高的边缘电平,产生二次差方向图的高边瓣、大泄漏,使口径效率降低。为了改善差方向图,可增大反射面张角,这样和路馈源的边瓣有可能也照射到反射面上,使和路信号迅速恶化。因此这种简单的四馈源系统很难解决和差矛盾问题。一种平衡和差路性能的折中而又有较好性能的方案可用五喇叭,即在四喇叭中心处加一喇叭,中心喇叭作和路,周边四喇叭提供方位和俯仰差路信号。利用定向耦合器把少许和支路功率通过传输线以适当的馈相耦合到中心喇叭上。两个信号反相使和模方向图变成平顶且更陡下降。因为这个方向图比仅一个中心喇叭更接近均匀照明,可改善口径效率。有关改进的研究已有一些文章可参考。另外采用单口径的波纹喇叭,激励其和、差模实现跟踪,或采用差模自跟踪都是当前应用较多的情况。

5.5.9　一次馈源的辐射方向图

为了方便地进行二次方向图的计算,在此把常用的馈源方向图汇总于下面,可供设计计算时参考。

(1)基模角锥喇叭(x 向极化)

设口径尺寸为 $2a$ (磁场平面)$\times 2b$ (电场平面)角锥喇叭,归一化辐射场分

量 (A_θ, A_φ) 可写成

$$A_\theta(\theta, \varphi) = A(\theta, \varphi)\sin\varphi$$
$$A_\varphi(\theta, \varphi) = A(\theta, \varphi)\cos\theta\cos\varphi \tag{5-141}$$

$$A(\theta, \varphi) = \frac{\pi}{4} \frac{\cos(ka\sin\theta\cos\varphi)}{1 - \left(\dfrac{2ka\sin\theta\cos\varphi}{\pi}\right)^2} \frac{\sin(kb\sin\theta\sin\varphi)}{kb\sin\theta\sin\varphi} \tag{5-142}$$

(2)基模(TE$_{11}$)圆喇叭(x 向极化)

基模圆喇叭口径直径为 $2a$,其辐射场

$$\left.\begin{aligned} A_\theta(\theta, \varphi) &= \frac{2J_1(ka\sin\theta)\sin\varphi}{ka\sin\theta} \\ A_\varphi(\theta, \varphi) &= \frac{J'_1(ka\sin\theta)\cos\theta\cos\varphi}{1 - \left(\dfrac{ka\sin\theta}{u'}\right)^2} \end{aligned}\right\} \tag{5-143}$$

式中,$J'_1(u) = \dfrac{\mathrm{d}J_1(u)}{\mathrm{d}u}$,$u'$ 是 $J'_1(u) = 0$ 的第一个根, $u' = 1.841$。上述模型对口径尺寸大于波长的预示精度较高。当口径尺寸小于波长时,喇叭法兰的影响变得较大,如果要精确预示可采用 GTD 或 MoM 法将法兰的影响计入。

(3)沿 y 轴电小偶极子的方向图可写成

$$\left.\begin{aligned} A_\theta &= \cos\theta\sin\varphi \\ A_\varphi &= \cos\varphi \end{aligned}\right\} \tag{5-144}$$

(4)沿 x 轴磁偶极子

$$\left.\begin{aligned} A_\theta &= \sin\varphi \\ A_\varphi &= \cos\theta\cos\varphi \end{aligned}\right\} \tag{5-145}$$

(5)惠更斯源是由空间正交的电、磁偶极子组成。它是圆旋转对称、零交差极化的理想一次源。方向图有

$$\left.\begin{aligned} A_\theta &= (1 + \cos\theta)\sin\varphi \\ A_\varphi &= (1 + \cos\theta)\cos\varphi \end{aligned}\right\} \tag{5-146}$$

圆口径惠更斯源均匀分布,它是 100% 口径效率、零交叉极化的圆口径喇叭的理想模型,方向图宽度可由喇叭口径(2a)控制,其方向图有

$$A_\theta(\theta, \varphi) = (1 + \cos\theta)\frac{J_1(ka\sin\theta)}{ka\sin\theta}\sin\varphi$$

$$A_\varphi(\theta, \varphi) = (1 + \cos\theta)\frac{J_1(ka\sin\theta)}{ka\sin\theta}\cos\varphi \tag{5-147}$$

(6)理想的双模喇叭和波纹喇叭

Potter 双模喇叭由 TE_{11} 和 TM_{11} 双模圆柱波导模构成。在主瓣范围内产生理想圆对称辐射，在一个窄带内(5%)交叉极化可压至 $-30dB$ 以下。圆锥波纹喇叭提供更优的圆对称性和低交叉极化辐射，可获得比 Potter 喇叭更宽的频带。在这种情况下辐射方向图可近似写为

$$\left.\begin{aligned}
A_\theta(\theta,\varphi) &= \frac{J'_1(ka\sin\theta)}{1-(\dfrac{ka\sin\theta}{u'})^2}\sin\varphi \\
A_\varphi(\theta,\varphi) &= \frac{J'_1(ka\sin\theta)}{1-(\dfrac{ka\sin\theta}{u'})^2}\cos\varphi
\end{aligned}\right\} \tag{5-148}$$

式中，$u'=1.841$，$2a$ 为口径净直径。

(7)一次馈源交叉极化特性是评价馈源辐射特性的一项重要参数。一般常用馈源的交叉极化特性见表 $5-10$。

表 5-10　各种常用馈源交叉极化电平

馈源名称	交叉极化峰值电平(估计)(dB)	相对带宽
平衡混合模(波纹喇叭)	$-30\sim-50$	1:(1.5~2.0)
扼流槽式和平面波纹槽馈源	$-25\sim-30$	40%
Potter 双模喇叭	-27	5%
长杯多模同轴馈源	-35	5%
短杯多模同轴馈源	-30	15%~20%
$D=0.7\lambda$ 开口圆波导*	-30	40%

参 考 文 献

1　THOMAS. A.M.,Modern Antenna Design,McGraw-Hill Book Company,1985,p.231

2　A.W.Rudge The Handbook Antenna Design. Vol.1 and 2,IEE Electromagnetic Wave Series

3　A. C. Ludwing. The Detinition of cross Polarization. IEEE Trans. Vol. AP-21. 1973,pp. 116-119

4　杨可忠. 现代面天线新技术. 人民邮电出版社,1993

第 6 章 反射面天线的现代
分析与设计技术

航天器天线中反射面天线的应用占据了相当重要的位置。随着空间立体信息网、天基测控网的建立以及卫星通信与导航技术的发展，对航天器反射面天线的要求越来越高。提高其分析与设计水平、缩短研制周期、采用现代设计手段已势在必行。本章将介绍借助于计算机的反射面天线分析计算技术，为航天器上常用反射面天线的电性设计提供较为精确而有效的方法。首先从反射面辐射积分入手，介绍几种常用的数值计算方法，并面对设计者给出单、双反射面天线的设计与综合过程，包含了反射面的赋形及零交叉极化偏置反射面系统。

6.1 反射面天线辐射的数学模型

第 2 章已经由 Maxwell 方程通过并矢格林函数导出了口径面辐射积分式：

$$\vec{E}^{rad}(\theta,\varphi) = jk\eta \frac{e^{-jkR}}{4\pi R}(\hat{I} - \hat{R}\hat{R}) \cdot \iint_s \vec{J}(\vec{r}') e^{jk\vec{r}'\cdot\hat{R}} \mathrm{d}S \qquad (6-1)$$

式中符号如图 6-1 所示。$\hat{I}$ 为单位并矢，$\hat{R}\hat{R}\cdot\vec{a} = \hat{R}(\hat{R}\cdot\vec{a})$，式(6-1)就是反射面天线辐射远场最普遍的数学模型。很多反射面天线辐射特性的分析最终都可归结到对式(6-1)的计算，由此衍生出各种计算方法。

按物理光学原理，表面电流的计算有下式

$$\vec{J}(\vec{r}') = 2\hat{n} \times \vec{H}^{inc}(\vec{r}') \qquad (6-2)$$

式中，$\hat{n}$ 是反射面外法线单位向量，$\vec{H}^{inc}(\vec{r}')$ 是投射于反射面的磁场。式(6-2)代表了一均匀平面波投射到无限导电平面的感应电流。这个假定在反射面分析中认为投射于反射面边缘以外的反射可忽略不计。这就是上述推导存在近似之处。在实际中，这个近似至少对主瓣区和近主瓣区的计算是准确的，这可使问题的分析大大简化。

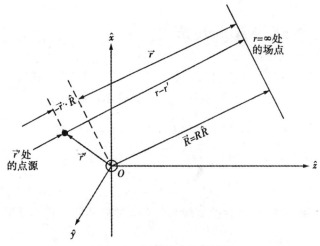

图 6 - 1　辐射积分坐标表示

反射面的几何如图 6 - 2 所示。馈源远区场 $\vec{E}$、$\vec{H}$ 有以下关系：

$$\vec{H}^{inc} = \frac{1}{\eta}\hat{\rho} \times \vec{E}^{inc} \tag{6 - 3}$$

因此

$$\vec{J}(\vec{r}\,') = \frac{2}{\eta}\hat{n} \times \hat{\rho} \times \vec{E}^{inc} \tag{6 - 4}$$

式(6 - 1)可改写成

$$\vec{E}^{rad}(\theta,\varphi) = -j\frac{-e^{jkR}}{\lambda R}(\hat{I} - \hat{R}\hat{R})\cdot \iint_{s'}(\hat{n} \times \hat{\rho} \times \vec{E}^{inc})e^{jk\vec{r}'\cdot\hat{R}}\,\mathrm{d}S' \tag{6 - 5}$$

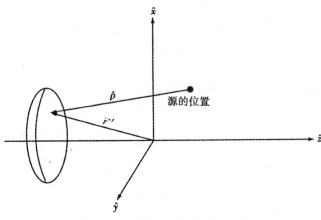

图 6 - 2　反射面天线的几何示图

6.2　辐射积分的 Rusch 法

Rusch 法是出现最早的一种反射面辐射场的计算方法,它基本上是按物理光学表面电流、利用矢量运算关系导出的反射面辐射场积分

$$\vec{E}(\theta,\varphi) = -jk\eta\frac{e^{-jkR}}{4\pi R}(\hat{I}-\hat{R}\hat{R})\iint_{s'}\vec{J}(\vec{r}\,')e^{jk\vec{r}\cdot\hat{R}}\mathrm{d}S'$$

抛物表面的方程如图 6-3 所示:

$$\rho(\theta'') = \frac{2f}{1+\cos\theta''} \tag{6-6}$$

式中,f 为抛物面的焦距,θ'' 为投射线与$(-z)$对称轴的夹角。反射面表面积分变元

$$\mathrm{d}S' = \frac{\sin\theta''\mathrm{d}\theta''\mathrm{d}\varphi''}{\cos\dfrac{\theta''}{2}(1+\cos\theta'')^2} \tag{6-7}$$

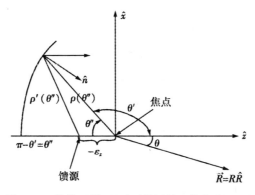

图 6-3　抛物反射面几何(馈源轴上偏焦为 $-\varepsilon_z$)

当馈源在轴上的偏焦为 ε_z 时,馈源投射线

$$\left.\begin{array}{l}\vec{\rho}\,'(\theta'') \approx \vec{\rho}(\theta'') - \varepsilon_z(\hat{z}\cdot\hat{\rho})\hat{i}_z\\[2mm]\rho' \approx \dfrac{2f}{1+\cos\theta''} + \varepsilon_z\cos\theta''\end{array}\right\} \tag{6-8}$$

馈源往反射面顶点偏移,$\varepsilon_z<0$;而往相反方向偏移,$\varepsilon_z>0$。

$$\theta'' = \pi - \theta', \quad \varphi'' = \varphi'$$

研究辐射积分中的相位项

$$\vec{\rho}\,'(\theta'') \cdot \hat{R} = \left(\frac{2f}{1 + \cos\theta''} + \varepsilon_z \cos\theta'' \right) \hat{\rho}\,' \cdot \hat{R} \qquad (6-9)$$

$$\hat{R} = \sin\theta\cos\varphi\hat{x} + \sin\theta\sin\varphi\hat{y} + \cos\theta\hat{z}$$

$$\hat{\rho}\,'(\theta'') \approx \sin\theta''\cos\varphi''\hat{x} + \sin\theta''\sin\varphi''\hat{y} - \cos\theta''\hat{z} \quad (\varepsilon_z \ll \rho)$$

$$\hat{\rho}\,' \cdot \hat{R} = \sin\theta\sin\theta''\cos(\varphi'' - \varphi) - \cos\theta\cos\theta''$$

(θ, φ) 为观察点角坐标，于是积分号中指数项有

$$e^{jk\left[\frac{2f}{1+\cos\theta''} + \varepsilon_z\cos\theta''\right]\left[\sin\theta\sin\theta''\cos(\varphi''-\varphi) - \cos\theta\cos\theta''\right]} \qquad (6-10)$$

反射表面上感应电流

$$\vec{J} = 2\hat{n} \times \vec{H}_f \qquad (6-11)$$

$\vec{H}_f$ 是馈源辐射磁场，它可表示为（按馈源远场近似，且 $\hat{\rho}\,' \approx \hat{\rho}$）

$$\vec{H}_f = \frac{1}{\eta}\hat{\rho} \times \vec{E}_f \qquad (6-12)$$

其中，$\eta = 120\pi$，为自由空间波阻抗。这样

$$\vec{J} = \frac{2}{\eta}\hat{n} \times (\hat{\rho} \times \vec{E}_f) \qquad (6-13)$$

利用矢量恒等式 $\vec{a} \times (\vec{b} \times \vec{c}) = (\vec{a} \cdot \vec{c})\vec{b} - (\vec{a} \cdot \vec{b})\vec{c}$ 可得到

$$\vec{J} = \frac{2}{\eta}\left[(\hat{n} \cdot \vec{E}_f)\hat{\rho} - (\hat{n} \cdot \hat{\rho})\vec{E}_f \right] \qquad (6-14)$$

　　根据抛物面的几何，出射（反射）射线应平行对称轴。因此表面法向单位向量和 $\hat{\theta}$ 可写为

$$\left.\begin{array}{l} \hat{n} = -\cos\dfrac{\theta''}{2}\hat{\rho} + \sin\dfrac{\theta''}{2}\hat{\theta} \\[2mm] \hat{\theta} = \cos\theta''\cos\varphi''\hat{x} + \cos\theta''\sin\varphi''\hat{y} - \sin\theta''\hat{z} \end{array}\right\} \qquad (6-15)$$

利用式 (6-15) 得

$$\left.\begin{array}{l} \hat{n} \cdot \hat{\rho} = -\cos\dfrac{\theta''}{2} \\[3mm] \hat{n} \cdot \vec{E}_f = E_{f,\theta}\sin\dfrac{\theta''}{2} \end{array}\right\} \qquad (6-16)$$

式中，$E_{f,\theta}$、$E_{f,\varphi}$ 分别代表馈源辐射的 θ、φ 分量。因此

$$\vec{J} = \frac{2}{\eta}\left[E_{f,\theta}\sin\frac{\theta''}{2}\hat{\rho} + \cos\frac{\theta''}{2}\vec{E}_f \right] \qquad (6-17)$$

如果以直角坐标表示，应用直角坐标与球坐标各分量的变换关系可得

$$J_x = \frac{2}{\eta}\left[E_{f,\theta}\sin\frac{\theta''}{2}\sin\theta''\cos\varphi'' + \cos\frac{\theta''}{2}E_{fx} \right]$$

$$J_y = \frac{2}{\eta}\left[E_{f,\theta}\sin\frac{\theta''}{2}\sin\theta''\sin\varphi'' + \cos\frac{\theta''}{2}E_{fy} \right] \quad\quad (6-18)$$

$$J_z = \frac{2}{\eta}\left[-E_{f,\theta}\sin\frac{\theta''}{2}\cos\theta'' + \cos\frac{\theta''}{2}E_{fz} \right]$$

式中

$$E_{fx} = E_{f,\theta}\cos\theta''\cos\varphi'' - E_{f,\varphi}\sin\varphi''$$

$$E_{fy} = E_{f,\theta}\cos\theta''\sin\varphi'' + E_{f,\varphi}\cos\varphi'' \quad\quad (6-19)$$

$$E_{fz} = E_{f,\theta}\sin\theta''$$

将式(6-19)代入式(6-18)中得

$$J_x = \frac{2}{\eta}\left[E_{f,\theta}\cos\frac{\theta''}{2}\cos\varphi'' - \cos\frac{\theta''}{2}\sin\varphi'' E_{f,\varphi} \right]$$

$$J_y = \frac{2}{\eta}\left[E_{f,\theta}\cos\frac{\theta''}{2}\sin\varphi'' + \cos\frac{\theta''}{2}\cos\varphi'' E_{f,\varphi} \right] \quad\quad (6-20)$$

$$J_z = \frac{2}{\eta}\left[-E_{f,\theta}\sin\frac{\theta''}{2} \right]$$

如果馈源为 x 向线极化场,则辐射场分量可写成

$$E_{f,\theta} = \frac{e^{-jk\rho'}}{\rho'}a(\theta'')\cos\varphi''$$

$$E_{f,\varphi} = \frac{e^{-jk\rho'}}{\rho'}b(\theta'')\sin\varphi'' \quad\quad (6-21)$$

其中 $a(\theta'')$ 和 $b(\theta'')$ 分别代表馈源二正交面辐射方向图。将式(6-21)代入式(6-20)中得

$$J_x = \frac{2}{\eta}\frac{e^{-jk\rho'}}{\rho'}\cos\frac{\theta''}{2}\left\{ \left[\frac{a(\theta'') + b(\theta'')}{2}\right] + \left[\frac{a(\theta'') - b(\theta'')}{2}\right]\cos2\varphi'' \right\}$$

$$J_y = \frac{2}{\eta}\frac{e^{-jk\rho'}}{\rho'}\cos\frac{\theta''}{2}\frac{a(\theta'') - b(\theta'')}{2}\sin2\varphi'' \quad\quad (6-22)$$

$$J_z = -\frac{2}{\eta}\frac{e^{-jk\rho'}}{\rho'}a(\theta'')\sin\frac{\theta''}{2}$$

到此,将抛物反射面上电流已表示成 (θ'',φ'') 的函数。对式(6-5)中 φ'' 积分可利用下式简化

$$\int_0^{2\pi} \binom{\cos m\varphi}{\sin m\varphi} e^{iz\cos(\varphi-a)}\,\mathrm{d}\varphi = 2\pi j^m \binom{\cos ma}{\sin ma} J_m(z) \quad\quad (6-23)$$

将(6-1)、(6-7)和(6-22)三式合并可得到

$$E_x = -j2k\frac{e^{-jkR}}{R}\int_0^{\theta_m}\int_0^{2\pi}\frac{e^{-jk\rho'(\theta')}}{\rho'(\theta')}\left[\frac{a(\theta')+b(\theta')}{2}+\frac{a(\theta')-b(\theta')}{2}\cos2\varphi''\right]\cdot$$

$$e^{jk\left[\frac{2f}{1+\cos\theta''}+\varepsilon_z\cos\theta''\right]\left[\sin\theta\sin\theta''\cos(\varphi''-\varphi)-\cos\theta\cos\theta''\right]}\frac{\sin\theta''}{(1+\cos\theta'')^2}d\theta''d\varphi''$$

$$E_y = -j2k\frac{e^{-jkR}}{R}\int_0^{\theta_m}\int_0^{2\pi}\frac{e^{-jk\rho'(\theta')}}{\rho'(\theta')}\frac{a(\theta')-b(\theta')}{2}\sin2\varphi''\cdot$$

$$e^{jk\left[\frac{2f}{1+\cos\theta''}+\varepsilon_z\cos\theta''\right]\left[\sin\theta\sin\theta''\cos(\varphi''-\varphi)-\cos\theta\cos\theta''\right]}\frac{\sin\theta''}{(1+\cos\theta'')^2}d\theta''d\varphi''$$

$$E_z = j2k\frac{e^{-jkR}}{R}\int_0^{\theta_m}\int_0^{2\pi}\frac{e^{-jk\rho'(\theta')}}{\rho'(\theta')}a(\theta')\tan\frac{\theta'}{2}\cdot$$

$$e^{jk\left[\frac{2f}{1+\cos\theta''}+\varepsilon_z\cos\theta''\right]\left[\sin\theta\sin\theta''\cos(\varphi''-\varphi)-\cos\theta\cos\theta''\right]}\frac{\sin\theta''}{(1+\cos\theta'')^2}d\theta''d\varphi''$$

(6 − 24)

利用式(6 − 23)将式(6 − 24)简化成

$$E_x = -j2k\frac{e^{-jkR}}{R}\int_0^{\theta_m}\frac{e^{-jk\rho'(\theta')}}{\rho'(\theta'')}e^{-jk\left[\frac{2f}{1+\cos\theta''}+\varepsilon_z\cos\theta''\right]\cos\theta\cos\theta''}\cdot$$

$$\left\{2\pi\left[\frac{a(\theta'')+b(\theta'')}{2}\right]J_0\left[k\left(\frac{2f}{1+\cos\theta''}+\varepsilon_z\cos\theta''\right)\sin\theta\sin\theta''\right]-\right.$$

$$\left.2\pi\left[\frac{a(\theta'')-b(\theta'')}{2}\right]\cos2\varphi J_2\left[k\left(\frac{2f}{1+\cos\theta''}+\varepsilon_z\cos\theta''\right)\sin\theta\sin\theta''\right]\right\}\cdot$$

$$\frac{\sin\theta''}{(1+\cos\theta'')^2}d\theta''$$

$$E_y = j2k\frac{e^{-jkR}}{R}\int_0^{\theta_m}\frac{e^{-jk\rho'(\theta')}}{\rho'(\theta'')}\left[\frac{a(\theta'')-b(\theta'')}{2}\right]\cdot2\pi\sin2\varphi e^{-jk\left[\frac{2f}{1+\cos\theta''}+\varepsilon_z\cos\theta''\right]\cos\theta\cos\theta''}\cdot$$

$$J_2\left[k\left(\frac{2f}{1+\cos\theta''}+\varepsilon_z\cos\theta''\right)\sin\theta\sin\theta''\right]\frac{\sin\theta''}{(1+\cos\theta'')^2}d\theta''$$

$$E_z = 2k\frac{e^{-jkR}}{R}\int_0^{\theta_{max}}\frac{e^{-jk\rho'(\theta')}}{\rho'(\theta'')}a(\theta'')\tan\frac{\theta''}{2}e^{-jk\left[\frac{2f}{1+\cos\theta''}+\varepsilon_z\cos\theta''\right]\cos\theta\cos\theta''}\cdot$$

$$2\pi J_0\left[k\left(\frac{2f}{1+\cos\theta''}+\varepsilon_z\cos\theta''\right)\sin\theta\sin\theta''\right]\frac{\sin\theta''}{(1+\cos\theta'')^2}d\theta''$$

(6 − 25)

如果当馈源方向图对称,辐射方向图的 E 面(即 X − Z 面)和 H 面相等(即 Y − Z面),$a(\theta'')=b(\theta'')$。远场的 x 分量(主极化场)与 φ 无关,而且正交场分量 = 0。所以对有非常窄波瓣的高增益天线来说,这个条件产生近理想线极化方向图。馈源的圆对称方向图对高性能天线设计是十分重要的。

$$E_x = -j2k\frac{e^{-jkR}}{R}\int_0^{\theta_m}\frac{e^{-jk\rho'(\theta')}}{\rho'(\theta'')}e^{-jk\left[\frac{2f}{1+\cos\theta''}+\varepsilon_z\cos\theta''\right]}\cos\theta\cos\theta''2\pi a(\theta'')\cdot$$

$$J_0\left[k\left(\frac{2f}{1+\cos\theta''}+\varepsilon_g\cos\theta''\right)\sin\theta\sin\theta''\right]\frac{\sin\theta''}{(1+\cos\theta'')}d\theta''$$

$$E_y = 0 \tag{6-26}$$

$$E_z = j2k\frac{e^{-jkR}}{R}\int_0^{\theta_m}\frac{e^{-jk\rho'(\theta')}}{\rho'(\theta'')}a(\theta'')\,\mathrm{tg}\frac{\theta''}{2}e^{-jk\left[\frac{2f}{1+\cos\theta''}+\varepsilon_z\cos\theta''\right]}\cos\theta\cos\theta''2\pi\cdot$$

$$J_0\left[k\left(\frac{2f}{1+\cos\theta''}+\varepsilon_z\cos\theta''\right)\sin\theta\sin\theta''\right]\frac{\sin\theta''}{(1+\cos\theta'')^2}d\theta''$$

　　远场的 z 分量是很小的，但不等于 0。因此当辐射积分的径向场分量扣除后，仍还存在一个小量的交叉极化分量（按第 1 极化定义）。对圆极化馈源来说，只需在 $\hat{x}$ 分量外加上 $\hat{y}$ 分量场，两分量之间相位差为 $\pm\frac{\pi}{2}$。此时，馈源辐射方向图可写成

$$E_{\substack{Rcp\\Lcp}} = (E_x\hat{x} \mp jE_y\hat{y})\frac{1}{\sqrt{2}} \tag{6-27}$$

其分析过程与前面相同。

　　当馈源有横向和轴向偏移时，馈源到反射面的距离

$$\rho'(\theta'',\varphi'') \approx \rho(\theta'') - \vec{\varepsilon}\cdot\rho(\theta'',\varphi'') \tag{6-28}$$

其中

$$\hat{\rho}(\theta'',\varphi'') = \sin\theta''\cos\varphi''\hat{x} + \sin\theta''\sin\varphi''\hat{y} - \cos\theta''\hat{z}$$

代入式(6 - 28)得

$$\rho'(\theta'',\varphi'') \approx \left[\rho(\theta'') + \varepsilon_z\cos\theta''\right] - \varepsilon_x\sin\theta''\cos\varphi'' - \varepsilon_y\sin\theta''\sin\varphi''$$

把这一项代入辐射积分核，则

$$e^{jk\vec{\rho}\cdot\vec{R}} = e^{jk\sin\theta''(\varepsilon_x\cos\varphi'' + \varepsilon_y\sin\varphi'')}\cdot e^{jk\left[\frac{2f}{1+\cos\theta''}+\varepsilon_z\cos\theta''\right]\sin\theta\sin\theta''(\cos\varphi\cos\varphi'' + \sin\varphi\sin\varphi'')}$$

$$= e^{jk\eta\sin\theta''\cos(\varphi''-\alpha)} \tag{6-29}$$

式中

$$\left.\begin{array}{l}\eta\cos\alpha = \varepsilon_x + \left(\dfrac{2f}{1+\cos\theta''}+\varepsilon_z\cos\theta''\right)\sin\theta\cos\varphi\\[3mm]\eta\sin\alpha = \varepsilon_y + \left(\dfrac{2f}{1+\cos\theta''}+\varepsilon_z\cos\theta''\right)\sin\theta\sin\varphi\end{array}\right\} \tag{6-29a}$$

这个方法可推广到更一般的馈源。在这个分析方法中把电流分解成直角分量，因此远区散射场也分解成直角坐标分量。这对对称聚焦抛物反射面的计算还是十分有效的。

6.3　辐射积分的 Jacobi-Bessel 法

　　Jacobi-Bessel 法虽然数学形式上看来是较复杂的,但从概念理解上是比较容易的, 特别适合通信卫星天线需要进行众多观察点覆盖特性分析的情况。Jacobi-Bessel 法首先包括了一个口径变量与远场变量在积分中分离;然后,将慢变的口径分布表示成一组在圆天线口径上定义的正交函数;最后,对每一个基函数在圆口径面上对 Fourier 核函数积分。这些积分是远场坐标完备型(Closed-Form)函数,因此,辐射积分能直接用远场角坐标和口径展开系数表示。

　　值得提及的是口径基函数选择有两种不同的考虑:一种是基函数选择能使口径分布用最少数目的函数表示;另一种基函数选择是使 Fourier 核函数积分最容易。

　　本方法中无论采用哪一种口径基函数,可积性都是最主要的考虑因素。与后面要讲到的 Fourier-Bessel 法相比,它采用了完全不同的一组口径展开函数。为了比较详细地说明 Jacobi-Bessel 法,仍从辐射积分入手:

$$\vec{E}(\vec{r}) = -jk\eta \frac{e^{-jkR}}{4\pi R}(\hat{I} - \hat{R}\hat{R})\iint_s \vec{J}(\vec{r}\,')e^{jk\hat{R}\cdot\vec{r}\,'}\,\mathrm{d}S'$$

积分是在相对于投影口径中心为原点的圆面上进行的, 如图 6-4 所示。式中

$$\mathrm{d}S' = r'\mathrm{d}r'\mathrm{d}\varphi' J_{\Sigma} \tag{6-30}$$

(r',φ') 是积分变元在投影口径圆面上的坐标,φ' 是口径面内积分变元与 x 轴的夹角,J_{Σ} 是被积曲面的 Jacobi 变换,有

$$J_{\Sigma} = |\hat{n}\cdot\hat{z}|^{-1} \tag{6-31}$$

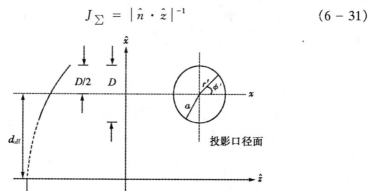

图 6-4　偏置抛物面天线的几何示图

这时辐射场公式变成

$$\vec{E}(\vec{r}) = -j\frac{\eta}{2\lambda}\frac{e^{-jkR}}{R}(\hat{I} - \hat{R}\hat{R}) \cdot \int_0^a \int_0^{2\pi} \vec{J}(\vec{r}')J_{\sum} e^{jk\hat{R}\cdot\vec{r}'} r'\mathrm{d}r'\mathrm{d}\varphi' \quad (6-32)$$

坐标原点到反射面的矢径

$$\vec{r}' = x'\hat{x} + y'\hat{y} + z'\hat{z}$$

式中,u,v,w 是远场点之直角坐标分量,后面将会发现用它比用(θ,φ)更方便些。反射面上任意点坐标用(x',y',z')表示。口径面上坐标用(r',φ')表示,它们间有

$$\left.\begin{aligned}
x' &= r'\cos\varphi' + d_{\mathrm{off}} \\
y' &= r'\sin\varphi' \\
z' &= \frac{1}{4f}(x'^2 + y'^2) - f \\
&= \frac{1}{4f}[r'^2 + (2d_{\mathrm{off}})r'\cos\varphi'] + \left(\frac{d_{\mathrm{off}}^2 - 4f^2}{4f}\right)
\end{aligned}\right\} \quad (6-33)$$

d_{off}是在 x 方向的口径偏置量。$\hat{R}$ 与 $\vec{r}'$ 点积可写成

$$\hat{R} \cdot \vec{r}' = r'\left\{\left[(u-u_0) + \frac{d_{\mathrm{off}}}{2f}(w-w_0)\right]\cos\varphi' + (v-v_0)\sin\varphi'\right\} +$$

$$u \cdot d_{\mathrm{off}} + \frac{w}{4f}(d_{\mathrm{off}}^2 - 4f^2) + r'\left[\left(u_0 + \frac{d_{\mathrm{off}} \cdot w_0}{2f}\right)\cos\varphi' + v_0\sin\varphi'\right] +$$

$$\frac{1}{4f}(r'^2 - a^2)(w-w_0) + \frac{1}{4f}(r'^2 - a^2)w_0 + \frac{1}{4f}a^2 w$$

式中 u_0,v_0,w_0 是预定的主波束方向的远场点直角坐标。令变数 $r' = as$,这时 s 为变数,其变化范围为$(0\sim1)$。对应的辐射场

$$\vec{E}(\vec{r}) = -j\frac{\eta a^2}{2\lambda}\frac{e^{-jkR}}{R}e^{jkd_{\mathrm{off}}u}e^{jk\left(\frac{d_{\mathrm{off}}^2-4f^2}{4f}\right)w}e^{jk\left(\frac{a^2}{4f}\right)w}$$

$$\int_0^1\int_0^{2\pi}\vec{J}(s,\varphi')J_{\sum}e^{jk\left(\frac{a^2}{4f}\right)(s^2-1)w_0}\,e^{jkas\left[\left(u_0+\frac{d_{\mathrm{off}}w_0}{2f}\right)\cos\varphi'+v_0\sin\varphi'\right]} \cdot$$

$$e^{jk\left(\frac{a^2}{4f}\right)(s^2-1)(w-w_0)}e^{jkas\{[(u-u_0)+\frac{d_{\mathrm{off}}}{2f}(w-w_0)]\cos\varphi'+(v-v_0)\sin\varphi'\}}s\mathrm{d}s\mathrm{d}\varphi' \quad (6-34)$$

式(6-34)中积分部分可简化成

$$\vec{I} = \int_0^1\int_0^{2\pi}\vec{f}(s,\varphi')e^{jk\left(\frac{a^2}{4f}\right)(s^2-1)(w-w_0)}e^{jkas(\bar{u}\cos\varphi'+\bar{v}\sin\varphi')}s\mathrm{d}s\mathrm{d}\varphi' \quad (6-35)$$

在进一步处理积分之前,对式(6-35)一些重要性质说明如下:这个方程右边把原初辐射积分的被积函数变成了因式分解形式(a highly factored form)。其中第一项 $\vec{f}(s,\varphi')$ 是有效口径分布函数,它由表面电流 $\vec{J}$、表面 Jacobi 变换式和

仅以源坐标(s,φ')为变数的因子组成。积分式中第三项是包含远场坐标$(\bar{u},\bar{v})$的 Fourier 核函数。注意式中$(\bar{u},\bar{v})$一般不等于u,v

$$u = \sin\theta\cos\varphi, \quad v = \sin\theta\sin\varphi$$

比较式(6-34)和式(6-35)可得：

$$\bar{u} = u + \frac{d_{\text{off}}}{2f}w$$

$$\bar{v} = v$$

如果辐射积分仅局限于这两项，相对来说反射面分析还是比较容易的，然而在式(6-35)中的辐射积分还包括了另外一个因子，该因子是由反射面有一定的曲度形成的，这一项已经分解成一个非常特殊的形式

$$z = jk\left(\frac{a^2}{4f}\right)(s^2-1)(w-w_0) \tag{6-36}$$

下面将它展开成复变数的 Taylor 级数。当 z 在复平面里接近原点，Taylor级数有很好的收敛性。很明显，z 在主瓣方向邻近区域内，z 是很小的，因为$(w-w_0)$是很小的。当偏离主瓣区域(即偏离几何光学反射射线)天线方向图将主要由反射面边缘的绕射场控制，于是反射面边缘的电流将形成对辐射面积分的主要贡献。然而，z 在近反射面环边时，由于因子 $s^2-1\to0$，z 也是很小的量。因此 z 的这些因子保证了 z 在较宽的远场角范围内都是很小的。于是指数项能用小宗量的 Taylor 级数近似表示。式(6-35)可改写为

$$\vec{I} = \int_0^1\int_0^{2\pi} \vec{f}(s,\varphi')e^{jk\frac{a^2}{4f}(s^2-1)(w-w_0)}e^{jkas\eta\cos(\varphi'-\alpha)}s\,ds\,d\varphi' \tag{6-37}$$

式中

$$\bar{u} = \eta\cos\alpha$$

$$\bar{v} = \eta\sin\alpha$$

对指数函数 z 展开成 Taylor 级数有

$$e^z = \sum_{p=0}^{p}\frac{z^p}{p!} \quad (z\text{ 是复变数})$$

因此积分式变成

$$I_u = \sum_{p=0}^{P}\frac{1}{p!}\left(jk\frac{a^2}{4f}\right)^p(w-w_0)^p\int_0^1\int_0^{2\pi}(s^2-1)^pf_u(s,\varphi')e^{jkas\eta\cos(\varphi'-\alpha)}s\,ds\,d\varphi'$$

$$\tag{6-38}$$

式中 u 分别代表 x,y,z 三分量。然后把 $f_u(s,\varphi')$ 展成单位圆面上定义的一组正交函数系

$$f_u(s, \varphi') = \sum_{m=0}^{M} \sum_{n=0}^{N} (C_m^n \cos n\varphi' + D_m^n \sin n\varphi') F_m^n(s) \qquad (6-39)$$

上式中用 Fourier 级数在周向(φ')方向展开，$F_m^n(s)$ 是尚未确定的径向展开函数，这样积分变成

$$I_u = \sum_{p=0}^{P} \frac{1}{p!} (jk \frac{a^2}{4f})^p (w - w_0)^p \sum_{m=0}^{M} \sum_{n=0}^{N} (C_m^n \, {}^p I_{m,\cos}^n + D_m^n \, {}^p I_{m,\sin}^n)$$

$$(6-40)$$

式中

$${}^p I_m^n \binom{\cos}{\sin} = \int_0^1 \int_0^{2\pi} (s^2 - 1)^p F_m^n(s) \binom{\cos n\varphi'}{\sin n\varphi'} e^{jkas\eta \cos(\varphi'-\alpha)} s \, ds \, d\varphi' \qquad (6-40a)$$

我们首先看 $p=0$ 的积分，然后按照 $F_m^n(s)$ 的特性，利用递推可以计算其他项，φ' 积分可以很容易地计算得到

$${}^0 I_m^n \binom{\cos}{\sin} = 2\pi j^n \binom{\cos n\alpha}{\sin n\alpha} \int_0^1 F_m^n(s) J_n(kas\eta) s \, ds \qquad (6-40b)$$

到此必须确定径向函数，很明显，选择 F_m^n 的一个条件是要使式(6-40b)可积。研究表明，这一组函数选为修正的 Jacobi 多项式，它与 Jacobi 多项式 $P_m^{(n,0)}(\cdot)$ 有以下的关系

$$F_m^n(s) = \sqrt{2(n + 2m + 1)} P_m^{(n,0)}(1 - 2s^2) s^n$$

修正 Jacobi 多项式的正交性有

$$\int_0^1 F_m^n(s) F_{m'}^n(s) s \, ds = \delta_{mm'} = \begin{cases} 1 & m = m' \\ 0 & m \neq m' \end{cases} \qquad (6-41)$$

式中，当 $m = n = 0$，$\delta_{mn} = 1$；当 $m \neq n$ 利用其正交性有

$$\int_{-1}^{1} [P_n^{(\alpha,0)}(x)]^2 (1 - x)^\alpha dx = \frac{2^{\alpha+1}}{2n + \alpha + 1} \qquad (6-42)$$

式中 α 是整数，令变数 $x = 1 - 2s^2$，有 $dx = -4s \, ds$ 和 $(1-x)^\alpha = (2s^2)^\alpha$，这样式(6-42)积分变成

$$\int_1^0 [P_n^{(\alpha,0)}(1 - 2s^2)]^2 2^\alpha s^{2\alpha} (-4s \, ds) = \frac{2^{\alpha+1}}{2n + \alpha + 1} \qquad (6-43)$$

回过来

$$\int_0^1 [\sqrt{2(\alpha + 2n + 1)} s^\alpha P_n^{(\alpha,0)}(1 - 2s^2)]^2 s \, ds = 1 \qquad (6-44)$$

利用式(6-41)的正交性 $\int_0^1 F_n^\alpha(s) F_m^\alpha(s) s \, ds = 0$，式(6-40)展开系数可求得

$$\begin{bmatrix} C_m^n \\ D_m^n \end{bmatrix} = \frac{\varepsilon_n}{2\pi} \int_0^1 s\mathrm{d}s \int_0^{2\pi} f_u(s,\varphi') \begin{pmatrix} \cos n\varphi' \\ \sin n\varphi' \end{pmatrix} F_m^n(s)\mathrm{d}\varphi' \qquad (6-45)$$

ε_n 为 Neumann 数，定义为

$$\varepsilon_n = \begin{cases} 1 & n = 0 \\ 0 & n \neq 0 \end{cases}$$

另外，修正 Jacobi 多项式与 Bessel 函数积分有以下关系

$$\int_0^1 F_m^n(s) J_n(kas\eta) s\mathrm{d}s = \sqrt{2(n+2m+1)}\, \frac{J_{n+2m+1}(ka\eta)}{ka\eta}$$

这样，式(6-40b)可表示为

$${}^0 I_m^n \begin{pmatrix} \cos \\ \sin \end{pmatrix} = 2\pi j^n \begin{pmatrix} \cos n\alpha \\ \sin n\alpha \end{pmatrix} \sqrt{2(n+2m+1)}\, \frac{J_{n+2m+1}(ka\eta)}{ka\eta} \qquad (6-46)$$

下面研究修正 Jacobi 多项式之递推关系

$$(s^2 - 1) F_m^n = a_{mn} F_{m-1}^n + b_{mn} F_m^n + c_{mn} F_{m+1}^n \qquad (6-47)$$

式中

$$a_{mn} = -\frac{d_m}{d_{m-1}} \left[\frac{m(m+n)}{(n+2m)(n+2m+1)} \right]$$

$$b_{mn} = \frac{n^2 - (n+2m)(n+2m+2)}{2(n+2m)(n+2m+2)}$$

$$c_{mn} = -\frac{d_m}{d_{m+1}} \left[\frac{(m+1)(m+n+1)}{(n+2m+1)(n+2m+2)} \right]$$

$$d_m = \sqrt{2(n+2m+1)}$$

这个递推关系可以从 Jacobi 多项式的下列递推关系导出

$$2(n+2m)(m+1)(n+m+1) P_{m+1}^{(n,0)}(x)$$
$$= (n+2m+1)[(n+2m)(n+2m+2)x + n^2] P_m^{(n,0)}(x) -$$
$$2m(m+n)(n+2m+2) P_{m-1}^{(n,0)}(x) \qquad (6-48)$$

让变量 $x = 1 - 2s^2$，把 Jacobi 多项式表示成修正的 Jacobi 多项式，可获得修正的 Jacobi 多项式的递推关系，其实就是用$(s^2-1)^{p-1}$来乘式(6-47)中各项有

$$(s^2 - 1)^p F_m^n(s)$$
$$= a_{mn}(s^2-1)^{p-1} F_{m-1}^n(s) + b_{mn}(s^2-1)^{p-1} F_m^n(s) + c_{mn}(s^2-1)^{p-1} F_{m+1}^n(s)$$
$$(6-49)$$

对修正 Jacobi 多项式的递推关系式也可采用式(6-47)中的各关系式。计算式(6-40)立即可得

$$^{p}I_{m}^{n}\binom{\cos}{\sin} = a_{mn}\,^{p-1}I_{m-1}^{n}\binom{\cos}{\sin} + b_{mn}\,^{p-1}I_{m}^{n}\binom{\cos}{\sin} + c_{mn}\,^{p-1}I_{m+1}^{n}\binom{\cos}{\sin} \qquad (6-50)$$

利用上式,只要已知 $p = 0$ 的积分,就可计算出任意 p 的积分了。

注意:当阶数为负时,也就是当 $m - 1 < 0$ 时,有

$$P_{0}^{(n,0)}(x) = 1$$

$$F_{0}^{n}(s) = \sqrt{2(n+1)}\,s^{n}$$

所以

$$\int_{0}^{1}(s^{2} - 1)^{p}s^{n+1}J_{n}(ka\eta s)\,ds = (-2)^{p}p!\frac{J_{n+p+1}(ka\eta)}{(ka\eta)^{p+1}} \qquad (6-51)$$

$$^{p}I_{0}^{n}\binom{\cos}{\sin} = 2\pi j^{n}\begin{Bmatrix}\cos na\\\sin na\end{Bmatrix}\sqrt{2(n+1)}(-2)^{p}p!\frac{J_{n+p+1}(ka\eta)}{(ka\eta)^{p+1}} \qquad (6-52)$$

式中

$$p! = p(p-1)(p-2)\cdots 2\cdot 1$$

式(6-38)积分式可写成

$$I_{u} = \sum_{p=0}^{P}\frac{1}{p!}\left(jk\frac{a^{2}}{4f}\right)^{p}(\omega - \omega_{0})^{p}\sum_{m=0}^{M}\sum_{n=0}^{N}(C_{m}^{n}\,^{p}I_{m,\cos}^{n} + D_{m}^{n}\,^{p}I_{m,\sin}^{n}) \qquad (6-53)$$

$$E_{u}(r) = -j\frac{\eta a^{2}}{2\lambda}\frac{e^{-jkR}}{R}e^{-jkd_{off}u}e^{jk\left(\frac{d_{off}^{2}-4f^{2}}{4f}\right)w}e^{jk\frac{a^{2}}{4f}w}\cdot$$

$$\sum_{p=0}^{P}\frac{1}{p!}(jk\frac{a^{2}}{4f})^{p}(\omega - \omega_{0})^{p}\left\{\sum_{m=0}^{M}\sum_{n=0}^{N}C_{m}^{n}\,^{p}I_{m,\cos}^{n} + D_{m}^{n}\,^{p}I_{m,\sin}^{n}\right\}$$

$$(6-54)$$

到此完成了 Jacibi-Bessel 法的分析。

注意:在式(6-54)中,$^{p}I_{m}^{n}$ 与极化无关,仅系数 C、D 依赖于电流和远区电场矢量的分量。在 C_{m}^{n}、D_{m}^{n} 系数的积分式(6-45)中,利用 Jacobi 多项式递推关系(6-47)和(6-48)各式和特殊值可以很容易计算出来。其中

$$\left.\begin{aligned}P_{0}^{(n,0)}(x) &= 1\\P_{1}^{(n,0)}(x) &= \frac{1}{2}[n + (n+2)x]\end{aligned}\right\} \qquad (6-55)$$

计算双重积分的一个简便方法是利用 FFT 进行周向积分,用高斯积分(Gaussian quadriture)方法处理径向积分。Jacobi 多项式表达式还可以写成

$$P_{n}^{(a,0)}(x) = \frac{1}{2^{n}}\sum_{m=0}^{n}\binom{n+a}{m}\binom{n}{n-m}(x-1)^{n-m}(x+1)^{m} \qquad (6-56)$$

或

$$P_n^{(a,0)}(x) = \frac{1}{n!} \sum_{m=0}^n \binom{n}{m} \frac{(a+n+m)!}{2^m(a+m)!}(x-1)^m$$

式中 a 为大于或等于零的整数,

$$\binom{n}{m} = \frac{n!}{m!(n-m)!}$$

$n! = n(n-1)\cdots2\cdot1$,有关 Jacobi-Bessel 法的分析到此。

在通信卫星的赋形波束设计和计算时,需要对大量观察点的覆盖电平进行计算,这种方法由于展开系数与观察点坐标无关。一旦确定,对任意观察点覆盖电平计算只是简单的代数求和。这是该方法较之其他方法的突出优点。因此在通信卫星中,需要对覆盖区或服务区内很多观察点进行覆盖性能估计时,Jacobi-Bessel 法已成为首选的方法。后面我们会介绍这个方法处理通信卫星赋形波束覆盖特性计算的一个实例。

6.4 辐射积分的 Fourier-Bessel 法

Jacobi-Bessel 方法包含了相当复杂的数学知识,本节介绍的 Fourier-Bessel 方法在数学上非常简单,而且能使用现成的 FFT 算法进行计算,这也是卫星天线设计中常应用的一种计算方法。本方法仍从辐射积分计算式(6-35)着手,把该式重写如下:

$$\vec{I} = \int_0^1 \int_0^{2\pi} \vec{f}(s,\varphi') e^{jk\left(\frac{a^2}{4f}\right)(s^2-1)(\omega-\omega_0)} e^{jkas(\bar{u}\cos\varphi' + \bar{v}\sin\varphi')} s\,ds\,d\varphi'$$

将 $\vec{f}$ 写成分量函数 f_u,u 代表三坐标分量,对直角分量,$u = x, y, z$,它可写为

$$I_u = \int_0^1 \int_0^{2\pi} f_u(s,\varphi') e^{jk\left(\frac{a^2}{4f}\right)(s^2-1)(\omega-\omega_0)} e^{jkas(\bar{u}\cos\varphi' + \bar{v}\sin\varphi')} s\,ds\,d\varphi' \qquad (6-57)$$

下面讨论式(6-57)的计算。首先把口径分布展开成一组正交函数系,其中每一个函数具有正交完备性。这时辐射积分表示成口径展开系数和远场变数的函数积分。这个方法形成了现代反射面天线分析的基础。首先把 $f_u(x,y)$ 展开成 Fourier 级数

$$f_u(x,y) = \sum_{m,n} E_{mn}^u e^{-j\frac{2\pi}{D}(mx+ny)} \qquad (6-58)$$

式中,$D = 2a$,为反射面投影口径直径,指数项用 Taylor 展开(与 Jacobi-Bessel 法相同)有

$$I_u = \sum_{p=0}^P \frac{1}{p!} (jk\frac{a^2}{4f})^p (\omega-\omega_0)^p \sum_{m,n} E_{m,n}^u \int_0^1 \int_0^{2\pi} (s^2-1)^p e^{jk(\bar{u}x+\bar{v}y)} e^{-jk(\frac{\lambda}{D})(mx+ny)} s\,ds\,d\varphi'$$

$$= \sum_{p=0}^{P} \frac{1}{p!} (jk \frac{a^2}{4f})^p (\omega - \omega_0)^p \sum_{m,n} E_{m,n}^u \int_0^1 \int_0^{2\pi} (s^2 - 1)^p e^{jk(\bar{u}_m x + \bar{v}_n y)} s \, ds \, d\varphi$$

$$(6-59)$$

式中

$$\bar{u}_m = \bar{u} - m \frac{\lambda}{D}, \quad \bar{v}_n = \bar{v} - n \frac{\lambda}{D}$$

最后

$$I_u = \sum_{p=0}^{P} \frac{1}{p!} (jk \frac{a^2}{4f})^p (\omega - \omega_0)^p \sum_{m,n} E_{m,n}^u \int_0^1 \int_0^{2\pi} (s^2 - 1)^p e^{jkas\eta_{mn} \cos(\varphi' - \alpha_{mn})} s \, ds \, d\varphi'$$

$$(6-60)$$

式中

$$\bar{u}_m = \eta_{mn} \cos\alpha_{mn}$$

$$\bar{v}_n = \eta_{mn} \sin\alpha_{mn}$$

$$x = as \cos\varphi'$$

$$y = as \sin\varphi'$$

需要计算式(6-60)中的积分,这些积分写成一般形式有

$$\left. \begin{array}{l} I_{p1} = \int_0^1 \int_0^{2\pi} (s^2 - 1)^p e^{jA_1 s \cos\varphi'} s \, ds \, d\varphi' \\[2mm] I_{p2} = \int_0^1 \int_0^{2\pi} (s^2 - 1)^p e^{jA_2 s \sin\varphi'} s \, ds \, d\varphi' \\[2mm] A_1 = kas\eta_{mn} \cos\alpha_{mn}, A_2 = kas\eta_{mn} \sin\alpha_{mn} \end{array} \right\} \qquad (6-61)$$

首先对 φ' 积分。利用式(5-14)和(5-15)的结果,$A = ka\eta_{mn}$,J_{p+1} 是 $p+1$ 阶 Bessel 函数,因此

$$I_u = 2\pi \sum_{p=0}^{P} \left(-jk \frac{a^2}{2f} \right)^p (\omega - \omega_0)^p \sum_{m,n} E_{mn}^u \frac{J_{p+1}(ka\eta_{mn})}{(ka\eta_{mn})^{p+1}} \qquad (6-62)$$

于是远区辐射场方程变成

$$E_u(r) = -j \frac{\eta}{2} (ka)^2 \frac{e^{-jkR}}{R} e^{jkd_{off}^u} e^{jk \left(\frac{d_{off}^2 - 4f^2}{4f} \right) w} e^{jk \frac{a^2}{4f} w} \cdot$$

$$\sum_{m,n} E_{m,n}^u \left[\sum_{p=0}^{P} \left(-jk \frac{a^2}{2f} \right)^p (\omega - \omega_0)^P \frac{J_{p+1}(ka\eta_{mn})}{(ka\eta_{mn})^{p+1}} \right] \qquad (6-63)$$

在此已扣除径向场分量(远场无径向场)。式(6-58)中展开系数 E_{mn}^u ($u = x, y,$ z)可写成

$$E_{mn}^u = \frac{1}{D^2} \int_{d_{off} - D/2}^{d_{off} + D/2} dx \int_{-D/2}^{D/2} dy f_u(x, y) e^{j\frac{2\pi}{D}(Mx + Ny)} \qquad (6-64)$$

式(6-64)中的积分是在 $D \times D$ 方口径面积上进行的,而事实上积分仅是直径为 D 的圆形投影口径,它包含在 $D \times D$ 的方口径之内。式(6-63)和式(6-64)连同 $f_u(x, y)$ 的方程式(6-58)就是 Fourier-Bessel 方法的最后方程式。在这个方法中的数学远没有 Jacobi-Bessel 方法复杂,所以这个方法成为大多数无线工程师非常适用的一个方法。这个方法的妙处在于口径场分布的 Fourier 展开系数的计算式(6-58),可用已有的 FFT 软件使计算大大简化。

　　Fourier-Bessel 方法的另一个优点是可以十分容易地应用到非抛物反射面上,比如赋形面、偏置面等。由于 FFT 算法显著的计算速度,把反射曲面引入的指数项展开成 Taylor 级数已不是什么困难了,只需要把这项合并到有效口径分布 $f_u(x, y)$ 中,再对每一个远场方向计算其 Fourier 展开系数。FFT 算法如此之快使得我们这样做并不会对计算效率带来较大的影响。为了说明 Fourier-Bessel 法对这种情况的应用,在此计算一个由平面电磁波照明的偏置反射面的焦区场问题。

　　如图 6-5 所示,偏置反射面焦区场可写成

$$\vec{E}(\vec{r}) = -j \frac{k\eta}{4\pi} \iint_{ref} (\hat{I} - \hat{R}\hat{R}) \vec{J}(\vec{r}') G\left(\frac{\vec{r}}{\vec{r}'}\right) ds' \qquad (6-65)$$

式中,$\vec{r}$ 是焦区场中一点,$\vec{r}'$ 是反射表面上一点矢径,

$$\vec{J}(\vec{r}') = 2\hat{n} \times \vec{H}^{inc} e^{jk\vec{r}' \cdot R_{inc}} \qquad (6-66)$$

$$G\left(\frac{\vec{r}}{\vec{r}'}\right) = \frac{e^{jk|\vec{r}-\vec{r}'|}}{|\vec{r}-\vec{r}'|} = \frac{e^{-jk\rho}}{\rho} \qquad (6-67)$$

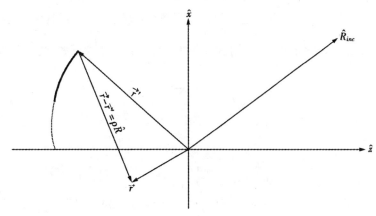

图 6-5　偏置反射面焦区场计算

本情况的算子$(\hat{I} - \hat{R}\hat{R})$应移到积分号之内,这是因为焦区场点可认为处于反射面上各积分变元的远场区,但不是在整个反射面的远场区,

$$电流相位 = j(u_{inc}x' + v_{inc}y') + jz'w_{inc} \qquad (6-68)$$

式中

$$u_{inc} = k\sin\theta_{inc}\cos\varphi_{inc}$$
$$v_{inc} = k\sin\theta_{inc}\sin\varphi_{inc}$$
$$w_{inc} = k\cos\theta_{inc}$$

则

$$\vec{J}(\vec{r}') = 2\hat{n} \times \vec{H}^{inc} = \frac{2}{\eta}\hat{n} \times (\vec{E}^{inc} \times \hat{R}^{inc}) \qquad (6-69)$$

所以焦区场方程有

$$\vec{E}(\vec{r}) = \frac{-j}{\lambda}\iint\limits_{ref}(\hat{I} - \hat{R}\hat{R})[\hat{n} \times (\vec{E}^{inc} \times \hat{R}^{inc})]\frac{e^{-jk\rho}}{\rho}e^{jz'w_{inc}} \cdot J_{\Sigma} e^{j(u_{inc}x' + v_{inc}y')}\mathrm{d}x'\mathrm{d}y'$$

$$(6-70)$$

如果我们现在用$g_u(x', y')$来表示$(\hat{I} - \hat{R}\hat{R})[\hat{n} \times (\vec{E}^{inc} \times \hat{R}^{inc})]\frac{e^{-jk\rho}}{\rho}e^{jz'w_{inc}}J_{\Sigma}$的第$u$个分量,那么把这个分量展开成 Fourier 级数有

$$g_u(x, y) = \sum_{mn}g_u^{mn}e^{-j\frac{2\pi}{D}(mx' + ny')} \qquad (6-71)$$

这时$\vec{E}(\vec{r})$的积分就变为

$$E_u(\vec{r}) = \frac{-j}{\lambda}\sum_{m,n}g_u^{mn}\iint\limits_{投影口径}e^{j(u_{inc}x' + v_{inc}y')}e^{-j\frac{2\pi}{D}(mx' + ny')}\mathrm{d}x'\mathrm{d}y' \qquad (6-72)$$

积分是在投影口径面上进行的,对式(6-72)处理之后变为下式(均匀圆口径)

$$E_u(\vec{r}) = -jk\left(\frac{D}{2}\right)^2\sum_{m,n}g_u^{mn}\frac{J_1\left(\eta_{mn}\dfrac{D}{2}\right)}{\eta_{mn}\dfrac{D}{2}} \qquad (6-73)$$

其中,

$$\eta_{mn} = \sqrt{\left(u_{inc} - \frac{2m\pi}{D}\right)^2 + \left(v_{inc} - \frac{2n\pi}{D}\right)^2}$$

式(6-73)把焦区电场表示成一些包括展开系数g_u^{mn}和入射场方向u_{inc}和v_{inc}的级数。展开系数本身依赖于入射场方向,因此对于每一个入射场方向,每一个焦区场点都必须重新进行计算。从式(6-73),可以把这个式子解释成以取样函数

$\dfrac{J_1\left(\eta_{mn}\dfrac{D}{2}\right)}{\eta_{mn}\dfrac{D}{2}}$ 展开的辐射场表示。必须强调的是这个式子仅适用于一个入射场方

向,而不能表示成入射场方向的函数。

到此介绍了三种常用的反射面辐射积分的计算方法,当然还有一些拓展出来的计算方法,它们形成了卫星反射面天线现代分析与设计的有用工具。

6.5　单反射面天线设计

6.5.1　口径照射与馈源泄漏

反射面设计中馈源设计是一个关键因素。馈源照射和泄漏是影响反射面效率的两大要素。而这两个因素又是彼此制约的,如何最优地进行馈源设计是反射面设计的重要问题。在此我们仅从口径照射与馈源泄漏问题着手研究。

假设:馈源置于抛物面的焦点上,馈源辐射功率方向图为

$$e_f^2(\theta)(W/\Omega) \tag{6-74}$$

抛物面方程如图 6-6 所示,

$$\rho(\theta) = \frac{2f}{1+\cos\theta}$$

$$r = \frac{2f}{1+\cos\theta}\sin\theta \tag{6-75}$$

$$\mathrm{d}r = f\sec^2\frac{\theta}{2}\mathrm{d}\theta$$

利用几何关系有

$$r\mathrm{d}r\mathrm{d}\varphi = f^2\sec^4\frac{\theta}{2}\sin\theta\mathrm{d}\theta\mathrm{d}\varphi \tag{6-76}$$

$$\mathrm{d}a = f^2\sec^4\frac{\theta}{2}\mathrm{d}\Omega$$

$\mathrm{d}a$ 是投影口径上的面积单元,$\mathrm{d}\Omega$ 是微分立体角(立体角变元)。从馈源到反射面,然后到投影口径,从射线管能量守恒,其总能量有

$$e_f^2(\theta)\mathrm{d}\Omega = e_f^2(r)\mathrm{d}a \tag{6-77}$$

如果我们让 $e_f^2(r)=1$,表明口径面有均匀的幅值分布,这对应于最大的口径效率,有最大的增益。为此

$$e_f^2(\theta) = \frac{\mathrm{d}a}{\mathrm{d}\Omega} \propto \sec^4\frac{\theta}{2} \tag{6-78}$$

如果不计入常数因子

$$|e_f(\theta)| = \sec^2 \frac{\theta}{2} \qquad (6-79)$$

因此,一个理想馈源的矢量方向图写成分量形式有

$$\left.\begin{array}{l} |e_\theta(\theta)| = \sec^2 \dfrac{\theta}{2}\cos\varphi \\[2mm] |e_\varphi(\theta)| = \sec^2 \dfrac{\theta}{2}\sin\varphi \end{array}\right\} \qquad (6-80)$$

式(6-80)代表了具有理想余割平方方向图的馈源,如图6-7所示。它将给出具有均匀照射口径和零泄漏损失的天线。然而实际上没有这样的馈源能够产生这个理想的照射方向图。在 Cassegrain 双反射面系统中双曲副反射面可给出一个与该理想情况接近的照射。

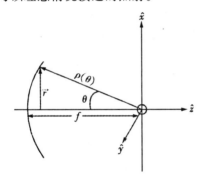

图6-6　对称前馈抛物面示图

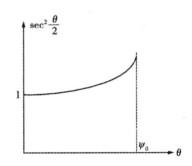

图6-7　余割平方馈源方向图

　　大多数的馈源天线(如喇叭,偶极子,螺线等)的辐射方向图与理想余割方向图并不相似。如果馈源方向图特性选择适当,也能够产生高质量的二次方向图。关键是馈源方向图瓣宽要与反射面边缘张角 $2\psi_0$ 配合,如图6-8所示。一般说来,如果选择馈源在反射面最大张角上(边缘角),方向图的照射电平跌落控制在约 $-(10-15)$dB 的范围内(与辐射最大值相比),对反射面的辐射效率与馈源的泄漏损失两方面就有一个较好的折中。并以此值

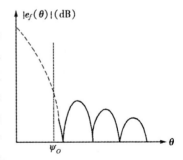

图6-8　典型的馈源方向图

作为详细设计的一个初始值,最终设计是经过分析程序多次迭代以得到最佳增益或最佳边瓣电平来确定的。由抛物面方程 $r = 2f\dfrac{\sin\theta}{1+\cos\theta}$ 可知

$$\frac{D}{4f} = \tan\frac{\psi_0}{2} \qquad (6-81)$$

式(6-81)给出了反射面焦径比 $\left(\dfrac{f}{D}\right)$ 与馈源边缘照射角 ψ_0 间的关系。这是一个对抛物反射面普遍适用的公式。

6.5.2　横向馈源偏焦与 Petzval 表面

当今抛物反射面已经不局限于置于对称轴上单馈源的简单情况了。由于重量、空间与成本等因素,如果要求一个单反射面支持大量的独立天线波束,或要求复杂的赋形波束被综合的话,大多情况是采用在反射面之焦区放置多个喇叭馈源,常称"*cluster*"。因此研究馈源横向偏焦对远场方向图影响已成为反射面天线设计中的另一个重要问题。

我们研究一个前馈抛物面系统,馈源横向和纵向偏离抛物面的焦点,从射线光学入手讨论由此引起的各种误差,如图 6-9。由图知 $\vec{\rho}' = \vec{\rho} - \vec{\varepsilon}$,如果让 $\vec{\varepsilon} = \varepsilon_x\hat{x} + \varepsilon_z\hat{z}$,在此引入馈源坐标系 $(x'y'z')$ 和反射面坐标系 (xyz),如图 6-9。对抛物面

$$\vec{\rho} = \rho(\theta')\hat{\rho}(\theta')$$

式中,

$$\rho(\theta') = 2f\big/(1+\cos\theta')$$

$$\hat{\rho}(\theta',\varphi') = -\sin\theta'\cos\varphi'\hat{x} + \sin\theta'\sin\varphi'\hat{y} - \cos\theta'\hat{z}$$

远场矢量

$$\hat{R}_0 = \sin\theta\cos\varphi\hat{x} + \sin\theta\sin\varphi\hat{y} + \cos\theta\hat{z}$$

在 $\hat{R}_0$ 方向的光程为 $\rho' - \vec{\rho}'\cdot\hat{R}_0$。$\vec{\rho}'\cdot\hat{R}_0$ 由上面的关系容易算出。

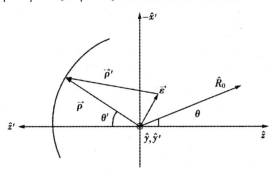

图 6-9　前馈抛物面散焦馈源的几何示图

$$\rho' = |\vec{\rho}\,'| = |\vec{\rho} - \vec{\varepsilon}| = \rho\left[1 + \left|\frac{\varepsilon}{\rho}\right|^2 + 2\left(\frac{\varepsilon_x}{\rho}\sin\theta'\cos\varphi' + \frac{\varepsilon_z}{\rho}\cos\theta'\right)\right]^{\frac{1}{2}} \quad (6-82)$$

利用 Taylor 级数在 $x = 0$ 处展开 $\left[利用(1+x)^{1/2} \approx 1 + \dfrac{x}{2} - \dfrac{1}{2}\left(\dfrac{x}{2}\right)^2, x \ll 1\right]$。
光程

$$|\rho' - \vec{\rho}\,' \cdot \hat{R}_0| = 2f + \frac{1}{2}\frac{\varepsilon_x^2}{\rho} + \varepsilon_x\sin\theta'\cos\varphi' + \varepsilon_z\cos\theta' -$$

$$\frac{1}{2}\frac{\varepsilon_x^2}{\rho}\sin^2\theta'\cos^2\varphi' - \rho\sin\theta\sin\theta'\cos(\varphi - \varphi') - \quad (6-83)$$

$$\rho\cos\theta'(1 - \cos\theta) + \varepsilon_x\sin\theta\cos\varphi + \varepsilon_z\cos\theta$$

式(6-83)中右边第一项和最后两项相对于口径坐标(源坐标)是固定不变的,积分式中可当常数处理。式中第三项包含了一个线性相位变化,第五项包含了一个高阶的立方(Coma)相差,代表了系统的象散性(astigmatism),第六项是 Fourier 变换核,剩下的其余项(第二、第四和第七项)代表着相位波前之曲率。按照光学定则,对象质评价的一种经典准则是场的曲率为零[也就是式(6-83)中比例于 r^2 的项,而 $r = \rho\sin\theta'$]。应用抛物面公式

$$\left.\begin{aligned}\rho &= f\left[1 + \left(\frac{r}{2f}\right)^2\right]\\[2mm]\sin\theta' &= \frac{r}{f\left[1 + \left(\frac{r}{2f}\right)^2\right]}\\[2mm]\cos\theta' &= \frac{1 - \left(\frac{r}{2f}\right)^2}{1 + \left(\frac{r}{2f}\right)^2}\end{aligned}\right\} \quad (6-84)$$

只有当 $\varepsilon_z = -\dfrac{1}{2f}\varepsilon_x^2$ 时,曲率才可能等于零,因此把 $\varepsilon_z = -\dfrac{1}{2f}\varepsilon_x^2$ 的表面定义为 Petzval 表面,当馈源放置在此表面上时,则远场曲率为零。在微波反射面里也称这个表面为最佳聚焦表面。对一个单反射面系统 Petzval 面的曲率半径是反射面曲率半径的一半,它是焦距仅为主抛物面焦距一半的抛物面,该面在焦点与焦平面相切,可改写为

$$\rho_{petz}^2 = 2fz_{petz}$$

式中,ρ_{petz} 是 Petzval 面任意一点距反射面轴的径向距离,z_{petz} 是该点与焦点的轴向距离。这个关系在进行多馈源(或馈源阵)与反射面设计时应充分考虑这个因素,使其达到更好的设计效果。

6.5.3　对称单反射面天线远场幅度的综合

单反射面综合技术一般用来设计非聚焦反射面,或使该反射面辐射能量散布在很宽的角域内。这样的天线最多的应用是作双反射 Cassegrain 天线系统的副反射面。或应用到(LEO, low earth orbit)低轨卫星地球匹配赋形波束的单反射面天线,如 Landsat、SPOT 以及我国对地观测卫星上的数传赋形反射面天线。在此考虑对称单反射面天线赋形波束的设计计算,如图 6-10 所示。由于对称性,反射面赋形简化为中截线设计,一旦该曲线得到,就其对称轴旋转便得到了赋形面了。

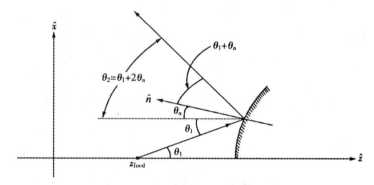

图 6-10　对称单反射面天线

值得注意的是中截线之斜率 $\dfrac{\mathrm{d}z}{\mathrm{d}x}$ 确定了 θ_2,θ_2 作为 θ_1 的函数决定了反射场方向。与此类似,中截线之曲率 $\dfrac{\mathrm{d}^2 z}{\mathrm{d}x^2}$ 确定了反射面波前的曲率半径,也就是反射场的幅值。为形成所期望的辐射方向图,采取搜索方式以确定中截线的位置、斜率和曲率。

假设馈源功率方向图为 $E^2(\theta_1)$,所要求的辐射功率方向图为 $A^2 u^2(\theta_2)$。如果令 $\left| u^2(\theta_2) \right|_{\max} = 1$(用最大值归一)。根据能量守恒原理可确定常数 A:

$$A^2 = \frac{\displaystyle\int_0^{\theta_{1,\max}} E^2(\theta_1)\sin\theta_1 \,\mathrm{d}\theta_1}{\displaystyle\int_0^{\theta_{2,\max}} u^2(\theta_2)\sin\theta_2 \,\mathrm{d}\theta_2} \tag{6-85}$$

$E(\theta_1)$ 已知,$u(\theta_2)$ 也已经被指定,利用能量守恒关系,上式的微分形式为

$$\frac{\mathrm{d}\theta_2}{\mathrm{d}\theta_1} = \frac{E^2(\theta_1)\sin\theta_1}{A^2 u^2(\theta_2)\sin\theta_2} \tag{6-86}$$

因为 $\theta_2 = \theta_1 + 2\theta_n$，式(6-86)可写成

$$\frac{\mathrm{d}\theta_2}{\mathrm{d}\theta_1} = \frac{E^2(\theta_1)\sin\theta_1}{A^2 u^2(\theta_1 + 2\theta_n)\sin(\theta_1 + 2\theta_n)} \tag{6-87}$$

$$\theta_n = \arctan\left(\frac{\mathrm{d}z}{\mathrm{d}x}\right) \tag{6-88}$$

式(6-87)是从能量守恒关系导出的 $\dfrac{\mathrm{d}\theta_2}{\mathrm{d}\theta_1}$ 关系方程。

现在导出对 $\dfrac{\mathrm{d}\theta_2}{\mathrm{d}\theta_1}$ 的第二个方程。从几何特性考虑，因为 $\theta_2 = \theta_1 + 2\theta_n$，所以

$$\frac{\mathrm{d}\theta_2}{\mathrm{d}\theta_1} = 1 + 2\frac{\mathrm{d}\theta_n}{\mathrm{d}\theta_1}$$

由式(6-88)有

$$\frac{\mathrm{d}\theta_2}{\mathrm{d}\theta_1} = 1 + 2\frac{\mathrm{d}}{\mathrm{d}x}\left[\arctan\frac{\mathrm{d}z}{\mathrm{d}x}\right]\frac{\mathrm{d}x}{\mathrm{d}\theta_1} \tag{6-89}$$

又因为 $\theta_1 = \arctan\left[\dfrac{x}{z - z_f}\right]$，$z$ 为反射面 Z 向坐标，z_f 为馈源的 z 向的坐标。可得到

$$\frac{\mathrm{d}\theta_1}{\mathrm{d}x} = \frac{z - z_f - x\dfrac{\mathrm{d}z}{\mathrm{d}x}}{(z - z_f)^2\left[1 + \left(\dfrac{x}{z - z_f}\right)^2\right]} \tag{6-90}$$

$$\frac{\mathrm{d}x}{\mathrm{d}\theta_1} = \frac{(z - z_f)^2\left[1 + \left(\dfrac{x}{z - z_f}\right)^2\right]}{z - z_f - x\dfrac{\mathrm{d}z}{\mathrm{d}x}}$$

将式(6-90)代入式(6-89)得

$$\frac{\mathrm{d}\theta_2}{\mathrm{d}\theta_1} = 1 + 2\left[1 + \left(\frac{\mathrm{d}z}{\mathrm{d}x}\right)^2\right]^{-1} \cdot \frac{\mathrm{d}^2 z}{\mathrm{d}x^2} \cdot \frac{(z - z_f)^2\left[1 + \left(\dfrac{x}{z - z_f}\right)^2\right]}{z - z_f - x\dfrac{\mathrm{d}z}{\mathrm{d}x}} \tag{6-91}$$

式(6-87)和式(6-91)相等,可得到

$$\frac{E^2\left[\arctan\left(\dfrac{x}{z - z_f}\right)\right] \cdot \sin\left[\arctan\left(\dfrac{x}{z - z_f}\right)\right]}{A^2 u^2\left[\arctan\left(\dfrac{x}{z - z_f}\right) + 2\arctan\dfrac{\mathrm{d}z}{\mathrm{d}x}\right] \cdot \sin\left[\arctan\left(\dfrac{x}{z - z_f}\right) + 2\arctan\dfrac{\mathrm{d}z}{\mathrm{d}x}\right]}$$

$$= 1 + 2\frac{\mathrm{d}^2 z}{\mathrm{d}x^2} \frac{(z - z_f)^2\left[1 + \left(\dfrac{x}{z - z_f}\right)^2\right]}{\left[1 + \left(\dfrac{\mathrm{d}z}{\mathrm{d}x}\right)^2\right]\left(z - z_f - x\dfrac{\mathrm{d}z}{\mathrm{d}x}\right)} \tag{6-92}$$

式(6-92)具有下列形式

$$\frac{\mathrm{d}^2 z}{\mathrm{d}x^2} = f[x, z(x), z'(x)] \tag{6-93}$$

式(6-93)是一个 $z(x)$ 的二阶微分方程。为求解,必须已知 $z(x)$ 和 $z'(x)$ 在 $x = R$ 的端值,R 为反射面之投影半径,在此设 $z(R)$ 为已知

$$z'(R) = \tan\frac{1}{2}(\theta_{2edge} - \theta_{1edge}) \tag{6-94}$$

并以此端值 $z(R)$ 和 $z'(R)$ 为初值,通过对(6-92)方程求解,可得到赋形反射面中截线,该中截线绕其轴旋转得到赋形反射面。有关的设计实例在以后的章节中还要详述。

6.6　双反射面天线系统设计

6.6.1　卡氏(Cassegrain)反射面几何关系

对称卡氏双反射天线系统如图 6-11 所示,有四个参数必须确定。主反射面有三个参数 f_m,R_2,θ_2 待定,这三个参数并不是独立的,可以从中选取两个。另外为确定双曲副面,必须从五个参数(e,c,R_1,θ_1,θ_2)中选定三个。因为双曲副面必须与抛物面主面和馈源尺寸兼容,因此这三个参数中两个由主反射面确定,第三个参数由馈源横向范围确定。

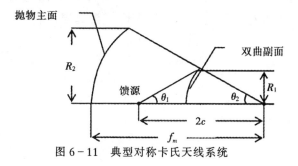

图 6-11　典型对称卡氏天线系统

参考图 6-12,卡氏双反射面设计过程如下:

(1) 已知工作频率和轴向增益,由 $D_{max} \approx \pi\left(\dfrac{D}{\lambda}\right)^2$,可初步选定主反射面口径 $2R_2$。

(2) 对给定工作频率,设计馈源尺寸(馈源口径 $2R_f$ 和距顶点的轴向尺寸

z_f),由此 θ_1 与 R_f 就已确定。

(3) 确定主反射面焦距 f_m,它的确定取决于整个天线的尺寸限制和结构等考虑。

这样(R_2,θ_1,R_f,f_m)四个参数将被初步确定,并以此作为进一步设计计算的初值。

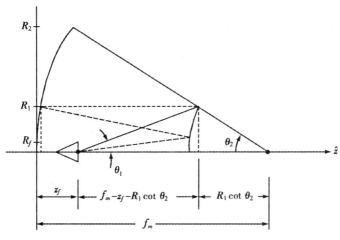

图 6 - 12 卡式双反设计过程

首先,确定馈源在 z 轴之位置。通常,馈源置于 z_f,如图 6 - 12 中虚线所示那样,正好穿过馈源最宽的点。在此情况下,馈源遮挡正好等于副面遮挡。这意味着

$$\frac{R_1}{f_m - \dfrac{R_1^2}{4f_m}} = \frac{R_f}{f_m - z_f} \tag{6 - 95}$$

对式(6 - 95)的较好近似有

$$R_1 \approx R_f \left(\frac{f_m}{f_m - z_f} \right) \tag{6 - 96}$$

然后,从(R_1,z_f)的关系中确定 R_1,由图 6 - 12 可知

$$R_1 = (f_m - z_f - R_1 \cot\theta_2) \tan\theta_1 \tag{6 - 97a}$$

或

$$R_1 = \frac{f_m - z_f}{\cot\theta_1 + \cot\theta_2} \tag{6 - 97b}$$

由(6 - 96)和(6 - 97b)二式可得

$$(f_m - z_f)^2 = f_m \cdot R_f(\cot\theta_1 + \cot\theta_2) \tag{6-98}$$

由上式可解出 z_f。当 z_f 已知时,由式(6-97a)或式(6-97b)可解出 R_1。

在一些情况下,馈源遮挡口径和副面口径相等的条件并不一定满足(即相同遮挡的条件),对此由式(6-97a)中可得到(R_1, z_f)的一组曲线。从这组曲线中可提出实际的设计参数。

现在考虑图 6-13,利用双曲面的基本方程和参数可导出:

$$\rho_1 - \rho_2 = \frac{2c}{e} \tag{6-99}$$

所以

$$e = \frac{2c}{\rho_1 - \rho_2} \tag{6-99a}$$

或

$$e = \frac{f_m - z_f}{R_1(\csc\theta_1 - \csc\theta_2)} \tag{6-99b}$$

至此,双反射面的主、副面几何参数都已初步确定。

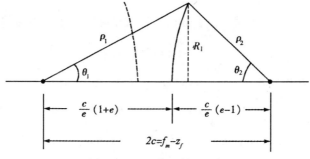

图 6-13　双曲反射面几何

6.6.2　偏置卡氏天线系统的设计

偏置卡氏天线系统设计与对称双反射面天线有相同的过程,事实上,很多设计方程都可直接用于偏置结构,这里只将偏置结构一些新的设计方程列出。偏置双反射面系统能消除馈源遮挡影响,由于结构不对称性引入高的交叉极化电平,这通过修正可使其轴上交叉极化消失。近年的一些研究已经表明,通过对称转换原理可进一步消除偏置双反射面的交叉极化电平。因此近年来在极化复用的通信卫星天线里,双偏反射面得到了广泛的应用。

偏置卡氏天线的几何构图见图 6-14。偏置抛物面可以由两种方法得到:

①用与对称轴 z 平行,并相距为 d、直径为 D 的圆柱与母体抛物面相交切割得出;②用半圆锥角为 $(\theta^U - \theta^L)/2$ 的圆锥与母体抛物面相交得到,该圆锥轴与对称轴 z 的交角为 $(\theta^U + \theta^L)/2$。这两种方法获得的偏置面是完全一样的。

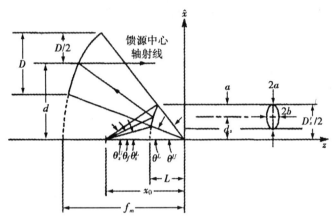

图 6-14　偏置卡氏天线的几何关系

如图 6-14 所示,主反射面参数由下列式子确定。主反射面偏置角

$$\theta^B = \frac{1}{2}(\theta^U + \theta^L) \tag{6-100a}$$

馈源对主反射面半张角

$$\theta^C = \frac{1}{2}(\theta^U - \theta^L) \tag{6-100b}$$

式中,θ^U,θ^L 分别为偏置主反射面上、下边缘与对称轴之夹角。

反射面投影口径

$$D = \frac{4f_m \sin\theta^C}{\cos\theta^B + \cos\theta^C} \tag{6-101}$$

反射面投影口径中心到对称轴的距离

$$d = \frac{2f_m \sin\theta^B}{\cos\theta^B + \cos\theta^C} \tag{6-102}$$

焦点到反射面上,下边缘的张角

$$\theta^{U,L} = 2\tan^{-1} \frac{d \pm D/2}{2f_m} \tag{6-103}$$

双曲副面边缘角由主面参数计算得到与对称情况相同。

偏置副面由两种方式得到:①相对于对称轴 z 轴偏角为 $(\theta_s^U + \theta_s^L)/2$、半张角为$(\theta_s^U - \theta_s^L)/2$ 的圆锥与双曲副面相交得到;②与 z 轴相距为 d_s、半径分别为 a,b 的椭圆柱与旋转双曲面相交得到。

双曲副面的参数有:放大系数

$$M = \frac{\tan(\theta^U/2)}{\tan(\theta_s^U/2)} = \frac{\tan(\theta^L/2)}{\tan(\theta_s^L/2)} = \frac{\tan\left(\dfrac{\theta^B}{2}\right)}{\tan\left(\dfrac{\theta_s^B}{2}\right)} \qquad (6-104)$$

双曲副面的离心率

$$e = \frac{M+1}{M-1} \qquad (6-105)$$

馈源的偏置角

$$\theta_s^B = \frac{1}{2}(\theta_s^U + \theta_s^L) \qquad (6-106a)$$

馈源对副面的半张角

$$\theta_s^C = \frac{1}{2}(\theta_s^U - \theta_s^L) \qquad (6-106b)$$

图中 x_0 为双曲副面的焦距

$$x_0 = z_0 = (1+M) \times L \qquad (6-107)$$

副面投影口径中心与对称轴(Z 轴)的距离

$$d_s = \frac{(1+e)(e\cos\theta^B + \cos\theta^C)\sin\theta^B}{(1-e^2)\sin^2\theta^B + (\cos\theta^B + e\cos\theta^C)^2} \qquad (6-108)$$

$$\left.\begin{aligned} \frac{Z_0}{D'_s/2} &= \cot\theta^U + \cot\theta_s^U \\[2mm] \frac{Z_0}{D'_s/2 - 2a} &= \cot\theta^L + \cot\theta_s^L \end{aligned}\right\} \qquad (6-109)$$

$$\left.\begin{aligned} \frac{a^2}{L^2} &= \frac{(1+e)^2(\cos\theta^B + e\cos\theta^C)^2\sin^2\theta^C}{[(1-e^2)\sin^2\theta^B + (\cos\theta^B + e\cos\theta^C)^2]^2} \\[2mm] \frac{b^2}{L^2} &= \frac{(1+e)^2\sin^2\theta^C}{(1-e^2)\sin^2\theta^B + (\cos\theta^B + e\cos\theta^C)^2} \end{aligned}\right\} \qquad (6-110)$$

注意:满足对称转换原则的双偏置反射面的馈源倾斜角 θ_f 并不是由 $\frac{1}{2}(\theta_s^U + \theta_s^L)$ 来确定的。由馈源的中心射线经副反射面反射后与主反射面的交点应与主反射面投影口径中心平行于 z 轴的射线与主反射面的交点重合,如图 6-14 所示,这样才满足对称变换原理。

圆锥与抛物面和双曲面相交形成的曲线定义为反射面的环边。这两种情况

下的交线均为平面曲线。首先考虑偏置主抛物面,如图 6-15。抛物面方程为

$$z = \frac{1}{4f_m}(x^2 + y^2) - f_m \qquad (6-111)$$

圆锥方程

$$(x^2 + y^2 + z^2)\cos^2\theta^* = (z\cos\theta_0 - x\sin\theta_0)^2 \qquad (6-112)$$

式(6-111)可写成

$$z + \frac{z^2}{4f_m} = (x^2 + y^2 + z^2)\frac{1}{4f_m} - f_m \qquad (6-113)$$

将式(6-112)代入式(6-113)中

$$x = \left(\frac{\cos\theta^* + \cos\theta_0}{\sin\theta_0}\right)z + 2f_m\frac{\cos\theta^*}{\sin\theta_0} \qquad (6-114)$$

如图 6-15 所示,由上式可得

$$\tan\gamma = \frac{\cos\theta^* + \cos\theta_0}{\sin\theta_0} \qquad (6-115)$$

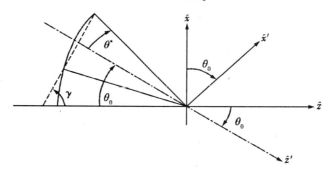

图 6-15　旋转抛物面与圆锥相切的示图

式(6-115)说明圆锥角为 $2\theta^*$ 的圆锥面与主抛物面相交,其交线为一平面曲线。

倾斜圆锥与双曲副面的交线也形成一个平面曲线,如图 6-16 所示。副面边缘环平面相对于 $x - y$ 平面的夹角可用 θ_E 表示:

$$\tan\theta_E = \frac{\cos\theta''_T - e\cos\theta''_A}{\sin\theta''_T} = \frac{\cos\theta'_T + e\cos\theta'_A}{\sin\theta'_T} \qquad (6-116)$$

双曲副面环边为平面椭圆,该椭圆的椭圆率

$$e_1 = e\cos\theta_E \qquad (6-117)$$

e 是旋转双曲副面的偏心率。环边椭圆在图中①-①′和①-①″的二平面上的投影是圆,就是说,椭圆环边在这二平面上的投影为一圆,它们相对环边平面的夹角

$$\theta_D = \sqrt{1 - e_1^2} \qquad (6-118)$$

到此双偏置的卡氏天线的几何参数都已全部确定。

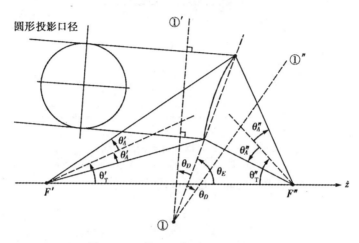

图 6-16   偏置双曲副面的几何示图

6.7   对称双赋形反射面天线系统的综合

在此我们要寻找一种对卡氏反射面系统的设计程序。该设计可使穿过主反射面口径的场分布有均匀的相位和预定的幅值分布。为此我们看图 6-17。我们目的是要得到主反射面和副反射面方程,在此所用方法是几何光学射线追迹法。

假设两个反射面的口径分别是 $2R_1$ 和 $2R_2$。在开始分析之前,值得注意的是均匀口径相位条件实际上意味着(如图 6-17 所示)主反射面出射射线都平行于对称轴,这样就自动同相了。因为相位波前面总垂直于经反射面反射后的射线。这个假设可使分析简化,就不需要对通过双反射面系统的射线进行追迹和等光程处理了。当口径相位约束不考虑之后,我们只需检验口径幅值分布的约束。按照几何光学近似,功率可以想象在射线管内。在射线管内的总功率守恒,有

$$E^2(\theta)\sin\theta \mathrm{d}\theta \mathrm{d}\varphi = A^2(x_2)x_2\mathrm{d}x_2\mathrm{d}\varphi_2 \qquad (6-119)$$

$A(x_2)$ 是给定的口径幅值分布,$E(\theta)$ 为馈源辐射方向图(假设是对称的)。由对称性 $\mathrm{d}\varphi = \mathrm{d}\varphi_2$,因此式(6-119)变为

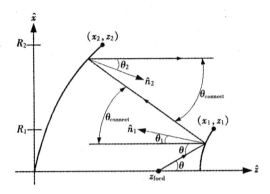

图6-17 对称双赋形天线系统

$$E^2(\theta)\sin\theta\mathrm{d}\theta = A^2(x_2)x_2\mathrm{d}x_2 \qquad (6-120)$$

在此令

$$A(x_2) = A \cdot u(x_2)$$

并让

$$|u(x_2)|_{\max} = 1$$

这时式(6-120)变为

$$E^2(\theta)\sin\theta\mathrm{d}\theta = A^2 u^2(x_2)x_2\mathrm{d}x_2 \qquad (6-121)$$

由能量守恒可得到

$$A^2 = \frac{\displaystyle\int_0^{\theta_{edge}} E^2(\theta)\sin\theta\mathrm{d}\theta}{\displaystyle\int_0^{R_2} u^2(x_2)x_2\mathrm{d}x_2} \qquad (6-122)$$

θ_{edge} 为副面边缘角,式(6-121)可以写成

$$\frac{\mathrm{d}x_2}{\mathrm{d}\theta} = \frac{E^2(\theta)\sin\theta}{A^2 u^2(x_2)x_2} \qquad (6-123)$$

式(6-123)将$\dfrac{\mathrm{d}x_2}{\mathrm{d}\theta}$表示成已知量和预定量的方程,可解出。现在导出对$\dfrac{\mathrm{d}x_2}{\mathrm{d}\theta}$的第二个方程,将它与两个反射面曲线的几何特性联系起来。回到开始,注意到

$$\frac{\mathrm{d}x_2}{\mathrm{d}\theta} = \frac{\mathrm{d}x_2}{\mathrm{d}\theta_{connect}} \cdot \frac{\mathrm{d}\theta_{connect}}{\mathrm{d}\theta}$$

将上式与式(6-123)比较得

$$\frac{\mathrm{d}x_2}{\mathrm{d}\theta_{connect}} \cdot \frac{\mathrm{d}\theta_{connect}}{\mathrm{d}\theta} = \frac{E^2(\theta)\sin\theta}{A^2 u^2(x_2)x_2} \qquad (6-124)$$

或者

$$E^2(\theta)\sin\theta \cdot \frac{\mathrm{d}\theta}{\mathrm{d}\theta_{connect}} = A^2 u^2(x_2) x_2 \frac{\mathrm{d}x_2}{\mathrm{d}\theta_{connect}} \qquad (6-125)$$

将式(6-125)改写一下有

$$\frac{\mathrm{d}(馈源功率)}{\mathrm{d}\theta_{connect}} = \frac{\mathrm{d}(口径功率)}{\mathrm{d}\theta_{connect}} \qquad (6-126)$$

所以

$$\frac{\mathrm{d}\theta_{connect}}{\mathrm{d}\theta} = 1 + 2\frac{\mathrm{d}^2 z_1}{\mathrm{d}x_1^2} \frac{\left[1 + \left(\dfrac{x_1}{z_1 - z_f}\right)^2\right](z_1 - z_f)^2}{\left[1 + \left(\dfrac{\mathrm{d}z_1}{\mathrm{d}x_1}\right)^2\right]\left(z_1 - z_f - x_1\dfrac{\mathrm{d}z_1}{\mathrm{d}x_1}\right)} \qquad (6-127)$$

$$\frac{\mathrm{d}x_2}{\mathrm{d}\theta_{connect}} = \frac{1 + \left(\dfrac{\mathrm{d}z_2}{\mathrm{d}x_2}\right)^2}{2\dfrac{\mathrm{d}^2 z_2}{\mathrm{d}x_2^2}} \qquad (6-128)$$

令

$$\frac{\mathrm{d}z_1}{\mathrm{d}x_1} = z_1' \ , \quad \frac{\mathrm{d}^2 z_1}{\mathrm{d}x_1^2} = z_1'' \ , \quad \frac{\mathrm{d}z_2}{\mathrm{d}x_2} = z_2' \ , \quad \frac{\mathrm{d}^2 z_2}{\mathrm{d}x_2^2} = z_2''$$

前两式可简写为

$$\frac{\mathrm{d}\theta}{\mathrm{d}\theta_{connect}} = f(x_1, z_1, z_1', z_1'') \qquad (6-129)$$

$$\frac{\mathrm{d}x_2}{\mathrm{d}\theta_{connect}} = g(x_2, z_2', z_2'') \qquad (6-130)$$

式(6-125)左边和右边分别可以写成

$$E^2(\theta)\sin\theta f(x_1, z_1, z_1', z_1'') = \frac{\mathrm{d}(功率)}{\mathrm{d}\theta_{connect}} \qquad (6-131a)$$

$$A^2 u^2(x_2) x_2 g(x_2, z', z_2'') = \frac{\mathrm{d}(功率)}{\mathrm{d}\theta_{connect}} \qquad (6-131b)$$

在此

$$\theta = \arctan\left(\frac{x}{z_1 - z_f}\right) \qquad (6-132)$$

式(6-131a)和式(6-132b)是对主、副反射面的两个普通的微分方程。这两个方程右边相等,并满足约束条件:

$$\int_0^{\theta_{connect,\max}} \left[\frac{\mathrm{d}(功率)}{\mathrm{d}\theta_{connect}}\right]\mathrm{d}\theta_{connect} = \int_0^{\theta_{edge}} E^2(\theta)\sin\theta\mathrm{d}\theta \qquad (6-133)$$

假设 $z(x=R)$ 和 $\dfrac{\mathrm{d}z}{\mathrm{d}x}\bigg|_{x=R}$ 的值与没有赋形的标准卡氏系统的值相同,并以此端值作为迭代的初值,上述两个微分方程便可求解,解这组方程的算法参见图 6-18。独立变量是 x_2:

(1)选择 Δx_2,由式(6-120),按能量守恒定理计算 $\Delta\theta$;

(2)由主反射面环边的初始条件,$\dfrac{\mathrm{d}z_2}{\mathrm{d}x_2}$ 在 P_1 点的值为已知。一旦 Δx_2 选定后,Δz_2 能计算,由此确定 P_2 点;

(3)另外,由副面环边的初值,$\dfrac{\mathrm{d}z_1}{\mathrm{d}x_1}\bigg|_{Q_1}$ 也是已知的,我们能定位 Q_2。它为馈源的 $\theta_0-\Delta\theta$ 角的射线与过 Q_1 的斜率为 $\dfrac{\mathrm{d}z_1}{\mathrm{d}x_1}\bigg|_{Q_1}$ 的直线相交的点,这样我们就知道了 Δz_1;

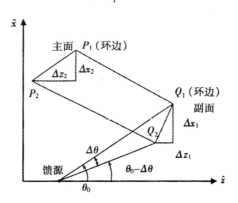

图 6-18　双反射面赋形的算法示图

(4)知道 P_2,Q_2 两个新点的条件下,就能计算 $\theta_{connect}$。连接 P_2,Q_2 两点,连线角有下式

$$\tan\theta_{connect} = \frac{x_2-x_1}{z_1-z_2}$$

(5)在 P_1,Q_1 点的 $\dfrac{\Delta(功率)}{\Delta\theta_{connect}}$ 这个量可以计算[利用式(6-131a)和(6-131b)];

(6)在 P_1,Q_1 点的 z''_1 和 z''_2 可以计算;

(7)现在,$z'_1\bigg|_{Q_2}$ 和 $z'_2\bigg|_{P_2}$ 也能计算;

(8)在整个区域内重复这个迭代过程。

为确定对称双赋形反射面系统,另外一种方法也可以应用。这个方法非常简单,可借助图 6 - 19 说明。选择 Δx_2,由能量守恒定理计算 $\Delta \theta$。从反射面初值已知 $\dfrac{\mathrm{d}z_2}{\mathrm{d}x_2}\bigg|_{P_1}$ 和 $\dfrac{\mathrm{d}z_1}{\mathrm{d}x_1}\bigg|_{Q_1}$,但是不知道二阶微商 $\dfrac{\mathrm{d}^2 z_2}{\mathrm{d}x_2^2}\bigg|_{P_1}$ 和 $\dfrac{\mathrm{d}^2 z_1}{\mathrm{d}x_1^2}\bigg|_{Q_1}$。为了决定这个量可进行搜索,搜索的目的是要使射线 1♯ 和射线 2♯ 共线,如图 6 - 20 所示。这两条射线不仅平行,一定要重合。最后,使用几何光学法设计,达到使副面边缘射线与主面边缘射线重合。实际上,为改善其性能,还可以通过适当加大副面(以波长计),就是说副面尺寸要超过设计的范围,被称作是副面的过裕设计"oversizing"。这样做是有用的,因为副面边缘的绕射会引起在主面环边附近的反射场的衰减(decay)。稍微过尺寸的副反射面设计就能保证主反射面环边附近有效地照明。但应注意的是,过大的过裕设计可能增加副面遮挡,还可能使主反射面环边泄漏损失增大。反射面分析的计算机程序可帮助我们完成精确的设计。

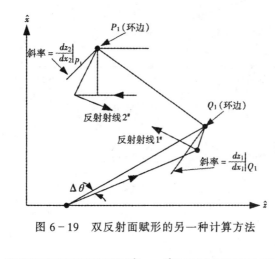

图 6 - 19　双反射面赋形的另一种计算方法

射线 2#　　　　　　　　射线 1#

图 6 - 20　搜索过程的最终目标

6.8　具有零交叉极化的双偏反射面系统

在航天应用中,双偏反射面系统具有很大的应用潜力,这主要是因为它不仅可完全消除遮挡效应,而且通过偏置结构的恰当设计可以降低或消除交叉极化电平。

　　图 6－21 是一个普通的双偏反射面系统,馈源轴经副面、主面反射,在主反射面投影口径上并不与投影口径的圆心重合。由于这种不对称性分布,即使馈源是理想极化的圆对称的方向图,二次辐射仍会出现去极化效应,使线极化工作时极化隔离度变差,圆极化工作时出现波束偏斜,这都不利于天线的极化复用技术。为了克服这一问题,人们提出了对称轴转换原则,研究零交叉极化的双偏反射面系统。按此原则设计的双偏置反射面天线系统可达到低的交叉极化电平。为此,首先要求主反射面对称轴必须相对原初母体抛物面对称轴有一个偏斜,如图 6－22 所示。

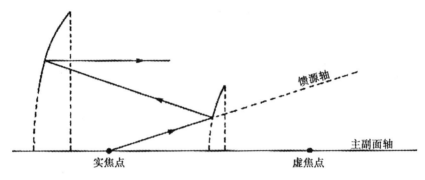

图 6－21　普通的偏置卡氏天线系统

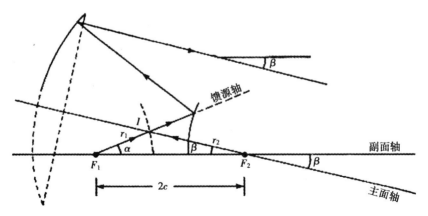

图 6－22　修正的偏置卡氏天线系统(双曲凸面)

　　根据 Dragone[3] 利用几何光学提出的原理,初级馈源喇叭射出的以其轴为中心射线的圆锥波束必须转换为以此中心射线的反射线为中心的圆柱形反射波束。前者由馈源喇叭的相心射出,后者由主反射面反射后射向辐射空间。这就是说,入射射束经副面和主面两次反射后,入射波束与反射波束必须保持中心射线对称。副面反射射束所截的主反射面口径为一圆,其圆心应在中心射线上。对称转换原则主要依赖于两个反射面偏置状态的合理配置来实现。因此我们从反射面的几何开始讨论。对双反射面系统要达到旋转对称性,馈源的中心射线方向经副面、主面反射后必须有以下关系:

$$\tan\frac{\alpha}{2} = M\tan\frac{\beta}{2}, \qquad M = \frac{1 + e}{\mid 1 - e \mid} \tag{6 - 134}$$

从实焦点 F_1 发出的射线角 α 与从虚焦点 F_2 发出的射线角 β 相交于点 I。α,β 分别是副面轴 $F_2 F_1$ 与馈源轴(中心线)和主反射面(抛物面)轴的夹角。在三角形 $F_1 F_2 I$ 中,应用正弦定律有

$$\frac{\sin\alpha}{r_2} = \frac{\sin(\alpha + \beta)}{2c} = \frac{\sin\beta}{r_1} \tag{6 - 135}$$

其中

$$r_1 = \frac{c}{e} \frac{\mid e^2 - 1 \mid}{1 + e\cos\alpha}$$

$$r_2 = \frac{c}{e} \left| \frac{1 - e^2}{1 - e\cos\beta} \right|$$

e 是副面的偏心率,对双曲副面 $e > 1$,对椭球面 $0 \leqslant e \leqslant 1$。由式(6 - 135)给出

$$\tan\alpha = \frac{\mid e^2 - 1 \mid \sin\beta}{(e^2 + 1)\cos\beta - 2e} \tag{6 - 136}$$

同样,由式(6 - 135)给出

$$\tan\beta = \frac{\mid e^2 - 1 \mid \sin\alpha}{(e^2 + 1)\cos\alpha + 2e} \tag{6 - 137}$$

式(6 - 136)和式(6 - 137)限定的几何关系就是轴对称转换公式,适用于卡塞格林和格里高里双偏系统。格里高里双偏系统的几何示图如图 6 - 23 所示。

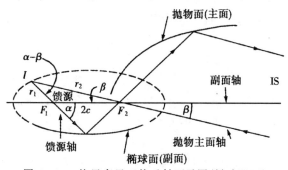

图 6 - 23　格里高里双偏反射面示图(椭球凹面)

主反射面投射口径是以 $x = x'_0$ 为圆心，R 为半径的圆。

$$x'_0 = 4f_m \frac{e\sin\alpha}{e^2 - 1}$$

$$R = 2f_m \tan\frac{\theta_s^c}{2} \frac{e^2 + 1 + 2e\cos\alpha}{e^2 - 1}$$

(6 - 138)

式中 f_m 是主抛物面的焦距，θ_s^c 是馈源对副面的半张角，α 是馈源轴与副面轴间的夹角。同样我们可以利用这个几何关系计算出口径面场分布。我们会发现口径面内确实无交叉极化场分量。这就意味着当用口径场的辐射积分计算空间辐射场时，辐射场的交叉极化分量也应为零。使用反射面电流法计算辐射场时，同样可得到交叉极化分量也是很小的(同单偏抛物反射面)。由此说明对称转换原则可抑制交叉极化。

对于十分有限的频谱资源，航天器无线系统采用了各种复用技术扩大使用带宽，提高通信容量。当今重要的一个技术手段就是利用二正交极化实现频谱复用。这要求航天器天线有高的极化隔离度。另外为了克服对称反射面固有的问题，航天通信天线多采用偏置结构，由此带来的去极化效应有时又大大限制其应用，如果采取本节所述的设计思想和几何关系可使偏置结构不对称性带来的去极化效应大大降低，这对利用极化复用的通信天线设计是十分有益和必要的。

航天应用中有时还需要对双偏置反射面天线增益(高口径效率)和低边瓣电平有特定的要求，一般可采用 6.7 节所述的那样对主、副面进行赋形设计。如果除此要求之外，还要求具有零(或低)交叉极化的话，在赋形设计时还必须加入中心轴对称转换的约束条件。这样赋形必须在满足对称转换条件下的双偏置反射面天线上进行的，对称转换条件是假设主、副反射面有一个共同的焦点。但赋形时主副反射面按预定的目标函数进行控制，使主副面不再有一个固定的焦点，而呈现为散焦形式，这就不满足对称转换原则。所以为了保证低交叉极化的实现，必须在赋形与对称轴转换条件下折中处理。有关的详细论述见文献[2]。

参 考 文 献

1   Craig Scott. Modern Methods of Reflector Antenna Analysis and Design. Artech House, 1990

2   杨可忠等. 现代面天线新技术. 人民邮电出版社, 1993

3   Dragone, C. Offset Multi-reflector Antennas with Perfect Pattern Symmetry and Polarization Discrimination, Bell Syst. Tech. J., Vol. 57, pp. 2663 - 2684, Sept. 1978

4   Shore, R. A. A Simple Derivation of the Basic Design Equation for Offset Dual Reflector Anten-

nas with the Rotational Symmetry and Zero Cross Polarization, IEEE Trans. Vol. AP − 33, PP. 114 − 116, Jan. 1985

5　Pogorzelski. On the Numerical Analysis of the Subreflector of Offset Cassegrain Microwave Antenna, IEEE Trans. Antenna Propagat. , Vol. AP − 32, pp. 595 − 601, June, 1984

6　VICTOR G. Aperture Amplitude and Phase Control of Offset Dual of Offset Dual Reflectors, IEEE Trans. , Vol. AP − 27 No. 3 March, 1979, pp. 154 − 164

7　Kenneth. W. Brown, A Design procedure for classical offset Dual Reflector Anteunas with Circular Aperture, IEEE hans. volAp − 42, No. 8. August, 1994, pp. 1145 − 1153

8　WillARD. V. T. RUSCH, Derivation and Application f the equivalent Panaboloicl for Classieal offset Cassegrain and Gregorian Antennas IEEE hans. VolAp − 38. No. 8, 1990. pp. 1141 − 1153

第7章 透镜天线

7.1 概述

7.1.1 透镜天线的优缺点

透镜天线也是最常用的微波天线之一,构成透镜的材质为电磁波透明材料。馈源照射透镜,经透镜聚束形成高增益定向波束。透镜与反射面比较有以下优点:

(1)透镜有更多的设计自由度,可控制和可改变的参数较多(介电常数,内、外表面,焦距等);

(2)公差要求比反射面低,因为电波一次通过透镜,而反射面是入射、反射两次;

(3)透镜无遮挡,而对称反射面馈源及其副面等的遮挡总存在;

(4)透镜可较方便地实现扫描,易做到更大角域的扫描而不致造成大的相差。在军用卫星通信和多波束的应用中,透镜更具其优势。

透镜也有其缺点:

(1)透镜表面的反射和介质本身的损耗使同口径的透镜天线增益比反射面要低 $1\sim2dB$。当然也可采取表面匹配技术、改善介质微波特性来改善其性能。

(2)透镜设计参数多,相对设计要比反射面复杂。特别是广角扫描和多波束应用要考虑的因素更多。

7.1.2 透镜天线的基本工作原理

微波透镜源于光学透镜。与抛物反射面类同,将低增益、宽波束馈源辐射变换成高增益、定向波束辐射。透镜天线的口径一般都远大于波长,因此在设计时仍可采用几何光学近似。透镜天线设计时遵循几何光学原理。重要的原理有:

(1)费马原理,光沿着光程取极值的路径传播。由此可知,同一波源相邻二波前间的任意射束的光程相等。

(2)Snell 定理,电磁波在通过两个不同介质的边界时会发生折射,如图 7－1

所示。折射满足

$$\sin\varphi = \frac{n_0}{n}\sin\varphi_0 \qquad\qquad (7-1)$$

式中，φ_0 是入射角，φ 是折射角，n_0，n 分别为入射媒质和折射媒质的折射指数。当由空气进入媒质

$$n_0 = \sqrt{\varepsilon_0\mu_0} = 1$$
$$n = \sqrt{\varepsilon_0\varepsilon_r\mu_0} = \sqrt{\varepsilon_r}\,n_0 = \sqrt{\varepsilon_r} \qquad\qquad (7-2)$$

将式(7-2)代入式(7-1)中，入射角与折射角之间有

$$\sin\varphi = \sqrt{\frac{\varepsilon_0}{\varepsilon_r}}\sin\varphi_0, \qquad n\sin\varphi = \sin\varphi_0 \qquad\qquad (7-3)$$

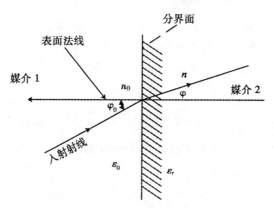

图 7-1　平面波折射定律示图

微波透镜与光学透镜一样由辐射器(光源)和透镜组成。辐射器置于透镜的一个焦点上，一般为弱方向性天线。经透镜折射聚束变成一定向波束。透镜由对电磁波透明的材料构成，材料的折射系数不等于 1，通过透镜的表面轮廓和折射指数设计可实现辐射器波前按要求进行变换。用光程方程确定透镜的两个表面形状；用几何光学概念估计其口径面场分布。当口径场确定后，利用口径面天线理论可直接计算辐射场。

透镜天线的形式较多：按透镜材料分为介质透镜($n>1$)和波导透镜($n<1$)两种；按其折射表面又可分为单折射面透镜和双折射面透镜。这些透镜有分区和不分区透镜。另外还可分为变折射指数的和不变折射指数的透镜。其中我们将要讲到的 Luneberg 球透镜就是这种变折射指数透镜的一个代表。

7.2　单折射面介质透镜表面方程及其分区

单折射面透镜是指仅一个面产生折射,另一个面对投射电磁波不发生折射。在分析之前我们定义透镜的两个面:一个是朝向辐射器的那面称为照射面(内表面),而背对照射器的那面称为出射面(口径面)。

7.2.1　内表面方程

单折射面透镜在透镜表面设计时往往随意确定一个面,而后用等光程条件求另一个面。我们研究外表面为平面,确定内表面;或者内表面为球面,确定外表面。下面将对这两种典型情况讨论。

$n > 1$ 的介质透镜,设外表面为平面,该面与透镜轴垂直、与波的等相位面重合,波经过它时不发生折射。如图 $7-2(a)$ 所示,外表面(出射口径面)为平面波等相位面。确定照射面轮廓,根据光程相等原理有

$$\rho(\varphi) = f + n(\rho\cos\varphi - f)$$

$$\rho(\varphi) = \frac{(n-1)f}{n\cos\varphi - 1} \tag{7-4}$$

式中,$n = \sqrt{\varepsilon_r \mu_r}$ 为介质的折射系数。如图中所示,有

$$\sqrt{(f+x)^2 + y^2} = f + nx$$

将此式展开有

$$(n^2 - 1)x^2 + 2f(n-1)x - y^2 = 0 \tag{7-5}$$

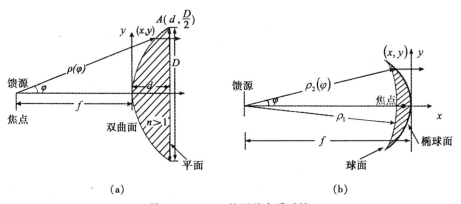

(a)　　　　　　　　　　　　(b)

图 7-2　$n > 1$ 的两种介质透镜

式(7-5)表明该介质透镜的内表面为一双曲面,辐射器在该双曲面的远焦点上。

7.2.2 外表面方程

$n>1$ 的介质透镜,设内表面是半径 $=\rho_1$ 的球面,该面与投射波等相位面重合,波通过它不发生折射。变换在外表面进行,如图 7-2(b)所示。根据等光程原理,在与轴垂直面(即 YZ 面)内满足等光程条件,有

$$n(f-\rho_2)=f-\rho_2\cos\varphi$$

$$\rho_2(\varphi)=\frac{(n-1)f}{n-\cos\varphi} \tag{7-6}$$

$$\rho_1 = 常数$$

同时

$$\left.\begin{array}{l} n(f-\sqrt{(f+x)^2+y^2})=x \\ (n^2-1)x^2+2n(n+1)fx+n^2y^2=0 \end{array}\right\} \tag{7-7}$$

式(7-7)表明,把球面波变成平面波,介质透镜的内表面为球面,而外表面应为一椭球面,场源置于该椭球面的远焦点上。

7.2.3 透镜厚度和分区

当内外表面确定后,需要确定其厚度,仍见图 7-2(a),透镜边缘上一点 $A(d,D/2)$ 满足内表面方程有

$$(n^2-1)d^2+2f(n-1)d-\left(\frac{D}{2}\right)^2=0 \tag{7-8}$$

对 A 点厚度与口径比

$$\frac{d}{D}=-\frac{(f/D)}{n+1}+\sqrt{\frac{(f/D)^2}{(n+1)^2}+\frac{1}{4(n^2-1)}} \tag{7-9a}$$

同理,按图 7-2(b),由式(7-7)得透镜厚度与直径比为

$$\frac{d}{D}=\frac{f/D}{1+n}-\sqrt{\left(\frac{f}{D}\right)^2\frac{1}{(1+n)^2}-\frac{1}{4(1-n^2)}} \tag{7-9b}$$

可见当 f/D 不变时,n 增加,校正相位能力增大,使透镜厚度变薄。当 f 增大,f/D 相应增大,表明更接近平面波,因此需要校正的相位变小,其厚度也减小了,但需要注意的是馈源的方向性也要求提高,否则会产生大的泄露和绕射。一般对介质透镜设计选择:$f/D=(1.0\sim1.6)$,$n=1.3\sim1.6$。$n>1$,外表面为折射面的介质透镜,其内表面为圆柱面(线源)或球面(点源轴对称),口径面 ρ_2

(φ)为椭圆柱(或椭球面)。内、外二面限定了馈源的最大照射半张角 φ_m 有

$$\cos\varphi_m = n - \frac{(n-1)f}{\rho_1} \tag{7-10}$$

当馈源照射与焦距确定后,透镜内表面圆柱(或球面)半径

$$\rho_1 \leqslant \frac{(n-1)f}{n - \cos\varphi_m}$$

当 $D = 10\lambda$, $n = 1.6$, $\varphi_m = 50°$,由口径面方程 $\dfrac{f}{D} = \dfrac{n - \cos\varphi_m}{2\sin\varphi_m(n-1)}$ 可得 $f = 10.41\lambda$ 。内表面半径 $\rho_1 \leqslant \dfrac{D}{2\sin\varphi_m} = 6.53\lambda$,由此该透镜厚度为 3.88λ 。

在透镜工作频带内,介质的介电常数基本可认为是不随频率改变的,因此这种天线具有较宽的频带特性。

为了减少透镜的重量,透镜的厚度可以按在介质中的整波长挖去而不会影响其口面场相位分布,我们称为透镜的分区。分区有两种情况:一种是在非折射表面,另一种是在折射表面。

非折射表面的分区如图 7-3(a)所示,每一个区挖去的厚度

$$t = \lambda/(n-1) \tag{7-11}$$

挖去的每个分区形成的光程差等于 $\dfrac{\lambda}{n-1}(n-1) = \lambda$,按此关系进行分区。这样在口径面上看,其相位分布仍和未挖前是相同的,因为相位改变都是波长的整数倍。分区后形成中心为圆,边上为同心圆环。

对内表面为折射表面,分区如图 7-3(b)所示,每一个分区的内表面方程为一组共焦双曲线

$$\rho_m = \frac{n-1}{n\cos\varphi - 1}\left(f - \frac{m\lambda}{n-1}\right), \quad m = 0,1,2,\cdots \tag{7-12}$$

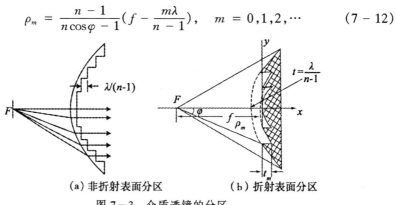

(a)非折射表面分区　　　　(b)折射表面分区

图 7-3　介质透镜的分区

其厚度按程差等于一个波长的关系可导出

$$t_m = \frac{\lambda}{n - \cos\psi} \qquad (7-13)$$

从图 7-3 可见每一个分区的交界处轮廓与轴线平行。分区台阶的绕射多少会引起口径场分布改变。

透镜其他形式的分区可依此类推。分区确会使介质透镜的重量减轻,但也要付出降低辐射方向图性能和频带宽度的代价,一般会使方向图主瓣变宽,边瓣抬高,增益下降。设计者应尽可能地减小这个影响。透镜天线的频带特性主要决定于折射系数的频率关系。在我们使用的工作频段内,介质的介电常数基本上可认为是不变的。因此平滑轮廓的介质透镜的频带是很宽的。当对其分区后,分区厚度在频带改变时,原本整波长的光程差就不再成立,可见分区对频带的影响。实际上,另一种波导透镜与介质透镜相比可大大减少其重量,在大口径情况应用较多。

7.3 波导透镜

波导透镜采用折射指数小于 1 的材料做成。一般以波导作为透镜的每一单元,波导中传播的快波其折射指数小于 1。这也可将等相位面的变换分为内表面和外表面两种情况。

7.3.1 外表面为平面,变换在内表面

仍采用图 7-2(a) 的坐标,按等光程原理,内表面方程与式(7-4)相同,考虑到 $n<1$ 有

$$\rho = \frac{(1-n)f}{1 - n\cos\varphi} \qquad (7-14)$$

同样

$$\left.\begin{array}{l} \sqrt{(f+x)^2 + y^2} - nx = f \\ (1-n^2)x^2 + 2(1-n)fx + y^2 = 0 \end{array}\right\} \qquad (7-15)$$

式(7-15)为椭圆方程。馈源置于椭圆的远焦点上。

7.3.2 内表面为球面,变换在外表面

仍采用图 7-2(b) 的坐标,按等光程原理可得式(7-6),因为 $n<1$,外表面

方程

$$\rho = \frac{(1-n)f}{\cos\varphi - n} \tag{7-16}$$

同样,直角坐标系下表示为:

$$\left(\sqrt{(f+x)^2 + y^2} - f\right)n = x$$
$$(1-n^2)x^2 + 2n(1-n)fx - n^2y^2 = 0 \tag{7-17}$$

此时外表面为双曲面。经以上推导可以看出,由低折射指数到高折射指数,将球面波变换成平面波,该面应该是双曲面。而由高折射指数到低折射指数,将球面波变换成平面波,该面应该是椭球(柱)面。同样为了进一步降低天线重量,波导透镜也常采用分区。分区的基本思想是完全相同的,可类推。

7.3.3　金属平板透镜

波导里的波相速度大于自由空间波,这就可形成折射指数小于 1 的介质。如果我们用一定间距的金属平板平行排布,投射波极化与平板平行,该透镜就形成平板波导透镜。当平板间距为 a 时,对应的折射指数

$$n = \sqrt{1 - \left(\frac{\lambda}{2a}\right)^2} \tag{7-18}$$

由上式可见,折射指数与频率有关,一般取 n 在 $0.5 \sim 0.7$ 之间。如果用一线源照射,该透镜的内表面为一椭圆柱面,如图 7-4,表面方程如式(7-14)。f 就是从椭圆柱面的远焦点(即馈源所在点)到内表面中心点的距离。内表面折射波平行于轴,因此也就决定了第二个表面(出射面)为垂直轴的平面。

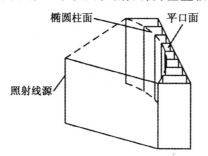

图 7-4　线源照射的波导透镜

如果我们用二组正交平板构成的蛋格结构来做成波导透镜,这就与极化无关,因为任意极化都可分解成与平板垂直的两个正交极化。这种蛋格结构的平板透镜如果用点源照射,内表面选用椭球面(用线源照射其内表面选用椭圆柱

面）。这种透镜在双线极化和圆极化中得到较多应用。

7.3.4　透镜分区的带宽

对于介质透镜,在微波使用带内,介电常数可认为不随频率改变。由于分区,在中心频率辐射口径面应维持等相位条件。随频率改变,这个条件不再存在,分区在口径上产生相位扰动,其改变量可写为[3]:

$$\frac{\delta}{\lambda} = - (m - 1)\frac{\Delta\lambda}{\lambda} \tag{7-19}$$

m 为分区数,如果以口径相位变化不超过 $\pi/4$（程差 $\delta \leqslant 0.125\lambda$）来定义带宽的话,

$$带宽 = 2\frac{\Delta f}{f_o} \approx \frac{25}{m-1}\%$$

对于波导透镜,折射指数随频率改变。假设中心频率为 f_0,对应波长为 λ_0,折射指数为 n_0。有 m 个分区,在中心频率口径面上应维持等光程条件。有 $\rho_m + n_0(d_s - d_0) - f = m\lambda_0$,符号表示见图 $7-5$。当频率改变 $\lambda = \lambda_0 + \Delta\lambda$ 时,口径面相位改变

$$\Delta\psi = \frac{2\pi}{\lambda_0 + \Delta\lambda}\left[\frac{\partial n}{\partial\lambda}\Delta\lambda(d_s - d_0) - m\Delta\lambda\right] \tag{7-20}$$

令 $d = d_s - d_0$,波导透镜 $n = \sqrt{1 - (\frac{\lambda}{2a})^2}$,因此 $\frac{\partial n}{\partial\lambda} = -\frac{1 - n^2}{\lambda n}$,将此式带入式（7-20）得

$$\frac{\Delta\lambda}{\lambda} = \frac{-\Delta\psi}{\frac{2\pi d}{\lambda}\frac{1 - n^2}{n} + 2\pi m} \tag{7-21}$$

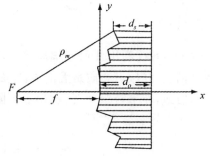

图 7-5　透镜分区示图

$$带宽 = 2\frac{\Delta f}{f_o} \times 100\% = \frac{\Delta \psi}{\dfrac{\pi d}{\lambda}\dfrac{1-n^2}{n}+m\pi} \times 100\% \qquad (7-21a)$$

口径面最大相差 $\Delta\psi$ 由方向图要求决定。增加分区数频带会下降;但分区数增加,透镜厚度减少,又使频带增宽,二者折中选择最佳。一般来说,分区数增加、透镜厚度变薄,不仅减轻重量,而且可使频带增宽。

对不分区透镜,由上式可得

$$带宽 = 2\frac{\Delta f}{f_o} \times 100\% = \frac{\Delta \psi}{\dfrac{\pi d_m}{\lambda}\dfrac{1-n^2}{n}} \times 100\% \qquad (7-21b)$$

如果我们把口径上的相位改变仍限制于 $\lambda/8$ 以下,那么不分区透镜最大带宽的近似公式有

$$最大带宽(\%) \leqslant \frac{25 \cdot n \cdot \lambda}{1-n^2 \cdot d_m}(\%) \qquad (7-22)$$

式中, n 是中心频率的折射指数, d_m 是透镜的最大厚度。这是通过限制口径边缘上的相位差来限定频带的。比较式(7-21a)和式(7-21b)可见,波导透镜分区可提高带宽。不分区波导透镜厚度越大,频带越窄; n 越小,频带也越窄。

7.4　镜面的反射与损耗

当电磁波投射到透镜表面时,波的部分能量从空间与镜面分界面上反射。从镜面反射的能量大部分散开,使天线增益降低,而部分反射能量会回馈到照射器里使馈源失配。反射波的特征由反射系数规定。它定义为反射波场强对入射波场强之比。下面将介绍介质和波导两种透镜的界面反射特性。

7.4.1　介质透镜界面反射

假设透镜表面曲率率径 $\gg \lambda$,利用几何光学局性原理,如图 7-6 所示,波投射到空气与介质分界平面上,并假设介质是无损的,界面上反射系数取决于波的极化。当电矢量平行入射面,即平行极化时,利用表面阻抗的概念,界面反射系数

$$\Gamma_1 = \frac{\eta_0 \cos\varphi - \eta_r \cos\psi}{\eta_0 \cos\varphi + \eta_r \cos\psi} = \frac{\cos\varphi - \dfrac{1}{\sqrt{\varepsilon_r}}\cos\psi}{\cos\varphi + \dfrac{1}{\sqrt{\varepsilon_r}}\cos\psi}$$

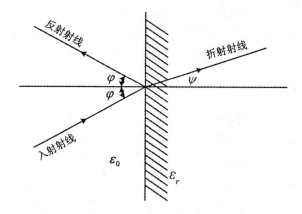

图 7-6 介质表面上反射系数示图

经化简得

$$\Gamma_1 = \frac{\tan(\varphi - \psi)}{\tan(\varphi + \psi)} \tag{7-23}$$

当电矢量垂直入射面,即垂直极化时,利用空间导纳的概念,在界面的反射系数

$$\Gamma_2 = \frac{\dfrac{1}{\eta_0}\cos\varphi - \dfrac{1}{\eta_r}\cos\psi}{\dfrac{1}{\eta_0}\cos\varphi + \dfrac{1}{\eta_r}\cos\psi} = \frac{\cos\varphi - \sqrt{\varepsilon_r}\cos\psi}{\cos\varphi + \sqrt{\varepsilon_r}\cos\psi}$$

经化简得

$$\Gamma_2 = \frac{\sin(\varphi - \psi)}{\sin(\varphi + \psi)} \tag{7-24}$$

考虑到折射系数 $n = \dfrac{\sin\varphi}{\sin\psi} = \sqrt{\varepsilon_r}$,反射系数可改写为:

$$\Gamma_1 = \frac{n^2\cos\varphi - \sqrt{n^2 - \sin^2\varphi}}{n^2\cos\varphi + \sqrt{n^2 - \sin^2\varphi}}$$

$$\Gamma_2 = \frac{-\cos\varphi + \sqrt{n^2 - \sin^2\varphi}}{\cos\varphi + \sqrt{n^2 - \sin^2\varphi}}$$

当垂直入射时($\varphi = 0°$):

$$\Gamma = \frac{n - 1}{n + 1}$$

从式(7-23)可见,当 $\varphi + \psi = \pi/2$ 时,$\Gamma_1 = 0$。此时的入射角称为布努斯特角,无反射波存在。波为垂直极化时,由式(7-24)可见,没有无反射的情况,除非无介质分界面。

我们讨论了一个分界面的反射,透镜有两个折射面,一个是入射面(已讨论了),另一个是出射面(口径面)。出射面的反射,仅把折射系数用 $1/n$ 代替 n 计算即可。

7.4.2　波导透镜界面反射

在此利用 7.4.1 同样的假设,讨论平面电磁波(TEM 型的)投射到平行理想导电的金属片系统上,并假设金属片为无限薄,如图 7-7 所示。φ 为投射角,α 是界面法线与金属平板的夹角。

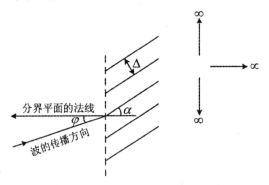

图 7-7　平行平板波导波的反射

入射波的电矢量与平板平行,片间距相等,用 Δ 表示,Δ 满足 $0.5 \leqslant \dfrac{a}{\lambda} \leqslant 1.0$,$\lambda$ 为自由空间波长。TEM 波投射的情况下,反射波的主模也是 TEM 波。主模 TEM 的反射系数模:

$$|\varGamma| = \sqrt{\frac{[k\cos(\varphi - \alpha) - \gamma][k\cos(\varphi + \alpha) - \gamma]}{[k\cos(\varphi - \alpha) + \gamma][k\cos(\varphi + \alpha) + \gamma]}} \qquad (7-25)$$

式中

$$k = \frac{2\pi}{\lambda}, \quad \gamma = k\sqrt{1 - (\frac{\lambda}{2\Delta})^2} \qquad (7-25a)$$

当 $\varphi = 0°$ 时,

$$|\varGamma| = \frac{k\cos\alpha - \gamma}{k\cos\alpha + \gamma} \qquad (7-25b)$$

当 $\alpha = 0°,\varphi = 0°$ 时,

$$|\varGamma| = \frac{k - \gamma}{k + \gamma} = \frac{1 - n}{1 + n} \qquad (7-25c)$$

前面的讨论中仅对透镜的一个表面进行分析。如果考虑透镜的第二个表

面,一般称为双轮廓透镜。无疑这可增加一个调节反射和透射波的自由度,可用来控制方向图特性,比如减少扫描的 Coma 相差、满足聚焦的要求、控制口径面内幅值分布等,使其设计更加逼近理想的结果。

7.5　透镜的广角扫描

单折射面透镜仅一个面发生折射,这种透镜对辐射器的位置比较敏感。当馈源偏离轴线时,输出射线的波阵面不再是平面,这种畸变造成方向图性能恶化,限制了扫描应用。如果采用双折射面透镜,在照射和出射面都产生折射,正确设计两个折射表面的形状就可实现透镜的广角扫描。这里举柱形波导透镜说明。

7.5.1　柱面波导透镜的扫描

前面推导透镜照明面轮廓公式时,照射器放在透镜轴上,并使透镜口径出射波阵面垂直透镜轴。现在研究柱面波导透镜以 z 向线源照射。先设透镜的内、外面都是曲线。如图 7 - 8(b)所示,当馈源偏离透镜轴于直线 OF_0 上时,直线 OF_0 与轴成 α 角。若设出射阵面与轴也成 α 角的平面波条件,以此设计透镜的两个轮廓面。透镜厚度为 d,它随坐标 y 改变,在轴上厚度为 d_0,折射指数 n_0。馈源到透镜顶点距离为 f_0,到透镜任意点 (x, y) 的距离为 f,显然

$$f = \sqrt{(f_0\cos\alpha + x)^2 + (f_0\sin\alpha + y)^2} \qquad (7-26)$$

波导透镜在透镜内的射线方向不由折射率决定,而射线被迫平行于金属板方向前进。要实现出射波指向与投射角相同,必须满足投射到 F 点射线光程 OFM 应与投射到 F_0 点的光程 OF_0M_0N 差整数倍波长,即有

$$f + n\mathrm{d} - f_0 - nd_0 - s = m\lambda \qquad (7-27\mathrm{a})$$

$$s = (d - d_0 + x)\cos\alpha + y\sin\alpha \qquad (7-27\mathrm{b})$$

将 f 和 s 代入式(7 - 27a)中化简得

$$\{m\lambda - [(n - \cos\alpha)d - (n_0 - \cos\alpha)d_0]\}^2 + 2(f_0 + x\cos\alpha + y\sin\alpha) \times$$

$$\{m\lambda - [(n - \cos\alpha)d - (n_0 - \cos\alpha)d_0]\} = x^2\sin^2\alpha + y^2\cos^2\alpha - 2xy\sin\alpha\cos\alpha$$

$$(7-28\mathrm{a})$$

透镜对 x 轴对称,则照射器位于对称点 O' 时,透镜口径也形成平面波,透镜口径内平面波波阵面应以 α 角偏向 x 轴另一侧。当馈源对称地偏离到 O' 点,将式(7 - 28a)中 y 用 $-y$ 代替得

$$\{m\lambda - [(n - \cos\alpha)d - (n_0 - \cos\alpha)d_0]\}^2 + 2(f_0 + x\cos\alpha + y\sin\alpha) \times$$

$$\{m\lambda - [(n - \cos\alpha)d - (n_0 - \cos\alpha)d_0]\} = x^2\sin^2\alpha + y^2\cos^2\alpha + 2xy\sin\alpha\cos\alpha$$

$$(7 - 28b)$$

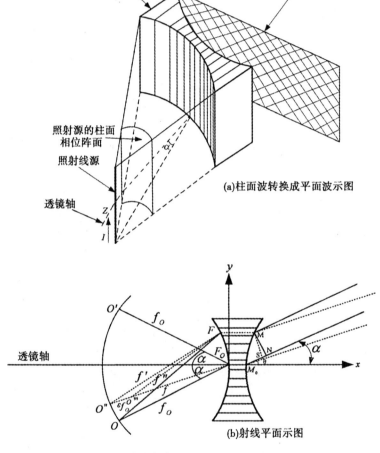

(a)柱面波转换成平面波示图

(b)射线平面示图

图 7-8　宽角扫描波导平板透镜的射线分析

将上二式分别相加和相减得下列二式

$$x^2 + y^2\cos^2\alpha + 2\cos\alpha f_0 x = 0 \qquad\qquad (7 - 29a)$$

$$m\lambda - [(n - \cos\alpha)d - (n_0 - \cos\alpha)d_0] = -x\cos\alpha \qquad (7 - 29b)$$

式(7-29a)给出了 x 和 y 的关系，它是透镜照射面轮廓方程。它是焦点在 O 和 O' 点的椭圆方程。式(7-29b)左边含折射率 n 和厚度 d，并且是 x 的函数。

这两个量包含在一个方程中。首先在 n 和 d 的这两个变量中任意确定一个,然后用式(7-24b)决定另一个参数。由此引出以下几种情况:①折射率 n 为常数;②透镜厚度为常数;③透镜厚度按口径为平面来选择;④n 和 d 是坐标的函数。

如果照射器除 O 和 O' 点外的任意第三点也满足透镜口径达到平面波条件,在此选择第三点于透镜的轴上。参考图7-8(b),现将照射器沿以透镜顶点 F_0 为圆心、f_0 为半径的圆弧上移动(称此圆弧为焦点弧),如图所示在 O'' 点上会产生相位畸变。其光程差(见图中虚线所示)

$$\delta = f' + nd - f_0 - n_0 d_0 - s' \tag{7-30}$$

因为

$$\left. \begin{array}{l} f' = \sqrt{(f_0\cos\theta + x)^2 + (f_0\sin\theta + y)^2} \\ s' = (d - d_0 + x)\cos\theta + y\sin\theta \end{array} \right\} \tag{7-30a}$$

将式(7-29a)代入,f' 可改写为

$$f' = f_0\sqrt{1 + \frac{2\sin\theta}{f_0}y + \frac{\sin^2\alpha}{f_0^2}y^2 + 2(\cos\theta - \cos\alpha)\frac{x}{f_0}} \tag{7-31}$$

将 s',f' 代入式(7-30),考虑到式(7-29b)可写成

$$\delta - m\lambda = f_0\sqrt{1 + \frac{2\sin\theta}{f_0}y + \frac{\sin^2\alpha}{f_0^2}y^2 + 2(\cos\theta - \cos\alpha)\frac{x}{f_0}} - f_0$$
$$- (\cos\theta - \cos\alpha)(x + d - d_0) - y\sin\theta \tag{7-32}$$

将平方根分解为 y 的升幂级数,而且假设 α,θ 都很小时,用角代替三角函数后有

$$\delta - m\lambda \approx \frac{1}{2}(\alpha^2 - \theta^2)\left[\frac{y^2}{f_0} - (d - d_0)\right] + \frac{\theta y^3}{4f_0^2}(\theta^2 - \alpha^2) \tag{7-33}$$

从上式可见,三次方的误差与角 θ 成正比,并当 $\theta = 0°$ 时,透镜三次方相差为零。在变动厚度的情况下,d 和 y 的关系应以偶函数表示,因为透镜对 x 轴是对称的。因此可选择 d 对 y 的函数来抵消二次方相差,但不能抵消三次方相差。为了抵消二次方相差,$(d - d_0)$ 的差值应与 y^2 成比例,这就是说从透镜中心到边缘按平方规律增长。因此所研究的透镜形状,如果没有二次方相差的话,透镜的双面应是凹的。

已经研究了馈源沿焦点弧偏移的情况,如果馈源沿径向偏移,即置于 O''' 点时会有怎样的相差? 令线段 $O'''O''$ 用 εf_0 表示,而 O'' 到 F 的距离用 f'' 表示。在透镜内和透镜出口处射线方向仍保持不变。其附加误差

$$\Delta\delta = f' - \varepsilon f_0 - f'' \qquad (7-34)$$

可以证明,当 θ 角很小时

$$\Delta\delta \approx -\frac{\varepsilon}{2}\frac{y^2}{f_0} + \frac{\varepsilon}{2}\theta\frac{y^3}{f_0^2} \qquad (7-35)$$

将式(7-35)与式(7-27)比较,可看到当馈源偏离焦点弧时引起的附加相差与馈源偏离焦点时所产生的主要误差相比,它们具有相反的符号。这就是说选择馈源摆动轨迹有可能将馈源偏离焦点所引起的误差用馈源偏离焦点弧的附加误差部分抵消。

图7-9给出了透镜照明面(即内表面)为相同轮廓,而其他参数不同选择形成的几种透镜形式:①出射面为平面;②二次方相差予以校正;③不变透镜厚度;④不变折射率。图中粗曲线表示馈源摆动的最佳轨迹。

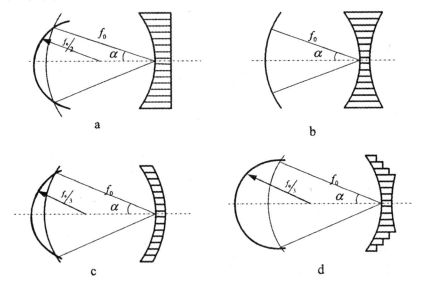

图7-9　几种宽角扫描波导平板透镜的轮廓

对这几种情况讨论可以得出:

(1)当馈源宽角扫描时,为获得无二次方相差,透镜厚度和折射指数必须满足:

$$\left.\begin{array}{l} d(y) = d_0 + \dfrac{y^2\sin^2\alpha}{2f_0(1-\cos\alpha)} \\[3mm] n = n_0\dfrac{d_0}{d} + m\lambda/d + \dfrac{d_0}{d}(d-d_0+x) \end{array}\right\} \qquad (7-36)$$

此时,馈源离开 $\pm\alpha$,沿焦点弧移动存在立方相差,其值

$$\Delta\delta - m\lambda = -\frac{\theta y^3}{4f_0^2}(\alpha^2 - \theta^2)$$

(2)当馈源在三个位置有全校正无相差的透镜(三个位置是 $\pm\alpha$ 和轴上),透镜厚度和折射指数必须满足:

$$\left.\begin{array}{l} d(y) = d_0 - x - \dfrac{f_0 - \sqrt{(f_0 + x)^2 + y^2}}{1 - \cos\alpha} \\[3mm] n = n_0\dfrac{d_0}{d} + m\lambda/d + \dfrac{d_0}{d}(d - d_0 + x) \end{array}\right\} \tag{7-37}$$

此时,馈源离开 $\pm\alpha$,沿焦点弧移动存在立方相差,其相位误差与情况①相同,有

$$\Delta\delta - m\lambda = -\frac{\theta y^3}{4f_0^2}(\alpha^2 - \theta^2)$$

(3)平外表面透镜,当透镜厚度和折射指数满足:

$$\left.\begin{array}{l} d = d_0 - x \\[2mm] n = n_0\dfrac{d_0}{\lambda} + \dfrac{m\lambda}{d} \end{array}\right\} \tag{7-38}$$

此时,馈源离开 $\pm\alpha$,沿焦点弧移动时的相位误差有

$$\Delta\delta - m\lambda = \frac{y^2}{2f_0}(\alpha^2 - \theta^2) - \frac{\theta y^3}{4f_0^2}(\alpha^2 - \theta^2)$$

上面讨论情况,当最大扫描角 $\pm\alpha$ 确定之后,由式(7-29a)决定其照射表面。只要厚度关系给出,出射表面就可确定。折射指数关系决定了平板透镜板间距。

7.5.2 龙伯(Luneburg)透镜

从上面的分析发现,与反射面相比,透镜更易实现广角扫描而有较小的相位偏差。这里我们再讲一种变折射指数的 Luneburg 透镜,它是一种可变折射指数的球对称透镜,可以在任意方向辐射一定向波束,该波束方向正好在馈源相对的方向。该透镜折射率按如下规律变化:

$$n = n_R\sqrt{2 - \left(\frac{r}{R}\right)^2} \tag{7-39}$$

式中,n_R,n_0 分别对应于 $r = R$ 和 $r = 0$ 的折射指数。为了在透镜出口处没有反射和折射,一般可选用 $n_R = 1$。介电常数 $\varepsilon_R = n^2$ 由外表面为1、按式(7-39)规律变化到 $r = 0$ 时,$\varepsilon_R = n^2 = 2$。Luneburg 透镜的射线路径如图 7-10 所示,在

透镜出口处为平行的射线束。当馈源沿球面移动时,出射波束可在 360°的范围内摆动,而不致引起方向图畸变。如果在球面上放置多个馈源,就可在空间产生多个波束,当馈源在球面上移动时就可实现波束的快速扫描。

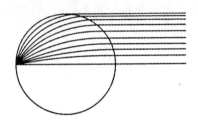

图 7 - 10　Luneberg 透镜的出射射线

实际上,馈源的相心很难正好落在 Luneberg 透镜的球面上。如果馈源相位中心到透镜球心的距离 $r_1 > a$,仍要保证其出射线彼此平行,这时透镜折射率要作相应的改变。图 7 - 11 给出了当馈源辐射相心位置取各种参数时,透镜相对介电常数随半径的变化关系。当馈源相心正在球面,相对介电常数从球心的 2 变化到表面上的 1,回到了式(7 - 39);当 $r_1/a = 1.1$ 时,相对介电常数从球心的 1.83 变化到 1.0;当 $r_1/a = 1.2$ 时,相对介电常数从球心的 1.68 变化到 1。

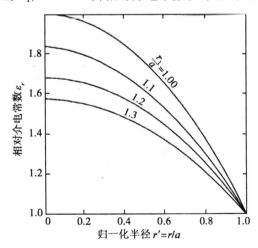

图 7 - 11　Leneberg 透镜介电常数随半径变化曲线

从图 7 - 12 的几何关系来看,α 是某一特定射线的馈电角,在透镜内的路径长度是馈电角的函数。当馈源置于 p_1 点,发出射线从 Q_1 点射入透镜,再从 Q_2 点与 x 轴平行方向射出,假设馈源具有圆对称的辐射,其功率方向图为可写 $p(\alpha)$,

如果在 $x =$ 常数的某平面上极坐标的功率密度为 $A^2(y)$。根据几何光学射线管内能量守恒的原则可得到：

$$p(\alpha)\sin\alpha\,\mathrm{d}\alpha = A^2(y)y\mathrm{d}y \qquad (7-40)$$

由图中几何关系知：

$$y = a\sin\theta, \quad y = r_1\sin\alpha, \quad \mathrm{d}y = r_1\cos\alpha\,\mathrm{d}\alpha$$

馈源经透镜后，在透镜的口面幅值分布

$$A(y) = \sqrt{\frac{p(\alpha)}{r_1^{\,2}\cos\alpha}} \qquad (7-41)$$

式中，α 是馈源角，$p(\alpha)$ 为馈源的功率方向图，$A(y)$ 为透镜的口径幅值分布函数。

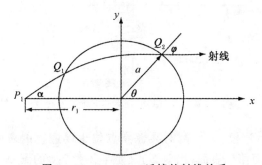

图 7-12 Luneberg 透镜的射线关系

这种相对介电常数较小的变折射指数的介质，过去一般采用发泡的聚苯乙烯材料。这种材料射频损耗小，而且折射指数变化容易与其密度联系起来，通过不同的加压可控制其折射指数。球形透镜可由许多楔形块拼成，每个楔形块的介电常数按要求变化。也可用一些同心球壳组成，每一层的介电常数按所要求的值经量化后得到。一般分层数越多，其性能越接近理想结果，但随层数加多，工艺和制造精度都相应提高。这种透镜优良的广角扫描特性和易实现的多波束特性在未来的卫星天线上定会有广阔的应用前景，但是作为航天器天线，务必考虑与应用环境的适应性及天线的质量、体积等因素。

7.5.3 广角扫描——靴带透镜

透镜由于有较多的设计自由度，通过双折射面设计不仅可控制其聚焦，而且还可达到预定的口径分布，控制方向图形状，可获得无 Coma 相差的广角扫描特性等。这里介绍一种双折射面的靴带透镜。该透镜面对馈源的内表面上分布有接收阵元,第二表面又叫外表面分布有辐射单元,其间由传输线连接,这些电缆限定了波在透镜内的程长,如图 7-13 所示。这种透镜有三个自由度:内表面(投射面)、外表面(出射面)和电缆长度。在透镜焦点弧上放置一些馈源可实现多波束。如果连接两个表面的电缆改为移相器和可变衰减器,该透镜形成的多波束或扫描可动态进行。

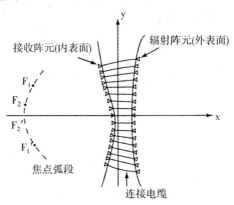

图 7-13   具有共轭焦点的二维靴带透镜

图 7-13 所示透镜,如果两对共轭焦点位于以透镜内表面中心为圆心、R 为半径的圆弧上,而第二表面(出射面)又是半径为 $2R$ 的圆弧,连接电缆的光程延迟 l 都相等,这种透镜称为 R-$2R$ 透镜。馈源在焦点弧上任何位置,该透镜都有理想的聚焦性能,因此它是一种较好的广角扫描天线。

7.6   透镜辐射场计算

7.6.1   透镜天线口径场计算

要计算方向图,首先要知道口径面上场分布,这是透镜设计的一个关键问题。我们仍然利用几何光学射线管中能量守恒原理,在此假设:

(1)馈源(照射器)的方向图是圆对称的,馈源的功率方向图 $p_1(\varphi)$。因此口径面上场分布也应该是圆对称的。

(2)设透镜面上的反射很小。根据射线管中能量守恒原理有

$$p_1(\varphi)\sin\varphi d\varphi = p_2(r)r dr \qquad (7-42)$$

式中 $p_2(r)$ 是距轴 r 处的口径面上单位面积的功率(功率密度),化简后有

$$\frac{p_1(\varphi)}{p_2(r)} = \frac{r}{\sin\varphi}\frac{\mathrm{d}r}{\mathrm{d}\varphi} = \rho\frac{\mathrm{d}r}{\mathrm{d}\varphi} \tag{7-43}$$

将表面方程代入,介质透镜内表面方程

$$\rho = \frac{(n-1)f}{n\cos\varphi - 1}$$

代入

$$r = \frac{(n-1)f}{n\cos\varphi - 1}\sin\varphi$$

$$\frac{\mathrm{d}r}{\mathrm{d}\varphi} = \frac{(n-1)f(n-\cos\varphi)}{(n\cos\varphi - 1)^2} \tag{7-44}$$

得

$$\frac{p_2(r)}{p_1(\varphi)} = \frac{1}{(n-1)^2 f^2}\frac{(n\cos\varphi - 1)^3}{n - \cos\varphi} \tag{7-45}$$

口径面幅值分布有

$$\frac{A_2(r)}{A_1(\varphi)} = \frac{1}{(n-1)f}\sqrt{\frac{(n\cos\varphi - 1)^3}{n - \cos\varphi}} \tag{7-46}$$

如果将单折射面介质透镜,外表面椭球面方程(7-6)式代入,同样可导出口面幅值分布有

$$\frac{A_2(r)}{A_1(\varphi)} = \frac{1}{(n-1)f}\sqrt{\frac{(n - \cos\varphi)^3}{n\cos\varphi - 1}} \tag{7-47}$$

比较(7-46)和(7-47)可发现,双曲面与椭球面以不同方式汇聚口径能量。双曲透镜使馈源功率向中心汇聚,形成更加斜坡的口径分布,可获得更低的边瓣。而椭球面透镜促使功率向边缘汇聚,使口径幅值分布更为均匀,可提高其口径效率。

7.6.2 辐射场计算

当照射源的方向图已知后,由上式可计算出透镜口径面场分布。当口径场分布得到后,利用辐射积分

$$\vec{E}(\vec{r}) = -j\frac{\eta}{2\lambda}\frac{e^{-jkR}}{R}(\hat{I} - \hat{R}\hat{R})\cdot\int_0^a\int_0^{2\pi}\vec{J}(\vec{r}\,')J_\Sigma e^{jk\hat{R}\cdot\vec{r}\,'}r'\mathrm{d}r'\mathrm{d}\varphi$$

可得到辐射方向图,当计算两个相互垂直的 H 平面和 E 平面内的方向图时,将 $x_S = \rho_S\cos\varphi_S, y_S = \rho_S\sin\varphi_S$ 代入第 4 章辐射积分公式后得:

$$E_H = j\frac{e^{-jkr}}{2\lambda r}(1 + \cos\theta)\iint_S E_S e^{jk\rho_S\cos\varphi_S\sin\theta}\rho_S\mathrm{d}\rho_S\mathrm{d}\varphi_S$$

$$E_E = j\frac{e^{-jkr}}{2\lambda r}(1 + \cos\theta)\iint_S E_S e^{jk\rho_S \sin\varphi_S \sin\theta}\rho_S \mathrm{d}\rho_S \mathrm{d}\varphi_S$$

上面的分析中假设透镜表面无反射,实际上表面总存在反射的,计入反射影响,式(7-45)可改写为

$$\frac{p_2(r)}{p_1(\varphi)} = \frac{T(\theta)}{(n-1)^2 f^2}\frac{(n\cos\varphi - 1)^3}{n - \cos\varphi} \tag{7-48}$$

其中,$T(\theta) = 1 - |\Gamma|^2$。口径辐射积分可参考前面的相关章节,这里不再重复叙述。

参 考 文 献

1 富拉金,特高频天线,陈秉钧、肖笃墀译,国防工业出版社,1962

2 R. S. Elliott, Antenna Theory and Design, 1981

3 Silver, Minowowe Antema Theory and Design, McGRAW-Hill Book Company, INC, 1949

4 M. L. Kade, Design Considerations for Two Dimensional symmefric bootlace Lenses, IEEE Trans. vol. AP-13, No. 4, July, 1965, pp. 521-528

第8章 宽频带天线

8.1 概述

8.1.1 相对带宽和倍频带宽

    由于传输数据量的增加、设备共用、宽带化以及电子侦察和抗干扰等需求，航天电子系统要求天线的工作频带越发展宽，因此航天器宽频带天线研究随着应用的需求也成为热点。宽带航天器天线的技术指标如方向性、增益、效率、极化、阻抗等参数的定义与第4章中提到的类同，在此不重复，仅对工作带宽补充规定如下。

    天线频带宽度是指天线的主要指标如增益、主瓣宽度、副瓣电平、阻抗、极化等特性均满足设计要求的频带范围，一般称为天线的带宽。天线带宽的表示方法有两种，一种是"相对带宽"，一种是"倍频带宽"。相对带宽是天线的工作带宽与带内中心频率之比，可写成

$$B = \frac{f_{max} - f_{min}}{f_0} = \frac{2\Delta f}{f_0} \qquad (8-1)$$

式中，f_{max}，f_{min} 分别为工作频率的上限频率和下限频率，f_0 为中心频率。倍频带宽是工作频率的上限与下限频率之比，即

$$B = \frac{f_{max}}{f_{min}} \qquad (8-2)$$

一般情况宽带天线多采用倍频带宽表示。天线带宽往往受限于天线工作原理以及对方向图、增益、阻抗和极化多方面指标要求，在工作带宽内天线各主要指标应达到规定值要求。

8.1.2 展宽天线带宽的主要方法

    (1)利用加载方式展宽工作频带。这是指将电抗元件、阻抗元件、介质材料或有源器件置于天线的某一部分，其目的是缩小天线尺寸、提高效率、增大带宽。这种加载的方式很多，加载元件有分布参数元件和集中参数元件，有无源的或有

源的。加载元件可放在天线内部,也可放在天线馈电端。从广义的角度来说,天线阻抗匹配网络也算一个加载方式,用以补偿(或变换)天线阻抗随频率的变化,从而展宽阻抗带宽。又如顶载天线也是为了增大等效尺寸,在减小尺寸条件下实现匹配。有源天线也是一种加载方式,它将无源天线与有源器件结合为一体,可获得高增益、宽频带,并实现小型化。

(2)加粗对称振子。对电振子天线使振子有较大的截面,减低振子长度直径比(细长比)可增加带宽,但这种带宽的增加是有限的。因为圆柱振子的特性阻抗沿其轴向是变化的,电流波沿线传播时会因特性阻抗变化引起部分反射。为了使振子沿线各点特性阻抗处处相等,就要求天线各点到馈电点的距离与直径之比保持不变,这可展成结构渐变的旋转对称的双锥天线。理论上讲无限长的双锥天线可获得输入阻抗、方向图与频率无关的特性。当然有限双圆锥天线其端头反射不具与频率无关特性,但与圆柱振子天线相比还是有更大的带宽。锥角大的双锥天线或由它演变的盘锥天线都属宽带天线之列。

(3)宽带行波天线。它之所以有宽带特性是因为在导波场转换成空间场过程是逐渐地一次完成,无反射波返回到电源端而形成多次循环的过程。为形成行波,一种方法是使天线具有很强的辐射能力和足够的长度,使辐射电流沿线有较大的衰减,当到达端头时电流已很小了,即使终端开路有反射,其影响也很小了;另一种是在天线末端加接匹配电阻以吸收天线末端与自由空间失配可能产生的反射。这种加载行波天线可以是集中加载和分布加载,属于这类的菱形天线和长导线行波天线在短波及中长波广播中应用较多。

(4)频率无关天线。从理论上看,如果天线以任意比例变换后仍等于它原来的结构,那么它的电性能与频率无关。实现这种结构的第一种方法是天线结构只由角度决定,而不取决任何线性尺寸,如平面等角螺旋、圆锥等角螺旋天线等。第二种方法是使天线各种结构尺寸都按一特定的比例因子 τ 变换后等于它自己,那么在离散的频点 f 和 τf 上,天线电性能将是相同的。其阻抗或其他电性能都是频率对数的周期性函数,周期为 $\ln\tau$。利用这一原理构造的天线叫对数周期天线。实际上天线尺寸都是有限的,其“终端效应”,对有限长天线终端电流必定会产生反射;另外,馈电端几何尺寸也不可能无限小也有个“始端截尾”问题。只有端效应影响减少到很小时,这类天线才可逼近非频变天线。因此一个成功的宽带天线,除具有满足“角度条件”或对数周期几何结构的特征外,还应具有截尾后“终端效应”小的性质。平面或圆锥等角螺旋天线,以及各种形式——齿片形、梯齿形和偶极子式的对数周期天线都是成功的实例,并获得广泛应用。

(5)利用一副天线的多模工作方式来展宽工作频带。如果能设计一种天线,在基模和高次模工作时其电性能变化较小的话,当它用于基模工作时构成低频段天线,而用高次模工作时构成高频段天线,就可在体积尺寸不变的情况下获得宽频带。例如选择高斯曲线振子作电视接收天线就是一个成功例子。

8.2　平面结构的宽带天线(或频率无关天线)

8.2.1　频率无关天线的基本条件

前面我们已经提到:若天线以任意比例变换以后仍等于它原来的结构,则它的电性能将与频率无关,一般称此天线为频率无关天线。如果天线的结构完全由角度决定,则当角度连续变化时,必可得到连续的与原来结构相似缩比/扩比天线,显然这样的天线方向特性和阻抗特性都与频率无关。下面就以典型的天线结构说明。

假设一个天线,它的两臂的端点无限靠近球坐标系的原点。天线表面上任意一点到原点的距离可表示成:

$$r = F(\theta,\varphi) \tag{8-3}$$

如果希望此天线工作于一个等于原工作频率 f 的 $1/k$ 倍的新频率 $f' = f/k$ 时,天线电特性与原工作频率完全相合。则此天线表面上相应点的尺寸根据缩比原理应为:

$$r = kF(\theta,\varphi) \tag{8-4}$$

k 是一个与 θ,φ 无关的常数。由于天线表面上的点到原点的距离仅由 (θ,φ) 确定,新天线表面由原来表面绕极轴旋转了一个角度 Φ 得到,即

$$kF(\theta,\varphi) = F(\theta,\varphi+\Phi) \tag{8-5}$$

Φ 是一个仅由 k 决定的常数,而与 θ,φ 无关。常数 k 称为频率放大系数。当 $0<k<\infty$ 时,天线电特性与 f 无关。

式(8-5)两边对 Φ 求导

$$\frac{\partial k}{\partial \Phi}F(\theta,\varphi) = \frac{\partial}{\partial \Phi}F(\theta,\varphi+\Phi) = \frac{\partial}{\partial(\varphi+\Phi)}F(\theta,\varphi+\Phi)$$

式(8-5)两边对 φ 求导

$$k\frac{\partial F(\theta,\varphi)}{\partial \varphi} = \frac{\partial}{\partial \varphi}F(\theta,\varphi+\Phi) = \frac{\partial}{\partial(\varphi+\Phi)}F(\theta,\varphi+\Phi)$$

比较上二式,有

$$\frac{\partial k}{\partial \Phi}F(\theta,\varphi) = k\frac{\partial F(\theta,\varphi)}{\partial \varphi} \rightarrow \frac{1}{k}\frac{\partial k}{\partial \Phi} = \frac{1}{r}\frac{\partial r}{\partial \varphi} = b \tag{8-6}$$

$b = \dfrac{1}{k} \dfrac{\partial k}{\partial \Phi}$ 是一个与 θ, φ 无关的常数，它仅由频率放大系数决定。对式(8-6)积分得

$$r = f(\theta) e^{b\varphi} \tag{8-7}$$

式中 $f(\theta)$ 是一个以角度 θ 为变数的任意函数，当 $f(\theta)$ 取不同函数时，就可得到不同形式的频率无关天线。

8.2.2 平面等角螺旋天线

如果令

$$f(\theta) = \begin{cases} A & \theta = \dfrac{\pi}{2} \\[2mm] 0 & \theta \neq \dfrac{\pi}{2} \end{cases} \tag{8-8}$$

A 是常数，将式(8-8)代入式(8-7)得

$$r = \begin{cases} A e^{b\varphi} & \theta = \dfrac{\pi}{2} \\[2mm] 0 & \theta \neq \dfrac{\pi}{2} \end{cases}$$

如果 $\varphi = \varphi_0, r = r_0$，则有 $r_0 = A e^{b\varphi_0}, A = r_0 e^{-b\varphi_0}$，于是

$$r = \begin{cases} r_0 e^{b(\varphi - \varphi_0)} & \theta = \dfrac{\pi}{2} \\[2mm] 0 & \theta \neq \dfrac{\pi}{2} \end{cases} \tag{8-9}$$

式(8-9)描述的正是 xoy 面上的一条平面螺旋线，其中 φ_0 是螺旋起始角，r_0 是起始点到原点的距离，α 是螺旋切线与矢径 $\vec{r}$ 间夹角，又称螺旋角，如图 8-1 所示。平面等角螺旋天线

$$\alpha = \arctan \frac{1}{b} \tag{8-10}$$

（因为 $\dfrac{\partial r}{\partial \varphi} = r_0 b e^{b(\varphi - \varphi_0)} = br, \cot\alpha = \dfrac{1}{r} \dfrac{\partial r}{\partial \varphi}$）式中 b 是与 θ, φ 无关的常数。在 xoy 平面上 φ 变化描绘出螺旋线时，其螺旋角 α 始终保持不变的这种螺旋线称为平面等角螺旋。$\tan\alpha = 1/b$ 称为螺旋率，它表征螺旋线缠绕的松紧程度，有时也用螺旋线相邻圈半径 r 之比值来描述：

$$\varepsilon = \frac{r(\varphi + 2\pi)}{r(\varphi)} = e^{2\pi b} \tag{8-11}$$

ε 越大,螺旋线缠绕得越松,反之越紧。用上述平面等角螺旋作为天线臂的天线即称平面等角螺旋天线。对式(8-9)两边取对数得

$$\ln r = \ln r_0 + b(\varphi - \varphi_0) \tag{8-12}$$

式(8-12)表明天线上任意一点到原点距离 r 的对数与方位角 φ 之间有线性关系,因而又称这种天线为平面对数螺旋天线。对平衡馈电的等角螺旋天线,它的两臂由两条对称的等角螺旋线构成。一个臂 $\varphi_0 = 0$,另一臂 $\varphi_0 = \pi$,两螺旋臂矢径为:

$$\left. \begin{array}{l} r_1 = r_0 e^{b\varphi} \\ r_2 = r_0 e^{b(\varphi - \pi)} \end{array} \right\} \tag{8-13}$$

将式(8-9)用波长归一后得:

$$\left. \begin{array}{l} r_\lambda = \dfrac{r}{\lambda} = \dfrac{r_0}{\lambda} e^{b(\varphi - \varphi_0)} = r_0 e^{b(\varphi - \ln\frac{\lambda}{b} - \varphi_0)} \\[2mm] r_\lambda = r_0 e^{b(\varphi - \varphi_1)}, \qquad \varphi_1 = \ln\dfrac{\lambda}{b} + \varphi_0 \end{array} \right\} \tag{8-14}$$

由式(8-14)可见,当工作频率改变时,仅相当于改变螺线的起始角 φ_1,而 φ_1 改变仅意味着在无限长结构上的一个单纯旋转。旋转前后的结构是完全一样的,所以频率对天线辐射不产生什么影响。

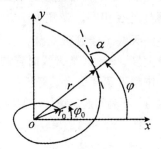

图 8-1　平面等角螺旋示图

　　实际平面等角螺线天线的每个臂都有一定的宽度,因而它的每一个臂由两条起始角相差 δ 的等角螺旋线构成。两臂的四条边缘分别为 4 条等角螺旋线界定,其方程分别为

$$\left. \begin{array}{ll} r_1 = r_0 e^{b\varphi}, & r_1' = r_0 e^{b(\varphi - \delta)} \\ r_2 = r_0 e^{b(\varphi - \pi)}, & r_2' = r_0 e^{b(\varphi - \pi - \delta)} \end{array} \right\} \tag{8-15}$$

式中,r_1, r_2 分别为两臂的内边缘,r_1', r_2' 为两臂的外边缘。一条臂内、外两边缘的两条曲线 r_1, r_1' 形状完全相同,仅只是 r_1' 是 r_1 绕 Z 轴旋转一个 δ 角得到。

δ 角称为等角螺旋天线的角宽度。将一条臂绕 Z 轴转 180°即得到另一臂。实际天线必须在适当长度上截断两臂，天线臂的末端呈尖削状是为了减少天线臂上电流的终端反射，以减少"截尾"效应，如图 8-2 所示。

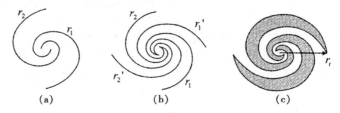

图 8-2　对称的平面等角螺旋天线

如果对称等角螺旋天线的角宽度 $\delta = 90°$，则金属部分与镂空部分完全相同，这称为"自补天线"，自补天线输入阻抗 $Z_{in} \approx 188.5\Omega$。实际自补天线输入阻抗略低于理论值，大约为 $120 \sim 140\Omega$。这种天线在有效辐射区内天线电流沿臂长衰减很快，一个波长范围内就可衰减 20dB，表明这种天线终端就应是很弱的。平面等角螺旋天线在其工作频带内辐射圆极化波，最大辐射方向在天线平面两侧的法线方向上。方向性函数近似于 $\cos\theta$，主瓣宽≈90°。为获得单向辐射特性，可在其一侧加装反射腔，对于 2:1 频带宽度，反射腔可采用平腔，腔深约为中心频率的 $\lambda_0/4$，腔直径与螺旋外径相同。带宽大于 2:1 时宜采用锥形腔。由于反射腔的谐振特性，必然会使天线工作频带变窄。反射腔实现了单向辐射，提高了增益，但降低了工作频带宽度，设计这类天线时背腔影响应充分考虑。

平面等角螺旋线天线工作频带宽度受天线臂长与馈电部分的结构和制造精度等因素限制。一般应用中，由上、下端频选定螺旋线的内、外直径，有下列关系：

$$\left. \begin{array}{l} r_0 \approx \lambda_{min}/4 \\ r_t \approx \lambda_{max}/4 \end{array} \right\} \tag{8-16}$$

式中 r_0 为螺旋臂起始点到原点距离。r_t 为螺旋臂末端到原点的距离。λ_{min}，λ_{max} 分别为上、下端工作频率对应波长，由式(8-16)可得天线相对工作带宽

$$\Delta f = \frac{f_{max}}{f_{min}} \approx \frac{r_t}{r_0} \tag{8-17}$$

8.2.3　阿基米德平面螺旋天线

另一种平面螺旋线天线是阿基米德平面螺旋天线。螺旋线方程为

$$r = r_0 + a(\varphi - \varphi_0) \tag{8-18}$$

式中, r 为曲线上任意一点到极坐标原点的距离, φ 为方位角, φ_0 为起始角, r_0 是螺线起点到原点的距离, a 为常数称为螺旋增长率。当 $\varphi_0 = 0$ 和 π 即可得到两条起始点在一直线上对称的阿基米德螺线, 这就是阿基米德螺线天线的两个臂, 如图 8 – 3 所示。

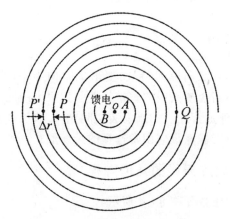

图 8 – 3　阿基米德平面螺旋天线

当金属螺线的宽度等于两条螺线间距时便形成了自补偿结构, 这样有利于宽频带的阻抗匹配, 其输入阻抗 $Z_{in} \approx 188.5\Omega$。当螺旋半径 $\approx \dfrac{\lambda}{2\pi}$ 时, 天线两臂上相邻点的电流相位差近似为 2π, 表明电流几乎是同相位的。这样的电流在螺旋平面的法线方向形成最强辐射。周长约为 1 个波长的那些环带就形成了平面阿基米德螺旋天线的有效辐射区。工作频率改变, 有效辐射区沿螺线移动, 但方向图基本不变。该螺线辐射也是双向的, 要形成单向辐射也需加一个背腔, 与平面等角螺旋类同。最大辐射于侧射方向, 主瓣 = 60°～ 80°, 对应的增益 $G \approx 7\text{dB}$, 辐射场是圆极化的, 其旋向与螺旋线旋向一致。

阿基米德螺旋线参数选择原则:

(1)由下限频确定螺旋线外径 D, 一般使周长

$$C = \pi D \geqslant 1.25\lambda_{\max} \qquad (8-19)$$

(2)中心馈电点间距由上限频确定。因此螺旋线的起始半径 r_0 一般取

$$2r_0 < \lambda_{\min}/4 \qquad (8-20)$$

(3)螺旋线增长率 a 愈小, 螺旋线曲率半径愈小。在外径 D 相同条件下, 螺旋总长度越大, 终端效应越小。但 a 太小, 圈数太多, 传输损耗会增大, 通常工程设计时每臂取 20 圈左右为宜。

（4）螺旋线宽度大一些，其输入阻抗低一些。自补偿结构输入阻抗理论值为188.5Ω，实际上由于端效应等因素影响，其值多在140Ω左右。

（5）要实现单向辐射，仍然要用背腔，腔高约$\lambda_0/4$，腔体直径至少应与螺线外径相同。

8.3　圆锥等角螺旋天线

平面螺旋天线具有双向辐射特性，要形成单向半空间辐射，必须加一个背腔。往往背腔设计不当会使天线的宽带特性受到很大的局限。圆锥螺旋具有单向辐射特性，不需要外加背腔。如果安装空间允许，该天线比较容易实现很宽的工作频带。这也是航天器宽带应用常选择的天线形式。

8.3.1　圆锥等角螺旋天线的几何方程

圆锥螺旋的几何参数如图8-4所示。

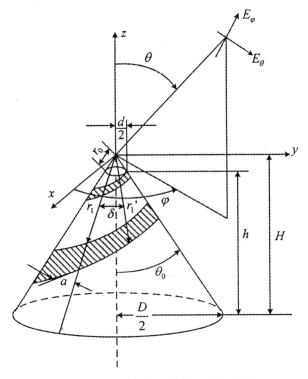

图8-4　圆锥螺旋天线的一臂的示图

螺旋线绕在半锥角为 θ_0 的圆锥面上,螺线方程有

$$r = \begin{cases} r_0 e^{b'\varphi} & \theta = \theta_0 \\ 0 & \theta \neq \theta_0 \end{cases} \qquad (8-21)$$

设螺旋线与圆锥母线夹角为 α,

$$\tan\alpha = \sin\theta_0 / b' \qquad (8-22)$$

与平面螺线类似,在螺旋线从起始点向末端行进时,螺旋角 α 始终保持不变,所以也叫等角螺旋。参数 b' 的大小反映了螺旋线缠绕的松紧程度。在圆锥角 $(2\theta_0)$ 确定的条件下,b' 越大,α 越小,表明螺旋线旋绕得更松些。螺旋线绕一周在圆锥母线方向前进的距离更大。

平衡馈电的圆锥螺旋天线由对称的两条螺旋臂构成。这两条螺旋臂边缘线方程分别为

$$\left.\begin{aligned} r_1 = r_0 e^{b'\varphi}, \qquad & r_1' = r_0 e^{b'(\varphi-\delta)} \\ r_2 = r_0 e^{b'(\varphi-\pi)}, \qquad & r_2' = r_0 e^{b'(\varphi-\pi-\delta)} \end{aligned}\right\} \qquad (8-23)$$

其中 δ 是每一条臂的角宽度,r_0 是螺旋臂起始点到坐标原点(即锥顶)的径向距离。

8.3.2　圆锥螺旋辐射特性分析

分析圆锥螺旋天线辐射有两种方法:一种是列出圆锥螺旋线上电流分布的积分方程,用数值方法求出电流分布→输入阻抗→辐射场;另一种是将圆锥螺旋线看成是半径与周期都在渐变的圆柱螺旋线,在其对称轴(Z 轴)任意位置上都可引进一个半径为 $b(z)$、周期为 $p(z)$ 的参考圆柱螺旋线与之等效,利用分析圆柱螺旋线辐射的方法来分析圆锥螺旋。这涉及电磁场边值问题求解,在第 9 章中将讲解。在进行圆锥螺旋天线的工程设计之前,首先对该天线的辐射特性和基本规律简述如下。

8.3.2.1　螺旋臂上电流分布特性

按前面提到的方法分析螺旋臂上的电流。以圆锥角 θ_0、b' 和 δ 为参变量,图 8-5 给出了不同锥顶角、不同螺旋升角的圆锥螺旋臂上电流分布。由图可见,各种情况下,电流相位沿线呈线性滞后,特别是近锥顶端其相速基本上与自由空间一致,表明天线臂上电流呈行波分布。从电流幅值分布的特点来看,分为三个区域。

第一区为输入区。从馈电点开始,电流波沿螺旋臂的相速 = c(自由空间光速),$\beta = k_0$,电流幅值无明显变化。这个区域中的电流分布与传输线有类似特

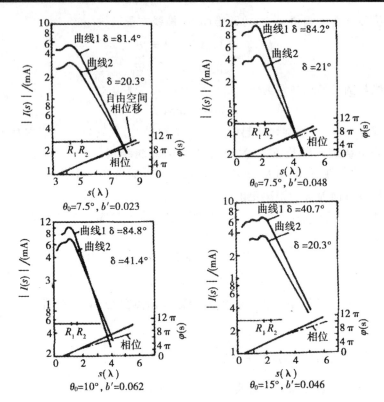

图 8-5　圆锥螺旋天线臂上的电流幅值和相位分布

性,属传输模式,基本上对辐射无贡献。

第二区为过渡区。该区电流幅值|$I(s)$|从 R_1 开始达最大,然后随着螺旋线矢径的增大(离馈电点距离增大),幅值开始下降,表示该区中辐射过程开始。在该区域的电流波相速几乎仍与自由空间光速相等。

第三区为指数衰减区。该区电流幅值|$I(s)$|呈指数衰减,而且衰减常数几乎不变。电磁能量辐射主要发生在该区(又称辐射区或有效作用区)。该区电流沿螺旋臂的相位常数略小于自由空间波数 k_0,表明电流相速稍大于自由空间相速。一般认为电流从最大处 0dB 下降至 -15dB 处的这一段螺旋线是对辐射起主要贡献的区域,定义为天线有效辐射区。随着频率变化,有效辐射区将在天线上移动。

8.3.2.2　圆锥螺旋的辐射特性

与平面螺旋天线辐射的区别在于,圆锥螺旋天线辐射沿轴指向圆锥顶点方向,具有单向辐射特性。天线辐射方向性可按沿线电流分部积分求出。圆锥螺旋天线的单向辐射特性,可认为圆锥螺旋线上有 T_0, T_1, T_2 模电流。由于圆锥螺旋线半径是个变量,只有当螺旋周长($2\pi a, a$ 是螺旋的半径)大致在($0.8\sim$ 1.3)λ 范围内,电流波主要以 T_1 模形式存在,产生稳定的后向辐射,也就是指向圆锥顶点的辐射,这种辐射能量方向与电流行进方向(相速度方向)相反的称为背射辐射。当螺旋周长 $2\pi a \ll \lambda$,主要是 T_0 模占优势,相当于螺旋慢波传输线,几乎不辐射。随着往末端推移,当 $2\pi a > 1.3\lambda$ 时,将激励起 T_2, T_3 等高次模,尤其是 T_2 模最大辐射指向偏轴方向,但经过前面的 T_1 模的有效辐射之后,能量已衰耗了很多。因此即使激励出其他高阶分量,由于相对幅值很小了,它们的辐射较弱,不会有大的影响。

　　为了说明辐射区对辐射的决定作用,采用分别在高频端(锥顶部)和低频端(锥底部)截断的方法计算天线辐射场。在不同位置截断后螺旋计算方向图示于图 8-6 中。由图可见,在大端截断电流的尾部对辐射方向图影响不大。只有当截断过多,如图(a)中 4 所在位置,使天线前后比有所下降,后瓣电平略有抬升。因此把辐射大端位置定在电流衰减至 $-10\sim-15$dB 处为宜。同样,在小端截断,只要截断处电流不高于输入区电流最大值的一半,这样截断不会影响天线辐射性能。如果小端过多截断,如图(b)中 7 和 8 所在位置,则影响到主辐射区电流,这时方向图会变宽、方向性增益下降。

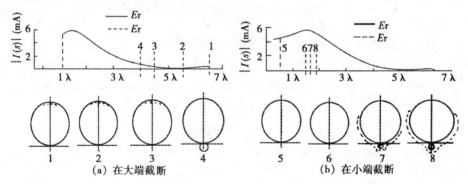

图 8-6　在圆锥螺旋天线上不同位置截断电流所得的方向图

($\theta_0 = 10°, b' = 0.053, \delta = 41°$,电流图中标号与方向图标号对应)

　　圆锥螺旋天线背射模辐射主要由周长约为($0.8\sim 1.3$)λ 的螺旋线所确定,这区域叫有效辐射区。如果螺旋线展开速度快,也就是 b 较大时,圆锥周长从 0.8λ 变到 1.3λ 时,螺旋臂长的增加并不太多,电流幅值并未衰减到很小的程度,这时圆锥周长已超过1.3λ,T_2模被激励,二阶模式电流将对天线辐射产生较大影响,尤其是锥角较大时更是如此。由于有效辐射区内有T_2模电流的辐射,使天线辐射能量更多地向与圆锥轴线相垂直的方向转移,也就是侧射方向(横向),从而使方向图明显变宽。图8-7是$2\theta_0 = 15°$,$\delta = 45°$的圆锥螺旋天线在5个不同b'值时的方向图,$\tan a = \sin\theta_0/b'$。保持$2\theta_0$为定值时,随着b'值的增大,也就是螺旋臂与母线夹角α变小,表明螺旋绕得更松,T_2模影响增大,天线方向图变宽趋势明显。

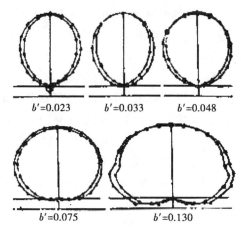

图8-7   在$2\theta_0 = 15°$,$\delta = 45°$时,不同b'值圆锥螺旋天线辐射方向图

辐射方向图与锥顶角$2\theta_0$、螺旋角α以及臂宽δ的关系归纳如下:

当螺旋角与臂宽(α,δ)一定条件下,$2\theta_0$越大,辐射方向图越宽。当$2\theta_0 = 180°$,变成平面螺旋,其辐射为双向;当θ_0较小时,具有指向圆锥顶点方向的单向辐射,而且方向图较窄,前后比较大,方向性系数也较高。

在锥顶角与臂宽(θ_0,δ)一定条件下,螺旋角α变大(b'变小),螺旋绕得越紧,方向图主瓣就变窄,当α变小(b'变大),松绕时方向图变宽,侧向辐射明显增强。

在锥顶角与螺旋角(θ_0,α)一定条件下,螺旋臂的角宽度δ对辐射方向图不产生明显影响。自补偿圆锥螺旋天线的平均半功率瓣宽和方向系数D的经验公式有

$$D = 10\lg \frac{32600}{\varphi_1 \cdot \theta_1(\deg^2)} \quad (\text{dB}) \qquad (8-24)$$

式中,φ_1,θ_1分别为方向图在两个正交平面上的半功率瓣宽。自补偿结构的圆

锥螺旋天线具有最大的前后比。

圆锥螺旋天线的输入阻抗近似等于天线的特性阻抗。天线特性阻抗的值主要取决于天线臂的角宽度 δ。圆锥角对阻抗有一定的影响，但不大。随着 $2\theta_0$ 的增大，特性阻抗略有上升。极限情况 $(2\theta_0 = 180°, \delta = 90°)$ 时，这种平面自补偿结构的阻抗理论值为 $\eta_0/2 = 188.5\Omega$，螺旋角 α 对特性阻抗基本无大影响。

圆锥螺旋天线能在相当宽的频带内保持好的圆极化特性。对背射模辐射的极化旋向的判断仍采用 IEEE 右手定则。姆指沿波发射方向指向锥顶，四指沿螺旋缠绕方向，因此螺旋缠绕方向与辐射波极化方向相反。这是因为背射模能量辐射方向与电流相速度方向相反。而端射螺旋辐射波能量方向与电流相位迟后方向相同，即螺旋线缠绕方向与辐射波极化旋向相同。

8.3.2.3 圆锥螺旋天线工作带宽

圆锥螺旋天线的工作带宽主要由其几何参数决定。天线的上限频由圆锥小端半径决定，有

$$\lambda_{\min} = 2\pi b_{\min}(1 + \cos\alpha)/\sin\alpha = \pi d(1 + \cos\alpha)/\sin\alpha \qquad (8-25)$$

其中 $b_{\min} = d/2$，为圆锥上顶（小）端半径。下限频对应的波长有

$$\lambda_{\max} = 2\pi b_{\max}(1 + \cos\alpha)/\sin\alpha = \pi D(1 + \cos\alpha)/\sin\alpha \qquad (8-26)$$

其中 $b_{\max} = D/2$，为圆锥下底（大）端半径。令圆锥螺旋天线的结构带宽

$$B_S = \frac{D}{d} = \frac{b_{\max}}{b_{\min}} \qquad (8-27)$$

实际天线工作带宽小于其结构带宽，因为天线的有效辐射区总有一定的范围。

圆锥螺旋天线有效辐射区宽度可通过圆锥螺旋近场幅值的测定来确定。对某一频率圆锥螺旋天线上的电流呈两头小中间大的分布，因此在评估有效辐射口径时，一般以与 -15dB 近场振幅对应的圆锥半径决定天线有效辐射区的下边界，并将该半径写为 b_{+15}。而当在天线电流达最大值的前端近场幅值为 -3dB 处决定圆锥小端半径作为辐射区的上边界，将该半径写为 b_{-3}。从对辐射场有效贡献来讲，在此范围之外的辐射基本上不对辐射场产生大的影响，辐射方向图截断与不截断差不多，因此圆锥螺旋天线有效辐射区定义为 $b_{-3} \sim b_{+15}$ 的范围。由此，辐射区带宽按下式定义

$$B_{ar} = b_{+15}/b_{-3} \qquad (8-28)$$

这样，确定频率的有效辐射区在螺旋上是可确定的，随着 f 改变，辐射区会上下移动。因此圆锥螺旋天线实际工作带宽可表示为

$$B = B_S/B_{ar} \qquad (8-29)$$

B_{ar}称为天线辐射区带宽,且$B_{ar} > 1$,因而$B < B_S$。有时辐射区带宽$B'_{ar} = b_{+10}/b_{-3}$,b_{+10}是近场峰值下降到-10dB处对应的圆锥半径。

需注意的是:圆锥等角螺旋天线的方向性并不决定于螺旋线的总长,而主要决定于有效辐射区的宽度。用较小锥角可获得较窄的波瓣宽度,但工作频率很宽时,会导致天线太长。选择天线时应根据允许天线总长度,对天线结构参数折中选择。

圆锥螺旋天线总高度

$$h/\lambda_{\max} = \frac{1}{2\tan\theta_0}\left(\frac{D}{\lambda_{\max}} - \frac{d}{B\lambda_{\min}}\right) \tag{8-30}$$

式中,d是最小直径,由$b_{-3}/\lambda_{\min}$确定,最大直径D由$b_{+15}/\lambda_{\max}$或$b_{+10}/\lambda_{\max}$确定,B是天线工作带宽,如式(8-29)。

8.3.3　圆锥等角螺旋天线设计

用模展开理论研究圆锥等角螺旋天线的辐射特性更具直观性。我们知道,T_1电流的相位改变与周向旋转同步,它形成沿轴向辐射的圆极化波束;而二阶(T_2)模为轴向辐射为零的轴对称波束,波束最大值在端射与侧射之间。T_2模的电流沿周向的变化是螺旋旋转的两倍,采用$e^{+j2\varphi}$的方式激励。Dyson[3]从大量的测量中总结出了二臂T_1模圆锥等角螺旋的一些辐射特性,表8-1列出了螺旋角、锥顶角对辐射瓣宽的影响。

表8-1　自补偿二臂圆锥等角螺旋平均半功率瓣宽(°)

圆锥角$2\theta_0$ / 螺旋角α	2°	5°	10°	15°	20°	30°
90°	36	49	55	60	65	70
85°	37	50	58	64	68	74
80°	38	53	63	70	74	81
75°	41	56	70	78	83	90
70°	44	60	79	88	95	103
65°	47	65	89	100	108	119
60°	52	71	102	114	127	139
55°	57	79	115	132		
50°	63	89				
45°	69	106				

　　根据有效作用区的概念,可以把工作频段转换成圆锥顶与底的几何尺寸。$Dyson$[3]从大量的测量中总结出表 8-2 和表 8-3。对螺旋的上下半径选择可采用表 8-2 和表 8-3,对上顶半径以工作高端频估计,而下底半径以工作低端频估计。表中上、下底半径是分别以电流跌落为峰值的 -3dB 和 -10dB 计算的。

表 8-2　二臂圆锥对数螺旋有效作用区的上顶半径(a_3^-/λ)

圆锥角 $2\theta_0$ 螺旋角 α	2°	5°	10°	15°	20°	30°	45°
85°	0.119	0.111	0.106			0.091	
80°	0.101°	0.096	0.090	0.084	0.080	0.071	0.067
75°	0.089	0.084	0.078	0.074	0.069	0.067	
70°	0.078	0.074	0.069	0.066	0.060	0.057	
65°	0.071	0.067	0.062	0.058	0.052	0.053	
60°	0.063	0.059	0.054	0.050	0.045	0.046	
55°	0.057	0.053	0.049	0.043	0.039		
50°	0.052	0.048	0.043	0.035	0.036		
45°	0.046	0.043		0.031	0.032		

表 8-3　二臂圆锥对数螺旋有效作用区的下底半径(a_{10}^+/λ)

圆锥角 2θ 螺旋角 α	2°	5°	10°	15°	20°	30°	45°
85°	0.136	0.144	0.150			0.174	
80°	0.117	0.128	0.136	0.147	0.156	0.164	
75°	0.106	0.120	0.132	0.144	0.156	0.172	
70°	0.100	0.118	0.130	0.144	0.159	0.185	
65°	0.096	0.117	0.131	0.145	0.168	0.215	
55°	0.095	0.116	0.134	0.156	0.186		
50°	0.096	0.116		0.166	0.200		
45°	0.098	0.117		0.180	0.215		

　　圆锥等角螺旋各臂应形成等幅且有恰当相位关系的馈电。对二臂 T_1 模螺

旋,应形成等幅同相激励,多采用平衡馈电结构。如果采用四臂螺旋形式,T_1 模和 T_2 模激励如图 8-8 所示。馈电结构的频段设计应与螺旋本身的工作频段对应。有关宽频段匹配技术将在本章后面谈到。

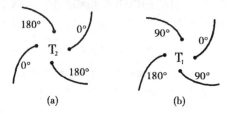

图 8-8　四臂螺旋 T_1 和 T_2 模的激励馈相

圆锥螺旋可变参数较多,提供了比较多的设计自由度,要根据要求设计出最优的天线参数。可以按 Dyson 表中给出数据选择,这些参数作为设计的初值,利用目前普遍使用的商业电磁软件,以技术要求和约束条件为目标进行最优化分析与计算。

8.4　对数周期天线

另一种宽带天线是按某一特定比例 τ 变换以后仍等于它自己,即在离散的频率点上,比如频率在 $f, \tau f, \tau^2 f, \cdots$ 上,满足自相似的条件。对数周期结构天线在一系列离散的频率点上满足自相似条件。天线电性能随频率的对数作周期性变化,是典型的离散自相似结构。只要在一个周期内天线电性能变化不大,就可以认为天线电性能与频率基本无关。这种对数周期结构的天线在 VHF、UHF 频段应用十分广泛,有许多种形式。在此仅以对数周期偶极天线阵为例说明其设计。

8.4.1　对数周期偶极天线阵(LPDA)的几何

对数周期偶极天线阵由 N 个平行排列的对称振子构成,振子长度由长到短排列,分别以序号 $n = 1, 2, \cdots, N$ 标示,如图 8-9 所示。从最长的振子算起,振子到几何顶点 O 的距离分别为 $R_1, R_2, R_3, \cdots$,振子长度分别为 $l_1, l_2, \cdots$,振子间距分别为 $d_1, d_2, \cdots$,它们的几何关系满足:

$$\frac{R_{n+1}}{R_n} = \frac{l_{n+1}}{l_n} = \frac{d_{n+1}}{d_n} = \tau \qquad (8-31)$$

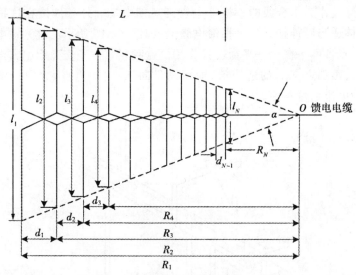

图 8-9 对数周期偶极天线的结构参数

式中,τ 称周期率,n 为振子序号。d_n 为第 n 个和第 $n+1$ 个振子间距。l_n 为第 n 个振子的长度。R_n 为第 n 个天线振子到锥顶(几何顶点)的距离。L 为天线阵轴向长度是从天线最长振子 l_1 与最短振子 l_N 之间的轴向距离。除 τ 之外,另一参数 σ 称为间距因子,其定义为

$$\sigma = \frac{d_n}{2l_n} \qquad (8-32)$$

σ 和 τ 都是小于 1 的常数,一旦 σ 和 τ 确定了,整个天线阵的几何构形就确定了。通过几何关系,可以得到

$$\sigma = \frac{1-\tau}{4\tan\frac{\alpha}{2}} \qquad (8-33)$$

$$\alpha = 2\arctan\frac{1-\tau}{4\sigma} \qquad (8-34)$$

式中 α 是对数周期天线的锥顶角。三个结构参数中(σ,τ,α)只有两个可独立选择。

8.4.2　对数周期偶极阵的馈电

　　该天线一般用平行双导线对各振子馈电,并称此为集合线。相邻振子是反相馈电的。集合线对各单元振子馈电采用交叉方式进行。如果主馈线是同轴

线,该电缆穿过作为集合线的一根馈电管到达馈电端。外导体接在这根馈电管上,而内导体适当延伸接到另一根馈电管上,如图8-10所示。这种馈电方式本身就起到了宽带不平衡——平衡转换作用。这种相邻振子交叉馈电方式是该天线一个特点,再加之 τ,σ 的适当值,即可满足向顶点(馈电点)方向产生单向辐射所要求的电流相位条件。

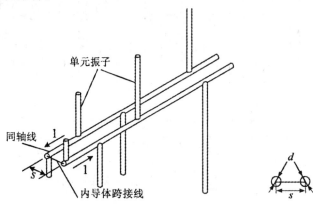

图8-10 对数周期偶极天线的馈电

8.4.3 对数周期天线的三个区域

和其他宽带天线一样,对数周期天线也分为三个区。它们是传输区、有效辐射区和未激励区。

(1)传输区。指沿集合线电压不变区域,相位随着离开馈电端距离增加而连续滞后,类似匹配传输线上的电压波。短振子(长度≪λ)犹如一些容性加载,这段传输线类似于一个周期加载的慢波传输线,波的相速<自由空间光速 c。这一区域中的振子长度远小于半波长,振子上激励电流很小,基本上对辐射无大作用。

(2)有效辐射区。传输区经过短暂的过渡后,进入有效辐射区。该区包括以 $l_n \approx \lambda/2$ 为中心的附近4~5对振子,该区主要特征是这些振子受到强的激励,并伴以集合线上的电压振幅迅速衰减,说明该区域有强的电磁辐射,这些振子对天线辐射场起重要作用,而且这些振子电流相位几乎是线性增加的,正好满足产生指向馈电端的单向辐射的电流相位要求,即背射辐射。

(3)未激励区。指有效辐射区之后的那些长振子区域。到该区的电磁能量经过强辐射后衰减已所剩无几了。长振子输入端电流幅值很小,几乎处于未激励状态,所以在适当位置截断基本不会影响辐射性能。

随着工作频率改变,有效辐射区将沿结构前后移动。天线工作频带下限受限于终端长振子尺寸,而上限频受限于馈电端短振子尺寸。

8.4.4　对数周期偶极天线阵设计

该天线的设计一般是根据应用需要提出天线的工作频带($f_{min} \rightarrow f_{max}$)、带内方向性系数 D(或增益)以及馈电形式和馈线上的驻波比要求。通过设计确定天线的几何尺寸、机械结构和馈电结构等,并验证与要求的符合度。设计可采用优化技术,通过计算机完成。

工程设计步骤:

(1)由要求的 D(或增益 G)查图 8 – 11 中 Carrel 计算曲线,可初步确定其结构参数 τ,σ 值。Carrel 曲线给出了对数周期偶极天线方向性系数(以 dB 计)的等值曲线与设计参数 τ,σ 的关系。图 8 – 11 是对 $Z_0 = 150\Omega$,$l/2a = 125$(a 是振子的半径)的情况计算的。由图可见,当 σ 一定时,τ 值越大,方向性系数 D 也越大。τ 值大,所需振子数 N 也越多,整个天线就越长。通常取 $\tau = 0.8 \sim 0.95$。

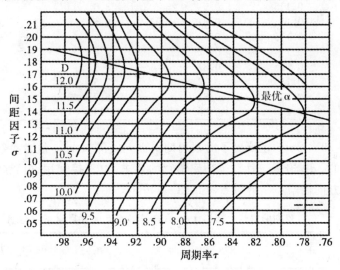

图 8 – 11　Carrel 曲线

(2)当 τ 一定时,σ 选择有一个最佳值。图 8 – 11 中斜直线代表 σ、τ 最佳组合。通常取 $\sigma = 0.08 \sim 0.15$ 为宜。

由图 8 – 11 可得到对数周期偶极天线的方向性系数与结构参数的关系。一般说来由 Carrel 曲线得来的方向性系数值 D_2 比实际的偏高,工程中经过多年工程实践总结出一个修正值 D_1。这都同时并列于表 8-4 中。设计时方向性系数选 D_1 更接近实际。

表 8-4　对数周期偶极天线的方向性与结构参数的关系及修正值

振子数 N	σ	τ	D_1(修正值)(dBi)	D(表值)(dBi)
12	0.14	0.8	6.8	
12	0.16	0.88	8.4	
16	0.18	0.94	10.4	
12	0.146	0.93	8.9	
8	0.1	0.82	7.0	7.9
8	0.125	0.82	7.4	8.4
8	0.15	0.82	7.4	8.5
8	0.175	0.82	6.8	7.9
8	0.1	0.86	7.4	8.3
8	0.125	0.86	7.7	8.7
8	0.15	0.86	7.8	8.9
8	0.175	0.86	7.7	8.7
8	0.1	0.9	7.8	9.0
8	0.125	0.9	8.0	9.2
8	0.15	0.9	8.5	9.6
8	0.175	0.9	8.9	9.5
12	0.1	0.82	7.0	
12	0.125	0.82	7.3	
12	0.15	0.82	7.5	
12	0.175	0.82	6.9	
12	0.1	0.86	7.4	

表 8-5 和表 8-6 还给出了对数周期偶极天线阵以 τ, σ 值为参数的 E 面、H 面方向图的 3dB 瓣宽。针对半功率瓣宽的要求,可直接使用这两张表着手设计。它们的方向性增益估计可参考式(8-24)。

表 8-5　对数周期偶极天线以 τ, σ 值为参数的 E 面计算瓣宽 ψ_{e-3dB} (°)

σ ＼ τ	0.80	0.875	0.92	0.95	0.97
0.08	51.5	50.3	49	48.3	46.3
0.10	50.5	49.5	48.2	47.4	45.4
0.12	50	48.7	47.5	46.5	44.3
0.14	50	48.3	46.8	45.5	42.7
0.16	51	48.2	46.5	44	41
0.18	53	49.6	46.7	43.5	40
0.20	57	52.5	48.3	44.5	41
0.22	62	56.4	50.4	46.6	43

表 8-6　对数周期偶极天线以 τ,σ 值为参数 H 面计算瓣宽 $\psi_{e-3dB}(°)$

σ ＼ τ	0.80	0.875	0.92	0.95	0.97
0.08	153	128	105	98	88
0.10	145	124	102	93	82
0.12	132	120	100	88	75
0.14	123	111	97	80	70
0.16	125	104	89	72	64
0.18	136	104	87	69	61
0.20	155	113	94	72	63
0.22	185	125	98		

(3)确定锥顶角 α。当结构参数 τ,σ 值确定后,可利用式(8-34)确定锥顶角。

(4)计算天线阵工作带宽 $B=\dfrac{B_s}{B_{ar}}$,B_{ar} 为天线有效辐射区带宽,B_s 为天线结构带宽。按 Carrel 给出的半经验公式有

$$B_{ar}=1.1+7.7(1-\tau)^2\cot\frac{\alpha}{2}=1.1+30.8\sigma(1-\tau) \qquad (8-35)$$

$$B_s=l_1/l_N=\tau^{1-N} \qquad (8-36)$$

式中,$B_s=B_{ar}\cdot B$,$B=\dfrac{f_{max}}{f_{min}}$。通常

$$l_1\geqslant\frac{\lambda_{max}}{2},\quad l_N\leqslant\frac{3}{8}\lambda_{min} \qquad (8-37)$$

λ_{max},λ_{min} 分别是天线最低工作频率和最高工作频率对应的波长。

(5)按下式计算出阵列长度 L 和阵元数 N

$$L=\frac{\lambda_{max}}{4}\left(1-\frac{1}{B_s}\right)\cot\frac{\alpha}{2} \qquad (8-38)$$

$$N=1+\frac{\ln B_s}{\ln(1/\tau)} \qquad (8-39)$$

(6)计算集合馈线和振子平均特性阻抗。鉴于辐射区的有效辐射,一般认为终端的反射较小,因此对数周期偶极天线的输入阻抗基本上等于馈线特性阻抗。但必须考虑传输区短偶极子容性加载影响。最终集合馈线特性阻抗

$$Z_c=\frac{Z_{oc}}{\sqrt{1+\dfrac{Z_{oc}\sqrt{\tau}}{4\sigma Z_a}}} \qquad (8-40)$$

Z_{oc} 是未加载集合馈线双线传输线的特性阻抗，如下式，其中 s,d 如图 8－10 所示

$$Z_{oc} = 120\text{ch}^{-1}\left(\frac{s}{d}\right) = 276\lg\left[\frac{s}{d} + \sqrt{\left(\frac{s}{d}\right)^2 - 1}\right] \qquad (8-41)$$

当 $\frac{s}{d} > 5$ 时，

$$Z_{oc} \approx 276\lg\left(\frac{2s}{d}\right)$$

Z_a 是偶极振子平均特性阻抗，考虑到振子间相互影响时，Z_a 有如下近似公式

$$Z_a \approx 120\left(\ln\frac{l_n}{2a_n} - 2.25\right) \qquad (8-42)$$

理想对数周期天线，除了相邻振子长度比、间距比等于常数以外，振子直径也应该满足周期性结构的要求，即 $a_{n+1} = \tau a_n$。当 $\frac{l_n}{2a_n}$ 对全部振子都相同，则所有单元振子特性阻抗都相等。这在工程上很难实现，通常是根据振子数目分成直径不同的几组。首先从式（8－42）求出 $Z_{a\max}$，$Z_{a\min}$，代入式（8－40）求出 $Z_{c\max}$，$Z_{c\min}$，再取其几何平均 $Z_{cav} = \sqrt{Z_{c\max}Z_{c\min}}$，则输入阻抗

$$Z_{in} \approx R_{in}(X_{in} \to 0) \approx Z_{cav} \qquad (8-43)$$

（7）计算集合线间矩 s。$\sigma' = \sigma/\sqrt{\tau}$，$\sigma'$ 称为相对间距因子。R_{in} 为天线输入阻抗。图8－12给出了 Z_{oc}、Z_a、R_{in} 间的关系曲线。当用 $Z_c \approx 75\Omega$ 冈轴电缆时，$R_{in} = 75\Omega$。如果已知 Z_a/R_{in}，σ'，则可由图8－12找到 Z_{oc}/R_{in} 的值。集合线由直径为 d 的两圆柱导体构成，两导体的中心间距为 s。按式（8－41）可确定 s。

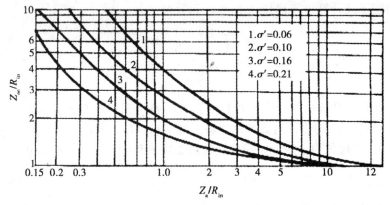

图 8－12　集合线特性阻抗 Z_{0c}、振子特性阻抗 Z_a 与输入阻抗 R_{in} 之间的关系

(8)按下式求出最长振子 l_1,然后根据 τ 值依次计算出各振子长度 l_n 及相应的间距 d_n

$$l_1 \geqslant \frac{\lambda_{\max}}{2}, \quad \frac{R_{n+1}}{R_n} = \frac{l_{n+1}}{l_n} = \frac{d_{n+1}}{d_n} = \tau, \quad n = 1,2,3,\cdots,N \quad (8-44)$$

到此完成了一个对数周期偶极子天线的设计。该设计中的近似以及一些尚未考虑的实际因素使其与要求可能还有差距,因此一般都需通过实验调试最终确定。

前面提到的对数周期偶极子天线,它辐射线极化波,最大辐射方向上 $\vec{E}$ 平行于偶极子的轴线。要实现对数周期天线的圆极化辐射,一般有两种途径:①用两副空间正交、共轴的几何结构参数完全相同的对数周期偶极天线,通过一个宽频带的 3dB/90°馈电网络馈电;②利用对数周期天线所谓的"相位旋转"现象,适当选取两副正交排布的对数周期天线,其结构参数分别为 τ_1, σ_1 和 τ_2, σ_2,使其最大辐射方向上的两个正交场有等幅、90°相位差,以形成圆极化波。

8.5　天馈匹配变换技术

任何一个天线系统的工作都要与相应的收、发信机相连。在与收、发信机相连时如何保证 RF 信号最大效率无失真的传送,这就是天线馈电网络要完成的事。对于一个宽带天线系统要完成这个任务,就需要有宽频带的匹配网络连接。本节专门讨论 RF 宽带匹配技术,着重介绍两种常用的天馈匹配变换器:一种是平衡—不平衡转换(balun);另一种是阻抗变换器。

8.5.1　开槽式平衡变换器

开槽式平衡变换器是同轴线对天线直接馈电最常采用的一种馈电形式。这种馈电形式是在同轴线外导体上对称开 $\lambda/4$ 长槽,对称天线两臂分别接到该开槽同轴线外皮上,如图 8-13(a)所示。同轴线内导体电流 I_1 全部到振子右臂,但外导体内臂电流 I_2 却只有一部分电流 I_3 流至振子左臂,而另一部分电流 I_4 流至同轴线外导体之外壁,即 $I_2 = I_3 + I_4$,由于 $I_1 = I_2$,显然振子两臂电流不相等了。这个不平衡现象不仅使天线电性能变坏,而且同轴线外壁上电流会产生辐射,使天线方向图畸变。平衡变换器就是完成不平衡—平衡的转换。

对称振子一臂(左)与同轴线左半部外导体相连。另一臂则与同轴线内导体相连,并同时与同轴线右半部外导体相连。如图 8－13(a)所示。这种结构使对称振子两臂对于同轴线外导体是对称的。然而由于开缝的电长度是随频率而变的,这就不可能保证在很宽范围内振子和同轴线间的匹配。开槽式平衡变换器的突出优点是结构简单、紧凑,当对频带和功率容量要求不太高时,其应用十分广泛。

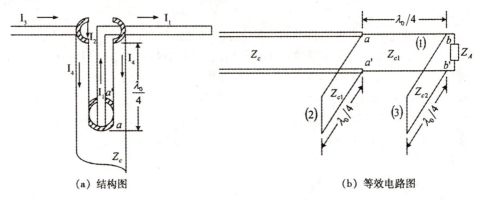

（a）结构图　　　　　　　　（b）等效电路图

图 8－13　开槽式平衡变换器

为便于理解其工作原理,把开槽部分同轴线(同轴线开槽底端至同轴线终端这段传输线)看成是由三部分组成:左半部外导体内表面与内导体左半部组成一传输线;右半部外导体内表面与内导体右半部组成一传输线,并在同轴线终端内、外导体短路;外导体外表面左、右二半组成一传输线,并跨接了一天线阻抗,其等效电路如图 8－13(b)。近似分析如下:令同轴线特性阻抗为 Z_c,左半同轴线外导体与内导体组成的传输线其特性阻抗 Z_{c1},假设开槽不影响主馈线匹配,则有 $Z_{c1}=2Z_c$。由二半外导体组成的平行传输线特性阻抗 Z_{c2}。在中心频率上并联了二根 $\lambda/4$ 短路线(2)和(3),它们基本上不影响主馈线的阻抗特性。

设天线阻抗为 Z_A,经过(1)线上 $\lambda/4$ 到 aa'处的输入阻抗计算如下:

$$\because \quad Z_{aa'} = \frac{Z_{c1}^2}{Z_A} \tag{8－45}$$

$$Z_{c1} \approx 2Z_c$$

$$\therefore \quad Z_{aa'} \approx \frac{(2Z_c)^2}{Z_A} = \frac{Z_c^2}{\frac{1}{4}Z_A} \tag{8－46}$$

在匹配情况下 $Z_{aa'} = Z_c$,所以

$$Z_c = \frac{Z_A}{4} \qquad (8-47)$$

这种开槽式平衡变换器除具有不平衡—平衡转换作用外,还有阻抗变换作用。当频率改变时,同轴线终端 bb' 处等效负载阻抗应为

$$Z_{bb'} = \frac{jZ_A Z_{c2} \tan\beta l}{Z_A + jZ_{c2} \tan\beta l} \qquad (8-48)$$

则在 bb' 处等效阻抗应该是天线阻抗 Z_A 与第(3)短路传输线并联,在 bb' 处的阻抗如式(8-48),该阻抗在(1)线上经过 $\lambda/4$ 长,到 aa' 处的阻抗 $Z'_{aa'}$ 有下式

$$Z'_{aa'} = Z_{c1} \frac{Z_{bb'} + jZ_{c1} \tan\beta l}{Z_{c1} + jZ_{bb'} \tan\beta l} \qquad (8-49)$$

之后,再与(2)线的 $\lambda/4$ 短路线并联。则可得到在 aa' 处的等效输入阻抗,其值应与 z_c 复共轭达匹配。

8.5.2　宽频带匹配原理

变换器的另一种形式是阶梯式和渐变式阻抗变换器。要在宽频带内实现阻抗匹配,可用多节 $\lambda/4$ 阻抗变换器(或称多节阶梯阻抗变换器)或渐变线阻抗变换器等。这样无需调整就能在一个较宽频带内实现匹配,其应用十分广泛。

$\lambda/4$ 阻抗变换器:主馈线特性阻抗 Z_c ,负载阻抗为 R_A ,二者不等。为获得匹配,在两者之间加一段长为 $\lambda_0/4$ 、特性阻抗为 Z_{c1} 的线段可以获得匹配。根据传输线理论 $Z_{c1} = \sqrt{R_A Z_c}$, $\lambda_0/4$ 变换段输入端的阻抗 $R_{in} = \frac{Z_{c1}^2}{R_A} = Z_c$,从而使主线上载行波。这种匹配方式可以用于双线传输线和同轴线中。当用于微带线时,通过改变导带宽度来改变特性阻抗。

对同轴线特性阻抗,

$$Z_c = \frac{138}{\sqrt{\varepsilon_r}} \lg \frac{b_1}{a_1}$$

式中, b_1, a_1 分别为外导体、内导体半径。ε_r 为其间填充介质的相对介电常数。

对双线传输线,令双导线的半径为 a ,导线中心间距为 D ,且 $D \gg a$ 。双线的特性阻抗

$$Z_c = 120\ln\left(\frac{D + \sqrt{D^2 - (2a)^2}}{2a}\right) \approx 120\ln\left(\frac{D}{a}\right)$$

如果双导线间填充的不是空气而是介质,其 $\mu = \mu_0$, $\varepsilon = \varepsilon_r\varepsilon_0$,则

$$Z_c = \frac{120}{\sqrt{\varepsilon_r}}\ln\left(\frac{D + \sqrt{D^2 - (2a)^2}}{2a}\right) \approx \frac{120}{\sqrt{\varepsilon_r}}\ln\left(\frac{D}{a}\right)$$

当频率改变后,主线的 $VSWR\uparrow$,匹配会遭到破坏。

采用多节 $\lambda_0/4$ 阻抗变换段组成多节阶梯式阻抗变换器可获宽带匹配。为说明,首先对单节阻抗变换器中波的反射过程说明,如图 8-14 所示。为使 Z_{c1} 和 Z_{c3} 匹配,中间插入一段长度为 l 、特征阻抗为 Z_{c2} 的传输线。 Γ_0 , T_{01} 是在 MM' 处向左方向的反射和传输系数; Γ_1 , T_{10} 是在 MM' 面向右方向的反射和传输系数。 Γ_2 是 NN′处的反射系数。根据传输线理论, Γ_0 , Γ_1 , Γ_2 , T_{01} , T_{10} 的表示可写为:

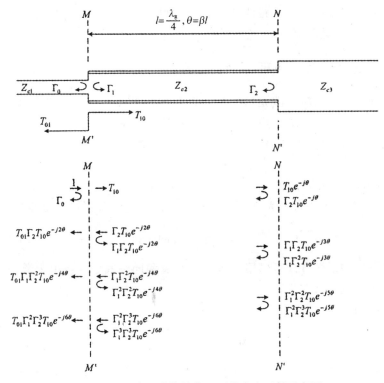

图 8-14　两个不连续的接口面处多次反射示意图

$$\left.\begin{array}{l} \Gamma_0 = \dfrac{Z_{c2} - Z_{c1}}{Z_{c2} + Z_{c1}} \\[3mm] \Gamma_1 = \dfrac{Z_{c1} - Z_{c2}}{Z_{c2} + Z_{c1}} = -\Gamma_0 \\[3mm] \Gamma_2 = \dfrac{Z_{c3} - Z_{c2}}{Z_{c3} + Z_{c1}} \\[3mm] T_{10} = 1 + \Gamma_0 = \dfrac{2Z_{c2}}{Z_{c1} + Z_{c2}} \\[3mm] T_{01} = 1 + \Gamma_1 = \dfrac{2Z_{c1}}{Z_{c1} + Z_{c2}} \end{array}\right\} \qquad (8-50)$$

从图 8 - 14 可见,在输入端总的电压反射系数 Γ_{in} 可写成

$$\begin{aligned} \Gamma_{in} &= \Gamma_0 + T_{01} \Gamma_2 T_{10} e^{-j2\theta} + T_{01} T_{10} \Gamma_1 \Gamma_2{}^2 e^{-j4\theta} + T_{01} T_{10} \Gamma_1{}^2 \Gamma_2{}^3 e^{-j6\theta} + \cdots \\ &= \Gamma_0 + T_{01} T_{10} \Gamma_2 e^{-j2\theta} \sum_{n=0}^{\infty} \Gamma_1{}^n \Gamma_2{}^n e^{-j2n\theta} \\ &= \Gamma_0 + a_1 \sum_{n=0}^{\infty} q^n \end{aligned} \qquad (8-51)$$

式中,$\theta = \beta l$,为用弧度表示的变换段的电长度;$a_1 = T_{01} T_{10} \Gamma_2 e^{-j2\theta}$,为级数之首项;$q = \Gamma_1 \Gamma_2 e^{-j2\theta}$,为级数之公比。这是一个无穷递减等比级数求和

$$S = \lim_{n \to \infty} S_n = \frac{a_1}{1-q}, \quad |q| < 1 \qquad (8-52)$$

此式应用于式(8 - 51)中得级数和项

$$\sum_{n=0}^{\infty} q^n = \frac{1}{1-q} \qquad (8-53)$$

将式(8 - 53)再代入式(8 - 51)中有

$$\Gamma_{in} = \Gamma_0 + \frac{T_{01} T_{10} \Gamma_2 e^{-j2\theta}}{1 - \Gamma_1 \Gamma_2 e^{-j2\theta}} \qquad (8-54)$$

因为 $T_{01} = 1 + \Gamma_1$,$T_{10} = 1 + \Gamma_0$,代入式(8 - 54)中得

$$\Gamma_{in} = \frac{\Gamma_0 + \Gamma_2 e^{-j2\theta}}{1 + \Gamma_0 \Gamma_2 e^{-j2\theta}} \qquad (8-55)$$

当 $|\Gamma_0|$,$|\Gamma_2| \ll 1$ 时,式(8 - 55)可以转化成

$$\Gamma_{in} \approx \Gamma_0 + \Gamma_2 e^{-j2\theta} \qquad (8-56)$$

式(8 - 56)说明,在具有小反射系数的多次反射情况下,若将输入端的总反射系数做一阶近似,输入端总反射系数等于每一个接口处的第一次反射系数在入端

处反射系数求和。这就是"小反射近似理论"。

若有 $Z_{C2}^2 = Z_{C1}Z_{C3}$，即 $\Gamma_0 = \Gamma_2$，在某个频率 $\theta = \beta l = \pi/2$ 时，在 MM' 和 NN' 界面处产生反射使其入端波相抵消了，所以 $\Gamma_{in} = 0$。这就是式(8-56)对单节阻抗变换器匹配原理的说明。

对多节 $\lambda/4$ 阻抗变换器的反射特性，可以使用小反射近似理论作分析，如图 8-15 所示，有

$$\Gamma_{in}(f) = \Gamma_0 + \Gamma_1 e^{-j2\theta} + \Gamma_2 e^{-j4\theta} + \cdots + \Gamma_N e^{-j2N\theta}$$

$$= \sum_{n=0}^{N} \Gamma_n e^{-j2n\theta} \qquad (8-57)$$

式中

$$\Gamma_n = \frac{Z_{c,n+1} - Z_{cn}}{Z_{c,n+1} + Z_{cn}} \qquad (8-58)$$

$$\theta = \beta(\Delta l) = \frac{2\pi}{\lambda}\left(\frac{\lambda_0}{4}\right) = \frac{\pi}{2}\left(\frac{f}{f_0}\right) \qquad (8-59)$$

当 $\theta = \pi/2$，于中心频率上，各接口处反射达到输入端时，就恰好彼此相抵消，获得理想匹配。当频率改变，$\theta \neq \pi/2$ 时，各接口反射在入端只有部分抵消，使入端反射系数仍保持较小。随着节数增加，相邻二变换段间尺寸差减小，阻抗差也减小，频带特性展宽。

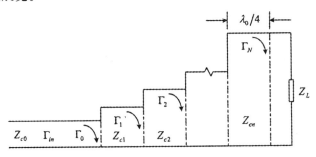

图 8-15 N 节阶梯式阻抗变换器

8.5.3 常用阶梯阻抗变换器

8.5.3.1 二项式阻抗变换器

要求在工作带内其反射系数有最平坦的频响特性。二项式阻抗变换段反射系数可写成

$$\Gamma = A(1 + e^{-j2\theta})^N \qquad (8-60)$$

式中，N 是变换段的节数，θ 是用弧度表示的每节变换段的电长度，A 是待定系数。当 $\theta = 0$ 时，即不加变换段时，$\Gamma = (Z_L - Z_{c0})/(Z_L + Z_{c0})$，代入上式得 $\Gamma = 2^N A$。由此可得

$$A = 2^{-N} \frac{Z_L - Z_{c0}}{Z_L + Z_{c0}} \tag{8-61}$$

将 $(8-61)$ 代入 $(8-60)$ 中，并利用二项式展开 $(1 + e^{-j2\theta})^N = \sum_{n=0}^{N} C_N^n e^{-jz2\theta}$ 得

$$\Gamma = 2^{-N} \frac{Z_L - Z_{c0}}{Z_L + Z_{c0}} \sum_{n=0}^{N} C_N^n e^{-j2\theta n} \tag{8-62}$$

式中 Z_L, Z_{c0} 分别是阻抗变换器输入和输出端连接的阻抗。二项式系数

$$C_N^n = \frac{N(N-1)(N-2)\cdots(N-n+1)}{n!} = \frac{N!}{(N-n)!\,n!} \tag{8-63}$$

各节反射系数

$$\Gamma_n = 2^{-N} \frac{Z_L - Z_{c0}}{Z_L + Z_{c0}} C_N^n = \Gamma_{N-n} \tag{8-64}$$

由式 $(8-64)$ 可确定最平坦阶梯阻抗变换段各节的特性阻抗和结构尺寸。为了进一步简化设计，如果限定负载 Z_L 的范围确定，比如负载 Z_L 满足 $0.5Z_{c0} < Z_L < 2Z_{c0}$ 时，可得近似公式：

$$\ln \frac{Z_L}{Z_{c0}} \approx 2 \frac{Z_L - Z_{c0}}{Z_L + Z_{c0}}$$

$$\ln \frac{Z_{c,n+1}}{Z_{c,n}} = 2\Gamma_n = 2^{-N} C_N^n \ln \frac{Z_L}{Z_{c0}} \tag{8-65}$$

式 $(8-65)$ 是阻抗的对数解，由于它们正比于二项式系数，所以又称此变换器为二项式阻抗变换器。将式 $(8-64)$ 和式 $(8-65)$ 代入式 $(8-62)$ 中，可得出

$$\Gamma = \frac{2^{-N}}{2} \ln \frac{Z_L}{Z_{c0}} (1 + e^{-j2\theta})^N \tag{8-66}$$

反射系数之幅值

$$|\Gamma| = 2^{-(N+1)} \ln \frac{Z_L}{Z_{c0}} \left| (1 + e^{-j2\theta})^N \right| = \left| \frac{1}{2} \ln \frac{Z_L}{Z_{c0}} \cos^N \theta \right|$$

如果规定最大反射系数为 $|\Gamma_m|$，则变换段电长度 θ_m 为

$$\theta_m = \arccos \left| \frac{2\Gamma_m}{\ln(Z_L/Z_{c0})} \right|^{1/N} \tag{8-67}$$

阻抗变换器的工作频带为 $\Delta\theta = \pi - 2\theta_m$，对应设计频率时 $(\theta_0 = \pi/2)$ 的相对带宽为

$$W = \frac{\Delta\theta}{\theta_0} = 2 - \frac{4}{\pi}\arccos\left|\frac{2\Gamma_m}{\ln(Z_L/Z_{c0})}\right|^{1/N} \qquad (8-68)$$

已知$|\Gamma_m|$, Z_L, Z_{c0}和节数N,则可求出相对带宽或工作频带范围。

8.5.3.2　切比雪夫阻抗变换器

它要求反射系数在工作带内具有等波纹特性,即在$0\sim|\Gamma_m|$之间变动。令变换段输入反射系数按切比雪夫多项式变化,并称此变换器叫切比雪夫阻抗变换器。用$T_N(x)$表示切比雪夫多项式有

$$T_N(x) = \begin{cases} \cos(N\arccos x) & (|x|\leqslant 1) \\ \mathrm{ch}(N\mathrm{arch} x) & (|x|\geqslant 1) \end{cases} \qquad (8-69)$$

$T_N(x)$在$|x|\leqslant 1$的区间里于± 1之间摆动,并有N个零点;当$|x|\geqslant 1$时,$T_N(x)$值无限增加。取自变量$x=\cos\theta$。由于设计要求只在$\theta_m\leqslant\theta\leqslant\pi-\theta_m$范围内有等波纹性,因此需要将自变量形式由$\cos\theta$转换成$\cos\theta/\cos\theta_m$,有

$$T_N\left(\frac{\cos\theta}{\cos\theta_m}\right) = \begin{cases} \cos\left(N\arccos\dfrac{\cos\theta}{\cos\theta_m}\right) & \left(\left|\dfrac{\cos\theta}{\cos\theta_m}\right|\leqslant 1\right) \\ \mathrm{ch}\left(N\mathrm{arch}\dfrac{\cos\theta}{\cos\theta_m}\right) & \left(\left|\dfrac{\cos\theta}{\cos\theta_m}\right|\geqslant 1\right) \end{cases} \qquad (8-70)$$

可以看出,当$\theta=\theta_m$时,自变量$\cos\theta/\cos\theta_m=1$;当$\theta_m\leqslant 0\leqslant\pi-\theta_m$时,自变量$\cos\theta/\cos\theta_m<1$。因此,切比雪夫阻抗变换器的反射系数可写成

$$\Gamma = Ae^{-jN\theta}T_N(\cos\theta\sec\theta_m) \qquad (8-71)$$

A为待定系数,如果$\theta=0$,即不加阻抗变换器时,反射系数$\Gamma=(Z_L-Z_{c0})/(Z_L+Z_{c0})$,将此式代入式(8-71)得到

$$A = \frac{Z_L-Z_{c0}}{Z_L+Z_{c0}}\frac{1}{T_N(\sec\theta_m)}$$

将A代入式(8-71)得

$$\Gamma = e^{-jN\theta}\frac{Z_L-Z_{c0}}{Z_L+Z_{c0}}\frac{T_N(\cos\theta\sec\theta_m)}{T_N(\sec\theta_m)} \qquad (8-72)$$

当$\theta=\theta_m$时,$|\Gamma|=|\Gamma_m|$,此时$T_N(\cos\theta\sec\theta_m)=1$,故

$$\Gamma_m = e^{-jN\theta}\frac{Z_L-Z_{c0}}{Z_L+Z_{c0}}\frac{1}{T_N(\sec\theta_m)} \qquad (8-73)$$

由此可推算出各节的反射系数和特性阻抗以及结构参数。为了表征各种阶梯阻抗变换器的频带特性(图8-16),首先引入阻抗带宽定义,它是满足允许的最大反射系数的条件下,最高工作频率与最低工作频率之比。表8-7给出了$|\Gamma_m|$

$=0.1, Z_L/Z_{c0}=2.8$ 情况下各种阶梯阻抗变换段的带宽和相应的长度。

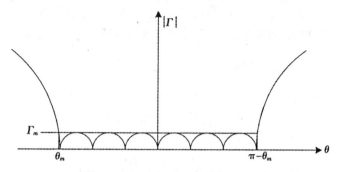

图 8-16　切比雪夫阻抗变换器 $|\Gamma|$ 的频率特性 $(N=7)$

表 8-7　阻抗变换器的匹配带宽比较 $(|\Gamma_m|=0.1, Z_L/Z_{c0}=2.8)$

阻抗变换器形式	每节变换段长度的波长数 $(l/\lambda_{max} \rightarrow l/\lambda_{min})$	工作频带宽度 $B_m = \lambda_{max}/\lambda_{min}$
$\lambda_0/4$ 单节变换器	$0.22 \rightarrow 0.28$	1.27
$N=7$ 二项式变换器	$0.105 \rightarrow 0.395$	3.76
$N=7$ 切比雪夫变换器	$0.0512 \rightarrow 0.448$	8.76
$N=7$ 阶梯形变换器	$0.104 \rightarrow 0.406$	3.9

如果对工作带内的反射系数的频带特性无特殊要求,可采取一种更为简单的设计方法,而且它还是具有优良电特性的一种阶梯形阻抗变换器。它的设计方法就是逐次中点阻抗插值法。其步骤:

(1) 首先给出输入、输出端阻抗 Z_1(即 Z_{c0}), Z_2(即 Z_L)。

(2) 求出中点阻抗值: $Z_3 = \sqrt{Z_1 Z_2}$。

(3) 再以中点阻抗 Z_3 分别与两端阻抗 Z_1、Z_2 求中点阻抗 Z_4、Z_5:

$$Z_4 = \sqrt{Z_3 Z_1}, \qquad Z_5 = \sqrt{Z_3 Z_2}$$

(4) 依次重复上述方法,求出更多中点阻抗值。这些内插的中点阻抗分得越多,阻抗变换效果就越好。

例: $Z_1 = Z_{c0} = 50\Omega$, $Z_2 = Z_L = 140\Omega$。取 $N=7$,按照上述方法求出的变换特征阻抗依次为: $Z_{C1} = 56.87\Omega$, $Z_{C2} = 64.68\Omega$, $Z_{C3} = 73.56\Omega$, $Z_{C4} = 83.66\Omega$, $Z_{C5} = 95.15\Omega$, $Z_{C6} = 108.22\Omega$, $Z_{C7} = 123.1\Omega$。对应各接口处反射系数依次为: $\Gamma_7 = 0.064$, $\Gamma_6 = 0.065$, $\Gamma_5 = 0.064$, $\Gamma_4 = 0.064$, $\Gamma_3 = 0.064$, $\Gamma_2 = 0.063$, $\Gamma_1 = 0.064$, $\Gamma_0 = 0.065$。

注意:上面所讨论的各种阻抗变换器的设计方法或计算公式都是以小反射近似理论为基础的,即输入端总反射系数只考虑了各变换段接口处第一次反射的情况。当反射系数较大,或变换段较短,忽略二次以上反射必将带来较大误差。

8.5.4 渐变线阻抗变换器

若变换器特性阻抗沿长度是连续变化的,就称为渐变阻抗变换器。根据渐变线变化规律可分为:指数渐变、直线式、三角分布式等。

8.5.4.1 渐变线反射系数表示

如图 8 – 17 的渐变线,渐变线输入、输出端位置分别以 $x = -\dfrac{l}{2}$, $x = \dfrac{l}{2}$ 表示。按传输线理论,线上任一点处电压、电流满足电报方程

$$\left.\begin{aligned} \frac{\mathrm{d}V}{\mathrm{d}x} &= -Z(x)I \\ \frac{\mathrm{d}I}{\mathrm{d}x} &= -Y(x)V \end{aligned}\right\} \qquad (8-74)$$

式中,V、I 分别为渐变线上某点的复数电压、复数电流。$Z(x)$、$Y(x)$ 分别是渐变线每单位长度的串联阻抗和并联导纳,均为位置 x 函数。令 $Z_C(x)$ 和 $\gamma(x)$ 是线上任一点处的特性阻抗和传输常数,按照定义

$$\left.\begin{aligned} Z_C(x) &= \sqrt{\frac{Z(x)}{Y(x)}} \\ \gamma(x) &= \sqrt{Z(x)Y(x)} \end{aligned}\right\} \qquad (8-75)$$

线上任一点电压反射系数

$$\Gamma(x) = \frac{V/I - Z_c}{V/I + Z_c} = \frac{V - Z_c I}{V + Z_c I} \qquad (8-76)$$

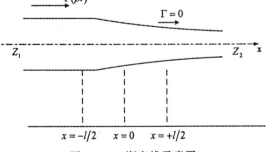

图 8 – 17 渐变线示意图

$$1 - | \Gamma |^2 = \frac{4Z_C VI}{(V + Z_C I)^2} \tag{8-77}$$

式(8-76)中的反射系数 $\Gamma(x)$ 对 x 求导,并将(8-74)和(8-77)代入得

$$\frac{\mathrm{d}\Gamma(x)}{\mathrm{d}x} = \frac{-2VI\dfrac{\mathrm{d}Z_C}{\mathrm{d}x} - 2Z_C(ZI^2 - YV^2)}{(V + Z_C I)^2}$$

$$= -\frac{1 - \Gamma^2}{2Z_C}\frac{\mathrm{d}Z_C}{\mathrm{d}x} + 2\gamma\Gamma$$

$$= -\frac{1 - \Gamma^2}{2}\frac{Z'_c}{Z_C} + 2\gamma\Gamma$$

移项后得

$$\frac{\mathrm{d}\Gamma}{\mathrm{d}x} - 2\gamma\Gamma + \frac{1}{2}(1 - \Gamma^2)(\ln Z_C)' = 0$$

式中

$$Z_c' = \frac{\mathrm{d}Z_C}{\mathrm{d}x}, \quad (\ln Z_C)' = \frac{Z_c'}{Z_C}$$

当 $\Gamma^2 \ll 1$ 时,上式化简成

$$\frac{\mathrm{d}\Gamma}{\mathrm{d}x} - 2\gamma\Gamma + \frac{1}{2}(\ln Z_C)' = 0 \tag{8-78}$$

此式为一阶线性微分方程。其解

$$\Gamma = e^{2\int \gamma \mathrm{d}x}\left[c - \frac{1}{2}\int(\ln Z_C)'e^{-2\int \gamma \mathrm{d}x}\mathrm{d}x\right] \tag{8-79}$$

c 是积分常数,由 $x = \dfrac{l}{2}$ 的边界条件确定。当 $x = \dfrac{l}{2}$,终端无反射的边界条件为

$$\Gamma\left(x = \frac{l}{2}\right) = e^{2\int \gamma \mathrm{d}x}\left[c - \frac{1}{2}\int(\ln Z_C)'e^{-2\int \gamma \mathrm{d}x}\mathrm{d}x\right]_{x = \frac{l}{2}} = 0 \tag{8-80}$$

则

$$c = \frac{1}{2}\int(\ln Z_c)'e^{-2\int \gamma \mathrm{d}x}\mathrm{d}x\Big|_{x = \frac{l}{2}} \tag{8-81}$$

将式(8-81)代入式(8-80)得

$$\Gamma = e^{2\int \gamma \mathrm{d}x}\int_x^{\frac{l}{2}}\frac{1}{2}(\ln Z_C)'e^{-2\int \gamma \mathrm{d}x}\mathrm{d}x \tag{8-82}$$

对无耗传输线特性阻抗为实数,有 Z_C 为实数,$\gamma \approx \beta$(β 为项移常数),带入上式得

$$\Gamma = e^{j2\beta x}\int_x^{\frac{l}{2}}\frac{1}{2}(\ln Z_C)'e^{-j2\beta x}\mathrm{d}x \qquad (8-83)$$

将 $x = -\dfrac{l}{2}$ 代入,可得输入端的反射系数 Γ_i 的表示式

$$\Gamma_i e^{j\beta l} = \frac{1}{2}\int_{-\frac{l}{2}}^{\frac{l}{2}}(\ln Z_C)'e^{-j2\beta x}\mathrm{d}x \qquad (8-84)$$

式(8-84)是设计渐变线阻抗变换器基本公式。此式可以认为是函数$(\ln Z_C)'$的 Fourier 变换,它在区域 $-\dfrac{l}{2}\leqslant x\leqslant\dfrac{l}{2}$ 以外 $\equiv0$。由它的反变换式得

$$\frac{1}{2}(\ln Z_C)' = \frac{1}{\pi}\int_{-\infty}^{\infty}\Gamma_i e^{j\beta l}e^{j2\beta l}\mathrm{d}\beta \qquad (8-85)$$

若已知渐变线 $Z_C(x)$ 沿线分布规律,由式(8-84)可直接求出入端反射系数 Γ_i。反之,若已知 Γ_i 值,则可利用(8-85)求出确定 Γ_i 值所必需的$(\ln Z_C)' = \dfrac{Z_C'}{Z_C}$值,这是渐变线的综合问题。以上公式适用于一般渐变线,但有一个前提是 $\Gamma^2\ll1$ 条件应满足。

8.5.4.2   开口式切比雪夫同轴线渐变段设计

渐变段具有阻抗变换作用,采取适当结构形式还可完成平衡到不平衡的转换。在此以开口式切比雪夫同轴渐变段为例说明。在该同轴变换段的外导体上开口,开口角度 2α 从 $0°$ 逐步扩大到趋近 $360°$,如图 $8-18$ 所示。

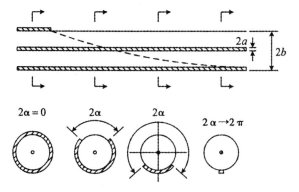

图 8-18   开口式同轴线渐变段示意图

在开口切角变换过程中,形成两种转换,一种是阻抗变换,另一种是由不平衡到平衡的转换。其电设计与前基本相同,特殊之处就在如何控制开口角度以

保证特性阻抗沿线变化的要求。开口同轴线特性阻抗的求解是二维边值问题。由二维边值问题的变分方程可求出特性阻抗严格解的上限值和下限值。上限值是由描述开口同轴线外导体上电荷分布的变分方程求出；下限值由单位长度开口线内总静电能量取极小值的这一变分方程求出。这里对冗长的推算与计算过程简略，只把结果列出。如图 8 - 19 所示，图中(a)、(b)、(c)分别表示特性阻抗为 50Ω、60Ω、75Ω 三种同轴传输线外导体切口角 2α 的阻抗，可供设计者查用。下面给出一设计实例。

已知：阻抗变换比 Z_2/Z_1，通带内允许最大反射系数 Γ_m 以及下限工作频率 f_1。要求设计一个切比雪夫渐变过渡段。

设计：如果使阶梯式切比雪夫变换段的节数 N 无限增加，而总长维持不变，则得到切比雪夫渐变线。输入端反射系数为

$$\Gamma_i e^{j\beta l} = \frac{\ln(Z_2/Z_1)}{2} \frac{\cos\sqrt{(\beta L)^2 - (\beta_1 L)^2}}{\mathrm{ch}\beta_1 L} \qquad (8-86a)$$

或

$$\frac{2\,|\,\Gamma_i\,|}{\ln(Z_2/Z_1)} = \frac{\cos\sqrt{(\beta L)^2 - (\beta_1 L)^2}}{\mathrm{ch}\beta_1 L} \qquad (8-86b)$$

式中，Z_1，Z_2 为渐变段入端和出端阻抗，L 是渐变段的总长，$\beta_1 = 2\pi/\lambda_1$ 是下限频 f_1 的传播常数。根据切比雪夫渐变段反射系数频率特性：

(1)工作带内最大反射系数。当 $\beta_1 = 2\pi/\lambda_1$ 时，反射系数下降到工作带内要求的最大反射系数，可表示为：

$$\Gamma_m = \frac{\ln(Z_2/Z_1)}{2\mathrm{ch}\beta_1 l} \qquad (8-87)$$

当 $\beta > \beta_1$ 时，反射系数呈等幅波纹摆动。

(2)渐变段长度。如果已知阻抗变换比 Z_2/Z_1，带内最大反射系数 Γ_m，下限频 f_1，由式(8-87)可求出渐变线的总长度 L 为

$$L = \frac{\lambda_1}{2\pi}\mathrm{ch}^{-1}\left[\frac{\ln(Z_2/Z_1)}{2\Gamma_m}\right] \qquad (8-88)$$

(3)渐变段阻抗分布计算，如果作成切比雪夫渐变线，必须确定沿线特性阻抗 $Z_C(x)$ 变化规律，以及如何实现，这是渐变匹配线的综合问题。将式(8-86a)代入式(8-85)，积分得

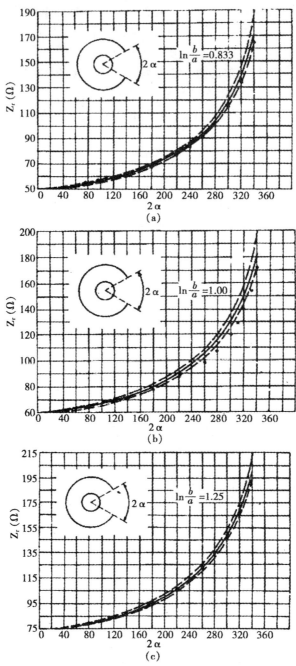

图 8-19 开口同轴线特性阻抗与开口角的关系

$$\frac{1}{2}\frac{d(\ln Z_C)}{dx}=\begin{cases}\dfrac{\ln(Z_2/Z_1)}{2\mathrm{ch}\beta_1 L}\left\{\dfrac{(\beta_1 L)^2}{L}\dfrac{I_1\left[\beta_1 L\sqrt{1-(2x/L)^2}\right]}{\beta_1 L\sqrt{1-(2x/L)^2}}+\right.\\[2ex]\dfrac{1}{2}\left[\delta\left(x-\dfrac{L}{2}\right)+\delta\left(x+\dfrac{L}{2}\right)\right] & |x|\leqslant\dfrac{L}{2}\\[2ex]0 & |x|\geqslant\dfrac{L}{2}\end{cases}\qquad(8-89)$$

式中 I_1 是第一类一阶修正 Bessel 函数,$\delta(x)$ 为 δ 函数,对式(8-89)再积分得

$$\ln Z_c=\begin{cases}\dfrac{\ln(Z_1 Z_2)}{2}+\dfrac{\ln(Z_2/Z_1)}{2\mathrm{ch}\beta_1 L}\left[(\beta_1 L)^2\Phi(\eta,\beta_1 L)+\right.\\[2ex]\left.U\left(x-\dfrac{L}{2}\right)+U\left(x+\dfrac{L}{2}\right)\right] & |x|\leqslant\dfrac{L}{2}\\[2ex]\ln Z_1 & x<-L/2\\[1ex]\ln Z_2 & x>L/2\end{cases}\qquad(8-90)$$

从式(8-90)可计算出是特性阻抗沿线分布,U 为单位阶跃函数,定义为

$$U(\xi)=\begin{cases}0 & \xi<0\\1 & \xi\geqslant0\end{cases}\qquad(8-91)$$

函数

$$\Phi(\eta,\beta_1 L)=-\Phi(-\eta,\beta_1 L)=\int_0^\eta\frac{I_1(\beta_1 L\sqrt{1-y^2})}{\beta_1 L\sqrt{1-y^2}}dy\quad(|\eta|\leqslant1)$$

$$(8-92)$$

当渐变段长度 L 和低端频给定,沿线函数 Φ 已生成曲线,如图 8-20 所示,或生成数据表格形式,可供设计者使用。式(8-92)中,$\eta=\dfrac{2x}{L}$,Φ 由图 8-20 中曲线查得。将 Φ 值逐点代入式(8-90)可计算出渐变段阻抗分布。最后把阻抗值转换成同轴外导体的开口角。同轴线开口(2α)度与特性阻抗 $Z_C(x)$ 的关系可由图 8-19 曲线查得。把这些开口角沿线连接或进行量化平滑就可生成可直接加工的图纸。

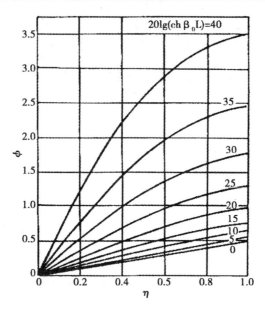

图 8-20　曲线

参 考 文 献

1　王元坤,李玉权.天线的宽频带技术.西安:电子科技大学出版社,1995

2　Thomas A. Milligan. Modern Antenna Design. McGraw-Hill, Inc. 1985

3　J. D. Dyson, The Equiangular Spiral Antenna, IRE Halls. Vol. AP－13, No. 4, July, 1965, pp. 488－498

4　J. D. Dyson. The Characteristics and Design of The Conical log－Periodic Antennas. Antenna Lab. Univ. z Illinois. No. 52－1965

5　Y. S. Yes. Theory of Conical Equiangular－Sprial Antennas. Part Ⅰ and part Ⅱ. IEEE hans. Vol. AP－15. 1967. Volap－16. 1968

6　R. L. Carrel. The Design of log－Periodic Dipole Antennas. IRE Int. Com. Rev. 1961

7　R. W. Kloptenstein. A Transmission line Taper of Improved Design. proceedings IRE Vol. 44, 1956

8　I. W. Duncan. 100:1 Bandwidth Balun Transformer. Proceedings IRE. Vol. 48. 1960

9　R. Silver. Microwave Antenna Theory and Design. McGraw-Hill, Inc. 1949

第9章 新型螺旋天线

螺旋天线是用导电性能良好的金属线绕制成螺旋形,通常由同轴电缆馈电。它是无线电工程在超高频波段中应用最广泛的一类天线,也是航天器天线在 L、S、C 频段用得较多的一类天线。传统的应用模式为端射模,它提供中、高增益定向辐射。随着对螺旋辐射机制的深入研究,螺旋还可以支持背射模,在螺旋上不单可激励表面波还可激励出快波模,原则上可形成各种辐射方向图,螺旋天线的应用中被大大地拓展了。本章从一个新的视点入手,把螺旋当成周期结构,从电磁辐射的边值问题求解传播常数特征方程,导出螺旋天线的各种工作模式、辐射特性以及在卫星上的应用。

9.1 螺旋天线的辐射数学模型

9.1.1 无限长螺旋线的电磁场解

目前应用最多的螺旋天线是直径大约在 $D/\lambda \approx 0.25 \sim 0.46$、最大辐射沿轴线的轴模螺旋。它既可作反射面的馈源又可单独应用产生中增益的定向波束,或组阵形成高增益定向天线。这种轴向模螺旋辐射特点是:①沿轴线有最大辐射;②辐射为圆极化;③沿螺旋导线传输的是行波;④输入阻抗近似为常数的有功电阻;⑤具有较宽的工作频带。当螺旋直径与波长比很小时($D/\lambda < 0.18$),螺旋天线最大辐射在垂直于螺旋轴线的平面,在此面内得到均匀圆对称辐射方向图,它类似于小环形天线,通称法向模辐射[1]。螺旋线中电磁场分布问题是一个十分复杂的电磁边值问题。许多天线书中都没有给出比较严格的解。近年来随着计算机 CAD 的普及,把螺旋作为周期结构,对螺旋辐射机制进一步分析与仿真,从波模特性入手拓宽了一些新模式的应用,演变出新型螺旋天线。

本节从螺旋周期结构的特点出发,通过边值问题求解得到螺旋天线普遍的辐射特性。由于螺旋线在其轴线方向上结构的周期性和沿角度方向上的结构对称性,因此,每一模式又可看成由一个基波和无限多个高阶空间谐波叠加而成。为求解螺旋线中电磁场,首先建立螺旋天线辐射的数学模型[2],[3]。

设螺旋天线是由无限薄、宽度 $\delta(\delta \ll \lambda)$ 的理想导电带构成。螺旋半径为 b,

螺距为 p，螺距角为 ψ，如图 9-1 所示。S 为一圈螺旋线的长度，这几个参数关系如下：

$$\left.\begin{array}{l}S = \sqrt{(2\pi b)^2 + p^2} \\ \cot\psi = 2\pi b / p\end{array}\right\} \qquad (9-1)$$

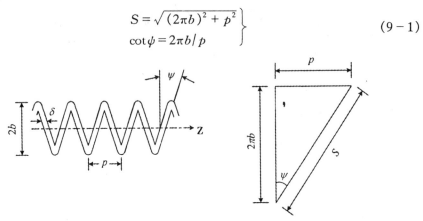

图 9-1　螺旋线几何示图

　　螺旋在其轴向上是一个以 p 为周期的周期结构，根据弗洛奎定理，其中每一个传播模式可以看成是一个基波和无限多个空间谐波叠加而成。设基波轴向传播常数为 β_0，第 n 次空间谐波轴向传播常数为 β_n，二者有以下关系：

$$\beta_n = \beta_0 + 2\pi n / p, \quad n = 0, \pm 1, \pm 2, \cdots \qquad (9-2)$$

　　考虑到螺旋线在周向角度方向上的对称性，在以螺旋线轴为 z 轴的圆柱坐标系中，螺旋内、外 z 向电磁场可表示为：

$$F^{i,0}(\rho,\varphi,z) = \sum_{m=0}\sum_{n=0} F^{i,0}_{m,n} \begin{Bmatrix} I_m(\gamma_n,\rho) \\ K_m(\gamma_n,\rho) \end{Bmatrix} e^{jm\varphi} e^{-j(\beta_0 + \frac{2\pi n}{p})z}$$

$$= e^{-j\beta_0 z} \sum_{m=0}\sum_{n=0} F^{i,0}_{m,n} \begin{Bmatrix} I_m(\gamma_n,\rho) \\ K_m(\gamma_n,\rho) \end{Bmatrix} e^{jm\varphi} e^{-j\frac{2\pi n}{p}z} \qquad (9-3)$$

式中

$$\gamma_n^2 = \beta_n^2 - k^2, \quad k = \omega\sqrt{\mu_0 \varepsilon_0} \qquad (9-4)$$

上标 $i,0$ 分别表示螺旋内部和外部的场；$I_m(\gamma_n,\rho)$ 为第 m 阶第一类修正的 Bessel 函数，它可使 $\rho=0$，即 z 轴上的场函数为有限值；$K_m(\gamma_n,\rho)$ 为第 m 阶第二类修正的 Bessel 函数，它可以满足无限远场量值为零的条件。由于螺旋线在轴向、周向角度方向上的周期性，如果沿轴向平移一段距离 l，且 $l < p$，则沿角度方向旋转 $2\pi l/p$ 也能得到同一点。因此在 (ρ,φ,z) 一点的场应该与新点 $(\rho,\varphi + 2\pi l/p, z + l)$ 的场是完全一样的，因而有：

$$\sum_m \sum_n F_{m,n}^{i,0} e^{jm\varphi} e^{-j\frac{2\pi n}{p}z} = \sum_m \sum_n F_{m,n}^{i,0} e^{jm(\varphi+2\pi l/p)} e^{-j\frac{2\pi n}{p}(z+l)}$$

$$= \sum_m \sum_n F_{m,n}^{i,0} e^{jm\varphi} e^{-j\frac{2\pi n}{p}z} e^{-j(n-m)2\pi l/p}$$

要使上式成立,只有展开函数满足 $F_{m,n}^{i,0} = \begin{cases} 0, & m \neq n \\ F_n^{i,0}, & m = n \end{cases}$ 才有可能。因此,z 分

量可表示为:

$$F^{i,0}(\rho,\varphi,z) = e^{-j\beta_0 z} \sum_{n=-\infty}^{\infty} F_n^{i,0} \begin{cases} I_n(\gamma_n,\rho) \\ K_n(\gamma_n,\rho) \end{cases} e^{jn\varphi} e^{-j\frac{2\pi n}{p}z} \qquad (9-5)$$

螺旋内部与外部 z 分量可写成

$$\left. \begin{aligned} E_z^i(\rho,\varphi,z) &= e^{-j\beta_0 z} \sum_{n=-\infty}^{\infty} A_n I_n(\gamma_n\rho) e^{-jn[(\frac{2\pi}{p})z-\varphi]} \\ H_z^i(\rho,\varphi,z) &= e^{-j\beta_0 z} \sum_{n=-\infty}^{\infty} B_n I_n(\gamma_n\rho) e^{-jn[(\frac{2\pi}{p})z-\varphi]} \end{aligned} \right\} \quad (0 \leqslant \rho \leqslant b) \;(9-6)$$

$$\left. \begin{aligned} E_z^0(\rho,\varphi,z) &= e^{-j\beta_0 z} \sum_{n=-\infty}^{\infty} C_n K_n(\gamma_n\rho) e^{-jn[(\frac{2\pi}{p})z-\varphi]} \\ H_z^0(\rho,\varphi,z) &= e^{-j\beta_0 z} \sum_{n=-\infty}^{\infty} D_n K_n(\gamma_n\rho) e^{-jn[(\frac{2\pi}{p})z-\varphi]} \end{aligned} \right\} \quad (\rho \geqslant b) \quad (9-7)$$

式(9-6)和(9-7)给出了螺旋内、外空间轴向场表示,由此经 Maxwell 方程可获得空间各横向场分量。对 $\rho \leqslant b$ 区域,有:

$$E_z^i(\rho,\varphi,z) = e^{-j\beta_0 z} \sum_{n=-\infty}^{\infty} A_n I_n(\gamma_n\rho) e^{-jn[(\frac{2\pi}{p})z-\varphi]}$$

$$E_\rho^i(\rho,\varphi,z) = e^{-j\beta_0 z} \sum_{n=-\infty}^{\infty} \left[\frac{j\beta_n}{\gamma_n} A_n I_n{}'(\gamma_n\rho) - \frac{\omega\mu_0}{\gamma_n^2} \frac{n}{\rho} B_n I_n(\gamma_n\rho) \right] e^{-jn[(\frac{2\pi}{p})z-\varphi]}$$

$$E_\varphi^i(\rho,\varphi,z) = e^{-j\beta_0 z} \sum_{n=-\infty}^{\infty} \left[\frac{-\beta_n}{\gamma_n^2} \frac{n}{\rho} A_n I_n(\gamma_n\rho) - j\frac{\omega\mu_0}{\gamma_n} B_n I_n{}'(\gamma_n\rho) \right] e^{-jn[(\frac{2\pi}{p})z-\varphi]}$$

$$H_z^i(\rho,\varphi,z) = e^{-j\beta_0 z} \sum_{n=-\infty}^{\infty} B_n I_n(\gamma_n\rho) e^{-jn[(\frac{2\pi}{p})z-\varphi]}$$

$$H_\rho^i(\rho,\varphi,z) = e^{-j\beta_0 z} \sum_{n=-\infty}^{\infty} \left[\frac{\omega\varepsilon_0}{\gamma_n^2} \frac{n}{\rho} A_n I_n(\gamma_n\rho) + j\frac{\beta_n}{\gamma_n} B_n I_n{}'(\gamma_n\rho) \right] e^{-jn[(\frac{2\pi}{p})z-\varphi]}$$

$$H_\varphi^i(\rho,\varphi,z) = e^{-j\beta_0 z} \sum_{n=-\infty}^{\infty} \left[\frac{j\omega\varepsilon_0}{\gamma_n} A_n I_n{}'(\gamma_n\rho) - \frac{\beta_n}{\gamma_n^2} \frac{n}{\rho} B_n I_n(\gamma_n\rho) \right] e^{-jn[(\frac{2\pi}{p})z-\varphi]}$$

$$(9-8)$$

对 $\rho \geqslant b$ 区域,有:

$$E_z^0(\rho,\varphi,z) = e^{-j\beta_0 z} \sum_{n=-\infty}^{\infty} C_n K_n(\gamma_n\rho) e^{-jn[(\frac{2\pi}{p})z-\varphi]}$$

$$E_\rho^0(\rho,\varphi,z) = e^{-j\beta_0 z} \sum_{n=-\infty}^{\infty} [\frac{j\beta_n}{\gamma_n} C_n K_n'(\gamma_n\rho) - \frac{\omega\mu_0}{\gamma_n^2}\frac{n}{\rho} D_n K_n(\gamma_n\rho)] e^{-jn[(\frac{2\pi}{p})z-\varphi]}$$

$$E_\varphi^0(\rho,\varphi,z) = e^{-j\beta_0 z} \sum_{n=-\infty}^{\infty} [\frac{-\beta_n}{\gamma_n^2}\frac{n}{\rho} C_n K_n(\gamma_n\rho) - j\frac{\omega\mu_0}{\gamma_n} D_n K_n'(\gamma_n\rho)] e^{-jn[(\frac{2\pi}{p})z-\varphi]}$$

$$H_z^0(\rho,\varphi,z) = e^{-j\beta_0 z} \sum_{n=-\infty}^{\infty} D_n K_n(\gamma_n\rho) e^{-jn[(\frac{2\pi}{p})z-\varphi]}$$

$$H_\rho^0(\rho,\varphi,z) = e^{-j\beta_0 z} \sum_{n=-\infty}^{\infty} [\frac{\omega\varepsilon_0}{\gamma_n^2}\frac{n}{\rho} C_n K_n(\gamma_n\rho) + j\frac{\beta_n}{\gamma_n} D_n K_n'(\gamma_n\rho)] e^{-jn[(\frac{2\pi}{p})z-\varphi]}$$

$$H_\varphi^0(\rho,\varphi,z) = e^{-j\beta_0 z} \sum_{n=-\infty}^{\infty} [\frac{j\omega\varepsilon_0}{\gamma_n} C_n K_n'(\gamma_n\rho) - \frac{\beta_n}{\gamma_n^2}\frac{n}{\rho} D_n K_n(\gamma_n\rho)] e^{-jn[(\frac{2\pi}{p})z-\varphi]}$$

$$(9-9)$$

上式 A_n,B_n,C_n,D_n 为待定系数,它可由螺旋线边界条件确定,其边界条件为:

(1) 在 $\rho = b$ 圆柱面上,沿螺线带切线方向的电场 $= 0$,有:

$$(E_z^i \sin\psi + E_\varphi^i \cos\psi)_{\rho=b} = (E_z^0 \sin\psi + E_\varphi^0 \cos\psi)_{\rho=b} = 0 \qquad (9-10)$$

(2) 在 $\rho = b$ 圆柱面上,垂直于螺线带方向的电场切线分量连续,有:

$$(E_z^i \cos\psi - E_\varphi^i \sin\psi)_{\rho=b} = (E_z^0 \cos\psi - E_\varphi^0 \sin\psi)_{\rho=b} = 0 \qquad (9-11)$$

(3) 沿螺线带导体切向磁场不连续,其内外之差即为螺线带上面电流密度,有:

$$\begin{cases} H_\varphi^0 - H_\varphi^i = J\sin\psi \\ H_z^0 - H_z^i = -J\cos\psi \end{cases} \qquad (9-12)$$

式中

$$J = \begin{cases} I/\delta & \text{螺线带上} \\ 0 & \text{其余处} \end{cases} \qquad (9-13)$$

I 为螺线带上总电流,由于周期结构,因此线上电流也具有周期性,因此可用 Fourier 级数展开,有:

$$J = e^{-j\beta_0 z} \sum_{n=-\infty}^{\infty} J_n e^{-jn[(\frac{2\pi}{p})z-\varphi]}$$

$$J_n = \frac{I}{p} e^{j(\frac{2\pi}{p})\delta} \frac{\sin(n\frac{\pi\delta}{p})}{n\pi\delta/p} \qquad (9-14)$$

利用边界条件,可得到展开式系数 A_n、B_n、C_n 和 D_n,有下式:

$$
\left.
\begin{aligned}
A_n &= \frac{K_n(\gamma_n b)}{I_n(\gamma_n b)} C_n \\[2mm]
B_n &= \frac{K_n{}'(\gamma_n b)}{I_n(\gamma_n b)} D_n \\[4mm]
C_n &= \frac{\gamma_n J_n}{j\omega\varepsilon_0} \frac{\dfrac{\beta_n}{\gamma_n^2}\dfrac{n}{b}\cos\psi - \sin\psi}{\dfrac{K_n(\gamma_n b)}{I_n(\gamma_n b)} I_n{}'(\gamma_n b) - K_n{}'(\gamma_n b)} \\[4mm]
D_n &= \frac{J_n\cos\psi}{\dfrac{K_n{}'(\gamma_n b)}{I_n{}'(\gamma_n b)} I_n(\gamma_n b) - K_n(\gamma_n b)}
\end{aligned}
\right\}
\tag{9-15}
$$

将式(9-15)代入(9-8)、(9-9)二式,可消去展开系数,但式中 γ_n,β_n 仍为待定系数。包含 γ_n,β_n 的方程叫做传播常数特征方程,它可由螺线带上的切向场=0 边界条件和螺线带之间空隙处电流=0 的边界条件导出。再利用 γ_n,β_n,β_0 之间关系可得到:

$$
\sum_{n=-\infty}^{\infty} \left\{ \left[(\beta_0 b)^2 - (kb)^2 + (kb)^2 \frac{n^2\cot^2\psi}{(\gamma_n b)^2}\right] I_n(\gamma_n b) K_n(\gamma_n b) \right.
$$
$$
\left. + (kb)^2\cot^2\psi I_n{}'(\gamma_n b) K_n{}'(\gamma_n b) \right\} \frac{\sin^2(n\pi\delta/p)}{(n\pi\delta/p)^2} = 0
\tag{9-16}
$$

式(9-16)就是空气填充的单螺旋带的特征方程。由式(9-16)和式(9-4)可解出特征值 γ_n,β_n。当 γ_n,β_n 和激励电流已知条件下,螺旋带内、外电磁场就完全确定了。如果为双螺旋,则空间场为二单螺旋辐射场的叠加,即:

$$
\begin{cases}
E_i = E_{i1} + E_{i2} \\
H_i = H_{i1} + H_{i2}
\end{cases}
\quad i = \rho,\varphi,z
\tag{9-17}
$$

9.1.2　螺旋 $k-\beta$ 图及波模分析

由传输常数 $\gamma_n^2 = \beta_n^2 - k^2$ 可以看出:

(1) 当 $\beta_n^2 > k^2$,即 $\gamma_n^2 > 0$ 时,由(9-8)和(9-9)二式可见螺线外的场离开螺线表面沿半径(ρ)向呈指数衰减,而螺线内外场沿 z 轴方向均无衰减地传输。这时螺线构成一慢波传输部件。

(2) 当 $\beta_n^2 < k^2$,$\gamma_n^2 < 0$ 变量为虚数时,第一、二类修正 Bessel 函数定义为:

$$I_n(u) = j^n J_n(-ju)$$

$$K_n(u) = \frac{\pi}{2}(-j)^{n+1} H_n^{(2)}(-ju)$$

螺线外场方程式中第二类修正 Bessel 函数 $K_n(\gamma_n, \rho)$ 可化成第二类 Hankel 函数 $H_n^{(2)}(\gamma_n, \rho)$，即以外行波方式离开螺线表面沿半径方向向外辐射。这就构成了螺旋天线，它成为一辐射部件了。

(3) $\beta_n = \pm k$ 分别表示空间前向波和背射波。

螺旋线在它们构成的三角形区，波首先沿线传输，在其相交处发生能量之间的耦合而产生了辐射。对于一个给定尺寸螺旋线，当几何参数 ψ, p, δ, b 给定后，由式(9-16)可解出特征值 β_n，由此可做 $k-\beta$ 曲线，此曲线称为螺旋线色散曲线或称 Brillouin(布里渊)图，见图 9-2。

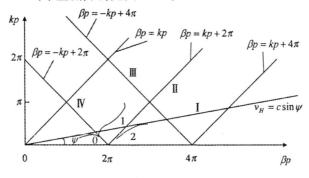

图 9-2　典型的螺旋线的 $k-\beta$ 曲线

当螺旋线作为一个辐射器件时，螺旋导线起两个作用，一是构成辐射单元，一是在辐射单元间起传输线作用。波沿导线传播速度≈c(光速)，以 $V_\omega = c$ 来表示。图 9-2 中 0、1、2 表示不同工作模式，直线 I 代表了螺旋线上传播速度 $V_\omega \approx c$ 与沿轴向传播速度 V_H 之间关系。从螺旋的几何关系可得到

$$\beta_0 p \approx \frac{kp}{\sin\psi} \qquad\qquad (9-18)$$

$$V_H = V_\omega \sin\psi \approx c\sin\psi$$

当 $\beta_0 > k$ 时，表明场是以 $V_H \approx c\sin\psi$ 的慢波沿轴向传播，它起一个传输线作用。图中其余各直线 $2n\pi, n = 0,1,2,\cdots$，表示空间各次谐波，其中 II 线表示 $n=1$ 次空间前向谐波，相应的 $\beta_{+1} = k$；直线 IV 表示 $n = -1$ 次空间后向谐波，$-\beta_{-1} = k$；当它们与 I 线相交时，其交点表示有相同的 β 值，因而引起相互作用，通称为"模耦合"。由于"模耦合"引起波的扰动，而激发出如图中所示的标号为"0"、

"1"、"2"等不同模式的波。当然在更高频率上也可激励发出其他模式的波。

图 9-2 中的"0"曲线,由于耦合弱,基本上是一个非辐射的慢波,以 $V_H \approx c\sin\psi$ 速度沿轴向传输。由于该模式在相当宽的频带内相速恒定,具有良好的无色散特性,这是中小功率行波管的主要传输模式。若要在此区作辐射模,这就构成了螺旋周长远小于一个波长的螺旋天线。这对应于法向模螺旋天线,其辐射方向图与磁偶极子天线相似。因其辐射很弱,未被广泛应用。第一次模耦合发生在第一个三角形边界处,即 $\beta_{-1} = k$ 处。如果 $\beta_r = -k$,其最大辐射方向沿 $-z$ 轴方向,表示辐射能量方向与波传输方向相反,故称此辐射为背射辐射,也称背射模。

当频率再升高时,模式"1"以快波形式形成有效辐射。沿线传输速度表现出与波导模类似的特性,它将以快波形式辐射。此时由螺旋线传播常数的特征方程解出的 β_0 可写为:

$$\beta_0 = \beta_r + j\beta_i \qquad\qquad (9-19)$$

式中 β_r 是沿轴向的相位常数,β_i 是沿轴向的衰减常数,这表明电磁波沿轴向传输时,同时向外辐射,形成天线场振幅沿轴向($+z$ 方向)衰减。辐射波指向

$$\theta_m = \arccos\left(\frac{\beta_r}{k}\right) \qquad\qquad (9-20)$$

这个指向既不是轴向(前向),也不是背向,而是在螺旋轴向与法向之间某一方向。这就相当于波导快波辐射,在用螺旋天线产生赋形波束设计时多采用这个辐射模式。

图中所示模式"2"是由 Ⅰ 和 Ⅱ 之间耦合引起的,其交点在 $\beta_{+1} = +k$ 处。即表示由慢波传输系统和 $n = +1$ 次空间谐波之间的"模耦合"作用所激励起来的波,具有相当强的辐射能力,其沿线速度略小于光速,属于慢波辐射系统。这种辐射最大方向指向 $+z$ 方向,与波沿线传输方向相同,故称轴向模螺旋天线。该天线在米波和分米波波段得到了广泛的应用。

9.2　轴模螺旋天线

轴向模螺旋是应用最广泛的一种天线辐射模式,也是人们最了解的一种螺旋工作状态。一般用同轴线馈电,其内导体与螺旋线相连,其外导体与螺旋天线接地板相连。

9.2.1　轴模螺旋天线的结构参数

一般有如下选择[1]：

螺旋升角 ψ 　　　$12° \leqslant \psi \leqslant 14°$

螺旋半径 b 　　　$0.71 \leqslant \dfrac{2\pi b}{\lambda_0} \leqslant 1.2$

$(9-21)$

螺距 p 　　　$0.15 \leqslant p/\lambda_0 \leqslant 0.3$

接地板直径 D 　　$D \geqslant 0.6\lambda$

从图 9-3 中可见,该天线的最佳工作频带如图中纵坐标虚线所示。限制频率上限的因素主要是频率升高后波沿轴向传输速度越来越慢,更加偏离 $\beta_{+1} \approx +k$ 的辐射条件,使辐射性能变坏。另外也是避免频率过高激励 $\beta_{-2} = -k$ 的背射模辐射。而频率过低,$2\pi b/\lambda$ 太小,容易转化为法向模辐射,因而限制了频率下限。在工作带内 $\theta = 0°$ 方向上有最大辐射。接地板尺寸对轴模辐射有较大的影响,一般 $D \geqslant 0.6\lambda$。

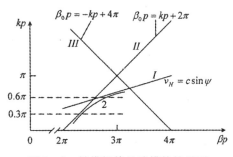

图 9-3　轴模螺旋的波模特性示图

9.2.2　螺旋线上电流分布及辐射模型

一个带有有限尺度接地板的螺旋来说,线上电流分布是十分复杂的。但同螺旋的周期结构一样,其上电流也可将它们分解成不同模式的行波电流叠加,例如 $T_0, T_1, T_2, \cdots$ 其中 T_0 模电流沿螺线传输若干圈后相位才变化一个周期,即相位变化 360°,表明螺线缠绕直径 $\ll \lambda$；T_1 模电流沿螺旋线前进一圈,相位变化为 2π；T_2 模则是在一圈螺线上相位变化为 2 个周期,其余高次模可类推。实验已经证实,在 $s/\lambda \approx 1$ 的螺线上(s 为螺线之周长),T_1 模是主模,当螺旋线总长在几个波长之上时,由终端反射引起的反向行波振幅很小。因而螺旋线上电流分布近似为一个行波。它由馈电端的小于光速的相速($V_{p1} < c$)沿螺旋线向终端传输。

此外,还有 T_0 模外行波,其振幅按指数衰减,以光速沿线传输。因此,在馈电点附近,由于 T_0 与 T_1 模外行波互相干涉作用,电流幅度出现了较明显的波动,随着远离馈电点 T_0 模急剧衰减。T_1 模占优势电流保持近乎恒定值。

图 9-4 是轴模螺旋线上电流分布曲线及远场方向图。天线的几何参数是:同数 $N=7, \dfrac{S}{\lambda_0} = \dfrac{2\pi b}{\lambda_0} = 1, \psi = 12.5°, D = 0.6\lambda_0$,线径 $2a = 0.024\lambda_0$,从馈电点到电流幅度最小点(图中前头所示位置)的区域称为衰落区,是 T_0 与 T_1 的干涉区。从最小点至终点称为表面波区,从该区电流相位曲线看,相邻细旋线上电流相位差 $k_{11}s \geqslant 2\pi$,因而在前向轴方向 $\theta = 0°$ 形成最大辐射。表面波区电流正是对螺旋轴向模的贡献。轴向模螺旋是应用最广泛的一个辐射模式,这就是人们最了解的端射螺旋工作状态。

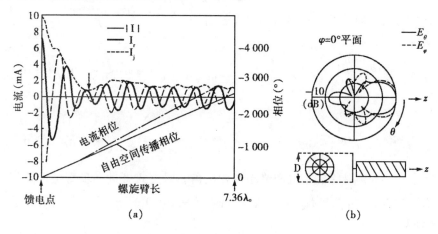

图 9-4　轴模螺旋天线的电流分布

9.2.3　轴模螺旋行波电流辐射场的计算

轴向模结构尺寸按式(9-21)选择,天线主要辐射模仅考虑 T_1 外行波,近似认为线上电流

$$\vec{I}_s = \vec{I}_1 e^{-jk_{s1}s} \tag{9-22}$$

$$\vec{A}(x,y,z) = \frac{\mu e^{-jkr}}{4\pi r} \int \vec{I}_s e^{jk\vec{r}'\cdot\hat{r}} \, \mathrm{d}s \tag{9-23}$$

螺旋天线辐射场坐标如图 9-5 所示。ψ 为螺旋的升角,源点 (x_s, y_s, z_s),场点 (x,y,z) 和 (r,θ,φ)。我们最关心的是远场的两个分量 E_θ, E_φ

$$\vec{r}' = x_s\hat{x} + y_s\hat{y} + z_s\hat{z} = b\cos\varphi'\hat{x} + b\sin\varphi'\hat{y} + b\tan\psi\varphi'\hat{z}$$

$$\vec{r} = r(\cos\theta\cos\varphi\hat{x} + \cos\theta\sin\varphi\hat{y} + \sin\theta\hat{z}) = r\hat{r} \qquad (9-24)$$

$$\hat{r} = \sin\theta\cos\varphi\hat{x} + \sin\theta\sin\varphi\hat{y} + \cos\theta\hat{z}$$

$$s = \frac{b\varphi'}{\cos\psi}, \qquad \mathrm{d}s = \frac{b}{\cos\psi}\mathrm{d}\varphi'$$

$$e^{jk\vec{r}'\cdot\hat{r}} = \exp\{jkb[\sin\theta\cos(\varphi-\varphi') + \cos\theta\tan\psi\varphi']\}$$

$$\hat{\theta} = \cos\theta\cos\varphi\hat{x} + \cos\theta\sin\varphi\hat{y} - \sin\theta\hat{z} \qquad (9-25)$$

$$\hat{\varphi} = -\sin\varphi\hat{x} + \cos\varphi\hat{y}$$

$$\vec{I}_s = I_s[(\cos\psi\cos\varphi'\hat{x} + \cos\psi\sin\varphi'\hat{y} + \sin\psi\hat{z})]e^{-jk_{s1}s}$$

k_{s1} 是沿螺旋线电流传播常数。矢量运算得:

$$I_\theta = \vec{I}_s\cdot\hat{\theta} = I_s[\cos\theta\cos\psi\cos(\varphi-\varphi') - \sin\psi\sin\theta]$$

$$I_\varphi = \vec{I}_s\hat{\varphi} = -I_s\cos\psi\sin(\varphi-\varphi')$$

通过 $\vec{A}$ 与场间的关系可直接求出空间辐射场

$$E_\theta \approx -j\omega A_\theta$$

$$= -j\frac{\omega\mu_0 b}{4\pi r}I_s e^{-jkr}\int_{\varphi_1}^{\varphi_2}[\cos\theta\cos(\varphi-\varphi') - \tan\psi\sin\theta]e^{jkb(\cos\theta\tan\psi\varphi' + \sin\theta\cos(\varphi-\varphi'))}e^{-jk_{s1}b\varphi'/\cos\psi}\mathrm{d}\varphi'$$

$$E_\varphi \approx -j\omega A_\varphi$$

$$= j\frac{\omega\mu_0 b}{4\pi r}I_{s1}e^{-jkr}\int_{\varphi_1}^{\varphi_2}\sin(\varphi-\varphi')e^{jkb(\cos\theta\tan\psi\varphi' + \sin\theta\cos(\varphi-\varphi'))}e^{-jk_{s1}b\varphi'/\cos\psi}\mathrm{d}\varphi' \qquad (9-26)$$

其中 φ_1,φ_2 分别是螺旋始端和终端的方位角。对上式可进一步简化,也可采用数值积分的各种方法进行求解。如果观察点在 $\varphi=0°$ 的 xz 平面上,积分式可进一步简化。引入:

$$E_0 = -\frac{j\omega\mu_0 b}{4\pi r}I_s e^{-jkr}$$

$$t = kb\sin\theta \qquad (9-27)$$

$$\xi = kb\tan\psi\cos\theta - \frac{k_{s1}b}{\cos\psi}$$

将上式代入式(9-26)得

$$E_\theta = E_0\int_{\varphi_1}^{\varphi_2}(\cos\theta\cos\varphi' - \tan\psi\sin\theta)e^{jt\cos\varphi'}e^{j\xi\varphi'}\mathrm{d}\varphi'$$

$$E_\varphi = E_0\int_{\varphi_1}^{\varphi_2}\sin\varphi'e^{jt\cos\varphi'}e^{j\xi\varphi'}\mathrm{d}\varphi' \qquad (9-28)$$

利用 Eular 公式:

$$e^{jx\cos\varphi} = \sum_{m=-\infty}^{\infty} (j)^m J_m(x) e^{jm\varphi}$$

$$e^{jx\sin\varphi} = \sum_{m=-\infty}^{\infty} J_m(x) e^{jm\varphi}$$

$$e^{jt\cos\varphi'} = \sum_{m=-\infty}^{\infty} (j)^m J_m(t) e^{jm\varphi'}$$

$$\cos\varphi' = (e^{j\varphi'} + e^{-j\varphi'})/2$$

$$\sin\varphi' = (e^{j\varphi'} - e^{-j\varphi'})/2j$$

简化为

$$E_\theta = E_0 \sum_{m=-\infty}^{\infty} (j)^m J_m(t) \times \left[\frac{1}{2}\cos\theta \int_{\varphi_1}^{\varphi_2} e^{j(m+1+\xi)\varphi'} \mathrm{d}\varphi' \right.$$

$$\left. + \frac{1}{2}\cos\theta \int_{\varphi_1}^{\varphi_2} e^{j(m-1+\xi)\varphi'} \mathrm{d}\varphi' - \tan\psi\sin\theta \int_{\varphi_1}^{\varphi_2} e^{j(m+\xi)\varphi'} \mathrm{d}\varphi' \right]$$

$$E_\varphi = E_0 \sum_{m=-\infty}^{\infty} (j)^m J_m(t) \left[\frac{1}{2j} \int_{\varphi_1}^{\varphi_2} e^{j(m+1+\xi)\varphi'} \mathrm{d}\varphi' - \frac{1}{2j} \int_{\varphi_1}^{\varphi_2} e^{j(m-1+\xi)\varphi'} \mathrm{d}\varphi' \right] \qquad (9-29)$$

从(9-29)可看出，E_θ，E_φ 与角度 φ_1，φ_2 有关，即与观察点所在平面对螺旋线端点的相对位置有关。严格地说，螺旋天线在不同 φ 值的垂直平面内有不同的 E_θ/E_φ 比值。对一些特殊情况上式可作简化。

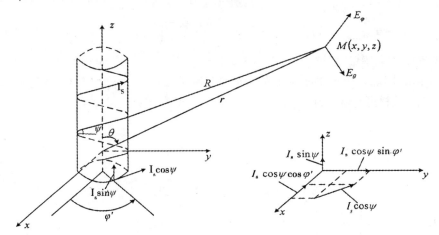

图 9-5 螺旋天线的坐标系

9.2.4 理想圆极化条件和最大方向性系数

假设观察点在 xz 平面，而且螺旋两端头相对，并处于同一平面，有 $\varphi_1 =$

$-\varphi_2 = \varphi_0$，将它代入上式（9 - 29）可得：

$$E_\theta = jE_0 \sum_{m=-\infty}^{\infty} (j)^m J_m(t) \left\{ \left[\cos\theta \left(\frac{\sin(m+1+\xi)\varphi_0}{m+1+\xi} + \frac{\sin(m-1+\xi)\varphi_0}{m-1+\xi} \right) \right] - \right.$$

$$\left. 2\tan\psi\sin\theta \frac{\sin(m+\xi)\varphi_0}{m+\xi} \right\}$$

$$E_\varphi = E_0 \sum_{m=-\infty}^{\infty} (j)^m J_m(t) \left[\frac{\sin(m+1+\xi)\varphi_0}{m+1+\xi} - \frac{\sin(m-1+\xi)\varphi_0}{m-1+\xi} \right]$$

$$(9 - 30)$$

由此可见，E_θ，E_φ 在相位上差 90°，如果幅值相同就是理想圆极化了。如果螺旋圈数为整数，式（9 - 30）还可进一步简化。因为

$$\varphi_0 = n\pi$$

$$\sin(m \pm 1 + \xi)\varphi_0 = (-1)^{(m\pm1)n} \sin\xi\varphi_0$$

$$\sin(m + \xi)\varphi_0 = (-1)^{mn} \sin\xi\varphi_0$$

所以

$$E_\theta = jE_0 \sum_{-\infty}^{\infty} J_m(t) \left[(-1)^{(m+1)n} \cos\theta \times 2(m+\xi) \frac{\sin(\xi n\pi)}{(\xi+m)^2-1} + \right.$$

$$\left. (-1)^{mn} \times 2\tan\psi\sin\theta \frac{\sin(\xi n\pi)}{m+\xi} \right]$$

$$E_\varphi = E_0 \sum_{-\infty}^{\infty} (-1)^{(m+1)n} J_m(t) \frac{-2\sin(\xi n\pi)}{(\xi+m)^2-1} \qquad (9 - 31)$$

通常轴模螺旋天线工作频段在 $2\pi b/\lambda \approx 0.7 \sim 1.2$，因此 $t = kb\sin\theta \approx (0.7 \sim 1.2)\sin\theta$。利用小宗量 Bessel 函数，随其阶数的增加急趋减小，因此对上式计算可取前几项，甚至一项。这样可使辐射场计算大为简化。对 $m = 0$，轴向（$\theta = 0°$）场有

$$\left. \begin{aligned} E_\theta &= jE_0(-1)^n 2\xi_0 \frac{\sin(\xi_0 n\pi)}{\xi_0^2-1} \\ E_\varphi &= -E_0(-1)^n \frac{2\sin(\xi_0 n\pi)}{\xi_0^2-1} \end{aligned} \right\} \qquad (9 - 32)$$

其中

$$\xi_0 = kb\tan\psi - \frac{k_{s1}b}{\cos\psi}$$

可见只有 $\xi_0 = \pm 1$ 时，才有 $E_\theta = \pm jE_\varphi$。这就是螺旋轴向圆极化的条件。将 $\xi_0 = \pm 1$ 代入上式中有

$$k_{s1}s = \mp 2\pi + kp$$

$$v_p/c = s/(\lambda_0 + p) \tag{9-33}$$

式中"∓"号代表螺旋圆极化的旋向。这就是和一般书中用近似关系导出的轴上圆极化条件完全一样。螺旋也可当成是 N 个相同圆环构成的端射阵,式(9-33)代表了相邻二螺旋线之间电流相位差正好是电磁波沿轴向传播时空间射程引起的相位差与 2π 的和。这就表明,在轴向相邻阵元的辐射场是同相叠加的,因而产生最大辐射和实现理想圆极化。如果按端射线阵的超方向性原理,即Hanson-Woodyard 条件,产生轴向最大方向系数的应使第一个阵元与最后一个阵元所产生的远场相位差要等于 π。因而相邻二阵元相位差应满足

$$k_{s1}s = \mp 2\pi + kp + \frac{\pi}{N} \tag{9-34}$$

$$v_p/c = s/(\lambda_0 + p + \lambda_0/2N)$$

将式(9-34)和(9-33)比较,说明当满足最佳端射条件,即最大方向性系数时,并不满足理想圆极化条件。只有当 N 很大时二者才趋于一致。这个结果和过去导出结果是一致的。

9.2.5　端射模螺旋天线的工程参数

尽管螺旋天线的严格分析十分困难,但经过多年的积累形成了一系列轴模螺旋天线的半经验公式和曲线,为工程设计提供了很大的方便。如果仅进行一般要求的端射螺旋设计,按下面给出的关系就可完成。当天线的增益和半功率瓣宽确定后,可按下面关系选择螺旋天线的几何尺寸。

首先,当螺旋参数由式(9-21)给出,螺旋匝数 $N>3$ 时,方向性系数

$$D_g = 15N\left(\frac{2\pi b}{\lambda_0}\right)^2\left(\frac{p}{\lambda_0}\right) \tag{9-35}$$

$$D_g(\mathrm{dB}) = 11.76 + 10\lg N + 20\lg\left(\frac{2\pi b}{\lambda_0}\right) + 10\lg\left(\frac{p}{\lambda_0}\right) \tag{9-36}$$

半功率瓣宽

$$2\theta_{-3\mathrm{dB}} = \frac{52°}{(2\pi b/\lambda_0)\sqrt{Np/\lambda_0}}$$

零功率瓣宽

$$2\theta_{-\infty\mathrm{dB}} = \frac{115°}{(2\pi b/\lambda_0)\sqrt{Np/\lambda_0}}$$

输入阻抗基本上是一个纯电阻

$$Z_{in} \approx R_{in} = 140(\frac{2\pi b}{\lambda_0}) \quad (\Omega) \qquad (9-37)$$

阻抗误差大约不超过 $\pm 20\%$ 。

如果螺旋线传输相对相速 (v_{p1}/c) 满足最佳端射条件[1],则在螺旋轴线方向的轴比近似等于

$$|AR| = \frac{2N+1}{2N} \qquad (9-38)$$

图9-6给出了螺旋天线的设计曲线。图中横坐标是以波长计的螺距 p/λ ,纵坐标是以波长计的螺旋天线直径 $2b/\lambda$,从原点发出的直线是不同螺距角的变化曲线。对一定尺度的螺旋线,频率改变, $2b/\lambda$ 、 p/λ 也随之改变,而 ψ 是不变的。图中实线、点线和虚线分别代表方向图、轴比和阻抗的"可用"区域。可用区内方向图主瓣为端射瓣,且有较小的边瓣;阻抗一般为纯电阻,大致在 $100 \sim 150\Omega$ 范围内;可用区轴比至少在轴向可小于 $1.25(<2dB)$ 。可用区均在 $2b/\lambda_0 = \frac{1}{\pi}\sqrt{1+(2p/\lambda_0)}$ 的直线下,如图中 A 线。工程上选择螺旋尺寸时可利用图9-6,螺距角选择在 $12° \leqslant \psi \leqslant$ $16°$ 范围内,在图中可用区内选定螺距角的直线,并在该直线的可用区上标出 F_1 , F_0 , F_2 分别代表下、中和上端频。由 F_0 即中心频率上查出相应的螺旋几何参数 $(2b/\lambda_0, p/\lambda_0)$,然后由方向性或增益要求确定螺旋的圈数 N 。

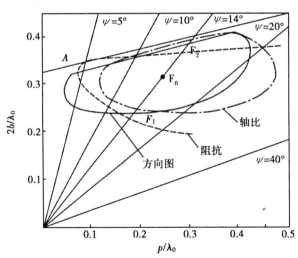

图9-6　螺旋天线设计曲线

在设计螺旋结构时需考虑以下问题:

(1) 同轴馈电问题。轴模螺旋输入阻抗 ≈140Ω,而常用同轴电缆的特性阻抗一般为 50Ω 或 75Ω,均不能直接与天线匹配,为获得良好的匹配,可调整天线的输入阻抗。一般螺旋天线的输入阻抗与螺旋馈电端的几何形状、馈电点位置、与接地板间的间隙等因素有关,因此适当调整上述因素就可使馈电端实际阻抗与馈线匹配。

(2) 螺旋绕制方向和旋向的关系。螺旋天线波的旋向都遵循 IEEE 定则(第 4 章已定义)。只是不同的螺旋工作模式,波辐射的能量方向与线上电流的方向不都一致,因此判断时需注意。比如端射螺旋,电流相速度方向与辐射能量方向是一致的,因此线缠绕的方向和螺旋辐射的主极化波的旋向相同,而背射模(或快波模)螺旋电流流动方向与能量传输方向正好相反,所以背射模螺旋线缠绕方向与辐射波主极化的旋向相反。

(3) 选择恰当的接地板尺寸,这对方向图影响还是明显的。一般端射模螺旋接地板直径不要小于 0.6λ。接地板尺寸过小易使轴模螺旋的前后比降低,后向能量增大。这一点与背射模不同,背射模接地板对辐射影响不大,一般不采用接地板。如果要使用接地板,其直径不大于螺旋直径($D < 2b$)。

9.3 快波模螺旋天线

9.3.1 从 $k - \beta$ 图看背射模辐射

我们再回到无限长螺旋线 $k - \beta$ 图上,如图 9-2 所示。第一个模耦合发生在第一个三角形的边界处,在 $\beta_{-1} = -k$ 处。当频率再升高时,模"1"将以快波形式形成有效辐射,其传播常数特征方程的解为复数,$\beta_0 = \beta_r + j\beta_i$。说明电磁波在沿轴传播同时又向外辐射能量,因此场振幅沿轴(Z)向衰减,其最大辐射方向于后向,即 -Z 方向。所以称此辐射模的螺旋天线为背射模螺旋天线。

当接地板尺寸由端射(比如 0.6λ)的直径逐渐变小时,辐射的前后比变小,甚至出现最大辐射方向"倒置",指向 180°方向,这就形成了背射辐射。形成这种变化的原因主要是螺旋线上电流相位的改变。端射模螺线上电流相速 $V_p < c$(光速),相邻两圈电流相位差 $k_{s1}s = 2\pi + kp$,如式(9-33)。表明沿电流传播方向,电流相位滞后值大于 2π。电流滞后的相位,恰好补偿了相邻单元的排列的空间波沿轴向传播时射程差所引起的相位差 kp,因而在电流传播方向(即 $\theta = 0°$)形成最大辐射。然而背射模辐射时,电流相速大于光速,是一快波辐射,因此电流沿传输方向上,相邻两圈电流相位滞后值略小于 2π,相当于后圈电流相位相对前圈

电流相位是超前了一个小量。因而在 180°方向上形成最大辐射,其辐射场的射线行程引起的相位应是后圈电流落后于前圈电流。若恰当补偿,就在 180°方向上形成最大辐射。所以归纳起来:轴向模螺旋天线为一个慢波(表面波)辐射系统($V_p < c$);而背射模螺旋天线为快速辐射系统($V_p > c$)。前者波的相速方向与能量传播方向相同;而后者电流相速方向与能量辐射方向正好相反。

背射模辐射特性与端射模辐射的比较见表 9 - 1。

表 9 - 1　端射与背射两种特性比较

背射辐射	端射辐射
可以无接地板,或 $D < 2b$	有接地板,$D > 3b \geqslant 0.6\lambda$,$d = 2b$
主瓣宽度随频率提高而变宽 增益随频率提高而减低	主瓣宽度随频率的增加而变窄 增益随频率提高而提高
螺距角可在较大范围内改变,$\psi \downarrow$,整个带内瓣宽 $\downarrow$,$\psi \uparrow$,瓣宽 $\uparrow$ 随着 $\psi \uparrow$,主瓣会偏离背射方向,向着侧射方向变化的趋势	螺距角一般选在 $12° < \psi < 16°$
带宽约为 1.3:1,$0.75 \leqslant \dfrac{2\pi b}{\lambda_0} \leqslant 1.0$	带宽 $0.71 \leqslant \dfrac{2\pi b}{\lambda_0} \leqslant 1.2$
输入阻抗有宽带特性 $Z_{in} \approx 100\Omega$ 左右,并随螺距角变化不明显	输入阻抗有宽带特性 $Z_{in} = (100 \sim 200)\Omega$
极化旋向:极化旋向与螺线绕制旋向相反 同旋向绕制螺线,背射与端射主极化旋向正好相反(按 IEEE 定则确定)	极化旋向与螺线绕制旋向相同

9.3.2　快波辐射及赋形波束设计

螺旋天线是一种应用十分广泛的圆极化宽带天线。螺旋天线的轴模和法向模作为一种古老的辐射模式,早在 20 世纪 50 年代 Kraus[1]等人就有十分详细的研究,现今已得到十分广泛的应用。60 年代 Mittra 和 Klock 对螺旋天线的波模特性进行了研究,首先指出在螺旋上复传播常数波的存在。这一特性引起了人们的广泛研究,直至 90 年代 A. F. Peterson 和 R. Mittra[3]再次进一步对螺旋天线的波模特性进行了研究和总结,指出螺旋上不仅有轴向无衰减的传输波,还支持表面波和漏波辐射。与复传播常数相关的漏波辐射特性大大地不同于经典的螺旋天线的法向模和轴向模辐射。当工作频率改变时,它辐射主瓣可从背射向侧射方向变化。螺旋的复传播常数 β 可写成 $\beta = \beta_r - j\beta_i$,将上式带入传播因子有 $e^{-j\beta z} = e^{-\beta_i z} e^{-j\beta_r z}$。当这种波被很强激励时,它最大辐射方向偏离背射,其最大指向角近似有下式

$$\theta_m \approx \cos^{-1}(\beta_r/k) \tag{9-39}$$

式中,$k = \dfrac{2\pi}{\lambda}$ 为自由空间波数,β_r 为螺旋模传播常数的实部,θ_m 是从天线轴线向侧射方向算起的圆锥角。β_i 代表波沿轴线呈指数衰减,表征导波能量转换成辐射的速率。如果适当控制复传播常数之实部,即可逼近预定的波束最大指向;同时控制其虚部可达到预定的波瓣形状及增益要求。低轨对地观测卫星数传天线正是利用螺旋天线这一特性来实现赋形波束设计的[5,6]。下面从工程实现的角度说明辐射机制和数学模型以揭示这种新型辐射天线的实质。

9.3.3　螺旋天线快波辐射的数学模型——传播常数的特性方程

前面我们以理想化模型讨论了螺旋线上电流的辐射,并对端射螺旋天线的辐射进行了数值建模与分析。本节我们将以螺旋天线的实际模型研究其快波辐射。假设该螺旋天线由线宽为 δ、升角为 ψ 的导带缠绕在半径 $\rho = a$ 的圆柱体上;在螺旋中心轴上贯穿有外径为 $2b$ 的半刚性电缆,将射频功率传送到天线顶端馈电点。在 $b \leqslant \rho \leqslant a$ 内填充有介质常数为 (ε_r, μ_0) 的高强度 Kevlar 复合介质支撑材料以增加结构的强度和刚度。由于介质的引入使螺旋边值问题的求解变得更加复杂。下面将就这种边界条件的螺旋辐射特性进行阐述。

在进行螺旋天线辐射性能分析时,天线模型坐标表示如图 9-7 所示。螺旋线方程可写为

$$\left. \begin{array}{l} x = a\cos\varphi \\ y = a\sin\varphi \\ z = \dfrac{p}{2\pi}\varphi \end{array} \right\} \tag{9-40}$$

式中,p 为螺旋线螺距。引入参数

$$\zeta = z - \frac{p}{2\pi}\varphi$$

在带线区有 $-\dfrac{\delta}{2} < \zeta < \dfrac{\delta}{2}$,在缝区有

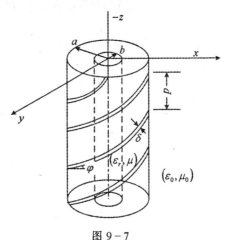

图 9-7

$-\dfrac{\delta}{2} < \zeta < p - \dfrac{\delta}{2}$。在 $b < p < a$ 的区域中，轴向场可以表示为

$$
\left.
\begin{aligned}
E_{zc} &= \sum_{n=-\infty}^{\infty} \left[A_n I_n(\tau_{cn}\rho) + B_n K_n(\tau_{cn}\rho) \right] e^{-jn\frac{2\pi}{p}\zeta} e^{-j\beta z} \\
H_{zc} &= \sum_{n=-\infty}^{\infty} \left[C_n I_n(\tau_{cn}\rho) + D_n K_n(\tau_{cn}\rho) \right] e^{-jn\frac{2\pi}{p}\zeta} e^{-j\beta z}
\end{aligned}
\right\}
\qquad (9-41)
$$

式中

$$
\tau_{cn}^2 = \beta_n^2 - k_0^2 \mu_r \varepsilon_r \qquad (9-42)
$$

μ_r, ε_r 为 Kevlar 介质材料的相对磁导率和相对介电常数，β_n 为

$$
\beta_n = \beta + n\frac{2\pi}{p} \qquad (9-43)
$$

在 $\rho > a$ 区域中，轴向场可写成

$$
E_{z0} = \left[\sum_{n=-\infty}^{\infty} E_n K_n(\tau_{0n}\rho) e^{-jn\frac{2\pi}{p}\zeta} \right] e^{-j\beta z}
$$

$$
H_{z0} = \left[\sum_{n=-\infty}^{\infty} F_n K_n(\tau_{0n}\rho) e^{-jn\frac{2\pi}{p}\zeta} \right] e^{-j\beta z} \qquad (9-44)
$$

式中，$\tau_{0n}^2 = \beta_n^2 - k_0^2$，$k_0 = \omega\sqrt{\varepsilon_0\mu_0}$ （$\varepsilon_0 = \dfrac{1}{36\pi} \times 10^{-9}\,\mathrm{F/m}$，$\mu_0 = 4\pi \times 10^{-7}\,\mathrm{H/m}$），指数项 $e^{-jn\frac{2\pi}{p}\zeta} e^{-j\beta z} = e^{jn\varphi} e^{-j\beta_n\zeta}$。$I_n, K_n$ 为第一类和第二类 n 阶修正 Bessel 函数。

空间任意场可通过轴向场表示并可写成是 TM 场和 TE 场的叠加[7]；利用 $\rho = a$ 和 b 的电磁边界条件，并设螺旋线上仅有沿线方向的电流 $J_{/\!/}$，而且假设沿宽度 δ 方向电流均匀分布。将螺旋线上电流展成 Fourier 级数有

$$
\begin{aligned}
J_{/\!/} &= \left\{ \sum_{n=-\infty}^{\infty} L_n e^{-jn\frac{2\pi}{p}\zeta} \right\} e^{-j\beta z} \\
&= \sum_{n=-\infty}^{\infty} L_n e^{-j\beta_n\zeta} e^{jn\varphi}
\end{aligned}
\qquad (9-45)
$$

式中展开系数

$$
L_n = \frac{J\delta}{p} \frac{\sin\left(\beta_n\dfrac{\delta}{2}\right)}{p\left(\beta_n\dfrac{\delta}{2}\right)} \qquad (9-46)
$$

其中 J 为常数。

经整理可得到螺旋线传播常数的特征方程为：

$$
\begin{vmatrix}
I_b & K_b & 0 & 0 & 0 & 0 \\
f_0 I_b & f_0 K_b & f_2 I'_b & f_2 K'_b & 0 & 0 \\
I & K & 0 & 0 & -K_a & 0 \\
f_1 I & f_1 K & f_2 I' & f_2 K' & -f_3 K_a & -f_4 K'_a \\
f_5 I' & f_5 K' & -f_1 I & -f_1 K & -f_6 K'_a & f_3 K_a \\
0 & 0 & I & K & 0 & -K_a
\end{vmatrix}
\begin{vmatrix}
A_n \\ B_n \\ C_n \\ D_n \\ E_n \\ F_n
\end{vmatrix}
=
\begin{vmatrix}
0 \\ 0 \\ 0 \\ 0 \\ -J_n \sin\psi \\ J_n \cos\psi
\end{vmatrix}
$$

$$(9-47)$$

式中

$$
f_0 = \frac{n\beta_n}{\tau_{cn}^2 b}, \quad f_1 = \frac{n\beta_n}{\tau_{cn}^2 a}, \quad f_2 = \frac{j\omega\mu}{\tau_{cn}}, \quad f_3 = \frac{n\beta_n}{\tau_{on}^2 a},
$$

$$
f_4 = \frac{j\omega\mu_0}{\tau_{on}}, \quad f_5 = \frac{j\omega\varepsilon}{\tau_{cn}}, \quad f_6 = \frac{j\omega\varepsilon_0}{\tau_{on}}
$$

$$
\mu = \mu_r \cdot \mu_0, \quad \varepsilon = \varepsilon_r \cdot \varepsilon_0, \quad I_b = I_n(\tau_{cn} b), \quad K_b = K_n(\tau_{cn} b),
$$

$$
I = I_n(\tau_{cn} a), \quad K = K_n(\tau_{cn} a) \quad K_a = K_n(\tau_{on} a)
$$

I_n, K_n 为修正贝塞尔函数,带撇者为函数的一阶微商。由式(9-47)可解出 $\rho > a$ 域中轴向电磁场展开系数 E_n、F_n,当 E_n、F_n 求出后,$\rho > a$ 区域内场就可完全确定。利用沿 $\rho = a$ 螺线表面切向电场 $E_\tau = 0$ 的边界条件,经整理可得

$$
\sum_{n=-\infty}^{\infty} \left[(1 - f_3 \cot\psi) K_a E_n - f_4 \cot\psi K'_a F_n \right] = 0 \qquad (9-48)
$$

式(9-48)就是带有导电芯和介质填充螺旋线的传播常数特征方程。要实现赋形波束设计,就要研究传播常数 β 为复值的情况。如式(9-20)所述那样,传播常数实部对应于波沿结构的相移,而虚部对应于波沿结构传输时的衰减,这种传输过程中场幅值的衰减就变成了辐射能量。利用这种波导快波(漏波)特性可获得赋形波束设计。

9.3.4　复传输模的辐射方向图

螺旋复传播常数求出后,在 $\rho > a$ 域内螺旋天线电磁场就可确定。利用等效电磁源概念

$$
\vec{J}_m = -\hat{n} \times \vec{E}
$$
$$
\vec{J}_e = \hat{n} \times \vec{H}
$$

$$(9-49)$$

引入磁矢位 $\vec{A}$ 和电矢位 $\vec{F}$,利用远场近似的条件可得到螺旋天线远区辐射场

$$\left.\begin{array}{l} E_\theta = -j\omega\mu A_\theta - jkF_\varphi \\ E_\varphi = -j\omega\mu A_\varphi + jkF_\varphi \end{array}\right\} \tag{9-50}$$

式中

$$\left.\begin{array}{l} \vec{A} = \dfrac{e^{-jkr}}{4\pi r}\displaystyle\int\vec{J}_e(r')e^{jkr'\cos\Phi}\mathrm{d}l \\[3mm] \vec{F} = \dfrac{e^{-jkr}}{4\pi r}\displaystyle\int\vec{J}_m(r')e^{jkr'\cos\Phi}\mathrm{d}l \end{array}\right\} \tag{9-51}$$

Φ 是矢径 $\vec{r}$ 与螺旋积分变元 $\mathrm{d}\vec{l}$ 间夹角，$\vec{r}$ 是坐标原点到观察点 p 的矢径，$\vec{r}'$ 是坐标原点到积分变元的矢径。螺线一臂的坐标可写成

$$(a\cos\varphi',a\sin\varphi',z') = \left(a\cos\dfrac{2\pi}{p}z',a\sin\dfrac{2\pi}{p}z',z'\right) = (x',y',z') \tag{9-52}$$

其电流单位向量

$$\hat{u}_{11}^{(1)} = -\cos\psi\sin\tau z'\hat{x} + \cos\psi\cos\tau z'\hat{y} + \sin\psi\hat{z} \tag{9-53}$$

式中 $\tau = 2\pi/p$，z' 是从 $\varphi'=0$ 算起的螺线 z 向坐标，远场点坐标 $p(r,\theta,\varphi) = p(x,y,z)$。将这些关系带入运算，化简，再利用远场近似可以得到螺旋天线远区辐射场

$$E_\theta^{(1)}(\theta,\varphi) \sim e^{-j\gamma(N-1)}\dfrac{\sin(N\gamma)}{\sin\gamma}\sum_{n=-M}^{M}\dfrac{\sin\xi_n}{\xi_n}j^n e^{jn\varphi}\Big\{-\eta\sin\theta H_{\varphi n}2\mathrm{J}_n(k_0 a\sin\theta) +$$
$$\eta\cos\theta H_{zn}[\mathrm{J}_{n-1}(k_0 a\sin\theta) + \mathrm{J}_{n+1}(k_0 a\sin\theta)] +$$
$$j[\mathrm{J}_{n-1}(k_0 a\sin\theta) - \mathrm{J}_{n+1}(k_0 a\sin\theta)E_{zn}]\Big\} \tag{9-54}$$

$$E_\varphi^{(1)}(\theta,\varphi) \sim e^{-j\gamma(N-1)}\dfrac{\sin N\gamma}{\sin\gamma}\sum_{n=-M}^{M}\dfrac{\sin\xi_n}{\xi_n}j^n e^{jn\varphi}\Big\{-\sin\theta 2\mathrm{J}_n(k_0 a\sin\theta)E_{\varphi n} +$$
$$\cos\theta[\mathrm{J}_{n-1}(k_0 a\sin\theta) + \mathrm{J}_{n+1}(k_0 a\sin\theta)]E_{zn} +$$
$$j\eta[\mathrm{J}_{n-1}(k_0 a\sin\theta) - \mathrm{J}_{n+1}(k_0 a\sin\theta)]H_{zn}\Big\} \tag{9-55}$$

式中，N 为螺旋匝数。$\dfrac{\sin(N\gamma)}{\sin\gamma}$ 代表其阵因子，$\gamma = \dfrac{p}{2}(\beta - k_0\cos\theta)$，$p$ 是螺距，β 是由传播常数行列式方程式(9-48)求出的复数解，一般 $\beta = \beta_r - j\beta_i$，$k_0 = \dfrac{2\pi}{\lambda}$ 为自由空间波数，θ 为远场点的极角。J_n 是第一类贝赛尔函数。

$$\xi_n = \dfrac{p}{2}(\beta_n - k_0\cos\theta), \quad \beta_n = \beta + n\dfrac{2\pi}{p} \tag{9-56}$$

轴向场 H_{zn}，E_{zn} 求出后，其他空间场分量可导出。当 $\rho = a$ 时，经推算可得以下各式

$$H_{\varphi n} = f_6 E_n K'_a - f_3 F_n K_a$$
$$H_{zn} = F_n K_a$$
$$E_{zn} = E_n K_a \qquad\qquad (9-57)$$
$$H_{\varphi n} = -[f_3 E_n K_a + f_4 F_n K'_a]$$

如果是双线螺旋,另一臂坐标可写成

$$(-a\cos\tau z', -a\sin\tau z', z') = (-x', -y', z) \qquad (9-58)$$

该臂电流矢量单位向量

$$\hat{u}_{11}^{(2)} = \cos\psi\sin\tau z'\hat{x} - \cos\psi\cos\tau z'\hat{y} + \sin\psi\hat{z} \qquad (9-59)$$

利用类似的关系和运算过程也可得到第二臂产生的辐射场分量 $E_\theta^{(2)}$ 和 $E_\varphi^{(2)}$。将两臂螺旋天线辐射场叠加,辐射总场可写成

$$\left.\begin{aligned}
E_\theta^{total}(\theta,\varphi) &= E_\theta^{(1)}(\theta,\varphi) + E_\theta^{(2)}(\theta,\varphi) \\
E_\varphi^{total}(\theta,\varphi) &= E_\varphi^{(1)}(\theta,\varphi) + E_\varphi^{(2)}(\theta,\varphi)
\end{aligned}\right\} \qquad (9-60)$$

9.3.5　数值计算和天线的主要特性

波束设计的关键是要从传播常数特征方程中解出适当的复传播常数。然而式(9-48)是一个复变量的复函数方程求解,该特征方程可写成如 $f(\beta,k)=0$ 的形式,对给定频率(k_0),β 的解应满足 $f(\beta,k_0)=0$。计算可采用修正的牛顿-拉芙申方法(Newton-Raphson procedure wodfied)求解方程的根[5]。计算中保证其收敛性及解确为方程之真根是十分重要的。该背射螺旋天线赋形波束设计的计算过程是一个综合与分析交替进行的过程。由于介质支撑用了高强 Kevlar 复合材料,它的微波电性参数(μ,ε_r)和损耗角 tgδ 难于控制和精确测出,因此设计过程还伴有电模样机试验。天线最终的设计参数还需通过试验验证。有关分析与设计实例将在第 16 章中论述。

参 考 文 献

1　R. Kraus. Antennas,Chapter 7 McGraw-Hill Book CompanyInc.,New York,1950

2　Klock,A Study of Wave Propagation on Helies',Illinois Antenna Lab. Technical Report No. 68,Mar.,1963

3　R. Mittra. Propagation and Radiation Characteristics of Tape Helix with a Conducting Core and Dielectric. IEEE Trans. Vol. AP-38,No. 4,April,1990,pp. 578-584

4　王元坤,李玉权. 天线的宽频带技术. 西安电子科技大学出版社,1995

5　A. M. Ostrowskir, Solution of Equetions and System Equation. New York, 1960

6　叶云裳等. IR-MSS Data Transmission Antennas. 第六国际天线电磁理论学术年会, pp. 1～9

7　叶云裳. 一种用于遥感卫星的 IR-MSS 数传系统的新型天线. 宇航学报, 2001(6)

8　刘适式. 特殊函数. 气象出版社, 1988

9　R. F. Harrington. Time-Harmonic Electromagnatic Field. McGraw-Hill Book Co. , 1961

第 10 章　微带天线

10.1　微带天线概述

10.1.1　微带天线的优缺点

微带辐射器的思想早在 20 世纪 50 年代初就有人提出，在此之后的 15 年内发表了一些概念研究文章，但工程实现进展不快，这主要是当时缺乏低损耗、低成本的微波介质材料。后来在导弹与航天器应用中需要薄的共形天线，70 年代开始迅速发展。特别是当今天线工作频率往高端拓展、微波集成技术，如 MIC、HMIC 和 MMIC 的应用，加上微波有源相控阵天线技术的推广等原因更加促进微带天线技术的应用发展。微带天线已广泛应用于导弹、火箭的遥测和通信；也有用微带阵作雷达高度计天线；微带平面相控阵天线已应用到卫星微波成像系统，如 Seasat、Radarsat、SIR-A 的 SAR 天线。贴片天线还应用到卫星与船舰间通信等；武器系统也广泛应用微带天线；全球定位系统中的 GPS 接收天线也多用微带天线及其阵列。目前微带天线的研究和应用已成为航天器天线研究的一个热点。

微带天线较之其他天线有以下优点：低剖面，十分容易与航天器表面共形；重量轻，成本低，光刻是主要生产工艺，容易实现大批量生产，不需要复杂的机加工；微带天线的馈电线和匹配网络都可和天线同时加工形成；通过 MIC、MMIC 使电路板与天线辐射单元和馈电网络集成为一体，实现高集成化；用简单馈电就可实现线极化、圆极化；双频、双极化的实现也比较容易；不需要背腔，结构简单。

然而，微带天线也有一些缺点，比如：工作频带较窄；功率耐受和效率受到一定限制；微带阵列馈电结构的欧姆损耗较大，对高性能的阵列馈电较复杂；随着频率升高，馈线和接头的附加辐射也增大；在与射频前端集成时，宜用高介电常数的介质板，这会带来低效率和窄带性，还易激励表面波。这些缺点和问题在不断深入的应用中得到改善。

本章从辐射机制入手，首先以传输线理论和腔模理论入手分析矩形微带贴片和圆形微带贴片的辐射特性；之后介绍微带天线的馈电和展宽微带天线带宽的机制。本章还介绍电磁耦合的多层微带贴片结构(SSFIP),利用全波分析方法对该微带天线辐射数值建模的机制进行了阐述。最后简述了微带阵列的馈电和基本形式。本章的重要性在于微带天线不仅可作为航天天线单独使用,而且也可作为优选的阵列单元用于各种航天阵列天线中。

10.1.2　微带传输线

10.1.2.1　特性阻抗和有效介电常数

微带线由一个金属接地板、介电常数为 ε_r 的介质薄片和在介质顶面宽度为 W 的金属带线组成,如图10.1所示。介质薄片厚度 $h \ll \lambda$,微带线传播的主模为准 TEM 波,横向场可由静场描述。微带线一半是介质,一半是空气,属不均匀填充。这意味着其相速不同于自由空间也不同于介质中相速。研究发现可以方便地引入等效介电常数 ε_e,在考虑这个不均匀性时,可寻找一个等效的相速度和特性阻抗代之,就犹如一个充满均匀全介质情况一样。只是该介质的等效介电常数不是 ε_r,而是 ε_e。

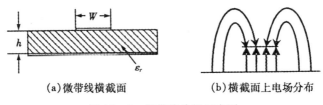

(a)微带线横截面　　　　　　(b)横截面上电场分布

图 10-1　微带线分析示意图

介电常数为 ε_r 的介质基片的等效介电常数

$$\varepsilon_e = \frac{1 + \varepsilon_r}{2} + \frac{\varepsilon_r - 1}{2}\left(1 + \frac{10h}{W}\right)^{-0.5} \qquad (10-1)$$

式中,h 和 W 分别为介质板厚度和带线的宽度。这样引入等效介电常数之后,微带线分析完全可参照全填充介质的带线处理。对应的传播常数

$$\beta = k_0 \sqrt{\varepsilon_e} = 2\pi/\lambda_g \qquad (10-2)$$

λ_g 是波导波长

$$\lambda_g = \lambda_0/\sqrt{\varepsilon_e} \qquad (10-3)$$

其特性阻抗为

$$z_m = \frac{z_0}{\sqrt{\varepsilon_e}} \qquad (10-4)$$

z_0 为空气微带线特性阻抗,它有

$$z_0 \approx \begin{cases} 60\ln\left(\dfrac{8h}{W} + \dfrac{W}{4h}\right) & \dfrac{W}{h} \leqslant 1 \\[4mm] \dfrac{120\pi}{\dfrac{W}{h} + 2.42 - 0.44\dfrac{h}{W} + \left(1 - \dfrac{h}{W}\right)^6} & \dfrac{W}{h} \geqslant 1 \end{cases} \qquad (10-5)$$

10.1.2.2　微带线的衰减和品质因数

微带线中的传输衰减主要有基片的介质损耗、导体欧姆损耗和辐射损耗。这些损耗中以前两项为主,只要微带线尺寸适当、基片介电常数不太大,辐射损耗一般可忽略不计,因此经微带线长 l 的损耗定义为:

$$P_{out} = P_{in} \cdot e^{-2\alpha l} \qquad (10-6)$$

α 为衰减常数,上式可写为:

$$\alpha = \frac{1}{2l}\ln\frac{P_{out}}{P_{in}}$$

由此式可见,衰减常数 α 为单位长度上输入功率与输出功率比值的自然对数的一半,被称为奈比,简写为 NB。奈比与分贝的关系为:

$$\alpha(\text{NB/cm}) = 8.68\alpha(\text{dB/cm})$$

微带线的衰减常数:

$$\alpha \approx \alpha_d + \alpha_c \qquad (10-7)$$

式中 α_d 为介质衰减常数,α_c 为导体欧姆衰减常数。当有损耗介质全填充整个空间时,传播常数的衰减常数近似有

$$\alpha_d \approx 27.3\tan\delta \quad (\text{dB}/\lambda_g) \qquad (10-8)$$

此式表示每一波导波长上介质的衰减系数,$\tan\delta$ 是介质的损耗角正切。部分填充介质的微带线考虑其填充系数之后,衰减常数

$$\alpha_d \approx 27.3\,\frac{\varepsilon_e - 1}{\varepsilon_r - 1}\,\frac{\varepsilon_r}{\varepsilon_e}\tan\delta(\text{dB}/\lambda_g)$$

导体损耗引起的衰减常数 α_c 与所选用导体材料的电导率及带线宽度和介质层高度有关。对于条带与接地板为同一材料,具有相同的表面趋肤电阻 R_s,则微带线 α_c 的理论值为:

$$\alpha_c \approx \frac{R_0}{2Z_m} \qquad (10-9)$$

式中,R_0 为微带线单位长度电阻,Z_m 为带线的特性阻抗。当认为微带线上电流均匀分布时,

$$R_0 = \frac{R_s}{2(W+t)} = \frac{1}{2(W+t)}\sqrt{\frac{2\rho}{\omega\mu_0}}$$

实际上导带上电流非均匀,利用增量电感法得出的衰减常数

$$\alpha_c = \frac{8.68\left(W'/h + \dfrac{W'/\pi h}{W'/2h + 0.94}\right)}{\dfrac{W'}{h} + \dfrac{2}{\pi}\ln\left[2\pi e\left(\dfrac{W'}{2h} + 0.94\right)\right]} \times \left[1 + \dfrac{h}{W'} + \dfrac{h}{\pi W'}\left(\ln\dfrac{2h}{t} - \dfrac{t}{h}\right)\right]\dfrac{R_s}{Z_m h} \quad \text{(dB)}$$

$$(10-10)$$

式中,R_s 为趋肤电阻,$R_s \approx \sqrt{\dfrac{2\rho}{\omega\mu_0}}\delta$,$\delta$ 为趋肤深度,$R_s \approx \dfrac{\rho}{\delta}$,$\rho$ 为导体电阻率,ω 为角频率,铜的 $R_s \approx 2.6 \times 10^{-7}\sqrt{f}$ Ω/cm^2;W,t 为导带的宽度和厚度;式 $(10-10)$ 在 $W/h \geqslant 2$ 时更准确。式中

$$W' = W + \Delta W = W + \frac{t}{\pi}\left(\ln\frac{2h}{t} + 1\right)$$

如果再计入带线的不平度时

$$\alpha_{cr} \approx \alpha_c\left[1 + \frac{2}{\pi}\arctan\left(1.4\left(\frac{\Delta}{\delta}\right)^2\right)\right] \quad (10-11)$$

式中 Δ 为表面不平度的均方根值。

微带线无载品质因素主要由导体欧姆损耗与基片介质损耗所决定。

$$\frac{1}{Q_0} = \frac{1}{Q_c} + \frac{1}{Q_d} \quad (10-12)$$

其中与导体欧姆损耗对应的 Q 值为

$$Q_c = 8.68\frac{\beta}{2\alpha_c} = \frac{27.3}{\alpha_c\lambda_g}$$

与基片介质损耗对应的 Q 值为

$$Q_d = \frac{\varepsilon_e}{\varepsilon_r} \cdot \frac{\varepsilon_r - 1}{\varepsilon_e - 1} \cdot \frac{1}{\tan\delta}$$

上面给出的一些公式,已将计算结果画成表格和数据,设计时可查相应的表格和数据,一般无需进行具体的计算。

10.1.2.3　微带线的色散特性

微带线上仅存在 TEM 波,其特性参数与频率无关,即无色散。当频率升高时微带线上除存在 TEM 波外,还有可能存在波导型波和表面波,存在波导型波的微带传输线其特性参数随频率而改变一般说具有色散性。微带线的最低阶波导模为 TE_{10},TM_{01}。TE_{10} 波的电场只有横向场分量,磁场有纵向场,沿横截面高度

方向电磁场保持不变,而沿横截方向只要宽度满足 1/2 波导波长,可形成驻波,两边为电压的腹点(开路),中心为电场的节点,因此 TE_{10} 截止波长有

$$\lambda_{cTE10} = 2\sqrt{\varepsilon_r}W \qquad (10-13)$$

当计入边缘效应时,

$$\lambda_{cTE10} = 2\sqrt{\varepsilon_r}W + 0.8h$$

同样,如果频率进一步提高,在高度 h 方向正好有半个驻波时会出现 TM_{01},它的截止波长

$$\lambda_{cTM01} = 2\sqrt{\varepsilon_r}h$$

只有当工作波长大于上述值时,微带线中无波导模式传输,可按准 TEM 波分析。一旦出现高次模时该传输线也就存在色散现象了。

10.2 矩形微带天线

10.2.1 微带贴片天线的辐射机制

实际上绝大多数的微带线的场多集中在介质中。微带线可看成是一个开启的慢波结构。当带线无限长时辐射损失可认为是零。微带天线设计的目的就是要设计这些线使其辐射方向图、极化、效率和阻抗等特性满足要求。微带结构的严格解是十分困难的,对一般应用的微带天线都可用简化的近似理论。这里介绍利用等效磁流分析微带天线的近似方法。因为介质板厚度 h 远远小于波长,可把微带天线结构当成一接地板上有两个宽度近似等于 h 的开槽,如图 10-2 所示。因为左边与右边槽电场方向相反[如图中(b)所示],如果右边磁流 $M_y = V$ 的话,则左边磁流 $M_y = -V$。对于上半空间,利用镜像原理,用 2 倍源替代接地板[如图中(d)所示]。这个关系非常简单地将微带天线当成一细线天线。在线上的磁流比例于带线端面与接地板间的电压。因为这个电压主要由传输线方程确定。只要传输线问题解决,其辐射场通过这些电流的积分就可确定。

考虑一个矩形微带天线,如图 10-3。从传输线来看,矩形微带天线就是一个长度 $L = \lambda_g/2$ 的微带线。在 $x = L$ 处为一开路,在此有一个最大电压和最小电流。因为 $L = \lambda_g/2$,在 $x = 0$ 处也是电压最大,只是其相位与 $x = L$ 处差 $180°$,反相,如图(b)、(c)所示。沿二端面上电压假设为常数(实际靠近两边并不是严格的常数,馈电线、馈电点影响也存在)。在此,利用 $\vec{M} = -\hat{n} \times \vec{E}$ 的关系把电压变成磁流如图 10-4 所示。

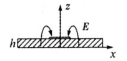

(a) 接地板上微带线

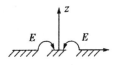

(b) 接地板上等效开槽

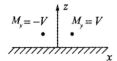

(c) 接地板上等效磁流

(d) 自由空间等效磁流（镜像，$Z \geqslant 0$ 的半空间）

图 10-2　微带天线等效电路

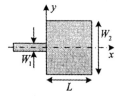

(a) 谐振式矩形微带天线

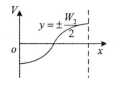

(b) 沿两边电压分布

(c) 二端面电压分布

图 10-3　微带天线示图

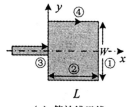

(a) 等效线天线

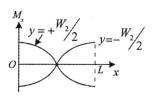

(b) 沿两边的磁流分布

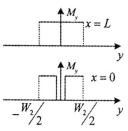

(c) 沿两端面的磁流

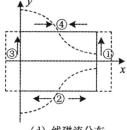

(d) 线磁流分布

图 10-4　微带天线等效源示图

图 10-4(d)中箭头表示某一时刻电流方向,可以看出(1)和(3)磁流同相,为主要辐射,它们沿线均匀分布;(2)和(4)段电流反向,其辐射场彼此相消,在二对称面上完全抵消(即 $\theta = \pi/2$ 和 $\varphi = \pi/2$),其他方向不完全抵消,但对总的辐射场贡献不大。这样微带天线可理解为谐振开槽天线。整个环边的作用就是辐射源。带线或贴片与接地板之间的体积就是一个谐振器。

10.2.2　矩形微带天线辐射方向图

根据前面分析,利用图 10-5 所示坐标,在 xy 面长 L、宽 W 的矩形微带贴片的等效磁流可写成:

$$M_x = \pm 2V\cos\left(\pi\frac{x}{L}\right) \quad y = \pm W/2 \tag{10-14}$$

$$M_y = 2V \qquad x = 0, x = L$$

利用下列关系:

$$\vec{F} = \frac{\varepsilon_e}{4\pi}\oint \vec{M}\frac{e^{jk|\vec{r}-\vec{r}'|}}{|\vec{r}-\vec{r}'|}\mathrm{d}s \tag{10-15a}$$

$$\vec{E} = -\frac{1}{\varepsilon_e}\nabla\times\vec{F}$$

$$\vec{H} = -\frac{j}{\omega\varepsilon_e\mu}(\nabla\times\nabla\times\vec{F}) \tag{10-15b}$$

矩形贴片磁流源的辐射场推导如下:

$$\vec{F} = \frac{\varepsilon_0}{4\pi r}e^{-jk_0 r}\int_{-h/2}^{h/2}\int_{-W/2}^{W/2}\vec{M}(x',y')e^{jk_0(x'\sin\theta\cos\varphi + y'\sin\theta\sin\varphi)}\mathrm{d}x'\mathrm{d}y' \tag{10-16}$$

式中,

$$\vec{M} = M_x(x',y')\hat{x} + M_y(x',y')\hat{y}$$

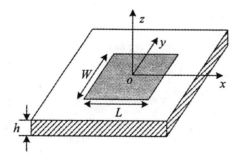

图 10-5　矩形微带天线

式(10-16)可改写为

$$\vec{F} = \frac{\varepsilon_0}{4\pi r} e^{-jk_0 r} \int_{-h/2}^{h/2} \int_{-W/2}^{W/2} (M_x(x',y')\hat{x} + M_y(x',y')\hat{y}) e^{j(k_x x' + k_y y')} \mathrm{d}x' \mathrm{d}y'$$

$$= F_x \hat{x} + F_y \hat{y} \qquad (10-17)$$

式中,$k_x = k_0 \sin\theta\cos\varphi, k_y = k_0 \sin\theta\sin\varphi$。利用坐标变换

$$\begin{bmatrix} F_r \\ F_\theta \\ F_\varphi \end{bmatrix} = \begin{bmatrix} \sin\theta\cos\varphi & \sin\theta\sin\varphi & \cos\theta \\ \cos\theta\cos\varphi & \cos\theta\sin\varphi & -\sin\theta \\ -\sin\varphi & \cos\varphi & 0 \end{bmatrix} \begin{bmatrix} F_x \\ F_y \\ F_z \end{bmatrix} \qquad (10-18)$$

磁流辐射的远场有

$$H_\theta = -j\omega F_\theta; \qquad H_\varphi = -j\omega F_\varphi$$

自由空间

$$\vec{E} = -\eta(\hat{r} \times \vec{H}) = -\eta(\hat{\varphi}H_\theta - \hat{\theta}H_\varphi) = j\omega\eta(\hat{\varphi}F_\theta - \hat{\theta}F_\varphi)$$

因此,辐射场可写成:

$$\left. \begin{array}{l} E_\theta = j\omega\eta(F_x\sin\varphi - F_y\cos\varphi) \\ E_\varphi = j\omega\eta(F_x\cos\theta\cos\varphi + F_y\cos\theta\sin\varphi) \end{array} \right\} \qquad (10-19)$$

η 为自由空间波阻抗。考虑接地板,利用镜像原理,微带贴片端缝的场和磁流可写为:口径尺寸为 $h \times W$,

$$E_x = -2V_0/h$$

$$E_y = 0$$

$$M_x = 0$$

$$M_y = \begin{cases} 2V_0/h & -W/2 \leqslant y \leqslant W/2, -\dfrac{h}{2} \leqslant x \leqslant \dfrac{h}{2} \\ 0 & \text{其他} \end{cases}$$

不考虑两边缝的辐射,将上式代入(10-17)式得

$$F_y = -\frac{\varepsilon_0}{2\pi} V_0 W \frac{e^{-jkr}}{r} \mathrm{sinc}(k_0 h \sin\theta\cos\varphi/2) \mathrm{sinc}(k_0 W \sin\theta\sin\varphi/2) \qquad (10-20)$$

利用式(10-19),单缝辐射场:

$$E_\theta = -jk_0 V_0 W \frac{e^{-jkr}}{2\pi r} \mathrm{sinc}(k_0 h \sin\theta\cos\varphi/2) \mathrm{sinc}(k_0 W \sin\theta\sin\varphi/2)\cos\varphi$$

$$E_\varphi = jk_0 V_0 W \frac{e^{-jkr}}{2\pi r} \mathrm{sinc}(k_0 h \sin\theta\cos\varphi/2) \mathrm{sinc}(k_0 W \sin\theta\sin\varphi/2)\cos\theta\sin\varphi$$

$$(10-21)$$

因为 $h \ll \lambda$,因此 $\mathrm{sinc}(k_0 h \sin\theta\cos\varphi/2) \approx 1$。二端缝辐射场可当成两个长度为

W、宽度为 h、相距 L 的缝槽辐射场叠加,则总辐射场就是在原来单缝辐射场上加阵因子,可写成:

$$
\left.\begin{array}{l}
E_\theta = - jk_0 V_0 W \dfrac{e^{-jk_0 r}}{\pi r} \dfrac{\sin\nu}{\nu} \cos\varphi \cos\left(\dfrac{\pi L}{\lambda} \sin\theta \cos\varphi\right) \\[4mm]
E_\varphi = jk_0 V_0 W \dfrac{e^{-jk_0 r}}{\pi r} \dfrac{\sin\nu}{\nu} \cos\theta \sin\varphi \cos\left(\dfrac{\pi L}{\lambda} \sin\theta \cos\varphi\right)
\end{array}\right\} \qquad (10-22)
$$

式中, $\nu = \dfrac{\pi W}{\lambda} \sin\theta \sin\varphi$。

微带贴片的 E 面和 H 面方向图可写为: E 面($\varphi = 0°$):

$$
E_\theta(\theta) = - jk_0 V_0 W \frac{e^{-jk_0 r}}{\pi r} \cos\left(\frac{\pi L}{\lambda} \sin\theta\right)
$$

$$
E_\varphi(\theta) = 0 \qquad (10-22a)
$$

H 面($\varphi = 90°$):

$$
E_\varphi(\theta) = jk_0 V_0 W \frac{e^{-jk_0 r}}{\pi r} \frac{\sin\left(\dfrac{\pi W}{\lambda} \sin\theta\right)}{\dfrac{\pi W}{\lambda} \sin\theta} \cos\theta
$$

$$
E_\theta(\theta) = 0 \qquad (10-22b)
$$

对 $\varphi = 0°$,此平面包含波传播方向及法向(z 轴)的平面,即 E 面(xz 面),方向图基本上由二端缝辐射形成,此面 $E_\varphi = 0$。在 $\varphi = 90°$,与波传播方向垂直的平面,即 H 面(yz 面),方向图主辐射仍为二端缝,该面 $E_\theta = 0$,仅有 E_φ 分量。矩形微带天线 TM_{10} 模辐射方向图是一波瓣近半球辐射的线极化方向图,最大辐射与微带天线平面垂直方向。按定义,半功率瓣宽是指辐射场电平降至峰值电平的 $1/\sqrt{2}$ 所包角域。对式(10-22a)和式(10-22b)近似并化简得:

H 面半功率瓣宽　　$\theta_{BH} \approx 2\sin^{-1}\sqrt{\dfrac{1}{2+k_0 W}}$, 　$k_0 = 2\pi/\lambda_0$ 　　(10-23a)

E 面半功率瓣宽　　$\theta_{BE} \approx 2\sin^{-1}\sqrt{\dfrac{7.03\lambda_0^2}{(3L^2+h^2)4\pi^2}}$ 　　(10-23b)

微带贴片单元的瓣宽随着单元尺寸(W、L)减小而变宽。对给定谐振频率、单元尺寸的减少可通过选择相对电介常数更高的介质板来实现。单元尺寸的减少使瓣宽增宽、方向性系数降低。

远场方向图确定之后,由下式确定方向性函数

$$
D(\theta,\varphi) = \frac{4\pi\left(\left|E_\theta(\theta,\varphi)\right|^2 + \left|E_\varphi(\theta,\varphi)\right|^2\right)}{P}
$$

$$P = \int_{\varphi=0}^{2\pi} \int_{\theta=0}^{\pi/2} (\,|E_\theta|^2 + |E_\varphi|^2\,) \sin\theta \mathrm{d}\theta \mathrm{d}\varphi \qquad (10-24)$$

辐射功率是在辐射半空间波印亭矢量的积分,化简得到近似表示

$$P = \frac{(E_0 h)^2 A\pi^4}{23040} \left[(1-B)\left(1 - \frac{A}{15} + \frac{A^2}{420}\right) + \frac{B^2}{5}\left(2 - \frac{A}{7} + \frac{A^2}{189}\right) \right]$$

式中 $A = (\pi W/\lambda_0)^2$,归一化的谐振长度 $B = (2L/\lambda_0)^2$。上式没有包含介质板参数的影响。忽略开缝间的互耦时,矩形微带贴片方向性系数($\theta = 0°$)可近似表示为

$$D = 4(k_0 W)^2 / \pi \eta_0 G_r \qquad (10-25)$$

式中 G_r 为贴片的辐射电导,$\eta_0 = 120\pi$,为自由空间波阻抗。其增益

$$G = \eta_r D$$

η_r 为贴片的辐射效率,$0 \leqslant \eta_r \leqslant 1$。它与天线的损耗有关。

边馈贴片谐振辐射电导可由辐射功率得到,有

$$P = \frac{1}{2} G_r (E_0 h)^2 = \frac{1}{2} G_r V_0^2$$

$$R_r = 1/G_r$$

对于 $h \leqslant 0.03\lambda_0$,$\varepsilon_r \leqslant 10$ 的情况,辐射电阻

$$R_r = \frac{V_0^2}{2P_r} = \varepsilon_{re} \frac{Z_0^2}{120 I_2} \qquad (10-26)$$

Z_0 是把贴片当成一段微带线的特性阻抗,当 $\varepsilon_r \leqslant 5$ 时,

$$I_2 = (k_0 h)^2 [0.53 - 0.03795(k_0 W/2)^2 - 0.03553/\varepsilon_{re}]$$

ε_{re} 由式(10-33a)定义,数值计算表明,辐射电阻($R_r = 1/G_r$)随介质厚度 h 和贴片宽度 W 的增加而减少,这是辐射功率增加所致。

10.2.3 矩形微带贴片的阻抗

输入阻抗:微带天线可由同轴线、微带线或共面波导馈电,必须保持与标准信号源阻抗或负载匹配。微带天线输入阻抗是一个重要的性能参数。对同轴馈电的微带天线,输入功率可写为

$$P_{in}^c = -\iiint \vec{E} \cdot \vec{J}^* \mathrm{d}v$$

$\vec{J}$ 是同轴馈电探针上的电流密度($\mathrm{A/m^2}$),同轴探针沿 z 方向,而且为电小尺寸,上式可简化为

$$P_{in}^c = -E(x_0, y_0) \int_0^h I^*(z') \mathrm{d}z'$$

(x_0, y_0) 为馈电点位置坐标，利用 $P_{in} = |I_{in}|^2 Z_{in}$ 的关系可得到

$$Z_{in} = -\frac{E(x_0, y_0)}{|I_{in}|^2} \int_0^h I^*(z') dz' \qquad (10-27)$$

当 $h \ll \lambda$ 时，E 和 $I(z')$ 都可当成常数，所以 $Z_{in} = V_{in}/I_{in}$，而

$$V_{in} = -E(x_0, y_0) \int_0^h dz' = -hE(x_0, y_0)$$

上面参数分析的关系对任何微带天线都适用。

微带线馈送的微带天线，采用传输线模型的等效电路如图 $10-6$ 所示。

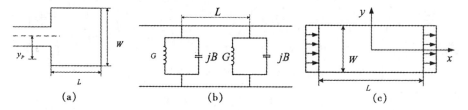

图 $10-6$　微带线端馈的贴片天线模型

矩形微带贴片长 $L \approx 0.5\lambda_g$，其宽度多在 $(0.5 \sim 2.0)\lambda_g$ 之间。微带天线的输入导纳如图 $10-6$ 所示，是输入端缝导纳（$G+jB$）与输出端导纳（$G+jB$）经长度为 L、特性阻抗 Z_0 的传输线映射到入端的导纳并联，有

$$Y_{in} = G + jB + Y_0 \frac{G + j(B + Y_0 \tan\beta L)}{Y_0 + j[(G+jB)\tan\beta L]} \qquad (10-28)$$

$Y_0 = 1/Z_0$，$B = \omega C$，L 为贴片长度，β 为微带线相位常数。

当 $L = 0.5\lambda_g$ 时，上式最后一项在输入端使输入导纳变成一纯实数，这时贴片谐振。当 $L = 0.5\lambda_g$ 时，输入端电场与输出端电场是反向的。就是说当输入端电场从接地板指向上的话，输出端电场由上向下接地板，如图 $10-6$(c) 所示。由这些场产生了远场方向图，其最大辐射于侧射方向，即垂直于微带贴片。

如果采用同轴探针馈电，其等效电路如图 $10-7$ 所示。贴片内场用一段传输线模拟，其特性阻抗为 Z_0、传播常数为 β，该线的这些参数由贴片尺寸和介质板参数决定。图中给出其等效电路，馈电点的输入导纳是由端缝辐射导纳传输到馈电点再与馈电点导纳并联相加，因此有

$$Y_{in} = Y_0 \left[\frac{Y_0 + jY_A \tan(\beta L_1)}{Y_A + jY_0 \tan(\beta L_1)} + \frac{Y_0 + jY_A \tan(\beta L_2)}{Y_A + jY_0 \tan(\beta L_2)} \right] + Y_P \qquad (10-29)$$

Y_0 是馈电在 $x = L_1$ 的贴片的特性导纳，Y_P 是馈电点导纳，

$$Z_{in} = 1/Y_{in}$$

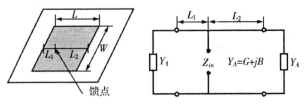

图 10-7　同轴探针馈电的等效电路

Z_0 是微带线特性阻抗，将介质板相对介电常数 ε_r 代入有，

$$Z_0 = \frac{42.4}{\sqrt{\varepsilon_r + 1}} \ln \left\{ 1 + \frac{4h}{W} \left[\frac{14 + (8/\varepsilon_r)}{11} \frac{4h}{W} + \sqrt{\left(\frac{14 + 8/\varepsilon_r}{11} \right)^2 \left(\frac{4h}{W} \right)^2 + \frac{\pi^2}{2} \left(1 + \frac{1}{\varepsilon_r} \right)} \right] \right\}$$

$$(10-30)$$

$$Y_0 = 1/Z_0$$

β 是微带线传输常数

$$\beta = \frac{2\pi}{\lambda_0} \sqrt{\varepsilon_e} \qquad (10-31)$$

如果贴片在距辐射边 x_f 距离上馈电，输入电阻可写为

$$R_{in} = R_r \cos^2(\pi x_f / L) \qquad (10-32)$$

式中，R_r 是当贴片辐射边馈电谐振时的辐射电阻。因子 $\cos(\pi x_f / L)$ 代表了主模电场沿长度方向的变化。可以看出在贴片中心其输入阻抗为零，调整馈电点位置可调整与馈线的匹配状况。

可以看到传输线模式分析是一维的，馈电点沿波传播垂直方向变化时其阻抗不变，这与试验结果不符；而且微带线中并不只存在最低阶传输线模，特别在失谐时高次模的影响可见。所以传输线法一般较适用于在辐射边附近馈电，并且馈电点位于该边的对称轴上（$x_0 = x_f, y_0 = W/2$）的情况。但式（10-32）可选择作为详细设计的初值。

实际上，馈点 x_f 的位置近似确定毋需知道辐射电阻，可采取下式：

$$x_f = \frac{L}{2\sqrt{\varepsilon_{re}(L)}} \qquad (10-33)$$

$$\varepsilon_{re}(L) = \frac{\varepsilon_r + 1}{2} + \frac{\varepsilon_r - 1}{2} F(L/h) \qquad (10-33a)$$

$$F(L/h) = \begin{cases} (1 + 12\,\dfrac{h}{L})^{-0.5} + 0.04(1 - \dfrac{L}{h})^2 & L/h \leqslant 1 \\[3mm] (1 + 12\,\dfrac{h}{L})^{-0.5} & L/h \geqslant 1 \end{cases}$$

这种选择馈电点初值在设计上是可行的。再利用基于有限积分法的 CST micro-wave studio 软件对贴片进行数值仿真和优化设计。

贴片长度决定了谐振频率,对 TM_{10} 模,贴片长度 $L = \dfrac{c_0}{2f_r\sqrt{\varepsilon_e}}$。由于边缘场效应,$L$ 略比 $\lambda_g/2$ 短,因此谐振频率

$$f_r \approx \frac{c_0}{2\sqrt{\varepsilon_e}(L + 2\Delta L_{0c})} \tag{10-34}$$

$c_0 = 3 \times 10^8$ m/s,为光速,L 为贴片长度,ε_e 为微带等效介电常数,如式(10-1)。ΔL_{0c} 为开路端的等效延伸量,

$$\frac{\Delta L_{0c}}{h} \approx 0.412\,\frac{\varepsilon_e + 0.3\,\dfrac{W}{h} + 0.264}{\varepsilon_e - 0.258\,\dfrac{W}{h} + 0.813} \tag{10-35}$$

式中,W, h 分别为贴片的宽度和介质板的厚度。

10.2.4　微带天线的损耗、品质因素和效率

微带天线除一般天线的方向性、增益、阻抗外,表征微带天线重要特性的还有损耗、品质因数(Q 值)和效率等。微带天线辐射功率应是辐射口径上波印亨矢量的积分,即

$$P_r = \frac{1}{2}\text{Re}\iint_{aperture}(\vec{E} \times \vec{H}^*)\mathrm{d}\vec{s} = \frac{1}{2\eta}\iint(|E_\theta|^2 + |E_\varphi|^2)r^2\sin\theta\mathrm{d}\theta\mathrm{d}\varphi$$

微带天线的耗散功率包括导体损耗 P_c 和介质损耗 P_d。导体损耗按 I^2R 的关系,在贴片和接地板上电流密度的积分有

$$P_c = 2\,\frac{R_s}{2}\iint_s \vec{J} \cdot \vec{J}^* \mathrm{d}s$$

式中 R_s 为金属表面电阻,s 是贴片面积。电流密度可由磁场切向分量得到,有

$$\vec{J}_s = 2\vec{H} \times \hat{n}$$

介质损耗功率为在微带腔体积内电场的积分,有

$$P_d = \frac{\omega\varepsilon''}{2}\iint|\vec{E}|^2\mathrm{d}v = \frac{\omega\varepsilon''}{2}h\iint|\vec{E}|^2\mathrm{d}s \qquad h \ll \lambda$$

式中 ω 是频率,ε'' 是介质复介质常数之虚部,h 是介质片厚度。

存储能量：

$$W_T = W_e + W_m = \frac{1}{4}\iiint(\varepsilon|\vec{E}|^2 + \mu|\vec{H}|^2)dv$$

谐振时电、磁能量相等,则

$$W_T = \frac{1}{2}\varepsilon h\iint|\vec{E}|^2ds \qquad (10-36)$$

因此,总的品质因数

$$\frac{1}{Q_T} = \frac{1}{Q_c} + \frac{1}{Q_d} + \frac{1}{Q_r} + \frac{1}{Q_{sur}} \qquad (10-37)$$

品质因数代表了谐振时的储能与相关的功率损耗之比：

$$Q = \frac{\omega_T W_T}{\text{相关的功率损失}}$$

谐振频率为 ω_T 对应的储能 W_T 与能量损失的机制无关,因此

$$\frac{1}{Q_T} = \frac{P_d + P_c + P_r + P_{sur}}{\omega_T W_T}$$

与介质损耗与导体损耗相关的品质因数(Q_d, Q_c)与贴片形状无关,有

$$Q_d = 1/\tan\delta$$

$$Q_c = h\sqrt{\pi f\mu\sigma}$$

δ 为介质材料损耗角正切,σ 是贴片金属的电导率。这里假设无表面波激励,$P_{sur}=0$。与辐射有关的品质因数

$$Q_r = \omega_T W_T/P_r$$

P_r 如式(10-24)。而矩形贴片的总储能

$$W_T = 0.25\varepsilon_0\varepsilon_r hLW$$

天线效率定义为辐射功率与输入功率之比,

$$\eta_r = \frac{P_r}{P_r + P_c + P_d}\times 100\%$$

电压驻波比的带宽是指馈电驻波比小于或等于某规定值 S 的频带宽度,它与微带贴片的品质因数关系为

$$BW = \frac{S-1}{Q_T\sqrt{S}} \qquad (10-38)$$

S 为驻波比,对于给定的频率,选择较小 ε_r 的介质基板可获得较宽的频带;对于给定的 ε_r,基板厚度 h 越大频带越宽。实际上微带贴片天线的 Q_d,Q_c 都远大

于 Q_r，因此作近似处理时，可用 Q_r 代替 Q_T，这样与辐射电阻有关的品质因数可近似表示为

$$Q_r \approx \frac{c_0 \sqrt{\varepsilon_e}}{4 f_r h} \qquad (10-39)$$

10.3　圆形微带贴片天线

本章利用腔模理论近似对圆形贴片天线辐射特性进行分析。它是在微带谐振腔分析基础上发展起来的。谐振式微带天线与微带谐振腔无什么差别。微带谐振腔分析方法一般是规定腔的边界条件，找出腔中一个主模，计算其谐振频率、品质因数 Q 和输入阻抗 Z_{in}，把这种方法用到微带天线中常称单模理论。

10.3.1　腔内场

如图 10-8 所示。假设 $h \ll \lambda$，腔内仅有 E_z 模，而且它不随 Z 改变；$H_z = 0$，腔内场是一个与 Z 无关的二维场(TM)；贴片周边的片电流只有周向分量，场的侧壁为磁壁。在此假设下该微带贴片天线是一个上下壁为电壁、周围为磁壁的谐振腔。

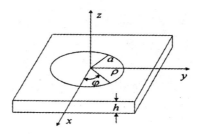

图 10-8　圆形微带贴片天线示图

等效磁流为

$$\vec{M} = -\hat{n} \times \vec{E} = E_z \hat{z} \times \hat{n} \qquad (10-40)$$

$$(\nabla^2 + k^2)\vec{E} = 0 \rightarrow (\nabla_t^2 + k^2)E_z = 0$$
$$\vec{H} = \hat{z} \times \nabla_t E_z / j\omega\mu \qquad (10-41)$$

圆形微带用圆柱坐标，其边界满足

$$\frac{\partial E_z}{\partial \rho}\bigg|_{\rho=a} = 0 \tag{10-42}$$

解式(10-41)得

$$\left.\begin{aligned}
E_z &= E_0 J_n(k\rho)\cos n\varphi \\
H_\rho &= -j\frac{n}{\omega\mu\rho}E_0 J_n(k\rho)\sin n\varphi \\
H_\varphi &= -\frac{jk}{\omega\mu}E_0 J'_n(k\rho)\cos n\varphi
\end{aligned}\right\} \tag{10-43}$$

微带片上电流为

$$J_\rho = H_\varphi, \quad J_\varphi = -H_\rho \tag{10-44}$$

式中,$J_n(x)$是 n 阶 Bessel 函数,$J'_n(x)$是 n 阶 Bessel 函数的一阶微分。由边界条件式(10-42)有 $J'_n(k_\rho)=0$,则

$$k = \frac{x_{nm}}{a} \tag{10-45}$$

x_{nm}是 $J'_n(k_\rho)=0$ 的第 m 个根。k 是介质的传播常数。实际上应用最多的是 TM_{11} 模,对应的根 $x_{11}=1.841$。由式(10-43)可得到 TM_{11} 模的腔内场分布:

$$\left.\begin{aligned}
E_z &= E_0 J_1(k_{11}\rho)\cos\varphi \\
H_\rho &= -J_\varphi = -j\frac{1}{\omega\mu\rho}E_0 J_1(k_{11}\rho)\sin\varphi \\
H_\varphi &= J_\rho = -\frac{jk}{\omega\mu}E_0 J'_1(k_{11}\rho)\cos\varphi
\end{aligned}\right\} \tag{10-46}$$

$$k_{11} = \frac{x_{11}}{a} = \frac{1.841}{a}$$

它十分类似圆波导 TM 模场分布。其周边的 E_z 场沿周向按 $\cos\varphi$ 分布。

10.3.2　辐射场

利用等效源定理,圆形贴片天线的辐射场可利用侧壁上的等效磁流来计算

$$\vec{M} = -\hat{n}\times\vec{E}_z\bigg|_{\rho=a} = E_z\hat{z}\times\hat{\rho} = E_z\bigg|_{\rho=a}\hat{\varphi}$$

$$= \hat{\varphi}\sum_{n=0}^{\infty}E_n J_n(k_{nm}a)\cos n\varphi$$

用镜像原理等效接地板作用,此时微带贴片变成高度为二倍介质板厚度、半径为 a 的圆柱形磁流片的辐射。利用 $\vec{F} = \frac{1}{4\pi}\iint_s\vec{M}\frac{e^{-jkR}}{R}\mathrm{d}s$ 和 $\vec{E} = -\nabla\times\vec{F}$ 的关系,再

加上远场近似可得其辐射场：

$$E_\theta = j\,\frac{Vak_0}{2}\,\frac{e^{-jk_0 r}}{r}\cos n\varphi\,\frac{\sin(k_0 h\cos\theta)}{k_0 h\cos\theta}[J_{n+1}(k_0 a\sin\theta) - J_{n-1}(k_0 a\sin\theta)]$$

$$E_\varphi = j\,\frac{Vak_0}{2}\,\frac{e^{-jk_0 r}}{r}\cos\theta\sin n\varphi\,\frac{\sin(k_0 h\cos\theta)}{k_0 h\cos\theta}[J_{n+1}(k_0 a\sin\theta) + J_{n-1}(k_0 a\sin\theta)]$$

$$(10-47)$$

式中，$V = hE_0 J_n(k_{nm}a)$，是 $\varphi = 0$ 处的边缘电压。当 $h \ll \lambda$ 时 $\mathrm{sinc} \approx 1$。

由式(10−42)确定谐振频率

$$f_r = \frac{x_{nm}c}{2\pi a_e\sqrt{\varepsilon_r}} \qquad (10-48)$$

c 为自由空间光速，由于微带天线的开端效应，实际的电尺寸要比真实的物理尺寸大一点，因此，对 TM_{11} 模的圆形贴片谐振的有效半径 a_e 和物理尺寸 a 间的关系有

$$a_e = \frac{1.841c}{2\pi f_r\sqrt{\varepsilon_r}} = a\left[1 + \frac{2h}{\pi a\varepsilon_r}\left(\ln\frac{\pi a}{2h} + 1.7726\right)\right]^{1/2} \qquad (10-49)$$

主模(TM_{11})，E 面($\varphi = 0°$)归一化方向性函数

$$f_E(\theta) = J_0(k_0 a\sin\theta) - J_2(k_0 a\sin\theta)$$

H 面($\varphi = 90°$)归一化方向性函数

$$f_H(\theta) = [J_0(k_0 a\sin\theta) + J_2(k_0 a\sin\theta)]\cos\theta$$

10.3.3　圆形贴片天线阻抗

假设在半径为 $\rho = \rho_0$ 点上用一同轴探针馈电。在此采用边缘导纳的模匹配法研究其阻抗问题。探针将圆盘分为两个区域。设探针电流为 I_P，研究它所产生的总场。

内场区中($\rho \leqslant \rho_0$)：

$$\left.\begin{aligned}
E_z &= \sum_{n=0}^{\infty} A_n J_n(k_{nm}\rho)\cos n\varphi \\[2mm]
H_\rho &= -j\,\frac{1}{\omega\mu\rho}\sum_{n=0}^{\infty} nA_n J_n(k_{nm}\rho)\sin n\varphi \\[2mm]
H_\varphi &= -\frac{jk}{\omega\mu}\sum_{n=0}^{\infty} A_n J_n'(k_{nm}\rho)\cos n\varphi
\end{aligned}\right\} \qquad (10-50)$$

外场区中($\rho \geqslant \rho_0$)：

$$E_z = \sum_{n=0}^{\infty} [B_n J_n(k_{nm}\rho) + C_n Y_n(k_{nm}\rho)] \cos n\varphi$$

$$H_\rho = -j\frac{1}{\omega\mu\rho} \sum_{n=0}^{\infty} n[B_n J_n(k_{nm}\rho) + C_n Y_n(k_{nm}\rho)] \sin n\varphi \quad (10-51)$$

$$H_\varphi = -\frac{jk}{\omega\mu} \sum_{n=0}^{\infty} [B_n J'_n(k_{nm}\rho) + C_n Y'_n(k_{nm}\rho)] \cos n\varphi$$

常数 A_n, B_n, C_n 由在 $\rho = \rho_0$ 处模匹配条件确定。

(1)在 $\rho = \rho_0$ 处 E_z, H_ρ 连续,有

$$A_n J_n(k_{nm}\rho_0) = B_n J_n(k_{nm}\rho_0) + C_n Y_n(k_{nm}\rho_0) \quad (10-52)$$

(2)由于激励电流 I_P 存在,切向磁场不连续,有(以下令 $\mu = \mu_0$)

$$\frac{k}{j\omega\mu_0} \sum_{n=0}^{\infty} [B_n J'_n(k_{nm}\rho_0) + C_n Y'_n(k_{nm}\rho_0) - A_n J'_n(k_{nm}\rho_0)] \cos n\varphi = I_s$$

$$(10-53)$$

I_s 是在 $\rho = \rho_0$ 处 z 向馈电电流,假设探针电流沿 z 为一常数,且在 (ρ_0, ϕ) 的位置上,因此

$$I_s = I_P \delta(\phi)/\rho_0 \quad (10-54)$$

将上式代入式(10-53)中得

$$\frac{k}{j\omega\mu_0} \sum_{n=0}^{\infty} [B_n J'_n(k_{nm}\rho_0) + C_n Y'_n(k_{nm}\rho_0) - A_n J'_n(k_{nm}\rho_0)] \cos n\varphi = I_P \delta(\phi)/\rho_0$$

$$(10-55)$$

对式(10-55)右边展成 Fourier 余弦级数,利用谐函数的正交性有

$$\frac{k}{j\omega\mu_0} [B_n J'_n(k_{nm}\rho_0) + C_n Y'_n(k_{nm}\rho_0) - A_n J'_n(k_{nm}\rho_0)](1 + \varepsilon_n)\pi = I_p/\rho_0$$

$$(10-56)$$

式中

$$\varepsilon_n = \begin{cases} 1 & n = 0 \\ 0 & n > 0 \end{cases}$$

(3)在 $\rho = a$ 边界上边界导纳满足

$$H_{\varphi n}(a, \varphi) = -y_{sn} E_{zn}(a, \varphi)$$

由此得出:

$$\frac{k}{j\omega\mu_0} [B_n J'_n(k_{nm}a) + C_n Y'_n(k_{nm}a)] = -y_{sn}[B_n J_n(k_{nm}a) + C_n Y_n(k_{nm}a)]$$

$$(10-57)$$

y_{sn} 是边界导纳, 负号是使 y_{sn} 的实部为正。常数 A_n, B_n, C_n 可通过式$(10-52)$、$(10-56)$、$(10-57)$解出有

$$A_n = \frac{-j\omega\mu_0 I_P}{2(1+\varepsilon_n)} \frac{1}{D_n} \left\{ J_n(k\rho_0) [Y'_n(ka) + j\eta_1 y_{sn} Y_n(ka)] - D_n Y_n(k\rho_0) \right\}$$

$$B_n = \frac{-j\omega\mu_0 I_P}{2(1+\varepsilon_n)} \frac{1}{D_n} \left\{ J_n(k\rho_0) [Y'_n(ka) + j\eta_1 y_{sn} Y_n(ka)] \right\}$$

$$C_n = \frac{-j\omega\mu_0 I_P}{2(1+\varepsilon_n)} J_n(k\rho_0) \qquad\qquad (10-58)$$

$$D_n = J'_n(ka) + j\eta_1 y_{sn} J_n(ka), \qquad \eta_1 = 120\pi/\sqrt{\varepsilon_r}$$

第 n 次模的边界导纳

$$y_{sn} = g_{sn} + jb_{sn} \qquad\qquad (10-59)$$

与穿过 $\rho = a$ 贴片所围圆柱表面的功率流的关系, 有

$$\frac{1}{2}\int_0^{2\pi}\int_0^h y_{sn} |E_{zn}|^2 a\,\mathrm{d}z\mathrm{d}\varphi = P_r - 2j\omega W_f$$

或

$$\frac{1}{2}\int_0^{2\pi}\int_0^h g_{sn} |E_{zn}|^2 a\,\mathrm{d}z\mathrm{d}\varphi = P_r \qquad\qquad (10-60)$$

$$g_{sn} = \begin{cases} \dfrac{1}{k_0 a k_0 h \eta_0}\displaystyle\int_0^{\pi/2} (I_1^2 + I_2^2)\sin\theta\mathrm{d}\theta & n = 1 \\ 0 & n \neq 1 \end{cases} \qquad (10-61)$$

式中

$$\left. \begin{aligned} I_1 &= \frac{k_0 a \sin(k_0 h \cos\theta)}{\cos\theta} J'_1(k_0 a \sin\theta) \\ I_2 &= \frac{\sin(k_0 h \cos\theta)}{\sin\theta} J_1(k_0 a \sin\theta) \end{aligned} \right\} \qquad (10-62)$$

W_f 代表了边缘场贮存的能量, 这个量很难精确确定。但从贴片的有效半径可得到电纳 b_{sn}

$$b_{sn} = \sqrt{\varepsilon_r}\,\frac{J'_n(w)}{\eta_0 J_n(w)} \qquad\qquad (10-63)$$

式中, $w = k_0 a_e$, $\eta_0 = 120\pi(\Omega)$。

10.3.4   圆形贴片天线设计小结

10.3.4.1   介质板的选择

介质板的选择和矩形和其他微带天线的考虑相同。

(1)基板介质材料的选择从电性能考虑主要有两个重要参数:一个是相对介电常数 ε_r,要求它稳定,特别是对于窄带应用;另一个是介质的损耗角正切 $\tan\delta$。ε_r 增大,贴片尺寸可减小,一般会使带宽降低,从而提高制造公差的要求;$\tan\delta$ 的选取影响到天线的效率,当 $\tan\delta$ 增加时会使馈电损耗增大。

(2)介质基板厚度的选择。增加介质基板厚度 h 可提高带宽和效率,但要防止表面波辐射的产生。经分析介质基板高度应满足下式:

$$h \leqslant \frac{0.3c}{2\pi f_u \sqrt{\varepsilon_r}}$$

式中,$c = 3 \times 10^8 \mathrm{m/s}$,$f_u$ 是最高工作频率。

(3)工作环境考虑。工作环境是介质基板选择的另一重要因素,有些介质在高温时会发生翘曲,随温度变化尺寸发生变化,电性能也相应发生改变。材料的热胀系数及导热性要满足应用环境条件。另外介质基板的机械特性,比如可加工性、可塑性也必须满足使用要求。最后,性能价格比也是一个要考虑的因素。另外对微带贴片提供一些环境保护也是必要的,比如距贴片一定距离采用薄层介质罩或直接在贴片上附着一层介质覆盖层。无论是罩子还是覆盖层都会对微带贴片天线的辐射性能产生一定的影响,在设计时需计入其影响。

10.3.4.2   圆形贴片半径的选择

对 TM_{11} 模,$J'_1(x) = 0$ 的第一个根 $x_{11} = 1.841$,由谐振条件得圆贴片半径如式(10-48)和式(10-49),有

$$f_r = \frac{x_{nm}c}{2\pi a_e \sqrt{\varepsilon_r}}$$

圆形贴片谐振的有效半径 a_e 和物理尺寸 a 间有如下关系式

$$a_e = a\left[1 + \frac{2h}{\pi a \varepsilon_r}\left(\ln\frac{\pi a}{2h} + 1.7726\right)\right]^{1/2}$$

10.3.4.3   辐射方向图

对 TM_{11} 模,因为 $J_{n+1} - J_{n-1} = 2J'_n$,$J_{n-1}(x) + J_{n-1}(x) = \frac{2n}{x}J_n$ 由式(10-47)有

$$E_\theta = -jVak_0 \frac{e^{-jk_0 r}}{r} \cos\varphi J'_1(k_0 a \sin\theta)$$

$$E_\varphi = jVak_0 \frac{e^{-jk_0 r}}{r} \frac{J_1(k_0 a \sin\theta)}{k_0 a \sin\theta} \cos\theta\sin\varphi$$

对 E 面 $(\varphi = 0°)$，

$$E_\theta = -jVak_0 \frac{e^{-jk_0 r}}{r} J'_1(k_0 a \sin\theta)$$

对 H 面 $(\varphi = 90°)$，

$$E_\varphi = jVak_0 \frac{e^{-jk_0 r}}{r} \frac{J_1(k_0 a \sin\theta)}{k_0 a \sin\theta} \cos\theta \tag{10-64}$$

10.3.4.4　辐射功率和辐射电阻

微带天线的辐射功率按定义为波印亭矢量在半球面上的积分

$$P_r = \frac{1}{2\eta_0} \int_0^{2\pi} \int_0^{\pi/2} (|E_\theta|^2 + |E_\varphi|^2) r^2 \sin\theta \mathrm{d}\theta \mathrm{d}\varphi$$

将式(10-64)带入上式积分,得

$$P_r = \frac{(E_0 h)^2 \pi^3 a^2}{2\lambda_0^2 \eta_0} \left[\frac{4}{3} - \frac{8}{15}(k_0 a)^2 + \frac{11}{105}(k_0 a)^4 - \cdots \right]$$

如果为边缘馈电微带贴片,其谐振辐射电导 G_r 可由辐射功率 P_r 得到,有

$$P_r = \frac{1}{2} G_r (E_0 h)^2 = \frac{1}{2} G_r V_0^2, \quad R_r = 1/G_r$$

10.3.4.5　方向性和增益

按定义,方向性系数是最大辐射方向的功率密度和平均辐射功率密度之比,

$$D = \frac{\frac{1}{2}\mathrm{Re}(E_\theta H_\varphi^* - E_\varphi H_\theta^*)|_{\theta=0}}{P_r/4\pi r^2} = \frac{\frac{r}{2\eta}(|E_\theta|^2 + |E_\varphi|^2)|_{\theta=0}}{P_r 4\pi}$$

将辐射场代入上式可计算方向性系数。

10.3.4.6　品质因数和阻抗带宽

微带天线的频率选择性决定了它的品质因数,也决定了它的阻抗带宽。圆贴片与矩形微带一样,介质损耗与导体损耗 (Q_d, Q_c) 与贴片形状无关,有

$$Q_d = 1/\tan\delta$$

$$Q_c = h\sqrt{\pi f\mu\sigma}$$

$$W_T = \frac{\varepsilon_0 \varepsilon_r}{2} \iiint |E|^2 \mathrm{d}v = \frac{h\varepsilon_0 \varepsilon_r \pi E_0^2}{2} \int_0^a J_n^2(k\rho)\rho \mathrm{d}\rho$$

因为

$$\int_0^a J_n^2(k\rho)\rho \mathrm{d}\rho = \frac{a^2}{2}J_n^2(ka)\left[(ka)^2 - n^2) \cdot \frac{1}{k^2 a^2}\right]$$

所以

$$P_r = \frac{1}{2\eta}\int_0^{2\pi}\int_0^{\pi/2}(\mid E_\theta \mid^2 + \mid E_\varphi \mid^2)r^2\sin\theta \mathrm{d}\theta \mathrm{d}\varphi$$

将辐射场代入计算

$$P_r = \frac{(hE_0 J_0(ka)ak_0)^2}{240}I_1, \quad n \geqslant 1$$

$$I_1 = \int_0^{\pi/2}\left[J_n'^2(k_0 a \sin\theta) + \frac{\cos^2\theta J_n^2(k_0 a \sin\theta)}{(k_0 a\sin\theta)^2}\right]\sin\theta \mathrm{d}\theta$$

因为

$$Q_r = \frac{\omega W_T}{P_r}$$

将 W_T, P_r 代入上式得

$$Q_r = \frac{30\left[(ka)^2 - n^2\right]}{hf\mu(k_0 a)^2 I_1}$$

$$Q_T = \left\{\tan\delta + \frac{1}{h\sqrt{\pi f\mu\sigma}} + \frac{hf\mu(k_0 a)^2 I_1}{30\left[(ka)^2 - n^2\right]}\right\}^{-1}$$

10.3.4.7　辐射效率

辐射效率定义为辐射功率与输入功率之比,

$$e_r = \frac{P_r}{P_{in}} = \frac{P_r}{P_r + P_c + P_d + P_{sur}}$$

辐射效率随介质片厚度增加和介电常数的降低而增加,这和矩形微带有相同的结果。

10.3.4.8　馈电点位置

馈电点位置 (ρ_0, ϕ_0) 的选择应使贴片的输入阻抗与发射机阻抗匹配。圆形贴片输入阻抗的变化与 $J_n(k_{nm}\rho_0)$ 有关,$n \geqslant 1$。对于圆形贴片 TM_{11} 模的输入阻抗可写为

$$R_{in} = R_r \frac{J_1^2(k_{11}\rho_0)}{J_1^2(k_{11}a)}, \quad k_{11}a = 1.84118$$

辐射电阻 $R_r = 1/G_r$,当要求的输入电阻值给定后,上式可用来初步确定馈电点

位置,但此式只给出了一个大致的位置。精确的值同样可利用 CST 软件通过对输入阻抗的迭代解得到。

10.4 微带贴片天线的馈电

10.4.1 同轴馈电／探针耦合方式

同轴插头的外导体与贴片天线的接地板相连,内导体延伸与贴片相连就构成了微带贴片天线同轴激励的基本形式。探针是同轴线的内导体,典型的示图如图 10 - 9 所示,其等效电路如图 10 - 10。

贴片的同轴激励主要通过探针馈电电流 J_z 耦合出贴片内场模的 E_z 场。该电流是从底到顶沿中心导体流动的圆柱面电流。通过选择馈电探针的位置就可调整输入阻抗值使之与馈线匹配。这种结构简单,但有下列不足:①如对阵列馈电需要大量的焊点,增加加工制造困难和不可靠因素;②如果增加贴片带宽需要采用更厚的介质板,这势必需要更长的探针,因此引起寄生辐射的增加,增加表面波功率、增加馈电电感。不过其电感可用串联电容来补偿。

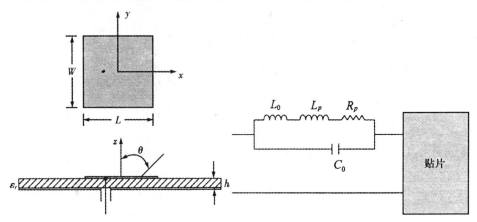

图 10 - 9 典型的同轴探针微带天线   图 10 - 10 同轴探针馈电的等效电路

若要引入与探针串联的电容,可在和探针同心的微带贴片上光刻一个环状槽缝,如图 10 - 11 所示。另一种方法是在探针顶端加载一个圆板,在贴片天线与探针顶部之间串联一个电容以补偿探针电感,如图 10 - 12 所示。通过在探针与贴片之间的电磁耦合也可改变贴片阻抗,见图 10 - 13。

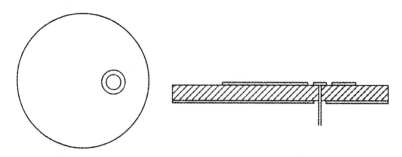

图 10 - 11　串联电容补偿探针电感示图

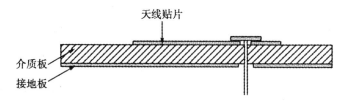

图 10 - 12　探针加载的馈电结构示图

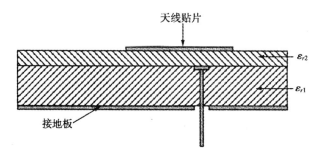

图 10 - 13　探针与贴片间的电磁耦合结构示图

10.4.2　微带共面馈电

　　贴片天线的馈电可采用在辐射边直接加馈电线的结构来实现,其等效电路如图 10 - 14 所示。也可通过微带线与贴片的耦合缝激励,其结构和对应的等效电路如图 10 - 15 所示。

　　微带线馈电是一个很自然的方法,因为贴片天线就可当成一延伸的微带线。这种结构容易设计,而且两者可同时加工制造。改进共面馈电的一种方式可选择馈电位置使天线输入阻抗与 50Ω 同轴馈线匹配。

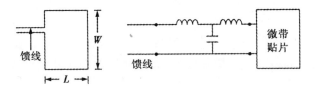

图 10 - 14　微带直接馈电和等效电路

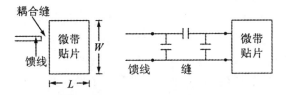

图 10 - 15　微带耦合缝及等效电路

10.4.3　非共面微带馈电结构

对非接触式非共面微带馈电结构,在此介绍双层微带线馈电、口径耦合微带线馈电和共面波导馈电这几种常用形式。

10.4.3.1　微带线耦合馈电

采用二层介质,微带线在下层,上层是贴片,如图 10 - 16 所示。这种馈电通称为电磁耦合微带馈电。贴片与微带线的耦合靠电容,如图 10 - 16 的等效电路,图中 C_c 为耦合电容,它与贴片的 R - L - C 并联谐振电路串联。R - L - C 代表贴片等效电路。耦合电容的设计要考虑与天线的匹配,同时还要设法增加天线带宽,这种馈电结构可达到 13% 的带宽。两介质板既可用来提高贴片带宽,又可减少由微带线开端形成的寄生辐射。一般底层介质薄,辐射贴片放在双层介质之上可得到更大的带宽。这种馈电结构,因为有一个贴片和馈线对齐精度的要求,加工制造时需注意。

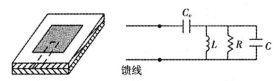

图 10 - 16　两层微带线馈电结构和等效电路

10.4.3.2　口径耦合微带贴片

如图 10-17 用了两层介质板,这两个介质板共用一个接地板,共用接地板将它们分开。微带线在底层微带板上,通过接地板上一开缝形成的口径将电磁能量耦合到贴片上。这个开缝可以有任何形状和尺寸,调整这些参数可展宽频带。两介质板的参数从优化馈电和辐射特性的角度独立地选择。一般馈电线介质板要薄一些、介电常数要高一些;贴片的介质板较厚些、介电常数也更低一些。这种结构馈电线的开端并不影响贴片的辐射性能,因为接地板已把微带线开端的辐射屏蔽掉了。这也可改善贴片辐射的极化特性。如果耦合缝是非谐振的,由缝背向辐射的典型值大约为前向的 $-(15\sim20)$ dB。耦合缝近似在贴片的中心,这个地方贴片的磁场最大,这样做纯粹是为了增强贴片磁场与开缝附近等效磁流的磁耦合。这种馈电形式通过调整耦合缝的形状和长度、馈电线的宽度和并联线的长度等参数可达到改善阻抗和提高带宽的目的。有报告这种馈电结构可达到 21% 的阻抗带宽。

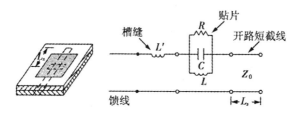

图 10-17　口径耦合馈电结构

10.4.3.3　波导馈电

共面波导(CPW)与微带天线都属于共面结构,因此微带天线与单片微波集成(MMIC)用 CPW 是最合适的。这种馈电结构如图 10-18 所示。CPW 光刻在微带天线接地板上,耦合通过缝来实现。图中三种结构,其中(a)是把共面波导中心导体分成如图所示的耦合缝,通过共面波导把耦合缝分成两半的电感耦合;(b)中 CPW 变换成缝长为 L_s,贴片与缝隙之间为电容耦合;(c)是通过一个圆环缝耦合以减少缝隙的后向辐射。

采用共面波导馈电的优点是可忽略馈电结构的辐射。因为共面波导激励都是耦合开槽线的奇模(odd mode),该模在共面波导(CPW)两缝间的等效磁流辐射几乎反相,因此馈电辐射可忽略不计。用 CPW 馈电的天线阵是十分有用的,因为相邻线间的互耦合是最小的。

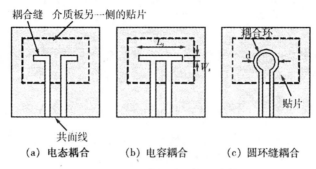

图 10-18　共面波导馈电结构

10.4.4　微带贴片天线馈电形式的比较

本节将上述的几种馈电形式通过表 10-1 进行了一个比较。设计者可根据具体情况选择。

表 10-1　微带贴片天线馈电形式比较

特性	同轴探针	辐射边耦合	微带缝耦合	带线耦合	口径耦合	共面波导耦合
构形	非平面	共面	共面	平面	平面	平面
馈电寄生辐射	较大	小	较大	较大	较大	小
极化纯度	差	好	差	差	非常好	好
制造难易	需焊接钻孔	易	易	要求对齐	要求对齐	要求对齐
可靠性	焊点,可靠性差	较好	较好	好	好	好
阻抗匹配	容易	差	容易	容易	容易	容易
带宽(阻抗)	2%~5%	9%~12%	2%~5%	13%	21%	3%

10.5　新型宽带微带贴片天线

微带天线由于它的低剖面、重量轻、成本低、易于批量生产,便于微波集成(MIC)等方面的显著优点已广泛应用于通信、雷达、遥感、导航等领域,特别是作为相控阵天线单元越来越受到人们的重视和研究。但限制微带天线应用的一个重要因素就是窄的工作频带。人们常采用复杂的几何结构,利用几种谐振模相互作用使工作带宽增加;也有人用几种尺寸稍微不同的辐射单元,利用它们稍微偏离的谐振特性互相补偿以增加频带。这里介绍一种十分有效展宽频带的方法,即增加介质板厚度、降低介质相对介电常数,让辐射单元与传输线激励不直接相连的多层结构实现了工作频带较大的展宽。这种低介电常数、厚介质基板的多层微带天线结构被称为SSFIP(Strip – Slot – Foam – Inverted Patch)天线。本节介绍 SSFIP 天线的基本结构形式和几种典型的 SSFIP 天线,包括几种双极化的 SSFIP 及其他宽带贴片天线以获得性能优良的微带单元天线。

10.5.1　微带线上的波与天线辐射要求

微带结构一般由介质基片、接地板、贴片与电路组成,如图 10 – 19 所示。微带结构辐射的电磁波可分解成特性各异的四种波。

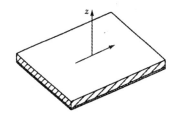

图 10 – 19　微带天线辐射波的分析示图

(1)空间波(Space Wave)向上发射,占据 $\theta \in (0, \pi/2)$ 的空间,如图 10 – 20 所示,这些波的辐射场随距离以 $1/r$ 规律衰减。在所有天线应用中这种空间波是基本的,它决定着天线辐射,然而在传输线和电路中空间波将产生寄生泄漏,一般是不期望的。

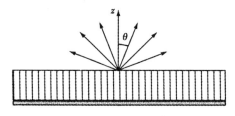

图 10 – 20　空间波传输

(2)表面波(Surface Wave)是沿平面向下,它占据 $\theta \in (\pi/2, \pi - \arcsin 1/\sqrt{\varepsilon_r})$ 的角域,如图10 – 21所示。波到达接地板被反射,在介质中传播,到达介质与空气界面处又被反射,它可激励出一组离散的表面波模式,类似于金属波导模式。这种波的场绝大多部分集中于介质基片内,在介质分界面以上空间场呈指数衰减。表面波以柱面波规律($1/\sqrt{r}$)扩散。它比空间波传输衰减更慢一些。如果在微带天线及其电路产生了表面波,这些表面波要占去一部分能量,使信号幅度减小,造成衰减和天线效率减低。另外,表面波还会在电路之间或天线单元之间产生寄生耦合。这种影响会使微带滤波器的带外隔离大大减低,性能严重恶化。在大的相控阵天线中,当表面波与周期结构中的 Floquet 模同步激励谐振时,在某些特定方向上,阵列既不发射也不接收,造成十分恶劣的后果。表面波到达开路微带结构边缘时会被边缘反射、绕射。这些绕射波产生的附加辐射会畸变天线方向图、抬高边瓣和交叉极化电平。因此微带线中表面波无论对天线还是对电路基本上都是负面影响,在激励时应尽量抑制它。

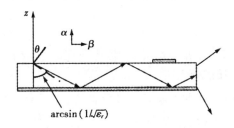

图 10 - 21 表面波传输

(3)漏波(Leaky Wave)的传输更向下一些,占据 $\theta \in (\pi - \arcsin 1/\sqrt{\varepsilon_r}, \pi)$ 的角域,如图 10 - 22 所示。它被接地板反射,在介质与空气界面有一部分波反射,另一部分逐渐地从介质到空气分界面处泄漏,通常称为漏波。这波对辐射会产生贡献。漏波是非均匀平面波,在不同介质的多层结构中可激励起漏波。恰当地利用漏波辐射,可用来增加天线视在尺寸、提高天线增益。

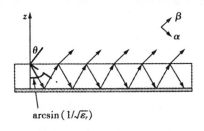

图 10 - 22 漏波辐射

(4)导波(Guide Wave)。一般微带线是在介质基片上由金属层构成传输线和微带线路,如图 10 - 23 所示。介质基片顶部的这层金属(印刷电路)会引起附加反射。波进入介质后在上、下导体间形成平板波导,波在里面来回反射,也可对一些特定入射角形成一些离散的波导模式。这种模式下使大部分电磁场能量都集中于上、下导体之间传输,这就是微带传输线的基本工作模式。然而电磁能量的这种聚集对贴片天线辐射并不利。因此微带的辐射与传输功能一般是不可最优地兼得。

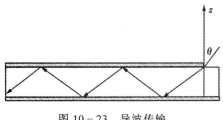

图 10－23　导波传输

综上,根据所激励的各波的相对幅值,微带结构可以表现为传输线、天线或表面波产生器。按介质基板厚度和 ε_r 可将微带结构分成三类:①当介质基板薄,且 ε_r 较大时,常用作微带传输线和微带电路;②当介质基板较厚,且 ε_r 较大时,常用作微带表面波器件;③当介质基板厚,且 ε_r 较小时,常用作微带天线。

表面波除了用于单元间耦合外,一般都是不希望的。作为天线辐射器,要求辐射波是主要的,其几何结构和介质板的选择应防止能量集中于贴片下形成导波场。高介电常数、薄的介质基片能使电磁波更多地集中在介质片内形成导波场,这显然不利于天线辐射。如果介质基片厚度的增加(相对波长)、介质常数仍很大,这时表面波激励仍是主要的,绝大部分能量集中于表面波内,这也不利于天线辐射。只有当介质基片厚度增加(相对波长)、而介电常数降低才有利于空间波分量的增强,从而加大了辐射。这是设计微带天线的基本出发点。

10.5.2　SSFIP 天线

SSFIP 天线代表了一种新型微带天线结构。为提高辐射效率,天线由低介电常数的厚层介质基片构成。这可避免电磁能量在介质基片里的集中,有利于提高空间波成分。采用夹芯结构,用 ε_r 很低的泡沫材料,并用非谐振缝耦合,将微带线的信号传输与辐射分开,这种多层夹芯结构的微带天线叫做 SSFIP 天线,再结合宽带技术可使 SSFIP 天线的频带较之普通微带天线至少可提高一个数量级。

SSFIP 天线的结构如图 10－24 所示,它由微带反贴片 1、低介电常数的泡沫 2、耦合激励缝 3、接地板 4 和微带线 5 等几部分黏结而成。

(1)低介电常数泡沫

图 10－24 中的 2,它是一种硬泡沫,其 $\varepsilon_r = 1.03, \tan\delta = 8 \times 10^{-4}$,它与空气相差不多。将它作为贴片天线的基片材料,表面波基本不被激励,单元间耦

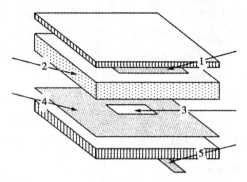

图 10 - 24　SSFIP 天线的基本形式

合问题可忽略。当做成夹芯结构后，泡沫也有好的刚度，特别轻、价格便宜，呈现出好的机、电、热特性。

(2)微带反贴片和保护层

泡沫表面不平，金属贴片不能沉积在它上面，而把金属贴片沉积在另外一层介质材料薄板上(如图 10 - 24 中 1)。它放在泡沫材料的顶部。贴片面直接与泡沫接触，介质层同时还起保护作用，防止天线与其环境直接接触。这层介质板很薄，它对贴片天线辐射特性不产生明显的影响。可以不要求它有非常低的损耗，但良好的机械特性是必需的。另外泡沫材料是多孔的，有许多微小气孔，潮湿对它影响较大。水汽渗透到多孔材料中是难以驱走的，因此附加一层介质还可将湿气隔绝。制造时这层带有贴片的介质层与泡沫材料黏合在一起。

(3)非谐振缝馈电

如果微带贴片采用直接的激励方式，即把馈线放在泡沫顶部，与贴片处于同一平面内，这会因微带线的辐射，使贴片辐射方向图变差。一般说来，馈线与天线对微带的基本要求是不兼容的。把耦合缝隙放在金属接地板一边，而把馈线放在接地板的另一边，在此结构中将辐射与馈电明显分开。微带馈线和连接电路放在接地板下面，做在一般的介质基片上。微带线对贴片的耦合通过它们中间的开缝，如图 10 - 24 中 3 所示。通过蚀刻技术将缝隙蚀刻在接地板上。开缝本身在天线工作频段内是非谐振的，可抑制开缝直接辐射。这样可避免开缝辐射增大对贴片辐射空间的干涉影响，保持贴片本身辐射性能。

(4)黏结与组装

这种多层结构一般采用双组分环氧胶(two - component epoxy cement)，或接触式胶带(contact adhesive)将微带电路、泡沫材料和辐射贴片黏合在一起。这当中要黏结到一起的表面是微带电路金属面(带有蚀刻开缝的面)和泡沫以及泡沫的另一面与支撑辐射贴片的玻璃刚环氧介质板。黏结时首先用小定位针对齐，组装是在热压下黏结剂固化。当黏合剂固化后定位针拔去。这可达到 $\pm 50 \mu m$ 量级的对齐精度。

各层间黏结力求避免空气穴，它会影响天线性能，特别会使其中心频率下移百分之几，介质损耗会略有增加，输入阻抗也略有变化。这种影响特别是用环氧黏结剂时更为明显，因此这种黏结剂除了对结构刚度、强度有特别要求的地方采用外，一般不推荐使用。通常最简便的方法是用接触胶带（contact adhesive），其影响较小。

10.5.3   天线带宽讨论

单个 SSFIP 天线工作带宽一般不超过 12% ～13% 。当泡沫厚度增加时，开缝对贴片的耦合减少，只有增加开缝面积才能达到适当的耦合，然而这又不可太大，否则会产生谐振，造成 SSFIP 天线方向图畸变。因此，由于单个 SSFIP 天线的基本物理局限要进一步增宽频带还是有一定的困难。研究表明，如果要进一步展宽 SSFIP 天线的带宽可用寄生单元、堆积贴片两种方法。

10.5.3.1   寄生单元

在主辐射贴片旁边再放置寄生单元（偶极子），寄生单元长度稍不同于主辐射单元。旁边的寄生单元是靠主辐射器耦合激励。第二寄生单元也以相同方式激励犹如一个八木天线，如图 10-25 所示。寄生单元必须对称地放置于中心贴片两边使其最大辐射垂直于天线平面而且有较低的交叉极化。寄生单元长度可以调整使其辐射方向图基本与频率无关。寄生单元顺着 E 面平行排列。仔细调整寄生单元的宽度、长度和间距可增加带宽。一般寄生单元长度比主辐射器贴片长度要长一点，外面寄生单元长度谐振于工作频率之低端，靠近主辐射器之寄生单元谐振于中心频率上，而主贴片谐振于工作频率之高端。类似的方法也可用到圆形贴片，寄生单元同心地围绕在主辐射单元成环圈状。

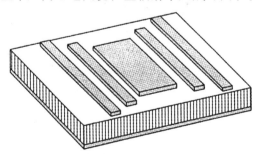

图 10-25   带有寄生单元的微带贴片天线示图

10.5.3.2　堆积贴片（Stached Patches）

两个或更多的电磁耦合贴片一个一个地上下重叠起来，如图 10 - 26 所示。由于两个贴片的环境稍有不同，两个贴片的谐振频率也稍有偏离，这样就可使工作带宽增加。两个贴片也可选择不同的尺寸，这样可进一步增加带宽，还可实现一个天线工作于两个不同的频段。通过双层结构厚度的增加使贴片天线频带宽度展宽。但应注意力求避免表面波的激励。目前对两贴片堆积研究较多，一般对下贴片采用 SSFIP 天线类似方法馈送，而对上贴片采用寄生耦合。

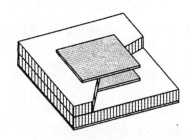

图 10 - 26　堆积式微带贴片天线示图

10.5.4　堆积式 SSFIP 天线

堆积式 SSIFP 天线由一个附加的泡沫层放置于第一贴片覆盖层顶部，然后第二个带有覆盖层的贴片放在第二个泡沫层顶部，然后再连同原有的单个 SS-FIP 天线组装在一起构成。其分解图见图 10 - 27 所示。设计可采用商用 CAD 软件，利用全波分析与曲线拟合方法，使用 MICPATCH 软件包完成。如果要进一步加宽频带必须增加缝的耦合，缝耦合的增加会使辐射前后比减低、后瓣电平抬高，反而会使增益下降。这是由于接近谐振缝隙的直接辐射所致。堆积贴片也能提供几个宽间隔的谐振频率，适合于多频天线工作。这时贴片尺寸是不同的。两个贴片可以由单一馈线馈送，双工器来分开不同的信号；也可把每一个贴片连到自己的馈线上，这可避免二者之间的耦合。但是这种情况下上贴片馈电必须穿过下贴片，于是对它的谐振参数产生较大的影响。多层结构分析较之单层更加复杂，一般只能用积分方程全波分析方法来完成。

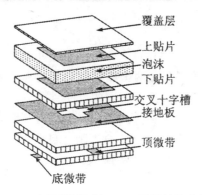

图 10-27   多层(堆积式)SSFIP 天线结构分解示图

10.5.5   双极化和圆极化 SSFIP 天线

按照 SSFIP 天线工作原理和它的固有的宽带特性,采用正交开槽实现双极化是一种途径。如果用等幅、90°相差的二信号通过微带线耦合到正交开槽上即可实现圆极化辐射。因此双极化 SSFIP 天线,包含双圆极化天线,其馈电是关键。在此着重叙述耦合激励和馈电问题。

10.5.5.1   多层馈电结构

研究表明,馈电线间耦合直接影响天线辐射方向图和工作频带特性。为了减少二正交馈电线间耦合,其馈电也常采用多层结构,将二正交馈电线放在不同平面上。这样二正交馈电的去耦可大于 21dB;具有对称辐射特性和低交叉极化特性的带宽可到 22%。具有多层馈电结构的天线如图 10-27 所示。这个结构十分复杂,它包含带有四个金属层的四个介质层。两个输入端并不在同一个平面上。

10.5.5.2   双线极化 SSFIP 天线

进一步研究发现,用四个彼此正交哑铃形开槽缝代替正交十字缝,同时用两个正交的微带馈电线馈电,由于整个结构维持了几何结构和电的对称性,因此得到了对称的辐射方向图,其性能有明显改变。有关馈电线电路、开槽与贴片形状如图 10-28 所示。这样两馈电在同一平面上,与普通的单个 SSFIP 天线相比并不多增加馈电线层。这种天线,VSWR=2:1 有 6.5% 频带,两正交端口维持高的隔离,在带内可达 29~35dB;该天线的阻抗特性、隔离及两正交端口测试辐射方向图分别示于图 10-29(a)、(b)、(c)中。

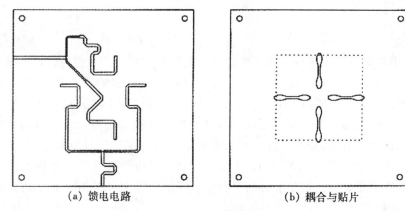

（a）馈电电路　　　　　　　　　（b）耦合与贴片

图 10-28　双线极化 SSFIP 天线

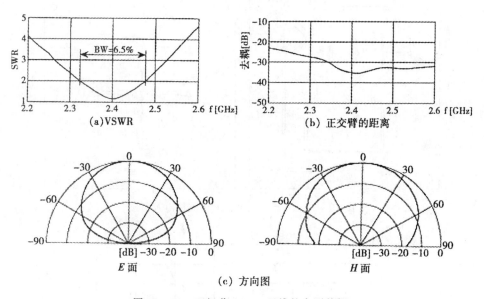

（a）VSWR　　　　　　　　　（b）正交臂的距离

E 面　　　　　　　　　　H 面

（c）方向图

图 10-29　双极化 SSFIP 天线的实测数据

　　双极化 SSFIP 天线带宽比单极化 SSFIP 天线带宽稍微小一点,其原因是耦合所致。因为用两个短缝槽替代一个长缝,其耦合不如长缝的效率高。这些缝隙更加远离它们的谐振频率,因此对贴片的耦合及自身的辐射都同长缝隙有差别。增加带宽最有效的方法是在第一个辐射贴片顶上加装第二个辐射贴片。这确实增加了可调参数,它可使整个天线组合性能达到最优。要特别注意的是应维持其对称性,因为这些调整都趋于增加了输入端口之间不必要的耦合,也会增加交叉极化电平。

10.5.5.3 双圆极化 SSFIP 天线

鉴于双线极化天线各端口间有很好地隔离和非常好的对称性,要实现好的圆极化就可直接将该馈电线与分支耦合器相连。完整的天线馈电结构如图 10-30 所示,一激励端口提供 RHCP 波,则另一端口为 LHCP 波。如果仅用一种极化旋向时,建议另一端可用匹配负载端接。这种双圆极化天线两端口分别馈送时,该天线两端口轴比见图 10-31 所示,以 3(dB)轴比计算其带宽,在端口 1 和端口 2 的轴比带宽分别为 12.5% 和 22.5%。由于两端口是不同的馈线馈送,所以产生了差异。两正交面的辐射方向图示于图 10-32 中。两面的方向图十分对称和相似。

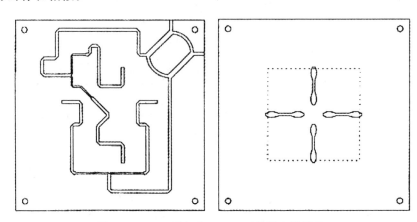

图 10-30 双圆极化 SSFIP 天线馈电及激励

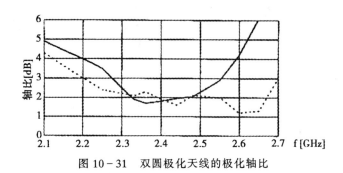

图 10-31 双圆极化天线的极化轴比

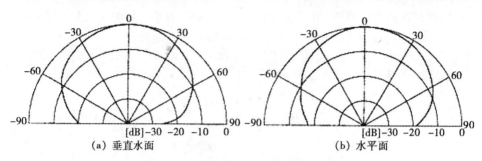

（a）垂直水面　　　　　　　（b）水平面

图 10-32　圆极化 SSFIP 天线辐射方向图

10.5.6　圆锥波束辐射的 SSFIP 天线

绝大多数微带贴片天线工作于基模，它产生一个与天线平面垂直的对称主辐射瓣。如果要改变其辐射瓣指向往往采用几个辐射单元组阵，适当控制对这几个辐射单元的馈相可以实现，但这种结构比较复杂。最近采用单一的 SSFIP 贴片，让其谐振在高阶模上也可达到这一目的。这种天线贴片由半波长增加到一个波长使该天线谐振在 TM_{200} 模上，它产生方向图的最大指向偏离天线贴片平面的法线，在与法线约 30°角方向有两个对称的辐射主瓣，因此形成了圆锥状波束辐射。这种天线的馈电仍采用微带线。为调整和控制耦合参数，耦合缝有多种形式，在此举出几种，如图 10-33 所示。这种天线的一个实例是工作在 2.4~2.5GHz 带内，整个天线厚度为 18mm，相当于中心频率的 $0.14\lambda_0$。辐射贴片印制在 0.7mm 的介质环氧板上。这种天线的输入阻抗对馈电点十分敏感，采用碟形耦合孔是为了增加馈电网络与贴片的耦合。天线的匹配采用在带线内的 λ/4 波长变换器实现，实测表明可在 7% 的带内，VSWR 优于 2:1。

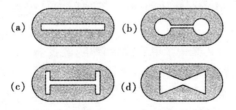

（a）矩形缝；（b）哑铃形缝；（c）工字形缝；（d）碟形缝

图 10-33　几种耦合激励缝

该天线辐射方向图示于图 10-34，可以看出，这两个瓣还是比较对称的。这种天线可用作我国双星定位的地面终端用户机天线。由于它低剖面能安装在一平表面,再加之它简单、低成本,因此已广泛安装到建筑物的天花板上、飞机过道的天花板上、高速公路和铁路隧道甚至铁路车厢里应用。

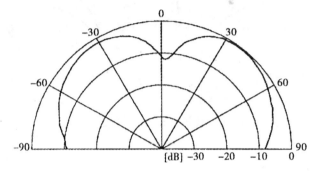

图 10 - 34　工作于 TM_{200} 模的 SSFIP 天线辐射方向图

　　SSFIP 夹芯结构提供了大的结构刚度和平整性,再加上轻质使其成为有竞争力的方案。由于泡沫材料相当便宜,具有低成本,对一些消耗性应用也是特别合适的。

10.5.7　电容及槽耦合的宽带、双极化贴片天线[3]

10.5.7.1　电容及槽耦合的宽带双极化天线

　　一种由一个电容和一个开槽耦合馈电的宽带、双极化圆贴片天线结构示于图 10 - 35(a)中。圆贴片的半径 R,由一个非导电的杆支持(图中未标出)与接地板平面高 h。接地板介质为厚度 $h=0.8\text{mm}$,$\varepsilon_r=4.4$。端口 1 用开槽耦合馈电,在接地板上切开一个 H 形的耦合槽。工字形的耦合槽的中心就是圆贴片的中心。工字形耦合槽中心段与二边臂的尺寸分别是 $S\times1\text{mm}$ 和 $S_k\times1\text{mm}$。用工字形耦合槽替代了一般的窄槽,对改善两个馈电臂的隔离是有效的。端口 1 是通过一 50Ω 微带线激励,开端有一个长度为 t 的并联短截线,整个馈电线印刷在一馈电介质板上。端口 2 是一个电容耦合馈电,宽度为 1mm,长度为 $l(l\gg1\text{mm})$ 的导电带放在与辐射贴片平行,并在其下面相距为 g。从 50Ω 微带线通过在接地板上一孔把电磁能量耦合到辐射贴片上。导电带通过一导电杆支撑,导电杆距贴片中心轴距离为 d,它被连到第二臂 50Ω 微带线上。

　　天线的几何参数:设计的中心频率 $f_0=1800\text{MHz}$,$R=35\text{mm}$,$h=13.6\text{mm}$,$d=22\text{mm}$,$l=20\text{mm}$,$g=3.2\text{mm}$,$S_k=19\text{mm}$,$S=18\text{mm}$,$t=6.0\text{mm}$,接地板尺寸为 $100\text{mm}\times100\text{mm}$。

　　在端口 1 处,开槽耦合馈线的回波损耗在 16321936MHz 带内 >10dB;在端

口 2 容性耦合馈电端在 1601～1921MHz 带内,回波损耗＞10dB,回波损耗在
1700MHz 附近最好,可达 30dB;两端口隔离(端口 1—端口 2 之间)在 30dB 以
上,如图 10－35(b)。方向图为半球波束,两端口在 Z 轴向测试增益,即为微带
平面垂直方向,都为 7.4dBi。这种馈电结构也同样可应用到方形微带贴片。这
种馈电结构使两个极化的馈电电长度不完全一样,如果用一个分支线耦合器
(3dB/90°)接到该天线的两个输入端,经测试这种馈电有一个好的圆极化特性。

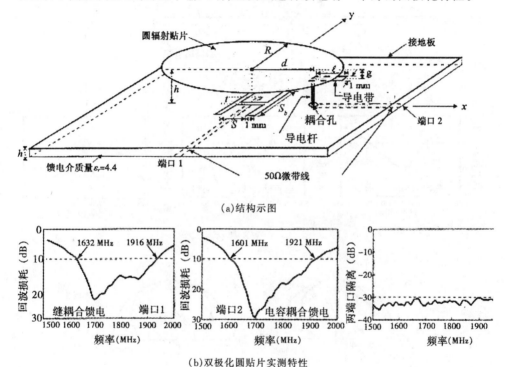

(a)结构示图

(b)双极化圆贴片实测特性

图 10－35　一个电容和一个开槽耦合馈电的宽带双极化圆贴片天线

10.5.7.2　一个开槽耦合和两个反向电容耦合馈电的宽带双极化圆贴片

为改善电容耦合馈电(端口 2 的激励)的极化鉴别力(XPD)提出如图
10－36(a)所示的馈电。端口 2 用两个电容耦合馈电,它们是等功率、180°相移输
入。两个电容有相同尺寸排列于相同方向(沿 X 轴方向),通过一 wilkinson 功分器
对其馈电,该功分器输出端用两根电长度相差 180°的微带线连到两电容上,与第一
个天线相比,由于馈电的对称性大大地抑制了交叉极化分量,使 XPD 得到改善。
该天线的回波损耗和隔离见图10－36(b);辐射方向图见图 10－36(c)。

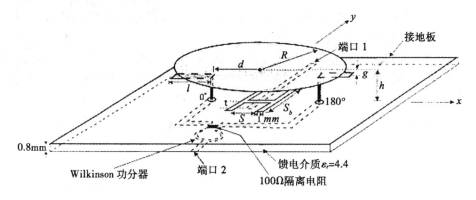

（a）天线结构

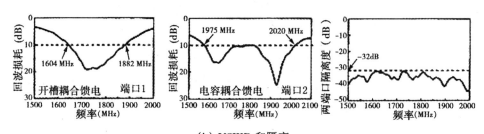

（b）VSWR 和隔离

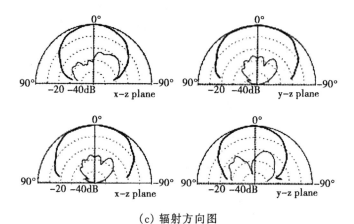

（c）辐射方向图

图 10-36　一个开槽耦合和两个反向电容耦合馈电的
宽带双极化圆贴片天线

10.5.7.3 用两个开槽耦合馈电和两个 180° 相移的电容耦合馈电结构形成的 二单元天线阵

用两个开槽耦合馈电和两个 180° 相移的电容耦合馈电结构可以形成对宽带双极化天线二元阵的馈电,天线二极化辐射具有高隔离、低交叉极化特性。天线的几何结构如图 10 - 37(a) 所示。两个圆形贴片中心的间距 S_A,选为中心频率(1800MHz)的 0.8λ。天线端口 2 也是用两个等功率相差 180° 的电容馈电,这与 10.5.7.2 相类似。对这两单元贴片的电容馈电沿 X 轴方向,同样通过沿 Y 轴方向对称排布的 Wilkinson 功分器和微带线长度控制幅度和相位。这种排布可使因较厚的空气介质产生的高阶模辐射在单元 1(0° 馈相)和单元 2(180° 馈相)间能有效地抵消。这既能改善交叉极化,还能改善端口 1 和端口 2 之间的隔离。对端口两个开槽耦合线分别以等功率、等相位对二单元馈电,H 形耦合线中心在贴片中心下面,贴片 1 与贴片 2 有相同的参数。这个天线的测试性能见图 10 - 37(b) 和 10 - 37(c)。它多用作无线通信的基站天线,它在俯仰面内有较窄的波瓣,在方位面内有宽的侧射波瓣。

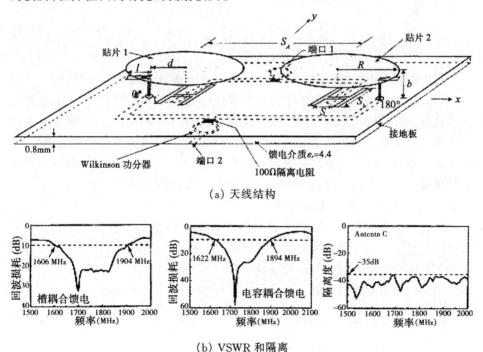

(a) 天线结构

(b) VSWR 和隔离

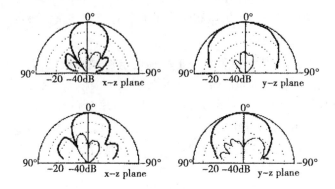

(c) 辐射方向图

图 10-37 两个开槽耦合馈电和两个 180°相移的电容耦合馈
电结构形成的二贴片单元天线阵的实测结果

上面介绍的几种微带馈电结构和天线,它们都是宽带、双极化的,具有较高
的隔离和较低的交叉极化。

10.6 微带天线的全波分析方法

过去在微带天线的分析中多采用腔模理论和等效传输线法,这种方法是假
设微带介质板的厚度远远小于工作波长,可以把微带天线当成腔体处理,腔体上
下为电壁,腔体周围为磁壁,微带元和接地板之间的电场只有 Z 向,磁场只有周
向。而且认为其上传播的是 TEM 波或准 TEM 波。随着介质板尺寸的增加,多
层结构的使用这种分析方法显现出不适合性,其中 SSFIP 微带天线就是其中的
一种情况。在此介绍一种利用 Green 函数的全波分析方法,它是以积分方程为
基础,特别适用于平面天线的情况。

从基础的电磁波理论入手,利用时变电磁场的 Maxwell 方程组和波动方
程。在直角坐标系中解波动方程得到平面波,由此可确定其传播特性。球面和
柱面波提供了由点和线源产生的场分布,由此引出 Green 函数,得到包含边值条
件的电磁问题解的积分方程,其中 Green 函数就是积分核函数。

10.6.1 自由空间电磁波解

矢位 $\vec{A}$ 和标位 V 的波动方程可写为:

$$\left.\begin{array}{c} \nabla^2 \vec{A} + \omega^2 \mu\varepsilon \vec{A} = 0 \\ \nabla^2 V + \omega^2 \mu\varepsilon V = 0 \end{array}\right\}$$

矢位 $\vec{A}$ 和标位 V 与电场和磁场的关系有

$$\left.\begin{array}{c} \mu\vec{H} = \nabla \times \vec{A} \\ \vec{E} + j\bar{\omega}\mu\vec{A} = -\nabla V \end{array}\right\}$$

波传播常数 $\gamma = \alpha + j\beta$。

10.6.1.1 自由空间平面波的解

均匀平面波有 $\alpha = 0, \beta = \omega\sqrt{\varepsilon\mu}$，波行进的速度 $1/\sqrt{\varepsilon\mu}$；非均匀平面波,有两个正交矢量 $\vec{\alpha}$、$\vec{\beta}$,波沿 $\vec{\beta}$ 方向行进,波沿 $\vec{\alpha}$ 方向衰减。它的幅度以 $-\alpha$ 方向指数增加,所以非均匀平面波不能存在于自由无界空间。对分层介质的典型波是表面波和漏波。严格说在真实世界中平面波也是不存在的,因为要产生一个均匀平面波需要有一个无限大的横向尺寸。但是这个概念可以提供对波传播研究一个可逼近的近似条件。再说任何传输波分布都可表示成一些平面波的叠加,也就是三维空间的 Fourier 变换。

10.6.1.2 自由空间球面波

利用第 2 章波动方程的基本关系,在球坐标系下,矢位和标位解有

$$\vec{A}(\vec{r}) = \vec{A}_0 \frac{e^{-j\omega\sqrt{\varepsilon\mu}r}}{r}$$

$$V(\vec{r}) = V_0 \frac{e^{-j\omega\sqrt{\varepsilon\mu}r}}{r}$$

如果源置于坐标系的原点

$$\left.\begin{array}{c} \vec{A}(\vec{r}) = \dfrac{\mu}{4\pi}\vec{J}_\delta \dfrac{e^{-j\omega\sqrt{\varepsilon\mu}r}}{r} \\ V(\vec{r}) = \dfrac{q}{4\pi\varepsilon} \dfrac{e^{-j\omega\sqrt{\varepsilon\mu}r}}{r} \end{array}\right\} \qquad (10-65)$$

当源不在坐标系的原点,而在 $\vec{r}'$,则

$$\left.\begin{array}{c} \vec{A}(\vec{r}) = \dfrac{\mu}{4\pi}\vec{J}_\delta \dfrac{e^{-j\omega\sqrt{\varepsilon\mu}|\vec{r}-\vec{r}'|}}{|\vec{r}-\vec{r}'|} \\ V(\vec{r}) = \dfrac{q}{4\pi\varepsilon} \dfrac{e^{-j\omega\sqrt{\varepsilon\mu}|\vec{r}-\vec{r}'|}}{|\vec{r}-\vec{r}'|} \end{array}\right\} \qquad (10-66)$$

当 $\vec{A}, V$ 已知时,利用式(10-66)可求出电磁场。

10.6.1.3 自由空间柱面波

当轴对称情况,用柱坐标系解波动方程,可得到径向变化为 Bessel 或 Hankel

函数、方位向是圆对称的。其解 $\Rightarrow H_0^{(2)}(\xi\rho)e^{-\sqrt{\xi^2-\omega^2\varepsilon\mu}|Z|}$ ，式中 ξ 为径向波数，该波按 $\dfrac{1}{\sqrt{\rho}}$ 衰减传输。球面波与柱面波间有 Sommerfeld 恒等式

$$\frac{e^{-jkr}}{r} = \frac{1}{2}\int_{-\infty}^{\infty} H_0^{(2)}(\xi\rho)\frac{\xi}{\sqrt{\xi^2-k^2}}e^{-\sqrt{\xi^2-k^2}|Z|}\mathrm{d}\xi \qquad (10-67)$$

式中 $k^2 = \omega^2\varepsilon\mu$ 。

10.6.2　无界均匀空间的 Green 函数

10.6.2.1　磁矢位 $\vec{A}$ 的 Green 函数

$$\vec{A}(\vec{r}) = \frac{\mu}{4\pi}\int_{v'} \frac{\vec{J}(r')e^{-jk|\vec{r}-\vec{r}'|}}{|\vec{r}-\vec{r}'|}\mathrm{d}v' = \int_{v'} \vec{J}(r')G_{AJ}(\vec{r}-\vec{r}')\mathrm{d}v' = \vec{J}\otimes G_{AJ}$$

$$(10-68)$$

这表示在空间域内的积分记为 $\vec{J}\otimes G_{AJ}$ ，矢位 $\vec{A}$ 的格林函数 $G_{AJ} = \dfrac{\mu}{4\pi}\dfrac{e^{-jk|\vec{r}-\vec{r}'|}}{|\vec{r}-\vec{r}'|}$ 是一个"脉冲响应"，它是个标量。它表示在 $\vec{r}'$ 处一点源在无界自由空间传输波形式。幅值按 $\dfrac{1}{|\vec{r}-\vec{r}'|}$ 衰减，相位按 $-jk|\vec{r}-\vec{r}'|$ 改变。式中带撇表示体积内源电流的位置，不带撇者为观察点坐标。由式(10-68)可见，格林函数 $G_{AJ} = \dfrac{e^{-jk|\vec{r}-\vec{r}'|}}{|\vec{r}-\vec{r}'|}$ 与电流密度 $\vec{J}(\vec{r}')$ 的卷积给出了矢位 $\vec{A}$ 。

10.6.2.2　磁场的格林函数

由电流密度产生磁场的方程 $\mu\vec{H} = \nabla\times\vec{A}$ 有

$$\vec{H}(\vec{r}) = \frac{1}{\mu}\nabla\times\vec{A} = \underline{G}_{HJ}(\vec{r}-\vec{r}')\otimes\vec{J}(\vec{r}') \qquad (10-69)$$

连接磁场与电流的格林函数 $\underline{G}_{HJ}$ 是一个张量或称并矢格林函数。因为 $\vec{H},\vec{J}$ 都是矢量，它们共有三个分量，因此 $\underline{G}_{HJ}$ 代表了 3×3 的矩阵，是一个并矢

$$\underline{G}_{HJ}(\vec{r}-\vec{r}') = \frac{1}{\mu}\nabla\times\left[\underline{U}\,G_{AJ}(\vec{r}-\vec{r}')\right] \qquad (10-70)$$

$\underline{U}$ 是 3×3 的单位并矢。微分算子 ∇ 是作用到不带撇的量上的。

10.6.2.3　电场的格林函数

因为 $\nabla\times\vec{H} = j\omega\varepsilon\vec{E}$ ，有

$$\vec{E}(\vec{r}) = \frac{1}{jw\varepsilon} \nabla \times \vec{H}(\vec{r}) = \underline{\underline{G}}_{EJ}(\vec{r} - \vec{r}\,') \otimes \vec{J}(\vec{r} - \vec{r}\,') \qquad (10-71)$$

$\underline{\underline{G}}_{EJ}$ 是电场格林函数,它把电流与电场用一个张量或并矢连接起来了

$$\underline{\underline{G}}_{EJ}(\vec{r} - \vec{r}\,') = \frac{1}{jw\mu\varepsilon}(\nabla\nabla + \omega^2\varepsilon\mu\,\underline{\underline{U}})G_{AJ}(\vec{r} - \vec{r}\,') \qquad (10-72)$$

10.6.2.4　标量电位的格林函数

如果在 $\vec{r}\,'$ 处有电荷密度 $\rho(\vec{r}\,')$,它在 $\vec{r}$ 处的标量电位有

$$V(\vec{r}) = \frac{1}{4\pi\varepsilon}\int_V \frac{\rho(\vec{r}\,')e^{-jk|\vec{r}-\vec{r}\,'|}}{|\vec{r}-\vec{r}\,'|}\mathrm{d}v' = \int_V \rho(\vec{r}\,')G_{V_q}(\vec{r}-\vec{r}\,')\mathrm{d}v'$$

$$(10-73)$$

电荷密度 $\rho(\vec{r}\,')$ 与格林函数 $G_{V_q}(\vec{r}-\vec{r}\,')$ 的卷积给出了电位。标量电位格林函数有

$$G_{V_q}(\vec{r}-\vec{r}\,') = \frac{1}{4\pi\varepsilon}\frac{e^{-jk|\vec{r}-\vec{r}\,'|}}{|\vec{r}-\vec{r}\,'|} \qquad (10-74)$$

10.6.3　边值条件

10.6.3.1　金属边界条件

电流和电荷的任意组合在均匀媒质中产生的位和场完全可由上节给出的关系求出。然而微带线问题实际上是金属表面(带线和贴片)和非均匀介质组成。为满足金属和介质表面边界条件,在导体上有电荷和电流,然而这种分布又是未知的,必须求出这种源的分布后,场的问题即可求出。

(1)良导体:表面切向电场分量为零,有

$$\hat{n} \times (\vec{E} - Z_m\vec{J}_s) = 0 \qquad (10-75)$$

式中 $\vec{J}_s$ 是表面电流密度,Z_m 为金属表面阻抗(当金属为有限电导时),当金属磁导率为 μ,σ 为有限电导率,

$$Z_m = \sqrt{\frac{jw\mu}{\sigma}} = (1+j)\sqrt{\frac{\omega\mu}{2\sigma}} \qquad (10-76)$$

边界条件用于总场,包括激励场和散射场,$\vec{E}_{ext}$,$\vec{E}_{scat}$。

(2)理想导体:$\sigma \to \infty$(PEC,Perfect Electric Conductor),$\vec{E} \equiv 0$,$Z_m = 0$,因此在理想导体边界上电场垂直 PEC 边界的。在 PEC 边界上一般为表面电流密度 $\vec{J}_s$。

(3)理想磁导体(PMC,Perfect Magnetic Conductor):$\vec{H} \equiv 0$,如铁磁材料,有 $\mu \to \infty$,$\vec{B}$ 要维持有限,只有 $\vec{H} \to 0$。在 PMC 边界上,$H_\tau = 0$,$\vec{H}$ 垂直于 PMC 表面。

10.6.3.2   修正格林函数定义

天线或电路下面的金属接地板一般都是很大的,所以理论上假设在横切方向延伸到无穷。另外接地板构成一理想导电平面(PEC,$Z_m = 0$),其特性像一个镜面,因此可有等效镜像源代替 PEC,如图 10-38 所示。

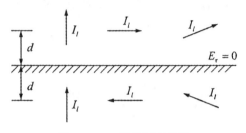

图 10-38   镜像原理示图

对接地板以上的空间用镜像源等效与真实情况是完全一样的。因此对位和场的修正格林函数可由自由空间格林函数和镜像等效源的自由空间格林函数的叠加表示。这种处理方法把接地板边界条件包括在修正的格林函数中了。接地板端头的影响可忽略,因为假设接地板为无穷大。介质上沉积有限尺寸的金属层就形成了传输线的带线或印刷天线的辐射贴片。从电长度来看它是非常薄的可认为其厚度趋向于零。当金属导体用表面电流片和电荷片代替后问题变得简单直接了。只是表面电流和电荷必须服从总的电场满足金属边界条件要求。

10.6.3.3   介质基板

(1)介质板的影响。微带结构至少由两个不同介质组成。它们单个是均匀的,但它们组合就形成一个非均匀结构。对此,首先是在每一个介质内单独地求解 Maxwell 方程或波动方程,然后让场在边界面上满足边界条件。这就导致一个十分复杂问题。因为均匀 Green 函数不能满足非均匀结构问题。如果要把前面分析应用到非均匀微带结构必须:①引入"感应源"替代介质,这就是用体或面极化电流来替代。这样媒质变成均匀自由空间,前面引入的 Green 函数方法可应用。但是极化电流是未知的,需要确定;②定义一修正的 Green 函数,它把介质边界和接地板影响考虑进去。

(2)体极化电流。介质层可看成是有极化电流的自由空间,在介质层里由空气替代介质,引入等效体极化电流 $\vec{J}$

$$\vec{J} = j\omega\varepsilon_0(\varepsilon_r - 1)\vec{E} \qquad (10-77)$$

式中 $\vec{E}$ 是存在于介质里的总电场,介质相对介电常数 ε_r。引入等效极化电流后,变成均匀自由空间,在此空间 Green 函数仍可用前面的定义。未知极化电流连同在金属表面上未知的感应电流都必须由数值计算决定。

(3)表面极化电流。根据海更斯等效源定理,用等效表面电、磁流替代介质层的方法。在空气与介质界面上引入等效表面电流 $\vec{J}_{sd}$,等效表面磁流 $\vec{M}_{sd}$

$$\vec{J}_{sd} = \hat{n} \times \vec{H}, \quad \vec{M}_{sd} = -\hat{n} \times \vec{E} \qquad (10-78)$$

这些电流辐射到均匀介质(即空气中)产生散射场,当叠加到激励场中,在空间给出了总场,而在介质中场为零。用极化电流代替介质对处理由于介质与接地板的有限尺寸引起的边界效应是一个严格方法,但是应用等效极化电流和自由空间格林函数会带来非常复杂的数值计算。这包括了大的线性方程组,要求计算机计算能力的提高。这个缺点对小尺度问题不太突出。

10.6.3.4　分层介质 Green 函数

20 世纪初 Sommerfeld 用严格的积分表示了在横向无限大无损接地面上导线辐射场。把这个方法推广到包含有分层介质层和接地板边界条件的情况,将此包含在格林函数中,变成 Sommerfeld 积分或 Hankel 变换。这个方法隐含着设介质板和接地板沿横 x,y 向方向延伸至无穷远的假设。Sommerfeld 积分有

$$S_n(F) = \int_c H_n^{(2)}(\xi\rho)\xi^{n+1}F(\xi)e^{-\sqrt{\xi^2-k^2}|Z|}\mathrm{d}\xi \qquad (10-79)$$

c 是在积分变量 ξ 所在复平面上仔细选择的积分路线。式(10-79)当 $n=0$ 时是 Sommerfeld 积分 $S_0(\sqrt{\xi^2-k^2})$ 在无限实轴($-\infty \to +\infty$)上的积分。

10.6.4　解的方法

10.6.4.1　问题陈述

必须确定在导体上的电流分布,并使其总场满足所有边界条件。为此,在上节均匀无界空间 Green 函数的一些关系中要引入边界方程。根据所选择的处理方法,利用均匀或非均匀 Green 函数,再加上对电场和位求解能应用的格林函数公式求解。

(1)电场积分方程(EFIE,Electric Field Integrated Equation)。表面电流产生的电场可由 $\underline{\underline{G}}_{EJ}(\vec{r}-\vec{r}') = \dfrac{1}{j\omega\varepsilon\mu}(\nabla\nabla + k^2\underline{\underline{U}})G_{AJ}(\vec{r}-\vec{r}')$ 表示,给出电场积分

方程式

$$\hat{n} \times (\vec{E}_{exc} + \vec{E}_{scat} - Z_m \vec{J}_s) = \hat{n} \times (\vec{E}_{exc} + \underline{G}_{EJ} \otimes \vec{J}_s - Z_m \vec{J}_s) = 0$$

$$(10-80)$$

(2)空域法。为避免电场空域积分计算中并矢 Green 函数在 $|\vec{r}-\vec{r}'| \to 0$ 有 $|\vec{r}-\vec{r}'|^{-3}$ 的奇异性,用谱域处理。空域法是考虑整个界面(假设横切二方向为无穷),并取边界条件的二维 Fourier 变换。在导体上的电流也表示成 Fourier 变换,所有相关推导都变换到谱域进行。该法应用于天线,特别适合于天线的几何可用 Fourier 变换定义的情况。

(3)混合位积分方程(mixed potential integral equation,MPIE)。避免奇异性的另一种方法是将磁矢位 $\vec{A}$ 和电标量位 V 引入边值条件中,有

$$\hat{n} \times (\vec{E}_{exc} + j\omega \underline{G}_A \otimes \vec{J}_s + \nabla(G_v \otimes q_s) - Z_m \vec{J}_s) = 0 \qquad (10-81)$$

表面电荷密度 q_s 可由连续性方程与表面电流联系起来。如果引入矢位 $\vec{A}$ 和电标量位 V,由于 Green 函数仅存在 $|\vec{r}-\vec{r}'|^{-1}$ 型的奇异性,空域的计算总是可以的。分层介质中对微带上导体矢位 $\vec{A}$ 的格林函数是 $\overline{\overline{G}}_A$ 常可选择

$$\underline{G}_A = \hat{e}_x \hat{e}_x G_{Axx} + \hat{e}_x \hat{e}_z G_{Axz} + \hat{e}_y \hat{e}_y G_{Ayy} + \hat{e}_y \hat{e}_z G_{Ayz} + \hat{e}_z \hat{e}_z G_{Azz} \qquad (10-82)$$

上式并矢中只有 xx 和 yy 分量被考虑,由于对称性它们是相同的。对矢位的格林函数呈现出方位对称性,依赖于 x,y 坐标的关系仅通过径向距离 $\rho = \sqrt{x^2 + y^2}$ 表示,因此在分析单层结构时,它们计算和存储都是一位问题(在一维表列中)。

10.6.4.2　缝槽的等效模型

在接地板上切一槽缝以提供馈电电路与贴片间的耦合。对理论分析来说,槽缝可用一短路的 PEC 来等效,在上面流有磁流 M_s,该磁流直接和槽上的切向电场有关。这个意义上得到一个完整的接地平面,在该平面上引入一个附加的未知的等效源。在开槽表面磁场连续条件,要求在导体两边的总磁流应等于零。

磁流格林函数:和电流一样,等效磁流在结构周围产生电场和磁场。可用并矢格林函数 $\underline{G}_{HM}$,$\underline{G}_{EM}$ 导出,它分别将磁场和电场与磁流联系起来了。利用二重性关系

$$\underline{G}_{EM}(\vec{r}-\vec{r}') = -\underline{G}_{HJ}(\vec{r}-\vec{r}')$$

$$\underline{G}_{HM}(\vec{r}-\vec{r}') = \frac{\varepsilon}{\mu} \underline{G}_{EJ}(\vec{r}-\vec{r}')$$

$$(10-83)$$

上述公式通过电流的格林函数的关系直接得到。

10.6.5　数值计算方法

10.6.5.1　矩量法

在电场积分方程(EFIE)和混合位积分方程(MPIE)式的积分求和中,表面电流 $\vec{J}_s$ 是要决定的量。不能简单地变换将 $\vec{J}_s$ 提出。然而,在矩量法中(MoM)未知电流可以展成一组基函数的求和。同样未知表面电荷也可展成一组基函数的和,有

$$\vec{J}_s = \sum_{i=1}^{M} \alpha_i \vec{J}_{si}, \quad q_s = \sum_{i=1}^{M} \alpha_i q_{si} \tag{10-84}$$

其中基函数 $\vec{J}_{si}$ 和 q_{si} 可由连续性方程联系起来。α_i 是未知的展开系数,可通过边界条件决定。严格说是一无穷级数,因此决定未知系数需无穷个方程组。对实际应用来说,级数可截断取有限项,比如 M 项,这由所需的精度确定。当导体是简单的几何形状时,函数可定义在整个表面或弧段,叫全域基函数。例如矩形贴片上电流可表示成二维 Fourier 级数。对圆柱或圆环贴片可有 Hankel 函数级数表示。不规则几何形状可分解成若干个矩形、三角形等,而每一分段电流可当成随位置线性变化,或将电流展成多项式表示……

导体的边界条件($\sigma = \infty$,$E_\tau = 0$)不能对导体上每一点都精确地满足,因此实际上把它乘上一试探函数并在试探函数域内积分。这样就在微弱意义(weak sense)下满足边界条件,因为仅加权平均值被控制。试探函数系可以选择与基函数系一样,这就是一般称的珈略金(Galerkin)过程。另一种通用的选择是采用分段基函数。对这些情况,对 M 个未知得到 M 个线性方程组,它写成矩阵形式有

$$[Z_{MoM}][\alpha] = [V] \tag{10-85}$$

式中矢量 $[V]$ 代表激励。这个矩阵方程求解就给出在微带贴片或微带线上的电流和电荷分布。由此可表示其电路特性或由电流分布确定天线的特性(增益、辐射方向图等)。

10.6.5.2　线性方程组求解

对微带天线及其电路应用最多的方法是解线性方程组。当未知数不太多时用矩阵求逆还是很方便的。目前一些标准软件就提供这种方法。当未知数变得很大时,矩阵求逆要求非常大的存储空间,使问题求解变得不实际或计算耗时非常之大,这时可采用一些线性方程组的特殊方法先化简。

全波解法—积分方程法是完备的,它们能模拟影响天线性能的所有参数。这个高精度、高可靠性是需要耗费大量的计算机处理时间,随着计算机能力的提高,这种方法对微带天线和平面电路的计算的适应性变得更加明显。

上面通过对电磁场理论的复习和应用,剖析了具有复杂边界的多层微带天线的物理及数学建模。它为各种微带天线的分析与设计提供了一种严格而有效的方法。这种全波分析方法已在商业电磁软件中应用,比如 ANSOFT – HFSS、ENSEMBLE 等。利用该软件可方便地实现对分层平面结构天线的最优化设计。

10.7　微带阵列天线

在一些应用中采用单个的微带贴片就可达到所要求的特性,但是在某些应用中要求高增益、波束扫描、具有波束控能力时就需要将这些辐射单元组成一个阵列来实现。阵元分布可形成线阵、面阵和三维体阵。关于阵列理论在许多书中都有描述,而且本书第 11 章也有专门论述,因此有关阵列的理论在此不谈。本节只讨论带特征性的微带阵列设计与分析。首先我们讨论各种类型的微带阵列馈电,接着对微带阵分析和设计过程作简要的论述。

10.7.1　微带阵天线的并联和串联馈电系统

一般说来阵列口径分布函数确定后,阵列辐射特性就已确定。辐射单元的激励方式是实现所要求阵列分布的基本而重要的因素必须仔细考虑。微带阵列天线馈电方法也大致分为串馈和并馈两种。这种分法完全是从馈电的几何结构来看的并不是从等效电路来看的。

并联一般是有一个输入端,很多输出端。这些输出端分别与阵元相连。串连馈电通常是由一连续传输线构成,在沿传输线行进过程中把能量通过一定的方式耦合到阵列各单元上。这种耦合方式有口径耦合、探针耦合等。串联馈电又分为行波阵和谐振阵。行波阵终端由一匹配负载端接,其中行进的是行波;而谐振阵终端为开路或短路负载,其中行进的为驻波。馈电网络设计一般应尽量减少对阵辐射的影响。比如,导体损耗、介质损耗、表面波损耗、寄生辐射(由于拐弯、接头过渡等不连续)等造成的馈电网络插损,会影响到阵列所能达到的增益。

并馈的基本构形由两路功分器的分支结构组成,如图 10 – 39、图 10 – 40 所示。均匀幅值分布,在每一个接头上等功率分配;不同的功率分配比可形成阵列口径幅值的锥削分布。图 10 – 39(a)是对称并馈,(b)为非对称并馈。如果从入端到每一个阵元的馈电距离相等,波束位置与频率无关,馈电是宽带的,结构简单,单元间距可灵活选择,在较宽频带上可与其他器件如放大器、移相器等集成。典型的二维并馈如图 10 – 40 所示。

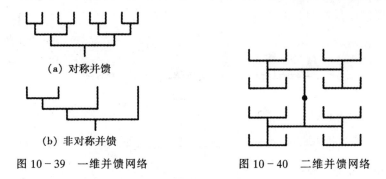

（a）对称并馈

（b）非对称并馈

图 10-39　一维并馈网络　　　　图 10-40　二维并馈网络

　　如果在并馈网络上再加上适当的渐进相位移（传输线长、或移相器等）就可实现波束指向的控制，如图 10-41 所示。这种馈电要求在输入端和阵元之间有长的传输线，特别是大阵情况。这样馈电网络的插损一般都较大，从而降低了阵列的辐射效率。在更高频段上馈线与贴片放在同一平面上，馈线辐射会干扰整个贴片天线的辐射，增加阵列互耦合和交叉极化电平。

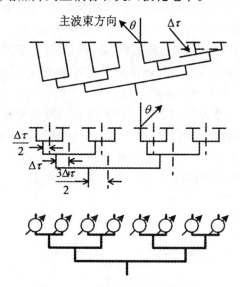

图 10-41　波束偏斜的并馈网络

　　典型的微带串馈网络示于图 10-42。它有两种形式：一种是倒相式，如图（b）；另一种是非倒相式，如图（a）。非倒相阵产生侧射波束要求阵元间距为 λ_g。而倒相阵相邻二阵元间辐射场的相位差 180°，因此形成侧射辐射的阵元间距只要 $\lambda_g/2$。这样倒相阵可提供更大范围扫描而不产生栅瓣，因为阵元间距小了一半。串联馈电线数目比并馈少,效率比并馈要高。

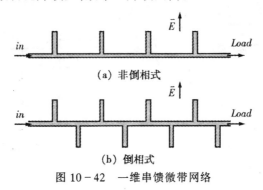

(a) 非倒相式

(b) 倒相式

图 10-42　一维串馈微带网络

10.7.2　线阵的设计

10.7.2.1　并馈微带线阵

微带阵最一般的单元有开路微带线、印刷偶极子、矩形或圆形贴片等。对均匀口径分布对称并馈微带贴片线阵的设计可归纳为:①通过适当尺度的耦合结构或采用 $\lambda_g/4$ 变换器使馈电线与辐射单元匹配;②邻近单元每一对馈线连成一个 T 形接头,它与其输入线匹配,如果需要还可通过 $\lambda_g/4$ 变换器来实现;③重复上述步骤到最后一节都达到匹配。然后用一段馈线与阵列总馈电端连接。

图 10-43 就是一个并馈的例子。贴片单元的特性阻抗约等于 200Ω,把它与 200Ω 特性阻抗的传输线连接。两个相邻单元的 200Ω 传输线连成 T 接头。通过一个特性阻抗为 140Ω 的 $\lambda_g/4$ 阻抗变换器,就又回到入端 200Ω 的阻抗。这与特性阻抗 200Ω 馈线相匹配。每一个 T 接头都如此。

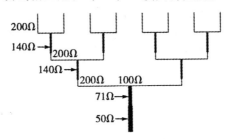

图 10-43　八单元线阵的并馈结构

下一步再把相邻 200Ω 馈线再连成下一个 T 接头。类似变换使连接又回到 200Ω 特性阻抗,再连成再下一个 T 接头,直到最后一个 T 接头,再通过一个特性阻抗为 71Ω 的 $\lambda_g/4$ 阻抗变换段与 50Ω 总馈线连接达到入端匹配。

10.7.2.2　串馈微带线阵

如图 10-44 的串馈微带线阵,它是把所有辐射单元与高阻传输线连在一起形成对微带贴片阵的串联馈电。功率从第一个单元馈入。通过改变矩形贴片单元的宽度(在非谐振边)控制每个单元的辐射功率,它直接对应于阵元的辐射电阻的大小。因为馈线排布较紧凑,它引起的插损一般比并馈的低。线阵一般设计为串馈系统。它可以是行波阵(非谐振)也可作成驻波阵(谐振阵)。串联阵的主要限制在于阻抗和波束指向都会随频率而变化。主波束指向和扫描灵敏度由下式确定:

$$d\sin\theta + \sqrt{\varepsilon_r}l = \lambda = c/f$$
$$\partial\theta/\partial f = -c/(d^2 f\cos\theta) \qquad (10-86)$$

式中,d 是单元间距,l 是连接相邻两单元传输线的长度,ε_r 为传输线等效介电常数,c 为光速,f 是工作频率,θ 是指向角,从阵法线算起。这样一种馈电结构常被称作频扫阵。

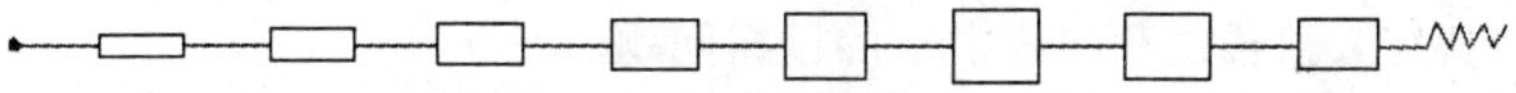

图 10-44　行波馈电微带阵

根据要求的口径幅值分布可确定每个贴片的辐射电阻。对于低副瓣设计,口径分布是重要的因素。串联馈电阵设计大都归结为:①频带内输入阻抗的估计;②阵列每个阵元上的激励幅度和相位确定。

利用腔模理论可计算串馈天线阵的输入阻抗。如图 10-44 所示的串馈阵,可把阵中每个单元当成两端口矩形微带单元。两端口置于非谐振边上。两端口结构对一给定负载 Z_L,馈点处的输入阻抗可表示为

$$Z_{in} = Z_{11} - \frac{Z_{12}^2}{Z_{22} + Z_L} \qquad (10-87)$$

串馈阵输入阻抗的计算首先是从最后一个单元的输入阻抗算起。下一个阵元的输入阻抗就是将上一个阵元的输入阻抗经过相连的传输线变换到下一个单元的负载阻抗,再用式(10-87),求出下一个单元的输入阻抗。照此依次计算到总输入端。每个阵元的幅值分布由它的辐射功率确定。归一化的辐射电导

$$g_r = \frac{Z_0}{R_{rad}} \qquad (10-89)$$

式中,R_{rad} 是贴片的辐射电阻,Z_0 是馈线的特性阻抗。由输入阻抗可确定反射系数。对第 n 个单元的反射系数

$$\Gamma_n = \frac{Z_{in,n} - Z_{fl}}{Z_{in,n} + Z_{fl}} \qquad (10-90)$$

式中,$Z_{in,n}$ 是第 n 个节点的输入阻抗,Z_{fl} 为馈线和内连线的特性阻抗。串联阵第 n 个单元辐射功率

$$V_{rn}^2 = P_{rn}$$
$$= g_n(1-g_{n-1})(1-g_{n-2})\cdots(1-g_1) \cdot (1-|\Gamma_1|^2)(1-|\Gamma_2|^2)\cdots(1-|\Gamma_n|^2)$$
$$\qquad (10-91)$$

对给定阵元的 g_r,Γ 分别由式(10-89)和式(10-90)确定。

10.7.3　新型馈电微带阵

10.7.3.1　电容耦合微带线阵

如图 10-45 所示。利用阵元谐振边与主馈线间的电容耦合对阵列馈电。通过调整他们之间的间隔控制其耦合。如果是谐振阵,侧射单元间距为一个波导波长。阵元的中心位置可调整使其都在传输馈电线的电压最大点上,每个阵元呈现一个小负载。这种阵结构的主要缺点是驻波比带宽较窄,而且由于阵元间距为 λ_g,在大扫描过程中有潜在的栅瓣问题。

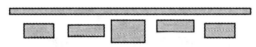

图 10-45　电容耦合微带线阵

穿过阵列的相对相位分布由贴片和连接馈线的插入相位决定。一旦每个阵元幅值和相位分布确定后,可按一般辐射场公式计算辐射方向图。它也是阵因子和单元方向图的乘积。

10.7.3.2　微带梳齿状线阵

图 10-46 是梳齿状微带线阵,它由一些并联在主馈线上呈直角排布的开路短截线组成。梳齿微带阵既可为行波阵,也可为谐振驻波阵,这要看它终端端接的是匹配负载还是短路/开路负载所决定。每一个短截线从开路端辐射并和主馈线形成一个 T 形接头。行波阵中,首先要确定在终端负载上消耗的功率。这种阵因负载吸收了部分功率使效率有所下降,由于终端基本无反射可得到更大的带宽。沿阵所要求的口径分布决定了短截线在主线上加载的阻抗,这可通过改变短截线的宽度来实现。短截线的长度一般选择为 $\lambda_g/2$ 使在馈电线上的阻抗与短截线开端辐射阻抗相等。非谐振阵两个相邻齿间相位与频率有关,这就使辐射波束指向随频率改变。其偏斜角可由两个相邻单元的插入相位差(或电间距)计算获得。

图 10-46 为开路短截线与主馈线相连的示意图。假设每个短截线的宽度和长度分别为 W_i，L_i。每一个短截线连同馈线长度的等效电路如图 10-46(b) 所示。

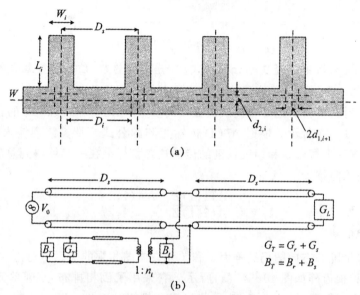

(a)

(b)

图 10-46　梳齿微带线阵及等效电路

$G_r + jB_r$，$G_s + jB_s$ 分别代表截线开端辐射和表面波导纳。B_t 代表 T 接头的电纳。在等效电路中 ABCD 传输矩阵表示包括了线损和连线引入的相位。线长为 L、传播常数为 γ、特征阻抗为 Z_0 的传输矩阵

$$A(W,L) = \begin{bmatrix} \cosh\gamma L & Z_0\sinh\gamma L \\ \sinh\gamma L/Z_0 & \cosh\gamma L \end{bmatrix} \qquad (10-92)$$

微带梳齿状线阵的设计过程概括如下：

(1)选择介质板材料，一般为低损耗正切和低介电常数的材料。为保证高阶模不在线上被激励，必须使工作带内高阶模的传播常数都为零。传播常数可写成

$$k_z^2 = k^2 - k_y^2 = (2\pi f)^2 \mu_0\varepsilon_0\varepsilon_r - \left(\frac{m\pi}{W_e}\right)^2 \quad m = 1,2,3,\cdots \qquad (10-93)$$

W_e 是微带线的有效宽度。高阶模在工作带内全部截止。

(2)短截线的间距由偏移角 θ_q，决定，有下式

$$D_i = \frac{\lambda_0}{1 + \sin\theta_q} \qquad (10-94)$$

(3)由边瓣和瓣宽的要求决定口径分布。如果边瓣电平不是主要的因素可采用均匀幅值分布会使设计简化,对应的边瓣电平为主最大的 -13.5dB。对低边瓣要求可采用 Taylor 线源的口径分布。每一个短截线的电导由下式给出

$$g_n = \frac{F_n}{\frac{1}{1-L}\sum_{m=1}^{N}F_m - \sum_{m=1}^{n}F_m}, \quad L = \frac{P_{load}}{P_{in}} \qquad (10-95)$$

F_n 是 Taylor 线源的口经功率分布函数,N 是阵元总数,L 是端负载吸收功率的部分。将每一个短截线的电导应变换成短截线的一组几何参数。

(4)当对所要求的电导转换成短截线的参数后,对短截线总电导的各种影响因素如图 10-46 所示。根据 ABCD 传输矩阵的公式可计算阵列输入驻波比。把阵列中每一个短截线和馈线长度的传输矩阵都连乘在一起就得到总的 ABCD 矩阵,其输入阻抗

$$Z_{in} = \frac{A(1,1)Z_L + A(1,2)}{A(2,1)Z_L + A(2,2)} \qquad (10-96)$$

Z_L 是终端负载。

(5)整个阵的方向图仍按阵因子和单元方向图相乘的关系得到。

另一种梳齿阵如图 10-47(a)所示。它采用了倒相排布,相邻单元辐射反相(差 180°),其间距减少为 $\lambda_g/2$,这样可避免栅瓣的产生。图 10-47(b)是 90°移相的排布,它对消除波束偏斜和得到好的驻波比都有好处,只是由于口经相位分布的偏差,可能会使边瓣电平稍微抬高一些。

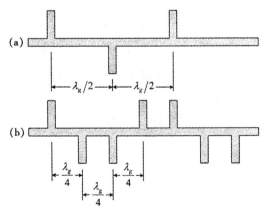

图 10-47 微带梳齿阵的换相排布

10.7.4　微带阵列建构

一般说来微带阵列建造结构可分为两种,一种是模块（brick,砖头）结构,另一类是层叠(tile,瓦片)结构。模块结构采用阵列厚度适应馈电电路模块,馈电电路模块与辐射口径平面正交排布。每一个模块包括各种元器件,如功率分配器、移相器、控制电路和致冷系统。水平偶极子和端射锥形长槽天线的这种单元适合模块（brick)结构。模块也是和单片集成技术相适应的,如图 10-48(a)

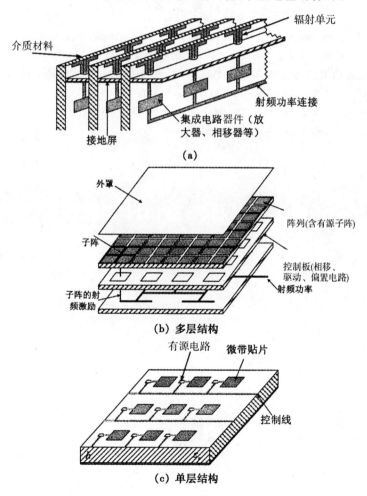

图 10-48　基本的微带阵构形

所示。层叠结构中辐射单元与馈也电路放在同一平面上。但是,多层结构中辐射单元、RF 功率分配和控制电路是分层的。多层排布可能会出现,如板的对齐、板间的垂直耦合、散热和热交换等问题。微带贴片、印刷偶极子和开槽天线都比较适合这种结构。单片集成技术与层叠结构兼容,图 10 – 48(b)、(c)分别为多层和单层结构。

参 考 文 献

1　Remesh Garg etc. Microstrip Antenna Design Handbook. Artech House,2001

2　张贤铎等. 微带天线理论与设计. 国防工业出版社,1988

3　WONG and CHIOU. Broad-Band Dual-Polarized Patch Antennas. IEEE Trans . on Antennas and Propagation, Vol. 50, No. 3, pp. 340 – 349, March,2002

4　R. Silver, Microwave Antenna Theory and Design, MIT Radiation Lab., Series Vol. 12, Mcgraw-Hill, New York,1949

第11章　阵列天线

　　天线是电磁能量的变换器,它按既定的要求完成导波场与空间波场间的转换,如我们前面讲到的螺旋天线、微带天线、喇叭等。但在某些应用场合,要求天线有很高的增益、很窄的波瓣;有时还要求天线波瓣在空间扫描,甚至有时还需天线同时对准空间多目标,实现空分多址的复用;还要求在强干扰情况下接收信号;有时还要求空间辐射特性随时改变,具有智能型和自主控制功能等等。这时如果采用多个辐射器按一定规律排布形成阵列,这就是人们通称的阵列天线,由于阵列天线有更多的设计自由度,因此就能较好地实现和完成上述功能。阵列天线中每个辐射器叫做阵列单元,简称阵元。按一条直线排布的阵列叫线阵,排布于一平面上的阵列叫做平面阵。这两种阵列应用较多,除此之外,还有排布于圆柱体上和圆球面上的,它们分别称为圆柱阵列和球形阵列,往往又把这两种阵列称为共形阵列,因为这些阵列是平装在载体表面的。

　　天线阵列的辐射参数除工作频率、带宽、方向图及增益、极化与阻抗等参数外,还有以下主要参数:阵元数目 N,阵元排布(阵内距)和阵元激励系数(含幅值及相位)。本章从线阵、平面阵入手介绍阵列天线的基本特性。进而分析共形阵和相控阵天线,介绍阵列馈电、波束扫描、多波束形成的基本原理和特性。本章还介绍了阵列实验优化,它为阵列综合和设计提供了一种有效的方法。本章也为后续的"航天智能天线"和"航天阵列天线的信号处理技术"的学习打下基础。

11.1　阵列天线的基本特性

11.1.1　阵列天线空间方向图

　　假设在一个天线阵列中有 N 个单元,第 n 个阵元在阵中单元方向图为 $f_{on}(\theta,\varphi)$,它在阵中位置为 (x_n,y_n,z_n),其激励系数为 $I_n e^{j\varphi_n}$, I_n 为激励幅度, φ_n 为激励相位,按叠加原理该阵列空间方向图为(在此令阵元极化相同)

$$f(\theta,\varphi) = \sum_{n=1}^{N} f_{on}(\theta,\varphi) I_n \exp j \left[k(x_n \sin\theta\cos\varphi + y_n \sin\theta\sin\varphi + z_n \cos\theta) + \varphi_n \right]$$

$$(11-1)$$

式中 $k = 2\pi/\lambda$ 为自由空间波数,λ 为工作波长。

11.1.2　方向图相乘原理

假设阵元相同,其单元方向图为 $f_0(\theta,\varphi)$,阵列边缘效应忽略不计时,阵列方向图可写成

$$f(\theta,\varphi) = f_0(\theta,\varphi)\sum_{n=1}^{N} I_n \exp j \left[k(x_n\sin\theta\cos\varphi + y_n\sin\theta\sin\varphi + zn\cos\theta) + \varphi_n \right]$$

$$(11-2)$$

如果令 $S = \sum_{n=1}^{N} I_n \exp j \left[k(x_n\sin\theta\cos\varphi + y_n\sin\theta\sin\varphi + z_n\cos\theta) + \varphi_n \right]$,$S$ 称为阵列的阵因子,它与阵元数、排布位置及激励系数有关。这时阵列空间方向图为

$$f(\theta,\varphi) = f_0(\theta,\varphi)\cdot S \qquad (11-3)$$

式(11-3)表明,阵列的空间方向图为阵元的单元方向图与阵因子之乘积,这就是阵列的方向图相乘原理。一般来说,当阵元数 N 较大时,阵元方向图波瓣较宽,相乘之后单元方向图对阵列辐射波瓣形状影响较小,阵因子的空间特性基本上决定了阵列的空间辐射特性。因此对阵列方向图特性研究主要着重于对阵因子的研究。

11.2　线　阵

11.2.1　均匀直线阵空间方向图

11.2.1.1　侧射、端射和栅瓣

假设沿 x 轴方向排列 N 个阵元,其间距为 d,形成 x 向等间距线阵,如图 11-1 所示。对应的空间方向图为

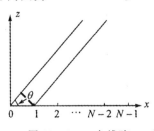

图 11-1　x 向线阵

$$f(\theta, \varphi) = \sum_{n=0}^{N-1} f_{on}(\theta, \varphi) I_n \exp\left[j(kx_n\cos\theta + \varphi_n)\right]$$

$$= \sum_{n=0}^{N-1} f_{on}(\theta, \varphi) I_n \exp\left[j(knd\cos\theta + \varphi_n)\right] \quad (11-4)$$

式中 θ 为观察方向与阵轴向夹角。

假设各单元有相同的单元方向图 $f_0(\theta, \varphi)$，此时应用方向图相乘原理得

$$f(\theta, \varphi) = f_0(\theta, \varphi) \cdot S$$

其中

$$S = \sum_{n=0}^{N-1} I_n \exp\left[j(knd\cos\theta + \varphi_n)\right] \quad (11-5)$$

如果各单元激励相位是线性递增的，即 $\varphi_n = n\alpha$，式(11-5)可写成

$$S = \sum_{n=0}^{N-1} I_n \exp jnu \quad (11-6)$$

式中 $u = kd\cos\theta + \alpha$，$\alpha$ 为相邻二单元激励相位差，一般称阵内相位差。式 (11-6)中，当 $u = 2m\pi$，$m = 0, \pm1, \cdots$ 时，S 有最大值。当 $m = 0$ 时，该波瓣为主瓣，当 m 为其他整数时形成栅瓣。令 $\alpha = -kd\cos\theta_0$，此时

$$u = kd(\cos\theta - \cos\theta_0) \quad (11-7)$$

当 $\theta_0 = \dfrac{\pi}{2}$ 时，波束最大值于 $\theta_m = \dfrac{\pi}{2}$，这时最大辐射方向与阵列轴线垂直，称为侧射阵；当 $\theta_0 = 0°$ 时，波束最大值于 $\theta_m = 0°$，这时最大辐射方向沿阵列轴线方向，称为端射阵。

为了避免辐射能量向主瓣之外的空间分布，应在可见空间内不出现任何栅瓣，应满足

$$kd(\cos\theta - \cos\theta_0) < 2\pi$$

对空间任何 θ 成立，可得不等式

$$d < \frac{\lambda}{1 + |\cos\theta_0|} \quad (11-8)$$

式(11-8)是主波瓣指向 θ_0 时，实空间不出现栅瓣的阵元间距限制条件，可以看出，对侧射阵 $\theta_0 = \dfrac{\pi}{2}$，$\dfrac{d}{\lambda} < 1$；对端射阵 $\theta_0 = 0$，阵间距 $d < \dfrac{\lambda}{2}$。

11.2.1.2　方向图零功率瓣宽、3dB 瓣宽、副瓣电平和方向性系数

如果线阵中各单元间距相等，激励幅度相同，激励相位呈线性递增，这种线阵称为均匀直线阵。这时式(11-6)中 $I_n = I_0$，它可写成

$$S = I_0 \sum_{n=0}^{N-1} \exp jnu$$

令

$$u = kd(\cos\theta - \cos\theta_0) \tag{11-9}$$

则

$$|S| = I_0 \left| \frac{\sin\left(\dfrac{Nu}{2}\right)}{\sin\dfrac{u}{2}} \right| \tag{11-10}$$

当 N 较大，u 很小时，上式可近似为

$$|S| = NI_0 \left| \frac{\sin\left(\dfrac{Nu}{2}\right)}{\dfrac{Nu}{2}} \right|$$

式(11-10)为均匀直线阵的空间幅值方向图，由此可决定：

(1)零点功率瓣宽

它是方向图主瓣两零点所占之角域，由式(11-9)得，波瓣的零点位置

$$u_0 = kd(\cos\theta - \cos\theta_0) = \pm\frac{2m\pi}{N}, \quad m = 1, 2, \cdots, (N-1) \tag{11-11}$$

当 $m-\pm1$，所包含的角域为零功率瓣宽。

$$BW_0 = \cos^{-1}\left(\cos\theta_0 - \frac{\lambda}{Nd}\right) - \cos^{-1}\left(\cos\theta_0 + \frac{\lambda}{Nd}\right) \tag{11-12}$$

当主辐射靠近侧射方向时，

$$BW_0 \approx \frac{2\lambda}{Nd\sin\theta_0} \tag{11-12a}$$

对侧射阵 $\theta_0 = \pi/2$，有

$$BW_0 \approx 2\lambda/Nd$$

对端射阵 $\theta_0 = 0°$，有

$$BW_0 = 2\cos^{-1}\left(1 - \frac{\lambda}{Nd}\right) \approx 2\sqrt{\frac{2\lambda}{Nd}}$$

可见，侧射阵零功率瓣宽反比于阵列长度，而端射阵零功率瓣宽反比于阵列长度之平方根，因此相同长度的线阵，侧射阵波瓣宽度比端射阵更窄。

(2)半功率瓣宽

幅值方向图主瓣电平相对最大点下降至 0.707 所占之角域定义为半功率瓣宽。对均匀同相侧射阵，由式(11-10)，令 sinc 函数等于 0.707，有 $\dfrac{N}{2}u = 1.39$，

可得

$$u_n = kd\cos\theta_n = \frac{2.784}{N} \tag{11-13}$$

当 $Nd \gg \lambda$ 时,侧射阵半功率瓣宽为

$$BW_{3dB} = \frac{0.886\lambda}{Nd}(弧度) = 50.77\frac{\lambda}{Nd}(度)$$

端射阵半功率瓣宽为

$$BW_{3dB} = 2\sqrt{\frac{0.886\lambda}{Nd}}(弧度)$$

(3)副瓣电平

幅值方向图中除主最大外,次最大电平与主最大电平之比定义为边瓣电平。对均匀直线阵,式(11-10)对 u 求导数,并令其为零,得到

$$N\tan\left(\frac{u}{2}\right) = \tan\left(\frac{Nu}{2}\right)$$

当 $u = \pm\pi, \pm3\pi, \cdots$ 是副瓣最大值,第一副瓣电平写为

$$SLL_1 = \left|\frac{S_{u1}}{S_{max}}\right| = \frac{1}{N\sin\left(\dfrac{3\pi}{2N}\right)} \tag{11-14}$$

当 $Nd \gg 1$　$SLL_1 \approx 0.212 = -13.5\text{dB}$

均匀线阵第一副瓣电平最大值仅比主瓣最大值低 13.5dB。

(4)方向性系数

按方向性系数定义有

$$D = \frac{4\pi|f_{max}|^2}{\displaystyle\int_0^{2\pi}\int_0^{\pi}|f(\theta,\varphi)|^2\sin\theta\,\mathrm{d}\theta\,\mathrm{d}\varphi} \tag{11-15}$$

当阵元方向图为无方向性,阵元间相位呈线性递增时,阵因子

$$S = \sum_{n=0}^{N-1} I_n\exp[jn(kd\cos\theta + \alpha)]$$

阵列方向性系数

$$D = \frac{kd\left|\displaystyle\sum_{n=0}^{N-1} I_n\right|^2}{\displaystyle\sum_{n=0}^{N-1}\sum_{m=0}^{N-1} I_n I_m\exp[j(n-m)\alpha]\frac{\sin(n-m)kd}{n-m}} \tag{11-16}$$

对等幅线阵 $I_n = I_0$,则有

$$D = \frac{Nkd}{kd + 2\sum_{l=0}^{N-1}\left[\dfrac{N-l}{Nl}\right]\cos l\alpha \sin lkd} \qquad (11-17)$$

对侧射阵 $\alpha = 0°$,则有

$$D_{brood} = \frac{Nkd}{kd + 2\sum_{l=1}^{N-1}\left[\dfrac{N-l}{Nl}\right]\sin lkd} \qquad (11-18)$$

对端射阵 $\alpha = -kd$,则有

$$D_{end} = \frac{Nkd}{kd + \sum_{l=1}^{N-1}\left[\dfrac{N-l}{Nl}\right]\sin 2lkd} \qquad (11-19)$$

对小间距大型线阵,方向性系数可近似为

$$D_{brood} \approx 2\frac{L}{\lambda} \qquad (侧射阵)$$

$$D_{end} \approx 4\frac{L}{\lambda} \qquad (端射阵) \qquad (11-20)$$

由上可见,当 N 一定时,侧射阵方向性系数等于阵元间距减小一半的端射阵方向性系数。

11.2.2　几种典型的幅度分布线阵

均匀线阵有较高的口径效率,但边瓣较高。为了获得更低的边瓣电平,对阵列(或口径)采取锥削的幅值分布。一般说来,边瓣越低,同样口径形成的主瓣就越宽,其口径效率也越低(口径效率是指其方向性系数与均匀激励的方向性系数之比)。下面介绍几种常用的低边瓣线阵。

11.2.2.1　Dolph-Chebychev(道尔夫-切比雪夫)分布线阵

这种分布所形成的阵因子可用切比雪夫多项式表示。该阵采用同相、对称不等幅激励,其空间阵因子具有边瓣等电平特性。通过对阵元激励幅值的控制可达到所要求的边瓣电平。

假设有 N 个阵元的等间距线阵,以阵中心为相位参考点,则空间阵因子可写成

$$S(u) = \sum_{n=1}^{N} A_n \exp\left[j\frac{(2n-N-1)u}{2}\right] \qquad (11-21)$$

式中 $u = kd(\cos\theta - \cos\theta_0)$。对称激励,无论阵元数为奇数还是偶数,其阵因子都可表示为余弦函数之和,对偶阵元 $N = 2M$ 有

$$S_{2M} = 2\sum_{i=1}^{M} A_i \cos[(2i - 1)u/2]$$

对奇阵元 $N = 2M + 1$,有

$$S_{2M+1} = 2\sum_{i=1}^{M+1} A_i \cos[(i - 1)u]$$

阵列排布见图 11-2。

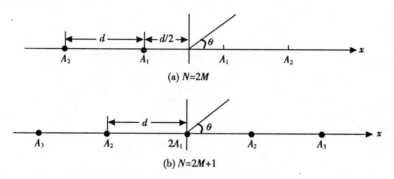

图 11-2　阵列排布示意图

Chebyshev 多项式为:

$$T_n(x) = \begin{cases} \mathrm{ch}(n\,\mathrm{ch}^{-1}x) & x \geqslant 1 \\ \cos(n\cos^{-1}x) & |x| \leqslant 1 \\ (-1)^n \mathrm{ch}(n\,\mathrm{ch}^{-1}|x|) & x < -1 \end{cases} \tag{11-22}$$

当 $|x| \leqslant 1$ 时,Chebyshev 多项式的值在 $(-1 \to +1)$ 间振荡,形似正/余弦函数;而当 $|x| > 1$ 时,Chebyshev 多项式的值随 $|x|$ 的增加单调地上升或下降,如图 11-3 所示。而且当 $T_0(x)$,$T_1(x)$ 已知时,利用递推关系 $T_{n+1}(x) = 2xT_n(x) - T_{n-1}(x)$ 可求得任意阶的 Chebyshev 多项式。所有阶的 Chebyshev 多项式都通过 $(1,1)$ 点,即 $T_n(1) = 1$;奇数阶的 Chebyshev 多项式为奇函数,而偶数阶的 Chebyshev 多项式为偶函数,有 $T_n(-x) = (-1)^n T_n(x)$。

利用 $T_n(x)$ 与 x 的依从关系,Dolph 提出了一种抑制阵列边瓣特性的方法,这就是人们常称的 Dolph-Chebyshev 阵。该阵主副瓣比 SLR 为

$$SLR = T_{N-1}(x_0) \tag{11-23}$$

$$x = x_0 \cos\frac{u}{2}$$

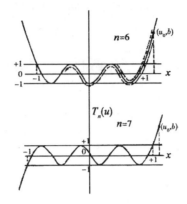

图 11-3　Chebyshev 多项式 $T_n(u)$

$$x_0 = \mathrm{ch}\, \frac{\mathrm{ch}^{-1}(SLR)}{N-1}$$

空间阵因子

$$S(u) = T_{N-1}\left(x_0 \cos \frac{u}{2}\right) \tag{11-24}$$

其中

$$u = kd(\cos\theta - \cos\theta_0)$$

选择 $T_{N-1}(u_0) = b$，$20\lg b = SLR$，这样空间阵因子则由一个主瓣和一组等高的边瓣组成，主瓣的峰值为 b。

由上可知，Dolph-Chebychev 线阵的设计，首先选定阵元数 N，然后按式 (11-23)，由所要求的边瓣电平确定 x_0，再由式 (11-24) 确定阵因子。利用 Fourier 变换的关系，从式 (11-21) 可得到各阵元的激励幅度，有

$$A_n = \frac{1}{N} \sum_{m=1}^{N} S\left(\frac{2\pi m}{N}\right) \exp\left[-j(2n-N-1)\frac{\pi m}{N}\right] \tag{11-25}$$

将 Chebychev 多项式代入上式得

$$A_n = \frac{1}{N} \sum_{m=1}^{N} T_{N-1}\left(x_0 \cos \frac{\pi m}{N}\right) \exp\left[-j(2n-N-1)\frac{\pi m}{N}\right]$$

对称激励，当阵元数为奇数时，即 $N = 2M+1$，激励系数

$$A_n = \frac{2}{N}\left(SLR + \sum_{m=1}^{M} T_{N-1}\left(x_0 \cos \frac{\pi m}{N}\right)\right)\cos\left[2n\frac{\pi m}{N}\right] \quad 0 \leqslant n \leqslant M$$

对称激励，当阵元数为偶数时，即 $N = 2M$，激励系数

$$A_n = \frac{2}{N}\left(SLR + \sum_{m=1}^{M-1} T_{N-1}\left(x_0 \cos \frac{\pi m}{N}\right)\right)\cos\left[(2n-1)\frac{\pi m}{N}\right] \quad 1 \leqslant n \leqslant M$$

上述公式适用于 $d \geqslant \lambda/2$。当 $d \leqslant \dfrac{\lambda}{2}$ 时,只有奇数阵列单元的切比雪夫阵才能成立,此时空间阵因子

$$S(u) = T_M(a\cos u + b) \tag{11-26}$$

式中

$$a = \frac{z_0 + 1}{1 - \cos kd}, \quad b = \frac{z_0 \cos kd + 1}{\cos kd - 1}, \quad u = kd\sin\theta$$

$$M = \frac{N-1}{2}, \quad z_0 = \mathrm{ch}\left[\frac{\mathrm{ch}^{-1}(SLR)}{M}\right], \quad SLR = T_M(z_0)$$

Dolph 阵的阵因子可用切比雪夫多项式表示,它具有等值旁瓣,在限定旁瓣电平条件下获得最窄的主瓣宽度,或者是在给定主瓣宽度条件下得到最低旁瓣电平。但是 Dolph 分布有时会在阵两端的单元上要求较大的激励电流,这在工程实现上不易做到。在此计算了 $N = 19$,SLR 分别为 20dB、30dB、40dB 时,Dolph 阵激励电流幅度分布如图 11-4 所示。

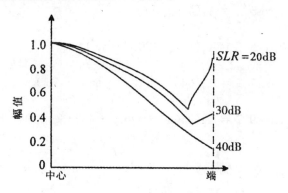

图 11-4　Dolph 阵口径幅值分布

Dolph 线阵设计举例　要求设计一个单元间距为 d,阵元数 $N = 10$,主副瓣电平 $SLR = 26$dB 的 Dolph 侧射阵。

解:这是给定副瓣电平,利用 Dolph 阵获得最佳主瓣宽度的阵列综合问题。首先,阵元数为偶数即 $N = 10$ 的空间阵因子为

$$S_{2M} = \sum_{i=1}^{5} A_i \cos\left[\left(\frac{2i-1}{2}\right)u\right] \tag{1}$$

其中

$$u = kd\cos\theta, \quad \cos\theta_0 = 0$$

将式(1)展开得

$$S_{2M} = A_1 \cos\frac{u}{2} + A_2 \cos\frac{3u}{2} + A_3 \cos\frac{5u}{2} + A_4 \cos\frac{7u}{2} + A_5 \cos\frac{9u}{2} \tag{2}$$

因为 $SLR = 26\text{dB}$，即 $SLR = 20$，由此求得

$$x_0 = \text{ch}\frac{\text{ch}^{-1}(SLR)}{N-1} = 1.0851$$

该阵因子用 Chebyshev 多项式展开有

$$S_{2M} = T_{N-1}(x_0 \cos\frac{u}{2}) = 256x^9 - 576x^7 + 432x^5 - 120x^3 + 9x \tag{3}$$

式中，

$$x = x_0 \cos\frac{u}{2}$$

由式(2)与式(3)相等得

$$A_1 \cos\frac{u}{2} = A_1 x$$

$$A_2 \cos 3\frac{u}{2} = A_2(4x^3 - 3x)$$

$$A_3 \cos 5\frac{u}{2} = A_3(16x^5 - 20x^3 + 5x)$$

$$A_4 \cos 7\frac{u}{2} = A_4(64x^7 - 112x^5 + 56x^3 - 7x)$$

$$A_5 \cos 9\frac{u}{2} = A_5(256x^9 - 576x^7 + 432x^5 - 120x^3 + 9x)$$

激励系数

$$256A_5/x_0^9 = 256 \qquad\qquad A_5 = 2.0856$$

$$(64A_4 - 576A_5)/x_0^7 = -576 \qquad A_4 = 2.8308$$

$$(16A_3 - 112A_4 + 432A_5)x_0^5 = 432 \qquad A_3 = 4.1184$$

$$(4A_2 - 20A_3 + 56A_4 - 120A_5)/x_0^3 = -120 \quad A_2 = 5.2073$$

$$(A_1 - 3A_2 + 5A_3 - 7A_4 + 9A_5)/x_0 = 9 \qquad A_1 = 5.8377$$

将激励系数对中心阵元归一有

$$A_5 = 0.375, \ A_4 = 0.485, \ A_3 = 0.706, \ A_2 = 0.890, \ A_1 = 1.000$$

将激励系数代入式(2)中，计算得到空间阵因子，如图 11 - 5 所示。

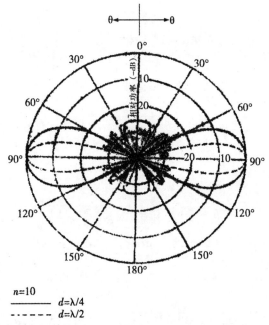

$n=10$
——— $d=\lambda/4$
- - - - - $d=\lambda/2$

图 11-5　10 单元 Chebyshev 侧射阵空间阵因子

11.2.2.2　Taylor(泰勒)分布线阵

为解决 Dolph 阵口径锥削分布出现边缘反跳的这个问题,Taylor 修改了 Dolph 分布,Taylor 利用修改副瓣结构的办法对 Dolph 阵分布进行改进。把均匀分布波瓣中靠近主瓣的若干副瓣稍微移动位置,使它们具有近似相等的电平,而更远的副瓣则让它们按均匀分布时波瓣的形状,单调下降。这种分布形成的波瓣头几个旁瓣电平相等,而随后的旁瓣单调下降。这时主瓣宽度较均匀口径分布稍有展宽,并用展宽因子予以度量。这种分布常用于单脉冲和波束馈电,可在窄波束(高增益)与低旁瓣性能之间获得较佳的折中。Taylor 分布是连续线源上的分布,通过抽样可用于阵列天线设计。因此,泰勒分布线阵的空间阵因子

$$s(u) = \frac{\sin(\pi u)}{\pi u} \prod_{n=1}^{\bar{n}-1} \frac{\left(1 - \dfrac{u^2}{u_n^2}\right)}{\left(1 - \dfrac{u^2}{n^2}\right)} \qquad (11-27)$$

式中 u_n 为零点位置。式(11-27)右边第一个因子代表一般均匀分布阵列(或口径)的空间阵因子,第二个因子是把靠近主瓣 $\bar{n}-1$ 个副瓣的零点稍加移动,

其新位置 u_n 为

$$u_n = \begin{cases} \pm\,\sigma\sqrt{A^2 + \left(n - \dfrac{1}{2}\right)^2} & 1 \leqslant n \leqslant \bar{n} \\ \pm\,n & \bar{n} \leqslant n \end{cases} \qquad (11-28)$$

$(\bar{n}-1)$ 是近乎相等的旁瓣的个数。σ 是波瓣展宽因子

$$\sigma = \frac{\bar{n}}{\sqrt{A^2 + \left(\bar{n} - \dfrac{1}{2}\right)^2}} \qquad (11-29)$$

主副瓣之比

$$SLR = \mathrm{ch}(\pi A)$$
$$A = \frac{1}{\pi}\ln(SLR + \sqrt{SLR^2 - 1}) \qquad (11-30)$$

同样,口径分布可用空间阵因子的 Fourier 级数表示。其中

$$g(p) = 1 + 2\sum_{n=1}^{\bar{n}-1} B_n \cos n\pi p \qquad (11-31)$$

$$B_n = \frac{[(\bar{n}-1)!]^2}{(\bar{n}-1+n)!(\bar{n}-1-n)!}\prod_{m=1}^{\bar{n}-1}\left(1 - \frac{u^2}{u_m^2}\right)$$

$$u_m = \sigma\sqrt{A^2 + \left(m - \frac{1}{2}\right)^2}$$

p 是由中心算起的归一化距离,

$$p = \begin{cases} \dfrac{2\mathrm{d}i}{L} & i = 0, 1, \cdots, M, \text{阵元数 } N = 2M+1, \text{为奇数} \\ \dfrac{\mathrm{d}(2i+1)}{L} & i = 0, 1, \cdots, M, \text{阵元数 } N = 2M, \text{为偶数} \end{cases}$$

在口径中心 $p = 0$,在口径边缘 $p = \pm 1$。

图 $11-6$ 是 $SLR = 25\mathrm{dB}$,$\bar{n} = 5$ 侧射 Taylor 阵的空间阵因子,可以看出在靠近主瓣的 $\bar{n}-1$ 个副瓣有近于相等的电平,而之外的副瓣仍按 $1/u$ 的规律递减。图 $11-7$ 是不同的 SLR 和 $\bar{n}$ 的 Taylor 阵对应的口径幅值分布,图中对不同 SLR 的 Taylor 线阵给出了使口径幅值呈单调递减分布的最大 $\bar{n}$ 值。与图 $11-4$ 相比,随着阵因子边瓣电平的减低,口径分布就更加锥削,这一点对两个阵都是类似的,但 Taylor 阵较 Chebyshev 阵更容易形成单调下降的口径幅值,一般不易产生口径边缘幅值反跳的问题,Taylor 阵的激励较易实现。

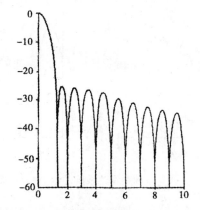

图 11 - 6　Taylor 阵因子($SLR = 25\text{dB}, \bar{n} = 5$)

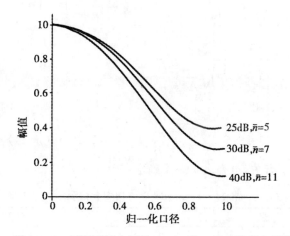

图 11 - 7　不同副瓣电平的 Taylor 阵口径幅值分布函数

11.2.2.3　Bayliss(贝利斯)分布线阵

Bayliss 分布是将 Taylor 分布求微商,从而派生出对应的最优单脉冲波束辐射,在线阵上形成差波瓣的方法是让阵列两半边单元的相位互相反相。这种辐射分布所形成的差波束在给定的旁瓣电平下有最大的零点斜率,反之在给定零点斜率的条件下,可获得最低的旁瓣电平(图 11 - 8)。

Bayliss 分布的空间阵因子

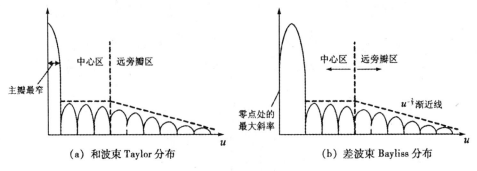

图 11-8　单脉冲雷达线阵的和、差方向图

$$S_D(u) = \pi u \cos\pi u \prod_{n=1}^{\bar{n}-1} \left[\frac{1 - \dfrac{u^2}{u_n^2}}{1 - \left[\dfrac{u}{n + \dfrac{1}{2}}\right]^2} \right] \tag{11-32}$$

式中

$$u_n = \begin{cases} \left(\bar{n} + \dfrac{1}{2}\right)\sqrt{\dfrac{\xi_n^2}{A^2 + n^2}} & n = 1,2,3,4 \\ 0 & n = 0 \\ \left(\bar{n} + \dfrac{1}{2}\right)\sqrt{\dfrac{A^2 + n^2}{A^2 + \bar{n}^2}} & n = 5,6,\cdots,(\bar{n}-1) \end{cases}$$

A 和 ξ 与副瓣电平有关,可查表 11-1 确定。

表 11-1　Bayliss 差方向图参数表

副瓣电平(-dB)	15	20	25	30	35	40
A	1.0079	1.2247	1.4355	1.6413	1.8431	2.0415
ξ_1	1.5124	1.6962	1.8826	2.0708	2.2602	2.4502
ξ_2	2.2561	2.3698	4.4943	2.6275	2.7675	2.9123
ξ_3	3.1693	3.2473	3.3351	3.4314	3.5352	3.6452
ξ_4	4.1264	4.1854	4.2527	4.3276	4.4093	4.4973

Bayliss 差波瓣的口径分布

$$g(\zeta) = \sum_{m=0}^{\bar{n}-1} S_D\left(m + \frac{1}{2}\right)\sin\left[\frac{\left(m + \dfrac{1}{2}\right)2\pi\zeta}{L}\right] \tag{11-33}$$

式中 ζ 是从阵中心算起的距离,L 是阵长,S_D 由式(11-32),令 $u = m + \dfrac{1}{2}$ 得

出。由上式可见口径分布的振幅是对称的,但相位则呈反相,即两边电流符号相反,这正是形成差波瓣所必需的。

11.3　平面阵

组成阵列的所有单元位于同一个平面上的天线阵一般简称为面阵。

11.3.1　矩形平面阵列空间阵因子

如图 11-9 所示,在 xy 平面上的阵列,沿 x 轴和平行 x 轴各列的是由 n_x 个单元在 x 方向以间距 d_x 排列成的线阵,n_y 个这样的线阵沿 y 方向相间 d_y 平行排列成的矩形面阵。设 $n_x \times n_y = (2M+1) \times (2N+1)$ 个各向同性的辐射元,沿 x 轴的 $(2M+1)$ 个单元以等间距 d_x、等步进相移 α_x 排列。若坐标原点

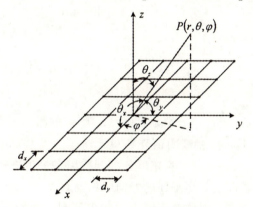

图 11-9　矩形平面阵列

取在阵列中心单元 $(0,0)$ 上,沿 x 轴一列线阵的阵因子

$$S_{x0} = \sum_{m=-M}^{M} I_{m0} \exp[jm(kd_x\cos\theta_x + \alpha_x)]$$

$$= \sum_{m=-M}^{M} I_{m0} \exp[jm(kd_x\sin\theta\cos\varphi + \alpha_x)] \qquad (11-34)$$

以具有 S_{x0} 方向图的线阵沿 y 轴方向组成 $n_y = 2N+1$ 个列阵,以等间距 d_y、等步进相位 α_y 排列成一矩形平面阵,其阵因子

$$S_{xy} = S_{x0} \sum_{n=-N}^{N} I_{0n} \exp[jn(kd_y\cos\theta_y + \alpha_y)]$$

$$= S_{x0} \sum_{n=-N}^{N} I_{0n} \exp[jn(kd_y \sin\varphi \sin\theta + \alpha_y)] = S_{x0} S_{y0}$$

令

$$S_{y0} = \sum_{n=-N}^{N} I_{0n} \exp[jn(kd_y \sin\theta \sin\varphi + \alpha_y)] \qquad (11-35)$$

各单元总的激励幅度 $I_{mn} = I_{m0} I_{0n}$,对激励幅度取归一化有

$$I_m = \frac{I_{m0}}{I_{00}}, \qquad I_n = \frac{I_{0n}}{I_{00}}$$

I_{00} 是平面阵中心阵元之激励幅度。式(11-34)可写成

$$S_x = \sum_{m=-M}^{M} I_m \exp[jm(kd_x \sin\theta \cos\varphi + \alpha_x)] \qquad (11-36)$$

式(11-35)可写成

$$S_y = \sum_{n=-N}^{N} I_n \exp[jn(kd_y \sin\theta \sin\varphi + \alpha_y)] \qquad (11-37)$$

这时

$$S = S_x S_y = \sum_{m=-M}^{M} \sum_{n=-N}^{N} I_m I_n \exp\left\{ j[k \sin\theta(md_x \cos\varphi + nd_y \sin\varphi) + \alpha_{mn}] \right\}$$

$$(11-38)$$

式中 $I_m I_n$ 和 $\alpha_{mn} = m\alpha_x + n\alpha_y$ 分别是第(m,n)阵元的激励幅度和相位。若令中心单元激励幅度 $I_0 I_0 = 1$,就表明面阵各单元激励幅度是对中心单元幅度归一的。由式(11-36)、(11-37)可见矩形阵列的阵因子等于沿 x 轴和 y 轴两个线阵阵因子的乘积。这就是矩形平面阵方向图相乘原理。由此可见对矩形平面阵空间阵因子的研究变成了对两个正交方向线阵阵因子的研究,因此前面讨论的线阵分析方法完全可应用于矩形平面阵。

对于单位幅度激励的均匀矩形阵阵因子,通过式(11-36)和式(11-37)直接求和得到

$$S_u = \frac{\sin\left(\dfrac{n_x}{2} u_x\right)}{\sin\left(\dfrac{u_x}{2}\right)} \cdot \frac{\sin\left(\dfrac{n_y}{2} u_y\right)}{\sin\left(\dfrac{u_y}{2}\right)}$$

式中

$$u_x = kd_x \sin\theta \cos\varphi + \alpha_x$$

$$u_y = kd_y \sin\theta \sin\varphi + \alpha_y$$

当单元间距等于或大于工作波长 λ 时,在实空间会出现多个幅值相等的最

大值。除所需最大值称为主瓣之外,其余最大值为栅瓣。要使矩形面阵避免栅瓣或不形成多余波束应满足的条件与线阵的原则是相同的。对单波束阵列,在 xz 和 yz 平面内避免栅瓣的条件是

$$d_x < \lambda, \quad d_y < \lambda$$

由式(11-36)和式(11-37)可知,矩形面阵空间最大值发生在

$$\left.\begin{array}{l} kd_x\sin\theta\cos\varphi + \alpha_x = \pm 2m\pi, \quad m = 0,1,2,\cdots \\ kd_y\sin\theta\sin\varphi + \alpha_y = \pm 2n\pi, \quad n = 0,1,2,\cdots \end{array}\right\} \tag{11-39}$$

馈电相位 α_x, α_y 是相互独立的,改变它们使 S_x, S_y 最大值指向不同方向,原则上可形成多个波束。如果实际中形成一单射束,为此 S_x, S_y 的最大值应指向同一个方向,比如 $\theta = \theta_0$, $\varphi = \varphi_0$。这时,等步进相位移 α_x 和 α_y 有

$$\left.\begin{array}{l} \alpha_x = -kd_x\sin\theta_0\cos\varphi_0 \\ \alpha_y = -kd_y\sin\theta_0\sin\varphi_0 \end{array}\right\} \tag{11-40}$$

上式联立可解出

$$\tan\varphi_0 = \frac{\alpha_y d_x}{\alpha_x d_y}$$

$$\sin^2\theta_0 = \left(\frac{\alpha_x}{kd_x}\right)^2 + \left(\frac{\alpha_y}{kd_y}\right)^2$$

将式(11-40)代入式(11-39)中可得

$$\left.\begin{array}{l} \sin\theta\cos\varphi - \sin\theta_0\cos\varphi_0 = \pm\dfrac{m\lambda}{d_x}, \quad m = 0,1,2,\cdots \\ \sin\theta\sin\varphi - \sin\theta_0\sin\varphi_0 = \pm\dfrac{n\lambda}{d_y}, \quad m = 0,1,2,\cdots \end{array}\right\} \tag{11-41}$$

对单波束阵列来说,$m = n = 0$ 对应主波瓣。从式(11-41)可见,因为 $\sin\theta = \sin(\pi-\theta)$,所以除去 $\theta_0 = \pi/2$ 的端射外,对任一 φ 为常数的垂直面内 S_x 和 S_y 都是双向的。表明阵列面两侧各一个波瓣。通过选用半空间的辐射单元或采用接地板反射可消除阵列面另一侧之辐射。

11.3.2　平面阵的空间辐射特性

11.3.2.1　波束宽度

采用矩形面阵形成的波束形状多数接近锥状,且为侧射或接近侧射方向。通常把 E 面和 H 面或有时把过波束最大点正交方向的两平面定义为主平面。一般研究其波束宽度也是对两个主平面的方向图进行研究。

3dB 瓣宽:由式(11-38)可知,主波束最大值场强有

$$S(\theta_0, \varphi_0) = \sum_{m=-M}^{M} \sum_{n=-N}^{N} I_m I_n \qquad (11-42)$$

令场强下降 3dB 位置为 $(\theta_0 + \delta\theta, \varphi_0 + \delta\varphi)$,此点场强为

$$S(\theta_0 + \delta\theta, \varphi_0 + \delta\varphi) = 0.707 S(\theta_0, \varphi_0) = 0.707 \sum_{m=-M}^{M} \sum_{n=-N}^{N} I_m I_n$$

$$= \sum_{m=-M}^{M} I_m \exp\{jmkd_x[\sin(\theta_0 + \delta\theta)\cos(\varphi_0 + \delta\varphi) - \sin\theta_0\sin\varphi_0]\} \cdot$$

$$\sum_{n=-N}^{N} I_n \exp\{jnkd_y[\sin(\theta_0 + \delta\theta)\sin(\varphi_0 + \delta\varphi) - \sin\theta_0\sin\varphi_0]\} \quad (11-43)$$

对大型阵列,$\delta\theta$、$\delta\varphi$ 较小,上式可简化成

$$0.707 \sum_{m=-M}^{M} \sum_{n=-N}^{N} I_m I_n = \sum_{m=-M}^{M} \sum_{n=-N}^{N} I_m I_n \exp[j(m\psi_x + n\psi_y)] \quad (11-44)$$

式中

$$\psi_x \approx kd_x(\cos\theta_0\cos\varphi_0\,\delta\theta - \sin\theta_0\sin\varphi_0\,\delta\varphi)$$

$$\psi_y \approx kd_y(\cos\theta_0\sin\varphi_0\,\delta\theta + \sin\theta_0\cos\varphi_0\,\delta\varphi)$$

将上式相位因子 $e^{j(m\psi_x + n\psi_y)}$ 用幂级数展开,假设阵电流 I_m 和 I_n 分布是对称的,则幂级数展开式中含有 m 或 n 的奇次幂的各项应为零。于是取展开式的前三项,有

$$0.586 \sum_{m=-M}^{M} \sum_{n=-N}^{N} I_m I_n = \psi_x^2 \sum_{m=-M}^{M} \sum_{n=-N}^{N} m^2 I_m I_n + \psi_y^2 \sum_{m=-M}^{M} \sum_{n=-N}^{N} n^2 I_m I_n \quad (11-45)$$

对 xz 面,$\varphi_0 = 0°$,式(11-45)变为

$$0.586 \sum_{m=-M}^{M} \sum_{n=-N}^{N} I_m I_n = (kd_x\cos\theta_0\,\delta\theta)^2 \sum_{m=-M}^{M} \sum_{n=-N}^{N} m^2 I_m I_n + (kd_y\sin\theta_0\,\delta_\varphi)^2 \sum_{m=-M}^{M} \sum_{n=-N}^{N} n^2 I_m I_n$$

$$(11-46)$$

由于 xz 面垂直于 y 轴,该剖面方向图与平行于 x 轴的线阵方向图相同,其形状不受平行于 y 轴的线阵影响。该面上有两个半功率点,即 $(\theta = \theta_0 \pm \frac{1}{2}\Theta_x, \varphi = 0°)$,其中 Θ_x 为 x 向的线阵的半功率波瓣宽度,由 $+x$ 算起主波束最大值位于 $\frac{\pi}{2} - \theta_0$。因此可把 $\delta\theta = \frac{1}{2}\Theta_x$,$\delta\varphi = 0$ 代入上式有

$$0.586 \sum_{m=-M}^{M} \sum_{n=-N}^{N} I_m I_n = \left(\frac{1}{2}kd_x\cos\theta_0\Theta_x\right)^2 \sum_{m=-M}^{M} \sum_{n=-N}^{N} m^2 I_m I_n \quad (11-47)$$

对 $\theta_0 = 0°$ 的特殊情况,式(11-47)可简化成

$$\sum_{m=-M}^{M}\sum_{n=-N}^{N}m^2 I_m I_n = 0.586\left(\frac{1}{2}kd_x\Theta_{x0}\right)^{-2}\sum_{m=-M}^{M}\sum_{n=-N}^{N}I_m I_n \qquad (11-48)$$

式中 Θ_{x0} 为侧射线阵 x 向的半功率瓣宽。用类似方法在 yz 平面上与式 (11-48) 类似的公式有

$$\sum_{m=-M}^{M}\sum_{n=-N}^{N}n^2 I_m I_n = 0.586\left(\frac{1}{2}kd_y\Theta_{y0}\right)^{-2}\sum_{m=-M}^{M}\sum_{n=-N}^{N}I_m I_n \qquad (11-49)$$

式中 Θ_{y0} 为 y 向侧射线阵的半功率瓣宽。

将式 (11-48) 和 (11-49) 代入式 (11-45) 中,得到

$$\frac{\psi_x^2}{\left(\dfrac{1}{2}kd_x\Theta_{x0}\right)^2} + \frac{\psi_y^2}{\left(\dfrac{1}{2}kd_y\Theta_{y0}\right)^2} = 1 \qquad (11-50)$$

式 (11-50) 是主波束 3dB 点的轮廓线方程。假设在半径 r 的大球面上取 u 和 v 坐标,u 轴沿经线,正向为 θ 增加方向;v 轴沿纬线,正向为 φ 增加方向,这时

$$u = r\delta\theta, \qquad v = r\sin\theta_0\,\delta\varphi \qquad (11-51)$$

将式 (11-51) 代入式 (11-44) 和 (11-50) 中得到

$$\frac{(u\cos\theta_0\cos\varphi_0 - v\sin\varphi_0)^2}{\dfrac{1}{2}r\Theta_{x0}} + \frac{(u\cos\theta_0\sin\varphi_0 + v\cos\varphi_0)^2}{\dfrac{1}{2}r\Theta_{y0}} = 1 \qquad (11-52)$$

式 (11-52) 就是主波束 3dB 点在 (u,v) 空间的椭圆方程。

11.3.2.2　方向性系数

对于阵列主波束最大值位置 (θ_0,φ_0) 点的方向性系数,由其定义有

$$D_0 = D_{\max} = \frac{4\pi S(\theta_0,\varphi_0) S^*(\theta_0,\varphi_0)}{\displaystyle\int_0^{2\pi}\!\!\int_0^{\pi} S(\theta,\varphi) S^*(\theta,\varphi)\sin\theta\,\mathrm{d}\theta\,\mathrm{d}\varphi} \qquad (11-53)$$

对于大型面阵,接近侧射时的方向性系数可近似为

$$D_0 \approx \pi\cos\theta_0 D_x D_y \qquad (11-54)$$

式中,D_x、D_y 分别是 x 向和 y 向线阵侧射时的方向性系数。而 $\cos\theta_0$ 是由于阵列投影面积减小引起的方向性系数的下降。理想情况,按方向性系数定义

$$D = \frac{4\pi}{\Omega_A} \doteq \frac{4\pi}{\Theta_{1r}\Theta_{2r}} \qquad (11-55)$$

式中,Ω_A 是主波束立体角,Θ_{1r} 为一主平面的半功率瓣宽(弧度),Θ_{2r} 另一主平面的半功率瓣宽(弧度)

$$\Omega_A = \Theta_{1r}\cdot\Theta_{2r} \qquad (11-56)$$

若用"度"表示有

$$D \approx \frac{41253}{\Theta_{1d}\Theta_{2d}} \qquad (11-57)$$

式(11-55)~(11-57)仅对单波束,且无副瓣或副瓣电平非常之小时是有效的,对大多数平面阵常用的较好近似公式为(Θ 以度表示)

$$D \approx \frac{32400}{\Theta_{1d}\Theta_{2d}} = \frac{32400}{\Omega_A} \qquad (11-58)$$

有时人们又提出用下式计算天线方向性系数

$$D \approx \frac{72815}{\Theta_{1d}^2 + \Theta_{2d}^2} \qquad (11-59)$$

式(11-54)与(11-58)是设计中常用来估计平面阵列天线方向性系数的近似公式,为说明二式的逼近程度,举一例说明。

由 $n_x = n_y = 10$ 的各向同性阵元组成的矩形平面阵列,单元间距 $d_x = d_y = d = \lambda/2$。沿 x、y 向幅值分布为 Dolph 线阵,主副瓣电平比 SLR = 26dB,最大指向 $\theta_0 = 30°$,$\varphi_0 = 45°$,求该阵方向性系数。

根据 $nd = 5\lambda$,SLR = 26dB = 20,查曲线可得到波束展宽因子 = 1.079。均匀线阵

$$\Theta_{3dB} = 50.77 \frac{\lambda}{nd} = 10.17°$$

所以

$$\Theta_{x0} = \Theta_{y0} = \Theta_{3dB} \times 1.079 = 10.97°$$

$$\Theta_u = \Theta_{x0} \sec\Theta_0 = 12.67°$$

$$\Theta_v = \Theta_{x0} = \Theta_{y0} = 10.97°$$

立体角

$$\Omega_A = \Theta_u \Theta_v = 12.67 \times 10.97 = 138.96$$

$$D_0 = \frac{32400}{\Omega_A} = 23.67\text{dB}$$

按式(11-18)侧射线阵方向性系数估计公式 $D_x = D_y = 9.18 = 9.63\text{dB}$,利用式(11-54)得

$$D_0 = \pi\cos\theta_0 D_x D_y = \pi\cos30°(9.18)^2 = 23.60\text{dB}$$

两个公式计算结果基本一致。

11.4　共形阵

共形阵通常是指阵列单元平装在非平面上的阵列。该定义意味着安装阵元的表面对阵列辐射性能和阻抗特性起着重要的作用。一般说来，共形阵比平面阵的分析更难。然而共形阵在导弹和卫星等空间飞行器上的应用具有更大的潜力。因为它不仅有良好的空气动力学特性，而且它较平面阵来说可实现更大角域的扫描与覆盖；不需要预留扫描空间，能提供更大的有效辐射口径，获得更窄的波瓣和更高的天线增益；在弹体或飞行器上要求较小的使用空间。一般共形阵可以不使用天线罩或天线罩紧贴辐射阵元，这可消除或减小天线罩引入的电轴误差，减小方向图的畸变。然而共形阵设计和实现比如：维持阵的固定极化问题。共形阵是三维的，如何保证所有单元在给定角域辐射相同的极化；共形阵单元置于单曲或双曲面上，需在这样的曲面上沉积或刻蚀天线单元；达到最宽角覆盖需要用微波开关系统和幅相控制与分配网络。所有这些都比平面阵更困难和复杂。

这些年由于微波元器件、微波集成工艺的飞速发展，特别是移相器，使相控阵扫描天线得到了广泛的应用，也联动了共形阵天线的研究和实现。

共形阵电磁问题的分析就其数学结构来说可分为两部分：一部分是经典的"外部"电磁问题，即已知封闭面上电、磁流源确定其外部空间电磁场，对于一些简单的几何结构这个问题的解可解析得到；另一部分问题是当安装在共形表面辐射单元通过馈电网络激励，确定在辐射单元上电流(或磁流)。这个问题的关键是单元之间散射系数的确定。它的计算要求对复元素大型矩阵(行列式)求逆。

一般来说，解决共形阵电磁问题有两大类方法：一类是模型法(modal methods)；另一类为高频近似法(射线法)。模型法是较严格的，但它能处理的范围仅限于有高度对称性的典型结构。这个方法的价值还在于一些实际天线的模型可由一些精确模型组成。高频近似法是把每个阵元辐射通过射线系统描述。这个方法对解决比较复杂问题较为实用，特别是电大尺寸问题。

11.4.1　共形阵列的网络模型

无论平面阵还是共形阵，阵列口径上电流分布并不完全由馈电网络结构确定，它还与单元间相互作用有关。这是现代相控阵理论最重要的一个概念。对任意几何形状的实际阵列，一般都能够用两个级联的网络来模拟：一个是馈电网络(FN)；另一个是辐射网络(RN)，如图 11-10。

馈电网络完成复杂的功率分配，把输入功率以适当的幅度和相位分配到阵

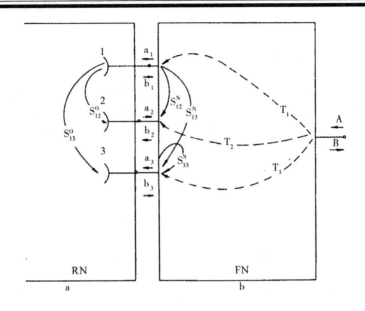

$\{S_{ik}^{O}\}$，$\{S_{ik}^{N}\}$分别代表外耦合和内耦合；$a=\{a_i\}$为自由激励

图 11 - 10　阵列天线的网络特性

元的输入端。虽然图 11 - 10 中仅示出了一个波束系统，一般说来 FN 可有多个输入端口（波束端）以形成独立的波束。如单脉冲系统的"和"、"差"波束。对接收来说，馈电系统通过对各阵元端电压组合形成各波束端的接收电压，不同的线性组合对应于不同的波束。对相控阵 FN 还包括可变移相器。当然 FN 和 RN 应连在一起，这里说的阵元"端"的定义有一定任意性。对于口径单元，端口位置一般选择在阵列口径上。RN 代表单元外耦合特性，可通过阵元间的散射系数来表征。在这里假设每一个辐射单元仅有一个输入端，事实上如果阵元有两个激励端（对极化分集、极化控制应用），可用单端口阵列重复两次处理。传输线或波导构成的 FN 假设支持单一传输模或对对称截面（如方波导、圆波导）支持两个简并传输模。

　　阵列的自由激励（free excitation）可以用在阵元端口一组与基模激励有关的入射波表示，写成矢量形式为

$$\{a_i\}=\boldsymbol{a}, \qquad i=1,2,\cdots,N \tag{11-60}$$

其维数等于阵元数 N。从图 11 - 10 可知，$\{a_i\}$不仅和馈电网络的功率分配有关，而且和阵元内、外耦合的组合有关。在对阵列辐射和阻抗特性分析时，首先形成以下定义：

（1）有源增益方向图（RGP，realied gain pattern）是指单元在阵列环境下的辐射方向图，包括相位、极化和绝对增益电平等内容。它是当单个阵元接功率发生器被激励，而其他阵元接匹配负载的条件下得到的方向图。在这个定义下所考虑的阵列是和它的馈电网络不连接的，因此仅有外部电磁相互作用影响的单元辐射方向图（RGP）。

（2）外部耦合（external mutual couplings），它是外部电磁相互作用，在阵元各输入端口中的散射系数，这在相控阵天线术语中常称为"互耦合"。

（3）内部耦合（internal mutual couplings），是馈电系统单元端口间的散射系数，它由阵元端口和波束端口组成的线性网络表征。该网络端口数等于阵元数加波束数目。波束端对应于天线不同波束的输入端。

根据上面给出的约定，第 i 个单元 RGP 是当激励矢量 a 除第 i 个分量等于 1 外，其他分量全部等于零的第 i 个阵元的方向图。可以把第 i 个阵元的 RGP 写为：

$$\vec{g}^i(\theta,\varphi) = \hat{\varphi}g_\varphi^i(\theta,\varphi) + \hat{\theta}g_\theta^i(\theta,\varphi) \qquad (11-61)$$

式中 $\hat{\varphi}, \hat{\theta}$ 是球坐标系 φ, θ 方向的单位向量，g_φ^i 和 g_θ^i 是 RGP 的 φ, θ 分量，为复函数，阵元几何位置的空间相位项也合并在 RGP 式中。一旦阵列中 N 个单元的 RGP 确定，对任意自由激励（即对确定的矢量 $\{a_i\}$）的阵列总的方向图，可通过对自由激励的各阵元方向图的叠加得到。阵列总的辐射方向图可写为：

$$\vec{F}(\theta,\varphi) = \sum_{i=1}^N a_i\vec{g}^i(\theta,\varphi) \qquad (11-62)$$

从上式可见，阵列总的 RGP 是通过单元 RGP 和阵列的自由激励来表示的。阵元 RGP 对大型圆柱阵（阵元按规则栅格排列）的分析是十分有用的。事实上，这种情况阵元的 RGP 除去置于阵列边缘上的一些单元因边缘效应影响外，其余都是相同的，仅是坐标旋转罢了。

当阵列所有阵元自由激励时，阵元上的磁流和电流（a_i）就已确定。一旦单元电、磁流得到，问题就简化为已知阵列表面电、磁流源的辐射场计算。

11.4.2　阵列的内外互耦合

一般说来在自由激励的同时，在阵元端口还存在一组反射波，它也可简单地表示为矢量形式，有

$$\{b_i\} = \boldsymbol{b} \qquad i = 1,2,\cdots,N \qquad (11-63)$$

当然 $[a]$ 和 $[b]$ 的各分量都是复量而且是归一化的。按惯例 $|a_i|^2$ 和 $|b_i|^2$ 的数值分别等于加入到第 i 个端口的入射功率和反射功率。$\boldsymbol{b}$ 和 $\boldsymbol{a}$ 用矢量矩阵关

系表示为：

$$b = S^0 a \qquad (11-64)$$

式中，S^0 是 $N \times N$ 的对称矩阵，它代表了阵列的散射(或互耦合)特性。如图中阵元端口所见的那样，S^0 矩阵中的任一元素 S^0_{ik} 的数值等于当一瓦功率的入射波 a_k 激励第 k 个端口，在第 i 个端口反射波的复值。重要的问题是如何确定它。对发射阵，矩阵元素代表了阵元的反射系数，它定义为与自由激励 a_i 的比值。有：

$$\Gamma_i = b_i / a_i \qquad (11-65)$$

Γ_i 称为第 i 个阵元的有源反射系数。假设向网络看去，阵元端不匹配和/或阵元间存在耦合，就是说能量馈送到一个阵元上时，其能量不仅到阵元输入端口，而且还耦合到其他阵元上，并且还返回到激励单元本身。这些由于馈电网络(FN)结构产生的内部耦合，如图 11-10 所示，由 S^N_{ik} 代表。很明显，如果内部耦合不等于零，自由激励 a 不仅与阵列波束端与阵元间的传输系数 T_i 有关，而且还与反射波 b 有关。换言之，如果口径不是理想(完全)匹配的，与 a 有关的部分能量会反射回到馈电网络，如果存在内部耦合还又会再返回到口径上。这个过程重复发生、形成多次反射，影响到阵列口径幅值和相位分布，这就使阵列特性变得对频率非常敏感了。

假设由 A 代表在 FN 一个波束端的激励，而其他波束端是由匹配负载端接。由于网络的线性性有下列关系：

$$a = S_N b + TA \qquad (11-66)$$

T 是 N 个分量的矢量，S_N 是 N 阶方矩阵，代表阵元间网络的内耦合。T 和 S_N 的物理意义说明如下：T 的第 i 个分量 T_i 是加在第 i 个阵元端上的归一化电压，条件是其他阵元完全由匹配负载代之。S_N 中的一个元素 S^{ik}_N 是第 i 个阵元接入功率为一的功率发生器时，其他阵元和波束端都用匹配负载端接的情况下，从网络内部耦合到第 k 个阵元入端的入射波的复值。利用式(11-64)，b 可从式(11-66)中消除，得到

$$a = (I_N - S_N S^0)^{-1} TA \qquad (11-67)$$

I_N 是 N 阶单位矩阵。如果网络无内部耦合，$S_N = 0$，则有

$$a = TA \qquad (11-68)$$

这种情况下自由激励 a 不依赖 S^0，与 S^0 无关，就是说阵元互耦合不影响阵元激励。

如果 $S_N \neq 0$，那么天线口径分布变得对频率非常敏感。这个现象的物理解

释可从下列展开式中看出

$$(I_N - S_N S^0)^{-1} = I_N + (S_N S^0) + (S_N S^0)^2 + \cdots \qquad (11-69)$$

将上式代入式(11-67)中，

$$a = TA + S_N S^0 TA + (S_N S^0)^2 TA + \cdots \qquad (11-70)$$

这正是多次相互作用和多次反射的一种解释。很明显，上式第一项是自由激励，在不存在互耦合条件下得到的。第二项是由于阵元外部的互耦合，将能量返回到馈电网络形成对自由激励的改变，然后再返回到口径。上式的高阶项也可作类似的解释，是计及了更高阶多次反射的结果。实际上，上式第二项以及后面各项可当成是对阵列口径照明函数的修正（畸变），它直接影响到方向图综合的精度。

按式(11-70)就可计算由于内耦合对口径照明函数的修正，这不需要任何矩阵反演（求逆）。S_N 矩阵是一稀疏矩阵，$S_N S^0$ 的计算对计算机存储的要求也比较适中。内耦合的决定是一个比较直接的网络问题，在此不再讨论。下面将讨论外部耦合的确定和导体表面口径阵列电流分布。

11.4.3　多模口径单元的广义散射系数

在此考虑一个波导阵列，阵元（可以填充介质）端接在理想导体表面，如图 11-11 所示。假设：

(1)在阵单元所在表面的曲率半径远大于工作波长。

(2)辐射口径与馈电网络间有一段过渡段，而且不一定是理想匹配的，但由于有一段过渡段的隔离可忽略高阶模的影响（截止频率以下的模按指数衰减的）。但是从阵元波导到馈电系统的过渡段的失配对基模激励的影响会反映到内耦合矩阵 S_N 的各元素上。

(3)波导横截面（和介质常数）的选取仅允许基模传输，因此从阵元表面往阵元波导看去的波导模导纳仅考虑基模，忽略高阶模影响，认为都被端接了（开或短路）。

(4)如果波导是方或圆的，阵元结构对基模的简并模不存在耦合，也就是说对交叉极化的基模单元也仅能用一个导纳项表征，这适合于绝大多数情况。

假设阵元口径横向场分布取头 M 个波导模表示就足够了。模数 M 的选择根据物理考虑和收敛测试来决定，即增加模式数目重复计算其观察量，直到再增加模式数目对其结果无影响为止。

下标 k 用来区分口径的各种模式，k 从 $0 \sim M-1$。0 值代表基模激励，基模激励的模电压是一组入射和反射波之和，可表示为：

图 11 - 11　同轴到波导的耦合

$$V^0 Y_0 = \boldsymbol{a} + \boldsymbol{b} \tag{11-71}$$

Y_0 是波导基模的特性导纳。无源被动激励的模电压 V_i^k 也能用一组矢量代表，矢量维数等于阵元数 N。可写成：

$$\boldsymbol{V}^k = \{V_i^k\} \qquad k = 0,1,2,\cdots,M-1; \quad i = 1,2,\cdots,N \tag{11-72}$$

当阵列由 $\boldsymbol{a}$ 矢量代表的一组波的自由激励时，由于线性性，下列关系成立：

$$Y_0 \boldsymbol{V}^k = (\boldsymbol{S}^k + \delta_0 \mathrm{k})\boldsymbol{a} \qquad k = 0,1,2,\cdots,M-1$$

式中

$$\delta_{0k} = \begin{cases} 1, & k=0 \\ 0, & k\neq 0 \end{cases} \tag{11-73}$$

$\boldsymbol{S}^k$ 为 N 阶方矩阵。对任意自由激励，如果 $\boldsymbol{S}^k$ 矩阵各元素(一般称散射系数)已知的话，在 M 模近似的条件下，在每个阵元口径上的模电压，也就是阵列表面磁流分布就能计算确定，因此，广义散射系数可从口径磁流的模分量的互导纳中计算得到。参考图 11 - 12 当以 $a_p = 1$ 的自由激励，在阵元 q 上，对 k 阶模形成辐射耦合的激励为 S_{pq}^k。对 k 不等于零的情况，$N \times N$ 矩阵 $\boldsymbol{S}^k$ 的元素 S_{pq}^k 代表了当第 p 个阵元 $a^p = 1$ 自由激励，如果用下标 q 表示阵元，在阵元 q 上 k 阶模形成辐射耦合的激励(或响应)可写成 S_{pq}^k。那么对编号为 p 的阵元的第 k 次模的模电压是 $S_{pq}^k \cdot Y_0 \cdot a_p$。把图 11 - 10 中的辐射网络想象成一个有 $M \times N$ 个端口的网络，而不仅是 N。N 端连到馈电网络，而 $(M-1) \times N$ 端接于高阶模模导纳或由从馈电网络到阵元波导过渡结构决定的导纳所端接(对交叉极化基模)，如图 11 - 12 所示。

基模散射系数的估计基本上是确定式(11-73)中阵列激励 $\boldsymbol{a}$。为了估计每一个口径磁流的模分量，必须估计高阶模的广义散射系数。广义散射系数的计算叙述如下。

引入位置矢量 $\vec{\boldsymbol{S}}$，它规定了阵列表面上任意一点的位置，让 $e_p^k(\boldsymbol{S})$ 代表在第 p 个口径上第 k 个模横切电场分布的矢量函数。该函数归一化有：

$$\iint_p e_p^k(S) e_p^h(S)\mathrm{d}A = \delta_{kh} \tag{11-74}$$

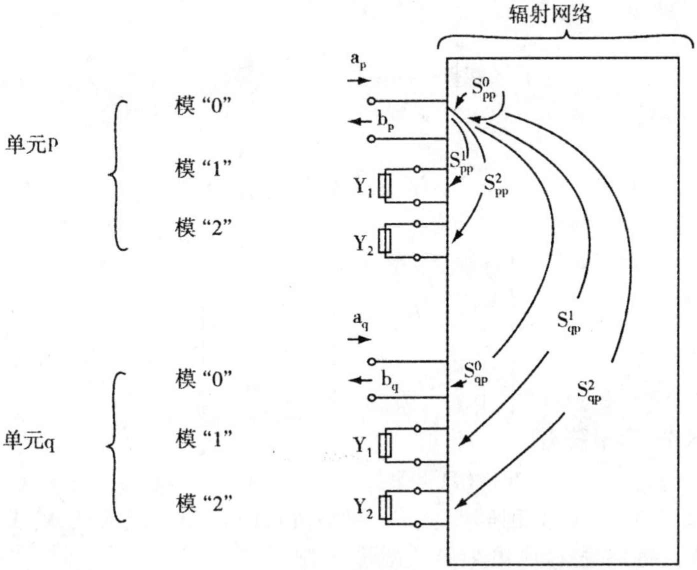

图 11 - 12 外耦合,广义散射系数

式(11-74)积分是在第 p 个口径上进行的。让 $h_q^i(S)$ 代表第 q 个口径上横向磁场,可写成 $e_q^i(S) \times \hat{n}$,它由该口径面上的磁流分布形成,$\hat{n}$ 是第 q 个口径位置的单位法向量。在估计磁场时,口径当成不存在,阵列表面想象成是连续的金属面组成。在口径 p 和口径 q 之间第 k 模和第 i 模的互导纳定义为:

$$Y_{pq}^{ki} = \iint_p e_p^k(S) \times h_q^i(S) \hat{n} \, dA_p \qquad (11-75)$$

上式积分是在口径 p 上进行的。当固定的一组模指数"k"和"i"时,Y_{pq}^{ki} 形成一个由 Y^{ki} 表示的 N 阶矩阵。$M \times N$ 行和 $M \times N$ 列的矩阵由下列表示构成:首先定义 Y 矩阵,它是 $M \times M$ 阶矩阵:

$$Y \equiv \begin{vmatrix} Y^{00} & Y^{01} & \cdots & Y^{0M-1} \\ Y^{10} & & \cdots & \\ \vdots & \vdots & \vdots & \vdots \\ Y^{M-10} & Y^{M-11} & \cdots & Y^{M-1M-1} \end{vmatrix} \qquad (11-76)$$

为了处理互导纳与散射系数之间的关系,引入 M 个 N 阶对角线矩阵 $D^{(k)}$:

$$\boldsymbol{D}^{(k)} = \begin{vmatrix} Y_k & 0 & \cdots & 0 \\ 0 & Y_k & \cdots & 0 \\ \vdots & \vdots & \vdots & \vdots \\ 0 & 0 & \cdots & Y_k \end{vmatrix} \tag{11-77}$$

对角矩阵 $\boldsymbol{D}^{(k)}$ 的对角线元素等于由第 k 个模看阵元呈现的模导纳,写成 M 阶对角矩阵 $\boldsymbol{D}$:

$$\boldsymbol{D} = \begin{vmatrix} \boldsymbol{D}^{(0)} & 0 & \cdots & 0 \\ 0 & \boldsymbol{D}^{(1)} & \cdots & 0 \\ \vdots & \vdots & \vdots & \vdots \\ 0 & 0 & \cdots & \boldsymbol{D}^{(M-1)} \end{vmatrix} \tag{11-78}$$

最后写成 $N \times M$ 阶矩阵有

$$\boldsymbol{S} = (\boldsymbol{D} + \boldsymbol{Y})^{-1}(\boldsymbol{D} - \boldsymbol{Y}) \tag{11-79}$$

上式计算要求对 $N \times M$ 阶矩阵求逆。可看出由式(11-73)定义的 $\boldsymbol{S}^k$ 矩阵是 $\boldsymbol{S}$ 矩阵的子矩阵。将 $\boldsymbol{S}$ 表示成更为简洁的形式为

$$\boldsymbol{S} = \begin{vmatrix} \boldsymbol{S}^0 & \tilde{\boldsymbol{S}}^1 & \cdots & \tilde{\boldsymbol{S}}^{M-1} \\ \boldsymbol{S}^1 & & \cdots & \\ \vdots & \vdots & \vdots & \vdots \\ \boldsymbol{S}^{N-1} & & \cdots & \tilde{\boldsymbol{S}}^{M-1,N-1} \end{vmatrix} \tag{11-80}$$

式中,上标"～"代表矩阵的转置。该矩阵为 $M \times N$ 阶的矩阵。

直接对式(11-79)的矩阵求逆是很困难的,除非是非常小的阵列。假设单元数 $N = 300$,模式数 $M = 3$,对这种相对简单的阵元磁流特性来说,为确定 $\boldsymbol{S}$ 的子阵 $\boldsymbol{S}^k$,必须要对一个 $N \times M = 900$ 阶的复矩阵求逆,这是一个十分困难的任务。即便是高速计算机其时间的耗费也是很大的。如果我们改变一个方式处理,把式(11-79)首先用级数展开,考虑恒等式

$$(\boldsymbol{D} + \boldsymbol{Y})^{-1} = \frac{1}{2}\left[\boldsymbol{I} - \frac{1}{2}(\boldsymbol{I} - \boldsymbol{D}^{-1}\boldsymbol{Y})\right]^{-1}\boldsymbol{D}^{-1} \tag{11-81}$$

式中,"$\boldsymbol{I}$" 是 $M \times N$ 阶的单位矩阵。假设式(11-81)中圆括号中的矩阵的模(norm)是很小的,则有

$$\left\|\frac{1}{2}(\boldsymbol{I} - \boldsymbol{D}^{-1}\boldsymbol{Y})\right\| < 1 \tag{11-82}$$

除去阵元严重失配外,上式在一般情况下都成立。利用下列展开式

$$\left[\boldsymbol{I} - \frac{1}{2}(\boldsymbol{I} - \boldsymbol{D}^{-1}\boldsymbol{Y})\right]^{-1} = \boldsymbol{I} + \frac{1}{2}(\boldsymbol{I} - \boldsymbol{D}^{-1}\boldsymbol{Y}) + \frac{1}{2^2}(\boldsymbol{I} - \boldsymbol{D}^{-1}\boldsymbol{Y})^2 + \cdots$$

$$\tag{11-83}$$

将上式代入式(11 - 81),由式(11 - 79)得到

$$S = \frac{1}{2}(I - D^{-1}Y) + \frac{1}{2^2}(I - D^{-1}Y)^2 + \frac{1}{2^3}(I - D^{-1}Y)^3 + \cdots \quad (11-84)$$

可见,并不要求任何矩阵求逆。对大量阵元排列成规则栅格的圆柱阵来说,利用其结构的高度对称性并忽略阵列边缘效应时可用上述方法处理,能避免大型行列式的求逆。道理上与广泛应用于平面阵列分析方法是类似的。

上面给出了口径单元广义的互导纳的一般表示,可用于口径型圆柱阵的分析。上述讨论在假设用 M 个口径模就能恰当的代表辐射阵元横切电场分布的条件下,得到单元互耦合和阵表面磁流分布。这些公式可以用于导电圆柱体口径阵列研究。讨论的圆柱体假设为无限长,无边缘绕射存在。首先确定导电圆柱体上的磁流场,然后把互和自导纳用谐波级数表示,再用 GTD 计算表面电场和互导纳。有关圆柱阵列的详细分析和数值求解不在此叙述了,在此基础上,需要时可参考文献[6]。

由上面分析可见,共形阵馈电网络和辐射网络的内外互耦合影响使阵元的阵列阻抗和阵表面激励电流的计算十分复杂,特别是大型阵列、涉及元素很多的大型复矩阵的计算。对阵列设计来说,最需要优化的是布局和激励。后面 11.6 节将给出一种普遍适用的试验优化方法,使阵列的工程设计变得更加直接和容易。

11.5　相控阵天线

20 世纪 60 年代前形成定向波束大部分采用结构简单的反射面天线。随着空间技术的发展,靠反射面天线机械扫描完成多目标的搜索、获截、识别、跟踪、制导、测量和拦截等多种功能,因受机械惯性影响,速度太慢,再加上一些技术限制已远不能满足应用需要。此时作为一种新的技术途径,相控阵雷达开始发展起来了。相控阵天线是利用辐射阵元激励系数的相对相位来控制波束方向和形状的一类阵列天线。

空间技术和应用的发展,卫星通信抗干扰、航天微波成像雷达(SAR)、波束在轨重构及快捷变、多目标及波束扫描等应用需求,相控阵天线在航天领域日渐得到应用。将天线阵列与信号处理技术结合形成一类新型阵列天线,通过信号处理技术来改善天线阵性能,获取最大信息量或信息率,其中基于自适应阵列技术的航天智能天线在实现航天器自主控制、超级抗干扰等方面已初显其巨大生命力,相信新型阵列天线会在航天应用领域发挥更大的作用。

相控阵天线得以发展是以近代微电子技术、计算机技术、信息技术和微波集

成技术等发展为基础的,成为当今发展最快,应用潜力最大的一种天线形式。不仅用于多目标跟踪、反导弹预警、舰载、机载乃至星载武器系统、电子对抗系统中,还应用于空间飞行器,卫星通信和空中交通管制等方面。

11.5.1　相控阵天线的优缺点

相控阵天线的优点概括起来有:

(1)波束灵活易变。扫描速度不受机械惯性限制,在移相器的一个开关时间(mμs,μs量级)内即可完成波束控相与赋形,并可形成同时多波束来进一步提高数据率和缩短反应时间。

(2)实现多功能。同一个天线可以同时形成多波束,各波束具有不同参数,也可用单波束时间分割。同时(微观来说)完成搜索、多目标截获与跟踪等。

(3)功率-孔径乘积大。有源相控阵天线每个阵元带一个发射机,在空间合成极大的功率,从而增大其作用距离。大而固定的天线阵易获得高的角分辨率,无需机械转动。

(4)自动化及智能化的工作。相控阵天线是在计算机控制下工作,摆脱了依赖地面控制和人工操作干预的工作方式。在计算机控制下有序的或自适应地完成各种功能。

(5)可靠性高。阵列天线中有源单元、移相器、发射/接收组件等的大量重复使用,可把突然失效概率减至最小。由于大量的阵列单元并联使用,即使损坏一部分对阵列性能影响不大,例如10%单元故障,仅使天线增益降低1dB左右。消除了天线的单点失效大大提高航天天线的可靠性。

(6)应用潜力大。随数字技术、计算机技术和微波集成技术的发展加上阵列信号处理技术使相控阵天线在航天领域更具广阔的应用潜力。

当然相控阵天线也有缺点,归结起来为:结构复杂,造价昂贵。平面阵扫描空域有限,一般不超过±60°角域,而且随扫描角增大,增益会下降、旁瓣会抬升。微波元器组件如T/R组件、移相器、微波网络应用较多。它包含了天线硬、软件设计和实现,其技术难度高。

11.5.2　相控阵天线的基本组成

相控阵天线硬件基本上由辐射单元、移相器、馈电及控制网络组成,如图11-13所示。

(1)移相器。电控移相器是相控阵天线中实现波束扫描的关键器件。它是利用电的方法改变传输线长度(相位)的器件,由计算机控制,其相位在$0\sim2\pi$内

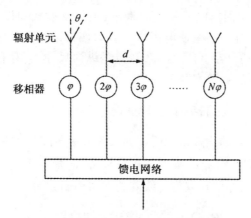

图 11 - 13　相控阵天线基本组成

改变。当单元间距为 d，工作波长 λ，相邻单元相位滞后 $\varphi = \dfrac{2\pi d}{\lambda}\sin\theta$，$\theta$ 是与阵列法向（Broadside 方向）的夹角。要波束扫描角到 θ 时，要求每个阵元后面接的移相器移相量正好抵消阵元空间排布带来的相位滞后。通过改变移相量实现波束空间扫描。

（2）阵元辐射器。相控阵天线中最常用的单元辐射器有振子天线、开口波导、缝隙天线和微带天线等，它是阵列中能有效地辐射或接收无线电波的基本单元。阵列单元的性能视偏离理想有源方向图的程度来衡量。无限阵列辐射单元的理想有源单元方向图是指所有单元均匀激励时阵列中一个辐射单元的方向图，可由下式表示

$$G(\theta) = \frac{4\pi A_c}{\lambda^2}(1 - |\Gamma(\theta)|^2)\cos\theta \qquad (11-85)$$

式中，θ 为偏离阵法线的角度；$\Gamma(\theta)$ 为有源反射系数；A_c 为阵单元有效面积。匹配时

$$G(\theta) = \frac{4\pi A_c}{\lambda^2}\cos\theta$$

由于阵列天线中存在互耦效应，辐射单元的分析与设计必须在阵列环境中进行。大型、高速计算机的应用使复杂的相控阵口径面边值问题有了较方便的计算机求解工具。此外单元实验技术如波导模拟器和小阵实验都是不可少的。

（3）馈电网络：其作用是将能量按一定的比例馈送天线阵列单元，完成各单元的激励，为阵列口径提供预定的幅值分布以获得最优的方向图，有时也为各阵元提供复加权所需的幅值和相位。常见馈电形式有强制馈电，如串、并馈电，

Butler 矩阵馈电等;空间馈电又称光学馈电,包括反射式和传输式(透镜)等;宽带延迟馈电系统;子阵多波束馈电系统。上面四种以前两种应用最多。相比之下空馈能节省大量功分器,可靠性高,缺点是纵向尺寸大,存在照射不均匀和漏失问题。反射阵有遮挡,效率稍低一些。

11.5.3　相控阵天线扫描的基本原理

这里以图 11-14 的线阵来说明。如果阵列中各阵元的激励电流 I_i 用 a_i 表示,它是满足一定口径分布的幅度加权系数,而激励电流的相位 $i\Delta\varphi_b$ 可看成是获得波束扫描所需的相位加权值。线阵的方向图函数为

$$F(\theta) = \sum_{i=0}^{N-1} f_0(\theta) a_i e^{ji(kd\sin\theta - \Delta\varphi_b)}$$

当各阵元相同,且为各向同性辐射元时,上式可简写为

$$F(\theta) = \sum_{i=0}^{N-1} a_i e^{ji(kd\sin\theta - \Delta\varphi_b)}$$

$$\Delta\varphi = kd\sin\theta, \quad \Delta\varphi_b = kd\sin\theta_b, \quad k = \frac{2\pi}{\lambda} \tag{11-86}$$

式中,$\Delta\varphi$ 是相邻单元的空间相位差。$\Delta\varphi_b$ 是相邻单元的阵内相位差,这是使天线波束最大值在 θ_b 方向所需的各阵元间的馈电相位差。激励系数又称复加权系数,可写成

$$w_i = a_i e^{-ji\Delta\varphi_b} \tag{11-87}$$

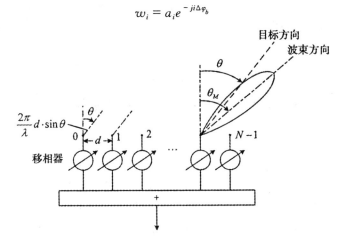

图 11-14　线性相控阵天线示图

如果为均匀激励 $a_i = 1$，式(11-86)可改写为

$$F(\theta) = \frac{\sin\dfrac{N}{2}x}{\sin\dfrac{x}{2}}e^{j(\frac{N-1}{2}x)}$$

$$(11-88)$$

$$x = \Delta\varphi - \Delta\varphi_b = \frac{2\pi}{\lambda}d(\sin\theta - \sin\theta_b)$$

幅值方向图

$$|F(\theta)| = \left|\frac{\sin\dfrac{N\pi}{\lambda}d(\sin\theta - \sin\theta_b)}{\sin\dfrac{\pi}{\lambda}d(\sin\theta - \sin\theta_b)}\right|$$

$$(11-89)$$

当 N 很大时

$$|F(\theta)| = N\left|\frac{\sin\dfrac{N\pi}{\lambda}d(\sin\theta - \sin\theta_b)}{\dfrac{N\pi}{\lambda}d(\sin\theta - \sin\theta_b)}\right|$$

此式为 $\mathrm{sin}c$ 函数，当 $\dfrac{N}{2}x = 0$ 时，方向图有最大值。这意味着 $\sin\theta - \sin\theta_b = 0$，即 $\theta = \theta_b$ 时方向图有最大。由式(11-86)可得

$$\theta_b = \arcsin(\frac{\lambda}{2\pi d}\Delta\varphi_b)$$

$$(11-90)$$

此式表明，改变相邻单元间的相位差 $\Delta\varphi_b$ 就能改变 θ_b，即可改变天线波束的最大指向。如果由连续式移相器提供，则天线波束就可连续地扫描。如果 $\Delta\varphi_b$ 由数字移相器提供，则天线波束在空间可实现离散的扫描。这就是相控阵天线波束扫描的基本原理。

11.5.4　波束扫描的栅瓣位置

由以上分析可见，当单元间的"空间相位差"与"阵内相位差"相等时波瓣出现最大值，它满足

$$\frac{2\pi}{\lambda}d\sin\theta_m - \Delta\varphi_b = 0 + m2\pi, \quad m = 0, \pm 1, \pm 2, \cdots$$

$$(11-91)$$

其中 $m = 0$ 时的最大值决定了波束之主最大。当 $m \neq 0$ 时，对应的波瓣最大值为方向图的栅瓣。例如，当主波瓣指向法线方向上(天线不扫描 $\theta_b = 0°$ 时)，出现栅瓣的条件为 $\dfrac{2\pi}{\lambda}d\sin\theta_m = \pm m2\pi$，决定 $\sin\theta_m = \pm\dfrac{\lambda}{d}m$。由于 $|\sin\theta_m| \leqslant 1$，故只有

在 $d \geqslant \lambda$ 时才可能产生栅瓣。单波束扫描至 $\theta_b = \theta_{\max}$，出现栅瓣的条件有 $\sin\theta_m$ $= \pm \dfrac{\lambda}{d} m + \sin\theta_{\max}$，由于 $|\sin\theta_m| \leqslant 1$，出现栅瓣的条件应满足 $d \geqslant \dfrac{m\lambda}{1 + |\sin\theta_{\max}|}$，因此，在波束扫描到 $\theta_{\max}$ 时，仍不出现栅瓣的条件是

$$d < \frac{m\lambda}{1 + |\sin\theta_{\max}|} \tag{11-92}$$

对只在小区域内扫描的相控阵天线，单元间距 d 可适当增大，只要满足式(11-92)。这可减少移相器的数目，简化馈电网络。相控阵列的特性同前面一般阵列情况相同，在此不重复。

11.5.5　阵列天线中阵元间互耦及其影响

阵列天线中，每个单元天线处于由许多阵元组成的天线阵中，天线单元间能量互相交换，这种效应称为阵列天线的"互耦"。阵列天线方向图由阵列中各单元的激励电流和相邻单元间的相位差决定。各单元的激励电流是由馈点网络提供的，只要已知阵元的输入阻抗，就可以从网络输出的电压(场强)求出各单元的电流。由于阵列中各单元间互耦存在，特别是随着扫描其互耦还在变化，这不仅影响到辐射功率、波瓣形状，甚至还会在扫描中出现"盲角"效应。这对有低副瓣要求或广域扫描阵来说其影响更大，必须研究如何尽量减小阵元间互耦或利用单元间相互补偿来抵消互耦。总之实现扫描阵"口径匹配"是阵列设计与实现的一个重要问题。

假设一个 N 单元阵列天线，天线单元电流与馈电网络所提供的电压间关系可通过一个 N 阶阻抗矩阵表示

$$\begin{bmatrix} V_1 \\ V_2 \\ \vdots \\ V_N \end{bmatrix} = \begin{bmatrix} Z_{11} & Z_{12} & \cdots & Z_{1N} \\ Z_{21} & Z_{22} & \cdots & Z_{2N} \\ \vdots & \vdots & \vdots & \vdots \\ Z_{N1} & Z_{N2} & \cdots & Z_{NN} \end{bmatrix} \begin{bmatrix} I_1 \\ I_2 \\ \vdots \\ I_N \end{bmatrix} \tag{11-93}$$

式中，$\boldsymbol{V} = [V_1, V_2, \cdots, V_N]^T$ 为馈电网络提供的电压矩阵；$\boldsymbol{I} = [I_1, I_2, \cdots, I_N]^T$ 为阵中 N 个单元上的电流矩阵；$[Z]$ 矩阵为阻抗矩阵，其中于对角线上的 $Z_{11}, Z_{22}, \cdots, Z_{NN}$ 是各单元天线的自阻抗。其余为单元间互阻抗，Z_{ik} 表示第 i 个单元由第 k 个单元引入的互阻抗。阵列中第 i 个天线单元的阻抗表示为

$$\left.\begin{array}{l} V_i = Z_{i1} I_1 + Z_{i2} I_2 + \cdots + Z_{iN} I_N = I_i Z_i \\ Z_i = \dfrac{V_i}{I_i} = Z_{ii} + \dfrac{I_1}{I_i} Z_{i1} + \dfrac{I_2}{I_i} Z_{i2} + \cdots + \dfrac{I_N}{I_i} Z_{iN} \end{array}\right\} \tag{11-94}$$

Z_i 称为第 i 个单元的有源阻抗,在有互耦存在时有源阻抗不等于自阻抗。互耦的影响主要表现在以下三方面。

(1) 引起天线阵电流分布改变

在没有互耦时,阻抗矩阵 Z_0

$$\boldsymbol{Z}_0 = \begin{bmatrix} Z_{11} & 0 & \cdots & 0 \\ 0 & Z_{22} & \cdots & 0 \\ \vdots & \vdots & \vdots & \vdots \\ 0 & 0 & \cdots & Z_{NN} \end{bmatrix} \tag{11-95}$$

当存在互耦时,随着天线波束扫描,单元间互耦也会发生变化,阻抗矩阵也就相应改变,这意味着馈电网络对各单元激励电流也发生变化。阵列的电流分布改变必引起方向图改变,常表现为边瓣电平抬高,天线增益下降,主瓣宽度展宽等后果。

(2) 引起天线单元反射增加

随着扫描天线单元间互耦改变,导致天线单元输入阻抗与馈电网络不匹配,使单元天线上驻波比(VSWR)提高,反射系数(ρ)增加。对此影响可用有源反射系数来评价。设 N 个阵元之阵列,激励信号电压为 $V_1,V_2,\cdots,V_N$,各阵元反射信号场强分别为 $e_1,e_2,\cdots,e_N$,考虑到各天线单元间互耦,有

$$\begin{bmatrix} e_1 \\ e_2 \\ \vdots \\ e_N \end{bmatrix} = \begin{bmatrix} C_{11} & C_{12} & \cdots & C_{1N} \\ C_{21} & C_{22} & \cdots & C_{2N} \\ \vdots & \vdots & \vdots & \vdots \\ C_{N1} & C_{N2} & \cdots & C_{NN} \end{bmatrix} \begin{bmatrix} V_1 \\ V_2 \\ \vdots \\ V_N \end{bmatrix} \tag{11-96}$$

[C]称为互耦系数矩阵,第 p 个阵元反射信号 e_p 可表示为

$$e_p = \sum_{i=1}^{N} C_{pi}V_i \tag{11-97}$$

式中,C_{pi} 是反映第 i 个单元对第 p 个单元影响的互耦系数,它显然与两单元间距有关。受其影响较大的还是单元周围上下左右各 $2\sim4$ 个排间单元,距离较远者影响可忽略不计,因此互耦系数公式可写成

$$C_{pi} = \sigma(\,|\,i-p\,|d)e^{-j\beta|i-p|d} \tag{11-98}$$

式中,σ 是与 p,i 阵元间距有关的递减函数,β 是接近于传播常数 $k=\dfrac{2\pi}{\lambda}$ 的一个传播常数。对等间距均匀阵列,$V_1=V_2=\cdots=V_N=V_0$,相邻单元间阵内相位差 $\Delta\varphi_B=\dfrac{2\pi}{\lambda}d\sin\theta_0$。若令 $\tau_0=\sin\theta_0$,则 $\Delta\varphi_B=kd\tau_0$。对第 p 个单元的反射电压

e_p 可表示为 $e_p = V_0 \sum_{i=1}^{N} C_{pi} e^{-jk(i-p)d\tau_0}$。第 p 个单元的有源反射系数定义为

$$\rho_p(\tau_0) = \frac{e_p}{V_p} = \sum_{i=1}^{N} C_{pi} e^{-jk(i-p)d\tau_0} \tag{11-99}$$

将互耦系数 C_{pi} 代入上式得

$$\rho_p(\tau_0) = \sum_{i=1}^{N} \sigma(|i-p|d) e^{-jd[\beta|i-p|+k(i-p)\tau_0]} \tag{11-100}$$

可以看出,有源反射系数与单元间距、波束扫描角有关,与单元天线形式也有关,表现在系数 ρ 的数值上。有源反射系数越大,由反射造成的功率损失也就越大,此外还会造成二次反射波瓣,影响到天线副瓣电平。

(3) 引起天线扫描出现"盲角"

由于互耦影响,当天线扫描至接近出现栅瓣方向时($\tau_0 = \sin\theta_0$),有源反射系数激增 ≈ 1。这意味所有加到天线单元上发射信号几乎全部反射回来,在其天线波束指向上,波瓣出现一个很深的凹口,甚至接近于零值。天线增益急剧下降,出现了"盲视现象",对应的波束指向角 θ_0 称为"盲角"。产生"盲角"的条件:由式(11-100),当 $d[\beta|i-p|+k(i-p)\sin\theta_0] = 2\pi M,M=1,2,\cdots$ 时,有源反射系数 $\rho(\sin\theta_0)$ 达最大值,此时在 θ_0 角度上的天线波瓣值变到最小,出现"盲视",此时,对 $i>p$ 的单元

$$d(\beta + k\sin\theta_0) = 2\pi$$

对 $i<p$ 的单元

$$d(-\beta - k\sin\theta_0) = -2\pi$$

因传播常数 $k = \dfrac{2\pi}{\lambda}$,由上式可得

$$\sin\theta_0 = \frac{\lambda}{d} - 1 - \left(\frac{\beta}{k} - 1\right)$$

式中 β 为接近或略大于 k 的传播常数。前面避免栅瓣出现,天线最大扫描角 $\sin\theta_m < \dfrac{\lambda}{d} - 1$。由于 β 接近于 k,因此 $\left(\dfrac{\beta}{k} - 1\right)$ 与 $\left(\dfrac{\lambda}{d} - 1\right)$ 相比很小,故出现"盲角"的扫描方向 θ_0 很接近于为避免栅瓣所允许的最大波束扫描角 θ_m。为了避免出现"盲角",天线波束的最大扫描角应比由 $\sin\theta_m < \dfrac{\lambda}{d} - 1$(避免栅瓣出现的扫描角)所规定的角更小一些。

11.5.6 相控阵天线的馈电

相控阵天线的馈电网络就是实现对阵列中各单元按预定的幅度分布和相位

梯度激励。同样接收时又能将各阵元接收到的信号按一定幅值和相位要求进行加权,然后相加后馈送给接收机,馈电系统在相控阵天线中有特别重要的作用。按其馈电方式一般可分为强制馈电和空间馈电两种。强制馈电采用波导,同轴线、板线、微带线和光纤等进行功率分配的,空间馈电是采用空间波激励阵列各单元的。

11.5.6.1　强制馈电

强制馈电网络框图如图 11－15 所示。强制馈电一般可分为串馈、并馈、串并馈和线阵的子阵馈电方式。并联馈电阵、串联馈电阵分别如图 11－15 和图 11－16 所示。串并联阵馈电如图 11－17 所示。线阵的子阵馈电方式如图 11－18所示。

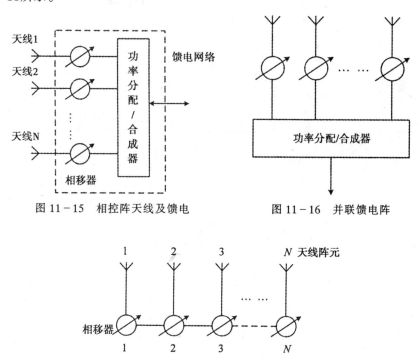

图 11－15　相控阵天线及馈电　　　　图 11－16　并联馈电阵

图 11－17　串联馈电阵

图 11－9 所示的平面阵上,阵面于 xy 面上,共有 $n_x \times n_y = (2M+1) \times (2N+1)$ 个阵元,中心阵元$(0,0)$于坐标原点。阵间距沿 x、沿 y 分别为 d_x 和d_y,沿 x、y 方向阵列渐进相位分别为 α_x、α_y,以中心馈电。该阵空间阵因子

$$S = \sum_{m=-M}^{M} \sum_{n=-N}^{N} I_m \exp\left[jm\left(kd_x \sin\theta\cos\varphi + \alpha_x \right) \right] \times I_n \exp\left[jn\left(kd_y \sin\theta\sin\varphi + \alpha_y \right) \right]$$

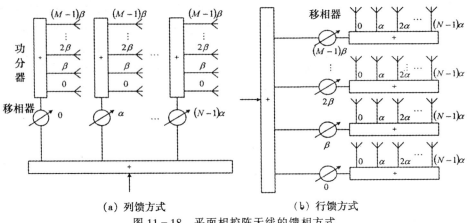

（a）列馈方式　　　　　　　　（b）行馈方式

图 11-18　平面相控阵天线的馈相方式

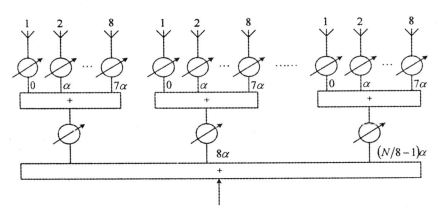

图 11-19　线阵的子阵划分

令 $I_0 I_0 = 1$，面阵各阵元激励幅度对中心单元幅度归一

$$S = S_x S_y$$

$$S_x = \sum_{m=-M}^{M} I_m \exp\left[jm\left(kd_x \sin\theta\cos\varphi + \alpha_x\right)\right]$$

$$S_y = \sum_{n=-N}^{N} I_n \exp\left[jn\left(kd_y \sin\theta\sin\varphi + \alpha_y\right)\right]$$

(11-101)

这就是平面阵方向图相乘原理，可以把阵元相位分成"空间相位"（由空间波指向决定）和"阵内相位"（由馈电网络决定）。下面仅导出该平面阵 1/4 阵的相位表示（其余部分与此完全相同）。

空间相位矩阵 $[\Delta\phi_{ik}]_{M\times N}$ 为：

$$\left[\Delta\phi_{ik}\right]_{M\times N}=$$

$$
\begin{bmatrix}
0 & 0+kd_y\sin\theta\sin\varphi & \cdots & 0+(N-1)kd_y\sin\theta\sin\varphi \\
kd_x\sin\theta\cos\varphi & k\sin\theta(d_x\cos\varphi+d_y\sin\varphi) & \cdots & k\sin\theta[d_x\cos\varphi+(N-1)d_y\sin\varphi] \\
\vdots & \vdots & \vdots & \vdots \\
(M-1)kd_x\sin\theta\cos\varphi & k\sin\theta[(M-1)d_x\cos\varphi+d_y\sin\varphi] & \cdots & k\sin\theta[(M-1)d_x\cos\varphi+(N-1)d_y\sin\varphi]
\end{bmatrix}
$$

$$(11-102)$$

阵内相位矩阵 $\left[\Delta\phi_{Bik}\right]_{M\times N}$ 为：

$$
\left[\Delta\phi_{Bik}\right]_{M\times N}=
\begin{bmatrix}
0+0 & 0+\alpha & \cdots & 0+(N-1)\alpha \\
\beta+0 & \beta+\alpha & \cdots & \beta+(N-1)\alpha \\
\vdots & \vdots & \vdots & \vdots \\
(M-1)\beta+0 & (M-1)\beta+\alpha & \cdots & (M-1)\beta+(N-1)\alpha
\end{bmatrix}
$$

$$(11-103)$$

当 $\left[\Delta\phi_{Bik}\right]_{M\times N}=\left[\Delta\phi_{ik}\right]_{M\times N}$ 时，其方向图有最大值。改变阵内相位矩阵（即激励相位）天线方向图就按与 β、α 相对应的 $\cos\alpha_x$、$\cos\alpha_y$ 方向进行扫描，

$$
\left.
\begin{aligned}
\cos\alpha_x &= \sin\theta\cos\varphi \\
\cos\alpha_y &= \sin\theta\sin\varphi
\end{aligned}
\right\}
\tag{11-104}
$$

θ 是阵平面的法线算起之角，φ 是与 x 轴的夹角。这时方向图可改写成：

$$S(\theta,\varphi)=\sum_{m=-M}^{M}\sum_{n=-N}^{N}I_{mn}\exp\left\{j\left[m\left(dr_x\sin\theta\cos\varphi-\beta\right)+n\left(dr_y\sin\theta\sin\varphi-\alpha\right)\right]\right\}$$

$$(11-105)$$

式中 $dr_x=kd_x$，$dr_y=kd_y$。如果要在 (θ_B,φ_B) 方向上获得最大，则

$$\beta=\frac{2\pi}{\lambda}d_x\sin\theta_B\cos\varphi_B,\qquad \alpha=\frac{2\pi}{\lambda}d_y\sin\theta_B\sin\varphi_B \tag{11-106}$$

如果按式（11-106）改变阵内相位差，即 $\beta=\Delta\phi_{B\beta}$，$\alpha=\Delta\phi_{B\alpha}$，即可实现天线波束的相控扫描。

根据平面阵方向图相乘原理得

$$S(\theta,\varphi)=\sum_{m=-M}^{M}\left\{\sum_{n=-N}^{N}I_{mn}\exp\left[j\left(ndr_y\sin\theta\sin\varphi-\alpha\right)\right]\exp\left[j\left(mdr_x\sin\theta\cos\varphi-\beta\right)\right]\right\}$$

$$(11-107)$$

$$S(\theta,\varphi)=\sum_{m=-M}^{M}S_{Ym}(\theta,\varphi)\exp\left[j\left(mdr_x\sin\theta\cos\varphi-\beta\right)\right] \tag{11-108}$$

$S_{Ym}(\theta,\varphi)$ 是第 m 行的行线阵方向图。式（11-108）可将平面阵看成是一列线阵，此列线阵中每个等效单元的单元方向图为 $S_{Ym}(\theta,\varphi)$。$S(\theta,\varphi)$ 也可表示成

$$S(\theta,\varphi) = \sum_{m=-N}^{N} S_{Xn}(\theta,\varphi)\exp\left[j\left(ndr_y\sin\theta\sin\varphi - \alpha\right)\right] \quad (11-109)$$

式中 $S_{Xn}(\theta,\varphi)$ 是第 n 列的列线阵方向图。这时将平面阵看成是一个行线阵，而这一行线阵中每个等效单元的单元方向图为 $S_{Xn}(\theta,\varphi)$。

按平面阵阵内相位矩阵 $[\Delta\phi_{Bik}]_{M\times N}$ 可分解为两个矩阵之和有

$$[\Delta\phi_{Bik}]_{M\times N} = \begin{bmatrix} 0 & 0 & \cdots & 0 \\ \beta & \beta & \cdots & \beta \\ \vdots & \vdots & \vdots & \vdots \\ (M-1)\beta & (M-1)\beta & \cdots & (M-1)\beta \end{bmatrix} + \begin{bmatrix} 0 & \alpha & \cdots & (N-1)\alpha \\ 0 & \alpha & \cdots & (N-1)\alpha \\ \vdots & \vdots & \vdots & \vdots \\ 0 & \alpha & \cdots & (N-1)\alpha \end{bmatrix}$$

$$(11-110)$$

按式(11-110)可得到如图 11-18 所示的两种馈相方式。这表明整个平面阵可分成若干个线阵，每一线阵被当成一个子阵。与此对应，对平面阵的馈相可以分解成对若干个相同子阵和对另一个子阵的馈相。这种馈相方式的移相器数目要增加一个线阵的单元数目，但移相器控制信号容易产生。控制信号的设备量也显著地降低了。

同样也可将"阵内相位"矩阵分解成若干个小的正方形或矩形矩阵，即用若干个子平面阵来构成总平面阵列。一个 N 单元的线阵其"阵内相位矩阵"也同样可以分解成若干子线阵构成。图 11-19 就是一种线阵的子阵馈电方式。图 11-19 所示的线阵分成若干个子阵后的相位分布如图 11-20 所示。

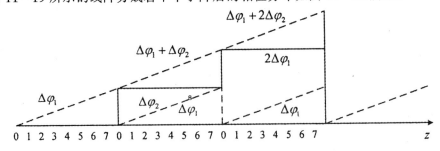

图 11-20   线阵按图 11-19 分成若干子阵后的相位分布

由图 11-20 知：

$$\Delta\varphi_1 = [0,1,2,\cdots,7], \quad \Delta\varphi_2 = [8,8,8,\cdots,8]$$

如果子阵内单元数为 2^b，子阵数 $m = N/2^b$，则第 l 个子阵方向图

$$S_l(\theta) = \sum_{i=0}^{2^b-1} I_{il}\exp\left[ji\left(\frac{2\pi}{\lambda}d\sin\theta - \alpha\right)\right] \quad (11-111)$$

式中，θ 为与阵法线算起之角度，α 是子阵中两阵元间的馈相差，I_{il} 是第 l 个子阵各阵元激励幅度，i 代表子阵内阵元号，l 是子阵序号，$l = 0,1,2,\cdots, m-1$。整个线阵方向图

$$S(\theta) = \sum_{l=0}^{m-1} S_l(\theta) \exp\left[jl2^b\left(\frac{2\pi}{\lambda}d\sin\theta - \alpha\right)\right] \tag{11-112}$$

当 $I_{il} = 1$，即等幅分布时，上述各子阵方向图相同，可从上式求和中提出。这时线阵方向图

$$S(\theta) = \sum_{i=0}^{2^b-1} \exp\left[ji\left(\frac{2\pi}{\lambda}d\sin\theta - \alpha\right)\right] \sum_{i=0}^{m-1} \exp\left[ji2^b\left(\frac{2\pi}{\lambda}d\sin\theta - \alpha\right)\right] \tag{11-113}$$

$$|S(\theta)| = \frac{\sin\dfrac{1}{2}2^b\left(\dfrac{2\pi}{\lambda}d\sin\theta - \alpha\right)}{\sin\dfrac{1}{2}\left(\dfrac{2\pi}{\lambda}d\sin\theta - \alpha\right)} \cdot \frac{\sin\dfrac{1}{2}m2^b\left(\dfrac{2\pi}{\lambda}d\sin\theta - \alpha\right)}{\sin\dfrac{1}{2}2^b\left(\dfrac{2\pi}{\lambda}d\sin\theta - \alpha\right)} \tag{11-114}$$

从图 11-20 和式(11-114)可以看出，可将一子阵当成一个新的天线单元，它的方向图比原来的单个天线方向图更窄。子阵方向图之指向均由阵内相位矩阵 $\Delta\varphi_1$ 决定，即为方向图式(11-114)中前一因式，后一因式为综合因子方向图，

$$|S(\theta)| = |F_1(\theta)| \cdot |F_m(\theta)| \tag{11-115}$$

由于综合因子方向图更窄，与子阵方向图相乘，则总的方向图形状主要取决于综合因子方向图。

还有一种划分子阵的馈相方法，如图 11-21 所示。整个天线由 8 个子阵组

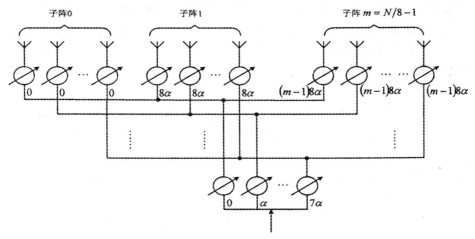

图 11-21　线阵的另一种子阵划分方式

成,每个子阵内各有 m 个天线阵元($m = N/2^3 - 1$),单元间距为 $8d$,而各子阵间距只有一个 d。这种馈相的优点是使低位移相器数目减少很多。图 11-21 中只有 8 个($0, \alpha, \cdots, 7\alpha$),阵面上移相器位数可以降低。从图中看出其降低了 3 位。采用这种方式,移相器的控制信号也可以减少,一个大的驱动电路可将信号提供给多个负载(移相器)。

11.5.6.2　空间馈电

常用的空间馈电方式有两种:一种是透镜式空馈,另一种是反射式空馈,分别示于图 11-22 中。图(a)是透镜式空馈阵列。应用较多的透镜式空馈天线阵,它由一个收集阵面和辐射阵面组成,收集阵面(又称内阵面),其面上的各收集单元被辐射波能量激励。这些接收单元接收照射信号后,经移相器再传输给辐射阵面上天线单元,然后向空间辐射。当阵列为接收状态时,这个过程反过来。对于有源相控阵天线,经过移相器相移后的信号,还要经过功放才送至辐射阵面上各天线单元。对于有源相控阵接收天线,每一辐射单元收到的信号要先经过低噪放(LNA)再送移相器,最后才到收集单元,再经过空间辐射到达阵内接收天线。这种空间馈电方式,实质上采用空馈的功率分配/相加网络。省掉了许多微波射频器件。这种馈电方式随着频率提高比强制馈电方式更显其优越性。图 11-22(b)是一个反射式空馈阵列,它与图(a)不同的是收集阵面与辐射阵面为同一阵面。这一阵面上各天线阵元收到的信号经过移相器移相后被短路传输线(或开路)全反射。这种空馈阵列移相器提供的相移量是 2 倍相移量(因为二次穿过移相器),故在设计时需注意这一问题。由于两次移相,计算移相器的插损也需增加一倍。这种移相器为双向传输型的。这种空间馈电方式作为初级馈源的照射喇叭对阵面出射波束会产生一定的遮挡,这对天线增益和副瓣电平性能会带来负面影响。这种馈电方式同样用于较高工作频率(如 X,Ku,Ka 频段)。

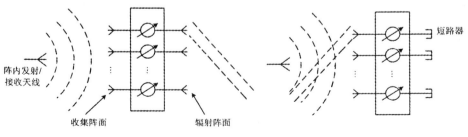

（a）透镜式空馈阵列　　　　　　　　　（b）反射式空馈阵列

图 11-22　两种空馈方式

11.5.7　相控阵天线多波束的形成

相控阵天线有别于其他天线的一个优点是利用同一天线口径可形成多个独立的发射波束和接收波束,具有多目标工作能力。形成多波束方法有多种,本节主要以 Butler 矩阵为例讲述高频形成多波束的方法。

11.5.7.1　Butler 多波束形成原理

Butler 多波束形成网络的基本元件是 3dB 电桥和各种固定移相器,其工作原理现以下面实例说明。

(1)二单元 Butler 矩阵如图 11 - 23 所示。两个单元天线分别接在一个 3dB 电桥的两个输入端,这就构成了二单元 Butler 矩阵。在电桥两输出端可得到左右两个波束。

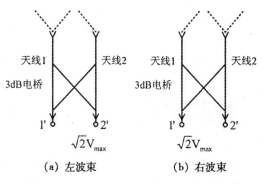

图 11 - 23　二单元 Butler 矩阵方向图

当入射波以图(a)方向入射,若天线 2 中信号到达电桥输入端的相位滞后天线 1 到达电桥入端信号相位 90°,经 3dB 电桥后在其输出端口 2′上两天线接收信号同相相加达最大值。而在其输出端口 1′上两接收信号等幅反相则输出信号为零。因此形成一个左波束。当入射波以图(b)方向入射,则在 3dB 电桥的 1′ 输出端有最大值,而在 2′ 输出端口输出为零,这就形成右波束。可见采用二单元 Butler 矩阵可形成空间两个波束。

(2)四单元 Butler 矩阵如图 11 - 24,由 4 个单元天线、4 个 3dB 电桥和 2 个 - 45° 移相器组成。当 3 号天线接收信号相位比 1 号天线单元接收信号相位滞后 90°,同样 4 号天线单元接收信号相位也滞后 2 号天线接收信号相位 90°。第 1 和 3 号二天线单元与第 2,4 号二天线单元与第一层的两个电桥,在第 2′ 和第 4′ 端口有最大输出。第 4′ 端口的信号相位比第 2′ 端信号相位相差(滞后) - 135°,第 4′

端信号再经过一个 -45°固定相移后将在第二层 3dB 电桥的第 4″输出端获得最大输出。因为入射信号波前在相邻单元间相位差为 -45°,故在第二层 3dB 电桥第 4″输出端得到左 1 波束。

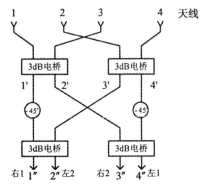

图 11-24　四单元 Butler 矩阵方向图

　　如果当第 3 号单元信号的空间相位滞后于第 1 号单元信号 270°时,即入射信号波前在相邻单元之间空间相位差为 -135°时将形成左 2 波束。

　　同理当第 3 号单元信号的空间相位超前于第 1 号单元信号 90°和 270°时,则在 Butler 矩阵的 1″和 3″分别形成右 1 和右 2 波束。可见利用四单元 Butler 矩阵可形成空间四波束。

　　(3)八单元 Butler 矩阵如图 11-25 所示,它由 8 个单元天线,12 个 3dB 电桥,4 个 -45°移相器,2 个 -22.5°移相器和 2 个 -67.5°移相器组成。它可在空间同时形成 8 个波束。8 个波束的阵元相位关系见表 11-2。

表 11-2　形成天线波束时接收单元的信号相位关系

	1	2	3	4	5	6	7	8
左 1	0°	-22.5°	-45°	-67.5°	-90°	-112.5°	-135°	-157.5°
左 2	0°	-67.5°	-135°	-202.5°	-270°	-337.5°	-45°	-112.5°
左 3	0°	-112°	-225°	-337.5°	-90°	-202.5°	-315°	-67.5°
左 4	0°	-157°	-315°	-112.5°	-270°	-67.5°	-225°	-22.5°
右 1	-157.5°	-135°	-112.5°	-90°	-67.5°	-45°	-22.5°	0°
右 2	-112°	-45°	-337.5°	-270°	-202.5°	-135°	-67.5°	0°
右 3	-67.5°	-315°	-202.5°	-90°	-337.5°	-225°	-112.5°	0°
右 4	-22.5°	-225°	-67.5°	-270°	-112.5°	-315°	-157.5°	0°

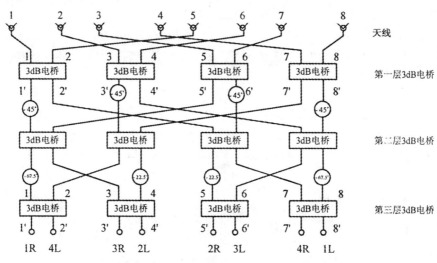

图 11-25　八单元 Butler 多波束形成原理图

11.5.7.2　Butler 多波束矩阵的基本特性

由 Butler 形成网络获得的每一个波束都能得到整个天线阵面的天线增益，所以波束形成网络是无损的；Butler 多波束形成网络、形成的多波束是互相正交的，任意波束最大值刚好位于别的波束的零点。由于形成波瓣的正交性，对于复杂形状天线方向图综合十分有利。Butler 矩阵形成的多波束既可以是发射波束，也可以为接受波束。如果阵列单元数为 N，$N = 2^k$，k 为正整数，波束数目等于阵单元数。Butler 矩阵中，3dB 电桥数

$$N_c = \frac{N}{2}\log_2 N = \frac{N}{2}k \tag{11-116}$$

固定移相器数

$$N_k = \frac{N}{2}(\log_2 N - 1) = \frac{N}{2}(k-1) \tag{11-117}$$

其带宽主要取决于 3dB 电桥与固定移相器等主要元件的带宽。插损主要取决于 3dB 电桥等网络部件的插损，各波束共用一个口径是无损的。

天线口径加权：矩阵是均匀分布的，可实现 $\cos^n x$ 加权。

对 N 单元线阵 Butler 多波束的方向图：

$$|S(\theta)| = \frac{\sin\dfrac{N}{2}(kd\sin\theta - \delta)}{\sin\dfrac{1}{2}(kd\sin\theta - \delta)} \tag{11-118}$$

式中,d 为天线单元间距,θ 为偏离阵法线之角度,δ 为单元间阵内相移。相邻单元之间接收信号的"空间相位差"为 π/N,与此相应,为补偿这一"空间相位差",天线单元间的"阵内相位差"也应是 π/N。对第 k 个波束,相邻单元间阵内相位差

$$\delta = (2k-1)\frac{\pi}{N} \qquad (11-119)$$

Butler 矩阵多波束波瓣方向图

$$|S(\theta)| = \frac{\sin N\left[\dfrac{\pi d}{\lambda}\sin\theta - \dfrac{2k-1}{N}\cdot\dfrac{\pi}{2}\right]}{\sin\left[\dfrac{\pi d}{\lambda}\sin\theta - \dfrac{2k-1}{N}\cdot\dfrac{\pi}{2}\right]} \qquad (11-120)$$

第 k 个波束最大值位置

$$\theta_k = \arcsin\left[\frac{\lambda}{Nd}\left(k-\frac{1}{2}\right)\right] \qquad (11-121)$$

第 k 个波束的零点位置

$$\theta_{kp} = \arcsin\left[\frac{\lambda}{Nd}\left(p+k-\frac{1}{2}\right)\right], p=1,2,3,\cdots$$

θ_{kp} 为第 k 个波束第 p 个零点位置。第 k 个波束的半功率瓣宽

$$\Delta\theta_k \approx \frac{0.442\lambda}{Nd\cos\theta_k}$$

波束相交角为 θ_c,则

$$\sin\theta_c = \frac{k\lambda}{Nd} \ \text{或} \ \theta_c = \arcsin\left(\frac{k\lambda}{Nd}\right)$$

波束相交点电平

$$|S(\theta_c)| = \frac{1}{\sin\left(\dfrac{\pi}{2N}\right)}$$

当 $N\gg$ 时,对 N 进行归一化后,相交电平 $\approx \dfrac{2}{\pi}$(3.92dB)。通常近似地称 Butler 相交电平为 -4dB。

相邻单元之间接收信号的"空间相位差"为 π/N,与此相应,为补偿这一"空间相位差",天线单元间的"阵内相位差"也应是 π/N。

采用 Butler 矩阵的多波束收发天线阵如图 $11-26$。N 个阵元一共有 N 个发射波束和 N 个接收波束,每一路发射波束和接收波束均有自己的发射机和接收机。收、发共用 Butler 矩阵。采用一个发射机的 Butler 矩阵多波束收发天线阵如图 $11-27$。

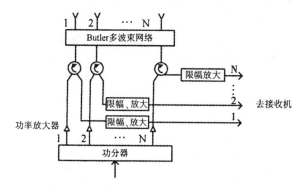

图 11-26 采用 Butler 矩阵多波束的收发天线阵

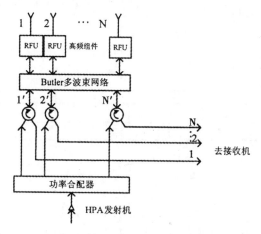

图 11-27 一部发射机的 Butler 矩阵多波束收发天线阵

对于一个 $N = 2^k$ 单元的线阵,在多波束形成网络每一通道中要含的 3dB 电桥数为 k,故多波束网络发射单程总损耗 $L_t = kL_b + kL_s + L_{tran} + L_e$。$L_b$ 为一个 3dB 电桥损耗,L_s 为发射功分器每一个 1/2 的功分器的损耗,L_{tran} 为传输线损耗,L_e 为环流器(收发双工器)损耗。

接收单程损耗 $L_r = kL_b + L_l + L_{rt} + L_c$。$L_b$ 为一个 3dB 电桥损耗,L_l 为限幅器损耗,L_{rt} 为传输线损耗。L_c 为环流器(收发双工器)损耗。

对阵元数很多的大阵,收、发支路的 RF 损耗是十分可观的,为降低损耗必须在每个天线单元后面接一有源收发组件,称为有源相控阵天线。图 11-27 中的高频组件(RFU)包含单元发射机、限幅器、LNA 和转换开关等。采用这种方案后 Butler 多波束网络损耗便不是主要问题了。

　　如果所需的多波束不是全部的多波束,可应用一套波束选择开关来选择 Butler 多波束形成网络产生的部分波束。图 11−28 就是一个 32 元阵在形成 32 个波束后只选 4 个波束工作的示图。

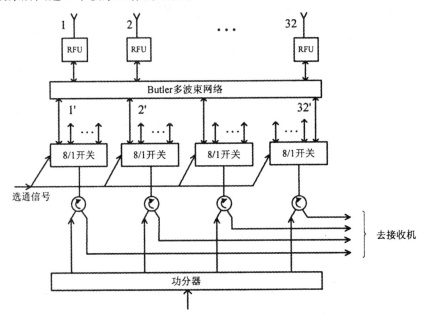

图 11−28　Butler 多波束选通工作方框图

　　如果波束排序按阵面法线往左或往右偏开始计算,法线左边波束序号为 $L1,L2,\cdots,L16$,法线右边波束序号为 $R1,R2,\cdots,R16$。为使选出的 4 个波束成相互覆盖的 4 个波束,4 个 8/1 开关矩阵应按表 11−3 连接。

表 11−3　4 个选通开关矩阵 8 个输入端波束序号

8/1 开关 1	L16	L12	L8	L4	R1	R5	R9	R13
8/1 开关 2	L15	L11	L7	L3	R2	R6	R10	R14
8/1 开关 3	L14	L10	L6	L2	R3	R7	R11	R15
8/1 开关 4	L13	L9	L5	L1	R4	R8	R12	R16

　　在高频形成接收多波束,随着接收波束数的增大,其网络复杂性显著增大,系统损耗增大,加工公差更严,成本更高。在中频形成多个接收波束,因频率降低,使上述问题变得容易一些。用中频放大器进行隔离,波束之间互耦也较小,但是由于在整个接收系统中含有大量的混频器和 IFA(中放)等有源电路,也有实现的复杂性。

　　每一个接收天线单元均包含有一个 LNA,混频器和中频放大器(IFA)。图 11-29 中波束形成网络可形成 M 个波束。若接收机只有 $L(L<M)$,则在中频波束形成网络之后还应接上一个波束选通开关。

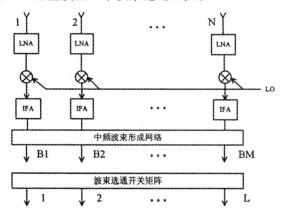

图 11-29　中频形成接收多波束的原理框图

　　形成多波束需要在各天线单元之间提供一定的相位梯度。按照提供相位梯度的方法,中频多波束形成网络有两种基本构成方式:一是使用延迟线,另一种使用"矢量调制器"。

　　这种方案采用 MMIC 集成方式为宜,随着电子计算机、大规模集成电路和数字信号处理技术的发展,采用数字处理方法形成接收多波束已成为当今应用发展趋势。采用数字方法形成接收波束,使接收天线波束具有自适应能力,实现空域和时域滤波,这对提高接收系统性能,提高抗干扰力都是有用的。

　　注意:在第 16 章中我们还要专门讲述数字多波束形成问题,在数字多波束形成中常用 FFT 法。实际上 FFT 数字多波束网络与 Butler 矩阵多波束网络是完全一致的。FFT 数字多波束的方向图最大指向,零点位置,波束相交电平与 Butler 多波束一样。可以认为 FFT 数字多波束形成网络是 Butler 矩阵多波束的数字实现方案。

11.6　天线阵的实验优化

　　第 4 章中我们提到了电磁设计的优化问题,比较简单地介绍了传统和经典的优化算法。由于天线电磁场问题涉及多复变数的复函数,优化多为约束性的非线性优化,能得到解析解的很少,计算机数值优化求解问题一般都比较复杂和烦琐。至于阵列问题，要进行优化的参数较多，阵元间的互耦合与环境影响使优化问题变得更难。在阵列设计中有关阵元排布和激励是要解决的起码问题，如何利用计算机获得较好的处理是阵列设计，特别是相控阵天线设计必须解决的重要问题。为此介绍一种在工程实践中切实可行的试验优化方法，它是一种在可实现条件下天线阵列性能的最优化算法。它考虑了阵单元间互耦合及散射效应和周边环境，是根据测量或计算的单元方向图数据经过迭代处理达到最优的。算法可综合出最佳的单元间距和最佳的单元激励。该法可用于各种形式的阵元和各种形式的阵列，如相控阵、共形阵和非均匀空间阵等。在此提出的两种算法都可用于阵元激励的优化。

第一种算法：当阵元内间距＞0.5λ，由于单元间距较大，可以认为耦合效应不随单元位置迅速改变，用于激励（有源）阵元的位置最优化。此种算法可考虑阵列邻近无源单元的影响，但不能优化无源单元的最佳位置，用第二种方法即可处理此问题。

第二种算法：是从天线导纳矩阵中提取的一种方法。导纳矩阵包括阵列有源和无源单元间的电磁耦合效应，可用于非均匀阵，而其他方法考虑耦合效应时多适用于均匀间距的阵列。导纳矩阵公式可提供：①将有源和无源阵元间耦合作为它们的位置函数给出；②计算有源阵元的扫描阻抗。试验优化法可得到阵元位置的优化（包括非均匀间距）和阵元最优的激励。和传统的分析设计方法相比，本法为最优化性能和补偿耦合效应方面提供了附加的自由度。

利用函数最大最小法求得阵列的一组参数（单元激励和/或单元位置），使实际的阵列方向图和所要求的方向图之间有最小的偏差。应用函数最小最大法寻求数值最优解时，不必像一般方法需要对阵列规则性作一些限制。应用非对称激励分布和非均匀间距增加了设计的自由度。该法也适合对任意构形天线阵，包括共形阵的最优化。嵌入单元方向图数据的应用意味着最优化是在逼真的（现实的）条件下进行的，这考虑了阵列单元和环境间的电磁耦合效应。

11.6.1   实验优化算法 I 的公式和流程

通常天线阵列综合的设计参数有两组：一组是复数形式的单元激励系数，$a = \{a_n\}$，它们的权值都是小于 1 的；另一组是在三维空间的阵元位置，$r = \{r_n\}$。下标 n 代表阵列第 n 个单元，阵列辐射方向图是以空间角度和设计参数为变量的复函数，可写成：

$$E(\phi', a, r) = \sum_{n=1}^{N} h_n(\phi', r) a_n e^{j\frac{2\pi}{\lambda}\hat{r}_n \cdot \hat{u}(\phi')} \qquad (11-122)$$

式中，$h_n(\phi',r)$ 是第 n 个阵元的辐射方向图，为复值函数，它是阵中所有其他单元接匹配负载时测得的单元方向图，这就是前面提到的有源增益方向图（RGP）。严格说每一个单元方向图都是不相同的，理论上它应是单元位置的函数。单元方向图数据包含了阵列单元与邻近环境的耦合效应。$\phi'=(\theta,\varphi)$ 代表了观察点空间角坐标，$\hat{u}(\phi')$ 是远场观察点空间角坐标方向的单位矢量；N 是阵列中有源激励的单元总数。假设单元为单模（uni-modal）天线，而且单元方向图与单元激励无关。以 ϕ_0' 方向辐射场归一的阵列方向图，可由其共轭积来表示为

$$P(\phi',a,r)=\frac{E(\phi',a,r)E^*(\phi',a,r)}{E(\phi_0',a,r)E^*(\phi_0',a,r)} \qquad (11-123)$$

式中，E^* 代表 E 的复共轭。

一般来说，并不是所有的单元激励 a_n 和位置 r_n 都是可变的。例如，一个单元的激励幅度和相位固定，外单元的位置能被固定，因此阵列的最大物理尺寸也可被固定。我们用 NV 表示阵列可变参数的个数，并将阵列可变参数以矢量形式表示为 $\boldsymbol{V}=(v_1,v_2,\cdots,v_{NV})$。$\boldsymbol{V}$ 的坐标是激励矢量坐标 a 或位置矢量 r 的子集。阵列最优化问题定义为：确定 $\boldsymbol{V}$ 的值，使真实阵方向图 $P(\phi',\boldsymbol{V})$ 与所要求的方向图 $P_D(\phi')$ 之间的差的模值达最小。也就是满足：

$$\min_{\boldsymbol{V}}\|P(\phi',V)-P_D(\phi')\| \qquad (11-124)$$

模值的选择取决于所期望确定的阵参数。对使阵最大边瓣达最小，阵的最大模值满足：

$$\min_{\boldsymbol{V}}\max_{\phi_1'<\phi'<\phi_2'}P(\phi',\boldsymbol{V}) \quad 和 \quad P_D(\phi')=0 \qquad (11-125)$$

式中，$\phi_1'<\phi'<\phi_2'$，代表边瓣范围（区间）所规定的空间角域。如果期望边瓣区域功率最小化，有

$$\min_{\boldsymbol{V}}\sum_{\phi_1'<\phi'<\phi_2'}P(\phi',\boldsymbol{V}) \qquad (11-126)$$

用最大最小赋形波束综合法，其准则有

$$\min_{\boldsymbol{V}}\max_{\phi_1'<\phi'<\phi_2'}|P(\phi',\boldsymbol{V})-P_D(\phi')| \qquad (11-127)$$

式中，$\phi_1'<\phi'<\phi_2'$，规定了所要综合方向图 $P_D(\phi')$ 的空间角域（范围）。

通常是：① 在对单元位置搜索最优解时，假设所有单元的激励固定；② 在对单元激励搜索最优解时，假设所有单元的空间位置固定。搜索过程①和②通常不都是同时完成的，可以认为单元方向图 $h_n(\phi',r)$ 与单元位置 r 有关，而与单元激励 a 无关。为了优化单元位置和单元激励，过程①和过程②可相继交替进行。试验优化算法Ⅰ可以加入到上述过程中，为的是收敛于一组最佳的阵列

参数。

在下面给出试验优化算法 I 的计算步骤:

(1)设置一组初始的阵列参数: r^0, a^0, v^0。

(2)测量和计算 $P(\phi', V^0)$。

(3)计算 $f(V^0) = \| P(\phi', V^0) - P_D(\phi') \|$。如果 $f(V^0) < \varepsilon$,则停止,否则继续。ε 是收敛准则。

(4)测量和计算单元方向图 $h_n(\phi', r^0), n = 1, \cdots, N$

(5)取 $E(\phi', V) = \sum\limits_{n=1}^{N} h_n(\phi', r^0) a_n e^{j\frac{2\pi}{\lambda}\hat{r}_n \cdot \hat{u}(\phi')}$ 和 $P(\phi', V) = \dfrac{E(\phi', V) E^*(\phi', V)}{E(\phi'_0, V) E^*(\phi'_0, V)}$,

这与 ϕ'_0 方向辐射场归一的阵列方向图有关。如果需要可得其偏微分 $\dfrac{\partial P(\phi', V)}{\partial v_n}$。

(6)设 $f(V) = \| P(\phi', V) - P_D(\phi') \|$,$V$ 是变数,应用迭代的数值搜索,使 $\min f(V) \to V^*$

(7)让 $V^0 = V^*$,回到(2)重复其过程。

注意①:第(2)步 $P(\phi', V^0)$ 可从两个渠道获得,一个是在阵列并馈的输出端测量;另一个是通过阵列方向图计算得到,只是计算时需计入耦合,不要求单元方向图数据;②收敛准则 ε 由允许的偏差和/或性能规范得到。③第(5)步中的单元方向图 $h_n(\phi', r^0), n = 1, \cdots, N$ 是对固定一组单元位置 r^0 得到的,而与单元激励 a 无关。它们不是阵列可变参数 V 的函数。因此本步的阵列方向图是 V 的解析函数,而且是相对于各单元对 V 的偏微分的完备函数表示,已应用到第(6)步中的函数最小化搜索中。

11.6.2　最佳搜索/函数最小法

函数 $f(V) = \| P(\phi', V) - P_D(\phi') \|$ 是阵列方向图与某个要求方向图的模差,在 NV 维参数空间 V 中,规定了 $NV + 1$ 维表面。以 $f(V)$ 最小优化阵列性能。但 $f(V)$ 是 V 的非线性函数,因此最小化要求在 V 空间进行数值迭代搜索。有关非线性函数最小化问题可查相关的数学书籍。这些方法大体可分为两大类:一类是直接法,仅要求对函数估计;另一种方法还要求计算其偏微分。Nelder - Mead 单向法是一种直接搜索法,不要求梯度信息。重要的是要注意非线性优化并不一定保证收敛到全域的最小。非线性搜索成功与否取决于初始点。因此,初始设计参数 r^0, a^0, v^0 的选取是非常重要的,这一般应根据适当的分析和物理设计原理进行初值的选定。

16.6.2.1 单元激励的优化

实现阵列的最优化激励必须考虑耦合影响、变化的单元定向方向图和不均匀的单元间距等因素。例如 Chebyshev 分布的优化仅对理想情况进行的,即各向同性的、等间距阵、没有耦合的情况。单元方向图 $h_n(\phi', r^0)$, $n = 1, \cdots, N$ 与单元激励无关,因为电磁耦合不随单元激励改变。因此,对固定的位置,单元激励的一组最优解通常就是实验优化算法一次迭代得到。单元激励优化能够有效地控制近边瓣并补偿耦合效应。由于稀疏阵和/或宽角扫描和/或宽频带应用会引发栅瓣,这是现代相控阵天线中的一个重要问题。对非均匀间距阵的优化是抑制栅瓣的有效方法,而且单元激励控制还不影响栅瓣。

16.6.2.2 最优算法Ⅱ和单元位置的优化

由于单元间的电磁耦合和周边环境影响,单元的有源方向图 $h_n(\phi', r)$ 与单元位置 r 有关。非线性优化是一个迭代过程。在最优位置第(6)步解的数值搜索中,对每一组新的单元位置要求计算或测量新的一组单元方向图,这或许是非常麻烦和复杂的。因此对单元位置最优解的数值搜索是根据一组单元方向图进行的,这组方向图就是在搜索起始点得到的。在数值搜索末了,对新的一组单元位置的单元方向图必须测量或计算。如果新的一组单元位置的阵列特性达到了要求,优化过程就结束了。如果不满足,修改单元方向图数据继续进行迭代过程。上面给出的算法包含无源阵元的情况,但算法Ⅰ不能对无源阵元(非激励阵元)位置的优化。对此引入下面的算法Ⅱ。在此首先给出实验优化算法Ⅱ的公式和流程:

(1)在第 I 次迭代过程,设阵列参数值 r^I, a^I, V^I。

(2)测量和计算 $P(\phi', V^I)$。

(3)计算 $f(V^I) = \| P(\phi', V^I) - P_D(\phi') \|$。如果 $f(V^I) < \varepsilon$,则停止,否则继续。ε 是收敛准则。

(4)测量有源单元方向图 $h_n(\phi', r^I)$, $n = 1, \cdots, N$。在 φ' 的平面内取样单元方向图 ϕ'_t,并形成 N 个离散($T \times 1$)矢量 $h_{tn} = h^{\langle n \rangle}$, $n = 1, \cdots, N$

(5)从 $h^{\langle n \rangle}$ 数据中提取导纳矢量 Y^{nI}

a)设 $ex^{\langle m \rangle} = e^{jk(x_m \cos\varphi_t + y_m \sin\varphi_t)}$, $m = 1, 2 \cdots, M$;

b)应用 Gram-Schmidt 过程,把矢量 $ex^{\langle m \rangle}$ 变换成正交的一组矢量 $gs^{\langle m \rangle}$;

c)利用 $h^{\langle n \rangle}$ 和 $gs^{\langle m \rangle}$ 内积 $\langle h^{\langle n \rangle} | gs^{\langle m \rangle} \rangle$ 关系和回代(back substitution)求出 Y'''^I。

如果利用计算而不是测量的话,Y'''^I 可直接计算出来,不需要前面的第 a)~

c)各步。也可利用 $h^{\langle n \rangle} = \sum\limits_{m=1}^{M} Y_{nm} ex^{\langle m \rangle}$, $n = 1, \cdots, N$ 的关系得到 $h^{\langle n \rangle}$。

(6)形成线性近似 $Y''(\mathbf{V})$

a)设 $\Delta \mathbf{V}^I = \mathbf{V}^I - \mathbf{V}^{I-1}$, $\Delta Y''^I = \Delta Y''^I - Y''^{I-1}$ 和 $\Delta J^I = \dfrac{|\Delta Y''^I - J^{I-1} \Delta \mathbf{V}^I \rangle \langle \Delta \mathbf{V}^I|}{\langle \Delta \mathbf{V}^I | \Delta \mathbf{V}^I \rangle}$,

$J^I = J^{I-1} + \Delta J^I$,式中 $\langle \Delta \mathbf{V}^I / \Delta \mathbf{V}^I \rangle$ 代表 $\Delta \mathbf{V}^I$ 的内积,$\Delta \mathbf{V}^I \rangle \langle \Delta \mathbf{V}^I$ 代表 $\Delta \mathbf{V}^I$ 的叉积;

b)设 $Y''(\mathbf{V}) \approx Y''^I + \langle J(\mathbf{V}) | \mathbf{V} - \mathbf{V}^I \rangle$。

(7)计算

a) $h(\mathbf{V})_{tn} = \sum\limits_{m=1}^{M} Y(\mathbf{V})_{nm} e^{jk(x_m \cos\varphi_t + y_m \sin\varphi_t)}$, $m = 1, \cdots, M$; $n = 1, \cdots, N$

b) $E(\mathbf{V})_t = \sum\limits_{n=1}^{N} h(\mathbf{V})_{tn} e^{jk(x_m \cos\varphi_t + y_m \sin\varphi_t)}$, $n = 1, \cdots, N$

c) $P(\mathbf{V})_t = 20\lg\left(\left|\dfrac{E(\mathbf{V})_t}{E(\mathbf{V})_{t_0}}\right|\right)$,以取样角 t_0 归一化(如果需要,偏微分 ∂P

$(\mathbf{V})_t / \partial V_n$ 也能得到)。

(8)设 $f(\mathbf{V}) = \|P(\phi', \mathbf{V}) - P_D(\phi')\|$, $\mathbf{V}$ 为变数,应用数值迭代搜索找到

$f(\mathbf{V}) \to \mathbf{V}^*$

(9)设 $I = I + 1$, $\mathbf{V}^I = \mathbf{V}^*$,回到第(1)步,重复进行。

11.6.3 耦合效应和对单元位置函数的优化

这节讲述的方法中包含了阵列的导纳矩阵,它可从阵列单元方向图数据中提取出来。该阵由有源和无源阵元组成。导纳矩阵公式加入到实验优化算法中能够优化阵列中有源和无源阵元的位置。该法也提供了对耦合的线性近似的数据,该数据作为阵元位置(含非均匀阵)的函数。该数据可计算阵列的扫描阻抗。

11.6.3.1 阻抗／导纳矩阵公式

考虑在 R 个无源散射体附近有由 N 个有源天线单元构成的阵列,令 $N + R = M$。因此阵元的总数为 M,包含有源和无源的。每一个有源和无源都有已知的位置 (x_m, y_m),并有一个由阵元孤立的辐射方向图描述的单模辐射特性

$$f_m(\theta, \varphi), \quad m = 1, 2, \cdots, M \qquad (11-128)$$

式中,m 是包含有源和无源阵元的阵元序号。如果把它看成是 M 端网络,这样阵列可由导纳／阻抗矩阵来表示,$Y = Z^{-1}$,这依赖于阵列几何,它的实际组成与阵列单元和周围环境的电磁耦合效应等因素有关。Z 和 Y 都是 $M \times M$ 的对称矩阵。Y' 定义为 Y 的 $N \times M$ 的子阵,它仅包含有源单元与其他阵元间的互

导纳元素。无源阵单元的互导纳不包含在 Y' 中。Y 是 $M \times M$ 矩阵,可写成:

$$Y = \begin{vmatrix} Y_{11} & Y_{12} & \cdots & Y_{1N} & \cdots & Y_{1M} \\ Y_{21} & Y_{22} & \cdots & Y_{2N} & & Y_{2M} \\ \vdots & \vdots & & \vdots & & \vdots \\ Y_{N1} & Y_{N2} & \cdots & Y_{NN} & & Y_{NM} \\ \vdots & \vdots & & \vdots & & \vdots \\ Y_{M1} & Y_{M2} & \cdots & Y_{MN} & & Y_{MM} \end{vmatrix}$$

Y' 定义为 Y 的 $N \times M$ 的子阵,它可写为:

$$Y' = \begin{vmatrix} Y_{11} & Y_{12} & \cdots & Y_{1N} & \cdots & Y_{1M} \\ Y_{21} & Y_{22} & \cdots & Y_{2N} & & Y_{2M} \\ \vdots & \vdots & & \vdots & & \vdots \\ Y_{N1} & Y_{N2} & \cdots & Y_{NN} & & Y_{NM} \end{vmatrix}$$

Y'' 是 $(Q \times 1)$ 维矢量,可写为:

$$Y''^{\mathrm{T}} = \begin{bmatrix} Y_{11} & Y_{12} \cdots Y_{1M} & Y_{21} & Y_{22} \cdots Y_{2M} \cdots Y_{NM} \end{bmatrix} \qquad (11-129)$$

上标 T 代表矩阵的转置。

由此,该方法可分解为以下两步:

(1) 从测量或计算有源方向图数据中提取 Y', Y'' 矩阵元素。

(2) 形成 Y'' 的线性近似,它是以单元位置为变数的函数。导纳矩阵和线性近似用来计算互耦合效应对阵性能的影响,以优化组成阵列的有源和无源阵元的位置。每一个激励天线端的扫描阻抗也能得到。过程采用了离散点积公式和离散化处理。

11.6.3.2　Y', Y'' 的单元提取

在此网络中第 n 个端口的等效电路如图 11-30 所示。将克希霍夫电压律应用到该电路中有

$$V_n = Z_{0n} \cdot I_n + \sum_{m=1}^{M} Z_{nm} \cdot I_m \qquad n = 1, 2, \cdots, N \qquad (11-130)$$

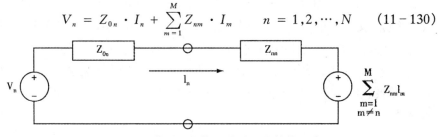

图 11-30　阵列网络第 n 个端口的等效电路

Z_{nn}是第n个阵元的自阻抗,Z_{0n}是第n个端口电压源的内阻抗,Z_{nm}是第n和第m个端口互阻抗。加到N个有源天线端的激励电压矢量V和在M个有源和无源单元上感应的一组电流矢量I之间有关系:$I = YV$。考虑第n个有源单元用单位电压激励,而其他单元用它们的内阻抗端接。无源单元可当成是内阻抗等于零。这种形式的激励可由矢量$V\delta_n = \{\delta_{mn}\}$表示:

$$\delta_{mn} = \begin{cases} 0 & m \neq n \\ 1 & m = n \end{cases}$$

对应的感应电流是

$$I\delta_n \quad YV\delta_n = (Y_{0n}, Y_{1n}, \cdots, Y_{Mn})^{\mathrm{T}} \tag{11-131}$$

由 $V\delta_n$ 激励的第 n 个有源单元的方向图可写成

$$h_n(\theta, \varphi) = \sum_{m=1}^{M} Y_{nm} f_m(\theta, \varphi) e^{j\frac{2\pi}{\lambda} \hat{r}_m \hat{u}(\theta, \varphi)}, \quad n = 1, 2, \cdots, N \tag{11-132}$$

$h_n(\theta, \varphi)$是(θ, φ)的连续函数。把Y矩阵的这些元素带入式(11-132)中,得到N个有源单元方向图的方程。为简化,我们取孤立的单元方向图$f_m(\theta, \varphi)$ $=1$,并设$\theta = \pi/2$。这组单元方向图数据能简化成在φ平面上,有$\varphi_t = 2\pi t/T$,t是取样点序号,$t = 0, 1, \cdots, T$。

最小的取样点数T,按经验法则$T > 6\pi L/\lambda$,这等于2π除以三分之一的阵列瓣宽。阵的瓣宽$\approx \lambda/L$,L是阵列最大线性尺度(以米计)。对取样单元方向图可表示为:

$$h_{tn} = \sum_{m=1}^{M} Y_{nm} e^{jk[x_m \cos\varphi_t + y_m \sin\varphi_t]}, \quad n = 1 \cdots N \tag{11-133}$$

式中,$k = 2\pi/\lambda$;(x_m, y_m)是阵中第m个单元的(x, y)坐标,含有源和无源在内的。让

$$ex_{tm} = e^{jk(x_m \cos\varphi_t + y_m \sin\varphi_t)}, \quad m = 1, 2 \cdots, M \tag{11-133a}$$

ex_{tm}形成了M个线性无关的$(T \times 1)$的复矢量。应用 Gram-Schmidt 过程,由ex_{tm}形成正交的一组gs_{tm}。让矩阵$ex = \{ex_{tm}\}$,而$ex^{\langle m \rangle}$表示ex的第m列;矩阵$gs = \{gs_m\}$,而$gs^{\langle m \rangle}$是gs的第m列。$h = \{h_{tn}\}$,而$h^{\langle n \rangle}$是矩阵的第n列。我们应用$\langle x | y \rangle$代表矢量x, y的内积(点积);$|x\rangle\langle y|$代表矢量x, y的外积(叉积)。因此,$\langle ex^{\langle m \rangle} | gs^{\langle n \rangle} \rangle$代表这两个矢量的内积,从 Gram-Schmidt 结构特性,当$n > m$时,

$$\langle ex^{\langle m \rangle} | gs^{\langle n \rangle} \rangle = 0 \tag{11-134}$$

按此表示,式(11-133)可写为

$$h^{\langle n \rangle} = \sum_{m=1}^{M} Y_{nm} ex^{\langle m \rangle}, \quad n = 1,2,\cdots,N \qquad (11-135)$$

由式(11-133a)和式(11-134)可得

$$\langle h^{\langle 0 \rangle} \mid gs^{\langle M \rangle} \rangle = Y_{0M} \langle ex^{\langle M \rangle} \mid gs^{\langle M \rangle} \rangle$$

$$Y_{0M} = \frac{\langle h^{\langle 0 \rangle} \mid gs^{\langle M \rangle} \rangle}{\langle ex^{\langle M \rangle} \mid gs^{\langle M \rangle} \rangle} \qquad (11-136)$$

下一步,我们有,

$$\langle h^{\langle 0 \rangle} \mid gs^{\langle M-1 \rangle} \rangle = Y_{0M-1} \langle ex^{\langle M-1 \rangle} \mid gs^{\langle M-1 \rangle} \rangle + Y_{0M} \langle ex^{\langle M \rangle} \mid gs^{\langle M-1 \rangle} \rangle$$

$$Y_{0(M-1)} = \frac{\langle h^{\langle 0 \rangle} \mid gs^{\langle M-1 \rangle} \rangle - Y_{0M} \langle ex^{\langle M \rangle} \mid gs^{\langle M-1 \rangle} \rangle}{\langle ex^{\langle M-1 \rangle} \mid gs^{\langle M-1 \rangle} \rangle}$$

$$(11-137)$$

以这种方式处理并应用反向替换,对 N 个有源单元方向图表示中的 Y', Y'' 的所有矩阵元素全部可得到。

11.6.3.3 Y'' 的线性逼近为单元位置的函数

Y'', Y', Y 的各矩阵元素都是阵列单元位置为变数的函数,但是它们不是外部所加阵列激励的函数。$Y''(V)$ 表示有如下形式:

$$Y''(V) \approx Y''(V^I) + \langle J(V) \mid V - V' \rangle \qquad (11-138)$$

最优化过程的第 I 次迭代,$V^I = V$,而且 Jacobean 矩阵

$$J(V) = \mid \partial Y''_{mn}(V)/\partial V_n \mid \quad m = 1,\cdots,Q; \quad n = 1,\cdots,NV$$

让 J^{I-1} 代表 $J(V)$ 的第 $I-1$ 次迭代,那么按 Broyden 修正[10]有 $J^I = J^{I-1} + \Delta J^I$ 满足式(11-138),

$$\Delta J^I = \frac{\mid \Delta Y''^I - J^{I-1} \Delta V^I \rangle \langle \Delta V^I \mid}{\langle \Delta V^I \mid \Delta V^I \rangle} \qquad (11-139)$$

式中

$$Y''^I = Y''(V^I)$$
$$\Delta V^I = V^I - V^{I-1}$$
$$\Delta Y''^I = Y''^I - Y''^{I-1}$$

第一次迭代 $I=1$,必须初始化第一次的选值 J^1。如果偏微分 $\partial Y''_{mn}(V)/\partial V_n$ 没有解析解可利用的话,可利用其有限差分来表示偏微分。

11.6.3.4 扫描导纳/阻抗

加到 N 个有源天线端口上的任意激励电压矢量 V,在 N 个有源单元上感应的电流矢量 I,它们间有 $I = [Y']V$,$[Y']$ 是在 16.6.2.2 节中定义的 Y 矩阵

的子阵,对应的方程组为:

$$I_1 = Y_{11} V_1 + Y_{12} V_2 + Y_{13} V_3 + \cdots + Y_{1N} V_N$$
$$I_2 = Y_{21} V_1 + Y_{22} V_2 + Y_{23} V_3 + \cdots + Y_{2N} V_N$$
$$\vdots \qquad\qquad \vdots \qquad\qquad\qquad (11-140)$$
$$I_N = Y_{N1} V_1 + Y_{N2} V_2 + Y_{N3} V_3 + \cdots + Y_{NN} V_N$$

在每一个有源激励的天线端扫描导纳 Y_{sn} 和扫描阻抗 Z_{sn} 由下式给出:

$$Y_{sn} = \sum_{m=1}^{N} Y_{nm} \frac{V_m}{V_n} \qquad\qquad (11-141)$$
$$Z_{sn} = (Y_{sn})^{-1}, \quad n = 1,\cdots,N$$

11.6.4　最优化结果举例

本节列出利用试验优化算法对天线阵优化的例子。其中例1、例2、例3是按算法Ⅰ优化的。试验优化用的实验数据是从文献[11]得到的。

例1　四个偶极子阵,阵元长 0.5λ,半径为 0.002λ,沿 x 轴向排布,间距为 0.8λ。有一无源散射体位于 $x=1.6\lambda$,$y=-0.25\lambda$ 处,其长度为 0.6λ,半径为 0.002λ。按照最小最大准则优化边瓣电平。

该阵初始的激励系数是按 Chebyshev 分布,-30dB 边瓣电平设计的。由于互耦合效应使实际的阵边瓣达到 -7.3dB 的高电平。首先设置激励系数,令其为 $|a_n|e^{ja_n}$,在复激励系数空间搜索,仅用了一次,迭代边瓣电平就减至 -11.7dB。优化前后的方向图如图 11-31。无源散射体偏离阵对称轴。最后得到的激励系数见表 11-4。

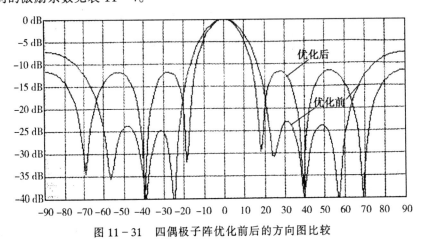

图 11-31　四偶极子阵优化前后的方向图比较

表 11 - 4　四偶极子阵的最佳激励系数

n	1	2	3	4
相对幅值 $\lvert A_n \rvert$	1.065	0.997	1.024	1.093
相位 α_n(弧度)	-0.143	0.017	0.016	-0.156

例 2　由 15 个阵元组成的线性阵列,阵元为各向同性辐射元,初始间距为 1λ。搜索一组非均匀间距,在维持均匀激励的条件下,使阵列的最大边瓣电平达最小。

由于相对大的阵元间距 $d = 1\lambda$,耦合效应可不计入,初始栅瓣出现在 $\pm 90°$ 方向,对应的最大边瓣电平为 0dB。经过 9 次迭代使边瓣电平降至 -16dB。最后得到的最优化方向图有近乎相等的边瓣,似 Chebyshev 分布规律,但维持了均匀激励条件,优化前后的方向图比较如图 11 - 32。阵元的位置参数见表11 - 5。

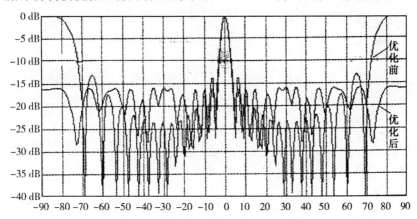

图 11 - 32　优化前后的方向图比较

(15 个无向性阵元、均匀激励线阵,改变阵元间距)

表 11 - 5　15 个阵元的线阵最佳位置(以波长计)

x_{1-4}	0.00	1.42	2.17	3.95
x_{5-8}	4.83	5.73	6.64	7.57
x_{9-12}	8.47	9.40	10.32	11.15
x_{13-15}	12.31	13.17	14.00	

例3   16 个偶极子线阵,偶极子长 0.5λ,振子半径为 0.002λ,平均单元间距为 1λ,相位扫描到 $30°$。在阵中心前为 0.75λ 处有一长度为 0.5λ,半径为 0.002λ 的无源散射体,要实现最大边瓣电平最小化的优化设计。阵列为均匀间距、$-30dB$ 边瓣电平的 Chebyshev 线阵,由于无源散射体存在,方向图最大边瓣电平为 0dB,并出现了栅瓣。经过 3 次迭代对单元位置和激励系数优化,最终得到一组非均匀间距和非均匀激励,阵列的栅瓣被有效地抑制了,其边瓣电平降低到 $-11.5dB$。对应激励的优化解,其最佳激励系数见表 11-6。扫描到 $30°$ 的优化方向图如图 11-33。

表 11-6   16 个非均匀偶极子阵的最佳激励系数

以波长计 x_n	激励幅值 $|a_n|$	激励相位 α_n(弧度)
0	0.84	0.64
1.49	1.10	0.92
2.53	1.25	0.79
3.37	1.50	0.83
4.12	1.71	0.89
5.45	1.75	0.67
6.62	2.42	0.64
7.03	2.17	0.80
8.63	1.49	0.64
9.26	1.85	0.60
10.31	1.72	0.92
11.43	2.01	1.08
11.98	1.42	1.19
12.68	1.37	0.68
14.69	1.58	0.46
15.00	1.16	0.72

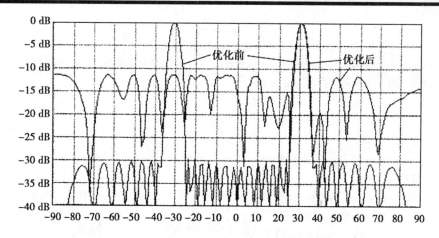

图 11-33　16 个偶极子线阵相位扫描到 30°优化方向图

11.6.5　结论

考虑阵列单元间和邻近环境的互耦合和散射影响条件下，试验优化是将实验与计算结合起来的一种使天线阵列特性达到最优的一种算法。算法可用于各种类型的阵元和各种形式的阵列，包含相控阵、共形阵和非均匀空间阵等。算法可找到一组最佳的阵列单元位置以及最佳的阵列激励系数。与传统的分析设计方法相比，这种方法为阵列设计提供了附加的自由度可补偿耦合效应并达到阵列的最佳性能。非均匀间距在稀疏阵中抑制栅瓣、对宽角扫描和宽频带应用的阵列都具有特别的优点。

介绍的两种算法可以处理带有有源和无源单元的阵列。首先，算法 I 可用于阵列中有源单元的位置和激励的优化。算法 II 是算法 I 的拓展，可用于阵列中所有阵元位置的优化包括有源和无源在内，同时还能优化出阵列有源阵元的最佳激励。在算法 II 中，包括有源和无源阵元的阵列的导纳矩阵可从阵列的单元方向图数据中提取。导纳矩阵包含了阵列有源和无源单元的电磁耦合效应。该法可用于任何形式的阵列，包括有寄生单元的阵列、共形阵和非均匀空间阵。其他方法如果计入耦合效应时则要求为等间距或不考虑寄生单元等。从带有任意单元激励矢量的导纳矩阵的子集的矩阵积中可得到单元的扫描阻抗。导纳矩阵公式加入到试验性优化算法中为非均匀阵达到最佳性能的阵元间距优化提供了一种有效的方法。

参 考 文 献

1　Hansen. R. C. Microwave Scanning Antennas. Vol. 2. and Vol. 3 Academic, 1966

2　郭燕昌. 相控阵和频率扫描天线. 国防工业出版社

3　张光义. 相控阵雷达天线. 国防工业出版社

4　吕善伟. 天线阵综合. 北京航空航天大学出版社

5　Robert. S. E, antenna Theory and Design. Prentice – Hall, tnc. , 1981

6　A. W. Rudge, The Handbook of Antenna Design Vol1. – 2. Peter Peregrinus Ltd. on Behalf of the IEE

7　Stephen Jon Blank, On the Empirica Optimization of Antenna Arrays, IEEE Trans. Vol – AP – 47 – April 2005, pp. 58 – 68

8　F. H. Walters, Sequential Simplex Optimization, Boca Raton, Florida, CRC Press, 1991

9　G. S. Beveridge, Optimization: Theory and Practice, New York, McGraw-Hill, 1970

10　C. G. Broyden, Quasi – Newton Methods and Their Application to Function Minimization, Math. Comp. , 1967, pp. 368 – 381

11　J. D. Kraus, Antennas, Second Edition, New York, McGraw – Hill, 1988

第12章 天馈无源微波器件

天线与收、发信机间通过射频微波网络连接起来才可形成一个无线电收发系统。本章仅从无源微波器件角度介绍航天器天线常用的一些射频传输线、光纤、波导连接部件、各种射频接头、旋转关节和功率分配与合成器件。有关航天反射面天线的天馈系统、连接馈源喇叭的方圆过渡器、正交模变换器、极化器、滤波器等部件将在通信卫星天线系统中讲述,本章不包含这部分内容。

12.1 射频传输线

凡是能导引电磁波沿一定方向传输的导体、介质或由它们共同组成的导波系统都可称为传输线。传输线是微波天线技术中重要而基本的元件之一。通过它把收、发信机与天线连接起来。传输线种类很多,一般可分为三类:一类是TEM 传输线如平行双线、同轴线、微带线,属于双导线传输线系统;第二类是 TE波和 TM 波传输线,主要指各种波导传输线,由空心金属管构成,属于单导体传输线系统;第三类是表面波传输线,主要是介质波导,把电磁波聚集在传输线内部和表面附近沿轴线方向传输,一般支持混合波型(TE + TM),有时也能传输TE 或 TM 波。本节不打算对传输线理论进行讨论,仅从天线工程应用需要作一些梳理。

12.1.1 TEM 传输线基本特性

传输线可以当成一个电路元件,它以电磁波形式把能量从一处转移到另一处。一般 TEM 传输线可分为平衡和不平衡两类。平衡传输线一般有两条携带信号的导线,用以传递电磁波,如平行双线;不平衡传输线有一根导体携带信号,而另一根导体接大地,最常见的是同轴线。把 TEM 传输线看成是一对导行信号的导体,其特征量主要有以下几个。

12.1.1.1 特性阻抗

$$Z_0 = \sqrt{\frac{R + j\omega L}{G + j\omega C}} \tag{12-1}$$

式中用等效集总参数表示,R 和 L 是线上单位长度上的串联电阻和电感,G 和

C 是线上单位长度上并联电导和电容。传输线中 R 表示铜损耗，G 代表介质与支持结构损耗。损耗忽略不计时，可视为无损传输线。L 和 C 代表线路中的能量储存。当 $f \to 0$，$Z_0 = \sqrt{R/G}(\Omega)$，为直流传输线；当高频时，$\omega L \gg R$，$\omega C \gg R$，$Z_0 = \sqrt{L/C}(\Omega)$。

12.1.1.2 传输常数

$$\gamma = \sqrt{(R + j\omega L)(G + j\omega C)} = \alpha + j\beta \qquad (12-2)$$

α 代表单位长度传输线的衰减，β 代表传输线单位长度上的相移。此时传输线上的电压 $V(x) = V_{in}e^{-\alpha x}e^{-j\beta x}$（波沿 $+ x$ 方向传输）。设入端功率为 P_{in}，传输线传送到负载的功率为 P_L，传输线衰减用 dB 表示有

$$R_L(\text{dB}) = 10\lg(P_L/P_{in}) = 10\lg(e^{-2\alpha x}) = 8.68\alpha x \qquad (12-3)$$

$$\beta = \frac{2\pi}{\lambda_g} \qquad (12-4)$$

λ_g 为传输线波导波长，对同轴线 $\lambda_g = \lambda_0/\sqrt{\varepsilon_r}$。

12.1.1.3 输入阻抗 Z_{in}

在传输线终端接负载 Z_L，经过一段传输线 l 后，其输入阻抗不是 Z_L 而是 Z_{in}。它们间关系有

$$\frac{Z_{in}}{Z_0} = \frac{Z_L \text{ch}(\gamma l) + Z_0 \text{sh}(\gamma l)}{Z_L \text{sh}(\gamma l) + Z_0 \text{ch}(\gamma l)} = \frac{Z_L/Z_0 + \text{th}(\gamma l)}{1 + \frac{Z_L}{Z_0}\text{th}(\gamma l)}$$

$$(12-5)$$

对无损传输线，$\gamma = j\beta$。当 $Z_L = 0$，为短路时，输入阻抗 $Z_{in} = Z_0 \text{th}(\gamma l) = jZ_0 \cot(\beta l)$；当 $Z_L = \infty$，为开路时，$Z_{in} = Z_0 \text{cth}(\gamma l) = -jZ_0 \cot(\beta l)$。

12.1.1.4 传输效率

由于传输线特征阻抗与负载阻抗不匹配，负载吸收功率不等于输入功率，而只有一部分。把负载吸收的功率与到达(输入)功率之比定义为传输效率。设反射系数为 Γ，与线上驻波比 $VSWR$ 的关系

$$\Gamma = \frac{VSWR - 1}{VSWR + 1}, \qquad VSWR = \frac{\Gamma + 1}{1 - \Gamma} \qquad (12-6)$$

在负载上吸收功率为

$$P_L = (1 - |\Gamma|^2)P_{in} \qquad (12-7)$$

式中 P_L，P_{in} 分别为负载吸收功率和输入功率。经换算

$$\eta = \frac{P_L}{P_{in}} = \frac{4 \cdot VSWR}{(VSWR + 1)^2} \qquad (12 - 8)$$

我们称 η 为传输效率。注意应与传输线衰减的效率区分! $P_{in} = P_L + P_{ref}$ (入射功率 = 吸收功率 + 反射功率)。表 12 - 1 是各种驻波情况下的传输功率。

表 12 - 1　各种驻波下的传输功率

$VS\,WR$(驻波比)	$\frac{P_L}{P_{in}} = \frac{4 \cdot VSWR}{(VSWR + 1)^2}$	$\Gamma = \frac{VSWR - 1}{VSWR + 1}$
1.25	98.8%(−0.05dB)	0.111
1.50	96%(−0.18dB)	0.200
2.0	9%(−0.5dB)	0.333
3.0	75%(−1.2dB)	0.500

由表 12 - 1 可见,当驻波比小于 1.5 时,负载吸收的功率损耗在 −0.2dB 以下。只要不是大功率情况,这种匹配状况在工程上是允许的。因此在一般规范中,将此驻波比规定为天馈系统的阻抗匹配指标。

12.1.2　常用 TEM 传输线特性阻抗

12.1.2.1　同轴线

同轴线是无色散、无截止频率的 TEM 波传输线。特性阻抗为

$$Z_0 = \frac{60}{\sqrt{\varepsilon_r}} \ln\left(\frac{b}{a}\right)(\Omega) = \frac{138}{\sqrt{\varepsilon_r}} \lg\left(\frac{b}{a}\right) \quad (\Omega) \qquad (12 - 9)$$

$\lambda_g = \lambda_0 / \sqrt{\varepsilon_r}$

ε_r 为填充介质的相对介电常数,b 为外导体内半径,a 为内导体外半径。

12.1.2.2　平行双线

平行双线也属 TEM 波传输线。特性阻抗为

$$Z_0 = \frac{120}{\sqrt{\varepsilon_r}} \ln\left(\frac{s + \sqrt{s^2 - d^2}}{d}\right) \approx \frac{276}{\sqrt{\varepsilon_r}} \lg\left(\frac{s + \sqrt{s^2 - d^2}}{d}\right)(\Omega) \quad (12 - 10)$$

式中 s 为双线二中心的间距,d 为双线导体的直径,ε_r 为填充在双线传输线中的介质。当 $s \gg d$ 时

$$Z_0 = \frac{276}{\sqrt{\varepsilon_r}} \cdot \lg\left(\frac{2s}{d}\right) \quad (\Omega), \left(\frac{s}{d} > 5 \text{ 时可用}\right)$$

要获得低特性阻抗的平行双线,比如直接与同轴线匹配(仅只 50Ω)是困难

的。因此从双线到同轴线一般包含有平衡到不平衡变换及阻抗变换两部分。

12.1.2.3　带状线(三板线,对称微带线)

带状线是由两块接地金属平板与中间的矩形截面导体构成。接地板间一般充有均匀介质。带状线传输 TEM 波。中间矩形板(导体带)对称地放在两接地板之间,其截面宽为 W、厚为 t;两接地板间距为 b,该带状线满足 $\dfrac{W}{b-t}<10$ 时,根据 Wheeler(惠勒)阻抗计算公式,带状线特性阻抗

$$Z_0 = \frac{30}{\sqrt{\varepsilon_r}}\ln\left\{1 + \frac{4}{\pi}\cdot\frac{1}{m}\left[\frac{8}{\pi}\cdot\frac{1}{m} + \left[\left(\frac{8}{\pi}\cdot\frac{1}{m}\right)^2 + 6.27\right]^{\frac{1}{2}}\right]\right\} \quad (12-11)$$

其中

$$m = \frac{W}{b-t} + \frac{\Delta W}{b-t}$$

$$\frac{\Delta W}{b-t} = \frac{x}{\pi(1-x)}\left\{1 - 0.5\ln\left[\left(\frac{x}{2-x}\right) + \left(\frac{0.0796x}{\frac{W}{b}+1.1x}\right)^n\right]\right\}$$

$$n = \frac{2}{1 + \frac{2}{3}\cdot\frac{x}{1-x}}, \quad x = \frac{t}{b}$$

式中,中心导带线距上下板间距各 $b/2$,两板间填充介质的相对介电常数为 ε_r。一般这些关系都编成数据册和图表可查,不必亲自计算。

12.1.2.4　微带线

严格地说微带线传输的是准 TEM 波。其场图与带状线相似但又略有畸变。因为介质是不均匀的,一边是空气,一边是 ε_r 的介质。在计算其特性参数时仍把该传输线当成均匀传输线处理,因此需用有效介电常数 ε_e 代之。经分析,有效介电常数 ε_e 满足

$$\frac{1}{2}(\varepsilon_r+1)<\varepsilon_e<\varepsilon_r$$

微带线特性阻抗 Z_m 有式(10-4)和式(10-5)的关系。

12.1.3　同轴电缆和接头

同轴电缆是最常用的一种 TEM 传输线,在内外导体间填充有介质,低损电缆也有空气为介质的。电缆一般分为柔性和半刚性两种,特性阻抗为 50Ω 和 75Ω 的同轴线是应用最多的两种。同轴线在低端无截止频率(下到直流),而高

频的截止频率定义为线内开始出现非 TEM 模的频率,因为同轴线内最低阶的高阶模就是 H_{11} 模,因此截止频率

$$f_c \approx \frac{3 \times 10^8}{\pi (a+b) \sqrt{\varepsilon_r \mu_r}} (\text{Hz}) \approx \frac{7.51}{\sqrt{\varepsilon_r}} \frac{1}{(D+d)} \quad (\text{GHz}) \qquad (12-12)$$

式中,$D=2b$,为外导体内直径;$d=2a$,为中心导体直径;ε_r 为填充介质的相对介电常数。电缆之间靠同轴接头连接,接头与电缆相连时也应保证有相同的特性阻抗以避免反射。接头也有截止频率,与电缆同样的定义。下面给出常用同轴接头的类型和截止频率,见表 12-2。

表 12-2　常用接头的类型和截止频率

连接器类型	BNC	SMB	SMC	TNC	Type－N	SMA	7mm	3.5mm	2.9mm	2.4mm
截止频率 （GHz）	4.0	4.0	10	15	18	18	18	26.5	40	50

一般选择都应使工作频率低于表中所列频率。上述接头的标准结构尺寸参见文献[2]。

已知空气的击穿电压 $E_m = 2.9 \times 10^4 \text{kV/cm}$,空气填充同轴线的最大峰值功率

$$P_{\max 0} = \frac{E_m^2}{480} D^2 \frac{\ln(D/d)}{(D/d)^2} \qquad (12-13)$$

当填充 ε_r 的介质时,同轴线最大承受功率

$$P_{\max} = \varepsilon_r P_{\max 0}$$

一般选择电缆时应使其工作的最大功率小于最大承受功率,空间应用时至少留 6dB 的裕量。

12.1.4　波导传输线

12.1.4.1　矩形波导线

矩形波导是一种快波传输线,它不支持 TEM 波。在其间可传输 TE_{mn},TM_{mn} 波。TE_{mn},TM_{mn} 的特性阻抗分别为

$$\left. Z_0 \right|_{TE} = \frac{\omega \mu}{\beta} = \frac{377}{\sqrt{1-(\lambda_0/\lambda_c)^2}} (\Omega) \left.\begin{array}{l}\\\\\\\end{array}\right\}$$

$$\left. Z_0 \right|_{TM} = \frac{\beta}{\omega \mu} = \sqrt{1-(\lambda_0/\lambda_c)^2} \times 377 (\Omega) \qquad (12-14)$$

TE 型波与 TM 型波有相同的截止波长

$$\lambda_c = \frac{2}{\sqrt{\left(\frac{m}{a}\right)^2 + \left(\frac{n}{b}\right)^2}} \qquad (m, n \text{ 是波导的模数}) \qquad (12-15)$$

波导波长

$$\lambda_g = \frac{\lambda_0}{\sqrt{1 - (\lambda_0/\lambda_c)^2}} \qquad (12-16)$$

矩形波导主模是 H_{10}, $\lambda_c = 2a$, a 为波导宽边, b 是波导窄边。对于 H_{10}

$$\lambda_g = \frac{\lambda_0}{\sqrt{1 - (\lambda/2a)^2}}$$

要保证 TE_{10} 在波导内单模传输, 波导尺寸应满足 $a < \lambda < 2a$, $\lambda > 2b$, 通常选 $a = 0.71\lambda$, $b = 0.32\lambda$。为保证波导传输模的稳定, 要求波导尺寸稳定。可采用温度膨胀系数低的材料, 如因瓦合金和柯伐合金。一般应用采用黄铜和铝材料就可。铝材波导有较轻的质量。为防止波导表面氧化, 保持低的衰减可在波导内表面镀金和镀银。

12.1.4.2 圆波导

圆波导也是一种快波传输线, 它不支持 TEM 波。在其间可传输 TE_{mn}, TM_{mn} 波。

截止波长

$$\lambda_c = \frac{2\pi a}{s_{mn}} \qquad (12-17)$$

$2a$ 为圆波导的直径。对 TM_{mn} 模, s_{mn} 为 m 阶第一类 Bessel 函数 $J_m(x)$ 的第 n 个根, 即 $J_m(x) = 0$ 的第 n 个零点; 对 TE_{mn} 模 s_{mn} 为 $J'_m(x)$ 第 n 个根, 即 $J'_m(x) = 0$ 的第 n 个零点(见第 2 章)。其中应用最多的模为 H_{11} 模, 它是圆波导中截止频率最低的工作模式, 它的 $s_{11} = 1.841$, $\lambda_{CH11} = 3.41a$, $2a = d$。圆波导 (H_{11}) 单模传输条件是 $2.61a < \lambda < 3.412a$。TM 波型中最低阶模是 TM_{01}, 它有最长的截止波长 $\lambda_{c,01} = 2.61\lambda$。

H_{11} 模的波导波长

$$\lambda_g = \frac{\lambda_0}{\sqrt{1 - (\lambda_0/\lambda_c)^2}} = \frac{\lambda_0}{\sqrt{1 - (\lambda_0/3.41R)^2}}$$

H_{11} 模的特性阻抗

$$Z_0\Big|_{TE} = \frac{377}{\sqrt{1-(\lambda/\lambda_c)^2}} = \frac{377}{\sqrt{1-(\lambda/3.41R)^2}}$$

12.1.5　新型 RF 传输线

12.1.5.1　悬置和倒置微带线

从 20 世纪 50 年代出现微波印刷电路到 60 年代中期，大约 10 年左右时间，由于半导体元件和薄膜工艺的发展，兴起了微波混合集成电路(常称为微波集成电路 MIC)。当时在 MIC 中应用的传输线主要是微带线，现在微波使用频率提高，扩展至毫米波段，随着 MIC 和 MMIC(单片微波集成)的应用，各种新型集成传输线相继出现，如悬置微带线、共面线、槽线和鳍线等。

微带线具有体积小、重量轻、可靠性高等优点，广泛应用于厘米和毫米波的低端频率。随着频率的提高，微带线损耗显著增加并激励出沿介质基片传输的表面波，而且频率的提高，微带线尺寸减小，对加工公差要求更加严格，因而微带线不再适合于毫米波高端，一些新型传输线除前面提到的外还有如光纤传输线、光波导等。首先介绍几种用于微波集成电路的传输线，它是微带线的改进形式，克服微带线在毫米波段上的缺点，采用低介电系数的基片，或减薄介质基片的厚度。如图 12-1(a)是一个带屏蔽壳的悬置微带线，其特点是介质基片及其上的导电带都远离接地板而悬于空气中。这种结构便于安装半导体器件，可构成各种微波元器件，包括有源天线射频电路。这种结构也便于把导电带与接地板相连形成短路。在其上面传输的是准 TEM 波模。它的等效介电常数较小，即介质影响较小、介质损耗较低。与微带线相比其结构不够紧凑。图 12-1(b)是倒置微带传输线，其性能特点与悬置微带线类似，也传输准 TEM 波。

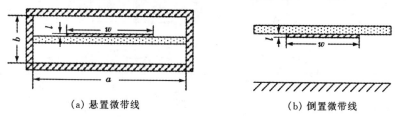

(a) 悬置微带线　　　　　　　　　　　(b) 倒置微带线

图 12-1　悬置和倒置微带线

12.1.5.2　共面波导

共面波导结构在第 10 章中提到过，如图 12-2 所示，即在介质基片的一面上制作出中心导体带，并在紧邻中心导体带的两侧制作成接地板，而介质基片的另一面没有导体层覆盖，这样构成共面波导，有时也称共面微带线。为了使电磁场更加集中于中心导体带和接地板所在面的空气与介质的交界处，则应采用高介电常数的材料作为介质基片。这种结构由于中心导体与接地板位于同一平面内，因此，对于需要并联安置的元器件是很方便的。共面波导传输的是准TEM模。

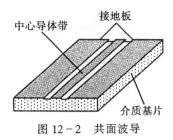

图 12-2　共面波导

12.1.5.3　槽线

槽线结构是微带互补电路，又称为共面线，这种结构十分方便的与微波元器件并联构成微波集成电路。其结构如图 12-3 所示，它是在基片敷有导体层的一面上开有一个槽而构成一种微带电路，而在介质基片的另一面没有导体覆盖。

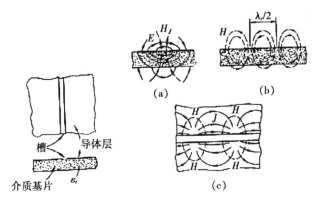

图 12-3　槽线及其场分布

为了使电磁场更集中于槽的附近，并减少电磁能量的辐射，一般采用高介质常数基片。这种结构可构成各种电路，而且由于两个有电位差的导体带位于介质基片的同一侧可以十分方便地并联安装固体器件，或对地形成短路。槽线中传输的不是 TEM 波，也不是准 TEM 波，而是一种波导模，它的场结构如图 12-3(a)、(b)、(c)所示。这种模没有截止频率，但具有色散性，因此它的特性阻抗和相速都随频率改变。实际应用中,如果在介质基片的一面制作出由槽线构成的所需要的电路,在介质基片的另一面制作成微带传输线,那么它们之间的耦合即可构成滤波器和定向耦合器等元件。

12.1.5.4　鳍线

　　当频率更高时,如毫米波段,则微带线的损耗将加大;而且由于结构尺寸很小以致给制作带来困难,为解决这问题鳍线研究得到重视。鳍线的优点是:弱色散性、单模工作频带宽;损耗不太大;便于与固体器件相连,以构成混频器、振荡器以及阻抗变换器等微波元器、组件。鳍线结构形式有多种多样,如图12-4所示,首先是在介质基片的一面或两面,采用与制作微带线相同的工艺过程,制作出所需要的电路(导体带)图形,而后将介质基片与矩形波导装配在一起。介质基片的表面与波导中电场强度 E 的方向相平行。矩形波导与鳍线间的过渡段也有各种形式,图12-5给出了渐变和阶梯过渡段的示图。

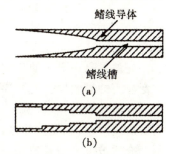

图 12-4　鳍线横截面结构示图

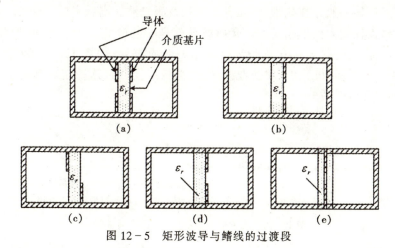

图 12-5　矩形波导与鳍线的过渡段

　　前面所谈到的微带线都未考虑屏蔽盒对它的影响,而实际上大多数微带线路都放在金属屏蔽盒中。有了屏蔽盒,一方面可防止外界电磁场干扰并防止能量向外辐射,另一方面还可起保护作用,便于各种接头的安装。为了使屏蔽盒对微带特性影响减小,屏蔽盒顶盖距微带线距离应尽量远些,一般设计时选择为介质基片厚度的 5~10 倍。当介质基片的介质常数较大时,距离可近些;介电常数

较小时,距离应选择大一些。最靠近屏蔽盒内壁的导体带与盒壁的距离应不小于
$3h$,h 为介质板厚度(或不小于导带宽 W 的二倍)。屏蔽盒选择还需要注意的
一个问题是应避免谐振吸收现象的发生。因为屏蔽盒相当于一个腔体,当某个
频率接近这个谐振频率时,会产生谐振吸收现象。为了消除这种现象,可改变屏
蔽盒尺寸,或在盒内放入某种介质(吸收)材料以消除在工作带内的谐振吸收现
象。因此屏蔽盒尺寸往往是需要实验最终确定的。

12.2　光波导

　　光波导是一个总的名称,它有多种不同的传输形式和性能,其中光纤是一种
广泛应用的光波导。光波导属介质波导范畴,是指能够导引波沿着一定方向传
输的介质薄膜波导,介质带状波导和介质圆柱形波导(光纤)等,这些波导通常由
石英玻璃、塑料和晶体等材料构成。

　　介质波导一般是假设一种具有较高介电常数的介质棒(条、块)被一种具有
较低介电常数的介质层包围,进入介质棒的光波(电磁波),就有可能在两种介质
分界处产生全反射,并形成一个沿介质棒轴线传播的波,这样就形成了介质波
导。介质波导一般用在毫米波、亚毫米波段及激光波。当频率较低时,由于介质
波导辐射损耗太大而不能使用。介质波导就是一些横截面为圆形、矩形和椭圆
形的介质棒,几种毫米级和亚毫米级常用的介质波导,如图 12-6 所示。图中
(a)是矩形介质棒;(b)是介质镜像波导,其总效果同(a),这种结构有利于 MIC;
(c)是倒置带状介质波导。

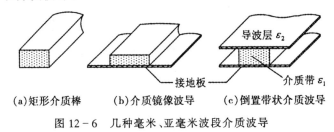

　　(a)矩形介质棒　　(b)介质镜像波导　　(c)倒置带状介质波导

图 12-6　几种毫米、亚毫米波段介质波导

　　上述这些介质波导不仅可导引电磁波沿一定的方向传输,还可以用来制作
毫米和亚毫米波段的集成元器件。也可用介质波导制作天线,形成 MIC。与金
属波导和微带线相比,介质波导具有损耗小、加工制造方便、成本低、易于与微波
元器件、半导体器件制成各种毫米和亚毫米的混合集成电路。

12.2.1　光波导特性

光波导与微波范围内使用的介质波导相比,频率高得很多、横截面尺寸也小得很多,作为传输线用的光波导,又称光纤大多数用石英(SiO_2)材料制成。石英材料强度高、损耗小、性能稳定、原材料丰富。光纤由芯子、包层和保护层三个部分组成(图 12 - 7)。芯子和包层是两种相对介电常数不同的材料;芯子的介电常数 ε_{r1}(折射率 $n_1 = \sqrt{\varepsilon_{r1}}$)大于包层的介电常数 ε_{r2}(折射率 $n_2 = \sqrt{\varepsilon_{r2}}$)。用高纯度的石英作为芯子和包层的基础材料,然后在芯子与包层材料中加入不同杂质,用以控制和改变折射率 n。例如,掺入二氧化锗或五氧化二磷可使 n 变大,掺入三氧化二硼或氟化物可使 n 降低。有时芯子为纯石英的,包层是掺杂的,或反之。保护层一般为塑料。

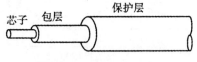

芯子　包层　保护层

图 12 - 7　光纤结构示图

原理上讲芯子外面不加包层和保护层也可以传播光波,因为芯子折射率 n_1 > 空气折射率 n_0;这样光波大部分能量被限制在芯子内并沿芯子轴线方向传播,但当芯子与外界(例如支撑物等)接触时,就会因结构上的不均匀、不连续,造成光能量反射和散射损耗。为避免损耗、增加芯子的机械强度和抗弯能力在芯子外面加包层是必要的。一般来讲,包层折射率 n_2 在包层内分布均匀,而芯子折射率分布有两种:一种是光纤的芯子和包层的介质都均匀分布,而且芯子的折射率 n_1 > n_2,在其交界面上突变会产生折射形成阶跃型光纤;另一种是芯子折射率 n_1 从中心沿半径方向变化形成渐变型(梯度)光纤。例如:

$$n_1(r) = n_1(0)\left(1 - \left[\frac{r}{a}\right]^2 \Delta\right) \qquad (12 - 18)$$

$$\Delta \approx \frac{n_1(0) - n_2}{n_1(0)}$$

式中,$n_1(0)$ 是芯子中心的折射率;a 是芯子半径;Δ 是相对折射率差。如式(12 - 18)分布的渐变光纤中模式色散与阶跃光纤相比更小,频带宽。从光纤中所传播波的模式来看,无论是阶跃型或渐变型光纤可划分为单模和多模两种类型(图 12 - 8)。

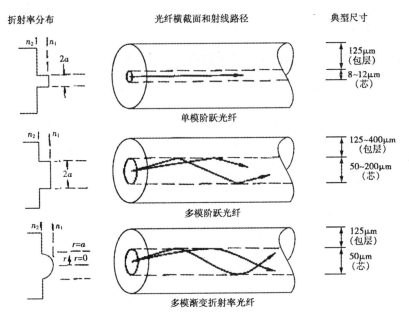

图 12 - 8 单模、多模,阶跃和渐变光纤的结构示图

20 世纪 70 年代之前的光纤损耗为 20dB/km, 1976 年降至 0.47dB/km, 1978 年已降至 0.2 dB/km。目前通信用光纤工作波长为 $0.75 \sim 1.6\mu m$,其中 $\lambda_0 = 1.30 \sim 1.55\mu m$ 时,光纤的衰减小,色散较小,是目前常用波长。由于光纤使用波长极短,频带宽,抗干扰强,其通信容量比无线电和微波通信容量要大好多。

12.2.2 阶跃光纤的射线分析

12.2.2.1 光线在介质分界面的反射和折射

射线理论把光波看成是射线,利用光学中反射和折射原理来解释光波在光纤中传输的物理现象。阶跃光纤芯子的折射率大于包层的折射率,并都是均匀介质。其折射率与传输速率有

$$n_1 = \frac{v_0}{v_1}, \quad n_2 = \frac{v_0}{v_2} \Rightarrow n_1 = \sqrt{\varepsilon_{r1}}, \quad n_2 = \sqrt{\varepsilon_{r2}}$$

$\varepsilon_{r1}, \varepsilon_{r2}$ 为相对介质常数。v_0, v_1 和 v_2 分别代表在空气、芯子和包层中光波传输速率,阶跃光纤相对折射率差

$$\Delta = \frac{n_1^2 - n_2^2}{2 n_1^2} \approx \frac{n_1 - n_2}{n_1} \qquad (12 - 19)$$

式(12-19)成立的条件是 n_1，n_2 相差甚微，弱导光纤，一般通信中所用光纤差 $\Delta \leqslant (1-3)\%$。

12.2.2.2　不同介质分界面上的折射和反射

不同介质分界面上的折射和反射如图 12-9 所示，按 Snell 定理

$$\theta_i = \theta_r, \qquad \frac{\sin\theta_i}{\sin\theta_t} = \frac{n_2}{n_1} = N \ (令 N<1) \qquad (12-20)$$

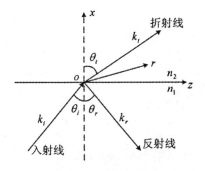

图 12-9　不同界面的反射和折射线

(1)入射波电场 $\vec{E}$ 方向与波入射面平行的波为水平极化波

$$\Gamma_{TM} = \frac{N^2\cos\theta_i - \sqrt{N^2 - \sin^2\theta_i}}{N^2\cos\theta_i + \sqrt{N^2 - \sin^2\theta_i}} \qquad (12-21)$$

分界面上全反射条件为 $N = \dfrac{n_2}{n_1} < 1$，当折射角 $\theta_t = 90°$，光波不能进入第二介质，而被全反射，此时的入射角 $\theta_c = \arcsin\left(\dfrac{n_2}{n_1}\right)$，称为临界角。产生全反射的 θ_i 应满足 $90° \geqslant \theta_i \geqslant \theta_c$，对应的 $\Gamma_{TM} = 1$。当 $\theta_i = \theta_B$ 时，光就不再折返回介质 1 中，全进入介质 2 中，称为全折射，此时有 $\Gamma_{TM} = 0$。$\theta_B = \arctan N$，θ_B 为产生全折射的角，叫布努斯特角。

(2)入射波的电场 $\vec{E}$ 方向与入射面垂直为垂直极化波

$$\Gamma_{TE} = \frac{\cos\theta_i - \sqrt{N^2 - \sin^2\theta_i}}{\cos\theta_i + \sqrt{N^2 - \sin^2\theta_i}} \qquad (12-22)$$

垂直极化波产生全反射条件同水平极化波

$$90° \geqslant \theta_i \geqslant \theta_c, \qquad \theta_c = \arcsin\left(\frac{n_2}{n_1}\right) \qquad (12-23)$$

垂直极化不存在全折射情况。

(3)在媒质2中折射波,以平面波表示:

$$\vec{A}(\vec{r}.t) = \vec{A}_m e^{j(\omega t - \vec{k}_t \cdot \vec{r})} \tag{12-24}$$

$$\vec{k}_t = \hat{x} n_2 k_0 \cos\theta_t + \hat{z} n_2 k_0 \sin\theta_t$$

$$\vec{r} = \hat{x} x + \hat{z} z$$

$$\vec{k}_t \cdot \vec{r} = n_2 k_0 \cos\theta_t x + n_2 k_0 \sin\theta_t z$$

所以

$$\vec{A}(\vec{r}.t) = \vec{A}_m \exp j(\omega t - n_2 k_0 \cos\theta_t x - n_2 k_0 \sin\theta_t z)$$

将含 θ_t 三角函数转换成 θ_i (因为 $\sin\theta_i = N\sin\theta_t$,$\sin^2\theta_t = 1 - \cos^2\theta_t$)

$$\vec{A}(\vec{r},t) = \vec{A}_m \exp j(\omega t \mp n_1 j | \sqrt{N^2 - \sin^2\theta_i} | k_0 x - n_1 \sin\theta_i k_0 z)$$

$$= \vec{A}_m e^{\pm ax} e^{j(\omega t - \beta z)} \tag{12-25}$$

$$\alpha = n_1 k_0 | \sqrt{\sin^2\theta_i - N^2} |, \qquad \beta = n_1 k_0 \sin\theta_i$$

(4)全反射的波。当全反射时 $\theta_i \geqslant \theta_t$,在式(12-25)中,$\alpha$ 只能取"-"。场量的幅值沿 x 方向(法向)增加而指数衰减,等幅面与介质分界面平行,X 向无波的传输。在介质2中场沿 Z 向无衰减的行波传输 $e^{-j\beta z}$。$\beta = n_1 \sin\theta_i k_0 = k_1 \sin\theta_i$ 是沿 Z 方向的相移常数,当全反射时,$\theta_i \geqslant \theta_t$,$\beta = n_1 \sin\theta_i k_0 \geqslant n_2 k_0 = k_2$,波沿 Z 方向的相速 $v_p = \dfrac{\omega}{\beta}$,与均匀平面波在介质2中的速度($v_2 = \dfrac{\omega}{k_2}$)比较,可看出在分界面两侧,波沿 Z 方向的传输速度在数值上 $< v_2$,因此称为慢波。

全反射情况下介质1内以及在距分界面很近的介质2内,形成沿 Z 向传输的波(慢波),即表面波,波的能量主要集中于介质1中及其表面附近;在介质2内,无沿 X 方向(法向)传播的波,只有沿 X 方向衰减和沿 Z 方向的行波,等相面垂直于 Z 轴,等幅面平行于介质分界面,幅值随 X 方向增加而指数衰减,因此在介质2中传播的非均匀平面波。

(5)部分反射波。当 $\theta_i \leqslant \theta_t$ 时,一部分光波从分界面反射回介质1中。另一部分进入介质2,这称为部分反射。因为 $\theta_i \leqslant \theta_t$,$\alpha$ 为虚数,在介质2内,沿 X 方向也有波的传播称之为辐射波,此时沿 Z 方向传输的相位常数 $\beta = n_1 k_0 \sin\theta_i < n_1 k_0 \sin\theta_c = n_2 k_0 = k_2$,相速 $v_p = \dfrac{\omega}{\beta}$,在数值上要大于均匀平面波在介质2中的速度(光速) $v_2 = \dfrac{\omega}{k_2}$,因此称这种波为快波。综上,在全反射情况,波沿 Z 向传播的相移常数 β 应满足:$n_2 k_0 \leqslant \beta \leqslant n_1 k_0$,否则为部分反射情况,此时波不仅有

沿 Z 向传播,而且有沿 X 向(即垂直分界面)传播的辐射波。

12.2.2.3　阶跃光纤中的射线分析

由前面分析知,光线在不同介质分界面处产生全反射就可形成沿 z 向传播的波。根据光线在光线芯子中的不同传播方式,可分为子午射线、斜射线和螺旋线三种类型。

(1)子午射线(图 12－10)。这里首先讨论分界面全反射条件和色散问题。

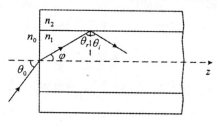

图 12－10　子午射线

光线从与 Z 轴成 θ_0 夹角方向射入端面,包含光纤轴平面称为子午面。当光在传输过程中,路径始终在子午面内,则称为子午射线。这是一种与光纤相交的射线。θ_0 应满足下列条件才使进入光纤的波在分界面上产生全反射

$$\theta_0 \leqslant \arcsin\left(\frac{1}{n_0}\sqrt{n_1^2 - n_2^2}\right) \qquad (12-26)$$

允许的最大投射角

$$\theta_{0max} = \arcsin\left(\frac{1}{n_0}\sqrt{n_1^2 - n_2^2}\right) \qquad (12-27)$$

凡是以 θ_{0max} 为顶角构成的圆锥体内的光线投射于芯子之端面,并进入光纤后均可在其分界面处(芯子与包层)产生全反射,从而形成沿光纤轴线方向传播的波。称 θ_{0max} 为最大激励(接收)角。光学透镜中有一个 NA(Numerical Aperture)叫数值口径,表示透镜的聚光能力。与此类似,光纤中也可用数值口径来表示光纤的聚光能力

$$NA = \sin\theta_{0max} = \frac{1}{n_0}\sqrt{n_1^2 - n_2^2} \qquad (12-28)$$

NA 越大,光纤越易被激励,空气中 $n_0 = 1$,则

$$NA = \sin\theta_{0max} = \sqrt{n_1^2 - n_2^2}$$

一般 NA 取 0.15～0.24。对渐变型光纤,数值孔径 $NA(r) = \sqrt{n_1^2(r) - n_2^2}$。

光波沿光纤轴向的相移速度或传播速度不同这就叫色散。色散会引起传输

信号的失真。光纤色散的原因有三种:①模式之间的色散,即同一频率当有多个模式在光纤中传播时,各个不同模式传播速率不同;②波导色散,指同一模式,不同频率,传播速度不同引起的色散;③材料色散,指光纤所用的材料 $n \neq$ 常数 $=n(f)$,传输信息中各种频率成分的传播速度不同,形成了色散。

子午射线的色散属于模式间的色散。参见图 12 - 10,频率相同,入射角不同的光线在芯子与包层分界面处产生全反射时,沿光纤轴向的速度是不相同的。射线时延差 τ 是指沿轴线最快的模式($\theta_i = 90°$,平行轴线)与传输最慢的,即入射角 $\theta_i = \theta_c$ 的射线,经过长度为 l 的光纤后的最大时延差

$$\tau = \frac{ln_1}{v_0} \left(\frac{n_1 - n_2}{n_2} \right)$$

式中 l 表示光纤的传播长度。当 n_1 与 n_2 相差很小,弱导光纤最大时延差

$$\tau = t_{max} - t_{min} = t_{min} \triangle$$

$\triangle$ 越小, τ 也越小,色散也越小。例如 $\triangle = 1\%$, $n_1 = 1.5$,每公里最大时延差 $\tau = 50$ns。

(2)斜射线。当光纤芯子(半径 $= a$)和包层(厚度 $\Rightarrow \infty$)的折射率分别为 n_1,n_2,且 $n_1 > n_2$。斜射线是指光线在芯子里传输路径不在同一平面内,也不与光纤轴线相交,而是一个前进的空间折线的情况,如图 12 - 11 所示。

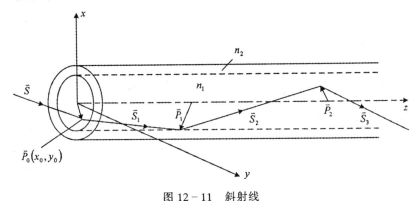

图 12 - 11　斜射线

光纤端面入射射线方向 $\vec{S}$ 的单位向量

$$\hat{S}_0 = \hat{x}L_0 + \hat{y}M_0 + \hat{z}N_0$$

式中 L_0、M_0、N_0 为入射射线的方向余弦,光线的入射点为 $P_0(x_0, y_0)$,该点矢径 $\vec{P}_0 = x_0\hat{x} + y_0\hat{y}$,　 $|\vec{P}_0| = \sqrt{x_0^2 + y_0^2} = a$

经推算得

$$n_1 \left[L_0^2 + M_0^2 - \left(\frac{x_0 M_0 - y_0 L_0}{a} \right)^2 \right]^{\frac{1}{2}} \leqslant \sqrt{n_1^2 - n_2^2} \leqslant NA \qquad (12-29)$$

NA 为子午射线时的数值孔径,这就是说,如果光纤始端的光射线满足上式,则进入光纤芯子的光射线会在芯子与包层分界面处产生全反射,从而形成沿光纤轴线传播的波。作为一个特殊情况,光线在端面上的入射点 P_0 位于 x 轴上时,上式变为

$$|x_0| = a, \qquad y_0 = 0, \qquad n_1 L_0 \leqslant NA \qquad (12-30)$$

该式与 M_0 无关,即入射光线与 y 轴夹角可任意选择。由于光纤对其轴线旋转对称,端面上任意点矢径都可看成是位于 x 轴上,因此对于任意入射线,它与包含有入射点矢径的夹角之余弦满足式(12-30)时,均能进入光纤内,并形成全反射,并沿光纤轴向传播。因此斜射线最大激励角比子午线的最大激励角要大,表明斜射线更易被光纤所收集。光线在光纤芯子中传播的路径除上述的子午射线和斜射线外,还会形成空间螺旋线,对这种情况就不在此叙述了。

12.2.3　阶跃光纤的波动分析

对于单模光纤,由于芯子直径较小,其端面也不可能当成"无穷大"面,因而射线理论是不完全适用的,可用波动理论分析。光波也是电磁波,把光纤当作波导来处理,利用芯子与包层分界面的边界条件求解光纤中电磁场所能满足的波动方程的解,其中基本思想与圆形金属波导类似。在此不阐述具体过程,仅将主要结果总结如下:

(1)光纤中只可能存在 $m=0$ 的 TE 和 TM 模,即 TE_{0n},TM_{0n};当 $m \neq 0$ 时,光纤中不可能存在 TE 和 TM 模,只可能为混合模,该类模既有 z 向电场分量又有 z 向磁场分量,即为 EH_{mn},HE_{mn}。

(2)对弱导光纤 $n_1 \approx n_2$ 情况,可近似认为 TE_{0n},TM_{0n} 的特征方程相同。

(3)光纤中传输模是指电磁波(光波)幅值沿包层($r \geqslant a$)随 r 距离的增加以指数衰减,在光纤中轴向为行波传输。光纤用作传输媒质时就应用于这种模式。如果某模式的电磁场(光波)幅值随 r 距离增加没有衰减,呈现传输(辐射)状态,此时在光纤中沿轴向传输波因径向存在辐射,其幅值越来越小,轴向传输波呈衰减状态,从传输意义上该模为截止模。由此可确定各模的截止条件如下:

(a) TE_{0n},TM_{0n} 模截止条件是 $J_0(u) = 0$,零阶 Bessel 函数的根有 $u_{01} = 2.4048$,$u_{02} = 5.5201$,$\cdots$ TE_{0n},TM_{0n} 是具有相同截止条件的模式,称为简

并模。

(b) EH_{mn} 模的截止条件是 $J_m(u)=0$，$u>0$，m 阶 Bessel 函数的第 n 个根为 u_{nm}，因此 $u_{11}=3.8317$，$u_{12}=7.0156$，…由此确定截止条件。

(c) HE_{mn} 模的截止条件：当 $m=1$ 时，HE_{1n} 的截止条件是 $J_1(u)=0$，有 $u_{11}=0$，$u_{12}=3.8317$，…，由此可见 HE_{11} 模是光纤中唯一的无截止频率的模式，HE_{11} 模是圆柱形光纤中最低次(主)模，在任何频率下这个模都可在光纤中传输。当 $m=1$ 时，HE_{1m} 的截止条件是 $J_{m-2}(u)=0$，$u>0$。当 $m=2$ 时，HE_{21}，HE_{22}，…模的截止条件是 $u_{01}=2.4048$，$u_{02}=5.5201$，…；当 $m=3$ 时，HE_{31}，HE_{32}，…模的截止条件是 $u_{11}=3.8317$，$u_{12}=7.0156$，…

由此可见，$TE_{0n}(TM_{0n})$ 与 HE_{2n} 有相同的截止条件，它们是简并模，同时 $EH_{m-1,n}$ 与 $HE_{m+1,n}$ 有相同的截止条件，它们也是简并模。

(4)归一化频率定义为 $V^2=\left(\dfrac{2\pi a}{\lambda_0}\right)^2(n_1^2-n_2^2)$，它与电磁波频率成正比。类似，归一化截止频率 $V_c^2=\left(\dfrac{2\pi a}{\lambda_c}\right)^2(n_1^2-n_2^2)$。

对某一模式来说，只有 $V>V_c$ 时，才可在光纤中传播，反之该模为截止。由前面讨论知 HE_{11} 模的 $u_c=0$，因此只要 $V>0$，HE_{11} 就可传输，除此之外，各模式中最小的 u_c 是零阶 Bessel 函数的第一个根，$u_{01}=2.4048$，它是 TE_{01}，TM_{01}，HE_{21} 的截止条件，就是说只要 $V>2.4048$，这三个模都可传输。由此要在光纤中单模传输 HE_{11}，则 V 必满足 $0<V<2.4048$。

单模光纤工作波长 λ_0 在 $(0.75\sim1.6)\mu m$ 中选择，其中 λ_0 在 $1.3\mu m$ 附近，尤其是 $\lambda_0=1.55\mu m$ 附近时光纤损耗和色散都较小，是常用的两个波长，这更适宜大容量和远距离的通信传输。在解波动方程时引入两个参数：一个是归一化相移常数 $\bar{u}$，另一个是归一化衰减常数 $\bar{\omega}$

$$\bar{u}^2=a^2(n_1^2k_0^2-\beta^2)$$
$$\bar{\omega}^2=a^2(\beta^2-n_2^2k_0^2)$$

式中 β 是波 z 向相移常数，$k_0=2\pi/\lambda$，n_1，n_2 分别为光纤芯子和包层的折射指数，a 为芯子的半径。光纤中 $\bar{\omega}>0$，表示传输模处于传输状态，这时包层中场量的幅值随 r 的增大按指数衰减，而且 $\bar{\omega}$ 越大，其衰减越快。表明 $\bar{\omega}$ 越大，传输模能量更加集中于芯子内，其传输效果就越好。从极限观点来看，可根据 $\bar{\omega}\to\infty$ 来确定各模远离截止的条件。经推导各模截止和远离截止条件见表 12-3。

表 12 – 3　各模截止和远离截止条件

m	模式	截止条件	远离截止条件
$m=0$	TE_{0n} , TM_{0n}	$J_0(u)=0$	$J_1(u)=0$
	$n=1,2,\cdots$		
$m=1$	HE_{1n}	$J_1(u)=0$	$J_0(u)=0$
$m>1$	HE_{mn} , EH_{mn}	$J_{m-2}(u)=0$	$J_{m-1}(u)=0$
		$J_m(u)=0$	$J_{m+1}(u)=0$

（5）弱导光纤的线极化模。前面已经说明了可通过求解波动方程得到光纤中模特性和参数，但利用精确的模式表示式分析光纤特性和计算其参数是相当繁琐的。实际工作中对弱导光纤（$n_1 \approx n_2$），光线在芯子与包层分界面上产生全反射时，临界角 $\theta_c \approx 90°$，能量几乎沿光纤轴向传输。由于场矢量与波矢量彼此正交关系，场基本上为横切场，场的纵向分量 E_z，$H_z \ll$ 横向场分量，因此可忽略纵向场。基于此，弱导光纤中沿轴向传播的波近似地认为为 TEM 波，分析表明具有相同相移常数和传播常数的简并模的场线性叠加在光纤横截面上形成一个横向场矢量不随时间变化的固定极化场，我们称此为线极化模，记作 LP_{mn} 模，m 是模的阶数，代表沿光纤横切场周向分布变化出现极大值（或极小值）的个数为 $2m$；n 仍是 Bessel 函数根的序号。LP 模只是弱导光纤情况下一种近似处理方法。实际中，用此代替精确模式会使分析和计算变得简单。也可用同样的方法和程序分析线极化模的截止和远离截止条件，其结果见表 12 – 4。

表 12 – 4　LP 模的截止和远离截止条件和简并模数

LP 模	对应模	截止条件	远离截止条件	简并模数
LP_{0n}（$m=0$）	HE_{1n}	$J_1(u)=0$	$J_0(u)=0$	2
	HE_{2n}			
LP_{1n}（$m=1$）	TE_{0n}	$J_0(u)=0$	$J_1(u)=0$	4
	TM_{0n}			
LP_{mn}（$m>1$）	$EH_{m-1,n}$	$J_{m-1}(u)=0$	$J_m(u)=0$	4
	$HE_{m+1,n}$			

TE_{01}，TM_{01} 和 HE_{21} 截止时，$u_{01}=2.4048$；远离截止时，$u_{11}=3.8317$。即这三个模不被截止时，$u \approx (2.4048 - 3.8317)$ 之间的一些 u 值，它们形成的线极化

模就是 LP_{1n}。还说明简并模在截止点和远离截止点附近,它们的相移常数 β 是接近相同的,在其他的点也比较相近。

当 $u < 2.4048$,光纤只传输 HE_{11} 模,但 u 不同(频率不同),对应 β 也不同。线极化模 $LP_{01}(HE_{11})$ 是光纤中的主模,只传输该模的条件是 $u < 2.4048$。这与由单模 HE_{11} 传输条件是一致的。

12.2.4　阶跃光纤中的传输功率

对于传输模,电磁场在光纤的轴向为传播状态,在包层内场的幅值随半径增大呈指数衰减。这说明电磁场功率一部分在芯子内,另一部分在包层内。下面给出阶跃光纤在弱导条件下(线极化模)在这两部分的功率以及它们与总功率的相对比值。假设 p_1/p, p_2/p 分别代表芯子内和包层中的功率与总功率的比。p_1/p, p_2/p 与归一化频率 V 之间的关系曲线如图 12-12 所示。$V^2 = \left(\dfrac{2\pi a}{\lambda_0}\right)^2 (n_1^2 - n_2^2)$,$V$ 与电磁波频率成正比,所以称为归一化频率。工作频率越高,功率就越集中于芯子内。频率越低能量有发散的趋势,即频率越低在包层中的能量比例越高。对于线极化 $LP_{01}(HE_{11})$ 模,当 $V = 2.4048$ 时,约有 84% 的传输功率集中在芯子里;当 $V = 1$ 时,只有 30% 的传输能量在芯子中,另外 70% 都分布在包层中。图中圆圈内的标号"mn"代表不同的模式。

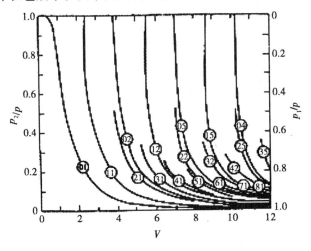

图 12-12　光纤中功率与归一化频率 V 的关系

12.2.5　光纤通信过程

采用光纤的通信过程可概括为以下部分：①发送端将电信号转换成光信号（电信号对光载波进行调制，可进行幅、频、相和功率调制）；②受调光波经光纤传输到接受端；③接受端经光检测器解调，并还原为原来的信息（电信号）。

通常光源有半导体二极管激光器（LD）、半导体发光二极管（LED）。这种光源单色性好、方向性强，可以把能量集中于很细的光纤内。用作光检测器的是光电二极管（PD）、雪崩光电二极管（APD）。通信中用光纤制成光缆可使通信距离长达几百、几千甚至达上万公里。

12.3　波导连接

天线本身及其网络要构成一个系统都常会遇到波导连接问题。各种波导器件连接成系统，主要靠这些接头来实现的。两节波导连接时如果对不准，会引起反射。如果接触不良会产生接触电阻引起损耗。波导之间有缝隙，能量会泄漏引起损耗，还会出现干扰。特别是大功率时，缝隙之间还会出现因接触不好的打火现象。连接时要求接头对准、紧密无隙、接触良好。波导接头中最常见的有平接头（平法兰）和 $\lambda/4$ 扼流接头。前者靠相互对齐和良好的机械接触；扼流接头（扼流法兰）是利用接触处 $\lambda/4$ 的扼流槽保证电流为最小，而在要求短路处形成 $\lambda/2$ 终端短路实现非接触处良好电接触的，下面将分述其常用的几种连接。

12.3.1　圆波导的扼流连接

如图 12-13 所示，两圆波导相连接处，留有一定的间隙，并开有扼流槽，扼流槽由两段同轴线构成。由于圆波导中传输 E_{01} 对称型波，所以在同轴线中也激励起 TEM 波。设计时保证同轴线的长度为 $\lambda_0/4$，λ_0 是 TEM 波长。在二波导的接触连接处为电流波节，此时由于接触不良引起的接触电阻影响和能量漏损都可大为减少。接触连接处再经过 $\lambda_0/4$，则为电流波腹点，即相当于微波短路，因此两波导连接处虽不接触，但在电性能上却相当于短路状态，因而保证了良好的电接触。扼流槽作用，就是保证在接触处电流为最小（相当于开路，波节点），而在要求短路的非接触处有良好的电接触。

扼流连接中，要求留有间隙的部位，其间隙的大小也应适当。间隙太大，电性能遭破坏，间隙太小，间隔相碰。特别在传动连接时（例如作旋转调节用）间隙太小，如果遇对较大功率传输，在电压波腹处易引起打火。如果应用于航天环境，其间隔还要考虑因冷热交变热应力引起的变形影响。

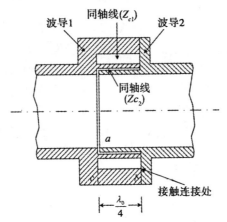

图 12-13   圆波导的扼流连接

为了保证比较宽的频带,两同轴线特性阻抗应满足

$$Z_{c1} > Z_{c2}\left(Z_c = \frac{138}{\sqrt{\varepsilon_r}}\lg\frac{b}{a},\text{空气填充}\sqrt{\varepsilon_r} = 1\right)$$

因此,特性阻抗为 Z_{c1} 的那段同轴线横向间隙要比特性阻抗为 Z_{c2} 的要大一些。

12.3.2   矩形波导的扼流连接

如图 12-14 所示,它是由一个带圆形扼流槽的法兰盘和一个不带扼流槽的平法兰对接而成。当矩形波导中传输 H_{10} 波时,扼流同轴线中激励起的是同轴 H_{11} 模,槽深理应由同轴 H_{11} 波的 $\frac{\lambda}{4}$ 确定。从矩形波导出口至同轴线又是个径向线,电波沿半径方向行进。图中(1)为扼流同轴线,它的深度为 $\frac{\lambda_{g_{11}}}{4}$

$$(\lambda_c)_{H_{11}} \approx \frac{\pi}{2}(D + d), \qquad \lambda_{g_{11}} = \frac{\lambda}{\sqrt{1 - \left(\frac{\lambda}{\lambda_{c_{11}}}\right)^2}} \qquad (12-31)$$

图中(2)为径向线,图中" $*$ "是矩形波导宽边中心到槽距离 $\approx \frac{\lambda_g}{4}$, λ_g 是径向线之波导波长。

这样,在中心频率上,两段矩形波导对接面形成了等效的短路,相当于把两个波导连接在一起了。

一般来说在大功率传输时,都要用扼流连接;工作频带较宽精密测量多采用平法兰接头,此时对机械加工精度的要求较高。一般情况可用平法兰直接连接。

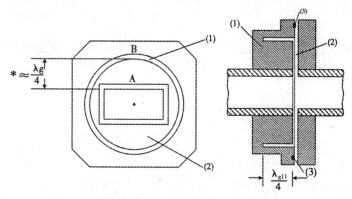

(1)扼流同轴线;(2)径向线;(3)密封圈

图 12-14　矩形波导扼流连接示意图

12.3.3　波导同轴连接

如图 12-15 所示。波导同轴连接时,要求将同轴线中的能量有效的传送到波导,反之亦然。这一问题可以看成是用同轴线来激励波导,同轴线传输 TEM 波。如果同轴线由波导宽边接入,如图(a)所示,则由边界条件可知,同轴线中 TEM 波可转换成矩形波中的 H_{10} 波的场型。如果从波导窄边插入同轴线,如图(b)所示,在波导横截面上激励的电场是上下反相的,因此不可能在矩形波导内激励起 H_{10} 波,所以波导同轴线相连时,同轴线只可能且必须由波导的宽边插入。同轴线插入深度,位置及同轴线中心导体末端形状不同,在波导中激励情况

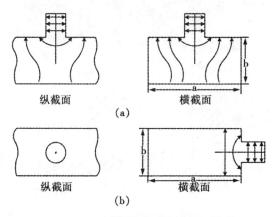

图 12-15　同轴线激励波导原理说明

也不同。但为使激励 H_{10} 能量向波导一个方向传送,波导另一端要短路起来,同轴探针距终端短路面 $\approx\dfrac{\lambda_g}{4}$。如何优化这些参数可利用商业电磁软件仿真,在此基础上通过实验最后确定。

12.3.4　转动连接

为了使天线在高低和方位向上转动,在天线与收发信机之间需要加入转动连接装置,我们称之为"旋转关节"。这种关节要求它耗损小,匹配好,泄漏能量少,在转动过程中不要有人的变化。机械结构上要求它转动灵活,密封性要好。因此从电性能考虑,要求传递轴对称模,并保证两个作相对运动部件之间有良好的电接触。对同轴线和传输 E_{01} 波的圆波导来说,这个问题较易解决。对于传输 E_{01} 波的圆波导,只要在前面所讲的扼流连接装置中附加一个轴承等部件即可。

12.3.4.1　波导型旋转关节

图12－16是一种波导型旋转关节。对于矩形波导,由于它本身及它所能传

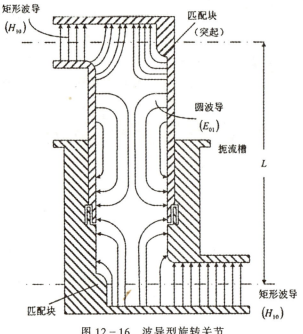

图 12－16　波导型旋转关节

输的波都不是轴对称的,因此需要将波形进行变换。如图 12 - 16 所示,其中转动部分用一段圆波导,两头再过渡到矩形波导。在圆波导中传送轴对称的最低工作模式,即 E_{01} 波,并且设法抑制圆波中非轴对称的 H_{11} 波。机械加工时,转动部分保证良好的同心度,就可使转动时电气性能保持均匀。在将矩形波导 H_{10} 波转成圆波导 E_{01} 波时,为使过渡不突变以减少反射,在圆波导正对矩形波导处有一个匹配块。它的尺寸是通过调测确定。圆波导尺寸应保证比 E_{01} 更高的波截止,也就是 H_{21} 波截止。

在此设圆波导半径为 R,比轴对称模,E_{01} 更高的最低阶模为 H_{21},H_{21} 波截止波长 $\lambda_{c(H_{21})} = 2.06R$,因此 $R < \dfrac{\lambda}{2.06}$;如果要求传输功率较大,保证一定的功率容量,在满足上式的前提下,尽量将 R 选大一些。另外,圆波导的 E_{01} 模截止波长 $\lambda_{c(E_{01})} = 2.62R$,为保证 E_{01} 能传输 $R \geqslant \dfrac{\lambda}{2.62}$。因此,保证圆波导对称单模传输的尺寸选取应满足

$$\frac{\lambda}{2.62} \leqslant R \leqslant \frac{\lambda}{2.06} \tag{12 - 32}$$

为保证 E_{01} 波有良好的传输,而其他波模不被激励,长度 L 通常应是 E_{01} 波的 $\dfrac{\lambda_g}{2}$ 的整数倍。E_{01} 波并不是圆波导中最低型波,如何抑制 H_{11} [$\lambda_{c(H_{11})} = 1.841R$],除了适当选择 L 以保证 E_{01} 波良好的匹配性外,还要求加工对称性要好。如果需要,还要求加滤除 H_{11} 波的波型滤波片。在两节圆波导连接处仍采用了两段 $\lambda/4$ 的扼流槽,使结构的两体成为微波电的良好连接。

12.3.4.2　波导同轴过渡转动关节

如图 12 - 17 所示,这种结构比较紧凑,而且两个矩形波导的轴是互相垂直的。由于应用了一段同轴线,功率容量不可做得太高。波导同轴过渡,一端是采用"球头"激励,另一端则采用了耦合环激励,因为由同轴线伸展出来而形成的耦合环中有闭合的磁力线穿过,这种磁力线可以在矩形波导中激励起 H_{10} 波。耦合环的面积和形状要保证良好的匹配,这也需要用实验最后来确定。同轴线弯成环时与原轴线的夹角一般取为 55°,起一个吸收环作用,可将由扼流槽泄漏出来的一小部分能量吸收掉。

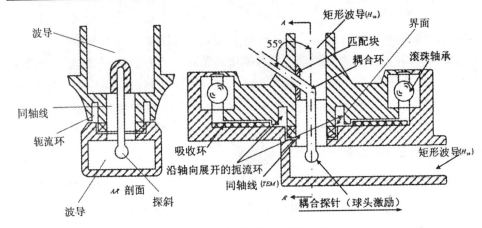

图 12 - 17　波导同轴过渡旋转关节

12.3.5　常用的波导弯头、扭管和拐角

图 12 - 18 给出一些常用的各种波导弯拐头的典型设计尺寸，供设计时参考。

12.3.6　波导桥

12.3.6.1　3dB 窄边桥

如图 12 - 19(a) 所示，两段波导在窄边有一段是相通的。其工作原理：假设波由 1 臂入，为分析方便，可把 1 所激励的 H_{10} 波看成是幅度相同的一个对称激励和一个非对称激励的叠加。这两个波源在 2 中抵消，所以 2 无输出，即 1 与 2 隔离；这两波在耦合段 l 中可激励起新的波模来。如果尺寸选择恰当，这一段只能激励起 H_{10} 和 H_{20} 两种波型，那么对称激励源就可在该段激励起宽边尺寸为 $2a$ 的 H_{10}，它的波长

$$\lambda_{g(H_{10})} = \frac{\lambda_0}{\sqrt{1 - \left(\frac{\lambda_0}{2(2a)}\right)^2}}, \quad \lambda_{c(H_{10})} = 2a \qquad (12 - 33)$$

非对称激励源在耦合段可激励 H_{20}，它的波长

$$\lambda_{g(H_{20})} = \frac{\lambda_0}{\sqrt{1 - (\lambda_0/2a)^2}}, \qquad \lambda_{c(H_{20})} = a \qquad (12 - 34)$$

这两个波在 l 中向前传播，到达 3、4 时又作为 3、4 的激励源，分别激励起 3、4 中的 H_{10} 波，3、4 的波是这两个激励源所激励起来波的叠加。因为在耦合段中的

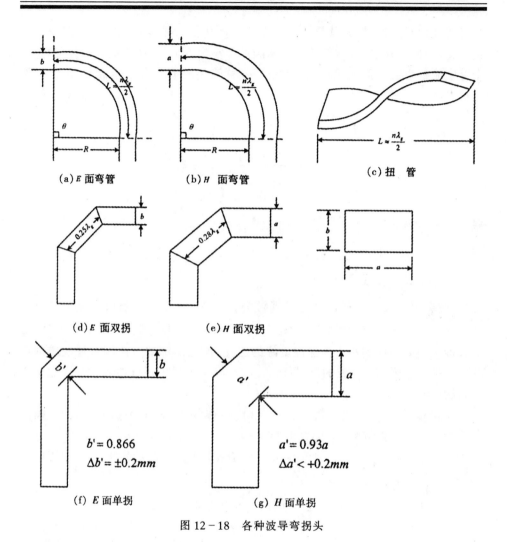

(a) E 面弯管　　　　(b) H 面弯管　　　　(c) 扭　管

(d) E 面双拐　　　　(e) H 面双拐

$b' = 0.866$

$\Delta b' = \pm 0.2mm$

$a' = 0.93a$

$\Delta a' < +0.2mm$

(f) E 面单拐　　　　　　　(g) H 面单拐

图 12－18　各种波导弯拐头

H_{10} 和 H_{20} 是由幅度相等的对称和非对称激励产生的, 所以当他们在 3、4 臂时又重新转成幅度相等的对称激励和非对称激励源, 但经过 l 后, H_{10} 是相位滞后 $\dfrac{2\pi l}{\lambda_{gH_{10}}}$, H_{20} 波相位滞后 $\dfrac{l}{2\pi\lambda_{gH_{20}}}$。因为 $\lambda_{gH_{10}} < \lambda_{gH_{20}}$, H_{10} 波比 H_{20} 经过 l 段后相位要滞后, 其值为 $\alpha = 2\pi l\left(\dfrac{1}{\lambda_{gH_{10}}} - \dfrac{1}{\lambda_{gH_{20}}}\right)$。经过耦合段 l 后这两个源仍保持同相的话, 在端口 3 有输出, 而在端口 4 无输出。一般情况下, 二波源不一定同相, 叠

加时要计入其相位,按矢量叠加。在当二波源相位偏差 $\alpha = \pi/2$ 时,其幅度相等且正交,因此 1 臂输入,则与邻臂 2 是隔离无输出,而在 3 和 4 臂为平分臂,每一个臂中能量为输入的能量的一半,即平分臂输出时能量和输入能量相差 3dB。与双 T 接头类似,不同的只是平分臂输出电场间的相位差为 90°,而双 T 接头的输出二臂的相差为 0/180°。

l 选择应满足

$$l = \frac{\alpha}{2\pi\left(\dfrac{1}{\lambda_{gH_{10}}} - \dfrac{1}{\lambda_{gH_{20}}}\right)} \tag{12-35}$$

将 $\alpha = \dfrac{\pi}{2}$ 代入得

$$l_{\frac{\pi}{2}} = \frac{1}{4\left(\dfrac{1}{\lambda_{gH_{10}}} - \dfrac{1}{\lambda_{gH_{20}}}\right)} = \frac{\lambda}{4\left[\sqrt{1 - \left(\dfrac{\lambda}{4a}\right)^2} - \sqrt{1 - \left(\dfrac{\lambda}{2a}\right)^2}\right]} \tag{12-36}$$

在耦合段中,其宽壁尺寸是普通波导的两倍,这个尺寸有时会激励起 H_{30} 波。如果是这样,为抑制耦合段 H_{30} 波产生,要相应缩小耦合段中宽壁尺寸,这时长度 l 也要相应缩小。为保证良好的匹配,波导缩窄部分两端可作成锥削形状。为抵消中隔板 H_{10} 波的反射,改善匹配,在耦合段中还可加入一个容性调配螺钉,其深度由试验确定。

调试步骤:首先看端口 VSWR 和(1)、(2)臂的隔离度,VSWR<1.1,隔离度>30dB 可认为合格。然后在此附近调(3)/(4)臂的平分度。一般不平分度<0.5dB 时认为合格。加工对称性和精度,直接影响本电桥的性能,要严格要求。

12.3.6.2　3dB 宽边桥

如图 12-19(b)所示,其工作原理与窄边桥类似。只是在耦合段中激励起的非对称波不是 H_{20},有一种宽边桥激励的非对称波是 H_{11} 波,这种桥耦合到另一通道去的电场相位落后 90°。

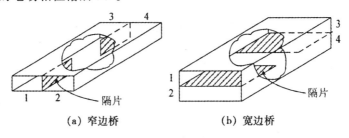

(a) 窄边桥　　　　　　(b) 宽边桥

图 12-19　波导桥示图

12.3.7　波导 T 接头

12.3.7.1　E-T 接头

微波系统中,波导 T 接头用来将功率进行分配与合成,常见的有 E-T 接头和 H-T 接头。当分支波导在主波导之宽壁上,分支平面与主波导 TE_{10} 波的电场 $\vec{E}$ 平行,这种叫 E-T 接头。当分支波导在主波导之窄壁上,分支平面与主波导 TE_{10} 波的磁场 $\vec{H}$ 平行,这种叫 H-T 接头。将 T 接头看成三端口网络,各臂编号如图 12-20 所示,主波导臂称端口 1 和端口 2,分支臂称端口 3,工作于 TE_{10} 波。

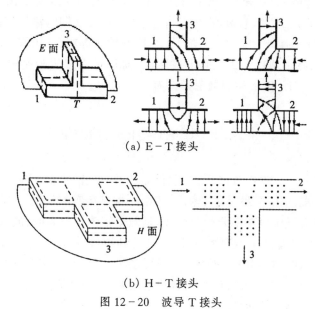

(a) E-T 接头

(b) H-T 接头

图 12-20　波导 T 接头

图 12-20(a)是 E 面 T 形分支的结构图和在 E 平面上电场力线分布图,任取一平行于波导窄壁的平面,E-T 接头三个臂内的电场都在这个平面内,因此叫 E 面分支。当信号从某一端口输入时其余二端口接匹配负载有如下性质:当信号从端口 1 输入时,2、3 端口有输出,当信号从 2 输入时,端口 1、3 有输出,当信号从端口 3 输入时,在距对称面相等距离处,在 1、2 端口有等幅、反相输出;当端口 1、2 同时输入等幅、反相信号时,分支波导口 3 有最大输出;当端口 1、2 同时输入等幅、同相信号时,分支波导 3 口无输出,因此在端口 1、2 之间形成驻波,而且对称面 T 处是电场的波腹点、磁场的波节点。E-T 接头的散射矩阵有

$$[S] = \frac{1}{2} \begin{vmatrix} 1 & 1 & \sqrt{2} \\ 1 & 1 & -\sqrt{2} \\ \sqrt{2} & -\sqrt{2} & 0 \end{vmatrix}$$

12.3.7.2　H-T 接头

分支波导在主波导的窄边上,分支平面与主波导中的 TE_{10} 模的磁场平行。图 12-20(b)是 H 面 T 形分支的结构图和在 H 平面上电场力线分布图,任取一平行于波导宽壁的平面,H-T 接头三个臂内的磁场都在这个平面内,因此叫 H 面分支接头。与 E-T 接头同样的道理可得到 H-T 接头的性质。当信号从端口 1 输入时,2、3 端口有输出,当信号从 2 输入时,端口 1、3 有输出,当信号从端口 3 输入时,在 1、2 端口有等幅、同相输出;当端口 1、2 同时输入等幅、同相信号时,分支波导口 3 有最大输出;当端口 1、2 同时输入等幅、反相信号时,分支波导 3 口无输出,因此在端口 1、2 之间形成驻波,而且对称面 T 处是电场的波节点、磁场的波腹点。H-T 接头的散射矩阵有

$$[S] = \frac{1}{2} \begin{vmatrix} 1 & -1 & \sqrt{2} \\ -1 & 1 & \sqrt{2} \\ \sqrt{2} & \sqrt{2} & 0 \end{vmatrix}$$

T 接头是一个三端口微波元件,假设是无耗的,由网络理论可知,三个端口不可能同时匹配。信号从一端口输入,其余二端口接匹配负载,它的驻波比都大于 1 的。T 接头可作为功率分配与合成,从散射矩阵参数表明,波从"1"入时,有 1/4 功率被反射回去,1/4 传到端口"2",1/2 传到端口"3"。这是一种功率分配方式;信号从"3"入时,在端口 3 不存在反射,在端口"1"、"2"各得 1/2 功率。称 3(dB)功分器。将 T 型接头当作功率合成器使用时,此时端口"1"、"2"输入驻波比较大(VSWR=3),性能虽不太好,但因结构简单也被采用。

在 T 接头的旁臂加入可移动短路活塞,就可以得到与串联短路线(E-T)或并联短路线(H-T)相似的短截线,它可作为可变阻抗、天线开关等。

12.3.7.3　波导双 T 接头和魔 T

波导双 T 接头是由具有公共对称面的 E-T 分支和 H-T 分支组成。将 E-T 和 H-T 组合在一起就构成了双 T 接头,如图 12-21 所示。其性质如下:(信号从某一端口输入时,其他端口接匹配负载)当信号从端口 3(H 臂)输入时,1、2 端口输出的信号等幅同相,端口 4 无信号(因为臂 3 和臂 4 电场空间正交,无耦合);当信号从端口 4(E 臂)输入时,1、2 端口输出等幅反相信号,3 端口无

输出;当信号从端口 1、2 同时输入等幅同相信号时,信号从 3 端口输出,而 4 端口无信号;当信号单独从端口 1 或端口 2 输入时,端口 3 和 4 均有输出,端口 1 和 2 之间的隔离度很低。双 T 可用于功率分配与合成器。如果在 E 臂和 H 臂安置可调短路活塞,调节其位置就可在各支臂交接处产生任意大小的电抗,构成调配器,减少波导系统的驻波比。

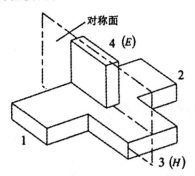

图 12 - 21　波导双 T 接头

它是一个射频加减器,如果信号从 1、2 臂同相输入,H 臂就是(1+2),而 E 臂就是(1-2);从 H 臂输入的信号同相平到 1 和 2 臂,E 臂无输出。这特性在单脉冲雷达和差波束中应用。(图说明)双 T 特性可归纳成:对称臂间互隔离,E、H 臂也隔离;任一臂上进信号,功率平分另两臂;信号加减看场强,正负符号场图定。简单的双 T 并不是匹配的,为匹配需加调配装置,一般称这为魔 T。

在双 T 接头中,如果端口 1、2 和 4 接匹配负载,端口 3 看上去不匹配,同样,在端口 1、2 和 3 接匹配负载,端口 4 看上去也不匹配。为了使端口 3 和 4 看上去都匹配通过在 E-T 和 H-T 接头汇合处对称地放置匹配元件,使 3、4 端口匹配,$S_{33} = S_{44} = 0$,当然 1、2 端口自然匹配,这种匹配的双 T 接头叫魔 T。为了使 H 臂匹配,在接头对称面上加一个金属圆杆,适当选择圆杆的位置、高度和粗细可时 H 臂和 1、2 臂达到较好匹配,圆杆与 H 臂中电场平行与 E 臂电场垂直因此对 E 臂影响不大。为使 E 臂得到匹配,可在 E 臂中安置一个其表面与电场平行的金属膜片,适当选择其尺寸和位置就可使 E 臂与臂 1、2 达到好的匹配。为了在较宽得到匹配可采用图 12-22 的配置,常用模片销钉型和锥台销钉型匹配双 T。实际上加匹配调整,只要 E、H 臂匹配就可以了。平分臂的平分度和隔离臂的隔离度都取决于加工结构的对称性。一般可以达到 10% 的带宽内,输入驻波比<1.2,E、H 臂隔离度≥40dB,平分臂隔离≥25dB,平分臂的不平分度小于 0.1dB。

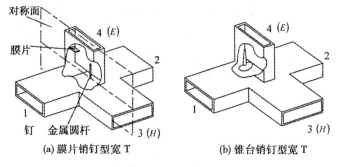

(a) 膜片销钉型宽 T   (b) 锥台销钉型宽 T

图 12-22   魔 T

匹配双 T 接头传输特性可归纳为

$$b_1 = \frac{1}{\sqrt{2}}(a_3 + a_4), \qquad p_1 = \frac{1}{2}|b_1|^2 = \frac{1}{4}|a_3 + a_4|^2$$

$$b_2 = \frac{1}{\sqrt{2}}(a_3 - a_4), \qquad p_2 = \frac{1}{2}|b_2|^2 = \frac{1}{4}|a_3 - a_4|^2$$

$$b_3 = \frac{1}{\sqrt{2}}(a_1 + a_2), \qquad p_3 = \frac{1}{2}|b_3|^2 = \frac{1}{4}|a_1 + a_2|^2 \qquad (12-37)$$

$$b_4 = \frac{1}{\sqrt{2}}(a_1 - a_2), \qquad p_4 = \frac{1}{2}|b_4|^2 = \frac{1}{4}|a_1 - a_2|^2$$

以上可以写成矩阵形式

$$\begin{bmatrix} b_1 \\ b_2 \\ b_3 \\ b_4 \end{bmatrix} = \frac{1}{\sqrt{2}} \begin{bmatrix} 0 & 0 & 1 & 1 \\ 0 & 0 & 1 & -1 \\ 1 & 1 & 0 & 0 \\ 1 & -1 & 0 & 0 \end{bmatrix} \begin{bmatrix} a_1 \\ a_2 \\ a_3 \\ a_4 \end{bmatrix}$$

12.4   功率合成与分配

12.4.1   功率分配器和合成器

对于三端口的功分器装置,在不包含不可逆介质时一般可用作功率分配或功率合成。三端口的功分器在两个隔离输出端口的功率分配可为任意的,这可用微带或带状线进行综合得出,如图 12-23 所示。

平衡电阻可由碳膜或金属氧化物制成,当工作频率 $f > 1\text{GHz}$ 时,可用薄膜和厚膜制成。它的参数选择与功分比的关系有

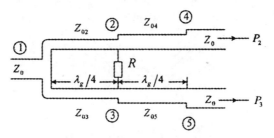

图 12-23　带有 λ/4 变换器的三端口功分器示图

$$\frac{P_2}{P_3} = \frac{1}{K^2}$$

$$Z_{02} = Z_0 \sqrt{K(1+K^2)}$$

$$Z_{03} = Z_0 \sqrt{\frac{1+K^2}{K^3}}$$

$$Z_{04} = Z_0 \sqrt{K}$$

$$Z_{05} = \frac{Z_0}{\sqrt{K}}$$

$$R = Z_0 \frac{1+K^2}{K}$$

$$(12-38)$$

例题　设计一个工作于 50Ω 系统的 3dB 功率分配器。

$$\frac{P_2}{P_3} = \frac{1/2}{1/2} = 1, \ K = 1$$

$$Z_{02} = Z_{03} = \sqrt{2} Z_0 = 70.7(\Omega)$$

$$Z_{04} = Z_{05} = Z_0 = 50(\Omega)$$

$$R = 2Z_0 = 100(\Omega)$$

例题　图 12-24 是 3dB 微带功分器示图。要求输出臂功率平均分配，$p_2/p_3 = 1$。臂 2、3 隔离，如何选隔离电阻 R_x?

先看臂 1，当信号由 1 输入时，由于二臂平衡，隔离电阻上 R_x 无电流经过，相当于开路，可不考虑。为保证 1、2、3 臂匹配，臂 1 输入阻抗 $Z_{i1} = Z_0 = R_0$，臂 2、3 均分，经 λ/4 后折合到臂 1 处输入阻抗 $Z'_{i2} = Z'_{i3} = \dfrac{Z^2}{Z_0}$。因此臂 1 总输入阻抗 Z_{i1} 应为 Z'_{i2} 和 Z'_{i3} 之并联。$Z_{i1} = \dfrac{1}{2} \dfrac{Z^2}{Z_0} = Z_0$（要求 $Z_{i1} = Z_0$，与 1 臂匹配），因

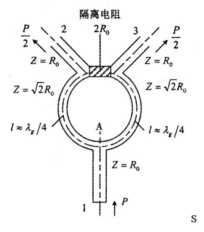

图 12 - 24　3dB 微带功分器示图

此 $Z = \sqrt{2}Z_0 \cdots \cdots Z$ 为分支微带线特性阻抗。要求 2、3 臂隔离，因为 2、3 臂相同，现分析 2 臂，当 2 臂加入信号，由于隔离要求，3 臂不应有电压，相当于短路，经 $\lambda/4$ 在并联点相当于开路，臂 2 匹配其导纳 $\frac{1}{Z_0}$，在 A 点相加有 $\frac{1}{Z_0} = \frac{1}{R_x} + \frac{1}{Z^2/Z_0}$，将 $Z = \sqrt{2}Z_0$ 代入得隔离电阻

$$R_x = 2Z_0 \tag{12 - 39}$$

12.4.2　分支型线路

12.4.2.1　微带分支线电桥和定向耦合器

它是由两根平行导带组成，通过一些分支导带实现耦合。分支导带的长度和间隔均为 $\lambda/4$（四分之一线上波长），其结构如图 12 - 25 所示。一般称的电桥就是一种将功率平分耦合的定向耦合器，即 3dB 定向耦合器。理想情况下，端口①输入，端口②、端口③输出，端口④无输出。

采用奇偶模分析法。当偶模激励时，即对称激励。对称面上必为电压的波腹点，即为开路点（电流为零），相当于 1 - 2 线和 4 - 3 线上并联了一段 $\lambda_g/8$ 的开路线（总长 $\lambda_g/4$，各半），如图(a)所示。其输入导纳

$$B_{be} = jG\tan\beta l， \quad l = \lambda_g/8 \tag{12 - 40}$$

G 为分支线特性导纳。当奇模激励时，即反对称激励。对称面上必为电压的波节点，即为短路点（电容达最大），相当于 1 - 2 线和 4 - 3 线上并联了一段 $\lambda_g/8$

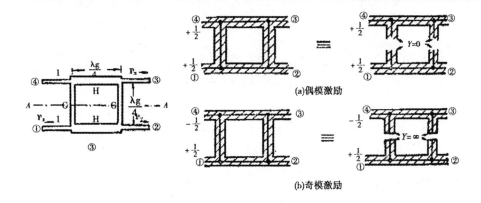

图 12-25　分支耦合器及奇偶模二端口等效电路

的短路线,如图中(b)所示。其输入导纳

$$B_{bo} = jG\cot\beta l, \qquad l = \lambda_g/8 \qquad (12-41)$$

奇偶模馈电相当于在主线上分别并联了 $\pm jG$ 电钠,将 1-4 线和 2-3 线分开来,分别求出 2、3、4 口的输出电压,然后按奇、偶模叠加。即当 1 口输入时,2、3、4 口的输出。这样,奇偶模法将分支定向耦合器这样的四端口问题分解为几个二端口网络来处理,如图 12-25 所示,H,G 分别为主线与分支线归一化特性导纳。而每一个二端口网络又可分为三个级联网络,应用[A]矩相乘得到级联公式,$[\vec{a}] = [\vec{a}_1][\vec{a}_2][\vec{a}_3]$。$[\vec{a}_1]$,$[\vec{a}_3]$ 为两段不同特性导纳的传输线相连、中间并联一电纳的二端口网络的 $[a]$ 矩阵,$[a_2]$ 为一段电长度为 $L = \lambda_{g0}/4$、归一化特性导纳为 H 的传输线的 $[a]$ 矩阵,且连接点处并联一电纳的二端口网络。对于输入、输出为同一特性导纳的传输线,并联导纳的归一化 $[a]$ 矩阵为

$$[a] = \begin{bmatrix} 1 & 0 \\ jG & 1 \end{bmatrix}$$

jG 为归一化并联电纳。因输入传输线特性导纳为 $Y_0 = 1/Z_0$,输出传输线特性导纳为 HY_0,因此归一化的 $[a_1]$ 矩阵为

$$[a_1] = \begin{bmatrix} \sqrt{\dfrac{1}{H}} & 0 \\ \dfrac{jG}{\sqrt{H}} & \sqrt{H} \end{bmatrix}$$

同理

$$[a_3] = \begin{bmatrix} \sqrt{H} & 0 \\ \dfrac{jG}{\sqrt{H}} & \sqrt{\dfrac{1}{H}} \end{bmatrix}$$

$[a_2]$为对 HY_0 归一的一段传输线的$[a]$矩阵,与一般传输线的归一化$[a]$矩阵相同,

$$[a_2] = \begin{bmatrix} \cos\theta & j\sin\theta \\ j\sin\theta & \cos\theta \end{bmatrix}$$

在中心频率上, $\theta = \dfrac{\pi}{2}$,所以

$$[a_2] = \begin{bmatrix} 0 & j \\ j & 0 \end{bmatrix}$$

因此偶模等效电路的$[a]$矩阵:

$$[a_e] = \begin{bmatrix} \sqrt{\dfrac{1}{H}} & 0 \\ \dfrac{jG}{\sqrt{H}} & \sqrt{H} \end{bmatrix} \begin{bmatrix} 0 & j \\ j & 0 \end{bmatrix} \begin{bmatrix} \sqrt{H} & 0 \\ \dfrac{jG}{\sqrt{H}} & \dfrac{1}{\sqrt{H}} \end{bmatrix} = \begin{bmatrix} -\dfrac{G}{H} & \dfrac{j}{H} \\ jH - j\dfrac{G^2}{H} & -\dfrac{G}{H} \end{bmatrix}$$

$$(12-42)$$

奇模等效电路的$[a]$矩阵:

$$[a_0] = \begin{bmatrix} \sqrt{\dfrac{1}{H}} & 0 \\ \dfrac{-jG}{\sqrt{H}} & \sqrt{H} \end{bmatrix} \begin{bmatrix} 0 & j \\ j & 0 \end{bmatrix} \begin{bmatrix} \sqrt{H} & 0 \\ \dfrac{-jG}{\sqrt{H}} & \dfrac{1}{\sqrt{H}} \end{bmatrix} = \begin{bmatrix} \dfrac{G}{H} & \dfrac{j}{H} \\ jH - j\dfrac{G^2}{H} & \dfrac{G}{H} \end{bmatrix}$$

$$(12-43)$$

求出$[a]$参数后,换算到$[s]$参数,便可得到奇偶模的反射系数和传输参数 $[\bar{a}]$与$[s]$有如下关系

$$[\bar{a}] = \begin{bmatrix} \bar{a} & \bar{b} \\ \bar{c} & \bar{d} \end{bmatrix}$$

$$s_{11} = \frac{\bar{a} + \bar{b} - \bar{c} - \bar{d}}{a + b + c + d} \qquad \bar{a} = \frac{1}{2s_{21}}(1 + s_{11} - s_{22} - |s|)$$

$$s_{12} = \frac{2|\bar{a}|}{a + b + c + d} \qquad \bar{b} = \frac{1}{2s_{21}}(1 + s_{11} + s_{22} + |s|)$$

$$s_{21} = \frac{2}{a + b + c + d} \qquad \bar{c} = \frac{1}{2s_{21}}(1 - s_{11} - s_{22} + |s|)$$

$$s_{22} = \frac{-\bar{a} + \bar{b} - \bar{c} + \bar{d}}{a + b + c + d}, \qquad \bar{d} = \frac{1}{2s_{21}} (1 - s_{11} + s_{22} - |s|)$$

$$|a| = |ad - bc|, \quad [s] = \begin{bmatrix} s_{11} & s_{12} \\ s_{21} & s_{22} \end{bmatrix}, \qquad |s| = s_{11} s_{22} - s_{12} s_{21}$$

$$\Gamma_e = s_{11e} = \frac{j \left(\dfrac{G^2}{H} + \dfrac{1}{H} - H \right)}{-\dfrac{2G}{H} + j \left(H + \dfrac{1}{H} - \dfrac{G^2}{H} \right)}$$

$$\Gamma_0 = s_{110} = \frac{j \left(\dfrac{G^2}{H} + \dfrac{1}{H} - H \right)}{\dfrac{2G}{H} + j \left(H + \dfrac{1}{H} - \dfrac{G^2}{H} \right)} \tag{12-44}$$

$$T_e = s_{21e} = \frac{2}{-\dfrac{2G}{H} + j \left(H + \dfrac{1}{H} - \dfrac{G^2}{H} \right)}$$

$$T_0 = s_{210} = \frac{2}{\dfrac{2G}{H} + j \left(H + \dfrac{1}{H} - \dfrac{G^2}{H} \right)}$$

当端口 1 的反射系数 $s_{11} = \dfrac{\Gamma_e + \Gamma_0}{2} = 0$，则由 $\dfrac{G^2}{H} + \dfrac{1}{H} - H = 0 \rightarrow G^2 = H^2 - 1$，将其代入 T_e 和 T_0 中有

$$T_e = \frac{H}{j - G} \rightarrow s_{12} = \frac{T_e + T_0}{2} = s_{21} = \frac{-jH}{G^2 + 1}$$

$$T_0 = \frac{H}{j + G} \rightarrow s_{13} = \frac{T_e - T_0}{2} = s_{31} = \frac{-GH}{G^2 + 1} \tag{12-45}$$

$$s_{14} = \frac{\Gamma_e - \Gamma_0}{2} = s_{41} = 0 \, (无输出)$$

式中，H, G 分别代表平行导带和分支导带归一化的导纳值。以上表明，端口 2 与端口 3 相位差 90°，当分支各臂特性导纳满足一定关系时，其输入无反射，隔离臂无输出。通过臂与耦合臂输出电压间有相位差 $\pi/2$，这些正是理想耦合器之主要特性。该定向耦合器的耦合度

$$L = 20 \lg \frac{1}{|S_{13}|} (\text{dB}) = 20 \lg \left(\frac{G^2 + 1}{GH} \right) (\text{dB}) \tag{12-46}$$

对 3dB 耦合器，也称之为电桥

$$\frac{G^2 + 1}{GH} = \sqrt{2} \rightarrow G = 1, \quad H = \sqrt{2} \tag{12-47}$$

分支耦合器的主要应用:3dB/90°圆极化馈电网络和微带平衡混频器。对于四分支或更多的分支也采用同样方法处理。注意的是应使分支线外缘部分的导纳较中间部分的小,可获得更宽频带,下表给出两分支、三分支和环形电桥性能比较。

表 12-5   两分支、三分支和环形电桥性能比较

频率敏感度 3dB电桥(归一化导纳值)	$f/f_0=1.06$ 时			$f/f_0=1.13$ 时		
	驻波比	隔离度(dB)	Δ(dB)	驻波比	隔离度(dB)	Δ(dB)
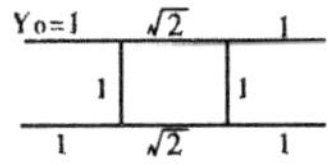	1.26	19	0.24	1.57	13.8	0.74
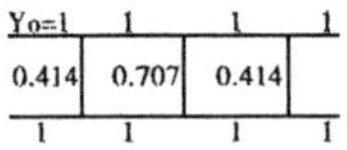	1.08	27.4	0.18	1.20	20.5	0.60
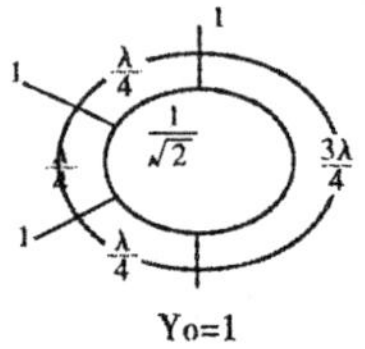	1.07	29.3	0.14	1.17	23.3	0.51
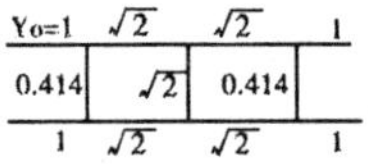	1.03	37.0	0.12	1.12	25.3	0.49

表中 Δ 为两输出臂的不平衡度,图示出各段归一化导纳。

12.4.3 同轴线单 T 和双 T

在航天器超高频波段的天馈系统中常采用同轴结构,这会遇到同轴线间的连接。这里介绍两种 T 型接头的分析和设计。

12.4.3.1 同轴单 T

"单 T"是同轴线 T 型分支,可作为一分为二不隔离功分器,如图 12-26。一般要求输入驻波比要小。作为近似处理,可以把它看成一阻抗变换器。当各臂阻抗 $z_0=50\Omega$ 时,可将(2)、(3)输出臂近似看成是两个 $z_0=50\Omega$,阻抗并联,可采用二节切比雪夫变换实现阻抗变换,即达到与入臂(1)的匹配。

设计计算:采用切比雪夫二节阻抗变换,可通过查表方式进行设计计算。

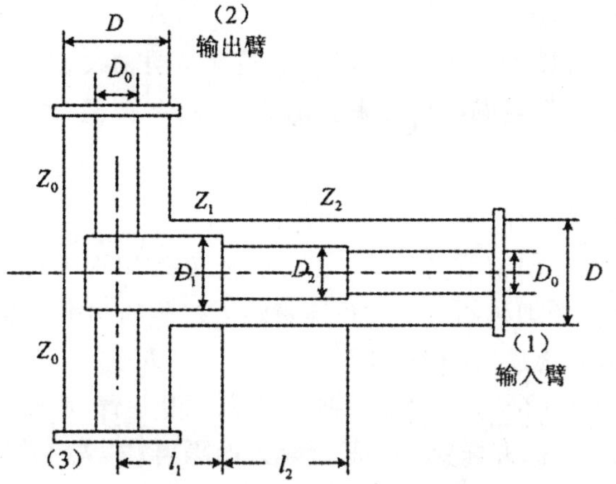

图 12-26　同轴单 T 示意图

(1) 求阻抗比,二输出臂并联,其阻抗 $= z_0/2$,阻抗比 $R = \dfrac{z_0}{z_0/2} = 2$,当给定最大允许反射系数 $|\Gamma|_{max}$ 和工作频带(λ_2, λ_1,设 $\lambda_2 > \lambda_1$)时,可确定变换节数 n;

(2) 假设节数 n 确定后,查表可求出标度因子 s,由 $\theta_{M2} = \arccos s$, $\theta_{M1} = \pi - \theta_{M2}$, θ_{M1} 和 θ_{M2} 各表示变换段长度 l_i($i = 1, 2 \cdots, n$)与 λ_1, λ_2 对应之电长度。带宽比 $\gamma = \dfrac{\theta_{M1}}{\theta_{M2}} = \dfrac{\lambda_2}{\lambda_1}$;

(3) 求变换段长度 $l = \dfrac{\theta_{M2} \lambda_2}{2\pi} = l_1 = l_2$;

(4) 求变换段阻抗,可查表。当 $R, s, |\Gamma|_{max}$ 已知时,可查出各级阶梯的归一化特性阻抗 $\rho_1, \rho_2, \cdots, \rho_n$,并分别求出其特性阻抗 $Z_1, Z_2, \cdots$。同轴线特性阻抗 $z_n = \dfrac{138}{\sqrt{\varepsilon r}} \lg\left(\dfrac{D}{D_n}\right)$ (Ω),由此确定各段内、外导体直径;

(5) 可利用此变换的传输函数 $L = 1 + h^2 T_n^2 (\cos\theta/s)$ 求出 L 和 f 关系曲线,式中 $T_n(x)$ 为切比雪夫多项式,$|\Gamma|_{max}$ 为带内最大驻波比,

$$h^2 = \frac{|\Gamma|_{max}^2}{(1 - |\Gamma|_{max}^2)}$$

而反射系数

$$|\Gamma| = \sqrt{\frac{L-1}{L}}$$

求出 $|\Gamma| \sim \theta$ 关系曲线。

　　同轴线分支，使传输线产生不连续性，当 $\lambda \gg$ 同轴线直径，作上述近似处理还是允许的，并获得较好的应用结果。比如在 S,P 波段，取 $n=2$，臂1在很宽的频带内 VSWR<1.5。

12.4.3.2　同轴"双T"

　　同轴"双 T"为一同轴桥式接头，与波导魔 T 的用途类似，它可用超高频段的单脉冲雷达的高频加减网络或相控阵雷达天线阵的功率分配网络。可给出等幅、同相并有较大隔离度的功率分配。

　　工作原理：如图 12－27 所示，同轴桥式接头由并臂、串臂，以及两个侧臂组成。各臂特性阻抗 Z_0，并联臂与串联臂有大的隔离；即从一臂输入信号，几乎不进另一臂；两个侧臂间也有较大的隔离，就是说相对臂间都有大的隔离；通常从并联臂输入功率，在两侧臂上得到等幅、同相功率，而在串联臂上接匹配负载，几乎无功率损耗。其性能相似于波导双 T。同轴桥式接头的另一特点是当其余各臂接匹配负载时，各臂看进去都有好的匹配。

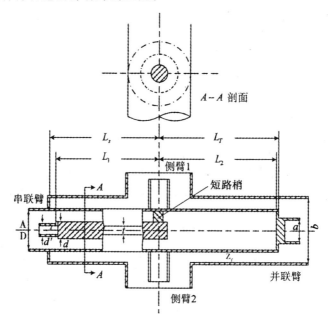

图 12－27　同轴桥式接头

　　并联臂可看成是有一个短截线支撑的 T 型接头，如图 12－27 所示。并联臂馈入能量,因为对臂看上去是一个 $\frac{\lambda}{4}$ 短路线,在其与侧臂并联处等效为一开路,没有能量进入对臂,实现并、串臂间的隔离。而二侧臂是二段特性阻抗为 Z_0 的并联,接入点并联阻抗 $= Z_0/2$。与并联臂特性阻抗 $Z_0 = 138 \lg \frac{b}{a}$ 间有 $-\lambda/4$ 阻抗变换段。该变换段特性阻抗 $Z_T = \sqrt{\frac{Z_0}{2} \cdot Z_0} = \frac{Z_0}{\sqrt{2}}$。单节 $\frac{\lambda}{4}$ 阻抗变换段频带较窄,用一个 $\frac{\lambda}{4}$ 短路线并联支撑,$L_s = \frac{\lambda}{4}$ 可抵消并联变换段对频率敏感性,加宽工作频带有好处。

串联臂:并联臂的内导体为串联臂之外导体,其上有两个 $\frac{\lambda}{2}$ 的对称开槽,通过二开槽将串联臂之能量耦合到二侧臂上。由于串联臂内导体在 $\frac{\lambda}{2}$ 开槽的中点有一短路梢,将内外导体短路形成对二侧臂的对称激励。距短路槽 $L_\phi = \frac{\lambda}{4}$ 处,串联臂同轴线短路。因此能量不可进入到并联臂中,实现串、并联臂之间的隔离。串联臂同轴线阻抗的确定是使二侧臂和串联臂相连后有 $Z_0 = 50\Omega$。为此,由于中间导体二对开槽长度 $= \lambda/2$,自短路梢算起两边各 $\lambda/4$,设二槽宽为 t,中间导体内径为 D,内导体直径为 d,槽宽对应角为 2α,双开槽同轴线特性阻抗 $Z = \frac{60}{\sqrt{\varepsilon}} \ln \frac{D/d}{\sqrt{\cos\alpha}} (\alpha < 45°)$,一般 $\alpha < 25°$。Z 为串联臂变换段的特性阻抗,二侧臂并联点阻抗 $= \frac{Z_0}{2}$,为保证串联臂入端阻抗为 Z_0,则 $Z = \frac{Z_0}{\sqrt{2}}$,

$$Z_0 = 138 \lg \frac{D}{d'}$$

由于串联臂频带较窄,为使中心频率在频带中心,可稍加改动 L_1 和 L_2 的长度。

12.4.4　终端元件

这里简介天线微波系统中常用的终端元件。在天馈系统中,特别是阵列天线的调试中常用到匹配负载、短路负载和衰减器。

(1) 匹配负载。从能量观点来看,在理想情况下能吸收入射的全部能量而不产生反射,故称匹配负载。理想情况有 $S_{11} = \Gamma = 0$;实际上,VSWR $\approx 1.02 - 1.10$。大功率匹配负载要注意散热。波导匹配负载是在矩形波导宽壁中央与

H_{10}波电场平行方向放一个吸收片。吸收片是在薄玻璃上镀一层镍—铬合金的金属膜电阻。吸收片做成尖劈形,长度约$(1-2)\lambda$,VSWR 可达 $1.01\sim1.05$;一般用聚乙烯、碳粉、铁氧体的混合物热压成尖劈或阶梯状可用作波导和同轴线的匹配负载。实际上微波吸收材料就是电磁波的匹配负载。

(2)短路器。它不吸收入射功率而将其全部反射。常见的短路器有固定式短路器和可移动式短路器。理想情况下,$S_{11}=\Gamma=-1$。

(3)衰减器。波导中常用的是吸收式衰减器和截止式衰减器。主要技术参数有:工作频带、起始衰减、最大衰减和输入 VSWR。吸收式衰减器是在波导中放置一块吸收片,该吸收片用镀镍铬薄膜的玻璃片制成,可分为固定和可移动的两种。截止式衰减是由同轴线与圆波导正交构成。功率从同轴线的一端输入,同轴线的另一端接匹配负载,在与同轴线垂直方向有一段圆波导,选择工作波长大于圆波导 H_{11}模的截止波长,场在截止波导中呈指数衰减,改变圆波导的长度就改变其衰减量。旋转极化式衰减器也是常见的一种衰减器,两端是矩形波导,经矩圆过渡段到中间为圆波导段,过渡段将矩形波导的 TE_{10}模变换到圆波导的 H_{11}模。矩圆过渡段放有吸收片,它平行于宽边,圆波导吸收片可绕轴旋转,因此改变其波的能量达到可变衰减作用。

参 考 文 献

1　闫润卿等.微波技术基础.北京理工大学出版社,1997

2　Mike Golio. The RF and Microwave Handbook. CRC Press, 2001

3　J. U. J. B. U Rosenberg, Waveguide Components for Antenna Feed Systems: Theory and CAD

4　苗新.光纤通信技术.中国人民解放军总装备部军事训练教材编辑工作委员会

5　Design of a Coaxial Hybrid Junction, IRE Tran. MTT-9,1961,No.2 pp.124-129

6　清华大学编写. 微带电路. 人民邮电出版社,1975

● 国家"十一五"出版规划重点图书
● 空间飞行器设计专业系列教材
● 航天一线专家学术专著

航 天 器 天 线(下)

——工程与新技术

叶云裳　编著

中国科学技术出版社

·北 京·

图书在版编目(CIP)数据

航天器天线/叶云裳编著. —北京:中国科学技术出版社,2007.1
(空间飞行器设计专业系列教材)
ISBN 978-7-5046-4500-5

Ⅰ.现... Ⅱ.叶... Ⅲ.航天器天线-高等学校-教材 Ⅳ.V443

中国版本图书馆 CIP 数据核字(2006)第 081291 号

自 2006 年 4 月起本社图书封面均贴有防伪标志,未贴防伪标志的为盗版图书。

目　　录

第13章 现代航天器天线设计新概念

用电的方法进行通信开始于 1844 年电报的发明和 1878 年电话的开始使用。在这些通信系统中电信号是沿着连接发送器和接收器的双线传输线传送的。与此同时 Maxwell 和其他学者建立了电磁波辐射的理论基础。1897 年马可尼首次获得一个完整的无线电报系统专利,这奠定了无线通信的基础。在一个无线通信系统中要将通信信号(信息)从发信端向空间发射出去或从空间接收进来,这都要靠一种专门设备,人们把这种装置通称为天线。广义而言,天线是电磁能量的转换器。它是把电磁导波能量(比如传输线中、发射机内……)按其要求转换成空间电磁波或将空间电磁波按其要求转换成电磁导波能的转换设备。另外,天线可当成是一个无线电系统的终端(常称为射频终端)。天线的设计归根到底就是要按要求最有效地进行电磁能量的转换。

本章以现代航天器天线工程为背景阐述航天器天线设计新概念。从航天器天线的基本技术特点出发,以航天器天线电、机、热一体化的并行集成设计原则为指导,多层面阐述了航天器天线集合的电磁兼容性(EMC)设计;在利用电磁高频近似预估天线星体方向图基础上,提出了电磁 CAD 模装技术,以实现天线集合的星体最优化布局;从航天工程要求出发,提出了天线的卫星工程化内容和程序。这些新概念是指导现代航天器天线最优设计的新方法,这对提高航天器天线研制水平和产品质量,缩短研制周期,降低研制成本将会发挥更大的作用。

13.1 航天器天线概述

航天器天线就是装载在航天器上的天线。航天器诸如人造卫星、宇宙飞船、空间站、航天飞机、深空探测器、各种导弹和火箭等,凡是按要求完成预定任务的在外层空间运动的物体都可称为航天器。航天器的空间活动中要进行空间与地面、航天器之间(空间与空间,星座间)乃至深空或星际间的通信及各种信息的无线传输。航天器天线是为这些信息的空间无线传输构筑相应的无线传输通道。信息无线传输过程中承担这种空间波与导波场间的电磁能量转换的设备就是航天器天线。航天器天线不仅参与无线信道的建立,还参与了信号的传递和信号的处理,特别在现代空间信息系统中后者的作用日渐增强。航天器天线的性能好坏直接关系到整个系统工作性能乃至航天器任务的完成。

13.1.1   航天器天线的分类

由于航天器任务及其用途多种多样，航天器平台和有效载荷的形式各异，因此航天器天线也是多种多样的，一般可按以下几种方式进行分类。

（1）按航天器舱段及用途分类有：完成航天器遥测、遥控、跟踪及应答与信标等功能的服务舱或平台天线；完成航天器预定任务如通信、TV 转发、数据及图像信息发送、遥感信息接收与发送等功能的为有效载荷天线；航天器返回时完成测控、跟踪、通信等任务的为返回舱天线。

（2）按工作频段分类有：短波、超短波、L 波段、S 波段、C 波段、X 波段、Ku、Ka 乃至毫米波、亚毫米波等天线。

（3）按安装方式分类有：附着于航天器主体结构上的体装天线，又可分为一般体装天线、低剖面天线和平装天线；利用机构将天线伸展于航天器主体结构之外的可伸展天线和相对载体可转动的扫描天线。

（4）按工作模式分类有：发射天线、接收天线或收/发共用天线，连续工作模式和间断工作模式天线；连续波工作天线和脉冲波工作天线；无源和有源天线；直接接收天线和信号处理天线等。

（5）按波束分类有：全向性天线，比如一般的测控跟踪大线；半球波束天线，比如一般低轨三轴稳定卫星对地覆盖天线；定向性天线，比如扇形波束天线、铅笔波束天线及点波束天线；赋形波束天线，比如对地匹配波束天线，覆盖指定服务区的天线；固定波束天线与可动波束天线，可动波束天线又可分为电扫描与机械扫描天线，自跟踪天线；可变波束天线，比如按其需要改变对地面覆盖波束；单波束和多波束天线，等等。

（6）按天线形式分类：有天线尺度仅几公分的，也有展开起来几十米的大天线。有由一个单元构成的天线，也有由上千个甚至更多单元构成的阵列天线。从天线种类分，有线性天线、阵列天线和面天线等。其中每一类天线又可分为若干种，比如面天线有反射面天线（主焦、双反、正馈、偏置、双栅反射面、馈源阵列反射面、赋形反射面……），喇叭天线（角锥、圆锥、扇形喇叭、多模喇叭和波纹喇叭等），透镜天线（介质透镜、波导透镜、球透镜，还有分区与不分区之分）。由于航天器载体构形及尺寸不同，各种航天器功能各不相同，航天器天线更是种类繁多，形式各异。近年来阵列天线与阵列信号处理技术结合，出现的航天智能天线，在通信抗干扰、抗截获以及空间谱方法的高精度的目标定位，多目标、多功能、快捷变以及在轨再构等诸多方面为航天天线展现了崭新的应用前景。

13.1.2　航天器天线的技术特点和主要技术要求

13.1.2.1　航天器天线的技术特点

（1）航天器天线没有一个固定的形式。不同载荷、不同载体以及不同的任务要求，航天器天线形式各异，差别很大。而且不断更新和变化是它的一大特点。

（2）航天器天线要经历严酷的力学和空间环境，环境因素直接影响其设计和性能。对航天器天线除电性能要求外，必须考虑环境因素带来对电性能、机械结构、材料特性、热特性和寿命的特殊影响及防护。

（3）执行各种任务的天线同时安装在一个航天器上构成天线集合，形成高密集、宽谱段、强信号发射和微弱信号接收同在，再加上航天器天线周围物体的散射、反射和绕射影响使其电磁环境复杂，电磁兼容性问题变得困难和不易。

（4）航天器天线的在轨不可维修性和长寿命要求，特殊的环境条件以及单点失效的工作模式均对航天天线可靠性提出挑战。高可靠要求使它从材料、元器件选择、设计、验证和研制流程都具有特殊性。

（5）从航天器具备自主控制和应变能力来看，航天器天线智能化程度要求日益提高。航天器天线的性能与系统的性能乃至整个飞行任务完成密切相关。

因此航天器天线设计越发要从系统的高度考虑，进行电、机、热的一体化并行设计。

13.1.2.2　航天器天线主要技术要求

（1）电性能要求。根据任务分析，把覆盖性能转化成天线形式及波束性能要求，涉及天线的工作频带、辐射方向图、增益、极化、阻抗匹配、功率耐受等电性技术指标上。

（2）结构（和机构）性能要求。能适应载体、能经受住各种力学环境载荷和相关的设计建造约束，结构轻量化等是航天器天线结构的普遍要求；如果天线相对载体有运动（机械扫描与跟踪），还必须保证在空间高真空环境下活动部件的正常工作。既不出现高真空冷焊现象，又不因运动造成对飞行器姿态、轨道不可接受的影响；如果天线需展开，应有相应的展开机构保障并满足相应的要求。必须保证天线空间结构尺寸的稳定和对齐。

（3）热设计要求。根据外热流及整星温度场计算，确定天线的工作环境温度范围，按其范围进行天线的各种热防护设计，使之在飞行的各种工况下保证天线的性能与功能。

(4) 空间环境防护要求。航天器天线在轨环境中会遇到真空、空间电磁辐射、离子辐射、原子氧轰击、二次电子倍增微放电击穿效应、静电荷积累、稠密等离子体包围及失重等各种空间环境因素,航天器天线设计应能与之适应,保证其正常工作性能。

(5) 电磁兼容性要求。航天器天线装载于航天器上,不再是孤立的单个天线。航天器天线必须考虑天线之间、天线与载体(包括航天器本体和太阳翼等)间相互作用以及天线与射频设备和射频传输线、航天器内部设备与线缆间的电磁干扰问题以保证各自天线的性能、功能;保证不对航天器其他系统乃至整个航天器产生不可接受的影响。

(6) 高可靠性要求。根据航天器整体寿命和天线工作模式,把航天器天线在轨不可维修性和难于实现天线结构的冗余备份等各种限制考虑在内提出天线的寿命及可靠度要求。

(7) 特定要求。按任务需求的特殊要求,比如:抗干扰、提高信干比、改善通信质量、提高通信容量和频谱利用率,快捷变、在轨重构、自主控制等智能化要求,以适应特定任务需要。

13.1.3　航天器天线的设计内容

航天器天线应具备完成其任务使命的特殊要求,即特定的电性指标,合适的结构形式,满意的结构强度和刚度以及在空间环境下能正常工作。因此航天器天线设计仅考虑其电性能是远远不够的,它还应包括空间物理、元器件材料选择、结构刚强度甚至机构设计、气动防热设计、冷热交变及空间环境防护设计、系统电磁兼容性设计和可靠性设计等方面内容。可以说航天器天线设计是涉及多门学科的电、机、热一体化设计过程。具体地说应包括以下几个方面:

(1)电性设计。在航天器规定的姿态、轨道、空间环境和各种工作模式下,保证无线通信链路可靠畅通,对天线辐射性能的要求,归结为天线的形式和波束选择、对一些具体的电性特征参数,比如覆盖方向图、增益、极化、阻抗匹配、功率耐受和相应的射频接口等设计。

装在航天器表面的天线本身就是航天器结构的一部分,航天器表面有时又成为天线辐射的一部分,航天器外面的各种构件及设备如桁架、太阳翼等都会影响天线辐射性能。因此在天线电性设计时必须考虑天线与天线之间、天线与星体以及与大型构架和太阳翼等诸多因素的影响。航天器天线电性设计同时又包括其电磁兼容性设计。

针对天线的工作模式与工作环境进行天线功率容量设计。这包括:主动段工作的天线要防止 20～90km 高度范围内的低气压击穿的设计；在轨飞行中对大功率发射一定要防止微波器件、组件及天线的二次电子倍增引起的微放电击穿的设计；防止静电电荷积累造成不良影响的设计；再入时要充分估计高速返回造成的高温和等离子包围对天线的影响，再入天线的防护设计及对造成通信无线电信号中断问题的对策。

（2）结构设计。天线本身要能经受住航天器各种载荷环境，保证有足够的刚度强度和机构结构的稳定性。固有基频应远离航天器载体的基频，避免耦合造成结构损坏。在天线结构设计中除进行必要的力学结构计算，初步确定其模态与应力并按其结果修改结构设计外，还必须对初样产品（新研制产品）按航天器环境试验规范完成必要的鉴定级试验以验证其性能。对于大型天线采用可展开结构，其结构设计还带有伸展机构或驱动机构，机构的可靠性和安全性是设计和验证的重点。

（3）热防护设计。这个工作一般与航天器热控分系统共同完成。对预示的工作环境温度，提出天线的热控措施，一般可分为被动式和主动式两种。目前被动式温控多采用涂层，控制其发射率与吸收率（ε 和 α）；或采用多层隔热材料包扎以隔离外界的热交换。需要时也可用热管、加热器等有源主动温控。特别是未来大型有源相控阵天线热控设计更是复杂和艰巨的，必须引入新的概念和方式。

（4）天线材料元器件选择。航天器天线恶劣的环境和高可靠性要求使对天线材料、元器件选择成为设计的一项重要内容。航天器天线需用的金属与非金属材料，其选择都必须考虑应用环境因素，几十年空间飞行积累的资料能提供较丰富的数据可供参考。包括一些特殊材料，比如，航天器反射面天线选用的具有近零膨胀系数的高强度的轻质碳纤维增强型复合材料，以及支架等结构选用具有类似性能的高强度的轻质的 Kevlar 纤维复合材料。另外为了提高天线的微放电的阈值对其材料和表面处理都有特殊的要求。天线中使用的一些介质材料，它们中有无机复合材料（如石英纤维），也有高分子聚合物（如聚酰亚胺、聚四氟乙烯），这些材料必须保证在轨寿命期内的性能稳定性（电性能、机械性能和热性能），特别是耐辐射性不能忽视。对于返回式天线烧蚀层介质材料的选择和设计应保证在再入过程中天线正常工作，尽量减少无线电黑障的影响。

（5）航天器天线在载体上的布局设计。首先是要满足结构安装及布局的各种约束条件以实现其结构兼容性，与此同时还必须考虑其最优化布局。最优化的意义是指计入航天器载体环境各种影响之后（比如天线之间、天线与星体、天线与太阳翼等其他构架），还能在满足各种约束条件下达到最优的性能。为实现这一目的逐步形成了一种以电磁场理论为基础,计算机数值仿真为手段的天线电磁CAD模装技术,以达到卫星体上天线的最优化布局设计。

由上可见,航天器天线设计不仅是天线的电性设计,还要涉及其载体,要考虑轨道、姿态、力学和空间环境及相关收、发信机的特性。因此航天器天线研制首先是从机、电、热一体化设计入手,要从系统高度着眼。航天器天线设计是一个十分复杂的过程,必须采用先进的设计手段,目前计算机数值分析与仿真技术是航天器天线设计采用的主要手段。除此之外,设计过程还必须对一些重要而关键的参数与性能进行验证试验。各种验证试验是航天器天线研制必要的和有效的方法,也是最可靠最直观的一种手段。

(6)高可靠性设计。产品的质量主要是设计出来的,因此天线的高可靠性首先是抓设计,包括可靠性指标分配、可靠性设计、失效性影响分析(FMEA)、可靠性试验与验证等内容。

(7)硬件和软件设计。现代空间技术要求提高航天器自主控制和智能化功能,要求天线能自动跟踪目标,最大限度提高信噪比和零对消各种干扰,具有覆盖性能快捷变和在轨重构功能,并具有抗截获、保证在轨的安全性。所有这些功能的实现很大程度依靠天线的智能化。智能型天线除传统意义上的天线硬件外,天线软件就是在数字信号基础上的信号处理器。航天天线的高性能和多功能取决于天线软件。因此航天天线设计应根据要求完成相应的硬件和软件设计。

13.1.4　航天器天线的研制方法

航天器任务及载体的多样性使完成这些任务的天线形式多种多样,没有定式;航天器天线经历的各种严酷环境和对它的高性能要求,又使天线设计变得十分复杂和困难。提高设计质量是航天天线永恒的工作主题。采用先进的设计手段、充分的设计验证是航天器天线产品研制的两大环节。实现航天产业化进程,适应多任务要求,不断改进研制程序,提高研制水平和研制效率是航天工作的目标。在这样的目标下航天器天线研制形成了一套研制程序和研制方法。在研制过程中形成了以下两大特点。

13.1.4.1　计算机的数值仿真、分析与优化设计

采用计算机数值分析、综合与仿真已成为当今航天器天线设计的基本手段。从专业来看,天线的辐射问题可归结为求解电磁场边值问题。对电磁场边值问题求解不外乎以下三种方法。

(1)解析法。建立和求解偏微分方程或积分方程,前者可用分离变数法,后

者可用变换数学法求解,但这种方法能处理的实际问题是很少的。

(2) 近似解析法。当前常用的两种近似方法是以 GTD(Geometrical Theory of Diffraction)、PTD(Physical Theory of Diffraction)为代表的高频近似法和电磁场低频近似方法(常以矩量法求解)。它们在航天器天线的分析中应用较多,特别是高频近似法。除此,常用的还有微扰法和变分法等。这些方法的巧妙应用对解决某些特定问题是有帮助的。

(3) 数值法。随着计算机发展和应用的普及,天线辐射问题大多可采用数值方法求解。特别是近年来出现的一些商业电磁软件,比如 Anoft-HFSS、Essemble;CST 微波工作室等已在天线及微波工程设计中发挥了作用,对航天器天线工程提供了很大的帮助和便利。除此之外,计算机的仿真分析也成为设计人员的主要工具。在进行数值解前有两个步骤:第一步是将原始方程转换成计算机能处理的形式,无非是用差分代替微分,求解差分方程;或是用有限求和代替积分变成代数方程组求解。第二步是用适当方法对新形式的方程进行数值计算。计算机和应用软件为设计者提供了比过去任何时候都更好的设计环境,但是航天器天线的设计充满挑战,航天器天线工程始终是在创新中发展,不可以完全依靠模仿,设计工作中专业人员的创造性思维才是最重要的。在航天系统性能不断提高、系统裕量日渐紧缩的情况下,最优化设计已成为航天天线不可缺少的设计内容。

13.1.4.2　充分的地面验证试验

航天器天线要达到那些高要求,确保万无一失的高可靠性,充分的地面验证试验是必不可少的。验证试验是航天器天线研制不可缺少的一个重要环节。在研制过程中已形成了严格的规范流程。在完成天线各自的设计后首先要进行电性测试以验证是否满足电性能指标和 EMC 设计。必要的验证试验有:

(1) 模型实验。根据电磁场的相似变换原理,在方案设计中的天线必要时可进行扩比和缩比测试,以验证电性能与规范的符合度。这是天线研制初期常用的一种方法。

(2) 辐射模型星测试(Radiating Mokup Test)。在单个天线性能达到要求,航天器构形尺寸和各天线在航天器上安装初步确定的前提下,可以进行该项试验。全尺寸辐射模型(Full scale Radiating Mockup)是卫星研制过程中与结构星(SM)、电性星(EM)和热控星(TM)并列的一种整星技术状态。它是考核星上天线系统辐射及覆盖性能的一个电性试验星。全尺寸辐射模型是高频电磁性能等效于真实卫星的一种工程模型,具体说该模型外尺寸和表面的电磁特性与真实卫星在电磁特性上完全等效。本试验是将星上天线按要求全部安装在 RM

上后,分别测试各天线在航天器(卫星)安装环境下的电性能,检验是否仍满足各自的预定要求;测试天线之间的隔离度及一些敏感点的干扰场,检验是否满足整星 EMC 要求。如果有条件也可通过试验观察与判断太阳翼对天线辐射性能的影响。测试中太阳翼应模拟轨道运行状态,观察其影响,判断是否都达到预定的要求。由于太阳翼板尺寸较大,受测试场寂静区条件所限,无法用实验来确定其影响时,可利用电磁场高频近似的方法,采用 GTD/UTD 方法进行数值分析与仿真代替该项试验验证。RM 测试目的是从系统高度检验航天器天线是否达到设计要求(含 EMC 设计),最后确定航天器在载体上的安装方式及最优布局。

(3) 环境鉴定试验。航天器天线将经历发射升空、入轨、在轨飞行或返回等全工作过程。天线安装在航天器表面或伸展至太空中。这些天线承受力学载荷和空间载荷的能力,对设计裕量、安全性和可靠性评价都必须通过试验验证。这些试验包括:力学环境鉴定试验,一般包括正弦、随机、冲击、加速度(离心)和噪声等项目;空间环境鉴定试验,一般包括热循环、热真空、热冲击等内容。对天线所使用的材料、元器件还必须事先进行抗辐照、老化等寿命试验。进行这些试验时,由于每个航天器的情况各异,运载也各不相同,试验规范不尽一样,试验内容也各有不同剪裁。试验内容和条件应遵循各航天器的环境试验规范。

(4) 特殊功能和性能实验。根据各种不同天线的任务、使命及特定的工作状态还必须增加一些特殊的验证试验项目。比如可伸展天线,地面应该验证驱动与展开机构的性能、功能及可靠性。毫米波反射面天线,应充分验证反射面在高低温交变状况下的形面精度和尺寸稳定性。对扫描天线的驱动机构应重点考核在高真空、失重环境中的摩擦力矩、真空润滑性能,同时也要认真处理冷热交变引起的变形对机构的影响等。对大功率发射的无源微波器件和天线应进行真空二次电子倍增的微放电试验。对多载波大功率收发共用天线系统应进行有源和无源交调试验验证。对控制的电子箱应充分考虑到空间环境影响的验证。

总之,地面验证试验越充分,在轨运行故障率就越低。研制者的目标是要保证天线在各个工作环境和模式下无故障地正常工作。当然受地面现有条件限制,有些试验无法进行。一方面要不断地创造良好的试验条件,因为优良的试验条件是高质量与高水平航天产品的保证。有时因任务周期所限,在没有试验条件的情况下,还是应该设法进行一些数值分析与数值仿真的工作,并不断地修改其数值仿真的精度,提高置信度。

13.2　航天器天线的 EMC 问题

众所周知,电磁兼容问题始终是航天系统的永恒课题。任何一个无线电系统都离不开天线,特别是对于航天器这样复杂的系统工程来说,在航天器上有时需要几副、十几副,甚至几十副天线一起工作。这些天线完成各自的任务,它们之间有可能没有直接的电气上的联系。人们常称这些天线为"天线集合"。

航天器天线集合有它自身的特点。它们多密集于狭窄的有限空间,工作频率可能从几兆赫兹到几十千兆赫兹,甚至到毫米、亚毫米乃至光波频段;而且大功率发射常与高灵敏度接收共存。它们通过多种信号形成并传递信息,为了适应大容量和多功能服务要求,有时需采用多种复用技术。在这样复杂的电磁环境中如何保证天线自身正常工作,同时又不因为它们的存在影响其他的正常工作,这就是航天器天线电磁兼容设计的目标。总之,航天器天线集合的电磁兼容问题已成为航天器系统设计的关键问题之一,成为直接关系航天器质量保证的中心环节。

航天器天线电磁兼容问题,首先不是泛泛地按一般电子系统的电磁兼容问题研究,它界定在载体外空间,航天器天线通过空间波耦合形成的 EMI / EMC 问题,侧重于空间波的干扰。包括天线单元、天线馈电及其系统的电磁兼容设计,天线与载体及相关设备和系统间的电磁兼容设计。通过频率设置、空间和极化隔离等手段,其中包括从概念设计入手的干扰预测和耦合分析,最重要的是如何在载体上获得天线集合的最优布局。通过对天线电磁耦合和空间波辐射干扰分析,建立相应的数学模型,利用计算机数值分析和仿真技术,形成了新兴的航天器天线的电磁 CAD 模装技术。用较少的投入、较短的时间在航天器设计阶段就开始处理工程上可能存在的一些电磁干扰问题。

航天器天线集合的电磁兼容中每一项措施的采纳,每一种抑制干扰技术的实施一般都要经过试验验证,要通过电磁兼容规范测试。

13.2.1　航天器天线集合的电磁干扰现象描述

航天器天线之间、天线与航天器壳体之间、天线与太阳翼之间的相互影响一般是不可避免的。如果天线 EMC 设计不当,可能引发干扰,其现象:有可能使天线方向图出现畸变,特别敏感的是极化和边瓣电平等;如果天线集合中的发—发天线间耦合度大到一定程度,可能产生功率倒灌,其结果导致某些发射天线驻波的恶化;当天线集合中的收—发天线存在较大的耦合,有可能引发接收天线的阻塞干扰。射频辐射场过强，轻者使接收设备减敏，甚至会造成接收设备输出电路受损，更甚者会引发电爆装置误动作等危险；与接收天线或发射天线相连的器件和设备的非线性会产生有源互调和无源交调现象，经天线会产生一些无意发射；天线系统中某个或某些环节的非线性，会出现无源互调，对收发共用天线系统中的高灵敏度接收机造成危害。航天器天线高功率发射在轨道上由于电极表面的电子二次倍增效应可能产生微放电现象，这是在电磁兼容设计中必须引起重视的问题。

13.2.1.1   无源互调产生的机理与对策

卫星通信中，产生有源互调干扰的主要原因是当卫星转发器的 TWTA 或 SSPA 同时放大多个不同频率的信号时，由于输入、输出特性和调幅/调相转换特性的非线性，使输出信号中出现各种组合频率成分而形成互调现象。当组合频率成分落到工作频率范围时，就有可能出现干扰。对这种干扰在无线电系统设计中已研究出许多方法减少抑制互调产物。这不是这里研究的问题。一种新的电磁干扰源，即无源互调（PIM：Passive Inter-modulation），它是指由无源部件的固有非线性导致的互调产物。我们这里要研究的是指与天线相关的一些滤波器、同轴线缆及连接器、金属连接面、天线馈源及天线等无源部件由于多种原因产生固有的非线性引起的无源互调。它不仅与材料性质、结构形式有关，还与通道加载及系统加工和装配的工艺质量相关。采用收发共用天线系统的卫星，PIM 更应引起重视。大功率卫星中的 PIM 严重威胁卫星系统的运行，它不仅浪费宝贵的卫星发射功率，又使本来就十分微弱的接收信号受到干扰。

交调干扰是非线性设备和传播媒介中信号的相互组合产生的无用信号对存在信号进行调制作用。交调干扰难于进行较准确地定量 EMC 预测。目前研究认为，与航天器天线有关的一些产生 PIM 现象的潜在原因可大致归纳为以下几种：①硬件系统中（比如连接器）使用铁磁性材料，引起 PIM 现象的原因是铁磁性材料本身的非线性；② 受腐蚀的试样有相当高的 PIM 电平是腐蚀表面的氧化层引起；同轴连接器连接的不紧固，也会产生 PIM 现象；微小裂缝、微小触须和金属结构中的砂眼可能产生 PIM 现象；金属连接处有脏东西或因涂覆形成金属—绝缘物—金属连接物的存在，引起非线性，导致 PIM 产生。

研究表明，温度不同，热胀冷缩改变机械加载对 PIM 有影响。同轴电缆编织物及填充介质也会影响 PIM 电平。PIM 还和同轴电缆长度相关，电缆越长，PIM 电平越高。PIM 电平与工作频率也相关，频率越高，PIM 电平越高。PIM 电平与传输功率电平相关，有时还随时间变化。无源互调对物理运动、温度循环的过程、温度变化都极为敏感。它们往往有门限效应。

由于 PIM 现象的不稳定性,常常表现出不可预知性。虽然它的频谱可以计算,计算方法与有源互调频谱计算相同,但随系统出现的载波数目增加,PIM 离散谱急剧增加,当载波数目较多时,PIM 干扰与宽带噪声没有什么区别。从某种意义上讲,PIM 干扰主要靠测量发现,而测量又需要投入长时间的、多种条件下多次测量才能发现。因此,目前有实用价值的是在设计中着力采取措施预防 PIM 的发生。从天线设计角度对无源互调的预防措施大致可归结如下:①天线及馈源设计尽量采用收发分开的形式,特别是多载波通信系统尽量不用收发共用天线方案;②在可能情况下尽量拉开收发天线的空间距离,增加物理隔离;③在天线发射通道内增加低通滤波器或带通滤波器;④严格结构设计和组装测试保证天馈系统有好的微波连接;⑤高频连接器和天线、馈源以及所有连接件,忌用磁铁材料;⑥高频连接器和天线、馈源以及所有连接件,避免锈蚀;⑦同轴连接器要拧紧、到位,防止各种连接件松动;⑧重视天线、馈源的加工工艺质量,避免微小裂缝、触须或金属结构中的砂眼;⑨避免用编织物作同轴电缆的填充物。

13.2.1.2　空间微放电现象与对策

空间微放电(Multipaction,也称二次电子倍增)是在真空条件下,电子在强微波电场加速下,在金属电极表面之间产生的二次电子倍增现象,即在传输微波大功率的无源部件中出现的一种射频击穿现象。

工作在大功率状态下的微波无源部件,如果设计或处理不当,当功率、频率和部件内部结构缝隙尺寸满足一定关系时极易产生微放电现象。这种现象的产生又取决于加工工艺、表面处理、材料性质、污染等多种原因。微放电现象一旦发生将会导致微波传输系统驻波比增大,反射功率增加引起耦合参数、波导损耗和相位常数产生波动,并会对电缆、连接器及部件慢侵蚀使系统附加噪声变大,更甚的是完全破坏了系统性能,并会对部件产生不可逆转的损坏。防止微波大功率天线及其设备的微放电击穿现象的发生是在轨安全性设计的重要方面。

在微波元件内部气路通透性不太好的情况下,个别部件的微放电效应首先引发低气压的气体辉光放电,产生出比微放电效应本身更强的能量,甚至导致部件的最终损坏。卫星上的微波谐振腔、滤波器之类的器件当发生低气压放电击穿时,由于表面状态破坏,真空度提高时也可能再度发生二次电子倍增的放电现象。

有关微放电现象的发生机理、设计考虑与测试将在第 20 章中详细叙述。

在此仅就航天器天线抑制微放电的工程措施归纳如下:①控制频率与电极间隙尺寸之积($f \times d$),使之在微放电敏感区域之外;②采用适当表面处理工艺,以减小表面二次电子发射系数;③工艺上严格把关,避免加工毛刺、细丝,保持表面的连续和平滑;④防止表面污染,保持较高的微放电功率阈值;⑤设计时适当考虑留有排气孔,以便在轨工作前将残存在部件内部的空气排出;⑥在条件允许情况下,尽可能填充介质以提高其放电阈值;⑦特别需要提出的是对那些承载有微波大功率的飞行产品必须按其试验规范进行全样的微放电试验。否则不可装星使用。

13.2.2　EMC分析预测

13.2.2.1　EMC预测方程

航天器天线集合的 EMC 分析预测不仅涉及天线和布局的几何参数,还与相连的发射机、接收机的多项指标密切相关。在可能条件下应对每个可能的耦合途径建立预测方程。

基本的 EMC 预测方程可写成:

$$M=P(t,f,\theta,r)-S(t,f,\theta,r) \qquad (13-1)$$

式中

$$P(t,f,\theta,r)=G(t,f,\theta)\times T(t,f,\theta,r) \qquad (13-2)$$

M 为电磁干扰裕度;P 为电磁干扰传播到 r 处的功率函数;G 为与发射源相关的功率函数;T 为传输函数(也称收发间的传播耦合);S 为与接收系统相关的敏感度阈值。上述各量都是时间 t、频率 f、方位 θ 和距离 r 的函数。

工程中的 EMC 预测方程要考虑发射机带宽、接收机带宽及收发频率间隔,因此在基本方程的基础上考虑频率响应引入的修正如下:

$$M=P_T(f_T,t)+G_T(f_T,t,d,p)-L(f_T,t,d,p)+$$
$$G_R(f_R,t,d,p)-P_R(f_R,t)+CF(B_T,B_R,\Delta f) \qquad (13-3)$$

式中,$P_T(f_T,t)$ 为发射频率为 f_T 时的发射功率;$G_T(f_T,t,d,p)$ 为发射天线频率 f_T 在接收方向的增益;$L(f_T,t,d,p)$ 为收、发天线间传输损耗;$G_R(f_R,t,d,p)$ 为接收天线在频率 f_R 于发射方向的增益;$P_R(f_R,t)$ 为对应于接收频率的接收机敏感度阈值;$CF(B_T,B_R,\Delta f)$ 为修正系数;f_T、f_R 为发、收频率(GHz);B_T、B_R 为发、收频带;Δf 为收发频率间隔;t 为时间;d 为收发间距(km);p 为收发天线的相对方向。

13.2.2.2　耦合场计算

星载天线电磁兼容设计的目的是通过各种途径包括空间、频率和极化等方式控制电磁干扰使之处于正常工作环境。该环境下每一个天线能正常工作,而每一个天线也不对其他天线、设备或系统产生电磁干扰。

航天器天线的 EMC 工作应贯穿在整个研制过程，从方案设计到产品交付。它包含 EMI / EMC 预测与分析、EMC 设计、EMI 抑制和 EMC 验证测试等内容。其中预测分析是 EMC 设计的核心问题，兼容与否的判断取决于分析计算结果。如何提高预测精度是现代航天器天线 EMC 设计过程中一个重要问题。

（1）耦合方程

航天器天线集合的 EMC 问题涉及天线与天线、天线与星体、天线与星体表面设备及构架以及太阳翼板等因素的影响。这当中涉及很宽的频域、很宽的电平范围，既包括近场耦合又包括远场辐射，特别是近场问题在耦合分析中更加困难，再加之耦合干扰往往涉及设计频率之外的特性。过高地追求准确性实现起来很困难。从工程角度看，为保证预测的可靠性又不失可操作性，我们首先按照传播模型概念提出一种计算传播损失的方法，以便剔除非干扰情况，保留潜在干扰。为此，以传播模型入手，建立二天线耦合方程。

远场自由空间传播损耗：

$$L(f,d)(\text{dB})=10\lg(P_T/P_R)=20\lg(\frac{4\pi d}{\lambda})$$

$$=32.44+20\lg f(\text{MHz})+20\lg d(\text{km})　　　(\text{dB})　　　(13-4)$$

远场自由空间条件下的二天线耦合方程：

$$C_{TR}(f,t,d,p)=G_{RT}(f,t,d,P)-L(f,t,d,P)+G_{TR}(f,t,d,P)　　(\text{dB})　(13-5)$$

式中，$L(f,t,d,P)$ 为自由空间传输损耗（dB）；$G_{TR}(f,t,d,P)$ 是接收天线方向上发射天线增益（dB）；$G_{RT}(f,t,d,P)$ 是发射天线方向上接收天线增益（dB）；$C_{TR}(f,t,d,P)$ 代表收发二天线间的传输耦合（dB），它是频率、时间、距离和方向的函数。

设计频带内天线的增益一般是已知的可直接引用。然而估计耦合时，往往应用到规定频率范围之外的增益数据。为此，对设计频率之外的天线增益给出一个近似公式

$$G(f)\approx G(f_0,P_0)+C\times\lg(f/f_0)+D　　　　(13-6)$$

式中，$G(f_0,P_0)$ 为设计频率和主极化的平均增益

$$G(f_0,P_0)=G_{\max}(f_0,P_0)-3　　　(\text{dB})　　　(13-7)$$

C、D 为常数，视天线具体情况而定。

采用上述关系，大多数情况下的传播损失可得到较合理的估计，而又尽量不遗漏潜在干扰。这种模型简单，还不致相差太远。

（2）干扰场预测中电磁场强的几种算法

干扰场预测中将电磁波传播模型分为三种情况讨论。

a)自由空间传播近似。星载天线耦合分析中,当天线与观察点的间距 $d \geqslant 3\lambda$ 或 $d \geqslant D^2/\lambda$ 时,可认为满足远区场条件,耦合场强可用自由空间辐射场衰减公式有

$$|E| = \frac{\sqrt{60 P_t G(\theta, \varphi)}}{d} \qquad (\text{V/m}) \qquad (13-8)$$

式中,P_t 为发射的平均功率(W);$G(\theta, \varphi)$ 为天线的增益函数;d 是天线到观察点的距离(m)。

b)电磁场的高频近似(GTD/UTD 几何绕射理论)。当星体尺寸远大于工作波长,所研究的线性尺度(距离)远大于波长时,电磁场高频近似可应用。估计电磁场强时可用射线概念,认为场可由直射场、反射场和绕射场构成。空间场可写成

$$\vec{E}_\Sigma = \vec{E}_i + \vec{E}_R + \vec{E}_d \qquad (13-9)$$

式中,$\vec{E}_i, \vec{E}_R, \vec{E}_d$ 分别为直射场、反射场和绕射场。这些场矢量的估计在本章第 13.3 节中有述。

c)电磁场低频近似法(MoM,矩量法)。当星体尺寸以及所研究的线性尺度与波长相当时,需采用电磁场的低频近似方法。首先建立源与场间的积分方程,然后将此积分方程化为线性方程组求解。在这过程中应用最多的数值计算方法就是矩量法(MoM)。

(3) 天线间的耦合系数

耦合系数定义

$$\gamma = \text{Re}[P_{1r}] / \text{Re}[P_{2t}] \qquad (13-10)$$

式中,Re 代表实部,分子代表接收天线收到的实功率;分母代表发射天线发射的实功率。收发天线间耦合系数计算常采用以下两种方法。

a)采用[S]散射参数中的[S_{12}]来计算耦合系数。耦合系数的定义

$$\gamma = 20\lg|S_{12}| \qquad (\text{dB}) \qquad (13-11)$$

S_{12} 与天线间互阻抗或互导纳有如下关系

$$S_{12} = \frac{2 Z_{12} Z_0}{(Z_{11} + Z_0)(Z_{22} + Z_0) - Z_{12}^2} \qquad (13-12)$$

$$S_{12} = \frac{-2 y_{12} y_0}{(y_{11} + y_0)(y_{22} + y_0) - y_{12} y_{21}} \qquad (13-13)$$

Z_0 是馈线阻抗,Z_{11}, Z_{12}(或 Y_{11}, Y_{12})分别为天线的自阻抗、互阻抗或自导纳、互导纳,它们可以通过天线计算和测量获得。它与天线形状、尺寸、位置、频率等因

素有关。

b) 采用接收天线增益计算耦合系数。接收天线某方向的增益系数 $G(\theta,\varphi)$ 确定后,天线有效接收面积

$$A_{e}(\theta,\varphi)=\frac{G(\theta,\varphi)\lambda^{2}}{4\pi} \tag{13-14}$$

如果来波场强为 E,则接收功率

$$P_{r}=\frac{E^{2}}{120\pi}A_{e}(\theta,\varphi)=\frac{E^{2}}{480\pi^{2}}\lambda^{2}G(\theta,\varphi) \tag{13-15}$$

一般知道的仅是设计频带内的增益函数,对于干扰场往往处于带外(接收频段)的增益,这时可按式(13-6)和式(13-7)近似估计。

上面的讨论中没有考虑极化和阻抗失配影响,如果考虑阻抗失配,设系统反射系数为 Γ,耦合系数将按下式修正

$$\gamma=20\lg|S_{12}|+10\lg(1-|\Gamma|^{2}) \tag{13-16}$$

上式右边第二项为修正项。当耦合在工作带内发生,其修正系数较小;而带外驻波比迅速提高,因此其修正量也大大增加。

13.2.2.3　天线间的干扰预测方程

计算收发天线间的电磁干扰(EMI)仍可用预测方程。在敏感点或敏感设备处的有效功率

$$P_{A}(f,t,d,p)=P_{T}(f,t)+\gamma_{TR}(f,t,d,P) \tag{13-17}$$

式中,有效功率 P_{A} 是频率、时间、间距和收发天线相对方向的函数,以(dBW)表示;$P_{T}(f,t)$ 为发射机功率(dBW);$\gamma_{TR}(f,t,d,P)$ 为二天线间传输耦合(dB),它是频率、时间、间距和二天线相对取向的函数。

$P_{R}(f,t)$ 是预定的敏感度阈值。当 $P_{A}(f,t,d,P)<P_{R}(f,t)$ 时,认为二者间无干扰,达到了 EMC;相反,如果 $P_{A}(f,t,d,P)>P_{R}(f,t)$ 时,认为存在干扰;$P_{A}(f,t,d,P)\approx P_{R}(f,t)$ 时,处于临界。因此干扰严重程度可用干扰余量来表示。干扰余量

$$EMI(f,t,d,P)=P_{A}-P_{R} \tag{13-18}$$

对接收机来说,P_{R} 也是与灵敏度对应的接收机功率。如果将 P_{A} 和 P_{R} 的表达式展开,且收发间的频率间隔为 Δf,则预测方程可写成

$$\begin{aligned}
EMI(f,t,d,P)&=I-N\\
&=P_{T}(f_{T},t)+G_{T}(f_{T},t,d,P)-\\
&\quad L(f_{T},t,d,P)+G_{R}(f_{R},t,d,P)-\\
&\quad P_{R}(f_{R},t)+CF(B_{T},B_{R},\Delta f)
\end{aligned} \tag{13-19}$$

式中，$P_T(f_T,t)$为发射频率的发射功率（dBW）；$G_T(f_T,t,d,P)$为发射天线增益（dB）；$L(f_T,t,d,P)$为收发天线在发射频率的传播损失（dB）；$G_R(f_R,t,d,P)$为接收天线的增益（dB）；$P_R(f_R,t)$为频率 f_R 的接收机敏感度阈值（dBW）；$CF(B_T,B_R,\Delta f)$为计入发射机带宽 B_T、接收机带宽 B_R 和收发频率间隔 Δf 的函数（dB）。电磁兼容预测计算一般多是围绕预测方程进行的。

　　从电磁干扰预测角度来看，任何系统之间的干扰总可归结为三要素：一是发射源（干扰源）；二是耦合途径；三是敏感设备。在讨论二天线干扰时，一般都认为发射天线是干扰源，耦合途径是天线间的空间波形式，敏感设备一般为接收天线端口处。在此引入有意区和无意区两个术语，有意区一般指天线的工作区，即主波束区；无意区一般指主波束以外的区域。任何天线都有设计频率和极化，在此范围之外的通称非设计频率和非设计极化。

　　在计算干扰功率电平时，有意区的方向图分布函数可直接应用标称的天线方向图或增益函数数据；在无意区方向图分布函数可用旁瓣电平或用统计方法描述的电平。

　　当二天线相对位置确定后其相对的方位角和高低角可以确定。方位角

$$\phi_{TR}=\arctan\frac{x_R-x_T}{y_R-y_T} \tag{13-20}$$

高低角

$$\theta_{TR}=\arctan\frac{z_R-z_T}{\sqrt{(x_R-x_T)^2+(y_R-y_T)^2}} \tag{13-21}$$

　　如果我们把发射天线 10dB 波束宽度认为有意辐射区，那么天线有用区可按下列关系确定。

　　发射天线区：当角满足下式时可认为在有意区内，方位角

$$|\phi_T-\phi_{TR}|\leqslant\alpha_T/2 \tag{13-22}$$

高低角

$$|\theta_T-\theta_{TR}|\leqslant\beta_T/2 \tag{13-23}$$

式中，θ_T，ϕ_T 为所希望发射的指向（高低角和方位角）；θ_{TR}，ϕ_{TR} 为干扰发射机到接收机的方向；α_T，β_T 为发射天线在方位与高低方向上的 10dB 瓣宽。这种情况可用有意区的关系处理其干扰电平值，在此区外的按无意区关系计算。

　　接收天线区：当角满足下式时可认为在接收天线有意区内，方位角

$$|\phi_R-\phi_{RT}|\leqslant\alpha_R/2 \tag{13-24}$$

高低角

$$|\theta_R-\theta_{RT}|\leqslant\beta_R/2 \tag{13-25}$$

式中，θ_R，ϕ_R 为所希望的接收的方向（高低角和方位角）；θ_{RT}，ϕ_{RT} 为接收机到干扰发射机的方向；α_R，β_R 为接收天线在方位与高低方向上的 10dB 瓣宽。这种情况可用有意区的关系处理其干扰电平值，在此区外的按无意区关系计算。

13.2.3　EMC 设计与工程实施

本节对 EMC/EMI 的预测仅是从方法和思路上阐述的。其中有些参数和系数还需靠实验或经验公式获得。

13.2.3.1　航天器天线的 EMC 设计

卫星上天线集合的电性能预测主要靠数值仿真计算和辐射模型试验。这两种方法各有所长，互相补充，已被实践证明是能够满足工程设计要求的。

随着航天器的功能要求越来越复杂，在同一航天器上工作频谱从几兆赫到几十吉赫甚至更高；发射功率在增大，接收机灵敏度在提高，多功能，宽频谱，大功率，高灵敏度的各种类型的天线集中在狭小的安装平台上，要它们彼此兼容地工作，自然将电磁兼容设计提高到重要位置。天线集合的电磁兼容性直接影响系统性能、功能、安全性、可靠性等。工程实践证明，在进行方案和电性能设计时，应同时考虑 EMC 设计，这种同步进行、折中处理的方法是有效的。

电磁 CAD 模装与结构 CAD 模装类似，它是以电磁场理论和高频近似方法为基础，利用计算机数值分析和仿真技术，检验天线安装在卫星上的电性能（含电磁兼容性）以实现对天线集合的最佳星体布局设计。

天线集合的电性能设计主要关心指定工作频率下的天线主极化电平，而 EMC 设计更多地关心非工作频率和非主极化以及无意辐射区的天线增益和方向图特性。天线集合的 EMC 设计关键在于采取频率隔离、极化隔离、空间隔离措施，提高天线集合的电磁兼容性能。

天线单元的 EMC 设计是天线集合 EMC 设计的基础。为了提高天线集合中发—发隔离和收—发隔离，必须抑制单元天线在无意辐射区和无用区的辐射电平。天线单元设计应力求低旁瓣，低交叉极化电平。为了整个航天器的防静电要求，天线单元的选材、涂层、接地等必须精心选择设计。

对于大功率传输通道的发射天线，馈源要防泄漏，加强屏蔽，减小耦合；天线馈线尽量短，有利于减小泄漏或受扰可能；馈源系统加滤波器，可抑制所需频带以外的多余发射或乱真响应。

天线的布局与安装要求天线接地良好，以确保天线成为航天器等位体的一个组成部分，达到防雷电、防静电的目的；接收易受扰，一定安排合适的位置，特别是与关键接收设备相连的接收天线要远离强辐射源，即大功率发射天线；由于天线与天线、天线与设备、天线与电缆间存在耦合,因此对大功率发射天线安装要作多方面分析。

13.2.3.2　EMC 验证

尽管天线集合的电磁 CAD 模装技术可用于天线最优布局和 EMC 设计,其预测精度正在不断提高,但航天领域为确保可靠和成功,必须进行试验验证,其中最主要的试验验证包括辐射模型星的 EMC 测试。参试件为安装于辐射模型星(RM)上的各个天线,相连的为真实的发射机和接收机。测量界面在实际发射和接收端口。天线耦合度是天线参数、频率和空间位置的函数,可用式(13－10)描述。天线测试均应在全尺寸辐射模型星上进行,有条件时应带上模拟太阳翼板。

这里讨论的问题仍是局限于航天器外部,仅是天线间通过空间波产生的各种耦合和干扰。它是有别于整星的电磁兼容性问题。航天器天线的 EMC 工作,首先为整星最优布局设计提供参数;还可通过星外天线端口干扰场强的测量为整星 EMC 设计提供一些参考数据,比如敏感点上或临界点上的天线端口处的干扰电平数据,作为整星 EMC 干扰预测分析参考。所以,星载天线集合的电磁兼容是航天器系统 EMC 工作的重要组成部分。它也是整星 EMC 的基础,是航天器在指定环境下安全、可靠地完成既定功能任务的重要保证之一。天线集合的电磁 CAD 模装技术无须加工精细模型,无须昂贵的测试场地和测试设备,在计算机数值平台上就可以完成电性能和电磁兼容性能的预估,运行成本低,预测周期短,在设计阶段表现出突出的优点,因此,电磁 CAD 模装技术的工程应用正备受关注。

13.3　星载天线辐射方向图的分析与计算

大量的遥感应用卫星多在 1000km 以下的轨道高度上,通称为低轨卫星(LEO)。这种卫星要求星载天线有较宽的覆盖特性,对地覆盖角域一般在 120°～140°。这种卫星太阳翼板大多沿卫星某轴向伸展并绕轴旋转对日定向。星载测控天线甚至还要求近全空间覆盖。空间应用的发展,星上天线越来越多、太阳翼板也越来越大。在这密集的空间内,如何保证星载天线的特性尽量不受载体环境影响是设计者十分关注的问题。同样,地球同步轨道(GEO)卫星天线方向图虽不像低轨卫星天线的方向图要求那么宽阔(覆球波束约17°～18°),但随着频谱复用(TDMA、CDMA、FDMA、极化鉴别和空域复用)等新技术的应用,对星载天线方向图(含副瓣和极化……)的要求也更高,星体环境对星载天线辐射特性影响也不可不计,精确预示已成为星载天线设计的一项重要任务。

星体环境和太阳翼板对天线辐射的影响必须在设计中认真考虑和仔细处理。本节将利用电磁场高频近似建立星载环境下天线辐射的数学模型,通过计算机数值分析与仿真技术研究星体和太阳翼对星载天线辐射特性的影响,并构建相应的分析设计程序。它是航天器系统 EMC 的基础,又是天线电磁 CAD 模装技术、实现星载天线集合最优布局的基础。本节主要以两种最典型的星体——棱柱体和圆柱体为例,介绍如何利用电磁场的高频近似方法分析与预估星体天线辐射方向图。

13.3.1 GTD 的基本理论和公式

13.3.1.1 几何光学的基本原理和局限性

几何光学法又称射线法,它是抛开光的波动性,仅以光的直线传播为基础,研究光在透明介质中的传播问题的光学。几何光学基本原理归纳为如下四点:

(1)在均匀媒质中光线为一直线,称为光直线传播定理。

(2)由不同方向或不同物体发出的光线相交时,每一光线独立传播不发生影响。称为光的独立传播定理。

(3)光的反射定律和折射定律。当光线遇到不同媒质时,光要发生反射和折射,其规律遵循 Snell 定理:

$$\text{对于反射,} (\hat{S}^i - \hat{S}^r)\hat{t} = 0 \tag{13-26}$$

$$\text{对于折射,} [(n_1\hat{S}^i - n_2\hat{S}^d)]\hat{t} = 0$$

式中 $\hat{t}$ 是投射点切平面的单位切向量。$\hat{S}^i$、$\hat{S}^r$、$\hat{S}^d$ 分别代表沿入射线、反射线和折射线的单位矢量。n_1 和 n_2 代表二媒质的折射系数。

(4)费马原理:光沿传播时间取极值的路径传播,即

$$\delta t = \delta \left(\frac{1}{c} \int_A^B n \mathrm{d}s \right) = 0 \tag{13-27}$$

式中 c 为真空中光速,该积分式的变分为零,代表了传播时间取极值的条件。

电磁场的几何光学近似是指电磁场的规律服从几何光学定则。波前面为其等相面,射线沿波前的法向传播,并维持射线管内能量守恒。几何光学只处理入射线、反射线和折射线。按此处理在空间就会产生与这些射线的边界相应的突变,显然这不符合物理实际。几何绕射理论是把经典的几何光学概念加以推广,引入一种绕射射线以消除几何光学在阴影边界上场的不连续,并对阴影区的场进行适当修正的一种电磁场高频近似理论(常简写成 GTD)。在此设想绕射场也和几何光学场一样用射线表示。当该射线遇到任何一种表面不连续时如边

缘、尖顶或曲面时都会产生绕射场。引入绕射线不仅消除了几何光学边界上场的不连续性,而且在几何光学零场和弱场区进行了修正,使问题更加接近实际。

13.3.1.2　几何绕射理论(GTD)的基本术语和坐标系定义

(1) 射线追迹(Ray Tracing)。射线追迹是根据费马原理或广义费马原理确定各种射线的传播路径的过程。

(2) 星坐标系(总坐标系)(Satellite's Coordinate System)。是基于卫星本体的参考坐标系,原点位于星体质心。对地三轴稳定卫星其 Z 轴直指地心,X 轴沿卫星飞行速度方向,Y 轴与 X 轴、Z 轴呈右螺旋关系。

(3) 天线坐标系(Antenna's Coordinate System)。这个坐标系因天线而异。该坐标系之原点位于天线等效辐射中心。一般定义为以天线轴为 Z 轴的球坐标系。在此坐标系中给出各天线单个的辐射方向图。

(4) 射线基坐标系(Ray-based Coordinate System)。这个坐标系是一个基于射线的活动坐标系。在此坐标系中绕射点为该球坐标系的原点。将入射线与边缘所确定的平面定义为入射面,$\hat{S}'$ 为入射线单位矢量;$\hat{\beta}'_0$ 是位于入射面内且与 $\hat{S}'$ 垂直的单位矢量,$\hat{\varphi}'$ 为垂直入射面的单位矢量且与边缘基坐标的 $\hat{\varphi}$ 同向。入射线坐标为($\hat{S}'$,$\hat{\beta}'_0$ 和 $\hat{\varphi}'$),它们满足右螺旋关系,有 $\hat{\beta}'_0 = \hat{S}' \times \hat{\varphi}'$。同样对绕射射线也可定义一套射线基坐标,如图 13－1 中绕射线坐标,即场点坐标为 ($\hat{S}$,$\hat{\beta}_0$,$\hat{\varphi}$)。在该坐标系下并矢绕射系数可用 2×2 的对角矩阵表示。

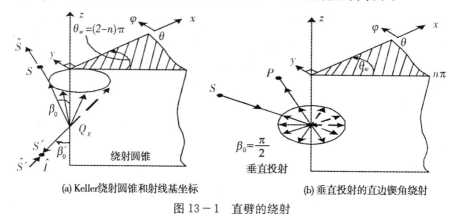

(a) Keller绕射圆锥和射线基坐标　　(b) 垂直投射的直边镤角绕射

图 13－1　直劈的绕射

(5) 边缘基坐标系(Edge-based Coordinate System)。这个坐标系也是一个活动坐标系。其原点选为绕射点,X 轴位于包含边缘的一个面内且与边缘垂直。Y 轴为此平面之外法线方向,Z 轴与边缘平行,X、Y、Z 构成右螺旋关系。该坐标系在进行射线追迹时应用特别方便。

13. 3. 1. 3　绕射场的基本性质

绕射线也和几何光学射线一样沿着从源点到场点取极值路径传播(通常是取最短路径);根据射线光学局部场原理,绕射场只由入射场和散射体表面的局部性质决定。所以对一些简单形状的散射体的散射场可由绕射系数(绕射场与入射场强之比)来衡量。如图 $13-2$ 所示,一般绕射射线可分为直边绕射线、尖顶绕射线、圆柱爬行波绕射线、抛物面边缘的环边绕射线等。空间场可表示为入射场、反射场和绕射场三部分的叠加,空间总场可写成

$$\vec{E}_T = \vec{E}^i u^i + \vec{E}^r u^r + \vec{E}^d u^d \tag{13-28}$$

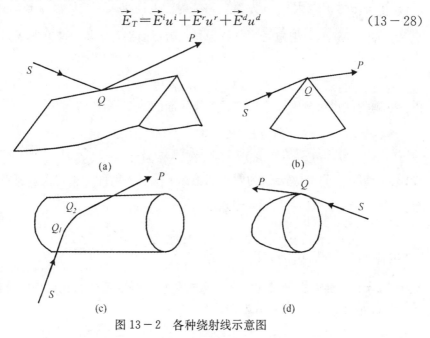

图 $13-2$　各种绕射线示意图

式中,$\vec{E}^i$ 为不存在障碍物时入射波电场;$\vec{E}^r$ 为几何光学反射场;$\vec{E}^d$ 为绕射场;u^i, u^r, u^d 为单位阶跃函数。当 $u^{i,(r,d)} = 1$ 时,对应于入射、反射、绕射光亮区;当 $u^{i,(r,d)} = 0$ 时,对应于入射、反射、绕射阴影区。该函数分别为障碍物存在时对入射、反射和绕射场遮挡形成的遮挡因子,可由几何光学决定。

理想导电障碍物对高频电磁波的散射问题,GTD 提供了一种简便的工程设计方法。

13.3.1.4 直边绕射问题

在射线坐标系下,当一射线射到直棱上,其绕射线分布在一 Keller 圆锥表面。Keller 圆锥是以直棱边为轴、入射角为半圆锥角的圆锥面,如图 13-1(a)所示。当入射线垂直于棱边时,绕射线分布由圆锥面蜕变为圆平面,如图 13-1(b)所示。

在射线坐标系下,直边绕射场可表示为

$$\vec{E}^d(S^d) = \vec{E}^i(Q_E)\underline{D}(\varphi,\varphi',\beta'_0)\sqrt{\frac{\rho}{S^d(\rho+S^d)}}e^{-jkS^d} \qquad (13-29)$$

式中,$\vec{E}^i(Q_E)$ 表示绕射点处的入射场,$\underline{D}$ 为并矢绕射系数,$A(S^d) = \sqrt{\frac{\rho}{(S^d+\rho)S^d}}$ 为扩散因子,ρ 为源点到绕射点的距离,S^d 为绕射点到场点(观测点)的距离。其中,入射电场可分解为与入射平面平行的场分量和与入射平面垂直的场分量,有

$$\vec{E}^i = \vec{E}^i_{\beta_0}\hat{\beta}'_0 + E^i_{\varphi'}\hat{\varphi}' \qquad (13-30)$$

同样绕射射线也可分解成平行与垂直绕射面的两个分量,可写成

$$\vec{E}^d = E^d_{\beta_0}\hat{\beta}_0 + E^d_{\varphi}\hat{\varphi}$$
$$\underline{D} = -\hat{\beta}'_0\hat{\beta}D_s(\varphi,\varphi',\beta'_0) - \hat{\varphi}'\hat{\varphi}D_h(\varphi,\varphi',\beta'_0) \qquad (13-31)$$

如图 13-1(a),$\hat{\beta}'_0,\hat{\varphi}'_0$ 分别为射线基坐标下平行入射面与垂直入射面入射场分量的单位矢量。

在射线基坐标下

$$\begin{vmatrix} E^d_\beta \\ E^d_\varphi \end{vmatrix} = \begin{bmatrix} -D_s & 0 \\ 0 & -D_h \end{bmatrix}\begin{bmatrix} E^i_{\beta_0} \\ E^i_\varphi \end{bmatrix}A_d(S_d)e^{-jkS^d} \qquad (13-32)$$

式中 D_s,D_h 分别为水平极化场和垂直极化场的绕射系数,又称为软(soft)和硬(hard)边界绕射系数,它们由边界条件确定:

$$D_{\substack{h\\s}} = \frac{-e^{-j\pi/4}}{2n\sqrt{2\pi k}\sin\beta_0}\left\{\cot(\frac{\pi+(\varphi-\varphi')}{2n})F[kLa^+(\varphi-\varphi')]+\right.$$

$$\cot(\frac{\pi-(\varphi-\varphi')}{2n})F[kLa^-(\varphi-\varphi')]\pm\left[\cot(\frac{\pi+(\varphi+\varphi')}{2n})F[kLa^+(\varphi+\varphi')]+\right.$$

$$\left.\left.\cot(\frac{\pi-(\varphi+\varphi')}{2n})F[kLa^-(\varphi+\varphi')]\right]\right\} \qquad (13-33)$$

式中,β_0 为射线投射角,

$$F(X) = 2j \sqrt{X} e^{jx} \int_{\sqrt{X}}^{\infty} e^{-j\tau^2} d\tau$$

$$X^{\pm} = kLa^{\pm}(\varphi \pm \varphi')$$

$$a^{\pm}(\beta) = 2\cos^2\left(\frac{2n\pi N^{\pm} - \beta}{2}\right)$$

$$\beta^{\mp} = \varphi \mp \varphi'$$

$$k = 2\pi/\lambda$$

$N^{\pm}$ 是由以下方程决定的最小整数:

$$2n\pi N^{\pm} - (\varphi \pm \varphi') = \pm\pi$$

对外边缘绕射,$\varphi \geqslant 0, \varphi' \leqslant n\pi (1 \leqslant n \leqslant 2), N^{+} = 0$ 或 $1, N^{-} = -1, 0$ 或 1。射线坐标系下场分量的空间关系如图 $13-3$ 所示,φ, φ' 为绕射线和入射线在绕射直边垂直面内的投影角。锲的外角为 $n\pi$,则锲的内角为 $(2-n)\pi$,当 $n=2$ 时蜕变成为半平面,如太阳翼板情况;当 $n=1.5$ 时,变为直角锲,这相当于长方体卫星的一个棱边的情况;当 $n=1$ 时对应全平面问题(上半空间)。

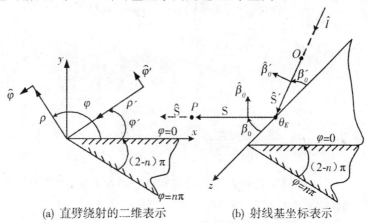

(a) 直劈绕射的二维表示　　　　(b) 射线基坐标表示

图 $13-3$　射线坐标系下场分量的空间关系

式($13-33$)中,L 如下所示:

$$L = \begin{cases} S \sin^2\beta_0 & \text{平面波入射} \\ \dfrac{\rho\rho'}{\rho + \rho'} & \text{柱面波入射} \\ \dfrac{SS'}{S + S'}\sin^2\beta_0 & \text{球面、锥面波入射} \end{cases}$$

L 为距离因子;ρ' 为入射在边缘上的柱面波半径;ρ 为绕射柱面波半径,从边缘至观察点的垂直距离;β_0 称绕射线与劈棱边的夹角,即绕射线锥的半锥角。

(1)长方体棱边的绕射

在直角劈的情况下,入射波为平面波,当平射,即 $\varphi'=0°$,由于 $n=1.5$,显然 $N^+=\dfrac{\varphi+\pi}{3\pi},N^-=\dfrac{\varphi-\pi}{\pi}$。电场在入射面内(垂直极化),式(13-33)中取负号,$D_s=0$。在直角劈,绕射角 $\beta_0=90°$,入射角 $\beta'_0=90°$扫描情况下,D_h 的值必须取其半,因此式(13-33)变为

$$D_h=\frac{-\,\mathrm{e}^{-j\pi/4}}{2n\,\sqrt{2\pi k}\sin\beta_0}\left\{\cot(\frac{\pi+\varphi}{2n})F(kLa^+(\varphi))+\cot(\frac{\pi-\varphi}{2n})F(kLa^-(\varphi))\right\}.\qquad (13-33a)$$

平面波入射时,$\rho\to\infty$,扩散因子

$$A(S^d)=\sqrt{\frac{\rho}{S^d(\rho+S^d)}}\to\sqrt{1/S^d}=1\sqrt{r}$$

在此令 $S^d=r$。这时

$$\vec{E}^d(r)=\vec{E}^i(Q_E)D_h(\varphi,0,\pi/2)\sqrt{1/r}\,\mathrm{e}^{-jkr}$$

(2)太阳翼板的绕射

对太阳翼板情况,$n=2,N^\pm=0$ 时,

$$a^\mp=a(\varphi\mp\varphi')=2\cos^2\left(\frac{\varphi\mp\varphi'}{2}\right)$$

式(13-33)可简化为

$$D_{h,s}=\frac{-\,\mathrm{e}^{-j\pi/4}}{2\,\sqrt{2\pi k}\sin\beta_0}\left[\frac{F(\sqrt{kLa(\varphi-\varphi')})}{\cos\dfrac{\varphi-\varphi'}{2}}\pm\frac{F(\sqrt{kLa(\varphi+\varphi')})}{\cos\dfrac{\varphi+\varphi'}{2}}\right]\qquad (13-33b)$$

绕射场的引入补偿了几何光学入射场和反射场在入射边界和反射边界的不连续,使总场连续了。式(13-33)是一致性直劈绕射系数。在入射边界和反射边界及其附近区域都适用。可应用于劈外($0\leqslant\varphi\leqslant n\pi$)的整个空间,因此又称为一致性几何绕射理论。对多棱柱星体和太阳翼的绕射分析就利用了这一关系。

13.3.1.5 拐角绕射问题

当入射线投射于有界表面边缘的拐角或锥形表面的顶点时就会产生拐角绕射(尖顶绕射)。它激励起无数条绕射射线。这些绕射射线满足尖顶绕射定律:绕射射线从尖顶向各个方向传播。均匀媒质中绕射线是直线,相应的绕射波前是以尖顶为中心的球面,所以绕射波是球面波(图13-4)。由此可将绕射场写成

$$\vec{E}^d_k(p)\propto E^i(Q_v)\underline{\underline{D}}_v(\hat{S}^i,\hat{S}^d,k)\frac{\mathrm{e}^{-jkS^d}}{S^d}\qquad (13-34)$$

式中 $\underline{\underline{D}}_v$ 是尖点的并矢绕射系数,它说明投射于 Q_v 点的入射能量在从 Q_v 点向所有方向绕射的诸射线的分布情况。它取决于入射射线和绕射射线的方向、尖顶的局部几何形状和周围媒质的性质。根据量纲其绕射系数应该与 λ 或 k^{-1} 成比例。$E^i(Q_v)$ 是投射于拐点上的入射场,因子 $\dfrac{e^{-jkS^d}}{S^d}$ 代表了绕射波以球面波方式传输。下面以平面屏的拐角为例说明尖顶绕射场和绕射系数的计算。

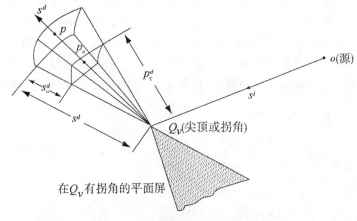

图 13 – 4　拐角和尖顶绕射示意图

图 13 – 5(a)是直角拐角的例子。假设球面波照射时,两条边中一条边有关的拐角绕射电场 $\vec{E}^{dc}$ 可写为

$$\vec{E}^{dc}=E_{\beta_0}^c\hat{\beta}_0+E_{\varphi}^c\hat{\varphi} \tag{13-35}$$

$$\begin{bmatrix}E_{\beta_0}^c\\E_{\varphi}^c\end{bmatrix}=\begin{bmatrix}-D_s^c & 0\\0 & -D_h^c\end{bmatrix}\begin{bmatrix}E_{\beta_0}^i\\E_{\varphi}^i\end{bmatrix}\sqrt{\dfrac{S'}{S''(S'+S'')}}\sqrt{\dfrac{S(S+S_c)}{S_c}}\dfrac{e^{-jkS}}{S}$$

上式在形式上与直边绕射式子相比多了一个扩散因子 $\sqrt{S(S+S_c)/S_c}$ 外,边缘绕射系数也换成了 $D_{s,h}^c$,它为拐角绕射系数。式中入射场 $E_{\beta_0}^i$,E_{φ}^i 是在拐角绕射点计算的。拐角绕射系数

$$D_{s,h}^c=\dfrac{e^{-j\pi/4}}{\sqrt{2\pi k}}C_{s,h}(Q_E)\dfrac{\sqrt{\sin\beta_c\sin\beta_{0c}}}{\cos\beta_{0c}-\cos\beta_c}F[kL_c\alpha(\pi+\beta_{0c}-\beta_c)] \tag{13-36}$$

平面屏拐角的绕射系数为

$$C_{s,h}(Q_E)=\dfrac{-e^{-j\pi/4}}{2\sqrt{2\pi k}\sin\beta_0}\left\{\dfrac{F(kLa(\beta^-))}{\cos(\beta^-/2)}\left|F\left[\dfrac{kLa(\beta^-)/2\pi}{kL_c\alpha(\pi+\beta_{0c}-\beta_c)}\right]\right|\mp\right.$$

$$\left.\frac{F[kLa(\beta^+)]}{\cos(\beta^+/2)}\right| F\left[\frac{kLa(\beta^+)/2\pi}{kL_c a(\pi+\beta_{0c}-\beta_c)}\right]\right|\right\}$$

$$a(\psi)=2\cos^2(\psi/2), \qquad \beta^{\mp}=\varphi\mp\varphi' \tag{13-37}$$

球面波入射时，

$$L=\frac{S'S''}{S'+S''}\sin^2\beta_0, \qquad L_c=\frac{S_c S}{S_c+S} \tag{13-38}$$

图 13-5 是由两条边缘交会构成的拐角,所以还应再加上另一条边缘对拐角绕射场的贡献,同样利用上面所列各式进行计算。在计算空间场时除了求出拐点的总绕射场外,还应把对给定观察点上存在的所有的边缘绕射场和几何光学场都要加上才是总场。一致绕射理论(UTD)的总的拐角绕射场保证了总的高频场在越过边缘绕射阴影边界时连续,而边缘绕射场在通过拐角时变得不连续了。

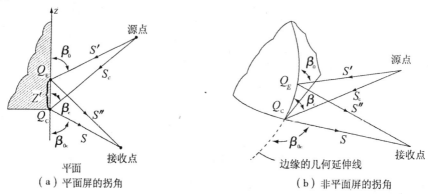

图 13-5   拐角绕射的几何关系

下面讨论几种具体情况的边缘绕射和拐角绕射场问题。

如图 13-6(a),观察点(接收点)只可接收边缘(b)上 $Q_E^{(b)}$ 点的直边绕射场,而边缘(a)通过拐角的几何延伸线上的 $Q_E^{(a)}$ 点的绕射不在这条边缘的实际范围内。因此这种情况总的绕射场应是 $Q_E^{(b)}$ 点的直边绕射场加拐角的总绕射场。

图 13-6(b)二直边绕射点都在相应边缘的延长线上,因此对观察点(接收点)来说不存在边缘绕射场分量,只有二边缘拐角的绕射场。

图 13-6(c)两个边缘绕射场和拐点绕射场都能被观察点(接收点)接收,因此观察点总绕射场应是二直边绕射场和拐点绕射场之叠加。

从上面的各例可以看出不同观察点处的场的构成是不一样的,在处理绕射问题时首先要确定到观察点的所有射线。然后在射线坐标系下完成各射线场的计算,最后在统一坐标系中相加。

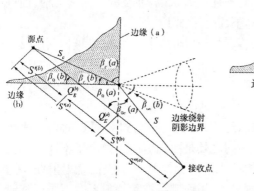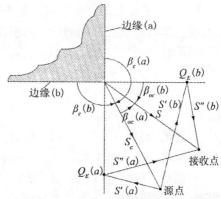

(a) 一个边缘绕射加两个边缘的拐角绕射　　(b) 只有二边缘的拐角绕射场的情况

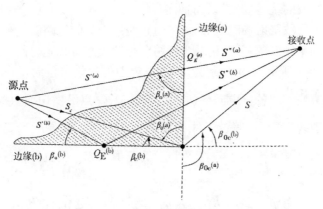

(c) 所有边缘绕射和拐角绕射场都可接收的情况

图 13-6　边缘绕射和拐角绕射

13.3.1.6　曲面绕射问题

当入射射线小角掠过光滑曲面时,将激励起表面绕射射线。表面射线沿表面传播,在曲面上路径取极值,仍由费马原理确定。对于均匀媒质射线所走路径是曲面上最短线。在传播过程中表面射线不断沿曲面切线发散绕射射线,在此过程中能量不断衰减。为了计算表面绕射场,假设绕射场的相位与射线的光程成正比,其幅度与绕射点入射场成比例。绕射系数取决于绕射点附近的几何形状和周围媒质的特性。当表面射线沿曲面传播时,场强的变化服从射线管能量守恒原理。由于它不断向外发散射线,所以在传播过程中场强逐渐衰减直到离开表面。其衰减快慢由衰减系数 α 确定。α 与表面局部性质和媒质有关。

　　圆柱体卫星是常见的一种形式。对圆柱模型来说,涉及的是曲面反射、曲劈绕射、曲面的爬行波和焦散场的计算。下面分述如下:

　　(1)平面和曲面的反射。当电磁波入射于平面时将发生镜面反射,利用反射定律确定反射场;而当电磁波入射于曲面时,根据几何光学局部场原理将曲面用过反射点的切平面等效,仍可应用几何光学反射定律。只是扩散因子中应计入曲面曲率引起的能量扩散。

　　(2)曲劈的绕射。同曲面反射一样,运用局部性原理,过绕射点的切平面形成的直劈,采用直边绕射系数代之,其不同之处是曲面劈的扩散因子不同。

　　(3)曲面绕射(爬行波)。当射线扫掠光滑表面时将产生表面绕射射线。这个绕射射线沿曲面传播,并沿切线发射射线,表面爬行波除绕射系数不同于直劈外,能量沿表面爬行时,每一点的切向都有能量发射,不断散失,形成指数衰减,因此表面爬行波的绕射场较直劈弱得多。

　　在计算爬行波绕射场时,仍采用与直边绕射类似的思路。

　　1)首先确定等效源,并按射线坐标将源分解成平行和垂直两分量。

　　如图 13-7 所示,$\hat{n}$,$\hat{n}'$ 分别为 Q,Q' 点突面外法线单位向量;$\hat{t}$,$\hat{t}'$ 分别是 Q,Q' 点沿传播方向切线的单位向量;$\hat{b}$,$\hat{b}'$ 分别是 Q,Q' 点沿横切面切线方向的单位向量。采用射线坐标系,假设天线为磁流矩源 $\mathrm{d}\vec{p}_m$,它是产生观察点 P 电场 $\mathrm{d}E_p$ 的等效源。因为 $\mathrm{d}\vec{p}_m \perp \hat{n}'$,它可以分为与射线方向垂直和平行的两个分量,即

$$\mathrm{d}\vec{p}_m(Q')=\hat{b}'\hat{b}'\cdot\mathrm{d}\vec{p}_m(Q')+\hat{t}'\hat{t}'\cdot\mathrm{d}\vec{p}_m(Q') \qquad (13-39)$$

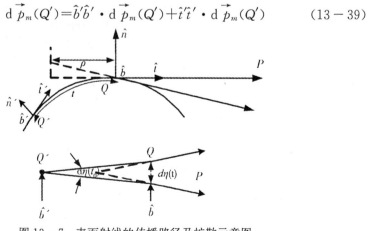

图 13-7　表面射线的传播路径及扩散示意图

源点 Q' 的三个单位矢量 $(\hat{b}',\hat{t}',\hat{n}')$ 为右螺旋关系。绕射点 Q 的三个单位矢量 $(\hat{b},\hat{t},\hat{n})$ 的定义与源点 Q' 类似。

2)确定爬行波场的衰减系数。

$\hat{b}'\cdot\mathrm{d}\vec{p}_m$ 是沿 $\hat{t}'$ 方向产生的场,在入射面 $(\hat{n}',\hat{t}')$ 内,称垂直极化,相应的边界称硬边界。

$\hat{t}'\cdot\mathrm{d}\vec{p}_m$ 是沿 $\hat{b}'$ 方向产生的场,与射线垂直,垂直于入射面,与曲面相切,是水平极化,相应的边界称软边界。

源点 Q' 激起表面射线沿极值途径(即曲面上短程线)经过距离 t 到达 Q 点,再由 Q 切线方向传至观察点 P。首先研究从 Q' 点到 Q 点,表面距离为 t 的表面射线场

$$a(t)=A(t)\mathrm{e}^{\mathrm{j}(\varphi_0-kt)} \qquad (13-40)$$

φ_0 是 $t=0$ 处的相位,表面射线的相位可写成 $\mathrm{e}^{-\mathrm{j}kt}$。从 Q' 到 Q 有两个原因使场发生变化:

· 相邻射线间的扩散作用:p 次模表面射线由 Q' 沿曲面传至 Q 要产生扩散,如图 13-7 所示。所含能流与 $A^2\mathrm{d}\eta$ 成正比,t_0 是 Q' 点至参考点距离,$\mathrm{d}\eta(t_0)$ 代表 Q' 点相邻表面射线相对于参考点的弧长,$\mathrm{d}\eta$ 为该相邻射线传至 Q 点处的展开弧长。由能量守恒有

$$A^2(t)\mathrm{d}\eta(t)=A^2(t_0)\mathrm{d}\eta(t_0)$$

$$A(t)=A(t_0)\sqrt{\frac{\mathrm{d}\eta(t_0)}{\mathrm{d}\eta(t)}}$$

式中 $\sqrt{\dfrac{\mathrm{d}\eta(t_0)}{\mathrm{d}\eta(t)}}$ 为扩散因子。

· 沿曲面上每一点的切线发射射线使能量不断衰减,而且呈指数规律,还与各点曲率半径有关。假设衰减常数为 α,总衰减量由沿线积分得出。由 Q' 传至 Q,传播距离为 t 的表面射线相对参考点的场可写成

$$a(t)=a(t_0)\sqrt{\frac{\mathrm{d}\eta(t_0)}{\mathrm{d}\eta}}\mathrm{e}^{-\left[jk(t-t_0)+\int_{t_0}^{t-t_0}\alpha(t')\mathrm{d}t'\right]}$$

因为源点 Q' 是散焦点,当 t_0 很小时,$\mathrm{d}\eta(t_0)=t_0\mathrm{d}\psi_0$,$t_0\to0$,$\mathrm{d}\eta(t_0)\to0$,$a(t_0)\to\infty$,而 $a(t)$ 与参考点 t_0 的取值无关,所以 $t_0\to0$ 时,$\mathrm{d}\eta(t_0)=a(t_0)\sqrt{t_0}$,令 $c'=a(t_0)\sqrt{t_0}$,上式相对于 Q' 点的场可简写为

$$a(t)=c'\sqrt{\frac{\mathrm{d}\psi_0}{\mathrm{d}\eta}}\mathrm{e}^{-\left[jkt+\int_0^t\alpha(t')\mathrm{d}t'\right]} \qquad (13-41)$$

c' 点 Q' 源强度成正比，ψ_0 为 Q' 点相邻射线之夹角。

首先考虑 $\hat{b}' \cdot \mathrm{d}\,\vec{p}_m$ 产生的场：

垂直极化场为硬边界。在曲面上会产生无数个模次的爬行波射线，任意一根射线都可以按上式写出。第 p 个模次场的表达式为：

$$\alpha_p^h(Q) = c'_p \sqrt{\frac{\mathrm{d}\psi_0}{\mathrm{d}\eta}}\, \mathrm{e}^{-\left[jkt + \int_0^{t_0} + \alpha_p^h(t')\mathrm{d}t'\right]} \tag{13-42}$$

α_p^h 表示在硬边界条件下 p 次模的衰减常数。由源点 Q' 发出的爬行波射线沿曲面传至 Q 点，$Q' \rightarrow Q$ 距离为 t，再由 Q 点沿 t 的切线方向射向观察点 P。式 $(13-42)$ 代表 Q 点的爬行波场，c'_p 与 $\hat{b}' \cdot \mathrm{d}\,\vec{p}_m$ 成正比，比例常数为 $cL_p^h(Q')$，其中 L_p^h 为发射系数。c 是与 p 无关的一个常数，因此

$$c'_p = cL_p^h(Q')\hat{b}' \cdot \mathrm{d}\,\vec{p}_m(Q') \tag{13-43}$$

3)确定曲面绕射场

有了传至 Q 点的场表示式 $\alpha_p^h(Q)$ 后，就可求出自 Q 点沿切线方向达到 P 点的场。该场也有两个因素引起场的改变：一个是波束扩散，另一个是曲面绕射。

波束扩散引起的可用与边缘绕射相同的方法处理。除 Q 本身是一个散焦外(到观察点 P 的距离 S)，与其正交的另一散焦位于离 Q 为 ρ 的距离上。由于产生的场是垂直极化的，所以必定沿 $\hat{n}$ 方向，故 P 点场

$$\hat{n} \cdot \mathrm{d}\vec{E}_p(P) = k_p \sqrt{\frac{\rho}{\rho+S}}\, \mathrm{e}^{-jkS} \tag{13-44}$$

式中 S 是 Q 点到 P 点的距离，ρ 是 Q 点至另一散焦的距离。k_p 是与 $\alpha_p^h(Q)$ 成比例的常数，而比例系数即为 Keller 曲面绕射系数 $D_p^h(Q)$，因此 k_p 与 $\alpha_p^h(Q)$ 间有下式

$$k_p = D_p^h(Q)\alpha_p^h(Q) \tag{13-45}$$

利用远场条件，$S \gg \rho$，式 $(13-44)$ 可简化。把式 $(13-42)$ 带入式 $(13-45)$，再带入式 $(13-44)$，并将无限次模叠加起来，则可得 $\hat{b}' \cdot \mathrm{d}\,\vec{p}_m$ 在 P 点产生的总场有

$$\hat{n} \cdot \mathrm{d}\vec{E}_{p\Sigma} = c\hat{b}' \cdot \mathrm{d}\,\vec{p}_m(Q')F(Q',Q)\frac{\mathrm{e}^{-jkS}}{S} \tag{13-46}$$

$$F(Q',Q) = \sqrt{\frac{\mathrm{d}\psi_0}{\mathrm{d}\psi}} \sum_{p=1}^{\infty} L_p^h(Q')D_p^h(Q)\mathrm{e}^{-\left[jkt + \int_0^t + \alpha_p^h(t')\mathrm{d}t'\right]} \tag{13-47}$$

式中，$\mathrm{d}\psi = \dfrac{\mathrm{d}\eta}{\rho}$。

然后考虑 $\hat{t}' \cdot \mathrm{d}\,\vec{p}_m$ 产生的场。用同样的方法可以导出 $\hat{t}' \cdot \mathrm{d}\,\vec{p}_m$ 在 P 点产

生的场。不同的仅是极化不同。此分量既与射线垂直又与曲面相切。这就是常说的水平(平行)极化,对此用软激励条件的表达式。只需在式(13－47)和式(13－46)中,把 h 换成 $s,\hat{n}$ 换成 $\hat{b},F$ 换成 $G,\hat{b}'$ 换成 $\hat{t}'$ 后有表达式:

$$\hat{b} \cdot \mathrm{d}\vec{E}_{p\Sigma} = c\hat{t}' \cdot \mathrm{d}\vec{p}_m(Q')G(Q,Q')\frac{\mathrm{e}^{-\mathrm{j}kS}}{S}$$

$$G(Q',Q) = \sqrt{\frac{\mathrm{d}\psi_0}{\mathrm{d}\psi}} \sum_{p=1}^{\infty} L_p^s(Q')D_p^s(Q)\mathrm{e}^{-\left[\mathrm{j}kt+\int_0^t \alpha_p^s(t')\mathrm{d}t'\right]} \qquad (13-48)$$

把式(13－46)和式(13－48)相加就得到 $\mathrm{d}\vec{p}_m$ 产生的总场:

$$\mathrm{d}\vec{E}_{p\text{总}} = c[\hat{b}' \cdot \mathrm{d}\vec{p}_m(Q')F(Q',Q)\hat{n} + \hat{t}' \cdot \mathrm{d}\vec{p}_m(Q')G(Q',Q)\hat{b}]\frac{\mathrm{e}^{-\mathrm{j}kS}}{S}$$

$$(13-49)$$

如果求近场只需把分母中 S 换成 $\sqrt{S(S+\rho)}$ 即可。式中 F 和 G 包含了 $L_p^{s/h}$, $D_p^{s/h},\alpha_p^{s/h}$ 及 c,这些参数可从典型的经典问题中得出(与直边绕射一样),在此不一一推导,可直接引用。上面讨论未涉及围绕封闭面绕行 1 次以上的爬行波射线场。事实上星体圆柱周长远大于波长,因此围绕曲面多次波是十分微弱的,可以不计。

(4)圆柱面上绕射

在光滑封闭曲面上,总有两个点(Q_1,Q_2)同时指向场点 P,如图 13－8 所示。以圆柱面偶极子场来看,圆柱体把空间划分为亮区、半阴影区和阴影区。下面将分述各区场的计算。

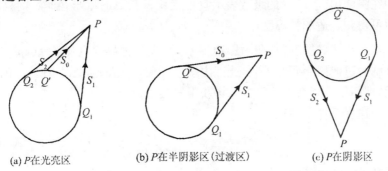

(a) P在光亮区　　(b) P在半阴影区(过渡区)　　(c) P在阴影区

图 13－8　观察点 P 位于三种不同区域的爬行波射线情况

1)亮区场:假设 P 点在光亮区,由 Q' 发出的几何光学场可直接达到 P 点,其几何光学场可写为

$$\mathrm{d}\vec{E}_P = \frac{\mathrm{j}k}{2\pi}\hat{s} \times \mathrm{d}\vec{p}_m(Q')\frac{\mathrm{e}^{-\mathrm{j}kS}}{S} \qquad (13-50)$$

$\hat{s}$ 是 Q' 点指向 P 点的单位向量。为了与绕射场表示统一,仍用射线坐标系表示,改写如下:$\hat{n},\hat{b}$ 是与场有关的单位矢量,分别表示垂直入射射线并与入射面平行和垂直的单位矢量;$\hat{n}',\hat{b}'$ 是与源有关的单位矢量,分别表示与过 Q' 的切平面平行和垂直于入射面的单位矢量;无扭矩情况下,$\hat{b}'=\hat{b}$,令

$$c=-\frac{jk}{4\pi}$$

$$\mathrm{d}\vec{p}_m=\hat{b}'\cdot\mathrm{d}\vec{p}_m\hat{b}'+\hat{t}'\cdot\mathrm{d}\vec{p}_m\hat{t}'$$

$$\hat{s}=\cos\theta\hat{n}'+\sin\theta\hat{t}'$$

$$\cos\theta=\hat{s}\cdot\hat{n}'$$

式(13-50)可写成

$$\mathrm{d}\vec{E}_P=c[\hat{b}'\cdot\mathrm{d}\vec{p}_m\cdot\hat{n}\cdot2+\hat{t}'\cdot\mathrm{d}\vec{p}_m\hat{b}\cdot2\cos\theta]\frac{\mathrm{e}^{-jkS}}{S} \qquad (13-51)$$

与式(13-49)相比,可见在亮区

$$F=2 , \quad G=2\cos\theta$$

在亮区 $\theta<\frac{\pi}{2}-[k\rho_g(Q')]^{-\frac{1}{3}}$,式(13-51)有足够的精确,它光滑地与过渡区相连。在封闭面的情况下,如图 13-8,几何光学场应与 Q_1,Q_2 发出的绕射场叠加,得到光亮区的场。绕射场按式(13-49)计算。

2)在深阴影区,F,G 的级数表示收敛很快。只要曲率半径$>\lambda$,则只需要前几项就可得到合适的精确度。

3)半阴影区(过渡区):在阴影边界附近,应当把界面两侧 $\delta=(k\rho_g)^{-\frac{1}{3}}$ 区域划出来称为过渡区。研究表明,此区内多模次爬行波解的收敛性较差,必须用积分表示,即用福克函数使该区的总场获得平缓过渡。

在硬边界条件下福克函数:

$$g(\xi)=\frac{1}{\sqrt{\pi}}\int_{\infty\mathrm{e}^{-j\frac{2}{3}\pi}}^{\infty}\frac{\mathrm{e}^{-j\tau\xi}}{w'_2(\tau)}\mathrm{d}\tau \qquad (13-52)$$

软边界条件下福克函数

$$\tilde{g}(\xi)=\frac{1}{\sqrt{\pi}}\int_{\infty\mathrm{e}^{-j\frac{2}{3}\pi}}^{\infty}\frac{\mathrm{e}^{-j\tau\xi}}{w_2(\tau)}\mathrm{d}\tau \qquad (13-53)$$

w_2,w'_2 分别为福克型艾里函数及其导数:

$$w_2(\tau)=\frac{1}{\sqrt{\pi}}\int_{\infty\mathrm{e}^{j\frac{2\pi}{3}}}^{\infty}\mathrm{e}^{(\tau\eta-\frac{\eta^3}{3})}\mathrm{d}\eta$$

在圆柱情况下，过渡区 F,G 各为

$$F = g(\xi)\mathrm{e}^{-jkt} \qquad\qquad （适用于亮区与阴影区）$$

$$G = \begin{cases} -j\dfrac{1}{M}\tilde{g}(\xi)\mathrm{e}^{-jkt} & t \geqslant 0（阴影区） \\[3mm] -j\dfrac{1}{M}\tilde{g}(\xi)f(t)\mathrm{e}^{-jkt} \cdot f(t) & t \leqslant 0（亮区） \end{cases} \qquad (13-54)$$

式中，

$$\xi = \int_0^t \frac{M}{\rho_g}\mathrm{d}t', \quad M = \left(\frac{k\rho_g}{2}\right)^{\frac{1}{3}}$$

t 是 Q',Q 间距离，ρ_g 为圆柱半径，$\xi,t>0$，说明场点在阴影边界之下（阴影侧）；$\xi,t<0$，说明场点在阴影边界之上（亮区侧）。式（13-54）中 $f(t)$ 称为渐变函数，它可以保证场的光滑过渡

$$f(t) = \begin{cases} 1 & -1 < \hat{n}' \cdot \hat{S} \leqslant 0 \\[3mm] \dfrac{-\hat{n}' \cdot \hat{S}}{\left[\dfrac{2}{k\rho_g(Q')}\right]^{\frac{1}{3}} \cdot \xi} & 0 \leqslant \hat{n}' \cdot \hat{S} \leqslant 1 \end{cases} \qquad (13-55)$$

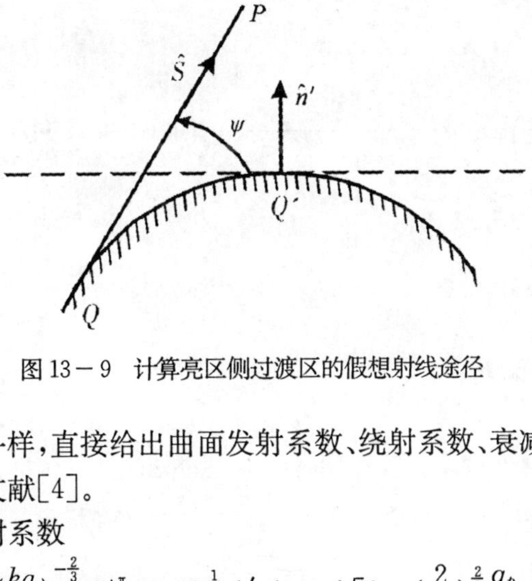

图 13-9　计算亮区侧过渡区的假想射线途径

　　和直边绕射一样，直接给出曲面发射系数、绕射系数、衰减系数和 c 的公式。有关推导见参考文献[4]。

　　在圆柱上发射系数

$$L_p^s = \left(\frac{ka}{2}\right)^{-\frac{2}{3}}\mathrm{e}^{-j\frac{\pi}{12}}(2\pi k)^{\frac{1}{2}}A'_i(-q_p)\left[1 - \left(\frac{2}{ka}\right)^{\frac{2}{3}}\frac{q_p}{15}\mathrm{e}^{j\frac{2}{3}\pi}\right]D_p^s \qquad (13-56)$$

$$L_p^h = \left(\frac{ka}{2}\right)^{-\frac{1}{3}}\mathrm{e}^{j\frac{\pi}{12}}(2\pi k)^{\frac{1}{2}}A_i(-\bar{q}_p)\left[1 + \left(\frac{2}{ka}\right)^{\frac{2}{3}}\frac{\bar{q}_p}{15}\mathrm{e}^{j\frac{2}{3}\pi}\right]D_p^h$$

式中，$A_i(-\bar{q}_p)$ 是艾里函数，艾里函数的零点有

$$A_i(-q_p) = 0$$

$$q_1 = 2.3381$$
$$q_2 = 4.08795$$

对应于艾里函数第一、第二个零值点的函数的一阶导数值

$$A'_i(-q_1) = 0.70121$$
$$\tag{13-57}$$
$$A'_i(-q_2) = -0.80311$$

艾里函数的一阶导数的零点有

$$A'_i(-\bar{q}_p) = 0$$
$$\bar{q}_1 = 1.01879$$
$$\bar{q}_2 = 3.24820$$

对应的艾里函数值

$$A_i(-\bar{q}_1) = 0.53556$$
$$\tag{13-58}$$
$$A_i(-\bar{q}_2) = -0.41092$$

绕射系数和衰减系数

$$[D_p^h(Q)]^2 = \left(\frac{ka}{2}\right)^{\frac{1}{3}} e^{-j\frac{\pi}{12}} \frac{1}{\sqrt{2\pi k}} \frac{1}{\bar{q}_p[A_i(-\bar{q}_p)]^2} \left[1 + \left(\frac{2}{ka}\right)^{\frac{2}{3}} \left(\frac{\bar{q}_p}{30} - \frac{1}{10\,\bar{q}_p^2}\right) e^{-j\frac{\pi}{3}}\right]$$

$$\alpha_p^h = \frac{\bar{q}_p}{a} M e^{j\frac{\pi}{6}} \left\{1 + \left(\frac{2}{ka}\right)^{\frac{2}{3}} \left[\frac{\bar{q}_p}{60} + \frac{1}{10\bar{q}_p^2}\right] e^{-j\frac{\pi}{3}}\right\}$$

$$[D_p^s(Q)]^2 = \left(\frac{ka}{2}\right)^{\frac{1}{3}} e^{-j\frac{\pi}{12}} \frac{1}{\sqrt{2\pi k}} \frac{1}{[A'_i(-q_p)]^2} \left[1 + \left(\frac{2}{ka}\right)^{\frac{2}{3}} \frac{q_p}{30} e^{-j\frac{\pi}{3}}\right]$$

$$\alpha_p^s = \frac{q_p}{a} M e^{j\frac{\pi}{6}} \left\{1 + \left(\frac{2}{ka}\right)^{\frac{2}{3}} \frac{q_p}{60} e^{-j\frac{\pi}{3}}\right\} \tag{13-59}$$

$$M = \left(\frac{k\rho_g}{2}\right)^{\frac{1}{3}} = \left(\frac{ka}{2}\right)^{\frac{1}{3}} \tag{13-60}$$

在二维（柱面波）情况下

$$c = \frac{-jk}{\sqrt{8\pi jk}} = -\frac{ke^{j\frac{\pi}{4}}}{\sqrt{8\pi R}} \tag{13-61}$$

三维情况（球面波）下

$$c = \frac{-jk}{4\pi} \tag{13-62}$$

前面阐述了曲面体（圆柱体）滚动面绕射场的分析和计算。对于子午面无疑是指有限长曲面体（圆柱体）辐射场的计算。关于绕射场的计算，除了将圆柱体等效为四棱柱体，利用直劈绕射计算其绕射场外，还必须考虑沿柱体曲面爬行至柱体边缘产生的直劈绕射场，该场在到达柱体边缘之前是曲面绕射波，超过边缘

之后则为直劈绕射射线。这样,子午面的空间辐射场应是直射波加边缘直劈绕射波和爬行波的直劈绕射波多个场的叠加。这是在统一坐标系下对上述各场的矢量和。读者可在前面学习基础上举一反三地推广到这种情况,在此不再讨论了。

至此介绍了 GTD 曲面绕射,即爬行波理论的基本关系。利用它可对曲面载体天线辐射场进行计算。

13.3.2　多棱柱卫星体上天线辐射方向图计算

讨论多棱柱卫星体及太阳翼对星载天线辐射方向图的影响。假设星体为一个长方体,其棱边可当成直劈处理;单个天线自由空间辐射方向图或天线安装于星体上无太阳翼的辐射方向图已知(计算和实验得到);各天线在星体的布局与安装、太阳翼的构形、尺寸和运动方式均已知。

在分析太阳翼面对星载天线辐射特性影响时,假设星体与太阳翼面尺寸远大于工作波长,满足高频近似条件;采用几何绕射理论和射线概念作为分析和计算的基础;在 GTD 的计算中仅计入一次效应,对二次以上的反射和绕射忽略不计;太阳翼面可当作理想导电的多边形平板,可以把其影响用反射和直边绕射来等效;卫星的星体为一长方形箱体,分析中将星体当作由多个导电平板组成的多面体。

13.3.2.1　星载天线辐射场的数学模型

在星体与太阳翼存在的条件下,如图 13－10 所示,星载天线辐射场由以下三部分组成:

$$\vec{E}_T = \vec{E}^i + \vec{E}^r + \sum_{n=1}^{n} \vec{E}^d \qquad (13-63)$$

式中,$\vec{E}^i$ 为几何光学直射场,$\vec{E}^r$ 为几何光学反射场,$\vec{E}^d$ 为绕射场。

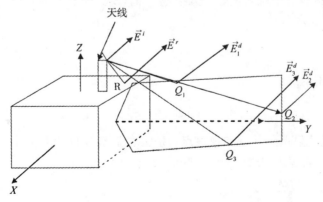

图 13－10　卫星星体和太阳翼板几何射线示意图

直射场 $\vec{E^i}$ 可按自由空间传播公式近似确定：

$$|\vec{E^i}|=\sqrt{\frac{60PG(\theta,\varphi)}{r}} \quad \text{V/m} \tag{13-64}$$

式中，P 为发射功率，$G(\theta,\varphi)$ 为天线在 (θ,φ) 方向的增益，r 为天线到观察点之间的距离。

$\vec{E^r}$ 为几何光学反射场，可写为下式

$$\vec{E^r}=\underline{R}\vec{E^i}(R)A_r(S^r)e^{-jkS^r} \tag{13-65}$$

式中，$\vec{E^i}(R)$ 为投射于反射点处的入射场；$A_r(S^r)$ 为反射射线的扩散因子

$$A_r(S^r)=\sqrt{\frac{\rho_1^r\rho_2^r}{(\rho_1^r+S_0^r)+(\rho_2^r+S_0^r)}} \tag{13-66}$$

式中，ρ_1^r,ρ_2^r 为反射波波阵面的两个主曲率半径；S_0^r 为从反射点开始的反射射线传播距离。当球面波入射于平板反射面时上式可简化为

$$A_r(S^r)=\frac{S^i}{S^i+S_0^r} \tag{13-67}$$

式中，S^i,S^r 分别是源点到反射点和反射点到观察点的距离。$\underline{R}$ 是并矢反射系数。在射线基坐标系下，对理想导电平板的反射场写成矩阵形式有

$$\begin{vmatrix} E_\beta^r \\ E_\varphi^r \end{vmatrix}=\begin{bmatrix} 1 & 0 \\ 0 & -1 \end{bmatrix}\begin{bmatrix} E_\beta^i \\ E_\varphi^i \end{bmatrix}A_r(S^r)e^{-jkS^r} \tag{13-68}$$

$\vec{E^d}$ 为绕射场，按 GTD 可写成下式

$$\vec{E^d}=\underline{D}\vec{E^i}(Q)A_d(S^d)e^{-jkS^d} \tag{13-69}$$

式中，$\vec{E^i}(Q)$ 为投射于绕射点处之入射场。$A_d(S^d)$ 为绕射射线的扩散因子。对直边缘、球面波入射时

$$A_d(S^d)=\sqrt{\frac{S^i}{(S^i+S^d)S^d}} \tag{13-70}$$

S^i 为边缘绕射射线的焦散距离。当 $S^d\gg S^i$ 时

$$A_d(S^d)\approx\frac{\sqrt{S^i}}{S^d} \tag{13-71}$$

S^i,S^d 分别是绕射点到源点和观察点（场点）的距离。$\underline{D}$ 为并矢绕射系数，在射线基坐标下的表达式如式(13-33a)和(13-33b)。

13.3.2.2 空间场的计算

（1）反射点和绕射点的确定

　　根据几何光学和几何绕射理论,首先应确定入射线、反射线和绕射线。对直射线场强用式(13-64)可近似估计。而对反射线和绕射线的确定就不那么直接。首先通过射线追踪技术确定反射点和绕射点。对于比较直观的直边绕射射线可用平面旋转的方法确定边缘上的绕射点,绕射点确定后把收发两点用直线连接起来射线途径就确定了。如图 13-11 所示。

　　边缘取为 Z 轴,圆柱坐标系如图 13-11(a),发射点 S 的坐标为(ρ_S,φ_S,z_S),接收点 P 的坐标为(ρ_P,φ_P,z_P)。以 Z 为轴将 S 点和 P 点与 Z 轴构成的平面(入射平面和绕射平面)分别旋转到同一平面的两侧,如图 13-11(b),则直线 $S'P'$ 与 Z 轴的交点就是绕射点 D。显然 D 的坐标可从相似三角形的对应关系中求出。

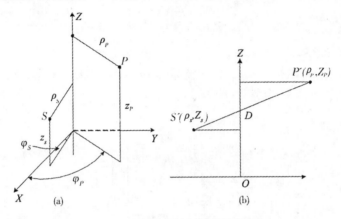

图 13-11　直边绕射点及其射线确定

　　如果绕射线较多或导体边缘为曲边缘情况,要求绕射点就比较复杂了,这时需要用计算机试探程序,通过最短途径,即 $SD+DP=\min$ 求解得出。特别是收、发两点之间有多个边缘绕射点寻找就更麻烦,为了不出现漏算的问题必须采取计算机寻迹的办法。

　　根据均匀媒质边缘绕射定律(Snell 定律)有

$$\hat{t} \cdot \hat{S}^i = \hat{t} \cdot \hat{S}^d \qquad (13-72)$$

式中 $\hat{t}$,$\hat{S}^i$,$\hat{S}^d$ 分别为边缘切向、入射射线和绕射射线单位矢量。

　　当天线源点坐标、场点方向、星体几何尺寸与太阳翼模拟多边形的相关参数给定后,利用式(13-72),通过计算机数值搜索确定出绕射点。同样反射点也可采取同样办法。

　　(2)反射及绕射场的计算

当按费马原理计算机搜索出反射点和绕射点后,按式(13-68)和式(13-33)在射线坐标系中计算反射场和绕射电磁场。

(3)坐标变换

在星载各天线辐射场计算中使用了天线坐标系、射线基坐标系、边缘基坐标系、卫星坐标系等多种坐标系,最终都需将天线辐射场变换到卫星坐标系中。因此需要进行坐标变换。任何复杂的坐标关系可以通过平移和旋转来实现。在此给出平移、旋转两种坐标变换的数学模型。

平移变换:新坐标原点在老坐标系中为(a,b,c),则两坐标变换关系有

$$\begin{bmatrix} X \\ Y \\ Z \end{bmatrix} = \begin{bmatrix} x-a \\ y-b \\ z-c \end{bmatrix} \qquad (13-73)$$

新　　　旧

旋转变换:新坐标 $OXYZ$ 与旧坐标 $oxyz$ 关系,当新坐标轴 OX,OY,OZ 在旧坐标系中方向余弦分别为(l_1,m_1,n_1) (l_2,m_2,n_2) 和 (l_3,m_3,n_3),则坐标旋转公式

$$\begin{bmatrix} X \\ Y \\ Z \end{bmatrix} = \begin{bmatrix} l_1 & m_1 & n_1 \\ l_2 & m_2 & n_2 \\ l_3 & m_3 & n_3 \end{bmatrix} \begin{bmatrix} x \\ y \\ z \end{bmatrix} \qquad (13-74)$$

新坐标是旧坐标经欧拉角 α,β,γ 旋转而成。其旋转矩阵

$$[T]=[T_\gamma][T_\beta][T_\alpha]$$

$$\begin{bmatrix} X \\ Y \\ Z \end{bmatrix} = [T] \begin{bmatrix} x \\ y \\ z \end{bmatrix} \qquad (13-75)$$

式中,

$$[T_\gamma]=\begin{bmatrix} 1 & 0 & 0 \\ 0 & \cos\gamma & \sin\gamma \\ 0 & -\sin\gamma & \cos\gamma \end{bmatrix}$$

$$[T_\beta]=\begin{bmatrix} \cos\beta & 0 & -\sin\beta \\ 0 & 1 & 0 \\ \sin\beta & 0 & \cos\beta \end{bmatrix}$$

$$[T_\alpha]=\begin{bmatrix} \cos\alpha & \sin\alpha & 0 \\ -\sin\alpha & \cos\alpha & 0 \\ 0 & 0 & 1 \end{bmatrix}$$

13.3.2.3　计算流程

太阳翼影响的星载天线辐射方向图计算按以下程序进行。图 13－12、图 13－13、图 13－14 分别给出了直射场、反射场和绕射场分量的计算机流程。按图 13－15 所示的计算机主程序完成场分量的坐标系变换和叠加,最后得到在卫星坐标系下的各天线总辐射场。

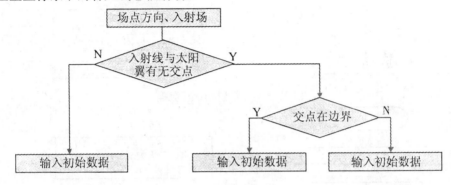

图 13－12　直射场计算流程

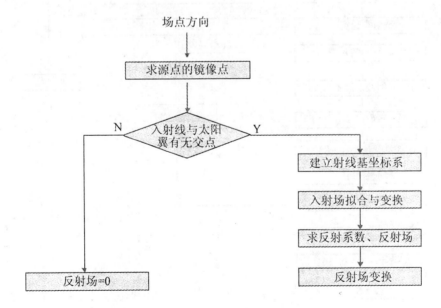

图 13－13　反射场计算流程

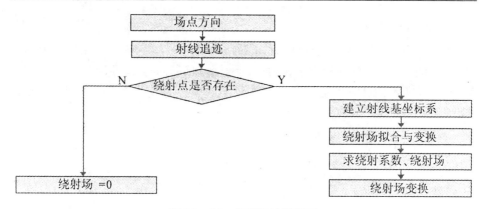

图 13-14 绕射场计算流程

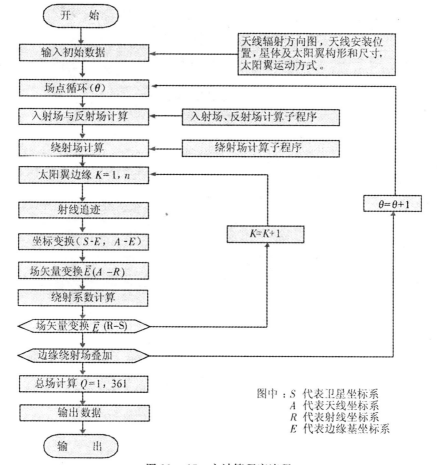

图中：S 代表卫星坐标系
A 代表天线坐标系
R 代表射线坐标系
E 代表边缘基坐标系

图 13-15 主计算程序流程

13.3.2.4　GTD 的应用实例

例 1　与 ESA 结果比较。

利用前面提到的 GTD 法对导电劈直边绕射场的计算流程,对位于箱形卫星模型上的偶极子的辐射场进行了计算。星体模型尺寸 0.18m×0.18m×0.27m,天线位于星体上表面,架高 0.12m;计算频率 $f=10\mathrm{GHz}$。计入星体影响的天线空间方向图计算结果如图 13－16(a)所示,和 ESA 结果比较见图 13－16(b),图中实线为计算值,虚线为 ESA 的计算结果。从图中可以看出计算结果与 ESA 的结果是符合的,说明利用几何绕射理论对大尺度星体上的天线辐射方向图估计,可满足工程应用要求。

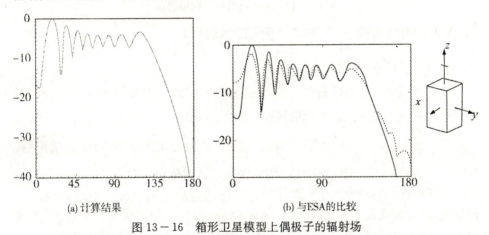

(a) 计算结果　　　　　　　　(b) 与 ESA 的比较

图 13－16　箱形卫星模型上偶极子的辐射场

例 2　某卫星 X 波段数传天线星体辐射方向图分析。

某对地观察遥感卫星,轨高为 500km 的圆形近极太阳同步轨道,为抵消覆盖区空间衰引起的电平变化,保持覆盖区内有近乎相等的辐射强度(EIRP),数传天线辐射方向图赋形成地球匹配波束。图 13－17(a)为该天线的自由空间计算方向图,图 13－17(b)为按 GTD 法计算的 X 波段数传天线的星体辐射方向图,由于星体影响天线辐射电平出现了起伏。在主波束上计算出现的纹波,在全尺寸的辐射模型星试验(RM)中已得到验证。计算结果和实验结果符合,说明 GTD 法为天线的星体方向图估计、观察星体和太阳翼对天线辐射场的影响提供了一个十分简便而有效的工具。

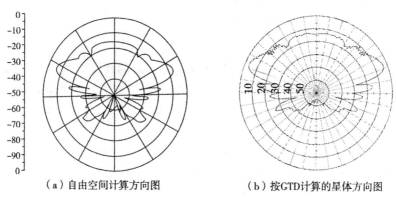

　　（a）自由空间计算方向图　　　　　　（b）按GTD计算的星体方向图

图 13－17　X波段数传天线辐射场

13.3.3　圆柱星体上天线滚动面辐射场计算

13.3.3.1　单振子滚动面辐射场

　　单振子滚动面辐射场计算包含了曲面绕射问题。根据一致性曲面绕射理论,场应以源点所在切面,以阴影界面为界划出 $\pm\delta=(k\rho_g)^{-\frac{1}{3}}$ 的过渡区。

　　当 $\frac{\pi}{2}-\delta\leqslant\theta\leqslant\frac{\pi}{2}+\delta$ 为半阴影区;$\theta<\frac{\pi}{2}-\delta$ 为光亮区;$\theta>\frac{\pi}{2}+\delta$ 为阴影区,如图 13－18 所示。单振了的辐射场应在这三区内分别计算。

　　在阴影区,场源产生的无数模次的爬行波射线。其中每一根由场源产生的射线,沿曲面取最短路径由 Q' 点爬向 Q 点,而后沿切线射向观察点 P,如图 13－19 所示。在爬行途中沿每一点的切线散射能量使电波形成指数衰减。由 Q 点到 P 点的绕射场只是总场的一部分,用曲面绕射系数表示,同时由 Q' 点爬向 Q 点还有辐射和扩散影响,用指数衰减来表示。

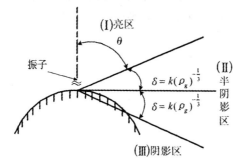

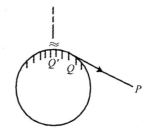

图 13－18　空间场区的划分　　　　　　图 13－19　爬行波射线场

曲面将空间场分成三个区：

（1）光亮区场，$\theta < \dfrac{\pi}{2} - (k\rho_g)^{-\frac{1}{3}}$，当为圆柱体时，$\rho_g = a$（圆柱半径）。此区内观察点的场是直射场和两根爬行波射线场的叠加（图 13 - 20），可写为：

$$F_\Sigma = F(0, S) + F(0, Q_A) - F(0, Q_B) \qquad (13 - 76)$$

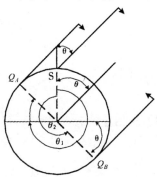

图 13 - 20　光亮区场的表示

$F(0, S)$ 代表直射场。以圆柱心为原点，方向性函数 $F(0, S)$ 有下式：

偶极子场　$F(0, S) = 2\sin\theta e^{jka\cos\theta}$

$\lambda/4$ 单极场　$F(0, S) = 2\dfrac{\cos\left(\dfrac{\pi}{2}\cos\theta\right)}{\sin\theta} e^{jka\cos\theta}$

式中，a 是圆柱半径，θ 是振子轴量起的射线角度。

$F(0, Q_A)$ 和 $F(0, Q_B)$ 代表爬行波射线场。爬行波射线场一根是自天线顺时针爬行至 Q_A，$\theta_1 = \dfrac{3}{2}\pi + \theta$，而后沿切线射出。另一根是逆时针爬行至 Q_B，$\theta_2 = \dfrac{3}{2}\pi - \theta$，而后沿切线射出，如图 13 - 20 所示。沿 Q_A 射出的射线，其场令为

$$F(0, Q_A) = \sqrt{\dfrac{\mathrm{d}\psi_0}{\mathrm{d}\psi}} \sum_{p=1}^{N} L_p^h(Q') D_p^h(Q_A) e^{-\left[jkt + \int_0^t \alpha_p^h(t')\,\mathrm{d}t\right]} \qquad (13 - 77)$$

式中 $\sqrt{\dfrac{\mathrm{d}\psi_0}{\mathrm{d}\psi}} = 1$，$t = a\theta_1 = a\left(\dfrac{3\pi}{2} + \theta\right)$，$p$ 是发射系数的模次，h 是垂直极化。$L_p^h(Q')$ 是源点 Q' 的发射系数，由（13 - 56）第二式得 $L_p^h(Q_A)$。α_p^h 为衰减常数，Q' 点与 Q_A 点的绕射系数 $D_p^h(Q') = D_p^h(Q_A)$，分别由式（13 - 59）中前二式给出。将上列各式代入 $F(0, Q_A)$ 中得（略去常系数）

$$F(0, Q_A) = \sqrt{\dfrac{\mathrm{d}\psi_0}{\mathrm{d}\psi}} \sum_{p=1}^{\infty} L_p^h(Q') D_p^h(Q_A) e^{-\left[jkt + \int_0^t \alpha_p^h(t')\,\mathrm{d}t\right]}$$

$$= \sum_{p=1}^{N} \frac{1}{\overline{q}_p A^i(-\overline{q}_p)}\left[1+\left(\frac{2}{ka}\right)^{\frac{2}{3}}\frac{\overline{q}_p}{15}e^{j\frac{2\pi}{3}}\right]\cdot \qquad (13-78)$$

$$\left[1+\left(\frac{2}{ka}\right)^{\frac{2}{3}}\left(\frac{\overline{q}_p}{30}-\frac{1}{10\,\overline{q}_p^2}\right)e^{-j\frac{\pi}{3}}\right]\cdot e^{-\left[jka\left(\frac{3\pi}{2}+\theta\right)+\alpha_p^h\left(\frac{3\pi}{2}+\theta\right)a\right]}$$

同理自 Q_B 射出的射线为

$$F(0,Q_B)=\sum_{p=1}^{N}\frac{1}{\overline{q}_p A_i(-\overline{q}_p)}\left[1+\left(\frac{2}{ka}\right)^{\frac{2}{3}}\frac{\overline{q}_p}{15}e^{j\frac{2\pi}{3}}\right]\cdot$$

$$\left[1+\left(\frac{2}{ka}\right)^{\frac{2}{3}}\left(\frac{\overline{q}_p}{30}-\frac{1}{10\,\overline{q}_p^2}\right)e^{-j\frac{\pi}{3}}\right]\cdot e^{-\left[jka\left(\frac{3\pi}{2}-\theta\right)+\alpha_p^h\left(\frac{3\pi}{2}-\theta\right)a\right]}$$

$$(13-79)$$

一般情况 N 取到 2 就足够了。相应的 $\overline{q}_p$, $A_i(-\overline{q}_p)$ 已经在式(13-58)中给出。

总场应是直射场和两根爬行波射线场的叠加,有

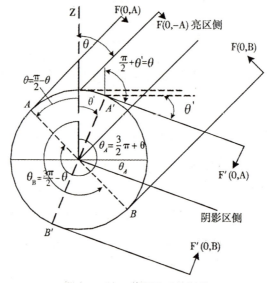

图 13-21   半阴影区的射线

$$F_\Sigma=F(0,S)+F(0,Q_A)-F(0,Q_B)$$

$$=2\frac{\cos\left(\frac{\pi}{2}\cos\theta\right)}{\sin\theta}e^{jka\cos\theta}+\sum_{p=1}^{N}\frac{1}{\overline{q}_p A_i(-\overline{q}_p)}\left[1+\left(\frac{2}{ka}\right)^{\frac{2}{3}}\frac{\overline{q}_p}{15}e^{j\frac{2\pi}{3}}\right]\cdot$$

$$\left[1+\left(\frac{2}{ka}\right)^{\frac{2}{3}}\left(\frac{\overline{q}_p}{30}-\frac{1}{10\,\overline{q}_p^2}\right)e^{-j\frac{\pi}{3}}\right]\cdot$$

$$\left\{ e^{-\left[jka\left(\frac{3\pi}{2}+\theta\right)+a_p^h\left(\frac{3\pi}{2}+\theta\right)a\right]} - e^{-\left[jka\left(\frac{3\pi}{2}-\theta\right)+a_p^h\left(\frac{3\pi}{2}-\theta\right)a\right]} \right\} \tag{13-80}$$

式中衰减因子见式(13－59)

(2)过渡区(半阴影区)，$\frac{\pi}{2}-(ka)^{-\frac{1}{3}} \leqslant \theta \leqslant \frac{\pi}{2}+(ka)^{-\frac{1}{3}}$。还要分为亮区侧和阴影区侧两种情况。亮区侧：$\frac{\pi}{2}-(ka)^{-\frac{1}{3}} \leqslant \theta \leqslant \frac{\pi}{2}$；阴影区侧：$\frac{\pi}{2} \leqslant \theta \leqslant \frac{\pi}{2}+(ka)^{-\frac{1}{3}}$。

亮区侧的场仍可看成一根几何光学场和二根爬行波射线的叠加，只是几何光学场必须用福克函数表示，自变量 $\xi=-M\theta$，取负值，$M=\left(\frac{ka}{2}\right)^{1/2}$，其途径看成是自 O 点沿 $-\theta$ 方向至 A，再由 A 沿切向射线至观察点。

$$F(0,-A)=\frac{\cos\left(\frac{\pi}{2}\cos\theta\right)}{\sin\theta}e^{jk\left(\frac{\pi}{2}-\theta\right)a}g\left[-\left(\frac{\pi}{2}-\theta\right)M\right] \tag{13-81}$$

其余两条爬行波射线场仍同前面，所以在过渡区亮侧的总场有

$$F_{2\Sigma}=F(0,-A)+F(0,A)-F(0,B)$$

其中 $F(0,A)$ 和 $F(0,B)$ 与式(13－80)相同，则

$$F_{2\Sigma}=\frac{\cos\left(\frac{\pi}{2}\cos\theta\right)}{\sin\theta}e^{jk\left(\frac{\pi}{2}-\theta\right)a}g\left[-\left(\frac{\pi}{2}-\theta\right)M\right]+$$

$$\sum_{p=1}^{N}\frac{1}{\overline{q}_p A^i(-\overline{q}_p)}\left[1+\left(\frac{2}{ka}\right)^{\frac{2}{3}}\frac{\overline{q}_p}{15}e^{j\frac{2\pi}{3}}\right]\cdot\left[1+\left(\frac{2}{ka}\right)^{\frac{2}{3}}\left(\frac{\overline{q}_p}{30}-\frac{1}{10\,\overline{q}_p^2}\right)e^{-j\frac{\pi}{3}}\right]\cdot$$

$$\left\{e^{-\left[jka\left(\frac{3\pi}{2}+\theta\right)+a_p^h\left(\frac{3\pi}{2}+\theta\right)a\right]} - e^{-\left[jka\left(\frac{3\pi}{2}-\theta\right)+a_p^h\left(\frac{3\pi}{2}-\theta\right)a\right]} \right\} \tag{13-82}$$

过渡区阴影侧不存在直射场，它的场可以看成二根爬行波射线之和，其中一根属半阴影区，仍用福克函数，但 ξ 取正，$\xi=M\theta$

$$F'(0,A')=e^{-jk(\theta-\pi/2)a}g\left(M\left(\theta-\frac{\pi}{2}\right)\right) \tag{13-83}$$

另一根属于深阴影区，$F(0,B')$ 同式(13－79)

$$F'_{2\Sigma}=F'(0,A')-F(0,B')$$

$$=e^{-jk\left(\theta-\frac{\pi}{2}\right)a}\cdot g\left[M\left(\theta-\frac{\pi}{2}\right)\right]-\sum_{p=1}^{N}\frac{1}{\overline{q}_p A^i(-\overline{q}_p)}\left[1+\left(\frac{2}{ka}\right)^{\frac{2}{3}}\frac{\overline{q}_p}{15}e^{j\frac{2\pi}{3}}\right]$$

$$\cdot\left[1+\left(\frac{2}{ka}\right)^{\frac{2}{3}}\left(\frac{\overline{q}_p}{30}-\frac{1}{10\,\overline{q}_p^2}\right)e^{-j\frac{\pi}{3}}\right]\cdot e^{-\left[jka\left(\frac{3\pi}{2}-\theta\right)+a_p^h\left(\frac{3\pi}{2}-\theta\right)a\right]} \tag{13-84}$$

(3) 阴影区内，$\frac{\pi}{2}+(ka)^{-\frac{1}{3}}\leqslant\theta\leqslant\pi$，不存在直射场该区由二根深阴影区爬行波射线合成

$$F_\Sigma=F''(0,A')-F(0,B')$$

$$=\sum_{p=1}^{N}\frac{1}{\overline{q}_pA^i(-\overline{q}_p)}\Big[1+\Big(\frac{2}{ka}\Big)^{\frac{2}{3}}\frac{\overline{q}_p}{15}e^{j\frac{2\pi}{3}}\Big]\cdot\Big[1+\Big(\frac{2}{ka}\Big)^{\frac{2}{3}}\Big(\frac{\overline{q}_p}{30}-\frac{1}{10\,\overline{q}_p^2}\Big)e^{-j\frac{\pi}{3}}\Big]$$

$$\cdot\Big\{e^{-\big[jka\big(\theta-\frac{\pi}{2}\big)+a_p^h\big(\theta-\frac{\pi}{2}\big)a\big]}-e^{-\big[jka\big(\frac{3\pi}{2}-\theta\big)+a_p^h\big(\frac{3\pi}{2}-\theta\big)a\big]}\Big\}\qquad(13-85)$$

由上面导出的各式包括光亮区、阴影区和过渡区场的表示，由此可计算出导体圆柱滚动面方向图。这里说的滚动面是指过振子与圆柱轴垂直的平面。

13.3.3.2　对极二振子滚动面的辐射场

当在圆柱体对极位置(即 0°/180°位置上)有两个同相单振子。其计算方向图也可按类似步骤。

(1)亮区场：单振子"1"的亮区场+单振子"2"的两根深阴影区爬行波场。在 $0°\leqslant\theta\leqslant\frac{\pi}{2}-(ka)^{-\frac{1}{3}}$ 时：

$$F_\Sigma=F_{\mathrm{I}总}(0)+F_{\mathrm{II}总}(\pi+\theta)$$

$$=2\frac{\cos\Big(\frac{\pi}{2}\cos\theta\Big)}{\sin\theta}e^{jka\cos\theta}+\sum_{p=1}^{N}\frac{1}{\overline{q}_pA_i(-\overline{q}_p)}\Big[1+\Big(\frac{2}{ka}\Big)^{\frac{2}{3}}\frac{\overline{q}_p}{15}e^{j\frac{3\pi}{3}}\Big]$$

$$\cdot\Big[1+\Big(\frac{2}{ka}\Big)^{\frac{2}{3}}\Big(\frac{\overline{q}_p}{30}-\frac{1}{10\,\overline{q}_p^2}\Big)e^{-j\frac{\pi}{3}}\Big]$$

$$\cdot\Big\{\Big[e^{-\big[jka\big(\theta+\frac{3\pi}{2}\big)+a_p^h\big(\theta+\frac{3\pi}{2}\big)a\big]}-e^{-\big[jka\big(\frac{3\pi}{2}-\theta\big)+a_p^h\big(\frac{3\pi}{2}-\theta\big)a\big]}\Big]$$

$$+\Big[e^{-\big[jka(\theta+\pi/2)+a_p^h(\theta+\pi/2)a\big]}-e^{-\big[jka(\pi/2-\theta)+a_p^h(\pi/2-\theta)a\big]}\Big]\Big\}\qquad(13-86)$$

(2)半阴影区：$\frac{\pi}{2}-(ka)^{-\frac{1}{3}}\leqslant\theta\leqslant\frac{\pi}{2}$。在此区，振子"1"属于半阴影区的亮区侧，用式(13-82)计算 $F_{1\Sigma}$。振子"2"在此区为半阴影区之阴影侧。在原单振子阴影侧计算中，把原深阴影区射线改为半阴影区，而半阴影区则换成深阴影区，利用前面单振子辐射场计算结果可得到。

振子"1"半阴影区的光亮区侧场是由直射线(用福克积分表示)和二根爬行波射线(深阴影区)组成。振子"2"阴影区侧的场是二根爬行波射线。一根是半阴影区，用 Fork 函数；另一根是深阴影。所以总场由五部分组成，公式如下：

$$F_\Sigma(\theta)=\frac{\cos\Big(\frac{\pi}{2}\cos\theta\Big)}{\sin\theta}e^{jk\big(\frac{\pi}{2}-\theta\big)a}g\Big[-\Big(\frac{\pi}{2}-\theta\Big)M\Big]-e^{-jka\big(\frac{\pi}{2}-\theta\big)}g\Big[\Big(\frac{\pi}{2}-\theta\Big)M\Big]$$

$$+ \sum_{p=1}^{N} \frac{1}{\overline{q}_p A_i(-\overline{q}_p)} \Big[1 + \Big(\frac{2}{ka}\Big)^{\frac{2}{3}} \frac{\overline{q}_p}{15} e^{j\frac{2\pi}{3}} \Big] \cdot \Big[1 + \Big(\frac{2}{ka}\Big)^{\frac{2}{3}} \Big(\frac{\overline{q}_p}{30} - \frac{1}{10 \, \overline{q}_p^2}\Big) e^{-j\frac{\pi}{3}} \Big]$$

$$\cdot \Big\{ e^{-\big[jka\big(\frac{3\pi}{2}+\theta\big) + a_p^h \big(\frac{3\pi}{2}+\theta\big) a \big]} - e^{-\big[jka\big(\frac{3\pi}{2}-\theta\big) + a_p^h \big(\frac{3\pi}{2}-\theta\big) a \big]} + e^{-\big[jka\big(\theta+\frac{\pi}{2}\big) + a_p^h \big(\theta+\frac{\pi}{2}\big) a \big]} \Big\}$$

$$(13-87)$$

图 13－22(a)给出了半径 $ka=11.1841$ 的导电圆柱体，径向安装一个单极天线的滚动面计算方向图。图 13－22(b)示出了两个这样的单极同相激励(0°/180°)对装的圆柱体滚动面方向图。

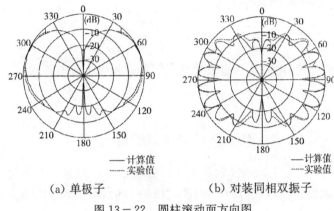

（a）单极子　　　　　（b）对装同相双振子

图 13－22　圆柱滚动面方向图

解决天线在曲面上的辐射问题时，引入爬行波概念避免了经典解析方法固有的烦琐性，又成功地克服了几何光学法的不足，在光学交接区上得到了光滑的过渡，并与实际验证结果符合。特别适用于曲面上平装天线如微带、缝隙或低剖面天线的情况。只要圆曲面载体尺度≫波长，天线高度≪曲面半径时，这个方法的精度完全满足工程应用。

无论什么样的飞行器，一般可以把它变成是棱柱体或圆柱、锥体之组合，利用直边绕射和曲面绕射的 GTD/UTD 分析手段一般可以获得较理想的航天器天线辐射方向图。对有限圆柱子午面方向图的计算需要时还可参考文献[4]。

13.3.4　散焦区场的计算——等效电磁流法

几何绕射理论解决了阴影区的场的问题，但同所有射线法一样在计算散焦场时失效。在散焦区相邻射线相交，即射线管的横截面在焦点处为零。按射线管内能量守衡原理，焦点上场变得无限大，显然是不合理的。为了计算散焦区的场，引入等效电磁流法（MEC），利用等效电磁流的辐射积分来求场。在圆柱形星体顶部轴线上安装一天线,其星体方向图计算就遇到这个问题。

等效电磁流法首先是要把曲劈等效为直劈,这一直劈的两个面和构成曲劈的两个曲面在绕射点相切,且等效直劈的边缘与曲边缘在绕射点相切。然后确定位于二维劈边缘上能产生和劈的边缘绕射场相同辐射场的电流和磁流强度。假设沿 z 轴的线电流为 I_z^e,远区辐射场可近似写为:

$$E_z = I_z^e \frac{Z_0 k}{2} \sqrt{\frac{j}{2\pi k}} \frac{e^{-jk\rho}}{\sqrt{\rho}} \qquad (13-88)$$

同样,沿 z 向线磁流 I_z^m,远区辐射场,

$$H_z = I_z^m \frac{k}{2Z_0} \sqrt{\frac{j}{2\pi k}} \frac{e^{-jk\rho}}{\sqrt{\rho}} \qquad (13-89)$$

利用边缘绕射理论,电极化和磁极化情况下的边缘绕射场有下式

$$E_z = D_s(L, \phi, \phi') E_z^i(Q) \frac{e^{-jk\rho}}{\sqrt{\rho}}$$

$$H_z = D_h(L, \phi, \phi') H_z^i(Q) \frac{e^{-jk\rho}}{\sqrt{\rho}} \qquad (13-90)$$

式中,D_s,D_h 分别为电极化(软边界)和磁极化(硬边界)的绕射系数,可由式(13-33)求出。比较式(13-90)和式(13-89),可得等效电磁流有

$$I_z^e = \frac{\sqrt{8\pi k}}{Z_0 k} e^{-j\frac{\pi}{4}} E_z^i(Q) D_s(\phi, \phi', \gamma)$$

$$I_z^m = \frac{Z_0 \sqrt{8\pi k}}{k} e^{-j\frac{\pi}{4}} H_z^i(Q) D_h(\phi, \phi', \gamma) \qquad (13-91)$$

式中等效电磁流并非实际存在的物理量,仅只是为了计算绕射场而引入的。为的是使等效电磁流产生的绕射场与实际等效。式(13-91)中,γ 是平面波投射线与绕射边的夹角,垂直投射时 $\gamma = \pi/2$;ϕ,ϕ' 分别表示垂直于边缘基入射面和绕射面与法线的夹角。斜入射,$\gamma \neq \frac{\pi}{2}$,等效边缘电磁流可写成

$$I_z^e = \frac{\sqrt{8\pi k}}{Z_0 k} e^{-j\frac{\pi}{4}} E_z^i(Q) D_s(\phi, \phi', \gamma) e^{jkl\cos\gamma}$$

$$I_z^m = \frac{Z_0 \sqrt{8\pi k}}{k} e^{-j\frac{\pi}{4}} H_z^i(Q) D_h(\phi, \phi', \gamma) e^{jkl\cos\gamma} \qquad (13-92)$$

l 为等效电磁流长度,二端点 $z = \pm l/2$。式中包括计入斜入射时产生的行波相位因子。下面举例说明这个方法的应用。

假设在圆形平面中心有一单极天线,单极长度为 $\lambda/4$,如图13-23(a)所示。

圆平面边缘的所有射线都会聚到中心 z 轴上,中心轴为焦散轴。焦散区的场只能用等效边缘电磁流来计算。对圆平面来说,等效边缘电磁流应该是环向的,即 $\hat{\psi}$ 为沿边缘切向方向。圆面中心的电单极子,则边缘的入射电场应与投射线垂直,又与边缘的切向垂直,即为 $\hat{\psi}\times\hat{s'}$ 方向,如图 13－23(b)所示。而入射磁场则应与边缘切线方向 $\hat{\psi}$ 平行。因此只要把式(13－92)中的 $Z_0 H_z^i$ 换成 $-(\hat{\psi}\times\hat{s'})\cdot\vec{E}_i$,这样即可求得沿边缘的等效磁流 I_ψ^m,有

$$I_\psi^m=-(\hat{\psi}\times\hat{s'})\cdot\vec{E}_i(Q)D_h(\phi,\phi',\pi/2)\sqrt{\frac{8\pi}{k}}\,e^{-j\frac{\pi}{4}}$$

式中,$\hat{s'}$ 是边缘上某点的入射线方向单位向量,$\hat{\psi}$ 是沿方位方向的单位向量。

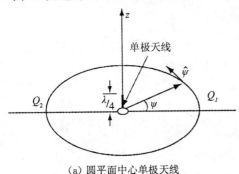

(a) 圆平面中心单极天线　　　　　(b) 圆形边缘上等效电磁流与入射场

图 13－23

如果圆形平面中心为一个磁偶极子,则边缘上等效电流为

$$I_\psi^e=-\frac{1}{Z_0}\hat{\psi}\cdot\vec{E}_i(Q)D_s(\phi,\phi',\pi/2)\sqrt{\frac{8\pi}{k}}\,e^{-j\frac{\pi}{4}}$$

于是等效磁流和等效电流的辐射场由下式给出

$$H_\psi^m=\frac{-j\omega\varepsilon a\,e^{-jkr}}{4\pi r}\int_0^{2\pi}I_\psi^m(\phi')\cos(\phi-\phi')e^{jka\sin\theta\cos(\phi-\phi')}\,\mathrm{d}\phi'$$

$$\tag{13－93}$$

$$E_\psi^e=\frac{-j\omega\mu a\,e^{-jkr}}{4\pi r}\int_0^{2\pi}I_\psi^e(\phi')\cos(\phi-\phi')e^{jka\sin\theta\cos(\phi-\phi')}\,\mathrm{d}\phi'$$

式中,a 是圆接地板的半径。

由于结构的对称性,在通过振子轴线并与圆平面垂直的任意平面内的辐射场应该是相同的。对称轴($\theta=0°$ 和 $180°$)附近区域为焦散区,对焦散区计算采用了等效电、磁流,把接地平面边缘当成是圆环辐射器。而离开焦散区的辐射则是

用两点绕射法计算的。因为根据费马局部性原理,在过中心轴任意铅垂平面内的辐射场来自该平面与圆边缘相切的两个点的绕射场,因此有限圆接地板上单极天线的空间辐射场仍是单极天线直接辐射场与绕射场之矢量叠加。图13-24给出了 $a=2.032\lambda$ 圆板中心 $\lambda/4$ 单极的计算和实测方向图。结果表明,计算与实测结果一致性较好。由于边缘等效环流的辐射,圆形平面情况下对称轴($\theta=0°$ 和 $180°$)附近的副瓣比方形接地板方向图相应的副瓣电平要高,而且最靠近 $180°$ 的后瓣要大于离 $180°$ 更远的下一个副瓣的电平。

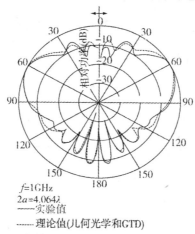

图 13-24 圆形接地板中心单极子垂直面的计算与实测方向图

13.4 天线的卫星工程化问题

13.4.1 卫星工程化的基本内容

卫星工程化实质上就是把天线的设计方案变成满足卫星使用要求的航天器天线产品的过程。卫星工程化工作贯穿在航天器天线研制过程中,没有卫星工程化工作就没有卫星天线产品。具体说来卫星工程化有以下几方面的内容:

(1)与星体的兼容性工作。这部分工作大致包括与星体的结构兼容和电磁兼容两部分。结构兼容性是指与卫星安装环境的机械、尺寸兼容性。一方面,当天线按要求安装到卫星上时,卫星可用空间与天线结构尺寸、安装要求与机械接口和相应规范间的兼容性;另一方面,安装在卫星上的天线,在天线之间、天线与星体之间、天线与太阳翼间相互影响的作用下电磁特性的兼容性,就是说在这些影响存在的前提下,天线还能满足预定的功能和性能要求及技、战术指标。卫星工程化中的兼容性工作就是要经过分析、设计与验证,使星上天线在星体上的布局是最优的,在这种布局下保持结构和电磁的兼容性。

(2) 与使用环境的兼容性。卫星天线安装在卫星体上,就要经历地面、发射、空间飞行甚至再入返回的各种环境。能否承受这些环境条件,在这些环境载荷作用下天线能否正常的工作,保持其预定的性能和功能。就是衡量其使用环境兼容性的主要标志。对星载天线有明显影响和制约的环境大致可分为以下几方面:主要以发射载荷为主的力学环境,包括振动、冲击、加速度和噪声等;空间环境,主要包括在轨的高低温冷热交变、真空、失重、高能粒子及射线辐照等;卫星工程化工作就是要通过材料、元器件选择、结构设计和可靠性设计及采取相应的措施保证其环境适应性。

(3) 天线高可靠性要求的实现与验证。受各种条件的限制,星上天线一般无冗余备份,在轨的不可维修性和长寿命要求,对卫星天线可靠性要求是很高的。比如一般在卫星寿命末了(低轨卫星在轨寿命不低于 4 年;地球同步静止轨道卫星为 15 年) 的可靠度仍不低于 0.999。因此天线卫星工程化设计目标之一就是通过可靠性设计、可靠性验证、可靠性增长等手段达到高可靠性要求,在轨寿命期内应保证正常工作。

(4) 天线软件设计、测评和试验验证。现代航天器天线除传统意义上的硬件外,还包括对信号处理与控制的智能化软件,航天天线的高性能、多功能、快捷变很大程度上取决于天线软件,因此天线的卫星工程化工作中包括了对天线软件的设计、测评与验证。

只有完成上述工作并通过验证合格的才可认为完成了天线的卫星工程化工作。完成卫星工程化工作的天线才可转入飞行(正样)产品的生产。

13.4.2　航天器天线的结构

航天器天线与一般的天线不同之处在于它的使用环境,它要经受运载的发射载荷和空间环境。航天器天线必须能承受这种严酷的环境因素,为此在天线电性设计初步完成之后要针对其使用条件进行天线结构的专门设计和验证。这就成为天线卫星工程化工作的一个主要内容。概括起来它包括以下部分。

13.4.2.1　天线结构材料的选择

对天线结构材料的要求归纳起来有如下几方面:

(1) 电性能要求。在天线结构上会用到导电材料、介质材料和其他一些特定材料。对材料选择首先是它的电性能,用作导电材料的一定要有很好的导电性,表征其微波导电特性的参数为:

$$\frac{\sigma}{\omega\varepsilon}\gg100 \qquad \delta=\frac{1}{\sqrt{\pi f\mu\sigma}} \qquad (13-94)$$

式中,σ 是其电导率,f 为工作频率,μ 为磁介质常数,δ 为趋肤深度,它是频率的函数。铜在 3GHz 频率上,δ 仅有 1.2μm。一般良导体的电导率多在 10^7 量级,石墨电导率也在 10^6 的量级。常用的天线机体材料有铜、黄铜、铝合金、钛合金等。

介质材料首先要求它有很好的绝缘性,同时还应有满足要求的微波特性。其典型参数是介电常数 ε、损耗角正切 $\tan\delta$ 等。一般介质的 $\tan\delta=\frac{\sigma}{\omega\varepsilon}\ll\frac{1}{100}$。好的介质材料要求 $\tan\delta$ 越小越好。常用的有聚四氟乙烯,它的相对介电常数 $\varepsilon_r=\frac{\varepsilon}{\varepsilon_0}\approx2.0$,$\varepsilon_0$ 是真空的介质常数,微波频率上的 $\tan\delta$ 多在 10^{-4} 左右。

(2)结构性能。对于星载天线的结构材料都要求轻型化。有高的比模量、高的比强度。

(3)物理特性。应具有很好的热稳定性和热传导性。热稳定性是在高低温交变过程中不发生大的变形;好的热传导性使温度分布均匀,防止大的温度变化引起的热应力或变形。天线常用的金属材料有铝合金,它是应用最多的轻型材料,它工作温度可达 200~300℃,超过此温度机械性能下降,低温性能好,温度降低其强度塑性提高。钛合金的比强度高,能耐高温,而且热导率小,可做耐高温且有隔热要求的构件,高低温性能都好,可应用在 -195℃→(350~450)℃。反射面天线还多用碳纤维增强复合材料和 Kevlar 纤维增强复合材料。前者用作电磁波反射体,后者用作介质绝缘支撑。有时也用玻璃钢做绝缘支撑。

(4)空间环境能力。航天器天线一般都暴露在航天器外表面或伸展在空间。空间环境有真空、太阳辐照、空间粒子、宇宙射线、原子氧……所选材料不能因空间环境因素产生不可接受的性能蜕变。

(5)材料的真空出气要求。真空环境材料出气不仅降低材料性能,更重要的是污染星体表面的光学镜头和热控表面。一般规定材料的总质量损失<1%;收集到的挥发冷凝物<0.1%。

13.4.2.2 天线的结构设计

卫星天线结构设计是在保证电性能的条件下进行的。设计原则可归纳为:

(1)应在天线的电及微波性能设计上下工夫,高水平的天线用电性设计使其支持条件简化,降低材料、结构和机构的压力,使结构更为简化更易实现。

(2)结构设计要有足够的设计余度,保证能经受住各种载荷;同时又必须是轻量化的设计、结构尺寸紧凑。结构设计必须在高可靠性与简化和轻量化间折中考虑。

（3）结构设计时应同时考虑其工艺实现，尽量利用现有技术和条件减少实现难度。因为制造质量直接关系到产品的质量。

天线结构应有足够的刚度和强度，保证天线在各种载荷下正常工作。结构设计的主要技术要求概括如下：

（1）强度。在规定载荷下，不破坏（断裂、损坏、过度变形、蠕形形变）。

（2）基频。一阶基频大于整星基频。小型天线结构的一阶基频一般不小于70Hz，对于大型结构如反射面、可展开网面天线的基频可适当降低，但必须错开整星的基频。

（3）刚度。基频大于规定值，变形小于规定值。

（4）位置稳定性。机械和热载荷下位置精度必须满足电性能要求。

（5）动态包罗空间。保证与整星和运载整流罩结构尺寸兼容；满足质量、空间可用性约束；留有方便的操作空间和操作孔。

13.4.2.3　天线的结构分析

为了保证结构设计的可靠，对一些大型的或/和复杂结构和机构的设计必须进行结构力学分析。包括静力分析和动力分析。

静力分析是根据给定的静载条件计算其应力与变形。动力分析是模态分析确定振频，确定一阶基频。确定结构上响应的加速度、位移、应变和应力等。

采用方法通常用 NASTRAN 程序，它是有限元计算方法的数值求解。和电磁场的方法类似，该程序的理论基础是弹性力学的变分原理，求解的数学基础是矩阵代数，一般计算时分三步进行：①建模，即实际结构离散化；②建立刚度矩阵，确定单元特性；③对离散化结构数值求解。

13.4.3　航天器天线的电、机、热一体化集成设计

前面讲到航天天线技术特点时，就特别强调了航天天线设计和实现与应用环境密切相关。从无线电角度看它是一个射频电系统，从航天力学载荷环境看它又是一个结构部件或结构系统，必须能承受发射、在轨运行及返回的各种力学环境，同时也必须承受空间辐射环境和热环境。因此航天天线必须是充分满足要求的电、机、热的统一体。随着空间技术发展，航天器系统变得更加复杂，要求越来越高，给予系统的设计裕量也越来越少。因此每一个航天器系统都面临最优设计的要求。对于航天器天线来说，传统的串联设计程序，往往造成顾此失彼的状态，很难满足新型航天器天线设计任务，极大地约束了航天器天线的设计质

量。要实现其高性能、高可靠性指标必须采用新的设计方法。因此利用计算机采取 CAD/CAE 的方式,对航天天线实行电、机、热并行迭代设计才可提高设计效率和设计质量。这种设计方式和流程称为航天天线的电机热一体化集成设计,其基本设计流程如图 13－25 所示。在此,仅以环月卫星上应用的一个微波辐射计天线为例说明。该天线是一个前馈的抛物面天线,要求它产生一个对月球印迹约 10°左右的圆波束,其波束效率不低于 90%。为了减少该天线边瓣,采用环圈抛物面结构。该天线的电性设计比较简单和直接,不再重复。根据数值仿真和分析结果,该天线为口径直径 600 mm 的带环框的对称主焦抛物反射面,天线座架在高度为 130mm 的铝质(Al12CZ)支架上,通过 6 个螺钉安装于星体对月面(＋Z 轴向)。

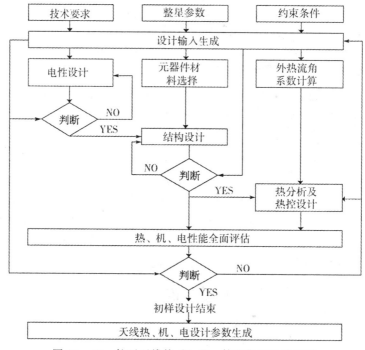

图 13－25　航天天线热、机、电一体化集成设计流程

13.4.3.1　反射面天线的热分析

环地飞行的航天器天线空间热环境比较清楚,环月飞行空间热环境会给航天器天线带来哪些新问题,这是天线一体化设计中首先应确定的问题。天线热分析涉及卫星构形、卫星轨道和姿态、空间环境、天线材料工艺和热控状态多

方面问题。本例卫星对月面如图 13－26(a)，安装了四个不同频段的微波探测天线，本天线为图中 TYY203。根据如图 13－26 的结构模型和坐标，考虑月球探测卫星的整星热设计接口，采用标准热分析软件(Nevada 和 SINDA/G 软件)，对 TYY203 天线进行了热分析计算，并给出了天线的热设计状态。

Nevada 软件进行卫星空间环境的外热流估计和辐射角系数计算；SINDA/G 软件主要进行温度场分布计算，预示各工况的温度分布。进行热分析之前，首先要按整星和系统的状态形成天线热分析的设计输入。

(1) TYY203 天线热分析的设计输入

1) 整星坐标系($O-XYZ$)定义参见图 13－26(b)。坐标原点 O：对接锥下法兰框上的三个定位销钉所确定的理论圆心；X 轴：过坐标原点，垂直于星箭分离面，沿卫星的纵轴方向，指向上舱方向为正；Z 轴：过坐标原点，位于星箭分离面内，指向对月方向为正；Y 轴：位于星箭分离面内，与 X 轴、Z 轴构成右手系。

2) 卫星轨道参数。地月距离 $3.8×10^5$ km；地日距离 $1.495×10^8$ km；月球的赤道与黄道的夹角 $1.5°$；月球半径 1730 km；环月卫星轨道高度 $200±25$ km、轨道倾角 $90°$、轨道周期 127 min；太阳光与轨道面的夹角变化范围 $0°～360°$。

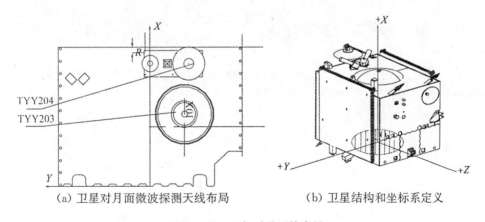

(a) 卫星对月面微波探测天线布局　　　(b) 卫星结构和坐标系定义

图 13－26　坐标系及天线布局

3) 卫星飞行阶段及姿态控制方式。为满足月球探测卫星不同阶段任务的要求，卫星的姿态指向主要分为：

· 调相轨道阶段：巡航姿态，基本为＋X 对日定向；

· 地月转移轨道阶段：巡航姿态，＋X 向对日定向；

· 环月轨道阶段：卫星对月球三轴稳定。

4) 工况条件定义。根据月球探测卫星的轨道定义，确定卫星在正常飞行状态下主要工况。

5)热分析用月球参数。月球半径 1738km;太阳常数最高 1399W/m²,最低 1309W/m²;月球正面温度 300K;月球背面温度 223K;月球表面反射率 0.11。

6)月球表面红外热流的处理。月球表面参数中,表面红外热流参数值无经验数据可用,根据文献数据,月球表面的温度分布如图 13－27 所示,月面辐射率≈95%。计算中,为简化处理,首先将月球表面的红外辐射热流近似为如图 13－28 所示中的理论值所示正弦曲线,最大值 1314W/m²,在背阳面则简化为常数 5.2W/m²。

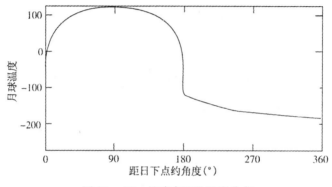

图 13－27　月球表面的温度分布

实际计算中,将一个周期分成 4 段,分别取每段的平均值作为月球表面红外辐射热流的瞬态值,如图 13－28 所示。

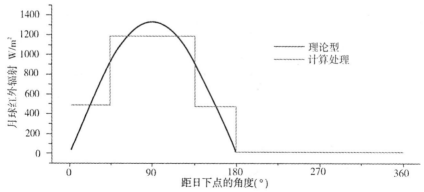

图 13－28　月球表面瞬态红外辐射热流的处理方法示意图($\beta=0$)

7)热物性参数选择。考虑到在轨的热环境,天线采用碳纤维铝蜂窝夹层复合材料结构,为了减少极端温度交变环境下天线的热梯度和热应力,拟用被动温控。在天线背面用多层聚酰亚胺镀铝薄膜隔热包扎,工作面涂用温控漆。天线热状态见表 13－1。计算采用的材料热物性参数见表 13－2。

表 13－1　天线的热状态为全部使用被动热控措施

项 目 描 述	环框抛物反射面天线	备　　注
工作面表面状态	S781 白漆 或 S107－ZK 白漆	
工作面背面状态	多层隔热材料	
支架外	多层隔热材料	铝支架表面采用导电阳极化
安装面	不加隔热垫块	

表 13－2　材料热物性参数的选择

材　　料	太阳吸收率	发射率	导热系数 W/(mK)	比热 J/(kgK)	接触导热系数 W/(m²K)
SR107－白漆	0.19(末期 0.38)	0.87			
聚酰亚胺薄膜 (多层外表面)	0.36(末期 0.56)	0.69			
多层隔热组件 (当量辐射率)		0.032			
导电阳极化	0.10	0.10			
复合材料			0.34	850.0	
金属间					200.0
金属与非金属间					15.0

（2）天线温度场分析计算

在天线的结构尺寸、外形、材料及与星体的安装方式和安装位置已知并已确定的条件下,计算天线在轨的温度范围。

该天线安装于卫星对月面,也就是＋Z 面。这个天线安于星外,考虑到星外其他设备对天线的温度场影响较小,需要计算卫星＋Z 面安装天线的温度场,对卫星简化处理成安装天线的舱板,分析时,舱板按照定温边界条件处理,每个工况的温度设定取整星热分析报告中相应工况该舱板的计算值。天线按实际构型建模,星外其他仪器设备被忽略。温度建模时将天线分为三部分:反射面、边框和铝支架。在分析中,该天线共划分为 114 个节点进行计算。复合材料的热物性:比热为 850J/(kgK),热导率为 0.34W/(mK)。

计算结果:当以正常状态考虑(天线安装按隔热处理,接触导热系数取15.0W/m²℃),外热流按在轨热流,不进行人为增减),在各种工况条件下其在轨最低温度-126.80℃,最高温度为瞬态高温120℃。典型的一个计算结果见图13-29。

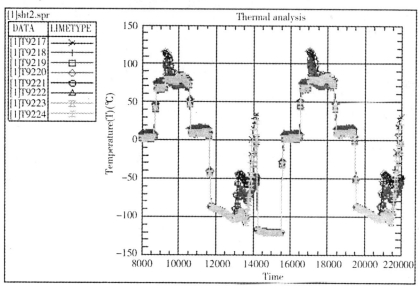

图13-29   反射面在轨预示温度

(3)由天线预示温度带来的问题和处理

天线热状态全部使用了被动热控,见表13-1和表13-2。热分析给出了最高和最低预示温度,分别为+120℃和-126.8℃。

1)确定天线环境试验的温度范围。为保证天线在轨的安全性和高可靠性,按工程实施规定,由预示温度±10℃定为鉴定试验温度范围,±5℃定为验收试验温度范围;航天产品必须通过这两个试验。

2)反射面的工艺处理。为减少固化带来的变形,过去环地卫星用反射面的复合材料多采用中温固化,即固化温度为120℃左右,按此固化对应的树脂玻璃化温度约为170℃。而根据环月卫星环境试验规范,天线的试验温度要在-136℃～+130℃。这样试验高温已接近树脂的玻璃化温度。材料在玻璃化温度下其性能会遭破坏。为了保证在规定的环境温度下天线应具有良好性能,固化温度必要要远离其玻璃化温度。为此只能将固化温度提升,由此带来新的工艺、材料问题。经研究和试验,修改成型工艺、更换材料使反射面复材固化温度提升为 170℃,这样,天线通过了各项试验,达到要求。由于热机电并行设计,较早地获得了天线热分析结果提示,使设计者能及早地发现问题,尽早地处理。

3)形面精度分析及电性能影响。热分析结果揭示出各种情况下反射面上的温度场分布,经结构分析获得反射面变形数据,再由天线分析变形对电性能的影响。最后的设计结果是在满足要求的前提下,对材料、工艺、结构和温控措施进行多次迭代和折中得到的。由于本天线工作频段较低,温度变化及温度梯度对形面精度的影响并没有达到不可接受的地步,因此这部分分析不再叙述。当毫米波乃至更高工作频段,温度变化引起的形面改变成为不可忽略的影响时,这部分分析设计就需要更仔细处理了。

利用计算机数值平台的热分析计算,对天线材料、工艺、结构及电性能在空间热环境下相互耦合影响进行了仿真,可以及早地发现问题,改进设计薄弱环境,避免颠覆性问题的发生,排除研制过程反复。这是十分有效的一种设计手段。

13.4.3.2　反射面天线的结构分析

该反射面天线(TYY203)材料是铝蜂窝芯加 M40 碳纤维蒙皮的环氧复合材料,馈源为铜质(H62)、λ/2 开槽馈电的对称振子加反射腔。结构外形如图 13－30 所示,采用 MSC/PATRAN 软件进行建模和结果处理,并使用通用的结构分析软件 MSC/NASTRAN 进行计算分析。该天线的有限元网格模型如图 13－31 所示。

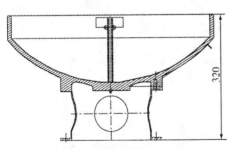

图 13－30　反射面及其支架外形图

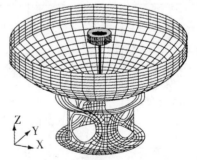

图 13－31　反射面组件的有限元网格模型

按给定的环境规范形成对该天线的载荷条件,在计算机数值平台上进行了天线结构的强度和刚度计算。天线主要模态的固有频率及对应的振型,如图 13－32。主要计算结果如表 13－3 所示。

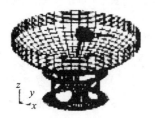

(a) 天线馈源x向一阶弯曲（f=68.5Hz）

(b) 整，天线x向一阶弯曲（f=205.3Hz）

(c) 抛物反射面两瓣振型（f=253.9Hz）

(d) 天线纵向一阶（f=295.2Hz）

图 13－32　反射面组件的模态振型图

表 13－3　模态计算结果

阶　　次	频率(Hz)	振　型　描　述
1	68.5	天线馈源 x 向一阶弯曲
2	71.1	天线馈源 y 向一阶弯曲
3	88.5	天线馈源一阶扭转
4	205.3	整个天线 x 向一阶弯曲
5	220.3	整个天线 y 向一阶弯曲
6	245.4	内导体弯曲
8	253.9	抛物反射面两瓣振型
12	372.5	整个天线一阶扭转
13	438.3	整个天线纵向一阶扭转

　　按照结构计算结果,首先进行强度校核。由环境试验规范知天线正弦振动环试的最高频率达 100Hz。该天线整体的固有频率(约 200Hz 以上)比最高扫描频率还高好多,振动相当于静态载荷,取振动最大幅值(20g,见鉴定试验规

范)的 1.5 倍作为载荷条件,对天线进行静力计算,天线支架及抛物面满足强度要求,且有较大的安全裕度。

频响计算,发现在低频扫描振动中,天线馈源部分可能有局部屈服发生(因为计算出的内导体上最大应力为 455.3MPa,而其安全裕度 $=300/455.3-1 < 0$)。如果不采用并行集成设计,按传统的串联设计程序,其结构在力学环境鉴定试验中发生馈源端头断裂等结构损坏,造成研制流程反复。由此带来研制成本提高,研制周期延长,更甚者影响产品质量。采用并行设计,根据计算结果提示尽早消除设计缺陷。对结构薄弱的馈源进行局部加强以提高局部的固有频率和结构强度。经过修改后的馈源安全裕度大于 1,天线一次通过鉴定级力学环境试验。

由此可见对航天天线设计采用电、机、热一体化并行设计,也就是人们常称的多学科设计优化(Multidisciplinary Design Optimization)。MDO 是一种充分考虑其电、机、热特性间的耦合及影响因素的并行设计的综合方法。如图 13-25 所示,集成设计流程表达了电、机、热特性之间的数据传递关系和执行顺序,反馈回路表示电、机、热特性间的耦合。这种设计方法能使设计状态达到最优,对潜在问题易于发现,及早处理。特别是系统设计余量较少,系统要求较高的复杂系统,这种设计方式更为需要。它对提高设计水平、缩短研制周期,促进航天产业化进程都是有益的。

有关这种集成设计的实例,在第 17 章中还会讲到。

13.4.4　星载天线的电磁 CAD 模装技术

卫星星体是一个设备十分密集的复杂系统。随着无线系统的增多,工作频段越来越宽,星上天线的种类和数量也越来越多。星上既有大功率的发射系统,又有灵敏度很高的微弱信号接收;太阳翼板也越来越大,星外安装的其他构件和设备也会增加。总之星上的电磁环境越来越复杂,如何在卫星天线设计初期就同时着手处理其电磁兼容性,以免因星体上的某些因素造成天线的性能和功能恶化达不到规范。一种以计算机辅助设计和数值仿真为主的电磁分析方法,利用计算机数值化平台完成天线的星体最优布局设计,在空间飞行器设计的工程实践中得到了应用。并称该方法和过程为卫星天线电磁 CAD 模装。

一般来说,星体尺寸较大,再加上太阳翼,受测试场条件限制,要通过实验测试验证是十分困难的。特别是那些天线波束较宽,容易受周围环境影响,同时也容易影响周围的天线,不可忽略其星体环境的影响。当星体尺寸和所考虑的线性尺度都远大于工作波长时,可采用电磁场高频近似法(即 GTD/UTD 法)来处理该类问题。下面将简要地介绍天线电磁 CAD 模装的基础理论和技术过程。

13.4.4.1 分析模型的建立和数值计算——物理光学和场源格林函数积分

星载天线辐射方向图的分析需要考虑周围物体的遮挡、反射和绕射。这些影响可以归结为一路(单向)问题,也可以归结为回路(双向)问题。所谓一路问题是源的辐射投射到周围物体产生的再辐射,再辐射与初始源场叠加形成最终的辐射场。一路问题是源→周围物体→远场,不涉及再辐射场对初始源的影响,比如卫星蒙皮、太阳翼等的反射和绕射影响,这可归结为辐射和散射问题。回路问题属双向问题是再辐射场还要对初始源产生作用,改变了初始辐射场。它是源→周围物体→返回到源→远场,比如计算天线阵元间耦合、相邻天线间的互耦合等,互耦问题转化为航天器表面场的估计。一般来说卫星天线辐射场分析中大多可归结为一路问题,因此辐射场估算的核心是找感应电流并计算它们的辐射场,然后再叠加到初始场上。目前最广泛应用的数值算法有矩量法等。卫星天线辐射场总可以认为是天线直射场和周围物体散射场的叠加:

$$\vec{E} = \vec{E^d} + \vec{E^s} \tag{13-95}$$

散射体为理想导体时

$$\vec{E_\tau^d} = -\vec{E_\tau^s} \tag{13-96}$$

散射场可用矢位$\vec{A}$和标位$\vec{\phi}$来表示

$$\vec{E^s} = -j\omega\vec{A} - \nabla\phi \tag{13-97}$$

$$\vec{A} = \frac{\mu}{4\pi}\int\vec{J}\frac{e^{-jkR}}{R}ds$$

$$\phi = \frac{1}{4\pi\varepsilon}\int\sigma\frac{e^{-jkR}}{R}ds$$

将电流连续性方程$\nabla\cdot\vec{J} = -j\omega\sigma$,代入式(13-97),并令

$$L = -j\omega\mu\int\vec{J}\frac{e^{-jkR}}{R}ds + \frac{1}{j\omega\varepsilon}\iint\nabla(\nabla\cdot\vec{J})\frac{e^{-jkR}}{R}ds \tag{13-98}$$

则有

$$L(\vec{J}) = -E_\tau^d \tag{13-99}$$

L为算子,它包含积分和微分计算。这种计算常采用矩量法和差分法。

13.4.4.2 天线星体辐射方向图的计算

当星体尺寸、线性尺度远大于波长时,利用几何绕射理论(GTD)处理卫星天线辐射方向图是十分方便和较准确的。由于星体的存在,把空间场分成几何

光亮区、绕射区和阴影区。从几何绕射理论的角度考虑，星体环境的影响可用直射线、反射射线和绕射射线来表示。空间总场可以表示成：

$$\vec{E}_T = \vec{E}^i + \vec{E}^r + \vec{E}^d$$

式中 $\vec{E}^i$、$\vec{E}^r$、$\vec{E}^d$ 分别为直射场、反射场和绕射场。

　　射线追踪的理论基础是费马原理，从这一原理出发，利用数值方法通过计算机进行自动搜索，准确判断对场点有贡献的所有射线。

　　在射线追踪完成后，计算各个射线场。然后变换到共同的卫星坐标系中，通过场的矢量叠加得到空间总辐射场，这就是天线的星体方向图。

　　举例：为了使叙述简单，选择了一种最简单的卫星构形，并把星体上外装设备的影响忽略，如图 13－33 所示。卫星的 S 波段测控天线（USB 天线）需满足近全空间覆盖的要求。该天线采用双天线组阵的方式。由于有星体和太阳翼的分割与遮挡，空间方向图发生改变。如何布局使星体环境影响最小，使双天线组阵的空间方向图达到覆盖要求。这就是天线电磁 CAD 模装的任务和目的。

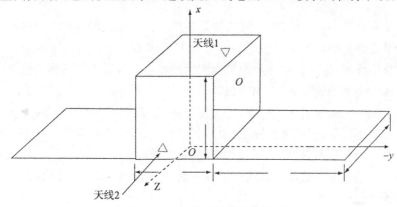

图 13－33　某卫星的星体模型

　　首先，仅考虑星体和太阳翼影响，对电大尺寸采取电磁场高频近似，因此星体方向图可按 GTD/UTD 的方法进行计算。天线布装有几种可改变的因素：安装位置、安装高度和安装方式等。以技术要求为目标，限制条件为约束，在计算机数值平台上，调整参数，改变天线的星体方向图，最终可得到优化的计算结果，如图 13－34(a)所示。这就是二天线平行 x 轴、对称安装、利用计算机虚拟平台通过数值迭代获得的结果。图 13－34(b)是按最优布局，在全尺寸辐射模型上测得的 USB 天线星体方向图。二者比较，说明利用计算机数值平台的天线布局设计是可以满足工程应用要求的。

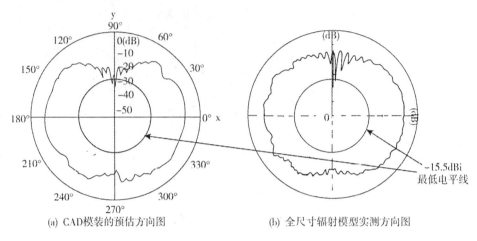

(a) CAD模装的预估方向图　　　　　(b) 全尺寸辐射模型实测方向图

图 13 - 34

　　星体有时是一个复杂的几何体,但是卫星体常可由几种基本几何构形组成。即基于平面结构的箱形卫星模型和圆柱形卫星模型。从绕射角度来看,一般可简化成直边绕射、尖点绕射和曲面绕射问题的集合。在对一个具体问题建模时,几何形体的绕射场是计算的中心问题。

　　在星载各天线辐射场计算中,包括了直射场、反射场和绕射场的计算,其中使用了天线坐标系、射线基坐标系、边缘基坐标系、卫星坐标系等多种坐标系,最终都需将天线各辐射场变换到卫星坐标系中。因此有一个坐标的变换。任何复杂的坐标关系总可以通过坐标间的平移和旋转来转换。因此通过坐标变换,可完成总场的合成。

13.4.4.3　电磁 CAD 模装技术

　　利用计算机数值仿真手段,在计算机数值平台上对天线的星体布局进行优化。具体说,就是把计算机数值仿真结果与规范比较,如果在全空间内能达到预定覆盖要求,说明星体及太阳翼影响是可以接受的;如果结果在某些角域电平低于规定值,或在某些角域出现高的电平起伏,其中凹区的低电平值低于规范值,这能否被接受需要认真研究。若不能接受,首先就需在满足约束条件的前提下,或改变天线的安装方式,或改变安装的位置再重新分析和综合;经此努力仍达不到要求,就需采取其他措施,甚至更改天线的设计。总之这是个多因素、多次迭代和折中的过程。最终要使其主要技术指标达到规范要求。

另外,天线集合的存在还必须不对其他系统和设备产生不可接受的影响,特别是当有大功率发射或工作频率比较接近时更需注意这一问题。在工程实践中一种以计算机辅助设计、数值仿真方法和三维计算机结构模装为主的设计技术在天线的星体最优化布局上得到应用,形成了卫星天线电磁 CAD 模装程序。这是规范与实际性能多次逼近与折中的过程。随着电磁 CAD 模装技术的应用,一个以计算机和计算电磁学为基础,以大量的工程数据和规范数据库为背景的卫星天线及电磁工程的专家系统也正在形成。

13.4.5　航天器天线的电性测试和 AIT 测试

13.4.5.1　航天天线的电性测试

天线设计时,通过实验对方案中每个天线的电性能进行调试和测试,确定是否达到了预定的指标,常称此为模样(或方案)试验。根据工作频段可采用(扩比/缩比)模型试验,而且按一般的天线测试方法,在常规的天线测试场中进行。有关这部分的内容在很多天线测试的书中都有阐述,这里不再重复。下面谈及的仅是航天器天线集合特有的试验验证。

前面谈到了电磁 CAD 模装技术,它可用来确定卫星上天线的优化布局,并大致估计其电磁兼容性。由于数学模型和计算方法的近似,往往与实际情况多少有偏差。对于有复杂系统的卫星或 CAD 模装结果已较临界的情况,最好进行全尺寸辐射模型(Full Scale Radiating Mokup)测试,这是对星载天线系统电性验证最直接的方法。其目的是在卫星全尺寸辐射模型环境下,用实验方法研究各天线的电性能,通过对星载各天线辐射性能测试,以检验是否满足各自的电性技术要求;通过天线之间彼此的隔离和星体敏感点及指定部位的干扰场强测量以检验其 EMC 设计;在此基础上最终确定天线星体布局和天线相关的设计参数。RM 试验一般在初样研制阶段进行。

试验任务一般分如下两部分进行:

(1)平台天线电性能验证:目前卫星平台天线一般包括测控天线(S - TT&C 天线、GPS 天线)和下行数据传输天线(DTA)。通过实验确定这三种天线在卫星上的天线辐射特性(包括端口 VSWR、方向图、覆盖增益、极化等),以检验是否满足各自的电性技术规范,是否与有效载荷天线兼容。

(2)有效载荷天线电性能验证:不同卫星有不同的有效载荷。有效载荷天线的试验验证也与平台天线类同。试验首先须检验各天线是否达到各自的要求、是否满足装星条件;然后通过全尺寸辐射模型测试,观察这些天线集合是否与平台天线集合达到辐射兼容性,是否满足有效载荷的任务和功能的要求。

13.4.5.2　航天天线的组装测试(AIT)

作为航天天线最后要装载于航天器上完成预定的任务。在装星使用前必须完成一系列的总装测试任务。包括热真空试验、形面精度的检测、天线组装及校准(主副面及馈源的调整,机械轴和电轴测量)、机构的功能试验(展开试验、转动试验、位置锁定与恢复等)、电性能测试、机械力学试验及检测、热控试验与检测。这里面有电的、机械的和热的多方面的测试和检测,这必须按 AIT(Assembly Integrated Tests)计划进行,不可遗漏。这是天线作为航天装星产品必须要进行的过程。

13.4.6　航天器天线的环境试验

13.4.6.1　航天器天线环境试验任务

前面已经提到,天线多在航天器外部,要经历巨大的发射载荷,在轨飞行时要经历真空、高低温、失重、辐射、辐照及原子氧等空间环境作用。环境产生的瞬态作用和长期积累效应可使元器件、材料特性改变、变性、机械失灵、性能恶化甚至出现严重故障。根据天线特有的功能和任务,对环境进行适当地剪裁提出环境模拟试验项目。环境试验的目的归纳起来有:①检验或验证产品的设计质量。产品设计方案、工艺方案是否合理,试验中可以暴露设计、工艺方面问题,产品在元器件、材料选择方面的缺陷和隐患,可排除早期失效,提高可靠性;②检验产品完成预定任务的能力。

卫星环境一般分为地面环境,卫星发射的主动段环境、空间运行环境和再入返回环境。因此卫星天线试验通常也分为以下几方面:

(1)力学环境试验。主要模拟卫星发射、入轨和卫星返回地面时的振动、冲击、加速度环境。对导弹武器系统来说这是工作环境,对卫星来说,这种力学环境相对空间环境来说则属瞬态环境。

a)噪声试验。主要模拟卫星发射时火箭发动机产生的尾流噪声和跨音速飞行产生的飞行器表面的气动噪声。一般总声压在 120dB 以下无大影响;>140dB 可能对电子设备带来危害;>160dB 可能使结构破坏。通常安装于卫星外表质量不大、面积大而薄的天线、太阳翼面对声作用敏感,须酌情进行该项试验。

b)振动试验。主要模拟噪声引起的随机振动环境。运载火箭发动机点火、关机和级间分离等引起的瞬态振动环境。一般分为正弦振动和随机振动两大类。

• 正弦扫描振动：是模拟瞬态振动环境为主。试验频率一般选在 5～100Hz 范围，沿三个正交方向的响应。试验载荷控制点一般选在振动台面或支架上，或待测天线（产品）的特定位置。试验产品上安装振动传感器，可测量振动响应参数，也可根据需要安装应变仪（片）测量结构应变值。

• 随机振动试验：主要模拟噪声环境引起的振动。试验频率一般选在 20～2000Hz 范围。试验方向也为试验产品三个正交方向。控制点与参考测量点同正弦扫描试验。由于随机振动试验中各种频率产生的共振同时出现，所以是暴露产品故障与缺陷的重要手段。因此在对产品验收交付前还需进行验收级的随机振动试验。

c）冲击试验。模拟卫星与运载火箭及星上火工装置工作引起的高频振荡，其频率可高达 10^4 Hz，冲击加速度可达到几千个 g，作用时间可小到几 ms 量级。高频振荡衰减快，柔性设备对冲击不敏感，而脆性材料设备较敏感，天线及其相关微波设备都要进行冲击试验。冲击也同样要在三个正交方向双向（三个正交轴，两个正负方向）上进行试验。

d）加速度试验。主要模拟卫星发射与返回时准稳态和瞬态加速度环境。准稳态加速度环境一般为运载火箭发动机推力产生的加速度，或返回式卫星脱离轨道再入大气层返回地面过程。在此过程中加速度值随时间变化，它相对于振动、冲击、加速度变化是缓慢的。故称准稳态加速度环境。一般用离心机做加速度试验。同样需进行三个正交轴方向，正负两方向的试验。

（2）空间环境试验。是模拟空间运行环境的试验。地球空间指地球引力场起主要作用的宇宙空间，距地心约 9×10^5 km 范围内。这正是人类开发空间资源和航天活动的主要区域。卫星空间环境是多种环境因素构成的。比如对低气压（高度为 90km～120km），电子设备、天线馈点部位易出现低气压击穿，发生电晕、击穿和飞弧造成功能退化和损坏。微波大功率辐射，当气压＜1.3×10^{-2} Pa 时，会出现二次电子倍增引起的微放电击穿，造成性能恶化和设备损坏。在超高真空环境（气压＜1.3×10^{-7} Pa），星上活动部件（如天线转动机构、轴承、伸展机构……）会出现摩擦力增大，甚至出现冷焊。材料蒸发、升华及分解造成材料变性。挥发沉积物又会污染光学器件表面，活动部件的活动接触面污染会危及设备功能。同样，太阳辐射环境、空间辐射环境和热环境都会影响到星上设备（含天线）的功能和性能，甚至造成失效与损坏。对地面模拟空间环境的试验大致包括以下内容：

a）真空和热环境模拟。卫星在轨道运行的真空度一般在 1.3×10^{-3} ～1.3×10^{-9} Pa。热环境为冷黑、太阳热辐射、地球热辐射和地球反照的组合。试验真

空环境一般取在 $1.3 \times 10^{-3} \sim 1.3 \times 10^{-2}$ Pa,当气压达到 1.3×10^{-2} Pa 时,可忽略对流和气体分子导热影响;当气压达到 1.3×10^{-3} Pa 时,一般可等效高轨道的真空环境,这是因为工程经验表明:星上设备对真空度高于 1.3×10^{-3} Pa 环境下的性能与 1.3×10^{-3} Pa 真空度下性能基本符合。除超高真空的冷焊试验外,其余真空热试验用低真空度就足够了。

b) 热真空试验。模拟热环境采用温度条件,以温度等效作为控制试验的指标。用于检验试验功能,暴露设计、工艺缺陷等。在进行热真空试验过程中,可进行真空放电试验,当压力降至 1.3×10^{-1} pa,就可以完成真空放电试验。可以观察在电极表面有无辉光放电、电晕和打火现象出现。

c) 热平衡试验。采用热流模拟方法,可分为稳态热流模拟与瞬态热流模拟。它是以热流值控制试验的指标。主要用于验证热设计的正确性,修正热分析模型。适用于热控分系统,整星及暴露于星体外部仪器设备(含天线、太阳翼等)。

d) 高真空环境试验。主要模拟高真空环境,观察对星上设备器件影响。其中超真空冷焊试验是检验活动部件,机构是否有粘连,摩擦力是否增大,转动阻力是否增大。这一般要求试验真空度 $< 1.3 \times 10^{-7}$ Pa。这种超高真空试验多在部件与组件级上进行。

e) 紫外辐射试验,粒子辐射试验。一般对材料进行。通过总辐射剂量试验的材料可用于航天器上。

环境模拟试验可分为初样阶段的鉴定试验和产品交付前的验收试验。不同航天器上的天线所承受的载荷是不相同的,因此试验一般应按其环境规范完成规定的环境模拟实验。航天器天线的环境模拟试验是航天器天线研制与产品交付过程中十分重要而不可或缺的试验项目。应根据环境试验规范完成各阶段的环境试验项目。

13.4.6.2　空间环境效应及模拟试验的等效性

环境模拟并不是卫星所经历环境在地面试验中的真实再现,而是一种效应模拟,或说是等效模拟。

就模拟在轨的真空、冷黑环境而言,只是从热交换、换能的观点来看的。空间环境下,卫星与外界传热主要通过辐射形式。真空度达到 10^{-3} Pa 时,气体对流和热传导引起的换热与辐射换热相比可忽略不计。因此就换能而言,用 10^{-3} Pa 真空度模拟卫星在轨真空度是等效的。另外热分析表明,由液氮温度77K 替代空间 3K 的冷空环境,用作模拟空间模拟器的冷壁(即热沉),其误差 $\leqslant 1\%$,因此空间环境模拟器一般用液氮做冷源。热沉表面涂以高吸收系数

（＞0.95）的黑漆模拟冷空环境。再有卫星吸收外热流模拟可用入射热流模拟，也可用吸收热流模拟。太阳模拟器属入射热流模拟，红外加热是模拟吸收热流。

一般在 10Pa 量级的低真空环境中易出现低气压放电击穿。因此低气压放电模拟试验一般在这种状态下进行。比如，卫星测控天线在发射起始就工作，在运载升至几十公里时，很容易出现低气压击穿放电。对此天线需要进行该项试验以保证其安全性。

真空度达到 1×10^{-2} Pa 或更高时，真空中分开一定距离的两个金属表面（或电极），在高频、高能电磁场的作用下会产生表面二次电子倍增的微放电击穿效应。该效应发生会造成系统性能下降，严重时会使功能丧失，更甚者使设备损坏。这是航天微波大功率发射天线和大功率微波器件应力求避免的。在装星应用前必须进行该项试验以检验其裕量，保证在轨安全性。有关这方面问题稍后还要讨论。

干摩擦、黏着与冷焊效应一般发生在 10^{-7} Pa 以上的超高真空环境。地面上固体表面总吸附有 O_2 和 H_2O 膜及其他膜，在不加润滑剂情况下，它们构成的边界润滑剂起到了减少摩擦系数的作用。在真空中固体表面吸附的气膜、污染膜及氧化膜被全部或部分消除形成清洁材料表面。此时表面间会出现干摩擦、黏着和冷焊。这样可加速轴承磨损，减少工作寿命，使电机滑环、电刷、继电器和开关触点接触不良，甚至使卫星上活动部件出现故障，天线展不开、转不动。由于航天器轨道环境为超高真空环境，卫星天线转动机构、活动部件、伸展机构、分离机构等有可能出现冷焊现象而失灵的部件和系统。一般要在无油超高真空设备中进行此项部件级试验。

粘接材料在真空中蒸发、裂解，将导致天线变形或损坏。对于复合材料天线，这个试验是必须验证的，以排除材料工艺设计方面存在的问题。

空间太阳辐照环境效应大致包括波长从 10^{-14} m 的 γ 射线到 10^4 m 的无线电波，其不同波长辐射的能量大小不同。辐射热效应是指吸收红外和可见光能后影响卫星（含天线）的温度。一般航天器天线热设计任务就是使卫星天线温度处于正常应用范围。紫外辐射效应是指 $\lambda < 300$ nm 的所有紫外辐射的影响。其中光电效应产生许多自由电子，使金属表面带电，卫星表面电位升高，它将干扰卫星电系统，紫外线量子破坏高分子聚合物的化学链引起光化学反应造成分子量降低，材料分解、裂解、变色、弹力和张力降低，紫外线影响聚乙烯（最大影响），环氧树脂黏合剂和对温控涂层材料。粒子辐射环境是指地球辐射带中的带电粒子、银河宇宙线和太阳耀斑喷发出的太阳宇宙线，它们能量高，有一定的穿透能力和破坏能力，可破坏表面物质的结构造成缺陷或使表面物质分子、原子电离改

变其性能。

弱磁场环境效应一般是指在轨道上卫星磁矩同地磁相互作用产生干扰力矩影响卫星姿态,或一些需要在弱或零磁环境中工作的设备。姿态要求高的卫星和要求零磁环境工作的设备必须考虑地磁场影响和天线及其部件的剩磁限制。

磁层亚暴环境效应是磁层的强烈扰动。在此期间电子能量最大变化达千电子伏,地球同步轨道卫星在宁静的磁层中运行时与冷等离子体相互作用,能量只有几电子伏的电子积累于卫星表面,可使表面具有几十伏负电位。但当磁层发生亚暴时,卫星与热等离子体相互作用,能量高达几千甚至几万电子伏的电子积累于卫星表面,可使其负电位达几千伏甚至上万伏。当阳光照射时,光子轰击卫星表面,吸收发光电子,卫星表面电位在宁静时向阳面只正几伏,背阳面负几十伏。而在磁层亚暴时,卫星向阳表面电位高达几百伏到几千伏,背阳面达负几千伏到几万伏。电位差高达一定电位时会发生放电,可造成电介质击穿,元器件烧毁……这是卫星的充电与放电效应,其损伤形式会使通信系统增益下降,消旋机构失灵,天线指向改变等。

原子氧是太阳紫外线对残余大气中氧分子离解造成的原子氧环境效应,一般是指在 $200\sim700km$ 高度范围中,原子氧作用对有机物与炭膜产生质量损失效应,对镀银(Ag)层氧化。低轨道中原子氧只有 10^9 个/cm³,相当于真空度 $1.3\times10^{-5}Pa$ 与室温下的残余氧体效应。可忽略不计(指静环境),但是当卫星在飞行中承受动环境,卫星以 $7.9km/s$ 速度绕地球运行,外层表面得到原子氧通量大大增加。Kapton(聚铣亚胺)膜变化最大,原子氧撞击引起表面退化(包括质量损失,表面粗糙化,热物理与机械性能变化等)。这对包裹在天线体外面的温控层需要考虑。

等离子体环境效应,在距地面 $70\sim3000km$ 高度范围内分布有电离层,其等离子体共分五层,其中电子浓度随季节、轨道、太阳活动等因素变化。D 层是最低的电离层,一般处于 $50\sim90km$ 高度区域,主要电离源是太阳 X 射线。该层电子密度随高度和季节变化。最大值出现在夏季。E 层所处 $90\sim130km$ 高度区域,由正常 E 层和偶然 E 层两个部分构成。E 层基本上为太阳光电离辐射所控制。F 层处于 130km 高度以上区域,直至几千公里的广大区域。电离层对航天活动的影响主要表现在对无线电波传输上,造成信号衰减和去极化效应,严重时造成无线电信号中断,电离层包鞘会改变航天器天线的阻抗和辐射特性,造成无线信道信号衰落。电波在电离层中传播时,传输相位随时间变化造成接收信号附加频偏。利用 Doppler 频移测定速度、确定轨道时,就必须根据电离层信息进行修正。同样电离层中的电子和离子会对航天器运动产生小份额的阻力,这会影响航天器的轨道和姿态。空间等离子体与航天器相互作用产生表面充电,不均匀充电还会形成电位差。如果穿透航天器表面还造成内部充电。不论表面充电还是内部充电充到一定值时就会发生静电放电(ESD,Electrostatic Discharge),对航天器电子系统产生影响。当航天器表面不全是金属良导体构成时,充电问题更为突出,比如在微带天线阵、碳纤维复合材料面天线都要考虑这一问题。电离层对运行于 $400\sim500$ km 以上高度轨道的航天器的高电压太阳电池阵,还会造成电源电流的无功泄漏,降低电源的供电效率。

13.4.6.3　动力学环境和模拟

卫星动力学环境包括振动、冲击、噪声、加速度,是在卫星运输、装卸、起落、升空、飞行、分离、变轨、返回等过程中诱导产生的。结构设计在初样阶段,通过模态试验是确定结构动特性(固有频率、振型、阻尼、刚度等)并检验数学模型的最有效方法,已被正式引入环试项目。

卫星入轨后,其太阳翼板,天线由折叠状态伸展开来。当时环境是真空、失重、冷热交变、冲击和振动的组合。环境模拟是将帆板、天线等机构置于空间环境模拟器内,用悬挂或气浮方法平衡自身重量(模拟失重),并在满足温度边界条件的情况下,进行展开试验。这类空间环境与动力学环境的组合称之为空间力学环境,可以说是卫星动力学环境的一种延伸。

"环境应力筛选"是指常压下温度循环和随机振动试验。这对节约费用,检验电子设备早期失效和缺陷很有意义。有些情况下组合环境试验也是必要的。这就是在各种环境综合作用下,如振动、温度、真空、湿度等,能更真实地模拟环境。

微重力环境模拟:这对网状反射面要检验在轨的形面精度,往往需要进行这项试验。

模拟零重力环境效应常采用:①漂浮法,利用气浮或液浮,将试件托起;②力平衡法,设计不同支持结构以抵消重力作用;③中性浮力模拟法,试件全部浸没于水中,加配重和浮漂物使试件密度与水密度相合。

13.4.7　可靠性工作

航天器天线的可靠性工作是贯穿在天线研制的全过程。在设计过程中的 EMC 设计、热设计、抗力学环境设计、空间环境防护设计和元器件的降额设计等都属于可靠性设计范畴,因为这都是产品提高可靠性的手段和方法。在初样阶段除完成详细设计外,需进行与这些设计相关联的验证试验。顺利通过环境(含力学和空间环境)及 EMC 的鉴定试验是完成初样可靠性工作的重要标志。有关这方面内容这里不再重复。这里将补充：

　　(1) 可靠性指标的分配：根据卫星总的任务和系统配置，总体会给卫星天线分系统下达可靠性指标。天线分系统首先将这些指标分配到天线各设备、部件上。对于不能避免的单点失效或失效后果严重的应提高其可靠度要求。

　　(2) 可靠性设计：包括可靠性框图、可靠度预计和 FMEA 等内容。对于活动部件和有展开与转动机构的部件和组件(或重要的单点失效部件)比如与天线展开功能有关的机构，主要包括：锁紧/释放装置、展开机构、展开机构控制器、展开铰链、展开定位机构和展开机构控制器等，按其功能模块进行可靠性框图的分析与预估。特别应注意失效模式及其影响的分析。对于重要而易失效的部件需要进行冗余设计以保证有足够的可靠性。

　　(3) 确定关键项目并实施过程管理和质量控制。

　　(4) 进行可靠性增长试验，其中应力筛选以剔除早期失效。

　　上面谈到了卫星工程化的主要内容。这些内容的实施和管理通过研制技术流程和研制计划流程约束。

参 考 文 献

1　Diagnostic Investigations into the Multipactor Effect、Susceptibility Zone Measurements and Parameters Affecting a Discharge,XRI174.89/AW/BG, ESTEC Working Paper

2　J. B. Keller. Geometrical Theory of Diffraction, J. Opt. Soc. Ame. ,vol. 52,pp. 116−130,1962

3　R. G. Kouyoumjian and P. H. Pathak, A Uniform Geometrical Theory of Diffraction for an Edge in a Perfectly Conducting Surface,Proc. IEEE,vol. 62,pp. 1448−1461,1974

4　王尔杰等. 几何绕射理论的工程应用. 西北电讯工程学院,1983

5　林昌禄主编. 天线工程手册. 电子工业出版社,2002

6　C. E. Ryan and L. Peters. Evaluation of Edge-Diffracted Fields Including Equivalent Currents for the Caustic Regions. IEEE Trans. Antennas Propagat. , vol. AP − 17, pp. 292−299,May,1960

7　叶云裳等. SJ−4 卫星 UHF/VHF TT&C. 航天工程，1995

8　导弹与航天丛书. 卫星环境工程和模拟试验(上、下册). 宇航出版社,1993

9　张正光,叶云裳. 卫星天线辐射方向图计算,中国空间科学技术,2001(4)

10　Zhang. Z. G, Ye. Y. S. Using GTD Calculation of Radiation Patterns for Satellite Antennas. 4th International Symposium antenna propagation and EM Theory,pp. 320−324,1998

第 14 章　卫星测控天线

14.1　卫星测控系统概述

卫星测控天线是卫星测控系统的重要组成部分,它的任务就是与地面测控天线一道建立一个满足预定要求的、稳定可靠的无线电传输通道,保证星地无线遥测、遥控与跟踪(TT&C)信息的发射、接收与传输。具体地说,星载测控天线作用是把带有各种测控信息的下行载波按要求由导行波转换成空间波发送至地面站;同时接收由地面站向卫星发送的带有测控信息的上行载波,按要求将空间波转换成导行波传送到卫星相应的设备上。卫星测控天线就是把带有各种信息的无线电能量通过空间波与导行波间的转换完成星地间测控信息的传输。所以卫星测控天线设计归根到底就是如何最有效地按要求进行这种电磁能量的形式转换。

迄今中国已建立了比较完整的陆基航天测控网以适应各种类型卫星的跟踪测控要求,并可与世界航天地面测控站联网应用。航天测控一般有脉冲雷达体制和连续波跟踪测控体制。脉冲雷达是以脉冲式射频信号工作的无线电跟踪测控系统,它有应答与反射式两种工作方式。中国的第一颗卫星"东方红一号"和返回式卫星系列等曾采用了这种跟踪测量体制。星上测控天线采用了 S 频段信标天线和 C 波段应答天线;星上 S 频段信标与地面 S 频段圆锥扫描雷达构成地面精密单脉冲跟踪雷达的引导雷达系统;星上 C 波段应答系统与地面单脉冲精密跟踪雷达构成卫星的精密跟踪和测控系统。由于脉冲雷达占用带宽宽、要求发射功率大,继后出现了连续波跟踪测量体制。连续波跟踪测控是采用连续波射频信号进行工作的无线电跟踪测控系统,它从一开始的超高频段分散的多载波测控逐渐发展到目前普遍应用的 S 波段统一载波系统(USB)。随着空间技术的发展,微波统一系统,特别是 S 频段和 C 频段统一测控系统是目前卫星应用最广泛的一种地面跟踪测控系统。该系统采用统一载波、多副载波频分复用体制:利用伪码或侧音或伪码加侧音的测距信号,通过测量收发信号间的相位延迟来测距;测量双向载波的多普勒(Doppler)频移来测速。与单一功能的多载波分散系统相比,最显著的特点是只用一个上行载波和一个下行载波(常称统一载波)、共用信道和收发共用天线即可完成卫星的跟踪、测角、测距、测速、通信、数据传输及话音与电视图像传输等多种功能。目前各种中、低轨道卫星和同步静止轨道卫星的跟踪测量都采用这种系统,它也是目前全球通用的航天测控系统。微波统一系统最显著的优点是系统大大简化、功能多样、可靠性提高。这种测控体制下的卫星测控天线就是一种工作于 S(或 C,或 Ku)频段的星载测控天线加上测控应答机就组成了卫星测控设备。

无论单脉冲雷达还是连续波跟踪测控系统(包括微波统一系统)都属于"地基"无线电跟踪测控系统。而 GPS 和 GLONASS 的全球定位系统是一种"天基"测控资源。它是利用多星单程伪码测距和载波相位测量技术来实现对飞行目标定位的,至少测量到四个以上 GPS 卫星的伪距就可确定其位置。与传统的"地基"系统相比,GPS 能提供全天时、全天候、全球的定位信息,覆盖范围宽、可视时间长、具有多目标跟踪能力以及设备简单等优点,而且测量精度高。目前在一些卫星上已使用了全球定位与导航系统作为卫星测控的补充,其中 GPS 接收系统应用较为普遍。随着卫星上 GPS 和全球导航定位卫星系统的应用,星载 GPS 天线也作为卫星平台天线相继在多个卫星上使用。

随着空间技术和卫星应用的发展,各种应用卫星星座和卫星自主控制的需求,一种"天基"测控资源会进一步的发展。为解决低轨卫星对地面站的低覆盖率问题和多载波任务的要求,地面测控网向天基测控网发展已是技术的必然。跟踪与数据中继卫星系统(TDRSS)和全球导航定位卫星系统的应用,一种"地基"与"天基"相互结合的无线电跟踪测控系统正在形成和完善。星上测控天线适应这种变化也会有相应的发展。

14.2　卫星测控天线的主要技术要求

航天测控天线与地面测控天线一道建立一个满足预定要求的、稳定可靠的无线电传输通道,保证星地测控信息的发射、传输与接收。卫星测控天线的技术要求与载体、地面站及工作模式等因素有关。在此主要以微波统一系统为主,以陆基测控和卫星测控天线为例说明航天测控天线的主要技术要求。

(1) 工作频率与带宽。卫星采用上、下行相参载波,并规定其转发比。因此卫星测控天线一般要求收发共用,其工作频带应包含收、发频段,如:UHF/VHF 频段测控,其转发比为 8/3;USB 的测控天线其工作频段应在 2000~2300 MHz,其转发比为 240/221;C 波段统一测控其上行为 5.925~6.425 GHz,下行为 3.7~4.2 GHz。除此,还有采用 Ku、Ka 等频段的。星载测控天线也有采用收、发分开的。

(2) 工作模式。为确保测控的可靠,卫星测控天线从卫星发射到在轨飞行乃至再入着陆的飞行全过程都处于连续的工作模式,而且是收、发双向链路。

(3) 方向图及增益电平。为保证任何情况下星-地间测控无线链路的稳定可靠,一般要求航天器测控天线应有近全空间辐射方向图。工程上对天线方向图空间覆盖的定义往往可用最小覆盖电平和盲区角域来限定。最小覆盖电平可根据信道链路计算确定,由此可确定卫星天线的增益电平。盲区定义为小于最小覆盖电平的空间角域。例如:低轨卫星和同步轨道卫星的发射早期(即上升段与转移轨道段)的 USB 测控天线一般要求为近全空间覆盖。规定天线的最小覆盖电平和允许的盲区范围就可限定其空间覆盖性。对地三轴稳定卫星在正常轨道飞行段只需对地覆盖,低轨卫星采用半球波束天线,同步静止卫星采用约 18°定向波束天线即可;自旋稳定卫星如果使用固定环状波束天线,要求它垂直自旋轴平面有均匀辐射以免造成电平的起伏;也可采用定向波束的消旋天线以保证对地球覆盖区的稳定电平。卫星在轨正常飞行时,测控信道可单独通道也可与通信同一信道(T&C)。

(4) 极化状态和同极化增益。为尽量减少卫星与地面站信息传输过程中的 RF 能量损耗,要求卫星测控天线应有与地面站天线有相同旋向的圆极化。许多因素的限制在卫星上要获得在覆盖区内的理想广角圆极化是十分困难的。因此对极化特性往往是用主极化(或极化旋向)和极化轴比来确定。比如:主极化要求为右旋圆极化(RHCP)或左旋圆极化(LHCP);或垂直线极化(VLP)或水平线极化(HLP),并给出一个极化轴比(或极化隔离度)的限定值。小于极化轴比(或大于极化隔离度)的限定值即可;在计算星载天线覆盖增益时应将极化损耗带来的增益损失扣除,或规定卫星天线覆盖增益为地面站天线同极化的增益电平。

(5) 馈线网络与匹配。馈线网络是指天线端口与应答机(或收、发信机)之间相连的射频传输网络。S 频段一般使用 50Ω 同轴线系统,C 和 X 以上频段常采用波导系统。匹配是衡量天线与收发信机相连,沿馈线系统的能量传输效率。全匹配者为无反射传输($\Gamma = 0$),工程中在工作带内达到完全匹配是困难的,一般用天线端口驻波比来限定。在测控天线系统中一般要求其带内驻波比 $VSWR \leqslant 1.5$。对应的反射系数 $\Gamma \leqslant 0.25$,反射损耗 $|\Gamma|^2 \leqslant 6.25\%$。

(6) 卫星环境载荷。卫星测控天线也和其他星载天线一样,它不仅是无线电射频设备,同时它是一个结构(或机构)件,而且它也是一个空间设备。因此卫星测控天线它是一个机、电、热的统一体,在满足电性能同时还必须能承受预定

的各种环境载荷。卫星环境载荷可分为以下两方面:

1) 结构兼容性和电磁兼容性:卫星测控天线安装在卫星体上,首先它的安装和占用空间满足卫星可用空间的约束条件和设计建造规范,称此为结构兼容性。另外,星体上天线存在有各天线之间,天线与卫星体及星体上的其他设备,天线与太阳翼之间相互作用对辐射性能影响,计入这些条件后,卫星测控天线仍能满足自身的各种要求,而且不对其他设备和系统产生不可接受的影响,称为天线的电磁兼容性(EMC)。

2) 承受各种环境载荷能力:卫星要经历的各种环境,在其上的天线也要求能承受这些载荷而保持正常的性能和功能。这包括力学环境、空间环境和返回再入环境等。为此星载测控天线研制过程中从设计到验证都需同时考虑其机、电、热及 EMC 性能。

(7) 可靠性及寿命。卫星测控天线要求全过程工作。它裸露在星体外面,要经受各种恶劣条件,再加之星上测控天线受各种条件限制,一般无备份和在轨的不可维修性,因此对星载测控天线的可靠性要求是很高的,一般要求在轨寿命末了可靠度不低于 0.999。

(8) 各种接口要求。测控天线的接口大致包括:① 与测控应答机的 RF 接口(含备份切换);② 星体安装的机械接口和安装要求;③ 与地面测控站天线无线链路的接口要求(极化、电平等);④ 与星上测控和数管(OBDH)的接口要求。

卫星天线设计目的就是要满足提出的各种技术指标和约束条件,达到预定的性能和功能。研制过程中除分析与设计外,还需采用各种手段验证与其技、战术指标的符合性。

14.3　UHF/VHF 频段的星载测控天线

卫星早期的测控系统多以 UHF/VHF 频段为主,而且以分散多载波形式工作。最早的航天地面测控网就是在该频段。比如:中巴合作研制的"资源一号"卫星的 UHF/VHF TT&C 就是典型代表。星上有 180MHz/480 MHz 双频发射机和 600 MHz 的遥控接收机。与此对应的星载 UHF/VHF 测控天线包括了 180 MHz/480 MHz 遥测发射天线和 600 MHz 的遥控接收天线。

14.3.1　UHF/VHF 卫星测控天线系统设计

UHF/VHF 卫星测控天线的设计首先从系统设计开始。在系统设计时应考虑以下内容:

（1）电小尺寸与高辐射效率设计。UHF/VHF 测控天线来讲，频段低、设备分散、数量多，受卫星安装空间限制，首先要考虑的是天线的电小尺寸，而且还要使设计在电小尺寸的条件下有高的辐射效率。

（2）与收、发信机对应。为提高可靠性一般双频发射机采用双机冷备份，遥控接收机采用双机热备份，为此 UHF/VHF 测控天线应与之适应。

（3）防止低气压击穿问题。考虑到卫星从发射升空到在轨飞行全过程 UHF/VHF 测控天线均处于工作状态，因此系统设计时要防止主动段飞行的防低气压击穿。

（4）达到近全空间覆盖的圆极化辐射性能。最简单的一种设计方案是采用二单元天线组阵，而要求每一个单元天线具有圆极化的半球覆盖波束。

14.3.2　单元天线设计

当 UHF/VHF 测控天线选用二单元天线组阵的方案，单元天线设计是关键。达到具有圆极化、半球波束的单元天线有：交叉十字振子及其变形、背腔螺旋和背射螺旋、加载的各种线性天线，如 F 形天线、顶载折线天线等。

目前应用较多、性能较理想的是背射谐振式四臂螺旋天线。因为它具有以下的优点：①电小尺寸，结构紧凑，并有较高的辐射效率；②可实现半球辐射波束，可实现良好的广角圆极化特性；③可实现高的前后比；④其辐射性能受星体的影响较小，特别适合密集度较高的航天器安装。这是因为该天线半球辐射波束及圆极化是自形成的，而不是像前面提到的微带天线、交叉十字振子及其变形、加载的各种线性天线，如 F 天线、顶载折线天线等类型天线，它们的辐射方向图是靠接地板的镜像源共同形成的。只要设计得当，四臂螺旋的自由空间方向图与安装于载体上的方向图差别不大。再加上该类天线属电小尺寸，具有优良的圆极化特性。这也是在小卫星上首选的一种天线方案。

下面介绍四臂螺旋天线辐射模型的建立，在此利用电流辐射模型对四臂螺旋天线分析。该天线由四个辐射单元组成，每个辐射单元包括一段螺旋线和上下两段径向线，在顶部四段径向线与馈电结构相连成等幅，90°馈相，底部四段径向线视辐射单元长度或在中心彼此短接（或开路）。利用多单元螺旋辐射场的积分公式和矢量场相加原理，可计算其辐射方向图。通过计算机数值分析与优化设计可对螺旋天线参数（螺旋直径 $2r_0$、轴长 L_{ax}、匝数 N、螺旋升角 ψ……）进行最优选择。

图 14-1 中，螺旋直径为 $2r_0$，螺旋轴长 $L_{ax}=Np$，N 为单元匝数，p 为螺距，β 为螺旋升角，远场点（观察点）坐标 $P(x,y,z)=P(r,\theta,\phi)$，积分变元 $d\alpha$

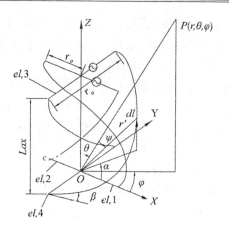

图 14－1   四臂螺旋天线的几何示意图

和 dl 有：

$$dl=\frac{r_0\,d\alpha}{\cos\beta} \tag{14-1}$$

根据

$$\vec{E}=\frac{-j\omega\mu e^{-jkr}}{4\pi r}\int_{l=0}^{L}\vec{i}\,e^{-jkr'\cos\psi}dl \tag{14-2}$$

$$E_{\varphi h}=\frac{-j\omega\mu r_0 e^{-jkr}}{4\pi r\cos\beta}\int_{\alpha=0}^{2N\pi}i_{\varphi}(\varphi,\alpha)e^{-jkr'\cos\psi}d\alpha \tag{14-3}$$

14.3.2.1   四螺旋段辐射场的计算

在式(14－2)中每单元螺旋的电流幅值

$$i_{\varphi}(\alpha)=I_0\cos(kr_0)\cos\frac{\alpha}{2N}\cos\beta \tag{14-4}$$

对单元 1 和单元 2

$$i_{\varphi}(\varphi,\alpha)=i_{\varphi}(\alpha)\cos(\varphi-\alpha)$$

对单元 3 和单元 4

$$i_{\varphi}(\varphi,\alpha)=i_{\varphi}(\alpha)\sin(\varphi-\alpha)$$

$$r'\cos\psi=\vec{r'}\cdot\hat{r}=r_0\cos\alpha\sin\theta\cos\varphi+r_0\sin\alpha\sin\theta\sin\varphi+\frac{P\alpha}{2\pi}\cos\theta \tag{14-5}$$

四个单元臂螺旋部分 φ 分量场分别为

$$E_{\varphi H1}=-jK\int_{\alpha=0}^{2N\pi}\cos(\frac{\alpha}{2N})\cos(\varphi-\alpha)e^{jk(r_0\cos\alpha\sin\theta\cos\varphi+r_0\sin\alpha\sin\theta\sin\varphi+\frac{P\alpha}{2\pi}\cos\theta)}d\alpha$$

$$E_{\varphi H2} = -jK \int_{\alpha=0}^{2N\pi} \cos(\frac{\alpha}{2N}) \cos(\varphi-\alpha) e^{jk(-r_0 \cos\alpha \sin\theta\cos\varphi - r_0 \sin\alpha\sin\theta\sin\varphi + \frac{P\alpha}{2\pi}\cos\theta)} \, d\alpha$$

$$E_{\varphi H3} = -jK \int_{\alpha=0}^{2N\pi} \cos(\frac{\alpha}{2N}) \sin(\varphi-\alpha) e^{jk(-r_0 \cos\alpha \sin\theta\cos\varphi + r_0 \sin\alpha\sin\theta\sin\varphi + \frac{P\alpha}{2\pi}\cos\theta)} \, d\alpha$$

$$E_{\varphi H4} = -jK \int_{\alpha=0}^{2N\pi} \cos(\frac{\alpha}{2N}) \sin(\varphi-\alpha) e^{jk(r_0 \cos\alpha \sin\theta\cos\varphi - r_0 \sin\alpha\sin\theta\sin\varphi + \frac{P\alpha}{2\pi}\cos\theta)} \, d\alpha \qquad (14-6)$$

式中，　$K = \dfrac{\omega\mu I_0 r_0 \cos(kr_0) e^{-jkr}}{4\pi r}$。

14.3.2.2　四单元径向段辐射场

在径向线部分辐射场，因 $r_0 \ll \lambda$，径向线部分电流可近似当成均匀的。对 1/4 匝螺旋来说，$N=1/4$，则

$$E_{\varphi R1,2} = \frac{-j\omega\mu e^{-jkr}}{4\pi r} 2r_0 I_0 (\cos\varphi e^{jk\cos\theta p/4} - \sin\varphi)$$

$$E_{\varphi R3,4} = \frac{\omega\mu e^{-jkr}}{4\pi r} 2r_0 I_0 (\cos\varphi + \sin\varphi e^{jk\cos\theta p/4}) \qquad (14-7)$$

对 1/2 匝的螺旋来说，$N=1/2$，则

$$E_{\varphi R1,2} = \frac{-j\omega\mu e^{-jkr}}{4\pi r} 2r_0 I_0 \sin\varphi(e^{jkp\cos\theta p/2} - 1)$$

$$E_{\varphi R3,4} = \frac{j\omega\mu e^{-jkr}}{4\pi r} 2r_0 I_0 \cos\varphi(1 - e^{-jkp\cos\theta p/2}) \qquad (14-8)$$

对一匝的螺旋来说，$N=1$，则

$$E_{\varphi R1,2} = \frac{-j\omega\mu e^{-jkr}}{4\pi r} 2r_0 I_0 \sin\varphi(1 + e^{jkp\cos\theta})$$

$$E_{\varphi R3,4} = \frac{\omega\mu e^{-jkr}}{4\pi r} 2r_0 I_0 \cos\varphi(1 + e^{jkp\cos\theta}) \qquad (14-9)$$

同理也可以推出螺旋及径向段的 θ 分量辐射场。

14.3.2.3　总辐射场计算

总辐射场是四个螺旋段与四个径向段辐射场的总和，有下式：

$$\vec{E} = E_\theta \hat{\theta} + E_\varphi \hat{\varphi}$$

$$E_\theta = \sum_{i=1}^{4} E_{\theta i}$$

$$E_\varphi = \sum_{i=1}^{4} E_{\varphi i} \qquad (14-10)$$

$$E_{\theta i} = E_{\theta Hi} + E_{\theta Ri}$$

$$E_{\varphi i} = E_{\varphi H i} + E_{\varphi R i}$$

14.3.2.4　数值计算

数学模型将辐射场与螺旋的几何参数联系起来了。在数值解中辐射场积分方程可用矩量法(MOM)求解。推荐用分段正弦或截头余弦基函数为展开函数。这在缩短计算时间,降低误差方面是有效的。权函数选取,建议采用伽略金点匹配法。对每一个分段应有一个匹配点(以保证线性无关)。利用计算机辅助设计,通过几次迭代可以获得天线的最优化的设计参数。图 14－2 是臂长为 $\frac{\lambda}{2}$,$\frac{1}{2}$ 匝四臂螺旋天线的计算方向图。

在参考文献[2,3]中列举了大量的试验结果,表明:谐振的 1/4 匝、1/2 匝和 1 匝四臂螺旋天线都可辐射具有半球(心脏形)的圆极化方向图。这与数值结果吻合。把数值分析结果与结构设计等方面的因素综合考虑,将设计参数为 $\lambda/2$,1/2匝的四臂螺旋天线推荐作为测控天线的单元天线,该天线的结构图见图14－3。

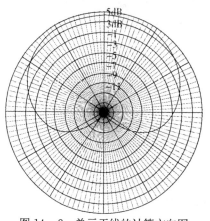

图 14－2　单元天线的计算方向图
($\lambda/2,1/2$ 四臂螺旋)

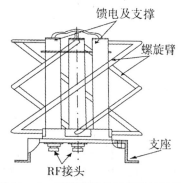

图 14－3　四臂螺旋单元天线结构示图
(螺旋每臂长 $\lambda/2,1/2$ 匝)

14.3.3　二单元天线系统及组阵的星体方向图

二单元天线,一个安装在卫星对地面,另一个安装在卫星冲天面。天线的安装高度应保证在天线半空间的有效视场内基本无障碍。遥控接收天线通过功率合成网络把二天线接收能量合成后进入接收机系统;双频遥测发射机的载波能量输出经功率分配到达二遥测发射天线后发射至地面接收。

天线系统实际覆盖增益：

$$G(\text{dBi}) = D(\text{dBi}) - L_{n1}(\text{dB}) - L_{n2}(\text{dB}) - L_{n3}(\text{dB}) - A(\text{dB}) \qquad (14-11)$$

式中，$D(\text{dBi})$ 是单元天线的方向性系数（方向性增益）；L_{n1}，L_{n2}，L_{n3} 分别为馈电网络中圆极化馈电网络、功率合成或分配网络和连接电缆的插损，以分贝计。$A(\text{dB})$ 代表了二天线单元的功分比损耗，当二天线等功率分配时，$A=3$。

　　由于星体尺寸远大于天线工作波长，再加之在天线有效视场内无障碍物，单元天线的半球波束有高的前后比，因此，在方案设计时，利用镜像原理可粗略估计覆盖方向图。如果需要比较准确地估计星体方向图可利用电磁场高频近似－GTD法，把空间场当成直射场、反射场和绕射场三部分叠加。各部分场的计算和叠加已在第 13 章中讲述。在此仅以四臂螺旋为单元天线，二单元天线分别安装在长方体星体的对地和冲天面，二天线相距 2 m，工作频率为 600 MHz，其合成方向图的实测结果见图 14－4。它与计算机近似估计结果符合，图中小纹波是星体反射所致。二单元的星体方向图基本上达到了近全空间覆盖。

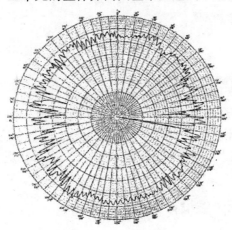

图 14－4　600MHz 双天线的星体方向图

14.4　S 频段统一载波系统(USB)的星载测控天线

14.4.1　USB 天线系统考虑

　　和 UHF/VHF 测控天线一样，USB 测控天线仍以二单元组阵构成近全空间覆盖的方案在卫星上应用较多。单元天线也可采用四臂螺旋天线方案。天线频率提高天线几何尺寸限制已不是主要问题，对于 S 频段统一测控(USB)系统采用收、发共用天线时,天线的宽带特性是该天线设计重点。单元天线也应具有圆极化的半球波束。从系统可靠性考虑应答机采取双机备份,与其相连的天线应与之适应。综上考虑 USB 天线系统组成如图 14-5 所示,图 14-5(a) 和图 14-5(b)分别是双天线以四端口的平衡混合器和以三端口的功分器配置的星载测控系统框图。

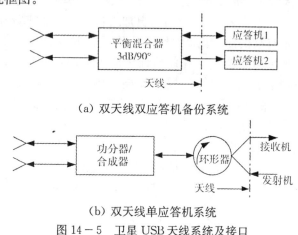

(a) 双天线双应答机备份系统

(b) 双天线单应答机系统

图 14-5　卫星 USB 天线系统及接口

卫星 USB 测控天线由安装在卫星背地面和对地面的二副半球波束天线与四端口的平衡混合器(或三端口功分器＋环形器)组成。该平衡混合器(或三端口功分器＋环形器)不仅在接收状态下完成二天线空间场的迭加,在发射状态下把功率分配到二天线上,同时还与测控应答机双机备份相适应。与分散、多载波测控系统相比,其设备大大简化。

14.4.2　USB 单元天线设计

二单元组阵形成近全空间覆盖,其单元天线的选择与设计是十分关键的。本节以几种常用的 USB 单元天线为例,分别采用几种常用的分析设计方法说明其设计和结果。

14.4.2.1　四臂螺旋天线

单元天线的基本要求与 UHF 频段一样,其中四臂螺旋天线仍是优选的一种单元天线,虽然该天线为谐振式天线,导带臂上的电流呈驻波分布,但研究表明只要满足环形偶极子模型近似,半球圆极化辐射特性均可达到,而且还可采取展宽频带措施。有关辐射模型的建立与数值计算与 UHF 类同,不再重复。

有限元法是以泛函变分的基本原理导出的,目前把有限元方法应用到电磁场分析中已形成了专用的商业电磁分析软件,应用最广泛的有 Ansoft-HFSS,它特别适合电尺寸不大的天线。对四臂螺旋天线采用同轴顶馈方式,利用 ANOST-HFSS 的网格剖分如图 14－6 所示。由图中可见,有限元剖分比较均匀,表明螺旋导带对辐射都起作用。该天线方向图的计算仿真结果如图 14－7 所示。

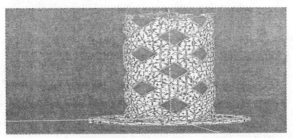

图 14－6　四臂螺旋天线的自动网格剖分示意图

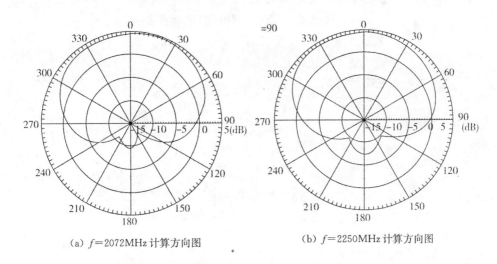

(a) $f=2072\text{MHz}$ 计算方向图　　　　(b) $f=2250\text{MHz}$ 计算方向图

图 14－7　四臂螺旋天线辐射方向图的仿真结果

14.4.2.2　双臂锥柱螺旋天线

在对螺旋辐射波模特性的深入研究中,发现如果利用行波背射螺旋在其馈电端采用圆锥螺旋形式可展宽工作频带,因此选择这种锥柱螺旋作为 USB 测控收发共用天线之单元天线。因为它仅由两条螺旋线构成(不是四线),自形成圆极化,不需要另加等幅 90°馈相的圆极化网络,其结构和馈电十分简单,有宽带特性适合天线的收发共用,无须附加设备就可满足应答机的双机备份要求。有关这类天线的分析与前面的分析类同,一方面可建立该螺旋天线辐射场的电流积分方程,采用矩量法进行数值分析和参数的优化设计。另外也可利用现有的电磁分析软件进行优化设计。

下面举出一种常用的星载 USB 单元天线(锥柱螺旋天线)的设计参数:

锥螺旋段:

半锥顶角 $\theta_0 = 12.5°$

螺旋的一臂 $r_1 = r_0 e^{\alpha\phi}$

另一臂 $r_2 = r_0 e^{\alpha(\phi-\pi)}$

r_0 是螺旋臂起始点到坐标原点(即锥顶)的径向距离,$r_0 = 38$ mm,$\alpha = 0.048$,ϕ 按弧度计算

锥螺旋匝数 $N_1 = 2.5$

柱螺旋段:

螺旋半径 $R = 17.48$ mm;$r_c = 109.84$ mm 是柱螺旋起始点到坐标原点(即锥顶)的径向距离

螺旋升角 $\alpha = 12.5°$

螺旋矩 $P = 23.77$ mm

柱螺旋匝数 $N_2 = 3$

螺旋线径 $2\rho = 1.5 \sim 2.0$ mm

单元天线的结构如图 14-8 所示。

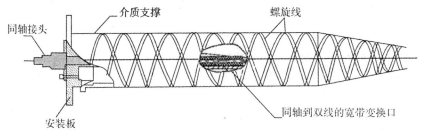

图 14-8   锥柱螺旋测控单元天线的结构示意图

14.4.2.3   折弯形半球圆极化天线

目前应用于卫星上的 USB 天线多为锥柱螺旋、圆锥等角螺旋和四臂螺旋天线。这类天线可提供圆极化的半球波束,且有较宽的工作频带,可实现收发共用的应用要求。这种天线结构比较复杂,需要介质绝缘支撑。绝缘支撑总会带来

损耗,影响其方向图、极化和阻抗特性。采用四臂螺旋还需要另加圆极化馈电网络。从目前及未来的空间应用来看,在不降低性能前提下,需要天线更加小型化、轻量化、简单化,而且进一步降低成本,更适合于小型及微型卫星测控的需求。为此介绍一种线形折弯天线,它是一个波长方环天线的变形,形成半球圆极化的辐射波束。

环形天线通常是谐振天线、辐射一个线极化波;通过对其电抗性加载或通过在它上面形成间隙(gap),也能辐射一个圆极化波。

图 14－9(a)是一个长度为 1λ 的方环,环上电流分部如图所示。边 1 和边 2 为同相电流辐射,它辐射一个线极化波,形成在侧射方向最大的辐射波束。数值分析表明:在两个非辐射边中点引入一个小的间歇,可使二辐射边电流呈现 $90°$ 相差,如图 14－9(b)所示,辐射边 1 和边 2 产生的远场的电场极化方向是相同的,辐射方向图仍维持线极化。由于 2 边上电流相位超前边 1 上电流 $90°$,因此波束指向于边 1 的方向。

为达到圆极化辐射,辐射场矢量在空间必须正交,而且时间相位差为 $90°$。如果把方环折弯使辐射边 1 与边 2 彼此垂直,如图 14－9(c)所示。为避免边 1 和边 2 相交处发生电短路,采用跨接形式。对于边 3 和边 4 附加辐射的影响,折弯环边的几何形状和边长必须经过最优设计,才可使其达到圆极化半球波束的最佳特性。

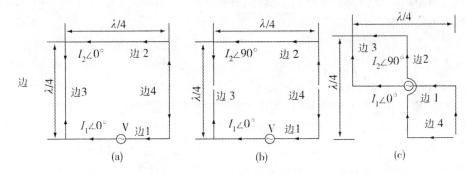

图 14－9　折弯环形天线示意图

折弯环天线的一种结构如图 14－10 所示。图中折弯角 $\alpha=45°$,通过调整每一个边长度及交叠部分(over-passwire)可获得圆极化的单向辐射。该天线必须使用接地板,因为天线基本是平面结构,它最大辐射方向在 Z 轴方向,天线距接地板大约 $\lambda/4$ 距离才可使天线变成单向辐射,并可得到好的极化。

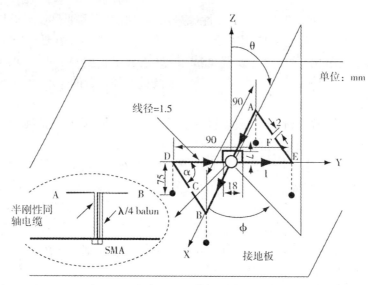

图 14－10　折弯环天线结构(含馈电 bulun)(f＝1 GHz,λ＝300 mm)

优化结果表明:折弯天线的总长 323 mm≈1.08λ。跨接交叉线参数会影响圆极化辐射特性和输入阻抗。线径粗细对天线结构的输入阻抗有影响,对 50Ω 同轴系统该设计中选择其线径为 1.5 mm。在图14－10 中 BD、EA 中点处的间隙宽度对前面提到的参数影响不敏感,所选间隙(gap)＝2 mm,这等效于数值分析中并联的电容为 0.005～0.01 pF。

天线辐射方向图如图 14－11,能达到 USB 单元天线覆盖要求,但数值结果表明该天线要实现测控天线收发共用的话,频带略显窄了一点。为此需对折弯天线进一步优化。

在天线与电磁工程问题中,优化问题的目标函数往往是高度非线性的、多极值的、不可微的和多参数的。按传统的优化方法,其计算成本很高,有时还得不到最优化的结果。折弯环天线变化参数较多,为达到收发共用的应用要求,选择遗传算法(Genetic Algorithm,GA)参考文献[10],进行多折弯圆极化 USB 天线参数的最优化设计。其设计计算结果如图 14－12 所示。该结果表明:天线可工作于 2000～2300 MHz 频带内,辐射方向图呈半球形;±70°覆盖空间增益不低 0 dBi。主极化为右旋圆极化(RHCP,IEEE 定则)。覆盖区内极化轴比不大于 6 dB[极化轴比＝20lg(E_{max}/E_{min})];工作带内,对 50Ω 同轴系统天线端口VSWR≤1.5,其结果还可进一步优化。天线采用 SMA 接头(Female)。天线的空间占用基本不大于半个波长空间。

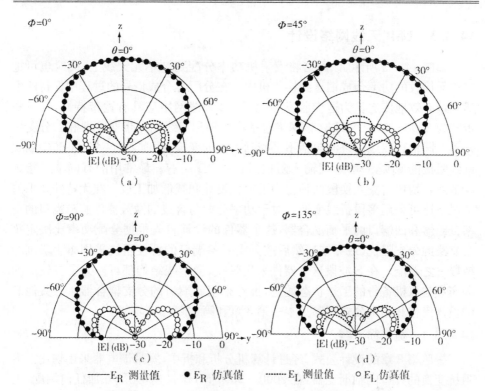

E_R 测量值　● E_R 仿真值　……… E_L 测量值　○ E_L 仿真值

图 14-11　各种切割面的辐射方向图计算和测试结果

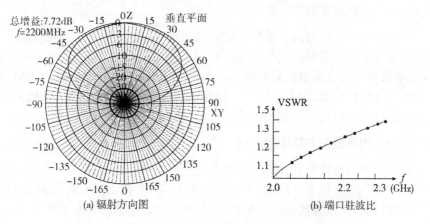

(a) 辐射方向图　　　　　　(b) 端口驻波比

图 14-12　优化后的折弯天线的辐射特性(遗传算法)

14.4.3　USB 天线网络设计

如图 14-5 所示,该网络将发射机功率分配到二单元天线上,同时也可把二单元接收的功率合成馈送到接收机中。在分配与合成信号的过程中保持匹配达到最有效地传送。为适应收发共用,USB 天线网络应具有宽带特性,其工作带宽为 2000~2300 MHz。该网络包括由同轴到双线的宽带变换器和二分支耦合器。同轴到双线的过渡包括不平衡到平衡的变换,同时还有一个从 50Ω 到螺旋线阻抗的变换,一般螺旋输入阻抗多在 140Ω 左右。最常用的有同轴式指数渐变线和切比雪夫变换段两种。为了简化设计和减低加工成本在无特殊要求的情况下还可采用多段折线变换。对于功率分配与合成的微波器件有三端口的功率分配器和四端口的平衡混合器,这个器件的设计首先根据分配功率比决定每个支路的分支阻抗(或导纳),然后按分支线各端口的特性阻抗采用 $\lambda/4$ 阻抗变换段与之匹配。在 S 波段这个器件采用带线、微带线结构都可。为了有较好的隔离和与双机备份的工作状态适应,推荐采用四端口的分支耦合器。有关他们的设计流程和基本公式可参见本书第 8 章和第 12 章。

14.4.3.1　宽带馈电器

按照第 8 章的设计公式,经过计算机分析和折中,宽带馈电器采用切比雪夫阻抗变换的开口同轴渐变器,在 2000~2300 MHz 带内,无须外加任何调配,天线端口驻波比都小于 1.5,达到收发共用的匹配要求。

14.4.3.2　分支线定向耦合器

分支线定向耦合器由两根平行传输线组成,通过一些分支实现耦合。在中心频率上分支线长度和其间间隔都为 $\lambda_g/4$。分支线耦合器既可为 TEM 传输线(同轴和微带线),也可由波导组成。USB 天线系统推荐选用微带分支耦合器完成功率的分配与合成,因为它较波导和同轴线分支线耦合器简单、结构紧凑,能耐受测控发射机的功率。有关设计参考本书第 12 章。

14.4.3.3　功率分配与功率合成器

这是一个三端口装置。既可功率合成也可功率分配,它是一个可逆器件,用微带线和带状线综合得出。平衡电阻 R 可用碳/金属氧化物制成,当 $f > 1$ GHz 时,可用薄膜或厚膜制成,功分器各参数选值参考本书第12章。

14.4.4　USB 测控天线的星体方向图

和 UHF/VHF 测控天线一样,可用镜像原理近似地进行二元阵天线合成方向图的计算。若需要更精确时,可计入边缘绕射和星上其他设备产生的反射、绕射和散射等影响。也可通过全尺寸辐射模型测试得到,其结果与 UHF/VHF 测控天线类似。如果单元天线的广角圆极化性好,为了减少空间干涉形成的盲区,二单元天线可采取反旋圆极化。现举一实例说明:星体横截面为 $2\ \text{m} \times 1.8\ \text{m}$,高为 $2\ \text{m}$ 的长方体,两副单元天线为反旋圆极化的天线,一个(RHCP)对地安装,另一个(LHCP)背地安装。二单元天线的距离为 $2.2\ \text{m}$。星体测试方向图如图 $14-13$ 所示。可以看出这种反旋极化的配置大大地减小了合成空间方向图的干涉盲区深度,其覆盖电平基本上是这两个单元天线辐射主极化方向图之外包罗。地面测控站一般都有双极化工作配置,一旦航天器翻转,无须增加设备就可实现极化分集接收。

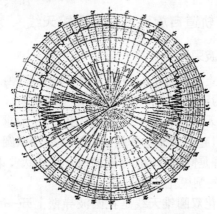

图 $14-13$　S 波段二单元天线反旋圆极化的星体实测方图

在无跟踪与数据中继卫星系统(TDRSS)情况下,地面微波统一系统特别是 S 频段统一系统(USB)还将是主要测控手段,继续发挥作用。除上面已谈到的外,对于地球同步轨道卫星定点管理,包括卫星平台工程测控和有效载荷的在轨测试、管理、监视与控制以及目前进行的月球、行星和行星际深空探测任务的部分测控保障仍以地面 USB 系统为主要手段。即使有了 TDRSS 的天基网之后,USB 也是不可少的,尤其在需要高保密和高生存能力的测控服务,仍不可缺少地基网的参与。

14.5　C 频段统一体制的星载测控天线

地球静止轨道卫星的测控常采用 C 频段。它与近地轨道卫星不同的是星箭分离后卫星不能直接进入工作轨道,必须在地面测控网的控制下经转移轨道再到定点位置。一般将测控分为两个阶段:一是发射与早期轨道段的测控;二是定点后的卫星在轨测控管理。因此星上测控天线一般也按这两个阶段工作。由于地球同步静止轨道卫星又按其姿态分为自旋稳定和对地三轴稳定两种。对于自旋稳定卫星,星上测控天线常采用双圆盘天线或双圆锥等天线形式,它产生以自旋轴对称的环状波束。目前国际上通用的 C 频段统一体制,其上行为 5.925~6.425 GHz频段,而下行为 3.7~4.2 GHz 频段,因此星上测控天线的发射和接收分别在 4 GHz 和 6 GHz 频段。对于对地三轴稳定的同步卫星,在发射初期定点前多采用单独的测控天线,其方向图多为近全空间覆盖。定点后测控信道可与 c 频段通信信道合用。下面结合地球静止轨道卫星的实际说明其测控天线。

14.5.1　地球同步轨道自旋稳定卫星测控天线

14.5.1.1　固定环状波束天线

　　自旋稳定对地静止轨道卫星的测控天线一般有两种:一种是轴对称环状固定波束天线,另一种为消旋天线。消旋天线是空间辐射波束与卫星体反向同步旋转。对于固定波束天线除测控天线一般要求外,还要求其辐射方向图有轴对称性,避免卫星自旋引起的信道电平起伏。通常采用双圆锥或双圆盘等天线形式。一般有两种,一种是同轴 TEM 激励的线极化环状波束,另一种是圆波导或同轴波导 H_{11} 模激励的圆极化环状波束。

　　波导激励的圆极化双圆锥天线是在圆波导壁上开一组约 45° 斜槽,用圆波导 H_{11} 模激励。在双圆锥径向波导段激励出 HE_{11} 模。这样通过口面辐射一个圆极化的与其轴圆对称的环状波束。在卫星赤道面内有相当均匀的圆对称辐射,子午面内通过调整圆锥角、锥边长度,或在锥面上填放介质层都可改变波束的分布,控制子午面的波束宽度。如果要将子午面波束变窄,提高天线增益的话,可采用在锥面填充介质层。

　　如果要求线极化辐射,激励器可用同轴电缆激励。这时双圆锥喇叭段传输的是 TEM 波,口面为球面 TEM 波。同样,控制锥顶角、径向波导段长度可控制其辐射波束在子午面内的宽度。

　　图 14－14 是通信卫星上应用的双圆锥天线。该卫星为一个自旋稳定卫星。整个天线轴线与卫星自旋轴重合。天线顶部为遥控天线(接收,6 GHz),下部的为遥测天线(发射,4 GHz)。二个双圆盘天线上、下同轴安装。圆盘尺寸按工作波长选择,中间是沿周向开有一列 45° 斜槽的同轴波导。天线通过同轴 TEM 波馈电。将同轴内、外导体扩展成能激励和传输 H 模的同轴波导,该模激

励同轴圆柱周向分布的斜槽阵。斜槽辐射电场分解成平行与垂直圆盘的二分量,通过调整二盘间距使二分量电场有不同相移,使在口径面上满足圆极化辐射条件。为了保证收、发信道间的电磁隔离,上、下圆盘天线的斜开槽方向正交,使它们辐射反旋圆极化。卫星遥测为左旋圆极化,遥控为右旋圆极化。这种双圆盘天线在同步轨道自旋稳定卫星上得到了较为广泛的应用。

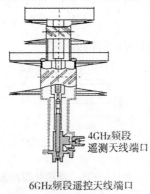

4GHz频段
遥测天线端口

6GHz频段遥控天线端口

图 14 - 14　双圆盘天线馈电与结构示意图

14.5.1.2　机械消旋定向波束天线

同步轨道、自旋稳定卫星测控天线要实现对地球的稳定覆盖,除用环状固定波束天线外,也可采用笔形波束天线并以与卫星自旋相同的速度反旋,称此为消旋天线。这种情况下基本是卫星进入定点位置,测控信道与通信信道合一使用。一般消旋天线分为机械消旋和电子消旋。机械消旋需采用消旋机构加射频旋转关节让天线相对卫星同步反旋。电子消旋方案波束转动是电控实现,不存在天线自身的机械转动。有关消旋天线的特性将在第 15 章通信卫星天线中论述。

14.5.2　同步静止轨道对地三轴稳定卫星的测控天线

目前同步静止轨道卫星的测控多采用国际通用的 C 波段统一体制,上行为 $5925\sim6425$ MHz,下行为 $3700\sim4200$ MHz。对地三轴稳定卫星,在卫星发射及定点前,星上测控仍多采用全向性天线,这与前面提到的全向测控天线相同。另外,通信卫星测控,还可采用四喇叭结构,其中两喇叭为上行接收,另两个喇叭为下行发射,卫星上每一个喇叭形成近半球波束覆盖;应用最多的除喇叭天线外,还有背射螺旋天线和圆锥螺旋天线等。定点之后可将上行遥控、下行遥测切换到对地的喇叭信道,或将下行遥测与通信信道共用。这里要说明的是当测控与通信覆球波束共信道时，为了有效利用频谱，通信信道采用极化复用技术时，为达到两个正交极化的隔离，所用喇叭一定是低交叉极化喇叭，这时应用最多的有圆锥双模（TE_{11} 和 TM_{11}）或多模喇叭以及具有平衡混合模（HE_{11}）的圆锥波纹喇叭。波纹喇叭比双（多）模喇叭有更宽的工作频带，图 14-15 为同步静止轨道上使用的圆极化覆球波束波纹喇叭。有关这方面的论述见第 5 章和第 15 章。

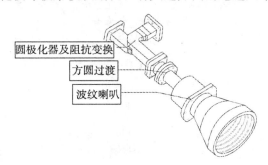

图 14-15　圆极化覆球波纹喇叭

14.6　再入返回段卫星测控天线

航天器返回是航天器脱离原地球运行轨道进入地球大气层，并在地面安全着陆的过程。再入返回段测控系统的工作任务是保证返回目标按预定要求安全着陆，并获取预定的系统及环境参数。卫星遥测天线的主要功能是实时、准确地将获得卫星各系统状态参数和环境参数传至地面接收系统。同时地面系统能跟踪目标并能准确地进行预定的控制实施。再入返回段测控任务的完成也是要靠星-地相关系统的密切合作。一般情况是以地面测控为主，航天器上程序控制为辅。卫星测控天线是该系统的重要组成部分。本节简要叙述再入返回的星载测控天线的一些特殊问题。

14.6.1　再入环境及卫星测控天线设计

14.6.1.1　返回式卫星再入环境及其影响

再入式航天器天线除需适应运载火箭起飞、飞行环境外，还需适应再入时的各种环境。火箭起飞时噪声很大，噪声强度可达 150～160dB，会引起振动；当速度达到或超过音速时有极大的过载，可高达几十个 g；再入飞行时以很大的速度飞行，途经稠密大气层时，气动加热可使飞行器表面温度达到几千度，摩擦系数增大，就会增加气动加热。所以设计返回天线时应尽量避免飞行器表面的不连续以减少气动加热(附面层内气流阻滞,动能转化成热能而产生高热)。气动加热会减低材料的强度和刚度;由于温度上升结构热膨胀,产生附加热应力;温度升高介质材料的电参数(ε_r, $\tan\delta$)也会改变导致天线电性能的变坏。因此在航天器再入天线设计时,结构材料一般选用强度高的金属材料和低损耗、热稳定性好的介质材料,尤其是对天线窗口的防热透波材料选择一定需要考虑其热稳定性。由于再入气动加热一般要求再入飞行器天线尽量不要外露于飞行器表面,采用平装形式居多。如果必须外露,天线外轮廓一定为流线型以减少扰动和气动加热,同时必须选择耐高温的材料制作天线,对外露的天线需要进一步采取防热设计,比如天线表面敷有抗烧蚀涂层。气动加热的另一个结果是热空气在飞行器撞击下发生电离,电离气体形成等离子区。等离子区存在影响电磁波的传播,会使方向图和阻抗都变化。

再入飞行器天线还可能遇到电击穿环境。尤其在 30~100 km 高空飞行时的电击穿问题要特别注意。天线电击穿可分为介质击穿和空气击穿两类。介质击穿又分为热击穿、封闭空洞击穿和表面击穿。热击穿是指天线口径内和天线周边的介质在射频场连续作用下,由于介质内部损耗而发热使介质击穿强度降低发生的一种击穿。要减少热击穿应选择损耗正切小的介质填充天线。封闭孔洞击穿是指介质内部封闭孔洞内部的空气被击穿,因为空气的击穿强度小于介质,一旦孔洞的空气被击穿,最终会导致介质的热击穿,设计时应避免介质中有孔洞。表面击穿是介质表面上有大的切向电场时介质发生的一种击穿,这种击穿从本质上说仍是空气击穿,但与介质有关。防止表面击穿的方法是选择适当的表面形状,增加介质表面放电时间。如果合理选择介质表面的形状,再入飞行器天线的电击穿主要为空气电击穿。空气电击穿的发生与气压、湿度、电离辐射强度、飞行器的速度和外形、天线大小和形状、工作频率、脉冲持续时间、脉冲重复频率等因素有关。天线的电击穿问题是一个十分复杂的问题,至今尚未完全搞清。天线是否会被击穿往往需要在地面进行低气压的模拟试验,最终还只有通过飞行试验予以检验。天线电击穿对天线性能影响很大。首先天线辐射强度必定降低,因为维持持续放电需要损耗功率、击穿会破坏传输系统的匹配,使天线与发射机失配功率输出减少,另外放电区内充满等离子体,等离子体对天线及其传播的影响是明显的。电击穿还会减低信号质量,使信号频谱发生变化,或产生噪声调制,恶化接收机输入端的信噪比。

14.6.1.2 再入气动加热及返回式卫星平装式测控天线设计

再入飞行器天线按其用途来分大致有引信天线、遥测天线、信标天线和应答天线。按其安装方式分有外露型和埋入型,前者露于飞行器蒙皮之外,后者埋入飞行器蒙皮之内或与飞行器共形。下面举例说明返回式卫星常用的外露和平装测控天线。

为了保证返回式卫星再入的安全和可靠,卫星上往往同时采用了多种测控手段冗余。返回式卫星上既采用了分散、多载波测控跟踪体制又采用了 C 波段统一载波跟踪测控体制。因此,星上天线配置较多,有 C 频段应答天线、S 频段平装耐烧蚀测控天线、UHF/VHF 频段的双频 Doppler 测速天线和 VHF/HF 遥测天线,它们多分布在回收舱段。由于在动力飞行段,该卫星不带整流罩,天线直接暴露于外表面。经稠密大气的气动加热,虽达不到再入返回外蒙皮的温度,但仍有强烈气流冲刷和恶劣的高温环境。当高速飞行卫星再入返回进入稠密大气后,返回舱上设备要承受过载、周围大气的强烈摩擦和巨大挤压,大气温度激增到 3000℃以上。尽管再入体表面有防热材料,在高温烧蚀下保护其内部仪器设备,然而返回式天线裸露于卫星外表面,对此首先要尽量减少强烈的气流冲刷,一般都采用平装天线或低剖面天线,返回式卫星上应用的一种 S 波段背腔式防热十字开槽平装天线,如图 14 - 16 所示。本天线收发分开、二单元组阵形成近全空间覆盖。在返回舱段由两收、两发天线组成测控天线系统。

再入时间长,要保证天线在高温环境下还能正常工作,再入返回段测控天线必须重视天线的防热设计,主要措施有:

(1) 天线的主要部件和接地板都选用在高温下有较好机械特性的金属材料,比如钛铌合金。

(2) 天线口面多用透波而耐高温的石英玻璃材料做窗口,它具有良好的耐高温性,再加上良好的隔热结构设计以减少热的传导,这样可以保证天线内部结构和高频组件、接头、电缆不被烧坏,保持正常工作。

(3) 天线结构一般都由不同材料构成,它们可能有不同的热胀系数,在返回式天线设计时一定要认真处理这些不同材料的不同热胀系数给结构带来的影响,以保证天线可靠的微波电接触。

(4) 防热烧蚀材料多用碳基材料和硅基材料。这些烧蚀层犹如在天线载体表面的一层介质体,在返回式平装和低剖面天线设计中特别要注意防止表面波的激励。烧蚀层表面波激励会严重地造成辐射特性改变。

图 14 - 17 是一种应用于无整流罩返回式卫星上的非平装 S 频段测控单元天线的外形图。该天线除满足电性能要求外,必须能承受上升与再入过程的气动力和气动加热。天线为低高度的圆锥,其材料全部选用满足电性要求的耐高温材料。该天线收发共用,仍采用二单元组阵形成近全空间覆盖。

图14-16 返回防热式S波段
平装测控天线外形图

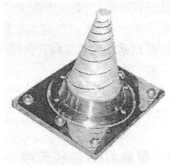

图14-17 S频段防
热式测控单元天线外形图

14.6.1.3 再入黑障的影响

返回式卫星再入大气层除产生高温外,还引起大气分子的电离。大气分子在电离与复合过程中处于平衡时,离子数与电子数基本相等,则在再入体表面及周围形成等离子体,再加上外包的防热烧蚀材料的电离,在飞行器周围形成等离子包鞘。该现象对返回式天线产生两方面的影响:一是引起飞行体上天线阻抗失配、方向图发生畸变、辐射效率降低甚至被击穿,这首先影响遥测信号的发送;另一方面是无线电波通过等离子体传播时会产生衰减,严重时使信号中断,这就是常说的"黑障"。一般来说,再入黑障多发生在距地面100~12 km左右的范围内,为减少黑障对信号中断的影响做了大量的工作,但目前尚未见到有突破性进展的报道。

14.6.2 低仰角电磁波的传输和抗衰落

返回式卫星再入段由于黑障问题,不能保证星地间的电磁波稳定连续可靠传输。因此出黑障后的可靠跟踪与测量就显得特别重要了。出黑障后的时间就更短了,而且还是低仰角传输状态。低仰角条件下电磁波传输会出现多径效应。对此从系统角度进行了大量的研究和实验,取得了一些成绩。就航天器测控天线来说,为了使地面能更快地捕获目标,卫星上测控天线应该作成宽方向性或全方向性的,便于地面的捕获。返回式卫星在接近落点时由于地面和水域的反射、散射还会使方向图发生严重的变化,也可能出现波束偏斜、分裂等问题,目前还没有特别好的办法解决。只是在多年实践基础上总结出一些应急办法,比如地面测站采用引导跟踪,除用无线电系统外可以采用计算机数值引导和光学设备同步引导,以保证出黑障后能迅速抓到目标;另外抗衰落可以采用分集接收技术。这就是在极化、空间、频率和时间上衰落互相独立或相关性很小的两个支路或多个支路相加,得到一个基本不受衰落影响的,或比任何一个支路信号都要好的信号。对此返回式卫星测控天线可以根据系统要求新加一些配置或与系统一道进行一些工作。

14.7　天基(GPS)测控资源

14.7.1　星载 GPS 接收天线

全球定位系统的(GPS)空间部分使用了轨高约 20200 km 的 24 颗卫星组成导航星座。该星座分布在六个等间距(60°)的轨道面上,每个轨道面上有 4 颗星,其中 3 颗工作星,另一个为备份星,星间距 120°。相邻轨道面相邻卫星相位差 40°。GPS 卫星轨道为近圆轨道,运行周期为 11 小时 58 分。GPS 采用多星高轨伪随机码的单程测距体制定位。它利用发和收伪随机码之间的传播时延确定径向距离。全球定位系统(GPS)是一种"星基"测控资源。这种星座布局可保证在全球任何地方、任何时候都可观察到 4 颗以上的 GPS 星。它实际上是一多站测距系统,通过四个伪距方程求解就可立即获得用户星的位置和时间基准,即 (x_p, y_p, z_p, t)。它可以提供全天时、全天候的全球导航定位信息和时间基准。GPS 上发射两种载波频率,一个是 $f = 1575.42$ MHz,该载频上调制有粗码(C/A 码)和导航电文。另一个是 $f = 1227.6$ MHz,该载波上调制有精码(P 码)与导航电文。卫星 GPS 系统,作为"地基"无线电跟踪测量系统的有力补充。

目前应用的星载 GPS 接收系统包括 GPS 接收机和相连的 GPS 接收天线。在低轨卫星上应用的 GPS 天线有各种各样的,其中应用较多的可分为两类:一类是平装的微带天线和介质天线,另一类是非平装天线。

平装微带贴片天线中,双馈点、四馈点圆极化微带天线研究已有一些文献论述。这种天线由于需要外加 3dB/90°网络,使天线结构与组成复杂。为了简便馈电常采用单馈点圆极化微带天线,这种单馈点圆极化微带天线,主要是在腔模理论的基础上通过微扰变分方法,解出该微带贴片天线的分离单元尺寸和一些基本设计参数。根据 GPS 的工作要求,一个工作于 L1 频段的星载 GPS 天线如图 14-18 所示。微带贴片刻蚀在聚四氟乙烯双面敷铜板上,介质基板 $\varepsilon_r = 2.2$,$\tan\delta = 0.001$,$h = 0.16$ cm,铜箔厚 0.018 mm,同轴探针馈电采用 SMA 插座。天线罩为石英复合材料薄壳结构。

如果要进一步改善相心稳定性,可采用多点周向旋转馈电。如要着力抑制

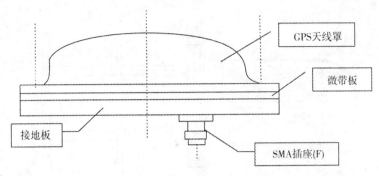

图 14 - 18　GPS 方形切角贴片微带天线外形图

多径效应,可采用扼流环结构,这对降低后瓣,实现低仰角(<10°)区方向图的锐截止作用是十分明显的。如果要应用于航天器需认真进行环境防护设计。双频 GPS 采用堆积式多层微带天线以展宽工作频带。对微带贴片天线的设计与分析参考本书第 10 章和文献[19~21],这里不再重复。

　　四臂螺旋天线是应用较多的非平装式 GPS 天线。四臂螺旋天线可以近似地看成是由两个空间正交,90°馈电的双线螺旋组成。以 $\lambda/2$,1/2 匝的双线螺旋天线为例,它可形成幅值方向图为$(1+\cos\theta)$的心脏形半球波束;辐射最大指向于天线轴向,$\theta=0°$。天线的两个辐射分量(E_θ,E_φ),它们空间正交,幅值相等、相差 90°实现全空间的圆极化;而且可近似地认为一理想点源,空间相位分布均匀。一般来说,形成半球波束的四臂螺旋天线除一只短轴长的四臂螺旋外还应有一个 3dB/90°的圆极化馈电网络。为了简化星载 GPS 天线的配置,圆极化馈电可利用天线自身的输入导纳来实现。调整二正交螺线的长度,就改变其输入导纳。一臂短于 $\lambda/2$,一臂长于 $\lambda/2$,二臂分别为容性和感性阻抗,使其满足圆极化馈电条件。天线阻抗匹配可采用了 $\lambda/4$ 阻抗变换段,很容易使天线端口 VSWR<1.5。这样天线的圆极化与阻抗匹配都未外加任何设备,天线集成度提高了。在螺旋天线外面加装了一个复合材料的罩子。该罩子用石英纤维复合材料做成薄壳结构,它对电磁波近乎透明,不会造成方向图畸变和明显的损耗。加罩后天线整体结构如图 14 - 19 所示。该天线结构紧凑,集成度高。通过底部安装法兰直接座架于星体上,有足够的强度和刚度,已用于多颗卫星上。

　　这些天线都安装在卫星冲天面。要求它具有上半空间的半球波束覆盖以保证它有足够高的增益电平能观察到足够多的 GPS 星,才好从中选择四个 GPS 星。而且要求它对所见到的星座中各星都有近乎均匀的响应(包括幅度和相位),应尽量减少 GPS 接收天线引入的测量误差。另外对低仰角(比如,$\alpha<10°$)

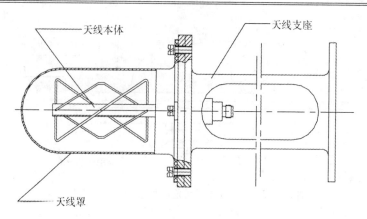

图 14-19　星载 GPS 四臂螺旋天线及其支架结构图

范围天线要有锐截止特性,而且辐射波束要有高的前后比防止过高后瓣电平,这对抑制多径效应是有好处的。

14.7.2　抑制多径效应的星载 GPS 天线

随着空间技术和卫星应用的发展,将出现各种应用卫星星座。为解决低轨卫星对地面站的低覆盖和多任务(或多载波任务)的要求,卫星自主控制的需求已势在必行。充分利用 GPS 这种天基测控资源是十分有效的技术途径。无论利用 GPS 定姿,还是用 GPS 测向或为天线提供波控信息,都涉及载波相位干涉仪测角问题。在二正交基线上配置 3 或 4 个 GPS 天线。接收由 GPS 卫星下发的连续波载波信号(由于 GPS 卫星的下行信号中伪随机码和导航电文都调制在载波上,首先要从接收信号中进行载波重建,即去掉调制信号,现可采用码相关法和平方法处理实现),测量二正交基线上两天线接收信号的相位差(或距离差)即可完成对用户星空间方向角(方向余弦)的测量。由此,可得到用户星与第 i 个 GPS 卫星的空间矢径的指向角 (α, β)。当空间角 (α, β) 确定后,该矢量在空间的方向就完全确定了。这是 GPS 提供星载天线的波束控制、卫星姿态的自主控制以及今后航天器间的交会对接等方面应用的信息基础。

GPS 天线对提高 GPS 进一步应用的测量精度起着十分关键的作用。其中多径误差是目前提高载波相位测量精度的一个重要制约因素,可以从硬件与软件两个方面来改善。软件一般是利用测量的裕度或误差的可预示性来处理。硬件的途径之一就是让天线远离反射体和改进天线设计。对卫星天线来说，受布局限制完全满足第一个条件是有困难的，因此主要是从天线设计上改进。要保证在接收 GPS 卫星信号时，不能因天线自身的原因在测量值中引入附加相位。为此，天线在覆盖范围内有均匀的相位响应，即有固定的相位中心；能抑制周围产生的多径效应；各基线天线相位特性保持一致。

抑制多径影响，天线波束在低仰角必须有锐截止特性，同时波束有高的前后比和基本不变的相心。每一个天线接收信号是直射信号与反射/绕射信号的叠加。因为多径效应与天线的增益方向图、天线周围表面几何布局等因素有关。这是难预示的，也难补偿的（抵消），它因使用环境而变。然而抑制多径效应从天线设计入手是可以实现的。这可从两方面优化 GPS 天线设计。

一方面，天线应有良好的广角圆极化，使其对反旋圆极化有很高的抑制能力。GPS 信号为 RHCP，经反射后主极化变为 LHCP（反旋），若能很好地抑制一次反射信号，多径影响就会大大降低。对二次反射（或偶次）虽为同旋，毕竟这种信号已经比较微弱了。

另一方面，就是要天线对低仰角信号起抑制作用。因为反射信号多是从低仰角方向到达的，因此天线设计一定要在低仰角区有低增益，就是我们常说的波束的"锐截止"。值得注意的是在相位测量中为提高其精度可能仍要同时跟踪两个或两个以上的 GPS 星，因此天线要保持足够的视场以保证在整个卫星轨道内两个或两个以上的 GPS 卫星可视。一般将天线视场规定为大于 $120°(\pm60°)$ 角域。为此提出两种抑制多径效应的 GPS 天线形式如下。

(1) $\lambda/4$ 扼流环的微带贴片天线。微带天线平装于载体导电表面时，在导体表面会激励出电流。这些电流影响使其方向图与自由空间单体方向图有较大差异，特别是相位方向图更为敏感。空间相位分布随载体表面状态变化达不到均匀性要求。为阻止载体表面电流的形成，在原有的微带贴片天线外周加 1～2 圈的同心的 $\lambda/4$ 扼流环。该扼流环底部短路，经 $\lambda/4$ 达口面时，呈现出无穷大输入阻抗以阻止载体表面电流的生成。只要扼流圈的几何尺寸选择恰当，就可把微带天线辐射与其载体隔离。经过这种处理的天线，上半空间波瓣比原有的窄些，但波束宽度仍大于 $120°$。在低仰角处呈现明显的锐截止，其前后比高达 25dB 以上。该天线结构由于 $\lambda/4$ 扼流环的使用使微带天线的结构尺寸要增大一些。

(2) 短路环形微带贴片天线。短路圆环贴片天线不像典型的环形贴片，在其内边缘有一个圆柱导体的短路壁。与标准圆形贴片相比，它有更好的阻抗特性。一般圆形贴片输入阻抗从圆心的 0Ω 过渡到边缘的 $200\sim300\Omega$，而圆环贴片输入阻抗到边缘仅 100Ω 左右，这样能更容易安排馈点位置。有更宽的频带特性。

辐射方向图有明显的锐截止特性。只要适当地选择其参数既可满足±60°的覆盖范围,又可大大抑制低仰角电平和后瓣电平。这样,采用单辐射元就可达到抑制多径效应。

当利用 GPS 的双基线载波相位测量时,对基线两端 GPS 接收天线的安装有严格要求。归纳起来有以下几点:①四个天线安装在卫星天顶方向上,其间距离尽可能地远以增加基线长度提高测量精度;②如果四个天线安装和基线无法在一个绝对平面上时,要求它们在星体坐标系下的 Z 轴坐标差不超过 5cm;③同时要求天线基线的法向矢量保持一致,保证有足够的共视 GPS 星数;④天线 5°以上仰角的上半空间内无遮挡物和其他的天线以免造成相位方向的畸变;⑤天线安装误差要通过地面校准实验进行修正。

一般来说对定姿和测向带来系统偏差的因素大致有天线安装偏差、天线相心偏差和 RF 馈线长度误差。这些都可以在飞行前通过地面校正,不过校正的一个基本前提是需要提供姿态参考基准。可设计一个试验台,该试验台模拟天线在卫星上的实际安装,安装好后用其他姿态设备(比如精度在 0.01°~0.05°量级的恒星敏感器)进行基准测量,然后再通过导航星实测将数据记录,事后分析出系统误差并将标定误差固化到系统软件中。

利用中轨道(MEO)卫星星座构成全球导航系统具有高精度的 7 维(位置、速度和时间)导航能力。可用于运载和航天器精确测轨,提供传统设备无法完成的功能,例如相对位置确定、姿态测定、高精度定时等。这些能力从根本上改变航天器在轨测控的概念和模式,实现航天器自主导航。卫星全球导航系统虽不具备对航天器遥测、遥控能力,但在精密定轨和提供高精度时间基准来说是一种重要的天基测控资源。

14.8　跟踪与数据中继卫星(TDRSS)天线系统

14.8.1　陆基测控网面临的挑战

1000km 以下的低轨道上运行着科学试验卫星、应用卫星和载人航天器,地面用户希望能和这些航天器随时保持通信联系以获取任何一个地方实时观察数据。而保持通信的时间的多少称为通信覆盖率。20 世纪 60~80 年代,为了扩大通信覆盖率在地球上多建测控站,国内不够再加上国外,陆地不够扩展到海上的测量船,这样形成了陆基测控网。为此还必须建立一座网络运行控制中心站,用有线、无线和卫星通信等手段将所有的测控站连接起来协调工作。

14.8.1.1　陆基测控网(TT&C)的优缺点

优点：测控站可直接与航天器建立通信链路，不需要第三者中继；特别是 LEO 轨道的航天器因为通信距离短、路径损耗小，地面仅用不大的天线；航天器上使用简单的固定指向宽波束天线即可工作；相应的发射机功率也要求较小；而且通信的时延较小对话音通信不会带来大的影响。

缺点：航天器轨道越低，可观测的轨道弧段越短，全球覆盖所需要建立的测控站数目就越多，而且地面有很大部分海域，必须建造一些测量船，其造价和运行维护费用非常高昂。由于陆基测控网各环节的增多(国内站、国外站、测量船)，这些站与网络运行控制中心(NOCC)的通信指挥网也变得十分庞大和复杂。动用卫星通信、光缆、陆上微波中继和海底电缆等的支持，这势必增加时延，降低通信的实效性，大大增加运行成本。

陆基测控网基本上采用单星工作模式，如果有多个卫星进入测站视场，如星座工作的应用卫星和载人航天器的交会对接等。为完成多目标的测控和通信，必须采用多套 T&C 设备。而且每次用户星过境，每个台站都要经历定点等待、扫描、捕获和跟踪等复杂操作过程。用户星轨高越低，角跟踪速度越大，捕获目标越困难。

14.8.1.2　陆基测控通信网表现的问题

对地成像观测卫星一方面要降低轨高以提高地面分辨率，另一方面要求有高速率的数据传输能力以传输实时获得的图像数据，同时也提出高覆盖率的需求，希望能实时收集全球观测到数据。因此能提供多少星地接触时间已成为衡量发射这种卫星效费比的重要指标。覆盖率低的陆基测控网已成为制约效费比提高的障碍。

载人航天器上为保证航天员安全，需要测控网有全球覆盖能力，要求地球站有能力随时随地与航天员保持通信联络。另外天一地往返运输器和空间试验室/空间站交换人员和物资时的交会对接动作，对测控网提出多目标、长时间跟踪需求。

星座式工作卫星组成天基干涉仪、天基分布式雷达等新概念，除高速率数传外，还要求测控网同时具有对多个星进行通信和测控跟踪(C&T)能力。

由于地基测控网在航天应用中表现出的诸多不足，天基测控网的建立和完善已成为技术发展的必然。

14.8.2   TDRSS 的空间段布局及其天线

14.8.2.1   TDRSS 的空间段布局

美国从20世纪50年代开始在世界各地建立跟踪测控站和海洋测控船,在空中布设测量飞机。然而60年代阿波罗飞船绕地球近地飞行实验中只获得了15％轨道覆盖率。航天技术发展相继出现各种应用小卫星及其星座,它们大多为近地卫星。地面测控站的低覆盖率及多任务问题变得更为突出。把地面TT&C站搬到静止轨道上,发展天基通信测控网是提高地面覆盖率的有效途径。美国的跟踪与数据中继卫星系统(TDRSS)是把通信、数传、测控集为一体的系统。通过它把用户星与地面终端联系起来了,同时地面终端又通过它把各种信号传至各用户星。TDRSS 在地球同步轨道上(GEO)布设三个卫星,其中两个为工作星、一个为备份星。两工作星的角间距尽量拉开以增加可见用户星的覆盖率,TDRSS 两工作星位于 41°W,171°W,备份星于 79°W。TDRSS 的无线链路如图 14 − 20 所示。中继卫星出现后过去常用的上行和下行易引起混淆,在讨论空间通信和传输前首先定义信道链路。

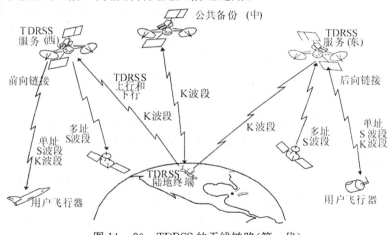

图 14 − 20   TDRSS 的无线链路(第一代)

由地面站→中继星→用户星方向的链路,定义为前向链路,反之为反向链路。SGL(Space ground link)为天地链路,它为双向链路。由地面站到中继星方向称上行天地链路(USGL);由中继星到地面站方向称下行天地链路(DS-GL)。用户星与中继星间链路为两个不同的轨道(倾角和轨高)间的通信链路称为轨道间链路(IOL,Inter Orbit Link)。同样,它也分前向(FWL)和反向

(RTL)链路。此外,还有在同一轨道面上不同轨道位置的 TDRS 间的通信链路称为星间链路(ISL,Inter Satellite Link)。

在 TDRSS 中的单址与多址定义:凡只能连一个用户星的通信链路称为单址;能连多个用户星的通信链路叫多址,在第一代 TDRSS 中,S 频段多波束天线可形成多址(S—MA)。

TDRSS 卫星位于地球同步静止轨道,卫星的偏航轴(Z 轴)指向星下点。太阳翼板沿南北向(Y—Y 轴)安装。卫星东西向两根悬臂梁支撑着两个单址跟踪天线。卫星上共有七副天线,它们是:两副 4.9m 直径的反射面单址天线、一副直径约 2m 的 SGL 天线、一副由平面相控阵构成的 S 波段多址天线(SMA)、一副 S 频段测控的全向天线,还有一副 S 频段通信天线和 K 频段通信天线,如图 14-21 所示。在跟踪与数据中继工作模式下(TDRSS)有三种状态:两个 4.9m 的反射面单址(SA)天线和 30 个单元的螺旋阵多址(MA)天线完成往返于 TDRS 卫星与用户星间的通信;2m 直径的抛物面天线进行空/地链路;S 频段全向天线在转移轨道段提供 TT&C 服务,并在 K 波段故障情况下提供在轨服务。

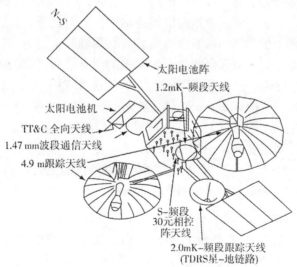

图 14-21 美国 TDRS 的天线布局

14.8.2.2 S/K 频段单址天线(S/K-SA)

它具有双频段通信与跟踪功能。S 频段的前向链路(发射)工作频率 2020~2123.5 MHz,后向链路(接收)工作频率 2200~2300 MHz。天线增益分别大于36dB(发)和36.8 dB(收)。它由两副直径为4.9m的径肋网状抛物面天线组成，$f/D=0.3$，馈源为(S/K)双频段馈源系统。副面为全铝夹层结构。形面精度(RMS)为0.127 mm。这两副单址(SA)天线，安装于卫星的两侧，单级展开。它的接收信号与发射信号间由双工器隔开。天线极化为双圆极化，极化(LHCP/RHCP)的选择由地面指令确定。3dB波束内的天线轴比小于1.5 dB。S-SA工作时，3dB波束宽度为1.84°，可传数据率为6～12 Mb/s。跟踪用户星是靠地面站注入的程序指令进行开环控制的。

Ku频段工作时，首先靠S-SA天线的波束导引、捕获用户星后转入Ku频段的闭环自动跟踪。Ku频段天线3 dB波束宽度为0.28°，最高可传数据率为300 Mb/s的高速数传。该天线东西指向调整范围为±22.5°；南北指向调整范围为±31°，仍由地面指令控制。

14.8.2.3　空-地链路(SGL)的K频段天线

空-地链路的K波段天线是TDRSS卫星与白沙地面站间的基本通信链路。除完成TDRSS任务外，当该卫星作为高级西联星时，该天线还作为西方联合体通信系统的一部分。它是2 m直径的抛物反射面天线。该天线沿$Y-Y$轴方向在一支架上展开。它提供一个指向地面终端的高增益波束，保证白沙地面站与指定位置的在轨卫星之间的联系。该天线具有两轴驱动能力，可以由地面站指令指向地面终端。它一方面接收地面站发送的组合信号，同时在轨卫星也通过它向地面发送信息；它提供指向地面站的高增益波束。下行发射频率13.4～14.05GHz，VLP/HLP，双正交线极化；上行接收频率14.6～15.25 GHz，VLP，垂直极化；2m抛物反射面是碳纤维复合材料制成。焦距$f=1.067$ m，$f/D=0.533$，形面精度，RMS<0.25 mm。

SGL天线与SA天线类似，都为四喇叭单脉冲跟踪天线，双轴驱动机械扫描。它的驱动机构为双轴步进电机既用于天线指向驱动，又用于天线展开。

14.8.2.4　S频段测控全向天线

提供卫星从起飞到K频段的星-地链路开通之前的在轨运行段的跟踪测控。它安装在由C波段天线伸出的一个支架上，它是锥形螺旋全向天线，测控分系统用这个天线接收和发射卫星在发射阶段和在轨过程的S波段信号，并建立在轨运行的通信链路。当通信操作建立起来后，测控业务由空-地链路天线(SGL)或使用固定于西联星上的K波段天线提供K波段的空-地链路。S频段指令链路是将S频段天线接收的信号传递给某个K波段处理器。正常在轨情况时，卫星接收K波段指令数据。在转移轨道的S波段发射、遥测数据的传送都通过 S 波段全向天线发射的,到正常在轨时上变频到 K 波段,并通过高增益的 2m 天线发射出去。

14.8.2.5　S 频段多址天线(SMA)

S 频段多址天线(SMA)仅用于 TDRSS 方式,作为 S 波段信号的发射与接收。该天线是由 30 个螺旋天线阵元组成的平面相控阵天线。其中 12 个是收/发双工的,其余的 18 个仅为接收。螺旋单元天线的螺距 $p=34.33$mm。发射时(前向链路)形成单一的、指令可控波束。该波束由地面指令去控制 12 个发射单元的每一个移相器形成。

对反向链路(接收),30 个接收单元天线,它们每一个都接收来自多址用户的信号,这些信号经前放、下变频、带通滤波到公用中频,后进行频分多路复用。再与其他反向信号组合发送到地面。在此,分解成多路复用的信号送到波束形成网络,该网络合成指向每一个多址用户的波束。所要求的视场相对地球中心为 ±13°。

S 频段多址天线的单元为 22 圈锥柱状螺旋天线。螺旋线径为 1.3 mm,螺旋升角为 12°。支撑在克芙拉(KEVLAR)的三角形介质管上。馈线是 50Ω 同轴系统。在 27° 的视场角覆盖内最大增益为 16 dB;在 ±13.5° 的视场内,接收增益不小于 13.3 dB;发射增益不小于 12.8 dB,成形波束的轴比 AR<1.5 dB。由地面控制移相器形成发射波束,通过地面控制为 20 个用户形成各自的成形波束,12 个收/发共用的螺旋,在后面分别接 12 个双工器。18 个螺旋仅为接收单元,后接有 18 个接收滤波器。30 个螺旋天线单元经双工与接收滤波器后接入多波束形成网络。通过对各路相移量的控制最多可形成 20 个指向不同用户星的定向波束。多址天线仅用于 TDRSS 方式,作为 S 波段信号的发射和接收。多址天线安装在一多用途平台上,螺旋轴线和该平台法线平行,指向卫星星下点。该平台上还装有两个地球敏感器。平台背面交叉梁上有前放、开关、滤波器和双工器。

除上述的天线之外,TDRS 上还有西联星(AW)的 K 波段天线,它安装在 S 波段多址天线(SMA)平台上,沿 $Y-Y$ 轴方向展开,与 2 m 的 SGL 天线相对。TDRS 本身又是一颗国内通信卫星,星上 C 频段 1.47 m 的反射面通信天线,有 12 路转发器。TDRS 地球站利用 C 频段国内通信卫星链路向地面用户分发用户应用数据。

所有的 TDRS 天线和支架结构都装配成一个组合体称为天线平台模块。该模块直接与中心结构相连。其中完成 TDR 的天线包括 SA 天线、SMA 相控阵天线和 SGL 天线。

14.8.3   TDRSS 天线关键技术

空间飞行器测控天线的技术发展与航天测控系统密切相关。20 世纪 80 年代美国全球定位系统(GPS)和俄罗斯 GLONASS 的投入使用,为人类提供了一种新的星基测控资源;同时跟踪与数据中继卫星系统(TDRSS)的建立标志着一种崭新的天基测控系统问世。这将引导航天测控技术的发展。把测控信道与大容量的通信、数传等信道合一,形成 T&C 是一种发展方向。以中继卫星为主的天基测控通信系统代表了世界航天测控通信技术发展方向和必然趋势。适应各种中、低轨卫星星座与地面站间提供连续覆盖的需求,实现空间多目标的捕获、跟踪测量与信息(数据)传输。对 TDRS 星上天线的一些关键和新技术可归纳如下:

(1) 双轴跟踪雷达技术应用到航天器上已势在必行。适应空间环境的高精度的航天单脉冲精密自跟踪天线或程控开环跟踪天线是 TDRSS 航天器天线研制的一个重点技术。第一代 TDRSS 的 4.9 m 反射面的角跟踪精度只有 0.03°~0.05°,不能作为用户星精密测轨元素,把测角精度提高到 0.01°~0.001°,其性能可大大提高,可为更多的应用提供支持。这当中包括大天线的展开、高精度网面的形面精度实现及空间环境下形面精度的保持、航天环境下大型高精度结构的机构实现(含展开机构和跟踪机构)都是航天器天线的关键问题。

(2) 加速发展航天器上相控阵天线应用。为解决星间链路的通信与信息交换,TDRSS 中继星与各用户星间的通信和联系,采用了 S 频段多址天线(SMA)技术。第一代 TDRSS 能形成 20 个反向波束和一个前向波束,随着各种应用卫星星座的增加,通信链路要求更多、相应的波束数也要增加,而且使用频段还要提高。另外,从未来应用需要尽量实现航天器的自主控制。波束的调整基本不受地面控制,自主进行。为此在发展相控阵硬件同时更需加强航天器天线软件研究,使其更具智能型,实现抗干扰、快捷变和多功能。

(3) 目前 TDRSS 中采用弯管式传输方式,用户星取得的数据不能直接传送给用户,地面用户要干预用户星及给有效载荷的指令都不能直接给用户星,都需要经过中继。这样增加了时延,使其通信手段十分复杂。应进一步加强中继星上的数据处理和路由选择的研究。发展星上处理技术使新一代的处理转发器更加智能、更加多功能以满足未来航天任务需要。

(4) 第一代 TDRS 星间链路没有建立使 1200 km 以下的低轨星仍达不到 100%覆盖,这必须依靠地面测控站的参与。为提高天基测控网的功能和性能,实现 TDRS 卫星的星间链路是必要的。应加紧星间激光通信技术的研发。目前在地球同步轨道卫星间的无线通信采用 60 GHz 频段,这当中非常窄的天线波束的捕获、指向和跟踪技术,简称天线的 APT(Acquisition Pointing Tracking)技术和星间的瞄准对齐技术是应加紧研究和实现的。同时为适应星-地链路和星与 TDRS 间的联系,卫星上需有双模态的测控应答机和相应的测控天线。

在完善与改进地基测控系统的同时,逐步由传统的地基向天基过渡是航天测控发展的战略目标。中国发展的跟踪与数据中继卫星系统(TDRSS)、新一代的全球导航与定位系统及天基综合信息网。在 TDRSS 中,跟踪与数据中继卫星上的天线肩负了地面跟踪测控站天线的功能和任务,这对航天器天线提出了巨大挑战,同时也给航天器天线发展一个极好的机遇。抓住这一机会航天器天线技术必有一个大发展。

人类正在加紧对月球、行星等深空的探测,面对深空探测目前适应环地飞行的航天测控系统遇到许多新问题。由于深空探测距离遥长通信接收信号非常微弱,长的时延使实时遥控指令的送达和话音通信变得难以实现,单脉冲测角精度已不能适应深空目标的跟踪要求,一种差分甚长基线干涉仪的测量方法必将普及应用。在 GEO 以下轨道的卫星、飞船及其他航天器可用 TDRSS 解决全天时、全球覆盖和多目标的测控和通信,然而 TDRSS 对深空就显得无能为力了,还需回到地基系统,一种新型的深空通信测控网络需尽快建立和完善,进一步加强航天通信和测控的国际合作。

参考文献

1　叶云裳等. SJ-4 UHF/VHF TT&C 天线系统. 航天器工程,1995,(4)

2　Kilgus C. C. , Resonant Quadrifilar Helex Design,The Microwave Journal, Dec. ,1970, pp. 49—54

3　Resonant Quadrafilar Helex,IEEE Trans. Antenna and Propagat. ,vol. —17, pp. 349—351

4　E12722, The Backfilar Helical Antenna

5　H. Nakano, Characteristics of modified spiral and helical antennas, IEE Proc. , Oct. , 1982, vol. 129, pt. H, No 5, pp. 232—237

6　Y. S. Yeh and K. K. Mei, Theory of Conical Equal-angular spiral Antennas, Part I-Numerical Technique, TEEE Trans. ,vol. AP—15, pp. 634—639

7　Y. S. Yeh and K. K. Mei, Theory of Conical Equi-angular Spiral Antennas, Part II-Current Distribution and Input Impedance, TEEE Trans. ,vol. AP-15, pp. 639—643

8　张正光,叶云裳. 卫星天线辐射方向图计算. 中国空间科学技术, 2001,(4)

9　R. L. Li and V. F. Fusco, Circular Polarized Twisted Loop Antenna,IEEE Trans. vol. —

AP 50 ,1377—1382

10 王秉中. 计算电磁学. 科学出版社,2002

11 清华大学《微带电路》编写组. 微带电路. 人民邮电出版社,1975

12 IEEE Trans. on Ant. and Propagat. ,vol. AP—27, No. 6, Nov. , 1979, pp. 860—861

13 Koji Nagasawa, Radiation Field Consideration of Biconical Horn Ant. with Different Flare, IEEE Trans. On Ant. and Propagat. , vol. AP—36, No. 9 Sept. , 1988, pp. 1306—1311

14 陈道明主编. 通信卫星有效载荷技术. 宇航出版社,2001

15 刘玉斌等. 返回式卫星天线. 国防科技报告

16 叶云裳等. 一种单馈点的微带 GPS 接收天线. 中国空间科学技术, 2000(2)

17 Analysis and Optimized Design of Single Feed Circularly Polarized Microstrip Antennas IEEE Trans. on Ant. and Propagat. vol. —AP—31(6), 1983, pp. 949—955

18 李洋. 用于 GPS 双频微带天线研究. 中国空间技术研究院 2005 年硕士论文

19 张贤铎等. 微带天线理论与设计

20 Sainati. R. A, CAD of Microwavestrip Antennas for Wireless Applications, ARTCH HOUSE

21 Design Handbook of microstrip Antennas

22 叶云裳等. 一种星载 GPS 接收天线. 中国空间科学技术, 2001(3)

23 A Study of the quadrifilar helix antenna for global positioning system (GPS) applications, IEEE Trans. vol. AP—38(10),1990, pp. 1545—1550

24 GPS 在航天器导航和姿态确定领域的应用前景. 航天工业总公司 502 研究所

25 "Shorted Annular Patch Antenna", Microwave and Optical Technology Letters, vol. 8, March,1995

26 Performance Improvement for GPS-based attitude determination system, ION GPS 2000, 19—22,Sept. , 2000, Salt Lake City, UT. , pp. 2209—2215

27 跟踪与数据中继卫星系统专辑. 中国空间技术研究院 501 部

28 姜昌. 卫星跟踪与测控系统. 国防工业出版社,2002

第 15 章　地球同步静止轨道通信卫星天线

卫星通信是航天技术与通信技术结合的一种新技术,它以一种全新方式为人类提供信息传输和通信服务,它影响并改变着人类的生产与活动,近 50 年得到了迅速的发展,从固定卫星服务到移动个人通信,可实现任何地方、任何时候与任何人的通信(有时又称 3W 服务)。通信卫星也成为最重要的一种应用卫星,其上的天线与星载转发器系统承担着信息的接收、处理和发送。星载通信天线是通信卫星重要的有效载荷,本章从同步静止通信卫星天线的一般要求入手,介绍自旋稳定卫星的消旋天线、三轴稳定卫星覆球波束的波纹喇叭天线,阐述覆盖指定地域的赋形波束天线和星载反射面天线的材料与结构。最后介绍卫星通信常用的无源微波网络。

15.1　通信卫星天线概述

15.1.1　分类

本章讨论内容限于地球同步静止轨道通信卫星天线。通信卫星上天线按其功能大致可分为两类。一类是遥测、遥控和跟踪信标天线(又称平台天线)。这些天线为全向(或覆球)波束天线;另一类为通信天线(又称有效载荷天线)。通信天线按其波束一般分为全球波束、半球赋形波束、区域波束、点波束、可重构波束、多波束和扫描点波束等。全球波束对地球边缘的张角约为 17.4°,常用圆锥喇叭,如果双极化复用常用波纹喇叭。半球波束宽度在东西方向上约占全球波束的一半,一般覆盖东、西半球,不包括海洋。常用多馈源反射面的赋形波束天线或单馈源赋形反射面天线形成;区域波束宽度小于半球波束,只覆盖地面某个通信区域,如一个国家或地区,也常用多馈源反射面赋形波束或赋形反射面天线,只是波束不像半球波束那么宽;点波束照射一个小的范围,波束截面一般为圆形,常使用抛物反射面天线(有对称、偏置、单反和双反),反射面直径越大波束越窄。目前一种阵列加反射面或透镜的混合天线系统也用于多点波束、扫描波束和变波束。

目前,按其频段来分有:UHF 频段应用于军用通信(225～400MHz,700MHz 等),L 波段(1.6 / 1.5GHz)用于海事通信,H 频段(8 / 7GHz)用于战术通信,C(4 / 6GHz)和 Ku(12 / 14GHz)频段用于商业通信,Ka(30 / 20GHz)用于全球个人通信,60GHz 或激光频段用于星间或星际链路通信等。随通信容量的增大及星间链路通信的需求,提高使用频段已是一种必然。

15.1.2　星载通信天线的一般要求

卫星通信天线除具有一般天线共有的一些要求,比如带宽、方向图、增益、极化和驻波比外,作为通信天线还有一些侧重的技术要求比如:波束指向(波束电轴相对星下点的指向,一般以星下点为坐标系的 Z 轴,用球坐标(θ,φ)来表示);覆盖区内电平及其电平起伏、覆盖区边缘电平滚降;极化复用和极化纯度等。

天线还需在以下几方面与具体应用相适应:

(1) 星上交换系统与波束切换。若星上采用开关切换的时分多址通信体制,(SS-TDMA)。当星上任一个波束收到其覆盖区内某一地球站发来的信号,不仅能将信号转发到该波束覆盖区内任一个地球站,而且还能通过其他波束发至更广泛地区内的地球站,这就需要与其他转发器和其他天线波束相互连接,实现这个功能的系统叫做星上交换系统。它用交换矩阵把若干个转发器和若干个天线波束相转接,以实现天线波束间的交换。

(2) 频率复用技术。是指在同一频段内采用一些手段使频谱实现多(或两)次应用。一般有时分、频分、码分和空分等方式。频率复用是实现在同一(或重叠的)覆盖区内使用同一频率的独立信号间不发生干扰,这种技术可使通信容量成倍地增长。最常用的有极化复用,它是在同一频道内采用两个正交极化(VLP/HLP 或 RCP/LCP)的信号。极化复用要求天线波束的极化纯度很高,这样才能使两个信道不发生干扰。按国际电联规定,一般极化复用的双极化天线,其极化隔离度一般不低于 30dB。极化隔离度(或极化鉴别率)定义为:

$$XPD = 20\lg\left|\frac{\text{同极化端接收电平}}{\text{交叉极化端接收电平}}\right|$$

多波束技术是指用同一口径形成多个波束,它是实现空间复用的一种形式,常用的为空分多址(SDMA),一副天线产生的多个波束覆盖服务区。

(3) 消旋机构(措施)。自旋稳定卫星为保证其上的天线始终指向地面预定方向,这种抵消卫星自旋引起的波束指向改变称为消旋。一种消旋方式是将天线安装在消旋平台(或消旋轴承)上,消旋平台(或消旋轴承的动子)相对星体有方向相反、速度相同的消旋运动。除机械消旋外，还有电子消旋，电消旋天线没有相对于星体的机械运动，通过电控方式实现波束以自旋速度相反方向等速旋转。

通信卫星天线与其他卫星天线一样也有如下的要求：

（1）重量限制和极限尺寸。星载通信天线作为有效载荷的主要部分，安装到星体上，将受到重量和可用空间的限制。该因素成为星载通信天线设计的主要约束条件之一。

（2）环境适应性。星载天线安装在星体外面，在轨运行时天线暴露于外空间，必须经受外空环境如高低温交变、辐照等环境因素。对于地球同步静止轨道，其环境温度一般在$-150 \sim 150$℃。此外，作为空间飞行器天线还必须考虑其结构和力学环境因素，对太阳风的穿透性，在发射过程中的振动、冲击和噪声等载荷。所有航天器天线设计都必须是轻质的。虽然有多种天线形式都可获得高增益，但反射面天线因为它在重量、成本、易加工成型等方面的优势是通信卫星上目前应用最广泛的一种天线形式。如图 15－1 所示是通信卫星在运载火箭中的两种布局。图(a)表示出对地三轴稳定卫星的一种天线布局，受容积限制，天线采用展开方式；图(b)为一个自旋稳定卫星。天线坐架到天线支架上，整个支架连同天线通过一消旋轴承以与卫星自旋速相等、相反方向运转。对自旋稳定卫星更要注意天线对太阳风的通透性，一般做成网状结构，否则天线在太阳风作用下会影响卫星轨道与姿态的稳定性。三轴稳定卫星太阳翼向两边展开，这样可以较好地平衡太阳风力矩，使其影响减小。天线材料除轻质的外，能经受住空间环境作用，材料应具有低热胀系数。同时还必须采用低放气率材料以避免对太阳翼和星载光学仪器的污染。为减少和基本消除天线结构变形，采用石墨

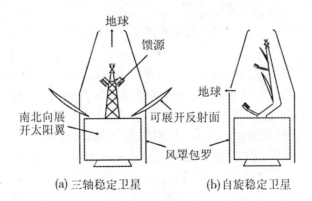

(a) 三轴稳定卫星　　　(b) 自旋稳定卫星

图 15－1　通信卫星在运载火箭中的布局

和克夫拉纤维复合材料。它们不但轻,而且有高的强度和刚度,只要合理加工还有非常稳定的热特性。为减少热变形,在反射面背面、馈源及天线支杆上覆盖或缠绕 kapton 隔热层(多层镀铝聚硒亚胺隔热层),在反射面工作面上可喷涂温控漆。

15.2　自旋稳定卫星通信消旋天线

自旋稳定卫星是卫星通信早期应用比较广泛的一种通信卫星形式。星体多为圆柱体,体装太阳电池无展开太阳翼。为了保证星上定向通信天线始终指向预定的覆盖区,要求该天线消旋。天线消旋就是指星上天线波束相对于旋转的星体以相等、相反速度转动,保持其波束指向相对地面不动。天线的消旋一般有两种方式:一种为机械消旋,通过天线相对星体以相等、相反速度机械旋转来维持波束指向相对地面静止;另一种为电子消旋,天线与星体之间无机械相对运动,其消旋是在相对于卫星自旋轴的对称表面上分布一些辐射单元形成阵列,通过对阵列天线各阵元激励幅度和相位改变,控制波束以卫星自旋速度相等、相反的方向扫描。这种波束转动靠电控实现。本节分别阐述在自旋稳定卫星上应用的机械消旋定向波束天线和电子消旋定向天线。

15.2.1　机械消旋定向波束天线

同步静止轨道、自旋稳定卫星通信天线要实现对地球的稳定覆盖,除用环状固定波束天线外,也可采用定向波束天线。固定波束天线只能获得较低增益,而定向天线可获得较高增益,但必须采用消旋方式。机械消旋需采用消旋机构加射频旋转关节让天线相对卫星同步反旋。

双自旋稳定卫星通过机械消旋使其波束始终指向地球。中国"东方红二甲"通信卫星天线就采用了机械消旋天线系统,其结构与布局如图 15-2 所示。图中表示出了双自旋稳定卫星测控天线与通信天线的系统布局。双圆锥或双圆盘天线产生圆旋转对称的环状波束,作为双自旋稳定卫星全向测控天线安装于卫星自旋轴上。测控天线同轴安装,上面是遥控接收天线(RCP),下面是遥测发射天线(LCP),为了减少圆盘边缘环电流对辐射方向图的影响,在盘边采用了 λ/4 扼流结构。该卫星采用了 C 波段统一测控体制。在轨道正常飞行期间,C 频段统一测控(UCB)与 C 频段通信共用信道。通信天线为偏置切割抛物面,其波束为覆盖中国版图的区域波束。通过消旋组件使天线以与卫星自旋相同的速度反旋(双自旋稳定)。C 频段的射频消旋关节为同轴型的。

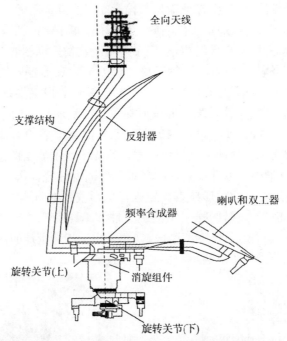

全向天线

支撑结构

反射器

频率合成器

喇叭和双工器

旋转关节(上)

消旋组件

旋转关节(下)

图 15－2　"东方红二甲"双自旋稳定通信卫星的天线系统布局

　　星载天线相对卫星转动,就必须有称为"旋转关节"的转动连接装置。旋转关节的一端与天线相连,另一端与星载应答机相连。要求它插损小、匹配好、泄漏能量小,在转动过程中性能平稳、可靠。机械结构上要求它转动灵活、密封性能好;在两个相对转动的传输线间有良好的电接触,采用同心同轴管传输轴对称的 TEM 波,在两个相对转动端面采用了 $\lambda/4$ 的扼流槽设计以保证结构上的两体是微波电的一体。良好的射频接触保证在工作频段内有很小反射。图 15－3是"东方红一甲"通信卫星上应用的由三层同心同轴线组成的三信道同轴旋转关节结构示意图。利用同轴线中的 TEM 波,每一层同轴线旋转连接处设计有扼流槽。最内层同轴线上端为同轴接头输入,下端为同轴波导转换输出。中间一层同轴线上、下端都为波导输出。为了使低阻的同轴线和高阻波导匹配,利用脊波导过渡。最外层同轴线由于外径和内径都比较大,为了防止可能出现 H_{11} 高次模,在最外层同轴线的上端和下端都采用传输 TE_{10} 模的 H 面 T 形波导接头,实现同相对称馈电保证同轴段 TEM 模激励。这种同心同轴旋转关节的优点是部件少、结构紧凑、隔离度高以及旋转时信号起伏小;由于同心度要求较高,随着工作频率提高加工精度要求会更高。旋转关节设计时应根据各信道波型的要求选择正确的激励方法和尺寸,保证输入与输出端口的良好匹配。

图15-4是日本CS通信卫星消旋天线示图。馈源喇叭与偏置反射面连接为一体,消旋轴承的动子与天线相连、定子与星载收发信机相连。该卫星是美国Ford公司帮助日本设计的国内通信卫星。该卫星为日本各岛的商用卫星通信服务,在20/30 GHz频段提供6个频道,在4/6 GHz频段提供2个频道,每一个频道有200 MHz带宽。其天线是机械消旋、宽带、赋形波束的喇叭反射面。它为日本各列岛提供4/6 GHz和20/30 GHz频段的高增益的通信链路。天线设计扩展了现有的喇叭反射面天线设计技术。首先研制了能工作在四个独立频段的单馈源系统;并通过对双曲反射面和赋形反射面的综合提供在20/30 GHz频段与日本列岛轮廓吻合的赋形波束。要维持赋形波束对日本岛的稳定覆盖,该天线采用了机械消旋方式,同样采用消旋组件和RF旋转关节。由于该天线工作于4/6 GHz和20/30 GHz双宽频段,馈源采用了特殊设计的双频段宽带波纹喇叭,RF旋转关节采用了双通道波导对称模设计。

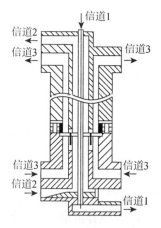

图15-3　"东方红二甲"三通道
同轴旋转关节结构示意图

图15-4　日本CS通信
卫星消旋天线

15.2.2　电子消旋定向波束天线

机械消旋天线的转动可能会对卫星姿态与轨道产生扰动。而且消旋机构及活动部件多为单点失效部件,可能成为一个低可靠性系统,消旋天线失效的事件曾有发生。电子消旋天线的优点是避免了旋转关节等活动部件的单点失效、避免了对姿态轨道的扰动,在地球同步静止轨道自旋稳定卫星上得到了广泛应用。地球同步通信卫星定点后,将测控信道与通信信道合一。它既完成通信任务,又完成星-地间测控任务。在此给出一个电子消旋天线的例子,说明同步静止轨道自旋稳定卫星电子消旋天线的设计与实现。

假设工作频率为 4000 MHz,在系统设计基础上给出了一个直径 $2R＝550$ mm的圆柱形阵列天线。该阵列由在圆柱表面均布的 32 个列子阵组成,每一个列子阵由 4 个单元天线组成,如图 15－5 所示。天线的消旋由如图 15－6 所示的网络来实现。该网络首先由 1:4 的功分器将 RF 能量分成等幅、同相的四路信号,分别送入四个可变数字相移功分器上,可变数字相移功分器的八路输出接到八个 1:4 的开关上,每一个开关的四个输出分别接到四个列子阵的端口,开关的这四个出端连到的四个列阵并不是相邻的,而是在空间向差 90°(空间正交的)。八个开关的四个输出形成对 32 个列子阵的馈电。

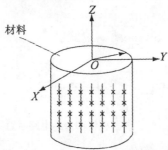

图 15－5　圆柱阵列电子消旋天线示意图

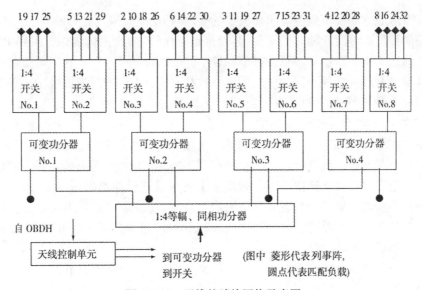

图 15－6　天线的消旋网络示意图

可变数字相移功分器的电路如图 15－7 所示。输入端是一个 3 dB 的分支电桥,电桥的输入端接入信号 V_i,另一输入端接一匹配负载吸收反射信号。在输出端分别接入相移段,这两相移段的相移分别为 ϕ 和 $(\pi/2-\phi)$。接入相移段前在分支电桥的超前输出臂上加入 $90°$ 的延迟线,使分支电桥同相接入相移段。相移段后串接一 3 dB 的分支电桥,这样在其输出端的两个信号分别为 $V_a=V_i\cos\phi$,$V_b=V_i\sin\phi$。如果改变相移段的相移量就可改变其网络输出口的功率分配。移相量的控制通过三位数字移相器得到。三位移相量分别为 $15°$,$30°$,$45°$,可形成 7 种不同功分比(幅值)的输出 $\left|\dfrac{V_a}{V_b}\right|^2$。可变数字相移功分器的两路输出是同相的。而幅度随时间变化,其中一路输出 V_a 由最大变到 0,另一路 V_b 则由 0 变到最大。

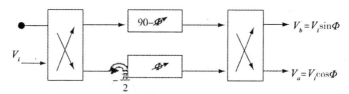

图 15－7　可变数字相移功分器电路示意图

每一列阵的 4 个辐射单元的馈电由微带功分器馈送。它们之间的幅值是不等分配的,为的是获得好的辐射方向图。

考虑地球同步轨道卫星覆球波束的要求,每次同时激励相邻的 5 个列阵,被激励的幅度不等而且随时间变化,其相位是同相的。5 个列阵的馈电采用中间 3 个各馈送 1/4 的等功率,两边的列阵共享 1/4 功率。两边列阵利用可变数字功分器输出可形成 7 种不同的馈电幅度。这样在第 1～5 个列阵被激励的条件下可形成 7 种不同指向的波束。当单元 1 馈送功率减少到零时,开关立即把第 2～6 的列阵接通,仍然是中间的三个列阵(第 3～5 列)以 1/4 功率馈送,而边上的第 2 和第 6 列共享 1/4 功率。同样可变数字功分器有 7 种不同的功分比分别加到边上两列上。就这样以此类推,可实现 $0°\sim360°$ 的圆周扫描。开关的切换时间完全由卫星自旋速度决定。利用星上地球敏感脉冲给出角度参考,通过时序控制来实现波束移动与卫星自旋同步且反旋,使波束扫描与卫星自旋保持同步。三位数字移相器可用并联传输线加载 PIN 二极管形成。在 $0°\sim90°$ 相移范围内可形成 7 种功率分配状态。

1∶4 开关由平衡带线组成,四个 PIN 二极管安装在四个传输线中。开关的四个支路通断采用二进制的二位码。开关的四种状态,比如当码为 00,01,10,

11 就分别代表开关的第一个、第二个、第三个和第四个支路导通。每次有五个开关需要动作,因此采用 10 位二进制码就可实现其控制。比如,当 1011100011 时就代表第一个开关第三支路、第二个开关第四个支路、第三个开关第三个支路、第四个开关第一个支路和第五个开关第四个支路导通。到底哪个序号的开关作为第一个导通,可在码位前再加字头来区分。星上地敏脉冲给出角度参考信息,与开关通断控制信息由卫星的星务管理系统(OBDH)提供,经天线电控软件计算确定。到开关、波束形成的可变数字相移功分器及扫描网络的各种逻辑指令都由天线电控单元产生,与卫星自旋同步。角参考信号是通过地球敏感器脉冲给出,这是消旋天线与卫星同步反旋的基准。

天线工作于 4 GHz 频段,圆柱半径 R 为 275～300 mm。圆柱面上有 32 列阵,每列阵由四个单元组成。单元方向图定为

$$f_0(\varphi) = \frac{1}{2}(1+\cos\varphi) \tag{15-1}$$

圆柱面内列阵均布,列阵在圆柱面上位置

$$\varphi_m = \frac{2\pi}{N}m \qquad m = 0,1,2,\cdots,31, \quad N=32 \tag{15-2}$$

$$\lambda = 75 \text{ mm}$$

该圆形阵每次激励五个相邻列阵,而且为不等幅、同相激励,因此辐射方向图可写为

$$f(\theta,\varphi) = \sum_{m=0}^{4} f_0(\theta,\varphi-\varphi_m) A_m e^{jkR\sin\theta\cos(\varphi-\varphi_m)} \tag{15-3}$$

当 $\theta = 90°$ 时,辐射方向图可简化为

$$f(\varphi) = \sum_{m=0}^{4} f_0(\varphi-\varphi_m) A_m e^{jkR\cos(\varphi-\varphi_m)} \tag{15-4}$$

首先,本天线有 32 个列阵,每次按顺序接通 5 个,一周共有 32 个状态。每一个状态占据 $360°/32 = 11.25°$ 的角域。在每一个 $11.25°$ 的角域内,可变功分器的七种输出(见表 15-1)在激励的 5 个列阵上形成了 7 种不同的激励幅值分布(见表 15-2),它们相应的辐射方向图利用式(15-4)可以计算求出。对应的方向图仿真结果局部放大见图 15-8。

表 15-1　可变功分器二输出端按最大输出归一的七种输出幅值

支路号	幅值 1	幅值 2	幅值 3	幅值 4	幅值 5	幅值 6	幅值 7	备注
A 路	1.0000	0.9660	0.8660	0.7072	0.5000	0.2558	0.0000	
B 路	0.0000	0.2588	0.5000	0.7072	0.8660	0.9660	1.0000	

表15－2   七种情况列阵的激励电流分配(按功率归一)

情况	单元1	单元2	单元3	单元4	单元5
1	0.5	0.5	0.5	0.5	0.0
2	0.4830	0.5	0.5	0.5	0.1294
3	0.4330	0.5	0.5	0.5	0.2500
4	0.3536	0.5	0.5	0.5	0.3536
5	0.2500	0.5	0.5	0.5	0.4330
6	0.1294	0.5	0.5	0.5	0.4830
7	0.0	0.5	0.5	0.5	0.5000

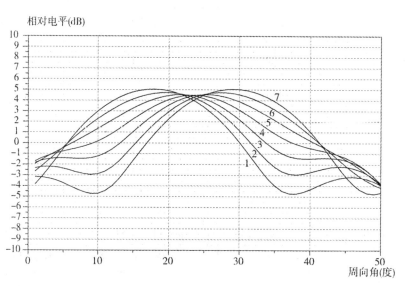

图15－8   赤道面波束分布的局部放大图(圆柱直径550 mm，$f＝4$ GHz)

结果表明，该天线3 dB瓣宽在17°～18°，达到了覆球波束设计要求。在功分改变过程中天线指向的改变正好跨在11.25°的角域内，加上32种状态，本天线扫描一周形成了指向基本均布的224个波束。在扫描过程中波束跃度仅约1.6°。设计中开关矩阵与可变数字功分器混合应用，本天线仅用了三位数字移相器，就使扫描电平的最大起伏不超过1 dB，实现了消旋过程信道电平平稳。

15.3　同步静止轨道卫星覆球波束和波纹喇叭

15.3.1　概述

同步静止通信卫星的覆球波束要求约 17.4°的波瓣宽度，一般采用喇叭实现。最早应用的有基模圆喇叭和角锥喇叭，随着频率复用技术的应用较为理想的是波纹喇叭。喇叭既可作为直接辐射器，也可作为反射面和透镜的馈源，也用到阵列天线中，其应用十分广泛。反射面天线是航天通信和微波遥感中应用最多的一种天线形式，而馈源的性能在很大程度上制约着口径面天线的整体性能，随着双频段、多频段、双极化应用需求更促进了馈源喇叭的研究。对馈源的主要要求是：①合适的幅值、相位方向图和稳定的辐射相心；②满足需要的宽带特性；③适合双极化复用的极化纯度（非常低的交叉极化）。波纹喇叭是当今最理想的一种馈源形式。

波纹喇叭是在普通的圆喇叭或角锥喇叭内壁上开有一定深度的波纹槽构成。小张角喇叭槽与中心轴线垂直，大张角喇叭波纹槽与喇叭壁垂直。如果槽深为 h，则波纹喇叭内表面波纹槽开口处等效表面阻抗为 $z_s \approx jz_0 \mathrm{tg} k_0 h$，$z_0$ 是波纹槽等效为双线传输线的特性阻抗，k_0 为自由空间波数。波纹喇叭内电磁波近乎于 HE_{11} 平衡混合模。这个模的辐射具有圆对称辐射方向图、低交叉极化、低边瓣、高波束效率、较宽工作频段（近似有 $f_u/f_l \leqslant 2.0$）和明确而稳定的辐射相心等优点，是现代航天器上应用最广泛的喇叭之一，适用于当今各种高性能反射面天线，成为卫星通信、卫星电视和其他微波天线照射器的理想形式，在本书第 5 章中有述。有关这方面的研究和成果有不少的文章和书籍，在此不重复。波纹喇叭设计参数比普通喇叭（如角锥喇叭、圆喇叭等）多，设计过程也较复杂。宽带波纹喇叭设计包含有模转换器设计、过渡段设计、波纹喇叭输出张开段设计、波纹喇叭输出张开段槽深的选择、宽带要求的等效口面相差的选择等。为了简化设计工作、较容易地完成波纹喇叭的设计，或能快捷给出高性能波纹喇叭优化设计初值，在此给出一套包含上述设计内容、具有工程应用价值的简单设计方法和流程。

15.3.2　波纹喇叭的工程设计

15.3.2.1　波纹喇叭的主要设计参数(表15-3)

表15-3　波纹喇叭主要设计参数

参　　数	符　　号
输入半径	a_i
输出半径	a_0
长度	L
总槽数	N
模变换段的总槽数	N_{MC}
槽距	$p=L/N$
槽宽	w
槽宽和槽距之比	$\delta=w/p$
槽齿的宽度	$(p-w)=(1-\delta)p$
第 j 个槽槽深	d_j,　$1 \leqslant j \leqslant N$

15.3.2.2　波纹喇叭各参数的设计

(1)喇叭带宽。在介绍带宽时,首先提出四个频率:最低工作频率 f_{min};最高工作频率 $f_{max}(f_{max} \leqslant 2.4f_{min})$;中心频率 f_c(对应的波长为 λ_c);输出频率 f_o(对应的波长为 λ_o)。在此定义窄带和宽带模式。

窄带模式是指最高和最低工作频率满足 $f_{max} \leqslant 1.4f_{min}$,对应的中心频率 $f_c=\sqrt{f_{max}f_{min}}$;喇叭口面上最后一个开槽槽深一般应是输出频率 f_o 对应波长的 $\frac{1}{4}$,一般选择 $f_c \leqslant f_o \leqslant 1.05f_c$。

宽带模式是指最高和最低工作频率满足 $1.4f_{min} \leqslant f_{max} \leqslant 2.4f_{min}$;对应中心频率 $f_c=1.2f_{min}$,输出频率满足 $1.05f_c \leqslant f_o \leqslant 1.15f_c$。

(2)输入半径 a_i 是指圆波导中使基模 H_{11} 能传输的半径,应有:

$$\frac{2\pi f_{min}}{c}a_i \geqslant 1.84118$$

$c = 3 \times 10^8$ m/s,为光速。常选择 $k_c a_i = \dfrac{2\pi}{\lambda_c} a_i = 3$, $a_i = \dfrac{3\lambda_c}{2\pi}$。按此条件选择的输入半径至少使入端反射回波损耗在 $f_{\min}$ 上大于 15 dB。(注意:这里下标 c 代表中心频率对应的参数)。

　　(3) 输出半径 a_o。一般是指喇叭作为反射面馈源时,对反射面边缘照射电平在 -12 dB~-18 dB 范围内,喇叭口面应有的净半径。图 15-9 对不同的边缘照明电平给出了馈源对反射面的半张角与其喇叭口径的关系。设计时可从曲线中找到恰当的设计值。

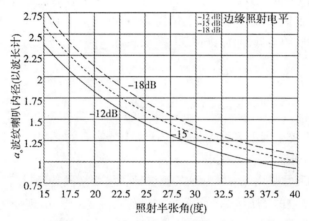

图 15-9　不同照明锥波纹喇叭的照射半张角和输出半径

　　(4)喇叭长度 L 通常由应用设定,虽然有些应用要求喇叭长 $20\lambda_c$~$30\lambda_c$,但通常选择 $5\lambda_c$~$10\lambda_c$,因为长度将影响喇叭的边瓣和相位中心稳定性。一般需要进行一些试验。某些情况下,最优的设计是尽可能降低成本和重量,在航天器的应用中重量和体积是非常关注的因素。

　　(5) 波纹槽深。第 j 个槽的归一化槽深计算是波纹喇叭最重要的一个设计参数。设波纹半径为 a_j,槽深为 d_j,波纹表面的电抗为 x_j,则:

$$x_j = -\delta \frac{J_1(k_c a_j)Y_1[k_c(a_j+d_j)] - Y_1(k_c a_j)J_1[k_c(a_j+d_j)]}{J'_1(k_c a_j)Y_1[k_c(a_j+d_j)] - Y'_1(k_c a_j)J_1[k_c(a_j+d_j)]} \quad (15-5)$$

式中,$k_c = \dfrac{2\pi}{\lambda_c}$ 为中心频率的波数,J_1 为第一类一阶 Bessel 函数,J'_1 为 J_1 的一阶导数;Y_1 为第二类一阶 Bessel 函数,Y'_1 为 Y_1 的一阶导数。

　　当 $x_j \to \infty$, HE_{1n}, EH_{1n} 达到平衡混合条件,为此式(15-5)应满足

$$J'_1(k_c a_j)Y_1[k_c(a_j+d_j)] - Y'_1(k_c a_j)J_1[k_c(a_j+d_j)] = 0 \quad (15-6)$$

一般说 d_j 应为 $\lambda/4$,但从式(15－6)严格求解,槽深与喇叭半径有关。为了简化计算,工程上引入校正因子 $\tilde{k}$,它与槽深和喇叭半径有如下关系:

$$d_j = \tilde{k} \frac{\lambda_c}{4} \qquad \tilde{k} \approx \exp\left[\frac{1}{2.114(k_c a_j)^{1.134}}\right] \qquad (15-7)$$

按式(15－7)计算的槽深与式(15－6)的理论值十分吻合。因此式(15－7)是工程中计算槽深最常应用的一个关系。

对于多频段应用的波纹喇叭,支持混合模的波纹表面阻抗必须使槽深为 $n\lambda/4$ 的关系,而 n 为奇数。于是第一个频段上槽深大致为低端频的 $\lambda/4$,而为高端频的 $3\lambda/4$。有时可取在低端频上槽深为 $3\lambda/4$,而高端频上为 $5\lambda/4$。假设主要频段于工作频段的最低部分,则槽深

$$d_j = \tilde{k} \frac{3\lambda}{4}$$

$$\tilde{k} = \exp\left[\frac{1}{5.955(k_c a_j)^{1.079}}\right] \qquad (15-8)$$

同样,应用这个校正因子可得到与理论计算十分吻合的结果。值得注意的是随 n 增大,其高频逼近性差一些。

输入波导通常是由 H_{11} 模激励的圆波导。模变换段是经过若干个槽齿后将 H_{11} 模变换成波纹的 HE_{11} 模。变换段一般有三种常用形式,现分述如下:

(6)变槽深的模变换段如图 15－10 所示。一般应用在 $f_{max} \leqslant 1.8 f_{min}$ 频带内,是最常用的一种模变换段。其槽深选择如下:

在变换段,当 $1 \leqslant j \leqslant N_{MC}+1$ 时,槽深

$$d_j = \left\{\sigma - \frac{j-1}{N_{MC}}\left[\sigma - \frac{1}{4}\exp\frac{1}{2.114(k_c a_j)^{1.134}}\right]\right\}\lambda_c \qquad (15-9)$$

式中,$(0.4 \leqslant \sigma \leqslant 0.5)$,$\sigma$ 是变换段第一个槽深的取值,以波长数计。

在喇叭张开段,当 $N_{MC}+2 \leqslant j \leqslant N$ 时,第 j 个槽深

$$d_j = \frac{\lambda_c}{4}\exp\left[\frac{1}{2.114(k_c a_j)^{1.134}}\right] - \left(\frac{j-N_{MC}-1}{N-N_{MC}-1}\right)\left\{\frac{\lambda_c}{4}\exp\left[\frac{1}{2.114(k_c a_o)^{1.134}}\right] - \right.$$

$$\left. \frac{\lambda_o}{4}\exp\left[\frac{1}{2.114(k_o a_o)^{1.134}}\right]\right\} \qquad (15-10)$$

式中,$k_o = \frac{2\pi}{\lambda_o}$

(7)环加载模变换段,一般应用于 $f_{max} \leqslant 2.4 f_{min}$ 频带内,其几何结构见图 15－11。其槽深选择如下:

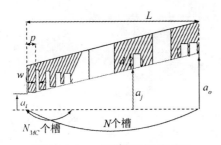

图 15-10　变槽深的波纹喇叭

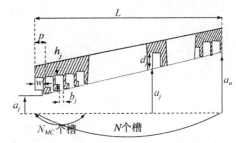

图 15-11　环加载槽的几何示意图

在变换段,当 $1 \leqslant j \leqslant N_{MC}+1$ 时,槽深

$$d_j = \frac{\lambda_c}{4} \exp\left[\frac{1}{2.114(k_c a_j)^{1.134}}\right] \tag{15-11}$$

在喇叭张开段,当 $N_{MC}+2 \leqslant j \leqslant N$ 时,槽深

$$d_j = \frac{\lambda_c}{4} \exp\left[\frac{1}{2.114(k_c a_j)^{1.134}}\right] - \left(\frac{j-N_{MC}-1}{N-N_{MC}-1}\right) \times$$
$$\left\{\frac{\lambda_c}{4} \exp\left[\frac{1}{2.114(k_c a_o)^{1.134}}\right] - \frac{\lambda_o}{4} \exp\left[\frac{1}{2.114(k_o a_o)^{1.134}}\right]\right\} \tag{15-12}$$

在变换段,当 $1 \leqslant j \leqslant N_{MC}$ 时,第 j 槽的宽度和高度分别为:

$$b_j = \left[0.1 + (j-1)\frac{\delta-1}{N_{MC}}\right]p, \qquad h_j = \frac{2}{3}d_j \tag{15-13}$$

（8）可变槽宽比的波纹变换段一般应用于 $f_{max} \leqslant 2.05 f_{min}$ 范围内,如图 15-12 所示,其参数选择如下:

在变换段,当 $1 \leqslant j \leqslant N_{MC}+1$ 时,第 j 个槽的槽深

$$d_j = \left\{\sigma - \frac{j-1}{N_{MC}}\left[\sigma \frac{\lambda_c}{1.15} - \frac{j-1}{N_{MC}-1}\left(\frac{\lambda_c}{4} - \sigma\frac{\lambda_c}{4}\right)\exp\frac{1}{2.114(k_c a_j)^{1.134}}\right]\right\}\lambda_c \tag{15-14}$$

在喇叭展开段,当 $N_{MC}+2 \leqslant j \leqslant N$ 时,第 j 个槽的槽深

$$d_j = \frac{\lambda_c}{4} \exp\left[\frac{1}{2.114(k_c a_j)^{1.134}}\right] - \left(\frac{j-N_{MC}-1}{N-N_{MC}-1}\right) \times$$
$$\left\{\frac{\lambda_c}{4} \exp\left[\frac{1}{2.114(k_c a_o)^{1.134}}\right] - \frac{\lambda_o}{4} \exp\left[\frac{1}{2.114(k_o a_o)^{1.134}}\right]\right\} \tag{15-15}$$

在变换段,当 $1 \leqslant j \leqslant N_{MC}$ 时,第 j 槽的宽度

$$w_j = \delta_{min} + \frac{j-1}{N_{MC}-1}(\delta_{max} - \delta_{min}) \tag{15-16}$$

$$0.125 \leqslant \delta_{min} \leqslant \delta, \qquad \delta_{max} \approx \delta \text{（归一化齿宽比）} \tag{15-17}$$

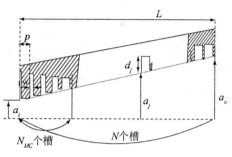

图 15-12 变槽宽比的几何示意图

对头两种变换段的总槽数一般选择为 $5 \leqslant N_{MC} \leqslant 7$；对第三种模变换段的总槽数一般选择为 $7 \leqslant N_{MC} \leqslant 12$。

（9）波纹喇叭内表面轮廓的选择。表 15-4 列出了常用的几种类型的内表面轮廓，表中 ρ 是选定的常数。

表 15-4　内表面轮廓

轮廓类型	表面轮廓公式
线性分布	$a(z) = a_i + (a_o - a_i)\dfrac{z}{L}$
不对称的正弦平方分布	$a(z) = a_i + \dfrac{2(a_o - a_i)}{1+\gamma} \sin^2\left(\dfrac{\pi z}{4L_1}\right),\ 0 \leqslant z \leqslant L_1$ $a(z) = a_i + \dfrac{2(a_o - a_i)}{1+\gamma} \left\{ \gamma\sin^2\left[\dfrac{\pi(z+L_2-L_1)}{4L_2}\right] + \dfrac{1-\gamma}{2} \right\},\ 0 \leqslant z \leqslant L_1$ 对 $L_1 \leqslant z \leqslant L$, $L=L_1+L_2$, $\gamma = \dfrac{L_2}{L_1}$
正弦分布	$a(z) = a_i + (a_o - a_i)\left[(1-A)\dfrac{z}{L} + A\sin^\rho\left(\dfrac{\pi z}{2L_1}\right)\right]$　对 $A \in [0,1]$
正切分布	$a(z) = a_i + (a_o - a_i)\left[(1-A)\dfrac{z}{L} + A\tan^\rho\left(\dfrac{\pi z}{4L}\right)\right]$　$A \in [0,1]$
幂次方分布	$a(z) = a_i + (a_o - a_i)\left[(1-A)\dfrac{z}{L} + A\left(\dfrac{z}{L}\right)^\rho\right]$　$A \in [0,1]$
指数分布	$a(z) = a_i \exp\left[\ln\left(\dfrac{a_o}{a_i}\right)\dfrac{z}{L}\right]$
双曲分布	$a(z) = \sqrt{a_i^2 + \dfrac{z^2(a_o^2 - a_i^2)}{L^2}}$
多项式分布	$a(z) = a_i + (\rho+1)(a_o - a_i)\left[1 - \dfrac{\rho z}{(\rho+1)L}\right]\left(\dfrac{z}{L}\right)^\rho$

至此，波纹喇叭的几何参数：总槽数 N、模变换段槽数 N_{MC}、槽距 $p = L/N$、

槽宽 w、槽宽/槽距 $\delta=\dfrac{w}{p}$ 和齿宽都可以确定。一般说来,槽距 p 满足 $\dfrac{\lambda_c}{10}\leqslant$ $p\leqslant\dfrac{\lambda_c}{5}$。对窄带模式,槽距可接近 $\dfrac{\lambda_c}{5}$;而宽带模式槽距多接近 $\dfrac{\lambda_c}{10}$。槽宽与槽距比 δ 通常取 $0.7\leqslant\delta\leqslant0.9$。这些参数选择会影响到喇叭的交叉极化电平。

15.3.2.3　相位中心位置

在喇叭内相位中心位置可以通过口径面相位变化来决定。因为一些因素都会影响这个参数,对波纹喇叭相位中心的估计,通常采用非常粗糙的经验方法描述。最后的相位中心位置应由实验确定。一般把相位中心位置用从口径向喇叭颈部的距离量度,以 αL 计:

$$\alpha=1-\exp\left[-4.8\left(\dfrac{k_c a_o^2}{4\pi L}\right)^2\right] \tag{15-18}$$

作为一般的规律,窄带喇叭的相心接近于口径面,而宽带喇叭的相心趋近于喇叭的顶点,而且相对稳定。

按上述步骤选择波纹喇叭参数至少可使其性能在设计频段内方向图圆对称、交叉极化在 -30 dB 以下,返回损耗低于 -27 dB。这个性能对绝大多数应用来说是足够了。如果还打算进一步提高某些方面的性能,可将该结果作为最优化的初值,进行最优化设计。波纹喇叭性能分析最常应用的是模匹配法。目前采用商用电磁软件也可完成,比如 Ansoft HFSS、MicroWave Studio-CST 等。参照软件工作手册,很容易建立基本的波纹喇叭几何,利用任意一个软件包都可以分析其参数,并进行最优化设计使之达到应用需要的性能。

15.3.3　设计应用举例

(1)设计要求。设计一个 Ku 波段地面站 Cassegrain 天线的馈源。
- 接收频带:$10.7\sim12.75$ GHz;
- 发射频带:$14.0\sim14.5$ GHz;
- 喇叭对副面的半张角为 $20°$,在此角度上,馈源的边缘照射锥为 -15 dB。

(2)设计步骤

1)$f_{min}=10.7$ GHz, $f_{max}=14.5$GHz, $f_{max}\approx1.36f_{min}$;

2)在此情况下选择 $f_c=\sqrt{f_{min}\cdot f_{max}}=14.46$ GHz, $f_0=1.02f_c=12.71$ GHz, $\lambda_c=24.28$ mm;

3)输入半径 $a_i=\dfrac{3\lambda_c}{2\pi}=11.49$ mm;

4)见图 15−9,有 $a_o \approx 1.95, \lambda_c = 46.92$ mm;

5)槽距选 $p = \dfrac{\lambda_c}{8} \approx 3$ mm;

6)槽宽比 $\delta = 0.8$,槽宽 2.4 mm,齿厚 0.6 mm;

7)因为 $f_{max} \approx 1.36 f_{min}$,模变换段选择变槽深设计,$\sigma = 0.42$;

8)长度选择为 $L = 60p \approx 180$ mm,波纹内轮廓选择为双曲型

$$z_{step} \approx \frac{Np}{N-1} = \frac{L}{N-1}$$
$$\text{do} \quad j = 1, N$$
$$z = (j-1) z_{step}$$

对双曲内轮廓来说,$a_j = \sqrt{a_i^2 + \dfrac{z^2(a_o^2 - a_i^2)}{L^2}}$,我们对每一个 p,可导出一组 N 个内半径 a_j。按照前面给出的关系求出对应的槽深,这样波纹喇叭由 $2N$ 段圆环构成,可按下列程序计算:

$$n = 0$$
$$\text{do } j = 1, N$$

$radius_n = a_j + d_j$	%槽半径
$length_n = \delta p$	%槽宽
$radius_{n+1} = a_j$	%齿径
$length_{n+1} = (1-\delta) p$	%齿宽

$$n = n + 1$$
$$\text{end do}$$

9)模变换段采用 $N_{MC} = 5$ 变槽深的波纹喇叭,如图 15−13 所示。

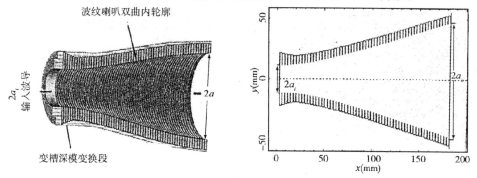

图 15−13 变槽深变换段的波纹喇叭示图

10)在喇叭前端加上一个长度(≥p),认定喇叭前端的半径 a_i 为输入波导段半径。

该喇叭达到了预定要求,在 12.46 GHz 频率上－15 dB 电平点上其张角为 20°,而且方向图在预定的两个设计频段内方向图圆对称、交叉极化均在－30 dB 以下,返回损耗都低于－27 dB,有关图形和曲线未列出,可参考文献[4]。

15.3.4　双频段共用馈源技术

双频段共用馈源技术已应用于多方面,比如:在 TDRS 卫星上 S/Ku 双频段共用反射面天线、卫星的 USB 测控和 X 波段数传的 S/X 频段共用反射面系统等。波纹具有宽频段特性,在 2∶1 带内获得良好的电性能,如果口面相差≥π,则辐射波束和相心基本与频率无关。当双频段落在 2∶1 带内,利用一个波纹馈源就可实现双频共用。波纹喇叭主模 HE_{11} 的工作区对应的波纹壁导纳为 0→∞,并呈周期性变化。如果在第一个频区,其波纹槽深为 $\lambda/4 \leqslant h \leqslant \lambda/2$,而在第二个频区的波纹槽深为 $3\lambda/4 \leqslant h \leqslant \lambda$。这样所使用的两个频段为倍频关系,带内波纹表面导纳正好落在 0→∞ 范围内,则可实现双频共用。为保持两个频带有基本相同的电性能,一般波纹喇叭口面相差≥π,选用宽角波纹喇叭设计。

如果任意配置的两个频带共用馈源,一般采用双槽深的波纹设计,使波纹槽深分别谐振于这两个频带内;也可采用中心加载介质棒的波纹馈源,介质棒对低频段几乎无作用,其低频段性能由波纹馈源决定,而高端频能量主要集中于介质棒内,棒内激励 HE_{11} 模,在介质棒外,波呈表面波衰减。一般选择介质棒的直径与波纹内径比等于两个频率之比,这样可获得基本相同的波束宽度。对于辐射相心合一的问题往往可在波纹口面加载来调整。在第 17 章我们会介绍一个用于微波辐射计上的跨 6 个倍频程的共用波纹与介质棒组合馈源。

双频共用的波纹喇叭应注意抑制有害模的产生。低频区有害模是 EH_{11},而高频区是 EH_{12}。波纹喇叭馈源的喉部尺寸对于低频区不会激励 HE_{12} 模,对于高频区变为过模波导尺寸,HE_{12} 模会被激励起来。为克服这一问题往往在光壁波导和波纹间加一个模变换器,是一种内壁赋形结构,如前面提到的变槽参数、曲线轮廓的波纹内壁等,这是一个需要认真对待的问题。

图 15－14 是卫星上应用的双线极化波纹喇叭馈源结构示图。

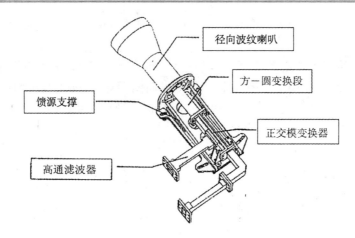

图 15-14 双线极化波纹馈源

15.4 赋形波束反射面通信天线

同步静止通信卫星的固定卫星服务(FSS)常要求星载通信天线具有覆盖某一地域的赋形波束。赋形波束设计就是以某服务区边界和覆盖电平为目标,设计的波束应与此边界拟合,并满足相应的约束条件。常用的赋形波束技术有二:①多馈源抛物反射面赋形技术;②单馈源的反射面赋形技术。本节首先阐述多馈源反射面赋形波束形成的基本原理、设计方法和流程,列举了一些典型的应用实例。之后阐述了覆盖中国版图的赋形波束天线的设计计算。最后讨论反射面赋形技术。

15.4.1 概述

15.4.1.1 偏置抛物反射面的优、缺点

抛物反射面天线是同步轨道通信卫星应用最多的一种天线形式。抛物反射面天线一般分为对称和偏置两种,按反射面数目分有单反和双反。其中偏置抛物面在卫星上得到了十分广泛应用。主要是因为它有如下一些优点:

(1)能避免馈源和副面以及支杆的遮挡,使边瓣电平、交叉极化得到改善。

(2)一次馈源与反射面相互作用减少,一次馈源驻波比(VSWR)与主反射面基本无关,可改善馈源系统匹配。

(3)偏置结构与轴对称相比,可维持好的结构刚度,一般焦径比(F/D)都选得较大。

(4) 偏置反射面(主焦)馈源一般都使用较大口径可得到较好的方向图和低交叉极化电平。

(5) 当为多馈源和双极化馈源时,由反射面造成的馈电单元间的互耦合较小。

其缺点有:

(1) 当线极化应用时,单偏置抛物面在辐射场中要产生交叉极化场分量。当圆极化使用时,天线波束有偏斜,而且随极化旋向不同向相反方向偏斜;研究表明采用焦平面匹配馈源或采用双偏置反射面天线系统可使其改善,但馈源及反射面设计较复杂些。

(2) 偏置反射面结构不对称,给结构和加工带来一些复杂和特殊问题的处理。

抛物面天线的几何及一般的性能在本书第 5 章有论述,可参考。

15.4.1.2　单偏置抛物反射面的电性能

由于偏置反射面能改善边瓣特性、改善馈源匹配、做到高的口径效率,在点对点的通信、赋形波束、多点波束、单脉冲跟踪雷达、低副瓣天线等方面得到了十分广泛的应用。

理想线极化馈源照射偏置抛物面呈现出去极化效应。在非对称平面内(参看第 5 章偏置反射面的示意图,即 $\varphi=\dfrac{\pi}{2}$,yz 面内)相对电轴对称地存在两个交叉极化主瓣。该交叉极化在电轴上为零。交叉极化是由反射面偏置造成的。其电平很大程度上取决于偏置角 θ_0、半张角 θ^* 和边缘照射电平。偏置反射面去极化效应引起的口径效率损失,在当 θ_0、θ^* 都较小时交叉极化分量较小;当 θ_0、θ^* 变得大时(比如大于 45°时),这个影响明显增大。

理想圆极化馈源照射的单偏置反射面不产生去极化效应,但是出射波束电轴要发生偏斜,或是向着对称轴偏,或是背离对称轴,其偏斜方向取决于极化旋向。波束偏斜角 ψ_s 有下列近似公式:

$$\psi_s=\arcsin(\frac{\lambda\sin\theta_0}{4\pi f}) \tag{15-19}$$

上式的准确度大致在天线波束半功率宽度的 1‰的量级。波束偏斜使电轴增益下降,在单圆极化使用时,通过对指向的调整使波束最大值指向预定方向,这还不存在大的问题。如果双圆极化应用时,这个偏斜无法调整使二正交极化波束最大值指向同一方向。这只有适当选择和设计反射面参数使其影响减小。对线极化来说,电轴对齐,该方向正是交叉极化零点方向。为了抑制交叉极化还可在反射表面或口径面上采用极化选择栅。对双线极化应用可以插入两个焦距不同的正交极化反射面。较短焦距的反射面可采用极化栅反射一个线极化波,另一个正交线极化波穿栅在后面较长焦距的反射面(一般是实体的)上反射,前面的栅基本上对它不起作用,因为栅线是和波极化正交。这种反射面又常称为双栅反射面。

本节讲述两种赋形波束反射面天线的设计:一种是利用多馈源或馈源阵的抛物反射面实现对某地域的赋形波束覆盖;另一种是对双反射面赋形使其达到更高的口径效率和/或更低的边瓣电平的笔形波束。它们都是同步轨道通信卫星上常用的天线形式。

15.4.2   反射面多馈源赋形波束天线设计

15.4.2.1   表征赋形波束特性的参量

一般来讲,赋形等化波束是指按指定增益与空间角的关系构造一个天线,使之满足该辐射场的空间分布。对通信卫星天线要求:在覆盖区内产生一个近于平头的波束,而在覆盖区外锐截止。偏置抛物面加馈源喇叭阵的天线方案是目前应用最普遍的。赋形波束的设计目的就是使特定覆盖区域内(或波束角)的最小覆盖增益最大化。

(1)赋形波束效率。理想赋形波束应是与覆盖区所界区域共形的波束,其界内为一平头波束。实际上赋形波束很难做到理想平头波束,一般是圆头而且还有边瓣等,因此赋形波束效率定义为:

$$\eta_b = 覆盖区内最小覆盖增益 \times 覆盖立体角/41253 (\%)$$

一般取覆盖区边缘增益比峰值增益低 4～4.5 dB,增益以数值表示时有 $10^{dB/10}$,覆盖角单位平方度表示,分母代表均匀各向同性辐射源的空间覆盖角,单位平方度。分子与分母之比代表了赋形波束与理想平头波束的变换效率。

(2)平头波束和边界匹配概念。赋形波束高效率可通过两种方法得到:一是波束顶做成平的以减少波束中心区辐射能量的集中,使其尽量与边缘上电平持平;二是通过赋形设计使波束电平等值线尽量与覆盖区边界匹配。这两种途径同时实现则可达到高的赋形波束效率。

在通信卫星天线设计中应用最多的是偏置抛物面加馈源喇叭阵。在此可用场和源间的 Fourier 变换关系设计馈源和反射面参数,实现其最优选择。

15.4.2.2   反射面多馈源赋形波束形成机制

假设反射面位于组合馈源阵的远场区内,反射面天线的分析可大大简化。

由于远场近似,反射面投影口径场(反射面在与轴垂直平面的投影称为投影口径)可以当成是馈源口径场的 Fourier 变换。在此分析中,认为投影口径外的场为零。反射面远区辐射场又是反射面口径场的 Fourier 变换。为简化论述,在此仅以一维情况说明,二维问题也是类似的。图 15－15 是理想赋形波束的图示。在服务区内为平头波束,其增益基本保持固定。假使多馈源喇叭口经场分布如图 15－16。馈源阵口径分布为 $f(x)$,可当成是 $g(x)$ 和 $h(x)$ 的卷积,如图 15－17(a)。这两个分布的 Fourier 变换,记为 $G(u)$ 和 $H(u)$,如图 15－17(b)。馈源阵口径的远场方向图就是两个函数 $G(u)$ 和 $H(u)$ 的乘积,如图15－17(c),其中心峰值和反射面所包罗的边瓣就可变换成反射面远场扇形波束(Sector beam)。当反射面张角增大,使更多的边瓣被反射面截获,反射面的这个远场扇形波束就更方、更平了。如图 15－17(c)中在 B 域内为第一边瓣和栅瓣,如果这栅瓣被反射成远场,它会在扇形波束内产生幅值随角度的变化。在扇形波束内幅值的这个周期性的变化称为电平起伏,通常是不希望的。因此反射面对馈源的张角必须限制在比馈源阵口径分布产生的栅瓣所界定角度的更小范围内。

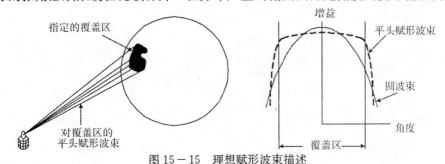

图 15－15　理想赋形波束描述

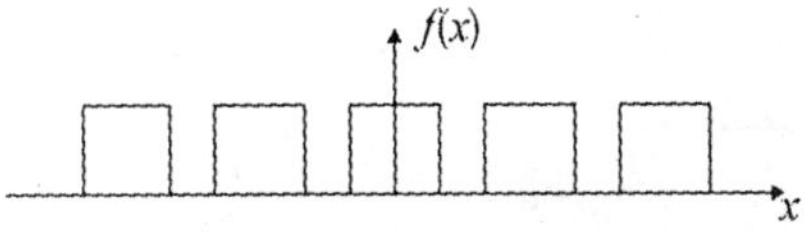

$f(x)$ 为 $g(x)$ 和 $h(x)$ 的卷积,其中

$$g(x) = \begin{cases} 1 & -a \leqslant x \leqslant a \\ 0 & |x| > a \end{cases}$$

$$h(x) = \sum_{n=-2}^{2} \delta(x - nx_0)$$

图 15－16　馈源口径场分布

如果更多的边瓣被反射而不包括栅瓣,反射面的角度范围增大,扇形波束方形度也同时提高。这可通过增加在馈源口径面内喇叭数目来达到。对反射面的选择一般是对扇形波束边缘陡度(滚降率)与波束区内起伏这两个因素的折中。很多经验总结:反射面边缘(半张角)应该大致放在馈源阵辐射方向图的峰值点和第一个栅瓣点所界角域的中点上,如图 15－17(c)中 A 区。馈源喇叭间距的选择

最好是在实空间不出现栅瓣。但有时难于实现,馈源间距大到出现栅瓣的情况下,应使其栅瓣大约在距侧射方向 45°角的范围之内,这样,对应的反射面的张角是适中的。可以发现,每一个喇叭最终的波瓣都是彼此隔开的,而且每一个波束的峰值正好是相邻波束的第一个零点上,这种情况可对应于 $\sin x/x$ 的方向图,其交叉点电平近似为 -3.9dB。这种理想的 Fourier 变换关系通过计算可以达到最好的折中。不被反射的边瓣和栅瓣代表了泄漏损失。如果馈源喇叭的排布是彼此接触的,在口径分布中周期分量的幅值将被减少,因此泄漏也就减少。如果喇叭或馈源口径做得更小,在实空间几乎没有栅瓣,这可进一步减少泄漏。可以认为喇叭应该是连续排布、而且间隔尽可能地小才可避免在馈源辐射方向图中产生栅瓣。

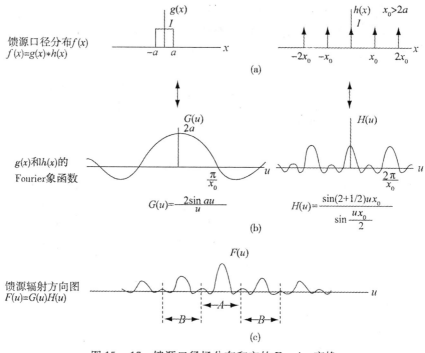

图 15－17　馈源口径场分布和它的 Fourier 变换

同理,反射面远区辐射场是它口径场的 Fourier 变换如图 15－18 所示。口径场分布 $D(u)=E(u)F(u)$,如图(a)所示。它的 Fourier 变换是 $e(x)$ 和 $f(x)$ 如图(b)所示。因此远区辐射场应是 $f(x)$ 和 $e(x)$ 的卷积,如图(c)所示。可以看出在扇形波束边缘出现的起伏或周期震荡是由于反射面边缘突然截止引起的。

反射面口径场分布
$D(u) = E(u) F(u)$

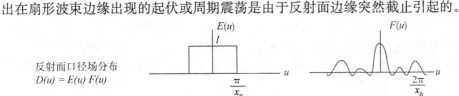

(a)

$E(u)$ 与 $F(u)$ 的象函数

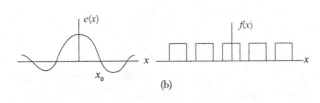

(b)

反射面远区辐射场
$d(x) = e(x) * f(x)$

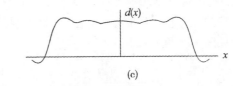

(c)

图 15 — 18　反射面远区辐射场

　　通过对馈源阵与反射面场与源间的 Fourier 变换关系的讨论,对馈源阵反射面赋形波束设计作如下小结:

　　(1) 多馈源喇叭口径及其间距应该是尽量连续、足够地小,以避免或减少栅瓣,使泄漏减少。

　　(2) 反射面焦距的选择应该使馈源阵对反射面有恰当的张角。反射面张角应尽可能地大,但又必须避免阵列栅瓣或边瓣被反射引起的不可接受的波束区内电平起伏。

　　(3) 增加馈源阵的喇叭数目可减少覆盖区内电平起伏使覆盖区内电平更平坦,并能使波束边缘有更大的滚降。

　　由上可见,恰当选择反射面的焦距,应使反射面对馈源喇叭有适当的张角-是多馈源反射面赋形波束设计首先要考虑的问题。

15.4.2.3　反射面多馈源赋形波束天线设计流程

　　在通信卫星中按预定覆盖地域形状设计的天线称为赋形等化波束天线。通信卫星天线要求赋形波束,其目的是提高覆盖区内最小能流密度,减少对覆盖区外邻近区域的辐射干扰。多馈源反射面系统是常应用的一种赋形等化波束天线形式。

赋形等化波束设计中重要的射频参数是:覆盖增益、覆盖区内增益起伏、覆盖区边缘增益滚降、边瓣、极化纯度和带宽等。相关的设计可分为单个馈源设计、馈源阵设计和反射面设计三部分。

(1)馈源单元。馈源选择一般是在方向图赋形设计之前。首先,按其方向图、极化特性和互耦特性等方面的要求选择。正确的馈源选择是赋形波束成功设计的重要因素。为了减小馈源尺寸并降低互耦合常用介质加载馈源。

(2)阵列排布(构形)。一般采用边靠边的连续(continuous)单元排布。相邻的二次波束交叉电平一般控制在比峰值低 4~6 dB 之间。当采用圆口径馈源时,最好采用等边三角形排布(或形成正六边形)。

(3)反射面。为了避免口径遮挡,一般采用偏置抛物面结构。口径尺寸由增益、边缘滚降和边瓣电平要求所决定。边缘滚降和覆盖区内电平起伏之间须采取折中设计。一般反射面、阵列的构形以及馈电单元都是通过近似关系和物理概念预先选定的,通过计算机设计流程的迭代过程最后确定。有关赋形波束天线设计流程见图 15-19。

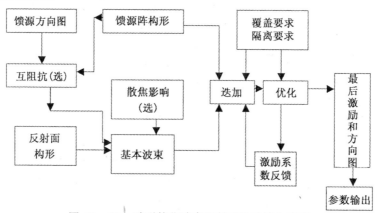

图 15-19　赋形等化波束反射面设计综合流程

设计流程和迭代过程的出发点一般从馈源的每个基本波束方向图开始。基本波束方向图由简单的数学模型、波束偏离因子或物理光学导出。至于互耦合和像散性可以先不包含在这些计算中。初始的一组激励系数用来把这些基本波束叠加起来组合形成赋形波束,然后与所要求的覆盖与隔离比较。采用最优化算法仔细设计馈源激励系数使其越来越逼近所要求的指标。工程直觉和经验一般用来确定几何布局和物理参数。自动化的数学优化仅只是改善单元激励系数。有关馈源阵列的单元数目和位置、反射面构形以及激励系数的选择可参见本书第5章。

一般按增益、瓣宽和边瓣要求确定反射面参数(包括投射口径 D,焦距 f,偏

置角 ϕ_0 和馈源半张角 φ^* 等)。由所要求的覆盖、极化和隔离选择馈源形式和间距。对二次波束的仿真模型可通过三种方式获得：①高度理想化的 $J_1(x)/x$ 模型(均匀圆口径,未计入扫描相差和互耦)；②利用无限阵列理论获得每个阵元的一次方向图,利用辐射积分程序获得单元的二次方向图(可包括扫描相差和近场互耦分析)；③测量每一个阵元的二次方向图(包括了相差和互耦)。在此基础上进行波束叠加和迭代算法。用最大最小优化程序仔细调整馈电单元的激励系数,必要时可修改反射面和馈源参数。总之,与所要求的覆盖和隔离性能比较,最后得到所要求的阵列激励和覆盖方向图。

15.4.3　反射面多馈源赋形波束通信天线应用实例

15.4.3.1　Intersat-4A 和 Intersat-v 天线

Intersat 4-A 天线系统由三个偏置抛物面组成,其中两个用于发射,一个用于接收,工作于 C 频段(上 6 GHz / 下 4 GHz)。每个反射面由多喇叭馈电,如图 15 — 20 所示。控制每一个波束的边瓣,使对同频工作的相邻波束的干扰降至最小。覆盖区内的极化椭圆轴比小于 3 dB,34 个喇叭与极化器和 TEM 模"方形"传输线功分网络集成为一体。其中 17 个喇叭与反射面形成赋形波束的东半球覆盖,其余的喇叭与反射面提供西半球赋形波束覆盖。

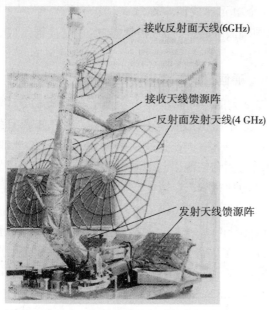

接收反射面天线(6GHz)

接收天线馈源阵

反射面发射天线(4 GHz)

发射天线馈源阵

图 15 — 20　Intersat4-A 通信天线

Intelsat-V 是最大的商用通信卫星,覆盖四个频段 4~6 GHz、20~30 GHz,替代 Intersat 4-A。图 15－21 为 4 GHz 频段的偏置反射面实验样机。馈源排布在最佳扫描平面上形成一平面阵,如图 15－22 所示。

图 15－21　Intersat-V 4 GHz 的
偏置反射面实验样机

图 15－22　Intersat-V 天线馈源阵

Intersat-V 形成覆盖东半球(太平洋)、西半球(大西洋)的赋形等化波束。Intersat-V 天线馈源阵由 45 个馈源组成,每个阵元为交叉十字振子的圆腔短背射天线。其中 20 个单元形成西半球波束,其余的 20 个单元形成东半球波束。每个馈源单元由同轴波导转换、隔片极化器、阶梯变换器组成。有两个入口能提供双圆极化。

15.4.3.2　Telestar 通信卫星赋形波束天线

Telestar 是加拿大的地球同步静止轨道上的自旋稳定卫星,主要服务于加拿大的国内通信。该卫星构形如图 15-23 所示。圆柱体表面载有太阳电池。天线及馈源是消旋的。顶上有大的抛物反射面,反射面及馈源都置于消旋组件上,消旋马达带动使反射面和馈源以与卫星自旋速度相同且相反的速度旋转实现消旋。反射面天线馈源通过 RF 旋转关节与星体内的 12 路转发器相连,提供可靠而通畅的 RF 通道。反射面轴倾斜 7.85°,利用三个馈源,提供了对加拿大版图的覆盖。天线由两部分构成:一是自旋段与星体固连、保持与星上转发器的连接;另一是消旋段,通过一个旋转关节与卫星自旋部分的机械连接。消旋段由反射面、馈源和 T&C 天线构成(TT&C 天线在反射面天线的顶部)。Telestar 偏置抛物面天线的投影口径为 $d=1524$ mm(60 inches),焦距 $F=762$ mm(30 inch);3 个喇叭馈源在 6 GHz 频段形成 VLP 接收波束,在 4 GHz 频段形成 HLP 发射波束。形

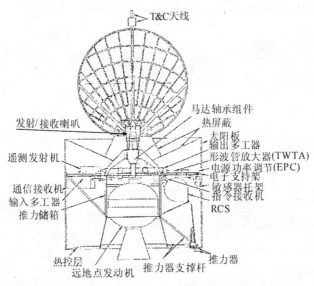

图 15-23　Telestar 通信卫星的布局图

成的辐射波束近乎于椭圆形正好覆盖加拿大版图。反射面由网面和骨架结构组成,RF 反射金属网附着在骨架上,这种网使太阳风部分穿透,使其对卫星的姿态和轨控不产生不可接受的影响。反射面骨架和支撑肋由铝蜂窝、碳纤维复合材料制成,该材料在热压罐中固化成型,具有高的强度和低的热胀系数。骨架和支撑肋安装在一个机械芯轴上。天线的收、发网络如图 15-24 所示。发射网络有两个输入:一个来自转发器奇数信道,另一个是偶数信道,三个输出与馈电喇叭相连。发射有两个模式取决于转发器是奇数还是偶数信道,这两个模式的区别在相位沿方位向的渐进方向,是东向西还是西向东。如果信号是奇数信道输入,它分成东、中、西的三个等幅矢量,这些矢量间的相位关系为-60°、0°、60°,相位渐进是由东向西;如果是偶数信道输入,幅值进行同样分配,只是相位关系从东向西是 60°、0°、-60°,奇、偶两信道有相反的相位渐进。图 15-24 中由魔 T、软(压缩)波导段、正交模变换器组成馈源自旋段。奇数信道的输入信号首先在魔 T 中分配,然后再在正交模变换器中(OMT)组合产生一个左旋圆极化波(LCP),这个波穿过自旋段通过旋转关节再在消旋段的 OMT 上分成两个正交分量,到相位变换器的输入是两个等幅彼此相位差 90°的信号。同样,偶数信道转发器输入在旋转关节处产生是一个右旋圆极化波(RCP),同样到相位变换器入端产生幅值相等、相位正交的两信号。只是奇数信道到相位变换器的入端信号在相位渐进方向上与偶数信道正好是相反的。

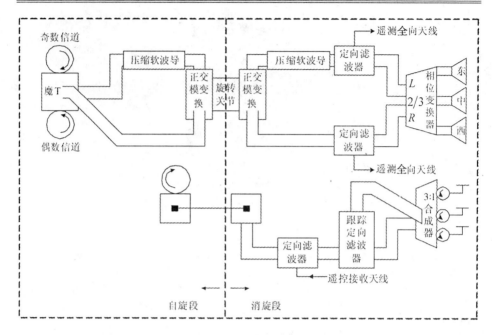

图 15-24　天线的收发网络

对理想馈电网络,在相位变换段输入端,左旋(L)和右旋(R)信号可表示为:

$$\begin{bmatrix} L \\ R \end{bmatrix} = \begin{matrix} \text{奇信道} \\ \begin{bmatrix} \dfrac{a_1}{\sqrt{2}}e^{-j\pi/4} \\[2mm] \dfrac{a_2}{\sqrt{2}}e^{j\pi/4} \end{bmatrix} \end{matrix} \begin{matrix} \text{偶信道} \\ \begin{bmatrix} \dfrac{a_2}{\sqrt{2}}e^{j\pi/4} \\[2mm] \dfrac{a_2}{\sqrt{2}}e^{-j\pi/4} \end{bmatrix} \end{matrix}$$

a_1,a_2 分别为奇信道和偶信道的信号输入幅度,式中相位常数被省略。理想相

位变换器的变换矩阵有:
$$\begin{bmatrix} E \\ C \\ W \end{bmatrix} = \begin{bmatrix} 0.789 & -0.211 \\ 0.577 & 0.577 \\ -0.211 & 0.789 \end{bmatrix} \begin{bmatrix} L \\ R \end{bmatrix}$$

式中,E,C,W 分别为相位变换器东、中、西的输出。

　　接收馈电网络有与东、中、西三个喇叭相连的三个输入端和一个连到 6 GHz 转发器上的输出端。这三个输入端驱动一个 3∶1 功率合成器形成组合接收信号。3∶1 功率合成器包括一个魔 T。魔 T 从东、中馈源喇叭输出引出一个差信号。这个差信号通过一个定向滤波器把指令接收信号从组合信号中分离出来。这个信号用与旋转关节同心的0.141的同轴电缆引导至自旋段界面。自旋段与消旋转段间同轴外导体采取非接触式的扼流连接,把自旋与消旋段机械分成两体,而微波电路上又保证了射频连通。同轴中心导体在自旋和消旋两边的同轴波导变换器中成为激励探针。

窄带定向滤波器用来将遥测信号耦合到 T&C 天线上,而它对通信发射频率无影响。

Westar/Palapa 这两个星的天线设计与 Telestar 卫星相比,除了馈源外是完全相同的。Westar 星馈源设计是保证美国本土包括阿拉斯加和夏威夷在内的最佳覆盖。Palapa 馈源设计是对印度尼西亚、泰国、马来西亚、新加坡和菲律宾等地的最佳覆盖。

15.4.3.3　Comstar I 通信天线

(1)天线布局

Comstar I 是服务于美国国内的通信卫星,该卫星也是同步静止轨道自旋稳定卫星,整个星体上有两个 1.3 m×1.8 m 的矩形口径赋形波束天线。天线为偏置抛物反射面,在口面覆盖着一个极化屏,以保证发射和接收信号有高的线极化纯度。除通信天线外,还有遥测和遥控天线,它们在天线桅杆的顶部。在通信天线的下面还有两对(28 GHz 和 19 GHz)毫米波喇叭天线。星体的天线布局见图 15－25。

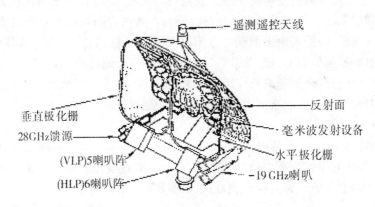

图 15－25　Comstar I 卫星天线布局

极化屏:馈电喇叭发出的波是线极化的。这些波被反射面反射后,由于反射面的曲率和不对称性,交叉极化分量会产生,极化屏就是滤去交叉极化分量,保持波的极化纯度。该屏安装于反射面的前面,由平行金属导电栅条构成,对交叉极化分量相当于一个截止波导,不能让其透过去。有时把双极化天线合成一个反射面,采用双栅反射面形式,如图 15－26 所示。

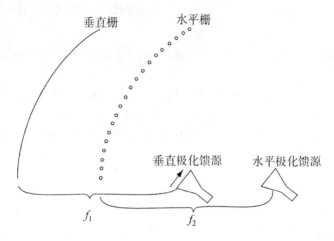

图 15－26　双栅反射面天线

　　该天线由相互正交的栅线构成两个不同焦距的反射面,对着馈源前面一个栅面仅反射水平极化馈源波,而垂直极化馈源波透过水平栅被第二个垂直极化反射栅面反射。同样也达到极化滤波使极化隔离度提高。两反射面可采用不同的焦距,由于焦点分置使馈源安装更易实现。工程实现时,前栅面往往采用 No-mex 蜂窝加 Kevlar 蒙皮的夹芯的对称结构,在其内表面采用真空镀膜激光刻蚀工艺形成前栅;后栅表面采取碳纤维铝蜂窝夹心对称结构,可作为实体反射面。这种反射面是典型的电、机、热的统一体。为了保证设计成功,一般需要采用一体化的集成设计,全面考虑环境因素带来的影响,在满足环境约束条件下(当然包括长寿命要求),多因素折中达到电性能的最优。

　　(2)天线馈电网络

　　频率分配:共 24 路,其中 12 路 VLP,12 路 HLP。每一路工作带宽为 34 MHz,加上 6 MHz 的保护带宽,每路间隔 40 MHz。垂直极化服务于美国本土和阿拉斯加,水平极化服务于美国本土、夏威夷、波多黎各。接收信号(5925～6425 MHz)把频率平移 2225 MHz 后以同极化转发到地面,垂直与水平信道在频谱配置上差 20 MHz,以增加正交极化信号间的相互隔离。

　　垂直极化馈源组件由收、发共用的五个喇叭和收、发分开的馈电网络组成,如图 15－27 所示,馈源喇叭的排布见图 15－28,图(b)是垂直极化馈源的排布,3 个喇叭形成覆盖美国本土的波束,另外两个喇叭形成覆盖阿拉斯加的波束。由于喇叭口径场分布的差别,垂直极化本土喇叭阵对反射面的照射效率比水平

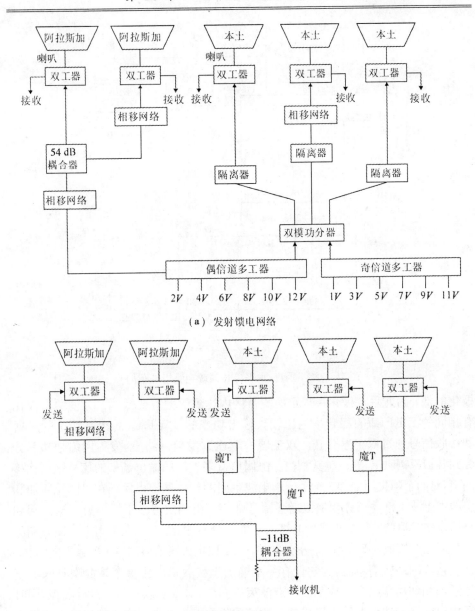

（a）发射馈电网络

（b）接收馈电网络

图 15－27　垂直极化五个喇叭和收、发网络

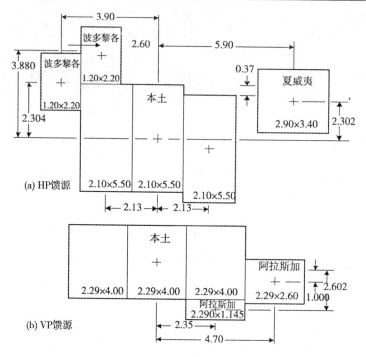

图 15－28　垂直、水平极化馈源喇叭组件布局

极化的低，因此垂直极化在规定的覆盖区内达到的增益要低些。为使两个极化有相同的 EIRP，垂直极化采用比较大输出功率的 TWTA。每个馈源上的发射和接收信号通过双工器分开。双工器一端连到发射网络上，发射网络把功率分配到各馈源喇叭上，并调整其相位。由偶信道多工器的输出端来的信号馈到相移网络，对两个阿拉斯加和三个美国本土波束间的相位调整以保证在对阿拉斯加和美国本土波束重叠部分相加以增强信号强度。由偶信道多工器的另一输出端和奇信道多工器的输出端信号同时馈入双模功分器中，经组合在美国本土馈源喇叭内分成三个幅值相等、相位差分别为 0°，±60°以提供所希望的本土覆盖方向图。

接收网络较简单，因为它仅有一个输出至接收机。由单个馈源喇叭来的信号经调相和功率组合形成赋形的点波束方向图，对本土以外的各区域覆盖，同时经相位网络和功分器网络形成单一的覆盖阿拉斯加和美国本土的接收方向图。

水平极化的馈源组件由收、发共用六个喇叭和收、发分开的馈电网络组成（图 15－29）。图 15－28 中图(a)是水平极化馈源的排布，三个喇叭形成对美国本土覆盖、两个喇叭是对波多黎各的覆盖，还有一个喇叭是形成对夏威夷的覆盖。水平极化发射网络功能与垂直极化发射网络类似。只是离开海岸的点波束

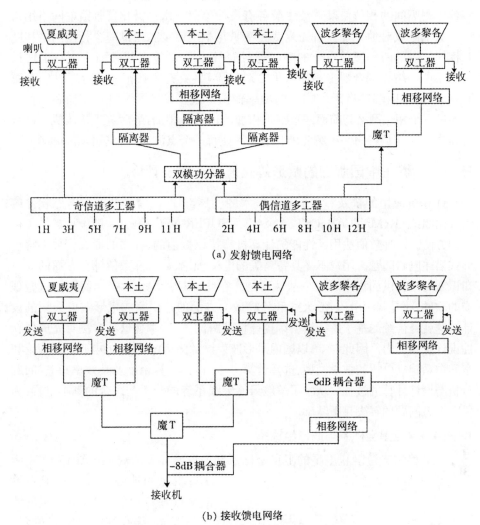

(a) 发射馈电网络

(b) 接收馈电网络

图 15-29　水平极化六个喇叭馈源及其网络

不进行相位调整来增强本土方向图,因为不要求波束组合的覆盖。奇信道多工器的一个输出端直接连到覆盖夏威夷的喇叭上,它的另一个输出端和偶信道多工器的一个输出端连到双模功分器上。双模功分器独立地把功率馈送到三个本土馈源上。偶信道多工器的另一个输出端直接连到魔 T 上,在魔 T 上输出两个等功率,它的一个输出端直接连到覆盖波多黎各的一个喇叭上,另一路通过一个相位网络再连到覆盖波多黎各的另一个喇叭上。这个调相网络用来调整两个波多黎各喇叭间的相位使其对波多黎各有最佳覆盖。水平极化接收馈电网络用来将喇叭信号成对地相加。首先夏威夷喇叭与本土西喇叭通过一个相位网络和魔T相加。另外两个覆盖本土的喇叭通过魔T相加。波多黎各两个喇叭也通过一个相位网络在耦合器上相加。头二对本土/夏威夷喇叭相加后再通过一个魔T相加,提供四端口有近乎相等的功率输出。波多黎各两个喇叭相加后的信号再通过一个相位网络与前面四个喇叭相加的信号再相加,最后进入接收机。耦合器和魔T用来调整每一个喇叭的相对电平使每一个点波束都有基本相等的功率。

15.4.4　覆盖中国版图的赋形等化波束天线设计

　　计算机应用的普及和数值计算技术的发展,目前已有一些商业电磁软件应用,(比如:STK、MATLAB、CST、ANSOFT、SUPER-NEC 等)为一般设计提供了很大的方便。这种数值法用高性能的计算机直接以数值的、程序的形式代替了解析形式描述电磁问题。用户不必具备高等的电磁理论、数学和数值计算方面的专业知识就可用提供的程序解决一般性问题。在此不打算教会大家如何使用这些现成的软件,而是利用电磁场、天线和计算数学方面的知识完成赋形波束天线的设计。这就是传统的基于解析模型编程计算求解的方法,掌握这种方法对完成创新性设计更具能力。因此,本节以国内赋形波束设计为例,从基本的电磁辐射理论和空间关系建立分析的数学模型、选择计算方法、讨论计算精度及其效率,完成问题分析与设计计算的过程。从中了解航天器天线系统的分析与综合的基本过程,为复杂电磁问题的解决打下基础。

15.4.4.1　卫星坐标系与地球坐标系

　　三轴稳定赤道静止卫星的卫星坐标系和地球坐标系的规定如图 15 – 30 所

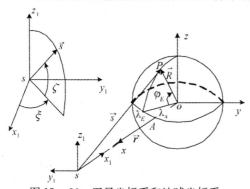

示。卫星和地心连线与地球赤道的交点 A 称为星下点,用 A 点的地理经度 λ_s 表示卫星的轨道位置。$Oxyz$ 为地球坐标系,O 为地心,z 轴指向北极,x 轴指向星下点。sx_1,sy_1,sz_1 为卫星坐标系,它就是理想状态下(不计入姿控误差)三轴稳定卫星的姿态坐标系,其偏航轴指向地心,滚动轴 sy_1 在轨道平

图 15 – 30　卫星坐标系和地球坐标系

面内垂直偏航轴指向卫星运行方向,俯仰轴 sz_1 与轨道平面垂直,与地球极轴平行指向北极。卫星坐标系中任意矢经 $\vec{s}(\xi,\zeta)$ 可表示为

$$\vec{s}=s(-\cos\zeta\cos\xi\hat{i}-\cos\zeta\sin\xi\hat{j}+\sin\zeta\hat{k}) \tag{15-20}$$

式中,$\hat{i},\hat{j},\hat{k}$ 为地球坐标系三轴单位向量,$\vec{s}$ 与地球表面交于 P 点,P 点的地理经纬度为 (λ_E,φ_E)。地心 O 到 P 点的矢经

$$\overrightarrow{OP}=\vec{R}=[\cos\varphi_E\cos(\lambda_E-\lambda_s)\hat{i}+\cos\varphi_E\sin(\lambda_E-\lambda_s)\hat{j}+\sin\varphi_E\hat{k}]R_0 \tag{15-21}$$

式中,λ_s 为卫星轨道位置,$R_0\approx6378km$,为地球赤道半径。图 15-30 中 $As=35786\ km$,为卫星同步轨道高度,在向量三角形 OsP 中

$$\vec{R}=\vec{r}+\vec{s},\qquad \vec{r}=6.61085R_0\hat{i} \tag{15-22}$$

由此可得

$$\left.\begin{aligned}\cos\varphi_E\cos\Delta\lambda&=6.61085-\cos\zeta\cos\xi\frac{S}{R_0}\\\cos\varphi_E\sin\Delta\lambda&=-\cos\zeta\sin\xi\frac{S}{R_0}\\\sin\varphi_E&=\sin\zeta\frac{S}{R_0}\end{aligned}\right\} \tag{15-23}$$

式中

$$S=\sqrt{44.7033-13.2217\cos\varphi_E\cos\Delta\lambda}\qquad \Delta\lambda=\lambda_E-\lambda_s$$

式(15-23)给出了卫星坐标系与地球坐标系间的关系,我国的版图就是国内广播卫星的服务区,如果把国境线上的一些突出的边界点连接起来,只要点取到足够得多,则可构成一个与版图相当吻合的多边形,波束设计时就把这个多边形当做服务区。

卫星发出一波束与地面相交则构成了波束区。由于波束倾角的存在,波束区会发生不同程度的畸变。卫星天线波束在卫星球面上不产生任何扭斜。为使波束设计简单,直观,首先把地面上的服务区投影到卫星球面上,工程设计时就把它当做理想波束区。鉴于国内广播卫星的视场十分局限,可以把理想波束区展开成以卫星经纬坐标表示的平面图。根据国际电联分配给我国的轨道位置选用,可以计算出对应的我国版图覆盖的理想波束区。图15-31中虚线所围区域就是 $\lambda_s=92°E$ 的理想波束区。卫星天线成形波束设计任务就是要使所设计的波束尽可能地与理想波束区吻合。

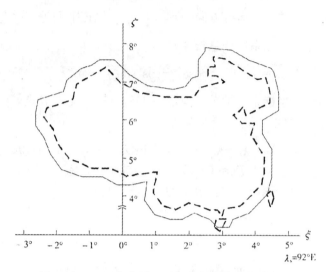

图 15 - 31   国内广播卫星版图覆盖的理想波束区

15.4.4.2   姿控误差与波束设计

三轴稳定卫星的姿态可用三轴坐标架来表示,如图 15 - 32 所示。它等效沿俯仰、滚动、偏航轴的最大角误差分别为 $\theta_0, \varphi_0, \psi_0$。本文不考虑射频敏感的天线体系,认为天线与卫星本体固连成一体。当卫星姿态发生改变时,天线指向也随之改变,因而改变了波束覆盖区的边缘电平。为保证覆盖区内电平不低于额定值,按一般设计都需要提高卫星射频发射功率,以补偿姿控误差造成的边缘电平跌落(在此称为能量补偿法)。所应追加的能量必须按最大电平跌落计算。由于对波束各点均匀补偿,势必在电平跌落较小方向过补偿造成较大溢出。同时使波束中心区电平也同样提高,虽对提高该区的接收优质有一定好处,但使每单位功率的覆盖面积(即覆盖效率)降低。对大功率辐射的广播卫星来说,如果姿控误差引起的边缘电平跌落仅 1~2 dB,按能量补偿设计方法所应追加的射频功率将是一个不小的数值。我国幅员辽阔,要求卫星覆盖面积较大,星上射频功率本来就比较紧张,在姿控精度不很高的情况下,按此法考虑势必会使已紧张的星上射频功率就更难平衡了。在满足覆盖区内电平不低于额定值的条件下,尽量降低星上发射功率要求,本文将卫星姿控误差造成的边缘电平跌落,在波束设计中用适当扩大理想波束区的办法来补偿,并称它为波束补偿设计,为此需求出扩大的理想波束区。

假设任意波束指向 $\vec{s}(\xi, \zeta)$,在姿控误差影响下的偏离量为 $(\Delta\xi, \Delta\zeta)$。由于

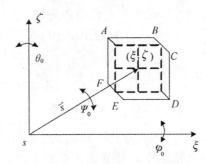

图 15－32　计入姿控误差后，波束指向偏离范围的示意图

三轴稳定卫星的姿控角误差 θ_0，φ_0，ψ_0 的值一般都很小，利用空间向量矩阵和小角近似可以得到

$$
\begin{bmatrix} \cos\zeta\cos\xi+\theta_0\cos\zeta\sin\xi-\varphi_0\sin\zeta \\ \cos\zeta\sin\xi-\theta_0\cos\zeta\cos\xi+\psi_0\sin\zeta \\ \sin\zeta+\varphi_0\cos\zeta\cos\xi-\psi_0\cos\zeta\sin\xi \end{bmatrix} \approx \begin{bmatrix} \cos(\zeta+\Delta\zeta)\cos(\xi+\Delta\xi) \\ \cos(\zeta+\Delta\zeta)\sin(\xi+\Delta\xi) \\ \sin(\zeta+\Delta\zeta) \end{bmatrix}
$$

原则上由上式可求出波束指向偏离量。考虑到由姿控误差引起的偏离量不大，它可简化为

$$
\begin{aligned}
\Delta\zeta &\approx -\psi_0\sin\xi+\varphi_0\cos\xi \\
\Delta\xi &\approx -\theta_0+\varphi_0\tan\zeta\sin\xi+\psi_0\tan\zeta\cos\xi
\end{aligned}
$$

再加上国内广播卫星覆盖区内各点坐标 (ξ_n,ζ_n) 也都较小，上式还可简化为

$$
\begin{aligned}
\Delta\zeta_n &\approx \varphi_0-\frac{\psi_0\xi_n}{57.3} \\
\Delta\xi_n &\approx -\theta_0+\frac{\psi_0\xi_n}{57.3}
\end{aligned}
\tag{15—24}
$$

上式各量以度为单位。利用此式，计入姿控误差后，任意指向 $\vec{s}(\xi,\zeta)$ 的偏离范围可以很近似地用图 15－32 中（A、B、C、D、E、F）所界的六边形来表示。理想波束区多边形各顶点的偏离范围同样可以逐点求出，这些最大角偏离的外包络线就构成了计入姿控误差的波束实际应有的覆盖区。按上述过程对 $\lambda_s=92°E$，$\theta_0,\varphi_0\leqslant\pm0.2°$，$\psi_0\leqslant\pm2.0°$ 的国内广播卫星求得的扩大理想波束区如图 15－31 实线所围区域。在波束补偿设计中就以此为基准，无须再追加能量来补偿姿控误差造成的边缘电平跌落。数值计算表明，满足额定覆盖电平的条件下，在目前国内广播卫星设计中，波束补偿法确实比能量补偿法节省射频功率，提高覆盖效率。

15.4.4.3　卫星天线坐标系

卫星天线的机械轴一般不和卫星坐标系中任一个主轴重合，它通常指向服务区中心或某一指定方向。假设天线光轴指向为(ξ_0,ζ_0),利用空间向量矩阵可以确定一个天线坐标系sx_2,sy_2,sz_2,它与卫星坐标系有以下关系

$$\begin{bmatrix}\hat{i}_2\\\hat{j}_2\\\hat{k}_2\end{bmatrix}=\begin{bmatrix}-\sin\xi_0 & \cos\xi_0 & 0\\-\sin\zeta_0\cos\xi_0 & -\sin\zeta_0\sin\xi_0 & \cos\zeta_0\\\cos\zeta_0\cos\xi_0 & \cos\zeta_0\sin\xi_0 & \sin\zeta_0\end{bmatrix}\begin{bmatrix}\hat{i}_1\\\hat{j}_1\\\hat{k}_1\end{bmatrix} \qquad (15-25)$$

式中,$(\hat{i}_2,\hat{j}_2,\hat{k}_2)$和$(\hat{i}_1,\hat{j}_1,\hat{k}_1)$分别为卫星天线坐标系和卫星坐标系的三轴向单位向量。可以看出天线坐标系的z_2轴正是天线的光轴。对抛物面天线来说,馈源沿x_2轴的偏离形成二次波束的东西向偏移,馈源沿y_2轴偏离基本上形成二次波束的南北向偏移。

根据式$(15-25)$,矢经$\vec{s}$在天线坐标系中的方向余弦有下式

$$\left.\begin{aligned}u&=\cos\varphi\sin\theta=\cos\zeta\sin(\xi-\xi_0)\\v&=\sin\varphi\sin\theta=-\sin\zeta_0\cos\zeta\cos(\xi-\xi_0)+\cos\zeta_0\sin\zeta\\w&=\cos\theta=\cos\zeta_0\cos\zeta\cos(\xi-\xi_0)+\sin\zeta_0\sin\zeta\end{aligned}\right\} \qquad (15-26)$$

此式把天线坐标系和卫星坐标系的关系联系起来了。在规定天线坐标系时也可将x_2轴,y_2轴对调,此时u,v也须作相应对换,采用哪一种规定应由天线安装的实际情况确定。这个关系在成形波束天线计算和卫星天线与卫星本体总装调测时均须用到,它给出了卫星天线的几何基准。

15.4.4.4　多馈源抛物面天线赋形波束辐射公式

抛物面天线远区辐射场

$$\vec{E}(P)=\frac{-j\omega\mu}{4\pi R}e^{-jkR}(\hat{\hat{I}}-\hat{\alpha}_R\hat{\alpha}_R)\iint_s\vec{J}_se^{jk\vec{\rho}\cdot\hat{\alpha}_R}\,\mathrm{d}s$$

式中,$\hat{\hat{I}}$为单位并矢,$\hat{\hat{I}}=\hat{i}_2\hat{i}_2+\hat{j}_2\hat{j}_2+\hat{k}_2\hat{k}_2$,$\hat{\alpha}_R$为矢径$\vec{R}$的单位向量。$s$为抛物表面,$\vec{J}_s=2(\hat{\alpha}_n\times\vec{H}_{in})$,为抛物面上感应电流密度,$\hat{\alpha}_n$为面法线单位向量,多馈源系统的抛物面入射电场

$$\vec{E}_{in}=\sum_i\sqrt{\frac{P_{Ti}G_{\alpha i}Z_0}{2\pi}}e^{j\phi_i}\frac{e^{-jk\rho'_i}}{\rho'_i}A_i(\theta',\varphi')\hat{e}_{ini}$$

$$\vec{H}_{in}=\frac{1}{Z_0}(\hat{\alpha}_{\rho'_i}\times\vec{E}_{in})$$

式中,$P_{Ti},G_{\alpha i}$为第i个馈源的输入功率和主向增益,ϕ_i是该馈源的相对激励相位,$A_i(\theta',\varphi')$是该馈源在馈源阵中的归一化场强方向图,ρ'_i为该馈源等效辐射中心到抛物面上一点(即积分变元)的距离,$Z_0=120\pi$,为自由空间波阻抗,$\hat{e}_{ini}$为入射电场

的单位向量。利用物理光学近似，多馈源抛物面成形波束的远区辐射场

$$\vec{E}(P)=\frac{-je^{-jkR}}{\lambda R}\sum_i\sqrt{60P_{Ti}G_{oi}}\,e^{j\phi_i}\vec{F}_i \tag{15-27}$$

式中，

$$\vec{F}_i=\iint\vec{f}_i e^{-jk(\rho'_i-\vec{\rho}'_i\cdot\vec{\alpha}_R)}\mathrm{d}s$$

$$\vec{f}_i=[\hat{\alpha}_n\times(\hat{\alpha}_{\rho i}\times\vec{e}_{ini})]\sqrt{1+\left(\frac{r}{2f}\right)^2}$$

$$\vec{e}_{ini}=\frac{1}{\rho_i}A_i(\theta',\varphi')\hat{e}_{ini}$$

式中，S_A 为抛物面的投影口径，$\vec{f}_i$ 为等效口径分布函数，可以看出多馈源抛物面天线成形波束辐射场等于处于馈源阵中单个馈源照射抛物面所产生的辐射场在空间的向量叠加。

卫星等效全向辐射功率

$$EIRP=P_TG_T=4\pi R^2\phi_0(\theta,\phi) \tag{15-28}$$

式中，$\phi_0=\dfrac{|\vec{E}|^2}{2Z_o}$ 为卫星平均辐射能流密度，可见卫星辐射和覆盖性能估计都归结为辐射场 $\vec{E}$ 的计算。

15.4.4.5　辐射积分计算

从普适性考虑，以偏置抛物面为例，如图 15-33 所示，xyz 为母体抛物面坐标系，即天线坐标系（为书写简便略去下标"2"），$x''y''z''$ 为偏置坐标系，它的三轴单位向量分别记为 $\hat{i}''_2,\hat{j}''_2,\hat{k}''_2$。这两个坐标系间有以下关系

$$\begin{bmatrix}\hat{i}_2\\\hat{j}_2\\\hat{k}_2\end{bmatrix}=\begin{bmatrix}\cos\psi_s & 0 & \sin\psi_s\\0 & -1 & 0\\\sin\psi_s & 0 & -\cos\psi_s\end{bmatrix}\begin{bmatrix}\hat{i}''_2\\\hat{j}''_2\\\hat{k}''_2\end{bmatrix}$$

ψ_s 为反射面的偏置角，偏置抛物面在 xy 面投影为一圆，其圆心为 o_1。投射于反射面上的馈源辐射场一般可写为

$$\vec{e}_{in}=\frac{1}{\rho}[A''_\theta(\theta',\varphi')\hat{\alpha}''_\theta+A''_\varphi(\theta',\varphi')\hat{\alpha}''_\varphi] \tag{15-29}$$

式中，A''_θ,A''_φ 为馈源归一化的球坐标分量辐射方向图，为书写简便，推导中暂略去下标"i"。如果令 $\vec{j}_s=\hat{\alpha}_n\times(\hat{\alpha}_{\rho''}\times\vec{e}_{in})$，可以得到它在偏置坐标系中的直角分量表示

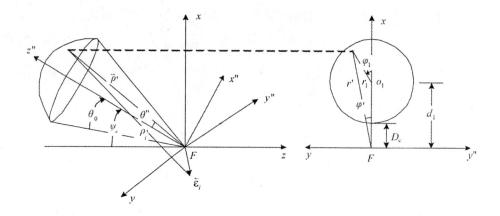

图 15-33 偏置抛物面天线的几何示意图

$$\{\vec{j_s''}\} = \begin{bmatrix} j_{sx''} \\ j_{sy''} \\ j_{sz''} \end{bmatrix} = \frac{-\sin\dfrac{\theta'}{2}}{2f} \cdot$$

$$\begin{bmatrix} -(\cos\psi_s+\cos\theta')\cos\varphi''A_{\theta'}+\sin\varphi''(1+\cos\psi_s\cos\theta')A_{\varphi''} \\ -\sin\varphi''(\cos\psi_s+\cos\theta')A_{\theta'}+[\sin\psi_s\sin\theta'-\cos\varphi''(1+\cos\psi_s\cos\theta')]A_{\varphi''} \\ (\sin\theta'-\sin\psi_s\cos\varphi'')A_{\theta'}+\sin\psi_s\cos\theta'\sin\varphi''A_{\varphi''} \end{bmatrix} \quad (15-30)$$

$\vec{j_s^c}$ 还可表示为

$$\{\vec{j_s^c}\} = \begin{bmatrix} j_{sx} \\ j_{sy} \\ j_{sz} \end{bmatrix} = \frac{-\sin\dfrac{\theta'}{2}}{2f} \begin{bmatrix} c_1 A_{\theta'}+s_1 A_{\varphi''} \\ s_1 A_{\theta'}-c_1 A_{\varphi''} \\ -b_1 A_{\theta'}+N_1 A_{\varphi''} \end{bmatrix}$$

式中

$$c_1 = \sin\psi_s\sin\theta'-\cos\varphi''(1+\cos\psi_s\cos\theta')$$
$$s_1 = (\cos\psi_s+\cos\theta')\sin\varphi''$$
$$b_1 = \sin\theta'\cos\psi_s+\sin\psi_s\cos\varphi''\cos\theta'$$
$$N_1 = \sin\psi_s\sin\varphi''$$

这时等效口经分布函数

$$\{\vec{f^c}\} = \begin{bmatrix} f_x \\ f_y \\ f_z \end{bmatrix} = \frac{-1}{2f} \begin{pmatrix} c_1 & s_1 \\ s_1 & -c_1 \\ -b_1 & N_1 \end{pmatrix} \begin{pmatrix} A_{\theta'} \\ A_{\varphi''} \end{pmatrix} \quad (15-31)$$

式(15-31)是一个普遍适用的公式,它是抛物面矢量辐射场表示的基础。它较口径场法更准确一些,可用于辐射较广角区和交叉极化电平计算,对频率复用的双极化天线也适用。当 $\psi_s=0$ 时,就变成对称抛物面情况。

抛物面多馈源成形波束辐射场写成球坐标分量有

$$\vec{E}^s(P)=\begin{pmatrix}E_\theta\\E_\varphi\end{pmatrix}=\begin{pmatrix}\cos\theta\cos\varphi & \cos\theta\sin\varphi & -\sin\theta\\ -\sin\varphi & \cos\varphi & 0\end{pmatrix}\begin{bmatrix}E_x\\E_y\\E_z\end{bmatrix}$$

式中,(E_x,E_y,E_z) 是将式(15－29)代入式(15－31)中由式(15－25)和式(15－26)得到。如果辐射以 y 向线极化为主极化场时,同极化场

$$E_y^{co}=\vec{E}\cdot\hat{j}_2=E_\theta\sin\varphi\cos\theta+E_\varphi\cos\varphi$$

交叉极化场

$$E_x^{cros}=\vec{E}\cdot\hat{i}_2=E_\theta\cos\varphi\cos\theta-E_\varphi\sin\varphi$$

如果以右手圆极化为主极化场时,根据 IEEE 的标准定义,引入两个正交的单位极化矢量

$$\hat{\alpha}_{RCP}=\frac{1}{\sqrt2}(\hat{\alpha}_\theta-j\hat{\alpha}_\varphi),\qquad \hat{\alpha}_{LCP}=\frac{1}{\sqrt2}(\hat{\alpha}_\theta+j\hat{\alpha}_\varphi)$$

这时同极化场

$$E_{RCP}^{co}=\vec{E}^s\cdot\hat{\alpha}_{RCP}^*=\frac{1}{\sqrt2}(E_\theta+jE_\varphi)$$

交叉极化场

$$E_{LCP}^{co}=\vec{E}^s\cdot\hat{\alpha}_{LCP}^*=\frac{1}{\sqrt2}(E_\theta-jE_\varphi)$$

其他情况可类推。如果天线的轴向电流辐射影响可忽略不计,等效口径分布函数可简化为

$$\{\vec{f}_\tau\}=\begin{bmatrix}f_x\\f_y\end{bmatrix}=\frac{-1}{2f}\begin{bmatrix}c_1 & s_1\\s_1 & -c_1\end{bmatrix}\begin{pmatrix}A_{\rho'}\\A_{\varphi'}\end{pmatrix}\tag{15－32}$$

辐射积分 $\vec{F}_i$ 是在投影口径对 (s,φ_1) 进行的,因此还需要利用抛物面几何和坐标转换关系,将 $\vec{f}_\tau$ 变换成积分变元的函数,在此记为 $\{\tilde{\vec{f}}_\tau(s,\varphi)\}$。积分式中相位函数 $e^{-jk(\rho_i-\vec{\rho}'_i\cdot\hat{\alpha}_R)}$ 的化简,在小偏焦近似条件下,辐射场可写为

$$\vec{E}(P)=\frac{-je^{-jkR}}{\lambda R}e^{-j2kf}e^{jkd_1u}e^{-jk\left(\frac{d_1^2-4f^2}{4f}\right)(1-\cos\theta)}a_1^2\sum_{i=1}^n\sqrt{60P_{Ti}G_{\alpha i}}e^{j\beta_i}e^{jk(d_1u_{si}-\varepsilon_{zi})}e^{-j(Ia-L_{\alpha i})}\vec{F}'_i$$

$$\tag{15－33}$$

$$\vec{F}'_i = \int_0^{2\pi} \int_0^1 \vec{g}_{1i}(s,\varphi_1) e^{-jk\Delta i} e^{jka_1\eta_{1i}s\cos(a_{1i}-\varphi_1)} sdsd\varphi_1 \qquad (15-34)$$

$$\vec{g}_{1i} = \left\{\widetilde{\vec{f}_\tau}(s,\varphi)\right\} e^{-jka_1s[(\beta_1 u_{si}+c_{ui})\cos\varphi_1 +(\beta_1 V_{si}+c_{ui})\sin\varphi_1]} e^{-jk\beta_1(d_1 u_{si}-2\varepsilon_{zi})} e^{-jkL_{oi}} \quad (15-35)$$

$$d_1 = \frac{2f\sin\psi_s}{\cos\theta_o + \cos\psi_s}$$

θ_o 为焦点对抛物面的半张角,ψ_s 为偏置角。

观察点 P 的方向余弦

$$u = \sin\theta\cos\varphi, \quad v = \sin\theta\sin\varphi, \quad w = \cos\theta$$

$$\Delta i = L - L_{oi} - L_a + L_{aoi} = (s^2 - s_a^2)G_i$$

$$G_i = (\cos\theta_{mi} - \cos\theta)\frac{a_1^2}{4f}, \qquad a_1 s = r_1$$

$$L = \frac{a_1^2 s^2}{4f}(1-\cos\theta), \qquad L_{oi} = \frac{a_1^2 s^2}{4f}(1-\cos\theta_{mi})$$

$$L_a = \frac{a_1^2 s_a^2}{4f}(1-\cos\theta), \qquad L_{aoi} = \frac{a_1^2 s_a^2}{4f}(1-\cos\theta_{mi}) \right\}$$

s_a 选择与积分变元无关,参考文献[5]有经验公式

$$s_a = \begin{cases} 0.31195\left[1+\cos\left(\frac{\pi}{6}ka_1\eta_{1i}\right)\right] & \text{当 } ka_1\eta_{1i} \leqslant 6 \\ 1 & \text{当 } ka_1\eta_{1i} > 6 \end{cases}$$

第 i 个波束最大指向为 $(\theta_{mi},\varphi_{mi})$,有

$$u_{mi} = \sin\theta_{mi}\cos\varphi_{mi}, \qquad v_{mi} = \sin\theta_{mi}\sin\varphi_{mi}$$

$$\eta_{1i}\cos\alpha_{1i} = \frac{d_1}{2f}(\cos\theta - \cos\theta_{mi}) + (u - u_{mi}) \right\}$$

$$\eta_{1i}\sin\alpha_{1i} = (v - v_{mi})$$

$$\beta_1 = \frac{\left(\dfrac{r}{2f}\right)^2}{1+\left(\dfrac{r}{2f}\right)^2}$$

$$C_{ui} = \frac{d_1}{2f}(1-\cos\theta_{mi}) - (u_{mi} + u_{si})$$

$$C_{vi} = -(v_{mi} + v_{si})$$

$$u_{si} = \frac{\varepsilon_{xi}''}{f_e}, \qquad v_{si} = \frac{\varepsilon_{yi}''}{f_e}$$

$$f_e = \left(\frac{1+\cos\theta_o}{\cos\psi_s + \cos\theta_o}\right)f$$

馈源偏焦位置

$$\vec{\varepsilon}_i = \varepsilon_{xi}\hat{i}_2 + \varepsilon_{yi}\hat{j}_2 + \varepsilon_{zi}\hat{k}_2$$

式中,

$$\varepsilon_{xi} = \varepsilon_{x''} \cos\psi_s, \qquad \varepsilon_{yi} = -\varepsilon_{y''}, \qquad \varepsilon_{zi} = -\varepsilon_{x''} \sin\psi_s$$

$(\varepsilon_{x''}, \varepsilon_{y''})$ 是第 i 个馈源在偏置焦平面上的偏置量,通过抛物面波束偏离因子(BDF)可以把波束最大指向与馈源偏焦位置联系起来,它们有

$$\text{BDF} \approx -\frac{\sin\theta_{mi}}{\sin\theta_{si}}, \qquad \sin\theta_{si} = \frac{\sqrt{\varepsilon_{x''}{}^2 + \varepsilon_{y''}{}^2}}{f_e} = \frac{\Delta t}{f_e} \tag{15-36}$$

波束偏离因子当抛物面和馈源参数给定后,可通过计算和查曲线求得(见第 5 章)。到此多馈源偏置抛物面成形波束辐射场计算已变换成口径分布为 $(\vec{g}_{1i}e^{-jk\Delta i})$ 的傅里叶积分的线性迭加了,而对称抛物面只是 $\psi_s = 0, d_1 = 0, \varepsilon_{zi} = 0$ 的一种特殊情况。

广播卫星覆盖性能计算要求在卫星视场内对大量的任意方向上的观察点进行,选择了 Jacobi-Bessel 级数展开方法(参考第 6 章)。

当馈源数不多、波束偏离一般不超过波瓣宽度量级,在同步卫星国内波束视场内,辐射积分可采用近轴小角区近似,这时有 $L_a - L_{aoi} \approx 0$ 和 $\Delta_i \approx 0$ 的关系,式(15-34)可简化为

$$\vec{F}'_i = \int_0^{2\pi}\int_0^1 \vec{g}_{1i} e^{jka_1\eta_i s\cos(a_{1i}-\varphi_1)} s\, ds\, d\varphi_1$$

对每一分量可写为

$$F'_{iq} = \int_0^{2\pi}\int_0^1 g_{1iq} e^{jka_1\eta_i s\cos(a_{1i}-\varphi_1)} s\, ds\, d\varphi_1$$

式中,对线极化 $q=x$ 和 y;对圆极化 $q=RCP$ 和 LCP。上式展开为

$$F'_{iq} = 2\pi \sum_{m=0}^{M}\sum_{n=0}^{M}\left[(^0C_m^n)_{iq}\cos na_{1i} + (^0D_m^n)_{iq}\sin na_{1i}\right] I_{mn}(\eta_i) \tag{15-37}$$

$$I_{mn}(\eta_i) = \sqrt{2(n+2m+1)}\frac{J_{n+2m+1}(ka_1\eta_{1i})}{ka_1\eta_{1i}} \tag{15-38}$$

$$\left.\begin{aligned}
(^0C_m^n)_{iq} &= \frac{\varepsilon_n}{2\pi}\int_0^1\int_0^{2\pi} g_{1iq}(s,\varphi_1)\cos n\varphi_1 P_m^n(1-2s^2)s\, ds\, d\varphi_1 \\
(^0D_m^n)_{iq} &= \frac{\varepsilon_n}{2\pi}\int_0^1\int_0^{2\pi} g_{1iq}(s,\varphi_1)\cos n\varphi_1 P_m^n(1-2s^2)s\, ds\, d\varphi_1
\end{aligned}\right\}$$

当 $n=0$ 时,$\varepsilon_0 = 1$;当 $n>0$ 时,$\varepsilon_n = 2$;

$$P_m^n(1-2s^2) = \sqrt{2(n+2m+1)}\, P_m^{n,0}(1-2s^2)s^n \tag{15-39}$$

式(15－37)和式(15－38)就是圆口径面某分量辐射积分的 Jacobi-Bessel 级数展开式。

当成形波束馈源数目较多、偏置量较大时，辐射积分不宜采用上述近似，式(15－37)中某分量辐射积分 F'_{iq} 可写成如下的三重级数

$$F'_{iq} = 2\pi \sum_{p=0}^{P} \frac{(-jkG_i)^p}{p!} \sum_{m=0}^{M} \sum_{n=0}^{N} j^n \left[(^pC_m^n)_{iq} \cos n\alpha_{1i} + (^pD_m^n)_{iq} \sin n\alpha_{1i} \right] I_{mn}(\eta_{1i})$$

$$(15-40)$$

利用雅可比多项式的递推公式，$P > 0$ 的展开式系数 $^pC_m^n$ 和 $^pD_m^n$ 无须再进行二重积分，可由已求得的零次项系数 $^0C_m^n$ 和 $^0D_m^n$ 经过简单的算术运算得到。大量的数值计算和比较表明，用 Jacobi-Bessel 级数展开法计算广播卫星覆盖性能有以下优点：

（1）简化计算，大大地节省计算时间。由于展开式系数 $^0C_m^n$ 和 $^0D_m^n$ 的计算采用高斯积分，积分点仅取 576～900 点，又由于展开系数一旦确定，对任意观察点计算只是简单的代数求和。

（2）计算精度高。计算表明在近轴小角区，当 $M=N=4$ 时，国内波束视场内－30 dB 电平上的计算误差一般不超过±1 dB，而相位收敛就更快了，这对一般的成形波束计算只需不多的项数［$(M+1)\times(N+1)$项］就可达到比较满意的结果。当馈源数目较多，只要波束最大偏离不超过五个波瓣宽度，计算表明 P 仅取至 1 或 2，$M=N \leqslant 6$ 时，就可在绝大多数情况下得到与近轴小角区相同的计算精度，这使馈源数目较多的成形波束和多波束辐射计算也不需要增加多少工作量就能得到比较精确的计算结果。

（3）可计算任意指向观察点的辐射电平，克服了 FFT 法对观察点坐标取值的局限性，而且随着观察点数的增多，节省机时的性能就越加优于 FFT 法。

利用上述公式和空间坐标关系，可以计算成形波束天线的增益、EIRP 和 Φ。得出国内通信卫星成形波束天线的覆盖特性，对此建立了一套计算机分析程序。根据国内电视广播卫星总体的两种典型方案，即一路行波管单频全国覆盖方案和两路行波管双频分东、西时区的覆盖方案，进行了数值计算和比较。文中最后给出了一些数值计算结果如图 15－34、图 15－35 所示。

本方法为广播卫星覆盖性能预估提供了一个有效的工具，可以处理多馈源抛物面成形波束问题，也可用于多波束和变波束的辐射和覆盖性能计算，但这仅是通信卫星天线计算机辅助设计的基础。

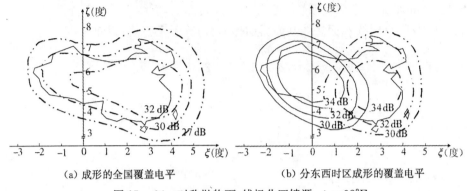

(a) 成形的全国覆盖电平　　　　　(b) 分东西时区成形的覆盖电平

图 15－34　对称抛物面,线极化四馈源 ,$\lambda_s = 92°E$

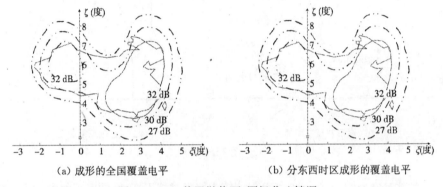

(a) 成形的全国覆盖电平　　　　　(b) 分东西时区成形的覆盖电平

图 15－35　偏置抛物面,圆极化八馈源

15.4.5　赋形双反射面设计

在通信卫星的应用中除了要求形成对给定服务区的赋形波束覆盖之外,很多情况要求点波束覆盖。由于卫星上可用空间、卫星姿态、轨道控制及动力学、能源等方面限制,在卫星天线设计中,特别是对大的通信天线,如何使天线实现轻、小、简单,一直是设计者努力的方向。这里我们将讨论如何使有相同增益反射面,其口径尺寸能做到尽可能小;为防止干扰,同时还要求通信天线应有尽可能低的副瓣。对于这些特殊要求,在此以高效率和低副瓣设计为例说明双反射面的赋形设计。

15.4.5.1　赋形双反的几何设计

当一次馈源方向图已知,如何通过两个反射面形状的设计控制口面场的幅值和相位分布使其达到预定的目的。我们知道,当口径面为均匀、同相分布时,可获得最大的方向性增益。在此说明利用几何光学原理如何实现上述设计。

图 15-36(a)是一个双反系统。在每一个反射面上,射线满足几何光学 Snell 定律。入射线、反射线和面法线共面,且有入射角等于反射角,因此有

$$\frac{1}{\rho}\frac{\mathrm{d}\rho}{\mathrm{d}\theta}=\tan\left(\frac{\theta+\beta}{2}\right)$$

$$\frac{\mathrm{d}y}{\mathrm{d}x}=-\tan\left(\frac{\beta}{2}\right)$$

（15-41）

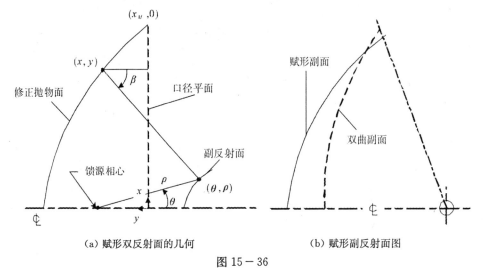

(a) 赋形双反射面的几何　　(b) 赋形副反射面图

图 15-36

按能量守恒定律,每一个微分射线管中能量维持不变,即便经反射也亦然。有

$$I(x)x\mathrm{d}x=F(\theta)\sin\theta\mathrm{d}\theta \tag{15-42}$$

式中,$F(\theta)$ 是一次馈源轴对称分布功率方向图(已知),$I(x)$ 是在口径面上所要求的功率分布。

按几何光学,射线方向垂直于等相位面,经反射后这个条件仍然成立。由前面三个方程经整理得到

$$\frac{\mathrm{d}\rho}{\mathrm{d}x}=\rho\frac{\mathrm{d}\theta}{\mathrm{d}x}\tan\left(\frac{\theta+\beta}{2}\right)$$

$$\frac{\mathrm{d}\theta}{\mathrm{d}x}=\frac{xI(x)}{\sin\theta F(\theta)}$$

$$\frac{\mathrm{d}y}{\mathrm{d}x}=-\tan\left(\frac{\beta}{2}\right)$$

（15-43）

上式可化为三个数值积分方程。由此,副面和主面的方程可由 $\rho(\theta)$,$y(x)$ 确定。详细的数值设计技术可参阅本书第 6 章。由于整个分析和计算完全基于几何光

学原理,因此要求反射面曲率半径相对波长应是很大的,而且绕射现象可忽略不计。

15.4.5.2　高效双反的一般要求及设计原则

对于高效率双反射面系统一般要求:馈源能量尽可能地被反射面截获(减少泄漏);主反射面口径场应尽可能地均匀分布。

一般说来,上述两个条件是彼此制约的,要泄漏小则口径分布会更加锥削,更加锥削的口径分布其口径效率会更低,因此赋形双反射面高效率遇到了两个彼此矛盾的要求,仅可取其折中。要实现系统效率超过 $55\%\sim60\%$,可采用以下途径:首先保证馈源在副面边缘有高的电平跌落,以减少前向泄漏。然后对副面赋形,使其对副面有高电平跌落的馈源照射到主反射面上时有更均匀的分布。这样,经典的双曲副面应予修正,该轮廓在中心区段应有比双曲面更小的曲率半径使射到这部分的射线能量更多地向主反射面外边缘部分集聚(偏斜),如图 $15-36$(b)所示。这样,则可实现在较小泄漏的同时使主面口径分布更接近均匀。另外,主反射面也可在原抛物表面基础上进行小的赋形设计使其产生同相位的口径分布。通常称这种设计为高效双反射面赋形。实现最大的口径效率可令式中的 $I(x)\approx$ 常数。

利用式($15-43$),三个联立的微分方程进行数值积分,原则上都可综合出来任意口径幅值和相位分布的两赋形偏置反射面形面参数。因此也可利用此法完成单馈源的反射面赋形波束设计。其过程不外乎是在已知馈源一次辐射特性的条件下,首先把预定的赋形波束覆盖转换成主反射面的口径分布,然后以此为目标函数,并建立相应的约束条件,这样建立一组联立方程,解此联立方程,可得到主、副反射面的轮廓尺寸。求得主、副反射面的轮廓曲线后,就可根据一次馈源的辐射方向图计算出主反射面的口径场分布,并由此计算二次辐射场分布,与预定赋形波束要求比较,经过多次修改和迭代最后达到要求。这种单馈源利用反射面赋形技术实现对给定服务区覆盖的通信卫星天线也不少见。这里需要注意的是不仅关注在赋形频率上的性能,还必须对工作带内非赋形频率下的辐射特性进行验证。这是一个逐次逼近和折中的过程。当赋形度要求很高时,或覆盖区形状比较复杂时,其过程是较冗长的。好在目前已有功能较为强大的 POS4 软件进行反射面赋形的优化,有分析能力很强的 GRASP8 软件进行验证。需要提醒的是:如果有极化复用的应用要求,原来采用中心对称轴转换原则获得的零或低交叉极化特性的双偏置反射面,会因要达到预定的口径分布使极化性能变坏,因此有双极化应用的情况,在赋形波束优化时还必须加入极化限制的约束条件,这样使反射面的赋形变得更复杂困难了。从卫星工程实现的诸多方面考虑,采用多馈源双偏反射面实现赋形波束的方案比单馈源反射面赋形更具优越性。因为多馈源赋形的设计自由度比单馈源反射面赋形更多,应用更方便。而且当要求改变覆盖时,原则上,只要改变馈源激励就可实现,而赋形反射面不具这种灵活性和易改变性。赋形反射面的加工成形也较一般反射面复杂。

15.5　航天器反射面天线的材料和结构

15.5.1　航天器反射面天线在结构和材料上的特殊要求

由于反射面天线独有的一些优点,它是目前航天器上应用最多的一种高增益天线。由于发射载荷和空间环境的影响,它与一般应用的反射面天线在结构设计和材料应用方面有它自己的特殊要求,概括如下:

(1)高强度以承受发射载荷作用。

(2)高刚度以维持高的结构基频和小的结构变形,天线谐振频率与整星及其他部件谐振频率应隔开去耦。

(3)低质量(轻质)是航天器载荷的共同要求,这样在保持性能的条件下,可允许容纳更多的有效载荷。

(4)低甚至接近零的热胀系数,在交变环境温度达到一定极限范围内(如±200℃)仍能维持反射面所要求的轮廓精度。

(5)较高的热导率使其温度分布比较均匀;对反射面面板材料要求有高的导电率。

(6)高的制造精度以维持形面轮廓满足要求,维持最佳的 RF 性能。

(7)在空间环境下天线所用材料的抗老化性,满足寿命期内,积累辐照剂量要求,真空不挥发、不起泡等。现在一般通信卫星在轨寿命(10~15 年),寿命期内应满足应用要求。

(8)制造、组装、调整与结构有兼容性。

(9)材料有好的加工制造特性,低的材料和制造成本也是一个考虑因素。

15.5.2　航天器反射面结构材料

在飞机和一般飞行器上使用的传统材料中一直以铝、钛、镁合金,铍铜、不锈钢和玻璃纤维等为主。目前先进的复合材料在航天器天线工程中得到了广泛的应用。它们采用更高强度和刚度的石英、Kevlar、硼(boron)纤维与树脂集合成一体,见表 15-5。

表 15－5　天线结构常用材料特性表

材 料 名	比强度 10^5 Nm/kg	比刚度 10^7 Nm/kg	密度 10^3 kg/cm³	线胀系数 10^{-6} mm/℃	热导系数 W/m℃
碳纤维复合材料					
HTS,单向性	1.7	3.0	1.6	+1.0	—
GY70,各向同性	0.9	6.2	1.6	−0.1	26
Kevlar 单向	1.4	5.2	1.4	−3.6	1.7
Kevlar 各向同性	0.7	1.9	1.4	−1.1	0.5
玻璃纤维单向	4.0	2.7	2.0	7.2	0.2
玻璃纤维各向同性	1.3	1.0	2.0	7.2	0.1
铝(Aluminium)	1.2	2.5	2.8	23	132
铍(Beryllium)	1.5	15.8	1.8	11	180
Invar(镍加钢合金)	0.3	1.8	8.0	1.3	11
镁(Magnetium)	1.2	2.5	1.8	25	17
钛(Titanium)	2.0	2.5	4.4	9.5	7
不锈钢	1.2	2.5	8.1	11	17

　　复合材料的机械性能取决于纤维的排布,单向排布在纤维方向有非常高的强度和刚度,但在纤维横切方向强度和刚度就较低。对多轴应力载荷条件下需要用单向纤维多向排布来达到强度和刚度要求。航天材料选择的性能指数(A figure of merit)定义为比刚度除以线胀系数。性能指数 $= \left(\dfrac{E}{\rho \alpha} \times 10^{12} \right)$,$E$ 为刚度,ρ 为密度,α 为线胀系数。表 15－6 列出的一些材料的性能指数。

表 15－6　材料的性能指数

材料名	性能指数
碳纤维环氧材料 HM－S/4617(单向)	1078
碳纤维环氧材料 H－S/4617(各向同性)	2374
碳纤维环氧材料 H－S/710(各向同性)	351
碳纤维环氧材料 H－S/710(单向)	2549
碳纤维环氧材料 GY－70/X－30(单向)	1181
碳纤维环氧材料 GY－70/X－30(各向同性)	6241
不锈钢	17

材料名	性能指数
镁合金	7
铍(Beryllium)	101
硼加铝(boron/aluminum)(单向)	112
Invar	101
钛(titanium)	17
铝	8

　　从表15－6可看出,碳纤维环氧复合材料的性能指数明显高于金属材料。不涂敷金属层的碳纤维(石墨),RF反射率在K频段以下与铜类似。在更高频率为避免天线增益下降,在用碳纤维复材作反射面面板时,需要用真空溅射高导电率的金属膜。

　　表15－7给出了复合材料与金属材料性能的全面比较。

表15－7　复合材料与金属材料的性能比较

项　　目	树脂基复合材料(单向)	常规金属材料
材料密度	碳/环氧≈1.36 g/cm³	≈2.7 g/cm³(Al)
拉伸强度	1230～1520 MPa	200～500 MPa
弯曲强度	1180～1780 MPa	
拉伸模量	200 GPa	70 GPa
线胀系数	$(-1～0.3)\times10^{-6}$ mm/℃	20×10^{-6} mm/℃
热导率	≥10(W/(m·K))	150(W/(m·K))
最高工作温度	150～170℃	>200℃
电导率	≈4×10^{4} S/m	≈20×10^{6} S/m

　　可见,复合材料的比强度、比刚度都远大于金属,而密度小,质轻,近零的线胀系数。复合材料作为航天器天线材料,特别是应用于反射面天线其性能都优于一般金属。

15.5.3　航天器反射面天线结构

15.5.3.1　航天反射面天线应用类型

　　具有大的直径波长比的主焦抛物面天线已经广泛地应用于各种航天飞行器

上。比如 Viking Orbiter 1975，直径 1.5 m 双频高增益抛物面天线，ATS－F&G 自展开近 10m 反射面天线等。这些天线结构相对简单，但主焦结构由于馈源和支撑结构的遮挡，对天线的增益、边瓣、扫描和交叉极化性能都有影响。另一类偏置单反射面消除了上述弊病得到应用。如 Telesat(Anik)/Westar/Intersat4-A 为径肋支撑的网状单偏置抛物面。还有 Intersat-V 为碳纤维实体反射面。偏置反射面增加了 F/D，提高了扫描性能。典型的对称双反射面系统有跟踪与数据中继卫星上(TDRSS)的东、西点波束天线，其主面直径约 4.9 m。偏置双反射面系统可减少和消除口径遮挡，而且设计自由度增加使天线设计更加灵活，易于实现最优设计，已在通信卫星中得到应用，特别是用于多点波束覆盖的两个偏置共焦抛物面系统采用平面阵列馈电结构有更大的应用潜力。

15.5.3.2　反射面的结构形式

（1）刚性反射面天线

刚性反射面天线的显著特点是其反射面采用刚性结构，即反射面型面一经加工完成就不再改变。刚性反射面天线大多采用复合材料结构，根据反射面所使用的材料及结构形式，刚性反射面天线又可进一步分为传统蜂窝夹层结构反射面天线、轻型反射面天线和超轻型反射面天线。

传统蜂窝夹层结构反射面为夹层结构。反射面必须能够反射电磁波，因此面板材料由导电材料制成。目前主要采用碳纤维复合材料为面板、铝合金蜂窝为芯子的夹层结构。凯芙拉(Kevlar)也是面板材料的理想选择，由于其不导电，用于需要对电磁波透明的特殊情形，如频率选择面(FSS)副反射面、馈源及副面的支撑结构等，此时蜂窝芯可选用不导电的 Nomex 蜂窝材料。

采用高性能复合材料的航天反射面天线的结构形式有：

1)铝蜂窝芯碳纤维面板的薄壳夹芯结构，如图 15－37(a)所示。它是直径为 1.5 m 的 Viking Orbiter Ant。夹芯反射面的碳纤维面板厚度 0.5 mm，1.27 mm 的铝蜂窝芯。中国神舟 4 飞船留轨段上微波遥感反射面采用 8 mm 的铝蜂窝芯和厚度 0.08 mm×4 mm 的碳纤维面板。

2)桁架或刚性筋肋支撑反射面薄壳结构，如图 15－37(b)所示。这种结构比夹心结构有更小的热变形，这种结构在制造过程中可以有较多的调节工作。这种薄壳型反射面在热真空和振动环境下的验证试验以检验其在发射载荷和空间环境条件的适应与承受能力，这在产品鉴定阶段是十分重要的内容。反射面轮廓的验证可以用模板/微米技术或摄像或激光全息方法在各种热循环、太阳模拟、正弦振动、声振动等条件下测量。

3)刚性肋加夹芯薄壳，如图 15－37(c)所示。12 ft 直径的 Voyager 飞行器上的卡式天线就采用的这种结构。反射面板由铝蜂窝芯加碳纤维蒙皮形成的夹芯薄壳结构。背架为横竖交叉的筋肋支持着反射面,筋的外圈是直径为 1.7 m 的碳纤维环氧树脂的夹芯材料环圈。

 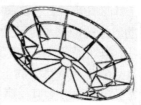

（a）铝蜂窝芯碳纤维夹层结构　　　　（b）桁架支持的薄壳结构

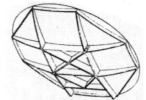

（c）刚性肋和圈支持的夹芯壳面结构

图 15－37　常用的航天反射面天线结构（固定不展开的）

4)轻型及超轻型反射面刚性结构,一种新型的轻型反射面仍为蜂窝夹层结构,但与传统蜂窝夹层结构反射面不同的是,轻型反射面面板采用三向织物(Triaxial Woven Fabric TWF)代替单向带或平纹织物。从而降低了反射面的重量;TWF 的六边形孔洞使面板的面密度进一步降低。轻型反射面的面密度约为 1.5 kg/m²。图 15－38(a)是 TWF 的示意图。

超轻型反射面是轻型反射面的改进,反射面不再采用蜂窝夹层结构,而代之以单层 TWF 辅以加强筋的结构形式。与轻型反射面相比,超轻型反射面减少了一层面板,取消了蜂窝芯和两层胶膜,因此质量更轻,面密度一般小于 1 kg/m²。图 15－38(b)是超轻型反射面的一个实例。

(2) 可展开天线结构

如果刚性反射面尺寸太大不能直接容纳在运载火箭整流罩内,或者因其他原因天线的发射状态与工作状态不同,则须采用伸展机构,在航天器入轨后将天线反射面展开到所需的工作状态。

随着增益的提高反射面直径要求越来越大,目前运载可容许的直径在 4 m 左右。因此大型反射面必须采取折叠和伸展方式。航天器反射面天线有一类为可展开结构形式。这种结构大致分为三种:

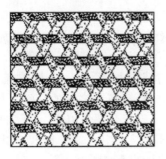

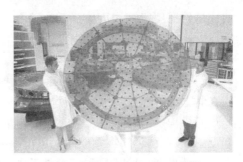

(a)　TWF 纤维排列
方式示意图

(b)　法国 Aerospatiale 公司的
超轻型天线反射器

图 15－38　轻型反射面面板材料和结构

1）刚性径向肋反射面。最典型的例子是跟踪与数据中继卫星上的反射面单址天线（TDRSS-SA），如图 15－39所示。直径 4.9m，18 根碳纤维复合材料（GFRP）径向肋，利用在 18 根径向肋上可调拉线固定器（standoffs）支撑着 1.2 mil 直径的镀金钼丝网。刚性肋横截面呈圆形，截面沿径向呈锥度削减。肋的数目和网眼的大小是重量和 RF 性能的折中结果。径肋的热控有包扎在外面的多层镀铝聚铣亚氨膜。包括机械制造和热变形在内的表面均方根误差为0.50 mm（RMS）；馈源的散焦约为2.80 mm。为了提高反射面型面精度采用两组网线，反

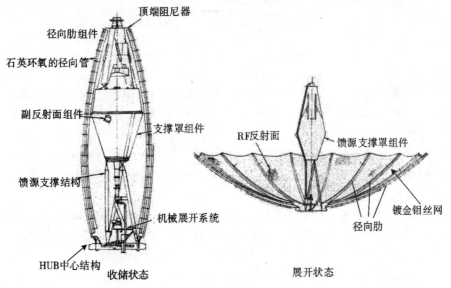

图 15－39　TDRSS-SA，刚性肋网状反射面

射面的轮廓用殷钢线固定到第二个拉拔面上(secondary drawing surface)。金属反射网固定在石英张力线索上，通过调整石英线索的张力调整反射面的型面精度。

2)柔性径向缠绕肋反射面。该反射面的结构由(toroidal hub)中心轮鼓和附在其上的一组直线形径向肋(flat radial ribs)、覆在肋之间的轻型反射网、空间展开机构及其支持以及空间表面测量和校正系统几部分组成。为了收拢和卷起反射面，径肋利用在它们间的可折叠的网面缠绕在中心轮鼓上，使其达到所要求的折叠半径。展开是利用缠绕肋存储的弹性变形能(elastic strain energy)。附着在展开肋间的三角形板条提供近似光滑的抛物面。缠绕肋天线适合于超大口径的天线，最大的缠绕肋天线口径可达80 m，如在美国的"大酒瓶"信号情报侦察卫星上。缠绕肋天线是径向肋天线的一种变体，利用具有一定柔性和自回弹性能的材料制造天线肋。将天线肋沿一定方向缠绕并锁紧在天线中心柱上，可收拢在一个紧凑的空间内。缠绕肋的释放是利用自身的自回弹性展开到工作状态，如图15－40所示。

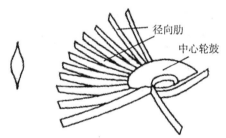

径向肋

中心轮鼓

图15－40　缠绕肋天线示意图

3)可展开桁架反射面天线。该天线为构架式天线，是将金属反射网铺设在可展开桁架上的一种可展开天线形式，可展开桁架是由一组可展开的桁架单元拼接而成的。图15－41是一种六边形可展开桁架单元的展开过程示意图。由于构架单元是标准组件，可根据需要拼接出所需要的天线口径，构架式天线通过拼接更多的构架单元，天线的口径可进一步增大，可较容易地构造大型展开天线。

图15－42(a)是一种构架式天线例子，它由许多三角形可展开桁架单元组成。图15－42(b)是一个口径3 m×6 m构架式展开天线，其构架单元为四面体单元。

另一种是环形桁架可展开天线，它利用了构架式天线的优点，同时又避免了随天线口径增大带来的质量的急剧增加，是一种新型网状可展开反射面天线。环形桁架可展开天线反射器最早是ASTRO公司为北美移动通信卫星MSAT

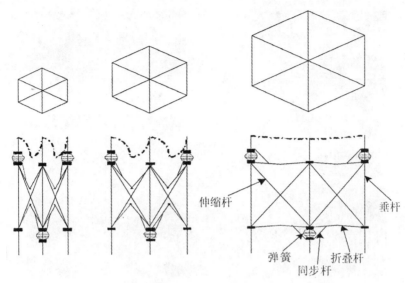

图 15-41　六边形可展开桁架单元展开过程示意图

研制的,口径 6 m,由于种种原因没能在第一代 MSAT 上得到采用。休斯公司在为亚太移动通信卫星 APMT 设计的天线方案中采用了 ASTRO 的环形桁架可展开天线反射器,口径为 12.25 m。2000 年发射的 Thruaya-1 航天器也使用了 ASTRO 的 12.25 m 环形构架可展开天线反射器(见图 15-43)。它采用前后张力索网固定在环形展开桁架上,相应节点通过张力弹簧阵连接。当环形展开桁架完全展开时,张力索网被张紧,张力索网确定了天线反射面的形状。实际上,环形桁架可展开天线是目前唯一一种适用于从 6～150 m 口径空间可展开天线的结构形式。美国的信号情报航天器"高级折叠椅"上 150 m 口径的天线反射器同样采用这种可展开形式。

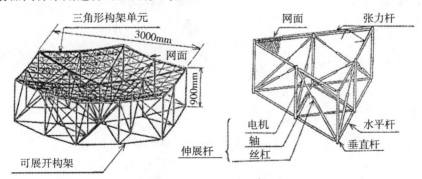

(a) 三角形可展开桁架单元组成的构架式天线

(b) 3 m×6 m构架式天线

图 15－42   可展开桁架反射面天线结构

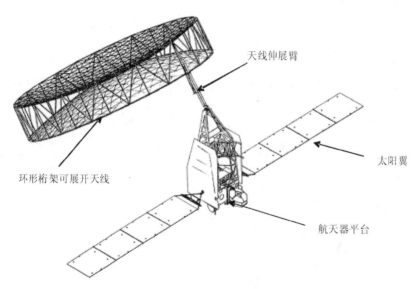

图 15－43   Thruaya航天器上的环形桁架可展开天线

15.5.4　大型可展开天线的需求和结构

对于口径大于 3.5m 的反射面天线,一般需要采用柔性反射面。柔性反射面形式有径向肋天线反射面、缠绕肋天线反射面、构架式可展开天线反射面、环形桁架可展开天线反射面等。

柔性反射面天线均是反射面自身可展开的大型可展开天线,口径一般超过 4.2m 以上,甚至达到 150m。大多数柔性反射面采用柔性金属网,且需要各种形式的展开机构将其展开,因此,也称为网状可展开天线。

随着可利用的运载工具的增大,对于航天器天线又有一些新的要求和考虑,比如:发射过程中会产生更大的噪声和结构载荷;在释放和收拢之前能对其能力和性能进行检测;在空间可进行表面轮廓的测量(估计)和调整;随着反射面直径的增加,出现一些较为简化的结构形式。其中对超大直径的可展开天线两种值得推荐的方案是多圆锥结构和细长柱结构。

多圆锥反射面的表面由一组圆锥网段构成。每一个圆锥段由网肋和支持在中心轮鼓上的一组径向帆杆组成。帆杆和网面折叠像一把伞。对足够大直径来说,帆杆必须是折叠的才能装在发射火箭风罩内。精细的表面控制是通过在网肋上的一些悬垂线(catenary—member)。

细长柱(maypole)和圆管 (hoop/column) 的可展开天线结构形式。它由一根长的中心轮鼓或桅杆、一个刚性外圈或圆箍、一组交互连接的缆线或纵梁(驳线)组成,如图 15 - 44 所示。反射网栅挂在环圈(hoop)和桅杆之间,并由网栅张线支撑。可展开的圆圈有足够的刚度能经受住控制搏线张力。天线中心桅杆里包含有天线电控箱。其展开程序也示于图 15 - 44 中。

桅杆和下搏线张开后,环圈铰链向外形成多边形。这种结构应用决定于网栅、车轮鼓、环圈以及拉线束都应由具有非常低的热胀系数的材料制成。这个航天飞机发射的空间计划,拟用一个工作于 S 波段细长柱反射面天线其直径超过 300m。

未来空间活动,特别是同步轨道及深空探测,大口径天线的需要是明显的。对于口径直径大于 3m 的天线多需要采用展开结构。空间用大型天线展开结构涉及多门学科,是一项十分复杂的理论和工程问题。大型可展开天线技术的关键有三:一是展开机构及可靠性;二是形面的精度和保持;三是结构力学特性。展开机构、形面精度和在轨的热变形问题是要研究的关键问题。最近一种索网式展开天线在空间应用越来越多。这种天线是周边桁架、中间加上一些线索形成的拉索预应力结构。它通过拉索引入预应力,使天线能有效地提高承载能力,

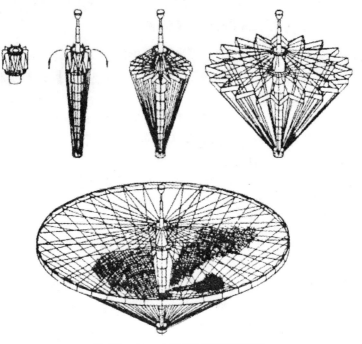

图 15－44　大型反射面展开程序

对控制结构变形、降低天线结构重量均能获得较好结果。同样发射前天线被折叠成圆筒状,天线结构简单,压缩比大,结构重量轻。反射面完全由悬索系统分段拟合而成。为减少形面设计误差,可增加天线上(前)、下(后)网悬索数以及中间的调节索数。设计分为:①天线反射面精度设计;②结构力学性能优化设计;③形面保持和在轨热变形设计。一般需采用机、电、热计算机一体化设计过程完成。

15.6　卫星通信的微波网络

在第 12 章天馈无源微波网络中,我们讲述了阻抗匹配变换器,波导及其拐弯与接头,各种活动连接和关节,功率分配与合成等,这些多侧重于同轴或带线系统,适用于功率不大、频率不高的情况。对于现代卫星通信,其频率与功率都不断增加,天馈网络多采用波导形式,因此,本节主要介绍波导型的微波网络。比如:阻抗变换器、滤波器(高通、低通和带通)、正交模变换器、多工器和极化器等无源微波器件。这些器件在卫星通信系统中构成了最常应用的多工器和波束形成网络。

15.6.1 波导型阻抗变换器

在通信卫星天馈系统中,总会遇到波导之间的连接问题。因此,首先讨论不同截面波导间连接的匹配过渡。这与第 12 章谈到的阻抗变换器设计类似。

15.6.1.1 矩形波导阻抗变换器

在天馈网络中两个不同横截面矩形波导的匹配,一般采用 $\lambda/4$ 阶梯阻抗变换做过渡,如图 15－45 所示,这样可得到较小的反射和较宽的频带。常用的有均匀变换器,所有波导段的宽度不变,如图 15－45(a);另一种是宽度和高度都在改变的叫非均匀变换器,如图 15－45(b)所示。

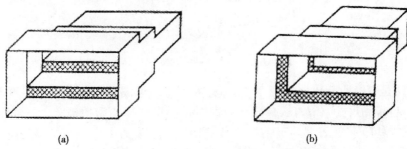

(a)   (b)

图 15－45 常用的矩形波导阻抗变换段

(1) 对于 N 节矩形波导变换器的波导宽度和高度选择的近似公式如下:令阶梯变换的输入波导尺寸为 $a_{inp} \times b_{inp}$,输出波导尺寸为 $a_{out} \times b_{out}$,则

$$a_{i+1} = a_i \left(\frac{a_{out}}{a_{inp}} \right)^{1/N} \tag{13-44}$$

$$b_{i+1} = b_i \frac{Z_{i+1}}{AL_{i+1} \cdot AK_c} \tag{13-45}$$

$$Z_{i+1} = \exp(\gamma G_{i+1})$$

$$\gamma = (\Gamma)^{-1} \lg(R_a)$$

$$\Gamma = \sum_{i=2}^{N+1} G_i = \sum_{i=2}^{N+1} 2\sin\left[\pi \frac{2i-3}{2(N+1)} \right]$$

$$R_a = X_c \frac{\lambda_g^{out} b_{out} a_{out}}{\lambda_g^{inp} b_{inp} a_{inp}}$$

$$X_c = -0.5\delta^2 - 2\delta + 2.5 \qquad \delta = \left(\frac{a_{out}}{a_{inp}} \right)^{1/(N+1)}$$

$$AL_{i+1} = \frac{\lambda_{g(i+1)}}{\lambda_{g(i)}}$$

$$AK_c = \delta R_a$$

单级阶梯阻抗变换器的阻抗 $Z_2 = \sqrt{Z_{in} \cdot Z_{out}}$，$a_2 = \sqrt{a_{in} \cdot a_{out}}$ 由于阶梯在不连续处产生的电纳（等效电容），应对各节的 $\lambda/4$ 长度作修正。

（2）矩形波导到脊波导的阻抗变换器

单脊和双脊波导已经比较广泛地应用于宽带场合。用常规矩形波导与脊波导相接，其间要用一个合适的阻抗变换器。其设计程序可归纳为：①根据要求确定输入数据，包括矩形波导尺寸、输出脊波导尺寸、中心频率、带宽和允许的最大回波损耗（或驻波比容差）。②选定变换段形式，比如为切比雪夫响应，首先找出满足所需带宽的节数，各节的尺寸 a, b 可用下式计算：

$$a_k = a_w - \frac{(a_w - a_{rw})}{2N}(2k-1)$$

$$b_k = b_w - \frac{(b_w - b_{rw})}{2N}(2k-1)$$

$$(13-46)$$

式中，N 是变换段节数，a_w, b_w 和 a_{rw}, b_{rw} 分别是矩形波导和脊波导的宽度和高度。一旦得到尺寸 a_k, b_k，从脊波导特性阻抗中可选择初始的槽宽 d。a_k, b_k 和 W（脊的厚度）不变，d 是可变的。各节的初始长度设为 $\lambda_g/4$。变换段几何尺寸如图 15－46 所示。

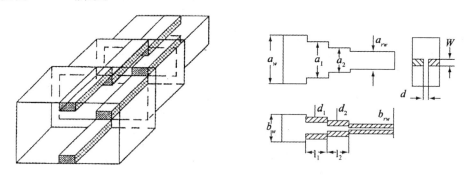

图 15－46   矩形到脊波导变换段的几何参数

这里所得的初始尺寸并未考虑不连续性的影响，为了改善电性能，分析与迭代优化的程序是必要的。模匹配方法是分析脊波导不连续性比较有效的数值处理工具。目前商业电磁软件 ANOFT－HFSS、CST 等都可完成这项优化设计。

15.6.1.2　圆波导阻抗变换器

如果两个直径不同的波导级联，要保持阻抗匹配，一般采用阶梯圆波导变换器。变换段设计与矩形波导变换段类似。

首先确定设计输入数据:输入和输出波导直径(输入和输出的特性阻抗)、中心频率、带宽和允许的最大回波损耗(或驻波比容差)。

根据圆波导 H_{11} 模的特性阻抗来选取变换段各节的直径。H_{11} 模特性阻抗可写为:

$$Z_0 = \frac{353.806}{\sqrt{1-\lambda_0^2/\lambda_c^2}}\ \Omega; \quad \lambda_c^{H_{11}} = \frac{2\pi a\ \sqrt{\varepsilon\mu}}{\chi_{11}}; \quad \chi_{11} = 1.841 \qquad (15-47)$$

一旦变换段各节的阻抗已知,利用上面的阻抗公式可计算出各节波导段的直径,而各波导段的长度通常取 $\lambda_g/4$。同样和矩形波导变换段类似,采用模匹配方法计算其不连续性影响,利用现成的商业软件完成优化设计。

15.6.2　微波滤波器

微波网络中,滤波器是最常见的无源器件。滤波器的设计和实现已逾 50 年历史,有许多的书籍介绍,并由专门的微波工程师完成,这里就不再叙述。设计过程从所要求的性能开始,这些性能通常由微波系统的要求决定的。作为航天天线工程师应该知道微波滤波器主要的性能参数。其主要性能参数分别以电参数、机械参数和环境参数描述如下:

(1)电性能通常以滤波器的频响参数确定,归纳起来有:

• 中心频率(或低通滤波器的截止频率)和带宽(可由功率损耗 3dB 点、VSWR 的纹波允许值);

• 带内插入损耗及其最大波动;

• 带外衰减(以滤波器中心频率两边的两个对称点或多个频点上的衰减量确定);

• 功率承受容量,这主要由最大插入损耗和电击穿阈值决定;

• 群延迟,代表了滤波器的相位特性,可表示为 $\tau_D = \frac{\partial \phi_t}{\partial \omega}$(秒),$\phi_t$ 为传输相位(弧度),ω 为角频率(弧度/秒);

• 无源互调分量的最大功率电平,这个指标在卫星多载波系统中比较重要。

(2)机械特性,主要是对滤波器的最大重量、尺寸加以限制,以及输入和输出接口的形式。

(3)环境特性,主要指承受力学和各种空间环境的能力,通过鉴定试验,保证其电性能。

15.6.3　微波正交模变换器

在双极化复用系统中,对极化分离多采用正交模变换器(OMT)。一个普通的 OMT 虽然物理端口仅 3 个,其微波电性上是一个四端口器件。因为带有方或圆波导截面的公用端口(与馈源喇叭接口)有两个正交模(TE_{10}/TE_{01},H_{11o}/H_{11e})。OMT 的任务是在公用设备端口鉴别正交主模,并将它们送至预定的信号端口。保持所有端口的良好匹配和两正交信号之间高的极化鉴别力。理想的 OMT 的散射矩阵定义为:

$$S=\begin{bmatrix} 0 & 0 & e^{j\varphi_1} & 0 \\ 0 & 0 & 0 & e^{j\varphi_2} \\ e^{j\varphi_1} & 0 & 0 & 0 \\ 0 & e^{j\varphi_2} & 0 & 0 \end{bmatrix} \tag{15-48}$$

端口 1 和端口 2 表示物理公用端口处的两个正交主模,而端口 3 和端口 4 是分离出来的两个正交模。OMT 设计的关键构成是一分支区域,包含方形或圆形公共截面和至少两个基模接头(同轴型或波导型),后者相互之间应是垂直配置的。

(1) 渐变/分支 OMT

图 15-47(a)和(b)是从公用的方波导或圆波导截面到一种基模标准波导界面的对称或不对称过渡的纵向渐变的 OMT。在公用端口的 TE_{10}(TE_{11o})主模通过渐变段进入 OMT 纵向波导端口。正交模 TE_{01}(TE_{11e})在渐变区内变为衰减消失波,被反射且耦合至分支波导端口。对于渐变段设计可采用沿轴连

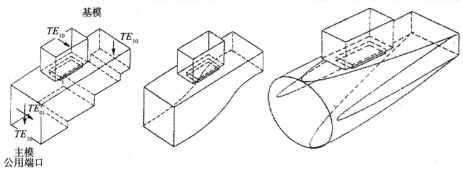

(a)阶梯过渡的 OMT　　　　　(b)渐变段的 OMT　　　　　(c)方圆过渡的 OMT

图 15-47　常用的几种渐变分支正交模变换器

续渐变方式,也可采取阶梯波导变换形式。它必须对正交模 TE_{01}(TE_{11} •)提供一良好而确定的短路面,其参考面在工作带内维持不变,而且对通过的 TE_{10}(TE_{11} o)模维持其匹配。

(2) 隔板/分支 OMT

这种 OMT 形式采用均匀截面(一般为方或圆)的公用波导,插入一隔板沿 X 或 Y 轴平分截面如图 15—48。送至公用端口的 TE_{10}(TE_{11} o)主模信号在隔板入口处分为两个—3dB 分量。这些分量通过隔板区并在随后的波导中重新合成,而正交模 TE_{01}(TE_{11} •)在隔板区内为消失波,在该区内被反射并耦合至正交模分支矩形波导。同样隔板对设计频段内的 TE_{01}(TE_{11} •)模有一个接近恒定的短路参考面,对此模在隔板区抑制度应超过 50dB 以避免受到隔板后接波导的弱耦合谐振的任何损害。抑制度

$$L=20\lg e^{-\alpha l} \tag{15—49}$$

α 为 TE_{01}(TE_{11} •)模的衰减常数,l 为隔板的长度。

侧壁分支波导相对于隔板的位置是一个重要的参数,它取决设计频段内相应主模的短路参考面。带电感窗口耦合的矩形分支端口设计与渐变/分支 OMT 类似。

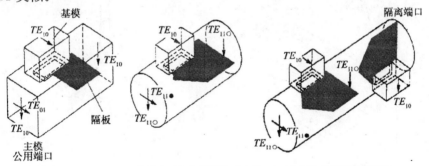

图 15—48　隔板/分支 OMT

(a) 带矩形公用波导段　　(b) 带圆公用段重选隔板/分支线　　(c) 两个相同模块的OMT

(3) 短路公用波导 OMT

这种形式的 OMT 是带有两个矩形分支波导的终端短路的公用波导段构成,如图 15—49 所示。两个分支波导均布于公用波导彼此垂直的两个侧壁上,分别为相应极化信号所用,如图中(a)和(b)。分支波导的宽边一般与公用波导的纵轴相一致。主模的 H_z 场耦合至专用分支波导的 H_x 场。如果主模的 H_z 场耦合至侧壁端口,则分支波导相对于公用波导短路面的位置

$$l_{1,2}=\lambda_{g1,2}/4$$

$\lambda_{g1,2}$表示相应主模在指定频段中心频率的公用波导波长。如果波导截面不为圆形或正方形,或正交极化工作于不同频带时,则专用界面位置 l_1, l_2 将是不同的。也有将分支波导于同一侧壁上,但此时两分支波导截面应彼此垂直配置,如图(c)所示。也可采用同轴探针耦合的分支波导,如图(d)所示。到底采用哪种形式应根据具体情况而定。

　　两个分支波导宽边与公用波导轴平行,且彼此正交。这是一个非常简单的设计。其缺点是在非对称分支区域内激励的高次模会引起端口之间的直接耦合,因此很难在 10%带内同时达到匹配和有良好的隔离特性。

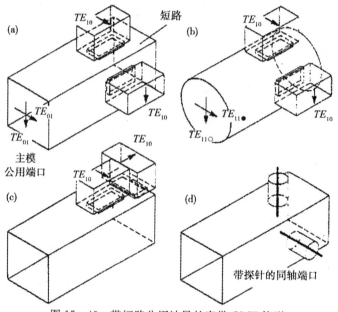

图 15—49　带短路公用波导的窄带 OMT 构形

　　前面将 OMT 的基本物理机理作了简要的说明,除已举出的形式外,OMT还有其他各种形式。对 OMT 设计可采用有限元法,利用商业电磁软件比如ANSOFT—HFSS 或 CST—MICRO STUDIUM 软件进行设计和优化。

　　至于宽带的 OMT,比如多路合成器的通信系统,对 OMT 频带宽度要求更宽,甚至会超过 60%以上,这就需要采用宽带 OMT 的设计。前面 OMT 设计可见,由于公用波导中高次模激励限制了性能。对此,宽带 OMT 设计应尽量减少与两主模对称分支结构中高次模的激励,其对称性可通过应用鉴别正交极化模的双接头法得到。如果需要可查阅文献[11]。

15.6.4 微波多工器

频段的分离和组合需要用多路设备。馈线系统中应用的多路传输设备有四种不同的方法,概括起来有:①环行器/滤波器链;②定向滤波器法;③多重多工技术;④分支滤波器。多工器设计的主要因素取决于具体的应用和系统要求。空间通信系统的接收与发射(T/R)频段双工器因其接收与发射信号电平差值非常大必须提供非常高的频段隔离,而且还必须有尽可能低的插损、重量和尺寸。下面简述常用于卫星的微波多工器的机理和设计。

15.6.4.1 环行器/滤波器链

它的基本组件是一个环行器和一个滤波器组成的三端口网络,如图 15—50。每一个组件供一个频段或一个频道专用,组件中滤波器由服务频段或频道确定,一般采用带通滤波器。工作原理利用了环行器单向环行特性。如果信号传输方向为端口 1→端口 3→端口 2,则

$$S=\begin{bmatrix} 0 & e^{j\varphi} & 0 \\ 0 & 0 & e^{j\varphi} \\ e^{j\varphi} & 0 & 0 \end{bmatrix} \qquad (15-50)$$

其他依次类推,环行器提供了正向相邻端口的直通,而反向端口是隔离的。因此,公共设备端口的位置取决于设备的多路传输作用,即用做发射通道的合成器(输出多工器)或用做分离接收频道的输入多工器,如图 15—50。

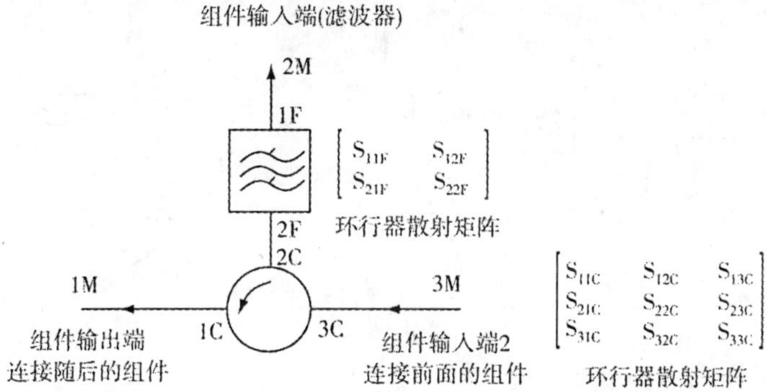

图 15—50 环行滤波器单元

如图 15—50 所示,把覆盖滤波器通带的信号输入到组件滤波器端口(2M),通过环行器的传输路径 2→1 把信号引导至组件公共端 1M。因此,组件端口 1M 和 2M 间传输函数:

$$S_{12M} = S_{21F} \cdot e^{j\phi} \qquad (15-51)$$

把前面频道组件信号(滤波器通带外)输入到组件端口 3M。首先通过环行器路径 3C→2C 引导至滤波器,经滤波器反射,信号返回环行器。因此,组件端口 1M 和 3M 间的传输函数:

$$S_{13M} = S_{22F} \cdot e^{j2\phi} \qquad (15-52)$$

计算多工器频道影响 S_{1n}(1 为公共多工器,$i = 2, 3, \cdots, n$ 为专用频道端口)必须考虑到输出端口的后续规定频道组件中滤波器响应的影响,因此,频道传输函数可由下式推导:

$$S_{1n} = S_{21F_i} \cdot S_{22F_{i-1}} \cdot S_{22F_{i-2}} \cdots S_{22F_2} \qquad (15-53)$$

一般多工器的频道滤波器按相应通道频率顺序安排。即通道频率最低的组件紧靠公共端口,相邻频道组件紧接第一个组件,而通道频率最高的组件接在链路的末端,如图 15-51 所示。组件中环行器与滤波器分别独立设计,滤波器带通带阻响应对整个多工器性能至关重要。这种多路传输方法的主要优点是,所设计的组件由独立设计单元组成,其实现难度较低,即所有组件的环行器是相同的,只需滤波器必须根据组件所分配的频段单独设计。所以这种方法有易扩展性。而该方法的主要问题是单个频道的损耗,这是由于要通过链内必备的环行器引起的。这意味着一个频道的损耗主要取决于组件在链内的位置。这个方法还必须详细考虑功率承受容量和耗散功率,尤其是环行器。

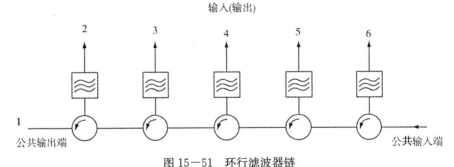

图 15-51   环行滤波器链

15.6.4.2   定向滤波器多工器

这种多路传输方法由定向滤波器组合来实现,每个定向滤波器分配一个专用频段或频道,形成至公共设备端口的多路传输,如图 15-52。类似于环行器/滤波器组件,这些定向滤波器可任意连接。定向滤波器为四端口器件,提供端口之间"定向"信号路径。信号通过滤波器通带有两条路径,一条为端口 1 和端口

3 之间,另一条为端口 2 和端口 4 之间。滤波器通带外的信号分别在端口 1 和端口 2 之间以及端口 3 和端口 4 之间传输。从定向滤波器一个端口输入的通带信号分成相互之间相位差 $\pi/2$ 和幅度为 -3dB 的等幅信号分量,信号分量通过两个独立的滤波器,然后重新合成整个信号并传输到专用端口而其余端口是隔离的。则定向滤波器传输了信号信息和信号方向。

　　常用定向滤波器分别指定适当的单元承担不同的功能。比如,3dB 功率分配器(有 $\pi/2$ 相差)可采用混合接头,而获得滤波功能可采用一般的滤波器设计。这种传统的定向滤波器组件由两个混合接头和两个相同的滤波器组成,几个定向滤波器组合,在整个多工频段内实现匹配,如图 15—52。

　　也可采用不同类型的混合接头,如 E 面或 H 面短缝耦合器,分支波导耦合器等。理想的 3dB 混合接头的散射矩阵为:

$$S=\frac{1}{\sqrt{2}}\begin{bmatrix} 0 & e^{j\phi} & 0 & e^{j(\phi-\pi/2)} \\ e^{j\phi} & 0 & e^{j(\phi-\pi/2)} & 0 \\ 0 & e^{j(\phi-\pi/2)} & 0 & e^{j\phi} \\ e^{j(\phi-\pi/2)} & 0 & e^{j\phi} & 0 \end{bmatrix} \qquad (15-54)$$

定向滤波器组件的多路传输与采用环行器/滤波器组件具有相同的特点,即易实现、易扩展。但与环行器/滤波器组件相比显著的优点是插入损耗低、功率容量高。缺点是硬件要求高,其加工和调整成本高、重量高、尺寸大。一般用于高功率频道多工器设备中。或在一些特殊应用中,要求整个多工器分配给几个天线,则可利用组件的定向性,任意改变每个传输频道在这几个天线之间的分配。

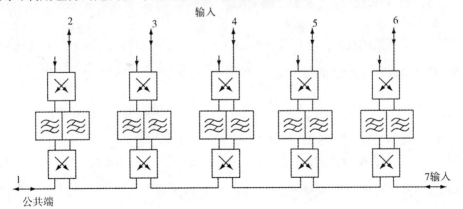

图 15—52　定向滤波器多工器示图

15.6.4.3   复式接头多路传输技术

由于空间飞行器上宝贵而十分有限的 DC 功率,要求卫星上应用的多路传输设备具有最佳的效率,要求损耗尽可能的低,另外有效载荷发射成本很高,要求重量尽可能的轻,尺寸尽可能的紧凑,为此,采用复式接头的多路传输技术。该技术在空间通信系统卫星转发器中或多路数传中,常被用来组合行波管放大器的高功率发射信号。这种方法是把高功率的发射频道(带宽≤1%)组合成传输频道(达 20%),并输入到天线公共端口。该法每个频道要用几个滤波器,并把它们直接接到复式 T 接头上。滤波器垂直复式接头放置,复式接头一端短路而相对端口为设备的公共端。复式接头多工器的结构非常复杂,需要确定的等效电路参数很多,需要进行优化的频点也很多,但是一般设计方法的基本思路是单频道路径(滤波器)采用等效电路模型;多频道路径(复式接头)采用场理论模型。这种组合方法在 20% 的整个频带内比较精确,其设计一般采用计算机 CAD,其工作内容包括:

(1)对每个频道进行单个滤波器的设计综合以满足传输特性指标,这可利用现成的网络综合设计软件完成。

(2)对宽带部分的实际结构建模并确定初值,这包括所有复式接头元素和复式接头滤波器耦合等;复式接头本身由波导和横截面相同的 T 接头组成。T 接头用来进行频率滤波器到公共波导(复式接头)的转换。用于连接频道滤波器和 T 接头复式接头均匀波导在整个频段内用色散传输线(波导)进行定模。在确定复式接头波导长度(即 T 接头之间的距离)的初值时,必须考虑采用的 T 接头类型(是 E−T 还是 H−T 分支)。

E−T 接头的初始长度可按下列原则选择:①第一个频道滤波器(靠近短路端)和短路端之间的波导长度 $L_{M1}=\dfrac{\lambda_{g1}}{2}-\dfrac{b}{2}$;②相邻频道滤波器之间的波导长度 $L_{Mk}=\dfrac{n\lambda_{gk}}{2}-b$。式中 $\lambda_{g1}(\lambda_{gk})$ 为第 1(第 k)个滤波器中心频率的波导波长,k 是指定滤波器的编号$(2,3,\cdots,m)$,b 是 T 接头分支部分的高度。

H−T 接头初始长度选择原则:①第一个频道滤波器(靠近短路端)和短路端之间的波导长度 $L_{M1}=\dfrac{\lambda_{g1}}{4}-\dfrac{a}{2}$;②相邻频道滤波器之间的波导长度 $L_{Mk}=\dfrac{n\lambda_{gk}}{2}-a$,$a$ 是波导宽边尺寸。

频道滤波器可以在复式接头的一边连接,也可在两边连接,如图 15−53 所示。由此可给出整个多工器的等效电路框图,这也可采用网络设计中已知的

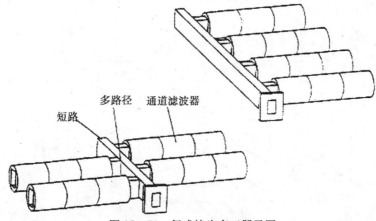

短路　多路径　通道滤波器

图 15—53　复式接头多工器示图

CAD工具,比如 ANOFT－HFSS 软件或 CST 微波工作软件等来进行设计和优化。优化确定的等效电路参数必须转换成多工器的实际结构。一般采取先对频道滤波器进行适当的预调整,然后再把它们连到复式接头上进行整个设备的调整。

　　值得注意的是环境条件对电性能的影响,整个复式接头应尽量短,尽量地保持温度的均衡性,因为热膨胀会降低频道传输性能。

15.6.4.4　毫米波多工器

　　随着毫米波 E 面集成电路技术的发展以及作为发射/接收频道分离器的毫米波双工单元需求的增加,考虑高阶模耦合和频道滤波器之间相互作用的严格场理论设计,可使设计优化数据无须进行大的调整就可达到所需指标。为了与毫米波 E 面集成电路兼容,矩形波导技术是最佳的选择。图 15—54 给出了两种简单的 T 接头型双工器。一种是在分支段采用了 E 面 T 接头和 E 面金属模片插入式滤波器,如图(a);另一种是 H 面 T 接头和 H 面感性膜片滤波器,如图(b)。这种多工器的基本工作方式是:在一个频道滤波器的通带,第二个滤波器对 T 接头呈现一个短路面,因此,允许输入信号通过这条为该频道设计的路径传播。宽带和/或毫米波多工器的计算机辅助设计主要采用模匹配技术进行分析,再通过优化程序完成最终的设计。除此之外,还有分配型多工器,可以是双工也可是三工或多工,在此不一一叙述了。

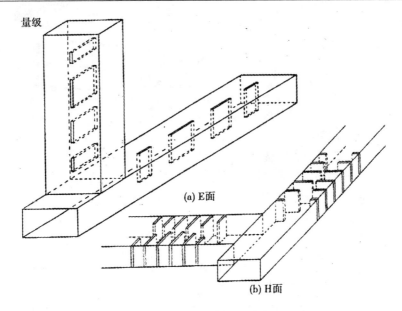

(a) E面

(b) H面

图 15—54　用于毫米波的 T 接头双工器

15.6.5　微波极化器

　　任意圆极化波可以表示成两个空间正交、时间相位差 90°、幅度相等的线极化波之和。微波圆极化器就是在微波频段能提供上述条件的微波元器件。下面介绍在卫星天线中常用的几种微波圆极化器的形成机制和参数设计。

15.6.5.1　金属板加载圆极化器

　　如图 15—55 所示,在 TE_{11} 模的圆波导中,径向加载金属板的圆极化器。它由传输 TE_{11} 模的圆波导及两块同 TE_{11} 模的电场矢量成 45°角放置的金属块组成。当电场矢量通过金属板时,分解成同金属板平行和垂直的两电场分量,这两电场分量在通过金属板时其相速度是不一样的,只要适当选择波导直径 $2r$ 和金属板的厚度 d,就可使这两电场分量经过金属板后相位差为 90°以获得圆极化。其设计公式:

垂直板电场分量的波数　$k_1 = \dfrac{2\pi}{\lambda}\sqrt{1-\left(\dfrac{\lambda}{\lambda_{c1}}\right)^2}$　　　　　(15—55)

平行板电场分量的波数　$k_2 = \dfrac{2\pi}{\lambda}\sqrt{1-\left(\dfrac{\lambda}{\lambda_{c2}}\right)^2}$　　　　　(15—56)

1λ 的板形成的相移量　$\Delta\varphi = k_1 - k_2 = \dfrac{2\pi}{\lambda}\left[\sqrt{1 - \left(\dfrac{\lambda}{\lambda_{c1}}\right)^2} - \sqrt{1 - \left(\dfrac{\lambda}{\lambda_{c2}}\right)^2}\right]$

$$(15-57)$$

半径为 r 的圆波导 TE_{11} 模的截止波长 $\lambda_c = \dfrac{2\pi r}{1.8441}$。置入两块厚度为 d 的金属板，截止波长随厚度变化曲线见图 15—55，由此可选择波导半径 r、金属块厚度 d 和长度使其相位差达到 90°。当板长大于 $4r$ 时，圆极化轴比控制在 3dB 范围的带宽约不小于 27%。而且可不必增加阶梯过渡与金属板匹配。

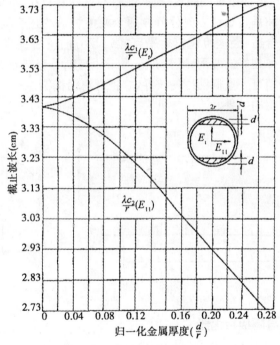

图 15—55　平行和垂直金属板极化器电场的截止波长随厚度的变化曲线

15.6.5.2　圆波导金属膜片周期加载极化器

　　这种极化器是在圆波导中等间距地对称加入金属模片而形成的，如图 15—56所示。圆波导内金属模片对垂直电矢量和水平电矢量分别呈现容性和感性加载作用，这使两矢量相位较未加载时迟后和超前，只要金属板的数目和尺寸选择合适，可使两电场分量产生 90° 的相位差以实现圆极化。

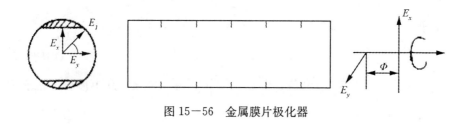

图 15—56　金属膜片极化器

15.6.5.3　圆波导销钉周期加载极化器

如图 15—57,波导中等间距对称加入螺钉,这些螺钉犹如加入一小电容,入射波电场沿螺钉和垂直螺钉方向分解成两个幅值相等的正交场分量,只要螺钉数目和尺寸选择合适,经这组螺钉后平行螺钉场方向落后垂直场分量 90°而形成圆极化。为了得到好的匹配,螺钉排布可采用高斯分布或正弦分布。为了展宽频带还可采用稍有一点椭圆度的波导,并把螺钉沿椭圆短轴上,相移量是螺钉与椭圆度共同作用的结果。

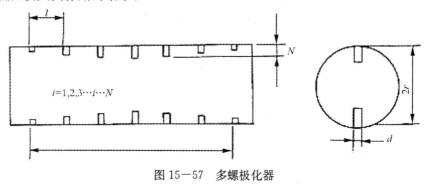

图 15—57　多螺极化器

15.6.5.4　圆波导隔板极化器

如图 15—58(a),在极化器一端为两个矩形(或半圆形)波导,一个圆极化波进入,被隔板分解成垂直和平行两正交分量,在隔板 L 区,隔板对这两个极化分量有不同的传播常数,因此,经隔板后这两个波间相移±90°。在另一端方形(或圆形)波导得到两个空间正交、幅值相等、相差±90°线性分量。阶梯隔板设计参数可利用模匹配计算机 CAD 优化得到,也可采用商业微波电磁软件 ANOFT—HFSS 等来完成。

形成圆极化的方式很多,不再一一列举,只要掌握圆极化形成条件,然后通过加载等方式分解场分量并改变两电场分量的相速来实现。

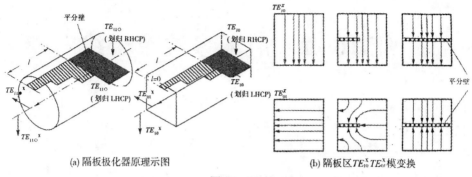

(a) 隔板极化器原理示图　　　　　(b) 隔板区 TE_{10}^x、TE_{01}^x 模变换

图 15—58

参考文献

1　R. Mittra. Satellite Communication Antenna Techlonogy ,1983

2　陈道明主编. 通信卫星有效载荷技术. 宇航出版社,2001

3　叶云裳,张正光. 电子消旋天线. 中国空间科学技术,2004

4　Christophe Granet, Design of Corrugated Horns :A Primer ,IEEE Antennas and Propagation Magazine,Vol. 47,No. 2, April 2005

5　叶云裳. 国内广播卫星成形波束天线覆盖性能分析. 宇航学报,1985(2)

6　A. W. Rudge,The Handbook of Antenna Degign Vol. 1 and Vol. 2

7　ROBERT. A. SHORE,A Simple Derivation of the Basic Design Equation for Offset Dual Reflector Ant. With Rotational Symmetry and Zero Cross—Pol. IEEE Trans. AP—33, No. 1,1985

8　Craig Scott. Modern Methods of Reflector Ant. Analysis and Design, Artech House 1990

9　VICTOR GALINDO ISRAEL Aperture Amplitude and Phase Control of Offset Dual Reflector,TEEE Trans. Vol. AP—27,No. 1,1979

10　袁家军等. 卫星结构设计与分析. 中国宇航出版社,2005

11　J. Uher, J. Boremann, Uwe Rosenberg, Waveguide Components for Antenna Feed Systems:Theory and CAD

第16章 航天多波束天线

16.1 概述

16.1.1 航天多波束天线的应用前景

卫星通信系统中天线是重要的分系统,对系统乃至整个卫星的性能和功能都起着十分重要的作用。随着卫星通信的容量和传输速率的不断提高,通信卫星由传统的透明的弯管式转发模式向具有信号再生和处理的转发模式发展。天线从覆盖固定地域的赋形波束到多点覆盖的波束,而且还能扫描、跳变和具有轨道再构能力。具有更高频率复用和移动性支持的多点波束天线已成为航天天线领域关注的热点,成为新一代/未来通信卫星的应用天线。卫星上采用多点波束天线有以下明显的优点:

(1)多点波束天线可以使用空间隔离和极化隔离,实现多次频率复用,从而大大地加大了使用带宽,使通信容量大大地增加。这使十分有限的频谱资源得到了更大的应用。多波束天线就是一个空分多址系统,一个空间滤波器。

(2)多波束可使原来单个波束大面积的覆盖变成由多个窄波束的多个小区域的覆盖。波束变窄大大地提高了天线的增益,使卫星发射的 EIRP 大大地提高。这样可简化地面接收设备,地面站小型化,甚至用户采用小尺度天线就可接收。这样带来的经济效益是巨大的,而且为全球漫游的个人移动通信提供了技术保证。

(3)多波束天线可进行波束扫描、波束重构,使系统有很大的灵活性。这在系统的多用途、抗干扰、增强卫星的在轨生存能力等方面都凸显其优越性。

通信卫星多波束已从少数几个波束发展到目前亚太移动通信卫星(APMT)有 200 多个点波束。从固定波束发展到可重构多个可变点波束和先进通信技术的跳变波束。多波束成为新一代通信卫星采用的星载天线形式。

反射面相对低廉的成本、多馈源的简捷结构使这样的天线系统可以在同一口径内形成多个波束。当今的多波束天线由单一口径可产生几十甚至几百个波束。它把信号加入到对应数目的输入端口或端对上。在发射和接收状态下,方向图形状和辐射方向可控。在发射时,将信号按要求方式分配到各波束端口,或接收时,将每一路接收信号进行加权后再相加到接收机入端口。卫星通信系统开拓了多波束天线广泛的应用,它提供了潜在的灵活性和多样性。

16.1.2　航天多波束天线(MBA)的形式和组成

16.1.2.1　航天多波束天线的形式

(1)馈电喇叭阵加透镜的天线形式。透镜设计包括透镜表面形状、透镜厚度的决定以及在透镜单元中传播特性的设计。较之反射面天线,它有更多的设计自由度。因此,很多年前微波透镜天线就已经应用来提供有低边瓣、高定向性方向图。近些年来多波束天线,开拓了透镜天线的新应用。多波束天线要求聚束器件有尽可能小的遮挡,偏轴应用时呈现最小的相位差。这两个要求透镜天线都能较好地满足。这些年一些新的轻型限制性波导透镜天线得到了较为广泛应用,出现了最小厚度的分区波导透镜、最小相位差的分区波导透镜、半波平板透镜、螺旋透镜、组合波导透镜和印制电路靴形透镜等。

(2)馈源阵照射反射面天线形式,如图 16-1 所示。和透镜 MBA 有类似的性能。通常采用偏置馈源以减少或消除口径遮挡。当天线口径要求很大时,比如口径大于 100λ,如果用波导透镜至少需要 30000 多个独立的单元或波导,制造这样多的单元或波导段并把它们组装成透镜比制造同样口径的反射面要复杂和困难得多;如果要将透镜折叠和展开,其复杂和困难就更可想象了。对此,应用反射面多波束为好,因为它制造容易,折叠和展开也易于实现。

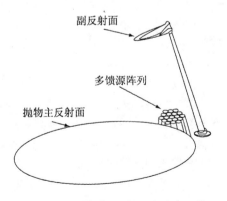

图 16-1　馈源阵反射面多波束天线

(3)带有 Butler 馈电矩阵的平面阵列天线。由 Butler 波束形成网络(BBFN)或它们一些变体和组合激励的一个平面阵。把一个信号加到 N 个端口的一个端口产生一个与那个端口对应的某个方向波束。单独地激励每一端口或旋转馈电就可在 MBA 视场内产生 N 个波束。这些波束是形成天线系统各种辐射方向图的基础。因此,常把它们称为 MBA 的基础波束。N 个波束端口适当激励可产生所期望的天线辐射方向图。同样对接收信号适当的加权(即调整幅值和相位),并在输出之前相加形成以信号源方向为函数的可变接收方向图。阵元数 N 一般可从几十到几百甚至上千个。天线由 N 个波束扫描覆盖整个视场。N 个波束扫描的间距多由阵列单元辐射方向图的半功率瓣宽确定。近年来有源阵列天线,特别是有源相控阵天线技术的发展已在卫星多波束天线中得到应用。

16.1.2.2　多波束天线的组成

多波束天线(MBA)系统的组成大致有三部分:一是天线;二是波束形成网络;三是控制电路。为了进一步说明 MBA 的基本特性,考虑一个如图16-2的分区波导透镜,当信号加到馈电喇叭4的入端,产生一个与焦轴重合的波束(令为波束4)。信号加到馈电喇叭3的入端,产生一个偏离透镜焦轴的波束3。波束3的角偏离与馈源的角偏离有一定的关系。依此类推,7个馈源喇叭通过透镜产生7个彼此交叠的空间波束。这些馈电喇叭的间距、位置和透镜的口径尺寸对 MBA 性能起重要作用,由这7个波束覆盖 MBA 的视场。

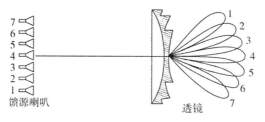

图 16-2　喇叭透镜多波束天线示图

也可用多个喇叭去照射一个抛物面,除可能产生一定遮挡外,其多波束辐射性能与透镜类似。MBA 天线一般是收、发互易的。对可变覆盖天线来说,多波束天线是基本的,其中波束形成网络(BFN)是多波束(MBA)系统的核心,因为它控制天线方向图的形状和/或方向,产生所希望的多样性。当可变的 BFN 应用时,MBA 系统必须包括控制电路,它改变 BFN 的功率分配/组合,形成各种功能。控制电路工作特性决定 MBA 辐射方向图的重构功能和瞬态效应。

16.2　反射面多波束天线

16.2.1　反射面多波束天线的设计

在多点波束偏置反射面天线的电性设计中有较多的参数需要考虑,这些参数之间还相互影响和制约。为了达到最优设计一般需要采用计算机进行仿真分析和调整(折中)。下面以偏置抛物面的圆极化的多波束天线为例说明其设计步骤。

16.2.1.1　设计参数

设计输入参数有:

(1)要求的覆盖波束为 N 个圆极化的点波束。第 n 个波束的电轴指向的极角和方位角为(ψ_n, φ_n),波束的半功率宽度为 ψ_{0n}。

(2)可用空间的容限。设为一圆柱体,圆柱体直径为 D,高度为 h_t,如图 16-3。

设计输出参数有:

(1)反射面的基本参数:焦距 f,偏置角 θ_0,半张角 θ^*;反射面的投影口径 d、偏置高度 d_c。

(2)一次馈源参数:馈源的类型(混合模、双模还是基模圆锥喇叭),馈源喇叭口径 $2b$,馈源系统的总长 l,馈源相心以及在焦面(xy 面)上的排布,令 Δt_n 是第 n 个馈源的径向距离(横偏),φ_n 是第 n 个馈源与 x 轴的夹角。以焦点为坐标系原点,一次馈源位置的极坐标为($\Delta t_n, \varphi_n$)。

(3)性能参数:所能达到的波束覆盖指标,Coma 瓣的峰值、偏轴增益损失、泄漏损失、交叉极化瓣的峰值电平等。

16.2.1.2　设计过程

从预定的波束覆盖要求和可使用空间的设计输入入手,首先确定投影口径直径 d,然后确定反射面的其他参数(f, θ_0, θ^*),最后确定一次馈源参数($2b_n, l$),再决定一次馈源的放置位置(Δt_n 和 φ_n)。在此基础上检查馈源口径和布局是否兼容。最后进行整个系统性能估计,包括半功率瓣宽、波束指向、Coma 瓣的峰值、偏轴增益损失、泄漏损失、交叉极化瓣的峰值电平等。对偏置反射面圆极化设计时,利用波束偏离因子计算一次馈源位置时,应加入因偏置面不对称引入的二次波束偏斜的影响。

(1) 投影口径 d。由最小半功率波瓣宽度 ψ_{min} 确定投影口径。对一般副瓣要求(比如 -20dB)的最小投影口径为

$$d \approx \frac{1.1\lambda}{\psi_{\min}} \tag{16-1}$$

对 -30dB 以下副瓣要求的最小投影口径

$$d \approx \frac{1.2\lambda}{\psi_{\min}} \tag{16-2}$$

(2)反射面参数。为了满足天线与运载的结构兼容性,首先应按允许使用空间,为反射面系统定义一个最大可用圆柱体空间。令圆柱体的直径为 D,圆柱体的高度为 h_t。如图 $16-3$ 所示,它们有

$$h_t = 2f\tan\left(\frac{\theta_0 + \theta^*}{2}\right) + l\sin\theta_0 \tag{16-3}$$

$$D = \frac{0.25d^2 + w_t^2}{w_t}$$

式中

$$w_t = f\left[1 - \left(\frac{\sin\theta_0}{\cos\theta_0 + \cos\theta^*}\right)^2\right] + l\cos\theta_0 \tag{16-4}$$

$$d_c = 2f\tan\left(\frac{\theta_0 - \theta^*}{2}\right)$$

为避免口径遮挡效应,减少反射面与馈源的相互作用,希望 d_c 的选择应足够大。

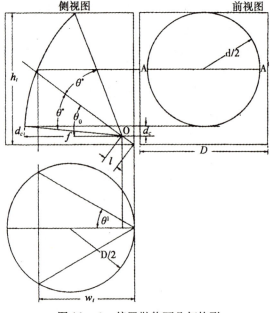

图 $16-3$　偏置抛物面几何构形

（3）一次馈源及其位置确定。偏置反射面馈源单元常用形式有平衡混合模波纹圆锥喇叭、Potter 喇叭，或双、多模圆锥喇叭、基模（TE_{11}）圆锥喇叭。

混合模喇叭和双模喇叭对圆极化偏置反射面天线来说都是高性能馈源。适当设计可获得非常低的交叉极化电平（$<-30dB$）、同极化波瓣圆旋转对称、低的边瓣电平和良好的阻抗匹配（$VSWR < 1.1:1$）。双模喇叭频带宽度较窄，一般约 5%。波纹喇叭至少可达 1.5：1 的带宽，其缺点是它们有比较大的体积和重量，在多波束应用中，特别是波束间距都比较小时，这是需要慎重处理的。

小张角的基模圆锥喇叭可工作在相当宽的频带内。如果得到与平衡混合模和双模喇叭有相同照射电平的基模喇叭，其口径尺寸约减少 11%。基模圆锥喇叭会产生交叉极化分量，在频率极化复用的应用场合要注意。对波束间距较小、很紧密的波束分布情况，馈源的物理尺寸受限较大，这时有较高增益的基模喇叭不失为较好的选择。

偏置反射面天线是非对称结构，馈源位置设计时应将偏置反射面形成的波束倾斜因素考虑进去。

假设二次波束指向为（ψ_n, ϕ_n），轴对称抛物面焦平面上馈源对应的位置为（$\Delta t_n', \varphi_n'$），它们间有

$$\Delta t_n' \approx \frac{f\sin\psi_n}{BDF_{cen}}$$

$$\varphi_n' = \phi_n \tag{16-5}$$

式中，f 为反射面的焦距，BDF_{cen} 是波束偏离因子，它是反射面曲率、馈源照射锥和轴对称抛物面焦距 f 的函数，见第 5 章。第 5 章已经研究了对称反射面的波束偏离因子。为直接利用对称反射面的波束偏离因子，对偏置反射面定义一个等效焦距 f_e，它们有

$$BDF_{off} \cdot f_e = BDF_{cen} \cdot f \tag{16-6}$$

$$f_e = \left(\frac{1+\cos\theta^*}{\cos\theta_0 + \cos\theta^*}\right) f \tag{16-7}$$

如果将偏置反射面圆极化的波束倾斜效应考虑进去，图 16-4 为圆极化偏置反射面的波束倾斜的示意图。图中 P1 为没有波束倾斜效应的波束中心指向，P2 是计入了倾斜因子的波束中心指向。P2 才是真正的波束位置。考虑波束偏斜影响后，一次馈源的位置由下列公式确定。馈源周向位置

$$\varphi_n' = \arctan\left(\frac{\sin\psi_n\sin\phi_n \pm \sin\psi_S}{\sin\psi_n\cos\phi_n}\right) \tag{16-8}$$

馈源的径向位置

$$\Delta t_n = \frac{f_e}{B_{df}} \sqrt{(\sin^2 \psi_n + \sin^2 \psi_S \pm 2\sin\psi_n \sin\psi_S \sin\phi_n)} \qquad (16-9)$$

式中,ψ_S 是偏置反射面圆极化的波束偏斜角。B_{df} 为波束偏离因子 BDF_{cen} 的缩写。当反射面给定后,由式(16-7)确定 f_e,将式(16-7)代入式(16-6)就可得到偏置反射面的波束偏离因子。

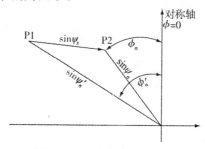

图 16-4　波束偏斜示意图

将 f_e 和 ψ_S 代入式(16-8)和式(16-9)中便由波束指向确定馈源的偏置位置。选择上面符号意味着波束倾斜向对称轴($\phi=0$)方向移动,取下面符号表示倾斜向离开对称轴方向移动。

(4)对设计参数的检测。主要是对给定的波束角,检测设计出的馈源口径和排布位置能否保证物理的兼容性。多馈源放在设计位置,如果结构尺寸不能兼容,则需改变馈源口径重新进行设计直至兼容为止。

(5)对整个天线性能进行估计。可采用物理光学或口径面辐射积分公式,利用场量迭加原理获得整个天线的辐射方向图,并与设计输入比较。直至达到设计输入。详细过程可参考第5章和第6章。

16.2.2　时分多址(TDMA)工作模式和多点波束

16.2.2.1　多点波束与区域覆盖波束对卫星能源要求

点波束可提供高的 EIRP,然而每一个点波束只能覆盖一个小区域。为了覆盖某一区域必须采用很多个点波束。用一个大的波束覆盖整个服务区,天线的增益就比较低,要进行高数据率的通信,势必要求大的发射功率。

如果采用一种新概念,用迅速扫描的点波束扫描整个服务区,只是以不同的时刻(间)覆盖某一地域。采用 TDMA 技术,因为在某一时刻仅一个地面站进入卫星,一个点波束指向那个地面站,不需要波束能量扩散。为了达到总的覆盖,这个波束必须以很快的速度穿过服务区,对不同的地面站按时、顺序地形成无线链路。

覆盖中国版图的天线增益约 30dB。假设我们用 50dB 增益的点波束覆盖版图 1% 的地域，那么用 100 个这样的点波束就可扫描全部覆盖区，所用时间也不过几微秒。扫描点波束的巨大潜能可以用下面例子说明。如果工作于 12/14GHz 频段，采用极化复用，如果要支持 1.2Gb/s 的数据率。采用覆盖整个地域的波束设计，所要求的 RF 功率是 6kW 或 15kW/DC(40% 效率)。如果太阳电池质量大约 0.1kg/W，仅这一项就 1500kg。在扫描点波束系统中需要的 RF 功率仅 60W，对应的太阳电池仅 15kg。可以看出，扫描波束概念在节约卫星重量和能源等方面的潜力是巨大的。这个比较还未计及采用大功率射频发射带来的诸多问题和困难。

16.2.2.2　多址技术与卫星天线

多址技术是在通信信号复用的基础上，处理不同地球站信号发往共用卫星时，通信容量的分配和建立各用户之间通信链路的技术。多址技术主要是解决众多用户如何高效共享给定的频谱资源问题。常规的多址方式有频分多址(FDMA)、时分多址(TDMA)、码分多址(CDMA)三种。频分多址是将给定的频谱资源划分为若干个等间隔的频道(或称信道)供不同的用户使用。FDMA 是卫星上应用最早、也是目前应用最多的一种方法，比如模拟电视信号和多载波信号。FDMA 方法使星载转发器工作在多载波情况，为了减少非线性造成的互调干扰，必须使发射功率输出电平要比饱和电平足够地低(称电平"回退"补偿)以保证高功放(HPA)的线性，这势必降低了转发器的功率效率。同时还必须对每个地球站发射功率进行准确控制。因为转发器功放的最佳工作点与链路上、下行的 C/N 和转发器的载波与互调干扰功率比(C/IM)密切相关。时分多址是把时间分割成周期性的帧，每一帧再分成若干个时隙(无论帧和时隙都互不重叠的)。在 TDMA 工作模式下，卫星将在一个 TDMA 帧内的不同子帧时隙接收并转发来自各地球站的突发脉冲串(它们有相同的频率)。为了保证每一个突发(子帧)能在所规定的子帧时隙到达卫星，对系统的定时即同步和信号格式都有严格的要求。在 FDMA 系统中各地球站信号以不同的频率通过卫星转发；TDMA 系统中各地球站采用相同的载频，各站之间是在不同时隙传送突发子帧来进行通信的。而码分多址(CDMA)系统中各地球站同时使用转发器相同的频带，每一个信号都分配有一特征码(地址码)。接收端首先识别其特征码，提取出发送给本站的信号，再通过解调、解码获得所需要的信息。CDMA 与其他两个相比，它无须对各地球站协调，接续灵活方便、抗干扰、抗截获能力强、提高了克服信道多径传播不利影响的能力，但频谱利用率低仅适于低速数传，因此，

CDMA 方式不能应用于国际、国内大容量通信。目前它主要应用于军用通信和卫星移动通信及少数小容量的 VSAT 系统。

在 TDMA 系统中,卫星转发器把一些分立(独立)信号共用,不需要首先把它们组合成一个多工器信号。而是按照规定的次序、协议或多址接入方法把一些分置载波接入转发器。各种不同信号按已知方法组织,实现对有限卫星资源的灵活应用和平衡无冲突共用。无线信道的有限带宽是共用的资源,根据用户要求,通过一个控制信道按配置指令自序接入。分布于地面的一些地面站之间通过卫星转发器建立了典型的卫星信道。一般说来,多址接入网络由 N 个不同用户组成,这些用户(站)都有一个共有的通信信道(链路)实现彼此的连接。如果用户 i 到用户 j 所要求的通信能力是 R_{ij}(以 bit/s、电话路数、或其他适当单位),我们可得到连通矩阵(或信息流矩阵)

$$\boldsymbol{R} = \begin{vmatrix} R_{11} & R_{12} & \cdots & R_{1N} \\ R_{21} & R_{22} & \cdots & R_{2N} \\ \vdots & \vdots & \vdots & \vdots \\ R_{N1} & R_{N2} & \cdots & R_{NN} \end{vmatrix} \qquad (16-10)$$

假设对第 i 行求和,从终端 i 得到所要求的总的输出能力为

$$R_i = \sum_{j=1}^{N} R_{ij} \qquad (16-11)$$

当终端 j 的矩阵单元不组合成一个单独的上行链路传输[如式(16−11)],而是单个地在信道内传输,这种传输是单目的地的。单目的地的明显优点是每一个接收端不需要把到其他终端的非相关信息进行接收、解调、去多工器处理。多目的地的优点是采用多工器、调制器、上变频器和 RF 放大器后,发射端 i 仅需要在链路中传输一个信号。很多独立信息源共用的多目的地传送,其发射传输成本较高、上行通信量很大。而采用单目的地的按时序接入的情况是比较好的(高质量的国际通信卫星链路),这可选择很多低成本的终端,并能实现复杂的连通。

为了使卫星转发器推至饱和而在载波间不产生交调,要求地面各终端的发射必须顺序地接入到卫星转发器上,即一个一个地将数字载波以突发模式接入。这就是常说的时分多址接入(TDMA)。TDMA 的地面终端要求有缓冲器存储,使单个地连续的数据率 R_{ij} 转换成高很多的共同的突发数据率 R_{burst},或反之。这在可利用的转发器带宽 B_{RF} 下,通过选择数字调制方法(QPSK)以尽可能大地利用其带宽。

到各接收端多目的地载波所要求发射端 i 的突发时间

$$T_{burst,i} = T_{pre} + \sum_{j=1}^{N} R_{ij} T_{frame} / R_{burst} \qquad (16-12)$$

式中，T_{frame} 代表一个完整的帧的周期长度，又叫帧周期（N 个终端的突发序列）。一帧包含同步分帧和数据分帧。同步分帧为各业务站提供同步定时基准。数据分帧载荷业务信息。T_{pre} 为每一个突发字头占据的时间，又叫帧头，它包含引导序列，地址标志和勤务指令等。

图 16－5 中(a)是一帧结构，(b)是地面站突发格式。在一个给定的帧内，突发时间由下式所限

$$\sum_{i=1}^{N} T_{burst,i} \leqslant T_{frame} \qquad (16-13)$$

将上式代入式(16－12)，给出突发率

$$\sum_{i=1}^{N} \sum_{j=1}^{N} R_{ij} / R_{burst} \leqslant 1 - N T_{pre} / T_{frame} \qquad (16-14)$$

这表明用长帧（$T_{frame} \gg N T_{pre}$）可有效地利用突发能力，提高无线资源利用率。这要求地面站有大的数据缓冲器以及非常精密的终端同步和快速锁定的解调器以维持短的帧头。TDMA 的高效率是通过对整个网络强加高技术标准和一致的时间基准和同步来得到的。

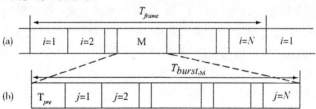

图 16－5　典型的 TDMA 网络中接入格式

同步常常由主站控制，主站送一个时间参考到各个地面站（从属站）作为它的帧头的一部分。应用从属站自己对卫星精确的传输延迟，通过卫星相对于这个参考来调整从属站的突发。

采用单目的地载波，通过窄点波束在特定方向卫星天线增益 G_{ts} 可大大提高，提高 $EIRP_d$ 这就能有更高的突发率，并在固定的突发时间[式(16－13)]里传输更多的信息。但是对于不同的突发、不同的目的地都要求高的天线增益 G_{ts}。换句话说，天线点波束应该是在接收地面各终端以帧同步地扫描。或者采用星载时间分配开关，循着突发适时地接通点波束。后一种方法就是人们常说的卫星交换时分多址（SS－TDMA）。

16.2.3 卫星上交换的时分多址(SS—TDMA)系统

卫星信道上行是多对一,下行是一对多。为保证无线资源的高效利用,需要定义一种将各波束内上行终端信号统一管理,使各终端信号在到达卫星时不发生重叠,正好落在规定范围内。链路采用 TDMA 方式。

上行终端发射信息存放在网卡的缓冲器中,网卡将数据按精确的定时发出。接收也根据事先约定时间进行。这种包含同步、无线信号处理,无线资源分配和管理功能的转发器逐渐形成了星上处理转发器。其中在卫星交换时分多址(SS—TDMA)系统中,卫星上要配置点波束或区域波束天线,还有一个可编程的快速动作的微波交换矩阵(Microwave Switch Matrix,MSM),有时又称微波开关矩阵。它把从不同上行波束达到的突发(burst)按要求分别送到(转接)不同的下行波束中。卫星上的分配控制单元(DCU)实施对微波开关矩阵的交换序列控制,使其周期地执行一系列设计好的交换状态。每一个交换状态表示上行与下行波束之间的连接关系,这样使来自各波束的业务突发无冲突地有序地发往指定区域。下面介绍两个典型的 SS—TDMA 系统。

16.2.3.1 INTERSAT— 4 的 SS—TDMA 系统

如图 16-6 所示,INTERSAT—4 有两个半球波束(东和西)和四个区域波束(东北、东南、西北、西南)。系统由两个基准站控制(东、西波束各一个),两站分别为主站和副站,其作用可根据需要互换。当在开关矩阵状态序列中引入广播状态时,两基站所发送信号可同时出现在所有的下行波束,从而与 INTER-SAT—5 系统兼容。当地面站把各个突发以不同方向进入卫星接收时,在微波开关矩阵中按需要进行分发。

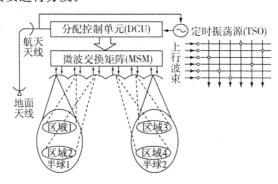

图 16-6 INTERSAT—4 的 SS—TDMA 系统示意图

　　微波开关矩阵(MSM)完成上行波束与下行波束之间的动态交换。图 16－6 中右上角为交换矩阵示意图,图中水平线代表上行波束,垂直线代表下行波束。图中小圈代表上、下行的连接情况。图中连接表示 1 收/4 发;2 收/6 发;3 收/1 发……MSM 可提供四种连接状态:①无连接状态;②多个单上行波束到单下行波束连接;③部分广播状态,即单行到多列连接;④全广播状态,即单行到所有各列的连接。但多行不能连接单列。每一个 MSM 交换序列由卫星上分配控制单元(DCU)所控制。

　　在 SS－TDMA 系统中,来自不同的上行波束的突发,通过 MSM 发往不同的下行波束。从而形成 SS－TDMA 系统的帧结构。该帧结构由一个同步段和一个业务段组成。同步段的目的是进行网同步,这包括基准站与卫星上交换序列的同步和业务终端的同步。业务段由若干用于发送的业务和生长空间组成。一系列的交换状态构成了一个交换状态时间计划(SSTP)。SSTP 可周期地变化以实现业务突发的动态管理。

16.2.3.2　L－SAT 的 SS－TDMA 系统

　　SS－TDMA 系统转发器在 ESA 的 L－SAT.上试验性应用。星上开关矩阵由地面站发出的遥控指令程控。开关矩阵完成将发射机和接收机与不同的点波束天线交换连接。如图 16－7 所示,图中天线 1 将收到的信号通过 MSM 转接到天线 4 发射出去;天线 2 将收到的信号通过 MSM 转接到天线 3 发射出去;天线 3 将收到的信号通过 MSM 转接到天线 2 发射出去;天线 4 将收到的信号通过 MSM 转接到天线 1 发射出去。

　　开关矩阵中必须与 TDMA 帧格式同步,把上行行信号转接到适当的下行列中去。这里有几个相关问题:

　　(1)SS－TDMA 与常规的 TDMA 系统显著的区别是在 SS－TDMA 系统中所有的地球站必须与卫星上的交换矩阵同步。这个过程的建立和保持分为两步:首先由基准站建立并保持与卫星交换帧同步;然后是建立与保持其他业务终端与基准站的同步。我们把这个称为 SS－TDMA 的捕获与同步。

　　(2)卫星上时钟的校正:按照 CCITT 建议 G.811,国际数字电路间的准同步操作,要求国际连接中的每侧时钟的长期稳定精度为 1×10^{-11}。在 TDMA 地球站,地面线路侧的时钟由国内网提供,而卫星侧时钟受到 TDMA 帧周期的控制。而帧周期本身又由卫星上 SS－TDMA 帧时钟确定,因此,这个星上定时振荡器(TSO)的长期精度也应是 1×10^{-11}。实际上卫星上 TSO 达不到这个精度,必须利用地面标准时钟对它进行控制。

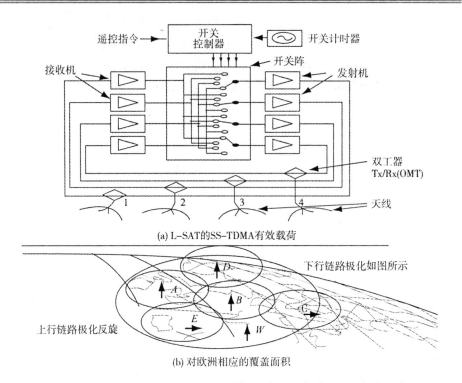

(a) L-SAT的SS-TDMA有效载荷

(b) 对欧洲相应的覆盖面积

图 16－7   L－SAT 的 SS－TDMA 系统(上行和下行采用正交极化天线)

对时分多址系统来说,要使系统正常运行必须使地球站与卫星上交换状态序列之间建立并保持同步。为此,首先由设置于基准站的捕获和同步单元(Acquisition and Step Unit,ASU)实现基站与卫星上开关定时的同步。然后再实现业务终端的序贯捕获与同步。此外为实现卫星与地面数字网的准同步操作还必须由地面标准时钟对卫星上时钟进行控制。

16.2.4   共焦双偏抛物面加阵列馈电的有限电扫描天线

在同步静止轨道通信卫星上,采用 TDMA 工作模式,卫星上天线采用空分多址技术,即多波束天线扫描来覆盖服务区。这种情况下,由于波束宽度窄(如零点几度),要求天线辐射口径要很大。相控阵由于它电控无惯性,灵活而稳定的波束扫描,并能利用空间分配技术实时跟踪多个目标等优点,应该是一个优选方案。相控阵天线的成本在很大程度上取决于具有独立相位控制能力的单元总数。然而高增益大口径的相控阵天线在工程上应用,特别是卫星上应用往往会因为馈电复杂、质量沉重、高昂的馈电网络等因素而受到限制。为了降低成本,总希望在不出现栅瓣或由栅瓣引起的寄生副瓣低于某规定电平条件下,尽可能地减少天线阵的移相器数目,这势必要减少阵元数目。考虑到同步静止轨道卫星对国内区域覆盖其扫描范围是十分有限(最大约 $3°\sim5°$),扫描范围减小阵元间距还可拉开,这样采用小型相控阵与抛物面天线相结合的方式就可实现了高增益多波束扫描,而不至出现大型相控阵面临的实现难题。这种混合型天线表现出较为突出的优点,近年来成为卫星应用和研究的热点。

图 $16-8$ 是一个格里高利排布的共焦双抛物面系统,该系统带有一小阵,其作用是小阵经过双反射面放大。主反射面 S_0 和阵是共轭单元。由于反射面的镜像关系一个阵口径的场分布比例地再现在主反射面的大口径上,于是形成高增益的点波束。这种天线既避免了大反射面天线的空间占据,又使得到同样增益的阵列具有小口径,这大大简化了阵的激励与馈电,在卫星中得到了好的应用。比如美国国内版图的 TDMA 通信中采用了这种结构提供了迅速扫描的点波束和正交极化复用。这种双反射面阵列,可利用镜像方法进行该天线的设计满足零交叉极化的中心轴对称转换原则。

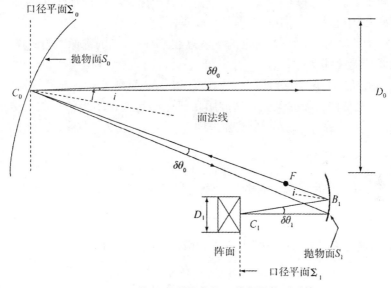

图 $16-8$　格里高利排布的双共焦抛物面系统

系统放大因子

$$M=\frac{D_0}{D_1}=\frac{f_0}{f_1} \tag{16-15}$$

式中 f_0 和 f_1 分别为主抛物面和第二抛物面的轴向焦距。一般选择 $\dfrac{f_0}{f_1} \gg 1$。

第一个抛物面 S_0 把沿抛物面轴线的平面波变换成指向焦点 F 的球面波。这个球面波通过第二抛物面 S_1 变换成平面波。第二个抛物面能足够多地截获所有的能量。经第二次反射后,反射射线照射阵列平面 Σ_1,因为照射面积对应于第一个抛物面的投影口径,阵列平面 D_1 由 D_0 决定[如式(16-15)]。主反射面中心和馈源阵中心是共轭点。在光学系统中共轭单元有这样的特性:从一个单元的一点发出的射线通过光学系统变换的射线必定通过另一单元对应点,这样的两点叫共扼点。

阵口径的选择。小阵口径 D_1 只要能拦截足够的入射射线则可。阵面 Σ_1 上照明中心 C_1 应与主抛物面中心 C_0 相对应。阵列中心 C_1 必须放置在由 C_0 发出的射线上。把该射线称为中心射线。假设图 16-8 中入射波方向改变使在 C_0 入射射线相对中心射线有一个小张角 $\delta\theta_0$,在阵照明中心处射线也改变 $\delta\theta_1$,因为 C_0 和 C_1 是共轭点。在这种情况下,对小的 $\delta\theta_0$,C_0 点反射的所有射线经第二反射面反射后都通过 C_1 点。于是我们可以得出,要获得最大照射效率必须满足:主反射面中心和阵列中心必须是共轭点。

当这个条件满足,在 C_1 附近的场就是在 C_0 附近场的镜像。因此在阵面 Σ_1 上的场 E 应是主抛物面口径 Σ_0 上场 E_0 的镜像。虽然射入场 E_0 和输出场 E_1 的变换关系经过了几个反射面。当输入和输出平面是光学系统的共轭平面时,输出场 E_1 就是输入场的镜像。这能用几何光学定理计算得到。这个结果是值得十分注意的。因为 M 是两个共轭平面 Σ_0 和 Σ_1 的放大系数,角 $\delta\theta_0$ 和 $\delta\theta_1$ 也应满足:

$$\delta\theta_1 = M\delta\theta_0 \qquad (16-16)$$

由图 16-8 知 $d_1\delta\theta_1 = d_0\delta\theta_0$,$d_1$ 和 d_0 分别是从副反射面中心 B_1 到 C_1 和 C_0 的距离,

$$d_0 = \frac{f_1 + f_0}{\cos^2 i} \qquad (16-17)$$

i 是中心射线在 C_1(或 B_1)点的入射角。由以上关系得到:

$$d_1 = \frac{f_1 + f_0}{\cos^2 i} \cdot \frac{1}{M}$$

或

$$d_1 = \frac{f_1}{\cos^2 i} \cdot \frac{M+1}{M} = |FB_1| \frac{M+1}{M}$$

这种设计满足第 6 章提到的零交叉极化的中心对称轴转换原理,因此该天线适用于双极化复用的通信卫星多波束天线系统。

16.2.5　Ka 频段跳变多波束天线

多波束应用中除更高的频率复用外,少不了越区切换,具有移动性支持的功能。跳变波束系统的优点是在每个位置的停留时间可以动态的调整,以便和各地点对业务量的瞬间需求相匹配,因而可做到最佳地利用系统容量。跳变波束使用 TDMA 系统。现举一种收、发共用的跳变多点波束天线系统如图 16 – 9所示。为了在服务区内实现点对点通信,天线采用收、发共用一个反射面。通过频选表面(FSS)分离接收(30GHz)和发射(20GHz)频率。

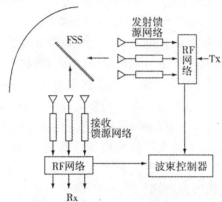

图 16 – 9　收、发共用的跳变多点波束天线系统

该天线由反射面、频选表面、接收和发射馈源阵、波束切换矩阵及波束控制器构成。天线为偏置抛物单反射面,频选面为平面。

该天线的工作流程:首先来自地面的 30GHz 上行信号进入卫星偏置反射面,经频选表面反射到馈源阵上,通过高频馈电网络和多路选择开关,选择适当信道输出给 Ka 接收机。

下行信号由转发器发射高功效(HPA),通过多路选择开关和发射高频馈电网络经馈源阵穿过 FSS 表面,投射到偏置反射面上,再下发至地面。

地面控制中心通过上行遥控指令去控制波束指向和变换,实现点对点的通信。波束指向和服务区在地面调整完成后,在星上仅选择波束位置来控制波束的改变。

其工作模式可以把覆盖区域分成若干个小区,每个小区由几个波束指向位置区组成,由一个点波束覆盖。每个波束工作带宽 100MHz,相邻波束选用不同频率采用频率隔离方式,各波束在子区内的跳变是通过波束控制单元,控制高频馈电网络和波束切换矩阵以调整和控制波束在区域内的跳变。利用波束跳变可使所需的卫星接收机、发射机及其它硬件配置数量减少,此方案的馈电和波束网络都在高频上完成,因此,有较宽的带宽。

这样采用 TDMA 工作模式,可保证点对点通信。如果波束要移动,靠地面控制,发送上行的波束移动指令,通过星上高频馈电网络和波束开关矩阵来调整和控制波束在区域内的跳动,实现点波束在子区内跳动。波束控制电路主要由电动波导开关和控制驱动部分组成。

频选表面是对透过频率设计为滤波器的通带,反射频率设计成滤波器的阻带。高频馈电网络由喇叭、圆极化器、馈电网络、波导开关、开关通断机构和驱动电机等组成。反射面馈源是收、发分置的。一般馈源阵设计可参考前面讲述的馈源和多波束设计流程,利用 ANSOFT HFSS 软件完成馈源阵及其网络的优化设计。

卫星上处理与交换技术是提高卫星系统性能的有效手段。代表了卫星通信技术发展的趋势。它是新一代卫星系统处理转发器的核心技术。上面介绍了三种应用情况,都涉及卫星上通信天线。未来的卫星上处理转发器都把天线列为一体考虑。新一代通信卫星的技术发展趋势是许多过去在地面完成的工作都放在卫星上去完成,也就是说卫星越来越智能化,自主控制的能力越来越强。未来先进卫星把交换、处理、波束跳变和波束再构等都让卫星自主完成,卫星上天线的作用就更加显现出来。今后卫星上通信天线将大力发展其多波束、多波束扫描、跳变多点波束及在轨波束再构。

未来通信卫星天线的使用频率越来越高,要求的有用带宽也越来越大。具有以下的共性:更高水平的频率复用技术(除极化复用外,空分多址(SDMA)的多波束为更高的复用);卫星通信天线要求更低的边瓣,因为同步轨道更加拥挤;更宽频带:500~575MHz(C 频段),1.8GHz,(Ka—20/30GHz)。同时产生多个可控波束,并在双频和多频上共用。

16.3　卫星多波束天线的实际应用

随着卫星数字通信发展和时分多址(TDMA)技术应用,卫星通信系统中,卫星上多波束天线得到了迅速发展和广泛应用。卫星多波束天线优点在于:用多个点波束覆盖服务区。由于波束变窄,有效地提高了卫星向地球的辐射通量密度,EIRP 的提高使地面用户可采用较小口径天线接收,大大降低系统成本和通信成本;多点波束的空分多址模式加上极化复用技术,达到多次频率复用,使有限频谱资源得到了更为有效的利用;多波束具有的灵活性和快捷变性,可根据需要产生扫描波束,进行在轨波束重构为其多用途提供方便。同时,也能提供自适应抗干扰能力,提高卫星通信性能和在轨生存力。

按其类型卫星多波束天线可分为反射面式、透镜式和阵列式(有源相控阵)。它们的实际应用也按此分类加以叙述。

16.3.1 反射面多波束卫星通信天线

这种天线大多数采用在抛物反射面的焦点附近按要求放置多个馈源来形成多波束的。为避免馈源系统遮挡,一般采用偏置单(双)反射面结构。这种天线结构简单,质轻,技术较为成熟,目前已经得到广泛应用,仅举以下几例说明。

(1)加拿大 ANIK-B,Ku 频段通信天线采用了多喇叭的偏置反射面天线结构。接收(14GHz)采用垂直线极化(VLP)波束,各喇叭合成得到赋形波束;发射(12GHz)波束为水平线极化(HLP)形成 4 个点波束。

(2)日本 ETS-Ⅵ,有三个工作频段,即 Ka(30GHz/20GHz)、S 和 C。Ka 频段产生 13 个 0.3°的点波束,覆盖日本各主要岛屿,用于固定通信;S 频段产生 5 个波束,用做移动通信,覆盖日本 200 海里海域;还有一个 C 频段波束也用于固定通信。

卫星上天线采用了馈源阵加双偏置反射面系统。在 30GHz/C 频段,20GHz/S 频段,各共用一个反射面。副反射面采用频选表面(FSS),使 30GHz/C 频段和 20GHz/S 频段共用副反射面、两频段馈源分置。反射面馈源是由多馈源构成馈源阵,为双极化馈源。由此形成极化复用的多波束。

(3)美国的高级通信技术卫星(ACTS)。在 Ka 频段也采用了两个偏置反射面加馈源阵的系统。ϕ3.3m(20GHz)的发射天线,ϕ2.2m(30GHz)的接收天线。收、发分开使用。副反射面为双栅极化选择表面,前表面栅允许一种极化波透过,另一种正交极化波反射。后面的副反射面为实体面,它将经前栅面透过的波反射。该天线产生 3 个固定点波束和两对跳变(扫描)点波束。每个点波束 3dB 瓣宽≈0.25°,波束指向控制由波束形成网络完成,包括波束路由确定和铁氧体环形器开关矩阵的切断与选通。

(4)亚太移动通信卫星(APMT),采用了当今通信卫星最先进的技术。卫星上通信天线直径约 12m,100 多个馈源,同时激励 20~40 个馈源形成一个波束,可形成 200 多个点波束(不同时),能覆盖包括印度尼西亚在内的整个亚太地区。其频率复用次数多达 20 次以上,还采用了频选表面(FSS)来降低无源交调(PIM)。采用氧化铟材料使电阻率≈180Ω 左右,从而达到静电卸载效果,而又保证电磁波穿透不受影响。星上波束形成网络是在中频上采用了数字波束成形技术,从而使卫星设计具有更灵活有效的频谱利用、更大数量的波束形成、更为灵活方便的路由选择和更佳的互联性。该天线用于 L 波段,作为移动个人通信服务。

16.3.2 透镜多波束卫星通信天线

多波束透镜天线是利用透镜把馈源所辐射能量汇聚成一个点波束。在透镜焦点附近适当放置多个馈源，利用馈源偏焦形成不同指向点波束。如果控制这些馈源激励幅度和相位还能合成具有特定形状的赋形波束。透镜天线与反射面天线相比有更大的设计自由度，与阵列相比它更易于实现宽频带，即便是采用对称结构也不会出现遮挡效应，而且能实现大扫描角工作模式，采用自适应波束形成网络，具有较强的通信抗干扰能力。作为星载通信天线，主要是用于军用通信卫星。美国国防通信卫星（DSCS）的波导透镜多波束天线和美国军事战略战术中继卫星（Milstar）上的介质透镜多波束天线，就是该类天线的典型代表。

美国国防通信卫星（DSCS－Ⅲ）上装载有波导透镜多波束天线，收发分用，工作频段 8/7GHz，具有抗干扰能力，可选择覆盖范围，波束重新赋形等功能。上行信号通过一口径为 1.1m 波导透镜，61 个馈源接收，经过对干扰源探测，采用干扰对消自适应调零等手段抗干扰。接收波束成形网络（BFN）由 121 个可变功分器（UPD）和相移器组成，由地面指令遥控。下行发射天线为一口径直径为 0.71m，有 19 个馈源的透镜多波束天线。星上发射功率，接收灵敏度和覆盖范围受地面遥控，随时改变。

DSCS－Ⅲ代表了 DSCS 卫星的第 3 代。卫星上包括：四个覆球波束天线，每两个为一组，分别用于发射和接收；一个 61 个馈源的波导透镜接收阵天线（SHF），提供选择性覆盖和干扰保护；带有波束形成网络能形成 19 个波束的波导透镜发射天线，能快速地生成选择性方向图，适应地面接收机网的要求；还有一个用于点波束传输的高增益反射面天线、两个单信道转发器的 UHF 天线，总计在卫星对地面分布了 9 种不同的天线系统，如图 16－10 所示。

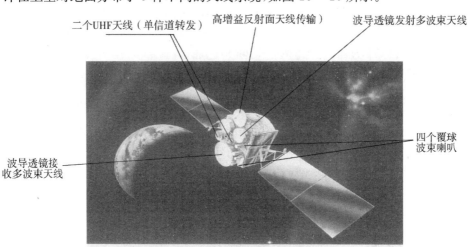

图 16－10　DSCS－Ⅲ增强型卫星的构形

利用这些天线,DSCS 可与广大地区或特殊终端进行通信。DSCS－Ⅲ具有核辐射防护和抗干扰能力。如果星上传感器检测到干扰,波束控制器可利用星上自适应零对消调整接收阵天线波束对抗任何干扰。卫星是对地三轴稳定的,目前已有 5 颗在轨工作。DSCS 卫星可向全世界范围的用户提供保密通信,包括世界范围的军事指挥与控制、危机管理、情报和预警数据、警戒信息和外交业务等。该改进型卫星大大增强了抗干扰能力,增加了星际链路、采用了激光通信技术、卫星增加了 EHF 能力使卫星通信容量和带宽增加,可传输更多信息,相应的天线尺寸也减小了。这个卫星上的天线代表了当今国防通信卫星天线的最新技术,反映了技术发展的一种趋势。

美国军事战略战术中继卫星(Milstar)是第一个可供美国海陆空三军相互通信的军用通信卫星系统。当时的目标是要建立一个在核战争中和后都能生存,并具有高抗干扰能力和高可靠性的战略和战术卫星通信系统。它上装载有介质透镜多波束天线,其关键技术是多波束相控阵技术,由 7 个 0.2m 口径介质棱镜系统组成,可产生 127 个波束。每个透镜大致可形成 18 个波束,每 7 个基本波束构成一个束组。每束组形成组合波束增益达 42.2dB,波束 3dB 瓣宽约 1.06°。旁瓣电平＜－30dB。这种阵列天线能产生高重叠覆盖的方向图,在任一区域内均有几个波束覆盖,可动态进行组合,可控制波束零点指向,具有很强的灵活性和抗干扰性。Milstar 天线的配置如图 16－11 所示。

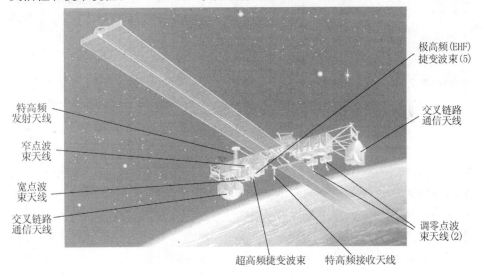

图 16－11　Milstar 天线的配置

16.3.3　阵列多波束卫星通信天线

它是由许多相同的低增益单元天线按一定要求排列而形成的阵列天线。早期无源天线的体积大,损耗高,成本昂贵,在卫星天线中应用不多。近年来随着微电子技术、有源器件技术的发展,加上数字技术和信号处理技术及计算机技术的发展,出现了有源相控阵天线。有源相控阵天线的优点在于:它使用了 SSPA 和 LNA 可补偿波束形成网络的损耗;功率放大器(SSPA)可分散在每个阵元上。通过 MIC/MMIC 集成为一种薄形结构,易做到体小、质轻、降低成本。表 16－1 列出了在各种通信卫星上应用的相控阵多波束天线。

表 16－1　通信卫星的相控阵多波束天线

卫星	国家/机构	发射时间	频段	波束数	天线口径	备注
TDRS	USA	1983	2.3GHz 返回链路	20		30 个螺旋天线构成的平面相控阵天线
ETS－Ⅵ	Japan	1994	2.3/2.1 GHz 数据中继	收 2 发 1	1.8m	19 个单元的阵列天线
Inmarsat－Ⅲ	Inmarsat	1996	1.5/1.6GHz	全球 1 点波束 5	发 2.15m 收 2.2m	发:阵列天线 收:馈源阵＋反射面
Iridium	铱公司	1997	1.616/1.625GHz	48 个点波束	>2m	相控阵天线
Globalstar	Globalstar 公司	1997	2483～2500MHz 1620～1625MHz	16 个点波束		有源相控阵天线

ETS－Ⅵ卫星是日本的数据中继卫星,上面 S 频段多波束(S－MA)天线采用了 19 个阵元的平面阵列天线,它是在 TDRS 基础上改进形成。TDRS 的 S－MA 采用了 30 个螺旋天线的平面相控阵。TDRS 的返回链路,即 TDRS 对各用户最多有 20 个多波束形成,采用了"自适应地面控制的相控阵方式",即把复杂的处理交给地面,星上仅作简单处理。其缺点是不能有效地利用频率和功率资源。而 ETS－Ⅵ采用了"星上波束成形"的多波束相控阵天线,既能有效地利用频率和功率,简化地面站,而且这种星上数字转发技术也是未来发展趋势。ETS 卫星的Ⅵ－S－MA 的 19 个单元天线中有 16 个单元是收发双工的,其余三个单元只用于接收。该系统接收的主要部件包括:19 个 2.3GHz 的 LNA,一个

接收波束形成网络(Rx—BFN),一个频分多路调制器(FDM)。发射部分主要部件有:16 个 2.1GHz 的 SSPA 和一个发射波束形成网络(Tx—BFN),通过一个移相控制器控制。

从 ETS—Ⅵ看相控阵多波束天线的关键技术有:

(1)星上波束形成技术:Rx—BFN 有两组 19 个移相器,在星上形成二个独立的接收波束,并在频分多路调制器上被频分多路后输出。Tx—BFN 有一组 16 个移相器形成一个发射波束。

(2)星上波束指向控制技术:波束指向控制有两种方法,一种是由地面指令先提供用户星的轨道根数。在星上利用轨道根数计算处理得到天线波束指向,并控制天线波束对准用户星并跟踪;第二种是根据地面指令提供的角数据直接控制波束指向。ETS—Ⅵ采用第一种方法。

(3)有源相控阵技术。每个天线单元后都接有一个输出功率为 1.26W 的 SSPA 和一个噪声系数约为 1.5dB 的 LNA。这里利用 MIC 技术以减少移相器、SSPA 和 LNA 之重量,使有源器件尺寸和重量尽可能地小。

(4)微带天线技术:作为阵列辐射单元,它应是宽带、薄型、轻质的天线,并能实现在宽频带内有好的圆极化和低 VSWR。

另外,全球星(Globalstar)也采用有源相控阵多波束天线。每个阵元后都有一个专门的 SSPA/LNA,星上 2500MHz 高功率放大器(HPA)是 MMIC—SSPA 结构。这样避免了单元天线与相连放大器间的连线,减小了损耗。天线发射阵列为 91 个辐射单元组成,可组成 16 个子阵,16 套馈电网络形成 16 个波束。每个波束形成网络通过天线辐射阵元激励幅度和相位的加权值来控制波束方向、增益和波束形状。天线接收阵与发射阵类同,除了用 LNA 替代 HPA,接收天线阵元数为 61。在波束形成网络中大量使用了先进的微波技术、MMIC 和高集成设计。

从前面的讨论可见,多波束卫星天线应用已渐扩大,比如:TDRS—SMA、军事通信抗干扰多波束天线、大容量通信卫星大型可展开多波束天线等。就其星上相控阵天线的波束指向控制技术、天线抗干扰零对消技术、多点波束技术、有源相控阵技术、MMIC 技术等都得到了应用。

16.4　卫星多波束天线设计新技术

16.4.1　多波束天线的类型

多波束天线大致可分为两类:一类是口径型的,包括反射面和透镜;一类是直接辐射阵列型的。口径型的多波束天线有单口径多波束和多口径多波束两种。单口径多波束又分为单馈源和组合馈源两类。分述如下：

(1)单馈源单波束。在此设计中,馈源阵中每一馈源经聚束口径产生一个波束,可形成的二次波束数与馈源数相等。对此,设计馈源采用口径直径约为1个波长的小喇叭。为了达到波束间高的交叠电平,一般阵元增益值比最佳设计喇叭电平约低2~3dB,因此利用反射面口径,诸如方向性增益、交叉极化电平和C/I等多波束系统性能都很难进一步提高。然而采用透镜双折射面赋形和新的分区方式可克服上述困难实现较理想的多波束应用。

(2)馈源组合单波束。这个设计要求用一定排布的馈源组(通常是3或7个)形成一个波束,由波束形成网络来完成波束合成的功能。这种设计提供了好的增益和C/I的性能,但星载转发器如果工作在多载波环境,为抑制多载波的交调,放大器一般不能应用于饱和区,这会降低放大器的效率;这种馈源阵及其网络是比较复杂的,实现难度和成本都较高。对有极化复用要求、或有自适应抗干扰等高性能的多波束系统来说,目前这还是一种较理想的方案。

(3)多口径多波束设计。口径通常是偏置抛物反射面,也有用透镜的。同时使用3个或4个独立的反射面口径。相邻波束由不同的口径产生,在地面形成相交叠(交织)的覆盖。由相同口径形成的相邻波束的最小间距则可从单馈源单口径的 $\theta \rightarrow 1.732\theta$(对3口径情况)或从 $\theta \rightarrow 2.0\theta$(对4口径情况), θ 是多波束覆盖相邻波束中心的角间距。比较大的波束间距允许喇叭口径尺寸可以成比例增加,为优化馈源设计提供更大空间。这能减少泄漏损失以改善天线的增益。

直接辐射阵列多波束与(2)有些类似,只是每一个波束使用了所有的阵元(即全阵),通过波束形成网络形成多波束。

多波束天线的设计目标概括起来有两个:① 使覆盖区内最小覆盖增益最大化;②在点波束区外波束跌落最大化,并降低边瓣辐射,最大化地实现频谱复用。本节围绕设计目标对多波束天线方案和设计技术进行阐述。

16.4.2 单反射面馈源组的多波束天线

16.4.2.1 基本馈源和增强馈源概念

单口径多波束天线(MBA)一般采用偏置抛物反射面形式,由馈源阵馈电。馈源阵辐射单元置于反射面的焦平面上。馈源可采用单馈源形成单波束的"基本馈源概念"和馈源组形成单波束的"增强馈源概念"。图16-12是两种馈源概念的示意图,图(a)中7个馈源产生7个波束;图(b)中每一个波束由7个馈源产生,图中19个馈源产生了7个波束,参与的馈源喇叭列在图中右边。

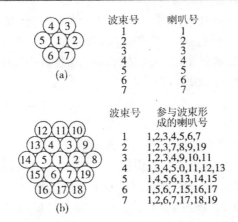

图 16－12　两种馈源形式的波束形成概念

　　由一个馈源形成一个波束的多波束系统,由于基本限制(提高天线增益势必要增加馈源口径以减少泄漏;而要获得高的波束交迭电平又必须减少馈源口径,这两种要求相互制约)不可能达到最佳设计。单馈源单波束的反射面多波束天线系统,其波束交迭电平、边瓣电平和天线增益与馈源口径尺寸的关系示于表16－2中。

表 16－2　单馈源单波束的反射面多波束天线系统
波束交迭电平、边瓣电平和天线效率与馈源口径尺寸的关系

馈源口径(d/λ)	波束交迭电平($-$dB)	峰值边瓣电平($-$dB)	天线效率(%)
0.7	1.84	18.4	40.0
0.9	2.80	18.8	43.8
1.1	4.00	19.2	52.8
1.3	5.60	20.0	55.9
1.5	7.20	20.4	65.0
1.7	9.60	21.2	71.9
1.9	12.00	22.2	76.6
2.1	14.80	23.4	78.9
2.3	17.60	24.2	79.1
2.5	20.00	26.0	76.7
2.7	22.40	28.0	72.9
2.9	24.00	36.0	67.9
3.1	25.20	41.0	61.9

　　由上表可见,利用单馈源形成单波束的多波束系统,如果保证波束交迭电平维持在−3dB 以上,则边瓣电平都较高(≥−19dB),对应的天线效率较低(≤48%);如果达到高的效率(70%)和低边瓣电平(−30dB),对应的波束交迭电平又会下降到很低(−23dB)。

　　由于单馈源产生单波束的这种形式不能同时满足 MBA 的低边瓣和相邻波束高的交迭电平的要求,因此,对于高性能的多波束天线设计多采用"增强馈源概念",它是采用一组馈源代替了单一馈源形成一个波束。如图 16−12(b)所示,6 个单元喇叭围绕中心单元形成馈源阵,采用一组馈源形成一个波束能全方位(围绕主瓣 0°~360°)地控制边瓣。与"基本馈源概念"相比有更多的设计自由度,可同时优化 MBA 的各种性能参数。可以改变形成每一个组合波束的馈源阵激励系数,达到低边瓣,得到相邻波束高的交叉电平。因此,这种馈源结构是MBA 的较好选择。

　　下面首先介绍由 7 个馈源组产生一个合成波束的单反射面多波束天线的设计。

16.4.2.2　馈源组单反射面多波束天线设计

　　馈源组反射面多波束天线为避免遮挡一般选择偏置反射面结构。其设计参数包括反射面口径尺寸、反射面的焦径比 f/D 和偏置角。馈源阵设计包括馈源阵单元总数 N、馈源喇叭的类型和口径参数等。这些参数的设计与选择在第 5 章反射面天线分析中都有原则性的阐述和介绍。这里仅从工程设计角度给出这些参数选择的基本关系。

　　(1)反射面天线口径。天线口径 D 的选择取决于瓣宽 θ_0 和边瓣电平 S_L 的要求,它们之间有近似关系:

$$D \approx (33.2 - 1.55 S_L)\lambda/\theta_0 \qquad (16-18)$$

式中,S_L 对相对于峰值增益的边瓣电平(−dB),θ_0 为 3dB 波瓣宽度(度),λ 为工作波长。

　　反射面口径尺寸也可由指定角区内所要求边瓣隔离确定。指定角域一般定义为主瓣边缘(−3dB 点)和零功率角间的角间距,根据抛物反射面经验公式,零功率瓣宽 $\approx 3\theta_0$,指定角域 $\Delta\theta_L \approx (3\theta_0 - \theta_0)/2 = \theta_0$ 给定。由此反射面最小口径尺寸与 $\Delta\theta_L$,S_L 间的关系有

$$D_{min} \approx (3.74 - 2.55 S_L)\lambda/\Delta\theta_L \qquad (16-19)$$

式中 $\Delta\theta_L$ 以度计,由式(16−19)、式(16−22)确定的反射面口径相差不多,考虑到工程因数影响,一般口径尺寸选择需比计算结果稍大一点。

　　(2)焦距。通常选择反射面的焦径比 $f/D = 0.8 \sim 1.4$。当 f/D 较小时,MBA 的扫描性能较差。因为辐射方向图由于小口径馈源($d/\lambda \approx 0.8$)间的互耦合效应的

增加而变坏;随 f/D 的增加 MBA 扫描性能和交叉极化性能都会改善。

(3) 偏置距。它的选择应避免馈源和航天器的遮挡,保证在最大扫描时也不出现遮挡。

(4) 波束排布和馈源数确定。覆盖区地图可用多边形逼近,地图数据可由 MATLAB 软件的 Mapping Toolbox 工具箱的世界地图中提取服务区的边界地图。研究表明采用三角栅的六角形排布是最佳的方式。将圆形波束有重叠的覆盖等效为六边形无重叠覆盖,以正六边形作为基本覆盖单元,各单元间无空隙也无重叠,如图 16 − 13 所示。覆盖区则是正六边形组成的阵列。

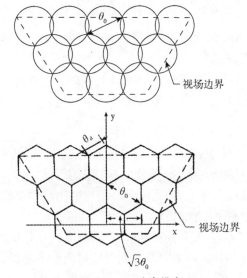

图 16 − 13　波束排布

在 xy 平面内,波束中心位置如上图所示,可写为下式:

$$C_{m,n} = \begin{cases} \sqrt{3}m_e\theta_a + j3n_e\theta_a & \text{偶列,} m_e = 0, \pm 1, \cdots; n_e = 0, \pm 2, \cdots \\ \sqrt{3}(m_o + 1/2)\theta_a + j(n_o + 1/2)\theta_a & \text{奇列,} m_o = 0, \pm 1, \cdots; n_o = \pm 1, \pm 3, \cdots \end{cases}$$

(16 − 20)

式中,m_o,n_o 为奇列波束中心沿 x,y 向的顺序号;m_e,n_e 为偶列波束中心沿 x,y 向的顺序号。实部对应横坐标,虚部对应纵坐标。e,o 分别代表偶列和奇列。θ_a 代表正六边形的边长,x 向相邻波束中心间距为 $\sqrt{3}\theta_a$,y 向相邻波束中心间距 $3\theta_a$,波束直径为 θ_0,奇、偶列波束中心沿 x 轴平移 $\dfrac{\theta_a}{2}$,并有

$$\theta_a = 0.5\theta_0$$

(16 − 21)

正六边形阵列排布有许多种,它与覆盖要求有关,无论如何排布都可通过旋转和平移得到。

当单元波束直径 θ_0 确定后,覆盖区波束数 N_{min} 应等于覆盖面积除以单元波束内接六边形的面积 $\left(\frac{3\sqrt{3}}{8}\theta_0^2\right)$。经推算,馈源数主要由覆盖面积和天线口径尺寸决定,有下式:

$$N \approx \frac{\text{覆盖面积(球面度°)}}{2746(\lambda/D)^2} \qquad (16-22)$$

上式分母代表了单元波束内接的六边形面积,推导中利用了 $\theta_0 \approx 65\left(\frac{\lambda}{D}\right)^2$ 的近似关系。为了计入天线的指向误差,覆盖面积一般应比实际的几何面积大一些,一般选择 5%~10% 的放量。

(5)辐射单元。辐射单元的选择和它的尺寸是决定 MBA 系统性能的一个关键因素。馈源口径直径与波长比一般选

$$\frac{d}{\lambda} \approx 1.25\frac{f}{D} \qquad (16-23)$$

当 $f/D=1.682$,喇叭尺寸近似为 2.1λ,MBA 呈现出较低的交叉极化特性。

辐射单元的极化性能与 MBA 的交叉极化要求密切相关。对圆极化辐射,偏置抛物反射面不产生交叉极化,因此辐射单元与极化器的交叉极化性能就决定了 MBA 系统的交叉极化特性。如果双圆极化应用,偏置反射面的圆极化波束会产生波束倾斜,极化旋向不同其波束偏斜方向也不同;双线极化应用会出现正交极化,因此除考虑馈源极化特性外还必须考虑偏置反射面参数选择,计入馈源和反射面的极化特性影响后仍能满足整个系统的要求。有关内容可参考第5、第6章。

16.4.2.3 应用和设计举例

多波束卫星系统由于多功能、灵活捷变及抗干扰等性能常被用作军用通信卫星。一个工作在 EHF(45/20GHz)频段的国防通信卫星:其天线采用 1°的点波束连续覆盖整个服务区。卫星于地球同步静止轨道,卫星的视场约为±9°。这些波束为圆极化的,相邻波束间的相交电平约为 -3dB。接收多波束低边瓣、低交叉极化以减少干扰的影响。

该天线设计和组成:按式(16-18)和式(16-19)确定偏置抛物反射面的口径尺寸,选择 $D=559$mm;馈源阵按"增强馈源概念"设计的,由 7 个单元组成一馈源组产生一个组合单波束,按式(16-22)的关系,馈源阵由 121 个 Potter 喇叭组成,按六角形排布,每一个口径为 14mm。馈源阵横 12 排、纵 11 列,分布于以焦点为中心的 173mm×164mm 焦平面上。上、下行链路的工作频率为 EHF 频段(45/20)

GHz,系统组成如图 16－14,馈源阵系统包括极化器、幅度和相位改变及控制处理器、波束形成网络和波导互联网络几部分。反射面的偏置角选为 25.48°。

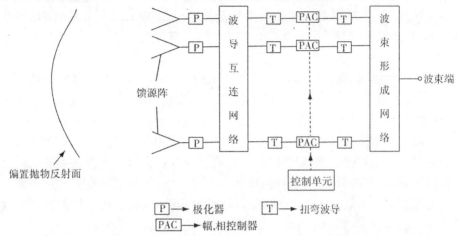

图 16－14　馈源组－反射面多波束天线的组成框图

为了简化叙述,在此仅以由 7 个喇叭组成馈源阵的反射面多波束天线(MBA)为例说明多波束的扫描与干扰对消性能。假设上、下行链路的工作频率为 EHF 频段(45/20)GHz,上行工作频率＝44.50GHz。波束扫描性能通过在反射面的焦平面上馈源阵的相移改变来实现。

(1)系统核心的部件和组件

•反射面和喇叭馈源阵:按上一节给出的关系选择反射面及馈源参数:偏置抛物反射面口径尺寸 $D=559$mm,焦距 $f=940$mm,偏置量 $h=150$mm,喇叭口径 $d=14$mm,壁厚$=0.18$mm,喇叭间距 $s=14.40$mm。按"增强馈源概念"设计。馈源阵由 7 个圆极化辐射单元组成,紧密排布成六角栅格结构。从方向图和极化特性考虑,馈源喇叭选择双模 Potter 喇叭。每一个辐射单元由 Potter 喇叭、多螺极化器、波导变换器和 WR320 矩形波导组成。波导变换器使喇叭与波导间达到匹配。喇叭参数的选择可采用模匹配技术,利用 MINMAX 软件进行优化。极化器为一个直径 4.8mm 的圆波导段,采用间距为 1mm 的 11 对螺钉,调整螺钉深度,并保持螺钉深度渐变使垂直与水平二正交极化分量间产生 90°的相移,同时有大于 30dB 的反射损耗。变换段完成圆波导段与 WR320 矩形波导段的阻抗匹配。

•幅相控制(PAC)组件:它把可变衰减器和可变移相器组合成一体。PAC 包括 3dB 耦合器,它将输入信号分成相等的两路信号,分别经过铁氧体可变移相器(VPS),该移相器可对两路信号进行独立的相位调整,这两路信号经输出耦合器相加,输出耦合器输出是这两路信号的矢量和。利用 VPS 适当的微分相位控制其幅度,通过 VPS 的相移值改变控制其相位。在(43.5~45.5)GHz 的带内 PAC 模块幅度调整范围为 0~30dB;相位改变可达 0°~360°。开关切换时间为 15μs。PAC 的控制单元由并联控制总线的接口单元和对 PAC 模块形成电流脉冲驱动单元组成,而 PAC 模块组件的控制由与 IBM 兼容的计算机和控制软件组成,允许对 7 个 PAC 模块进行序列控制,其控制范围为:幅度调整为 0~30dB;相位改变可达 0°~360°。

　　• 波束形成网络(BFN):它的功能是把 PAC 模块的 7 个输出均匀地组合起来。它是一个用波导集成技术实现 7∶1 的合成器。在这个无源波束形成网络中使用了四种器件:分支线耦合器、负载、波导拐弯和 T 形波导接头和变换器。

　　对于多波束天线(MBA)的波束形成网络(BFN)要比这里叙述的复杂。这是因为多波束要求,每个单元来的信号需分解成 7 路供 7 个波束共用;而从 7 个相邻单元来的信号又需组合同时形成多波束。

　　(2) 组合波束、扫描波束方向图和增益计算

　　首先按 Potter 喇叭模型计算单个馈源一次方向图;然后进行馈源的二次方向图的综合,既可采用 TICRA's GRASP 7 软件计算,也可按口径辐射积分完成二次方向图估计。把馈源组中 7 个喇叭的二次辐射方向图逐个的计算并存储。喇叭的激励幅度和相位用最大最小化方法完成最优化设计。组合波束方向性的等化曲线是按最优化加权系数对存储的每个馈源方向图数据进行加权并相加得到。图 16 - 15 是组合波束测试增益电平线,它与设计计算值吻合;图 16 - 16 是对最大扫描角(左偏 3.5°)计算的同极化和交叉极化电平线。

　　(3) 零对消抗干扰波束的方向图与增益

　　假设:在主瓣裙部区域相对组合波束峰值为 -6dB,-24dB 的电平上,沿方位向分别 0.6°和 1.6°有两个干扰。

　　如何利用该多波束天线实现自适应零对消。这里只介绍对此干扰场景采用单元波束逼近的抗干扰设计。零对消干扰的方法是对 7 个一组的阵的幅度和相位进行加权,使其在给定的干扰方向产生一个或多个零点的自适应方向图。为此,首先在 7 个一组的阵中计算单个馈源远场二次方向图的幅度和相位值,调整距干扰方向最近的那些馈源的权值使其产生一个或多个零点;而其余单元的权值尽量保持与最佳组合波束激励的权值一样;各个单喇叭远场方向图叠加得到了在干扰方向零对消的自适应方向图,如图 16 - 17 所示。

　　采用上面的计算思路,改变馈源激励的权值实现干扰对消。将 7 个馈源的

激励系数作一比较列于表 16 - 3。

表 16 - 3　馈源最佳激励系数和抗干扰激励系数比较

馈源号	最佳激励幅度(dB)	最佳激励相位(°)	抗干扰激励幅度(dB)	抗干扰激励相位(°)
1	-1.975	0.0000	-1.975	0.0000
2	-11.802	7.452	-11.890	-0.669
3	-11.465	-12.392	-3.616	180.530
4	-11.648	-4.930	-20.424	211.130
5	-12.437	-8.541	-4.943	189.050
6	-12.779	12.491	-12.549	15.642
7	-13.032	36.117	-12.160	4.868

　　无干扰情况的组合波束如图 16 - 15 所示,对应的 7 个馈源的激励系数如表 16 - 3 第 2 列和第 3 列所示。当该波束方位向扫描至 3.5°时方向图如图 16 - 16 所示,比较可见与轴向波束基本无大改变。当在主瓣裙部区域,相对组合波束峰值为 -6dB, -24dB 的两电平上沿方位向 0.6°和 1.6°有两个干扰时,采用靠近干扰方向 3 个馈源激励系数的调整(见表 16 - 3 中第 4 列、第 5 列)其自适应干扰零对消波束的计算结果如图 16 - 17 所示。在干扰方向的自适应波瓣的最小零深达到了 35dB,零深的实测结果是 32dB(对 0.6°方向的干扰)和 30dB(对 1.6°的干扰)。最佳激励的组合波束的峰值增益为 43.58dBi;干扰零对消后波束的峰值增益为 42.54dBi。之间增益损失约 1dB。

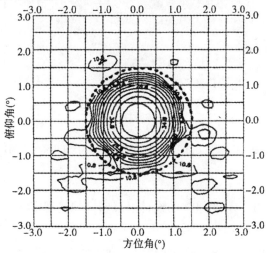

图 16 - 15　7 馈源组合波束同极化测试结果

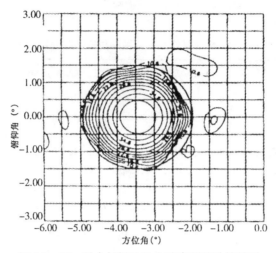

图 16－16   最大扫描的组合波束覆盖计算结果

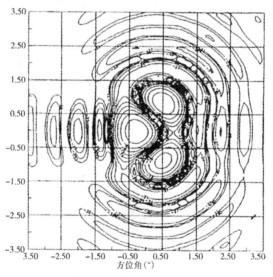

图 16－17   位于主波束裙区方位向－6dB、－24dB
电平上两个干扰零对消自适应方向图

由上可见,采用馈源组概念的设计可以较好地实现多波束、波束扫描与自适应抗干扰等多种功能。这种设计的馈电系统比较复杂,网络应用的元器件较多,特别当馈源数较多时。随着频率的提高,其复杂性、RF 损耗和成本都大大地增加。

16.4.3　广角扫描赋形介质透镜天线

在第 7 章中介绍了透镜天线,它与反射面同属口径型天线,但与反射面相比,透镜有更多的设计自由度,它可更好地实现波束赋形、广角扫描而不产生大的相差。赋形技术已在双反射面天线设计中得到广泛应用,过去由于介质透镜比较笨重,再加上介质透镜的赋形在数学和计算上都比较麻烦,因此介质透镜的赋形研究并不如反射面研究普遍,应用也受到限制。随着通信容量的增加,更高频段的应用(EHF),研制低 RF 损耗的材料和透镜的工作又引起更多的注意。特别在通信多波束天线中,要求低的边瓣电平和波束间高的交叠电平,这通过透镜赋形和 coma 相差校正技术可得到好的解决。本节专门介绍透镜的赋形技术和消相差处理以及在卫星通信中的应用。

16.4.3.1　双折射面介质透镜的赋形设计

介质透镜赋形的原理与双反射面天线赋形是类似的,仍可利用几何光学的射线追踪技术、几何光学定理,即在边界处的反射、折射遵循的 Snell 定律,费马等光程原理和射线管能量守恒原理等。为简化叙述,在此假设透镜是圆对称的,这样将面的二维赋形简化成中截线的计算。

如图 16 $-$ 18 所示,在介质透镜的焦点($-f$,0)为馈源的相位中心,介质的折射指数 $n^2 = \varepsilon_r$。过透镜顶点(坐标系之原点)的介质厚度$=T$,在透镜出射方向 $x=S$ 平面定为口径的参考平面。馈源对透镜的半张角为 θ_m,口径直径为 D。首先由能量守恒可得到下式:

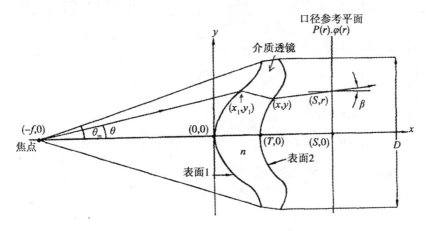

图 16 $-$ 18　介质透镜赋形的几何

$$\frac{\int_0^\theta g^2(\theta)\sin\theta d\theta}{\int_0^{\theta_m} g^2(\theta)\sin\theta d\theta} = \frac{\int_0^r E^2(r)r\left[1-\left(\frac{1}{k}\frac{d\phi}{dr}\right)^2\right]^{1/2}dr}{\int_0^{D/2} E^2(r)r\left[1-\left(\frac{1}{k}\frac{d\phi}{dr}\right)^2\right]^{1/2}dr} \qquad (16-24)$$

式中,$g^2(\theta)$为给定的馈源功率方向图,$E(r)$,$\phi(r)$为参考平面($x=S$)上的幅度和相位分布函数。式(16-24)中的方括号代表非均匀波前的波印亭矢量在透镜轴上的投影。当$g(\theta)$,$E(r)$,$\phi(r)$给定后,由式(16-24)可得到θ与r的关系。

第二个方程是在表面1上,利用 Snell 定律,得透镜局部轮廓的斜率

$$\frac{dy_1}{dx_1} = \frac{A_2(x_1+f)-A_1(x-x_1)}{A_1(y-y_1)-A_2 y_1} \qquad (16-25)$$

式中,

$$A_1 = n[(x+f)^2+y_1^2]^{1/2} \qquad (16-26)$$

$$A_2 = [(x-x_1)^2+(y-y_1)^2]^{1/2} \qquad (16-27)$$

(x_1,y_1)和(x,y)是透镜入射射线和出射射线点坐标,如图16-18。

最后一个方程是由相位分布确定的程长:

$$[(x_1+f)^2+y_1^2]^{1/2}+n[(x-x_1)^2+(y-y_1)^2]^{1/2}+$$
$$[(S-x)^2+(r-y)^2]^{1/2}-\phi(r)/k=f+nT+(S-T) \qquad (16-28)$$

出射射线斜率有

$$y = r-(S-x)\tan\beta \qquad (16-29)$$

β与相位分布的关系有

$$k\sin\beta = \frac{d\phi}{dr}$$

将式(16-29)代入式(16-28)中得

$$n[(x-x_1)^2+(A_3+x\tan\beta)^2]^{1/2}=A_4+x\sec\beta \qquad (16-30)$$

式中,

$$A_3 = r-S\tan\beta-y_1$$

$$A_4 = f+S+T(n-1)-[(x_1+f)^2+y_1^2]^{1/2}+\frac{\phi}{k}-S\sec\beta$$

将式(16-30)变换得到x的二次方程可写为

$$ax^2+bx+c=0 \qquad (16-31)$$

式中,

$$a = \frac{n^2-1}{n^2\cos^2\beta}$$

$$b=2\left(A_3\tan\beta-x_1-\frac{A_4}{n^2\cos\beta}\right)$$

$$c=x_1^2+(A_3^2-A_4^2)n^{-2}$$

由此解出

$$x=\frac{-b\pm(b^2-4ac)^{1/2}}{2a} \qquad\qquad (16-32)$$

从式(16-24)、式(16-25)、式(16-29)和式(16-32)中可数值求解透镜内、外二轮廓曲线。其计算步骤如下：

(1) 首先从式(16-24)入手，按 Δr 把口径半径剖分，对每一个 Δr 产生对应的 $\Delta\theta$。

(2) 以中心射线作为初始条件，很容易计算表面 1 起始点的斜率。由式(16-25)或对称性可认为顶点的斜率为无限大的。这个垂直正切与从焦点发出 $\Delta\theta$ 的第一个出射射线的交点就是表面 1 的坐标 (x_1,y_1) 的第一点。表面 2 的对应点可由式(16-29)和式(16-32)求得。

(3) 重复相同过程，直到 r 覆盖整个口径为止。这样透镜内外表面的赋形就完成了。

从几何上看，式(16-24)代表了把半角为 θ 的圆锥变换成口径面上半径为 r 的圆，这并不需要预先知道透镜真实的轮廓参数。对透镜赋形的设计目标就像光学透镜一样，把它当成是一个变换器，它把给定的馈源方向图变换成预定的口径分布。

在计算时输入参数为：馈源距透镜的位置 f；馈源方向图 $g^2(\theta)$；馈源的最大张角 θ_m；口径幅值和相位分布 $E(r),\phi(r)$；口径直径 D；介电常数 ε_r；中心厚度 T 和参考平面 S。

计算输出是：透镜内外表面的坐标，即 (x_1,y_1) 和 (x,y)。计算可以产生出 $(\theta_i,r_i,i=0,m-1)$ 对应的一组数据。其间以 Δr 为步距，一个 Δr 对应一个 $\Delta\theta$，m 是在口径上取的点数。步距对数值解的精度起重要作用。一般对 $r=20\lambda$ 的口径取 200 个点($m=200$)就足够了。计算精度可以通过第 2 表面满足 Snell 折射定律来检验，并可通过调整提高其精度。这是一个迭代过程。其过程与第 18 章数传天线的地球匹配波束赋形反射面设计十分类同。

16.4.3.2　赋形透镜扫描相差的处理

反射面赋形仅对置于轴上的中心馈源进行的。在卫星通信多波束天线的应用中，一组馈源照射共同的口径。赋形透镜对偏轴波束也不是理想的。当波束扫描偏离电轴时，由于 Coma 相差使增益下降、边瓣抬升。举一个例子，图16-19是在电轴上无相差的远场方向图。当馈源偏离中心轴一个喇叭口径距离时,在赋形透镜口面上形成的相位分布如图16-20所示。此时由于 Coma 相差,方向图畸变成图16-21所示。而且随着偏置角增大,波束畸变也越大,如果立方相差不予校正,用作通信卫星多波束天线时,因边瓣电平抬高和主瓣变形已不能接受了。

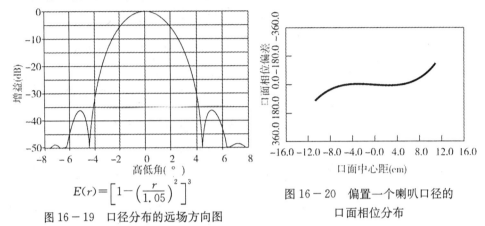

$$E(r) = \left[1 - \left(\frac{r}{1.05}\right)^2\right]^3$$

图16-19　口径分布的远场方向图

图16-20　偏置一个喇叭口径的
口面相位分布

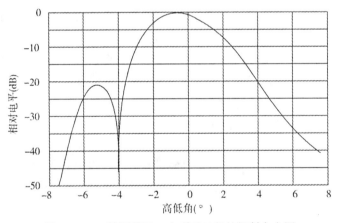

图16-21　馈源偏置一个喇叭口径的辐射方向图

　　下面介绍一种利用赋形透镜分区减少立方相差的方法。这种方法在通信卫星多波束应用中获得很好的性能。

　　在光学透镜设计中如果满足 Abbe sine 条件,聚焦透镜就无 Coma 相差。但是当透镜赋形时,要求产生规定的口径幅度分布,Abbe sine 条件对于宽角特性并不满足,但通过对赋形透镜的新的分区可使其 Coma 相差大大地减少。

研究表明,具有相位约束的透镜,如果其内表面,即面对馈源的那面为一球面的话,Abbe sine条件可以满足。只要薄型透镜,无论有无相位约束,只要透镜内表面的平均形状是个球面就可以达到无 Coma 相差条件,如图 16－22所示。根据内表面在平均意义上满足球面的条件,可以把 Coma 相位校正的分区设计加入到赋形程序中,使内表面在平均意义上满足圆弧的条件。分区可以任意选择,只是要在口径面上的相位分布满足相位约束就可。但是较小的分区,与球面共形,则透镜的分区数就会更多,偏轴波束将引起较多的边缘绕射,使其带宽减少。

每一个分区都是沿入射射线方向切割的。因此分区边缘对轴上波束影响是较小的。波束扫描在偏轴波束时,为了尽量减少分区的散射和阴影影响,可采取不同的分区厚度,中心部分采取较小的分区厚度,边缘部分可采用较大的分区。总之每个分区厚度要能满足几何光学近似。有关详细分析可参考文献[8]。

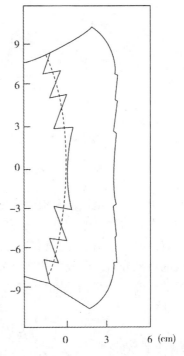

图 16－22　赋形透镜分区减少 Coma 相差

16.4.3.3　透镜多波束天线在通信卫星中的应用

在卫星多波束天线的应用中要求其边瓣电平＜－30dB,而相邻波束的交叠电平一般不小于－5dB。如果按一般设计,采用较大的馈源口径可得到比较低的边瓣电平,但由于馈源之间的间距使波束间距不可能靠得很近,因此相邻波束间的交叠电平可能下降得太低,如表 16－2 所列,这两方面的要求相互制约,如图 16－23 所示。前面谈到了采用馈源组(增强馈源的概念)产生一个波束的办法可以克服这个困难,但是其馈电网络随着波束数增加变得非常复杂,特别是当频率提高馈电网络 RF 损耗变得很大。如果采用 Coma 校正的介质透镜,不需要复杂的馈电网络,一个馈源产生一个波束。透镜替代了馈电网络实现波束赋形、边瓣控制和波束指向控制。这大大降低了天线成本,减轻了重量,还简化了工程实现的复杂性,同时提高了天线性能和系统可靠性。

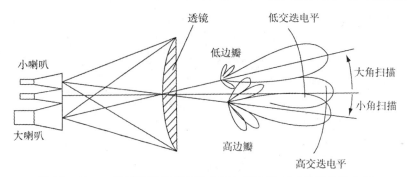

图 16－23　一般透镜天线高交迭电平与低边瓣不可兼得的示意图

为了使卫星通信对地面有更均匀的覆盖,对给定的瓣宽要有高的交叠电平,波束之间需要足够的靠近,可采用小口径馈源。然而小喇叭对透镜的照明幅度没有足够的锥削,因此只有通过对透镜的赋形把标准的馈源方向图变换成所要求的口径分布以形成宽的波束覆盖和低的边瓣。采用介质透镜赋形可完成所要求的变换,这种赋形是相对在轴上的中心喇叭进行的。对偏轴波束这个变换并不理想,由于存在立方相差形成增益下降和边瓣畸变。如果在介质透镜赋形时将 Abble sine 条件加上就可得到无 Coma 相差的宽角覆盖,这时口径功率分布的约束就不复存在了。研究结果可以看出,如果扫描范围仅几个波瓣宽度的话,通过赋形来控制边瓣,同时利用透镜的分区减小 Coma 相差,还是可实现的。按此思路给出一个设计的实例。选择双折射表面赋形透镜,首先利用透镜把标准的 $\sin(u)/u$ 的馈源方向图变换到具有－40dB 边瓣电平的 Taylor 型口径分布。按前面提到的方法综合出的透镜轮廓的中截线如图16－24所示。该透镜工作于 44GHz,如果采用 $E(r)=[1-(r/1.05)^2]^3$ 的口径分布,口径有均匀相位,这种双折射面赋形

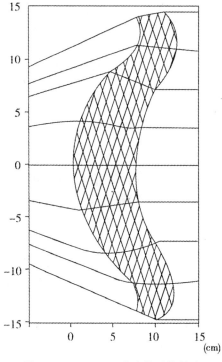

图 16－24　Taylor 分布的透镜轮廓

透镜计算的边瓣电平为－35dB,3dB 的主瓣宽度 3°,方向性增益为 36.3dB。实测的增益为 33.3dB, 3dB 的瓣宽为 2.9°,边瓣电平为－32dB。总增益差 3dB 主要是由馈源喇叭的泄漏、表面失配、绕射和介质和铜的损耗等。

当喇叭于对称轴上时,该天线透镜形成的远场方向图的边瓣电平在－30dB以下,然而当馈源偏轴后,随扫描角增加方向图畸变就越大,明显可见 Coma 相差形成的边瓣,如图 16－25。这种赋形透镜的性能不能应用到多波束天线中。按前面谈到的采用内表面分区,如图 16－22 所示的那样,使其在平均意义下逼近半径＝R 的球面。这时对立方相差产生的 Coma 瓣就会有明显改进,测试方向图如图 16－26 所示。

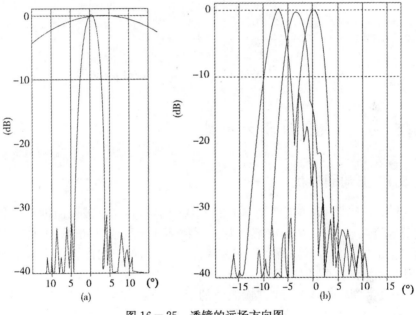

图 16－25　透镜的远场方向图

方向图边瓣电平在－30dB 以下,相邻波束交叠电平在－4dB 范围内。模型样机的计算和测试结果比较符合。经过这样设计的赋形分区双折射面透镜完全满足了通信卫星多波束应用的要求。这种天线形式在卫星多波束通信上得到了应用。

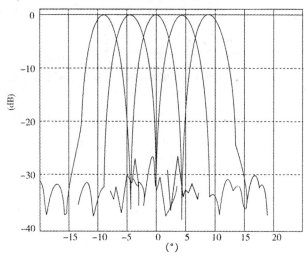

图 16 - 26 按图 16 - 22 所示分区的扫描方向图

16.5 多波束天线辐射特性

16.5.1 方向图形状

多波束天线辐射方向图基本上由 MBA 的辐射口径、波束激励系数和波束数目所决定。口径多波束天线,无论是反射面还是透镜,一般采用馈源阵馈电。常用等幅、同相信号激励所有的多波束,产生的辐射方向图覆盖了多波束天线(MBA)系统的视场(FOV)。

假设由单馈源形成一个二次波束的情况来说,球坐标系 z 轴与 MBA 口径面垂直,并设为均匀分布圆口径,其归一化远场

$$E(\theta,\varphi)=\frac{2J_1(u)}{u}, \qquad u=\frac{2\pi a}{\lambda}\sin\theta \qquad (16-33)$$

式中,a 为口径半径,λ 为工作波长,θ 是与 z 轴的夹角。

当口径相位沿 x 轴方向线性分布,辐射方向图将偏离 z 轴。令口径相位分布为

$$I_n=e^{jk\sin\theta_n x} \qquad (16-34)$$

在 $\varphi=0°$ 平面内辐射方向图

$$E_n=2\frac{J_1(u-u_n)}{u-u_n}, \qquad u_n=\frac{2\pi}{\lambda}a\sin\theta_n \qquad (16-35)$$

如果在视场内,将 N 个这样的波束相加,合成方向图可写成

$$E = 2\sum_{n=1}^{N} a_n \frac{J_1(u-u_n)}{(u-u_n)} \tag{16-36}$$

MBA 的辐射方向图由 E 决定,a_n 是复激励系数。方向图的滚降(fall off)

$$E' = \frac{\partial E}{\partial \theta} = 2\sum_{n=1}^{N} a_n \frac{(u-u_n)J_0(u-u_n)-2J_1(u-u_n)}{(u-u_n)^2} \tag{16-37}$$

　　如果 $N=1$,方向图蜕变为单波束,如式(16-35)所示。其跌落与单波束一样,这也就是视场边缘滚降值。相邻波束之间有一个间距,被激励时辐射方向图会产生更大的斜率如式(16-37)。若以等幅、反相激励的两个波束构成的多波束系统为例,有 $a_1=-a_2$,$u_1=-u_2$ 的关系,天线的辐射方向图可写成

$$E_2 = 2\left[\frac{J_1(u-u_1)}{(u-u_1)} - \frac{J_1(u+u_1)}{(u+u_1)}\right] \tag{16-38}$$

该方向图在对称轴方向辐射为零,即在 $\theta=0°$,$E_2=0$;对 u 为一小的正值,即 $u\geqslant0$ 时,$E_2>0$;对 u 为一小的负值时,即 $u\leqslant0$,$E_2<0$。在 $u=0$ 附近的 E_2 方向图(差方向图)随 u 和 u_1 变化规律示于图 16-27 中。

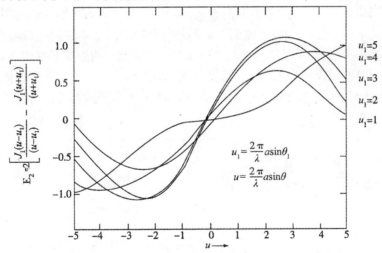

图 16-27　反向激励双波束在轴区附近的变化

　　由以上分析,视场区近边缘的辐射方向图形状受限于 MBA 的单波束的角变化率,而在 FOV 内,辐射方向图随远场区角度的变化率近似等于单波束的二倍。辐射口径的尺寸确定了辐射方向图的滚降,而波束间距能影响由双波束合成的方向图的滚降。

对于由馈源组形成二次波束的 MBA 来说,比如:由 7 个馈源组合形成的二次波束方向图可写为

$$E = \sum_{i=0}^{6} a_n \frac{J_1(u-u_i)}{(u-u_i)} \quad i=0,1,\cdots,6 \qquad (16-39)$$

$$u_i = \frac{2\pi a}{\lambda} \sin\theta_i \qquad (16-40)$$

θ_i 是在焦平面上馈源不同位置产生的波束偏焦角。等幅同相的组合馈源波束轴就是中心馈源二次波束的波束轴。

16.5.2 波束扫描

多波束系统中,各波束覆盖可以是固定的或者是跳变的。在跳变系统中 M 个独立波束,每个波束连续地跳到 N 个不同位置。多波束天线(MBA)中用一个波束扫描视场常被人与开关切换的扫描方式混淆,误解成由一个波束位置到下一个波束位置是由一组步进波束组成的。实际上,合成波束能够平滑地扫描整个视场(FOV)。为了解释这一点,让我们考虑 MBA 波束方向图从 No.1 波束方向到相邻的 No.2 波束方向的扫描。我们把总的输入功率在馈电喇叭 1 和 2 间分配,参考图 16-28,当馈到 No.2 喇叭的功率由 0 增加到全部功率时,波束方向就平滑地、几乎是线性地从 0°→3.8°。实验与分析数据非常吻合,而且其间天线增益变化仅约为 1.0dB。这些结果是在 762mm 直径的分区透镜上进行的(透镜焦距 $F=762$mm,工作频率 $f=7.68$GHz,照明由与中心相距 50.8mm 的馈电喇叭阵)。

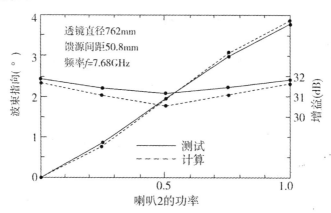

图 16-28 双波束的扫描性能

增加馈电喇叭的间距 S 会使波束从 1 扫描到 2 时增益的变化增大。减少 S 可减少波束扫描过程中增益的变化。对二维情况也有相似的结果，因此设计时需选择出最好的孔径尺寸和最佳的馈源间距 S。

16.5.3　设计自由度

天线辐射方向图可赋形，这是 MBA 系统不容置疑的优点。了解 MBA 的一些基本特性用来指导系统设计是十分有利的。这里专门提出设计自由度（degree of freedom，DOF）。

在天线视场范围内（FOV）方向图赋形，需要在 P 个点上（有限个点）规定 MBA 系统方向性增益。很明显 $P \leqslant M$，M 是波束数。天线系统方向图赋形就是在这个基本限制范围内调整得到的。

以均匀照明的圆口径为例，其半功率瓣宽 $HPBW \approx 1.02 \dfrac{\lambda}{D}$。半功率瓣宽、分辨率和自由度之间的关系是比较复杂的，但各种研究表明：在 MBA 视场内排布的半功率瓣宽的个数 M_D 基本上就代表了天线可利用的设计自由度。设该口径的多波束天线的波束数为 M，当 $M = M_D$，表明波束数已利用了多波束全部的设计自由度（DOF）。再增加 M 并不能明显地改进在 FOV 内 MBA 方向图形状或零点特性，因此辐射方向图（幅度和相位）只要在 HPBW 定义的圆内，仅取一点就能确定。接近 FOV 边缘的辐射方向图的滚降基本上接近于单波束的半功率波瓣的滚降（HPBW $\approx \lambda/D$ 弧度）。在视场内（FOV）各点的方向性增益随方向角 (θ, φ) 改变，在 FOV 内方向图滚降一般是比边缘处的更大。因为这涉及几个波束端（即更多的自由度），它是潜在的可利用来赋形辐射方向图的因素。

单一波束端口激励产生的辐射方向图有一个近乎圆的截面。馈电阵以三角形栅排布，如图 16－12(b) 所示，其波束提供了对 FOV 最均匀的覆盖。这也就是多波束天线波束的基本排布形式。下面讨论六角形排布的波束数 M_D 的确定。

当 FOV 为圆形，波束排布成如图 16－12(b) 所示的六边形，可得到对圆形 FOV 覆盖的波束数 M_D

$$M_D = 1 + \sum_{i=1}^{(I-1)/2} 6i, \qquad I = 3, \cdots \qquad (16-41)$$

式中，I 是沿圆形 FOV 直径方向的波束数目（图 16－12(b) 中，$I=5$），如果 FOV 直径所对圆锥顶角为 ψ_0，则有

$$I \approx \text{Integer}\left[\frac{\psi_0}{HPBW}\right] \qquad (16-42)$$

因为 HPBW$\sim\lambda/D$,对地球同步轨道卫星,$\psi_0\approx17.3°=0.3$ 弧度,因此

$$I\approx\text{Integer}\left[0.3\frac{D}{\lambda}\right] \tag{16-43}$$

如果在 FOV 中最小增益 $G_{\min}$ 比天线方向性最大值 D_A 低 3dB。当一个单波束被激励,利用 $D_A=\eta\left[\dfrac{\pi D}{\lambda}\right]^2$ 的关系,η 为天线效率,I 也能表示成:

$$I\approx\text{Integer}\left[\frac{\psi_0}{\pi}\sqrt{\frac{D_A}{\eta}}\right] \tag{16-44}$$

式中 ψ_0 为弧度。对地球同步静止轨道卫星通信系统,有:

$$I\approx\text{Integer}\left[0.1\sqrt{\frac{D_A}{\eta}}\right] \tag{16-45}$$

I 的表示式给出了一个近似值。代入式(16-41)可得到 M_D。为了实现对 FOV 的完全覆盖,有必要增加 2。由式(16-41),如果 I 增加 2,波束数就增加 $3(I+1)$!。因此 I 的选择(波束数 M_D)应该包含对视场内最小覆盖增益 $G_{\min}$、波束滚降和馈源间距等多因数的折中。

多波束天线多样性(灵活性)常引出这样一个问题,即辐射方向图形状到底有多大的自由度。和其他一些系统一样,多波束天线也是由一组系统参数控制性能,通常把系统参数的可控性表示成可利用的设计自由度(DOF)。D_F 代表多波束天线(MBA)的设计自由度数,它表明了系统对方向图赋形的相对潜能。下面对 D_F 潜在赋形能力进行讨论。

考虑在 MBA 视场中有 M 个端口的接收信号,用 M 个复加权来改变 M 个端口的接收信号的相位和幅度,这就代表了自由度(DOF)。然而,如果对应第 m 个波束的第 m 端口的接收信号比在其他 $M-1$ 个端口处接收信号要小很多时,第 m 个权值对方向图的赋形基本不产生影响(或不起作用)。M 个端口的 MBA 天线的潜在自由度为 M,但由于上述情况,仅 $M-1$ 个端口对 MBA 接收信号有重大贡献,因此 MBA 可利用自由度不是 M 而是 $M-1$。再进一步考虑有 M 个端口的发射 MBA,每个波束辐射方向图 $\psi_m(\theta,\varphi)$,这些波束激励系数 α_m 代表了 M 个潜在的自由度。MBA 的辐射方向图 $E(\theta,\varphi)$ 可写成

$$E(\theta,\varphi)=\sum_{m=1}^{M}\alpha_m\psi_m \tag{16-46}$$

对天线远场区,可由 M 个点上的电场 E(即 $E_1,E_2,\cdots,E_M$)确定激励系数 α_m,这将会产生确定的一组 $E_1,E_2,\cdots,E_M$。将式(16-46)写成矩阵有

$$\boldsymbol{E}=\boldsymbol{\psi}\boldsymbol{A} \tag{16-47}$$

E 代表 $E(\theta,\varphi)$ 的列矩阵，$\boldsymbol{\psi}$ 为方矩阵，矩阵元素

$$\psi_{mr}=\psi_m(\theta_r,\varphi_r) \tag{16-48}$$

A 是 α_m 的列矩阵，α_m 由下式确定

$$A=\psi^{-1}E \tag{16-49}$$

对于 α_m 的解取决于 ψ^{-1} 的特性，ψ^{-1} 必须有一个非零的行列式，这要求 ψ_m 是线性独立的。因为 ψ_m 是计算或测量的 MBA 辐射方向图，因此 ψ^{-1} 不可能是奇异的。很明显，只要在空间 (θ_r,φ_r) 定义了 M 个点，α_m 就产生一组 E_r，但是对不在 (θ_r,φ_r) 点上的方向图不予限制，允许 E 取任何值，因而产生了赋形方向图与目标函数间存在偏差。

利用 DOF 可以作为对 MBA 系统方向图控制的潜在能力的一个度量。换言之，波束端口数 M 代表了天线的设计自由度，是 MBA 方向图赋形的能力的表征。

多波束天线系统（MBA）的多样性和独特性完全取决于波束形成网络（BFN）本身的能力。一些 MBA 采用固定的 BFN，因此有一个固定的天线方向图适合于一特定的应用，还有一些情况是利用 BFN 能对每个接收端口的接收信号进行加权，而且在一个相当宽的范围内改变相对幅值和相位，因此可以形成很多不同形状的方向图，即各种赋形波束。一般应用的 BFN 可由一分二的树状结构形成的馈电网络，它们可通过开关或数字可变功分器控制功率的分配。另一种 BFN 带有可变功分器（VPD）和可变移相器（VPS），通过 VPD/VPS 的联合作用，可得到更好的方向图和更加灵活的变化。还有一种 BFN 适用于双极化应用，对同一频率、同一波束内形成两种彼此隔离的极化，这种 BFN 的馈电都有两个端口，这两个端口是正交的。可变方向图形是 MBA 系统不容置疑的最有用的特性。有许多方法和技术来赋形辐射方向图，无论对发射或接收系统来说，所有这些方法都归结为确定波束激励或加权系数 α_m。只是不同情况有不同的处理方法而已。有关 BFN 论述在本书其他章节中有述。

16.5.4　干扰抑制性能（即零值问题）

多波束天线的干扰抑制性能（即零值问题）主要取决于天线口径直径 D、对有用信号允许的增益损失和干扰源的数目和位置等因素。现在的讨论可以把干扰对消的零值方向图（nulling）分成两个方向图：第一个是没有零点的所要求的方向图；第二个是天线口径为均匀幅值、口径相位分布形成在"零点"方向上传播的均匀平面波，这样的口径产生的方向图，其最大指向正对其干扰方向（零对消方向）。对有多个零点要求的方向图来说，就有多个最大值指向每一个"零点"的定向性方向图。一个最佳零控方向图是通过对第二个方向图激励幅值和相位的

调整来形成的。第二个方向图的激励幅值应使在零对消方向与第一个方向图的幅值相等,而激励相位应与所要求的方向图的激励相位相反(180°)。这两个方向图相加就形成了在干扰方向有零点的辐射方向图,一般称为具有干扰零控的方向图。最佳合成方向图定义为在所要求的方向上以最小均方根误差与所要求方向图拟合,而在干扰源方向以无限小的角宽度内产生一个辐射零点。

当所有的干扰源都集中在一个分辩单元内(即在角直径 λ/D 的圆周内),只用一个自由度(DOF)就可抑制在内的所有干扰源。这样 MBA 抑制的干扰源数目能够超过波束数(M_D)。如果在 MBA 的每个波束中有一个干扰源,抗干扰零对消将使用全部的天线系统的自由度(DOF),这将使最终方向图在信号源方向的天线增益有所下降。

当信号源与干扰源的角间距小于 HPBW 时,能否达到满意的性能。这里所说的满意性能是指有用信号源方向虽然增益降低,但它仍能达到系统接收所需的增益值。为此,首先估计定向增益损失,定向增益的损失 L_g 依赖于口径尺寸和口径场分布、干扰源数目和位置等因素。对单个干扰源与单个信号源的情况来说,当干扰源在主瓣区内,最小方向性损失可粗略估计为:

$$L_g \approx 3 + \left(\frac{\text{HPBW}}{\Delta\theta} - 2\right) \times 3 \text{ dB}, \quad \Delta\theta < \frac{\text{HPBW}}{2} \tag{16-50}$$

式中,$\Delta\theta$ 是单个信号源与干扰源的角间距;L_g 代表了能达到的最小增益损失;对大多数情况都会大于式(16-50)的这个值。由上式可见,当干扰愈靠近信号方向时,干扰抑制带来的方向性增益下降就愈大。零控天线增益损失随 $\Delta\theta$ 而改变。

下面讨论地球同步静止通信卫星多波束天线系统,在特定情况的干扰零控辐射方向图的基本性能。无论用哪一种零控算法,要获得好的零点分辨率,多波束天线都需要更大的口径尺寸。对于地球同步静止轨道通信卫星,多波束天线一般工作于两种特定的工作模式。

(1)地球覆盖模式。地球覆盖视场范围内有大量用户,维持有近乎相等的方向性增益。干扰源零控的同时要求其余的视场内维持最好的地球覆盖通信链路;

(2)最大信号模式。对某些特定用户要求方向性增益达最佳。零对消干扰的同时对确定数目的用户保持有最大的信号。

为了使通信链路避免同频干扰,这两种工作模式都要求系统对视场范围内任何所要求方向都具有方向图零控能力。

图 16-29 示出了地球覆盖模式和最大信号模式两种情况下,形成单零控方向图的方向性增益损失。图中将增益损失与归一化角位移 $\Delta\theta/\tau$ 联系起来了。$\Delta\theta$ 代表信号与干扰的角间距,τ 是 1/2 零功率瓣宽(即为第一个零点相对于最大

电平方向的角间距)。对最大信号模式,单源的情况,方向性损失以最大可得到

的方向性 $D=\dfrac{4\pi}{\lambda^2}A'$ 归一的,A' 是投影口径的面积;而对地球覆盖模式,方向性损

失相对于理想地球覆盖有 23.2dB 的增益归一。很明显,当干扰源(零点)越逼
近信号时,地球覆盖模式表现出更大的方向性增益损失。这是由于地球覆盖模
式形成的零点比最大信号模式形成的零点有更宽的角域,因此增益损失更大。而
最大信号模式的对应零对消方向图的主瓣形状还基本上与最大方向性方向图主
瓣类似。如果有两个干扰,在最大信号模式的情况下,方向图形成的两个离散零
点,在视场范围内因分置的两个零点形成,连带出现大片环状的低电平区,造成整
个方向图与具有零控的地球覆盖方向图有相当大的差别。

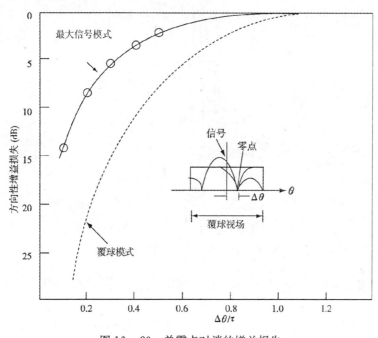

图 16—29　单零点对消的增益损失

　　我们也观察到:当信号和干扰源间的角间距超过零功率瓣宽的一半时,零控
对消对两种模式的影响都不大,对应的定向增益都减少不大。

16.5.5　自适应抗干扰的性能估计

　　一般用单一馈源照射的普通抛物面天线产生一个笔形波束,对它的辐射性能

估计比较直观和简单,比如辐射方向图的半功率瓣宽、边瓣电平、天线增益和输入阻抗等,而多波束天线系统就不大一样了,传统的性能估计不大适用于多波束天线,现推荐一种统计方法来评估通信系统的自适应天线性能。

通信系统自适应天线性能估计由定向增益比 D_d/D_u 来判定。D_d 是信号源 S_d 方向的增益,D_u 为干扰源 S_u 方向的增益。设计师需要知道 D_d/D_u 的值以设置足够大的 S_d,即使在干扰存在情况下,保证正常的通信。然而并不都能确定所有的 S_u 的位置和强度,因此在确定天线性能时,系统设计师只能考虑"最坏情况"的性能。这将导致天线系统建造成本增高,甚至非常之大、非常之复杂以致不可实现的地步。因此系统设计师必须折中系统性能,按其统计规律确定天线性能,那就是以 $D_d/D_u > x$ 占通信系统工作小时数的百分数 Y % 来衡量。这种对系统性能折中评估方法是十分有效的。

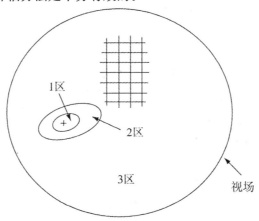

图 16-30   衡量性能指数的示意图

考虑性能指数(a figure of merit,FOM)。首先把视场(FOV)分成很多小单元栅格(cell),如图 16-30 所示。选择信号源和干扰源的特定位置和强度并允许使用自适应天线。在 FOV 内对每一个单元(cell)决定定向性增益并根据与干扰源的角间距把单元分成若干区。例如,1 区包括与干扰源小于 1°间距的所有的单元,2 区是离干扰源间距在 1°~3°范围内的所有的单元,3 区包括所有大于 3°的单元。定向增益的值可按它们各自的分区存储。如果多于一个干扰(S_u)的情况,一个单元可能处于不同的小区内,这种情况单元的设置以最近干扰源的区设置。按上述方式确定定向增益并存储。这个过程重复直到所有主要的情况都被考虑。对于统计分析要有足够的数据,利用数据库确定任意一个区 D_d/D_u 大于选定值的概率。当然设计者希望的最好和最坏情况都含在这当中。

在一些情况下,干扰信号的强度是已知的,用 D_d/D_u 确定克服干扰所要求有用信号源的 EIRP,这个计算结果也能表示成统计分布,即对概率为 x,D_d/D_u $>A$ 所要求的 EIRP 是多少。对多个不同强度的干扰源存在,可根据下式确定干扰源有效的方向性增益 $D_u(D_u^0)$

$$D_u^0 = \left(\sum_{i=1}^{I} D_i P_i \right) \bigg/ \sum_{i=1}^{I} P_i \qquad (16-51)$$

P_i 是第 i 个干扰源的功率。

举例说明性能指数。考虑下列两种自适应天线,如图 16－31 所示。这两种阵列都是由 7 个相同阵元构成的平面六角阵,单元天线增益为 8dB。只是 $1^\#$ 阵列阵单元间距为 0.15λ,$2^\#$ 阵列阵单元间距为 0.60λ。在此假设每个天线采用相同的自适应算法,并工作在相同(450MHz)频率上。假设存在两个干扰源,它们可占据 25 个不同的位置;而所要求信号源可占据视场内(FOV)的任何位置。

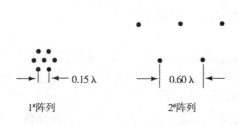

图 16－31　阵天线构形

这两种天线对特定场景进行自适应抗干扰。假设两个干扰源位置确定,天线侧射方向于 FOV 之中心,FOV 的张角为 17.3°。讨论这两个阵列自适应零对消干扰的最终方向图特性。这里不对冗长的计算过程描述,仅给出主要的分析计算结果:

(1) 比较小的阵在零对消两个干扰源后仍有比较光滑的辐射方向图,方向图零点中心正对每个干扰源方向上(阵元间距 0.15λ,增益 8.8dB)。

(2) 大阵在对消干扰的前提下,其辐射方向图在 FOV 内出现不规则、不平滑的覆盖,但每个干扰源上零值是比较锐减的,其角范围也比小阵窄。

较大尺度的天线口径对干扰零对消能提供更高的角分辨率,但因为大阵阵元的内间距大到产生栅瓣,在 FOV 中会形成另外的零值点,使覆盖变得不规则、不平滑。

(3) 较大阵可形成较高的方向性(计算结果:0.15λ 阵增益为 8.8dB,0.60λ 阵增益为 12.8dB)。

天线的性能与很多因素有关,通过阵列的方向性增益来比较其性能指数的话,阵列定向增益的统计分布表明,当有用信号与干扰信号源角间距在 $0.5°\sim2°$ 范围时,大阵比小阵的定向性增益高 10dB 左右。而其他场景时,当阵元间距从 0.15λ 增至 0.60λ 时,天线方向性增益约提高 5dB,从获得更大的方向性增益的意义上看,采用大阵是比较好的。

天线方向性增益也可用超过 AdB 增益的概率来表征。例如当信号源与干扰源至少是 $2°$ 角间距的情况,大阵的定向增益超过 5dBi 的概率为 0.56,大阵对信号源的最大增益为 13.5dBi,而干扰对消零深,即最小方向性增益为 -30dBi。当干扰源与信号源的角间距在 $0.5°\sim2.0°$ 之间时,两个阵的 D_d/D_u 是差不多相同的。但当其角向距 $>2°$ 时,小阵的 D_d/D_u 比大阵高 9dB。

用 FOM 分析自适应阵性能的结果表明,当信号最大增益 D_d 是首要考虑因素时,大阵比小阵更好;当希望 D_d/D_u 有最大值时,小阵比大阵更好。

有关多波束天线自适应抗干扰问题在本书第 19 章中还要详细讨论。

16.6 多反射面的多波束通信天线

前面已经提到,形成多波束可采用单口径反射面通过阵列的波束形成网络来实现,本节将介绍一种不带波束形成网络的多口径多波束天线。早期的多波束多采用前一种形式,通过基本馈源概念(basic-feed concept)和增强馈源概念(enhanced-feed concept)设计实现多波束。增强馈源概念的设计使用交迭馈源组能达到好的电性能,但需要采用复杂的波束形成,这要求有共用馈源网络和波束形成网络。

多口径面的多波束天线与单口径多波束天线相比,只需增加辐射口径数目,如果航天器上采用展开天线结构,易与可用空间兼容,不会带来其他方面大的麻烦的话,这可大大简化多波束天线的馈源网络,提高辐射效率并获得优良的性能,是未来航天多波束天线的一种发展方向。本节第一个讨论的问题就是多口径的多波束天线设计,这种天线的辐射口径多选为偏置抛物反射面。如果采用传统的方法,首先需要利用物理光学计算反射面所有波束的辐射方向图,然后对每一个波束估计覆盖区的最小方向性和同极化隔离度(C/I)计算结果与要求比较,经过多次迭代才可达到设计要求,这个过程可参见本书第 5、第 6、第 15 章。本节的分析没有从物理光学辐射积分进行,而是假设馈源一次波束和反射面的二次波束都是高斯波束分布的,给出反射面多波束天线分析设计的简单公式,利用计算器就可完成设计,其性能估计值与采用物理光学的软件预示(中等扫描,扫描范围不超过 ±7 个波瓣宽度)结果十分吻合。这对多波束天线的工程设计、折中选择和性能预示都是十分有用的。

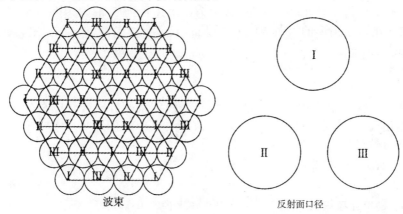

（a）三口径系统的多波束天线（Ⅰ、Ⅱ、Ⅲ 代表频谱复用的三个信道）

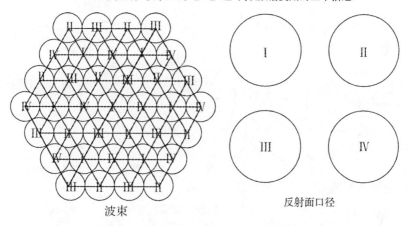

（b）四口径系统的多波束天线（Ⅰ、Ⅱ、Ⅲ、Ⅳ 代表频谱复用的四个信道）

图 16－32　多反射面多波天线系统

多反射面多波束天线系统如图 16－32 所示。单馈源形成单波束，相邻波束由不同反射面形成，这些波束在地面形成交叠的点波束覆盖，如图中左边示意图，卫星上反射面口径排布如图中右边示意图。由于同一口径形成的相邻波束的最小间距增大，馈源口径可增大，对提高天线效率、改善多波束性能是有益的。

16.6.1　多波束与多反射面的几何

多波束天线的设计与分析依赖于波束尺度，与覆盖区最小方向性要求有关。

对具有相同尺度单元波束的多波束天线(MBA)来说,同样将圆形波束重叠覆盖等效为六边形无重叠无间隙覆盖,转化为多个边长为 θ_s 的六边形覆盖,这就是人们常说的以三角形的六角栅格形式排布,其最小方向性发生在三个相邻波束交叉点上。

用于 MBA 设计的交叉电平典型值,对两个相邻波束的交叉电平值取 -3dB;而 3 个相邻波束的交叉电平值取 -4dB。

最佳交叠电平依赖于覆盖区最小方向性、波束间的同极化隔离(C/I)和频率复用信道(3 单元,4 单元)等因素。相邻波束中心间距 θ_s 决定了给定覆盖区的波束数目和能用于反射面的最大馈源尺寸。对六角栅的波束布局,如图 16-33 所示,相邻波束中心角间距

$$\theta_s = 0.866\theta_0 \qquad (16-52)$$

式中,θ_0 是单元波束的 3dB 瓣宽,又称波束直径。

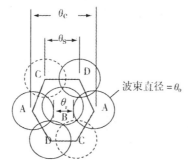

图 16-33 波束布局

给定覆盖区域的最小波束数目 N_{min}

$$N_{min} \approx 覆盖面积/(0.866\theta_s^2) \qquad (16-53)$$

式中分母代表了和每个波束相关的六边形的面积。覆盖面积(球面度)包含卫星的指向误差,为了在覆盖区内有效地排布波束,真实的波束数 N_A 应该比 N_{min} 大 20%,所以外波束的三波束交叉电平发生在覆盖区边缘。对三个反射面(采用 3 单元复用方案)和 4 个反射面(采用 4 单元复用方案)的天线系统,对复用同一频率(即同一反射面两相邻波束)的波束中心的最小间距分别由下式给出:

$$\theta_c^3 = 1.732\theta_s \qquad (16-54)$$

$$\theta_c^4 = 2.0\theta_s \qquad (16-55)$$

两复用波束边缘最小间距 $\theta_r = \theta_c - \theta_0$,它决定了所能达到的 C/I。

天线重要的设计参数是馈源的尺寸。最佳馈源尺寸由波束间距 θ_s 给出,有

下式：

$$d_m^{3,4} = \theta_c^{3,4} / s_F \tag{16-56}$$

上式中圆喇叭最大直径 d_m 是指同一反射面相邻馈源彼此接触容许的馈源最大尺寸。s_F 是扫描因子，它定义为波束电扫描角与馈源偏焦距的比。扫描因子与反射面几何的关系如图 16-34 所示，

$$s_F = \frac{1+X\left(\dfrac{D}{4f}\right)^2}{1+\left(\dfrac{D}{4f}\right)^2} \tan^{-1}\left(\frac{1+\cos\theta_2}{2f}\right) \tag{16-57}$$

式中，

$$X = \begin{cases} 0.3 & T < 6 \\ 0.36 & T \geqslant 6 \end{cases}$$

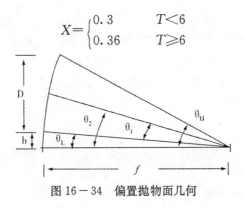

图 16-34　偏置抛物面几何

T 是馈源在反射面边缘的照明锥，其定义见式(16-62)。反射面的偏置角 θ_2 和半张角 θ_1 有

$$\theta_1^2 = \frac{1}{2}\left\{ \tan^{-1}\left[\frac{D+h}{f-\dfrac{(D+h)^2}{4f}} \mp \tan^{-1}\left(\frac{h}{f-\dfrac{h^2}{4f}} \right) \right] \right\} \tag{16-58}$$

采用高斯波束模型，一次辐射方向图能表示为

$$E(\theta) = \exp\left[-B(\theta/\theta_b)^2\right] \tag{16-59}$$

$2\theta_b$ 是馈源喇叭的 3dB 瓣宽，由下式给定

$$\theta_b = C_1 \frac{\lambda}{d_m} \tag{16-60}$$

对 Potter 双模喇叭，常系数 $C_1 = 35$；对基模圆喇叭 $C_1 = 31$。式(16-59)中 B 由下式确定

$$E(\theta_b) = 0.707 = \exp(-B) \tag{16-61}$$

由此解出 $B = 0.3467$。反射面边缘馈源照明锥由下式确定

$$T = -20\lg[E(\theta_1)] = -20\lg\left\{\exp\left[-0.3467\left[\frac{\theta_1(d_m/\lambda)}{C_1}\right]^2\right]\right\} \quad (16-62)$$

在轴上二次方向图的半功率波瓣宽度

$$\theta_3(\delta=0) = (0.762T + 58.44)\frac{\lambda}{D} \quad (16-63)$$

式中 D 是偏置反射面投影口径，上述关系式适合于馈源放在反射面焦点附近的情况。考虑扫描波束展宽因子的波瓣宽度可写为

$$\theta_3(\delta) = \theta_3(0) \cdot 10^{0.05GL} \quad (16-64)$$

GL 代表扫描造成的增益损失，以 dB 计。可写成

$$GL = \frac{0.0015\delta^2}{[(f/D_p)^2 + 0.02]^2} + \frac{0.011\delta}{[(f/D_p)^2 + 0.02]^2} \quad (16-65)$$

式中，$D_p = 2(D+h)$，为母体抛物面的直径。对介质或波导透镜满足 Abbe sine 条件（薄透镜近似），增益损失以 dB 计时，可用 $GL = 0.07\delta$ 代替式(16-65)，馈源尺寸满足 $d_m = f\tan\theta_c{}^{3,4}$，照射角 $\theta_1 = \tan^{-1}(D/2f)$。

最小方向性发生在三个波束的相交点，该点电平

$$E(\delta) = 3[\theta_0/\theta_3(\delta)]^2 \quad (16-66)$$

$E(\delta)$ 是峰值以下交叉点上的电平（幅度）。上述波束交叉点是假设二次方向图为高斯波束得出的。

16.6.2　多波束性能分析

16.6.2.1　覆盖区内最小方向性

$$D_0 = 10\lg\left[\left(\frac{\pi D}{\lambda}\right)^2 \eta_f\right] - GL(\delta_m) - E(\delta_m) \quad (16-67)$$

式中第一项代表天线波束在电轴的峰值方向性，第二项代表扫描到覆盖区边缘（最坏情况）的方向性损失，第 3 项是三波束交叉点上电平比峰值方向性低的数值以 dB 计，δ_m 为最大扫描比，$\delta_m =$ 最大扫描角/3dB 瓣宽角。η_f 定义为馈源效率，它近似等于整个天线效率，有以下近似式：

$$\eta_f = 4\cot^2(\theta_1/2)[1 - \cos^n(\theta_1/2)]^2 \frac{(n+1)}{n^2} \quad (16-68)$$

η_f 包含泄漏效率、口径效率、相位效率和极化效率。θ_1 为反射面对馈源的半张角。

在式(16-68)中馈源方向图假设为 $\cos^n(\theta/2)$ 的形式，式中的 n 值可写为

$$n = \frac{-0.05T}{\lg[\cos(\theta_1/2)]} \quad (16-69)$$

分析计算结果表明，当馈源在反射面边缘照射锥 $T \approx 10$dB 时，馈源效率达最

大，其值约为 0.81。

16.6.2.2　C/I 的分析

卫星信道是开放信道,会有噪声和相互间干扰,这会带来误码率指标下降。干扰包括邻信道干扰和同信道干扰。在卫星上出现较多的邻信道干扰是多载波系统间的干扰。多波束天线产生的干扰多属同信道干扰,它是多波束天线同频率波束产生的干扰,通常以天线同极化隔离表征,它定义为观察波束同极化的方向性与组合干扰的方向性之比。组合干扰是与观察波束有相同频率,且在观察波束范围内所有干扰相加得到。图 16－35 示出了 C/I 计算的波束的几何关系。最坏的 C/I 发生在观察波束的边缘。在边缘上波束同极化方向性:

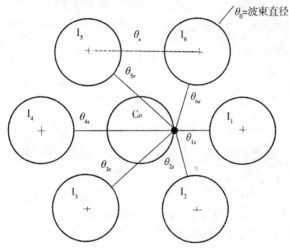

图 16－35　C/I 计算的几何

$$D_0(C_0) = 10\lg\left[\left(\frac{\pi D}{\lambda}\right)^2 \eta_f\right] - GL(\delta_0) - E(\delta_0) \qquad \text{(dBi)} \qquad (16-70)$$

δ_0 是波束 C_0 距天线电轴的扫描波瓣数。假设在观察波束上有 N 个干扰信号,则组合干扰可写出

$$\sum_{n=1}^{N} I_n = 10\lg\sum_{n=1}^{N}\left[\left(\frac{\pi D}{\lambda}\right)^2 \eta_f 10^{-0.1GL(\delta_n)} \cdot 10^{-0.1B_n}\left(\frac{\theta_{ns}+0.5\theta_n}{0.5\theta_n}\right)^2\right] \qquad (16-71)$$

式中,θ_n 是第 n 个干扰波束直径。δ_n 为第 n 个波束距天线电轴的角间距(以瓣宽量度),θ_{ns} 如图 16－35 所示,θ_s 为正六边形之边长。B_n 是第 n 个波束在干扰点的电平值(以峰值电平归一),$GL(\delta_n)$ 为角间距 δ_n 的波束扫描增益损失。

在式(16－70)和式(16－71)中,假设效率 η_f 不随扫描而改变,这对中等扫描,比如 $\delta_m \leqslant 7$ 的情况是适合的;对宽角扫描只要馈源放在半径 $R = f\sec^2(\theta/2)$

的球冠上,其效率 η_f 不随扫描而改变的假设也是适合的。

主要干扰来自最近的三个干扰,如图中 I_1,I_2,I_6,并且假设干扰都来自干扰的主瓣。并假设扫描形成的 Coma 瓣和边瓣电平相当低(相对峰值电平仅在 $-24\sim-30\text{dB}$ 左右),对同极化隔离度不产生大的影响,因此该影响未计入在内。式(16-71)方程适用的反射面 f/D 值可在 $0.6\sim2.0$ 的范围内。这样以dB表示的同极化隔离可写成

$$C_0\bigg/\sum_{n=1}^{N}I_n=-GL(\delta_0)-E(\delta_0)-10\lg\sum_{n=1}^{N}\Big[10^{-0.1GL(\delta_n)}\cdot10^{-0.1B_n(\frac{\theta_{ns}+0.5\theta_n}{0.5\theta_n})^2}\Big]$$

$$(16-72)$$

式(16-72)是普适式,也适合于非均匀间距馈源和非均匀分布波束。对于波束按等角六边形阵列分布的同极化隔离,参见图 16-35 可简化为

$$C_0\bigg/\sum_{n=1}^{N}I_n=-E(\delta_0)-10\lg\sum_{n=1}^{6}10^{-0.1B_n(\delta_n)(\frac{\theta_{ns}+0.5\theta_n}{0.5\theta_n})^2}\qquad(16-73)$$

式中,

$$\theta_{1s}=\theta_s-\theta_0$$
$$\theta_{2s}=\theta_{6s}=[\theta_s{}^2+0.25\theta_0{}^2-0.5\theta_0\theta_s]^{0.5}-0.5\theta_0$$
$$\theta_{3s}=\theta_{5s}=[\theta_s{}^2+0.25\theta_0{}^2-0.5\theta_0\theta_s]^{0.5}-0.5\theta_0 \qquad(16-74)$$
$$\theta_{4s}=\theta_s$$

到此已经给出了多波束多口径反射面的几何参数设计以及计算多波束天线两个典型性能参数(覆盖区最小方向性和同频道载噪比)的基本公式。按此程序可以完成多口径多波束天线的基本设计和性能预估。

16.6.3　应用举例

16.6.3.1　Anik-F2／加拿大通信卫星上的四口径多波束天线

Anik-F2 卫星天线的布局如图 16-36 所示。在星本体的南北两侧方向有两个直径为 2159mm 的双栅赋形反射面,位于北面的反射面工作于 ku 频段,覆盖加拿大、美国本土和墨西哥;位于南面的反射面工作于 C 频段,覆盖加拿大、美国本土。位于星体东西两侧方向对称分布的 4 个工作于 ka 频段的多波束反射面天线。它是采用了 4 个直径为 1397mm 的偏置反射面作为下行,工作频率为 20GHz;同时在其近旁对称放置 4 个直径为 914mm 的偏置反射面用于上行,工作频率为 30GHz 频段。这些天线多波束产生 54 个连续点波束覆盖加拿大和美国本土。如图 16-37。

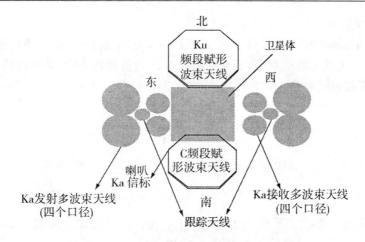

图 16-36　Anik-F2 卫星天线布局示意图

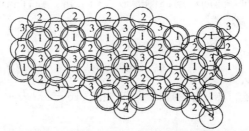

(a) 三个反射面口径的 54 个点波束覆盖美国本土的示意图
（图中每个波束外扩的实线是计入指向误差的实际波束）

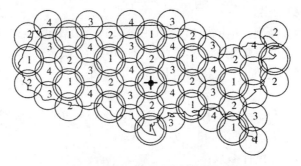

(b) 四个反射面口径的 54 个点波束覆盖美国本土的示意图
（图中每个波束外扩的实线是计入指向误差的实际波束）

图 16-37　多波束覆盖示图

(1) 反射面几何

多波束天线的设计首先从波束尺度和频率复用设计入手，波束尺度定义为在三波束交叉点上波束直径，该交叉点电平比峰值低约 kdB，对单口径多波束，$k=4$。相邻波束间距是波束直径的 0.866，对四口径多波束而言，反射面直径由下式确定

$$\theta_0{}^k = 65 \left[\frac{k}{3}\right]^{0.5} \frac{\lambda_L}{D} \tag{16-75}$$

式中，$\theta_0{}^k$ 是波束在 $-k$dB 的波束宽度，它近似等于半功率宽度乘以 $\sqrt{k/3}$。

反射面的 f/D 取决于覆盖区域和最大扫描的波束数，$\dfrac{f}{D}$ 的典型值一般取在 $1\sim2$ 之间，这还取决于天线在航天载体上的结构打包形式。从减少 Coma 瓣和最大扫描也不产生遮挡的条件出发，一般偏置量

$$h \geqslant 2f\tan\theta_{sn}$$

式中，θ_{sn} 是偏离电轴方向向反射面侧的最大扫描角。当计入馈源阵尺寸而无遮挡的最小角的修正方程有：

$$\theta_{sL} = \tan^{-1}\left[\frac{h-(\theta_{sn}\cos\theta_2/s_F)}{f-\dfrac{h^2}{4f}+(\theta_{sn}\sin\theta_2/s_F)}\right] - \frac{1}{2}\tan^{-1}\frac{h}{\left(f-\dfrac{h^2}{4f}\right)} \tag{16-76}$$

h 值的选择使 $\theta_{sL} \geqslant \theta_{sn}$。$s_F$ 为扫描因子，它由式(16-57)表示。θ_2 为反射面的偏置角。

馈源尺寸是多波束天线设计的重要参数，它取决于反射面数目，对 3、4 个反射口径的馈源尺寸由式(16-56)和式(16-60)给出。反射面的偏置角和半张角由式(16-58)给出。

馈源模型为高斯型，可由式(16-59)和式(16-60)表示。采用多辐射口径后，馈源口径可以增大以提高天线效率，式(16-60)中的 C_1 决定于喇叭口径效率。

一个用 4 个反射面、4 个频率复用的，由 54 个子波束构成的多波束天线。其天线参数：

$$D/\lambda = 106.9, \qquad f/D = 1.324, \qquad h/\lambda = 50.31$$
$$\theta_0 = 0.545°, \qquad \theta_s = 0.472°$$

采用高斯波束近似，设计参数：

$$d_m/\lambda = 2.689, \qquad T = 6.4\text{dB}, \qquad n = 53.5$$
$$\eta_f = 0.741, \qquad \theta_3 = 0.5923°, \qquad E = 2.54\text{dB}$$

因此分析得到的覆盖区方向性峰值增益为 49.22dBi；而边缘方向性增益为 46.68dBi。

用物理光学从反射面表面电流积分得到的覆盖区内峰值方向性增益和边缘方向性增益分别为 49.11dBi 和 46.54dBi。与用高斯波束近似公式得到的结果是吻合的。采用这两种方法对相邻的 6 个馈源干扰计算的同极化隔离分别为 12.0dB 和 12.5dB,这也是十分接近的。

(2) 二次方向图分析

为了使二次方向图的辐射分析更准确,二次波束近似地由准高斯波束表示。就是说,主瓣表示成高斯波束,第一边瓣区以常电平表示,而第一边瓣之外的区域用－6dB / 每倍程的下降斜率表示。方向图形状也是喇叭效率的函数。因此,二次方向图用 dB 表示为

$$
G(\theta) = \begin{cases} 10\lg\left\{A\exp[-B(0.866\theta/\theta_b)^2]\right\} & 1.1547\theta_b \leqslant \theta \leqslant \theta_n \\ -30 & \theta_n \leqslant \theta \leqslant 0.5(\theta_n + \theta_{s1}) \\ SL & 0.5(\theta_n + \theta_{s1}) \leqslant \theta \leqslant \theta_{s1} \\ SL - 20\lg(\theta/\theta_{s1}) & \theta \geqslant \theta_{s1} \end{cases}
$$

$$(16-77)$$

式中,$G(\theta)$ 以 dB 表示,$A=0.398\exp(B)$,B 是一常数,由下式给出

$$
B = \frac{5.986}{\left(\dfrac{\theta_n}{1.1547\theta_b}\right)^2 - 1} \tag{16-78}
$$

如果反射面 3dB 瓣宽以照射电平的插值表示,有

$$
\theta_3 = 2\theta_b = (0.058T^2 + 0.171T + 58.44)\frac{\lambda}{D} \tag{16-79}
$$

式中,θ_n 为第一个零点的位置;θ_{s1} 是第一个边瓣的角位置;SL 是相对于波束峰值的边瓣电平(以 dB 表示),它们可写成

$$
\theta_n = (7.8 - 3.16 \times SL)\frac{\lambda}{D}
$$

$$
\theta_{s1} = (30.25 - 3.07 \times SL)\frac{\lambda}{D} \tag{16-80}
$$

$$
SL = -0.037 \times T^2 - 0.376 \times T - 17.6
$$

上述方程适用于馈源靠近反射面的焦点(即波束接近天线电轴)。当扫描波束偏离电轴,对辐射场的影响主要是主瓣变宽,扫描损失使增益下降,由于 Coma 瓣的出现,边瓣电平增加。扫描对瓣宽及增益的影响可见式(16 － 64)和式(16 － 65)。

扫描引起的边瓣电平增加可通过二次插值得

$$SL(\delta)=SL(\delta=0)+\frac{0.368}{(f/D_p)^2+0.02}-\frac{0.0026\delta^2}{[(f/D_p)^2+0.02]^2} \qquad (16-81)$$

式中,δ 是扫描角的瓣宽数,$D_p=2(D+h)$,为母体抛物面的直径。在式(16-79)中的 3dB 瓣宽参数需乘上展宽因子 $10^{0.05GL(\delta)}$。

(3) 多波束天线性能分析

方向性估计:在式(16-67)中给出了覆盖区内最小方向性,它考虑了最大扫描角方向性损失、边缘的电平对最大扫描角峰值下降。如果还考虑指向误差带来的方向性损失,最小覆盖方向性的式(16-67)中还需要加一项,修正后有下式

$$D_0=10\lg\left[\left(\frac{\pi D}{\lambda}\right)^2\eta_f\right]-GL(\delta_m)-E(\delta_m)-10\lg\left(\frac{0.5\theta_0+\Delta\theta^p}{0.5\theta_0}\right)^2$$
$$\qquad (16-82)$$

式中 $\Delta\theta^p$ 是指向误差。

有关天线效率和同极化隔离 C/I 可利用前面给出的公式计算。对 Anik-F2 卫星的四口径多波束天线的设计参数:口径直径 $D=1.65$m,$f=1.88$m,$f/D=1.14$,$h=622$mm,频率 $f=19.95$GHz,馈源口径直径$=45.2$mm 的 Potter(其效率$=74\%$)。由 54 个子波束的多波束天线系统的覆盖如图 16-37(b)所示。

用本节给出的简单公式计算,未扫描波束(电轴,$\delta=0$)的峰值方向性为 49.95dBi,而用物理光学计算出的未扫描的波束峰值方向性为 49.82dBi。二者之间仅差 0.15dB;二次方向图的半功率宽度用本节公式计算的结果为 0.60°,而用物理光学计算的瓣宽为 0.604°。说明用本节给出的简单计算式子完全适用于工程设计应用。这样避免了使用物理光学辐射积分的烦琐计算,使反射面多波束天线设计变得简单、快捷,为多波束天线初步设计提供了有效的工具。

16.6.3.2 多馈源赋形波束天线设计

多波束天线的上述分析也可以很容易地推广到赋形波束设计。赋形波束天线覆盖区内最小方向性可用增益与面积的乘积(GAP)来估计,GAP 与反射面尺寸和赋形的范围有关,一般可从 13000 到 20000。赋形波束既可由抛物面加多馈源形成,又可由单馈源赋形反射面形成。对这两种情况都适用。最小覆盖方向性可用下式表示

$$D_{\min}=10\lg\left[\eta_f\left(\frac{\pi D}{\lambda}\right)^2\right]-M-GL(\delta_m)-10\lg\left[\frac{C_A}{\frac{\pi}{4}\theta_M^2}\right] \qquad (16-83)$$

式中,C_A 为赋形波束覆盖面积,以度平方表示;θ_M 为比峰值方向性低 MdB 的笔形波束的瓣宽(对赋形波束 M 的典型取值一般为 4)。$GL(\delta_m)$ 是最大扫描角 δ_m

上的增益损失。最大扫描角 δ_m 由覆盖要求决定,它取决于卫星上看到的实际覆盖和天线电轴指向。θ_M 由下式给出

$$\theta_M=\left[\frac{M}{3}\right]^{0.5}\theta_{3\text{dB}} \qquad (16-84)$$

$\theta_{3\text{dB}}$ 是 3dB 瓣宽,由式(16-67)给出。

在此举个例子:对南美洲覆盖的赋形波束,天线参数:$D/\lambda=28.45$,$f/D=0.824$,$h/\lambda=3.18$,$T=14$dB,$M=4$,覆盖面积 $C_A=23.7$ 球面度(°)。计算的设计参数:$\theta_3=2.43°$,$GL=0.45$dB 由本节给出的公式计算得到的覆盖区最小方向性为 27.66dBi,如图 16-38 所示。而用物理光学辐射积分得到的值为27.6dBi。两者差异甚微。

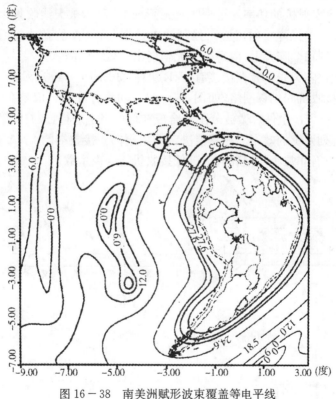

图 16-38　南美洲赋形波束覆盖等电平线

从上面计算结果比较说明:用本节给出的简单计算公式对多馈源多波束天线和多馈源赋形波束天线的覆盖区方向性和隔离度估计与采用一般软件利用物理光学辐射积分给出的结果是十分一致的。这为天线的初步设计、折中考虑和

方案阶段的性能估计提供了十分快捷而有用的工具。在天线工程设计中起到了十分重要的作用。多反射面多波束天线克服了单反射面多波束天线系统在馈源阵的排布、波束形成网络及进一步提高系统性能等方面遇到的困难。但是,如何保证在轨高增益多点波束天线空间指向的精度和一致性。这当中还涉及天线材料、结构、热控及动态控制技术等诸多方向的问题,需要进一步研究和认真处理。

16.7   航天有源相控阵多波束天线

16.7.1   概述

一般的相控阵如图 16-39 所示,分为空馈和网络强制馈电。透镜多采用空馈,高功率发射机的功率通过喇叭辐射形成空间波,被天线收集单元接收,经移相器到辐射单元阵发射出去。强制馈电是把 TWTA 的高功率通过分配/合成馈电网络到每个阵元上,由每个阵元辐射出去,反之亦然。

有源相控阵天线单元直接接有 T/R 组件,如图 16-40 所示。T/R 组件包括发射机、接收机和相移网络,如图 16-41。功率分配与合成是在低电平上完成,其后再到 T/R 组件。微波分配和合成在低电平上进行,微波网络损耗小,大大提高了阵列系统的效率。相移器决定波束指向。接收端的 LNA 直接接到阵元后面,也只有非常小的损耗大大降低接收机的噪声系数。

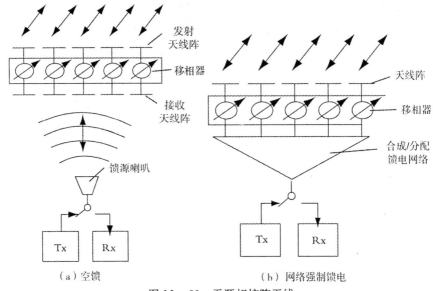

(a) 空馈   (b) 网络强制馈电

图 16-39   无源相控阵天线

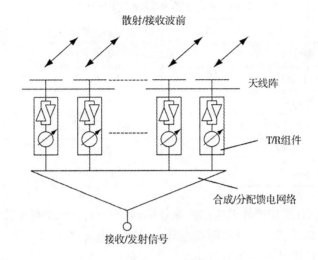

图 16－40　有源相控阵天线

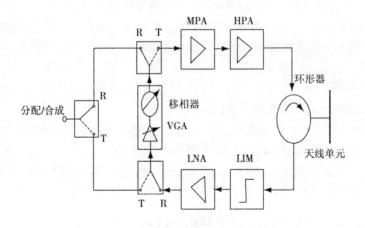

图 16－41　T/R 组件模块框图

航天能耗及效率是评价航天产品的重要指标,有源相控阵天线较之无源阵列天线优点就在于减少了射频损耗、提高航天器 RF 能量的利用率。仅举一例说明,假设:天线阵元数 $N=5000$ 个,总的平均功率为 5kW。对如图 16－40 和图 16－39(b)所示系统进行比较,这两种天线功率平衡示于表 16－4 中。

表 16－4   有源、无源功率平衡比较

比较内容	中心强制馈电	有源阵列
平均辐射功率(kW)	5.0	5.0
发射机/天线的衰减	4dB 或 0.4	1dB/0.79
发射机放大器效率	0.4	0.3
发射机放大器直流功率(kW)	5/0.16＝31.25	5/0.23＝21
相移器的控制功率(kW)	5.0	2
总直流功率(kW)	36.26	23.0

由此可见,有源相控阵天线在能源效率、射频损耗和元器件承受的功率电平来看都有明显的改善。另外有源相控阵还具有以下优点:

(1)从 T/R 组件的功率通过阵元在空间叠加。单个模块的放大器只需产生小的功率,一般采用固放(SSPA),通过大的单元数,使空间合成功率达到很大。

(2)晶体管放大器的平均无故障时间可达 10^6 小时,这远高于 TWTA 的平均无故障时间;大量并行工作的放大器意味着有高的备份,单个放大器失效对整个系统性能和功能影响甚微,因此大大地提高了航天器天线的可靠性,避免了单点失效。

(3)与 TWTA 比较,整个系统无高电压电路,明显地简化了馈电,提高了航天系统可靠性。对散热系统要求低。

(4)由于 LNA 直接接在阵元后面,系统接收噪声指数也可做到尽量地低。

(5)单个信道就是阵列信号处理和波束形成的基础,易于实现模块化设计。模块集成形成整个天线,在减少成本、缩短研制周期、实现在轨重构、多功能及灵活性等方面对航天应用具有十分重要的意义。

16.7.2   可展开、模块化的有源相控阵多波束卫星天线

有关相控阵的多波束扫描与在轨重构、馈电网络及控制、自适应抗干扰等内容都是航天阵列多波束天线应该涉及的问题。这些问题分别在本书相关章节中已有阐述,在此不重复。航天大容量通信和微波遥感成像 SAR 的应用中,出现的更大尺度的平面有源相控阵天线。受运载尺度限制必须采用折叠可展开结构,这种可展开有源相控阵会给天线的设计与实现带来新问题。本节以一种可展开、模块化的有源相控平面阵天线为例,讨论由于展开和模块化处理以及有源器件应用等因素带给天线的一些机、电和热相互影响的问题及其处理方法。

16.7.2.1 概 述

在卫星通信领域,日益增长的通信需求和激烈的市场竞争要求提供更大的频带、更多的波束、更精细的波束地面分辨率以获得最优通信容量和载荷效益。这需要更高的星上 DC 功率和更大的天线尺寸。同时,从用户需求的多样性、降低设计和生产周期,并具有在轨重构能力(波束形状,波束位置,每个波束分配的功率,每个波束分配的频率)和降低项目风险等方面考虑,采用可展开、模块化的有源相控阵列天线可以达到上述需求。相控阵天线具有在轨编程和性能重构的能力,因此可缩短发射前的开发时间。为了进一步缩短到市场的时间,甚至可以利用事先在轨道上停泊备份卫星,根据需求将这些卫星移送到合适的轨道位置,并在不长的时间内根据需求将它们变成工作状态。

毫米波单片微波集成(MMICs)、封装、光电子和热设计技术、阵列校准和处理速度等方面的进展,已经极大地提高了有源相控阵天线的可实现性。固态功率放大器(SSPAs)的效率是影响设计的最重要因素。虽然目前其效率仍不及行波管放大器(TWTA),但在过去几年中正逐渐提高。在多波束工作模式中,每个波束分配的功率和质量是最终评价天线优质和高性能的一个标准,当然也还依赖于其他因素,载荷与构形之间的折衷优化有助于提高其性能指数。另外,目前通过精确分析多波束天线的载噪比(C/I)可降低裕量设计,从而降低天线成本。本节就航天有源相控阵天线在未来发展中将遇到的几方面问题作简要叙述,以展示该类天线的新技术和新动向。

一种用于同步静止轨道通信卫星上的自冷却、可展开有源相控阵天线,如图 16-42。位于卫星舱上的阵列天线受卫星舱对地面尺寸的限制,通过展开天线结构克服这个限制。天线采用折叠阵列面板形式,其尺寸不再受限于运载整流罩的可用空间。在通信卫星和微波遥感的 SAR 多采用大的面阵天线,包括 T/R 组件都在卫星舱外展开。

可展开有源相控阵天线是采用相同的模块,各个组件按层封装。模块化概念符合大规模生产的概念,以降低成本。展开的天线面板暴露于空间,它要经受短期和长期的热循环和老化,会给天线激励和控制带来影响。

图 16-42 中,组成阵列的每一个模块就是一个完整的有源相控阵,它包括电源调节器、控制器、波束成形器(对每一个单元路径有移相器和衰减器),输出滤波器和辐射单元。图 16-43 就是一个集成单元模块的组成示意图。可以看出,集成单元模块为分层结构。面板上安装有天线单元,阵面上贴有空间太阳光反射器,紧接的是波导功率分配与滤波器,再下是由 SSPA 组成的功放层,之后是由可变衰减器和移相器组成的波束形成器,它们安装在多层板上,再下是电源

及其控制层。在板的另一面有多波束端口、电源及控制端口。同样,在下表面也铺有空间太阳光反射层。在两侧表面上安装的太阳反射器以提高热性能。在集成模块中间还加有热堆。

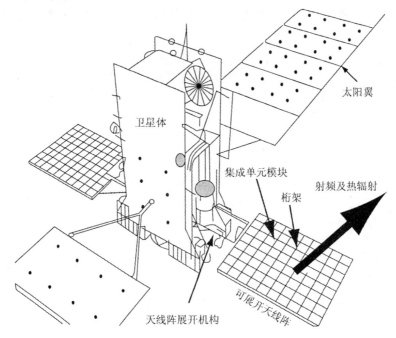

图 16－42   可展开自冷却模块化的航天平面阵天线示意图

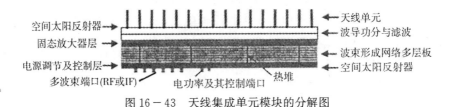

图 16－43   天线集成单元模块的分解图

图 16－44 是有源相控阵天线集成单元模块的电性框图。因为该天线用于同步静止轨道卫星,单元间距大约为 2.5λ,以保证在 $\pm8.7°$ 的地球视场之内无栅瓣。扫描损失大约为 2dB(栅瓣通过天线的单元方向图被抑制)。采用六边形网格排布能稍微增加单元间距,天线单元数减少可降低实现成本,会使扫描性能稍有下降。从效率和热性能上考虑,采用由低增益单元,如偶极子或螺旋天线和波导分配网络组成子阵。波导分配网络具有较低的 RF 插损,而且可使每个单元

有较强的结构、良好的横向热导性。图 16－45 示出了以螺旋天线为阵单元的
集成单元模块的样机模型。

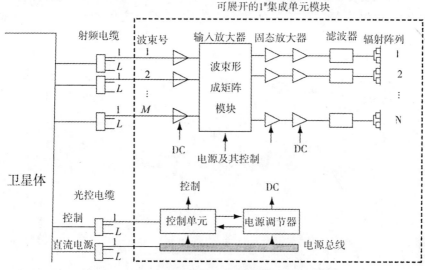

图 16－44　有源相控阵天线单元模块的电性框图

图 16－45　以螺旋天线为阵单元的集成单元模块的样机模型

天线的性能指数可以用每个波束分配的功率 q_p 与每个波束分配的重量 q_m
之比来评价。这些性能指数可以通过提高封装密度提高，而封装密度又受厚度、
复杂性和热功耗的限制。一种新型的高密度互联（HDI）的封装技术可以把很多
个波束形成器安装于一个模块中。

16.7.2.2　热的要求与设计

提高封装密度，对有源相控阵的散热和热设计提出更高要求。一般采用自

冷却阵列天线的热设计。该设计首先应服从于热平衡。首先推导可展开、自冷却天线面板的热平衡关系。

可展开、自冷却天线面板必须有效地避免内部产生的热和吸收太阳的热引起的温升,以保持 MMIC 结温在指定的最高温度门限之下。天线面板热平衡示意图见图 16-46。

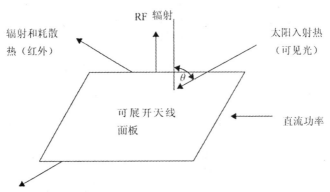

图 16-46   在可展开自冷却天线面板热平衡示意图

在面板的对阳面,在可见光谱段吸收太阳热。而在天线面板的两面,又辐射红外谱段的热。单位面积上太阳吸收热可表示为

$$W_{inc} = \alpha W_{sun} \cos\theta \tag{16-85}$$

式中,α 是表面吸收系数,θ 是太阳光相对于面板法向的入射角,W_{sun} 是太阳光的入射热(129.1W/ft²)。对应的面板两边辐射热可表示成

$$W_{rad} = 2\varepsilon\sigma T^4 \qquad T = T_{junc} - \Delta T \tag{16-86}$$

式中,T 是表面温度(K);ε 是辐射系数;$\sigma = 5.27 \times 10^{-9}$ W/ft²K⁴,为波尔兹曼常数;T_{junc} 是 MMIC 的结温(K);ΔT 是结温和面板的温差。假设表面温度是均匀的,而且两边的温度是相同的,这要求在面板里面要有好的横向和轴向热传导性。对热平衡所要求的净耗散热可表示为

$$W_{dis} = W_{rad} - W_{inc} = (1-\eta)P_{DC} \tag{16-87}$$

式中,η 是天线效率,P_{DC} 是总的 DC 功率。

如果 $\Delta T = 60℃$,$T_{junc} = 110℃$,$\varepsilon = 0.8$,$\alpha = 0.24$,最大耗散发生在太阳直射面板时,它为 60.8(W/ft²)。如果耗散功率更高,结温将超过 110℃。对于同一设计,结温减少到 78℃,正对应太阳入射角为 90°,其温度差为 32℃。卫星 24 小时一次循环期内,两个极端温度发生两次。控制耗散功率可通过调整 α/ε、ΔT 和 η 等因子来控制。为了达到最大的热耗散,采用太阳光反射器(OSR),通过减

少 α/ε 以改善表面热特性[见公式(16－85)～(16－87)]。

为了保持固态放大器 MMIC 器件的结温在最高允许温度以下(对大多数器件来说,该温度在 110～120℃的量级上),最大表面耗散有一个限制,因此允许的 RF 辐射也受到了限制。在大多数情况下,这种限制与天线效率 η(主要是固态功率放大器的效率)有关,取决于 MMIC 和面板表面之间的温度下降 ΔT、表面的热特性(吸收率 α 和发射率 ε)。可以通过在天线两边采用太阳光反射器(OSR)进行优化。

由于太阳入射角的变化,天线内、外的温度呈周期性循环变化,这将对机械设计带来额外的要求。展开式阵列面板热设计的主要挑战是在热循环过程中保持口径表面的平面度而不翘曲。为此有一种新型的桁架柔性安装(frame－flexmount)设计可将机械和热应力去耦以保证在温度变化期间维持表面的平整度。对此性能的估计可进行计算机仿真和试验测试。只要温度变化引起的面板跷曲小于微波工作频率允许的值就认为是可接受的。

另一个要考虑的热效应是阵列上的热梯度。这主要由飞行器舱体或在舱体天底面板上的其他天线遮挡的阴影效应造成的。在光照和阴影条件下的阵列单元之间的相位差会有变化。这种梯度可能影响阵列的波束形状和波束方向。这种效应可以在阵列内部采用具有良好热导率的设计来消除,另外,热耦合器和校准平台相结合方式也可以进行在轨热效应补偿。一般来说,这会增加一些重量。同时也会增加载荷控制的复杂性。

16.7.2.3　展开式模块结构的口径影响

展开式模块化阵列结构在形成所要求的口径形状和激励时总会与理论情况存在一定的差距。这可能引起副瓣电平的提高,C/I 的下降,从而降低了通信容量。下面将专门讨论减少这些效应影响的方法。

(1) 单元模块(Tile)量化设计影响与对策

从天线辐射性能考虑,通常更倾向于圆口径,因为它们的方向图副瓣峰值沿 φ 方向是均匀排开的,而且比其他口径形状的副瓣峰值电平要低。然而,平面阵列中单元模块都是方形结构,往往不能选择期望的圆口径。对圆口径形状的一种逼近方法是去掉方形口径的四个角,如图 16－47 所示。

对上述去角正方口径,假设为均匀幅度和相位的口径,讨论其副瓣峰值电平与切角尺寸之间的关系。其结果如图 16－47 所示,当去角占据整个口径的 16%时,可以获得最小相对副瓣电平,约在－17.5dB 以下。这个结果与均匀激励圆口径的副瓣电平接近。带有 16%切角的方口径的空间方向图副瓣的峰值沿 φ 方向也是相对均匀分布的。如果阵列单元的数目较多,这种方法可以有效地避免副瓣抬高。但是,随着切角面积的增加,切角方口径的副瓣,并不像均匀圆口径那样呈现单调下降趋势,继续增加切角尺寸反而会出现相对较高的外副瓣,如图16－47。因此单元模块的切角有一个最佳尺寸。

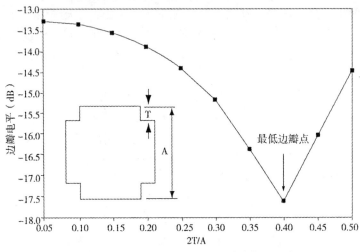

图16－47   切角方形单元对边瓣峰值的影响

(2)机械桁架引起的单元间隙影响

模块化结构使单元间总存在有间隙。研究表明,这种周期性间隙结构可能产生近栅瓣。栅瓣的强度与天线单元形式,耦合参数,以及间隙是否与接地板连接等因素有关。具有间隙的口径模型如图16－48所示。假设间隙处不存在场,这种假设是保守的,可给出栅瓣的上限。

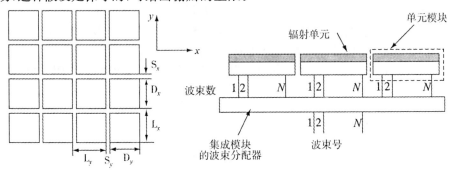

(a)阵列模块间的结构缝隙   (b)阵列模块剖示图

图16－48   天线阵列模块间的结构缝隙

把带有缝隙的天线阵当成周期辐射结构,利用傅立叶变换导出其辐射场。在 $\sin\theta_n \approx n/L$ 方向上,第 n 个栅瓣与二主平面内(分别为 x 和 y 面)主瓣的比值为

$$R_n = \frac{\sin\left[n\pi\dfrac{S_x}{L_x}\right]}{n\pi\dfrac{D_x}{L_x}} = \frac{\sin\left[m\pi\dfrac{S_y}{L_y}\right]}{m\pi\dfrac{D_y}{L_y}} \approx \frac{S}{D} \qquad (16-88)$$

由间隙引起的栅瓣应加到没有缝隙的理想口径产生的场上,这将增加了栅瓣的电平,并对主辐射方向有微小的改变。研究结果可以看出,为了保证由此引起的栅瓣电平在 $-30\mathrm{dB}$ 以下,缝隙与单元模块的面积比值必须保持在 3% 以下。

(3)单元的相位/幅度误差和单元失效

图 16-48(b)给出了阵列模块的截面图,在波束端口和单元之间有分配网络。因为单元通过不同的电缆馈电,沿阵列的温度分布可能引起单元之间的相位误差。这种单元级上的相位误差也可引起近栅瓣,并与间隙引起的栅瓣有相同的周期性,这同样也会引起方向性损失。为了降低这种效应,应该采用对温度变化不敏感的稳相电缆。与同轴电缆相比,光纤相位具有更好的温度稳定性,应优先考虑。模块化设计在使用时都会面临模块或部分或全部失效的可能。电源,控制单元/控制线,RF 馈电线都可能成为失效源,因此阵列设计时要仔细处理每一个环节。

(4) 天线单元的设计约束

热设计约束是选择阵列单元的一个限制因素。喇叭单元是一个理想的热吸收器,因此不是一个好的单元选择对象。微带天线将单元内的热隔离,从而使单元的内、外表面具有不同的温度,降低了可获得的热耗散。较理想的,且具有较小体积的单元是线极化的偶极子和用于圆极化的螺旋天线。安装这些单元表面因为遮挡很小,能方便地采用太阳光反射器,使表面对冷空获得最佳热性能。另外,较低的插损是获得最佳性能的关键因素。

(5)均匀幅度分布口径可获得最佳 SSPA 效率

对有源阵列,每个波束的功率主要取决于固态功率放大器的效率。对多波束应用,固态功率放大器的工作点必须进行补偿以满足最优载干比(C/I)性能所要求的互调抑制,这会降低效率。如果所有固态功率放大器工作在同一驱动电平上,则可获得最佳效率,这意味着阵列激励的幅度是均匀分布的。这也保证了阵列上的热分布均匀,且具有最佳热性能,这对自冷却阵列特别重要。另外,也可以设计具有不同功率电平的固态功率放大器,通过阶梯式幅度分布实现最

佳效率。这样可获得更好的副瓣控制,但从热的角度上看是缺乏吸引力的,因为和均匀功率分布相比,阵列上有更高的峰值功率。

16.7.2.4　多波束分析

在卫星多波束载荷中,通信容量可以通过增加波束数目和提高方向性来增加。更多的波束可得到更高的频率复用。对发射天线,高的方向性有高的EIRP;而对接收天线,高的方向性意味着高的 G/T。但是需要采用波束接力(跳变)技术(beam hopping)和时分多址(TDMA)来覆盖整个服务区域。采用窄波束,不对称非均匀信息量的传输需求能够更有效地满足,因为在用户密度较小的区域只浪费了较少量的功率,而每个用户仅需要更少的 DC 功率消耗。前面讨论的大型可展开的有源相控阵多波束天线可以实现这个目标。

可以假设在大多数覆盖区域,通信容量的分布是高度不均匀的,它由一些分散的高容量的地区组成。将尽可能多的高增益波束放入这些高容量区域可以获得最大通信容量,用最少的波束数目以达到最高容量的载荷能力。然而,采用空间上非常靠近的波束会增加副瓣的干扰,降低了地面上的载噪比(C/I)。解决这个问题的一个方法是采用所谓的波束模板(beam templates)。对接力式(跳跃式)TDMA 系统,在一定的时间窗内,对给定的频率和极化来说,这些是一系列预先优化的天线波束。整个服务区可以在一个时序中,通过选择交织(interleaved)波束位置产生各种模板的方法来覆盖整个服务区。对高容量区域增加波束的停留时间,可以对有效载荷资源实现有效的利用。这些模板可以存储在星上存储器中,便于快速接入,降低控制复杂性。

16.7.2.5　校准系统

有源相控阵必须满足一定的幅度和相位激励以满足副瓣和波束指向需求。可展开的星载天线特别容易受激励误差影响,这是由于具有日夜和季节周期性变化的恶劣热环境。大型的多波束天线对激励误差特别敏感,因为此类天线的波束很窄,需要精确的波束指向。解决这类问题的一种方法是使天线具有足够的鲁棒性以在整个卫星寿命期内保持稳定的激励。当然这会带来硬件成本的增加。另一个方法是运用校准系统检测和补偿幅度和相位。这两种方法可以综合考虑以获得最优解。在天线阵列前展开放置一个校准探针。校准探针放在阵列的前面,并在阵列对称轴的一侧。有关探针支撑杆更细致的设计和影响分析可参考文献[12~18]。

参考文献

1　A. W. Rudge , The handbook of Antenna Design

2　R. Mittran, Communication Satellite Antenna Technology

3　K. Sudhakar, Development of a 45GHz Multiple — Beam Antenna for Military Satellite Communication, IEEE Trans. Vol—AP43, No. 10, Oct. ,1995, pp. 1036—1047

4　Sudhakar K. Rao. Parametric Design and Analysis of Multiple—Beam Reflector Antennas for Satellite Communications. IEEE Antenna and Propagation Magazine, Vol. 45, No. 4, August 2003, pp. 26—33

5　S. Rao, Design and Analysis of Multiple — Beam Reflector Antenna, IEEE Antenna and Propagation Magazine, 41, 4, August 1999, pp. 53—59

6　Joseph. t. m, Area Coverage Adaptive Nulling from Geosynchronous Satellite: Phased Array Versus Multiple—Beam, IEEE AP—34, No. 3, March , 1986

7　Zaghloul A I, et al. Advances in Multi — beam Communication Satellite Antenna, IEEE Trans. Vol—AP 1990, pp. 416—419

8　J. J. Lee, Dielectric Lens Shaping and Coma—Correction Zoning, Part I: Analysis, IEEE Trans. Vol—AP—31, No. 1, Jan. 1983, pp. 211—216

9　J, J. Lee, A Coma—Corrected Multibeam Shaped Lens Antenna, Part II: Experiments, IEEE Trans. Vol—AP—31, No. 1, Jan. 1983, pp. 216—220

10　A. I. Iaghloul, et al. Active Phased Array Development at C — and Ku — band, AIAA—94—1069—CP

11　Joseph T. M, Nulling Limitations for a Multiple — Beam Antenna, IEEE Trans. Vol. AP—24, No. 6, Nov. , 1976

12　E. Lier, Techniques to Maximize Communication Traffic Capacity in Multi — Beam Satellite Active Phased Array Antennas for Non — Uniform Traffic Model, IEEE International Conference on Phased Array Systems and Technology , May , 21—25, 2000, pp. 505—508

13　R. Mailloux, Phased Array Antenna Handbook, Boston — London. Artech House, 1993, Section 5. 3. 1

14　S. Silverstein, IEEETrans. on Signal Precessing SP—45, Jan. 1997

15　E. Lier, US Patent No. 6084545

16　Murray, US Patent No. 5666128

17　Lier IEEE International Symposium on Antennas and Propagation Digest Jane, 21—26, 1998, pp. 1004—1007

18　Purdy, IEEE International Conference on Phased Array System and Technology May, 21—25, 2000, pp. 203—206

第 17 章　航天微波遥感天线

17.1　概述

当今空间已成为获得国家安全和国家利益的战略"制高点",其中航天遥感卫星已成为现代信息战中控制空间、取得制天权和制信息权的一项重要手段。

航天遥感与地面遥感和航空遥感相比,可观察的范围大、探测速度快、获取的信息量大、能动态反映目标的变化、不受地理条件和国界限制等方面的优势,近年来得到了迅速发展,尤以航天光学遥感和航天微波遥感更为突出。

微波是电磁波的一种形式,把微波和可见光、红外、紫外、X 射线及无线电波按波长排列可得到如图 17－1 所示的电磁波谱图。微波一般指波长在 1～1000mm 的无线电波。微波遥感就是利用微波遥感器接收被测目标,比如各种地物等发射或反射信号,借以识别、分析、提取所需要的信息。在遥感技术体系中可见光和红外遥感是应用最早、最广泛的一种电磁遥感。微波遥感与光学遥感相比,能穿透云雾、雨雪,具有全天候探测能力;微波信号不依赖太阳光,白天黑夜均可工作,能达到全天时能力;微波对地物有一定的穿透能力,可探测和提供可见光和红外不能探测的能力。微波遥感有主动和被动两种形式,它不仅可接收和记录被测目标的反射波的幅度和相位信息,而且利用干涉测量可测高、测其变化。这是光学遥感难达到的。微波遥感是光学遥感重要的补充,某些方面又是光学遥感无法替代的。

但是,微波遥感也有它的不足,表现在:由于微波遥感器的工作波长较之光学长,因此微波遥感的空间分辨率比光学的低;由于微波遥感的成像方式的数据处理和解释比较困难。与可见光和红外遥感器数据不能在空间位置上一致,不像光学遥感器那样可做到同步获取同一目标的信息。这些不足随着技术发展能逐步得到改善和解决。

常用的航天微波遥感系统有微波辐射计、微波高度计、微波散射计和微波综合口径侧视雷达等。按其工作方式来分有主动和被动两种形式。凡是利用遥感器直接接收和记录目标所反射的电磁信号,称为被动遥感或无源遥感(Passive Remote Sensing)。反之如果把遥感器辐射电磁波投射到目标上,再由遥感器接

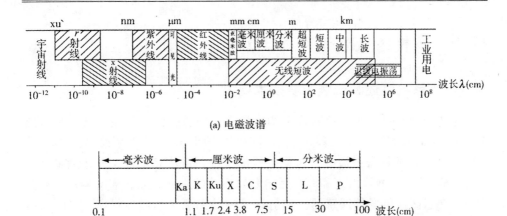

(a) 电磁波谱

(b) 微波波段划分

图 17-1　电磁波谱分布

收和记录被目标反射回来的电磁波,这种遥感方式为主动遥感,又称为有源遥感
(Active Remote Sensing)。按遥感信息形成的形式来分有成像和非成像两种。
凡是能够获得图像结果的遥感都称为成像遥感,其中辐射计和侧视雷达可用于
成像。当然按应用领域分类就更多了,有地质、地理、农林、水文、气象、渔业、环
境保护和军事应用等。按其应用的空间领域分又有陆地、海洋和大气遥感三大
部分。被动微波遥感系统一般由电磁能量收集器、能量检测器、信号处理器和信
号发送等部分组成,而主动遥感还应加上发射系统。本章不讨论微波遥感作用
的物理机理,微波与目标、微波与大气间的相互作用以及遥感数据的生成,而是
从微波遥感器天线的角度讨论如何将电磁能量按要求聚束后发向目标,又如何
有效地接收目标返回的带有大量数据信息的电磁能量。本章首先介绍一个在中
国神舟飞船留轨段上应用过的多模态航天微波遥感器天线分系统,从中了解到
航天微波遥感天线设计概况以及中国航天微波遥感天线技术发展现状。有源相
控阵天线与阵列信号处理技术的结合是航天综合口径侧视雷达的核心技术,制
约整个 SAR 系统性能,也是航天天线先进技术的重要体现,本章介绍了实时成
像的航天综合口径侧视雷达天线技术及其发展,讨论了 SAR 卫星的数据传输和
链路计算。

17.2　多模态微波遥感器天线电性设计

17.2.1　系统概述和天线主要技术规范

中国"神舟四号"飞船留轨段上的多模态微波遥感器是集主动式微波遥感器，即雷达高度计（ALT）、雷达散射计（SCAT）和被动式多频段微波辐射计（RAD）于一体的具有微波综合观测手段的系统。雷达高度计主要是测量平台到海洋表面高度、海洋波高和海洋后向散射系数的主动式微波遥感器。微波散射计是测量海洋风场的遥感器。辐射计是一种无源雷达，它测量降水、水汽含量、海面温度、积雪、土壤水分。本系统按时分体制进行的三个复合工作模式，它们是：高度计加辐射计（ALT＋RAD）；散射计加辐射计（SCAT＋RAD）；辐射计（RAD）。

与微波遥感器及工作模态对应的天线子系统组成如图 17－2 所示。天线子系统在"SZ－4"飞船上的安装与布局见图 17－3。主要技术指标见表 17－1。

表 17－1　多模态微波遥感天线的主要技术指标

项目	高度计天线（ALT.）	散射计天线 A/B（SCAT.）	辐射计天线（RAD.）
工作频率与带宽（GHz）	13.9±0.3	13.9±0.3	6.6±0.3 19.35±0.3 22.35±0.4 37±0.6
波束特性与指向 *	指向星下点，固定波束指向精度≤±0.2°	与星下点呈37°，指向精度≤±0.5°周向圆锥扫描	星下点呈 40°固定波束，指向精度≤±0.25°
波束宽度	≈ 2.6°	≈ 2.6°	6.5°～1°
增益(dBi)	≥34.5	≥34.5	在 6.6GHz，G≥28其余，G≥30
极化方式	线极化	双线极化（H／V）	双线极化（H/V）
极化纯度（dB）		≥20	≥25
副瓣电平（dB）	≤－20	≤－20	＜－ 24

续表

项目	高度计天线（ALT.）	散射计天线 A/B（SCAT.）	辐射计天线（RAD.）
VSWR	≤1.5	≤1.5	≤1.5
收发隔离度（dB）	≥40	≥40	信道隔离≥30
功率容量（W）	脉冲功率≥100 平均功率≥10	脉冲功率≥100 平均功率≥10	无源接收
天线形式及参数	前馈主焦抛物面 $D=600mm$， $F/D=0.375$	两个空间正交、极化正交的 前馈主焦抛物面 $D=600mm$， $F/D=0.375$	偏置抛物反射面， 焦距 $F=560mm$， 投影口径 $D=660mm$， 偏置角 38.9° 照射角 $2\theta_0=58.42°$
工作模式	收发脉冲工作方式 靠指令切换 波束转换时间≤1s	6.55s/c 速度圆锥扫描 收发脉冲工作方式 靠指令切换 波束转换时间≤1ms	无源被动接收 宽带，多谱段，双极化 共馈反射面天线系统
射频接口	BJ140 标准矩形波导	BJ220 标准矩形波导	半刚性电缆，SMA(M) 标准矩形波导 BJ220 BJ320
模式切换	开关 K2(ALT/SCAT) 开关 K3(收/发)	开关 K1(SCAT 极化切换) 开关 K3(收/发)	
主波束效率 η_ρ			≥90%

*　指向精度受限于载体平台的姿态精度。

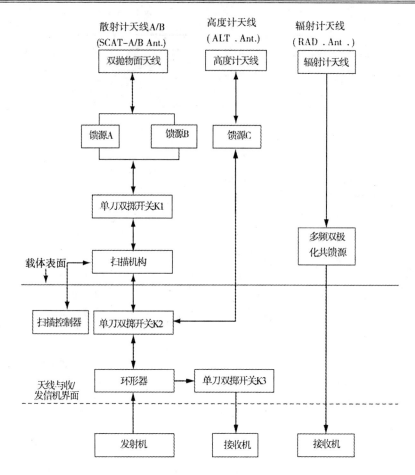

图 17-2　多模态微波遥感器天线子系统框图

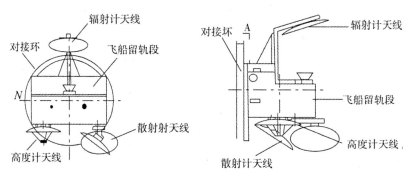

图 17-3　"神舟四号"飞船多模态微波遥感器天线的结构和布局

　　高度计天线向垂直目标(地面、海面等)发射脉冲信号,并接收其前向散射信号,经处理获得目标高度信息。高度计天线为口径直径为 600mm 的前馈主焦抛物面。高度计与散射计间的切换通过 K2 开关完成。K2 是一个铁氧体的单刀双掷开关,一端接高度计天线,另一端接 RF 同轴旋转关节,通过该关节与圆锥扫描的散射计天线相连。为测海洋风场,国际上微波散射计常采用多个固定扇形波束天线。而"SZ－4"飞船上的散射计天线由两个空间正交、极化正交的前馈主焦抛物面组成。这两个抛物面法线(电轴)均与对地轴交 37°。这两个天线的笔形波束扫描在地面构成圆环印迹并随飞船留轨段运行方向向前推进。K1 开关完成这两个散射计天线的极化切换,它置于散射计基板上与天线一起转动。散射模态时,K1 开关按时序和指令控制两个天线的切换。设在(0～T/4)时间段内,开关连通了水平极化散射计天线,在此期间天线作 90°扫描照射地面 90°角域,在 T/4 时刻 K1 开关转接到垂直极化散射计天线,在(T/4～T/2)时间间隔内垂直(正交)极化散射计天线旋转 90°角域,这角域在地面正好与前一个水平极化覆盖重合得到同地域的两个极化状态的前向散射信号。同样,在后半个周期,在(T/2～3T/4)的时间间隔内,K1 又实时地将散射通道转换到水平极化天线上,水平极化又扫描了 90°角域得到水平极化的后向散射信号,继后在(3T/4～T)时间间隔内开关适时切换到另一个正交极化天线上,它又在同样的地面角域内得到正交极化的后向散射信号。经过这一周的扫描,散射计得到了两组不同极化的前、后向散射信号。将获得的信息经数据处理就可不断地得到矢量风场。高度计和散射计天线是收发共用的。天线系统中的环行器和 K3 开关起收发隔离作用。辐射计天线只接收目标的微波辐射能量,要求有高的 G/T 值。辐射计是一个宽带高灵敏度的低噪声接收系统,天线的性能直接影响系统指标。

17.2.2　高度计天线和散射计天线反射面设计

　　"神舟四号"飞船("SZ－4")的多模态遥感器中,高度计天线和散射计天线有相同的工作频率和辐射增益要求,因此高度计天线与散射计天线单元选择为相同的,即口径直径 $D=600\text{mm}$,$F/D=0.375$ 的主焦对称抛物反射面。为得到高的辐射效率、圆对称的辐射方向图和低的交叉极化。馈源采用了同轴多模的短杯馈源,采用了最佳匹配馈源设计。馈源系统由标准矩圆过渡器和同轴多模赋形馈源等组成。该馈源中心圆波导激励并传输 H_{11} 模,由口面绕射在同轴环区激励出同轴波导的 H_{11} 和 H_{12} 等高阶模。环区终端短路,控制环区轴长使环区口面场与圆波导口面场反相,设幅度比为 γ,而且要求同轴环中区各模在口面也基本同相,其幅度比为 β_1。适当选取馈源各几何参数可达到预定的匹配馈源设计。

通过计算机数值分析与优化设计可得到馈源设计参数。结果表明,该馈源的 10dB 的波束宽度约 $135°$、交叉极化峰值电平 <-30dB 的频带宽度可达到 $10\%\sim15\%$。

在反射面参数与馈源确定后,利用物理光学近似可得到高度计天线和散射计单元天线的二次辐射方向图。假设反射面上任意点 M 的坐标为 (x', y', z') 或 $(r', \theta', \varphi',)$,观察点 P 的坐标为 (R, Θ, Φ)。远区辐射场可近似表示为

$$E_\theta(\Theta, \Phi) = B\, \vec{i}_\Theta \vec{I}_0$$
$$E_\Phi(\Theta, \Phi) = B\, \vec{i}_\Phi \vec{I}_0 \tag{17-1}$$

$$\vec{I}_0 = \iint \frac{\sqrt{I(\theta', \varphi')}}{r'} [\hat{n} \times (\vec{r}' \times \hat{e}')] e^{-jkr'(1 - \hat{r}' \cdot \hat{R})} r'^2 \sin\theta \mathrm{d}\theta' \mathrm{d}\varphi' \tag{17-2}$$

$$B = \frac{-j\omega\mu}{2\pi R} e^{-jkR} \left(\sqrt{\varepsilon/\mu}\, \frac{P}{2\pi} \right)^{\frac{1}{2}} \sqrt{G_{f0}} \tag{17-3}$$

式中,P 为发射功率,G_{f0} 为馈源主向增益。$I(\theta')$ 为馈源归一化功率方向图,$f_e(\theta', \varphi') = \sqrt{I(\theta', \varphi')}$ 是馈源归一化辐射方向图。$\hat{e}'$ 是馈源电场单位矢量。本反射面和馈源为圆旋转对称,因此式(17-2)可简化成

$$\vec{I}_0 = 2\pi \int_0^{\theta'_m} f_e(\theta') [\hat{n} \times (\vec{r}' \times \hat{e}')] J_0(kr' \sin\theta' \sin\Theta) e^{-jkr'(\cos\theta'\cos\Theta+1)} r' \sin\theta' \mathrm{d}\theta'$$

$$\tag{17-4}$$

式中,θ'_m 为反射面对馈源的半张角。将馈源方向图数据和反射面形面参数输入,利用 Jacobi-Bessel 级数展开对辐射积分计算得到了该天线的二次辐射方向图。结果表明,天线口径 $D=600$mm,$f/D=0.375$ 的对称主焦抛物面天线增益 $G \geqslant 36$dBi,天线半功率瓣宽 $\theta_{0.5} \approx 2.6°$,副瓣电平 $\leqslant -25$dB,完全达到了设计要求。由此确定了反射面天线的设计参数。

17.2.3　散射计天线的主要部件设计

散射计天线除选用两个 $D=600$mm 的主焦对称抛物面反射面,达到预定的增益和波束宽度要求外,还必须通过正交转接支座、RF 旋转关节、驱动机构及控制线路等来实现这两个笔形波束空间正交、极化正交且绕对地轴呈 $37°$角的圆锥扫描及极化切换等自主控制功能。

17.2.3.1 散射计天线的转接支座

散射计天线为实现波束空间正交,且与对地轴呈 37°的空间布局,在两反射面顶部分别安装了两个斜切的圆柱转接支架。这两个支架安装在一个安装基板上,统称其为转接支座。支板中心安装有旋转机构,保证两天线能绕其轴旋转。转接支座的设计应满足:①两个支座的轴线交于旋转轴上同一点,均与该对地轴呈 37°;②二反射面电轴(法线)分别与转接支架的轴线重合;③二反射面电轴在与转轴垂直平面的投影空间差 90°(彼此正交)。另外应有足够的刚度和强度。图 17 - 4 是散射计天线及安装板的结构外形图。

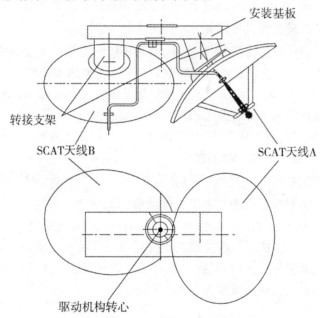

图 17 - 4 SCAT 天线及安装板的结构外形图

17.2.3.2 旋转关节

散射计天线相对载体以对地轴线呈 37°的圆锥扫描运动,而微波遥感收、发信机都固定安装在载体上,因此在天线与收/发信机间必须建立可旋转的射频通路,本天线采用 RF 旋转关节。传输线中适用于旋转关节的微波场结构必须是相对旋转轴对称的波形。满足这一条件的,在同轴传输线中有 TEM 波,在圆波导中为 TM_{01} 波,这两种波型相对传输线截面中心对称。结合可安装空间限制和结构的强度和刚度及稳定性等方面考虑,本系统选择了同轴旋转关节。关节内导体是连续一体的形式,而外导体断开,一端与天线轴连接、另一端固连在载体上。为保证断开处的射频电连续,在其断开端面采用 $\frac{\lambda}{4}$ 的扼流环结构。为减少射频传输损耗,天线馈源与收/发信机间的信号传输采用波导,因此在旋转关节两端接入了波导同轴转换,设计中应尽量减少其损耗。由于空间应用,该旋转关节按真空活动部件的润滑规程处理,以减少在轨转动过程中的摩擦力,防止活动部件真空冷焊的发生。最后该同轴旋转关节在 $f\leqslant15\text{GHz}$ 频带内,VSWR$\leqslant$1.3,转动过程中 VSWR 的抖动不大于 0.05,平均耐受功率$\not<$10W,脉冲峰值功率$\not<$100W,插损$\leqslant$0.3dB,通过了环境鉴定和验收试验。

17.2.3.3　工作模态转换与开关

在天线子系统框图 17－2 中,K1 和 K2 是状态切换开关,K3 是收发隔离开关。由于 K1 和 K2 要带功率转换,因此开关有功率耐受要求,即平均功率$\geqslant$10W,脉冲峰值功率$\geqslant$100W。从模块化设计考虑,K1 和 K2 开关选择了同一类型的波导铁氧体单刀双掷(SPDT)开关。开关不但满足空间环境和力学环境(发射载荷)条件,在工作带内,开关时间 $<$ 1ms,插入损耗$\leqslant$0.3dB。开关工作电压＋24V,以 TTL 脉冲触发。

17.2.3.4　驱动机构

散射计天线的驱动机构是该子系统的核心部件之一。它要保证二 SCAT. 天线能绕对地轴呈 37°的圆锥面以 9.17r/min($\pm$1%)稳速旋转。同时要求机构在发射阶段自锁定。驱动机构应用在十分复杂的微波环境中,近邻为宽带微弱信号接收的微波辐射计天线,因此对机构的电磁兼容性要求高。SZ－4 散射计天线中使用的驱动机构组成如图 17－5 所示。

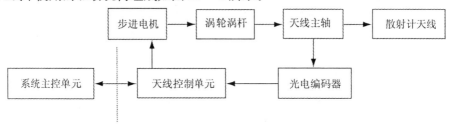

图 17－5　散射计天线驱动机构框图

(1)控制电机。本天线转动机构选用了步进电机。主要考虑是:步进电机采用的电子换向,避免了环火干扰源,对 EMC 设计有利;步进电机的步距(转速)不受电压波动和负载变化的影响,也不易受环境条件(比如,温度、压力、冲击、振动等)的影响,而只与控制脉冲频率成正比。步进电机按照控制脉冲数完成启动、停止、反转。只需要电源控制线路,不需配置转速控制电路,在电路组成上比无刷电机大大简化;步进电机在不丢步的情况下运行时,角位移误差不会长期积累,转速控制精度易于保证;步进电机成本低、构成简单。

(2)减速装置。考虑到在发射上升阶段天线要能自锁,减速箱设计采用涡轮—涡杆传动方式。步进电机自身输出转矩较小,通过减速装置可放大输出力矩。

(3)控制电源。步进电机由脉冲驱动电源供电,运行时的实际步距角和转矩大小、步进运行速度及运行性能与驱动电路密切相关。步进电机控制电源采用恒流源驱动方式,可使输出转矩保持恒定,从而保证了控制精度。

(4)活动部件的润滑。本机构活动部件包括轴承和涡轮—涡杆减速器。轴承包括一对电机支持轴承、一对天线主轴支持轴承和一对光电码盘转轴支持轴承。涡轮—涡杆采用了具有自润滑性能的加强聚铣亚胺材料 SP—3(或铝基碳化硅晶须复合材料)制造,主轴支承轴承采用 9Cr18 不锈钢制造,支承架采用钛合金制造,同时轴承架采用了固体润滑方式(二硫化钼镀层),保证了它在真空状态下运转除有很好的润滑性能,还有高的承载能力。

(5)低频直流滑环组件。低频直流滑环组件为安装在散射计天线基板上的 K1 开关提供电源和 TTL 控制信号。它由电刷和滑环构成,滑环安装在主轴上随主轴同步转动,完成低频直流信号的传送和公共地。该滑环必须有良好的导电性能(接触电阻小)和耐磨性。为此,电刷—滑环采用固体自润滑银基复合材料—络铜配副。这种配副中所用的两种材料属电良导体,可满足接触电阻要求,其耐磨性可满足使用寿命要求。为保证电刷和滑环间的良好接触,通过电刷上的涡卷簧产生一接触压力实现。

17.2.3.5　自主控制

本天线的空间扫描、转速调整、位置校准及模态转换全由系统自主控制。本扫描天线用步进电机驱动,涡轮副减速传动,设计转速为 9.17r/min,其稳速精度为±1%。旋转方向为从卫星对地方向顺时针单向扫描。该机构还兼有位置校正,必须保证顺序接通的两散射计天线指向应有相同的起始和终止,使其覆盖相同地域。天线安装在主轴端部的法兰上。通过直齿轮将主轴转角信息传递给光电编码器,转动角度由码盘读出,天线驱动控制器也安装在驱动机构上,整个驱动机构轮廓简图如图 17—6 所示。

在天线控制单元中的驱动控制板包括计算机系统、角度编码器、串/并转换电路。它与步进电机驱动电路、与光电角编码器和遥感器主控单元连接。星上散射计数管单元和辐射计数管单元可同时从天线驱动控制板上读取并行角度信

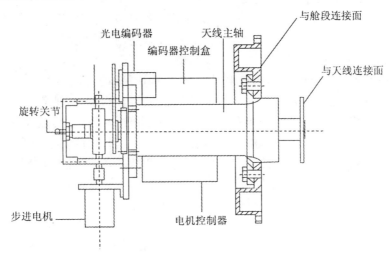

图 17-6　散射计天线驱动机构轮廓图

息,并计算出当前天线的转速,再将转速传至主控单元。如果天线转速未达到正常转速,控制板会发出适当的脉冲指令至电机驱动器,调整脉冲频率使之加速或减速,最后达到正常转速。同样,二波束指向的控制及零位调整也是通过星上计算机自主完成。从冗余设计要求,本驱动控制器也可接受地面指令控制。

17.2.4　辐射计天线电性设计

"神舟四号"多模态微波遥感系统中的辐射计天线要求工作于四个频段、双线极化。辐射计天线选用了多频段、双极化共馈系统的偏置抛物反射面天线。该天线的工作频段跨越了六个倍频程,高端达到了毫米波频段。

17.2.4.1　辐射计天线的系统考虑

辐射计天线选用的四谱段共用馈源的偏置抛物面天线方案。首先应该形成多谱段共轴辐射波束。偏置抛物面将收集到的四谱段微波信号聚焦到共用馈源的辐射口径上,然后通过微波网络将不同频率、不同极化的信号分开,分别送入各自的接收机通道。共频、双极化馈源一般口径尺寸都较大,为避免馈源遮挡反射面采用偏置结构。利用物理光学近似,经过口面辐射积分计算和优化设计,本天线的几何尺寸是天线增益、共频馈源、极化和载体安装约束等多因素折中的结果。该天线主要由四部分组成,它们是偏置抛物反射面、共用馈源辐射器、极化分离器和分频(波)器。对馈源辐射器而言,要求各谱段有预定的辐射方向图和尽量一致的辐射相心,且落在抛物面的焦点上以获得较好的二次方向图。如何得到极化隔离度高、传输损耗小的极化分离器是馈源设计的第二个关键技术。第三是分波器,它的核心是分频滤波器的设计,关键是减少通带内的损耗、增大带外衰减。

17.2.4.2　四谱段共用馈源辐射器

辐射计工作于 6.6GHz、19.35GHz、23.8GHz 和 37GHz 四个频段。共用馈源辐射口径设计应达到以下性能:辐射口径在四个工作频段上有基本不变的等效辐射相心,使其相心落在抛物面的焦点上,特别是高段频,以保证出射波束的聚焦特性;馈源要有良好的极化纯度,以保证二正交极化信道的极化隔离度;馈源辐射方向图圆旋转对称,对抛物面的照射角控制在 60°内,其边缘电平最高不超过 −10dB 左右。在保证预定增益的前提下获得较高的主波束效率和较低的交叉电平。

经分析,为使方向图平滑、波束效率更高而尺寸又不过大,C 频段(6.6GHz)馈源选用大张角像散波纹喇叭,如图 17 − 7 所示。喇叭内波纹参数选择满足在 C 波段,达到 HE_{11} 模的平衡混合模条件。由此得到 E 面与 H 面等化辐射特性和低交叉极化电平。采用同轴 H_{11} 模的激励方式实现波纹喇叭的正常激励。除 C 频段外,其余频段的辐射采用与波纹喇叭共轴的圆锥喇叭。圆锥喇叭由圆波导馈电,圆波导尺寸较小,它基本不对波纹喇叭工作模式产生明显影响。中心圆波导既是低端(6.6GHz)同轴波导激励器的内导体,又是高端信号(19.35GHz、23.8GHz 和 37GHz)的传输信道。在该波导内保证低端信号被截止、高端信号的畅通。中心圆波导端接有圆锥喇叭以保证高端频的辐射。为减少 C 波段喇叭对高频圆锥喇叭辐射影响,圆锥喇叭口面伸在波纹喇叭口面之外一定距离。为使波纹喇叭辐射相心与高端圆锥喇叭辐射相心基本一致,在圆锥喇叭馈电圆波导与波纹喇叭近口面间加用了波纹介质透镜和圆柱波纹上盖,调整圆锥喇叭口面位置和介质波纹透镜轴向位置,可使该馈源各频段的等效相心基本维持在反射面焦点区内,从而保证了反射面二次波束在各工作带内都有良好的聚焦特性、低副瓣和交叉极化特性。

(1)C 波段波纹喇叭的激励。为实现对波纹喇叭 HE_{11} 模的正常激励,馈电采用了同轴波导 H_{11} 模的激励方式。为抑制 TEM 模,采取反对称的激励方式。反对称激励在圆周相对(0°和180°)的位置上采用等幅、反相激励探针。通过一分二的等功率微带功分器,加上在连接功分器与激励探针的二电缆间形成 180°相移来实现。为实现双线极化的激励,在同轴波导激励段采用了正交排布的两对反相激励探针,如图 17 − 8 所示。为保证激励探针与同轴波导达最佳匹配,通过调整探针长度和同轴波导短路板位置来实现。

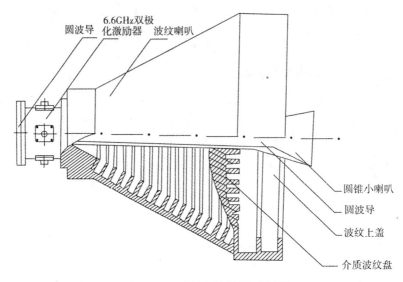

图 17-7 波纹组合馈源示意图

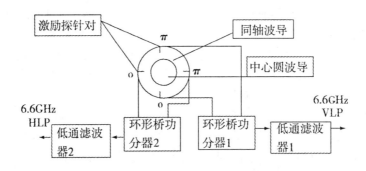

图 17-8 C 频段波纹喇叭激励电路

(2)极化分离器。喇叭接收的能量要进行频率选择和极化分离。6.6GHz
频段的能量由紧接在波纹喇叭后面的同轴线耦合器加低通滤波器组合输出,如
图 17-9 中 2 所示。而 19.35GHz、23.8GHz、37GHz 的能量由圆锥喇叭引入到
圆波导中。本天线馈源网络采用的先极化分离后分频的方案。极化分离器由两
个部件组成,一个是圆波导到十字波导过渡段,另一个是十字波导极化分离器,
如图 17-9 中 3 所示。

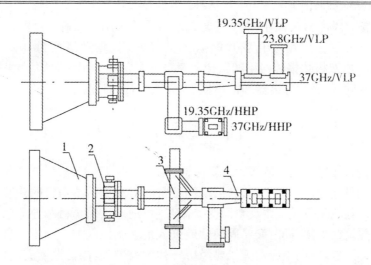

1.波纹组合馈源; 2.6.6GHz双极化激励器;3.正交模变换器;4.滤波器(分波器)

图 17－9　多频、双极化馈源网络的结构示意图

（3）微波多工器。微波多工器是把三个频率的入射信号按频段分开。本多工器将 37GHz（8mm）信号由主信道传输，而两个 1.5cm 频段的信号（19.35GHz，23.8GHz）由支路滤波器从主信道宽面耦合出去。主信道由波导段和过渡波导段组成,如图 17－9 中 4 所示。整个微波多工器主结构原理如图17－10 所示。

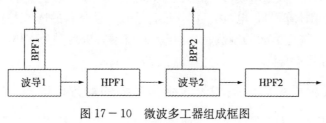

图 17－10　微波多工器组成框图

微波主通道中的高通滤波器(HPF1,HPF2)采用波导宽边尺寸变化过渡的形式，保证高频信号顺利传输，低频信号绝对截止。同时过渡波导段的长度也应保证低频有足够的截止，而高通信号又有良好的传输和低反射特性。通过HPF2 的过渡使端口输出为标准的 BJ320 矩形波导，便于与 37GHz 频段接收机直接相连。

带通滤波器(如图 17－10 中所示的 BPF1 和 BPF2)，由于8mm 波段的信号已从主波导中引出，在此仅考虑 19.35GHz 和 23.8GHz 两个频段的分离。为把这两个频率隔离出来,本网络中带通滤波器设计选用了三阶 0.2dB 波纹切比雪夫滤波器形式。采用小孔膜片耦合的波导结构,膜片厚度为 0.2mm。图 17－9是多频、双极化馈源网络的结构示意图。它包括共用馈源辐射器、C 波段波纹喇叭激励器、极化分离器和微波多工(分频)器四部分。

17.3　高精度星载毫米波反射面天线设计与实现

我国神舟飞船上安装的多模态微波遥感器,如图 17－3 所示。这些天线均为对称或偏置抛物反射面天线,它们承担着空间与地面遥感信息的获取与无线传输任务。在轨飞行过程中反射面受太阳辐射、地球反照辐射和地球红外辐射等环境外热流的加热,同时又要周期性地进入地球阴影区加上反射面自身结构的阴影遮挡影响,空间飞行器天线要经历－100～80℃范围的温度交变环境(对低轨卫星),这样,反射面结构中存在较大的温度梯度引起天线结构热应力,从而使反射器结构产生屈曲和变形。这就是我们常说的反射面的热变形。热变形会使天线辐射性能变坏,因此必须把结构的变形控制在允许的范围内。一般按增益跌落衡量的有 Ruze 公式。考虑到微波辐射计天线的高主波束效率和高指向精度要求,把形面均方根偏差(RMS)控制在 $\lambda/100$ 上,λ 是天线的最高工作波长。可见,随着工作频率的提高对形面精度的要求也在提高。该天线工作于毫米波段,其形面的 RMS 偏差应控制在 $10\mu m$ 量级。本节从设计、分析、实现以及验证多方面说明星载毫米波反射面天线形面高精度的控制与实现。首先进行了误差分配,采用计算机机、电、热一体化设计手段。从材料的选择入手,把最佳的电及结构设计、先进有效的制造、检测与装配技术有机地融为一体之后,保证天线最终的高精度指标。

17.3.1　反射面形面偏差和天线结构系统的均方根偏差

反射面板的个别点位移对电性能影响不重要的。一般用半光程差 δ 的均方根值来衡量对电性能影响。由半光程差 δ 计算的形面的均方根偏差 $\bar{\varepsilon}$,有

$$\bar{\varepsilon} = \sqrt{\frac{\int_0^{2\pi}\int_0^{r_m}\left[\delta(\varphi,r)-\bar{c}\right]^2 f(\varphi,r)r\mathrm{d}r\mathrm{d}\varphi}{\int_0^{2\pi}\int_0^{r_m} f(\varphi,r)r\mathrm{d}r\mathrm{d}\varphi}} \qquad (17-5)$$

其中

$$\bar{c} = \frac{\int_0^{2\pi}\int_0^{r_m}\delta(\varphi,r)f(\varphi,r)r\mathrm{d}r\mathrm{d}\varphi}{\int_0^{2\pi}\int_0^{r_m}f(\varphi,r)r\mathrm{d}r\mathrm{d}\varphi} \tag{17-6}$$

式中，$\bar{c}$ 为半光程差 δ 在口面上的算术平均。r_m 为口径半径，$f(\varphi,r)$ 为口径照射函数，这里作为加权因子。如果由离散点求和代替积分，并假设离散点在口面上是均匀分布的，即每点所代表的面积元相等，则

$$\bar{\epsilon} = \sqrt{\frac{\sum_{i=1}^{N}(\delta_i-\bar{c})^2 f(\varphi_i,r_i)}{\sum_{i=1}^{N}f(\varphi_i,r_i)}} \tag{17-7}$$

其中

$$\bar{c} = \frac{\sum_{i=1}^{N}\delta_i f(\varphi_i,r_i)}{\sum_{i=1}^{N}f(\varphi_i,r_i)} \tag{17-8}$$

N 为离散点的总数。

如果在式(17-7)和式(17-8)中把焦点位移和馈源偏置考虑进去便可得到反射面结构系统总的均方根值。因此，除反射面板引起的半光程差之外，还应包括馈源偏置。它是馈源横、纵和旋转三部分引起面板各点等效的半光程差

$$\delta_{总} = \sqrt{\delta^2 + \delta_{横}^2 + \delta_{纵}^2 + \delta_{转}^2} \tag{17-9}$$

式中，第一项为反射面面板自身位移引起的半光程差，后三项均为焦点(馈源)偏离引起的面板上各点的半光程差，将 $\delta_{总}$ 代入式(17-5)和式(17-6)中可得到系统半光程差均方根偏差

$$\bar{\epsilon}_{总} = \sqrt{\frac{\int_0^{2\pi}\int_0^{r_m}\left[\delta_{总}(\varphi,r)-\bar{c}\right]^2 f(\varphi,r)r\mathrm{d}r\mathrm{d}\varphi}{\int_0^{2\pi}\int_0^{r_m}f(\varphi,r)r\mathrm{d}r\mathrm{d}\varphi}} \tag{17-10}$$

其中

$$\bar{c} = \frac{\int_0^{2\pi}\int_0^{r_m}f(\varphi,r)\delta_{总}\,r\mathrm{d}r\mathrm{d}\varphi}{\int_0^{2\pi}\int_0^{r_m}f(\varphi,r)r\mathrm{d}r\mathrm{d}\varphi} \tag{17-11}$$

同样也可以用离散点求和形式替代上述积分表示。

本节所列公式是非接触式电子经纬仪进行形面误差分析与数据处理的基础。这些公式在利用非接触式电子经纬仪的反射面组装和形面精度测量中都会用到。

17.3.2　航天天线系统的增益损失及形面公差分配

反射面的组装过程中是以馈源中心及其口面为基准的,因此馈源的偏斜产生的影响可以不予计入,因此上节所列公式可简化为只考虑反射面面板变形。在天线设计中,一般对反射面形面误差的限定往往通过允许的天线增益下降来确定。如果测量中获得反射面的法向位移偏差 Δn_i,对应的半光程差为

$$\delta_i = \Delta n_i \frac{2f}{\sqrt{4f^2 + r^2}} \qquad (17-12)$$

如果在反射面上测量 N 个点,它们均布于天线口径面,各点法向误差是 Δn_i,对应的半光程差由式(17-12)可得,在等加权的情况下表面的均方根误差为

$$\bar{\varepsilon} = \sqrt{\frac{1}{N} \sum_{i=1}^{n} \delta_i^2} \qquad (17-13)$$

式中假设表面误差的均值为零。对于反射面形面的制造公差可认为是均值为零按正态分布的随机误差,因此可用鲁兹(Ruzy)公式来估算增益下降系数

$$\eta_s = \frac{G}{G_0} \approx -171 \left(\frac{2\bar{\varepsilon}}{\lambda}\right)^2 (\mathrm{dB}) = -684 \left(\frac{\bar{\varepsilon}}{\lambda}\right)^2 (\mathrm{dB}) \qquad (17-14)$$

式中,G 为有表面误差的天线增益;G_0 为无表面误差的天线增益;$\bar{\varepsilon}$ 为表面误差的均方根偏差;λ 为工作波长。

星载微波遥感天线反射面误差主要有两部分。一部分为形面的制造公差(均方根值);另一部分为在轨冷热交变、热载荷引起的变形。除此之外还考虑了一些不可预测因素引起的变形,我们把它们归纳为其他偏差。为确保反射面天线在轨性能,微波遥感器反射面天线设计时的误差分配见表17-2。

表 17-2　M^3RS 各种工作频率的形面精度要求及分配

工作频率(GHz)	37	23.8	19.35	13.9	6.6
制造公差 (均方根)$\bar{\varepsilon}_1$	$\bar{\varepsilon}/\lambda = 0.01$ $\bar{\varepsilon} = 0.08$mm	$\bar{\varepsilon}/\lambda = 0.01$ $\bar{\varepsilon} = 0.12$mm	$\bar{\varepsilon}/\lambda = 0.01$ $\bar{\varepsilon} = 0.15$mm	$\bar{\varepsilon}/\lambda = 0.01$ $\bar{\varepsilon} = 0.2$mm	$\bar{\varepsilon}/\lambda = 0.01$ $\bar{\varepsilon} = 0.45$mm
热变形公差 $\bar{\varepsilon}_2$	$\bar{\varepsilon}/\lambda = 0.01$ $\bar{\varepsilon} = 0.08$mm	$\bar{\varepsilon}/\lambda = 0.01$ $\bar{\varepsilon} = 0.12$mm	$\bar{\varepsilon}/\lambda = 0.01$ $\bar{\varepsilon} = 0.15$mm	$\bar{\varepsilon}/\lambda = 0.01$ $\bar{\varepsilon} = 0.2$mm	$\bar{\varepsilon}/\lambda = 0.01$ $\bar{\varepsilon} = 0.45$mm
其他公差 $\bar{\varepsilon}_3$	$\bar{\varepsilon}/\lambda = 0.01$ $\bar{\varepsilon} = 0.08$mm	$\bar{\varepsilon}/\lambda = 0.01$ $\bar{\varepsilon} = 0.12$mm	$\bar{\varepsilon}/\lambda = 0.01$ $\bar{\varepsilon} = 0.15$mm	$\bar{\varepsilon}/\lambda = 0.01$ $\bar{\varepsilon} = 0.2$mm	$\bar{\varepsilon}/\lambda = 0.01$ $\bar{\varepsilon} = 0.45$mm
总公差 $\sqrt{\sum \bar{\varepsilon}_i^2}$	0.1386mm	0.2078mm	0.2598mm	0.3468mm	0.7794mm
增益降低(dB)	-0.2003	-0.1857	-0.1922	-0.1766	-0.2052

"SZ—4"飞船上的微波辐射计天线为多频、双极化共馈反射面系统,它的工作频段跨越近 6 个倍频程,最高工作频率在 37GHz(8mm 波段),因此在分析与实现的过程中形面总公差应在最高工作频率上满足。这样,无论是制造公差还是组装公差都必须控制在几丝的量级。这是一个十分严格的精度要求。

17.3.3　结构设计与工艺实现

17.3.3.1　结构设计

提高形面精度,减少环境载荷引起的变形是毫米波航天器天线结构设计的中心问题。为此,结构设计中有以下原则:

(1) 结构件采用热胀系数很小的碳纤维复合材料。

(2) 无维布对称铺层,不采用长的、连续的金属结构件,以减少形面的热变形。

(3) 选择高模量纤维作增强材料,确保高的比刚度,选择高阻尼的结构材料改善结构件的动力学特性,同时局部用金属接头加强的预埋技术,确保集中力可靠地传递。

(4) 在连接开口处以胶接为主,辅以螺接确保整体连接刚度。这样,天线结构质轻且有好的强度、刚度。

(5) 采用先进的加工成形工艺,比如,无维布铺层面板的蜂窝夹芯结构、预埋和后埋技术等。

反射面选用蜂窝夹芯结构设计。高度计和散射计天线为 600mm 的主焦抛物面,面板是无维布对称组合铺层/环氧复合材料,芯为铝蜂窝。反射面背面有 4/8 个预埋 M6 螺钉孔,高度计天线通过它把反射面固连在载体上。而散射计天线由两个空间正交的前馈抛物面构成,这两个天线绕对地轴呈 37°作圆锥扫描,因此这两个天线通过两个碳纤维复合材料的斜管组件与底板相连。该底板也是蜂窝夹芯结构件。中间孔安装有驱动机构轴承,保证散射计组合天线在轨以 15 r/min 的转速运转。馈源用三根石英布/环氧复合材料支撑。该材料有很好的热稳定性和透波性。辐射计天线反射面是一个投影口径为 660mm 的偏置抛物面。反射形面也是蜂窝夹芯结构设计,与高度计散射计天线相同。为了保证馈源与反射面间精确地定位,辐射计天线的反射面与馈源间采用了碳纤维复合材料的结构支架。该支架有非常好的结构刚度强度,同时有十分稳定的结构尺寸,保证在轨冷热交变中仍能维持相对的位置精度。

"SZ—4"飞船留轨段对地面安装有高度计天线、散射计天线和辐射计天线,均通过各自的结构支架与载体相连。天线布局一方面受载体安装空间的限制，同时还要满足严格的 EMC 设计。最终在载体上天线结构及布局如图 17－3 所示。

17.3.3.2　工艺分析与实现

碳纤维复合材料具有高强度、高模量、低比重、抗疲劳、热稳定性好和成形工艺简单等优点，已广泛用于飞机、卫星、导弹和各种航天器产品，成为航天器天线的一种首选的结构材料。反射面最终精度还与工艺和制造密切相关。影响反射面制造精度的主要因素归纳起来有：

（1）反射面结构设计与预埋件的合理性。

（2）模具工装设计的合理性和制造精度。

（3）树脂基体、增强材料选择和预侵料制造的质量。

（4）制造工艺的技术保证，如铺层设计、固化工艺、后处理工艺、预埋件预埋工艺以及封边技术等。

（5）天线反射面机械装配工艺和空间组装工艺。

（6）管件等结构件制造尺寸精确性。

在制造过程中严格控制了上述各因素。经过了反复的制造、试验与检测，使复合材料的制造技术在满足高强度高精度和热稳定性前提下，达到高的制造精度最终实现了预定的指标。

17.4　高精度毫米波反射面天线在轨热变形分析与验证

17.4.1　反射面机、热、电的一体化设计

先进的复合材料具有比强度和比刚度高、可设计性强等特点，再加上复合材料有较低的热膨胀系数，因此在对热稳定性要求高的空间飞行器反射面天线中得到了广泛应用。该天线反射面面板采用 M40 碳纤维复合材料的蜂窝夹心结构；馈源及其支架采用透波性能好的一种 Kevlar49 的复合介质材料。该结构具有很好的力学结构特性和热稳定性。这是该天线设计的基础。

预估空间飞行器天线在轨热变形以衡量是否达到设计要求是毫米波天线设计的中心任务之一。有关热变形的分析是涉及空间轨道环境、复合材料、传热学、结构力学、数值计算方法等多学科的复杂任务。特别是在天线设计中使用了较高刚度重量比和热稳定性好的复合材料，天线反射面采用蜂窝芯层复合材料结构形式使有限元建模和分析变得更加复杂。再加上反射面形面变形要求高。

为此，采用统一的有限元法建立结构模型和热模型，实现以统一的有限元模型为核心的结构、热变形和电性的一体化分析，才可有效地解决了在轨反射面热变形问题。其分析流程如图 17—11 所示。

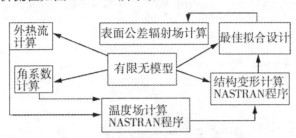

图 17—11　统一模型的一体化热变形分析流程

轨道环境外热流是影响天线温度状况最主要的因素。它不仅作为热分析计算的输入数据对温度场计算有直接影响，而且也是进行热试验时所加外热流值的依据。轨道外热流的计算包括太阳辐射外热流和地球红外外热流计算。NEVADA 是目前应用比较广泛的轨道外热流计算软件。它是反射面有限元分析模型的基础。空间飞行器在轨高真空环境中，忽略对流影响，仅考虑辐射与传导两种换热方式。传统的热分析软件（SINDA 软件）是基于有限差分方法的热分析软件常用于温度场计算，而结构分析采用有限元法，这两种模型采用完全不同的离散化方法。在进行热变形分析时，首先要用到温度场数据。这之间必须经过数据转换处理，在 SINDA 与 NASTRAN 软件之间开发了一个接口程序，才可使分析得到的温度场数据可以直接加到有限元模型的相应节点上用于结构变形的计算。这样既耗时又降低精度，为此在反射面温度场计算就直接改用 NASTRAN 程序进行。采用统一的有限元模型就可完成热变形的计算。在轨结构变形的计算中，将结构参数和材料参数输入，在结构的有限元模型中，上下面板各采用了 744 个三角形和四边形复合材料薄膜单元，蜂窝芯采用 744 个五面体和六面体正交各向异性实体单元，其有限元模型见图 17—12。利用 NASTRAN 程序进行了形面变形的计算。为了评价反射面的热变形是否在设计允许的范围内，选择了一些典型在轨温度分布（考虑了各种工况）计算了天线反射面在这些热载荷下的结构变形。热变形的分析结果（其均方根值）见表 17—3 第 2 列所示。得到热变形数据后再进行形面变形对辐射特性的影响分析。最终保证在轨冷热交变过程中形面变形不能超过预定容限。

表 17－3　辐射计天线反射面热变形分析、测试与规范的比较

测量项目	变形的计算结果 (机电热一体化设计)	变形的测试结果 (激光全息干涉法)	形面变形的规范值
温度值(℃)	−90〜90	室温 〜80	−90〜90
形面热变形 RMS(mm)	0.063	0.056	≤ 0.08

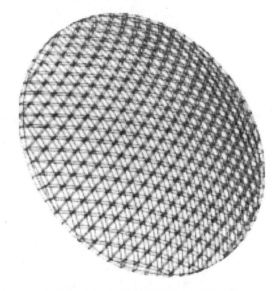

图 17－12　抛物反射面的有限元模型

17.4.2　反射面天线变形的光测技术

　　辐射计天线在轨冷热交变过程中形面的变形是本天线十分关注问题,本应通过环境模拟试验予以验证。国际上一般可采用在地面液氮冷却和太阳模拟器加热的密封容器内模拟轨道交变热环境,采用两次曝光全息干涉法,测定反射面的全场畸变图。本辐射计天线为测定在轨道环境下的形面变形,也采用了激光干涉的 Frensnel 波带法,全息干涉法的原理及光路如图 17－13 所示。由 35mW He－Ne 激光器 S 发射的相干光经分光镜 B 后成两束。物光经扩束镜 L_1,照射到被测物表面,成像透镜 L_2 将物面成像于全息底片 H;另一束参考光 R 经反射镜 M 和扩束镜 L_1 后直接达到 H。物光 O 与参考光 R 光

程相等。全部光学组件和被测物体都用磁性表座牢固地固定在气垫隔振全息台上。对物面温度为 T_1 的状态，在全息底片上曝光一次。改变物面温度至 T_2 时再曝光一次，两次曝光的时间相等。由此全息底片将把温度变化产生的物体变形前后的全部信息记录下来，底片经显影和定影处理后，可用白光再现物体变形前后（对应于 T_1 和 T_2）的两个物光波，二者的干涉形成干涉条纹图，利用干涉条纹图可测量物体的位移和变形。本实验是在室内地面环境下进行的，天线的温度及温度梯度的实现是靠在试件背面贴电阻丝加热控制，并由恒压源供电产生。试验中加热从室温开始，一直到最高温度80℃。实验过程中用热电偶、红外测温仪、热像仪等进行温度场测量，图 17－13(b) 是实验光路图；图 17－14 是反射面热像图。采用双曝光全息干涉法，在加热过程中获得了试件表面各种温度下的热变形的全场全息干涉条纹图，图 17－15 为反射面全息干涉条纹。图中形成的反射面变形的干涉条纹清晰可见。通过计算机对每张全息干涉条纹图处理获得总的位移曲线。经计算机处理形面变形的测试结果如表 17－3 第 3 列所示。由表 17－3 可见，计算机数值仿真结果和实测结果十分一致，表明上述的机电热一体化设计技术用于毫米波天线的分析与设计是完全可行的。同时也说明辐射计天线的加工成形精度满足了毫米波辐射计天线技术要求。

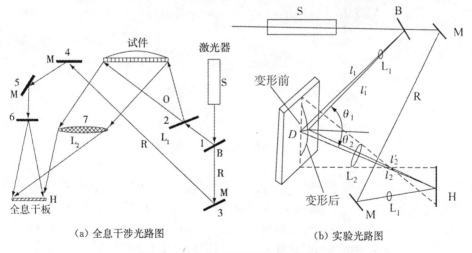

（a）全息干涉光路图　　　　　　（b）实验光路图

图 17－13　全息干涉法原理及光路图

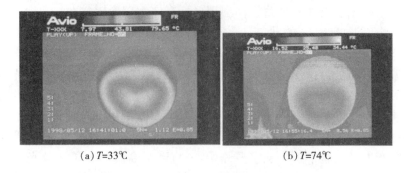

(a) $T=33℃$ (b) $T=74℃$

图 17－14　测试样件正面壳温度场的热像图

(a) $T=23\sim25℃$ ($\triangle T=2℃$) (b) $T=30\sim33℃$ ($\triangle T=3℃$)

图 17－15　反射面全息干涉条纹图

17.5　微波辐射计天线的主波束效率

微波辐射计本身不发射微波能量,只是被动接收目标及周围环境辐射的微波随机噪声。实际上微波辐射计是一台工作于微波频段的宽带噪声接收机。它由天线、宽带接收机、数据记录与存储等部分组成。对微波辐射计来说,其中天线的主波束效率关系到辐射定标和辐射计性能质量的重要参数。主波束效率代表了辐射计反射面天线的重要特性。根据收、发互易原理,主波束效率以发射状态定义:

$$\eta_{bc} = \frac{\displaystyle\int_{\text{主瓣}} P_t \mathrm{d}\Omega}{\displaystyle\int_{4\pi} P_t \mathrm{d}\Omega'} \qquad\qquad (17-15)$$

式中,分子代表天线在主波束角域内的辐射功率,分母代表天线 4π 全空间总的辐射功率。主波束效率为二者之比。P_t 是天线总的功率方向图。

利用式(17-15)计算主波束效率归结为口面辐射场的数值积分,它涉及全空间角的辐射积分,此数值仿真的分析和过程比较复杂,而且由于已知条件、数学模型和数值处理的误差会带来预估的不确定性。如果通过实测结果计算其主波束效率的话,势必需要在全空间测定许多方向图,如果受条件限制提供的测试数据不充分时也会造成较大的计算误差。对微波遥感辐射计天线主波束效率的工程估计一直吸引着一些学者的研究。本节介绍主波束效率的工程计算公式及其计算流程。

17.5.1　主波束效率的近似模型和计算

17.5.1.1　近似模型

经推算式(17-15)可得

$$\eta_{bc} = \frac{1}{4\pi} \int_{\text{主瓣}} G \mathrm{d}\Omega \qquad\qquad (17-16)$$

$$G = G_{\max} F^2(\theta,\varphi)$$

式中,G 是天线功率方向图,$G_{\max}$ 是天线最大增益值,$F(\theta,\varphi)$ 是天线归一化的场强方向图。式(17-15)给出了主波束效率的经典计算公式。式中定义的方向图主瓣 $\Omega_{\text{主瓣}}$ 是电平从零到零的空间角。对笔形波束的抛物反射面,主波束有以下近似关系:

$$\Omega_{\text{主瓣}} = 2.5 \times \Omega_{\text{3dB}} \qquad\qquad (17-17)$$

式中,Ω_{3dB} 代表半功率瓣宽。采用式(17-17)可克服波束方向图没有尖锐零点造成的零位模糊问题。式(17-15)中总的主瓣功率实际上就是反射面散射功率方向图的主瓣功率,有

$$\int_{\text{主瓣}} P_t \mathrm{d}\Omega = \int_{\text{主瓣}} P \mathrm{d}\Omega$$

P 代表反射面散射功率方向图。如果辐射计反射面天线没有欧姆损耗,天线辐射功率就是馈源辐射总功率。当有损耗时从总功率中扣除,此假设并不失一般性,

$$\int\limits_{4\pi} P_t \mathrm{d}\Omega = \int\limits_{4\pi} P_f \mathrm{d}\Omega \qquad (17-18)$$

式中,P_f 是馈源功率方向图。将上式代入式(17-15)中可得:

$$\eta_{be} = \frac{P(\Omega_{主瓣})}{P_f(4\pi)} = \frac{\int\limits_{主瓣} P\mathrm{d}\Omega}{\int\limits_{4\pi} P_t \mathrm{d}\Omega} \qquad (17-19)$$

为简化公式,在此引入捕获效率 $\eta_{捕获}$,它等于反射面所截获功率与馈源全空间辐射功率之比,有

$$\eta_{捕获} = \frac{P_f(\Omega_R)}{P_f(4\pi)} = \frac{\int\limits_{\Omega_R} P_f \mathrm{d}\Omega}{\int\limits_{4\pi} P_f \mathrm{d}\Omega} \qquad (17-20)$$

式中,Ω_R 是反射面所张立体角。这个定义可计入馈源泄漏的功率损失。

在此再引入口径波束效率,有

$$\eta_{口径} = \frac{P(\Omega_{主瓣})}{P_f(\Omega_R)} = \frac{\int\limits_{主瓣} P\mathrm{d}\Omega}{\int\limits_{\Omega_R} P_t \mathrm{d}\Omega} \qquad (17-21)$$

式中,$P(\Omega_{主瓣})$,$P_f(\Omega_R)$ 分别代表反射面主瓣的辐射功率和馈源在反射面张角范围内的辐射功率。另外,对有随机表面偏差和中心遮挡的反射面来说,主瓣功率还可进一步演化成

$$P(\Omega_{主瓣}) = \eta_{形面} \times \eta_{遮挡} \times P_{无偏差}(\Omega_{主瓣}) \qquad (17-22)$$

式中,$\eta_{形面}$,$\eta_{遮挡}$ 分别代表由于形面偏差、遮挡造成的辐射功率的损失。最后,波束效率可写成

$$\eta_{be} = \frac{P(\Omega_{主瓣})}{P_f(4\pi)} \times \eta_{遮挡} \times \eta_{形面} = \eta_{截获} \times \eta_{形面} \times \eta_{遮挡} \times \eta_{口径} \qquad (17-23)$$

17.5.1.2   截获效率 $\eta_{截获}$ 的计算

截获效率 $\eta_{截获}$ 依赖于反射面边缘照射电平和反射面的张角,如图 17-16 所示。已知馈源测试方向图时,可用数值积分方法获得反射面截获功率与馈源总功率之比。"SZ-4"飞船上的多模态遥感器中的辐射计天线馈源可用 $\cos^q$ 模型来逼近,此时馈源功率方向图可表示为

$$P_f(\theta) = (\cos\theta)^{2q} \qquad (17-24)$$

在 $\Omega_R(0° \leqslant \theta \leqslant \theta_0, 0° \leqslant \varphi \leqslant 360°)$ 范围内辐射功率相对于总功率可写成

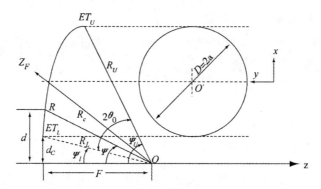

图 17−16   偏置抛物面几何示意图

$$P_f(\Omega_R) = \int_0^{\theta_0}\!\!\int_0^{2\pi} P_f(\theta)\,\mathrm{d}\Omega = \frac{\pi}{Z_0(2q+1)}\big[1-(\cos\theta_0)^{2q+1}\big] \qquad (17-25)$$

式中,θ_0 为抛物面的半张角,计入馈源泄漏效率后可写成

$$\eta_{截获} = \frac{P(\Omega_R)}{P(4\pi)} = 1-(\cos\theta_0)^{2q+1} \qquad (17-26)$$

式中,$\cos^q$ 模型仅对馈源的前半空间辐射($0^\circ \leqslant \theta \leqslant 90^\circ$),忽略后向辐射。

下面将导出馈源模型中的 q 与馈源波束的关系。反射面边缘幅值电平跌落 ET(dB)是馈源波束和光程差的共同结果。可写成

$$\mathrm{ET} = \mathrm{FT} + \mathrm{PL} \qquad (17-27)$$

式中,FT 代表馈源波束因子,可以表示为

$$\mathrm{FT} = 10\lg\left[\frac{P_f(\theta)}{P_f(0^\circ)}\right] \qquad (17-28)$$

式中,$P_f(\theta)$ 是馈源功率方向图,FT 代表馈源锥在偏离馈源光轴 θ 角时的电平跌落,并用馈源光轴电平归一的。对

$$P_f(\theta) = \cos^{2q}\theta, \qquad q = \frac{\mathrm{FT}}{20\lg(\cos\theta_0)} \qquad (17-29)$$

PL 代表抛物面的路径损失,有

$$\mathrm{PL} = 20\lg\left(\frac{R_C}{R_U/R_L}\right) \qquad (17-30)$$

式中,R_C,R_U,R_L 如图 17−16 所示。PL 是以馈源轴光程归一的路径损失。如果路径损失可忽略的话,q 可用边缘电平替代馈源锥的计算,

$$\mathrm{ET} = \mathrm{FT} = 2q \times 10\lg(\cos\theta_0) \qquad (17-31)$$

17.5.1.3 口径效率 $\eta_{口径}$ 的计算

口径效率 $\eta_{口径}$ 是指口径积分与均匀分布相比的效率。假如抛物面天线口径幅值归一化分布函数可写成

$$Q(\rho)=C+(1-C)\left[1-(\frac{\rho}{a})^2\right]^p \qquad (17-32)$$

天线辐射场的积分可写成

$$E(\theta,\varphi)=\iint\limits_{口径}Q(\rho)e^{j\vec{k}\cdot\vec{\rho}}\,\mathrm{d}s \qquad (17-33)$$

式中,a 为反射面的投影口径之半径。对各种边缘电平 C 的口径效率($ET=20\lg C$)可展开成 $\left|\dfrac{ET}{20}\right|$ 四次幂的多项式,参照文献[6]有

$$\eta_{口径}=0.828+0.495\left|\frac{ET}{20}\right|-0.546\left|\frac{ET}{20}\right|^2+0.261\left|\frac{ET}{20}\right|^3-0.045\left|\frac{ET}{20}\right|^4$$
$$(17-34)$$

式中,$\left|\dfrac{ET}{20}\right|=ET/20$,代表反射面边缘电场幅值(绝对值)跌落。这是原作者对大量的辐射计天线主波束效率研究的经验总结。

17.5.1.4 形面偏差的效率 $\eta_{形面}$ 的计算

在此假设形面偏差的均值为零,并设偏差是按高斯正态随机分布。对形面偏差的分析可假设在无形面公差时反射面的口径相位为均匀分布,引入形面偏差时应在此分布上叠加一个随机相位分布。我们知道,表面法向偏差 Δn 引起的口径面上相位偏差为

$$\varepsilon_A=2\frac{2\pi}{\lambda}\Delta_n\cos\frac{\psi}{2} \qquad (17-35)$$

式中 ψ 为馈源投射角。表面随机偏差的效率因子可按 Ruze 公式估计,可写成

$$\eta_{偏差}=\exp^{-(4\pi\gamma\frac{\varepsilon}{\lambda})^2}\approx-684\left(\gamma\frac{\varepsilon}{\lambda}\right)^2 \quad (\mathrm{dB}) \qquad (17-36)$$

式中 $\left(\dfrac{\varepsilon}{\lambda}\right)$ 代表以波长归一的表面均方根偏差,γ 可由下式表示

$$\gamma=4\frac{F}{D}\sqrt{\lg\left[1+\frac{1}{\left(4\dfrac{F}{D}\right)^2}\right]} \qquad (17-37)$$

17.5.1.5 中心遮挡效率 $\eta_{遮挡}$ 的计算

对称反射面由于馈源、副面和支架的遮挡,使天线的有效辐射面积减少从而

使辐射增益降低对这个因素的影响用中心遮挡效率 $\eta_{遮挡}$ 来表示有

$$\eta_{遮挡}=\left(1-\frac{D_{遮挡}^2}{D_{有效}^2}\right)^2\left(\frac{\theta_{遮挡}}{\theta_{瓣宽}}\right)^2 \qquad (17-38)$$

式中，$D_{遮挡}$ 和 $D_{有效}$ 分别代表遮挡口径的直径和有效口径直径。$\theta_{遮挡}$ 和 $\theta_{瓣宽}$ 分别代表没有遮挡时的瓣宽和有遮挡的瓣宽。$D_{有效}$ 与口径直径 D 的关系为

$$\frac{D_{有效}}{D}=1-0.645\left|\frac{ET}{20}\right|+0.477\left|\frac{ET}{20}\right|^2-0.319\left|\frac{ET}{20}\right|^3 \qquad (17-39)$$

有遮挡和无遮挡瓣宽之比为

$$\frac{\theta_{遮挡}}{\theta_{瓣宽}}=1+0.002\left(\frac{D_{遮挡}}{D_{有效}}\right)-0.733\left(\frac{D_{遮挡}}{D_{有效}}\right)^2+0.546\left(\frac{D_{遮挡}}{D_{有效}}\right)^3 \qquad (17-40)$$

通过上面的分析可以得到主波束效率的近似公式有

$$\eta_{be}=\eta_{截获}\times\eta_{偏差}\times\eta_{口径}\times\eta_{遮挡}$$

$$=\left[1-(\cos\theta_0)^{2q+1}\right]\left[\left(1-\frac{D_{遮挡}^2}{D_{有效}^2}\right)^2\left(\frac{\theta_{遮挡}}{\theta_{瓣宽}}\right)^2\left(0.828+0.495\left|\frac{ET}{20}\right|-\right.\right.$$

$$\left.\left.0.546\left|\frac{ET}{20}\right|^2+0.261\left|\frac{ET}{20}\right|^3-0.045\left|\frac{ET}{20}\right|^4\right)\right]\exp^{-(4\pi\gamma\frac{\varepsilon}{\lambda})^2} \qquad (17-41)$$

式中，

$$\psi=2\arctan\left(\frac{d}{2F}\right),\qquad R=\frac{2F}{1+\cos\psi}$$

$$ET=FT+PL\ (\mathrm{dB}),\qquad q=\left|\frac{FT}{20\lg(\cos\theta_0)}\right|$$

$$\eta_{截获}=1-(\cos\theta_0^{2q+1})$$

$$\eta_{偏差}=\exp^{-(4\pi\gamma\frac{\varepsilon}{\lambda})^2}$$

$$\eta_{口径}=0.828+0.495\left|\frac{ET}{20}\right|-0.546\left|\frac{ET}{20}\right|^2+0.261\left|\frac{ET}{20}\right|^3-0.045\left|\frac{ET}{20}\right|^4$$

$$\eta_{遮挡}=\left(1-\frac{D_{遮挡}^2}{D_{有效}^2}\right)^2\left(\frac{\theta_{遮挡}}{\theta_{瓣宽}}\right)^2$$

17.5.2　主波束效率计算流程

当反射面天线的设计参数和馈源的一次方向图数据已知时，按照图 17-17 所列计算机流程就可进行反射面天线主波束效率的估算。

要达到高的主波束效率，反射面和馈源设计要匹配，在满足电性能条件下，一定需控制馈源的泄漏，同时应做到尽量均匀的口径分布。然而这两者往往互相制约，因此对反射面系统的最优设计是重要的。

另外形面精度与波束效率是一个正相关的关系。反射面天线达到了较高的

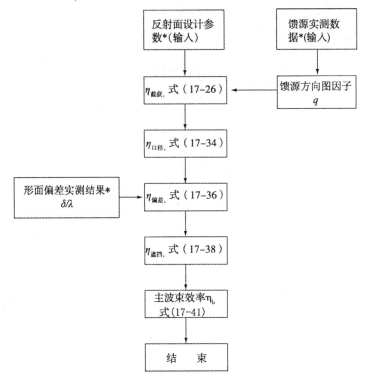

图 17－17　主波束效率的计算机流程

形面精度,它对波束效率起到了重要作用。要实现高的形面精度这是个涉及材料、结构、制造、组装、检测和温控处理等多方面的问题,这也是反映航天器天线在设计、制造、检测和热控等方面的综合水平。随着工作频段的提高要维持高的形面精度难度就更大了,这也是未来航天器微波遥感天线应着力攻克的问题。

17.6　星载合成孔径雷达天线(SAR 天线)

合成口径雷达(SAR)是一种利用相干聚焦原理获得目标高分辨率的先进微波遥感成像系统,具有全天时、全天候工作特点,而且对地面植被有一定的穿透能力,能获得类似光学照片的目标图像。这在军事与国民经济各领域有十分重要的作用。有源相控阵天线和阵列信号处理技术的结合是 SAR 的核心技术。在 SAR 系统中 SAR 天线是一个十分重要而关键的部分,它制约着整个雷达系统性能,它也是航天器天线先进技术体现的一个方面。

17.6.1　合成口径雷达(SAR)天线概念

17.6.1.1　实天线雷达角分辨率

对等幅、同相分布、口径尺寸为 D 的一般天线而言,比如:

(1)均匀线阵,其方向图为 $\dfrac{\sin(nu/2)}{\sin(u/2)}$,其中 $u=kd\sin\theta$,n 为阵元数,d 为阵元间距,$D=(n-1)d$,θ 为观察方向与阵法线夹角,$k=\dfrac{2\pi}{\lambda}$。半功率瓣宽

$$\beta_{0.5}=\frac{0.88\lambda}{nd}=0.88\,\frac{\lambda}{D}(弧度)$$

(2)均匀线性口径,其方向图为 $\dfrac{\sin x}{x}$,$x=kD\sin\theta$,D 为口径尺寸,θ 为观察方向与口径法线夹角。它们的半功率瓣宽近似为

$$\beta_{0.5}=0.88\,\frac{\lambda}{D}(弧度) \tag{17-42}$$

(3)均匀圆口径天线,方向图为 $\dfrac{J_1(x)}{x}$,$x=kD\sin\theta$。其半功率瓣宽约为

$$\beta_{0.5}=1.02\,\frac{\lambda}{D}(弧度) \tag{17-43}$$

因此,一般把 $\beta_{0.5}$ 作为雷达角分辨率的量度,如果目标距雷达为 r,用天线的线性尺度表示目标分辨率有

$$\rho=\beta_{0.5}\cdot r\approx\frac{\lambda}{D}\cdot r$$

可以看出,普通雷达目标分辨率与天线口径成反比,而与目标距离 r 成正比。如果把普通雷达用于航天器上,由于距地面目标距离很大,因此其目标分辨率很低,除非加大星载天线口径尺度,这样做在卫星轨道高度上实现必要的分辨率,有时天线口径已经大到不具工程实现的意义了,因此采用相干的合成口径概念替代实天线来提高雷达目标分辨率。

17.6.1.2　合成口径天线与合成口径雷达的基本关系

利用航天器对地面目标有相对运动的关系。我们设想航天器上有一个口径为 l 的真实天线随卫星一道相对地面目标运动,就其角分辨率来看,它等效地合成一个长度为 L_s 的天线,称 L_s 为合成口径。

一个沿飞行速度 x 向的长线阵,阵上每个单元都发出一相干信号。彼此叠加形成在 x 向的窄波束,使其在 x 向有高分辨率。在这种意义上,合成口径要

获得高的分辨率必须满足下列条件：

- 真实口径小天线 l 相对于目标运动(一般为匀速直线运动)；
- 天线辐射相干波；
- 记录接收信号并经过适当的信号处理使对同一目标单元的各个回波信号能同相叠加(又称聚焦)。

具备以上条件就可形成合成口径天线。这时合成口径雷达(SAR)分辨率由下式决定：

$$\beta_x = 0.5\beta_{0.5} \cdot r \approx 0.5\left(\frac{\lambda}{L_s}\right) \cdot r \qquad (17-44)$$

合成口径雷达收、发共用一个天线，可进一步锐化波束，因此，在式(17-44)中加了一个 0.5 的系数。L_s 为合成口径天线尺寸，SAR 的几何如图17-18所示。SAR 以速度 v 沿直线飞行，xoy 为地平面，x 轴为 SAR 的航迹方向(方位向)，y 轴称距离向(确切地说是地距向)。SAR 天线波束以与法向线成 θ 角度投向地目标单元，SAR 与目标的距离为 r。合成口径的最大值决定于天线运动过程中所能接收到的来自同一目标单元的回波信号的最大范围，如图中 L_s，实际上它等于真实天线波束所能覆盖的最大范围，即

$$L_s \approx \frac{\lambda}{l} r \qquad (17-45)$$

l 为真实天线沿速度方向的线性尺寸。将式(17-45)代入式(17-44)得

$$\beta_x \approx \frac{l}{2} \qquad (17-46)$$

β_x 是合成口径方位向角分辨率，它与目标距离无关。SAR 是通过天线相对地面目标的运动来获得高分辨率的，显然这只能在航迹方向(方位方向)获得高分辨率。

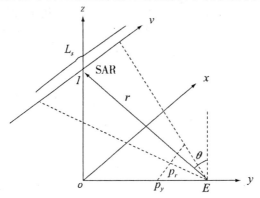

图 17-18   SAR 合成口径与分辨率视图

2D 合成孔径雷达的二维是指测定固定目标的距离和方位。对地面目标成像必须要求沿距离向和与距离垂直的方位向的高分辨率，其分辨率需达到米、厘米甚至更小。距离分辨率用发射短脉冲，脉冲持续时间由所要求的距离分辨率确定。一般采用线性调频信号，如果脉冲内带宽为 150MHz，经脉冲压缩后的距离分辨率为 1m。这是雷达的基本原理，这里要讨论的是如何精测目标的方位。

要获得方位向的高分辨率，必须有一个非常窄的波束 θ_s，因为距离分辨率 $\Delta_r = r\theta_s$，对合成孔径雷达来说，它应该是与距离 r 无关的，因此要求瓣宽 θ_s 应反比于距离 r。它是利用飞行器上的天线，相对目标运动来达到的。

如图 17 − 19 所示，飞行器上雷达以确定的脉冲重复频率发射脉冲（PRF），雷达天线电轴垂直飞行方向、指向地面目标并以与飞行方向平行的波束印迹连续照射地面，雷达接收和存储反射回波信号。关键就是要处理这一系列的存储下来的回波信号，就好像这些信号是被同时接收下来的。因为这些回波是在确定的飞行路径中接收的，它们对应于在这些位置上虚拟的天线单元，脉冲一直在发射，接收对应于飞行轨迹上航天器各自的位置，这些虚拟天线位置就构成了合成孔径（如图中虚线所示）。这个线性孔径的长度可以是几百米，甚至几千米，这取决于系统的参数。当然这样一个长孔径绝不是真实孔径天线所能达到的。

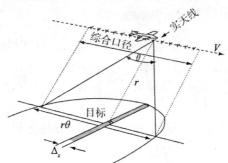

图 17 − 19　合成孔径雷达原理及几何示意图

这个合成孔径可以和所要求的方位向分辨率的孔径一样长，最大的长度由真实天线照射地面形成的印迹的范围决定。穿过印迹的过程中，照射单个目标，目标回波被存储，利用这些存储的返回信号就可形成综合阵列。实天线的瓣宽是一个常数，印迹的范围比例于斜距 r。

假设实天线沿飞行方向的口径为 l，那么实天线对应的瓣宽近似为 $\theta \approx \dfrac{\lambda}{l}$，合成口径最大的长度就等于投射于地面目标的印迹 $L_s = r\theta$，考虑到发射、接收往返距离，因此分辨率

$$\Delta_x = \beta_x = r\frac{\lambda}{2r\theta} = \frac{l}{2} \qquad (17-47)$$

Δ_x 与飞行方向平行的分辨率与斜距无关,只与真实孔径在飞行方向的长度 l 有关。对应于合成孔径的时间 T_{si} 与飞行器速度 v 的关系

$$T_{si} = \frac{r\theta}{v} = \frac{r\lambda}{2\Delta_x v} \qquad (17-48)$$

T_{si} 随斜距 r 的增加而增加,而与分辨率 Δ_x 成反比。因此合成孔径的长度

$$L_{si} = v T_{si} \qquad (17-49)$$

可见 $L_{si} = L_s$,二者是相同的。

合成孔径雷达要形成目标图像必须对综合口径天线阵列获取的返回信号进行处理。信号处理分两步进行:①在带宽内对接收信号取样;②将取样数据存储于二维存储器中。有关这方面内容已超出本书范围,不在此阐述。

由以上分析我们看到:①SAR 天线是阵列天线与信号处理技术结合的产物。由于这种新技术应用大大提高了航天遥感雷达成像的分辨率,这是采用实天线完全不能实现的;②SAR 天线是有源相控阵的典型代表,把射频前端、阵列天线、波束形成和数字信号处理等技术融为一体了,是航天天线新技术的集中体现。

17.6.2　与 SAR 天线相关的特点

虽然我们不对雷达信号处理与成像技术进行具体的讨论,但与 SAR 天线相关的一些系统特性应有所了解,为此将与 SAR 天线应用相关的特性概括如下:

(1) 天线相对目标以确定规律运动是 SAR 工作的基础,舍此不能获得高的方位分辨率。

(2) 根据综合口径雷达(SAR)的基本理论,方位分辨率为 $l/2$,与目标距离无关,仅为实天线方位向口径的 $\frac{1}{2}$。

(3) 普通雷达的作用距离与目标距离的四次方成反比,而 SAR 的作用距离与目标距离的三次方成反比。

根据雷达理论,作用距离比例于 $\frac{\sigma}{r^4}$,因为普通雷达目标是固定的孤立目标,目标后向散射面积取定值;而 SAR 一般是对广布的地面目标成像,其目标后向散射面积 σ 比例于天线波束照射区域的大小,即有 σ 比例于 r,因此作用距离与距离的三次方成反比。

(4) 星载 SAR 系统一般分为空间段和地面段。地面段主要完成 SAR 的成像处理。空间段中的天线一般除 SAR 天线外,还有高数据率数传天线。SAR

天线用于地物目标的成像,而数传天线将雷达数字图像信息传至地面接收站。

(5) 工作频率与极化是根据任务确定。比如,L 频段适合于隐蔽目标侦察和陆上资源的勘测;C 频段适合海水目标的观测和水情灾害的监视。多频、多极化能得到更好的成像质量和目标识别能力,这是 SAR 的发展方向。

(6) 天线尺寸与脉冲重复频率选择。对给定观测带宽度 W,入射角 θ 越大,雷达回波的持续期 T_d 就越长,可表示为

$$T_d = \frac{2W\sin\theta_f}{c} \tag{17-50}$$

式中,θ_f 是观测带宽度内最远点处入射角;c 为光速。为了不引起距离模糊,上述雷达回波必须在一个脉冲重复周期之内,即要求

$$(PRF)^{-1} \geqslant \frac{2W\sin\theta_f}{c} + \tau_r \tag{17-51}$$

PRF 为脉冲重复频率;τ_r 为 SAR 发射的线性调频脉冲的宽度。

另一方面,SAR 系统又是以脉冲重复频率对方位向 Doppler 频谱进行采样的,为了避免频谱折叠造成方位模糊,必须满足

$$PRF \geqslant \frac{2v}{l} \tag{17-52}$$

式中,l 为 SAR 天线方位向的真实口径;v 是平台的飞行速度,$v = \frac{2\pi(R_e + h)}{T_0}$,$T_0$ 是卫星运行周期,R_e 和 h 分别为地球半径和卫星轨高。式(17-51)和式(17-52)对 PRF 给出了相反方向的双重限制。如果出现式(17-52)右端小于式(17-51)右端的情况,则无法选择合适的 PRF。在星载 SAR 中,由于 v 和 W 都相当大,所以式(17-51)和式(17-52)对 PRF 的限制比机载 SAR 的限制要严格得多。在较低的 PRF 下,使用较长的天线才能减少回波信号的瞬时多普勒带宽,从而得到合适的采样。Radarsat 的天线长度为 15m,波束宽度大约为 0.2°,允许 PRF 在 1200~1400Hz 工作;ERS-1 的天线长度为 10m,波束宽度为 0.28°,PRF 为 1700Hz。

当然,天线尺寸的选择还要受到任务要求的方位分辨率的限制。如果方位分辨率要求 5m,那么实天线长度最多只能取为 10m(因为条带式 SAR 的方位分辨率在理论上等于天线方位向尺寸的一半)。为了使星下点回波不与观测带内地物回波相重合,需把 PRF 设计成可调的。

(7) 天线波束的电扫描和波束成形。当要求可视观察带宽度较宽时,不可能用单一个波束,因为式(17-51)计算的 PRF 太低,不能满足式(17-52)要求,再说宽波束的增益低,对发射功率和接收机灵敏度要求更高。因此,天线波

束只有采取扫描方式。天线波束扫描可采取机械的和电的,由于天线的机械运动对卫星姿态和 SAR 系统成像质量影响,通常 SAR 天线波束采用电扫描方式实现覆盖。如果要求各个观察带的宽度相同,并保持相同的信号强度,这不仅要求天线的波束指向随观察带改变,而且波束增益还要随波束指向改变以补偿不同指向引起的空间程差,所以 SAR 天线应具备波束扫描和波束在轨重构的能力。

波束扫描合成口径雷达是 SAR 的一个发展方向,它不仅能在较宽角度范围内改变其观察视角,而且能大大扩展其一次通过观察带宽度。这对改变成像效果和对变化较快的、大规模地表象的观测以及缩短全球覆盖的重复观测周期都是很重要的。

所谓 scanSAR 技术是把 SAR 天线的若干个不同波位的覆盖以适当方式组合起来,从而得到宽的观测带宽度的一种通用技术。它在若干个波位间合理分配成像时间,以得到全部组合观测带宽度上的连续的雷达图像。典型的 scanSAR 有加拿大的 Radarsat 和 SIR-C 的 scanSAR 工作模式。

与 ScanSAR 不同,聚束式(Spotlight)SAR 是一种适应于小区域的超高分辨率工作模式。它是指可以突破条带式工作模式中对于方位分辨率理论限制(约为方位向天线尺寸的一半)。它是通过控制星载 SAR 方位向天线波束指向,使其在飞行过程中较长时间照射在同一地区,从而增加了信号相干积累时间,等效于增加了合成口径长度,从而得到更高的方位分辨率。Spotlight 工作模式可在单次飞行中实现同一地区的多视角成像,从而提高了对目标的识别能力。

17.6.3　星载 SAR 系统及 SAR 天线

根据航天 SAR 的功能与性能要求,SAR 天线应用最多的形式就是可展开的平面无源或有源相控阵天线。有关这方面的专业论述可在本书第 11 章、第 16 章和第 19 章中找到。但要设计好一个航天 SAR 天线必须对它的应用需求有非常清楚的了解,为此仅举出一些典型 SAR 系统来说明,以此出发讨论 SAR 天线。

17.6.3.1　星载 SAR 系统组成

航天 SAR 成像处理相当复杂,常把它放在地面进行,因此航天 SAR 系统一般由空间段和地面段设备组成。空间段设备就是构成卫星 SAR 有效载荷,其组成框图如图 17-20 所示。该系统由 SAR 天线、低功率发射机(LPT)、高功率微波电路(HPMC)、接收机、校准单元、有效载荷计算机单元(PLCU)、定时和数据处理(T&DH)、下行数传(含天线)和磁带机几部分组成。LPT 使用数字波形合成技术产生 C 频段发射机的驱动信号,此信号由 HPMC 放大,达到输出功率。HPMC 由波导网络、电路和双工器组成,它与 SAR 天线相连。SAR 天线在有效载荷计算机单元(PLCU)的控制下,使距离向收发天线波束达到预期的形状和位置,从而可程控地面覆盖特性。经过 T/DH 的数字信号可加到 X 波段下行数传子系统通过数传天线下发至地面。

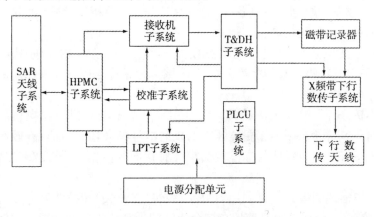

图 17－20 SAR 系统组成

17.6.3.2 RadarSAR 的观测模式

对不同的应用场合,要求有不同的观测模式,以加拿大的 Radarsat 为例说明。Radarsat 为用户提供了不同的观测带宽度、不同的空间分辨率和入射角的能力。SAR 天线不仅具备一维扫描和波束成形能力,还具有波束快速转换(开关切换)能力和发射信号频宽的程控能力。因此,可形成 5 种观测模式,如图17－21 所示。

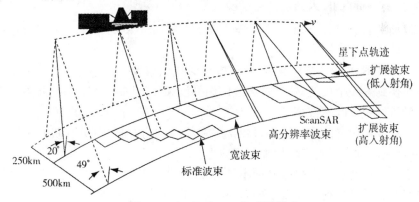

图 17－21 Radarsat 的观测模式

(1) 标准波束观察模式。该观察模式有 7 个天线波束,7 个波束按一定的重叠度覆盖 500km 观测范围。7 个波束有不同的入射角和视角,而且发射信号的频宽也不尽相同,对 1 和 2 波束发射频宽为 17.28MHz,3~7 波束发射频宽为 11.58MHz。在 SAR 系统中定时与数据处理将波束控制信息传至波束形成电路中,根据预置的数据去控制各阵元激励相移量,只要相移量适时地随波束指向而改变则可达到预定的波束扫描。

(2) 宽波束观测模式。此观测模式有两个宽波束,相应的观测宽度为 158km(平均值),两者共同覆盖 300km 区域。为保持与标准波束相同的数据率采用较窄的发射频宽(11.58MHz)。

(3) 高分辨率波束观测模式。该模式有 5 个不同入射角和视角的天线波束。为得到高分辨率采用了更宽频带的发射信号(30MHz),而且在较高入射角范围($37°\sim48°$)。为保持与标准观测模式有相同的数据率,该观测带宽缩小为 40~50km。

(4) 扫描观测模式。是利用 SAR 天线快速(开关)转换波束能力,在 ScanSAR 成像期内,天线波束迅速地在数个连续的子观测带之间转换。但波束在每个子观测带上驻留的时间还要足够的长以便发射和接收一串脉冲来形成合成口径效果。从一个子观测带到另一子观测带的切换时间还需足够的快以确保覆盖区不出现空隙。在 Radarsat 中以两种方式形成 ScanSAR。一个是把两个宽波束观测带组合起来形成 300km 的总覆盖面。另一个是把 4 个波束组合达到最大 500km 的总覆盖。

(5) 扩展波束观测模式。星上存储了一些新的波束方向图数据,可在上行遥控指令下选择。

17.6.3.3　ScanSAR 天线设计考虑及波束扫描的实现

以加拿大的 Radarsat 和 SIR－C(美)的 scanSAR 工作模式来剖析对应的天线设计。

ScanSAR 天线系统应具备以下功能:天线波束要能在俯仰面内从一个位置快速转换到另一个位置,这通过天线的俯仰波束成形网络,在计算机控制下改变阵元的激励相位改变波束指向,实现在俯仰面内的扫描。实现波束扫描,首先需要把所有波束位置对应的激励系数寄存在相应的寄存器中(计算机),适时地读出,并能通过波束开关有效地加到天线上。

成像指令通过计算机控制把不同的波束、开关时间等参数组合起来,并控制定时和开关顺序来得到所要求的 ScanSAR 的不同工作模式。

数据处理子系统能合并处理来自不同波束的数据。

当要求可视观测带宽度较宽时,不可能用单个波束覆盖。这时天线必须产生多个窄波束来照射各自的观测带,经适当组合后达到覆盖整个可视观测带宽度的目的。显然采用天线波束电扫描方式实现覆盖是最可取的。机械扫描不被推荐,其原因是它会给卫星姿态控制和 SAR 系统的成像质量造成难以预料的影响。如果要求各个观测带的宽度是固定的,那么星载 SAR 天线的波束宽度应随目标距星下点距离的增加而变窄。因此天线不仅要有改变波束指向的能力而且要有改变波束宽度的能力,即波束赋形。这时不仅改变阵元激励相位,还需改变阵元的激励幅度。这些控制参量可预先存储于计算机中,或通过地面指令或通过星上程序调用。天线波束的电扫描(一维,距离向)和波束赋形在 Radarsat 中已用来达到 SAR 多观测模式工作的要求。目前已成功应用的空间合成口径雷达,有美国的 SIR−C/X−SAR 和加拿大的 Radarsat 它们都实现了 ScanSAR 的工作模式。Radarsat 天线采用了集中馈电的波导缝隙天线平面阵。SIR−C 采用的是具有固态 T/R 组件驱动的有源微带相控阵天线,工作于 L、C 频段。X−SAR 工作于 X 频段,其天线是由单个发射机集中馈电的功分式波导缝隙天线阵。

(1) Radarsat 的波导缝隙天线阵

Radarsat 的天线为 C 波段 15m×1.5m 波导缝隙平面阵列天线。15m 是天线方位向尺寸,1.5m 是天线俯仰向尺寸。天线由三个部分组成:①方位功率分配网络;②俯仰波束形成网络;③波导缝隙辐射面板及其可展开的支撑结构。

天线阵列由 32 排 15m 长的缝隙波导拼接而成,所有波导宽边尺寸为 47.55mm。把方位向的 15m 长的天线阵列划分为 8 个子阵列(1.875mm× 1.5m)。两个子阵列构成一个电气分立面板,共有 4 块电气分立面板。这些电气分立面板由方位向功率分配网络馈电。为便于运输和发射时的收藏,在结构上把天线阵列分成 5 个机械面板,如图 17−22 所示。中间一个面板固定在卫星的有效载荷舱上,外边的两块折叠起来贴在卫星星体两侧。方位向功率分配网络由 32 个功率分配器组成。每一个电气分立面板上的功分器有 8 个输出口,可以对 8 个子阵列进行馈电,1∶8 功分器由 7 个 3dB 功率分配器组成。1∶8 的功率分配器的输出端采用行波并馈方式激励每一个方位向的波导缝隙子阵。在每一行行波馈电的终端接有一个匹配负载,以便得到行波馈电状态。天线阵列在方位向的激励系数由 15m 长波导窄边缝隙的设计参数来控制的。方位向阵列按余弦幅度分布设计是方位波束宽度(增益)和副瓣电平折中考虑的结果。

俯仰波束形成网络是实现 ScanSAR 扫描工作模式的核心部分。把 32 个方

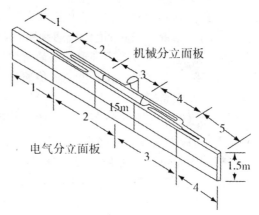

图 17－22　Radarsat 天线辐射面板示意图

位波导缝隙阵列相邻叠置就形成了天线的俯仰阵列（高 1.5m）。其馈电网络由俯仰波束形成网络（BFN）、铁氧体数字可变移相器（VPS）、波导段及天线接口（AIU）组成。俯仰面的波束形成网络实际上是一个 1:32 的功率分配器，它由耦合器、负载、E－弯头、H－弯头以及波导变换器等集成起来的。它完成对俯仰向 32 列阵幅值的激励。波束形成网络的每一个输出端口上都有一个铁氧体数字可变移相器（VPC），共 32 个移相器，如图17－23所示。改变 VPC 的相位则可控制加到俯仰向 32 列阵输入端口的馈电相位。因此，俯仰波束形成网络

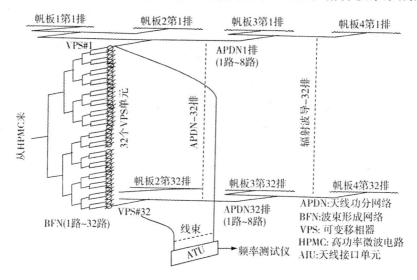

图 17－23　Radarsat 天线射频网络图

(EBFN)能为俯仰向阵列的输入端口提供可控幅度和相位的激励信号。以达到改变俯仰波束的指向和波束形状,从而使 Radarsat 的工作模式达 7 类 25 种之多。这是目前应用工作模式最多的 SAR 卫星。天线接口电路的作用是把来自卫星有效载荷计算机的相位控制指令传送给可变移相器控制模块,并为其提供电源及其他功能。

(2) SIR−C/X−SAR 的有源微带天线阵

SIR−C/X−SAR 是世界上第一个多频、多极化空间有源相控阵 SAR 系统。由美国研制的 L 和 C 频段、多极化 SAR 合称为 SIR−C(空间成像雷达−C),单极化的 X 频段 SAR(X−SAR)是由德国和意大利联合研制的,可与 SIR−C 同步工作。SIR−C/X−SAR 天线口径的配置见图 17−24。

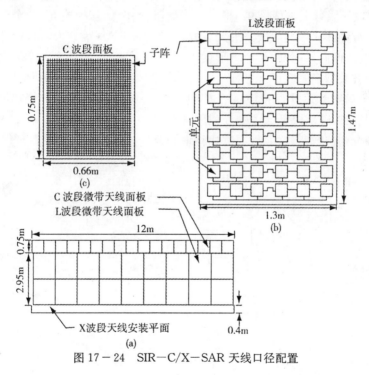

图 17−24 SIR−C/X−SAR 天线口径配置

它工作于 L/C/X 三个频段,天线面板由 L/C/X 频段的微带阵列天线拼装而成。三个频段天线长度都为 12m,总宽度为 4.1m。中间是口径宽度为 2.95m 的 L 频段天线,两边分别是 C 和 X 频段天线,一边是口径宽度为 0.75m 的 C 频段微带阵,另一边为口径宽度为 0.4m 的 X 频段微带阵,如图 17−24(a)所示。L 和 C 分别由 18 个子阵构成。每个子阵采用串/并微带馈电网络馈电。L 频段和 C 频段天线为有源微带相控阵天线，不仅能在俯仰向电控天线波束，在±23°范围内扫描，实现 ScanSAR 工作模式；而且还能在方位向电控波束位置，在±2°范围内实现 SAR 的凝视（聚束）工作模式；并在正交极化成像中使天线波束彼此重叠。

L 频段和 C 频段的阵列单元采用了方形微带贴片天线，经过串、并联馈电形成平面阵列，如图 17−24(b)和(c)。利用对微带贴片正交两方向馈电，同时激励出 TM_{10} 和 TM_{01} 模来实现双线极化辐射的。因此该天线为双极化阵、具有垂直极化和水平极化，并共享相同口径。把发射机和接收机元件（即 T/R 组件）紧紧地贴在天线辐射单元之后，可避免使用单个的高功率发射机及其功分网络带来的损耗，采用有源相控阵可大大提高天线系统总效率，系统可靠性也提高了。

L 频段天线分上下两排共 18 个子阵板，每一个子阵板由 6×9 个双极化工作的方形微带贴片单元组成。沿天线方位向共有 6×9 个方形微带贴片辐射单元，沿天线俯仰向共有 9×2 个方形微带贴片辐射单元，共计 972 个辐射元。对俯仰向的波束扫描采取了如图 17−25 所示的馈电网络。对每一个极化，俯仰向的 18 个辐射单元后使用了 14 个相同的 T/R 组件，通过功分与合成网络能提供口径照射锥，这对降低天线旁瓣使距离模糊性最小是必要的。每个辐射单元后接有一个 4 位数字移相器，通过相移量的改变控制波束扫描或展宽。

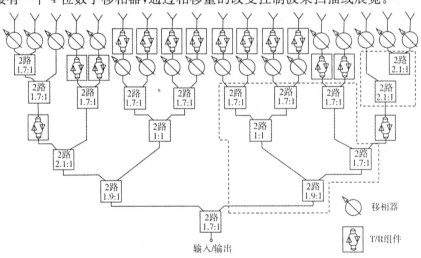

图 17−25　SIR−C 有源相控阵天线阵馈电网络原理框图

C 频段天线也是一个有源微带相控阵，共有 18 个子阵板，每个子阵板有 18×18 个双极化工作的方形微带贴片。同样，使用 14 个 T/R 组件和 18 个数字移相器与 18 个微带贴片相连。同样,通过功分与合成网络提供口径照射锥,以降低天线旁瓣使距离模糊性达最小。同样,通过 4 位数字移相器控制波束扫描和展宽。

X 频段天线是一个平面缝隙波导阵,没有电扫描能力,但可机械扫描。X—SAR 天线是一个长 12m、宽 0.4m 的平面缝隙波导阵,由三段组成,每段分为 4 个子板,每个子板有 14×42 个谐振缝隙的波导。在背面一侧上是波导馈电网络、弯头和耦合器。用扼流法兰将三段波导连接以保证良好的射频连接。该天线安装到 SIR—C 的构架上,该构架可使 X—SAR 天线倾斜,从而改变它的视角。为承受机械载荷和大的温度变化(−160～+90℃),所有波导和托架都使用碳纤维增强复合材料制造,具有好的热稳定性和力学结构特性,并轻量化,可保证天线有稳定的幅值和相位特性。为补偿构架的不同热胀特性,研制出特殊的轴承和软波导段。波导内经表面处理防止锈蚀。SIR—C/X—SAR 天线及其 T/R 组件的主要性能列于表 17—4 中。

表 17—4　SIR—C/X—SAR 天线特性

参数	L 频段	C 频段	X 频段
口径长度(m)	12	12	12
口径宽度(m)	2.95	0.75	0.4
相位控制位数	4	4	—
极化	H/V	H/V	V
极化隔离(dB)	25	25	—
增益(dB)	36.4	42.7	39
机械扫描范围	—	—	机械倾斜
电子扫描范围(俯仰)　　　　(方位)	±23°　±2°	±23°　±2°	—　—
俯仰波束宽度	5°～16°	5°～16°	5.5°
方位波束宽度	1.0°	0.25°	0.14°
峰值辐射功率(W)	4400	1200	1400
系统噪声温度(K)	450	550	551
结构质量(kg)	L 和 C 共用	3300	49

17.6.4　SAR 天线的现状和未来发展趋势

合成口径雷达是一种全天候、全天时的现代高分辨率微波遥感成像雷达。自 20 世纪 50 年代发明以来,已获得飞速发展。以卫星为平台的星载合成口径雷达已被广泛应用并取得了突出的成绩。在军事侦察、对地观测(地形测绘、植被分析、海洋及水文观测、环境及灾害检测)、资源勘测以及地壳微变检测等领域内,合成口径雷达发挥了越来越重要的作用。多极化、多频段、可变视角和可变波束的多模式合成口径雷达已经成为现实,超分辨率和宽测绘带宽正成为合成口径雷达进一步发展的热点,干涉式合成口径雷达的成功提供了 3D 合成孔径雷达将成为全球地形测绘和地壳微变检测的强有力手段,用合成口径雷达检测动目标并对其成像技术已获得突破性进展。辐射校准、极化校准、干涉(相位)校准技术的成功把合成口径雷达对地遥感技术推向了精密的定量遥感的新阶段。

17.6.4.1　发展现状

星载 SAR 是目前应用得最为成功的空间微波遥感实时成像系统。1978 年美国发射了 Seasat 卫星,其上首次载有 SAR。后改进有 SIR－A、SIR－B、SIR－C/X－SAR,使多频、多极化、多模式工作的 SAR 成为现实。1988 年美国航天飞机发射的 LACROSSE－SAR 卫星空间分辨率到 1m,在海湾战争中发挥了大的作用。美正在发展小型多功能的 SAR 卫星技术(LightSAR)。

俄罗斯 1991 年发射载有 S 频段 SAR 的 Almaz 卫星。目前正研制空间分辨率为 5m 的多频段、多极化、多模式的改进型 SAR 卫星。

ESA 于 1991,1995 发射的 ERS－1,ERS－2 卫星,其上的 SAR 工作于 C 频段;2000 年 ESA 发射的 Envisat 卫星上载有 ASAR(先进的 SAR),仍工作在 C 频段。采用了带有 T/R 组件的固态有源相控阵天线,实现了多极化、多视角、多模态工作。

1992 年法国开展了 X 频段星载 SPOT－SAR 的研制。1992 年日本发射了 JERS－1SAR 卫星,工作于 L 波段。准备在 2003 年发射 ALOS 卫星,仍在 L 频段,达到多极化、多频段、多模式工作。

加拿大 1995 年发射成功的 Radarsat 卫星工作于 C 频段和 HH 极化方式。天线有一维(距离向)电扫描、波束成形和波束快速转换(开关)能力,使卫星工作模式多到 7 类和 25 种,是目前应用的工作模式最多的 SAR 卫星。2002 年发射 Radarsat－2 卫星,工作频率仍为 5.3GHz,采用微带固态有源相控阵天线,能以全极化(HH,VV,HV,VH,LHC,RHC)方式工作,视角在 20°～50°范围可变,最高空间分辨率到 3m 以下。由于 SAR 的特殊应用,使世界各先进的国家都把发展航天 SAR 技术列为重点的空间研制项目。而 SAR 天线将航天器阵列天线和信号处理技术有机地结合起来，为航天器天线技术翻开新的一页。

17.6.4.2　未来展望

（1）未来星载 SAR 将使用多频段、多极化、可变视角和可变波束的有源相控阵天线，并且向着柔性可展开的轻型薄膜天线方向发展。

SAR 天线已成为决定 SAR 系统性能的最重要、最复杂和最关键的子系统。其中微带天线由于它的剖面低、质量轻、体积小、结构简单制作容易、成本低，可与馈电网络共面集成，容易实现多频段、多极化，再加上 MMIC 工艺生产的高可靠高稳定的 T/R 组件结合，为星载 SAR 天线向集成化、固态化、小型化、模块化有源相控阵天线发展提供了一条最佳途径。其中如图 17－26 所示的双频段、双极化共用口径的嵌入式的相控阵天线示意图。

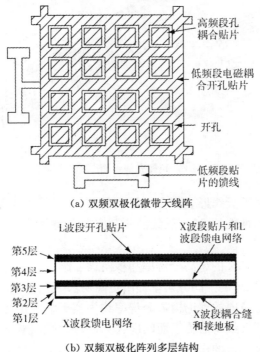

（a）双频双极化微带天线阵

（b）双频双极化阵列多层结构

图 17－26　美国 MIT L/X 双频段双极化微带天线阵

图 17－26(a)是美国 MIT 研制的 L/X 双频段双极化微带天线阵部分示意图。该天线单元由 X 频段孔耦合的方形贴片单元和 L 频段是开孔的贴片单元，它们共用同一口径。采用多层微带结构，两个频段的单元是分层放置的，L 频段

单元放在顶层,x 频段微带贴片置于第三层,其上方有方孔允许 X 频段单元的辐射穿过。该天线有五层结构,如图 17－26(b)所示,它由 3 层 Rogers－Duroid (ε_r＝2.2)介质板和 2 层 Rohacell Ig－51 泡沫(ε_r＝1.06)构成。第一层用来刻蚀 X 频段的馈电网络,第三层刻蚀 X 频段的贴片和 L 频段的微带馈电网络。第五层用来刻蚀 L 频段贴片方孔单元。在这些介质板之间用介电常数接近空气的泡沫支撑。这种多层、电磁耦合、堆积式微带阵列可提供较宽的工作频段。有关双频段、双极化宽带微带贴片天线及其阵列的论述可参考本书第 10 章。

图 17－27 是美国 JPL 通过 ILC Dover 公司研制的 L 频段小型化、超轻型、充气式可展开的 SAR 天线。该天线由下列部分组成:①矩形的充气管状构架结构;②刻蚀有微带贴片单元和贴片馈电电路的薄膜基片;③中心安装平板和装有充气瓶的支撑箱;④薄膜支撑连接结构。

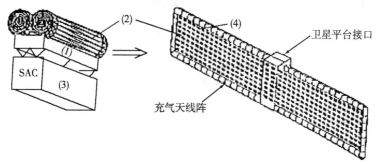

图 17－27　星载 SAR 充气平面微带天线阵的示意图

前面提到的两种天线形式都会在未来的 SAR 天线中得到广泛应用。相信多频段、多极化、高性能的 SAR 天线的研制成功会大大促进 SAR 卫星技术的广泛应用。

(2)未来星载 SAR 的超高分辨率和多模式工作

军事应用对 SAR 的空间分辨率提出更高要求(小于 1m,甚至 0.3m)。在条带式观测模式下方位向的理论极限分辨率约为实天线方位向尺寸的一半,如果按这个准则去选择天线将面临下面问题:①天线尺寸过小,增益低,需要很大的发射功率才能达到规定的作用距离;②天线尺寸过小难以满足模糊性限制条件,无法获得满意的雷达图像质量;③天线尺寸过小,天线瞬时覆盖地域加大,使图像像元数大大增加,给数据传输和成像处理带来极大的困难。

因此,一种聚束式工作模式代替了条带式工作模式,这可以用较大的天线尺寸去获得更高的分辨率。在 SAR 飞行过程中让天线方位波束较长时间照射所关注的同一目标,从而延长了信号相干积累时间,等效地增加了合成口径的长度,因此得到更高分辨率。聚束工作模式要求航天器相对目标运动时,波束始终指向目标,因此,天线波束形成网络在计算机控制下适时地改变阵元激励相位来实现。显然 SAR 的聚束工作模式不能形成连续的地面观测带。因此,要求 SAR 天线波束随航天器飞行不断改变波束覆盖和指向。

距离的超高分辨率的要求可以通过发射超宽频带的 SAR 信号。产生频带宽度大于 800MHz 的线性调频信号并不一定特别困难,困难的是要获得超宽频带的高功率信号,并经过超宽频带的 SAR 天线辐射出去。为此,采用空间功率合成的有源相控阵天线将是一种解决途径。在第 18 章会专门讲述空间有源相控阵天线的一些问题和新技术。

采用聚束式工作模式和超宽带的 SAR 信号可以获得超高分辨率,但不能获得连续的地面观测带。在许多应用中希望二者兼之。因此未来星载 SAR 既有超高分辨率的聚束式工作模式,又应有具有不同观测带的高分辨条带观测模式和观测带宽度很宽的(500km 以上)的波束扫描(ScanSAR)观测模式。实现这个要求的 SAR 天线是其中的关键环节。

(3) 干涉式合成口径雷达(InSAR)技术

普通 SAR 只能产生二维雷达图像,丢失了目标的高度信息。1974 年 Graham 首次证实采用干涉模式的 SAR 系统可获得地形(高程)测绘。InSAR 不单得到在全球范围内产生高分辨率(以米为量级)的数字高程图的有效方法,而且采用差分 InSAR 技术还具有检测地球表面微小位移(以毫米为量级)的能力,同时具有全天时、全天候工作的优点。

INSAR 测高原理仍以三角形测量为基础。需要两个天线在空间分开形成基线,基线两端与地面观测点构成三角形。在三角求解时,是从地面观测点与两个天线的距离差入手,通过电磁波在观测点与两天线间传播的路径不同所产生的相位变化(干涉)得出的。为了能用干涉法在两幅 SAR 的复数图像间求取反映地面高程的相位差,要求这两幅 SAR 复数图像间必须是相干的。相干性是 INSAR 测高的实施前提,因此取得、保持和提高相干性是 INSAR 技术之关键。利用两部 SAR 天线的干涉技术可将 SAR 的测量拓展到三维空间,解决目标高程测量。编队飞行的小卫星是解决空间干涉 SAR 基线的重要途径。

因此,INSAR 系统应由 INSAR 卫星星座、地面应用系统和地面测控系统组成。INSAR 卫星星座由一些编队飞行卫星组成,每一个卫星包括有效载荷—干涉合成孔径雷达和卫星平台系统,在卫星上干涉合成口径雷达用于完成对地面的成像数据的获取;地面应用系统包括地面数据预处理分系统、在轨动态检测分系统、精密定轨分系统、INSAR 数据处理分系统。地面测控系统保证星座各卫星的测量与控制。

干涉测高包含有相位测量、基线测量、基线倾角测量、距离测量和卫星高度测量的内容。其精度直接与上述测量的精度有关。相位测量精度直接关系到 INSAR 的高程测量，要求基线测量精度为厘米级，基线姿态的测量精度为角秒级。这当中包括有下列高新技术的实现：

1)星间同步技术：时间同步精度应达到 3ns；要求指向同步和覆盖同步实现空间同步；还要求频率与相位同步。

2)SAR 的定标技术：对于编队的干涉 SAR，存在两套独立的电子设备，其差别不可避免，包括频率源、定时和收发通道，这些差别最终在复数图像中造成附加的相位差，影响高程精度。与一般 SAR 不同的是需要对系统中可能引起相位误差的部分进行定标。通过内、外定标方法消除各种误差源。

3)数据处理技术：编队条件下的基线变化必须在干涉数据中消除以提高干涉测量精度。

4)多星测控技术：两星相距可能从几百米到几公里，这将面临在这样近距离情况下的双星地面测控问题。

5)高精度的推进技术：卫星轨道保持和姿态变化精度是进行干涉测量以及准确基线测量、空间同步问题的基础。这也是姿轨控技术的新问题。

6)数传系统：由于两颗星组成，距离很近，过境时间有限，数传采用哪种方式，要从信道传输利用率和实现难易程度综合考虑。

（4）星载 SAR 的小型化技术和星座对地观测技术

为了使 SAR 卫星有更大的发展和广泛的应用，必须进一步降低星载 SAR 的体积、质量、功耗和成本。这必须从两方面做起：SAR 天线的小型化和轻量化；SAR 电子设备的集成化、小型化、轻量化。微电子学、微型机械和高效温控技术的发展为其实现建立技术基础。为了提高遥感的时效性，必须缩短重访周期，即提高星载 SAR 的时间分辨率，就要求采用多个 SAR 卫星组成星座进行对地观测与监视。为此，世界上将出现更多的小 SAR 卫星星座。比如，意大利 Alenia 公司正研制由 4 个 X—SAR 小卫星组成对地观测卫星星座 COSMO。美国正在采用 37 个卫星组网形成小卫星战术侦察卫星星座，把重访周期缩短为 8min。我国也正在研制适用中国需求的小 SAR 星座计划。

（5）动目标检测与动目标成像技术

利用运动目标与地面静目标回波 Doppler 频率差异来检测动目标。通过复杂的多天线多通道技术。采用多颗卫星方法，一颗卫星作发射源，其他作相干回波接收,实现动目标聚焦成像。如何提高动目标的成像分辨率正是努力的方向。

（6）星载 SAR 的校准技术

只有对 SAR 进行校准才能使微波遥感从定性阶段走向定量阶段,才能从雷达图像反演出地物目标的基本特性。SAR 的校准有内部校准和外部校准。极化雷达、ScanSAR、InSAR 的校准技术包括辐射校准、极化校准和干涉（相位）校准技术。空间微波遥感正进入精密的定量遥感的新阶段,其中相应的定标天线技术还需配合上。

最后还要特别强调的是,SAR 天线已成为决定 SAR 系统性能的最重要、最复杂和最关键的子系统之一。而 SAR 天线是阵列天线与信号处理技术结合的产物。SAR 天线是有源相控阵天线的典型代表,把射频前端、阵列天线、波束形成和数字信号处理技术等融为一体了,它是航天天线新技术的集中体现之一。有关航天有源相控阵列天线及其阵列信号处理技术等问题在第 16 章和第 19 章中还要阐述。

17.6.5　SAR 的数据传输

目前星载 SAR 的成像处理多在地面进行,星载 SAR 获得的原始数据通过高速数传系统传向地面接收站,因此星载数传系统成为星载 SAR 的一个重要组成部分。星载 SAR 对数传系统的主要要求是:传输速率高,动态范围大,正确传输雷达回波信号的幅度和相位,还同时把地面成像处理需要的辅助参数一并传至地面站。数传有模拟和数字两种,由于数字传输的抗干扰力强,信码可以再生、中继,与数据处理设备连接方便,易于加密,还可使用纠错技术对传输差错进行控制,因而可获得好的传输质量,可靠性高,便于数字信号处理,所以一般航天数据传输都采用数字传输形式。

17.6.5.1　数传速率的决定

数传速率是数传系统的基本参数之一。

（1）SAR 原始视频信号的数据率。设 SAR 的斜距分辨率 ρ_r,雷达发射波形的带宽

$$B = \frac{c}{2\rho_r} \qquad (17-53)$$

B 就是直接传输 SAR 原始视频信号时所需的基带带宽。通常用 PCM 方式将此信号数字化。根据奈奎斯特取样定理,取样率应大于等于信号基带带宽的两倍。如果再把取样值量化并编成 n_b 位二进制码,则 SAR 视频信号的数据率为

$$S_b = 2B \cdot n_b \cdot k_s \qquad (17-54)$$

式中 k_s 为过取样系数,通常它取为 1.2 左右。n_b 的具体数值由基带信号的动态范围决定。如果接收机是线性的,则 n_b 决定了 SAR 所能反映的场景的动态范围。设规定的场景动态范围为 D(以 dB 表示),则 n_b 由下式决定:

$$n_b = \frac{D}{6} \qquad (17-55)$$

这是因为一个比特对应于 6dB 的动态范围。

(2) 数传速率。数传系统的传输速率 S_B 除与所传输信号的数据率 S_b 有关外,还与数据压缩系数 $k_c(k_c \leqslant 1)$ 和所采用调制方式的频带利用系数 η_b 有关,即数传速率

$$S_B = \frac{S_b k_c}{\eta_b} \qquad (17-56)$$

例如星载 SAR 中,要求 $\rho_r = 5\text{m}$,地距分辨率 ρ_{gr} 与斜距分辨率间的关系有

$$\rho_{gr} = \frac{\rho_r}{\sin\theta_i}$$

θ_i 是雷达波束在目标处的入射角(从地表法线方向算起)。ρ_r 为斜距分辨率,它在雷达与目标连线方向上,应用中还要考虑脉冲压缩过程中加权函数引起的波形展宽系数 k_r 和处理电路不理想所引起的波形展宽系数 k_m。于是

$$\rho_r = \frac{c}{2B} k_r k_m \qquad (17-57)$$

$$\rho_{gr} = \frac{c}{2B\sin\theta_i} \cdot k_r \cdot k_m \qquad (17-58)$$

对地面成像雷达关心的是正交于航迹方向的沿地表的地距分辨率 ρ_{gr},θ_i 在考虑地球曲率后,雷达的天底偏角不等于入射角。斜距分辨率只与发射信号波形的频带宽度有关,它总优于地距分辨率。地距分辨率随入射角而变,当入射角过小时地距分辨率可恶化到不可接受的地步。

利用式(17-54)可算出 $B = 30\text{MHz}$,设 $n_b = 5$(对应于 30dB 的动态范围)和 $k_s = 1.2$,由此可算得 $S_b = 360\text{Mb/s}$。如设 $k_c = 1$(无数据压缩),对 BPSK 调制,最大频带利用系数 $\eta_B = 1$,则数传速率 $S_B = S_b = 360\text{Mb/s}$。对 QPSK 调制,最大频带利用系数 $\eta_B = 2$,则数传速率 $S_B = S_b/2 = 180\text{Mb/s}$。

17.6.5.2　星地链路计算

(1) 计算准则

星地数传链路为最大作用距离时,对达到系统规定的误码率的信噪比 (E_s/N_0),星上数发射机必需的功率。其基本计算公式有

$$P_t = \frac{kS_B L_{sp} L_s}{G_t Q_r} \frac{E_s}{N_0} \eta \times 10^{-6} \qquad (17-59)$$

式中，P_t 为星载数传发射机输出端口的发射功率（W）；$k = 1.38 \times 10^{-23}$ W·s/K 为波尔兹曼常数；S_B 为数传链路的码元速率，又称符号速率，单位为 Baud/s；L_{sp} 为自由空间数传损耗，

$$L_{sp} = \left(\frac{4\pi R}{\lambda}\right)^2 \qquad (17-60)$$

L_s 为传输线路的损耗，它由发射通道损耗 L_t、大气损耗 L_a、极化失配损耗 L_p 和天线指向误差损耗 L_e 四部分组成。在传输线路计算中需要留出一定的系统裕量，来弥补寿命期内设备老化、环境因素引起的信号下降。还要兼顾性能、可靠性、成本等因素，一般系统裕量取值为 3～6dB，因此

$$L_s = \eta \cdot L_t \cdot L_a \cdot L_p \cdot L_e \qquad (17-61)$$

写成 dB 为：

$$L_s(\text{dB}) = \eta(3\sim6\text{dB}) + L_t(\text{dB}) + L_a(\text{dB}) + L_p(\text{dB}) + L_e(\text{dB})$$

R 是卫星飞行高度与地面站天线的最小工作仰角 β 间的斜距（最大作用距离），由式（18-1）给出。G_t 是对应的星上数传天线最大指向的增益；Q_r 为地面接收系统品质因数 $Q_r = G_r/T_s$，其中 G_r 为接收天线增益，T_s 地面站接收系统输入端的等效噪声温度，分别如下：

$$G_r = \eta_s \frac{4\pi A}{\lambda^2}$$

$$T_s = T_A + (L_r - 1)T_0 + L_r T_r \qquad (17-62)$$

式中，η_s 为地面接收天线口径效率；T_A 为天线噪声温度；L_r 为天线输出端对接收机入端口的损耗，$L_r < 1$；T_0 为接收通道的环境温度，单位为 K；T_r 为接收机的噪声温度，单位为 K。

将式（17-59）写成对数形式有

$$[P_t] = [S_B] + [L_{sp}] + [L_s] + \frac{E_s}{N_0} + [\eta] - [G_t] - [Q_r] - 168.6 \qquad (17-63)$$

式中，$[P_t]$ 为发射功率，用（dB）表示，$[L_{sp}](\text{dB}) = 92.44 + 20\lg f(\text{GHz}) + 20\lg R$（km）。$[S_B]$ 码元速率用（dBBaud/s）表示，$[L_{sp}]$ 空间衰减用（dB）表示，$[L_s]$、$\frac{E_s}{N_0}$、$[\eta]$、$[G_t]$、$[Q_r]$ 都用（dB）表示。

（2）E_s/N_0 值的决定

它是码元能量与系统热噪声功率谱密度之比。一般情况下 $E_s/N_0 \neq E_b/N_0$（比特能量与热噪声功率谱密度之比），两者关系与调制方式有关。对二相调制

的 BPSK，二者是相等的；对四相调制 $E_s/N_0=2E_b/N_0$。E_s/N_0 的取值由数传系统所要求的误码率决定。表 17－5 是误码率＝1×10^{-6} 条件下，不同调制方式所要求的 E_b/N_0 值。

表 17－5   误码率为 1×10^{-6} 条件下所要求的 E_b/N_0

调制方式	要求的 E_b/N_o(dB)
包罗检波的二元全载波双边带调幅	17
相干检波的抑制载波的双边带调幅	10.5
相干检波的 BPSK（二相）	10.5
相干检波的 QPSK（四相）	10.5
相干检波的 EPSK（八相）	13.8
差分相干检波的 BPSK（二相）	11.2
差分相干检波的 QPSK（四相）	12.8

由于数字键控信号的平均功率等于未调制的载波功率。在测试和计算时可利用这一关系。发射功率测量可以在未调制的载波状态下进行。

17.6.5.3 星载数传天线发射增益

星载数传系统的

$$EIRP=P_t \cdot G_t$$

写成 dB 表示为：

$$EIRP=[P_t]+[G_t] \quad (dB)$$

为了保证传输的数字图像信息质量，应要求在覆盖区范围内有相同的覆盖电平。$[L_\Sigma]$ 代表系统的总损耗，对固定系统为一固定值，当发射功率确定后，星上数传天线的增益函数应能抵消不同路径上的空间衰减 L_{sp} 和大气传输损耗 L_s，这就是常被称为的地球匹配波束。如果认为覆盖区内大气损耗为一个常数的话，则地球匹配波束只需抵消空间衰减造成的电平变化。有关航天器数传天线将在第 18 章中讲述。

参考文献

1 R. Silver. Microwave Antenna Theory and Design. MIT Radiation Lab. , Series vol. 12, Mcgraw－Hill, New York,1949

2 V. G. ISRAEL, and R. MITTRA, A New Series Representation for the Radiation Integral

with Application to Reflector Antennas, IEEE Trans. AP, vol. AP — 25, no. 5, Sept.,
1977, pp. 631—641

3　J. Ruze. Antenna Tolerance Theory. IEEE Proceedings, 54, April, 1966, pp. 633—640

4　N77—21278, Five-Frequency Radiometer Antenna System Feed Horn

5　张立华. 空间飞行器抛物面天线在轨热变形分析, 中国宇航学会优秀论文集(二), 1998,
4: 138—143

6　叶云裳. 星载毫米波天线结构. 空间科学学报, 2003, (5)

7　Y. Rahmat — Samii, etc. Beam Efficiency of Reflector Antennas: The Simple Formula. IEEE
Trans. Mag., vol. AP—40, no. 5, Oct., 1998, pp. 82—87

8　叶云裳. 微波辐射计天线主波束效率的计算. 空间科学学报, 2003, (6)

9　叶云裳. 星载多频段双极化共馈微波辐射计天线. 宇航学报, 2004, (1)

10　袁孝康. 星载合成口径雷达导论. 国防工业出版社, 2003

第18章　星载数传天线

  航天遥感器以传统遥感手段所不能比拟的信息获取优势,连续地、大范围地监测大气、陆地和海洋的动态变化,广泛应用于军事侦察、气象观测、地球资源勘测、海洋观测、环境和灾害监测等领域。对地观察卫星以其独特的优势,日益成为重要的空间遥感平台。提高遥感卫星的性能除加强信息的获取能力外,信息的传输和处理能力同样重要。没有高效的数据传输和分发系统,没有强大的数据处理系统,遥感卫星的价值将大大降低。本节专门论述各种遥感卫星的数传天线。遥感卫星多为400~1000km高度的低轨卫星(LEO),卫星对地面的视场角多在120°~140°的范围内,目前常用的数传天线多为固定覆球波束,随着日益增长的传输数据率和对数据时效性及覆盖率的高要求以及建立空间立体信息网的要求。航天数传天线应具有高增益、多目标、可广域扫描、具有跟踪功能的新型天线。本章首先阐述几种常用的星载覆球固定波束数传天线的设计和应用,然后从广域扫描和多目标要求出发,利用相位模理论分析圆环阵天线辐射特性,由此阐述适应未来需求的新型航天数传天线。

18.1　覆盖地球的理想波束

18.1.1　地球匹配波束

  400~1000km轨道高度(低轨)、太阳同步、近极回归圆轨道、对地三轴稳定是多种遥感卫星通用的轨道和姿态。为了保证传输信息质量,应使地面覆盖区内地面接收到的信号电平不随卫星位置而变动,星上数传天线辐射方向图应能弥补星地间传输途径的空衰变化。我们称具有这种分布和功能的波束为地球匹配波束。其数学表达式有,在覆盖区内($0° \leqslant \theta \leqslant \theta_m$):

$$G(\theta) = 20\lg[R(\theta)/h] \qquad \text{(dB)}$$

$$R(\theta) = \sqrt{R_e{}^2 - 2R(R_e+h)\cos\beta + (h+R_e)^2}$$

$$\frac{\sin\beta}{R(\theta)} = \frac{\cos\varepsilon}{(R_e+h)} \qquad \varepsilon+\theta+\beta = 90° \tag{18-1}$$

式中,θ_m 为最大覆盖角;h 为卫星轨高;R_e 是地球平均半径;ε 是地面站天线的接收仰角。一般地面站起始接收仰角为 5°。式中符号的几何表示见图 18－1。地球匹配波束规定了星载数传天线的理想覆盖曲线。这是赋形波束设计的目标函数。图 18－2 是 $h=632\mathrm{km}$ 的地球匹配的理想覆盖曲线。

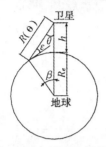

图 18－1　星地几何关系

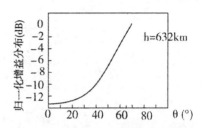

图 18－2　归一化地球匹配波束分布

18.1.2　覆盖增益的工程近似模型

理想覆盖曲线给出了数传天线赋形波束的理论形状。根据数传信道链路计算可确定出数传天线在最大指向角 θ_m 和星下点处（$\theta=0°$）的最小增益值，在此分别表示为 $G_m(\theta_m)$ 和 $G_0(0°)$。同时考虑到电磁兼容干扰电平抑制度要求，又可确定相应的最高增益值，它们分别为 $G'_m(\theta_m)$ 和 $G'_0(0°)$。用折线逼近形成了数传天线覆盖增益的工程近似模型，数传天线辐射增益应介于这两者之间，如图 18－3 中阴线所示。对应的数学模型表示为

$$G(\theta)=\begin{cases} G_0 \leqslant G \leqslant G_1 & 0°\leqslant\theta\leqslant\theta_1 \\ G_0+\dfrac{\theta-\theta_1}{\theta_m-\theta_1}(G_m-G_0)\leqslant G \leqslant G_1+\dfrac{\theta-\theta_1}{\theta_m-\theta_1}(G'_m-G'_0) & \theta_1\leqslant\theta\leqslant\theta_m \end{cases}$$

$$(18-2)$$

假设某卫星数传天线要求：$G_m(\theta_m)=5.5\mathrm{dBi}$，$G_m'(\theta_m)=6.5\mathrm{dBi}$，$G_0(0°)=-5.5\mathrm{dBi}$，$G_1(0°)=0\mathrm{dBi}$，$\theta_1=30°$，$\theta_m=67.6°$。数传天线最低覆盖增益的数学式：

$$G(\theta)(\mathrm{dB})=\begin{cases} \geqslant 5.5 & \theta=\theta_m \\ \dfrac{\theta-\theta_1}{\theta_m-\theta_1}\times 12.4-6.9 & \theta_1\leqslant\theta\leqslant\theta_m \\ -6.9 & 0°\leqslant\theta\leqslant\theta_1 \end{cases} \qquad (18-3)$$

这就是星载数传天线赋形波束设计的基本依据。

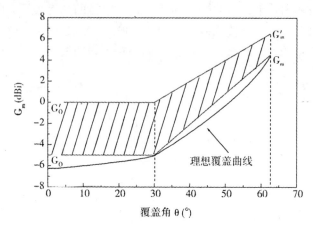

图 18-3　星载数传天线覆盖增益的工程模型

18.2　地球匹配波束赋形反射面天线

18.2.1　地球匹配波束赋形反射面的数学模型

目前对地观测卫星中，比如在 Landsat、Spot、ERS-I 和 ERS-II、Envisat-I 以及我国传输型遥感卫星的遥感数据传输都采用了固定覆盖的赋形波束天线。其中应用最多的天线形式是赋形反射面。本节首先阐述该天线的设计和应用。

反射面几何尺寸远大于波长，适合几何光学近似，利用第 6 章反射面赋形设计的原理和方法，完成赋形反射面设计。由于要求的波束覆盖方向图圆对称，该赋形反射面采用对称结构。因此反射面赋形设计归结为中截线设计。一旦中截线确定后，以轴旋转可得赋形反射面。中截线如图 18-4 所示。首先，从几何光学定理可得到中截线方程：

$$\frac{\partial \rho(\psi)}{\rho(\psi)\partial \psi}=\tan\left(\frac{\theta+\psi}{2}\right) \tag{18-4}$$

$$\rho(\psi)=\rho_0\exp\int_0^{\psi_m}\tan\left(\frac{\theta+\psi}{2}\right)\mathrm{d}\psi \tag{18-5}$$

根据射线管中能量守恒有

$$\frac{\mathrm{d}\theta}{\mathrm{d}\psi}=K\frac{I(\psi)\sin\psi}{G(\theta)\sin\theta} \tag{18-6}$$

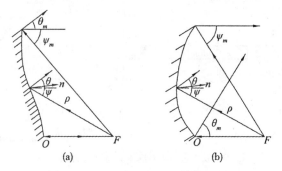

图 18 - 4　赋形反射面中截线示意图

$$K = \frac{\int_{\theta m}^{0} G(\theta)\sin\theta d\theta}{\int_{0}^{\psi_m} I(\psi)\sin\psi d\psi} \qquad (18-7)$$

$$\int_{\theta_m}^{0} G(\theta)\sin\theta d\theta = K\int_{\psi_m}^{\psi} I(\psi)\sin\psi d\psi \qquad (18-8)$$

式中，θ_m 为最大覆盖角；ψ_m 为馈源对反射面的半张角；$I(\psi)$ 为馈源归一化功率方向图；$G(\theta)$ 为预计的理想覆盖归一化功率方向图。

　　在反射面综合过程中，已知馈源归一化功率方向图 $I(\psi)$ 和预计的理想覆盖曲线 $G(\theta)$，按式(18-3)～式(18-8)，在给定其端值条件下就可确定赋形反射面参数和几何形状。求解是一个多次迭代过程，最终以二次辐射方向图达到预定的要求为目的。

　　在此设第一端值条件如图 18-4(a)所示，

$$\psi = 0°, \qquad \theta = 0° \qquad (18-9)$$
$$\psi = \psi_m, \qquad \theta = \theta_m$$

第二端值条件如图 18-4(b)所示，

$$\psi = 0°, \qquad \theta = \theta_m \qquad (18-10)$$
$$\psi = \psi_m, \qquad \theta = 0°$$

这两种端值条件会得到不同的反射面轮廓线，但都满足相同的形面方程。第二种端值条件可以消除或减少馈源的遮挡，能最有效地利用馈源能量聚焦于最大覆盖角方向，但由于边缘的相干影响使轴向小角域内呈现快速振荡；第一种端值条件由于馈源的遮挡会使近轴角域呈现电平凹区。为了比较，对这两种端值条件都进行了综合和分析。图 18-5 给出了口径直径为 630mm 两种端值条件下的赋形反射面中截线轮廓。

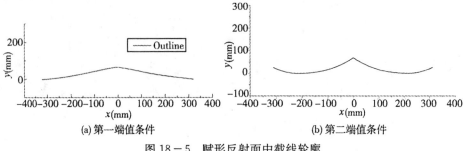

(a) 第一端值条件   (b) 第二端值条件

图 18-5 赋形反射面中截线轮廓

18.2.2 赋形反射面天线辐射特性

18.2.2.1 馈源设计

理想覆盖要求辐射具有圆对称性,因此馈源设计是重要环节。为得到高照射效率、圆对称波束和理想圆极化,选择波导同轴多模馈源,采用了最佳匹配馈源设计。馈源由标准矩形波导段、矩圆过渡段、极化器和同轴多模喇叭四部分组成。其中同轴波导多模馈源是核心,它由中心圆波导传输的 H_{11} 模激励,经口面绕射在同轴环区激励出同轴波导的 H_{11} 和 H_{12} 等高阶模。环区终端短路,控制环区轴长使环区口面场与圆波导口面场间有恰当的相位关系。适当选取馈源各几何参数可达到预定的匹配馈源设计。设计过程通过计算机数值分析与综合来完成。经过数值仿真和优化设计,可得匹配馈源的几何尺寸。

18.2.2.2 赋形反射面二次方向图的分析与计算

中截线确定后,赋形反射面就已确定,辐射场计算归结为口径面天线的辐射积分。可利用第6章提供的方法对其方向图进行数值分析和估计。计算坐标如图 18-6 所示。

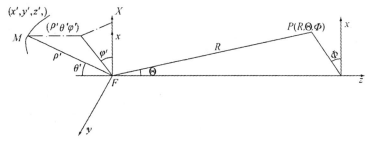

图 18-6 反射面二次辐射的几何示意图

反射面上任意点 M 的坐标为 (x',y',z') 或 (ρ',θ',φ')，观察点 P 的坐标为 (R,Θ,Φ)，根据场源关系辐射场有如下近似式：

$$E_\theta(\Theta,\Phi)=B\hat{i}_\Theta \vec{I}_0 \qquad\qquad (18-11)$$

$$E_\Phi(\Theta,\Phi)=B\hat{i}_\Phi \vec{I}_0 \qquad\qquad (18-12)$$

$$\vec{I}_0=\iint \frac{\sqrt{I(\theta',\varphi')}}{\rho'}[\hat{n}\times(\vec{\rho'}\times\hat{e'})]e^{-jk\rho'(1-\vec{\rho'}\cdot i_R)}\rho'^2\sin\theta'\,\mathrm{d}\theta'\,\mathrm{d}\varphi' \quad (18-13)$$

$$B=\frac{-j\omega\mu}{2\pi R}e^{-jkR}(\sqrt{\varepsilon/\mu}\ \frac{P}{2\pi})^{1/2}\sqrt{G_{f0}} \qquad\qquad (18-14)$$

式中，P 为发射功率；G_{f0} 为馈源主向增益。$f_e(\theta',\varphi')=\sqrt{I(\theta',\varphi')}$ 是馈源归一化辐射方向图。本反射面和馈源都为圆旋转对称，因此式(18-13)可简化成

$$\vec{I}_0=2\pi\int_0^{\theta_m} f_e(\theta')[\hat{n}\times(\vec{\rho'}\times\hat{e'})]J_0(k\rho'\sin\theta'\sin\Theta)e^{-jk\rho'(\cos\theta'\cos\Theta+1)}\rho'\sin\theta'\,\mathrm{d}\theta'$$

式中 $I(\theta')$ 为馈源归一化功率方向图，θ'_m 为反射面对馈源的最大半张角。$\hat{e'}$ 是馈源电场单位矢量，x,y 向线极化可表示成

$$\hat{e'}_x=\cos\varphi'\hat{\theta'}-\sin\varphi'\hat{\varphi'} \qquad\qquad (18-15)$$

$$\hat{e'}_y=\sin\varphi'\hat{\theta'}+\cos\varphi'\hat{\varphi'}$$

令馈源为 y 向线极化，经演算可得

$$\hat{\theta'}=\cos\theta'\cos\varphi'\hat{i}+\cos\theta'\sin\varphi'\hat{j}-\sin\theta'\hat{k} \qquad\qquad (18-16)$$

$$\hat{\varphi'}=-\sin\varphi'\hat{i}+\cos\varphi'\hat{j} \qquad\qquad (18-17)$$

$$\hat{\rho'}=\sin\theta'\cos\varphi'\hat{i}+\sin\theta'\sin\varphi'\hat{j}-\cos\theta'\hat{k} \qquad\qquad (18-18)$$

$$\hat{n'}=\sin\left(\frac{\Theta+\theta'}{2}\right)\cos\varphi'\hat{i}+\sin\left(\frac{\Theta+\theta'}{2}\right)\sin\varphi'\hat{j}+\cos\left(\frac{\Theta+\theta'}{2}\right)\hat{k}$$

$$=n_x\hat{i}+n_y\hat{j}+n_k\hat{k} \qquad\qquad (18-19)$$

馈源入射电场矢量

$$\hat{e}=\frac{e^{-jk\rho'}}{\rho'}[f_{e\theta}(\theta',\varphi')\hat{\theta}+f_{e\varphi}(\theta',\varphi')\hat{\varphi}] \qquad\qquad (18-20)$$

如果馈源辐射方向图圆对称，圆极化馈源入射场矢量可简化为

$$\hat{e}=\frac{e^{-jk\rho'}}{\rho'}f_e(\theta')\frac{1}{\sqrt{2}}(\hat{\theta}\pm j\hat{\varphi}) \qquad\qquad (18-21)$$

"$\pm$"代表极化旋向分别为左、右旋。

下面计算时仅对一个分量进行，取 y 极化，并计入馈源遮挡，积分限从 $\theta'_0\to$ θ'_m 得

$$I_x = -\pi\sin2\Phi\int_{\theta_0}^{\theta_m} f_e(\theta')(n_x\sin\theta' + n_z\cos\theta' - n_z)J_2(k\rho'\sin\theta'\sin\Theta)e^{-jk\rho'(\cos\theta'\cos\Theta+1)}\rho'\sin\theta'd\theta'$$

$$I_y = \pi\cos2\Phi\int_{\theta_0}^{\theta_m} f_e(\theta')(n_x\sin\theta' + n_z\cos\theta' - n_z)J_2(k\rho'\sin\theta'\sin\Theta)e^{-jk\rho'(\cos\theta'\cos\Theta+1)}\rho'\sin\theta'd\theta'$$

$$-\pi\int_{\theta_0}^{\theta_m} f_e(\theta')(n_z\cos\theta' + n_z + n_x\sin\theta')J_0(k\rho'\sin\theta'\sin\Theta)e^{-jk\rho'(\cos\theta'\cos\Theta+1)}\rho'\sin\theta'd\theta'$$

$$I_z = -j\pi\sin\Phi\int_{\theta_0}^{\theta_m} f_e(\theta')n_xJ_1(k\rho'\sin\theta'\sin\Theta)e^{-jk\rho'(\cos\theta'\cos\Theta+1)}\rho'\sin\theta'd\theta' \qquad (18-22)$$

令

$$A = n_x\sin\theta' + n_z\cos\theta' + n_z \qquad (18-23)$$

$$B = n_x\sin\theta' + n_z\cos\theta' - n_z \qquad (18-24)$$

式(18－22)简化为

$$I_x = -\pi\sin2\Phi\int_{\theta_0}^{\theta_m} f_e(\theta')B(\theta')J_2(k\rho'\sin\theta'\sin\Theta)e^{-jk\rho'(\cos\theta'\cos\Theta+1)}\rho'\sin\theta'd\theta'$$

$$I_y = -\pi\int_{\theta_0}^{\theta_m} f_e(\theta')A(\theta')J_0(k\rho'\sin\theta'\sin\Theta)e^{-jk\rho'(\cos\theta'\cos\Theta+1)}\rho'\sin\theta'd\theta'$$

$$+\pi\sin2\Phi\int_{\theta_2}^{\theta_m} f_e(\theta')B(\theta')J_0(k\rho'\sin\theta'\sin\Theta)e^{-jk\rho'(\cos\theta'\cos\Theta+1)}\rho'\sin\theta'd\theta'$$

$$I_z = -j\pi\sin\Phi\int_{\theta_0}^{\theta_m} f_e(\theta')n_x(\theta')J_1(k\rho'\sin\theta'\sin\Theta)e^{-jk\rho'(\cos\theta'\cos\Theta+1)}\rho'\sin\theta'd\theta'$$

$$(18-25)$$

　　将馈源方向图和反射面形面数据输入,对上式进行数值积分。在计算过程中不断迭代优化设计参数,最后得到满足设计要求的赋形反射面及其二次方向图和增益结果。图18－7是按式(18－3)的覆盖要求设计计算的。口径直径为630mm,中心频率＝8.5GHz,按第一端值条件赋形的二次方向图的计算结果。当考虑反射面环边的绕射影响时,利用等效电磁流计算其绕射场,这样由于边缘绕射影响二次方向图出现了明显的小波纹。为了减少边缘绕射影响,在反射面口径边缘平滑加上圆形卷边后,使绕射影响减少,特别对最大指向角域附近纹波明显改善,如图 18－7(b)所示。

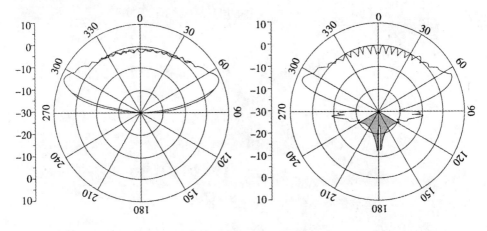

(a) 理想的二次方向图　　　　　　　　(b) 计入边缘绕射加圆滚边的二次方向图

图 18－7　地球匹配赋形波束

18.2.3　赋形反射面天线的设计举例

设计目标:

中心频率:8.25±0.2 GHz

最大指向:在工作带内,$\theta=65°,\Delta\theta\leqslant\pm1.0°$

最大指向圆锥面上增益:$G_{min}\geqslant6dBi$

覆盖区内:增益不低于理想覆盖电平

极化状态:RHCP,轴比典型值≤3 dB

RF 端口:50Ω 同轴系统,VSWR<1.2

馈源可选用同轴多模匹配馈源,也可选用交叉十字振子加反射腔馈源。前者辐射效率较高具有圆对称、低交叉极化、低边瓣特性,但馈源口径遮挡较大,在覆盖区出现明显波纹、造成较大的电平起伏。后者虽然特性不如前者理想,但对反射面遮挡较小,总体性能不差,所以一般多选用后者。图 18－8 是模型天线在振动台上进行环试的情况。该模型天线是按数值仿真与优化的结果生产的。其性能与计算机结果符合。

图 18－8　赋形反射面天线在振动台上

18.3　地球匹配赋形波束的线性行波天线

上一节讨论了利用反射面赋形实现地球匹配波束的数传天线设计，该类天线已经普遍应用到各种对地观察卫星的数传系统中。要达到预定的增益和覆盖角，赋形面的直径一般都在 600mm 左右。对地面十分拥挤已是对地观察遥感卫星面临的共同问题，采用赋形反射面无疑会增加对地安装的压力；赋形反射面天线方案还涉及大功率多路信号的合成，由此可能附带 RF 插损、高功放的效率和微放电等问题。

为了解决 LEO 卫星的高数据量的传输与低覆盖率的矛盾，提高其时效性，LEO 星座组网飞行工作模式已是技术的必然。各种小型卫星、微型卫星的出现，使原本就十分拥挤的卫星对地面的布局变得更困难了，寻求小口径的数传天线已成为卫星天线研究的一个热点。线性口径的赋形波束天线，它们以小尺寸线性口径替代了大口径的赋形面。这类天线具有结构紧凑，尺寸小，便于星体安装，研制成本低廉，地面模拟试验简单等显著优点。不仅适用于大型卫星而且为各种小卫星应用提供了广阔的应用前景。

18.3.1　背射双线螺旋天线的地球匹配赋形波束设计

在第 9 章我们从周期结构的观点研究了螺旋天线的辐射特性。螺旋天线上不仅有轴向无衰减的传输波,还支持表面波和漏波辐射。与复传播常数相关的漏波辐射特性大大地不同于经典的螺旋天线的法向模和轴向模辐射。当螺旋天线的传播常数 β 变成复值时

$$\beta = \beta_r - j\beta_i \qquad (18-26)$$

这种波被很强激励时,它最大辐射的指向角可近似写为:

$$\theta_m \approx \cos^{-1}\left(\frac{\beta_r}{k}\right) \qquad (18-27)$$

式中,$k = \dfrac{2\pi}{\lambda}$ 为自由空间波数;β_r 为螺旋模传播常数的实部;θ_m 是从天线轴线向侧射方向算起的圆锥角;β_i 代表波沿轴线呈指数衰减,表征导波能量转换成辐射的速率。如果适当控制复传播常数之实部,即可逼近预定的波束最大指向;同时控制其虚部可达到预定的波瓣形状及增益要求。利用螺旋天线复传播常数这一特性可实现地球匹配波束的赋形设计。

18.3.1.1　传播常数的特征方程

星载数传天线的设计不仅要满足电性能要求,而且该天线必须能承受卫星经历的各种力学环境、空间环境以及适应复杂的星载电磁环境。因此航天器天线必须采用机、电、热一体化的设计。这类天线工作于 X 波段($f_0 = 8.2\text{GHz}$),天线结构尺寸小。RF 功率由天线底部穿向顶端,为了尽量减少对辐射影响,选择了结构紧凑的 $0.141''$ 半刚性电缆。因此,在螺旋中心轴上贯穿有外径为 $2b$ 的半刚性电缆,将射频功率传送到天线顶端的馈电点上。要能经受发射载荷和空间环境条件,在螺旋馈电线与螺旋线间充衬有高强度的介质材料—Kev-lar—49 复合材。螺旋线宽 δ,以升角 ψ 缠绕在半径 $\rho = a$ 的圆柱体上。天线模型坐标如图 18－9 所示。

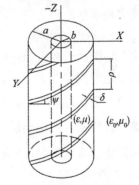

图 18－9　螺线天线模型坐标系

在 $b \leqslant \rho \leqslant a$ 内填充有介质常数为 (ε_r, μ_0) 的高强度 Kevlar 复合介质支撑材料。在进行螺旋天线辐射性能分析时,实质上就是电磁场边值问题求解,参考第 9 章,经整理可得到螺旋线传播常数的特征方程:

$$\begin{vmatrix} I_b & K_b & 0 & 0 & 0 & 0 \\ f_0 I_b & f_0 K_b & f_2 I'_b & f_2 K'_b & 0 & 0 \\ I & K & 0 & 0 & -K_a & 0 \\ f_1 I & f_1 K & f_2 I' & f_2 K' & -f_3 K_a & -f_4 K'_a \\ f_5 I' & f_5 K' & -f_1 I & -f_1 K & -f_b K'_a & -f_3 K_a \\ 0 & 0 & I & K & 0 & -K_a \end{vmatrix} \begin{vmatrix} A_n \\ B_n \\ C_n \\ D_n \\ E_n \\ F_n \end{vmatrix} = \begin{vmatrix} 0 \\ 0 \\ 0 \\ 0 \\ -J_n \sin\psi \\ -J_n \cos\psi \end{vmatrix}$$

$$(18-28)$$

式中,

$$f_0 = \frac{n\beta_n}{\tau_{cn}^2 b}, \qquad f_1 = \frac{n\beta_n}{\tau_{cn}^2 a}, \qquad f_2 = \frac{j\omega\mu}{\tau_{cn}}$$

$$f_3 = \frac{n\beta_n}{\tau_{on}^2 a}, \qquad f_4 = \frac{j\omega\mu_0}{\tau_{on}}, \qquad f_5 = \frac{j\omega\varepsilon}{\tau_{cn}}, \qquad f_6 = \frac{j\omega\varepsilon_0}{\tau_{on}}$$

$$\mu = \mu_r \cdot \mu_0, \qquad \varepsilon = \varepsilon_r \cdot \varepsilon_0, \qquad I = I_n(\tau_{cn}a) \qquad I_b = I_n(\tau_{cn}b)$$

$$K = K_n(\tau_{cn}a), \quad K_a = K_n(\tau_{on}a), \quad K_b = K_n(\tau_{cn}b)$$

I_n, K_n 为修正贝塞尔函数。由式(18-28)可解出 $\rho > a$ 域中轴向电磁场展开系数 E_n、F_n,当 E_n、F_n 求出后,$\rho < a$ 区域内场就可完全确定。利用沿 $\rho = a$ 螺线表面切向电场 $E_\tau = 0$ 的边界条件,经整理可得

$$\sum_{n=-\infty}^{\infty} \left[(1 - f_3 \cot\psi) K_a E_n - f_4 \cot\psi K'_a F_n \right] = 0 \qquad (18-29)$$

式(18-29)就是带有导电芯和介质填充螺旋线的传播常数特征方程。

要实现赋形波束设计,就要研究传播常数 β 为复值的情况。如式(18-26)和式(18-27)所述那样,传播常数实部对应于沿结构的相移,而虚部对应于波沿结构传输时的衰减,这种传输过程中场幅值的衰减就变成了辐射能量。我们正是利用这种波导快波(漏波)特性获得所需的地球匹配波束设计的。

18.3.1.2　复传输模的辐射方向图

螺旋复传播常数求出后,在 $\rho > a$ 域内螺旋天线电磁场就可确定。利用等效电磁源概念引入磁矢位 $\vec{A}$ 和电矢位 $\vec{F}$,利用远场近似的条件可得到螺旋天线远区辐射场(参考第 9 章)。

18.3.1.3　数值计算

赋形波束设计的关键是要从传播常数特征方程中解出适当的复传播常数。然而式(18-29)是一个复变数的复函数方程求解,该特征方程可写成如 $f(\beta, k) = 0$ 的形式,对给定频率(k_0),β 的解应满足 $f(\beta, k_0) = 0$。可采用修正的

牛顿—拉芙申方法(Newton—Raphson procedure wodfied)求解方程的根。计算中保证其收敛性及解确为方程之真根是十分重要的。

　　该背射螺旋天线赋形波束设计的计算过程是一个综合与分析交替进行的过程。由于介质支撑用了高强 Kevlar 复合材料,它的微波电性参数(μ,ε_r)和损耗角 $\tan\delta$ 难于精确控制和测出,因此设计过程还伴有电模样机试验。天线最终的设计参数还需通过试验验证。

18.3.2　设计举例

18.3.2.1　天线的构形及尺寸

　　某卫星的 X 波段 IR—MSS 数传天线按上述程序综合得出。它是 $N=6.5$ 匝的双线螺旋,螺旋轴长 $L=NP=175mm$。加上在星体上的安装支架总高约 300mm。螺旋直径$=5.2mm$,线径 $\delta=1mm$。馈电电缆选用 141″的半刚性电缆,其外径 $2b=3.57mm$,沿螺旋中心穿过。馈电在天线顶端,电缆顶端采用两个对称的 $\dfrac{\lambda}{4}\left(或\dfrac{\lambda}{2}\right)$ 开槽结构形成对螺旋两臂的等幅、反相馈电。电缆另一端直接与数传发射机输出口相连。在螺旋线与中心馈电电缆间用高强度的 Kevlar 复合介质材料填充以增强其强度与刚度。天线的外形如图 18-10 所示。

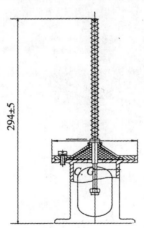

图 18-10　星载 X 波段 IR—MSS 数传天线外形

18.3.2.2　天线的主要电性能

　　(1)方向图及覆盖增益

　　图 18-11(a)~(c)是 $f=8.1,8.2,8.3GHz$ 含天线轴的子午面实测方向

图。可以看出,波束最大指向 $\theta_m = 62.5°$,对应增益大于 4.5dBi,其赋形与预计分布十分吻合。而且在整个覆盖角内有良好的广角圆极化特性,轴比典型值多在 3dB 之内。图 18−12 是 $\theta_m = 62.5°$ 圆锥面上实测方向图,它具有良好的圆对称性。

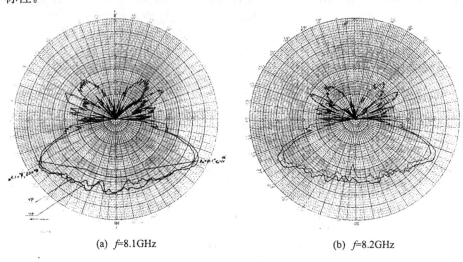

(a) $f=8.1$GHz   (b) $f=8.2$GHz

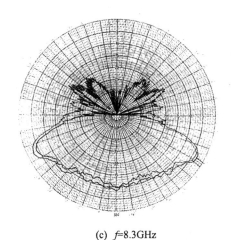

(c) $f=8.3$GHz

图 18−11   子午面实测方向图

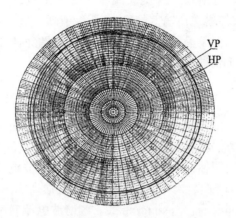

图 18 - 12　最大指向圆锥面实测方向图

(2)阻抗与匹配

本天线馈电采用 50Ω 同轴系统,没有外加任何调配,在 400MHz 的工作频带内端口驻波比均小于规范值(VSWR≤1.5),实测结果如图 18 - 13 所示。

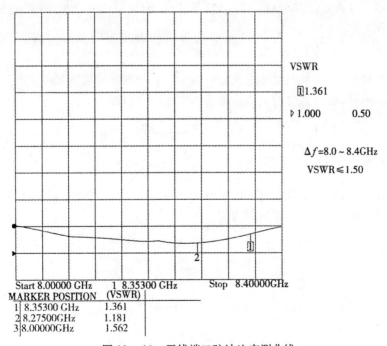

图 18 - 13　天线端口驻波比实测曲线

某卫星采用这种背射双线螺旋天线作为 X−IRMSS 数传天线。飞行试验表明,该卫星红外数传通道传输信号稳定,图像清晰。这种背射双线螺旋天线具有结构紧凑,尺寸小,便于星体安装,研制成本低廉,地面模拟试验简单等显著优点。它还特别适用于各种小卫星。

18.3.3　赋形波束的阵列综合方法

以已知的所要求的方向图为依据,利用 Woodward 法可对连续线源和离散阵列进行综合。该方法是对所要求的方向图的各个离散位置上进行抽样来实现综合的。与各个方向图抽样相联系的是谐波电流,谐波电流对应的场叫构成函数(Composing Function)。对于线源构成函数可取 $I_m \sin n u_m/u_m$ 形式,对于线阵构成函数可取 $I_m \sin(n u_m)/n \sin u_m$ 形式。各谐波电流激励系数等于所要求方向图在对应抽样点上的幅值。空间谐波有限项之和为源的总激励,构成函数有限项之和为综合方向图,其中每一项代表一个电流谐波产生的场。Woodward 方法中有关公式的处理类似于信号理论中的抽样定理。时域抽样定理指出,一个频率有限的信号 $g(t)$,如果频谱中最高频率是 f_h,信号 $g(t)$ 可用等间距的抽样值来唯一地表示。其抽样间隔必须不大于 $\Delta t = \dfrac{1}{2f_h} = T_h/2$,最低抽样频率 $f_s = 2f_h$。用类似的方法,通过抽样函数来综合天线方向图时,抽样间隔应取 λ/L。

对离散线阵,如果取线阵总长 $L=(n-1)d$,辐射元位置与抽样点对应,且不超出天线边界,抽样方向图也称阵综合方向图,可写成

$$S_m(\theta) = I_m \frac{\sin\left[\dfrac{n-1}{2}kd(\cos\theta - \cos\theta_m)\right]}{(n-1)\sin\left[\dfrac{kd}{2}(\cos\theta - \cos\theta_m)\right]} \tag{18-30}$$

如果令 $L=nd$,它包括线阵两端单元各向外延伸出 $d/2$ 的距离,辐射元位置与抽样点相对应时,可取抽样方向图为

$$S_m(\theta) = I_m \frac{\sin\left[\dfrac{n}{2}kd(\cos\theta - \cos\theta_m)\right]}{n\sin\left[\dfrac{kd}{2}(\cos\theta - \cos\theta_m)\right]} \tag{18-31}$$

阵列总阵因子等于 $2M$(和 $2M+1$)项之和,即

$$S(\theta) = \sum_{m=-M}^{M} S_m(\theta)$$

即

$$S(\theta) = \sum_{m=-M}^{M} I_m \frac{\sin\left[\dfrac{n-1}{2}kd(\cos\theta - \cos\theta_m)\right]}{(n-1)\sin\left[\dfrac{kd}{2}(\cos\theta - \cos\theta_m)\right]} \tag{18-32}$$

上式是线阵长 $=(n-1)d$ 时，$m=\pm1, \pm2, \cdots, \pm M$，共 $2M$ 项，

$$S(\theta) = \sum_{m=-M}^{M} I_m \frac{\sin\left[\dfrac{n}{2}kd(\cos\theta - \cos\theta_m)\right]}{n\sin\left[\dfrac{kd}{2}(\cos\theta - \cos\theta_m)\right]} \tag{18-33}$$

式 $(18-33)$ 是线阵长 $=nd$ 时，$m=0, \pm1, \pm2, \cdots, \pm M$，共 $2M+1$ 项。

各抽样点 θ_m 对应的各谐波激励系数 I_m 等于所要求的方向图在对应取样点位置的数值 $S_d(\theta_m)$，即 I_m 是取样点的理想赋值，$I_m = S_d(\theta_m)$ 由理想覆盖给出。抽样点的位置由下式给出

$$\theta_m = \arccos\left(m\frac{\lambda}{L}\right), \quad |m| \leqslant M, \quad |\cos\theta_m| \leqslant 1.0 \tag{18-34}$$

各辐射元归一化激励电流为

$$I_i = \frac{1}{n}\sum_{m=-M}^{M} I_m e^{-jkz_i\cos\theta_m} = \frac{1}{n}\sum_{m=-M}^{M} I_m e^{jkz_i\frac{m\lambda}{L}} = |I_i| e^{j\phi_i} \tag{18-35}$$

$|I_i|$ 和 ϕ_i 为各阵元的激励系数

$$z_i = \pm\left(\frac{2i-1}{2}\right)d, \quad i = 1, 2, \cdots, \frac{n}{2} \tag{18-36}$$

z_i 是第 i 个辐射元距离线阵中点的位置坐标。

用式 $(18-30)$ 和式 $(18-32)$ 式时线阵两端单元的几何位置不得超出线阵的总长，这时 L 取 $(n-1)d$。当采用式 $(18-31)$ 和式 $(18-32)$ 时，线阵 $L=nd$。当阵元数 n 为偶数时应仔细处理 $S(\theta)$，θ_m 与 $m=0$ 的关系。然而当 L 相同，阵元间距 d 也相同时，用两组公式综合的方向图是一样的，只是单元数 n 与相应的激励系数不同。

辐射方向图

$$f(\theta) = \sum_{i=1}^{n} I_i e^{jk(i-1)d\cos\theta} \tag{18-37}$$

令 $R_1 = f(\theta)/f(\theta_m)$，归一化辐射方向图方向性系数

$$D(\text{dB}) = 10\lg\left[\frac{2}{\displaystyle\int_0^{\pi} |R_1|^2 \sin\theta d\theta}\right] \tag{18-38}$$

　　用 Woodward 方法综合出的方向图在抽样点上的值与所要求的方向图是完全一致的，由于在抽样点之间没有对方向图有任何约束，因此不会形成具有最小方差的方向图。在其间可能出现较大起伏（或纹波）。如果需要进一步改善，将理想的地球匹配波束作为目标函数，可加入最小方差的约束进行优化，就可克服较大的纹波起伏。

　　注意：①阵列综合的方法还有很多，可参考相关书，在此仅举一种方法说明综合过程；②综合结果应考虑其可实现性；③综合结果并不一定是最好的，在此结果基础上可采用最优化方法使结果更好，更易实现。

18.3.4　波导快波组合天线的赋形波束

　　复传播常数的螺旋天线可以获得满意的地球匹配波束应用于 LEO 卫星数传系统。这种天线受结构尺寸限制承受功率的裕量不大，支撑介质的射频损耗使其辐射效率也受限。如果要进一步提高发射功率和天线增益，必须研究更新形式的天线，该类天线还必须维持小尺寸，便于星体安装。为了保持其小尺度的特点，前面举出了 Woodward－lanson 法，讨论了一般的阵列综合的方法。这对开阔设计思路是有益的，但这些方法针对地球匹配波束设计来说，要么设计参数较多不易达到最优，要么实现理想激励比较困难。为此提出一种以波导快波为主的组合辐射形成需要的赋形波束。要达到理想覆盖曲线的辐射特性，本天线采用矩形波导缝阵的漏波辐射和终端喇叭的端辐射之组合。漏波辐射形成指向于最大覆盖角方向的环状圆锥波束，阵终端的喇叭形成在 $0°\sim30°$ 角域的低电平宽角辐射。这两种辐射按适当的功率分配比和适当的相位关系叠加形成预定的马鞍形圆锥赋形波束。该天线设计应解决的问题有：①漏波阵应基本满足波导行波阵的条件，不因开缝而影响波导行波场特性；②单波导双面缝阵的漏波辐射应指向于最大覆盖角方向；且具有近圆对称的圆锥波束；③漏波阵恰当的口径分布，且辐射同旋圆极化；④端喇叭替代行波阵的端负载，在波导阵列与端辐射元间维持恰当的功率和相位关系使之满足波束赋形的要求，且不改变波导行波场分布，并有高的辐射效率；⑤保证天线入端与发射机有良好的匹配，保证波导行波阵列条件和预定的口径分布。

18.3.4.1　波导快波组合天线的赋形波束设计

　　（1）矩形波导宽边尺寸的确定

　　矩形波导传输波的相速大于光速。当用矩形波导主模激励在波导壁上开缝，行波缝阵主波束方向有以下关系

$$\theta_m = \arccos\left(\frac{\beta}{k}\right) \qquad (18-39)$$

式中，β 是矩形波导主模波数；k 是自由空间波数。经推算，

$$\theta_m = \arcsin\left(\frac{\lambda}{\lambda_c}\right)$$

$$a \approx \frac{\lambda}{2\sin\theta_m} \qquad (18-40)$$

式中，λ 是工作波长；a 是矩形波导宽边尺寸。当给定最大覆盖角，由上式可确定波导宽边尺寸。这里需强调的是波导缝槽阵列主波束方向满足式(18-40)是有条件的。分析表明，只有波导缝与波导内场的耦合不大，使波导内场特性和行波传输状态基本维持不变的条件下，式(18-40)才能满足。实际上，在波导壁上开缝即使上述条件基本满足时，其传输相速也会有少许的变化。因此在阵列设计时，该关系仅作为迭代计算的初值应用。

(2)圆对称圆锥波束的逼近

对波导缝阵的研究多集中在形成扇形波束(线阵)或铅笔波束(面阵)或实现波束的空间频扫。矩形波导宽边单面开槽形成缝阵，这种线性缝阵在波导轴平面形成聚焦窄波束，而在与波导阵面垂直平面内形成宽的近半球波束，一般通称为扇形波束。如果在矩形波导二宽边同时形成缝阵，这两个线形阵列的空间辐射叠加可逼近成一周向圆锥波束。然而，在单一波导上对开缝阵辐射的数学模型建立是非常复杂的，特别是当阵元数较大时计算的困难就更大。如何处理好阵元间和二阵列间的相互影响是该天线实现的一个关键问题，在此设计采用了近似的数值仿真与实验测试相结合的方式。

(3)圆极化辐射的实现

对波导缝隙及其阵列的研究虽有不少文章，但大多局限于波导宽边偏置缝，宽边倾斜缝和窄边倾斜缝。这三种情况产生线极化辐射，显然沿用上述三种缝是不能达到圆极化辐射的。从矩形波导主模场及表面电流分布的研究知道，在矩形波导宽边上主模(H_{10})的磁场有 H_x 和 H_z 两个分量，这两个场分量空间正交、相位差 90°，如果在宽边适当位置开一纵向和横向缝组成十字缝，原则上就可实现圆极化辐射。

如图 18-14 所示，矩形波导内的 H_{10} 模场分布可写成

$$H_z = H_0 \cos\left(\frac{\pi}{a}x\right)e^{j(\omega t - \beta z)}$$

$$H_x = -j\frac{\beta}{k_c}H_0 \sin\left(\frac{\pi}{a}x\right)e^{j(\omega t - \beta z)} \qquad (18-41)$$

$$
\left.\begin{aligned}
E_y &= -j\frac{\omega\mu}{k_c}H_0\sin\left(\frac{\pi}{a}x\right)e^{j(\omega t-\beta z)} \\
E_x &= E_z = H_y = 0
\end{aligned}\right\} \tag{18-42}
$$

式中，

$$
k_c = \pi/a
$$

$$
\beta = \frac{2\pi}{\lambda_g} = \sqrt{k^2-(\pi/a)^2}
$$

$$
k = \frac{2\pi}{\lambda}
$$

由上式可见，在矩形波导宽边适当位置(x_{02}^{01})开一纵向和横向缝组成十字缝。这两个磁场相位差90°，而且有$|H_x|=|H_z|$，原则上可辐射圆极化。此时对应的十字缝中心

$$
x_{02}^{01} = \frac{a}{\pi}\arctan\left[\pm\sqrt{\left(\frac{\lambda_c}{\lambda}\right)^2-1}\right] \tag{18-43}
$$

式中x_{02}^{01}代表缝槽中心距波导宽边中心线的距离，"＋"和"－"代表于中心线两侧。λ_c为H_{10}模截止波长，λ为工作波长，a为波导宽边尺寸。

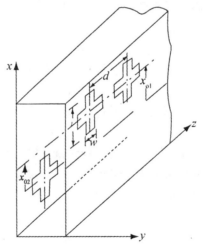

图18-14　矩形波导十字缝阵列示意图

仅确定十字缝槽中心位置x_0对圆极化辐射来说还是不够的。还要求二正交场辐射能量相等，这将涉及缝槽与波导内场耦合的强弱，除开缝位置外还与缝槽的几何形状与尺寸有关。经推导，如图18-14所示十字槽圆极化与二正交缝的磁极化率有下列关系

$$\frac{M_x}{M_z}=\frac{\lambda\lambda_g}{4a^2}\cot\frac{\pi x_0}{a} \tag{18-44}$$

式中,M_x,M_z 分别为与 x 向和 z 向磁场相关的磁极化率,它仅与缝槽几何形状及尺寸有关;x_0 是缝槽中心位置。对应的缝槽圆极化轴比为

$$AR(\mathrm{dB})=20\lg\left(\frac{M_z}{M_x}\frac{\lambda\lambda_g}{4a^2}\cot\frac{\pi x_0}{a}\right) \tag{18-45}$$

当二正交槽缝 $M_x=M_z$ 时,式(18-45)的圆极化条件(即 $AR=0\mathrm{dB}$)就变成式(18-44)。

(4)极化旋向的确定

前面已经提到要获得周向近圆对称的分布,在矩形波导二宽边上各有一缝阵。缝阵开在什么位置,也就是说在中心线的哪一边,这应由极化旋向确定。要求这二缝阵辐射为同旋(右旋)极化。设矩形波导能量沿 $+Z$ 方向传输。对主模 H_{10} 的内场,根据 $J_s=\hat{n}\times\vec{H}_s$ 可确定波导壁上电流。圆极化旋向是按电流由超前位向滞后位旋转的关系确定开槽辐射的极化旋向。如图 18-15 所示,要产生 RHCP 辐射,对 $+Z$ 向传输的波而言,上壁($y=b$)应开在中心线以左,而下壁($y=0$)应开在中心线之右,这二缝阵相对于宽边中心线是呈左右对称的。反之为 LHCP。

当十字缝旋转 45°变成斜正交槽时,辐射场关系不变。这种排布对组阵设计会带来更多的灵活和方便。本天线采用此种排布。

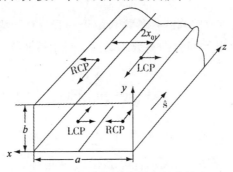

图 18-15　双面十字槽的极化旋向

(5)端喇叭替代终端负载

一般行波阵的终端接入一匹配负载以吸收残余能量避免影响行波性能。考虑到本天线要产生中间下凹、最大指向于 60 余度的马鞍形赋形波束。如果将终端负载换成端射宽波束辐射再与阵列漏波辐射的聚焦波束相加就可实现要求的

赋形波束。此举为"一箭双雕",既填补近轴角域的辐射,又提高了天线的辐射效率。只是端喇叭的设计应满足:①适当设计喇叭尺寸使其波束宽度和辐射相位与漏波辐射的叠加形成要求的赋形波束;②喇叭端口与阵列间有良好匹配,不附加反射。

(6)漏波辐射与端射能量的分配

根据理想覆盖曲线和覆盖增益的工程模型,近轴 $0°\sim30°$ 角域认定为端喇叭主辐射区,$30°\sim\theta_m\sim90°$ 角域用恰当的分段指数分布函数拟合,并认定为波导阵列的主辐射区。通过对空间能量积分确定漏波辐射与端射辐射的能量分配初值。在我们设计中能量分配初值为 $1:3$。优化设计的迭代运算中最终的能量分配比还会有少许的调整。

(7)波导漏波十字缝阵的设计

1)阵列参数的选择。阵列参数包括阵元数 N、阵元间距 d、阵列口径分布、阵列辐射效率等。本设计初值是:

· 按最大指向处聚焦波束 3dB 瓣宽约为 $10°\sim20°$;

· 边瓣电平至少不高于 -20dB,以免与端辐射电平干扰;

· 阵列终端功率暂定为输入功率的 0.25;

· 口径分布采用 Tayloy 线阵设计。因为这种阵列的各阵元激励幅度变化较缓和,而且方向图近主瓣角域内边瓣电平接近相等,随后便单调递减。这种辐射分布有利于与端射叠加。

按照上述要求可得到阵列的各参数 N、d 及口径分布函数 $I_n(n=1,2,\cdots,N)$。

2)阵单元归一化电导和缝槽参数的确定。对于行波阵,阵列辐射效率

$$\eta_A = \frac{P_r}{P_{in}} = \frac{\sum\limits_{i=1}^{N} P_{ri}}{P_{in}} \qquad (18-46)$$

式中 $P_r = \sum\limits_{i=1}^{N} P_{ri}$,为阵列总辐射功率,它等于各阵元辐射功率的总和。$P_{in}$ 为输入功率,当口径分布已知后可得到各阵元的归一化电导,有

$$g_i = \frac{|I_n|^2}{\dfrac{1}{\eta_A}\sum\limits_{i=1}^{N}|I_n|^2 - \sum\limits_{j=1}^{i}|I_j|^2} \qquad (18-47)$$

在此推导中假使波导每一截面都匹配,其归一化电导等于 1。实际波导并不严格行波情况,为了较准确地确定口径幅值分布,需校正由于波导截面等效归一化电导不等于 1 所产生的畸变。利用传输线理论可逐步逼近其分布,有如下递推

公式

$$Y_i^- = g_i^- + jb_i^- = Y_i^A + Y_i^+ \tag{18-48}$$

$$Y_i^+ = \frac{Y_{i+1}^- \cos\beta d + j\sin\beta d}{\cos\beta d + jY_{i+1}^- \sin\beta d}$$

$$Y_i^A = g_i + jb_i$$

若 $b_i \gg g_i$，则

$$Y_i^A \approx g_i$$

$$Y_L = 1$$

$$Y_N^- = Y_N^A + Y_N^+ = Y_N^A + 1 \tag{18-49}$$

$$Y_N^+ = Y_L = 1$$

$$Y_{N-1}^+ = \frac{Y_N^- \cos\beta d + j\sin\beta d}{\cos\beta d + jY_N^- \sin\beta d}$$

3）各槽缝接点处模电压分别为 $V_1, V_2, \cdots, V_N$。各阵元辐射功率分别为 $P_{r1}, P_{r2}, \cdots, P_{rN}$，端喇叭等效于端负载，有 $Y_L = 1$，Y_i^A 为第 i 个缝阵元的有功导纳，Y_i^- 是从第 i 个缝往入端看去的等效阻抗，Y_i^+ 是从第 i 个缝往负载端看去的等效阻抗。

对宽边线极化缝槽，无论是偏置纵缝还是倾斜缝都可通过改变缝槽的位置或取向控制其辐射强度，然而本天线的阵元在宽边的位置已由圆极化条件所决定，因此十字缝槽的辐射强度只能通过缝槽本身的几何参数来控制。另外不像偏置纵缝和倾斜缝那样，十字缝阵的辐射强度与槽参数还没有直接的公式和关系可利用。要建立矩形波导宽边双开缝阵辐射场的严格的数学模型是十分复杂的。除了主模还有高阶模的互耦，由于理论与数学模型的近似性和不完备性，在阵元参数设计时，仅进行单纯的数值分析会产生较大的计算误差。为了较准确地确定阵元辐射强度与其几何参数间的关系，采取了比较直接的增量电导法和近场测量法实验测定。由此可得到缝槽几何参数（槽长、槽宽）与辐射电导（即辐射强度）间关系曲线。当口径分布、辐射效率确定后，利用该曲线可得各缝槽的几何尺寸。

（8）行波相位的限定

阵列设计中除各阵元辐射强度外，其相移量也是一个十分重要的参数。研究表明，阵列中缝槽间相移量由两部分组成。一部分是与传输系数相关的相移量 ψ_{12}，另一部分是由导波场转换成空间辐射波时产生的相移量 ψ_R，该相移量 ψ_R 随槽几何参数而变化。由于 ψ_R、ψ_{12} 的存在，即便是等间距阵列，阵元间也会产生非线性的相位波前。这对预定的漏波聚焦波束的形成是不利的。从数值分析与实验结果已看出,只要槽长 $L<0.4\lambda$,ψ_{12} 和 ψ_R 基本都不随槽长改变。为维持波导内场基本不变和行波传输条件、简化缝阵设计,本阵列各阵元槽长一般控制在此范围内。

按上述过程可以得到该天线初步的设计参数。这样,天线的结构尺寸就可以基本构成。一方面可以通过近场测量及近-远场变换来修正设计参数;也可以利用有限元法编制的商用软件(如 ANSOFT-HFSS)进行优化设计以确定最后的天线参数。

18.3.4.2　设计举例

(1)天线结构外形

对轨高为 500km,圆形近极回归轨道的对地三轴稳定卫星,其数传系统工作于频率 8.4～8.9GHz 带内,天线最大指向上的增益不低于 5.5dBi 的圆极化天线,在轨发射功率为 2×50W。覆盖区内地球匹配波束的工程模型如式(18-2)。按上一节的设计程序进行,最终天线由波导激励段 1、波导调配段 2、波导转换段 3、波导开槽段 4 和端喇叭段 5 组成,如图 18-16 所示。考虑到天线的机械和轨道热特性,天线本体由同一种金属(铝合金)整体铣出,表面镀金。由于数控机床加工,产品一致性好。本天线结构紧凑、刚度强度好。一次通过了规定的各项环境鉴定试验。

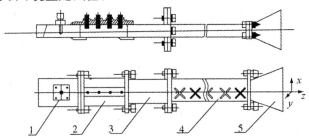

图 18-16　单波导双面十字缝阵组合天线结构示意图

(2)天线电性测试结果

如图 18-16 所示的坐标系下,天线 yz 平面的实测方向图和增益如图 18-17 所示。在最大指向角圆锥面内的实测方向图和增益如图 18-18 所示。图中有规定的覆盖电平线。

(3)端口匹配及驻波比

本天线集成化高没有外加调配模块,在其端口处,8.4～8.9GHz 带内的驻波比测试结果,可达 VSWR≤1.2 的要求。

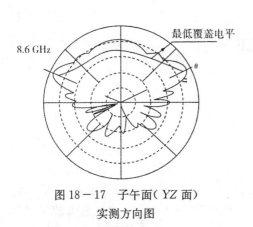

图 18-17　子午面（YZ 面）
实测方向图

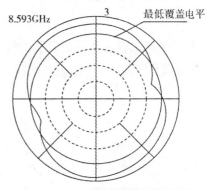

图 18-18　最大指向圆锥面辐射
方向图及增益

18.3.4.3　应用分析

波导阵列组合天线作为星载 X 波段数传天线已在多个卫星上应用。本天线是利用新的设计理念构建出与赋形反射面有类似的功能和性能的新型小尺度天线。天线结构简单、体小质轻、集成度高是它突出的优点。该天线节省了卫星宝贵的对地观察空间，这对地面拥挤的遥感卫星来说是一项贡献。本天线除在大尺度卫星上应用还特别适用于各种小卫星的应用。此天线与其他地球匹配波束的数传天线相比（如背射双线螺旋和赋形面）可获得更大的功率容量、更高的辐射增益和更高的辐射效率。不足之处是最大指向圆锥面上辐射不够均匀呈哑铃形，如图 18-18 所示，在 $\varphi \approx 0°$ 的临近小角域内为辐射凹区，辐射电平低于要求值。要提高凹区电平势必须降低波导高度，这对功率耐受、行波场条件都是不利的。本节首先定量分析其盲区大小，然后提出将凹区对地面接收应用影响压至最小的措施，最后还提出改进辐射圆对称性的两种设计方案。

某卫星数传天线的覆盖区定义为以对地轴为轴的 $67.6° \times 2$ 的圆锥角范围。因此理论覆盖区定义为 S_0

$$S_0 = \int_0^{2\pi}\!\!\int_0^{\theta_m} \sin\theta \mathrm{d}\theta \mathrm{d}\varphi \qquad (18-50)$$

式中，$\theta_m = 67.6°$，为最大覆盖角。而盲区定义为在规定覆盖角域内，电平低于规定值的角域，在此用 S 表示

$$S = \int_{\theta_{1L}}^{\theta_{2L}} \sin\theta \mathrm{d}\theta \int_0^{2\pi} \mathrm{d}\varphi + \int_{\theta_{1r}}^{\theta_{2r}} \sin\theta \mathrm{d}\theta \int_0^{2\pi} \mathrm{d}\varphi$$

式中，θ_{1L}，θ_{2L} 是方向图左边盲区的界值，θ_{1R}，θ_{2R} 是方向图右边盲区的界值。当左右两盲区近似对称，或取平均近似时，

$$S = 2\int_{\theta_1}^{\theta_2} \sin\theta d\theta \int_0^{2\pi} d\varphi \qquad (18-51)$$

θ_1,θ_2 为平均的盲区角域的界值。根据图 18-18 的实测数据,按式(18-51)可计算得出盲区。

实际覆盖率有

$$\eta = \frac{S_0 - S}{S_0} \geqslant 91\% \qquad (18-52)$$

计算时对盲区的最小电平是以最大覆盖角的最大斜距估计的,实际上电平凹区对着地面站时并不都是在最大斜距上,因此覆盖率定会好于这个结果。

如果地面仅单站接收,对于星载数传天线有不到 10% 的覆盖盲区,这只能利用信道余量来弥补。由于航天器天线设计受多种因素制约和恶劣的工作环境,完全理想的性能是很难实现的。这种覆盖性能对一般应用来说是可以接受的。另外,为了使凹区对地面接收应用影响压至最小还可以从天线的星体安装设计来实现。为了实现对地的近全球观察,卫星轨道大多选为近极圆形回归轨道。为减少盲区对地面接收的影响,天线在星体安装时,应尽量将盲区放在与飞行垂直方向。这样保证在卫星飞经地面站长弧段的可靠接收,而把弱电平区压到卫星与地面站擦边而过的低仰角接收区,在这段飞行中地面站本身的可视弧段就比较短,它获得的数据量较小,利用价值也小些,把凹区放在这段可以减少对数据应用的影响。这种安装方式在多个卫星的在轨飞行中得到了验证。

一般遥感地面接收站不止一个,地面站的作用区都相互重叠的。当一个地面站对准卫星数传天线弱电平接收区时,可以被另一个地面站的作用区覆盖而被补偿。图 18-19 是以中国现有的北京、乌鲁木齐和广州三个地面遥感接收站为例,比较对地面接收的影响。图(a)是星上天线为理想圆对称波束覆盖对应的地面站作用区;图(b)是星上天线辐射呈哑铃形分布的地面站实际覆盖区。可以看出,地面接收站作用区除东边和西边有一小角域无法补偿外,其他地域都可得到同样良好的接收效果。

如果任务的需要,对最大圆锥面辐射均匀度有严格要求时,可采用四波导阵列,其外形如图 18-20 所示。它由波导功分器、四波导阵和端口波导辐射器组成。波导功分器形成四个 90°馈相的等功率分配对四波导阵列馈电。四波导阵为四个彼此正交排布的单面十字缝波导行波阵。终端为两两正交、90°馈相的开口波导。四波导阵形成最大指向圆锥面的聚焦波束辐射,四开口波导形成沿对地轴的宽波束辐射。这两种辐射都产生同旋圆极化波,适当的幅度和相位分配组合形成所要求的赋形波束。该波束为近旋转对称的地球匹配波束。随着阵间距变化,周

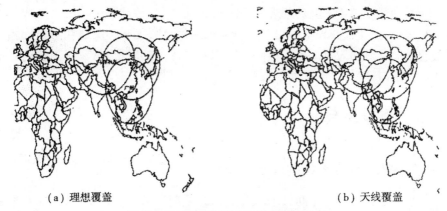

（a）理想覆盖　　　　　　　　　　　　（b）天线覆盖

图 18－19　理想覆盖与天线覆盖的比较

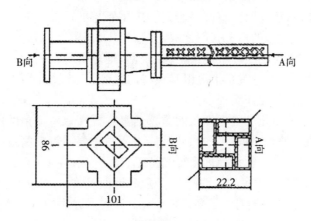

图 18－20　四波导阵列天线结构示意图

向均匀度也随之改变。为了使最大指向圆锥面上有更加均匀的周向辐射（比如，电平起伏≤±0.25dB）还可在单面缝阵的波导内填充介质进一步减少阵间距，使四波导最大指向的圆锥面辐射方向图更加均匀。这一点已为数值仿真结果和电性样机电测证实。这种天线保持了结构紧凑、小尺寸的特点，而且克服了单波导双面阵列最大指向圆锥面上辐射呈哑铃形、不均匀的缺点，实现了周向均匀辐射。只是填充介质使波导内的损耗增加，降低了天线的辐射效率。这种天线形式由于馈电系统和附加介质损耗使天线辐射效率会有些下降。另外，这种天线用于 X 波段，因结构尺寸很小，四个波导的加工比较复杂，加工精度要求较高，实现难度较大。如果星体对地面有足够的安装空间，再加上复合材料加工成型及微波功率合成技术等方面的进步，采用赋形反射面方案是一个比较简单和直接的办法。

随着中国多颗传输型对地观察卫星的成功研制,星载数传天线也形成了以背射双线螺旋天线、波导阵列组合天线为代表的小尺度数传天线和与国外相同形式的赋形反射面天线。星载数传天线系列产品的初步形成,可以为各种对地观察传输卫星(包括大卫星和小卫星)提供更多的选择。

18.4   圆阵天线

18.4.1   星载数传天线的现状和发展趋势

信息获取技术随着空间技术的发展得到了前所未有的进步,航天遥感平台的信息获取技术在科学探索、全球可持续发展和军事战争等诸多领域发挥着独特而重要的作用,正在改变着许多研究和应用领域的面貌。航天遥感器以传统遥感手段所不能比拟的信息获取优势,连续地、大范围地监测大气、陆地和海洋的动态变化,广泛应用于军事侦察、气象观测、地球资源勘测、海洋观测、环境和灾害监测等领域。对地观察卫星以其独特的优势,日益成为重要的空间平台。

目前,遥感卫星在向实现多谱段、高空间分辨率和高时间分辨率方向上不断发展,以获取更高质量和更多样化的遥感信息。提高遥感卫星的性能除了加强信息的获取能力外,信息的传输和处理能力同样重要。没有高效的数据传输和分发系统,没有强大的数据处理系统,遥感卫星的价值将大大降低。

由于低轨道遥感卫星的运动特点,卫星和地面接收站之间的数据传输时间是十分有限的,一次可传输时间最多只有十几分钟左右。大的遥感数据量和有限的数据传输时间,实时连续数据传输的需求和间断的地面覆盖是星地数据传输的基本矛盾。从数据传输链路入手,矛盾解决途径可分为两条路线。一条路线是提高传输速率,这样在同样时间内就可以传送更多的数据。另一条路线是增加有效传输时间。提高传输速率的同时要保证同样的误码率(甚至更低的误码率要求),就必然要求传输链路的信噪比要提高,这往往要求提高星上数据传输系统发射端的EIRP。增加有效传输时间等效于在空间上增加有效数据传输路径,建立分布式数据传输系统,比如数据中继和星座式工作模式。结合星座技术和星间通信技术实现遥感数据的实时传输是一个可行的、值得探索的技术途径。

从链路方程可以知道,在保证误码率和其他条件不变的情况下,要提高传输速率就要提高发射端的EIRP,EIRP是数据传输空间段的重要指标,是发射机输出功率和天线增益的乘积。提高发射机输出功率可以提高数据传输链路的EIRP,首先,空间平台的能量是非常珍贵的资源,大功率器件对星上能源的需求更高,提高了整星的功耗,带来了诸如加大太阳翼尺寸,热控等一系列问题。此外,发射机在功率上的提高是十分有限的,加之大功率器件的可靠性设计也十分突出。提高发射功率往往意味着要付出很大的代价,甚至非常困难。

　　提高 EIRP 的另一个方向就是提高天线的增益。目前,发射的遥感卫星都采用了具有固定匹配波束的数据传输天线,该波束覆盖卫星的整个可视范围。对于低轨道遥感卫星,该波束的波束覆盖范围可达 130°。因此,匹配波束的增益一般在 6dB 以下,没有太大的潜力可挖。提高天线增益就意味波束要变窄,因此需要采用波束扫描技术满足较宽的波束覆盖范围。为了解决多站接收的问题,要有提供同时多波束的能力。用高增益波束实现对多个目标的实时动态覆盖是未来遥感卫星数据传输天线的发展趋势。星地数据传输在不依靠提高星上发射功率的条件下,通过设计具有高增益的、可控多波束天线来提高星地数据传输链路的 EIRP 和解决多站接收的问题。随着空间电子对抗系统的发展,信息安全越来越成为一个重要的问题,必须严格地控制遥感信息的传输通道,防止信息干扰和信息泄露。因此,数据传输信道必然从传统的静态和固定方式向一个动态、可控和灵活的信道方向发展。传统的遥感卫星数据传输天线采用固定的地球匹配赋形波束,卫星覆盖范围之内的地面接收站都能被数据传输天线波束所覆盖,非常不利于敏感信息的防窃听问题。采用可控定向波束既提高了天线增益,也有助于遥感信息通道的抗干扰和防泄露。因此具有高增益、多波束、广域电扫描的数传天线才可满足未来航天数传的应用需求。本节以圆环阵为切入点,因为它可使波束电轴在 0°～360°范围内扫描,而基本不改变其瓣宽和边瓣电平。这是线阵及平面阵不能达到的。由于传统圆阵设计和实现的困难,相当长时间阻碍了它的推广应用,本节首先从相位模激励的概念出发,以求得对圆环阵新的设计思路使它更好地应用于航天器天线。

　　对高数据率、低误码率要求的低轨(500～1000km)卫星的星地间数据传输天线需要采用高增益的定向天线。为满足数传需求,该天线必须在近半空间的角域内按指定方向广角扫描。天线扫描方案一般有机械扫描和电扫描,机械扫描数传天线已在 Landsat 卫星数传系统中应用了,再者电扫描方案较之机械扫描有诸多的优点。这里仅局限于电扫描天线的论述。电扫描天线一般可以有两种设计方案。一种是俯仰面赋形波束、方位面周向 360°范围的一维扫描天线,另一种是俯仰与方位同时扫描的二维扫描方案。我们将用圆柱阵实现第一种方案,而拟用平面阵加球顶阵实现半空间的二维扫描方案。在介绍具体设计时,本节将阐述这两种阵列的基本特性和设计。

18.4.2 传统圆环阵方向图函数的分析

圆环阵是阵元按一定的间距同心地排列在一圆周上形成的阵列。对圆环阵(圆柱阵)研究和运用较之线阵和平面阵都要少一些。圆环阵它能使波束电轴在0°～360°范围内扫描,而基本不改变其瓣宽和边瓣电平。这是线阵及平面阵不能达到的。但是圆环阵激励需要适当的相位和幅度控制,比线阵的激励要复杂,过去或许就是因为这个原因限制了它的推广应用。随着空间科学和卫星应用的发展,天线波束的广域扫描需求更为迫切(比如自旋稳定通信卫星的电扫描消旋天线、低轨卫星高增益电扫描数传天线、侦察卫星测向天线技术等)。20世纪60年代开始提出了相位模激励的概念,大大促进了对圆环阵地分析和理解。而且互耦合通过阵列激励可予补偿,这可使圆环阵定向方向图在较宽频带内保持基本不变的形状。再加上阵列信号处理技术和新的更为方便的阵列馈相技术使圆环阵天线具有更大的使用潜力。

在 xy 面,半径为 a 圆周上均布有 N 个各向同性辐射单元构成的圆环阵,如图 18-21 所示。观察点坐标 $P(r,\theta,\varphi)$,阵元 $\varphi_n = n\Delta\varphi$,$\Delta\varphi = 2\pi/N$,将各单元场叠加起来便得到阵列远场

$$E(\theta,\varphi) = \sum_{n=1}^{N} I_n e^{j(k\vec{a}_n \cdot \vec{r} + a_n)} \qquad (18-53)$$

式中,I_n,a_n 为第 n 个单元激励幅度和相位,$\vec{a}_n$ 是第 n 个单元的位置矢径。激励函数

$$F(\varphi_n) = I_n e^{ja_n} \qquad (18-54)$$

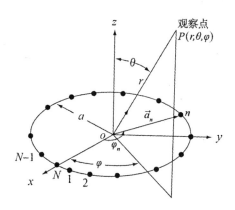

图 18-21 单圆环天线阵

$$\vec{a}_n = a(\cos\varphi_n \hat{x} + \sin\varphi_n \hat{y})$$

$$\hat{r} = \sin\theta\cos\varphi\hat{x} + \sin\theta\sin\varphi\hat{y} + \cos\theta\hat{z}$$

$$\vec{a}_n \cdot \hat{r} = a\sin\theta\cos(\varphi - \varphi_n)$$

$$E(\theta, \varphi) = \sum_{n=1}^{N} I_n e^{jka[\sin\theta\cos(\varphi - \varphi_n) + a_n]} \tag{18-55}$$

当指向角为 (θ_0, φ_0) 时,激励相位

$$\alpha_n = -ka\sin\theta_0\cos(\varphi_0 - \varphi_n) \tag{18-56}$$

$$E(\theta, \varphi) = \sum_{n=1}^{N} I_n e^{jka[\sin\theta\cos(\varphi - \varphi_n) - \sin\theta_0\cos(\varphi_0 - \varphi_n)]} \tag{18-57}$$

化简为

$$E(\theta, \varphi) = \sum_{n=1}^{N} I_n e^{jk\rho\cos(\xi - \varphi_n)} \tag{18-58}$$

其中,

$$\xi = \tan^{-1}\frac{\sin\theta\sin\varphi - \sin\theta_0\sin\varphi_0}{\sin\theta\cos\varphi - \sin\theta_0\cos\varphi_0}$$

$$\rho = a[(\sin\theta\cos\varphi - \sin\theta_0\cos\varphi_0)^2 + (\sin\theta\sin\varphi - \sin\theta_0\sin\varphi_0)^2]^{1/2}$$

当 $a, I_n, N, \varphi_n, \theta_0, \varphi_0$ 确定时,利用式(18-58)可计算以 θ, φ 为变量的空间辐射方向图。等幅激励,利用 Bessel 函数级数和的关系

$$e^{jx\cos\theta} = \sum_{m=-\infty}^{\infty} j^m J_m(x)$$

式(18-58)可写成

$$E = I\sum_{n=1}^{N}\sum_{m=-\infty}^{\infty} e^{jm(\pi/2 - \xi + 2\pi n/N)} J_m(k\rho)$$

等比级数

$$\sum_{n=1}^{N} e^{j2\pi mn/N} = \frac{e^{j2\pi n/N}(1 - e^{j2\pi n})}{1 - e^{j2\pi m/N}} = \begin{cases} N & m/N \text{ 为零和整数} \\ 0 & m/N \text{ 为其他数} \end{cases}$$

利用上式,不为零的项叠加,

$$E(\varphi) = NI\sum_{m=-\infty}^{\infty} e^{jmN(\pi/2 - \xi)} J_{mN}(k\rho) \tag{18-59}$$

级数中 $m=0$ 项含有 $J_0(k\rho)$ 项,为辐射主项或基本项,其余各项为余项。下面讨论几种特殊情况:

(1) 阵面内,主瓣最大指向于阵面,设为 x 向,有 $\theta = \theta_0 = \pi/2$,$\varphi_0 = 0$ 代入上式得

$$\cos\xi = \cos\xi_h = -\sin\frac{\varphi}{2} \quad \text{或} \quad \xi_h = \frac{\pi + \varphi}{2}$$

$$E(\theta,\varphi) = NI \sum_{m=-\infty}^{\infty} e^{-jmN\varphi/2} J_{mN}\left(2ka\sin\frac{\varphi}{2}\right) \qquad (18-60)$$

$$\alpha_n = \alpha_{rh} = -ka\cos\left(\frac{2\pi}{N}n\right)$$

$$\rho = \rho_h = 2a\sin\frac{\varphi}{2}, \quad 0 \leqslant \varphi \leqslant 2\pi$$

(2)主瓣于 z 轴方向,垂直阵面过 z 轴的方向图有 $\theta_0=0$,则

$$E(\theta) = NI \sum_{m=-\infty}^{\infty} e^{jmN(\pi/2-\varphi)} J_{mN}(ka\sin\theta) \qquad (18-61)$$

若 $\varphi=0°$,则

$$E(\theta) = NI \sum_{m=-\infty}^{\infty} e^{jmN\pi/2} J_{mN}(ka\sin\theta)$$

$$\alpha=0, \qquad \rho=a\sin\theta, \qquad \xi=\varphi$$

(3)高阶 Bessel 函数在主辐射区内,$J_{mN}(k\rho)\to0$,主瓣区附近的辐射可近似当成主项的贡献,

$$E \approx NIJ_0(k\rho) \qquad (18-62)$$

对阵元面,

$$\rho = 2a\sin\frac{\varphi}{2}, \qquad E(\varphi) = J_0\left(2ka\sin\frac{\varphi}{2}\right)$$

对过 z 轴垂直阵元面,

$$\rho = a(1-\cos\alpha), \qquad E(\alpha) = J_0\left[ka(1-\cos\alpha)\right]$$

α 是由阵面算起的俯仰角,$\alpha=\dfrac{\pi}{2}-\theta$。

如果用主项表示,单圆环阵的水平和垂直面方向图都可表示为 $J_0(k\rho)$,而且随半径的增大不会出现栅瓣,因为 $J_0(k\rho)$ 函数的副瓣电平是单调递减的。然而,$J_0(k\rho)$ 在两个平面内会产生电平较高的副瓣,前两个边瓣峰值分别在 $k\rho=$ 3.8,7.0 处,对应的边瓣电平分别为 -7.9dB 和 -10.5dB。按式(18-62),对 $a=5\lambda$ 的均匀分布单圆环电流的定向方向图示于图 18-22。

图 18-22(a)中,过环面的方位面方向图的第一边瓣电平为 -7.9dB,比长度等于圆阵直径的均匀线阵的对应边瓣(-13.2dB)要高,而且主瓣宽度略比长度等于圆阵直径的对应线阵地要窄一些。这种主瓣变窄、边瓣抬高是由于圆口径两边与线阵相比增加了单元的集聚。从后面的分析我们会看到,对无向阵元来说,低边瓣可通过在圆环阵前半面用对称的、幅度锥削分部,而后半面用非常低乃至零的激励来实现。要使这样的方向图圆周扫描需要电控每一个单元的幅度和相位。

图 18－22(b)是主辐射垂直阵面的俯仰面方向图。可见垂直波瓣是相较宽的。这是因为它类似于线阵的"端射"。

圆环阵可提供一个绕 360°旋转的扇形波束,但对无向性单元的单圆环阵来说,不可能独立地控制水平和垂直面的瓣宽。如果利用幅度锥削设计减少水平面的边瓣,势必使垂直面的瓣宽变得更宽了。

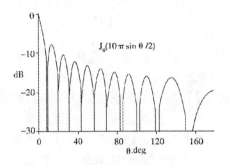

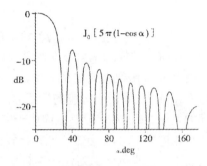

（a）圆环阵面内定向方向图　　　　（b）垂直于阵面方向图（$\alpha=\dfrac{\pi}{2}$ 为天顶角）

图 18－22　半径为 5λ 均匀分布圆电流相位补偿定向方向图

18.4.3　圆环阵相位模和幅度模分析

20 世纪 60 年代初国际上开始用 Fourier 分析方法对圆环阵的激励及远场方向图进行研究。该方法对综合定向方向图、更方便地进行阵列激励和达到波束旋转扫描是十分有利的。这个方法也能对阵元间互耦合效应进行补偿。该方法使圆环阵的研究和应用得到了新的发展。本节主要从模激励概念对圆环阵辐射特性的讨论。

18.4.3.1　连续圆阵相位和幅度模概念

（1）相位模

首先考虑连续圆环阵相位模情况。连续圆环阵是指阵元间距非常小,单元间距效应可忽略不计的理想阵列。任何连续圆阵的激励函数都可视为以 2π 为周期的函数。激励函数可用 Fourier 级数表示,利用复数形式的 Fourier 级数,阵列激励函数可写成

$$I(\varphi') = \sum_{M=-N}^{N} C_m \exp(jm\varphi') \tag{18-63}$$

式中 C_m 代表阵激励的空间谐波的 Fourier 复展开系数。上式把激励函数表示

成（2N+1）项，每一项称为阵列的相位模激励。圆阵的任何一种激励都可表示成这些指数相位模的叠加。第 m 阶相位模激励的是幅值为常数、相位沿周向有 m 次循环的线性变化。对应 $-m$ 阶相位模有一个随角度反方向的相位变化。在阵面上（$\sin\theta=1,\theta=90°$）第 m 阶相位模激励产生的远场方向图可写为

$$E_m(\varphi) = \frac{1}{2\pi}\int_0^{2\pi} C_m e^{jm\varphi'} e^{jka\cos(\varphi-\varphi')} \, \mathrm{d}\varphi' \tag{18-64}$$

$$E_m(\varphi) = C_m j^m J_m(ka) e^{jm\varphi} \tag{18-65}$$

m 阶相位模的辐射方向图随角度的变化与相位模有相似的变化，其幅值固定由 Bessel 函数组成的系数给出。因为阵列激励的每一个相位模就产生一个与 Fourier 空间谐波对应的远场方向图。也就是说远场方向图可以表示为相位模的叠加。Fourier 分析能应用于完整的远场方向图上，它也是角度的周期性函数。相应的 Bessel 函数项把特定模式的阵列激励与相应的远场辐射方向图联系起来了。当 $m=0$，对应的零阶模的情况，它代表所有单元同相激励。形成了固定相位的无方向性远场方向图，$E_0(\varphi)=C_0J_0(ka)$，$I(\varphi')=C_0$。这对应于 Fourier 级数中的直流项。高阶模也是无方向性的，只是相位以更高速率随角度渐进改变。这个分析对激励方法和方向图综合变得更为清楚和方便。

（2）幅度模

如果 Fourier 级数选择 $\cos/\sin$ 函数的形式，构成方向图的基本组成是幅度绕阵列有 m 次循环变化，这就叫幅度模。幅度模产生的远场方向图也是与这两个函数的 Bessel 函数的系数相关。很容易看出相同阶数的一对正和负的相位模就产生了对应的幅度模。通过选择每一对相位模的组合就能构造出余弦型的幅度模（用来综合偶阶方向图）或正弦型幅度模（它可用来综合奇函数类的方向图，比如单脉冲差波束）远场幅值模仍可当成空间角的谐波。

方向图综合的例子：假设有（2N+1）个相位模在阵列中按下列函数激励

$$C_m = \frac{1}{j^m J_m(ka)}, \qquad -N \leqslant m \leqslant N \tag{18-66}$$

最终方向图则为式（18-65）的叠加，有

$$E(\varphi) = \sum_{m=-N}^{N} C_m j^m J_m(ka) e^{jm\varphi} \tag{18-67}$$

将式（18-66）代入得

$$|E(\varphi)| = \left| \sum_{m=-N}^{N} e^{jm\varphi} \right| = \frac{\sin N\varphi}{\sin\varphi} \tag{18-68}$$

这就是一均匀线阵 $\sin Nx/\sin x$ 型定向方向图。阵谐波激励

$$I = \frac{1}{2J_0(ka)} + \frac{1}{jJ_1(ka)} + \frac{1}{(j)^2 J_2(ka)} + \cdots$$

该方向图的 3dB 波束宽度 $\approx \pi/N$，该角度正好近似于两个相邻阵元（$2N+1$ 个阵元）相对于圆心的角度。阵元间距 $= \lambda/2$，阵元数很大时，3dB 波束的最小瓣宽 $\approx \lambda/2a$。这个角度与长度为 $2a$ 的均匀侧射阵的瓣宽相同。但重要的是这个函数是在 360° 周向、相对于 φ 为变数，而不是像线阵那样在 180° 以 $\sin\theta$ 为变数的。

对圆阵激励采用 Fourier 方法意味着线阵方向图的综合方法也可变换到圆阵，锥削（taper）函数加到模激励上而不是加到幅值函数上。圆阵合成方向图和线阵理论是完全相同的，只是对应于 φ 尺度而不是 $\sin\theta$ 尺度。

如果圆阵系统的馈相采用时间延迟，那么主瓣方向和波瓣形状与频率无关，能维持其宽带特性（直到单元间距变得太大使方向图畸变）。波束同相激励方向图的主要特性是：只要单元间距很小，一般小于二分之一波长，在两个面上的边瓣都按 $J_0(x)$ 规律分布。这意味着不会有比第一个边瓣更高的边瓣出现。边瓣随着离开主瓣角距的增加而单调递减。垂直面方向图只能靠选择阵列单元的垂直方向图或采用圆环阵堆积形成圆柱阵来控制。

18.4.3.2 全向性单元圆阵的相位模

上一节的讨论是假设阵列上为连续激励函数，实际上这是由有限个天线单元逼近的。对于离散单元来说，阵列激励仍可当成随角度变化的周期函数，因此相位模和幅度模概念依然可用。在全向性单元的情况，离散阵元的激励函数可当成是连续阵列激励函数的取样。利用取样定理，周向取样率（就是阵元间距）应至少对应于阵列激励中最高空间谐波频率的两倍。这意味着如果口径激励函数包含的谐波最高阶数为 N，那么天线阵至少必须包含 $2N$ 个阵元，就能再现这些空间谐波全部响应。

激励的最大阶数（不考虑超方向性激励）$m \approx \beta r$，因此阵列中至少有 $2\beta r$ 个单元，由此导出单元的最大间距为 $\lambda/2$。如果利用有限个全向性单元，激励 m 阶相位模，那么合成远场方向图就可计算出来。通过引入一个取样函数 $S(\varphi)$，它是对应阵元位置上的单位脉冲函数的一个级数。对无向性单元，取样函数 $S(\varphi)$ 可表示成它的空间谱有

$$S(\varphi) = \sum_{q=-\infty}^{\infty} e^{jnq\varphi} = 1 + \sum_{q=1}^{\infty} e^{jnq\varphi} + \sum_{q=1}^{\infty} e^{-jnq\varphi} \tag{18-69}$$

n 是单元总数，全向性离散单元的 m 阶相位模的口径激励由下式给出

$$I(\varphi) = C_m e^{jm\varphi} S(\varphi) \tag{18-70}$$

式中 C_m 是模激励电平。将上二式合并得

$$I(\varphi) = C_m e^{jm\varphi} + C_m \sum_{q=1}^{\infty} (e^{j(nq+m)\varphi} + e^{-j(nq-m)\varphi}) \qquad (18-71)$$

这把相位模激励 $I(\varphi)$ 表示成无限级数,对应的远场可写成

$$E_m(\varphi) = C_m j^m J_m(\beta r) e^{jm\varphi} + \sum_{q=1}^{\infty} C_m j^{-g} J_g(\beta r) e^{-jg\varphi} + \sum_{q=1}^{\infty} C_m j^h J_h(\beta r) e^{jh\varphi}$$
$$(18-72)$$

式中 $g = (nq-m), h = (nq+m)$,C_m 代表第 m 阶激励。

上式右边第一项代表所要求的远场相位模方向图,而其余各项对应于高阶畸变模。和连续阵情况相同,那些高于 $\pm\beta r$ 的模的辐射是很弱的。现在这种情况,第一个高阶畸变模($q=1$)与所要求的模 m 间隔有 n 个基模。当 $\theta \in [0, \pi]$,自变量的范围是 $[0, ka]$,对于 Bessel 函数,当 $m > ka$ 时,$J_m(ka\sin\theta)$ 非常小,也就是说对于大于 $[ka]$ 的模式激励很小。$[ka]$ 给出了模式有效激励的一个限制。因此可以预期到:只要 $(n-m) \geqslant \beta a$,有限数目单元的更高阶模将不会有很强的辐射。对应的远场

$$E_m(\varphi) = C_m j^m J_m(\beta a) e^{jm\varphi} + C_m j^{-(n-m)} J_{n-m}(\beta a) e^{-j(n-m)\varphi} + \cdots \qquad (18-73)$$

由于 Bessel 函数特性,上式中只有头两项对辐射场起主要作用。如果 $d < \lambda/2$,对低的 m 仅第一项起主要作用。当谐波数 m 逼近二分之一阵元数时,第二项对方向图产生扰动引起畸变。如果激励是旋转以获得定向波束扫描,那么畸变项因相位变化引起定向方向图波动,但这个波动是较小的。

$(n-m) \geqslant \beta a$ 这个条件可变成 $n \geqslant 2\beta a$,它和单元间距 $d = \dfrac{2\pi a}{n} \leqslant \dfrac{\lambda}{2}$ 的条件是一致的。上述间距的无向性单元圆阵的特性相似于连续阵特性。随着 q 的增加,展开式中的阵列辐射方向图影响就越来越弱。

随着模式阶数的增加,模式响应的幅度出现起伏,并且相位分布的线性偏离度也增加。这种对幅度均匀性和相位线性的偏离是由高阶响应引起的。激励域中第 m 阶相位模式沿阵列的分布为 $e^{jm\varphi_k}$,沿圆周的相位分布为 $\varphi(k) = mk\dfrac{2\pi}{N}$,显然当 $m = \dfrac{N}{2}$ 时,相邻两个单元之间的相位变化为 $180°$,这是阵列可实现的最高相位变化能力。若想实现更高的相位模式,则必须缩小每个单元所占据的角度范围,而这在单元间距一定的情况下唯有增大阵列的直径。

如果降低对模式阶数的要求,就可以放宽对阵列间距的要求,但是显然此时阵列利用的效率就降低了。这对于阵列综合是非常重要的,因为在实际阵列的综合中,为了降低互耦往往会对单元方向图进行控制和调整,而单元方向图与其口径

尺寸有关。在实际中往往是单元的口径限制了可实现的最小阵元间距。因此,在实际阵列设计当中不能单纯地从采样这个角度去考虑,为了减小互耦,有时要牺牲阵列的尺寸利用率,或者在给定的阵列尺寸下可获得的最小波束宽度变宽了。

一般而言,圆周上的电流分布可以看作是一个空间带限信号分布。根据上述理论,模式阶数决定了所能给出的方向图细节。方向图的可能波束宽度由最高模式约束,而模式阶数又与阵列尺寸有密切关系。对方向图波束宽度的解释不论从阵列尺寸还是模式阶数都是等价的,事实上分别是从两个域进行了约束。从激励域的观点,方向图的波束宽度以及细节呈现程度取决于阵列的有效辐射口径,有效辐射口径越大则可获得的波束越窄。对于圆环阵列,有效辐射口径与阵列的半径成比例,阵列半径越大,有效辐射口径也越大。而从相位模式的观点来看,模式阶数越高,模式沿圆周的相位变化越剧烈。由于远场方向图可以表示为相位模式的线性组合,因此最高相位模式决定了该阵列可能达到的最小波束宽度。如果将相位模式 $\{e^{-jn\varphi}, e^{-j(n-1)\varphi}, \cdots, e^{-j\varphi}, 1, e^{j\varphi}, \cdots, e^{j(n-1)\varphi}, e^{jn\varphi}\}$ 等效为一个线阵,则 $\{e^{-jn\varphi}, e^{jn\varphi}\}$ 对应一对最长基线的单元,$\{e^{-j(n-1)\varphi}, e^{j(n-1)\varphi}\}$ 次之,等等。模式阶数越高,角度分辨率越高,但同时存在角度判别的模糊性。

18.4.3.3　方向性单元圆阵相位模分析

(1) 方向性单元的连续分布圆阵

从上一节的分析可以看出采用全向辐射单元的连续激励分布,其模式幅度对圆环直径或频率比较敏感,从而直接影响其工作带宽。而采用方向性单元可以克服上述缺点,可以使整个辐射系统保持较好的宽带性能,同时也看到在仰角上也具有良好的广角响应。

如果单元方向图因子 $f_e(\theta', \varphi')$ 可以写成如下形式

$$f_e(\theta', \varphi') = f_{e,\theta}(\theta') \cdot f_{e,\varphi}(\varphi') \tag{18-74}$$

则具有方向性单元的连续源分布的辐射远场可以写作

$$
\begin{aligned}
f(\theta, \varphi) &= C \oint I(\varphi') f_e(\theta, \varphi - \varphi') e^{jka\sin\theta\cos(\varphi-\varphi')} \mathrm{d}l \\
&= 2\pi a C \int_0^{2\pi} I(\varphi') f_e(\theta, \varphi - \varphi') e^{jka\sin\theta\cos(\varphi-\varphi')} \mathrm{d}\varphi' \\
&= 2\pi a C \int_0^{2\pi} I(\varphi') f_{e,\theta}(\theta) f_{e,\varphi}(\varphi - \varphi') e^{jka\sin\theta\cos(\varphi-\varphi')} \mathrm{d}\varphi' \\
&= 2\pi a C\, f_{e,\theta}(\theta) \int_0^{2\pi} I(\varphi') f_{e,\varphi}(\varphi - \varphi') e^{jka\sin\theta\cos(\varphi-\varphi')} \mathrm{d}\varphi'
\end{aligned}
$$

$$\tag{18-75}$$

　　上述积分具有关于(φ,φ')的卷积形式,这与线阵是不同的。单元的方向性限制了每个辐射单元的有效作用范围,实现了单元作用范围的局域性,这也有利于控制单元之间的互耦。该积分的积分核为$f_{e,\varphi}(\varphi-\varphi')e^{jka\sin\theta\cos(\varphi-\varphi')}$,将这一积分核变换到相位模式域,则模式响应表现为一个卷积形式,而卷积具有模式平滑作用,这就是方向性单元能够改善模式响应的原理。将$f_{e,\varphi}(\varphi')$作傅里叶展开

$$f_{e,\varphi}(\varphi') = \sum_{n=-\infty}^{\infty} f_{e,n}e^{jn\varphi'} \tag{18-76}$$

其中

$$f_{e,n} = \frac{1}{2\pi}\int_0^{2\pi} f_{e,\varphi}(\varphi)e^{-jn\varphi}\mathrm{d}\varphi$$

代入式(18-75)得

$$f(\theta,\varphi) = 2\pi aC\,f_{e,\theta}(\theta)\int_0^{2\pi} I(\varphi')f_{e,\varphi}(\varphi-\varphi')e^{jka\sin\theta\cos(\varphi-\varphi')}\mathrm{d}\varphi'$$

$$= 2\pi aC\,f_{e,\theta}(\theta)\int_0^{2\pi}\sum_{n=-\infty}^{\infty}I_ne^{jn\varphi'}\sum_{m=-\infty}^{\infty}f_{e,m}e^{jm(\varphi-\varphi')}e^{jka\sin\theta\cos(\varphi-\varphi')}\mathrm{d}\varphi'$$

$$= 2\pi aC\,f_{e,\theta}(\theta)\sum_{n=-\infty}^{\infty}I_n\sum_{m=-\infty}^{\infty}f_{e,m}e^{jm\varphi}\int_0^{2\pi}e^{jka\sin\theta\cos(\varphi-\varphi')+j(n-m)\varphi'}\mathrm{d}\varphi'$$

$$= 4\pi^2 aCf_{e,\theta}(\theta)\sum_{n=-\infty}^{\infty}I_ne^{jn\varphi}\sum_{m=-\infty}^{\infty}f_{e,m}j^{n-m}J_{n-m}(ka\sin\theta) \tag{18-77}$$

从上可以看出,模式的响应为

$$h_n = \sum_{m=-\infty}^{\infty}f_{e,m}j^{n-m}J_{n-m}(ka\sin\theta) = f_{e,m}*j^nJ_n(ka\sin\theta) \tag{18-78}$$

其中*为卷积符号。

　　从式(18-78)可以看出,对于连续分布激励域内的第n阶相位模式$e^{jn\varphi'}$对应波束域的第n阶空间谐波模式$e^{jn\varphi}$,单元的辐射方向性并不改变模式在两个域中的对应,每个模式的响应仍为幅度恒定,相位沿φ方向线性变化。波束空间旋转性质也不变,当对激励模式施加一线性相位时,方向图仍具有旋转不变性。如果$I(\varphi'-\varphi_0) = \sum_{n=-\infty}^{\infty}I_ne^{jn(\varphi'-\varphi_0)}$,代入远场表达式有

$$f'(\theta,\varphi) = 4\pi^2 aC\,f_{e,\theta}(\theta)\sum_{n=-\infty}^{\infty}I_ne^{jn(\varphi-\varphi_0)}\sum_{m=-\infty}^{\infty}f_{e,m}J_{n-m}(ka\sin\theta) = f(\theta,\varphi-\varphi_0)$$

$$\tag{18-79}$$

　　由于单元的方向性，变换系数由全向单元时的 Bessel 函数系数变成方向性单元的 Bessel 函数的级数。单元的方向性越强，则卷积涉及的模式就越多；反之，单元的方向性越弱，平滑程度就越低，对于全向单元退化为 Bessel 函数系数。通过选择适当的单元方向图，对应的 Bessel 函数级数的各项选择和加权可以使各个模式的响应系数对各个参数的敏感度降低，从而保证了对各个激励模式的有效激励。

　　上述卷积具有积分平滑性质，可以改善模式的响应，特别是对一些模式的奇点。与线阵的方向图相乘原理不同，这里实现的是一个卷积，具有空间旋转不变性（时间的平移不变性）。通过卷积，一些在全向单元中不能被激励的或者激励程度较低的模式在方向性单元中被恢复了，从而方向性单元改善了相位模式的频率响应。

（2）方向性单元圆环阵相位模

　　设有一均匀圆阵，N 个辐射单元均匀分布在半径为 a 的圆周上，单元的角位置为

$$0, \ \frac{2\pi}{N}, \ 2 \cdot \frac{2\pi}{N}, \ \cdots, \ \frac{2\pi}{N}(N-1)$$

单元方向图响应用 $f_e(\varphi)$ 表示，阵列的激励为 $I(\varphi')$，则阵列响应可表示为

$$f(\theta, \varphi) = \sum_{n=0}^{N-1} f_e\left(\theta, \varphi - n\frac{2\pi}{N}\right) I\left(n\frac{2\pi}{N}\right) e^{j\left[ka\sin\theta\cos\left(\varphi - n\frac{2\pi}{N}\right)\right]} \qquad (18-80)$$

将单元方向图和阵列加权展开成傅里叶级数形式

$$f_e(\theta, \varphi) = \sum_{m_1 = -\infty}^{\infty} f_{m_1}(\theta) e^{jm_1\varphi} \qquad (18-81)$$

$$I(\varphi') = \sum_{m_2 = -\infty}^{\infty} I_{m_2} e^{jm_2\varphi'} \qquad (18-82)$$

则式（18−80）可以写作如下形式

$$f(\theta, \varphi) = \sum_{n=0}^{N-1} f_e\left(\theta, \varphi - n\frac{2\pi}{N}\right) I\left(n\frac{2\pi}{N}\right) e^{j\left[ka\sin\theta\cos\left(\varphi - n\frac{2\pi}{N}\right)\right]}$$

$$= \sum_{n=0}^{N-1} \sum_{m_1 = -\infty}^{\infty} f_{m_1} e^{jm_1\left(\varphi - n\frac{2\pi}{N}\right)} \sum_{m_2 = -\infty}^{\infty} I_{m_2} e^{jm_2\left(n\frac{2\pi}{N}\right)} e^{jka\sin\theta\cos\left(\varphi - n\frac{2\pi}{N}\right)}$$

$$(18-83)$$

根据等式

$$e^{jka\sin\theta\cos\left(\varphi - n\frac{2\pi}{N}\right)} = \sum_{m = -\infty}^{\infty} j^m J_m(ka\sin\theta) e^{jm\left(\varphi - n\frac{2\pi}{N}\right)}$$

$$f(\theta,\varphi) = \sum_{n=0}^{N-1} \sum_{m_1=-\infty}^{\infty} f_{m_1} e^{jm_1\left(\varphi - n\frac{2\pi}{N}\right)} \sum_{m_2=-\infty}^{\infty} I_{m_2} e^{jm_2\left(n\frac{2\pi}{N}\right)} \sum_{m_3=-\infty}^{\infty} j^{m_3} J_{m_3}(ka\sin\theta) e^{jm_3\left(\varphi - n\frac{2\pi}{N}\right)}$$

由

$$\sum_{n=0}^{N-1} e^{j(m_2-m_1-m_3)\times n\times\frac{2\pi}{N}} = \begin{cases} N & m_3 = (m_2-m_1) - l\times N, l \text{ 为整数} \\ 0 & \text{其他} \end{cases}$$

得

$$f(\theta,\varphi) = N \sum_{m_2=-\infty}^{\infty} I_{m_2} e^{jm_2\varphi} \sum_{m_1=-\infty}^{\infty} f_{m_1}(\theta) \sum_{l=-\infty}^{\infty} j^{(m_2-m_1)-l\times N} J_{(m_2-m_1)-l\times N}(ka\sin\theta) e^{-j(l\times N)\varphi}$$

$$(18-84)$$

上式就是定向单元圆环阵列的相位模展开,若上式取 $l=-1,0,1$ 的三项,则进一步化简有

$$f(\theta,\varphi) = N \sum_{m_2=-\infty}^{\infty} I_{m_2} e^{jm_2\varphi} \sum_{m_1=-\infty}^{\infty} j^{(m_2-m_1)} f_{m_1}(\theta) J_{(m_2-m_1)}(ka\sin\theta)$$

$$+ N \sum_{m_2=-\infty}^{\infty} I_{m_2} e^{jm_2\varphi} \sum_{m_1=-\infty}^{\infty} f_{m_1}(\theta) j^{(m_2-m_1-N)} J_{(m_2-m_1)-N}(ka\sin\theta) e^{-jN\varphi}$$

$$+ N \sum_{m_2=-\infty}^{\infty} I_{m_2} e^{jm_2\varphi} \sum_{m_1=-\infty}^{\infty} f_{m_1}(\theta) j^{(m_2-m_1+N)} J_{(m_2-m_1)+N}(ka\sin\theta) e^{jN\varphi}$$

$$(18-85)$$

$l=0$ 对应的项为主项,表示连续电流对应的阵列方向图相位模式。第二项对应于 $l=-1$,第三项 $l=+1$。Bessel 函数性质决定,随阶数 l 的增加对阵辐射贡献就越小。首先看上式第一项,

$$f_{m_2}(\theta,\varphi) = NI_{m_2} e^{jm_2\varphi} \sum_{m_1=-\infty}^{\infty} j^{m_2-m_1} f_{m_1}(\theta) J_{m_2-m_1}(ka\sin\theta) \quad (18-86)$$

由上式可见仅激励电流 $I_{m_2} e^{jm_2\varphi}$ 的阵列方向图

$$f_{m_2}(\theta,\varphi) = NI_{m_2} e^{jm_2\varphi}(j^{m_2} f_0(\theta) J_{m_2}(ka\sin\theta) + j^{m_2-1} f_1(\theta) J_{m_2-1}(ka\sin\theta)$$

$$+ j^{m_2+1} f_{-1}(\theta) J_{m_2+1}(ka\sin\theta) + \cdots) \quad (18-87)$$

采用全向单元时,激励电流的分量为 $I_{m_2} e^{jm_2\varphi}$,在当 m_2 恰好使 $J_{m_2}(ka\sin\theta)=0$ 的话,则方向图中的这个分量就不被激励。而采用方向性单元时,方向图相位模形成级数,一些在全向单元中不被激励或激励较弱的模式(对应 Bessel 函数的零点)在方向性单元中被恢复了。通过选择适当的单元,可以改善对各个模式的有效激励。

在阵列中经常使用的单元天线,如带有反射板的偶极子、缝隙和微带贴片天

线等,它们的单元方向图可以用 $f_\varphi(\varphi) = \dfrac{1+\cos\varphi}{2}$ 来逼近。这种单元方向图可以写作

$$f_\varphi(\varphi) = \frac{1}{4}e^{-j\varphi} + \frac{1}{2} + \frac{1}{4}e^{j\varphi} \qquad (18-88)$$

因此有 $f_{-1} = \dfrac{1}{4}$,　$f_0 = \dfrac{1}{2}$,　$f_1 = \dfrac{1}{4}$。

激励电流 $I_{m_2}e^{jm_2\varphi}$ 对应的方向图为

$$f(\theta,\varphi) \approx N I_{m_2}e^{jm_2\varphi}\left[\frac{1}{2}j^{m_2}J_{m_2}(ka\sin\theta) + \frac{1}{4}j^{m_2-1}J_{m_2-1}(ka\sin\theta)\right.$$
$$\left. + \frac{1}{4}j^{m_2+1}J_{m_2+1}(ka\sin\theta)\right] \qquad (18-89)$$

为了比较全向性阵元与方向性阵元的模式响应和方向图的影响,进行了下列比较计算。假设 $ka=12$,阵元间距为半个波长的 24 个单元组成的圆阵。根据上述公式对不同的 m_2,对方位面($\theta=90°$)阵列方向图相位模式的幅值分布进行了计算,结果示于图 18-23 中。以不同模式(m_2)为参数,计算了阵列方向图相位模式的幅度与仰角的关系,其结果示于图 18-24 中。

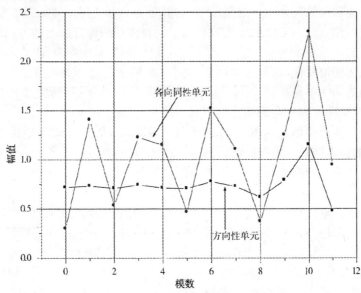

图 18-23　单元方向图对模式响应的影响

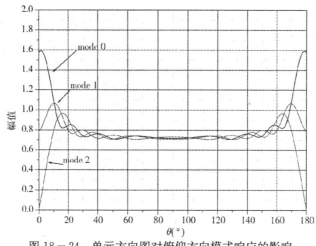

图 18－24　单元方向图对俯仰方向模式响应的影响

从图 18－23 可见方向性单元使模式响应变得平滑，而不随模的阶数剧烈变化。从图 18－24 中可见，在每个仰角上，相位模式的幅度变化不再是单个 Bessel 函数系数，而是 Bessel 函数的级数形式。通过选择合适的单元方向图，模式幅度随仰角的变化不再是振荡型的，其零点被填充了。单元方向图对每个相位模式俯仰方向图响应的均衡效应对于同时进行俯仰方向上的方向图综合是非常重要的。另一个与全向单元圆阵的显著区别是：对全向单元，模式响应在俯仰方向上无相位变化，而对方向性单元则存在相位变化。上述讨论模型中没有考虑实现方向性单元所需要的口径要求，单元方向性越高，所需的口径就越大，而这在实际阵列中会影响阵列单元间距的选择。

按上述阵列参数还计算了方向图的频率响应，图 18－25 中给出了模式从 0～3 的仿真结果。图中实线为方向性单元，虚线为全向性单元。很明显方向性单元使其频率响应变得平缓，不再是起伏振荡了。

（3）小结

与全向性单元相比，采用方向性单元后：①相位模式的激励变得均匀了，这有利于方向图综合；②方向图相位模的频率响应得到改善，增加了圆环阵的工作带宽；③模式幅值随仰角的变化不再是振荡型的，其零点也被填起，有助于俯仰面内方向图的波束赋形。

控制圆环阵方向图函数，降低圆环阵边瓣电平的方法：①选用定向单元替代全向性单元；②采用锥削加权的幅度分布或采用开关切换系统；③对均匀圆阵必须调整阵元的相位；④圆阵周向扫描可采用开关切换或 Butler 馈电的电扫描方案。后者还可形成多个扫描波束。

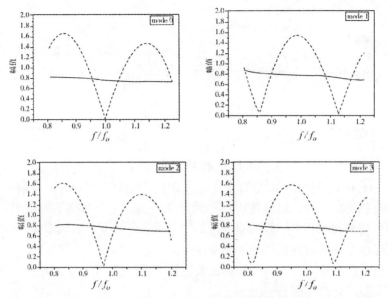

图 18 - 25 圆环阵全向性单元与方向性单元的相位模与频率的关系

这就是圆阵(共形阵)进行广角扫描的理论基础。

再从定向单元的 Fourier 展开阐述单元定向性给阵辐射特性带来的变化。圆阵定向单元的研究表明,当 $J_m(\beta r)$ 变为零时,在水平面内的相位模幅度并不趋于零。考虑 n 个单元的圆阵,每个定向单元有一个 $G(\psi)$ 的方向图,单元配置保持其圆对称性,最实际的排布就是每个定向单元沿径向从阵列指向外的排列。单元方向图可表示成 Fourier 级数

$$G(\psi) = \sum_{k=-p}^{p} B_k e^{jk\psi} \qquad (18-90)$$

式中 p 是单元方向图的最大空间谐波。于是当 $G(\psi)$ 给定后,由 Fourier 分析可确定展开系数 B_k。假设一开始这样的定向单元有无限多个(阵元间距趋于零),那么对 m 阶相位模的远场表示为

$$D_m(\theta) = \frac{1}{2\pi} C_m \int_0^{2\pi} G(\theta - \varphi) e^{j\beta r \cos(\theta - \varphi) + m\varphi} \mathrm{d}\varphi \qquad (18-91)$$

将上两式组合有

$$D_m(\theta) = \frac{1}{2\pi} C_m \int_0^{2\pi} \sum_{k=-p}^{p} B_k e^{jk(\theta - \varphi)} e^{j\beta r \cos(\theta - \varphi) + m\varphi} \mathrm{d}\varphi \qquad (18-92)$$

$$D_m(\theta) = C_m e^{jm\theta} \sum_{k=-p}^{p} B_k \frac{1}{2\pi} \int_0^{2\pi} e^{j(m-k)(\varphi-\theta)+\beta r\cos(\varphi-\theta)} \, \mathrm{d}\varphi \qquad (18-93)$$

利用 $j^m J_m(\beta r) = \dfrac{1}{2\pi} \displaystyle\int_0^{2\pi} e^{j(m\varphi+\beta r\cos(\varphi-\theta))} \, \mathrm{d}\varphi$，远场方程变成

$$D_m(\theta) = C_m |A_m| e^{j(m\theta+\psi_m)} \qquad (18-94)$$

$$|A_m| e^{j\psi_m} = \sum_{k=-p}^{p} B_k e^{j(m-k)} J_{m-k}(\beta r) \qquad (18-95)$$

于是对零间距情况,关于阵列模激励和对应的远场方向图之间的关系不再是单个的 Bessel 函数系数了,而是对应于单元定向方向图的 Fourier 系数与 Bessel 函数系数积的级数和。对最常用的单元来说,对 βr 这个和都不等于零,因此由于阵列半径和频率改变引起的模幅值的稳定性得到了改善。以零间距的任何形式的定向单元形成的相位模是无畸变项的。

利用前面讨论的离散单元和单元间距影响,仍然可用于定向单元情况,这将导出修正的定向方向图有

$$D_m(\theta) = C_m |A_m| e^{j(m\theta+\psi_m)} + C_m \sum_{q=1}^{\infty} \Big[|A_{nq+m}| e^{j((nq+m)\theta+\psi_{nq+m})}$$
$$+ |A_{m-nq}| e^{j((m-nq)\theta+\psi_{m-nq})} \Big] \qquad (18-96)$$

由上式可见,由于有限的单元间距,高阶畸变项形成了。上式意味着高阶畸变项对定向单元来说更为重要。这意味着不能因经济的原因为减少阵元数而放宽单元间距。只要单元间距较小(小于半个波长)或方向图激励模阶数不逼近于的极限值,这些高阶项的辐射贡献就很小。

上述结果证明圆形阵采用方向性单元才可达到宽带和/或低边瓣要求。单元归一化方向图为 $(1+\cos\psi)/2$ 的形式对实际应用是很好的。单元间距为半个波长或更小能使高阶畸变项达最小。

18.4.4   圆阵的激励

18.4.4.1   圆阵相位模激励网络

Butler 矩阵用于线阵多波束,也可用来激励圆阵相位模。如果 $N \times N$ 的 Butler 矩阵连到 N 个单元的圆阵上,那么阵列的每一个入端口将产生正确的相位模激励,这阵列的 N 个端口就激励出对应于一组空间正交的 N 个相位模。这种布局示于图 18-26,图中 (a) 为 n 个阵元的圆环阵,(m) 是 n 端口的 Bulter 矩阵。

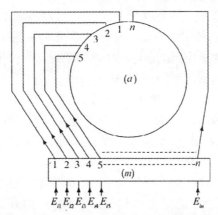

图 18－26　Bulter 矩阵激励 n 个阵元的圆阵系统

　　Butler 矩阵每个入端口激励对应的相位模,所以空间带限的辐射都可由圆阵激励,只要在这些端口加上适当的幅、相值。这个激励函数取决于所要求的方向图的 Fourier 各项和每个阵列相位模与远场相位模间的 Bessel 函数系数。这样综合出的定向方向图指向一固定方向。

18.4.4.2　圆阵周向扫描的激励

　　Butler 矩阵馈电的另一个重要的特性是如果一个渐进相位,比如 $0, \phi, 2\phi, \cdots,$ 加到 Butler 矩阵入端,再加上所要求的激励,那么合成信号将绕圆阵周向旋转。采用 Butler 矩阵馈电网络对圆阵的馈电,实现方向图的圆周扫描,该系统的一种配置见图 18－27 ,图中 (m) 为 n 个端口的 Butler 矩阵,(a) 为使方向图旋转的渐进相位网络,(b) 为综合定向方向图的幅度和相位网络。

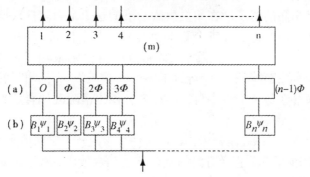

图 18－27　圆阵电扫描的系统框图

　　Butler 矩阵馈电系统是进行线阵和圆阵间激励技术的变换,很清楚任何使线阵产生渐进相位移的技术都可用 Butler 矩阵来实现圆阵波束偏移。

　　用于线阵的所有多波束网络设计同样可用于圆阵相位模激励,这个相位模激励要求在使用频带内相移为固定值,这通过 Butler 矩阵来达到。Butler 矩阵网络的复杂性和成本随着单元数目的增加迅速增加,对多于 32 元的 Butler 矩阵网络的设计和实现变得更为困难,这表明口径大于 5 个波长直径的馈电系统变得非常复杂。对接收来说,中频处理、数字信号处理和阵列信号处理技术可用来克服这个局限。

　　圆环阵定向波束方向图的旋转(电扫描)可用不同馈相或开关的方案来实现。为了获得旋转所要求的幅值和相位,采用电扫描方式需要非常复杂的馈电和开关技术;采用机械扫描,由于机械部件的惯性使连续扫描的速度受限。近年来圆环阵定向方向图连续扫描采用阵列信号处理技术使上述问题和困难得到解决。例如,圆环阵用非常快的速度(对带宽有限的接收信号采用 Nyquist 取样率)取样,并把取样馈送到匹配滤波器,匹配滤波器能把它们加在一起输出一个综合波束。多个滤波器能实现多个波束。这类数字技术具有较大的应用潜力。

18.4.4.3　圆形阵列的互耦合

　　所有阵列都存在互耦合问题,这是不希望的。圆形阵也不例外,一般说来,圆形阵的互耦合效应还是比较严重的,因为位于直径方向相对二阵元耦合是大的,再加上相邻单元间耦合。对阵列采用单相位模激励的情况,所有单元的电环境是一样的。由于对称性,这意味着所有单元呈现相同的辐射阻抗。不管怎么说互耦合效应还是改变了辐射阻抗的值,只是单相位模激励情况所有的改变值是相同的罢了。在相位模激励下的这个辐射阻抗对所有其他相位模也可进行相同的讨论。互耦合影响改变各个模的阻抗,也就改变了和每个相位模相关矩阵输入端口的匹配。如果相位模激励采用了网络(如采用了 Butler 矩阵)每个相位模有一个分开的各自的输入端口,这可以完全补偿互耦合的影响。通过在每个输入端阻抗匹配来补偿以消除互耦合影响。这与阵列激励和波束指向无关。

　　对于宽带工作必须在工作带内匹配每一个模阻抗。定向单元可减少互耦合影响,因为它减少了阵列直径方向的耦合。互耦合效应的校正理论和实验的方法都可用在圆阵的调配上。

18.5　高增益、多波束、广域电扫描数传天线

18.5.1　对地传输模式

　　各种遥感卫星多位于(400～1000km)范围的近地轨道,卫星对地球的视场一般在(120°～140°)角域范围。对这样大覆盖范围的波束扫描一般应采取二维广角扫描,但考虑到近地卫星覆盖特点:首先卫星对地球覆盖是周向对称的,因此采用圆阵实现波束扫描是合适的。圆阵在进行(0°～360°)扫描时波束特性保持不变,满足周向覆盖对称要求;而在俯仰面由于星地间的空间程差会在对地视场范围内产生约 12dB 左右的电平变化,如果单纯采用二维扫描,在其过程中还必须加入电平控制否则接收电平变化太大不易保证接收质量,同时对星上射频能量的利用也不是最佳的。基于上述考虑,高增益扫描数传天线采用圆柱阵列实现。在俯仰面通过圆柱阵列的每一个列阵在俯仰面形成地球匹配波束,在周向利用圆环阵激励形成周向一维扫描,从而达到对地球的全覆盖。这不仅克服了电平变化,而且大大简化了扫描的硬软件配置。

18.5.1.1　俯仰面内赋形波束设计

　　前面已经讨论过地球匹配波束设计的目标函数,也介绍了线阵天线综合的一些方法,利用计算机数值仿真就可完成列阵的方向图综合。前面提到的波导十字缝阵组合天线,端辐射为线极化,为了改进该天线的广角圆极化性,端辐射单元改用辐射圆极化的背腔端螺旋,这样就形成了一种波导缝隙阵加端螺旋的组合天线,用它形成俯仰面地球匹配波束的设计。波导缝隙天线阵和端射螺旋天线间采用适当的功率分配比和相位关系,即可以得到所需的赋形波束。天线外形如图 18－28 所示,这是一个波导单面十字缝阵加背腔螺旋的组合天线。

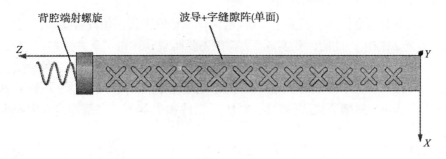

图 18－28　矩形波导缝隙天线阵＋螺旋天线模型

18.5.1.2　周向扫描设计

该列阵的天线辐射方向图如图 18－29 所示,其中图(a)是波导轴平面(俯仰面,YZ 平面)方向图,图(b)为波束最大指向方位面(周向)方向图,设 $H=$ 700km。该列阵方向图实现了俯仰面内半空间的地球匹配波束赋形。该列阵为周向圆环阵之阵元,图 18－29 所示波束为圆环阵的单元波束。在波束指向控制信号下采用开关切换,部分激励圆环阵的方式就可实现能跟踪地面接收站的定向天线,其增益可达 16dBc 左右。如果需要形成同时跟踪三个地面站的扫描定向波束,只需在上述过程之前,首先采用 1：3 功分网络把周向阵元分成三组,每一组按上述方法处理则可。有关的设计和实施与第 15 章中电消旋天线类同,在此不重复了。

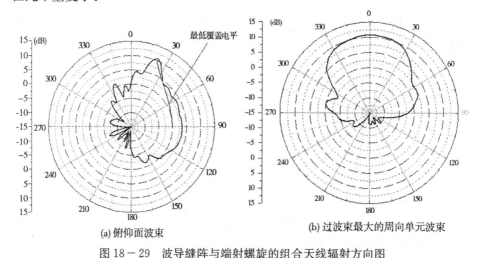

(a) 俯仰面波束   (b) 过波束最大的周向单元波束

图 18－29　波导缝阵与端射螺旋的组合天线辐射方向图

18.5.2　圆阵的周向扫描实现

从建立空间立体信息网要求考虑,航天信息传输天线必须具备高增益、多波束、广域电扫描多种性能。要实现广域,首先要实现 0°～360°全方位扫描,为此圆阵是一个优选方案。因此本节在相位模激励的基础,从广义的、普遍的意义上讨论圆阵的三种基本的馈电形式及波束扫描的实现。在实际的系统设计中,这些馈电方式应根据需要完成的功能、系统复杂性和成本等约束条件进行选择和组合。

圆环阵列的波束扫描可以从两个角度去描述。一个是基于圆环阵列的模式展开理论,另一个是基于采用方向性单元的有效辐射单元原理。根据激励域和波束域的对应关系,波束扫描与激励分布的旋转是对应的。

三种馈电方式分别是全阵列模式激励法,部分阵列开关选择法和部分阵列模式激励法。全阵列模式激励法的基础是上一章给出的圆环阵列的相位模式展开理论。部分阵列开关选择法的基础是有效辐射单元原理,即只激励对波束方向有较大贡献的部分阵列单元。部分阵列模式激励法一方面类似组合式的全阵列模式激励法,另一方面又类似部分阵列开关选择法的软实现方式。

实现方位面波束扫描的过程可以叙述如下。设方位面波束指向为 $\varphi=0°$ 时的方向图为 $P(\varphi)$,对应的阵列单元的激励为 $I(\varphi)$。在理想情况下,如果要求在波束指向为 $\varphi=\varphi_m$ 时的方向图为 $P(\varphi-\varphi_m)$,则此时相应的阵列激励形式为 $I(\varphi-\varphi_m)$。对于单元均布圆环阵列,其扫描状态集为

$$\left\{ \varphi_m = \frac{2\pi}{N}m, \quad m=0,1,\cdots,N \right\}$$

只要对某一波束状态完成方位面的波束综合,则很容易实现对其他方向的波束扫描。

18.5.2.1　全阵列模式激励法

通过相位模式展开,建立了激励域的电流相位模式与波束域的远场相位模式之间的一一对应关系。每个电流模式的幅度和相位变化就引起该模式对应的远场模式的变化。因此,可以通过对各个相位模式的控制进行圆环阵列方向图综合。

电流空间分布到电流相位模式分布的变换是一个傅里叶变换的关系,该变换矩阵在数学上等效于离散傅里叶变换。物理实现上常常采用 Butler 矩阵形式,而 Butler 矩阵等效于快速傅里叶变换的物理实现。通过将圆环阵列与 Butler 矩阵相连,可以把激励域中的电流空间分布变换为各个相位模式。通过对模式的幅度和相位补偿网络可以实现对方向图的综合。相位激励模式是一个全局激励方法,通过变换矩阵实现对圆环阵列电流激励。相位模式的线性相位激励,可以实现方向图的扫描,其原理框图见图 18－30。图中电流-模式变换矩阵的一般形式是 Butler 矩阵,模式幅度和相位补偿网络是根据特定的方向图要求对各个模式的激励进行控制,波束扫描网络是一个仅相位控制网络,通过控制对各个模式的激励相位可以实现波束的扫描,功率分配网络将信号源或功率源的信号或功率分配到各个模式端口中。采用上述方法对圆环阵列进行馈电时,方向图综合和波束扫描的实现是分离的。按照方向图综合要求对模式的幅度和相位进行控制,这个模式的幅度和相位综合结果在波束扫描过程中是不变的,可以通过固定移相器和衰减实现。波束扫描的实现是利用可变移相器对各个模式施加适当的相位来实现的。

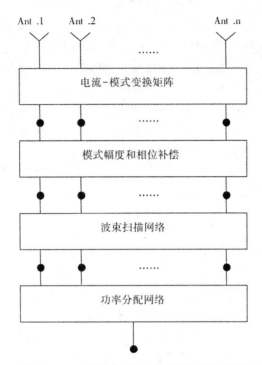

图 18-30　圆环阵全阵列模式激励馈电框图

18.5.2.2　部分阵列开关选择法

在大多数的应用中采用方向性单元以降低互耦,同时可以改善圆阵阵列响应模式对阵列参数的敏感性。根据圆环阵列的特点,采用方向性单元时,对于某一波束指向而言,有效辐射单元区域一般位于参考该波束方向的$\pm45°\sim\pm60°$之间,即有效辐射单元一般只占全部单元的$\frac{1}{4}\sim\frac{1}{3}$。采用方向性单元自然引出了有效辐射单元的概念,即只激励对波束方向有较大贡献的单元,激励区域的大小与单元方向图的有效作用空间有关。

对单元的选择可以通过开关来完成,即通过开关网络来完成将目标方向图所需要的激励幅度和相位分布送到适当的阵列单元中,如图 18-31 所示。采用开关网络的优点之一是可以使幅度和相位控制单元的复杂性降低。开关网络要完成的功能可以分为两个部分,一部分是完成对阵列有效区域的选择,另一部分是完成有效区域内各个单元的重新排序。

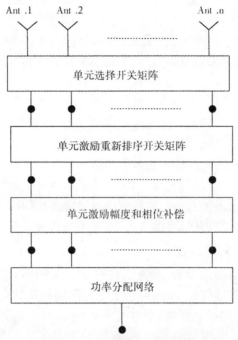

图 18－31　圆环阵开关馈电框图

　　当仅采用开关网络进行波束扫描时,只能获得有限个波束扫描状态,当阵列单元数为 N 时,可获得的波束状态数目为 N,波束的跃度为 $\frac{2\pi}{N}$。在这种情况下,要想获得更多的波束状态数目,降低波束跃度就意味着必须增加单元数。而单元数目的增加必然增加开关网络的复杂性,这种复杂性的增加往往是指数形式的。如果在两个相邻波束之间采用幅度和相位控制进行波束内插以降低波束跃度,可获得更精细的波束扫描。阵列的单元总数为 N,而有效激励的单元数为 M,一般 M 取 $\frac{N}{4}$,$\frac{N}{3}$。与全阵列模式激励法不同,这里的激励端口数目为 M,而功率分配网络也为 $1:M$ 形式。

　　以 32 单元阵列为例,且只有效激励四分之一的阵列单元,即 $N=32$,$M=8$。与图 18－31 类似系统由阵列单元、开关网络、配相网络、功率分配和幅度控制部分组成。开关网络用于激励圆柱阵列,可以分为两个部分:单元选择开关和单元排序开关。通过单元选择开关选择连续的四分之一阵列作为激励,并且为了配相的正确性,对选择的单元进行单元重排。开关矩阵可以实现粗扫描,即波束增量对应相邻单元对应圆心角的角度增量,大约为 0.8 个波束宽度。配相网络通过可控移相器实现波束精细扫描,获得 0.1 个波束宽度的扫描增量。

32 个单元可以分为 8 组,分别是:$(1,9,17,25)$,$(2,10,18,26)$,…,$(k,k+8,k+16,k+24)$,…,$(8,16,24,32)$。单元选择开关分别对这 8 组进行四选一的工作,如一种选择是 $(1,2,3,4,5,6,7,8)$。当波束扫描一个步进角度时,所需要选择的单元是 $(2,3,4,5,6,7,8,9)$,对应的馈电顺序是 $(2,3,4,5,6,7,8,1)$。显然原来对单元选择开关的馈电连接方式需要改变,此时原来对第一组单元选择开关网络的馈电应该变换到第二组单元选择开关网络,第二组单元选择开关网络的馈电应该变换到第三组单元选择开关网络,依次类推,第八组(最后一组)单元选择开关网络的馈电应该变换到第一组单元选择开关网络。这些变换是由单元激励排序开关网络来实现的。这种馈电激励的波束扫描与在自旋稳定的通信卫星上应用的消旋天线类同,可参考第 15 章相关章节。

18.5.2.3　部分阵列模式激励法

阵列激励分布沿圆周旋转,最直接的办法是采用前面的开关网络来实现。另一种方法是采用模式变换,此时阵列激励沿圆周的旋转是通过对模式的控制来实现,避免了复杂的开关网络,但需要复杂的 Butler 矩阵实现模式变换。当单元数目较高时,实现模拟 Butler 矩阵是十分困难的。为此,采用小尺度的 Butler 矩阵和适当的单元连接方式实现的馈电方式,这一方式与前两种方法相比复杂程度大大降低,同时保留了进行幅度和相位控制的能力。

开关网络完成了对单元的选择,实现了在电流域中获得激励局域性。这个开关网络可以认为是一个硬开关,具有 $[0,1]$ 两个状态,这里给出的变换矩阵 T 同样具有激励局域化性质,这个变换矩阵可以认为是一个软开关,其状态呈现多个状态。

变换 T 本身也可以不是全局变换,而是一个局部变换,从而可以降低变换 T 实现的复杂性。基于部分矩阵变换的软切换系统可以通过对各个子矩阵的输入相位控制进行单元选择和单元的幅度和相位加权,系统示意图见图 18-32。

N 个辐射单元组成的阵列分成 P 个子阵,每个子阵 M 个单元,在子阵中选择单元形成具有指定方向图的每个波束。功率分配网络将输入功率分配到各个单元中去。控制移相器网络的移相量使得信号只送到那些对方向图有贡献的天线单元中去,在某些特殊情况下,移相器网络和变换矩阵可共同完成单元选择开关矩阵的功能。与开关矩阵不同的是,这种网络矩阵同时可以实现对单元的相位控制,因此可以更好地实现方向图综合,在一定条件下也可进行幅度控制。因此,该组合网络矩阵等价于一个软开关矩阵。

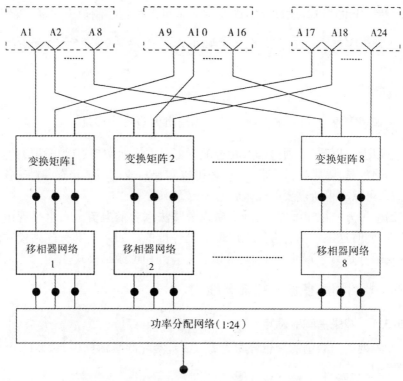

图 18—32　圆环阵部分阵列模式馈电框图

　　以 24 辐射单元的圆环阵列为例,将 24 个单元分成 3 个子阵,每个子阵 8 个单元,每个子阵的控制角域为 120°。变换矩阵为 3×3 矩阵,共有 8 个变换矩阵。每个变换矩阵的三个输出端口分别接到 3 个子阵当中去。如果变换矩阵取为正交矩阵,具有如下形式

$$T=(T_{mn})_{3\times3} \tag{18-97}$$

其中

$$T_{mn}=\frac{1}{\sqrt{3}}\,e^{-j\frac{2\pi}{3}(m-1)(n-1)}$$

其逆矩阵为

$$T^{-1}=(T_{mn}^{-1})_{3\times3}$$
$$T_{mn}^{-1}=\frac{1}{\sqrt{3}}\,e^{j\frac{2\pi}{3}(m-1)(n-1)} \tag{18-98}$$

如果输入向量为 $V=[v_1,v_2,v_3]$，输出向量为 $U=[u_1,u_2,u_3]$，则变换可以写成 $U=TV$ 的形式，通过控制输入向量 V 可以达到控制输出向量 U 的目的：

· 如果 $V=\dfrac{1}{\sqrt{3}}[e^{j0°},e^{j0°},e^{j0°}]$，则输出为 $U=[1,0,0]$

· 如果 $V=\dfrac{1}{\sqrt{3}}[e^{j0°},e^{-j120°},e^{j120°}]$，则输出为 $U=[0,1,0]$

· 如果 $V=\dfrac{1}{\sqrt{3}}[e^{j0°},e^{j120°},e^{-j120°}]$，则输出为 $U=[0,0,1]$

从以上可以看出，通过输入相位配置可以方便地实现对输出端口的选择，与开关不同的是，除了这三个状态外，还可以实现其他的输出状态。对于任意输出状态 U，可以求得所需要的输入状态 $V=T^{-1}U$。

当采用方向性单元时，全阵列模式激励法综合的电流分布也呈现出局部激励特点，此时这三种综合方法在原理上是等价的。如果在部分阵列模式激励法中变换矩阵是 $N\times N$ 形式的，则等价于全阵列相位激励模式。

18.5.3 圆环阵多波束扫描天线

18.5.3.1 波束指向的确定

设阵列周向激励的理想分布为 $I_{ref}(\varphi')$，实际的激励分布为 $I_{obj}(\varphi')$，定义两个激励的相关性为

$$r(\beta)=\frac{<I_{ref}(\varphi';\beta),I_{obj}(\varphi')>}{\parallel I_{ref}(\varphi';\beta)\parallel\parallel I_{obj}(\varphi')\parallel} \qquad (18-99)$$

其中

$$<I_{ref}(\varphi';\beta),I_{obj}(\varphi')>=\int_0^{2\pi}I_{ref}(\varphi';\beta)I_{obj}^*(\varphi')\mathrm{d}\varphi$$

$$\parallel I_{ref}(\varphi';\beta)\parallel=\sqrt{<I_{ref}(\varphi';\beta),I_{ref}^*(\varphi';\beta)>}$$

$$\parallel I_{obj}(\varphi';\beta)\parallel=\sqrt{<I_{obj}(\varphi';\beta),I_{obj}^*(\varphi';\beta)>}$$

β 为波束扫描参数。一般 r 为复数，且 $0\leqslant|r|\leqslant1$。如果 $\max|r(\beta)|=1$，则表示存在一定的角度旋转 β 外，两种激励形式完全相同。从实际的激励分布中确定对应的波束扫描角就是要找到一个 β，使相关系数 $|r|$ 最大。这个求解问题实际上就是空间谱估计。

上述关系式也可以在波束域表示，设波束域中的理想方向图和实际方向图分别为 $f_{ref}(\varphi)$ 和 $f_{obj}(\varphi)$，则相关系数可以表示为

$$r(\beta) = \frac{<f_{ref}(\varphi;\beta), f_{obj}(\varphi)>}{\| f_{ref}(\varphi;\beta) \| \| f_{obj}(\varphi) \|} \qquad (18-100)$$

由于激励域和波束域之间的傅里叶变换关系,这两种表示是等价的。相关系数的幅度给出了一个判别系统是否正常工作的门限,描述了波束失配的程度。

18.5.3.2　波束扫描

首先对某一波束方向(一般我们选择 $\varphi = 0°$)进行方向图综合,得到适当的辐射方向图和阵列激励形式。不妨设综合得到的方向图和阵列激励分别为 $f(\varphi)$ 和 $\{I_n\}$,为了得到任意波束方向上的方向图和激励分布,首先将阵列激励通过傅里叶变换,变换为相位模式 $\{I_m^{mode}\}$,然后根据所需要的波束方向,对相位模式进行适当相移。设目标波束方向为 β,则相应的相位模式为 $\{I_m^{mode}e^{-jm\beta}\}$,然后在将该相位模式反演为阵列的激励电流 $\{I'_n\}$。可以表示为

$$I'_n = IDFT_{N\times N}\begin{bmatrix} e^{-j\beta} & 0 & \cdots & 0 \\ 0 & e^{-j2\beta} & \cdots & 0 \\ \vdots & \vdots & \vdots & \vdots \\ 0 & 0 & \cdots & e^{-jN\beta} \end{bmatrix} DFT_{N\times N}I_n \qquad (18-101)$$

其中对角阵的元素是波束扫描所需要的,这里需要指出的是,采用有限矩阵进行变换时,反演电流只对特定波束指向具有完全的旋转不变性,而对其他方向存在反演误差,从而引起方向图与理想方向图的偏离。

用部分模式馈电方式去逼近 I'_n,这可以用矩阵进行描述。设 N 可以分解为形式 $N = P\times Q$。不妨设 P 是需要激励的有效单元数目,则可以对 N 个阵列单元分成 Q 组,每组 P 个单元。按照这种思路,原来需要的 $N\times N$ 变换矩阵,可以分解为 P 个 $Q\times Q$ 变换矩阵,$IDFT_{N\times N}$ 变成了如下形式:

$$IDFT_{N\times N} = \begin{bmatrix} IDFT_{Q\times Q} & 0 & \cdots & 0 \\ 0 & IDFT_{Q\times Q} & \cdots & 0 \\ 0 & 0 & \cdots & 0 \\ \vdots & \vdots & & \vdots \\ 0 & 0 & \cdots & IDFT_{Q\times Q} \end{bmatrix} \qquad (18-102)$$

因此在部分模式馈电方法中,电流和各个模式端口之间的变换关系为每个矩阵实现的变换

$$\begin{bmatrix} I_k \\ I_{P+k} \\ \vdots \\ I_{(Q-1)\times P+k} \end{bmatrix} = IDFT_{Q\times Q}\begin{bmatrix} I_{(k-1)\times Q+0}^{mode} \\ I_{(k-1)\times Q+1}^{mode} \\ \vdots \\ I_{(k-1)\times Q+Q-1}^{mode} \end{bmatrix} \qquad (18-103)$$

其中 $k=1,2,\cdots,P$。

　　按上述公式可以确定波束扫描所需要的激励分布。

18.5.3.3　多波束天线系统设计

　　多波束系统分为微波通道和控制回路两个部分,见图18-33。波束控制器是系统的神经中枢。星上数据管理系统将数据传输任务以波束语言的方式通过波束译码器翻译成波束控制信息。控制信息经驱动电路控制波束扫描网络中移相器的状态。状态检测器和故障诊断器监测驱动电路和波束扫描网络的工作状态,并送给波束控制器和数据管理系统。数据管理系统通过星地遥控和遥测信道到地面系统中。

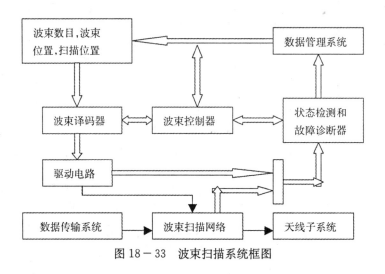

图18-33　波束扫描系统框图

　　要完成阵列激励分布沿圆周的旋转,最直接的办法是采用复杂的开关网络来实现。另一种方法是采用相位模式变换,此时阵列激励沿圆周的旋转是通过对相位模式的控制来实现,避免了复杂的开关网络,但也需要复杂的 Butler 矩阵。当单元数目较高时,实现模拟 Butler 矩阵是十分困难的。为此,采用部分阵列模式激励法降低 Butler 矩阵规模,同时保留了进行幅度和相位控制的能力。

　　在单波束扫描系统基础上,将单波束系统扩展到多波束系统,见图18-34。对每一个波束确定相应的波束扫描所需要的移相器设置,然后将各个波束的信号通过合路器相加,并送到相应的变换矩阵的端口,根据线性叠加原理,变换矩阵的输出给出各个波束位置对应的阵列单元激励的幅度和相位分布。

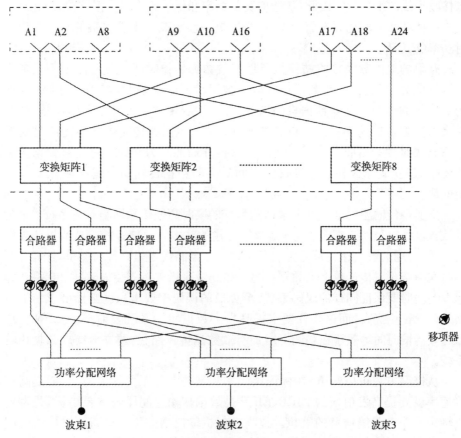

图 18-34　多波束扫描原理图(3 波束,24 单元)

18.6　航天数传天线的技术展望

对地观察卫星所获取的大量遥感信息在国民经济和国防军事等领域发挥了重要作用,显示了空间遥感平台的优势。实时合成孔径雷达标志着卫星对地观察领域又一技术进步,未来还将有更多的对地观察卫星及小卫星遥感星座投入使用。随着星上遥感器数目的增加、遥感器分辨率的提高和新型遥感器的在轨运行,数据传输问题突出。首先,遥感数据量在不断增加,而对传输质量的要求并没有降低,数据传输的链路预算面临着非常大的压力。其次,在处理突发情况时,对移动站和快速建站的需求是较高的。目前的遥感数据接收站为固定站,建站成本和运作成本较高。从技术角度来讲,小型化移动站面临的最大问题之一是接收天线的小型化。因此,从适应高数据率和低误码率的数据传输,简化地面配置和移动站小型化等方面考虑,有必要进一步提高星上发射端的有效全向辐射功率(EIRP)。

有限的地面数据接收站使得星地有效数据传输时间十分有限。不具备全球设站能力,当成像区与数据接收区不被卫星同时覆盖时,需采用存储—回放的数据传输体制。随着数据量的增加,需要大容量的星上数据存储设备,同时对星地数据传输速率提出了更高的要求。存储—回放传输体制不能满足对遥感信息实时性的需要。为了缓解星上数据存储的压力和满足对实时数据传输的需求,建立成像区和数据接收区之间的实时数据传输链路是必须抓紧解决的问题。

要实现传输型对地观察卫星遥感数据的实时高速传输面临着诸多技术上的挑战。这些挑战都是围绕着星—地数据传输的基本矛盾展开的。从数据传输链路入手,问题的解决途径可分为两条路线。一条路线是提高传输速率,这样在同样时间内就可以传送更多的数据。另一条路线是增加有效传输时间。提高传输速率的同时要保证同样的误码率(甚至更低的误码率要求),就必然要求传输链路的信噪比要提高,而这往往要求提高星上数据传输系统发射端的 EIRP。增加有效传输时间等效于在空间上增加有效数据传输路径,建立分布式数据传输系统。

从链路方程可以知道,在保证误码率和其他条件不变的情况下,要提高传输速率就要提高发射端的 EIRP,EIRP 是数据传输空间段的重要指标,是发射机输出功率和天线增益的乘积。提高发射机输出功率可以提高数据传输链路的 EIRP,但带来了较多的问题。首先,空间平台的能量是非常珍贵的资源,大功率器件对星上能源的需求更高,提高了整星的功耗,带来了诸如加大太阳翼尺寸,热控等一系列问题。此外,发射机在功率上的提高相对而言发展较为缓慢,因此在发射机输出功率上不能做过分乐观的估计。最后,大功率器件的可靠性设计也十分突出。提高发射功率往往意味着要付出很大的代价,甚至非常困难。

提高 EIRP 的另一个方向就是提高天线的增益。目前,发射的遥感卫星多采用了具有固定匹配波束的数据传输天线,该波束覆盖卫星的整个可视范围。对于低轨道遥感卫星,该波束的波束覆盖范围可达 130°。因此,匹配波束的增益不可能做得太高,目前已经没有太大的潜力可挖。提高天线增益就意味波束要变窄,因此需要采用波束扫描技术满足较宽的波束覆盖范围。为了解决多站接收的问题,要有提供同时多波束的能力。用高增益波束实现对多个目标的实时动态覆盖是遥感卫星数据传输天线技术发展的必然。星-地数据传输在不依靠提高星上发射功率的条件下,通过设计具有高增益的、可控多波束天线来提高星-地数据传输链路的 EIRP 和解决多站接收的问题。

　　传输型遥感卫星当成像区域和数据接收区域分离时,目前的一个通常做法是星上存储转发,而这要求星上要有较大容量的数据存储器(磁带机或固存)。这种方式不能实现实时数据传输,在处理突发和危机事件时是十分不利的。如果采用全球布站的形式进行数据接收,所需地面站的数目很多,其建造和维护成本都很高。在其他国家设置地面站面临很多非技术问题,有时根本难以实施。另一个发展方向是空间数据中继,用两颗同步轨道的中继卫星组网就可以基本上覆盖中低轨道的空域,实现准实时和准连续的数据传输,并且可以同时接入多个航天器。同步静止轨道中继卫星系统是实现低轨道卫星实时数据传输的典型方案,已经在美国第一代跟踪和数据中继卫星系统(TDRSS)中实现,目前各主要航天强国都在进行研制。

　　针对军事和国民经济中一些应用领域对实时获取遥感信息的迫切需求,在中继星方案之外去寻求其他解决方案是必要的。在移动卫星通信系统中已经实现了通过星间链路进行远距离通信,在遥感数据中继方面也提出了通过数据链路环进行中继的方案。因此,结合星座技术和星间通信技术实现遥感数据的实时传输是一个可行的、值得探索的技术途径。星座技术是当前空间平台的一个重要发展方向。星座技术和信息技术相结合,使空间上互相孤立的卫星组成一个空间信息网络,星座中的每颗卫星都成为这个网络中的节点,通过信息交换卫星之间协同工作,大大扩展了单个卫星的功能,提高了空间平台的自主运行能力,减轻了对地面的依赖性。

　　天基综合信网是指通过信息网络技术将侦察、导弹预警、通信、导航定位、气象、海洋等多种卫星及其星座与海陆空作战信息系统连在一起,以独有的空间优势为战场作战及时提供全天候、全天时、全方位、无缝隙的信息支持和保证。是未来战争(军事斗争)夺取制天权、制信息权,克敌制胜的重要手段。它是国内外航天技术和信息技术发展的必然趋势。根据天基综合信息网的基本框架,按其系统功能来分,把天基综合信息网可分为 6 个部分,其中天基信息通信传输网络系统与航天器天线有密切关系。天基组网是实现空间系统互联、互通,组成空间网络的重要手段。天基组网可采用 GEO、MEO 和 LEO 三个层面的卫星组网方式及其混合层面组网方式。在各种星座条件下的信息传输是航天器天线面临的新任务。不管天基网络星座如何组成,在 LEO 与 LEO,LEO 与 MEO,LEO/MEO 与 GEO(TDRSS),GEO 与 GEO 之间的无线信息通道是靠航天器上天线来建立的。为此航天器天线需要实现:1 宽域范围的扫描、捕获和跟踪,尤其是对多目标问题;利用低轨信息获取卫星直接联网,实现互联、互通,它更有一些特殊的问题。比如,由于低轨信息获取卫星为某一特定任务设计的,要同时兼顾组网传输的需要是十分困难的(包括星座设计的兼顾问题、系统复杂性、网络测控管理问题);低轨卫星星间距离相对变化率较快,星间卫星相对方位角变化率较快,星间相对角速度变化较快,星间链路天线的捕获、跟踪和保持会有较大的难度。轨道低覆盖时间短,需要多次频繁跳接(切换)传输链路需要不断地重新建立。低轨星座在系统构架的安全性、空间环境安全性、空间信息安全也有难处。鉴于应用的迫切需求,能否利用低轨卫星星座来缓解或解决目前我国基本上为单星、单系统工作,各卫星间各自独立的局面带来的卫星工作利用率低、实时性差的问题。(对一个地面站仅十几分钟的可视范围才能传数据和图像,其他时间只能靠存储与延时发送方式。)

天基综合信息网是由携带各类有效载荷航天器、星座以及它们的地面支持系统组成,按照信息资源综合利用原则,以航天器为枢纽采用集中和分布相结合方式,利用网络技术实现互联、互通和信息交换,可融合陆、海、空基多种信息,以达到多源信息安全可靠、不间断、实时地获取、处理、融合、提升、传输和分发。同时具有一定的自主运行管理和网络重构能力的智能化天地一体化综合信息网络。

从数据传输的角度看,利用星座技术形成空间通信网络,将大大扩展数据传输的路由形式,实现分布式数据传输。充分利用空间和地面网络优势,可以解决大容量数据的实时传输问题。

建立星地和星间链路是天地综合信息网络的前提,而这一无线物理信道的建立是由天线完成的。由于卫星和地球,卫星和卫星之间的相对运动,星地和星间链路是动态的,其拓扑结构是时变的,因此存在链路的建立、保持、断开和重新建立的过程。这一过程对应着天线波束的定向、捕获和跟踪技术,又称 PAT 技术(Pointing、Acquisition、Tracking)。卫星天线的 PAT 技术是星地和星间链路的关键技术之一。

要实现波束的 PAT,天线应具有波束扫描和跟踪功能。从扫描或跟踪方式上大致分为机械扫描和以相控阵为代表的电扫描。机械扫描天线是目前得到广泛应用的波束扫描系统,其原理直接,实现起来也相对容易。但是将机械扫描天线用于空间平台有一些特殊的设计和制造问题:比如天线结构和机构在空间极端高低温环境下的结构稳定性问题,活动部件的热变形问题,高真空环境下活动部件的润滑和防冷焊问题等。其次,机械扫描属于惯性扫描,扫描过程中对平台的姿态产生扰动,对姿态控制提出了较大的挑战。一个机械扫描天线往往提供一个波束,对于同时多波束系统来说,需要多副天线,将占据过多的平台资源。天线的伺服机构是单点失效部件,系统的可靠性十分突出。

相控阵天线通过对阵列单元激励的幅相控制实现对方向图的控制,也可以通过开关控制在多个波束之间实现切换。随着微电子技术、微波集成技术、信号处理技术和计算机技术的发展,使相控阵的应用有了坚实的技术基础。

在空间通信、遥感、导航等应用领域对航天器天线的功能和性能提出了许多新的具有挑战性的问题,相控阵天线以其独有的优势正在成为解决问题的重要技术手段,成为航天器天线的一个重要发展方向。

参考文献

1　张正光,叶云裳. 用于低轨卫星数传系统的赋形反射面天线设计. 中国空间科学技术,2003

2　叶云裳,李全明. 一种新型的星载 IR－MSS 数传天线. 宇航学报,2001,(6)

3　叶云裳. 用于遥感卫星数传的新型波导阵列组合天线. 宇航学报,2003,(6)

4　张正光. 对地观察卫星数据传输天线设计与研究. 博士学位论文,2004

5　牛小龙. 用于波束扫描的数字可变功分器研究,硕士论文,2005

6　Krous. Antennas. McGraw－Hill, 1950

7　Klock. A Study of Wave Propagation on Helices. Illinois Antenna Lab. Technical Report No. 68, Mar. 1963

8　Mittra. Wave Propagation on Helices. PGAP Communications

9　A. F. Peterson, B. S. Greene, R. Mittra. Propagation and Radiation Characteristics of the Tape Helix with a Conducting Core and Dielectric. IEEE Trans. on AP－38, no. 4, April, 1990, pp. 578－584

10　A. M. Ostrowski. Solutions of Equations and Systems of Equations. New York , 1960

11　D. A. Hill. Propagation Along a Coaxial Cable with a Helical Shield. IEEE on MTT－28 no. 2, Feb. 1980

12　R. F. Harrington. Time Harmonic Electromagnetic Field. New York, McGraw－Hill, 1961

13　A. J. Simmons. Circularly Polarrized Slot Radiators. IRE Transactions on antennas and propagation, Jan. , 1957, pp. 31－36

14　AD 258960. Elliptically Polarized Leaky－wave Array

15　JUDD BLASS, An Analysis of the Radiation from Circular Arrays if Directive Elements, IEEE Trans on AP, Jun. , 1974, pp. 84－87

16   I. D. Longstaff, Directional Properties of Circular Arrays, PROC. IEE, Vol-114, No. 6 , June, 1967, pp. 713

17   P. W. James, Polar Patterns of Phase-Corrected Circular Arrays, PROC. IEE, Vol. 112, No. 10, Oct. 1965

18   吕善伟. 天线阵综合. 北京航空航天大学出版社, 1988

19   Robert S. Elliott. Antenna Theory and Design, 1981

第 19 章　航天器智能天线理论基础

　　智能天线除传统的发射与接收信号外还包含了对传感器上（sensor）阵列信号的处理。它已广泛应用于雷达、声纳、光学成像和通信各个领域。智能天线具有空间滤波特性，它可以接收某特定方向的信号，同时也可以抑制其他方向的信号。同样也可将能量集中定向地对准所期望的方向，同时也可对消无用干扰信号。

　　智能天线是在软件无线电基础上提出的天线设计新概念，是数字波束形成技术与软件无线电完美结合的产物。智能天线的研究一直是一个非常活跃的领域。第一次以专辑形式于 1964 年在 IEEE Trans. Vol. AP 发表，随后大量的书刊涉及这个问题。对于智能天线已经提出了各种类型的处理器和自适应算法。过去智能天线应用受到限制是因为要求处理器有巨大的处理能力。随着高速计算机和海量存储器的出现以及计算算法的发展，近年来智能天线在一些领域已被付诸于实际的应用。随着空间技术的发展，对航天器有限频谱资源的复用，对干扰的抑制、对多用途、灵活性及快捷变的高要求，航天天线的波束自主控制及信号的处理日渐迫切地使星载天线智能化变成了一个重要的研究热点。

　　智能天线使用一组低增益的天线阵元，由它们组成一个阵列，各阵元可当成一个传感器，这些传感器连接到一合并网络上。这个合并网络称为处理器。它可以按要求动态地调整阵列天线辐射方向图。该原理框图如图 19 - 1 所示。

　　对一个通信系统来说，可把一些信号特性作为附加信息送入处理器，利用这些信息把有用信号与不期望的干扰信号区分开来。下面看一个窄带通信系统，其构成如图 19 - 2 所示。

　　天线阵接收信号 $x_i(t)$ 与可调复加权向量 w_i^* 相乘后相加形成系统输出 $y(t)$。接收阵列信号，阵列输出和所要求信号的方向等作为附加信息送入处理器。处理器可计算出每个阵元（信道上）应有的权值。智能天线通过对阵列各阵元感应信号处理，具有空间滤波作用。使它能以最大信噪比（SNR）接收某特定方向的信号，同时也能抑制其他方向无用干扰信号。这就是人们常说的干扰信号对消。智能天线就是利用天线阵及其方向图的动态调整使它达到系统要求的一类天线。

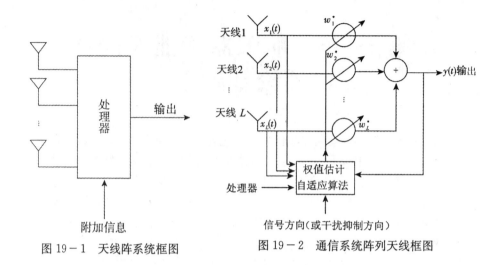

图 19-1 天线阵系统框图   图 19-2 通信系统阵列天线框图

19.1 基本术语和定义

（1）天线增益（Antenna Gain）

一个对全空间所有各个方向辐射相同的天线，我们称它为各向同性天线（Isotropic Antennas）。这个天线的增益我们定义为1或0 dB。作为定向天线增益的比较标准。

定向天线就是说它的辐射在某些特定方向上较大，而其他方向上较弱。对最大辐射方向我们称为电轴（Boresight）。定向天线增益通常定义是以定向天线电轴的辐射功率与各向同性天线辐射功率之比，条件是相同的输入功率，天线可用于发射，也可用作接收，在这两种情况下同一天线的增益都是相同的。接收天线增益是指它传递给接收机的功率量值与各向同性天线传递的功率量值的比值。

（2）相控阵天线（Phased Array Antennas）

它首先是阵列天线，由一些单元天线组成阵列。组成阵列的每一个天线叫做阵元。在阵列各个阵元上感应信号相加就形成了阵列输出。把不同阵元的信号相加的过程叫做波束形成。阵列的最大响应方向叫天线波束指向，该方向就是阵列最大增益方向。相控阵就是通过调整各阵元的相位来改变和控制波束指向的阵列天线。

(3)波束导引(扫描)(Beam Steering)

对一个给定阵列,通过机械运动阵列,可使波束指到空间各个不同方向,这就是人们所称的机械导引(或机械扫描)。波束导引也可以在信号组合之前对阵元各信号产生适当的延迟来实现。这个过程就是人们常说的电扫描。该过程不存在任何机械的运动。对窄带信号,相移器常用来在信号合并前改变各信号的相位。在天线阵元与合成器之间也可加入不同长度的电缆来完成所要求的延迟,这些电缆的不同长度组合也能获得不同的指向。在波束导引(扫描)网络中通过开关切换获得不同的组合也可使波束指向在各个不同的方向,有时称此为波束开关网络。

当进行数字处理时,由各个不同阵元来的信号首先经过取样(离散化),储存、再经过适当延时后相加形成波束,所要求的延迟通过不同阵元选择不同的取样次数来提供。每一个取样的延迟都是取样间隔的整数倍。采用此技术波束仅能指向在所选定的方向上。

(4)自由度(Degree of Freedom)

加到每一个阵元上的信号有幅值、有相位,可以想象成一个复量,就称此为加到信号上的权值 (Weighting)。如果仅有一个阵元就无法通过加权来改变这个天线的方向图。当用两个天线单元时,当改变一个单元相对另一个单元的权值时,方向图可调整到所要求的一个位置上。这样我们就能够把方向图中一个最大(或最小)指定到任何一个位置上。类似地,用三个单元可以得出两种状态……于是,用 L 个阵元我们可确定出 $L-1$ 个状态。这可包括在所期望信号方向上有一个最大值和在不希望干扰方向有 $L-2$ 个最小值(或其他值)。

L 个阵元可以有 $L-1$ 个状态,能在空间方向图中指定 $L-1$ 个方向的方向图值。我们就称此为自由度。对 L 个阵元的等间距的线阵,这就与 $L-1$ 次幂的多项式类似。当首项系数确定为 1 的条件下,有 $L-1$ 个可调系数。

(5)最佳天线(Optimal Antenna)

当每个天线阵元的权值调整使阵列系统在某种意义上或某个准则下达到了最佳性能,我们就说这是最佳天线。比如假设一个通信系统工作在一个有干扰的环境中,而且信号与干扰都在相同的载波频率上,无法用滤波方法去消除干扰。对于这种通信系统在此情况下的最佳性能就是在系统的输出端信噪比(SNR)达最大,同时不引起信号的任何畸变。这要求调整天线方向图使其对消这些干扰,同时天线方向图之主瓣指到信号方向。这样就可以说通信系统使用了最佳天线。这个时候在阵列上每个单元感应信号的幅值和相位正好调到使输出 SNR 达到最大,(有时称信号与干扰噪声比(SINR)最大准则下的最佳天线)。

(6)自适应天线(Adaptive Antennas)

自适应天线属于相控阵天线类,只是它加到各个阵元上的权值是根据系统要求动态的改变(控制)。各个阵元的权值不是固定的,而是根据系统目标随时调整。比如,一个通信系统在信号载频上有定向干扰信号,而且该干扰不是静止的,是一个缓慢运动的。如要维持系统输出有最大的 SNR,天线方向图就得不断地调整才能使它相对运动干扰方向始终保持方向图零点。自适应天线系统就是按其变化的干扰,随时不断地调整各个阵元的加权系数,使其达到那样的方向图要求。一般的方向图概念,比如瓣宽、旁瓣和主瓣等在最初设计时就已确定,对自适应天线来说,为达到某种性能准则,比如输出 SNR 最大的设计目标,天线各阵元权值确定才是最重要和最关键的。

19.2 智能天线(Smart Antennas)基础

19.2.1 天线阵的系统性能—信噪比

由 L 个阵元组成的天线系统如图 19 - 3 所示。设每个阵元的信号为 $x_i(t)$,乘上复加权系数 $w_i^*(t)$ 后相加得到阵列的输出 $y(t)$。阵输出 $y(t)$ 可以表示为:

$$y(t) = \sum_{l=1}^{L} w_l^*(t) \cdot x_l(t) \tag{19-1}$$

式中,∗ 代表复共轭,阵列权函数等效成矢量有

$$\boldsymbol{w} = \begin{bmatrix} w_1 & w_2 & \cdots & w_L \end{bmatrix}^{\mathrm{T}} \tag{19-2}$$

阵列各单元感应信号可写成

$$\boldsymbol{x}(t) = \begin{bmatrix} x_1(t) & x_2(t) & \cdots & x_L(t) \end{bmatrix}^{\mathrm{T}} \tag{19-3}$$

阵列输出

$$y(t) = \boldsymbol{w}^{\mathrm{H}} \boldsymbol{x}(t) \tag{19-4}$$

上标"T"代表一个矢量或矩阵的转置,上标"H"为一个矢量或矩阵的复共轭再转置,w 为权矢量,$\boldsymbol{x}(t)$ 为信号矢量。由式(19 - 4)可见,系统的输出就是信号矢量与权矢量之内积。

任意时刻的阵列输出功率可由阵列输出幅值的平方表示。可写成

$$P(t) = |y(t)|^2 = y(t) \cdot y^*(t)$$

将式(19 - 4)代入得

$$P(t) = \boldsymbol{w}^{\mathrm{H}} \boldsymbol{x}(t) \boldsymbol{w} \boldsymbol{x}^{\mathrm{H}}(t) \tag{19-5}$$

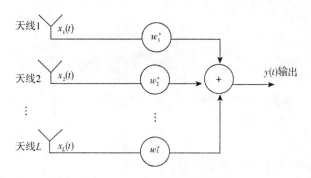

图 19 - 3　天线系统示意图

如果 $x(t)$ 可表示为均值为零的稳态过程,那么对一给定权矢量 w 的阵列平均输出功率有

$$P(w) = \mathrm{E}[w^{\mathrm{H}} x(t) x^{\mathrm{H}}(t) w]$$
$$= w^{\mathrm{H}} \mathrm{E}[x(t) x^{\mathrm{H}}(t)] w$$
$$= w^{\mathrm{H}} R w \qquad (19-6)$$

式中

$$R = \mathrm{E}[x(t) x^{\mathrm{H}}(t)] \qquad (19-7)$$

式(19-7)是信号矢量的相关矩阵,$\mathrm{E}[\cdot]$ 代表期望算子。R 代表了各阵元间的相关性,例如,R_{ij} 代表了第 i 个阵元与第 j 个阵元之间的相关性。

考虑有干扰和随机噪声存在的条件。假设随机噪声包括背景噪声和电噪声,让 $x_s(t)$,$x_I(t)$ 和 $x_n(t)$ 分别代表信号矢量、干扰和随机噪声,而输出端对应的输出分别为 $y_s(t)$,$y_I(t)$ 和 $y_n(t)$,它应由权矢量与入端对应的矢量之内积表示,有

$$\begin{cases} y_s(t) = w^{\mathrm{H}} x_s(t) \\ y_I(t) = w^{\mathrm{H}} x_I(t) \\ y_n(t) = w^{\mathrm{H}} x_n(t) \end{cases} \qquad (19-8)$$

而对信号源,干扰和噪声的相关矩阵又可表示为

$$\begin{cases} R_s = \mathrm{E}[x_s(t) x_s^{\mathrm{H}}(t)] \\ R_I = \mathrm{E}[x_I(t) x_I^{\mathrm{H}}(t)] \\ R_n = \mathrm{E}[x_n(t) x_n^{\mathrm{H}}(t)] \end{cases} \qquad (19-9)$$

现令

$$R = R_s + R_I + R_n \qquad (19-10)$$

P_s,P_I,P_n 分别代表信号源、干扰和随机噪声的平均输出功率。由

式(19－6)可得到

$$\begin{cases} P_s = w^H R_s w \\ P_I = w^H R_I w \\ P_n = w^H R_n w \end{cases} \tag{19－11}$$

如果让 P_N 代表阵列输出端随机噪声和干扰的平均功率和。我们称 P_N 是阵列输出端平均噪声功率,有

$$P_N = P_n + P_I \tag{19－12}$$

将式(19－11)中 P_n, P_I 代入上式得

$$P_N = w^H R_I w + w^H R_n w = w^H (R_I + R_n) w \tag{19－13}$$

如果用 R_N 代表阵列噪声的相关矩阵,有

$$R_N = R_I + R_n \tag{19－14}$$

则

$$P_N = w^H R_N w \tag{19－15}$$

阵列输出端信噪比(SNR)定义为信号平均输出功率与噪声平均输出功率的比,有

$$\mathrm{SNR} = \frac{P_s}{P_N} \tag{19－16}$$

将式(19－11)中的 P_s 和式(19－15)代入上式得

$$\mathrm{SNR} = \frac{w^H R_s w}{w^H R_N w} \tag{19－17}$$

由式(19－17)可见,阵列系统的权矢量(权函数)决定了系统信噪比的性能。这些权函数的选择完全由应用要求来定,由此导出阵列各种形式的波束形成方案。

19.2.2　平面波导引矢量(Steering Vector)与阵输出

阵列坐标系如图19－4所示。阵元 $1,2,\cdots,m$ 的坐标矢量分别为 $r_1, r_2, \cdots, r_m$。当有一个沿 (θ, φ) 方向入射的平面波到阵列,第 m 个阵元相对于坐标原点(参考阵元)的相位差可写为

$$\Delta\varphi_m = \beta\Delta d_m = \beta(x_m\sin\theta\cos\varphi + y_m\sin\theta\sin\varphi + z_m\cos\theta) \tag{19－18}$$

式中,$\beta = \dfrac{2\pi}{\lambda}$,自由空间传播常数。$\lambda$ 为工作波长,$\lambda = \dfrac{c}{f}$;$c = 3 \times 10^8$ m/s,为光速,f 为载波频率,第 m 个阵元坐标为 (x_m, y_m, z_m)。

构成阵列的阵元可以按任意方式排列。它们可以是直线等距、圆环等距、平

面等距等排列,也可是稀疏阵……为简化叙述,我们以同极化,低增益阵元沿 x 轴 L 个阵元的等间距线阵为例,如图 $19-5$ 所示。

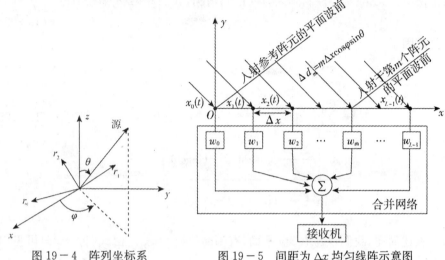

图 $19-4$　阵列坐标系　　　　图 $19-5$　间距为 Δx 均匀线阵示意图

假设有一个与阵列轴线成 (θ,φ) 方向入射的平面波,用 $S(t)$ 表示平面波调制信号(基带复包络),并假设阵元为各向同性天线,在无噪声的情况下,在第 m 个阵元上的接收信号

$$x_m(t) = AS(t)e^{-j\beta\Delta d_m} = AS(t)e^{-j\beta m\Delta x\sin\theta\cos\varphi} \tag{19-19}$$

在此假设阵元间无互耦合,阵元间距足够地小,使不同阵元接收信号幅值相同,而且入射到阵列上的信号带宽远远小于载波频率。这时阵列输出端信号

$$y(t) = \sum_{m=0}^{L-1} w_m x_m(t) = AS(t)\sum_{m=0}^{L-1} w_m e^{-j\beta m\Delta x\cos\varphi\sin\theta} = AS(t)f(\theta,\varphi) \tag{19-20}$$

式中,A 为任意常数,$AS(t)$ 可以认为是参考阵元所测得的信号,$f(\theta,\varphi)$ 为阵因子,它是波达方向 (θ,φ) 的函数,

$$f(\theta,\varphi) = \sum_{m=0}^{L-1} w_m e^{-j\beta m\Delta x\cos\varphi\sin\theta} \tag{19-21}$$

由式 $(19-21)$ 可见,通过调整权矢量 $\{w_m\}$ 可使阵因子的最大值对准任意方向 (θ_0,φ_0),这时各权值

$$w_m = e^{+j\beta m\Delta x\cos\varphi_0\sin\theta_0} \tag{19-22}$$

阵列输出端的接收功率为

$$P_r = \frac{1}{2}\left|y(t)\right|^2 = \frac{1}{2}\left|AS(t)\right|^2 \left|f(\theta,\varphi)\right|^2 \tag{19-23}$$

为了说明权矢量 $\{w_m\}$ 控制阵列方向图的情况,我们令第 m 个权值

$$w_m = e^{+j\beta n\Delta x\cos\varphi_0} \tag{19-24}$$

于是阵因子

$$\begin{aligned}
f(\theta,\varphi) &= \sum_{m=0}^{L-1} w_m e^{-j\beta n\Delta x\cos\varphi\sin\theta}\\
&= \sum_{m=0}^{L-1} e^{-j\beta n\Delta x(\cos\varphi\sin\theta-\cos\varphi_0)}\\
&= \frac{\sin\left[\dfrac{\beta L\Delta x}{2}(\cos\varphi\sin\theta-\cos\varphi_0)\right]}{\sin\left[\dfrac{\beta\Delta x}{2}(\cos\varphi\sin\theta-\cos\varphi_0)\right]} e^{-j\frac{\beta(L-1)\Delta x}{2}(\cos\varphi\sin\theta-\cos\varphi_0)}
\end{aligned} \tag{19-25}$$

为了叙述简便,我们仅考察 xy 平面,有 $\sin\theta=1,\theta=\dfrac{\pi}{2}$。由式(19-25)可见,只要调整 φ_0 这个量,就可把波束指向任意的方向。

再回到前面,令 $\cos\psi=\cos\varphi\sin\theta$,$\psi$ 为平面波射线与 x 轴的夹角。根据方向图相乘定理,阵列总方向图

$$F(\theta,\varphi) = f(\theta,\varphi)\cdot g_a(\theta,\varphi) \tag{19-26}$$

式中,$g_a(\theta,\varphi)$ 为阵元方向图。这里认为入射平面波极化与阵元同极化,无极化损失。若用矢量表示会更简洁。权矢量

$$\boldsymbol{w} = \begin{bmatrix} w_0 & w_1 & \cdots & w_{L-1} \end{bmatrix}^H$$

各天线接收信号

$$\boldsymbol{x}(t) = \begin{bmatrix} x_0(t) & x_1(t) & \cdots & x_{L-1}(t) \end{bmatrix}^T$$

阵列输出 $y(t)$ 可表示成阵列权矢量和信号矢量之内积,有

$$y(t) = \boldsymbol{w}^H \boldsymbol{x}(t)$$

(θ,φ) 方向之阵因子

$$f(\theta,\varphi) = \boldsymbol{w}^H \boldsymbol{S}(\theta,\varphi) \tag{19-27}$$

$\boldsymbol{S}(\theta,\varphi)$ 称为导引矢量(Steering Vector,扫描矢量),当平面波从 (θ,φ) 方向入射时,导引矢量表示各阵元接收信号的相位与参考阵元(阵元 0,如图 19-5 所示)相位差

$$\boldsymbol{S}(\theta,\varphi) = \begin{bmatrix} 1 & S_1(\theta,\varphi) & \cdots & S_{L-1}(\theta,\varphi) \end{bmatrix}^T \tag{19-28}$$

其中,

$$S_m(\theta,\varphi) = e^{-j\beta(x_m\cos\varphi\sin\theta + y_m\sin\varphi\sin\theta + z_m\cos\theta)}$$

(θ,φ) 称为平面波的波达方向(Direction Of Arrival, DOA)。

阵列的性能,比如由阵列尺寸或口径(Aperture)决定阵列所能达到的最大增益;阵元数目决定方向图设计的自由度。由 L 个阵元组成的阵列,相对于参考阵元有 $L-1$ 个权系数。这表明 L 阵元组成之阵列在方向图形成中有 $L-1$ 个自由度可选择。

对均匀线阵(LES, Linear Equally Space),当阵元间距超过 $\lambda/2$ 时,就会出现栅瓣,这会使阵列产生不希望的辐射,会放大噪声或干扰。然而我们总希望在阵元数相同的情况下获得更大的方向性增益,为抑制栅瓣可采用稀疏阵(Sparse Arrays),它可获得比同样长度的半波间距的均匀阵有更窄的波束。通过精心的数值设计,利用稀疏阵形式可在一定的导引角范围内获得良好的低旁瓣特性。

19.2.3　信号模型及阵相关矩阵

本节介绍信号矢量和阵相关矩阵的表示。阵参考单元(阵元号为零,于坐标原点)对第 k 个源的感应信号写成复数形式有

$$m_k(t)e^{j\,2\pi f_0 t} \tag{19-29}$$

式中, $m_k(t)$ 代表复调制函数, f_0 为载波频率,调制函数的结构反映了系统某一特定的调制方式。

例如,在频分多址(FDMA)系统中,频率调制信号可写成

$$m_k(t) = A_k e^{j\xi_k(t)} \tag{19-30}$$

其中, A_k 代表幅度, $\xi_k(t)$ 代表信息(message)。

在时分多址(TDMA)系统中,

$$m_k(t) = \sum_n d_k(n) p(t - n\Delta) \tag{19-31}$$

式中, $p(t)$ 是取样脉冲, Δ 为取样间距,幅度 $d_k(n)$ 代表信息(message)符号。

在码分多址(CDMA)系统中,

$$m_k(t) = d_k(t)g(t) \tag{19-32}$$

式中, $d_k(t)$ 代表信息序列, $g(t)$ 代表伪随机二进制序列码,它有 $+1$, -1 两个取值。

一般来说,调制信号可用均值为零,方差等于源功率 p_k(以参考单元为准量度的)的复低通信号模型模拟。假设波前到达第 l 个阵元时间比参考阵元提前 $\tau_l(\theta_k,\varphi_k)$ 秒时,则第 l 个阵元对第 k 个定向源感应信号可写成

$$m_k(t)e^{j\,2\pi f_0[t+\tau_l(\theta_k,\varphi_k)]} \tag{19-33}$$

上式成立应假设:信号带宽足够的窄;阵列尺度足够的小使在 $\tau_l(\theta_k,\varphi_k)$ 过程中,调制函数基本维持不变,近似有

$$m_k(t)\approx m_k[t+\tau_l(\theta_k,\varphi_k)] \tag{19-34}$$

这也就是窄带近似模型。目前在无线系统中,比如跟踪、雷达、TT&C 和一般通信等都可当成窄带信号。

假设有 M 个定向源,让 $x_l(t)$ 代表第 l 个阵元对 M 个定向源和背景噪声产生的总信号,它可写成

$$x_l(t)=\sum_{k=1}^{M} m_k(t)e^{j\,2\pi f_0[t+\tau_1(\theta_k,\varphi_k)]}+n_l(t) \tag{19-35}$$

式中,$n_l(t)$ 是在第 l 个阵元上的随机信号,它包括在 l 阵元上的背景噪声和电噪声两部分。假设背景噪声的均值为零,方差为 σ_n^2 的白噪声,并假设与定向源是非相关的,于是有:

$$\mathrm{E}[m_k(t)n_l(t)]=0 \tag{19-36}$$

不同阵元上的噪声也可假设是非相关的,有

$$\mathrm{E}[n_k(t)n_l(t)]=\begin{cases} 0 & l\neq k \\ \sigma_n^2 & l=k \end{cases} \tag{19-37}$$

对 M 个定向源,L 个阵元之阵列信号矢量可写成

$$\boldsymbol{x}(t)=\sum_{k=1}^{M} m_k(t)\begin{cases} e^{j\,2\pi f_0\tau_1(\varphi_k,\theta_k)} \\ e^{j\,2\pi f_0\tau_2(\varphi_k,\theta_k)} \\ \vdots \\ e^{j\,2\pi f_0\tau_L(\varphi_k,\theta_k)} \end{cases}+\boldsymbol{n}(t) \tag{19-38}$$

式(19-38)中各项省略了公因子 $e^{j\,2\pi f_0 t}$,它在序列处理中不起作用。式中噪声

$$\boldsymbol{n}(t)=\begin{cases} n_1(t) \\ n_2(t) \\ \vdots \\ n_L(t) \end{cases} \tag{19-39}$$

对某一定向源的阵列导引矢量(扫描矢量)是 L 维复矢量(L 是阵元数),可以认为是阵列中 L 个阵元对单位功率定向源的响应。如果让 $\boldsymbol{S}_k$ 代表与第 k 个源相关的导引矢量。假设阵列各阵元是相同的,则

$$\boldsymbol{S}_k=[\exp(j\,2\pi f_0\tau_1(\varphi_k,\theta_k)) \quad \cdots \quad \exp(j\,2\pi f_0\tau_L(\varphi_k,\theta_k))]^{\mathrm{T}} \tag{19-40}$$

第一个阵元为参考点,并于坐标原点,则 $\tau_1(\varphi_k,\theta_k)=0$,因此导引矢量的第一个元素就等于1。因为阵列的响应随方向改变,导引矢量是与每一个定向源

有关。这个关系取决于阵列的几何参数。相同阵元的阵列,其导引矢量的各个分量的幅值都相等,且认为有单位幅值。导引矢量的第 i 个分量的相位等于与导引矢量有关的源在第 i 个阵元上感应信号与参考单元感应信号的相位差。因为导引矢量的每个分量代表了这个空间矢量(入射平面波方向)引起的相位延迟,一般又可当成是阵列响应因子,它是所考虑的源对阵列响应的度量。对导引矢量在一些书籍和文献中又称为空间矢量或阵响应矢量。将式(19－40)代入式(19－38)中,信号矢量可写成更为简化的形式

$$x(t) = \sum_{k=1}^{M} m_k(t) S_k + n(t) \qquad (19-41)$$

将式(19－41)代入式(19－4)中得

$$y(t) = w^H x(t) = \sum_{k=1}^{M} m_k(t) w^H S_k + w^H n(t) \qquad (19-42)$$

上式右边第一项为所有定向源对阵输出的贡献,第二项是随机噪声对阵输出的贡献。应注意式中右边第一项包含了所有源调制函数之加权和。加到每一个元上的权值就是处理器的权矢量与源相关的导引矢量的内积,它代表了处理器对源的复响应。在 (φ,θ) 方向有一定向源,权矢量为 w 的处理器的响应可由下式表示:

$$y(\varphi,\theta) = w^H S(\varphi,\theta) \qquad (19-43)$$

由导引矢量可导出阵列相关矩阵的表示。将信号矢量式(19－38)代入阵相关矩阵的表达式(19－7)得

$$R = E[x(t) x^H(t)]$$

$$= E\Big[\Big(\sum_{k=1}^{M} m_k(t) S_k + n(t) \Big) \Big(\sum_{k=1}^{M} m_k(t) S_k + n(t) \Big)^H \Big]$$

$$= E\Big[\Big(\sum_{k=1}^{M} m_k(t) S_k \Big) \Big(\sum_{k=1}^{M} m_k(t) S_k \Big)^H \Big] + E[n(t) n^H(t)] +$$

$$E\Big[\Big(\sum_{k=1}^{M} m_k(t) S_k \Big) n^H(t) \Big] + E\Big[n(t) \Big(\sum_{k=1}^{M} m_k(t) S_k \Big)^H \Big] \qquad (19-44)$$

上式右边第一项可简写成

$$E\Big[\Big(\sum_{k=1}^{M} m_k(t) S_k \Big) \Big(\sum_{k=1}^{M} m_k(t) S_k \Big)^H \Big] = \sum_{k,l=1}^{M} E[m_k(t) m_l^*(t)] S_k S_l^H$$

当源是非相关的,有

$$E[m_k(t) m_l^*(t)] = \begin{cases} 0 & l \neq k \\ p_k & l = k \end{cases}$$

式中,p_k 代表第 k 个源在阵列阵元上测得的功率。应注意,当模拟均值为零的低通随机过程时,p_k 是复调制函数 $m_k(t)$ 的方差。于是对非相关源式(19－44)右边第一项可写为

$$E\left[\left(\sum_{k=1}^{M} m_k(t)\mathbf{S}_k\right)\left(\sum_{k=1}^{M} m_k(t)\mathbf{S}_k\right)^{\mathrm{H}}\right] = \left(\sum_{k=1}^{M} p_k \mathbf{S}_k \mathbf{S}_k^{\mathrm{H}}\right)$$

事实上,定向源和白噪声之间也是非相关的,因此式(19－44)右边第三、四项恒等于零。利用式(19－37),式(19－44)右边第二项

$$E[\mathbf{n}(t)\mathbf{n}^{\mathrm{H}}(t)] = \sigma_n^2 \mathbf{I}$$

式中,$\mathbf{I}$ 代表单位矩阵,又叫幺矩阵。当定向源为非相关时,阵相关矩阵

$$R = E[\mathbf{X}(t)\mathbf{X}^{\mathrm{H}}(t)] = \sum_{k=1}^{M} p_k \mathbf{S}_k \mathbf{S}_k^{\mathrm{H}} + \sigma_n^2 \mathbf{I} \qquad (19-45)$$

式中,$\sigma_n^2 \mathbf{I}$ 代表由随机噪声形成的阵相关矩阵的(一个)分量,它有 $R_n = \sigma_n^2 \mathbf{I}$。如果让 S_0 代表功率为 p_s 的定向源的导引矢量,那么信号源的阵相关矩阵可写成

$$R_s = p_s \mathbf{S}_0 \mathbf{S}_0^{\mathrm{H}} \qquad (19-46)$$

同理,干扰功率 p_I 的阵相关矩阵可写成

$$R_I = p_I \mathbf{S}_I \mathbf{S}_I^{\mathrm{H}} \qquad (19-47)$$

式中,$\mathbf{S}_I$ 代表干扰的导引矢量。利用矩阵表示,相关矩阵可写成下面更简洁的形式:

$$R = \mathbf{A}\mathbf{S}\mathbf{A}^{\mathrm{H}} + \sigma_I^2 \mathbf{I} \qquad (19-48)$$

式中,矩阵 A 有 $L \times M$ 个元素,它的各列构成了导引矢量,有

$$\mathbf{A} = \begin{bmatrix} \mathbf{S}_1 & \mathbf{S}_2 & \cdots & \mathbf{S}_M \end{bmatrix} \qquad (19-49)$$

有 $M \times M$ 元素的矩阵 S 代表了源的相关性。对非相关源而言,它仅是一个对角线矩阵有

$$S_{ij} = \begin{cases} p_I & i = j \\ 0 & i \neq j \end{cases} \qquad (19-50)$$

19.2.4　特征值的分解

有时把相关矩阵表示成它的本征值和相关的本征向量是有好处的。当环境由非相关的定向源和非相关的白噪声组成时,阵列相关矩阵的本征值可分成两组:一组是等值的,这些值与定向源无关,仅等于白噪声之方差;而第二组本征值是定向源参数的函数,它们的数目与这些源的数目相等,这组本征值随源的功率而变,这组本征值比白噪声本征值大。有时称第二组本征值为信号本征值,而第

一组本征值为噪声本征值。于是在 M 个非相关源和白噪声环境中的 L 个阵元的阵列,其相关矩阵应有 M 个信号本征值和 $L-M$ 个噪声本征值。阵列相关矩阵有 L 个本征值,由 $\lambda_l(l=1,2,\cdots,L)$ 表示。L 个阵元的阵列和它们的本征向量对应的单位模本征向量为 $v_l(l=1,2,\cdots,L)$,因此矩阵有下式:

$$R = Q\Lambda Q^H \tag{19-51}$$

Λ 是对角线矩阵,

$$\Lambda = \begin{bmatrix} \lambda_1 & 0 & \cdots & 0 \\ 0 & \lambda_2 & \cdots & 0 \\ \vdots & \vdots & \vdots & \vdots \\ 0 & 0 & \cdots & \lambda_L \end{bmatrix}$$

$$Q = \begin{bmatrix} v_1 & \cdots & v_L \end{bmatrix}$$

这个表示有时又称为阵列相关矩阵的谱分解,利用本征向量形成一组正交函数系,有

$$QQ^H = I \tag{19-52}$$
$$Q^H Q = I$$

于是

$$Q^H = Q^{-1} \tag{19-53}$$

本征向量的正交性使阵列相关矩阵可表示为下式

$$R = \sum_{l=0}^{M} \lambda_l v_l v_l^H + \sigma_n^2 I \tag{19-54}$$

19.3　信源、干扰、噪声与信噪比

波束形成器的功能就是按某种准则确定权值对阵列信号进行处理以达到预期的目标。一般的波束形成器有等幅值的权向量,称为延迟-相加波束形成器,相位的选择使阵列波束指向某一特定方向 (φ_0,θ_0),该方向也就是我们常说的观察方向(look direction)或有用信号方向。用 S_0 代表观察方向的导引矢量,有 L 个阵元的均匀阵列的权值可写成

$$w_c = \frac{1}{L} S_0 \tag{19-55}$$

在 (φ,θ) 方向处理器的响应可由式(19-43)得到。它是权向量与导引向量之点积。将上式代入 $y(\varphi,\theta)$ 可写成,

$$y(\varphi,\theta) = w_c^H S(\varphi,\theta) = \frac{1}{L} S_0^H S(\varphi,\theta) \tag{19-56}$$

下面将在不同条件下(也就是不同准则)检验处理器的性能。可以看出,带有这种权值的阵列在观察方向有单位功率的响应。这就是说,由于观察方向的源,处理器的平均输出功率是和信号源功率相同的。

19.3.1 观察方向的源

假设在观察方向有功率为 p_s 的一个源,我们称它为信号源。$m_s(t)$ 代表它的调制函数。在第 l 个单元上该信号源感应的信号可写成

$$x_l(t) = m_s(t)e^{j2\pi f_0[t+\tau_l(\varphi_0,\theta_0)]} \tag{19-57}$$

如果用导引矢量来表示相关相位,观察方向阵列信号矢量可写成

$$x(t) = m_s(t)e^{j2\pi f_0 t}S_0 \tag{19-58}$$

处理器输出由权矢量 w_c 和信号矢量 $x(t)$ 内积得到,由式(19-55)和式(19-58),利用 $S_0^H S_0 = L$,则

$$y(t) = m_s(t)e^{j2\pi f_0 t} \tag{19-59}$$

于是,仅有一个信号源存在,一般处理器之输出和参考阵元的感应信号相同。因为按式(19-6)处理器平均输出功率

$$P(w_c) = P_s = w_c^H R_s w_c \tag{19-60}$$

将信号源相关矩阵 $R_s = p_s S_0 S_0^H$ 和式(19-55)代入上式,利用 $S_0 S_0^H = L$,可得

$$P(w_c) = p_s \tag{19-61}$$

于是,在观察方向一般处理器的平均输出功率等于观察方向源的功率,这个过程与用机械方法使阵列指向观察方向过程是完全相似的,只是这里的过程是通过调整相位,用电控的方法来完成的。这也叫做电扫描或电导引。相移器用来调整到需要的相位上。应该注意的是,电扫阵列口径不同于机械扫描阵列的口径。

借助图 19-6 可以进一步理解延时-相加波束形成网络的概念。图中示出了两个相距为 d 的阵元的阵列。假设平面波以 θ 角投射到单元 1 上(θ 是以阵轴线算起的),其上的感应电压为 $S(t)$,该平面波到达第二个单元延时了 $\tilde{T}$ 秒

$$\tilde{T} = \frac{d}{c}\cos\theta \tag{19-62}$$

在第二个单元感应电压为 $S(t-\tilde{T})$。如果将在单元 1 上的感应电压延时 $\tilde{T}$,则信号变成 $S(t-\tilde{T})$,这和单元 2 的信号相同。处理器输出是这两个信号的叠加。如果每一路为 0.5,在 θ 方向波束形成器的输出就是 1。

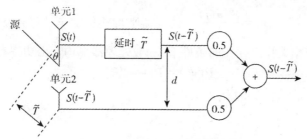

图 19 - 6　延时-相加波束形成器

19.3.2　定向干扰

设功率为 p_I 的定向干扰出现在 (φ_I, θ_I) 方向，而 $m_I(t)$ 和 $\boldsymbol{S}_I$ 分别代表干扰的调制函数和导引向量。这种情况下，阵列信号矢量可写成

$$\boldsymbol{x}(t) = m_I(t) e^{j2\pi f_0 t} \boldsymbol{S}_I \qquad (19-63)$$

权向量与阵列信号向量之内积为阵列输出，于是

$$
\begin{aligned}
y(t) &= \boldsymbol{w}_c^{\mathrm{H}} \boldsymbol{x}(t) \\
&= m_I(t) e^{j2\pi f_0 t} \boldsymbol{w}_c^{\mathrm{H}} \boldsymbol{S}_I \qquad (19-64) \\
&= m_I(t) e^{j2\pi f_0 t} \frac{\boldsymbol{S}_0^{\mathrm{H}} \boldsymbol{S}_I}{L}
\end{aligned}
$$

$\dfrac{\boldsymbol{S}_0^{\mathrm{H}} \boldsymbol{S}_I}{L}$ 决定了通过处理器到滤波器允许的干扰的量值，它是干扰方向处理器的响应。在处理器输出端干扰功率的量值由 $P_I = \boldsymbol{w}^{\mathrm{H}} \boldsymbol{R}_I \boldsymbol{w}$ 给出，于是在仅有干扰存在的情况下，一般处理器的平均输出功率

$$P(\boldsymbol{w}_c) = P_I = \boldsymbol{w}_c^{\mathrm{H}} R_I \boldsymbol{w}_c \qquad (19-65)$$

对非观察方向的单个源来说

$$R_I = p_I \boldsymbol{S}_I \boldsymbol{S}_I^{\mathrm{H}}$$

将 $R_I, \boldsymbol{w}_c$ 代入式（19 - 65）中

$$P(\boldsymbol{w}_c) = p_I(1 - \rho) \qquad (19-66)$$

其中 $\rho = 1 - \dfrac{\boldsymbol{S}_0^{\mathrm{H}} \boldsymbol{S}_I \boldsymbol{S}_I^{\mathrm{H}} \boldsymbol{S}_0}{L^2}$，$\rho$ 的量值取决于阵的几何参数和干扰与观察的空间相对方向。

19.3.3　随机噪声环境

考虑噪声功率为 σ_n^2 的非相关噪声环境，并假设不存在定向源。此时，阵信号矢量变为 $\boldsymbol{x}(t) = \boldsymbol{n}(t)$，阵输出为权矢量与阵信号矢量内积，于是 $y(t) = \boldsymbol{w}_c^{\mathrm{H}} \boldsymbol{x}(t)$。

将 $w_c = \dfrac{S_0}{L}$ 代入得 $y(t) = \dfrac{S_0^H n(t)}{L}$。处理器平均输出噪声功率由 $P_n = w^H R_n w$ 决定。在仅有非相关噪声存在的条件下，一般处理器平均输出功率有

$$P(w_c) = P_n = w_c^H R_n w_c$$

因为 $R_n = \sigma^2 I$，将 R_n 和 w_c 代入上式得

$$P(w_c) = \frac{\sigma_n^2}{L} \qquad (19-67)$$

由此可见，一般处理器输出端对非相关噪声的平均功率等于阵列上的一个单元上的平均非相关噪声功率除以阵元数 L。换言之，阵列输出端的噪声功率只有每个阵元上存在的噪声功率的 $1/L$ 倍。

19.3.4　信噪比

假设噪声环境由噪声功率为 σ_n^2 的随机噪声和非观察方向上功率为 p_I 的定向干扰组成。并假设在观察方向有一个功率为 p_s 的信号源。并认为信号与干扰是非相关的。这时阵信号矢量可写成

$$x(t) = m_s(t) e^{j 2\pi f_0 t} S_0 + m_I(t) e^{j 2\pi f_0 t} S_I + n(t) \qquad (19-68)$$

现在我们有了两个同频定向源，一个是信号源，另一个是定向干扰；还有一个是随机噪声。于是利用阵列相关矩阵 $R = p_s S_0 S_0^H + p_I S_I S_I^H + \sigma_n^2 I$ 和处理器平均输出功率 $P(w_c) = w_c^H R w_c$ 的关系，再利用 $S_0^H S_0 = L$，平均输出功率

$$P(w_c) = p_s + p_I(1-\rho) + \frac{\sigma_n^2}{L} \qquad (19-69)$$

处理器平均输出功率是信号源、定向干扰和随机噪声的平均输出功率之和。在处理器输出端平均信号功率等于信号源的平均功率，有 $P_s = p_s$。平均噪声功率是干扰功率和非相关噪声功率之和。有

$$P_N = p_I(1-\rho) + \frac{\sigma_n^2}{L}$$

于是输出信噪比

$$\text{SNR} = \frac{P_s}{P_N} = \frac{p_s}{p_I(1-\rho) + \dfrac{\sigma_n^2}{L}} \qquad (19-70)$$

现考虑一个特殊情况，即当无定向干扰存在，此时输出 SNR 有

$$\text{SNR} = \frac{p_s L}{\sigma_n^2} \qquad (19-71)$$

由上式知：

（1）当输入信噪比为 p_s/σ_n^2，输出 SNR 与输入 SNR 之比等于 L，L 为阵元数，提供了一个阵增益。

（2）当不存在同频定向干扰情况下，该处理器提供了最大输出信噪比。存在定向干扰时，无论是有意的还是无意的，上述结果均是无效的，指向定向源的处理器响应由 $y(\varphi,\theta)=\dfrac{1}{L}\boldsymbol{S}_0^H\boldsymbol{S}(\varphi,\theta)$ 给出。

（3）当非观察方向存在一定向源时，（one nonlook directional source），处理器 SNR 的性能由式（19－70）给出。它是干扰功率和参数 ρ 的一个函数。ρ 还是依赖于两个源空间相对方向和阵的几何参数。

19.4　零控波束形成器

零控波束形成器（Null Steering Beamformer）用来对消从已知方向到达的平面波，处理器输出在达波方向产生一个有零值的方向图的响应。如图 19－5 所示，通过调整波束形成网络的权值来形成一个对希望方向有单位响应，而对各干扰方向为零值响应的波束。

假设：$\boldsymbol{S}_0$ 是在有单位响应方向上的导引矢量，$\boldsymbol{S}_1,\boldsymbol{S}_2,\cdots,\boldsymbol{S}_k$ 代表了在 k 个方向上有零值响应的导引矢量。为此，所要求的权向量应满足下列方程：

$$\boldsymbol{w}^H\boldsymbol{S}_i=\begin{cases}0 & i=1,2,\cdots,k\\ 1 & i=0\end{cases} \tag{19－72}$$

用矩阵表示有

$$\boldsymbol{w}^H A=\boldsymbol{e}_1^T$$

A 是所有定向源（包括观察方向）的导引矢量，为一组导引矢量的列矩阵，$A\underline{\triangle}[\boldsymbol{S}_0,\boldsymbol{S}_1,\cdots,\boldsymbol{S}_k]$。$\boldsymbol{e}_1$ 是一个矢量，该矢量的第一个元素是 1，其余分量皆为 0。它可表示成 $\boldsymbol{e}_1=[1 \quad 0 \quad \cdots \quad 0]^T$。当 $k=L-1$ 时，A 是一个方矩阵。假设 A 的逆矩阵存在，要求所有导引矢量应是线性无关的，权矢量的解：

$$\boldsymbol{w}^H=\boldsymbol{e}_1^T A^{-1} \tag{19－73}$$

由于 $\boldsymbol{e}_1$ 矢量的结构，矩阵 A 的逆矩阵的第一行形成权矢量。于是能选择的权值就和 A 的逆矩阵的第一行相同。它在观察方向上（look direction）有单位响应，而在干扰方向有零值的特性。当所要求的零值点数$<L-1$ 时，A 不是一个方矩阵。可以利用下式产生权矢量：

$$\boldsymbol{w}^H=\boldsymbol{e}_1^T A^H(AA^H)^{-1} \tag{19－74}$$

虽然这个波束形成器产生的波束方向图在各干扰方向有零值，但阵输出并不能使非相关噪声达到最小,但当采用平均输出功率达最小的限制来选择权值时,则可达到使阵输出达到最大信噪比。

19.5   最佳波束形成器

上节描述的零点导引方案要求知道干扰源的方向。采用这个方法估计权向量的这个波束形成器不能达到最大的输出信噪比(SNR)。本节所描述的最佳波束形成方法克服了这个局限,并使在不存在误差情况下输出 SNR 达到最大。这就是众所周知的具有最小方差、无失真响应(MVDR)的波束形成器。它并不要求知道干扰方向和干扰的功率电平以及背景噪声电平。它仅要求在信号方向能达到有最大 SNR 的输出。本节首先讨论不带任何约束的权向量的最佳波束形成器,然后再研究它在存在一个干扰和非相关噪声条件下的性能。

19.5.1   无约束的最佳波束形成器

让 L 维复矢量 $\hat{w}$ 代表如图 $19-5$ 所示线路中波束形成器的权值,并使输出 SNR 达最大。对一个没有约束的阵列,$\hat{w}$ 可表示成:

$$\hat{w} = \mu_0 R_N^{-1} S_0 \qquad (19-75)$$

式中,R_N 是仅有噪声的阵相关矩阵,并不包含从观察方向 (φ_0, θ_0) 到达的信号。μ_0 为常数。考虑由功率为 σ_n^2 的随机噪声和不在观察方向上功率为 p_I 的定向干扰构成的环境。假设在观察方向上有一个功率为 p_s 的源存在,干扰与信号是非相关的,对此阵列相关矩阵可写成:

$$R = p_s S_0 S_0^H + p_I S_I S_I^H + \sigma_n^s I$$

处理器平均输出功率 $\hat{P} = \hat{w}^H R \hat{w}$,由此可得出

$$\hat{P} = p_s \hat{w}^H S_0 S_0^H \hat{w} + p_I \hat{w}^H S_I S_I^H \hat{w} + \sigma_n^2 \hat{w}^H \hat{w} \qquad (19-76)$$

上式右边三项分别对应于不带约束的最佳波束形成器的输出信号功率、残存的干扰功率和非相关的噪声输出功率用 $\hat{P}_s, \hat{P}_I, \hat{P}_n$ 表示,可得到:

$$\hat{P}_s = p_s \hat{w}^H S_0 S_0^H \hat{w}$$

$$\hat{P}_I = p_I \hat{w}^H S_I S_I^H \hat{w} \qquad (19-77)$$

$$\hat{P}_n = \sigma_n^2 \hat{w}^H \hat{w}$$

利用式 $(19-75)$,将消去 $\hat{w}$,上式可写成

$$\hat{P}_s = p_s \mu_0^2 (S_0^H R_N^{-1} S_0)^2$$

$$\hat{P}_I = \mu_0^2 S_0^H R_N^{-1} R_I R_N^{-1} S_0 \qquad (19-78)$$

$$\hat{P}_n = \sigma_n^2 \hat{\beta} \mu_0^2 (S_0^H R_N^{-1} S_0)^2$$

式中，R_I 是干扰的相关矩阵，$\hat{\beta} = \dfrac{S_0^H R_N^{-1} R_N^{-1} S_0}{(S_0^H R_N^{-1} S_0)^2}$。

总的输出端噪声

$$\hat{P}_N = \hat{P}_I + \hat{P}_n \qquad (19-79)$$

将式(19-78)第二式、第三式代入，总噪声为：

$$\begin{aligned}
\hat{P}_N &= \mu_0^2 (S_0^H R_N^{-1} R_I R_N^{-1} S_0 + \sigma_n^2 S_0^H R_N^{-1} R_N^{-1} S_0) \\
&= \mu_0^2 S_0^H R_N^{-1} (R_I + \sigma_n^2 I) R_N^{-1} S_0 \qquad (19-80) \\
&= \mu_0^2 S_0^H R_N^{-1} R_N R_N^{-1} S_0 \\
&= \mu_0^2 S_0^H R_N^{-1} S_0
\end{aligned}$$

19.5.2　带约束的最佳波束形成器

如果限制权向量使阵列在观察方向(look direction)有单位响应，则有

$$\hat{w}^H S_0 = 1 \qquad (19-81)$$

将式(19-75)代入上式得常系数

$$\mu_0 = \frac{1}{S_0^H R_N^{-1} S_0}$$

将 μ_0 代入式(19-75)，则权向量

$$\hat{w} = \frac{R_N^{-1} S_0}{S_0^H R_N^{-1} S_0} \qquad (19-82)$$

将 μ_0 代入式(19-78)，分别得到带约束的波束形成网络输出端的信号功率、残余干扰功率、非相关噪声功率和总噪声功率为

$$\hat{P}_s = p_s$$

$$\hat{P}_I = \frac{S_0^H R_N^{-1} R_I R_N^{-1} S_0}{(S_0^H R_N^{-1} S_0)^2}$$

$$\hat{P}_n = \sigma_n^2 \hat{\beta} \qquad (19-83)$$

$$\hat{P}_N = \frac{1}{S_0^H R_N^{-1} S_0}$$

式(19-83)第三式中的 β 是带约束条件的波束形成器输出端非相关噪声功率与其在输入端非相关噪声功率之比。

前面讨论的最佳波束形成器的权值仅用了噪声矩阵的求逆计算得到的。这种权向量的处理器常称作 NAMI(Noise Alone Matrix Inverse)处理器,人们也称为最大似然滤波器(M. L. ,Max. Likelihood)。它找出的信号源功率的最大似然率估计是假设所有源为干扰的情况下得到的。当背景噪声非常小时,R_N 求逆可能不存在,在此情况为非满秩矩阵。

实际上仅噪声矩阵的估计是不现实的。总的阵列相关矩阵(信号加噪声)用来估计权向量,而且这个处理器被称为 SPNMI(Signal plus-noise matrix inverse,信号加噪声矩阵求逆)处理器。这种情况下的约束(限制)处理器权矢量可表示为:

$$\hat{w} = \frac{R^{-1}S_0}{S_0^H R^{-1} S_0} \tag{19-84}$$

这些权矢量是下列最优化问题的解:使处理器平均输出功率 $P = \hat{w}^H R \hat{w}$ 达到最小,而 $\hat{w}$ 应服从于式(19-81)约束,即 $\hat{w}^H S_0 = 1$。处理器权值应在指定方向维持单位响应的条件下,选择处理器平均输出功率达最小。同时,这个限制保证信号通过处理器不出现失真。因此,输出信号功率和观察方向信号功率相同。这个最小化过程包括干扰和非相关噪声的总噪声达到最小。总输出噪声达最小,且维持输出信号不变,这和输出信噪比达到最大的条件是完全相同的。

应该注意的是,NAMI 处理器和 SPNMI 处理器的权矢量是相同的,在不存在误差的条件下,这两种情况的处理器的处理过程完全相同。带有这种权值的处理器一般称作最佳处理器,也叫做 MVDR 波束形成器。

19.5.3 最佳波束形成器的输出信噪比(SNR)和阵增益

最佳处理器平均输出功率为

$$\hat{P} = \hat{w}^H R \hat{w} = \frac{1}{S_0^H R^{-1} S_0} \tag{19-85}$$

这个功率由信号功率、残余干扰功率和非相关噪声功率组成。对这些量值的表示,如式(19-83)。输出端总噪声是残余干扰和非相关噪声之和。总噪声功率如式(19-83)第四式。如果让 $\hat{\alpha}$ 代表最佳波束形成网络的 SNR:

$$\hat{\alpha} = \hat{P}_s \big/ \hat{P}_N \tag{19-86}$$

由式(19-83)中的第一、四式得出:

$$\hat{\alpha} = p_s S_0^H R_N^{-1} S_0 \tag{19-87}$$

应该指出的是,由信号功率表示式(19-78)的第一式和无约束的波束形成器输出端总噪声式(19-80),也可得出同样的结果。说明约束与无约束的波束形成器有相同的 SNR。

波束形成器的阵增益定义为输出 SNR 与输入 SNR 之比,让 $\hat{G}$ 表示最佳波束形成器阵增益,有

$$\hat{G} = \frac{\hat{\alpha}}{SNR_{输入}} \qquad (19-88)$$

让 p_N 代表输入端的总噪声,在波束形成网络入端

$$SNR_{输入} = \frac{p_s}{p_N} \qquad (19-89)$$

从式(19-87)、式(19-88)、式(19-89)和式(19-83)第四式中可得出:

$$\hat{G} = p_N \boldsymbol{S}_0^H R_N^{-1} \boldsymbol{S}_0 = \frac{p_N}{\hat{P}_N} \qquad (19-90)$$

上式表明:最佳波束形成器的阵增益正是入端总噪声和出端总噪声之比。

例 1　研究一种特殊情况,即无定向干扰存在,仅有非相关噪声。噪声的阵相关矩阵有:

$$R_N = \sigma_n^2 I \qquad (19-91)$$

将式(19-83)第二式代入,简化运算后得

$$\hat{w} = \frac{\boldsymbol{S}_0}{L} \qquad (19-92)$$

不存在误差的条件下,最佳处理器的权函数和一般处理器的权函数相同。这就意味着,在此情况下,一般处理器就是最佳处理器。不存在定向干扰的一般处理器给出最大输出 SNR 和阵增益。此时最佳处理器输出信噪比 $\hat{\alpha}$ 和阵增益 $\hat{G}$ 分别表示为:

$$\hat{\alpha} = \frac{p_s L}{\sigma_n^2} \qquad (19-93)$$

$$\hat{G} = L \qquad (19-94)$$

这些量值与阵的几何参数无关,仅依赖于阵的单元数 L。

例 2　考虑噪声环境是由一个功率为 P_I 的定向干扰和加到每个阵元上噪声功率为 σ_n^2 的非相关噪声构成。让 $\boldsymbol{S}_I$ 代表干扰方向的导引向量,此时仅噪声的阵相关矩阵

$$R_N = \sigma_n^2 I + p_I \boldsymbol{S}_I \boldsymbol{S}_I^H \qquad (19-95)$$

应用矩阵求逆定理(MIL)

$$R_N^{-1} = \frac{1}{\sigma_n^2}\left[I - \frac{S_I S_I^H}{\frac{\sigma_n^2}{p_I}+1}\right] \tag{19-96}$$

经推导得输出信噪比

$$\hat{\alpha} = \frac{p_s L}{\sigma_n^2}\frac{\rho+\frac{\sigma_n^2}{p_I L}}{1+\frac{\sigma_n^2}{p_I L}} \tag{19-97}$$

阵增益

$$\hat{G} = \frac{p_I L}{\sigma_n^2}\frac{\left(1+\frac{\sigma_n^2}{p_I}\right)\cdot\left(\rho+\frac{\sigma_n^2}{p_I L}\right)}{\left(1+\frac{\sigma_n^2}{p_I L}\right)} \tag{19-98}$$

式中

$$\rho = 1 - \frac{S_0^H S_I S_I^H S_0}{L^2}$$

ρ 是一个标量,它与干扰相对信号源之取向和阵几何参数有关。与前面讨论的一样,将式(19-55)代入上式,得到

$$\rho = 1 - w_c^H S_I S_I^H w_c \tag{19-99}$$

ρ 由一般处理器之权矢量表征。因为这个参数 ρ 表征了最佳处理器的性能。这意味着最佳处理器性能可以用干扰对消能力来表示,一定程度上依赖于一般处理器对干扰的响应。一个有意义的特例是干扰远大于背景噪声 $p_I \gg \sigma_n^2$,上述表示可写成:

$$\hat{\alpha} \approx \frac{p_s L\rho}{\sigma_n^2} \qquad 对\ p_I \gg \sigma_n^2 \tag{19-100}$$

$$\hat{G} \approx \frac{p_I L\rho}{\sigma_n^2} \qquad 对\ p_I \gg \sigma_n^2 \tag{19-101}$$

当干扰远离一般处理器的主瓣 $\rho \approx 1$ 时,可以得出,在存在强干扰情况下,最佳处理器输出 SNR 和不存在干扰的一般处理器的输出 SNR 完全相同。这意味着,处理器具有几乎完全对消干扰能力,给出一个非常大的阵增益。

处理器性能用输出 SNR 和阵增益表征时,并不影响对观察方向的限定,因为它仅标定权值。因此上述处理与陈述对无约束处理器依然适用。如果上述最佳波束形成器对消干扰波使输出达最大 SNR,对阵元数为 L 的阵列,则干扰数必须小于 $L-2$。因为 L 阵元的自由度数为 $L-1$,其中有一个自由度用于观察

方向(信号)的限制。

19.6 最小均方误差(LMS)的波束形成器

在窄带波束形成网络中,采用了一个参考信号来估计波束形成器的权值,如图19-7所示。

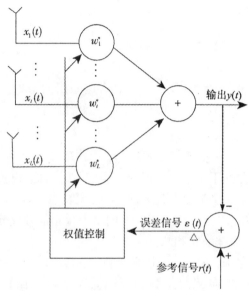

图 19-7 采用参考信号的阵列系统

从参考信号 $r(t)$ 中扣除阵列输出获得误差信号

$$\varepsilon(t) = r(t) - w^H x(t) \qquad (19-102)$$

用该误差信号控制权向量,调整权向量使阵输出与参考信号间的均方误差达到最小。对于给定的 w,均方误差 $\xi(w)$ 可表示为:

$$\begin{aligned}
\xi(w) &= E\big[\,|\varepsilon(t)|^2\,\big] = E\big[\varepsilon(t)\varepsilon^*(t)\big] \\
&= E\big\{[r(t) - w^H x(t)] \cdot [r(t) - w^H x(t)]^*\big\} \\
&= E\big[r(t)r^*(t) - w^H x(t)x^H(t)w - w^H x(t)r^*(t) - r(t)x^H(t)w\big] \\
&= E\big[\,|r(t)|^2\,\big] + w^H R w - w^H z - z^H w \qquad (19-103)
\end{aligned}$$

式中

$$z = E\big[x(t)r^*(t)\big]$$

z 是阵信号矢量 $x(t)$ 和参考信号的相关函数,数学上称 z 为信号矢量与参考信号的协方差矩阵。均方误差 $\xi(w)$ (Mean Square Error, MSE)是 w 的二次函数。通过均方误差对权值求微分,并使对权向量 w 的梯度等于零,可使 MSE 达到最小。由此有:

$$\left. \frac{\partial \xi(w)}{\partial(w)} \right|_{w=\hat{w}_{\text{MSE}}} = 0 \qquad (19-104)$$

式(19-103)两边对 w 微分有

$$\frac{\partial \xi(w)}{\partial w} = 2Rw - 2z \qquad (19-105)$$

将上式代入式(19-104)中求解,得到

$$\hat{w}_{\text{MSE}} = R^{-1}z \qquad (19-106)$$

这就是最佳加权的 Winner-Hoff 方程。具有这些权向量的处理器又称为 Winner 滤波器,将 $\hat{w}_{\text{MSE}}$ 代替式(19-103)中的 w,就得到具有最小均方误差 ξ 的处理器,此时

$$\hat{\xi} = \text{E}[\,|\,r(t)\,|^2\,] - z^{\text{H}}R^{-1}z \qquad (19-107)$$

这可用来在存在强干扰情况下捕获微弱信号。为此,设置参考信号为零,并使初始化权向量提供一个近全向性方向图。过程开始,首先是对消强干扰,其后是微弱信号。直观来看,一次仅指望它的输出中含有信号成分,只是不要太大的被对消,但强的干扰会被削弱和减少。

当自适应方案用来估计 $\hat{w}_{\text{MSE}}$ 时,强干扰首先被对消,因为调整权函数把一个零点对准那个干扰方向,但还要维持对捕获有足够的信噪比。利用参考信号等于零来调整权向量的阵列称为功率反演自适应阵。和具有最小方差,无失真响应的 MVDR(ML 滤波器)波束形成器的开环方案相比,MSE 最小化方案(韦纳滤波器)是一个闭环方法。一般来说,和 ML 滤波器相比,Wiener 滤波器在微弱信号源的情况下,可提供更高的输出 SNR。由 Wiener 滤波器增加的 SNR 是以滤波器对信号引入的畸变为代价的。当输入信号功率变得比背景噪声大时,两个处理器给出几乎相同的结果。应该注意的是最佳波束形成器不对信号产生畸变的。

19.7 波束空间处理(Beam Space Processing)

前几节讨论的单元空间处理是对每个阵元来的信号进行加权,然后相加形成阵列输出。和单元空间处理相比,波束空间处理第一步取阵信号为输入,产生一组多路输出,把它们加权后相加组合形成阵列输出。这些多路输出可以想象

成多波束的输出。第一步中的处理是阵信号的固定加权,形成不同指向的多波束。这些波束的加权和得到了阵列输出,加到不同指向波束输出的权值是以达到预定的最优化准则来确定的。

一般来说,有 L 个阵元的阵列,波束空间处理器由一个在信号方向的主波束和一组不多于 $L-1$ 个辅助波束组成。辅助波束被加权输出形成干扰波束。调整辅助波束的权值使扣除过程(处理)正好消除这个干扰。这些辅助波束的设计应使它们不包含从指定方向来的期望信号,这样才可在扣除处理中避免信号对消。这样一个处理器结构示于图 19－8 中。

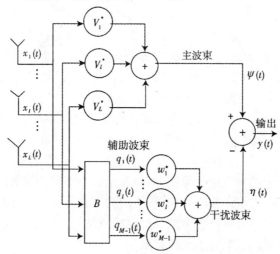

图 19－8　波束空间处理器结构

主瓣方向图通常称作静态方向图,设计时可选用所期望的形状。比如,对具有等加权的等间距线阵,静态方向图有 $\dfrac{\sin Lx}{\sin x}$ 的形状,L 是阵列的阵元数;对切比雪夫加权(加权依赖于切比雪夫多项式系数),方向图有一个等边瓣电平。主瓣的波束形状可以通过各种不同约束的权值和应用各种方向图综合方法来调整。

有很多方案形成辅助波束的输出,使这些波束在观察方向上没有信号。其中最简单的形式是从预导引的相邻对中扣除阵信号,当从观察方向某源产生的阵信号各分量,经预导引(presteering)后变成完全相同,在扣除处理中从相邻对达到对消。这个处理能够推广产生 $M-1$ 波束。即从 L 个阵元的阵列信号 x (t) 中,应用 B 矩阵使:

$$q(t) = B^{\mathrm{H}} x(t)$$

式中，$q(t)$ 是 $M-1$ 维矢量，代表 $M-1$ 个波束的输出。矩阵 B 又叫块(blocking)矩阵，或矩阵前置滤波器，该输出(矩阵)有 $M-1$ 列是线性无关的。$M-1$ 个波束是独立的，而且在观察方向(looking direction)有零值。

对一个不预先导引(presteered)的阵，矩阵须满足：

$$B^H S_0 = 0$$

式中，S_0 是和观察方向的导引矢量，右边 0 代表零矢量。

在上面讨论中假设 $M \leqslant L$，这意味着波束数不大于阵列单元数。当波束数等于阵列单元数时，波束空间处理没有降低阵列的自由度，这就是说零点形成能力没有减少。在这种意义下，这些阵是全自适应的，和用单元空间处理阵有相同的零点形成能力。事实上，在不存在误差情况下，两种处理方法应产生相同的结果。当波束数小于阵元数时，阵列称为部分自适应的。这些阵的零点导引能力减少到等于辅助波束的数目。当用这种自适应方案来估计权值时，这些阵一般都收敛得更快，但是这些阵的 MSE(均方误差)会比全自适应阵高一些。

当干扰数远少于阵元数时，这些阵是十分有用的，这些阵在计算上比单元空间处理更显出优点。因为仅需要调整 $M-1$ 个权值，而单元空间处理需要调整 L 个权值。因为 $M < L$，波束空间处理要求的权值计算要比单元空间处理情况要少，后者它解一个约束性优化问题，而前者是一个不带约束的优化问题。

应该注意的是，对单元空间处理，权值的约束会强迫观察方向来的信号不产生畸变，而且阵列对误差更具鲁棒性，即更加不敏感；而波束空间处理情况，约束转移到主瓣，剩下可调权系数不受约束限制。

如果辅助波束形成技术不是用上面描述的块(Blocking)矩阵，而是包括 $M-1$ 个正交波束的形成和干扰方向上波束的形成(如果方向是已知的话)。这些波束称作正交波束，意味着形成这些波束的权向量是正交的，即它们的点乘等于零。阵列相关矩阵的本征矢量取作形成辅助波束权值，这就属于此类。当干扰达波方向已知的情况下，指向这些干扰方向上的波束形成可以导出更有效的干扰对消。

辅助波束输出被加权求和，并从主波束输出中扣除以对消存在于主瓣范围内的干扰。调整权值以最大可能的对消干扰，这通常是在扣除之后使总的平均输出功率达到最小。这是一个非约束的最优化问题。在辅助信道中不存在所期望信号的条件下，使输出信噪比达到最大化。如果在这些辅助信道中存在信号会引起信号连同干扰一道被对消。

19.7.1　最佳波束空间处理器

由图 19－8 可见，主波束的输出

$$\psi(t) = V^H x(t) \tag{19-108}$$

其中 L 维矢量 V 定义为

$$V = \begin{bmatrix} v_1 & v_2 & \cdots & v_L \end{bmatrix}^T \tag{19-109}$$

让 $M-1$ 维矢量 $q(t)$ 定义为

$$q(t) = \begin{bmatrix} q_1 & q_2 & \cdots & q_{M-1} \end{bmatrix}^T \tag{19-110}$$

它代表 $M-1$ 个辅助波束。预滤波器 B 的矩阵输出，有下式

$$q(t) = B^H x(t) \tag{19-111}$$

让 w 代表辅助波束可调权值，它是 $M-1$ 维矢量。由图 19－8 可得，干扰波束的输出可表示成

$$\eta(t) = w^H q(t) \tag{19-112}$$

整个波束空间处理器输出 $y(t)$ 可从主波束中扣除干扰波束输出得到

$$\begin{aligned} y(t) &= \psi(t) - \eta(t) \\ &= \psi(t) - w^H q(t) \end{aligned} \tag{19-113}$$

处理器对某一给定权矢量 w 的平均输出功率 $P(w)$ 可写成

$$\begin{aligned} P(w) &= E[y(t)y^*(t)] \\ &= E\{[\psi(t) - w^H q(t)][\psi(t) - w^H q(t)]^*\} \\ &= E[\psi(t)\psi^*(t) + w^H q(t)q^H(t)w - w^H q(t)\psi^*(t) - \psi(t)q^H(t)w] \\ &= P_0 + w^H R_q w - w^H z - z^H w \end{aligned} \tag{19-114}$$

式中 P_0 是主波束平均功率

$$P_0 = V^H R V \tag{19-115}$$

R_q 是辅助波束的相关矩阵

$$R_q = E[q(t)q^H(t)] \tag{19-116}$$

z 代表辅助波束输出与主波束输出之间的相关矩阵（协方差矩阵）

$$z = E[q(t)\psi^*(t)] \tag{19-117}$$

将 R_q 和 z 进一步简化

$$R_q = E[q(t)q^H(t)] = E[B^H x(t)x^H(t)B] = B^H R B$$

$$z = E[q(t)\psi^*(t)] = E[B^H x(t)x^H(t)V] = B^H R V$$

在式（19－114）中消去 P_0、R_q 和 z 后，有

$$P(w) = V^H R V + w^H B^H R B w - w^H B^H R V - V^H R B w \tag{19-118}$$

$P(w)$ 是 w 的二次函数，有一个最小值。让 $\hat{w}$ 代表使 $P(w)$ 达最小的权值，于是

$$\left.\frac{\partial P(w)}{\partial w}\right|_{w=\hat{w}}=0 \qquad (19-119)$$

将式(19-118)带入上式中解得

$$B^{\mathrm{H}}RB\hat{w}-B^{\mathrm{H}}RV=0 \qquad (19-120)$$

因为 B 有 $M-1$ 列,而 $B^{\mathrm{H}}RB$ 具有全秩(full rank),其逆矩阵也存在,于是

$$\hat{w}=(B^{\mathrm{H}}RB)^{-1}B^{\mathrm{H}}RV \qquad (19-121)$$

在式(19-118)中将 $w=\hat{w}$,得到最佳处理器平均输出功率的表示,

$$P(\hat{w})=V^{\mathrm{H}}RV-V^{\mathrm{H}}RB(B^{\mathrm{H}}RB)^{-1}B^{\mathrm{H}}RV \qquad (19-122)$$

由式(19-118)得到信号的平均输出功率有

$$P_s(w)=V^{\mathrm{H}}R_sV+w^{\mathrm{H}}B^{\mathrm{H}}R_sBw-w^{\mathrm{H}}B^{\mathrm{H}}R_sV-V^{\mathrm{H}}R_sBw \quad (19-123)$$

因为 $R_s=p_sS_0S_0^{\mathrm{H}}=0$ 和 $B^{\mathrm{H}}S_0=0$,上式可写成

$$P_s(w)=V^{\mathrm{H}}R_sV \qquad (19-124)$$

于是,当块(Blocking)矩阵 B 的选择使 $B^{\mathrm{H}}S_0=0$,则没有信号通过干扰波束,而且输出信号功率仅存在于主波束之中。当主波束取作一般波束时,

$$V=\frac{1}{L}S_0$$

波束空间处理器信号的平均输出功率变成

$$P_s(\hat{w})=p_s \qquad (19-125)$$

注意,信号功率与 w 无关。

与此类似,噪声平均输出功率只需在式(19-122)中将噪声相关矩阵 R_N 代替阵列相关矩阵 R 得到

$$P_N(w)=V^{\mathrm{H}}R_nV+w^{\mathrm{H}}B^{\mathrm{H}}B_NBw-w^{\mathrm{H}}B^{\mathrm{H}}R_NV-V^{\mathrm{H}}R_NBw$$

$w=\hat{w}$,并将式(19-122)带入上式,得到最佳处理器噪声平均输出功率

$$P_N(\hat{w})=V^{\mathrm{H}}R_NV+V^{\mathrm{H}}RB(B^{\mathrm{H}}RB)^{-1}B^{\mathrm{H}}R_NB(B^{\mathrm{H}}RB)^{-1}B^{\mathrm{H}}RV$$
$$-V^{\mathrm{H}}RB(B^{\mathrm{H}}RB)^{-1}B^{\mathrm{H}}R_NV-V^{\mathrm{H}}R_NB(B^{\mathrm{H}}RB)^{-1}B^{\mathrm{H}}RV$$

$$(19-126)$$

最佳波束空间处理器的输出 SNR 有

$$\mathrm{SNR}(\hat{w})=p_s\Big/P_N(\hat{w}) \qquad (19-127)$$

19.7.2　广义的边瓣对消器

广义的边瓣对消器(Generaliged side-lobe canceler,GSC)结构如图 19-9 所示。首先,把所有阵元上的接收信号延迟使其各阵元的对观察方向的接收信号经延迟后是相同的。称此过程为阵列的预导引,各阵元的相位延迟为 α_l,

$l=1,2,\cdots,L$。它使阵列导引到观察方向。因此有

$$\alpha_l = 2\pi f_0 \tau_l(\varphi_0,\theta_0) \quad l = 1,2,\cdots,L \tag{19-128}$$

预导引延迟后的到达信号由 $x'(t)$ 表示,可写成

$$x'_l(t) = x_l[t - \tau_l(\varphi_0,\theta_0)] \tag{19-129}$$

写成矩阵,

$$\boldsymbol{x}'(t) = \Phi_0^{\mathrm{H}} \boldsymbol{x}(t) \tag{19-130}$$

Φ_0^{H} 是对角线矩阵

$$\Phi_0^{\mathrm{H}} = \begin{bmatrix} e^{j\alpha_1} & 0 & \cdots & \cdots & 0 \\ \vdots & \vdots & \vdots & \vdots & \vdots \\ 0 & \cdots & e^{j\alpha_l} & \cdots & 0 \\ \vdots & \vdots & \vdots & \vdots & \vdots \\ 0 & \cdots & 0 & \cdots & e^{j\alpha_L} \end{bmatrix}$$

Φ_0 满足 $\Phi_0^{\mathrm{H}} \boldsymbol{S}_0 = \boldsymbol{I}$,$\boldsymbol{I}$ 代表单位矢量。

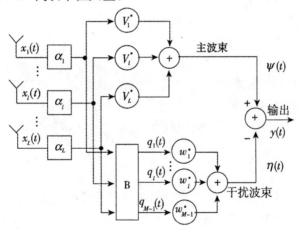

图 19-9 广义的边瓣对消器结构

这些信号用来形成主波束和 $M-1$ 个干扰波束。在所有信道中采用固定权值形成了主波束。这些权值的选择等于 $1/L$,使在观察方向维持单位响应。因此 L 维矢量 $\boldsymbol{V}$ 可以表示成

$$\boldsymbol{V} = \frac{1}{L}\, \underset{\text{么矩阵}}{\boldsymbol{I}} \tag{19-131}$$

$$\boldsymbol{V} = \begin{bmatrix} v_1 & v_2 & \cdots & v_L \end{bmatrix}$$

应用块(blocking)矩阵 B 形成 $M-1$ 个干扰波束。如用 $M-1$ 维矢量 $\boldsymbol{q}(t)$ 表示

$$q(t) = B^{\mathrm{H}} x'(t) = B^{\mathrm{H}} \Phi_0^{\mathrm{H}} x(t) \qquad (19-132)$$

B 矩阵有 $M-1$ 个列(秩),它满足

$$B^{\mathrm{H}} I = 0 \qquad (19-133)$$

这时,主波束输出

$$\psi(t) = V^{\mathrm{H}} \Phi_0^{\mathrm{H}} x(t)$$

干扰波束输出

$$\eta(t) = w^{\mathrm{H}} q(t) = w^{\mathrm{H}} B^{\mathrm{H}} \Phi_0^{\mathrm{H}} x(t)$$

GSC 的波束空间处理器输出

$$y(t) = \psi(t) - \eta(t) = V^{\mathrm{H}} \Phi_0^{\mathrm{H}} x(t) - w^{\mathrm{H}} B^{\mathrm{H}} \Phi_0^{\mathrm{H}} x(t) \qquad (19-134)$$

很容易证明,对给定的权值 w,GSC 的平均输出功率

$$
\begin{aligned}
P(w) &= \mathrm{E}[y(t) y^*(t)] \\
&= \mathrm{E}\left\{ [V^{\mathrm{H}} \Phi_0^{\mathrm{H}} x(t) - w^{\mathrm{H}} B^{\mathrm{H}} \Phi_0^{\mathrm{H}} x(t)][V^{\mathrm{H}} \Phi_0^{\mathrm{H}} x(t) - w^{\mathrm{H}} B^{\mathrm{H}} \Phi_0^{\mathrm{H}} x(t)]^* \right\} \\
&= V^{\mathrm{H}} \Phi_0^{\mathrm{H}} R \Phi_0 V + w^{\mathrm{H}} B^{\mathrm{H}} \Phi_0^{\mathrm{H}} R \Phi_0 B w - V^{\mathrm{H}} \Phi_0^{\mathrm{H}} R \Phi_0 B w - w^{\mathrm{H}} B^{\mathrm{H}} \Phi_0^{\mathrm{H}} R \Phi_0 V \\
&= V^{\mathrm{H}} \tilde{R} V + w^{\mathrm{H}} B^{\mathrm{H}} \tilde{R} B w - V^{\mathrm{H}} \tilde{R} B w - w^{\mathrm{H}} B^{\mathrm{H}} \tilde{R} V \qquad (19-135)
\end{aligned}
$$

式中,$\tilde{R}$ 是导引延迟后的阵相关矩阵,

$$\tilde{R} = \Phi_0^{\mathrm{H}} R \Phi_0 \qquad (19-136)$$

比较式(19-118)和(19-135)可以看到,对给定 w 的 GSC,平均输出功率的表示式是类似的,只是 V 和 $\tilde{R}$ 分别由式(19-131)和(19-136)给出。B 满足式(19-133),于是对于 GSC 最佳权值的表示也与式(19-121)类似,只是 R 由 $\tilde{R}$ 代替

$$\hat{w} = (B^{\mathrm{H}} \tilde{R} B)^{-1} B^{\mathrm{H}} \tilde{R} V \qquad (19-137)$$

最佳的广义边瓣对消器平均输出噪声功率的表达式变成

$$
\begin{aligned}
P_N(\hat{w}) &= V^{\mathrm{H}} R_N V + V^{\mathrm{H}} \tilde{R} B (B^{\mathrm{H}} \tilde{R} B)^{-1} B^{\mathrm{H}} R_N B (B^{\mathrm{H}} \tilde{R} B)^{-1} B^{\mathrm{H}} \tilde{R} V \\
&\quad - V^{\mathrm{H}} \tilde{R} B (B^{\mathrm{H}} \tilde{R} B)^{-1} B^{\mathrm{H}} R_N V - V^{\mathrm{H}} R_N B (B^{\mathrm{H}} \tilde{R} B)^{-1} B^{\mathrm{H}} \tilde{R} V
\end{aligned}
$$

$$(19-138)$$

输出 SNR 由式(19-127)给出。

19.7.3　后波束形成的干扰对消器

本节将研究带有两个波束形成器的处理器,称为后波束形成干扰对消器(Postbeamformer Interference Canceller,PIC)。假设,在观察方向信号功率为 p_s,干扰功率为 p_I,非相关噪声功率 σ_n^2 的环境下,和一般的波束空间处理器讨论的那样,两个波束处理器处理由天线阵列引入的信号,采用固定的波束权值形成

两个波束,如图 19-10 所示。一个波束叫做信号波束,它在观察方向有一个固定的响应;第二个波束叫做干扰波束,干扰波束加权后的输出与信号波束输出相减,形成了后波束形成干扰对消器(PIC)的输出。

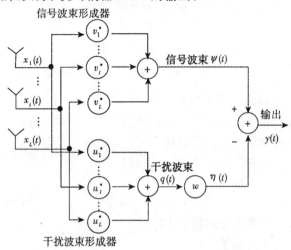

图 19-10　后波束形成器干扰对消器结构

　　让 L 维复矢量 $\boldsymbol{V}$ 和 $\boldsymbol{U}$ 分别代表信号波束形成器与干扰波束形成器的固定权向量。由图 19-10 可知,信号波束输出 $\psi(t)$ 和干扰波束输出 $q(t)$ 分别写成

$$\psi(t) = \boldsymbol{V}^{\mathrm{H}}\boldsymbol{x}(t)$$
$$q(t) = \boldsymbol{U}^{\mathrm{H}}\boldsymbol{x}(t)$$

$$(19-139)$$

而后波束干扰(PIC)对消器输出 $y(t)$ 是从信号波束输出中减去经加权的干扰波束输出得到的,有

$$y(t) = \psi(t) - wq(t) \qquad (19-140)$$

对于给定权值 w,PIC 处理器平均输出功率 $P(w)$ 由下式给出

$$P(w) = \mathrm{E}\left[y(t)y^*(t)\right]$$
$$= \boldsymbol{V}^{\mathrm{H}}\boldsymbol{R}\boldsymbol{V} + w^*w\boldsymbol{U}^{\mathrm{H}}\boldsymbol{R}\boldsymbol{U} - w^*\boldsymbol{V}^{\mathrm{H}}\boldsymbol{R}\boldsymbol{U} - w\boldsymbol{U}^{\mathrm{H}}\boldsymbol{R}\boldsymbol{V} \qquad (19-141)$$

下面将分别讨论三种干扰波束形成器的后波束干扰对消器。

19.7.3.1　最佳后波束形成的干扰对消器(PIC)

　　让 $\hat{w}$ 代表 PIC 干扰信道的复加权,并使对给定的波束形成器权矢量 $\boldsymbol{V}$ 和 $\boldsymbol{U}$ 有最小的平均输出功率。这个权 $\hat{w}$ 叫做最佳加权。带有这个权向量的后波束干扰对消器(PIC)叫做最佳 PIC。

　　从最佳加权的定义可得到

$$\frac{\partial P(\boldsymbol{w})}{\partial \boldsymbol{w}}\bigg|_{w=\hat{w}} = 0 \tag{19-142}$$

将式(19-141)带入上式中得

$$\hat{w} = \frac{\boldsymbol{V}^{\mathrm{H}}\boldsymbol{R}\boldsymbol{U}}{\boldsymbol{U}^{\mathrm{H}}\boldsymbol{R}\boldsymbol{U}} \tag{19-143}$$

最佳 PIC 的平均输出功率

$$P(\hat{w}) = \boldsymbol{V}^{\mathrm{H}}\boldsymbol{R}\boldsymbol{V} - \boldsymbol{U}^{\mathrm{H}}\boldsymbol{R}\boldsymbol{V}\boldsymbol{V}^{\mathrm{H}}\boldsymbol{R}\boldsymbol{U}\big/\boldsymbol{U}^{\mathrm{H}}\boldsymbol{R}\boldsymbol{U} \tag{19-144}$$

下面将用三种不同波束形成的权矢量对干扰波束讨论在这些情况下最佳 PIC 输出端的信号功率、残余干扰功率和非相关噪声功率表示。对这三种情况都假设用一般的波束形成权值形成信号波束,有

$$\boldsymbol{V} = \frac{\boldsymbol{S}_0}{L} \tag{19-145}$$

对信号波束的波束形成器权值的选择保证在信号方向,信号波束的响应是 1。

19.7.3.2 一般干扰波束形成器的 PIC

设干扰波束形成权值为

$$\boldsymbol{U} = \frac{\boldsymbol{S}_I}{L} \tag{19-146}$$

选择这个波束形成权值以保证在干扰方向波束的响应为 1。

从式(19-145)和式(19-146)中我们可以看出,在信号方向干扰波束响应与在干扰方向信号波束的响应是完全一样的。这就意味着大量的信号功率会漏到干扰波束中。当 PIC 是最佳时,导致信号基本上被抑制,同时残余干扰也存在。下面将对最佳 PIC 的信号平均输出功率和噪声平均输出功率进行讨论。

利用一般的干扰波束形成器(Conventional Interference Beamformer,CIB)将式(19-143)中的 $\boldsymbol{V}$ 和 $\boldsymbol{U}$ 消去,最佳 PIC 的权值

$$\hat{w}_c = \frac{\boldsymbol{S}_0^{\mathrm{H}}\boldsymbol{R}\boldsymbol{S}_I}{\boldsymbol{S}_I^{\mathrm{H}}\boldsymbol{R}\boldsymbol{S}_I} \tag{19-147}$$

消去 R 后

$$\hat{w}_c = \beta \frac{\left(1 + \dfrac{p_I}{p_s} + \dfrac{\sigma_n^2}{L p_s}\right)}{\left(1 + \dfrac{p_I}{p_s} + \dfrac{\sigma_n^2}{L p_s}\right) - \rho} \tag{19-148}$$

β 是归一化的 $\boldsymbol{S}_0$ 和 $\boldsymbol{S}_I$ 的点积,定义为 $\beta = \boldsymbol{S}_0^{\mathrm{H}}\boldsymbol{S}_I/L$。

在式(19-141)中分别用 R_s、R_I、R_n 和 R_N 代替 R,并用 $w=\hat{w}_c$,可分别得到

输出信号功率、残余干扰功率、非相关噪声功率和输出噪声功率：

$$P_s(\hat{w}_c) = p_s \rho^2 / (1 + \alpha_I)^2$$

$$P_I(\hat{w}_c) = \frac{p_I \rho^2 / (1 - \rho)}{\left[1 + \dfrac{p_I/p_s + \sigma_n^2/L p_s}{(1 - \rho)}\right]^2}$$

$$P_n(\hat{w}_c) = \frac{\sigma_n^2}{L} \rho \left[1 + \frac{\rho/(1-\rho)}{\left(1 + \dfrac{p_I/p_s + \sigma_n^2/L p_s}{1 - \rho}\right)^2}\right] \qquad (19-149)$$

$$P_N(\hat{w}_c) = \frac{\sigma_n^2 \rho}{L} + \frac{\rho^2}{1 - \rho} \frac{p_I + \sigma_n^2/L}{(1 + 1/\alpha_I)^2}$$

$$\alpha_I = \frac{(1 - \rho) p_s}{p_I + \sigma_n^2/L}$$

α_I 是干扰波束输出的 SNR。因为 SNR 是个正数，而且 ρ 不大于 1。从式(19-149)第一式可见，采用一般的干扰波束形成，在最佳 PIC 输出的信号功率小于信号波束出端的信号功率。所以信号受到 PIC 抑制，进而有：①信号抑制随着参数 ρ 的减少而增加，ρ 依赖于阵列几何和两个源相对的空间方向；同时信号抑制随着干扰波束输出 SNR 的增加而增加。②因为在干扰波束出端的 SNR 比例于输入信号功率，因此信号抑制随着输入信号功率增加而增加。另一方面，PIC 输入干扰功率以及非相关噪声功率的增加都会使在干扰波束出端的 SNR 降低，因而降低了采用 CIB 的最佳 PIC 的信号抑制。

实际上，采用 CIB 的最佳 PIC 的信号抑制使信号泄漏到干扰波束中。在干扰波束中的信号应从信号波束中扣除，总输出功率最小化的处理过程就导致信号抑制。信号抑制随着参数 ρ 的减少而增加。其理由是当 ρ 减少时，干扰波束在信号方向的响应增加，这就使信号更多地泄漏到干扰波束中，造成更大的信号抑制。

为了理解信号抑制与 α_I 和干扰波束输出的 SNR 的关系，我们把式(19-148)改写为

$$\hat{w}_c = \left[1 + \frac{\rho}{1 - \rho} \frac{1}{1 + \dfrac{1}{\alpha_I}}\right] \beta \qquad (19-150)$$

由上式可见，当 α_I 增加，$\hat{w}_c$ 的幅度增加，导致信号抑制增加。极限情况是当 $\alpha_I \to \infty$，$\hat{w}_c = \beta/(1-\rho)$。很容易证明，对 $\hat{w}_c$ 这个值，输出信号功率减少到零，形成完的信号抑制。

利用 CIB 的最佳 PIC 的输出噪声功率特性由式(19-149)第四式表示,式中第一项比例于在 PIC 输入的非相关噪声功率,并随阵列单元数增加而减少、随参数 ρ 的减少而减少。第二项比例于在干扰波束输出总的噪声功率,也随参数 ρ 的减少而减少。而且还依赖 α_I,当 α_I 增加,$\hat{w}_c$ 增加,使式(19-149)第四式中右边第二项增加。这就意味着利用 CIB 的最佳 PIC 的输出噪声功率随输入信号功率的增加而增加。

让 $SNR(\hat{w}_c)$ 代表利用 CIB 的最佳 PIC 的输出 SNR,由式(19-149)第一、四式有

$$SNR(\hat{w}_c) = \frac{\rho(1-\rho)p_s}{(1-\rho)(1+\alpha_I)^2(\sigma_n^2/L)+\rho\alpha_I^2(p_I+\sigma_n^2/L)} \quad (19-151)$$

当噪声环境仅由定向源构成的这一特殊情况,$\sigma_n^2=0$,式(19-151)可简化成

$$SNR(\hat{w}_c) = 1\big/\alpha_I \quad (19-152)$$

不存在非相关噪声的情况下,干扰对消器的输出 SNR 反比于输入 SNR;而存在非相关噪声功率时,$SNR(\hat{w}_c)$ 的特性示于图 19-11 中,图 19-11 对应于 10 个等间距单元的线性阵列,单元间距为 $\lambda/2$。信号源假设为侧射方向的单位功率,干扰源与侧射方向成 $60°$,参数 $\rho=0.99$。由图可见:非相关噪声的存在大大地改变了 SNR 的性能,特别在输入 SNR 较低的情况。不存在非相关噪声时,当输入 SNR 很小时,用 CIB 的 PIC 能够极大部分地对消干扰,因此形成高的输出 SNR,而非相关噪声存在大大地增加了总的输出噪声,使输出 SNR 明显地下降。

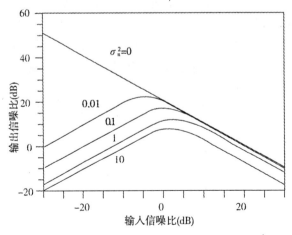

图 19-11 10 个阵元的线阵($\theta_0=90°$,$p_1=1$,$\theta_I=30°$)采用 CIB 的 PIC 输入 SNR 和输出 SNR 的关系

19.7.3.3　正交干扰波束形成器的 PIC

让权值 $U=U_0$，形成干扰波束。U_0 是一个复矢量，并且满足

$$U_0^H S_0 = 0 \qquad\qquad (19-153)$$

上式的规定确保了干扰波束在信号方向有一个零点。于是，干扰波束不包含任何信号，而且使用正交干扰波束形成器（Orthogonal Interference Beamformer，OIB）的 PIC 也不抑制任何信号。注意的是矢量 U_0 可以是一个导引矢量，这对应于参数 ρ 取单位 1 的值。

下面列出使用 OIB 的最佳 PIC 的各种表示。假设使用 OIB 的 PIC 的干扰波束在干扰方向没有零点。如果干扰波束在干扰方向有一个零点，那么在这个波束中将不会存在干扰，而且把干扰波束的加权输出从信号波束中扣除形成 PIC 输出，也不会使信号波束中的干扰减小。

由式（19-143）、式（19-145），使用 OIB 的 PIC 的最佳权值 $\hat{w}_0$ 可以表示为

$$\hat{w}_0 = \frac{S_0^H R U_0}{L U_0^H R U_0} \qquad\qquad (19-154)$$

经过处理，将上式中的 R 消去，可得

$$\hat{w}_0 = \frac{S_0^H S_I S_I^H U_0}{L^2 \beta_0 (\gamma_0 + \sigma_n^2/L p_I)} \qquad\qquad (19-155)$$

其中

$$\beta_0 = U_0^H U_0$$

$$\gamma_0 = \frac{U_0^H S_I S_I^H U_0}{L U_0^H U_0}$$

注意到上式中定义 γ_0 的是一个正实数，有 $0 \leqslant \gamma_0 \leqslant 1$。它代表了干扰方向的干扰波束的归一化功率响应。应用 OIB 的最佳 PIC 的输出端信号功率、残余干扰功率、非相关功率和总噪声功率分别用用 R_s、R_I、R_n 和 R_N 替代 R，并令 $w = \hat{w}_0$，代入式（19-141）中，可以得到使用 OIB 的最佳 PIC 输出端的功率，残余干扰功率，非相关噪声功率和总的输出噪声功率

$$P_s(\hat{w}_0) = p_s$$

$$P_I(\hat{w}_0) = \frac{p_I(1-\rho)}{\left[1 + \gamma_0(L p_I/\sigma_n^2)\right]^2}$$

$$P_n(\hat{w}_0) = \frac{\sigma_n^2}{L} + \frac{\sigma_n^2}{L}\left[\frac{(1-\rho)\gamma_0}{(\gamma_0 + \sigma_n^2/L p_I)^2}\right] \qquad (19-156)$$

$$P_N(\hat{w}_0) = \frac{\sigma_n^2}{L}\left[1 + \frac{(1-\rho)}{\gamma_0 + \sigma_n^2/L p_I}\right]$$

由以上四式,我们可以得出如下结论:

(1)使用 OIB 的最佳 PIC 并不抑制信号,这是因为并无信号泄漏到干扰波束中。

(2)使用 OIB 的最佳 PIC 的残余干扰功率依赖于 p_I/σ_n^2。对于一个给定的阵列和噪声环境,当 p_I/σ_n^2 增加,会使归一化的残余干扰功率 $P_I(\hat{w}_0)/p_I$ 减小。在一个具有很高的 p_I/σ_n^2 的噪声环境中,使用 OIB 的 PIC 的残余干扰功率会变得很小。其极限的情况是 $\frac{p_I}{\sigma_n^2}\to\infty$,$\hat{w}_0\to\dfrac{S_0^H S_I S_I^H U_0}{L^2\beta_0\gamma_0}$,这将使得干扰全部被抑制,如式(19-156)第二式。另一种情况,当 $\frac{p_I}{\sigma_n^2}\to 0$,$\hat{w}_0\to 0$ 将不会抑制任何干扰。

(3)由式(19-156)第三式看出,PIC 输出端的非相关噪声功率要大于由信号波束输出的非相关噪声功率。该式右边由两部分组成。第一部分与信号波束输出的非相关噪声功率相同,而第二部分与信号波束输出的非相关噪声功率成一定的比例,在方括号中的比例因子主要依赖于 p_I/σ_n^2。当 p_I/σ_n^2 增大了,比例因子也会相应的增加,这与 $\hat{w}_0$ 随 p_I/σ_n^2 的增加而增加的事实相符合。对于极限的情况,$\frac{p_I}{\sigma_n^2}\to 0$,这样应用 OIB 的最佳 PIC 所引起的非相关噪声功率的最大增量是 $\dfrac{\sigma_n^2}{L}\cdot\dfrac{1-\rho}{\gamma_0}$。

(4)使用 *OIB* 的最佳 *PIC* 的输出总噪声功率 $P_N(\hat{w}_0)$ 不依赖于信号功率。它比例于信号波束输出的非相关噪声功率并且随着 p_I/σ_n^2 的减小而减小。最佳 PIC 的输出总噪声全部是由非相关噪声所控制的。于是可以得到采用 OIB 的最佳 PIC 的输出信噪比,用 SNR($\hat{w}_0$)表示,并结合式(19-156)第一、四式可以得到:

$$\text{SNR}(\hat{w}_0)=\frac{\dfrac{Lp_s}{\sigma_n^2}\left(\gamma_0+\dfrac{\sigma_n^2}{Lp_I}\right)}{\gamma_0+\dfrac{\sigma_n^2}{Lp_I}+1-\rho}\qquad(19-157)$$

由上式可见,使用 OIB 的最佳 PIC 的输出信噪比和阵元数 L 与 p_s/σ_n^2 成比例,并且依赖于 p_I/σ_n^2 的变化,当 $\frac{p_I}{\sigma_n^2}\to\infty$

$$\text{SNR}(\hat{w}_0)\to\frac{Lp_s}{\sigma_n^2}\frac{\gamma_0}{(1+\gamma_0-\rho)}\qquad(19-158)$$

图 19-12 显示了在不同的 p_I/σ_n^2 下,输出信噪比 SNR($\hat{w}_0$)随着输入 SNR 变化的曲线。阵列和噪声环境与图 19-11 中所使用的一样。在端射方向的导引矢量可以形成干扰波束。在本例中参数 $\gamma_0=0.17$。从图中也能够看出,对于

一个给定的输入信噪比,输出信噪比随着 p_I/σ_n^2 的增加而增加。

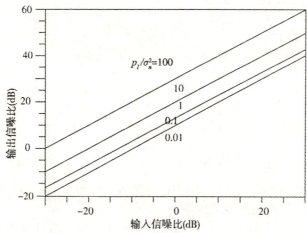

图 19－12　10 个阵元的线阵($\theta_0=90°$,$p_I=1$,$\theta_I=30°$)
采用 OIB 的 PIC 输入 SNR 和输出 SNR 的关系

19.7.3.4　改进干扰波束形成器的 PIC

如前所述,最佳 PIC 的输出包括残余干扰功率和非相关噪声功率。本节给出利用改进干扰波束形成器(Improveal Interference Beamformer, IIB)的最佳 PIC 的分析,消除在输出端上的所有干扰,并同时减少输出端非相关噪声的贡献。对此让干扰波束形成的权值为

$$U=\frac{R^{-1}S_I}{S_I^H R^{-1}S_I} \tag{19-159}$$

上式与(约束)限制性最佳波束形成器的权值的表示类似,只是波束约束在干扰方向而不是观察方向,于是很容易证明由这些权值形成的干扰波束在干扰方向有 1 的响应,而在信号方向其响应大大地减少。在信号方向干扰波束响应取决于信号源功率和非相关噪声功率。可以看出,波束形成权值的选择使信号功率和非相关噪声功率在干扰信道输出上达最小。

将式(19－145)和式(19－159)代入式(19－143)中,改进干扰波束形成器(IIB)的最佳 PIC 的权值

$$\hat{w}_I=\frac{S_0^H S_I}{L} \tag{19-160}$$

由上式可知,权值使 IIB 的 PIC 输出功率达最小,而且权值与信号功率、干扰和非相关噪声功率都无关。这个权值仅依赖于阵列的几何构形和信号与干扰源相对的空间方向。应用 IIB 在最佳 PIC 输出端上的信号功率和输出噪声功率

分别用下式给出：

$$P_s(\hat{w}_I) = p_s\rho^2\left[\frac{1+\sigma_n^2/Lp_s}{\rho+\sigma_n^2/Lp_s}\right]^2$$

$$P_N(\hat{w}_I) = \frac{\sigma_n^2}{L}\left[\rho\left(\frac{1+\sigma_n^2/Lp_s}{\rho+\sigma_n^2/Lp_s}\right)^2\right]$$

$$(19-161)$$

由上两式可见,IIB 的 PIC 输出信号功率和输出噪声功率都与干扰功率无关。IIB 的最佳 PIC 可完全抑制干扰。进而,输出信号功率和输出噪声功率都与 σ_n^2/Lp_s(在信号波束输出端非相关噪声功率对信号功率之比)有关。输出信号功率随 σ_n^2/Lp_s 的减少而增加,当 $\dfrac{\sigma_n^2}{Lp_s}\to 0$ 时,其极限趋近于输入信号功率,于是在强信号源存在的情况下,应用 IIB 的最佳 PIC 对信号抑制是可忽略的。信号抑制还随阵元数的增加被进一步地弱化。

当 $\rho=1$ 时,IIB 的最佳 PIC 的输出总噪声功率等于信号波束输出端非相关噪声功率。为了研究当 $\rho<1$ 时,σ_n^2/Lp_s 对输出噪声功率的影响,可把式(19-161)第二式右边括号的量改写为

$$\rho\left(\frac{1+\sigma_n^2/Lp_s}{\rho+\sigma_n^2/Lp_s}\right)^2 = 1 + (1-\rho)\frac{\rho-(\sigma_n^2/Lp_s)^2}{(\rho+\sigma_n^2/Lp_s)^2} \qquad (19-162)$$

因为 $\rho<1$,当 $\rho<(\dfrac{\sigma_n^2}{Lp_s})^2$,式(19-162)右边第二项为负。于是在此条件下,式(19-161)第二式右边括号中的量小于 1,因此在 PIC 输出端非相关噪声功率小于信号波束输出端非相关噪声功率。当 $\rho<\left(\dfrac{\sigma_n^2}{Lp_s}\right)^2$ 时,IIB 的最佳 PIC 减少了非相关噪声。当 $\rho>\left(\dfrac{\sigma_n^2}{Lp_s}\right)^2$,式(19-161)第二式右边括号中的量比 1 大,于是应用 IIB 的最佳 PIC 增加了非相关噪声。需注意的是 IIB 的最佳 PIC 的输出的总噪声仅由非相关噪声组成,并随 $\dfrac{\sigma_n^2}{Lp_s}$ 的减少而增加,其极限逼近 $\dfrac{\sigma_n^2}{Lp_s}$,对应的 IIB 的最佳 PIC 的输出信噪比 SNR 由式(19-161)可得

$$\text{SNR}(\hat{w}_I) = \frac{p_s\rho L}{\sigma_n^2} \qquad (19-163)$$

可见,IIB 的最佳 PIC 的输出 SNR 比例于输入信号和非相关噪声的比,比例于阵单元数 L 和参数 ρ。

19.7.3.5 讨论与解释

当 $\gamma_0 = \dfrac{U_0^H S_I S_I^H U_0}{L U_0^H U_0}$,$\rho = 1 - \dfrac{S_0^H S_I S_I^H S_0}{L^2}$ 时,用 CIB、OIB 和 IIB 三种方法形成干

扰波束,在最佳 PIC 的输出端归一化信号功率、干扰功率、非相关噪声功率和
SNR 的比较见表 19-1。表中最佳 PIC 的输出信号功率、残余干扰功率和非相
关输出噪声功率分别由 P_s,$P_I(1-\rho)$ 和 σ_n^2/L 归一,这些量值对应于信号波束输
出的信号功率、干扰功率和非相关噪声功率。选取归一化形式为的是便于对
OIB、IIB 和 CIB 的 PIC 性能与应用一般权值的单元空间处理器(由一般权值形
成信号波束)性能进行比较。由表可得出:①当 $\rho=1$,或信号和干扰方向的导引
矢量彼此正交时,对这三种情况的最佳 PIC 的 SNR 都是相同的;②当 $\rho<1$ 的情
况,这三种干扰波束形成器的最佳 PIC 的性能讨论如下:讨论的例子都是针对
10 单元的均匀线阵,阵元间距为 $\lambda/2$,信号方向于阵侧射方向,在每一个单元上
的非相关噪声功率等于 0.01。对 OIB 的干扰波束是用在端射方向的导引矢量
形成,干扰方向的信息并不用来选择 U_0。

表 19-1　最佳 PIC 的输出端归一化信号功率、干扰功率、
非相关噪声功率和 SNR 比较

干扰波束形成器类型	一般干扰波束形成器 (CIB)	正交干扰波束形成器 (OIB)	改进干扰波束形成器 (IIB)
归一化输出信号功率	$\dfrac{\rho^2}{\left[1+\dfrac{1-\rho}{p_I/p_s+\sigma_n^2/Lp_s}\right]^2}$	1	$\left[1-(1-\rho)\dfrac{\sigma_n^2/Lp_s}{\rho+\sigma_n^2/Lp_s}\right]^2$
归一化残余干扰功率	$\dfrac{\rho^2}{(1-\rho)^2}\dfrac{1}{\left[1+\dfrac{p_I/p_s+\sigma_n^2/Lp_s}{(1-\rho)}\right]^2}$	$\dfrac{1}{[1+\gamma_0(Lp_I/\sigma_n^2)]^2}$	0
归一化非相关噪声功率	$\rho+\dfrac{\rho^2}{(1-\rho)}\dfrac{1}{\left[1+\dfrac{p_I/p_s+\sigma_n^2/Lp_s}{(1-\rho)}\right]^2}$	$1+\dfrac{(1-\rho)\gamma_0}{[\gamma_0+(\sigma_n^2/Lp_I)]^2}$	$1+(1-\rho)\dfrac{\rho-(\sigma_n^2/Lp_s)^2}{(\rho+\sigma_n^2/Lp_s)^2}$
输出 SNR	$\dfrac{\rho}{\rho\dfrac{(1-\rho)}{\dfrac{p_I}{p_s}+\dfrac{\sigma_n^2}{Lp_s}}+\dfrac{\sigma_n^2}{Lp_s}\left[1+\dfrac{(1-\rho)^2}{\dfrac{p_I}{p_s}+\dfrac{\sigma_n^2}{Lp_s}}\right]}$	$\dfrac{Lp_s/\sigma_n^2}{1+\dfrac{(1-\rho)}{\gamma_0+\sigma_n^2/Lp_I}}$	$Lp_s\rho/\sigma_n^2$

(1)信号抑制

OIB 的最佳 PIC 不抑制信号,而其他两种情况信号被抑制。CIB 的最佳
PIC 的信号抑制比用 IIB 的 PIC 更大。实际上 IIB 的干扰波束比 CIB 能更多地
拒绝(排斥)信号,OIB 的干扰波束能全部的拒绝信号。因此 OIB 的 PIC 完全不

对信号形成抑制，而 IIB 对信号抑制比 CIB 小。

IIB 的最佳 PIC 的归一化输出信号功率与干扰功率无关。CIB 的最佳 PIC 的归一化输出信号功率随干扰功率的增加而增加。因此这两种情况的归一化输出信号功率的差随干扰功率的增加而减少。

对 CIB 和 IIB 两种情况，归一化输出信号功率依赖于输入信号功率，在 CIB 的最佳 PIC 的情况，归一化输出信号功率随输入信号功率的增加而减少。信号抑制随输入信号功率的增加而增加。但对 IIB 的最佳 PIC 情况，归一化输出信号功率随输入信号功率的增加而增加，其极限逼近于 1。当输入信号对非相关的噪声是很大时，信号抑制是可忽略的。

（2）残余干扰

IIB 的最佳 PIC 的输出不包含任何残余干扰；而 OIB 和 CIB 的输出存在残余干扰。

OIB 的最佳 PIC 归一化的输出残余干扰依赖于 p_1/σ_n^2 和阵元数。当 p_1/σ_n^2 增加时，归一化残余干扰减少，其极限逼近于零。当这个比减少时，归一化残余干扰增加，但不会超过 1。OIB 的最佳 PIC 总是抵消一些存在于信号波束输出的干扰。干扰抵消随 P_1/σ_n^2 和阵元数的增加而增加。

如表所列，在 CIB 的最佳 PIC 输出的归一化残余干扰表示为两项的乘积。第一项依赖于参数 ρ，它还与阵列何参数和信号与干扰源相对空间方向有关，当 $\rho > 1/2$，这项大于 1。第二项依赖于 σ_n^2/Lp_s 和 p_1/p_s，当这些参数减少（更强的信号）它增加，其极限逼近为 1。CIB 的最佳 PIC 输出的归一化残余干扰随信号功率的增加而增加。而当 $\rho < 0.5$ 时，它将逼近于比 1 大的值。在某些情况下在 CIB 的最佳 PIC 输出的干扰电平超过 0dB 线表明干扰功率比信号波束的输出端的干扰功率还大。

（3）非相关噪声功率

在表 19－1 中示出了 CIB、OIB、IIB 在最佳 PIC 的输出端归一化非相关噪声功率的比较。OIB 的最佳 PIC 输出端上归一化非相关噪声功率比 1 大，换言之，带有 OIB 的最佳 PIC 增加了非相关噪声。

IIB 的最佳 PIC，非相关噪声功率的增加或减少依赖于参数 ρ 和 $(\sigma_n^2/Lp_s)^2$ 之差，$(\sigma_n^2/Lp_s)^2$ 是信号波束输出非相关噪声与信号比的平方。当 $\rho > (\sigma_n^2/Lp_s)^2$ 时，PIC 的输出端归一化非相关噪声功率大于 1。于是在相对强的信号源存在的情况下，IIB 的最佳 PIC 增加了非相关噪声功率。

（4）信噪比

首先比较 IIB 和 OIB 的 PIC 的 SNR，从式（19－157）和（19－163）可得到

$$\frac{\mathrm{SNR}(\hat{w}_0)}{\mathrm{SNR}(\hat{w}_I)} = \frac{1}{\rho} \frac{\gamma_0 + \dfrac{\sigma_n^2}{Lp_I}}{\gamma_0 + \dfrac{\sigma_n^2}{Lp_I} + 1 - \rho} \qquad (19-164)$$

上式意味着改进干扰波束形成器的 PIC 信噪比大于正交波束形成器的 PIC 信噪比,有 $\mathrm{SNR}(\hat{w}_I) > \mathrm{SNR}(\hat{w}_0)$。当 $\rho \approx 1$ 时,$\mathrm{SNR}(\hat{w}_0) \approx \mathrm{SNR}(\hat{w}_I)$。

同样,比较 IIB 和 CIB 的 PIC 的 SNR,从式(19-151)和(19-163)可得到

$$\frac{\mathrm{SNR}(\hat{w}_c)}{\mathrm{SNR}(\hat{w}_I)} = \frac{1}{(1+\alpha_I)^2 + \dfrac{\rho}{1-\rho}\alpha_I^2 \left(1 + \dfrac{Lp_I}{\sigma_n^2}\right)} \qquad (19-165)$$

于是有

$$\mathrm{SNR}(\hat{w}_I) > \mathrm{SNR}(\hat{w}_c)$$

当 α_I 值较小时,$\mathrm{SNR}(\hat{w}_I) \approx \mathrm{SNR}(\hat{w}_c)$,$\alpha_I = \dfrac{(1-\rho)p_s}{(p_I + \sigma_n^2/L)}$ 是干涉波束输出的 SNR。三种情况(OIB,IIB,CIB)的 PIC 输出 SNR 与输入 SNR 的关系示于图 19-13,图 19-14 中。

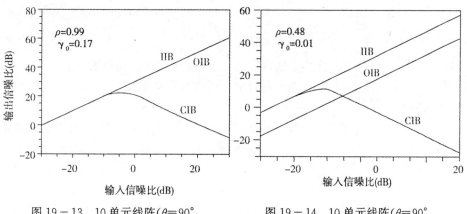

图 19-13　10 单元线阵($\theta=90°$,　　　　图 19-14　10 单元线阵($\theta=90°$,
$p_I=1.0, \sigma_n^2=0.01, \theta_I=30°$)　　　　$p_I=1.0, \sigma_n^2=0.01, \theta_I=85°$)
三种情况(OIB、IIB、CIB)的 PIC　　　　三种情况(OIB、IIB、CIB)PIC 输出
输出 SNR 与输入 SNR　　　　　　　　　SNR 与输入 SNR

图中假设存在单位功率的干扰,干扰方向分别与阵侧射方向呈 60° 和 5°,而参数 ρ 分别为 0.99 和 0.48,γ_0 分别为 0.17 和 0.01。从上面的曲线我们可看到:对 CIB 的情况,当输入 SNR 超过 -8dB(图 19-13)和 -16dB(图 19-14)

时,输出 SNR 随输入 SNR 的增加而减少。而其他两种情况,输出 SNR 随输入 SNR 的增加线性增加,阵增益最终可达 20～30dB。

19.7.4 后波束干扰对消器(PIC)与单元空间处理器(ESP)之比较

最佳 ESP 的性能是 ρ 的函数,正交干扰波束形成(OIB)的 PIC 性能取决于 ρ 和 γ_0。因此这两个处理器性能的比较依赖于这两个常数的相对值。

首先考虑干扰方向精确已知的情况,以 OIB 形成干扰波束,则权值 $\hat{U}_0 = PS_1$,式中 $P=I-(S_0 S_0^H)/L$。当干扰波束形成权值取上式时,经计算 γ_0 有最大值,且 $\gamma_0 = \rho$。在此把最佳波束形成器与后波束形成干扰对消器导出的结果比较,可以得到这两个处理器的输出功率和 SNR 是相同的。如果 PIC 的干扰波束由 OIB 形成,且 $\gamma_0 = \rho$ 的话,那么最佳 PIC 性能与最佳 ESP 是一样的,见式 (19-97)和(19-157)。但是,如果 PIC 的干扰波束由 OIB 形成,而 $\gamma_0 < \rho$ 的话,这两个处理器的总噪声有 $P_N(\hat{w}_0) < \hat{P}_N$,$\text{SNR}(\hat{w}_0) < \hat{\alpha}$。表明在最佳 PIC 输出的总噪声功率比最佳 ESP 输出的总噪声功率要大,因此最佳 PIC 可达到的 SNR 小于 ESP 所达到的 SNR。这两个 SNR 之比,由(19-97)和(19-157)可得

$$\frac{\text{SNR}(\hat{w}_0)}{\text{SNR}(\hat{w})} = \frac{\sigma_n^2 + L p_I}{\sigma_n^2 + (1+\gamma_0-\rho) L p_I} \cdot \frac{\sigma_n^2 + \gamma_0 L p_I}{\sigma_n^2 + \rho L p_I}$$

对 $\sigma_n^2/L p_I \ll \gamma_0$ 时,上式可简化为 $\dfrac{\text{SNR}(\hat{w}_0)}{\text{SNR}(\hat{w})} \approx \dfrac{\gamma_0}{(1+\gamma_0-\rho)\rho}$,它取决于 ρ 与 γ_0 的相对值。如果 $\rho=1$ 时,这两个处理器的 SNR 趋于相同。可以看出当 ρ 与 γ_0 较大时,这两个处理器的 SNR 差是较小的,随这两个参数的减少,二处理器 SNR 的差别变大。

智能型天线具有空间滤波器功能,它既可以接收某指定方向的能量,又可阻断另外一些方向的干扰信号。也可将能量集中于某预定方向,同时又能对消干扰信号。根据变化环境,在满足某种性能准则的条件下,随时改变动态地调整。实现此功能与信号处理器密切相关。至此对完成上述功能的包括单元空间处理器和波束空间处理器在内的各种处理器结构、功能和性能进行了较详细地阐述。这是研究智能型天线的理论基础。

19.8 自适应阵列天线

19.8.1 概述

前面已经对智能型天线的基本理论进行了阐述,包括最佳天线性能度量准

则,对应的权值和性能参数。本节针对阵列天线的自适应抗干扰问题再予阐述。

19.8.1.1　自适应阵列天线的基本原理

如前面讲到的那样,自适应阵是通过阵列信号处理设备来控制及调整阵元的权值使之天线阵列形成的方向图能将主波束对准有用信号方向而使方向图零点对准干扰信号方向。当有用信号和干扰信号改变时,信号处理设备按预定的自适应准则及算法适时地调整权值使波束自动地、适时地跟踪这种变化。这就是自适应阵列天线工作的基本原理。

19.8.1.2　最佳天线度量准则

根据前面智能天线基本理论的讲述,对最佳天线性能度量可归结为如下几点:

(1) 最小均方误差准则(LMS)。在存在有用信号和干扰信号条件下,如果有用信号已知,并能产生一个与有用信号相近的参考信号(参考信号与有用信号的相关系数≈1)则希望系统实际输出信号应尽可能地逼近有用信号。从这个要求出发产生了最小均方误差准则。最佳权值解是 Wiener - Hopf 方程的最优解。

(2) 最大信噪比准则(最大 SNR)。系统接收的有用信号不可能预先知道,因而不可能产生一个参考信号,而要求在此条件下系统达到输出 SNR 最大。由此要求出发产生了最大信噪比准则。

(3) 线性约束最小方差准则(MV 准则)。在干扰源位于阵主波束角域内的情况下,此时利用最大 SNR 方法把波束方向图零点对准干扰源方向以抑制干扰源,然而主波束也可能发生畸变,特别是有用信号在一定强度时会引起自适应处理器产生不希望有的反应,结果造成信号畸变。为避免此类问题出现,可引入约束使自适应处理器维持所需要的主波束信号,同时又良好地抑制干扰,这就形成了主波束约束的最小方差准则。如果要求自适应阵在方向图某个方向保持约束值,在遵守这个约束条件下,选择权值使输出功率达最小。

(4) 最大似然准则(ML)。常遇到有用信号完全无知的情况,这时参考信号也无法产生,在干扰噪声背景下通过阵列信号权值处理,取得对有用信号最大似然估计。由此产生最大似然准则。

(5) 噪声方差性能准则。对有用信号和干扰信号完全已知,这时只是为了使有用信号的检测更好而消除干扰杂波背景,对此可采用噪声方差最小准则。

自适应阵天线最佳性能控制就是按性能准则和最优加权的自适应滤波问题。最佳性能控制是解决任何达到此标准,或沿什么路线倾向目标,特别是当信号环境发生变化时,怎样才能自动适应这个变化,通过不断更新权值保持系统在选定性能准则上达到最佳。

19.8.1.3　自适应阵列组成

自适应阵列功能框图如图 19 - 15 所示,它包括阵列天线、波束形成和自适应处理器三大部分。阵列单元收到的信号输入到方向图形成网络,并对各路信号进行加权求和后输出。权值由自适应信号处理器按设计的性能准则及算法进行控制。

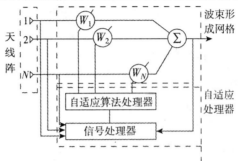

图 19 - 15　自适应阵列天线功能框图

加权无非是对信号进行幅度和相位控制。自适应加权电路可分为两类,一类为窄带信号加权,一类是宽带信号加权。窄带信号加权电路如图 19 - 16(a)所示,将可变衰减器和移相器串接形成对幅值和相位的控制;另一种对信号的复加权是采用正交分支电路和可调衰减器实现,如图 19 - 16(b)中所示。我们经常遇到的都是这种窄带信号的情况。宽带是指阵元接收信号的复包罗延迟差已不能忽略。宽带自适应每一个通道不能只靠一个复加权值来完成,需要采用抽头延迟线处理器来补偿失配效应,如图 19 - 16(c)所示。

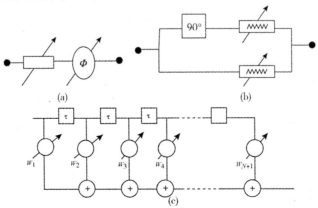

图 19 - 16　基本加权电路示意图

19.8.2　干扰零对消方法及其对辐射方向图的影响

阵列天线也是航天多波束天线常用的天线形式。阵列天线加上信号处理，通过自适应权值调整可实现通信干扰的零对消。本节讨论几种带零控的阵列天线方向图的综合方法。除讨论这些方法外，还研究对方向图特性的影响。这些特性在很大程度上与所使用的零控算法无关。

19.8.2.1　天线方向图干扰零控技术的意义

（1）它们代表了经典的方向图综合技术的推广，处理主瓣形状和边瓣包罗。综合法允许把方向图一个或多个零点对准指定的方向，由于电磁环境污染的增加，这种需求变得越来越重要了。

（2）这种方法提供了一种自适应天线系统，不仅要对算法的选择、执行和性能估计进行讨论，同样重要的是针对一些基本问题，比如什么是系统的最优化控制体系？什么是所要求的最小自由度？方向图的畸变或恶化能到何等程度？可达到的零深是多少？什么是最根本的限制？等等。这些问题与任何一种选定的算法无关，都被定位于带零点的方向图综合，因为任何自适应系统的最终叙述都归结为干扰方向有零点的方向图综合。

天线方向图的控制有多种形式，如图 19 - 17 所示。最一般的也是最复杂的是对每个阵元的幅度和相位同时控制；第二种方式是仅控制各阵元的相位，相控阵本身就是对阵元相位进行控制的，这不会附加新的因素；第三种方式是仅选择阵列的一个子集或在一个子阵进行控制，这样可减少电控单元数目。

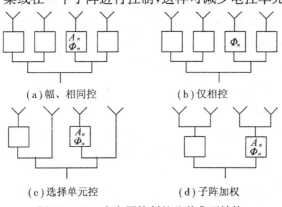

（a）幅、相同控　　　　　　（b）仅相控

（c）选择单元控　　　　　　（d）子阵加权

图 19 - 17　方向图控制的几种典型结构

对 $2N+1$ 个各向同性、等间距阵元的线阵，辐射方向图可写成

$$f(u) = \sum_{n=-N}^{N} a_n e^{jnkdu} \qquad (19-166)$$

式中，a_n, k, d, u 分别代表阵元激励系数、波数、间距和与侧射方向夹角的正弦。方向图零点综合的方法是从给定原初方向图 $f_0(u)$ 开始，它代表了给定的主瓣和边瓣包罗以及对应的初始单元激励系数 $\{a_{0n}\}$。综合是调整这些系数使其调整后的方向图在所要求方向上存在零点。我们把注意限定在一个重要的特定情况，就是对称的实数激励系数 a_n 和对称的辐射方向图的情况。

19.8.2.2　幅度和相位同时控制的零控方向图

对幅、相同时控制的零控方向图，数学上定义为：

$$f(u_m) = 0, \quad m = 1, 2, \cdots, M$$

$$\sum_n c_n \left| a_n - a_{0n} \right|^2 = \min \qquad (19-167)$$

式(19-167)中第一式保证综合方向图在预定方向 u_m 有零点；而第二个式子保证阵的激励仅比原初的激励有最小的改变。加权系数 c_n 为正实数、对称的，这增加了式(19-167)的限制。微扰后的单元激励系数为

$$a_n = a_{0n} - \sum_{m=1}^{M} r_m \frac{e^{-jnkdu_m}}{c_n} \qquad (19-168)$$

式中波束系数 r_m 由 M 个线性方程组决定。因此微扰后的方向图可写为

$$f(u) = f(u_0) - \sum_{m=1}^{M} r_m \sum_n \frac{e^{jnkd(u-u_m)}}{c_n} \qquad (19-169)$$

式中，$f(u_0) = \sum_n a_{0n} e^{jnkdu}$，对 m 的每一个求和项代表了幅度系数为 r_m，在所要求的零点方向的对消波束。零综合的问题只有 M 维，而不是单元空间的 $2N+1$ 维。这使问题的求解得到简化。

权系数 c_n 决定了对消波束的形状。$c_n = 1$，该波束为 SINC 函数；而 $c_n = 1/a_{0n}$ 使波束回复到原初的方向图 f_0。前一种情况可当成在方向图的一个周期内对 f_0 带约束的最小均方近似。后一种情况的解释就不那么简单了。

现举 Chebyshev 方向图的两个例子，每一个强加 4 个零点。如图 19-18 所示，原初阵为阵元数 $2N+1 = 41$，阵元间距 $d = \lambda/2, c_n = 1$，其边瓣电平分别为 -20dB 和 -40dB 的 Chebyshev 线阵。当在 $u = 0.22, 0.24, 0.26, 0.28$ 强加四个零点，并要求对消电平分别为 32dB 和 30dB 的对消方向图。可以看出原初的边瓣电平在扇区 $\Delta u = 0.06$ 中有了很大的减少。零点彼此靠近使其产生非常低边瓣扇区。

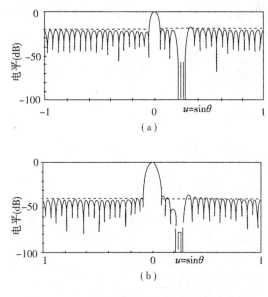

图 19-18　干扰零对消的 Chebyshev 方向图

19.8.2.3　宽带零点与自由度数

在处理相控阵方向图前,我们转回来看看由空间靠近的几个方向图零点得到的边瓣抑制。这具有重要性是因为它涉及自适应环的数目,关系自适应天线系统的复杂性和成本。

普通馈电网络的阵列方向图是随频率改变的。在固定方向 u_j 有一零点,在相对频率带宽 B(总带宽/中心频率)上的方向图零点模糊成一扇形角区

$$\Delta u = Bu_j$$

扇区中心在 $u=u_j$。实现方向图宽域零点的一个方法是需在对应的方向图扇区 Δu 内加足够多的等间距、离散零点。强加的零点数 M、扇区宽度 Δu、边瓣对消电平 C(相对于原初电平)以及原初方向图和所要求零点的方向之间有相互依赖的关系,对此,虽然没有解析的答案,但数值研究已经表明:在一阶近似下,边瓣对消与真实方向图形式无关,而仅由两个参数决定:零点数 M 和要对消的边瓣数 v。对消电平 C 作为 M 和 v 的函数示于图 19-19 中。通过 $v=\Delta u(\lambda/l)=Bu_j\lambda/l$ 的关系,可把对 v 的关系转换成与相对频率带宽 B 的关系。因为长度为 l 的天线的主瓣宽度可近似表示为与 λ/l 的关系。

图 19-19 中的曲线示出了边瓣对消电平 C 与强加的方向图零点数 M 和所要求对消的边瓣数 v 的关系曲线。对产生所要求的边瓣对消 C,利用该图中

曲线可确定所要求的零点数。这个数目代表了用幅、相控制的普通阵列，达到其零控性能必须配置的自由度数。

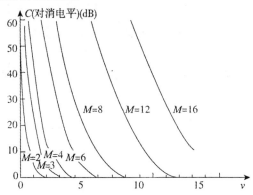

图 19-19　边瓣对消电平 C 与 M 和 v 的关系

19.8.2.4　仅相位的方向图零控技术

这里将要讨论的是在原有的激励上仅改变激励相位来实现的方向图零点控制。对应于这种情况，式（19-167）可改写为

$$f(u_m)=0,\ m=1,2,\cdots,M$$
$$s.\ t.\quad \sum_n c_n\,|\,a_{0n}e^{j\varphi_n}-a_{0n}\,|^2=\min \qquad (19-170)$$

式中，$\{\varphi_n\}$ 是所期望的相位扰动。式（19-170）代表了一个非线性问题，它不一定有解。但是，当解存在时，其相位扰动可写为

$$\varphi_n=phase\left[a_{0n}-\sum_m r_m\frac{1}{c_n}e^{-jnkdu_m}\right] \qquad (19-171)$$

式（19-171）从结构上与式（19-168）十分相似，虽然未知的波束系数 r_m 不同于式（19-168）。式（19-171）又一次表现出控制变量为 M 维而不是 $2N+1$ 维。相位扰动具有奇对称性，有 $\varphi_{-n}=-\varphi_n$，而且系数 r_m 是实函数。相位扰动有两种情况：一种是小的相位扰动，另一种是大的相位扰动。

（1）小的相位扰动

当低边瓣区零点数相对较小，远远小于阵元数，即时 $M\ll 2N+1$，则构成相对小的方向图的扰动，因此有理由假设对应的相位扰动也是相当小的，设 $|\varphi_n|\ll1$。这时式（19-17）中取 Taylor 展开式的前两项有

$$f(u_m)=f_0(u_m)+j\sum_n a_{0n}\varphi_n e^{jnkdu_m}=0$$
$$(19-172)$$
$$s.\ t.\quad \sum_n c_n(a_{0n}\varphi_n)^2=\min$$

这就将其解析解变为线性问题。

　　最终方向图仍可看成是原初方向图上重叠了 M 个对消波束。这时每一个对消波束由方向在 $u_m, -u_m$ 的两个反号波束构成。权系数 c_n 决定每一个波束的形状,和前面一样,选择 $c_n=1$ 为一对 SINC 波束,而 $c_n=1/a_{0n}$ 为一对与原初波束相同的波束。

　　例　原初方向图为边瓣电平为 $-40dB$ 的 Chebyshev 阵列方向图,阵元 $2N+1=41$, $d=\lambda/2$, $c_n=1$,在 $\theta=15.23°$ 方向有一个干扰。实施仅相位加权的对消。对应的对消波束如图 19－20 所示。

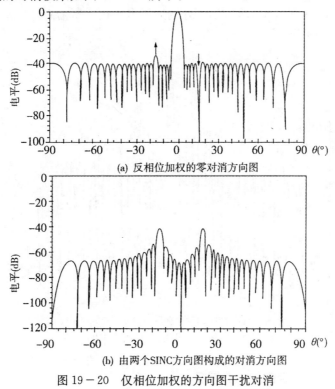

(a) 反相位加权的零对消方向图

(b) 由两个SINC方向图构成的对消方向图

图 19－20　仅相位加权的方向图干扰对消

　　小相位扰动近似的零点综合法对绝大多数干扰零对消是满意的。但这个方法不能对在主瓣两边对称处的两个干扰进行零点对消。这是由于小角近似将相伴产生两个奇对称的对消波束的原因。如图 19－20 所示,对 $\theta=15.23°$ 方向干扰对消,势必会在对称轴镜像点上抬高边瓣电平。

　　(2) 大的相位扰动

　　当对消的零点在主瓣附近,或当对消的两个零点于轴对称位置,$u=\pm u_j$,或当多零点集中于相对小的扇形角区,或零点数增加已不满足 $M \ll N$ 的近似条件。研究表明,在这些情况下采用非线性程序算法可以成功地得到式 (19-170) 最优方向图解。

  例　一个均匀同相分布的线阵,阵元数 $2N+1=41$,阵间距 $d=\lambda/2$,$c_n=1$,原初方向图为 sinc 函数。假设在 $4.0°$、$4.6°$、$5.2°$ 和 $5.8°$ 方向有干扰需强加零点,这属于多零点集中于相对小的扇形角区的情况。其计算结果示于图 19-21,对应的最大相位扰动可达到 $110°$,四个零点强加在 sinc 方向图第一个边瓣区形成一个宽域零点。图中原初方向图如虚线所示,经微扰的方向图为实线所示,相比可见,主瓣增益有所下降,零控扇区外的边瓣电平也有所抬高。

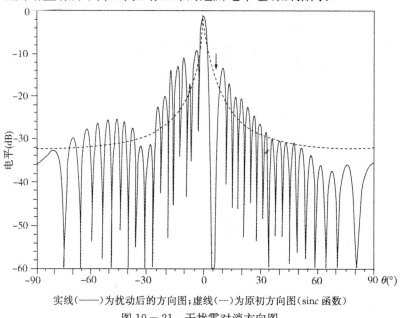

实线(——)为扰动后的方向图;虚线(····)为原初方向图(sinc 函数)

图 19-21　干扰零对消方向图

19.8.2.5　有限个自由度的零控技术

  N 阵元的阵列采用幅度和相位控制能够得到 $N-1$ 个自由度,通常要确定的零点数 M 远小于 $N-1$ 个零点。在这些情况中,减少自由度数的零控综合法变得十分有意义。进行复幅值的控制有两种近似方法,一种是对阵列中的单元有选择地进行;另一种是在子阵上进行。

  口径上选择 Q 个单元,进行方向图零点综合。有下列关系

$$f(u_m) = f_0(u_m) + \sum_q a_{0q}\delta_q e^{jkd_{pq}u_m} = 0, \qquad m = 1,\cdots,M$$

$$(19-173)$$

$$s.t. \sum |\delta_q|^2 = \min$$

可控制单元用 q 来代表,有一个相对的幅度扰动 δ_q,这样它们总的幅值为 $a_q = a_{0q}(1+\delta_q)$,并假设 $M<Q$。

同样,对子阵零控可写为

$$f(u_m) = f_0(u_m) + \sum_{q=1}^{Q}\delta_q\sum_p a_{0pq}e^{jkd_{pq}u_m} = 0, \qquad m = 1.2,\cdots,M$$

$$(19-174)$$

$$s.t. \sum |\delta_q|^2 = \min$$

式中已把阵分成 Q 个子阵,而每个子阵有 P 个单元。用下标 pq 代表第 q 个子阵中的第 p 个阵元,δ_q 代表每一个子阵加权的微扰。式(19 − 173)和式(19 − 174)定义了约束性最小化问题,由此可得到解析解。

图 19 − 22 就是对 20 个单元的线性阵列,初始方向图是 −30dB 的 Taylor 分布阵的方向图。在 33°和 58°两个方向上形成零控。仅在阵列的两端,即第 1,2,19,20 阵元上进行复加权(复数幅值)的控制,这样在方向图第 5～8 个边瓣角域内,因为方向图零对消设计使方向图变化较大,最终方向如图中实线所示。对消前后方向图比较可发现,除零对消方向附近的方向图有较大变化外,其余的部分变化不大。可见,调控阵元的位置,选择在阵列边上时表现出有较佳的特性。

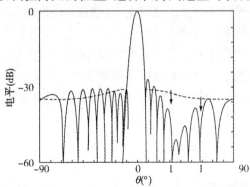

图 19 − 22　部分单元复加权的干扰对消方向图

如果把阵列分成四个子阵,五个阵元为一个子阵,并将相同的零点加到子阵上。最后调整后的方向图结果见图 19 − 23(a)。可以看出,与前一个例子相比方向图出现了更大的扰动。其原因是因为强加的零点放在子阵方向图的边瓣区域,而它的主瓣必须和原初的主瓣方向一致,为此必须要求方向图对消仅影响子阵边瓣,这就导致子阵的权值 δ_q 有相当大的幅值,使子阵在主瓣和栅瓣方向都发生了比原初方向图大的扰动。相关的研究也表明:对在边瓣区域强加干扰对消零点时,用口径上选择单元的方法进行零控是比较可取的,然而,对主瓣区域的零控,这个方法将不太有效。因为阵元必须用大的幅值驱动,才能有效地产生主瓣的零点。对此采用子阵零控方法较有效,一个典型的例子就是单脉冲差波束,这就用了两个子阵提供了主瓣的零点。

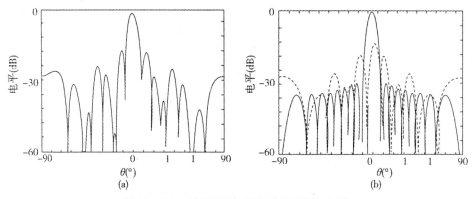

图 19-23　利用子阵加权的干扰对消方向图

　　本节列出了几种常用的方向图零点综合方法,使我们在限定方向图质量和电控复杂性方面进行折中选择。很明显,幅度和相位同时控制是最好的,但其复杂性和成本也是最高的。仅相位控制的方法对大多数简单的零控要求还是适合的。对于选择单元还是选择子阵这要看零点控制在边瓣还是在主瓣区域来定。

　　这里提出的方向图综合法是根据带约束的均方近似进行的。与该法相关的数学问题仅涉及 M 维(即零控点数),这与代表阵激励系数的 $(2N+1)$ 维问题来比要简化多了。

19.8.3　数字波束形成天线

19.8.3.1　数字波束形成(Digital Beam Forming, DBF)的基本概念

　　阵列信号处理是在传统天线结构硬件基础上,将天线接收与发射信号经过一定的处理(软件工作),使天线性能大大提高,其性能也更加灵活多变。信号处理天线是传统天线技术与信号处理技术结合的产物,由此可见阵列处理技术直接影响着未来航天器天线的发展和应用。阵列信号处理天线的基本点就集中到天线波束的成形与控制技术上。按其波束形成的方法可分为两类,一类是用模

拟方法实现波束形成,比如相乘阵技术、综合孔径技术;另一类是用数字方法实现,数字技术主要用于阵列天线的自适应信号处理与高分辨率的阵列信号处理(空间谱估计)。目前空间电磁环境的日益复杂,有意无意干扰越发地增多,对天线系统要求也增加,数字波束形成对增强天线性能也是一种新的绝好的技术。

数字波束形成阵中,检测的接收信号在每一个阵元上就进行数字化,然后进入数字计算机,按其特定的目的形成所要求的波束。这个方法保留了口径上可利用的全部信息,即 N 个独立的单元信号 $\{X_n\}$。而在模拟波束形成中仅产生这些信号的加权和,把信号维数从 N 减到 1。二者比较可参见图 19 − 24。

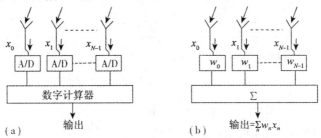

图 19 − 24　数字波束与模拟波束之比较

数字波束形成的天线方向图很难直观地表示,首先数字波束形成(DBF)一般适应于接收模式,然而方向图概念一般在发射模式是最自然的。接收方向图是天线的一个响应,它是单位幅值平面波的入射角函数,这个响应并不是真实的接收信号,而是它们的数字表示。数字方向图形成根据两个基本原理:①Lorentz 二重性原理;②Sannon 取样定理。

下面以一个均匀线阵的例子说明其过程。设该线阵阵元数为 N ,阵间距为 d,从 B 方向入射一平面波的数字波束形成的基本过程如图 19 − 25 所示。以平面波入射于该阵上,

$$E=A(t)e^{j(wt-kr)} \qquad (19-175)$$

阵接收的窄带模拟信号

$$V_n=A(t)e^{j(wt+\varphi_n)} \qquad (19-176)$$

该信号等幅不等相,$\varphi_n=nkd\sin\theta$,之后下变频到基带形成正交两路(同相 I 和正交 Q)并保持原相位。输出复数视频信号的实部和虚部,在 t_μ 时刻取样,将信号数字离散化。然后进行数字复加权 W_n,并相加产生天线的响应:

$$y(t_\mu) = A(t_\mu) \sum_{n=0}^{N-1} W_n e^{jnkd\sin\theta} \qquad (19-177)$$

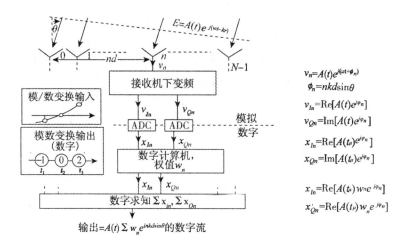

图 19 - 25   数字波束形成的基本过程

A 代表接收信息,求和代表了阵列方向图。

19.8.3.2 数字波束形成的优点及应用能力

数字波束形成可应用于接收和发射两种工作模式,不过接收模式更体现其优点。

(1)改善自适应零对消控制性能。自适应通过适时调整其权矢量使阵列具有自动地对消干扰的性能。权矢量 $W=(w_0,w_1,\cdots,w_{N-1})$ 使合成方向图在干扰方向形成零点,在存在有定向干扰和噪声环境下, 有用信号与噪声（干扰＋热噪声）之比可写成:

$$SNR=\frac{P_s}{P_N}=\frac{W^H R_s W}{W^H R_N W}$$

W,S 为列矩阵,上角"H"代表转置和复共轭,R_s,R_N 分别信号和噪声的协方差矩阵。选择权值 $\hat{W}_0$ 使 P_s/P_N 达最大,有

$$\hat{W}_0=\mu R_N^{-1}S$$

μ 是比例系数,最佳权值 $\hat{W}_0$ 是 R_N 矩阵求逆与空间矢量 S 的内积。利用取样矩阵反演法（SMI,Sample Matrix Inversion）,上式可求出最佳的权值 $\hat{W}_0$。

数字域内,可以对自适应零对消的不同模式进行批处理。它包含在缓冲器中接收信号的暂时存储,并由这些信号确定自适应的加权值,然后加上权值形成波束。可同时形成独立的多波束。

(2)一旦阵单元信号数字化,在邻近空间形成任意数目的低边瓣而不会恶化系统信噪比。模拟的多波束形成器如 Butler 矩阵,输出波束必须是正交的以避

免信号功率的损失。数字波束形成器要有满足要求的低噪声放大器,并不要求有模拟那样的配置。模拟系统中最终的噪声指数基本上是单元接收机前端形成。

(3)可进行阵列单元方向图校正。由于互耦合,特别对小阵的单元方向图都各不一样,DBF 可以校正这些影响,校正过程与 DBF 合并进行。这可改善方向图质量,实现精确的方向图控制和非常低的副瓣电平。

(4)实现超分辨率,可以分辨不满足 Rayleigh 限制的一些源。超分辨与自适应方向图零对消密切相关,归根结底的限制是 SNR。如果使用了阵的全自由度,阵误差变得非常敏感。超分辨方法包含非线性信号处理和十分复杂的算法,还要求阵列的精确校正。

(5)发射功率和时间管理的多样性。功率和持续时间都是系统宝贵的资源,数字加权的多样性可实现各种功能,同时实现对这些资源的最佳配置。例如雷达工作可采取对近距离目标发射采取泛光发射模式形成宽视场以搜索发现目标,而接收采用一组定向波束扫描覆盖等。

19.8.3.3　数字波束形成的接收机系统

数字波束阵列由天线阵元、接收模块、模/数变换器(ADC)、数字波束形成器和控制器组成。图 19 - 26 是数字波束接收机的基本框图。

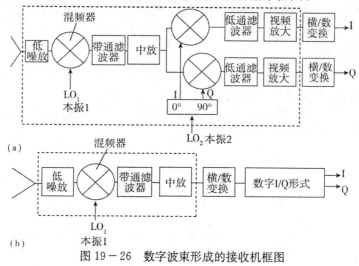

图 19 - 26　数字波束形成的接收机框图

接收模块是一部典型的外差接收机,它包括频率 LNA、下变频、滤波和放大以达到 ADC 需要的功率电平。对双变换单元(双通道)接收机如图 19 - 26(a),

要求 I、Q 支路幅值平衡和相位正交,这是系统主要的误差源。图 19-26(b)是另一种带有中频(IF)取样和数字 I/Q 变换的单信道接收机。A/D 变换后信号进入数字波束形成器中,在其中的快速的并行处理器对信号与权值作内积,然后相加输出合成波束。对于自适应方向图控制,阵元信号也送入到波束控制器中,通过适当的算法决定适当的加权。

对任何天线系统最有意义的基本特性是动态范围和信号带宽。

系统的瞬态动态范围由模/数变换器(ADC)的 *bit* 位数 B 和并行信道的数目 N 所决定。假设 ADC 输出的最大信号幅度为 A,那么 N 路的最大和电压应是 NA,对应的功率

$$P_{max} = \frac{N}{2} A^2 \qquad (19-178)$$

保留 ADC 的一位(1bit)代表信号的符号,最低位对应的功率

$$P_{min} = \frac{1}{2} \left(\frac{A}{2^{(B-1)}} \right)^2 \qquad (19-179)$$

其动态范围

$$\frac{P_{max}}{P_{min}} = 2^{2(B-1)} N = 6(B-1) + 10 \lg N \quad \text{(dB)} \qquad (19-180)$$

每一 bit 动态范围增加 6dB,N 代表了 N 个单元信号累计的增益。

热噪声通常是对动态范围的一个基本限制。另一个限制是系统的各种误差,对 DBF 阵的 I/Q 正交误差,具体说有量化误差、取样时间(跳动)偏差和线性误差和混频器的非线性等。

当波束扫描偏离侧射方向,在口径上形成线性相位分布,更高阶的交调谐波影响其聚束性,而使主瓣与边瓣比降低,抬高了边瓣电平。

DBF 系统的信号带宽由 ADC 的取样率和波束形成器的处理速度决定。带有 I/Q 信道和两个 ADC 的接收机,按 Nyquist 定则要求最小取样率为 B,则一个 ADC 的 IF 取样应要求取样率=2B。数字波束形成器的处理速度也是一个重要的性能参数。仅考虑相乘器,这包含形成波束 $\sum\limits_{n=1}^{N} w_n x_n$ 进行内积处理就有 N 个复数,等效为 4N 次实数相乘,如果取样率为 B,则每秒钟应完成 4NB 次处理。对于 N=64,一个波束的信号带宽为 1MHz,这就意味着 256millin/s 的运算处理。假如全尺寸的阵列阵元数大至上千个,且有几个波束,对其运算速度更可想而知。

另一种带有单个权矢量形成波束采用 FFT 变换法,同时计算 N 个正交波束:

$$FFT 乘法器运算 = 2N(\mathrm{lb}N-3)+8$$

当 N 是 2 的幂次方时,上式完全正确,而对其他情况也可使用。只要单元数 $N \leqslant 2000$ 时,FFT 法是十分有效的。波束控制器的计算与选定的算法有很大关系。

19.8.3.4　数字波束形成天线的工作原理

相控阵天线利用同一天线口径可形成多个独立的发射波束和接收波束,形成多波束方法有多种。在阵列天线那章中已经讨论了 RF-Butler 矩阵形成多波束和经 LNA 混频后的中频接收多波束的形成。本节主要讲述数字波束形成的问题,在此以线阵为例说明,如图 19-27。

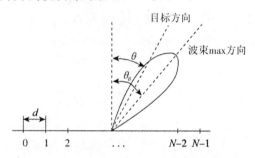

图 19-27　N 元线阵示意图

(1)数字波束形成的运算

单元间空间相位差

$$\Delta\varphi = \frac{2\pi}{\lambda}d\sin\theta$$

阵内相位差

$$\Delta\varphi_B = \frac{2\pi}{\lambda}d\sin\theta_B \qquad (19-181)$$

在用数字方法形成接收波束时,$\Delta\varphi_B$ 按预定的波束指向,θ_B 由计算机或专用数字信号处理机提供。为保持各单元(或天线子阵)接收信号幅度和"空间相位差"信息,各单元(子阵)通道要严格采用正交相位检波器输出,I,q 两个正交通道的信号经 A/D 变换后送计算机。对第 i 单元,在某一抽样时间内记录下来的接收信号

$$I_i = a_{i0}\cos(\Delta\varphi_0 + i\Delta\varphi) \qquad (19-182)$$

$$q_i = a_{i0}\sin(\Delta\varphi_0 + i\Delta\varphi)$$

式中,$\Delta\varphi_0$ 是接收信号与本振信号间的相位差,对各阵元都一样。a_{i0} 是各单元信号幅值,当各阵元增益相同,且传输通道增益也一样,并为等幅加权时,则 $a_{i0}=$ 常数。如果对天线单元(或子阵)采用不等幅加权时,a_{i0} 就不为常数。

假定要形成多个波束,每个波束指向不同。设第 k 个波束的波束指向为 θ_{Bk},则数字波束形成处理机提供的阵内相位补偿应为

$$\Delta\varphi_{Bk}=\frac{2\pi}{\lambda}d\sin\theta_{Bk} \tag{19-183}$$

进行相位补偿后,i 路信号的输出应为

$$I'_i=a_{i0}\cos(\Delta\varphi_0+i\Delta\varphi-i\Delta\varphi_{Bk})$$
$$q'_i=a_{i0}\sin(\Delta\varphi_0+i\Delta\varphi-i\Delta\varphi_{Bk}) \tag{19-184}$$

将式(19-182)和(19-183)代入(19-184)可写成

$$I'_i=I_i\cos(i\Delta\varphi_{Bk})+q_i\sin(i\Delta\varphi_{Bk})$$
$$q'_i=-I_i\sin(i\Delta\varphi_{Bk})+q_i\cos(i\Delta\varphi_{Bk}) \tag{19-185}$$

写成矩阵

$$\begin{bmatrix}I'_i\\q'_i\end{bmatrix}=\begin{bmatrix}\cos(i\Delta\varphi_{Bk}) & \sin(i\Delta\varphi_{Bk})\\-\sin(i\Delta\varphi_{Bk}) & \cos(i\Delta\varphi_{Bk})\end{bmatrix}\begin{bmatrix}I_i\\q_i\end{bmatrix} \tag{19-186}$$

因此作一次矩阵变换要经过 4 次实数乘法和 2 次加法运算,即可对一个单元实现相位补偿。第 k 个波束天线方向图函数为 $|F_k(\theta)|$

$$|F_k(\theta)|=\sqrt{(I'^2_\Sigma+q'^2_\Sigma)} \tag{19-187}$$

式中

$$I'_\Sigma=\sum_{i=0}^{N-1}I'_i,\qquad q'_\Sigma=\sum_{i=0}^{N-1}q'_i \tag{19-188}$$

(2) 数字配相多波束形成

对于 N 个阵元之线阵,要形成一个波束,需进行 $4N$ 次实数乘法和 $2N+2\cdot(N-1)$ 次实数加法运算。改变配相值 $\Delta\varphi_{Bk}$(阵内相位差)即可改变 k 波束之指向。如果同时进行多个 $\Delta\varphi_{Bk}(k=1,2,\cdots)$ 的补偿,那么可得到多个接收波束。这就是数字配相多波束形成网络。图 19-28 给出两波束数字配相硬件实现原理图。采用图中硬件配置实现式(19-186)或式(19-187)所要求的运算。通过改变寄存器中的配相系数,计算机就可以灵活地控制波束指向。

若要在数字波束形成处理器中实现幅度加权,则寄存器应按照下式存入配相系数矩阵

$$\begin{bmatrix}I'_i\\q'_i\end{bmatrix}=\begin{bmatrix}a_{il}\cos(i\Delta\varphi_{Bk}) & a_{il}\sin(i\Delta\varphi_{Bk})\\-a_{il}\sin(i\Delta\varphi_{Bk}) & a_{il}\cos(i\Delta\varphi_{Bk})\end{bmatrix}\begin{bmatrix}I_i\\q_i\end{bmatrix} \tag{19-189}$$

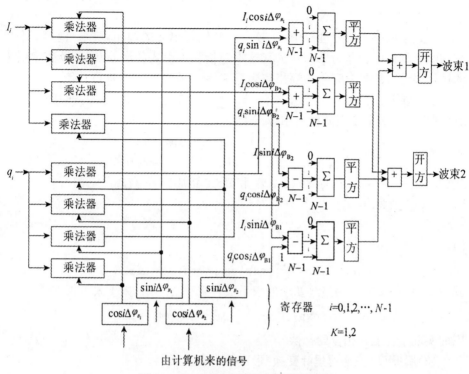

图 19-28　两波束数字配相原理框图

在数字波束形成处理机中进行配相和幅度加权,就是对各单元接收信号进行复加权。设在某时间抽样中,第 i 个单元接收的复信号为 x_i,$x_i = I_i + jq_i$。对第 i 个单元信号的复加权系数为 $w_i = a_i \exp(-ji\Delta\varphi_{Bk})$,则信号矢量 $\boldsymbol{X}$

$$\boldsymbol{X} = [x_0, x_1, x_2, \cdots, x_{N-1}]^{\mathrm{T}}$$

权矢量

$$\boldsymbol{W} = [w_0, w_1, w_2, \cdots, w_{N-1}]^{\mathrm{T}} \tag{19-190}$$

加权后的复信号,经过相加求和得数字波束形成网络输出 $F_i(\theta)$。它的矩阵形式表示为

$$F_k(\theta) = \boldsymbol{W}^{\mathrm{T}}\boldsymbol{X} = \boldsymbol{X}^{\mathrm{T}}\boldsymbol{W} \tag{19-191}$$

考虑式(19-185),$x_i = I_i + jq_i$,$w_i = a_i \exp(-ji\Delta\varphi_{Bk})$,式(19-187)可表示为

$$F_k(\theta) = \sum_{i=0}^{N-1} w_i x_i = \sum_{i=0}^{N-1} (I_i' + jq_i') \tag{19-192}$$

所以

$$|F_k(\theta)| = \sqrt{I'^2_\Sigma + q'^2_\Sigma}$$

在数字波束形成处理机中，比较容易补偿各单元的幅相误差。设第 i 个单元的幅度和相位误差为 Δa_i 和 $\delta\varphi_i$（这不包括噪声引入的误差和 A/D 变换引起的量化误差），只要有完善的幅相监测系统，就可在复加权时进行补偿。

在无误差情况下，i 阵元接收信号 $x_i = I_i + jq_i$，I_i,q_i 由式（19 - 182）表示。有误差时，x_i 两个正交分量 I_{di} 和 q_{di} 表示

$$I_{di} = a_{i0}(1 + \Delta i)\cos(\Delta\varphi_0 + i\Delta\varphi + \delta\varphi_i)$$
$$q_{di} = a_{i0}(1 + \Delta i)\sin(\Delta\varphi_0 + i\Delta\varphi + \delta\varphi_i) \tag{19 - 193}$$

式中 $\Delta i = \Delta a_i / a_{i0}$。为了修正 Δa_i 和 $\delta\varphi_i$，复加权系数 w_i 应由 $w_i = a_i\exp(-ji\Delta\varphi_{Bk})$ 变为

$$w_i = a_{il}(1 - \Delta i)\exp[-j(i\Delta\varphi_{Bk} + \delta\varphi_i)] \tag{19 - 194}$$

因此

$$w_i x_i = a_i(1 - \Delta i^2)\exp\{j[\Delta\varphi_0 + i(\Delta\varphi - \Delta\varphi_{Bk})]\} \tag{19 - 195}$$

其中 $a_i = a_{il} \cdot a_{i0}$，$a_i$ 为最终要求的权系数。由于 $\Delta i^2 \ll 1$，则上式可近似为

$$w_i x_i = a_i\exp\{j[\Delta\varphi_0 + i(\Delta\varphi - \Delta\varphi_{Bk})]\} = I'_i + jq'_i \tag{19 - 196}$$

因此实现了幅度和相位的补偿。

（3）用 FFT（快速傅里叶变换）形成数字多波束

为减少形成多波束所需的运算量，在一定条件下，可用 FFT 来实现数字多波束网络。因为天线口径电流分布与天线辐射场之间（场源关系）就像信号时间波形与信号频谱之间的关系一样，存在着正反 Fourier 变换关系。

如图 19 - 27 所示天线阵的第 k 个波束的方向图 $F_k(\theta)$ 可表示成

$$F_k(\theta) = \sum_{i=0}^{N-1} a_i e^{ji\Delta\varphi} e^{-ji\Delta\varphi_{Bk}} \tag{19 - 197}$$

如果 $\Delta\varphi_{Bk}$ 按波束序号 k 取离散值，令

$$\Delta\varphi_{Bk} = k \cdot \frac{2\pi}{N} \tag{19 - 198}$$

其中 $N = 2^k$，k 为整数。与 $\Delta\varphi_{Bk}$ 对应的第 k 个波束的最大值指向角为 θ_{Bk}

$$\theta_{Bk} = \arcsin\left(\frac{k\lambda}{Nd}\right) \tag{19 - 199}$$

在式（19 - 197）中，$a_i e^{ji\Delta\varphi} = x_i = I_i + jq_i$。

若 θ_k 以 k 表示，第 k 个波束方向图 $F_k(\theta)$ 可近似改写为 $F(k)$

$$F(k) = \sum_{i=0}^{N-1} x_i e^{-j2\pi ik/N} = \sum_{i=0}^{N-1} (I_i + jq_i)e^{-j2\pi ik/N} \tag{19 - 200}$$

式(19-200)就是对 N 个阵元输入信号进行离散 Fourier 变换来求波束方向图的表示式。由此求阵列波束方向图。对任一复时间函数 $u(i)=u_R(i)+ju_I(i)$，它的第 k 个频谱分量 $U(k)$ 有

$$U(k) = \sum_{i=0}^{N-1} [u_R(i)+ju_I(i)] e^{-j2\pi ik/N} \qquad (19-201)$$

式中信号 $u(t)$ 在时间上分成 N 个间隔为 Δt 的量化单元。信号频谱 $U(f)$ 分成 N 个间隔为 $\Delta f = \dfrac{1}{N\Delta t}$ 的分量。天线激励函数沿口径方向分为 N 个离散值，波束指向 θ_k 也是 N 个，但波束间隔 $\Delta\theta_k = \theta_k - \theta_{k-1}$ 是不等间距的，它由式(19-199)决定。式(19-200)可表示为

$$\begin{aligned} F(k) = &\sum_{i=0}^{N-1} \left[I_i \cos\left(ik\,\frac{2\pi}{N}\right) + q_i \sin\left(ik\,\frac{2\pi}{N}\right) \right] + \\ & j\sum_{i=0}^{N-1} \left[-I_i \sin\left(ik\,\frac{2\pi}{N}\right) + q_i \cos\left(ik\,\frac{2\pi}{N}\right) \right] \end{aligned} \qquad (19-202)$$

式(19-202)与式(19-192)是一致的。只是将 $\Delta\varphi_{Bk}$ 按 $k\dfrac{2\pi}{N}$ 取值。这表明：对 N 单元线阵，为形成 N 个波束需要进行 N^2 次复数运算和 $N(N-1)$ 次复数加法运算。为提高运算速度，减少硬件配置，可采用 FFT 来计算。以下用 8 个阵元的线阵为例，形成 8 个波束指向，如表 19-2 所示。计算采用 $d=\lambda/2$，对第 $k=\dfrac{N}{2}=4$ 个波束，$\theta_{Bk}=\theta_{B_4}=90°$，在天线端射方向上，此波束不能应用。为解决这一问题，在相邻阵元之间预先引入一个相移量 π/N。这时，单元间阵间相位差 $\Delta\varphi_{Bk}$ 按下式选择

$$\Delta\varphi_{Bk} = k\,\frac{2\pi}{N} - \frac{\pi}{N} = (2k-1)\frac{\pi}{N} \qquad (19-203)$$

这样波束指向相应地有所移动，见表 19-2。

表 19-2

8 个波束 指向	左 4	左 3	左 2	左 1	右 1	右 2	右 3	右 4
	$E(5)$	$E(6)$	$E(7)$	$E(0)$	$E(1)$	$E(2)$	$E(3)$	$E(4)$
	$-48.6°$	$-30°$	$-14.5°$	$0°$	$14.5°$	$30°$	$48.6°$	$90°$
引入相移 后波束指向	$-61.04°$	$-38.68°$	$-22.02°$	$-7.18°$	$7.18°$	$22.02°$	$38.68°$	$61.04°$

前面所说的由 N 个单元组成的 Butler 矩阵,第 k 个波束对应的单元间相移量 δ 也为

$$\delta = (2k-1)\frac{\pi}{N}$$

式(16—203)与 Butler 矩阵对第 k 个波束相邻阵元的阵内相位移是完全相等的。因此 FFT 数字多波束网络与 Butler 矩阵多波束网络在功能上是完全一致的。可以说 FFT 数字多波束形成网络是 Butler 矩阵多波束的数字实现方案。这样我们将用 FFT 实现的数字多波束形成与在高频实现的 Butler 多波束网络统一起来了。

当波束形成方法无论在高频实现还是在中频都是用硬件实现的模拟方法。当要形成的波束数目很多时,硬件变得十分复杂,难以测试与调整,要形成低副瓣的多个接收波束就更加困难。用数字方式形成的多个接收波束是在中频形成多个接收波束基础上的发展。当今计算机、大规模集成电路(MMIC)和数字信号处理技术的发展,数字处理方法形成多个接收波束已变得可实现。而且用数字方法形成接收波束使接收天线波束具有自适应能力,对抗干扰应用十分有利。这样自然使相控阵天线能达到自适应的进行空域和时域滤波。

接收波束的数字形成方法实际上是个零中频形成多个接收多波束。接收信号经中频输出的两路正交信号由 A/D 变换器变换成数字信号,送入计算机数字处理机,并在其中进行加权和波束相加处理。

注意: 在数字多波束形成中常用 FFT 法。实际上 FFT 数字多波束网络与 Butler 矩阵多波束网络在功能上是完全一致的。FFT 数字多波束的方向图 max 指向,零点位置,波束相交电平与 Butler 多波束一样。可以认为 FFT 数字多波束形成网络是 Butler 矩阵多波束的数字实现方案。

(4)数字波束形成天线的网络结构

影响天线方向性函数的因素包括两部分,一是权值,二是阵列的几何参数。天线阵波束形成的一种方法是在给定权值的条件下,通过选择阵元几何位置来实现,另一种是给定了天线阵元的几何位置通过权值的选择来实现。当然也可两种方法兼用。传统分析往往是给定权值设计阵元的几何位置,这样受到较多限制难以实现。应用最多的是第二种方法。为了便于信号的数字化处理,常将阵元接收信号先变换成基带信号,然后再进行加权求和。

N 个单元、以等间距组成的线阵为例。设阵元间距为 d 的无向性天线,阵列总方向函数

$$f(\theta,\varphi) = \boldsymbol{W}^{\mathrm{T}}\boldsymbol{U} \qquad\qquad (19-204)$$

式中

$$W = \begin{bmatrix} w_1 \\ w_2 \\ \vdots \\ w_N \end{bmatrix} \qquad U = \begin{bmatrix} e^{-jkr_1} \\ e^{-jkr_2} \\ \vdots \\ e^{-jkr_N} \end{bmatrix}$$

线阵中心为相位参考点,则加权后信号输出为

$$Y(t) = \sum_{n=-N/2}^{N/2} a_n(t) w_n \exp[\mathrm{sgn}(n) j (2 \mid n \mid -1/2) \varphi] \qquad (19-205)$$

其中,

$$\mathrm{sgn}(n) = \begin{cases} 1 & n > 0 \\ -1 & n < 0 \end{cases}$$

$$\varphi = \frac{2\pi}{\lambda} d \sin\theta$$

w_n 为复加权值。

输出信号在某个采样时刻是方向 θ 的函数,

$$Y(\theta) = \sum_{n=-N/2}^{N/2} a_n w_n \exp[\mathrm{sgn}(n) j (2 \mid n \mid -1/2) \varphi] \qquad (19-206)$$

复加权函数 $w_n = b_n e^{j\varphi_n}$。如果接收波束指向为 θ_0 方向,则 $Y(\theta_0) = \max$,因此权值的相角

$$\varphi_n = -\mathrm{sgn}(n)(2 \mid n \mid -1/2)\varphi_0$$

$$\varphi_0 = \frac{2\pi}{\lambda} d \sin\theta_0 \qquad (19-207)$$

如果要求方向图对称,则 $b_n = -b_n$,对于窄带信号(一般应用都满足)$a_n = a$,加权信号输出,

$$Y(\theta) = \sum_{n=1}^{N/2} 2ab_n \exp[j(2 \mid n \mid -1/2)(\varphi_n - \varphi_0)] \qquad (19-208)$$

　　数字波束形成的权函数的幅值常采用数字有限脉冲响应滤波器的各种权值,如均匀权、切比雪夫权。对均匀权 $b_n = b$,这时阵列的主瓣最窄,边瓣较高达 -13.5dB。而切比雪夫权形成阵列等边瓣,边瓣电平可根据要求设计。这在一般阵列章节中都有叙述。下面主要谈谈波束形成器的运算。

　　把各阵元信号写为

$$X_n = a_n \exp j\phi_n = a_n \cos\varphi_n + ja_n \sin\varphi_n = X_{In} + jX_{Qn} \qquad (19-209)$$

权函数写为

$$W_n = b_n \exp j\phi_n = b_n \cos\phi_n + jb_n \sin\phi_n = W_{In} + jW_{Qn} \qquad (19-210)$$

其阵输出

$$Y = \sum_{n=1}^{N} W_n X_n = \sum_{n=1}^{N} (W_{In} X_{In} - W_{Qt} X_{Qt}) + j \sum_{n=1}^{N} (W_{In} X_{Qt} + W_{Qt} X_{In})$$

$$(19-211)$$

这是形成单波束情况。当形成 M 个多波束时,根据每个空间指向计算出一组复加权值 $W_{mn}(m=1,2,\cdots,M)$,则可得到各自的一组波束输出

$$Y_m = \sum_{n=1}^{N} W_{mn} X_n \qquad (19-212)$$

各阵元接收信号写成矩阵

$$X = [X_1, X_2, \cdots, X_N]^{\mathrm{T}} \qquad (19-213)$$

权系数

$$W = \begin{bmatrix} W_{11} & W_{12} & \cdots & W_{1N} \\ W_{21} & W_{22} & \cdots & W_{2N} \\ \vdots & \vdots & \vdots & \vdots \\ W_{M1} & W_{M2} & \cdots & W_{MN} \end{bmatrix} \qquad (19-214)$$

这样同时形成 M 个波束的输出矩阵

$$Y = W^{\mathrm{T}} X = [Y_1 \quad Y_2 \quad \cdots \quad Y_M]^{\mathrm{T}} \qquad (19-215)$$

数字波束形成天线的基本结构一般有三种:并行结构、串行结构和串并行结构。图 19-29 是并行结构的原理图,各个权值相乘是同时进行的,因此波束形成速度快,只是这种电路所需设备量很大,成本高。图 19-30 是串行结构示意图,它的特点是各个权值相乘是分时序进行的,这种处理需用设备数量较少,但处理速度慢波束形成时间长。图 19-31 是串并结构示意图,图中把 N 个阵元分成 K 组,组内串行,组间并行。优缺点界于串并行处理之间。

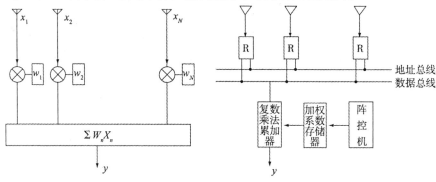

图 19-29 并行网络结构示意图   图 19-30 串行网络结构示意图

　　上面讨论的是单波束情况。对多波束接收信号同单波束,只是对应每一个波束的加权值是不同的,所以要同时对 M 个波束,都可采用前面提到的三种形式中的一种,只是信号的数据应同时分别与 M 个波束的加权系数完成乘法运算。

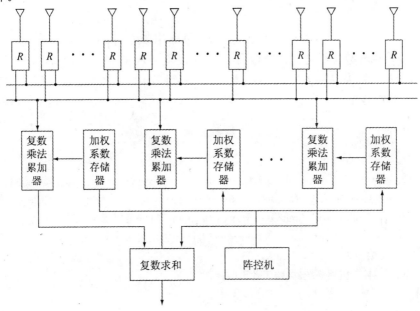

图 19 - 31　串-并行网络结构示意图

　　图 19 - 32 给出了一个数字多波束形成原理图。数字波束形成就是把天线接收的信号经下变频至中频后,进行 A/D 采样数字化,然后送到数字波束形成器(DBF)的信号处理单元完成对各路信号的复加权,最后形成所需要的各路信号。

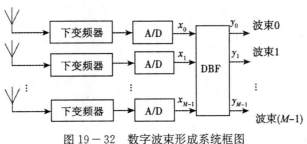

图 19 - 32　数字波束形成系统框图

数字波束形成器(DBF)的信号处理单元就是完成下列矩阵运算:

$$[y_0 \quad y_1 \quad \cdots \quad y_{M-1}] = [x_0 \quad x_1 \quad \cdots \quad x_{N-1}] \begin{bmatrix} W_{00} & W_{01} & \cdots & W_{0(M-1)} \\ W_{10} & W_{11} & \cdots & W_{1(M-1)} \\ \vdots & \vdots & \vdots & \vdots \\ W_{(N-1)0} & W_{(N-1)1} & \cdots & W_{(N-1)(M-1)} \end{bmatrix}$$

式中,$[y_0 \quad y_1 \quad \cdots \quad y_{M-1}]$为 M 个合成波束输出矢量,$[x_0 \quad x_1 \quad \cdots \quad y_{N-1}]$为 N 路 A/D 采样数据经正交化处理后的 N 个复输入矢量,W_{nm}($m=0,1,\cdots M-1$;$n=0,\cdots N-1$)为复加权系数。目前已有好多可供选用的数字信号处理芯片来完成上述矩阵运算。

参考文献

1 Lal Chand Godara, Smart Antennas, CRC PRESS, 2004

2 R. Crane et al. Solution of the general nonlinear programming problem with subroutine VM-CON. Argonne Nat. Lab. ,Rep. ANL—80—64—1980

3 R. Haupt. Nulling with limited degrees of freedom. AD—A132276,Apr. ,1983

4 Hans Steyskal. Method for Null Control and Their Effect on the Radiation Pattern, IEEE Trans. onAP—34,No. 3,March,1986

5 张光义. 相控阵雷达系统. 国防工业出版社,2001

6 林昌禄. 天线工程手册. 电子工业出版社,2001

第 20 章 航天器天线的电测

20.1 概　述

20.1.1 天线电测的定义和内容

近年来各种天线测量技术都得到了十分广泛的应用。广义来说,天线电性测试无非是把天线当成空间中未知辐射结构,借助源和探测器(探针)通过实验研究其辐射性能的一种总称。天线在空间一般可认为有一个端头与激励源或接收机相连,还有一个辐射开口。可把整个空间分成闭区间和开区间两部分,如图 20－1所示。根据源和探测器的位置,天线测量可分为如表 20－1 所示的几部分。

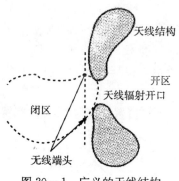

图 20－1　广义的天线结构

表 20－1　天线测量模式

测量类型	源于闭区间	源于开区间
探测器于闭区间	反射测量	接收测量
探测器于开区间	发射测量	散射测量

天线的辐射测量按其探测器的位置又可分为近场测量、远场测量和聚缩场测量。近场测量是把探测器置于待测天线近区(靠近天线)取样场的数据,通过变换获得远场参数。按其取样方式分为平面近场测量、柱面近场测量和球面近

场测量,它们各适用不同辐射特性的天线。另一类是传统的远场测量,当测试距离满足远场自由空间条件下进行的天线方向图、增益、电轴、相心、极化等参数直接测量。除此之外,还有一种介于近场和远场测量之间的中间距离上的一种测试方法,最典型的为紧缩场法和散焦法。紧缩场法是利用聚焦反射面在待测天线测试区内产生均匀平面波条件以模拟远场,而散焦法是对像抛物面这样的聚焦口径天线的测量,通过馈源的适当位移以在近距离条件下形成远场辐射条件。

一般无线传输系统天线之间的传输距离都是很长的,所以直接确定天线的性能的测量都是在远区条件下进行的。在开区间内,天线辐射场可按距离分成三个场区:靠近天线的电抗近场区,对偶极子场源来说其间距小于 $\lambda/2\pi$,场分量中以电抗场分量占主要成分。在此区之外,电抗场分量迅速衰减,至天线口径几个波长距离时,该场分量已减少到可忽略不计。近场区之外又分为辐射近场区和辐射远场区。这两区的分界面定义为 $R_0 \geqslant \dfrac{2D^2}{\lambda}$,通称测试距离标准。当测试距离 $R \geqslant kR_0$,$k \geqslant 1$ 定义为辐射远区;当距离大于电抗场区,且 $R \leqslant R_0$ 为辐射近场区,该区内天线辐射参数随距离迅速变化。为了避免感应耦合,测试距离至少要大于 10λ。

天线闭区间也可分成两个区间,波导中的总场可以方便地展成波导模,波导尺寸的选择使在某个参考面之前仅有单模传输,因此闭区间分为单模传输区和多模传输区,如图 20-2 所示。按其开、闭区间的分类,实用的天线测量大致可分为以下五类:

(1)阻抗测量,是把源和探测器置于辐射口之前(都置于闭区间)进行的测量。

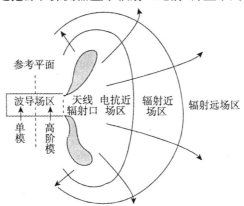

图 20-2 场区和测量技术

（2）电流分布测量，源置于闭区间，探测器在开区间侧，尽可能地接近天线辐射结构。

（3）近场和中间场区测量，近场扫描是被测天线为发射状态，探针在包围它的一个复数表面上扫描。扫描面与天线结构间的最小距离使探针扫描在被测天线的电抗近场区之外，一般比几个波长大一些。中间场区的测量一般选择在大于 10λ 的辐射近场区，视具体的测试来定。常用的有平面波综合法、紧缩场法、散焦法和外推法等。

（4）一般的远场测量，是在满足远场平面波条件下进行的，$R \geqslant \dfrac{2D^2}{\lambda}$。

（5）散射测量，一般也是在远区场 $R \geqslant \dfrac{2D^2}{\lambda}$ 条件下进行的。

20.1.2　航天器天线的电测

卫星天线在研制过程中的测量大致可分为：模样测试、初样测试和正样产品测试。模样测试主要是在研制过程的初期，按设计要求和约束条件完成了天线的方案设计，单个天线的模型样机初步形成，在此阶段主要是天线及其相关部件的电性调试和测试。通过调测验证其设计的可行性、正确性和与规范的符合度以初步确定天线的方案和电性设计参数。在此基础上进行初样研制，初样阶段是要按航天器的设计建造规范、环境规范、EMC规范和各种接口规范，在不恶化电性条件下完成天线的卫星工程化设计。初样产品必须完成的电性测试主要包括：

（1）天线初样（鉴定）产品的电性能测试。鉴定产品是指在模样产品基础上，按环境规范，完成了天线结构设计的天线。初样鉴定天线的测试目的是验证满足环境规范的天线是否仍能达到预定的电性能，有无遗留的电性设计问题。

（2）在卫星天线集合条件下测试各天线的电性能。该试验的目的是在计入卫星环境（其他天线、星体及太阳翼等存在的条件下）各天线的电性能是否还能达到要求。各天线之间的相互影响是否仍能满足电磁兼容性。

（3）参加分系统和整星的无线测试。这是指天线与其系统组装集成在一起时的性能检测，这当中包含了分系统和系统需要的一些特定试验，比如测控天线与星载应答机和卫星数管系统（OBDH）等构成的航天器测控分系统与地面测控站及控制中心的对接试验；有效载荷天线，比如数传天线与数传发射机与地面系统一道完成的校飞实验、航天微波遥感设备与其天线的联试和定标试验；GPS天线与 GPS 接收机的测试与标定等。

天线有时还需参加包含了整个卫星模型的整星级的试验。正样产品为飞行产品,它是热、机、电性能全面达到要求的装星产品。天线的正样电性测试主要是对即将装星的天线产品进行性能检测,一般属验收和验证测试。初样测试是航天天线研制最重要的阶段,其内容包含了航天天线产品的独有的特点和目的。传统的、常规的天线电测技术在很多书刊里都有阐述,本章不打算涉及这部分内容,而是着眼于发展和适应航天未来需求出发,以新的测量技术为主线讲述在卫星无线测量中的近场测量理论和方法以及航天天线特有的一些电测内容和技术。

20.2 紧缩场测量技术

微波天线测量要求模拟的电磁环境使测量值和天线辐射的真实性能间的偏差达到最小。高质量的测试场地是十分重要的。大多数天线的测量是在远场进行的,即测试天线应该由一均匀平面波照明。最一般的方法是使发射和接收间的距离足够地远,使其照明的球面波在待测天线口径内具有近乎于平面波特性。通常的远场条件是 $R \geqslant 2D^2/\lambda$,这时在待测口径边缘的相位偏差仅为22.5°。对赋形波束天线其测试距离还要大,一般选择 $R \geqslant 4D^2/\lambda$ 或更大。这样对于一个电大尺寸天线来说,当工作频率较高时,即使在 4GHz 和 30GHz 之间频段上,这个测试场地会达到几公里。这样地面反射、高塔、所需的高功率以及对气象条件的依赖等因素将成为这种方法的巨大限制。

室内的远场测量一般在电波暗室内进行。电小天线(馈源和小尺度的反射面)可在其中直接测量;允许室内按远场条件进行测量的方法常有紧缩测试场(Compact Test Range,常简写为 C. R.)。它是利用透镜或反射面把点源或线源聚焦,待测天线非常靠近聚焦透镜或反射面,相当于一近乎均匀平面波照射待测天线,也就是说待测天线口径上有近乎均匀的幅度和相位分布。

20.2.1 紧缩场

最早的紧缩场有两种形式:一种是点源场,它是由旋转抛物面和球面波源组成,如图 20-3(a)所示,馈源照射反射面的上半面;另一种是线源场,它是由抛物圆柱面和线源构成。这样的场地在结构上有优点,但不太适合宽带应用,但是这种场地的极化是固定的。这种测试方法有一定缺点,首先是高昂的造价,而且待测天线的尺寸也是受限制的。如果要增加待测天线尺寸需要使聚焦反射面变得更大;如果要提高测试频率必须提高聚焦面的形面精度。只有低的杂散反射和非常小的相位改变才可能得到高精度的测试。

一种改进型的紧缩场是由两个彼此垂直的圆柱抛物面组成,如图 20－3(b)所示。当有一球面波源照射,最终在主反射面的波前具有平面波特性。这样一个系统非常适合于偏置结构。首先是一次源可指向空间(θ,φ)任意方向,其次是副反射面和馈源都可绕焦线 F_2 转动,F_2 与镜像焦线 F'_1 完全等同。由于增加了焦距长度,穿过口径的幅值均匀性也相应地增加。根据反射面的几何,其交叉极化电平可压低到-35dB 以下。当然交叉极化特性也依赖于馈源本身的极化。因此可利用这个结构进行交叉极化测量。

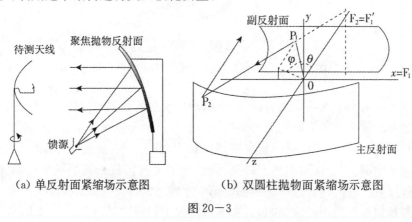

(a) 单反射面紧缩场示意图　　　　(b) 双圆柱抛物面紧缩场示意图

图 20－3

紧缩场是根据几何光学原理设计的,可工作在很宽频带。其上限频由反射面形面精度决定,一般形面 RMS$<\lambda$min$/100$。工作于 70GHz 频段的反射面形面精度为 0.03mm,可应用到 90GHz 而不致产生性能的明显恶化。紧缩场要做到高性能的测试,首先在测试口径内应有非常小的相位变化$(\pm2°)$,另外应有非常小的反射。利用两个正交排布的圆柱抛物面可以明显地改善交叉极化特性,还可使场地更加紧凑。对于相同尺寸的平面波区,这种双圆柱反射面紧缩场的反射面的线性尺度大致是单偏置抛物面的一半。制造圆柱反射面也比双曲反射面更容易些。

可以看出:单聚焦反射面测试平面波区的效率较低,双圆柱的抛物反射面的效率较高。双圆柱反射面的测试区和反射面线性尺度比可达到 1：2。由此可降低场地的投资成本。

对于通信卫星频率复用的双极化天线来说,其极化纯度测量精度要求越来越高,因此紧缩场必须提供更高极化纯度的平面波。利用中心对称转换原理,采用双偏置反射面既可避免馈源及其支架的遮挡又可获得高于 40dB 极化纯度的平面波照明场,这种紧缩场布局如图20—4所示。

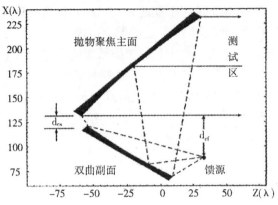

图20—4　点源与双偏置反射面的紧缩场布局

该系统由一个双曲副反射面、一个抛物主反射面和馈源组成,实质上这是一个满足中心对称轴转换原则的卡塞格伦双偏置反射面系统。馈源置于双曲副面的一个焦点上,双曲面的另一焦点正是抛物主面的焦点,投射波经副面反射,投射于主抛物面上,经聚焦出射形成平面波,这平面波区就是紧缩场地的测试区,待测天线置于该区内。这个场地满足第6章讲述的零交叉极化双偏置反射面设计。场地馈源多采用波纹喇叭,具有方向图圆旋转对称、低边瓣、—40dB以下的交义极化电平和稳定的辐射相心,而且还有较宽的工作频带。

紧缩场属于远场测试范畴,它可直接测得天线及其无线系统的远场辐射参数,除天线的电轴、方向图和覆盖增益、覆盖等电平线和极化特性外,而且还可直接测出通信卫星的等效全向辐射功率(EIRP)、接收系统的品质因素(G/T)和无源互调(PIM)等。这种方法是目前通信卫星无线系统常用的一种测试方法。

20.2.2　紧缩场测试需要考虑的问题

和其他远场测试方法类似,为保证测试区内平面波质量,以下因素需考虑:

(1)杂散电平。测试区内不希望出现的信号称为杂散信号。杂散辐射主要来自馈源、馈源支架和反射面边缘的绕射。另外暗室内多次反射或馈源的直接辐射也形成测试区的杂散信号,对高性能场地来说,这是不可忽视的。这些影响大多可通过加贴吸波材料、把聚焦反射面的边翻圆边或做成锯齿边来减少;系统的几何参数选择、馈源的辐射方向图和泄漏也会影响其性能。

(2)效率因子。它是测试区直径和紧缩场反射面直径之比。由要求的测试区尺寸决定紧缩场的实际尺寸。测试区轴向位置对系统的性能和紧缩性也是重要的。长焦距不适合于单反射面紧缩场应用,因为测试天线不可能放在馈源和聚焦反射面之间。另外短焦距由于馈源本身的方向性加上空间衰减在聚焦口径面上会形成较大的幅度锥削。这只可能通过馈源方向图改进,但这比较难,而且会引起可用频段宽度减少。双圆柱聚焦反射面和双偏置反射面系统可获得比较大的焦距,可以用 -1dB 左右电平照射反射面之边缘。这就使同样的聚焦口径获得更大的测试区。

(3)平面波区的形状和尺寸。平面波区实际上就是紧缩场的测试区,这取决于特定的应用。目前紧缩场的平面波区多是测量圆口径天线的。但在一些应用中比如雷达天线、阵列天线或带卫星体的天线,需要一个不对称的平面波区,圆对称的平面波区就不能有效地利用。在维持上限频和效率因子不变的条件下,增大平面波区的尺寸将会使造价大大提升。采用双圆柱抛物面特别适合形成对称和不对称的口径。

(4)交叉极化电平。测试区内的交叉极化电平在有些应用中有特别严格要求。例如,通信卫星天线采用极化复用,要求 -30dB 以下的极化隔离,即要求测试非常低的交叉极化电平。这种高精度交叉极化测量需要入射场就有高的极化纯度,而且要严格控制产生交叉极化的各种因素。影响交叉极化的重要因素有:

馈源特性:通过适当设计,在波束电轴附近具有高性能馈源来减少和消除此种影响。因为反射面看去的馈源张角差不多在 -1dB 的瓣宽内,这样可把交叉极化置于测试区之外。

绕射效应:绕射也会引起去极化效应,要减少这种影响仔细处理产生绕射的反射面边缘。一般聚焦反射面边缘采用锯齿、弯圆边等措施使绕射场不进入测试区,另外适当铺贴吸波材料也是有效的。

偏置反射面的几何:由于反射面几何偏置产生的交叉极化,用简单的方法消除是困难的。但适当选择偏置反射面几何参数,比如较小的偏置角、较小的对反射面照射圆锥角,或采用满足中心轴对称转换的双偏置反射面系统,可以把偏置不对称形成的交叉极化电平控制在较低电平上,甚至可达 -50dB。这个数据对大多数应用是可接受的。

(5)最佳馈源设计。最佳馈源设计是最重要的一个因素,因为它直接关系到反射电平、交叉极化和测试区内场的幅值和相位的均匀性。根据测试场的几何关系,我们要求在 $20°$ 角域内应该有几乎均匀的馈源方向图,而在这个区域之外要有更小的泄漏。为了消除馈源的直接辐射到测试区,应保持在超过 $80°$ 的角域的辐射尽可能的低。展宽角 $20°$ 左右的波纹圆锥喇叭应该是最好的候选方案。这种功率方向图在 20°角域内有非常好的均匀性,而在 90°方向电平一般跌落到－40dB,这对应用是可接受的。相位偏差在中心区小于 2°。为了有非常低的馈源系统驻波比(VSWR),应尽量减少测试天线和聚焦反射面间的相互作用。

(6)反射面的形面精度。研究表明,观察点幅值变化与形面最大偏差的关系大致为 $8\Delta/\lambda$,Δ 是反射面最大偏差,λ 是工作波长。对于反射面的最大偏差为 0.007λ 时,测试区幅值变化大致为 0.58dB。按此要求,对 30GHz 的表面 RMS 应优于 0.02mm。双圆柱抛物面易于加工,而且加工成本比双曲面加工更低,圆柱抛物反射面轮廓比理想面的偏差小于 0.006mm 时,上限频可达到 100GHz。

(7)工作频带范围。虽然紧缩场具有较宽工作频段,但对频带还是有一些限制因素的。比如,馈源与频率间关系,如果要求非常精确地测量,单馈源的有用带宽应限制在 22%;对不太精确的测量,有用带宽可扩展到 50%。低频限制与聚焦反射面的边缘处理有关,边缘锯齿的试验已经证明有 4～5 个波长的锯齿对避免绕射有较好的作用。上限频限制主要由反射面的形面精度确定。另外吸波材料的带宽也是限制测试宽带的一个因数。

20.2.3　紧缩场的实验鉴定

为了使紧缩场对各种不同应用具有适用性,掌握各种测量参数的测试误差或不确定性,在场地使用前必须进行严格而全面的鉴定验收测试,尤其目前多采用商业产品的情况下这项工作必须首先进行。除此外,起码应该对三种不同类型的反射面进行实验比对测试。它们是高赋形度天线,比如 LEO 卫星的地球匹配波束;赋形的跟踪反射面(和与差波束);具有非常好的交叉极化特性的天线。

20.2.3.1　紧缩场鉴定测试程序

(1)首先需要对聚焦反射面的形面及组装精度进行鉴定测试。采用电子经纬仪(或三坐标测量系统)非接触式的测量得到聚焦反射面形面的 RMS、电轴指向等参数。由此检验其聚焦的频段特性。并建立测试场的空间坐标系及测试基准。该数据也是对聚焦场反射面性能长期动态检测的基准(考核温、湿度,地基,结构刚强度,重力变形等因素对场地的影响)。

(2)用平面扫描架在预定的测试工作频段、预定的最大测试区内标校其幅值和相位分布以确定场地性能是否达到预期的要求。并由此推算出该场地对主要测试参数的测试误差及测试的不确定性。一般测量探针采用开口波导(O. W.)和标准增益喇叭(S. G. H.)。

低端频上在预期的最大测试区内,测试幅、相分布以验证聚焦反射面边缘绕射影响;在高端频上在预定的最大测试区上,测定其幅、相分布以验证聚焦反射面形面精度及组装对齐精度。在每一个馈源的典型频率上重复测试以检验馈源的特性影响。

（3）在紧缩场内测试天线的远场特性。为了确定反射电平,可采用方向图比较法,也就是在不同轴距上测量,然后比较分析这些测试结果获得场地内反射场电平,检验是否满足测试要求。特别对于一些特殊参数比如交叉极化、低边瓣的测量。

（4）在外场,测试距离满足相应的远场条件下（这由预定的测试口径和测试频率和待测量要求,按远场测试的距离标准选择）进行参考测量,并与紧缩场测试进行比对。

20.2.3.2　几种类型天线测量的比对

（1）高赋形度的天线－LEO 数传天线,最大增益偏轴约 65°左右。要求在很宽角域内进行测量。选择了两种馈源支撑的高赋形度的圆对称反射面进行试验。在几个不同的轴距下,在－180°～180°角域内进行主极化方向图的测试,比较测试结果,推算反射电平（应该在－50dB 以下为合格）。同样对交叉极化方向图进行测试,也比较并计算反射电平,并与主极化测试的反射电平比对,如果一致说明场地交叉极化电平合格,如果不一致可推算出交叉极化形成的测试偏差。这个数据是进行双极化测量之前必须进行的项目。

（2）等化赋形波束反射面天线、带有和与差方向图的跟踪天线。与（1）类同,在紧缩场内和外场上进行的同极化和交叉极化（co－pol. , cross－pol. ）方向图测试,并比对以确定场地误差。

（3）有高极化纯度的双极化反射面天线。在双极化天线的两个正交端口,测试主极化和交叉极化,并比较以确定测试误差及不确定度。

20.2.3.3　数据处理与分析

完成上述测试后,对大量的数据进行分析处理,首先建立场地的基准和测试坐标系;然后对测试数据处理,它包括:测试频段和测试口径、幅值锥及变化、测试口径内总相位改变、最大杂散信号、交叉极化等,由此计算并确定相应的测试适用性及不确定性。

紧缩场的鉴定测试内容较多,进行鉴定测试之前需制定鉴定测试大纲和测试矩阵,避免对测试鉴定内容的遗漏。

天线辐射特性测量的另一种方法就是近场扫描技术,其远场特性是通过计算机将近场测量数据再构出来的。根据扫描方式可分为平面、柱面和球面三种情况,选择哪一种要由待测天线特性来决定。它与传统的远场法比较有许多突出优点,这在以后还会谈到。这种方法当频率更高时,探针扫描机构(或结构)的稳定性和对齐瞄准精度将是限制该方法的重要因素。另外计算机运算速度,即计算机进行近一远场变换的速度和扫描取样的时间等也是要考虑的问题。下面将分别按地球同步轨道和近地轨道两类航天器对应的覆盖特性把天线波束大致分为高增益定向性波束和宽波束两类。然后针对这两类测量介绍两种典型的近场扫描测试方法。

20.3　平面近场测量技术

在通信卫星天线设计中常采用多馈源抛物面成形波束技术,它的设计基础是利用偏焦馈源的二次波束偏斜,恰当设计馈源数目和它们在焦平面上位置及相对激励系数,就可得到按预定空间分布的各子波束,这些子波束在空间叠加就可构成与服务区吻合的成形波束。这种天线口径面上幅、相分布与普通抛物面不一样,它是口径半径和圆周角的函数。要准确地测定其辐射特性,很明显由有限测量距离所带来的相位误差应远小于口径面上成形要求的相位调制。根据测量距离公式:

$$R \geqslant k \frac{D^2}{\lambda} \qquad\qquad (20-1)$$

其(距离~口径)系数 k 可选择不低于8。对目前通信卫星成形波束天线的测量距离 R 一般都需超过三四百米,甚至更远。随着馈源数目的增多、成形度要求和极化特性的提高,其测量距离还会增长,k 的取值甚至可以超过16。按此标准,很长的测量距离给测试条件的实现带来了许多难以克服的困难。通信容量提高,工作频段和复用技术越来越高;天线多点波束、变波束、在轨波束重构等自适应的要求,使测试数据、测试工作量在远场测试条件下也越来越大。同样在航天微波遥感中,无论是辐射计天线、高度计天线还是散射计天线多为高增益的定向波束天线,特别是微波成像雷达天线,其方位向尺寸都是很大的。由于多频段、多极化、多模式的工作要求,天线的波束扫描,多目标跟踪和在轨重构等应用的大型相控阵列天线,采用远场测量天线也同样存在难以克服的问题和困难。因此,传统的远场测试方法与现代先进卫星天线的测量要求之间的矛盾更加尖锐地反映出来。测量技术的改革是保证未来更加复杂的卫星天线实现的条件。近场测量代表了卫星天线测量的必然发展趋势,目前已引起了人们的广泛研究和应用。前面已经提到的近场测量的三种方法:①探针的近场幅、相扫描测量及计算机反算远区辐射场的技术;②用大口径聚焦抛物面在口径近区产生近乎均匀平面波以模拟远场测试条件的紧缩场（The Compact Range）技术；③轴向移动馈源的抛物面聚焦技术。从卫星天线的实际测试要求考虑，正样飞行产品是不允许测量时移动馈源的，因此第三种方法不宜采用。紧缩场技术本身就是模拟远场条件对辐射特性直接测量，只要测试场地经过标校达到了测试要求，其测试和传统的远场测量无甚差别，不再详细讨论。建立一个满足卫星天线系统测量的紧缩场投资是十分巨大的。本节重点讨论的是近场扫描测量方法，因为它代表着现代天线测量技术的发展方向，其强大生命力在航天天线电测中逐渐显现出来。一般高增益定向性铅笔波束辐射特性测量采用平面近场测量；而近地轨道卫星的宽波束测试多采用球形扫描测量；圆柱扫描测量一般应用于圆对称辐射或自旋稳定卫星的天线测量。前两种扫描测量可包括几乎所有的近场测量，因此本章以前两种近场测量为代表阐述其基本原理、近远场变换的数学模型及计算处理和实际的扫描过程等。

20.3.1　平面近场测量的基本原理

关于从近场测量决定远区辐射方向图的问题，早在 20 世纪 30 年代就发表过这方面的论述。根据惠更斯—夫伦涅尔原理，我们用一封闭面 S 包围天线，S 面与无限大球面构成一个无源空间，在这空间中的场可有以下数学表示式（即 Sttratton—朱兰成积分方程）：

$$\vec{E}_p = \frac{1}{4\pi}\iint_S [-j\omega\mu(\hat{n}\times\vec{H})\varphi + (\hat{n}\times\vec{E})\times\nabla\varphi + (\hat{n}\times\vec{E})\nabla\varphi]\mathrm{d}S$$

$$\vec{H}_p = \frac{1}{4\pi}\iint_S [-j\omega\varepsilon(\hat{n}\times\vec{E})\varphi + (\hat{n}\times\vec{H})\times\nabla\varphi + (\hat{n}\times\vec{H})\nabla\varphi]\mathrm{d}S$$

$$(20-2)$$

式中，$\hat{n}$ 是表面 S 的单位法向量。$\varphi = \dfrac{e^{-jkR}}{R}$，$\varphi$ 满足辐射条件，k 是自由空间波数，R 是从积分表面 S 上一点到观察点 P 的距离。

可见在包围场源表面外空间任意一点的场可由这个表面上的场矢量的积分来表示。将上式用于反射面天线，考虑到导体边界条件，有

$$\left.\begin{array}{l} \vec{E}_p = \dfrac{1}{4\pi}\displaystyle\iint_S \left[-j\omega\mu\vec{J}_S + \dfrac{1}{j\omega\varepsilon}(\vec{J}_S\cdot\nabla)\nabla\varphi\right]\mathrm{d}S \\[4mm] \vec{J}_S = \hat{n}\times\vec{H}_S \end{array}\right\}$$

$$(20-3)$$

式中 S 是紧贴反射面天线的封闭包面。如果在 S 面上的切向场可以确定，那么由上式可解出天线的辐射方向图。把 S 面分成天线正面 S_1 和背面 S_2。在微波

应用条件下$\frac{D}{\lambda}>1$,S_2对前向辐射影响可忽略不计,因此该天线辐射问题可简化为开面辐射积分

$$\vec{E}(x,y,z) = \frac{1}{4\pi}\iint\limits_{S_1}[-j\omega\mu\vec{J}_S + \frac{1}{j\omega\varepsilon}(\vec{J}_S \cdot \triangledown)\triangledown\varphi]\mathrm{d}S \qquad (20-4)$$

这些就是近场测量变换远区辐射方向图的基本公式。

20.3.2　平面近场测量的发展过程

在研究近场测量的初期,为了提高近场测量数据的准确性,人们把主要注意力集中于研究埋想探针。一般说理想探针应具备以下条件:①测量探针的引入不应该对被测场有任何扰动;②测量探针必须足够地小,使其能测量空间某一点的场;③探针应该是线性极化的;④探针应给测试设备提供足够大的信号。

在这个过程初期有以下问题妨碍了近场测量方法的实际应用:①远场计算涉及式(20-3)和(20-4)的计算。如何简化计算,提高数值计算效率是一个需要解决的问题;②近场探针很难实现理想化,应如何估价测量探针与测量场间的相互作用呢? 这个问题的数学描述对精确计算远场方向图是需要的;③近场测量点的最佳取样间距离选择;④为近场幅、相测量需提供高灵敏度、宽动态范围的接收设备和相应的数字记录设备。

经过一些努力上述问题已基本得到解决。对于第一个问题,根据 Booker 和 Clemmow 的分析,用平面波谱展开方法来描述近远场变换,得到了口径天线近场与远区辐射场极坐标方向图之间的直接关系。这个计算主要是把扫描平面上等间距的二维近场数据进行 Fourier 变换。利用快速的 Fourier 变换算法(FFT)使这个计算大大简化,研究表明,待测天线与探针天线间的二次以上的相互作用包括反射和散射影响都忽略不计。在这个条件下,利用罗仑芝(Lorenfz)互易定理就可得到待测天线未知辐射场与探针天线已知场之间的耦合方程,即对探针补偿的校正方程,从而解决了第二个问题。根据 E. B. Joy 等人的研究,平面上近场测量的取样间距是待测天线和近场测量平面间距的函数。随着距离增大取样间距也单调地增加,但其上限为$\frac{\lambda}{2}$。因为大于k的波数谱是衰减波成分。第四个问题的解决归于近年来研制出了高灵敏度、宽动态范围的微波幅、相接收机。它可以同时测量微波接收信号的幅度和相位,加上接口装置还可将测量数据变换成计算机所需的数字形式。这样使近场测量方法进入了实际应用阶段。在美国,乔治亚(Geogia)技术大学是研究近场测量方法的先驱,1968 年就建立了世界上第一个近场测量装置。美国国家标准局也是最早研究近场测量方

法的,利用它们雄厚的技术力量,在近场测量的理论和应用方面都做出了突出的贡献。目前在美国一些比较大的研究机构和公司比如 Ford、Hughes、GEC、TRW 等公司和 JPL 实验室等都普遍采用了近场测量设备。并把近场测量方法成功地用到了各种卫星天线及飞行器天线测量,解决了一些大反射面天线及大型相控阵天线的测量问题。欧空局(ESA)也十分重视近场测量方法在卫星天线测量上的应用。丹麦(Denmark)技术大学利用球面近场扫描的方法,在暗室内进行了对带太阳能帆板的圆柱形卫星的天线测量。英国的马可尼(Marconi)研究实验室用近场测量和球面波展开的方法解决了"Marots"L 波段赋形抛物面天线的测量。在我国也相继建立了一些近场测试系统。近场测量的实际应用得到了发展,已逐渐成为解决天线测量的一个有效方法。以计算机程控的近场测量系统在卫星天线和卫星无线系统的测试中发挥越来越大的作用。

20.3.3　探针补偿的数学分析及近一远场变换的数学模型

20.3.3.1　探针扫描方式的选择

以往探针平面扫描多采用沿二正交方向等间距的取样,对应的近一远场采用二维的 FFT 法。考虑到国内地球同步通信卫星天线研究的一些现存结果,在此采用了平面极坐标的探针扫描方式,如图20-5所示。待测天线绕自身的 Z 轴旋转,探针天线在和 Z 轴垂直的扫描平面内沿 X 轴方向做一维运动,这大大简化了探针扫描机构。和圆柱扫描相比,待测天线有一个固定的指向,只需在指向角区内严格控制暗室的反射电平就可达到测量要求。这简化了暗室设计,降低了成本。这种扫描方式获得的近场数据可以很方便地采用 Jacobi—Bessel 级数展开的近一远场变换计算方法。

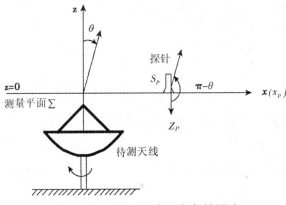

图 20-5　平面极坐标近场扫描图示

20.3.3.2 探针补偿的近一远场变换数学模型

为了清楚地了解近一远场变换关系,不妨再对探针补偿的校正方程作一推导并加以说明。如图 20－5 所示,x,y,z 为待测量天线坐标系,x_p,y_p,z_p 为探针坐标系。二坐标系单位向量间有以下关系

$$\hat{a}_x = \hat{a}_{xp}, \qquad \hat{a}_y = -\hat{a}_{yp}, \qquad \hat{a}_z = -\hat{a}_{zp}$$

探针在 $Z=0$ 的平面内扫描,待测天线的焦点位于 $Z=Z_0$,Z 为待测天线的光轴。在此令 $\vec{E}_a,\vec{H}_a$ 为待测天线的辐射场。$\vec{E}_p,\vec{H}_p$ 为探针天线辐射场。$\vec{E}_{as},\vec{H}_{as}$ 为当发生器接到探针天线时,由待测天线所生的绕射场。同样 $\vec{E}_{ps},\vec{H}_{ps}$ 为当发生器接到待测天线上时,由探针天线所产生的绕射场。并令 $Z=0$ 的无限大平面为 Σ,半径无限大的半球为 S_∞,包围探针天线的封闭面为 S_p。由 $(S_p+S_\infty+\Sigma)$ 构成一封闭包面,它所围的体积为 V,V 是一无源空间。在以下分析中假设待测天线与探针之间的两次以上绕射场可忽略不计。这时根据 Lorentz 互易定理

$$\int_{S_p+S_\infty+\Sigma} [(\vec{E}_a + \vec{E}_{ps}) \times (\vec{H}_p + \vec{H}_{as}) - (\vec{E}_p + \vec{E}_{as}) \times (\vec{H}_a + \vec{H}_{ps})] \hat{n} ds = 0$$

$$(20-5)$$

下面将分别研究在 S_p,S_∞ 和 Σ 面上的积分值。

(1) 在无穷大半球面 S_∞ 上。因为该面上的场是球面 TEM 波,在每一处上有 $\hat{n} \times \vec{E} = 0$ 的关系。因此 S_∞ 面上式积分 I_{S_∞} 可改写为

$$I_{S_\infty} = \int_{S_\infty} \frac{k}{\omega\mu} \{(\vec{E}_a + \vec{E}_{ps}) \times [\hat{n} \times (\vec{E}_p + \vec{E}_{as})] - (\vec{E}_p + \vec{E}_{as}) \times [\hat{n} \times (\vec{E}_a + \vec{E}_{ps})]\} \hat{n} ds$$

$$(20-6)$$

利用矢量恒等式

$$\vec{A} \times (\vec{B} \times \vec{C}) = (\vec{A} \cdot \vec{C}) \cdot \vec{B} - (\vec{A} \cdot \vec{B}) \cdot \vec{C} \qquad (20-7)$$

可以得到

$$I_{S_\infty} = 0 \qquad\qquad (20-8)$$

(2)在 S_p 面上,因为 $\hat{n}_p = -\hat{n}$,设 S_p 所围体积为 V_p。在式 $S_p(20-5)$ 积分 I_{S_p} 可写成

$$I_{S_p} = \int_{S_p} [(\vec{E}_a + \vec{E}_{ps}) \times (\vec{H}_p + \vec{H}_{as}) - (\vec{E}_p + \vec{E}_{as}) \times (\vec{H}_a + \vec{H}_{ps})] \cdot (-\hat{n}_p) dS$$

$$(20-9)$$

同样利用矢量恒等式

$$\vec{A} \cdot (\vec{B} \times \vec{C}) = \vec{B} \cdot (\vec{C} \times \vec{A}) = \vec{C} \cdot (\vec{A} \times \vec{B}) \qquad (20-10)$$

式(20-9)可写为

$$I_{S_p} = -\int_{V_p} [(\vec{E}_p + \vec{E}_{as}) \cdot (\vec{J}_a + \vec{J}_{ps}) - (\vec{E}_a + \vec{E}_{ps}) \cdot (\vec{J}_p + \vec{J}_{as})] dV$$

$$(20-11)$$

式中，$-\hat{n}_p \times \vec{H}_p = \vec{J}_p$，$-\hat{n}_p \times \vec{H}_{as} = \vec{J}_{as}$，$\hat{n} \times \vec{H}_a = \vec{J}_a$，$\hat{n} \times \vec{H}_{ps} = \vec{J}_{ps}$ 由定义知在 V_p 中 $\vec{E}_{ps}$，$\vec{J}_a$，$\vec{J}_{as}$ 处处为零。在此还认为探针一次场远大于待测天线绕射场，有 $\vec{E}_p \gg \vec{E}_{as}$。这是说探针的辐射场可近似地认为不存在任何散射体的自由空间辐射场。探针用于近场测量之前就可进行标定。实际上这个条件只要在探针作发射天线时，在探针馈电波导中的 VSWR 不因待测天线的存在而受到干扰，就可以认为成立。这时

$$I_{S_p} = -\int_{S_p} [\vec{E}_p \cdot \vec{J}_{ps} - \vec{E}_a \cdot \vec{J}_p] dV = P_p(r_0) \qquad (20-12)$$

上式的积分值 $P_p(r_0)$ 比例于探针天线的开路电压。由网络理论知，它比例于探针天线的接收电压，所以上式积分代表了探针的测量信号。根据以上分析，式(20-5)可改写为

$$\int_{\Sigma} [(\vec{E}_a + \vec{E}_{ps}) \times (\vec{H}_p + \vec{H}_{as}) - (\vec{E}_p + \vec{E}_{as}) \times (\vec{H}_a + \vec{H}_{ps})]\hat{n} ds = P_p(r_0)$$

$$(20-13)$$

利用矢量分配律，考虑到散射场地远小于一次场，散射场地与一次射乘积项可忽略不计。这时式(20-13)可改写为

$$P_p(r_0) = \int_{\Sigma} (\vec{E}_a \times \vec{H}_p - \vec{E}_p \times \vec{H}_a)\hat{n} ds \qquad (20-14)$$

利用式(20-10)，上式可写为

$$P_p(r_0) = \int_{\Sigma} [\vec{E}_a(\vec{H}_p \times \hat{n}) - \vec{H}_a(\hat{n} \times \vec{E}_p)] ds \qquad (20-15)$$

如果令 $\hat{n} \times \vec{H}_p = \vec{J}_p$，$\hat{n} \times \vec{E}_p = -\vec{K}_p$，上式可写为

$$P_p(r_0) = \int_{\Sigma} [\vec{K}_p \cdot \vec{H}_a - \vec{E}_a \cdot \vec{J}_p] ds \qquad (20-16)$$

　　到此我们已经把待测天线场和探针等效口径分布电流和磁流的关系通过探针的输出联系了。严格地说式(20-16)是对探针某一固定位置的输出。当探针在扫描平面上时，只要探针场和待测天线场与对方存在与否无关的话，应用卷积表可以从式(20-16)中得到任意位置 $\vec{P}'$ 点上的探针输出：

$$P_m^{v/h}(\vec{P'}) = \int_\Sigma \left[\vec{K}_p^{v/h}(\vec{P'}-\vec{P''})\vec{H}_a(\vec{P''}) - \vec{J}_p^{v/h}(\vec{P'}-\vec{P''})\vec{E}_a(\vec{P''})\right]\mathrm{d}s''$$

$$(20-17)$$

式中,v,h 代表探针垂直与水平二正交取向,$P_m^{v/h}$ 比例于探针二正交极化的输出,m 代表测量点序号,$\vec{P''}=x''\hat{a}_x+y''\hat{a}_y$,式(20－17)就是进行探针补偿的基本公式。为简化可令 $v=\hat{a}_y,h=\hat{a}_x$,可写成

$$\vec{P}_m(\vec{P'}) = \vec{H}_m(\vec{P'}) - \vec{E}_m(\vec{P'})$$

$$\vec{H}_m(\vec{P'}) = \hat{a}_x C(\vec{K}_p^h \cdot \vec{H}_a) + \hat{a}_y C(\vec{K}_p^v \cdot \vec{H}_a)$$

$$(20-18)$$

$$\vec{E}_m(\vec{P'}) = \hat{a}_x C(\vec{J}_p^h \cdot \vec{E}_a) + \hat{a}_y C(\vec{J}_p^v \cdot \vec{E}_a)$$

式中,C 代表卷积算子。在扫描平面上视在的感应电磁流可定义为

$$\vec{q}_m(\vec{P'}) = \vec{J}_m(\vec{P'}) + \vec{K}_m(\vec{P'})$$

$$(20-19)$$

式中,

$$\vec{J}_m(\vec{P'}) = \hat{a}_z \times \vec{H}_m(\vec{P'})$$

$$\vec{K}_m(\vec{P'}) = -\hat{a}_z \times \vec{E}_m(\vec{P'})$$

由此可引入辐射积分

$$\vec{T}(\theta,\varphi) = \int_{-\infty}^{+\infty} \vec{q}_m(\vec{P'})\exp(jk\hat{a}_R \cdot \vec{P'})\mathrm{d}s$$

$$(20-20)$$

式中,$\hat{a}_R = \dfrac{\vec{R}}{|\vec{R}|}$,$\vec{R}$是远场点的矢径,它的球坐标为 R,θ,φ。$\vec{T}(\theta,\varphi)$ 就是 $\vec{q}_m(\vec{P'})$ 的 Fourier 变换,可简写为

$$\vec{T}(\theta,\varphi) = F[\vec{q}_m(\vec{P'})]$$

$$(20-21)$$

式中,F 代表 Fourier 变换算子。

将式(20－18)代入式(20－19)中可得

$$\vec{J}_m(\vec{P'}) = \hat{a}_y C(\vec{K}_p^h \cdot \vec{H}_a) - \hat{a}_x C(\vec{K}_p^v \cdot \vec{H}_a)$$

$$\vec{K}_m(\vec{P'}) = \hat{a}_x C(\vec{J}_p^v \cdot \vec{E}_a) - \hat{a}_y C(\vec{J}_p^h \cdot \vec{E}_a)$$

$$(20-22)$$

将上两式代入式(20－21)中,利用卷积的 Fourier 变换等于每一个变换的乘积可得到

$$\vec{T}(\theta,\varphi) = -\hat{a}_x F(\vec{K}_p^v)F(\vec{H}_a) + \hat{a}_y F(\vec{K}_p^h)F(\vec{H}_a) +$$

$$\hat{a}_x F(\vec{J}_p^v)F(\vec{E}_a) - \hat{a}_y F(\vec{J}_p^h)F(\vec{E}_a)$$

$$(20-23)$$

我们的目的是要决定待测天线的远区辐射场。一般说来它可写为下式

$$\vec{E}_a(\theta,\varphi) = E_{a\theta}(\theta,\varphi)\hat{a}_\theta + E_{a\varphi}(\theta,\varphi)\hat{a}_\varphi \qquad (20-24)$$

如果探针是无限小的电流元,它对待测天线场无任何影响的话,辐射积分 $\vec{T}_a(\theta,\varphi)$ 与辐射场 $\vec{E}_a(\theta,\varphi)$ 之间有以下关系

$$\vec{E}_a(\theta,\varphi) = -(\hat{I} - \hat{a}_R \cdot \hat{a}_R)\vec{T}(\theta,\varphi) \qquad (20-25)$$

式中, $\hat{I}$ 为单位并矢,上式略去了比例系数。

如果探针天线不是无限小的电流元,它有自己的方向性时,我们不能用式(20−25)得到 $\vec{E}(\theta,\varphi)$。这时辐射场只能从式(20−23)中解出。为此进行以下变换。我们知道探针磁流的远区辐射场

$$\vec{H}_p \propto (\hat{I} - \hat{a}_R \cdot \hat{a}_R)F(\vec{K}_p) \qquad (20-26)$$

将式(20−26)写成球坐标分量有

$$\vec{H}_p \propto \hat{a}_\theta[\cos\theta\cos\varphi F(\vec{K}_p)_x + \cos\theta\sin\varphi F(\vec{K}_p)_y] +$$
$$\hat{a}_\varphi[-\sin\varphi F(\vec{F}_p)_x + \cos\varphi F(\vec{K}_p)_y] \qquad (20-27)$$

利用远区辐射场 $\vec{E}_p \propto \hat{a}_R \times \vec{H}_p$ 的关系可得

$$\vec{E}_p \propto \hat{a}_\theta[\sin\varphi F(\vec{K}_p)_x - \cos\varphi F(\vec{K}_p)_y] +$$
$$\hat{a}_\varphi[\cos\theta\cos\varphi F(\vec{K}_p)_x + \cos\theta\sin\varphi F(\vec{K}_p)_y] \qquad (20-28)$$

将上式写成球坐标分量形式有

$$\vec{E}_{p\theta} \propto \sin\varphi F(\vec{K}_p)_x - \cos\varphi F(\vec{K}_p)_y$$
$$\vec{E}_{p\varphi} \propto \cos\theta[\cos\varphi F(\vec{K}_p)_x + \sin\varphi F(\vec{K}_p)_y] \qquad (20-29)$$

由式(20−29)可解出

$$F(\vec{K}_p^{v/h}) \propto \frac{-1}{\cos\theta}\begin{Bmatrix}[\cos\theta\sin\varphi \vec{E}_{p\theta}^{v/h} + \cos\varphi \vec{E}_{p\varphi}^{v/h}]\hat{a}_x \\ -[\cos\theta\cos\varphi \vec{E}_{p\theta}^{v/h} - \sin\varphi \vec{E}_{p\varphi}^{v/h}]\hat{a}_y\end{Bmatrix} \qquad (20-30)$$

式中, $\vec{E}_p^{v/h}$ 是探针天线方向图在 (x,y,z) 坐标系下的表示。 v,h 代表二正交取向。

同理

$$\vec{E}_a \propto (\hat{I} - \hat{a}_R \cdot \hat{a}_R)F(\vec{J}_a) \qquad (20-31)$$

式中,$\vec{J}_a$ 是待测天线源电流分布。利用类似的推导可得

$$F(\vec{J}_a) \propto \frac{1}{\cos\theta}\left\{\left[\cos\varphi \vec{E}_{a\theta} - \cos\theta\sin\varphi \vec{E}_{a\varphi}\right]\hat{a}_x + \left[\sin\varphi \vec{E}_{a\theta} + \cos\theta\cos\varphi \vec{E}_{a\varphi}\right]\hat{a}_y\right\}$$
$$(20-32)$$

(3)在测量平面Σ上,$\hat{n} = -\hat{a}_z$,$\vec{H}_a = \hat{n}\times\vec{J}_a$,因此

$$F(\vec{H}_a) \propto \frac{1}{\cos\theta}\left\{\left[\sin\varphi \vec{E}_{a\theta} + \cos\theta\cos\varphi \vec{E}_{a\varphi}\right]\hat{a}_x + \left[-\cos\varphi \vec{E}_{a\theta} + \cos\theta\sin\varphi \vec{E}_{a\varphi}\right]\hat{a}_y\right\}$$
$$(20-33)$$

根据等效原理,在测量平面Σ上

$$\vec{q}_m(\vec{P}') \equiv 2\vec{J}_m(\vec{P}')_m \equiv 2\vec{K}_m(\vec{P}') \qquad (20-34)$$

因此

$$\vec{T}(\theta,\varphi) = -2[\hat{a}_x F(\vec{K}_p^v)F(\vec{H}_a) + \hat{a}_y F(\vec{K}_p^h)F(\vec{H}_a)]$$

$$= 2[\hat{a}_x F(\vec{J}_p^v)F(\vec{E}_a) - \hat{a}_y F(\vec{J}_p^h)F(\vec{E}_a)] \qquad (20-35)$$

将式(20-30)和式(20-33)代入上式,可得

$$\vec{T}(\theta,\varphi) \propto \frac{1}{\cos\theta}[(E_{a\theta}E_{p\theta}^v + E_{a\varphi}E_{p\varphi}^v)\hat{a}_x - (E_{a\theta}E_{p\theta}^h + E_{a\varphi}E_{p\varphi}^h)\hat{a}_y]$$
$$(20-36)$$

为了把探针方向图表示成探针坐标系的函数,参照图 20-5 所示,利用二坐标系间的关系有

$$\left.\begin{array}{l} E_{p\theta}(\theta,\varphi) = -\widetilde{E}_{p\theta}(\theta_p,\varphi_p) \\ E_{p\varphi}(\theta,\varphi) = -\widetilde{E}_{p\varphi}(\theta_p,\varphi_p) \end{array}\right\} \qquad (20-37)$$

式中,$\theta_p = -\varphi$,$\varphi_p = \pi-\theta$

再利用探针二正交分量的关系有

$$\widetilde{E}_p^h(\theta_p,\varphi_p) = \widetilde{E}_p^v\left(\theta_p,\varphi_p - \frac{\pi}{2}\right) \qquad (20-38)$$

由式(20-36)、式(20-37)和式(20-38)可解出待测天线远区辐射场

$$\left.\begin{array}{l} E_{a\theta} \propto \frac{-1}{\Delta}\cos\theta\left[\widetilde{E}_{p\varphi}^v\left(\pi-\theta, -\varphi-\frac{\pi}{2}\right)T_x(\theta,\varphi) + \widetilde{E}_{p\varphi}^v(\pi-\theta, -\varphi)T_y(\theta,\varphi)\right] \\ E_{a\varphi} \propto \frac{-1}{\Delta}\cos\theta\left[\widetilde{E}_{p\theta}^v\left(\pi-\theta, -\varphi-\frac{\pi}{2}\right)T_x(\theta,\varphi) + \widetilde{E}_{p\theta}^v(\pi-\theta, -\varphi)T_y(\theta,\varphi)\right] \end{array}\right\}$$
$$(20-39)$$

式中,

$$\Delta = \widetilde{E}_{P\varphi}^{v}(\pi-\theta,-\varphi)\widetilde{E}_{P\theta}^{v}(\pi-\theta,-\varphi-\frac{\pi}{2}) - \widetilde{E}_{P\theta}^{v}(\pi-\theta,-\varphi)\widetilde{E}_{P\varphi}^{v}(\pi-\theta,-\varphi-\frac{\pi}{2})$$

式(20−39)就是考虑探针方向性补偿的待测天线远区辐射方向图的数学表达式。可能看出待测天线(θ,φ)方向的远区辐射场要通过探针在$(\pi-\theta,-\varphi)$和$(\pi-\theta,-\varphi-\pi/2)$方向的探针方向图来度量。如在此方向上探针辐射场为零的话,由于式(20−39)中分母为零便得不到待测天线远区辐射场。这时探针补偿方法将失效。如果探针是无限小的电流元,探针方向图取一,这时待测天线辐射场便简化为式(20−25)。

20.3.3.3　辐射积分$\vec{T}(\theta,\varphi)$的计算

由上分析可知要决定待测天线的远区辐射场 $E_{d\theta}$,$E_{d\varphi}$,首先需要计算$\vec{T}(\theta,\varphi)$。它已由式(20−20)给出,该式可改写为

$$\vec{T}(\theta,\varphi) = \lim_{a\to\infty}\int_0^a\int_0^{2\pi}\vec{q}_m(\vec{P'})\exp[jkP'\sin\theta\cos(\varphi-\varphi')]P'\mathrm{d}P'\mathrm{d}\varphi' \qquad (20-40)$$

式中,a 是测量平面的扫描半径。实际上 a 是一个有限值,它由待测天线远区辐射场的精度要求来决定。考虑到波束最大并不一定都在 $\theta=0°$ 的方向,为使计算简化引入系数 C_u,C_v,它们使式(20−40)中指数

$$\sin\theta\cos(\varphi-\varphi') = \sin\theta\cos(\varphi-\varphi') + (C_u\cos\varphi' + C_v\sin\varphi') -$$
$$(C_u\cos\varphi' + C_v\sin\varphi') \qquad (20-41)$$

引入函数 η 和 α,它们有

$$\eta\sin\alpha = \sin\theta\sin\varphi + C_v$$
$$\eta\cos\alpha = \sin\theta\cos\varphi + C_u \qquad (20-42)$$

在波束最大指向(θ_B,φ_B)上令$\eta=0$,可得到C_u,C_v 为:

$$C_u = -\sin\theta_B\cos\varphi_B,$$
$$C_v = -\sin\theta_B\sin\varphi_B$$

这时式(20−40)可改写为:

$$\vec{T}(\theta,\varphi) = \lim_{a\to\infty}\int_0^a\int_0^{2\pi}\vec{Q}(\vec{P'})\exp[jkP'\eta\cos(\varphi'-\alpha)]P'\mathrm{d}P'\mathrm{d}\varphi' \quad (20-43)$$

式中,

$$\vec{Q}(\vec{P'}) = \vec{q}_m(\vec{P'})\exp[-jkP'(C_u\cos\varphi' + C_v\sin\varphi')]$$
$$\eta = \sqrt{(\sin\theta\sin\varphi + C_v)^2 + (\sin\theta\cos\varphi + C_u)^2}$$
$$\alpha = \arctan\left(\frac{\sin\theta\sin\varphi + C_v}{\sin\theta\cos\varphi + C_u}\right)$$

式 $(20-43)$ 就是 $\vec{Q}(\vec{P'})$ 的 Fourier 变换。对这个积分可以用包括 FFT 法在内的各种计算方法。若要求对卫星视场内任意方向上的大量观察点计算及图 $20-5$ 所示的近场探针扫描方式,采用 Jacobi-Bessel 级数展开方法是一个较好的选择。

$\vec{T}(\theta,\varphi)$ 的 Jacobi-Bessel 级数展开公式如下:

$$\vec{T}(\theta,\varphi) = 2\pi a^2 \sum_{n=0}^{N} \sum_{m=0}^{M} j^n (\vec{C}_{mn} \cos n\alpha + \vec{D}_{mn} \sin n\alpha) \sqrt{2(n+2m+1)}\ I_{mn}(\eta)$$

$$(20-44)$$

式中,

$$\begin{bmatrix} \vec{C}_{mn} \\ \vec{D}_{mn} \end{bmatrix} = \frac{\varepsilon_n}{2\pi} \int_0^1 \int_0^{2\pi} \vec{Q}(\vec{P'}) \begin{pmatrix} \cos n\varphi' \\ \sin n\varphi' \end{pmatrix} F_m^n(s') s' \mathrm{d}s' \mathrm{d}\varphi'$$

$$\varepsilon_n = \begin{cases} 1 & n = 0 \\ 2 & n \neq 0 \end{cases}$$

$$\vec{P'} = a\vec{s'}$$

$$I_{mn} = J_{n+2m+1}(ka\eta)/ka\eta$$

$F_m^n(s')$ 为修正的 Jacobi 多项式

$$F_m^n(s') = \sqrt{2(n+2m+1)} P_m^{(n,0)}(1-2s^2) s^n$$

$P_m^{(n,0)}$ 为 Jacobi 多项式,根据 Rodrigues 公式可得:

$$P_m^{(n,0)}(x) = \frac{(-1)^m 2^{-m}}{m!} (1-x)^{-n} \frac{\mathrm{d}^m}{\mathrm{d}x^m} \left[(1-x)^{m+n} (1+x)^m \right]$$

关于 $\vec{T}(\theta,\varphi)$ 的计算,在第 6 章、第 15 章通信卫星成形波束覆盖计算中已经讲过,这里不再重复。

20.3.4 近场测量设备及过程

上一节讨论了辐射积分 $\vec{T}$ 的计算方法。辐射积分 $\vec{T}(\theta,\varphi)$ 的计算需已知 $\vec{q}_m(\vec{P'})$,即扫描平面上视在的感应电流。为此必须确定扫描平面上的切向场。近场测量方法的根本任务就在于此。下面将简要地介绍如何完成扫描平面近场数据的采集。

自动近场测量系统框图如图 $20-6$ 所示。带有频综的微波信号源通过一根 RF 稳相馈线将射频信号馈送到待测天线上,同时又将一小部分信号送入幅、相接收机作为参考信号。待测天线安装在方位转台上,天线光轴与转台旋转轴(Z 轴)重合,天线可绕 Z 轴旋转。待测天线发出的微波信号由探针天线接收,

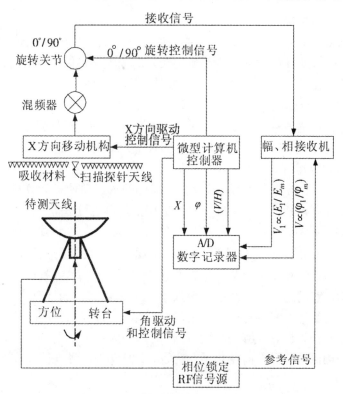

图 20-6　平面极坐标扫描的自动近测量系统框图

经紧接于后的混频器解调送入幅、相接收机中。探针天线后接一旋转关节(或极化转台)可使探针有 0°～90°取向。旋转关节轴应与探针天线轴重合。探针天线可沿 X 方向移动。幅、相接收机把由混频器过来的信号与信号源直接过来的参考信号进行比较产生两个输出。一个输出与幅度成正比的电压值,另一个输出与相位差成比例的电压值,这两个模拟电压信号经(模/数)转换的接口装置变成数字形式并记录在磁带或磁盘上。这个系统测试过程的控制是由一个微型计算机来完成的。在测量平面上探针应置于预先规定的那些点上,这是由计算机程控,通过硬、软件来实现的。位置精度可使用一个数字位置编码来控制,它固定在扫描支架上。研究表明,利用激光干涉仪的位置编码系统定位误差可小于 $\pm 0.025\mathrm{mm}$。对于平面极坐标扫描的近场测量只需提供探针 X 方向的一维位置信息和待测天线绕 Z 轴的转角。当探针和待测天线都在预先指定的位置上时,在计算机的控制下进行近场取样并记录近场幅度比和相位差以及对应的位置信息。这个过程对探针的一个极化完成之后,计算机控制还可使探针转 90°,对正交极化重复上述过程。

近场测量一般应放在电波吸收室内进行。为了减少近场探针的反射,一般在探针背后以及相连的扫描机构都要用较好的吸收材料保护。很明显由于天线在测量中始终指向正上方,因此在区域之外的无反射要求可以大大降低。

对辐射积分$\vec{T}(\theta,\varphi)$的计算归结为展开系数$\vec{C}_m,\vec{D}_m$的计算。根据式(20-44),由平面极坐标扫描的近场测量数据可以直接用于展开式系数的计算。为了节省计算机的存储空间,近场测量首先在一圆环上对φ'取样,这些数据利用梯形公式对φ'进行积分运算。然后再对P'取样(径向方向),利用辛卜生公式进行对P'的积分。对一给定时间来说,仅只有一部分的数据需使用计算机存储。这样处理对超出计算机最大存储量的一些大数据量计算也可进行。另外对任意的m和n,立即就可计算出C_x,C_y,D_x,D_y四个系数,这大大地节省了计算时间。有了这些系数,利用式(20-44)就可得到任意观察点上的辐射积分$\vec{T}(\theta,\varphi)$。因为展开式系数与观察点坐标无关。将$\vec{T}(\theta,\varphi)$代入式(20-39)就可得到待测天线远场方向图。有关这一套计算已经编入了近-远场变换的计算机程序,并形成了一远场变换软件。只要将得到的近场测量数据、近场探针的定标数据及工作频率送入数值计算机,启动该程序就可得到待测天线的远场方向图。特别是目前平面近场测试系统已经商业化了,有关其变换软件已经在固化在测试操作系统中。

20.3.5 平面近场测量的误差分析

前面阐述了近场测量方法对卫星天线及其无线系统电测的实际必要性;讨论了平面极坐标扫描的近场测量方式;利用罗仑兹(Lorentz)互易原理和雅可比-贝塞尔级数展开的计算方法建立了近-远场变换的数学模式;并列出了一种应用微型计算机程控的平面近场自动测量系统。前面这些讨论仅从理想化的情况研究了平面近场测量的理论问题。这当中隐含着以下的假定:

- 有限扫描平面之外的场为零;
- 平面扫描机构的对齐和定位误差均不存在;
- 测试设备无畸变,探针输出的幅度和相位测量是完全理想的;
- 探针与待测天线之间无多次反射;
- 近-远场变换的计算误差为零。

实际上,上述条件在实际测试工作中很难严格达到。这就造成了待测天线远区辐射特性的估计误差。这个误差有多大?过去通过远场的直接测量来比较,但目前有许多情况要实现理想的远场条件是十分困难的,特别当航天器及其天线无法置于外场进行试验。为此,人们要求在不与远场直接测量相比的情况下,确定由近场测量计算远场辐射参数的实际最大误差。另外从设计者的角度出发,希望通过误差分析为近场测量方法的具体实现提出设计标准和精度要求。在此阐述平面近场测量的误差问题。这里的描述也可适用于其他的近场测量系统。近场测量误差一般可分为三大类:近远场变换的数学模型形成的理论误差;数值计算误差和测量误差。其中测量系统形成的误差应该是误差的主要来源,因此将平面近场测量的主要误差来源归结为以下四个方面:①有限扫描面之外的场并非为零;②探针天线位置的定位不准确;③测量探针输出幅、相的仪器误差;④多次反射效应。下面将分别讨论由这些因素引起的上界误差。

20.3.5.1　误差的表示方法

一般说来待测天线远场参数包括增益函数、主瓣宽度、极化轴比和边瓣电平等。为研究误差,令 $\vec{E}(R)$ 代表待测天线辐射到自由空间的电场,$\pm \Delta \vec{E}(R)$ 代表 $\vec{E}(R)$ 的测量误差。电场幅度的相对测量误差:

$$\eta(\vec{R}) \equiv \left| \frac{|\vec{E} + \Delta \vec{E}| - |\Delta \vec{E}|}{|\vec{E}|} \right| \leqslant \left| \frac{\Delta \vec{E}(\vec{R})}{\vec{E}(\vec{R})} \right| = \eta_{\max}(\vec{R}) \quad (20-45)$$

增益函数 $G(\vec{R})$ 比例于 $|\vec{E}|^2$,因此增益函数的相对测量误差为:

$$\eta_G(\vec{R}) \equiv \frac{|\vec{E} \pm \Delta \vec{E}|^2 - |\vec{E}|^2}{|\vec{E}|^2} \approx \pm 2 \left| \frac{\Delta \vec{E}}{\vec{E}} \right| = \pm 2 \eta_{\max}(\vec{R}) \quad (20-46)$$

用分贝表示为:

$$\eta_G(\vec{R}) \equiv 10 \lg \frac{|\vec{E} \pm \Delta \vec{E}|^2 - |\vec{E}|^2}{|\vec{E}|^2} \approx \pm 20 \lg[1 \pm \eta_{\max}(\vec{R})] \quad (\text{dB})$$

$$(20-47)$$

当 $\eta_{\max}(\vec{R}) \ll 1$ 时,

$$\eta_G(\vec{R}) \approx 8.7 \eta_{\max}(\vec{R}) \quad (\text{dB})$$

边瓣电平 SL 规定为最大边瓣的最大辐射强度与主瓣最大辐射强度之比。因此边瓣测量误差规定为

$$\eta_s = \frac{|\vec{E}_{side} \pm \Delta \vec{E}_{side}|^2}{|\vec{E}_{\max} \pm \Delta \vec{E}_{\max}|} - \left| \frac{\vec{E}_{side}}{\vec{E}_{\max}} \right|^2 \quad (20-48)$$

因为 $SL=\left|\dfrac{\vec{E}_{side}}{\vec{E}_{max}}\right|^{2}$，当 $\eta_{max}(\vec{R})\ll 1$ 时，

$$\eta_s=\pm 2[\eta_{max}(\vec{R}_s)+\eta_{max}(\vec{R}_0)]SL \qquad (20-49)$$

$\eta_{max}(\vec{R}_s)$ 和 $\eta_{max}(\vec{R}_0)$ 分别代表边瓣和主瓣最大方向上的 η_{max} 值。一般说来 $\eta_{max}(\vec{R}_s)\gg\eta_{max}(\vec{R}_0)$，上式可改写为

$$\eta_s^{dB}(\vec{R})\approx\pm 8.7\eta_{max}(\vec{R}_s) \qquad (20-50)$$

电场极化比(Pol)规定为电场极化椭圆的短轴和长轴之比。因此极化误差 (ΔPol)有下式

$$\Delta Pol=\pm[1+(Pol)^2]\eta_{max}(\vec{R}) \qquad (20-51)$$

对圆极化情况 $\Delta Pol=2\eta_{max}(\vec{R})$，线极化情况 $\Delta Pol=\pm\eta_{max}(\vec{R})$。所以极化误差范围在 $\eta_{max}(\vec{R})$ 和 $2\eta_{max}(\vec{R})$ 之间。波瓣宽度规定为辐射功率密度为波束最大值的一半的二方向间的夹角。由此波瓣宽度误差 η_B 可写为

$$\eta_B=\pm\frac{\Delta\theta_1+\Delta\theta_2}{\theta_1+\theta_2} \qquad (20-52)$$

θ_1 和 θ_2 分别为电轴与二半功率电平方向的夹角。如果对称波束，$\theta_1=\theta_2$，并假设波束最大电平值不变，则

$$\eta_B=\pm\frac{\Delta\theta}{\theta}=\pm\frac{\eta_{max}(\theta)|\vec{E}(\theta)|}{\theta\dfrac{d|\vec{E}(\theta)|}{d\theta}}$$

对等幅同相的大口径天线有

$$\frac{|\vec{E}(\theta)|}{\theta\dfrac{d|\vec{E}(\theta)|}{d\theta}}\approx 1$$

因此

$$\eta_B=\pm\eta_{max}(\theta) \qquad (20-53)$$

由上可见决定远场误差问题均可归结为对电场幅值的相对误差 $\eta_{max}(\vec{R})$ 的估计。

前面已经提到了在近场测量方法中的四个主要误差源。在此仅从工程应用角度分别给出每个误差源对远场误差的分析结果。至于繁杂而冗长的推导可参

见 NBS 技术报告[4]，在此不予叙述。

20.3.5.2　有限近场扫描平面的误差

平面近场扫描严格地说应在待测天线近区与口径面平行的无限大平面上取样，但实际上只可能在有限平面上测量，这当中就已假定在扫描面之外的场为零。

研究表明，平面近场扫描方法只能给出这样一个"立体角"以内的远区辐射场信息。这个"立体角"就是待测天线口径边缘与扫描平面边缘连线所形成的角度范围。由此可根据不同的要求确定平面的辐射特性。如果扫描平面与口径平面垂直距离为 b，如图 20－7 所示，则平面扫描范围应满足下式

$$\tan\theta_m \leqslant \left(\frac{L_0-2a}{2}\right)\Big/b = \frac{L_0-2a}{2b} \qquad (20-54)$$
$$L_0 = 2(b\tan\theta_m + a)$$

L_0 为近场测量平面的最小扫描宽度。

在 θ_m 的"立体角"范围内，有限近场扫描平面所引起的最大远场误差可写为

$$\eta_{\max}(\vec{R}) \leqslant \frac{\alpha\lambda L_{\max}10^{-\frac{x}{20}}g(\vec{R})}{2A\sin\theta_m} \qquad (20-55)$$

式中，A 为天线口径面积，λ 为工作波长。x 是扫描平面边缘探针输出的最大幅度，它是以该面上探针最大输出幅度归一的分贝数。$L_{\max}$ 是测量平面的实际扫描宽度。α 为口径分布系数，对等幅同相口径 $\alpha=1$，任意锥削分布口径 $1\leqslant\alpha\leqslant5$。$g(\vec{R})$ 是远区辐射场最大电场幅度与给定方的电场幅度比，即归一化的远区辐射场倒数。

将式(20－55)代入各误差表示式中就可计算出因有限近场扫描平面所引起的远区辐射场各参数的最大误差。为建立误差的数量概念现引入一个具体的天线近场测量实例，其参数 $\alpha=3$，$\lambda=2.5\mathrm{cm}$，$L_{\max}=160\mathrm{cm}$，$A\approx5000\mathrm{cm}^2$（$2a=80\mathrm{cm}$ 圆口径），$\theta_m=60°$，$x=45$，边瓣电平＝－25dB，如图 20－8 所示，对应的远场最大误差列于表 20－2。

表 20－2

远场参数	有限扫描的远场误差
轴上增益	＜±0.01dB
轴上极化比	＜线级化±0.001dB
	＜圆极化±0.002dB
边瓣电平	＜±0.16dB
瓣宽 ϕ_0	＜±0.002°

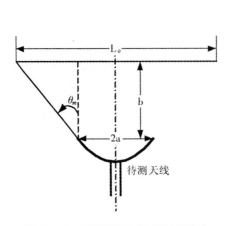 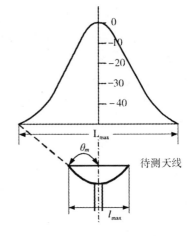

图 20-7 平面近场扫描范围的确定   图 20-8 有限扫描误差示意图

平面近场测量中,要求在整个扫描范围内对每一个取样点上的探针输出 $P_p(\vec{P'})$ 要精确地记录。实际上由于探针位置和探针输出幅、相的测量均存在不准确性。这直接影响到远区辐射场的估计精度。探针输出误差大致可分为两部分:一部分是位置偏差,因为位置的微小偏差也就改变了探针的输出;另一部分是测量幅、相的仪器误差。下面将分述这两部分误差。为了使问题简化,分析中假设探针为理想电偶极子,扫描平面平行或近乎平行相位"均匀"的近场平面,即扫描平面与待测天线电轴方向垂直或近乎垂直。

20.3.5.3 位置偏差的误差

分析表明平面近场扫描的位置偏差所引起的最大远场误差 η_{max} 可由下式表示

$$\eta_{max}(\vec{R}) \leqslant \left(\frac{\alpha\lambda}{2l_{max}}\Delta_{max} + \eta_z\right)\frac{g(\vec{R})}{2}$$

$$\eta_z = \begin{cases} \delta_{max}^2 & \theta < \dfrac{\lambda}{10l_{max}} \\[2mm] \delta_{max} & \dfrac{\lambda}{10l_{max}} < \theta < \dfrac{\pi}{2} \end{cases} \qquad (20-56)$$

式中,λ、α、$g(\vec{R})$ 定义同前。l_{max} 是待测天线口径的最大尺度。$\Delta_{max}=2\pi\dfrac{\Delta\gamma_{max}}{\lambda}$,$\Delta\gamma_{max}$ 是 A_0 面内横向最大位置偏差,在平面极坐标扫描机构中就是指 X 方向的最大位置偏差。A_0 是扫描平面内相位基本均匀的那一部分面积,对和口径面平行的近场扫描来说,$A_0 \approx A$,$\delta_{max}=2\pi\dfrac{\Delta Z_{max}}{\lambda}$,$\Delta Z_{max}$ 是 A_0 面内轴向位置的最大偏差。

扫描机构包括导轨在内的任何变形、扭斜或对齐误差都会产生系统的定位误差。而驱动装置和扫描支架的抖动等因素还会产生随机的定位误差。将位置误差分成系统误差和随机误差。由于横向位置偏差的随机误差对远区辐射参数的影响远小于相同量级的横向位置的系统误差,常可忽略不计。式(20−56)可改写为

$$\eta_{\max}(\vec{R}) = \left(\frac{\alpha\lambda}{2l_{\max}} \Delta^{s}_{\max} + \eta^{s,m}_{z} \right) \frac{g(\vec{R})}{2}$$

$$\eta^{s,m}_{z} = \begin{cases} (\delta^{s}_{\max})^2 & \theta < \dfrac{\lambda}{10l_{\max}} \\[2mm] \delta^{s}_{\max} & \dfrac{\lambda}{10l_{\max}} < \theta < \dfrac{\pi}{2} \end{cases} \qquad (20-57)$$

式中,上标"s"表示系统偏差,"rn"表随机偏差,"s,rn"表系统偏差加随机偏差。

将式(20−57)代入式(20−47)中,近场测量的位置偏差所引起的区辐射轴上增益误差有下式

$$\eta^{dB}_{G} \leqslant \pm 8.7 \left[\frac{\alpha\lambda}{4l_{\max}} \Delta^{s}_{\max} + \frac{1}{2}(\delta^{s}_{\max})^2 + (\delta^{rn}_{\max})^2 \right] \qquad (20-58)$$

当 $\delta^{rn}_{\max}=0$, $\delta_0=\delta^{s}_{\max}=\Delta^{s}_{\max}$ 时,定位系统误差对轴上增益影响有

$$\eta^{dB}_{G} \leqslant \pm 8.7\delta_0 \left(\frac{\alpha\lambda}{4l_{\max}} \Delta^{s}_{\max} + \frac{1}{2}\delta_0 \right) \qquad (20-59)$$

当 $\delta^{s}_{\max}=\Delta^{s}_{\max}=0$ 时,随机定位误差对轴上增益的影响有

$$\eta^{dB}_{G} \leqslant \pm \frac{8.7}{2} (\delta^{rn}_{\max})^2 \qquad (20-60)$$

如果要使轴上增益误差不超过 0.01dB,轴向位置的随机误差不可大于 $\pm 0.01\lambda$,位置误差对轴向增益的影响由图 20−9 给出。

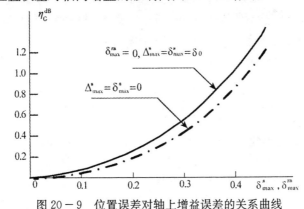

图 20−9 位置误差对轴上增益误差的关系曲线

20.3.5.4 仪器测量误差

为了研究仪器测量误差对远区辐射场参数的影响。在此假设位置偏差为零,模/数转换的有关仪器误差也忽略不计。在这个条件下,仅测量探针输出幅、相的仪器误差所引起的最大远场误差 $\eta_{\max}$ 有下式

$$\eta_{\max}(\vec{R}) \leqslant [2N_{dB}^{I} \times \beta^{I} + \eta_{z}^{I}] \frac{g(\vec{R})}{2}$$

$$\eta_{z}^{I} = \begin{cases} (\Delta\varphi_{\max}^{I})^2 & \theta < \dfrac{\lambda}{10l_{\max}} \\[3mm] \Delta\varphi_{\max}^{I} & \dfrac{\lambda}{10l_{\max}} < \theta < \dfrac{\pi}{2} \end{cases}$$

(20—61)

$$\beta^{I} = \begin{cases} \alpha - 1 & \theta < \dfrac{\lambda}{10l_{\max}} \\[3mm] \dfrac{\alpha - 1}{2} & \dfrac{\lambda}{10l_{\max}} < \theta < \dfrac{2\lambda}{l_{\max}} \\[3mm] \dfrac{\alpha\lambda L_{\max}}{3A} & \dfrac{2\lambda}{l_{\max}} < \theta < \dfrac{\pi}{2} \end{cases}$$

式中,$g(\vec{R})$,α,λ,$L_{\max}$,A 和 $l_{\max}$ 定义与前面相同。N_{dB}^{I} 是测量探针输出幅度的最大仪器误差。以扫描面上最大幅度为零分贝计算,每分贝幅度下降的误差分贝数。$\Delta\varphi_{\max}^{I}$ 是在 A_0 范围内测量探针输出相位的最大仪器误差。

和式(20—57)相比,测量相位误差 $\Delta\varphi_{\max}^{I}$ 与轴向位置偏差所引起的远场误差是完全一样的。现代微波幅、相接收机在最大幅度值上 $\Delta\varphi_{\max}^{I} \leqslant \pm 0.001$ 弧度($\pm 0.05°$),比最大值低 20dB 幅度上相位测量误差 $\Delta\varphi_{\max}^{I} \leqslant \pm 0.01$ 弧度($\pm 0.5°$)。假设 A_0 边界上幅值下降不超过 20dB 时(一般情况都满足),相位测量误差 $\Delta\varphi_{\max}^{I} \leqslant \pm 0.01$ 弧度,这样所引起的轴上增益误差 $\eta_G^{dB} < \pm 0.001$dB。和其他误差相比,仪器的相位测量误差可以忽略不计。如果只考虑仪器的幅度测量误差

$$\eta_{\max} \leqslant N_{dB}^{I} \times \beta^{I} \times g(\vec{R})$$

(20—62)

可见在 $\theta < \dfrac{2\lambda}{l_{\max}}$ 的近轴角区内,仪器测量误差与频率或天线尺寸无关。仅依赖于 α,N_{dB}^{I} 和 $g(\vec{R})$。这时轴上增益误差可写为

$$\eta_G^{dB} \leqslant \pm 8.7 N_{dB}^{I}(\alpha - 1)$$

(20—63)

仪器幅度测量误差对轴上增益的影响如图 20—10 所示。

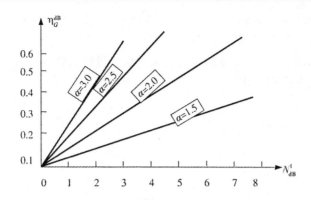

图 20 - 10 仪器幅度测量误差对轴上增益误差的关系曲线

20.3.5.5 多次反射效应

严格说来在待测天线的辐射近场中,沿平面扫描时探针所接收的辐射可写成一个各项迅速递减的无穷级数,级数中的第一项为待测天线未经扰动的近场,这个场经探针散射,由待测天线及周围物体再回到探针上就形成了级数第二项。这样重复下去便得到级数第三项、第四项,但在近场的理论分析中,通过卷积的反变换得到了远区辐射场。这当中就已假设两次以上的反射均不存在。因此要得到正确的结果,尽量压低多次反射是十分必要的。一般说来可采取以下措施:①减少探针天线的尺寸;②增加探针与待测天线的间距;③改善吸波材料的覆盖效果。

对近场测量,多次反射系数至少应控制在—(40~50)dB 以下。多次反射系数可以采用空间驻波比法通过实验来确定。

为了消除残存的多次反射所产生的影响,可在一个波长范围内取几组近场平面扫描数据。由于残存的多次反射,使这些数据计算出来的远场参数是不完全一样的。通过对远场结果取平均便可基本上抵消残余多次反射的影响。

最后,关于远场变换的计算误差问题,经过理论分析和数值计算都证明了它与以上各误差源所产生的远场误差相比是完全可以忽略不计的,除此之外还需考虑以下两个误差:一个是探针接收特性的标定误差,用 $\eta_{probe}(\theta,\varphi)$ 来表示;另一个是待测天线输入功率的测量误差 η_{input},即探针输出幅度归一化误差。在确定待测天线绝对增益函数时,需要将馈入待测天线的输入波导通过一个精密可变衰减器直接接到探针的输出波导上,改变可变衰减器减少由发射机直接过来的输入幅度,使接收机电平保持不变。这种归一化测量方法所带来的误差就是 η_{input}。它包括了可变衰减器的定标误差和参加测试各部件的失配误差。

　　前面我们已经逐个地讨论了每个误差源所引起的远场的最大误差。假设这些误差源是彼此独立的,将这些最大误差相加就得到了远场最大可能误差。如果忽略近—远场计算误差,考虑到多次反射误差可用数据处理方法消除,那么远场最大总误差可写成下式:

$$\eta_{max}(\theta,\varphi) \leqslant \left[\frac{\alpha\lambda L_{max}10^{-\frac{x}{20}}}{A\sin\theta_m} + \frac{\alpha\lambda\Delta_{max}^s}{2l_{max}} + \eta'_z + 2N_{dB}^I \times \beta^I\right]\frac{g(\theta,\varphi)}{2} + \eta_{probe}(\theta,\varphi) + \eta_{input}$$

$$\eta'_z = \begin{cases} (\delta_{max}^s + \Delta\varphi_{max}^I)^2 + (\delta_{max}^m) & \theta < \dfrac{\lambda}{10l_{max}} \\[3mm] \delta_{max}^s & \dfrac{\lambda}{10l_{max}} < \theta < \dfrac{\pi}{2} \end{cases}$$

$$(20-64)$$

$$\beta^I = \begin{cases} \alpha - 1 & \theta < \dfrac{\lambda}{10l_{max}} \\[3mm] \dfrac{\alpha - 1}{2} & \dfrac{\lambda}{10l_{max}} < \theta < \dfrac{2\lambda}{l_{max}} \\[3mm] \dfrac{\alpha\lambda L_{max}}{3A} & \dfrac{2\lambda}{l_{max}} < \theta < \dfrac{\pi}{2} \end{cases}$$

式中右边方括号中第一项为有限扫描误差,第二项为横向位置误差,第三项是轴向位置误差和仪器的相位测量误差,第四项为仪器幅度测量误差。式(20-64)代表了最大可能的远场地误差的上界值。

　　为了说明平面近场测量各种误差分布及最大可能的总误差,在此列举了一个用比较精密的平近场扫描设备对波段反射面天线的测量实例。其参数为:

$$\alpha = 3, \quad X = 45$$
$$L_{max} = 160cm, \quad l_{max} = 60cm(A \approx 5000cm^2 \text{ 圆口径}), \quad \theta_m = 60°$$
$$\Delta Z_{max}^s = \Delta r_{max}^s = 0.02cm, \quad \Delta Z_{max}^m = 0.01cm, \quad \Delta\varphi_{max}^I = 1°$$
$$N_{dB}^I = 0.002dB, \quad \text{边瓣电平 } SL = -25dB$$
$$\eta_{probe}^{dB} + \eta_{input}^{dB} = 0.1dB, \quad \lambda = 2.5cm$$

由式(20-64)估算的各种误差列于表20-3,表中(1)、(2)、(3)、(4)分别代表式(20-64)方括号中、第一、二、三、四项误差,再加上 $(\eta_{probe}^{dB} + \eta_{input}^{dB})$ 误差构成了总误差列于表中最右边一列。

表 20 - 3

远场参数 η_m	(1)	(2)	(3)	(4)	$\dfrac{g(\theta,\varphi)}{2}(1+2+3+4)$	最大总误差
	0.001558	0.002356	轴上 0.005217 边瓣 0.05027	轴上 0.008 边瓣 0.004	轴上 0.008566 边瓣 0.5173	0.020146 0.528917
轴上增益	$\eta_c^{dB}=8.7\eta_m(0)$					$\pm0.175\text{dB}$
轴上极化比	$\Delta pol=\pm(1\sim2)\eta_m(0)$					$\pm0.03022\text{dB}$
边瓣电平	$\eta_s^{dB}=\pm8.7\eta_m(\vec{R_s})$					$\pm4.6\text{dB}$

可以看出如果采用比较精密的幅、相接收机,扫描平面定位误差控制在 $\lambda/100$ 的量级上,由这样一个近场扫描测量机构带来的最大轴上增益总误差 ±0.075dB。若采用一般的测量定标精度,$\eta_{probe}^{dB}+\eta_{input}^{dB}=0.1$dB 的话,后者便成为轴上增益的主要误差源。要进一步减少轴上增益误差,首先需提高探针精度和待测天线输入功率的测量精度。另外轴向位置偏差对偏角区的远场参数估计影响最大(如表 20 - 3)。它是边瓣电平估计的最主要误差源,它所引起的误差比其他所有误差之和还要大。要进一步提高边瓣及零深的估计精度,首先需提高扫描机构的对齐直度以减少轴向位置的系统误差。随着频率的提高这个要求还会更加严格。利用式(20 - 64),可以不和远场直接测量进行比较就可大致估计出近场测量可能引起的最大远场误差,这大大地简化和方便了实际工作,同时也可以对给定的远场误差,通过误差分配,提出近场测量可能引起的最大远场误差,这大大的简化和方便了实际工作,同时也可以对给定的远场误差,通过误差分配,提出近场测量的各种设计标准和技术要求。这对按预定指标成功地设计近场测量设备是有直接的意义。

近场测量的最大优点是在室内进行。它不需要很长的测试场地和难于实现的场地条件,使场地建设投资大大减缩;使远场难以解决的天线测量问题得到解决。它排除了外界气候影响,可做全天候测试。它避免了外界无线电干扰,电磁兼容性问题在一个封闭空间得到了较好的处理。若与计算机并用能够快而准确地获得天线辐射特性更完整的数据和资料。

在此,所讨论的平面近场测量可用于一般的大口径天线测量,这个方法具有普遍适用性。这不仅不要求很长的测试距离,还省去了天线搬运、大尺寸转台设计及天线固定安装等问题。尤其适用于整装待发的卫星的高增益定向天线及其系统测量,相控阵列天线的性能测试及故障检测,这和远场测量相比它可大大地节省了实验时间而且得到比远场方法更加丰富的天线信息。

天线近场数据的取得给天线工程技术人员提供了一般远场测量所得不到的一些信息。比如通过近场可以分析天线失效的主要原因并及时提出技术改进措施;通过天线电抗近场数据可以研究复杂阵列各单元的互耦问题;近场数据对大型雷达天线罩的最优化设计有直接的意义;在毫米波大型雷达的太空通信中,研究大气与天线近场的相互作用可以解决大气扰动对通信的影响问题。近场确实为广泛的研究课题及工程设计提供了许多有用的信息。

近场测量方法的实际应用代表了计算机进入天线领域的一次测量技术改革。虽然时间不长,但它的优越性及广泛的应用表现出了强大的生命力。它代表了天线测量的一种趋势和方向。可以预料,近场测量方法对改变现有的卫星天线研制程序、提高研究水平、缩短研制周期将会起到重大的作用。

20.4　球形近场测量技术

近场扫描测量方法得以实现有两个基本条件:一个是要有获取待测试天线近场数据的手段;另一个是要有对测量数据进行数据处理的能力,即近—远场变换。当今微波测试仪器的发展,大动态精密微波幅、相接收机和大容量高速计算机的应用,使近场扫描测量技术的工程应用完全可能。

球面近场的应用因它的数学模型和数值处理技术较为复杂,工程实现的不多。而在卫星与空间技术的实际应用中,许多对地观察卫星和移动通信卫星都处于地球近地轨道上,近地轨道卫星天线及其无线系统的测量因为方向图较宽还常采用赋形波束,这更适合于球形近场扫描测量。本节从电磁场的球面波模展开理论入手,引入球面波导概念和散射矩阵导出了传输方程。把探针接收信号(测量值)与表征测试天线性能的特征量(Tsmn,发射系数)联系起来了。还对实际探针的校正进行了分析,阐述了计入探针影响的球形近—远场变换的解析过程。给出了球形近—远场变换的数值分析与程序设计。

20.4.1　电磁场的球面波模展开

Maxwell 方程已揭示出了电磁场和源间的对应关系。本节以此出发阐述球形近场扫描测量技术的基本理论。假设用一个封闭球面完全包围测试天线,并令 r_0 是包围测试天线的最小球半径。在 $r \geqslant r_0$ 区域内,天线建立的场应满足无源空间的场方程,即

$$\nabla^2 \vec{E} + k^2 \vec{E} = 0$$
$$\nabla^2 \vec{H} + k^2 \vec{H} = 0$$

$$(20-65)$$

式中, $k = \omega\sqrt{\mu\varepsilon_0} = \dfrac{2\pi}{\lambda}$, 为自由空间波数。

标量波动方程,

$$\nabla^2 f + k^2 f = 0 \tag{20-66}$$

在球坐标系下的基本波函数可写成下式(参见第 2 章):

$$f(r, \theta, \varphi) = Z_n^{(c)}(kr) P_n^{|m|}(\cos\theta) e^{jm\varphi} \tag{20-67}$$

式中, $Z_n^{(c)}(kr)$ 代表球面 Hankel 函数, 当 $c=3$, 代表外行波; $c=4$, 代表内行波。 k 是径向传播常数。 $P_n^{|m|}(\cos\theta)$ 为连带的 Legendre 函数,

$$P_n^m(\cos\theta) = (\sin\theta)^m \frac{\mathrm{d}^m P_n(\cos\theta)}{\mathrm{d}(\cos\theta)^m}$$

$$P_n(\cos\theta) = \frac{1}{2^n n!} \cdot \frac{\mathrm{d}^n}{\mathrm{d}(\cos\theta)^n} (\cos^2\theta - 1)^n$$

$P_n(\cos\theta)$ 为 legendre 多项式。指数 m 和 n 代表与方位角 φ 和极角 θ 方向场变化的相关量。 n, m 取值范围:

$$n = 1, \cdots, N, \quad N = [kr_o] + 10;$$
$$m = 0, \pm 1, \cdots, \pm N$$

引入矢量球面波函数 $\vec{m}$ 和 $\vec{n}$, 它们与 f 的关系可写成

$$\vec{m} = \nabla f \times \vec{r}, \qquad \vec{r} = \hat{r}r$$
$$\vec{n} = \frac{1}{k} \nabla \times \vec{m} \tag{20-68}$$

同样,

$$\vec{m} = \frac{1}{k} \nabla \times \vec{n}$$

将式(20-67)代入式(20-68)得到矢量波动方程的解:

$$\vec{m}_{mn}^{(c)}(r, \theta, \varphi) = \left[\frac{jm P_n^{|m|}(\cos\theta)}{\sin\theta} \hat{\theta} - \frac{\mathrm{d}P_n^{|m|}(\cos\theta)}{\mathrm{d}\theta} \hat{\varphi} \right] \cdot Z_n^{(c)}(kr) e^{jm\varphi}$$

$$\vec{n}_{mn}^{(c)}(r, \theta, \varphi) = \left\{ \left[\frac{\mathrm{d}P_n^{|m|}(\cos\theta)}{\mathrm{d}\theta} \hat{\theta} + jm \frac{P_n^{|m|}(\cos\theta)}{\sin\theta} \hat{\varphi} \right] \cdot \frac{1}{kr} \frac{\mathrm{d}}{\mathrm{d}r} [r Z_n^{(c)}(kr)] + \frac{n(n+1)}{kr} Z_n^{(c)}(kr) P_n^{|m|}(\cos\theta) \hat{r} \right\} e^{jm\varphi} \tag{20-69}$$

Stratton[9], 已经证明由矢量波函数 $\vec{m}_{mn}^{(c)}$ 和 $\vec{n}_{mn}^{(c)}$ 满足矢量波动方程式。从功率归一的要求出发(即外行波、 $c=3$ 、幅度为 1 的球面波辐射功率令为 1/2 瓦), f 可改写为

$$F_{mn}^{(c)}(r,\theta,\varphi)=\frac{1}{\sqrt{2\pi n(n+1)}}\left(\frac{-m}{|m|}\right)^{m}Z_{n}^{(c)}(kr)\overline{P}_{n}^{|m|}(\cos\theta)e^{jm\varphi} \quad (20-70)$$

式中,$\overline{P}_{n}^{|m|}$ 为归一化的连带勒让德函数

$$\overline{P}_{n}^{|m|}(\cos\theta)=\sqrt{\frac{2n+1}{2}\cdot\frac{(n-m)!}{(n+m)!}}P_{n}^{n}(\cos\theta)$$

因子$\left(\dfrac{-m}{|m|}\right)$保证模式相位为球面谐波相位,而且当 $m=0$ 时,$\left(\dfrac{-m}{|m|}\right)^{m}=1$。

把式(20-70)代入式(20-68)得

$$\vec{m}_{mn}^{(c)}=\nabla F_{mn}^{(c)}\times\vec{r}=\vec{F}_{1mn}^{(c)}(r,\theta,\varphi)$$

$$=\frac{1}{\sqrt{2\pi n(n+1)}}\left(\frac{-m}{|m|}\right)^{m}\left[\frac{im\overline{P}_{n}^{|m|}}{\sin\theta}\hat{\theta}-\frac{\mathrm{d}\overline{P}_{n}^{|m|}}{\mathrm{d}\theta}\hat{\varphi}\right]Z_{n}^{(c)}(kr)e^{jm\varphi}$$

$$\vec{n}_{mn}^{(c)}=\frac{1}{k}\nabla\times\vec{m}_{mn}^{(c)}=\vec{F}_{2mn}^{(c)}(r,\theta,\varphi) \quad\quad\quad (20-71)$$

$$=\frac{1}{\sqrt{2\pi n(n+1)}}\left(\frac{-m}{|m|}\right)^{m}\left\{\frac{n(n+1)}{kr}Z_{n}^{(c)}(kr)\overline{P}_{n}^{|m|}(\cos\theta)\hat{r}+\right.$$

$$\left.\frac{1}{kr}\frac{\mathrm{d}}{\mathrm{d}(kr)}[krZ_{n}^{(c)}(kr)]\left[\frac{\mathrm{d}\overline{P}_{n}^{|m|}}{\mathrm{d}\theta}\hat{\theta}+\frac{im\overline{P}_{n}^{|m|}}{\sin\theta}\hat{\varphi}\right]\right\}e^{jm\varphi}$$

式(20-71)代表了功率归一化的球面矢量波函数。这时无源空间$(r\geqslant r_o)$的电磁场可以写成球面矢量波函数的加权和,有下式:

$$\vec{E}(r,\theta,\varphi)=\frac{k}{\sqrt{\eta}}\sum_{smn}Q_{smn}^{(3)}\vec{F}_{smn}^{(3)}(r,\theta,\varphi)$$

$$=\frac{k}{\sqrt{\eta}}\sum_{mn}(Q_{1mn}\vec{m}_{mn}+Q_{2mn}\vec{n}_{mn}) \quad\quad (20-72)$$

$$\vec{H}(r,\theta,\varphi)=(-iw\mu)^{-1}\nabla\times\vec{E}=-ik\sqrt{\eta}\sum_{smn}Q_{smn}^{(3)}F_{3-s,mn}^{(3)}(r,\theta,\varphi)$$

$$=-ik\sqrt{\eta}\sum_{mn}(Q_{1mn}\vec{n}_{mn}+Q_{2mn}\vec{m}_{mn})$$

式中,$\displaystyle\sum_{smn}=\sum_{s=1}^{2}\sum_{n=1}^{N}\sum_{m=-|n|}^{n}$,$N$是天线场展开式中最高阶模的阶数。我们一般取

$$N=[kr_o]+10 \quad\quad\quad (20-73)$$

r_o 是以坐标原点为中心包围测试天线的最小球半径。[ ]代表取最大整数。如果我们把上述求和写成单求和的话,有

$$\sum_{smn}\cdots=\sum_{j=1}^{J}\cdots,\quad\quad J=2N(N+2) \quad\quad (20-74)$$

式(20-72)就是待测试天线的空间电磁场的一般表示式。脚标"s"代表与

空间横磁波(TM)或横电波(TE)相对应的量,空间场可以表示为 TM 和 TE 场的叠加。式中右上角标"3"代表向外行波,对无界空间而言激励场只有向外行波。当这些场的加权系数 Q_{smn} 确定之后,空间场就唯一地确定了。球面近场测量的目的就是要通过包围待测试天线球面上各场点的测量数据来确定其展开系数 Q_{smn},一旦 Q_{smn} 确定后,待测试天线场就唯一地确定了。这就是球面近场扫描测量方法的基本理论。

为得到天线的远区辐射特性,首先把球面波的径向函数记为

$$R_{sn}^{(3)}(kr) = \begin{cases} Z_n^{(3)}(kr) & s = 1 \\ \dfrac{1}{kr}\dfrac{\mathrm{d}}{\mathrm{d}r}[rZ_n^{(3)}(kr)] & s = 2 \end{cases} \tag{20-75}$$

可以证明,当 $kr \rightarrow \infty$ 时(此时变化因子为 $e^{-j\omega t}$),

$$R_{sn}^{(3)}(kr) \rightarrow \begin{cases} (-i)^{n+1}\dfrac{e^{jkr}}{kr} & s = 1 \\ (-i)^n\dfrac{e^{jkr}}{kr} & s = 2 \end{cases} \tag{20-76}$$

在此定义天线的远场方向性函数为 $\vec{K}_{smn}(\theta,\varphi)$,它可表示为,

$$\vec{K}_{smn}(\theta,\varphi) = \lim_{kr \rightarrow \infty}\left[\sqrt{4\pi}\frac{kr}{e^{jkr}}\vec{F}_{smn}^{(3)}(r,\theta,\varphi)\right] \tag{20-77}$$

它只是空间角度 (θ,φ) 的函数,即代表了天线远区辐射方向图。对式(20-77)可改写为

$$s = 1,\ \vec{K}_{1mn}(\theta,\varphi) = \sqrt{\frac{2}{n(n+1)}}\left(\frac{-m}{|m|}\right)^m e^{jm\varphi}(-i)^{n+1}\left(\frac{im\,\overline{P}_n^{|m|}}{\sin\theta}\hat{\theta} - \frac{\mathrm{d}\,\overline{P}_n^{|m|}}{\mathrm{d}\theta}\hat{\varphi}\right)$$

$$s = 2,\ \vec{K}_{2mn}(\theta,\varphi) = \sqrt{\frac{2}{n(n+1)}}\left(\frac{-m}{|m|}\right)^m e^{jm\varphi}(-i)^n\left(\frac{\mathrm{d}\,\overline{P}_n^{|m|}}{\mathrm{d}\theta}\hat{\theta} + \frac{im\,\overline{P}_n^{|m|}}{\sin\theta}\vec{\varphi}\right)$$

$$\tag{20-78}$$

而且

$$\vec{K}_{smn} = \hat{ir} \times \vec{K}_{3-s,mn} \tag{20-79}$$

$$K_{2mn}^{\theta} = iK_{1mn}^{\varphi}$$
$$K_{2mn}^{\varphi} = -iK_{1mn}^{\theta}$$

在此令

$$Q_{smn} = VT_{smn} \tag{20-80}$$

式中,V 为测试天线的激励幅值,其输入功率 $P_{\mathrm{in}} = \dfrac{|V|^2}{2}$。将式(20-77)和式

(20－78)代入式(20－72)中,可用方向性函数表示远场有

$$\vec{E}(r,\theta,\varphi) = \frac{k}{\sqrt{\eta}} \frac{1}{\sqrt{4\pi}} \frac{e^{jkr}}{kr} V \left(\sum_{smn} T_{smn} \vec{K}_{smn}(\theta,\varphi) \right)$$

$$\vec{H}(r,\theta,\varphi) = k\sqrt{\eta} \frac{1}{\sqrt{4\pi}} \frac{e^{jkr}}{kr} V \hat{r} \times \left(\sum_{smn} T_{smn} \vec{K}_{smn}(\theta,\varphi) \right)$$

$$(20－81)$$

在此令

$$\vec{K}(\theta,\varphi) = \sum_{smn} T_{smn} \vec{K}_{smn}(\theta,\varphi) \qquad (20－82)$$

我们称 $\vec{K}(\theta,\varphi)$ 为远场方向图。根据天线方向性定义,外行波场方向性,因为

$$P_{in} = \frac{1}{2} |V|^2 = \frac{|V|^2}{2} \sum_{smn} |T_{smn}|^2$$

所以

$$\sum_{smn} |T_{smn}|^2 = 1$$

$$D(\theta,\varphi) = \frac{\left| \sum_{smn} T_{smn} \vec{K}_{smn}(\theta,\varphi) \right|^2}{\sum_{smn} |T_{smn}|^2} = |\vec{K}(\theta,\varphi)|^2 \qquad (20－83)$$

如果天线不匹配,加到天线上的输入功率 $P_{in} = \frac{|V|^2}{2}(1-|\Gamma|^2)$,$\Gamma$ 是天线端口反射系数,一般为复数,扣除失配后,天线增益按定义

$$G(\theta,\varphi) = \frac{\left| \sum_{smn} T_{smn} \vec{K}_{smn}(\theta,\varphi) \right|^2}{(1-|\Gamma|^2)} = \frac{|\vec{K}(\theta,\varphi)|^2}{1-|\Gamma|^2} \qquad (20－84)$$

如果从极化分量场的角度考虑天线的方向性和增益时,天线的总增益或总方向性应该是任意二正交极化场分量的方向性和增益之和,有下式

$$D(\theta,\varphi) = D_{co}(\theta,\varphi) + D_{cross}(\theta,\varphi) \qquad (20－85)$$

$$D_{co}(\theta,\varphi) = |\vec{K}(\theta,\varphi) \cdot \hat{i}^*_{co-pol}|^2$$

$$D_{cross}(\theta,\varphi) = |\vec{K}(\theta,\varphi) \cdot \hat{i}^*_{cross-pol}|^2$$

可以看出,只要球面波函数的加权系数 T_{smn}(或 Q_{smn})求出后,测试天线的远场特性便可完全确定。因此再一次说明球形近场扫描测量技术的核心就是要求出 T_{smn}。一般称 T_{smn} 为测试天线的发射系数。

20.4.2　传输公式

本节从散射矩阵的概念出发,将探针的测量值(或接收信号)与测试天线的

空间场值联系起来,建立由探针扫描测量信号获取测试天线发射系数 T_{smn} 的数学模型。这就是实现球形近场扫描测量技术第二个基本条件的理论基础。

20.4.2.1　天线的散射矩阵参数

一个波导元件可视为一无源四端网络,其输入端和输出端的入射波和出射波分别为 a_0、a_1 和 b_0、b_1,如图 $20-11$ 所示。它们与散射参数有以下关系

$$\begin{pmatrix} b_0 \\ b_1 \end{pmatrix} = \begin{pmatrix} S_{00} & S_{01} \\ S_{10} & S_{11} \end{pmatrix} \begin{pmatrix} a_0 \\ a_1 \end{pmatrix} \qquad (20-86)$$

式中,S_{00},S_{11} 是入端、出端反射系数;S_{01},S_{10} 是传输系数。一旦确定了 S 参数 $[S]$,波导元件的性能也就求出了。与此类似,天线可以当成一个将传输线导波场与空间场间的能量转换器件,可以等效成一个多端口波导器件。一个端口与发射机或接收机(或负载)相连,称其为本地端。其余端口都是辐射端。

图 $20-11$　散射参数表示图

在球面模展开分析中,这些辐射端都是与对应的等效球面传输线相连的。它也可类似于一个两端对网络,一旦散射矩阵参数确定后,天线的特性便可确定。这就是我们引入散射参数的基本目的。下面将具体导出天线散射矩阵公式。

如图 $20-12(a)$ 所示,设天线本地端有一单波导模,其内行和外行模振幅为 V 和 W。辐射端口由围绕天线球面上内行和外行球面波模组成,它们的加权系数用 $[a]$ 和 $[b]$ 表示。在最小球面外总电场

$$\vec{E}(r \cdot \theta \cdot \varphi) = \frac{k}{\sqrt{\eta}} \sum_{j=1}^{J} [a_j \vec{F}_j^{(4)}(r,\theta,\varphi) + b_j \vec{F}_j^{(3)}(r,\theta,\varphi)], \quad r > r_0$$

$$(20-87)$$

上角标(4)代表内行波,(3)代表外行波。对带宽有限的天线系统,这些球面模阶数也是有限的,与此对应的模传输线也是有限的。设球面模数为 J,散射矩阵结点就是 $(2J+2)$ 个,如图 $20-12(b)$ 所示。图 $20-12(c)$ 示出了对应的散射流程图。

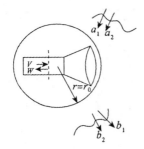

(a) 区天线的波导模和球面模

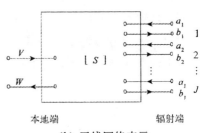

(b) 天线网络表示

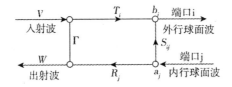

(c) 散射流程图

图 20-12 天线的散射矩阵图示

内行波结点 V 和 $a_j(j=1,2,\cdots,J)$；外行波结点 W 和 $b_j(j=1,2,\cdots,J)$。入射与出射波之间的线性关系可用一个 $J+1$ 阶的散射矩阵表示,因此对应的天线散射公式:

$$\begin{vmatrix} \Gamma & \boldsymbol{R} \\ \boldsymbol{T} & \widetilde{\boldsymbol{S}} \end{vmatrix} \begin{vmatrix} V \\ \boldsymbol{a} \end{vmatrix} = \begin{vmatrix} W \\ \boldsymbol{b} \end{vmatrix} \qquad (\widetilde{S}\,\boldsymbol{a}=\boldsymbol{b}) \qquad (20-88)$$

式中,Γ 是天线复反射系数;$J=2N(N+2)$;$\boldsymbol{R}=[R_1,R_2,\cdots,R_J]$ 为 J 个单元的行矩阵,代表天线的接收系数;$\boldsymbol{T}=[T_1,T_2,\cdots,T_J]^\mathrm{T}$ 为 J 个单元的列矩阵,代表天线的发射系数;$\widetilde{S}$ 是 $J\times J$ 元方矩阵,（单元 S_{ij} 代表天线散射系数）;$\boldsymbol{a}=[a_1 \quad \cdots \quad a_j]^\mathrm{T}J$ 个单元列矩阵,每一个单元代表各内行球面波幅值;$\boldsymbol{b}=[b_1 \quad \cdots \quad b_j]^\mathrm{T}J$ 个单元列矩阵,每一个单元代表各外行球面波幅值。

天线的接收、发射和散射特性分别用 $\boldsymbol{R},\boldsymbol{T}$ 和 $\boldsymbol{S}$ 三个矩阵来表示。将式 (20-88) 展开有

$$\Gamma V + \sum_{j=1}^{J} R_j a_j = W = \Gamma V + \sum_{smn} R_{mn}^s a_{mn}^s \qquad (20-89)$$

$$T_i V + \sum_{j=1}^{J} S_{ij} a_j = b_i \qquad i=1,2,\cdots,J \qquad (20-90)$$

$$b_{mn}^s = T_{mn}^s V + \sum_{\delta\mu\nu} S_{mn,\mu\nu}^{s,\delta} a_{\mu\nu}^\delta$$

当探针与测试天线间多次反射可忽略时，$a_{\mu\nu}^{\delta}=0$ 成立，则有

$$b_{mn}^{s}=T_{mn}^{s}V=Q_{smn} \qquad (20-91)$$

$$\tilde{S}\,a=b$$

$\tilde{S}$ 叫天线散射矩阵。如果入射波为 a，接收信号

$$W=\Gamma V+R\cdot a \qquad (20-92)$$

　　由上可见，引入散射矩阵理论可以把传输线中测量值与空间场量联系起来。这样就可以十分方便地导出球面传输公式，在球面近场扫描测量中，将探针所在面上测试天线的场值与探针的接收信号直接联系起来了。这就是球形近场测量技术工程实现的基础。

20.4.2.2　传输公式推导

　　球形近场测量中，我们假设测量天线固定在 (X,Y,Z) 坐标系内，而探针在以该坐标原点为中心，半径为 A 的球面上扫描，$A\geqslant r_o$。探针在测试天线坐标系中的坐标为 (A,θ,φ)，探针沿球面扫描过程中，始终指向测试天线坐标系之原点，即 O 点。在此设探针坐标系为 (X',Y',Z')，探针轴线沿其坐标系之 Z' 轴。探针还可绕其轴旋转，旋转角为 χ，χ 一般取 $0°$ 和 $\pi/2$。如图 20-13 所示。

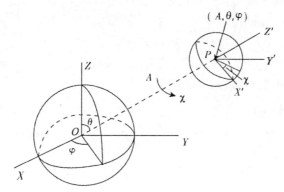

图 20-13　测试天线坐标与探针坐标系和最小球面表示

　　测试天线场量在它自己的坐标系 (X,Y,Z) 下，利用式 $(20-72)$ 和式 $(20-91)$，可以写成：

$$\vec{E}_t(r,\theta,\varphi)=\frac{k}{\sqrt{\eta}}\sum_{smn}VT_{smn}(r,\theta,\varphi)F_{smn}^{(3)}(r,\theta,\varphi),\quad r>r_o \qquad (20-93)$$

经过欧拉角旋转和平移等变换，测试天线场量在探针测试坐标系中可写成[7]：

$$\vec{E}_t(r,\theta,\varphi) = \frac{k}{\sqrt{\eta}} \sum_{\substack{smn \\ \delta\mu\nu}} VT_{smn} e^{jm\varphi_0} d_{\mu m}^n(\theta_0) e^{j\mu\chi_0} C_{\delta\mu\nu}^{sn(3)}(kA) \cdot$$

$$\frac{1}{2}[\vec{F}_{\delta\mu\nu}^{(3)}(r',\theta',\varphi') + \vec{F}_{\delta\mu\nu}^{(4)}(r',\theta',\varphi')] \qquad (20-94)$$

式中,角$(\theta_0,\varphi_0,\chi_0)$是描述探针坐标系相对测试天线坐标系取向的旋转欧拉角。A是探针的扫描球半径;式中,$e^{jm\varphi_0}$,$d_{\mu m}^n(\theta_0)$和$e^{j\mu\chi_0}$三个指数因子代表坐标系间的三个旋转,称它们为旋转系数。$C_{\delta\mu\nu}^{sn(3)}(kA)$代表两坐标系间的位移,称平移系数。

建立上述展开式之后,我们把探针天线放在带′坐标系的原点,再来确定它对测试天线场的响应。

探针上的感应电流仅仅是外行模对探针的贡献。在此假设测试天线与探针间的反射对入射到探针上的场量无大影响,因此可以认为探针的引入不会改变探针的输入模系数。这就是说入射到探针上面的球面模$\vec{F}_{\delta\mu\nu}^{(4)}(r',\theta',\varphi')$的系数不会因探针引入而改变。(探针的散射和测试天线的再散射在探针所在处影响均可忽略不计,这一点在近场测量时,通过选取扫描半径A可以很容易达到)同时我们还假设探针天线与接收机间是完全匹配的,这时$\Gamma=0$,由式(20-92),探针的接收信号W可简写为

$$W = \boldsymbol{R}^p \cdot \boldsymbol{a} \qquad (20-95)$$

式中,$\boldsymbol{R}^p$代表探针的接收系数矩阵,它由探针接收系数$R_{\delta\mu\nu}^p$所组成。$\boldsymbol{a}$是入射到探针上的球面模函数的值,其中每一个元素为$a_{\delta\mu\nu}$。由式(20-94)知入射到探针上的球面模函数是$\vec{F}_{\delta\mu\nu}^{(4)}(r',\theta',\varphi')$,结合式(20-95),我们便可得到

$$a_{\delta\mu\nu} = \frac{V}{2} \sum_{smn} T_{smn} e^{jm\varphi_0} d_{\mu m}^n(\theta_0) e^{j\mu\chi} C_{\delta\mu\nu}^{sn(3)}(kA) \qquad (20-96)$$

为一般化,将旋转欧拉角下标"0"去掉。将式(20-96)代入式(20-95),探针的接收信号:

$$W(A,\chi,\theta,\varphi) = \frac{V}{2} \sum_{\substack{smn \\ \delta\mu\nu}} T_{smn} e^{jm\varphi} d_{\mu m}^n(\theta) e^{j\mu\chi} C_{\delta\mu\nu}^{sn(3)}(kA) R_{\delta\mu\nu}^p \qquad (20-97)$$

式(20-97)就称为传输公式。它将探针的接收信号表示成探针相对于发射测试天线位置和取向的函数。球面近场扫描测量技术的核心问题就是要利用式(20-97),从探针的取样信号中通过数据处理获取T_{smn},进而得到测试天线的全部信息。

20.4.3　探针校正

20.4.3.1　问题的提出

探针可当成一理想点源,比如一赫兹电偶极子,它在空间某场点接收的信号是比例于与之平行的入射电场,可写成下列:

$$W_\theta^e(A,0°,\theta,\varphi) = \frac{\sqrt{6\pi\eta}}{2k}\left[\frac{kV}{2}\sum_{smn}T_{smn}\vec{F}_{smn}^{(3)}(A,\theta,\varphi)\right]\hat{\theta}$$

$$W_\varphi^e\left(A,\frac{\pi}{2},\theta,\varphi\right) = \frac{\sqrt{6\pi\eta}}{2k}\left[\frac{kV}{2}\sum_{smn}T_{smn}\vec{F}_{smn}^{(3)}(A,\theta,\varphi)\right]\hat{\varphi}$$

$$(20-98)$$

$$W_\theta^e(A,0°,\theta,\varphi) = \frac{\sqrt{6\pi\eta}}{2k}E_\theta(A,\theta,\varphi)$$

$$W_\varphi^e\left(A,\frac{\pi}{2},\theta,\varphi\right) = \frac{\sqrt{6\pi\eta}}{2k}E_\varphi(A,\theta,\varphi)$$

$$(20-99)$$

式中,E_θ,E_φ 为测试天线在球面(A,θ,φ)处的切面场分量。在此引入归一化远场探针信号 W_i^e,它写为

$$W_i^e(\chi,\theta,\varphi) = \lim_{kA\to\infty}\left[W_i^e(A,\chi,\theta,\varphi)\frac{kA}{e^{jkA}}\right] \qquad (20-100)$$

式中,当 $\chi=0°$ 时,$i=\theta$;当 $\chi=\pi/2$ 时,$i=\varphi$。

利用式$(20-81)$和式$(20-100)$,可得

$$W_\theta^e(0°,\theta,\varphi) = \frac{\sqrt{6}}{4}VK_\theta(\theta,\varphi)$$

$$W_\varphi^e\left(\frac{\pi}{2},\theta,\varphi\right) = \frac{\sqrt{6}}{4}VK_\varphi(\theta,\varphi)$$

$$(20-101)$$

因此测试天线的远场可直接写成归一化远场探针的接收信号,有

$$\vec{K}(\theta,\varphi) = \frac{2\sqrt{6}}{3V}\left[W_\theta^e(0°,\theta,\varphi)\hat{\theta}+W_\varphi^e\left(\frac{\pi}{2},\theta,\varphi\right)\hat{\varphi}\right] \qquad (20-102)$$

而测试天线的增益

$$G(\theta,\varphi) = |\vec{K}(\theta,\varphi)|^2 = \frac{8}{3|V|^2}\left[|W_\theta^e(0°,\theta,\varphi)|^2+\left|W_\varphi^e\left(\frac{\pi}{2},\theta,\varphi\right)\right|^2\right]$$

$$(20-103)$$

可见通过偶极探针在固定半径 A 球面上扫描的取样数据便可直接得到该球面上测试天线场分量,进而获得测试天线各特性。这种偶极探针的分析模型

在过去许多球形近场测量的文章中都使用，这无疑是忽略了探针特性对测量的影响。实际上为获取相当电平的接收信号，为更好地隔离周围环境的影响，所用探针往往不是一个小的电或磁偶极子，而是有一定方向性，占有一定口径的喇叭或开口波导。显而易见这些探针所接收的信号 W 应是测试天线场在探针口径平面上的加权平均，绝非是探针所在位置某点的测试天线的切线场，也不一定是简单的比例关系。前面导出的探针接收信号是在比较广义的情况下，未涉及对探针的特殊指定。因此利用式（20－97）具有普适性。式（20－97）中右边 $e^{jm\varphi}$，$d_{\mu n}^{n}(\theta)$ 和 $C_{\hat{\delta}\omega}^{n(3)}(kA)$ 三个因子，只要测试半径 A，探针相对于测试天线的位置 (θ, φ) 确定后，这些因子均可计算出来。而 $R_{\hat{\delta}\omega}^{s}$ 是探针的接收系数，不同的探针会有不同的取值。在进行球形近场扫描测量之前，就需要对所用探针的接收系数 $R_{\hat{\delta}\omega}^{s}$ 进行预先确定。这个过程我们称为探针校正。

20.4.3.2 探针远场方向图校正法

用于近场测量的探针多为特殊设计的平衡混合模的波纹喇叭。它们在方向图等化、极化隔离度、匹配和边、后瓣电平等指标上都有良好特性。

由于探针方向图的旋转对称特性，从球面模展开来看，探针 μ 应取 ± 1。这时方向性函数（由式 20－78）可写成：

$$\left.\begin{aligned}
\vec{K}_{11n} &= -\sqrt{\frac{2}{n(n+1)}}\, e^{i\varphi}(-i)^{n+1}\left(\frac{i\,\overline{P}_n^1}{\sin\theta}\,\hat{\theta} - \frac{\mathrm{d}\,\overline{P}_n^1}{\mathrm{d}\theta}\,\hat{\varphi}\right) \\
\vec{K}_{1-1n} &= -\sqrt{\frac{2}{n(n+1)}}\, e^{-i\varphi}(-i)^{n+1}\left(\frac{i\,\overline{P}_n^1}{\sin\theta}\,\hat{\theta} + \frac{\mathrm{d}\,\overline{P}_n^1}{\mathrm{d}\theta}\,\hat{\varphi}\right) \\
\vec{K}_{21n} &= -\sqrt{\frac{2}{n(n+1)}}\, e^{i\varphi}(-i)^{n}\left(\frac{\mathrm{d}\,\overline{P}_n^1}{\mathrm{d}\theta}\,\hat{\theta} + \frac{i\,\overline{P}_n^1}{\sin\theta}\,\hat{\varphi}\right) \\
\vec{K}_{2-1n} &= -\sqrt{\frac{2}{n(n+1)}}\, e^{-i\varphi}(-i)^{n}\left(\frac{\mathrm{d}\,\overline{P}_n^1}{\mathrm{d}\theta}\,\hat{\theta} - \frac{i\,\overline{P}_n^1}{\sin\theta}\,\hat{\varphi}\right)
\end{aligned}\right\} \quad (20-104)$$

探针远场方向图：

$$\begin{aligned}
\vec{K}_p(\theta,\varphi) &= \sum_{smn} T_{smn}\,\vec{K}_{smn}(\theta,\varphi) \\
&= K_\theta(\theta,\varphi)\hat{\theta} + K_\varphi(\theta,\varphi)\hat{\varphi}
\end{aligned} \quad (20-105)$$

另外，从对称性来看探针的远场方向图一般可写为：

$$\vec{K}_p(\theta,\varphi) = \vec{K}_p(\theta,0)\cos\varphi + \vec{K}_p(\theta,90)\sin\varphi \quad (20-106)$$

式中，

$$\vec{K}_p(\theta,0) = K_\theta(\theta,0)\hat{\theta} + K_\varphi(\theta,0)\hat{\varphi}$$

$$\vec{K}_p(\theta,90) = K_\theta(\theta,90)\hat{\theta} + K_\varphi(\theta,90)\hat{\varphi}$$

从对称性来看,圆波导 H_{11}, X 极化模在主平面上只有 X 极化辐射方向图,于是 $E_\varphi^x(\theta,0)=0$ 和 $E_\theta^x(\theta,90)=0$;同样对 Y 极化模在主平面内,$E_\varphi^y(\theta,90)=0$ 和 $E_\theta^y(\theta,90)=0$。假设这两个 H_{11} 波在轴上的场分量分别是 E_x 和 E_y。在此定义为——复激励系数,则

$$p = E_y/E_x \qquad\qquad (20-107)$$

这时的远场

$$\vec{K}_p(\theta,\varphi) = K_\theta(\theta,0)\cos\varphi\hat{\theta} + K_\varphi(\theta,90)\sin\varphi\hat{\varphi} + p\{K_\theta(\theta,0)\sin\varphi\hat{\theta} - K_\varphi(\theta,90)\cos\varphi\hat{\varphi}\}$$

$$= \{f_1(\theta)\hat{\theta} + pf_2(\theta)\hat{\varphi}\}\cos\varphi + [pf_1(\theta)\hat{\theta} - f_2(\theta)\hat{\varphi}]\sin\varphi \qquad (20-108)$$

式中

$$f_1(\theta) = K_\theta(\theta,0) \qquad E \text{ 面主极化方向图}$$

$$f_2(\theta) = -K_\varphi(\theta,90) \qquad H \text{ 面主极化方向图}$$

$$p = E_y/E_x\mid_{\theta=0}$$

于是整个空间方向图就是由 E 面和 H 面主极化方向图和激励系数 p 来决定了。

如果在圆波导中仅有 X 面极化模存在,这时 $p=0$,则空间方向图可简化为:

$$\vec{K}^x(\theta,\varphi) = f_1(\theta)\cos\varphi\hat{\theta} - f_2(\theta)\sin\varphi\hat{\varphi} \qquad (20-109)$$

写成主极化与交叉极化有,

$$\vec{K}_{co}^x(\theta,\varphi) = f_1(\theta)\cos^2\varphi + f_2(\theta)\sin^2\varphi$$

$$\vec{K}_{cross}^x(\theta,\varphi) = [f_1(\theta) - f_2(\theta)]\cos\varphi\sin\varphi$$

对双极化探针,虽然圆波导有两个正交的 H_{11} 模,但由于对称性,可仅分析一个端口激励(就现有的 Comsat 双极化探针而言 $p=1$,主平面交叉极化场,在 $0°$ 轴方向 <-40 dB,上述假设是完全成立的)。因此对 X 激励探针,E、H 面测试方向图有下式

$$\vec{K}^x(\theta,0°) = f_1(\theta)\hat{\theta}$$

$$\vec{K}^x(\theta,90°) = -f_2(\theta)\hat{\varphi} \qquad\qquad (20-110)$$

该探针是特殊设计的波纹喇叭,由测试知,在 $(0\sim-40)$dB 范围内方向图等化性很好,因此可设 $|f_1(\theta)| = |f_2(\theta)|$,此时可简化成

$$f_1(\theta) = \sum_{smn} T_{smn} K_{smn}^{\theta} \Big|_{\varphi=0^\circ} \qquad (20-111)$$

将 $s=1,2, m=\pm 1$ 和式(20-104)代入上式化简后

$$f_1(\theta) = -\sum_n \sqrt{\frac{2}{n(n+1)}} (-i)^n \left[(T_{11n} + T_{1-1n}) \frac{\hat{P}_n^1}{\sin\theta} - (T_{21n} + T_{2-1n}) \frac{\mathrm{d}\hat{P}_n^1}{\mathrm{d}\theta} \right]$$

$$(20-112)$$

$$f_2(\theta) = -\sum_n \sqrt{\frac{2}{n(n+1)}} (-i)^n \left[(T_{11n} + T_{1-1n}) \frac{\mathrm{d}\hat{P}_n^1}{\mathrm{d}\theta} + (T_{21n} - T_{2-1n}) \frac{\hat{P}_n^1}{\sin\theta} \right]$$

$$(20-113)$$

如果 E、H 面幅、相相同,圆对称性有 $f_1(\theta) = f_2(\theta)$,则系数 $T_{11n}^{\tau} = T_{21n}^{\tau} = T_{1-1n}^{\tau} = -T_{2-1n}^{\tau}$,这种场在球面波导中对应于 HE_{11} 混合模,为波纹喇叭场。如果 $f_1(\theta) = -f_2(\theta)$,这样的场在 $+Z$ 方向有零点,则 $T_{11n}^{\tau} = -T_{21n}^{\tau} = T_{1-1n}^{\tau} = T_{2-1n}^{\tau}$,它对应于球面波导中 EH_{1n} 模。

利用勒让德函数正交性,有

$$\int_{-1}^1 \frac{\overline{P}_n^m \overline{P}_n^k}{\sin^2\theta} \mathrm{d}(\cos\theta) = \frac{2n+1}{2m} \delta_{mk}$$

$$\int_{-1}^1 \frac{\mathrm{d}\overline{P}_n^m}{\mathrm{d}\theta} \frac{\mathrm{d}\overline{P}_k^m}{\mathrm{d}\theta} \mathrm{d}(\cos\theta) = \left[n(n+1) - \frac{(2n+1)m\delta_{nk}}{2} \right] \qquad (20-114)$$

探针发射系数,

$$T_{11n} = T_{1-1n} = -\sqrt{\frac{n(n+1)}{2}} (-i)^n \frac{1}{2n+1} \int_{-1}^1 f_1(\theta) \frac{\overline{P}_n^1}{\sin\theta} \mathrm{d}(\cos\theta)$$

$$T_{21n} = -T_{2-1n} = -\sqrt{\frac{n(n+1)}{2}} (-i)^n \frac{1}{2n+1} \int_{-1}^1 f_2(\theta) \frac{\overline{P}_n^1}{\sin\theta} \mathrm{d}(\cos\theta)$$

$$(20-115)$$

利用罗仑兹互易定理,可以证明探针发射系数 T_{smn}^P 与接收系数 R_{smn}^P 之间有关系

$$\left. \begin{array}{l} R_{smn}^P = (-1)^m T_{smn}^P \\ T_{smn}^P = (-1)^m R_{smn}^P \end{array} \right\} \qquad (20-116)$$

由此可以完全得到探针的接收系数。

20.4.3.3　探针近场扫描的迭代校正法

探针迭代校正就是利用传输公式来确定探针的一组接收系数。探针迭代校正需要利用另一个接收系数已知的辅助探针,这两个探针经过几次交替的扫描取样从获取的数据中,利用传输公式经几次迭代处理便可得到这两个探针的接收系数了。具体的测量和迭代过程如下:

首先辅助探针一般选开口波导或小喇叭。辅助探针接收系数可近似假设为赫兹偶极子(Hertzdipole)和惠更斯(Haygens)源的接收系数。这个假设作为迭代初值使用是完全合适的。

第一步把待标定的探针作为未知的测试天线(作发射),辅助探针在球面上扫描可记录出一组取样数据,令为 W_1^P。由传输公式可求出探针第一次的接收系数,记为 $\vec{R}_{\varrho\omega}^{P(1)}$。

第二步把这两个探针对调,辅助天线作未知的测试天线(作发射),而探针(有 $\vec{R}_{\varrho\omega}^{P(1)}$ 接收系统)绕球面扫描可获取第二组取样数据 W_2^{AP}。同样由传输公式又可获得辅助探针的接收系数 $\vec{R}_{\varrho\omega}^{AP(1)}$。

第三步又将这两探针对调,待测天线换作未知测试天线,辅助探针在球面上扫描获得近场扫描取样数据 W_3^P。由传输公式又可获得待测探针的接收系数 $\vec{R}_{\varrho\omega}^{P(2)}$…就这样以此类推进行下去,最后就可以把待测探针和辅助探针的接收系数 $\vec{R}_{\varrho\omega}^P$ 和 $R_{\varrho\omega}^{AP}$ 都确定出来了,这当中利用了式(20-116)。表20-4列出了待测探针与辅助探针接收系数确定的迭代过程。表中,$\vec{R}_{\varrho\omega}^{AP(0)}$ 辅助探针假定的接收系数,可用电偶极子或 Hygens 源代替;上标 $AP(i)$ 代表辅助探针第 i 次作未知探针,生成的接收系数为 $\vec{R}_{\varrho\omega}^{AP(i)}$,上标 $P(i)$,代表待测天线第 i 次作未知探针,生成的接收系数为 $\vec{R}_{\varrho\omega}^{P(i)}$。

表 20-4　接收系数确定的迭代过程

计算机程序运行次数	程序 输 入		程序输出
	测量数据	探针数据	产生接收系数
1	W_1^P	$\vec{R}_{\varrho\omega}^{AP(0)}$	$\vec{R}_{\varrho\omega}^{P(1)}$
2	W_2^{AP}	$\vec{R}_{\varrho\omega}^{P(1)}$	$\vec{R}_{\varrho\omega}^{AP(1)}$
3	W_3^P	$\vec{R}_{\varrho\omega}^{AP(1)}$	$\vec{R}_{\varrho\omega}^{P(2)}$
4	W_4^{AP}	$\vec{R}_{\varrho\omega}^{P(2)}$	$\vec{R}_{\varrho\omega}^{AP(2)}$

20.4.4　测试天线发射系数 T_{smn}

在 20.4.2 节和 20.4.3 节中分别导出了传输公式(20-97)和探针的接收系数 $R_{\varrho\omega}^P$。当探针的接收系数确定以后利用探针的近场扫描数据,由式(20-97)就可解出测试天线的发射系数 T_{smn}。本节将从解析公式说明 T_{smn} 的求解过程。

首先引入探针响应常数 $P_{smn}(kA)$,它定义为:

$$P_{smn}(kA) = \frac{1}{2}\sum_{\delta} C_{\delta\mu\nu}^{sn(3)}(kA)R_{\delta\mu\nu}^{P} \qquad (20-117)$$

则式(20-97)可改写为

$$W(A,\chi,\theta,\varphi) = V\sum_{\substack{smn\\ \mu=\pm 1}} T_{smn}e^{jm\varphi}d_{\mu m}^{n}(\theta)e^{j\mu\chi}P_{smn}(kA) \qquad (20-118)$$

式中,W 是在半径为 A 的测量球面位置为 (θ,φ) 的接收信号;V 是测试天线输入信号;χ 是探针旋转角,一般取 $0°$ 和 $\pi/2$;$e^{jm\varphi}d_{\mu m}^{n}(\varphi)e^{j\mu\chi}$ 是球面波函数的旋转系数,相对于测试天线位置确定后,这个系数就可计算出来[7],$P_{smn}(kA)$ 代表位于 $(A,0,0,0)$ 的探针对测试天线模指数为 (s,m,n) 的单位幅值模的响应。

20.4.4.1   探针响应常数 $P_{smn}(kA)$ 的计算

将 $\mu=\pm 1$;$\delta=1,2$;$s=1,2$ 代入式(20-117),式(20-118)可改写为

$$W(A,\chi,\theta,\varphi) = V\sum_{mn}\Big\{ T_{1mn}(d_{1m}^{n}P_{11n} + d_{-1m}^{n}P_{1-1n}) +$$
$$T_{2mn}(d_{1m}^{n}P_{21n} + d_{-1m}^{n}P_{2-1n})\Big\}e^{jm\varphi}e^{j\mu\chi}$$

$$(20-119)$$

上式中有 $4n$ 个响应常数要计算,它们是:

$$P_{11n} = \frac{1}{2}\sum_{\nu=1}^{\nu_{max}}(C_{11\nu}^{1n(3)}R_{11\nu}^{P} + C_{21\nu}^{1n(3)}R_{21\nu}^{P})$$

$$P_{21n} = \frac{1}{2}\sum_{\nu=1}^{\nu_{max}}(C_{11\nu}^{2n(3)}R_{11\nu}^{P} + C_{21\nu}^{2n(3)}R_{21\nu}^{P})$$

$$(20-120)$$

$$P_{1-1n} = \frac{1}{2}\sum_{\nu=1}^{\nu_{max}}(C_{1-1\nu}^{1n(3)}R_{1-1\nu}^{P} + C_{2-1\nu}^{1n(3)}R_{2-1\nu}^{P})$$

$$P_{2-1n} = \frac{1}{2}\sum_{\nu=1}^{\nu_{max}}(C_{1-1\nu}^{2n(3)}R_{1-1\nu}^{P} + C_{2-1\nu}^{2n(3)}R_{2-1\nu}^{P})$$

式中,$\nu_{max}=kr_{p}+10$,r_{p} 是探针最小球半径,$C_{\delta\mu\nu}^{sn(3)}$ 为平移系数,利用平移系数的特性[7],可确定出式(20-120)中所有的平移系数。而探针的接收系数 $R_{\delta\mu\nu}^{P}$ 在前面探针校正中已得到。这样式(20-120)中探针的响应常数就完全确定了。

20.4.4.2   三重积分变换

从式(20-118)可见,当 $P_{smn}(kA)$ 确定后,要计算出 T_{smn} 就是要对式(20-118)右边三个因子 $[e^{jm\varphi}d_{\mu m}^{n}(\theta)e^{j\mu\chi}]$ 的处理。下面将通过三重积分变换的分析获得 T_{smn} 的解析解。

（1）对 χ 的积分

首先将式（20-118）改写为

$$W(A,\chi,\theta,\varphi) = \sum_{\mu=-\nu_{\max}}^{\nu_{\max}} W_\mu(A,\theta,\varphi)e^{j\mu\chi}$$

式中

$$W_\mu(A,\theta,\varphi) = V\sum_{s=1}^{2}\sum_{n=1}^{N}\sum_{m=-n}^{n} T_{smn}e^{jm\varphi}d_{\mu m}^{n}(\theta)P_{s\mu n}(kA) \qquad (20-121)$$

其中，$N=kr_t+10$，r_t 为测试天线的最小球半径，$W_\mu(A,\theta,\varphi)$ 是 $W(A,\chi,\theta,\varphi)$ 对 χ 进行有限项 Fourien 展开系数

$$W_\mu(A,\theta,\varphi) = \begin{cases} \dfrac{1}{2\pi}\displaystyle\int_0^{2\pi} W(A,\chi,\theta,\varphi)e^{-j\mu\chi}\,\mathrm{d}\chi & \mu=-\nu_{\max}\ \cdots\ \nu_{\max} \\ 0 & |\mu|>\nu_{\max} \end{cases}$$

对 $\mu=\pm1$ 的探针来说

$$W(A,\chi,\theta,\varphi) = W_1(A,\theta,\varphi)e^{j\chi} + W_{-1}(A,\theta,\varphi)e^{-j\chi} \qquad (20-122)$$

测量中探针取 $\chi=0$ 和 $\pi/2$ 两种状态。当 $\chi_1=0$ 时，

$$W(A,0,\theta,\varphi) = W_1 + W_{-1}$$

当 $\chi_2=\dfrac{\pi}{2}$ 时，

$$W\left(A,\frac{\pi}{2},\theta,\varphi\right) = j(W_1 - W_{-1})$$

其中

$$\begin{aligned} W_1(A,\theta,\varphi) &= \frac{1}{2}\left[W(A,0,\theta,\varphi) - jW\left(A,\frac{\pi}{2},\theta,\varphi\right)\right] \\ W_{-1}(A,\theta,\varphi) &= \frac{1}{2}\left[W(A,0,\theta,\varphi) + jW\left(A,\frac{\pi}{2},\theta,\varphi\right)\right] \end{aligned} \qquad (20-123)$$

式中，$W(A,0,\theta,\varphi)$ 和 $W\left(A,\dfrac{\pi}{2},\theta,\varphi\right)$ 是探针在测试球面 (A,θ,φ) 位置上对两个正交极化场的测试信号。

（2）对 φ 的积分

首先将式（20-121）改写为下式：

$$W_\mu(A,\theta,\varphi) = \sum_{m=-N}^{N} W_{\mu m}(A,\theta)e^{jm\varphi}$$

$$W_{\mu m}(A,\theta) = V\sum_{s=1}^{2}\sum_{\substack{n=|m| \\ (n\neq 0)}}^{N} T_{smn}d_{\mu m}^{n}(\theta)P_{s\mu n}(kA) \qquad (20-124)$$

可以看出,$W_{\mu m}(A,\theta)$ 是函数 $W_\mu(A,\theta,\varphi)$ 对 φ 的有限项 Fourien 展开系数。$W_{\mu m}(A,\theta)$ 可写成

$$W_{\mu m}(A,\theta) = \frac{1}{2\pi}\int_0^{2\pi} W_\mu(A,\theta,\varphi)e^{-jm\varphi}\mathrm{d}\varphi$$

(3)对 θ 的积分

同样将式(20−124)改写成

$$W_{\mu m}(A,\theta) = \sum_{\substack{n=|m|\\n\neq 0}}^N W_{\mu m}^n(A)d_{\mu m}^n(\theta)$$

式中

$$W_{\mu m}^n(A) = V\sum_{s=1}^2 T_{smn}P_{s\mu n}(kA) \qquad (20-125)$$

$W_{\mu m}^n(A)$ 虽不是 $W_{\mu m}(A,\theta)$ 的 Fouriur 级数的展开系数,但可利用 $d_{\mu m}^n(\theta)$ 的正交性,即

$$\int_0^\pi d_{\mu m}^n(\theta)d_{\mu m}^n(\theta)\sin\theta\mathrm{d}\theta = \frac{2}{2n+1}\delta_{m} \qquad (20-126)$$

我们可得到

$$W_{\mu m}^n(A) = \frac{2n+1}{2}\int_0^\pi W_{\mu m}(A,\theta)d_{\mu m}^n(\theta)\sin\theta\mathrm{d}\theta \qquad (20-127)$$

式中,$d_{\mu m}^n(\theta)$ 定义为旋转系数。到此我们已完成了从探针的测量值到 $W_{\mu m}^n(A)$ 的三重积分变换。在此将式(20−125)展开可写成

$$W_{\mu m}^n(A) = V[T_{1mn}P_{1\mu n}(kA) + T_{2mn}P_{2\mu n}(kA)] \qquad (20-128)$$

由上式可见,对每一对 (m,n) 取值我们可以得到 μ 个关于 T_{1mn} 和 T_{2mn} 的方程。在球形近场测量中,我们选取的探针一般 $\mu=\pm1$,将此代入上式便可得到两个二元线性方程,即

$$V[T_{1mn}P_{11n}(kA) + T_{2mn}P_{21n}(kA)] = W_{1m}^n(A)$$
$$V[T_{1mn}P_{1-1n}(kA) + T_{2mn}P_{2-1n}(kA)] = W_{-1m}^n(A)$$

解上式可得

$$T_{1mn} = \frac{\Delta 1}{\Delta}, \qquad T_{2mn} = \frac{\Delta 2}{\Delta} \qquad (20-129)$$

式中,

$$\Delta = \begin{vmatrix} P_{11n} & P_{21n} \\ P_{1-1n} & P_{2-1n} \end{vmatrix}$$

$$\Delta 1 = \begin{vmatrix} W_{1m}^n & P_{21n} \\ W_{-1m}^n & P_{2-1n} \end{vmatrix}$$

$$\Delta 2 = \begin{vmatrix} P_{11n} & W_{1m}^n \\ P_{1-1n} & W_{-1m}^n \end{vmatrix}$$

$$m = -N, \cdots, 0, \cdots, N, \quad n = |m|, \cdots, N(n \neq 0)$$

对每一个(m,n)的取值,由式$(20-129)$均可得到对应的测试天线发射系数 T_{1mn} 和 T_{2mn}。到此通过三重积分变换便由探针的测量值获得了测试天线发射系数的解析解。

20.4.5 测试天线辐射参数

测试天线发射系数就足以表征其特性。但通常人们关注的是天线的增益,方向性和辐射方向图等参数。如何将这些参数与已求得的测试天线发射系数直接联系起来呢? 在此介绍两种方法。

20.4.5.1 利用球面模展开和远场近似

首先将已求出的测试天线发射系数 T_{smn} 代入式$(20-81)$和式$(20-78)$

$$\vec{E}(r,\theta,\varphi) = \frac{kV}{\sqrt{4\pi\eta}} \frac{e^{jkr}}{kr} \sum_{smn} T_{smn} \vec{K}_{smn} \qquad (20-130)$$

经化简可得球面切向场表示成分量形式有

$$E_\theta(\theta,\varphi) = \frac{kV}{\sqrt{4\pi\eta}} \frac{e^{jkr}}{kr} \sum_{mn} \sqrt{\frac{2}{n(n+1)}} \left[\frac{-m}{(m)}\right]^m e^{jm\varphi} (-i)^n \left(T_{1mn} \frac{m\overline{P}_n^{|m|}}{\sin\theta} + T_{2mn} \frac{\mathrm{d}\overline{P}_n^{|m|}}{\mathrm{d}\theta}\right)$$

$$E_\varphi(\theta,\varphi) = \frac{kV}{\sqrt{4\pi\eta}} \frac{e^{jkr}}{kr} \sum_{mn} \sqrt{\frac{2}{n(n+1)}} \left[\frac{-m}{(m)}\right]^m e^{jm\varphi} (-i)^{n+1} \left(T_{2mn} \frac{m\overline{P}_n^{|m|}}{\sin\theta} + T_{1mn} \frac{\mathrm{d}\overline{P}_n^{|m|}}{\mathrm{d}\theta}\right)$$

方向性增益为天线在(θ,φ)方向单位立体角内辐射功率与各向同性天线单位立体角的辐射功率之比。每单位立体角辐射功率

$$P_1 = \frac{\eta}{2} \left|\vec{E}\right|^2 r^2$$

η 为自由空间波导纳$(1/120\pi)$。将式$(20-130)$代入 P_1 中,经化简:

$$P_1(\theta,\varphi) = \frac{V^2}{2} \frac{1}{4\pi} \left|\sum_{smn} T_{smn} \vec{K}_{smn}(\theta,\varphi)\right|^2$$

而各向同性天线单位立体角内辐射功率 P_0 就等于总功率除以 4π, 又知 $P_{in} = \frac{|V|^2}{2}$, 因此

$$P_0 = \frac{P_{in}}{4\pi} = \frac{V^2}{2} \frac{1}{4\pi} \cdot \sum_{smn} |T_{smn}|^2$$

所以

$$D(\theta,\varphi) = \frac{P_1(\theta,\varphi)}{P_0} = \frac{\left|\sum_{smn} T_{smn}\overline{K}_{smn}(\theta,\varphi)\right|^2}{\sum_{smn}|T_{smn}|^2} = |\vec{K}(\theta,\varphi)|^2$$

$$(20-131)$$

上式未计入辐射器的损耗,并设它为匹配的。当有失配时

$$P_{in} = \frac{1}{2}|V|^2(1-|\Gamma|^2)$$

则增益

$$G(\theta,\varphi) = \frac{|K(\theta,\varphi)|^2}{1-|\Gamma|^2} = \frac{|\vec{K}(\theta,\varphi)|^2}{1-|\Gamma|^2}$$

$$= \frac{\left|\sum_{smn} T_{smn}\vec{K}_{smn}(\theta,\varphi)\right|^2}{\dfrac{P_{loss}}{P_{in}} + \sum|T_{smn}|^2} \qquad (20-132)$$

如果用两正交极化分量方向性来表示有

$$D(\theta,\varphi) = D_{co}(\theta,\varphi) + D_{cross}(\theta,\varphi) \qquad (20-133)$$

其中,

$$D_{co}(\theta,\varphi) = \frac{\left|\sum_{smn} T_{smn}\vec{K}_{smn}\cdot\hat{i}_{co}^*\right|^2}{\sum|T_{smn}|^2} = |\vec{K}(\theta,\varphi)\cdot\hat{i}_{co}^*|^2$$

$$D_{cross}(\theta,\varphi) = \frac{\left|\sum_{smn} T_{smn}\vec{K}_{smn}\cdot\hat{i}_{cross}^*\right|^2}{\sum|T_{smn}|^2} = \left|\vec{K}(\theta,\varphi)\cdot\hat{i}_{cross}^*\right|^2$$

20.4.5.2　输出探针接收信号替代场展开计算

在前面我们已经得到理想的电偶极子接收场正比例于该场点与其平行的场分量。为此我们引入输入探针,将它置于测试天线远场处,归一化远场探针信号

$$W = \lim_{kA\to\infty}\left[W(A,\chi,\theta,\varphi)e^{\frac{kA}{ikr}}\right]$$

该探针接收信号利用传输公式可写成:

$$W(\chi,\theta,\varphi) = \sum_{\substack{smn\\\mu=\pm1}} VT_{smn}e^{jm\varphi}e^{j\mu\chi}d_{\mu m}^n(\theta)P_{s\mu n}^{\infty} \qquad (20-134)$$

式中,$P_{s\mu n}'^{\infty}$ 是输出探针归一化的远场响应常数,当用 x' 极化电偶极子,其响应常数可写为下列常数:

$$P_{11n}^{e,\infty} = P_{21n}^{e,\infty} = -\frac{\sqrt{6}}{8}\sqrt{(2n+1)}i^{-n}$$

$$P_{s-1n}^{e,\infty} = (-1)^{s}\frac{\sqrt{6}}{8}\sqrt{(2n+1)}i^{-n} \qquad (20-135)$$

$$P_{11n}^{e,\infty} = P_{21n}^{e,\infty} = P_{1-1n}^{e,\infty} = -P_{2-1n}^{e,\infty}$$

这时输出探针接收信号可写为:

$$W_n(0,\theta,\varphi) = V\sum_{smn} T_{smn}e^{jm\varphi}\left[d_{1m}^n(\theta)P_1^{e,\infty} + d_{-1m}^n(\theta)P_{s-1n}^{e,\infty}\right]$$

$$ \qquad (20-136)$$

$$W_n\left(\frac{\pi}{2},\theta,\varphi\right) = jV\sum_{smn} T_{smn}e^{jm\varphi}\left[d_{1m}^n(\theta)P_1^{e,\infty} - d_{-1m}^n(\theta)P_{s-1n}^{e,\infty}\right]$$

又知探针接收信号与测试天线场分量有下列关系

$$W(0,\theta,\varphi) = \frac{\sqrt{6\pi\eta}}{2k}E_{\theta}(\theta,\varphi)$$

$$ \qquad (20-137)$$

$$W\left(\frac{\pi}{2},\theta,\varphi\right) = \frac{\sqrt{6\pi\eta}}{2k}E_{\varphi}(\theta,\varphi)$$

因此测试天线远场方向图可以表示成归一化的远场探针信号

$$\vec{K}(\theta,\varphi) = \frac{2\sqrt{6}}{3V}\left[W(0,\theta,\varphi)\hat{\theta} + W\left(\frac{\pi}{2},\theta,\varphi\right)\hat{\varphi}\right] \qquad (20-138)$$

对匹配天线,无失配损耗的增益

$$G(\theta,\varphi) = \left|\vec{K}(\theta,\varphi)\right| = \frac{8}{3|V|^2}\left[\left|W(0,\theta,\varphi)\right|^2 + \left|W\left(\frac{\pi}{2},\theta,\varphi\right)\right|^2\right]$$

$$ \qquad (20-139)$$

20.4.6　球形近—远场变换的数值分析

20.4.6.1　传输方程的离散解

在上一节中,我们已经完成了从测量值到待测天线的发射系数的三次积分,根据这些,我们可以初步建立球形近—远场变换软件的数学模型。在本节中,将利用离散的傅里叶变换及其反变换来替代这三次积分对传输方程进行求解,给出更适合计算程序的数值解法。

在下面的讨论中,用符号 DFT 和 $IDFT$ 分别代替离散的傅里叶变换及其反变换。

(1) χ 向的测量

我们将对 χ 的积分重写如下

$$W_\mu(A,\theta,\varphi) = \begin{cases} \dfrac{1}{2\pi}\displaystyle\int_0^{2\pi} W(A,\chi,\theta,\varphi)e^{-j\mu\chi}\,\mathrm{d}\chi & \mu = -\nu_{max},\cdots,\nu_{max} \\ 0 & |\mu| > \nu_{max} \end{cases}$$

很明显,上述积分可以用一个取样点数为 J_χ 的取样值序列地离散傅里叶反变换来替换。在进行 χ 向的测量时,θ 和 φ 以及测量距离 A 保持不变,探针以 $\Delta\chi = 2\pi/J_\chi$ 的间距旋转。对于最方便的情况,我们取 $J_\chi = 4$,即探针每隔 $\frac{\pi}{2}$ 采样一次,事实上,在实际测量中保持探针不动,利用它的双极化特性可以做到这一点。这样,我们有

$$\left\{ W_\mu(A,\theta,\varphi)\,\Big|\,\mu = 0,1,\pm2,-1 \right\} = \mathrm{IDFT}\left\{ W(A,j\Delta\chi,\theta,\varphi)\,\Big|\,j = 0,1,2,3 \right\}$$

$$(20-140)$$

对于 $\mu = \pm1$ 的探针而言,接收信号只有 $W_1(A,\theta,\varphi)$ 和 $W_{-1}(A,\theta,\varphi)$ 两个模存在,即

$$W(A,\chi,\theta,\varphi) = W_1(A,\theta,\varphi)e^{j\chi} + W_{-1}(A,\theta,\varphi)e^{-j\chi} \qquad (20-141)$$

同时,根据周期性

$$W(A,\chi,\theta,\varphi) = -W(A,\chi+\pi,\theta,\varphi)$$

因此,可以认为只有 $\chi = 0$ 和 $\chi = \frac{\pi}{2}$ 的情况需要实际测量。这样,就有如下傅里叶反变换

$$\left\{ 0, W_1(A,\theta,\varphi), 0, W_{-1}(A,\theta,\varphi) \right\}$$

$$= \mathrm{IDFT}\left\{ W(A,0,\theta,\varphi), W(A,\tfrac{\pi}{2},\theta,\varphi), -W(A,0,\theta,\varphi), -W(A,\tfrac{\pi}{2},\theta,\varphi) \right\}$$

$$(20-142)$$

对式 $(20-141)$,可以给出另外的一种解法。假设取样位置为 χ_1 和 χ_2,由式 $(20-141)$ 可得到

$$W_1(A,\chi_1,\theta,\varphi) = W_1 e^{j\chi_1} + W_{-1}e^{-j\chi_1}$$

$$W_{-1}(A,\chi_2,\theta,\varphi) = W_1 e^{j\chi_2} + W_{-1}e^{-j\chi_2}$$

当 $\chi_1 = 0$ 和 $\chi_2 = \pi/2$ 时,我们从上式可以得到

$$W_1(A,\theta,\varphi) = \frac{1}{2}\left\{ W(A,0,\theta,\varphi) - jW(A,\tfrac{\pi}{2},\theta,\varphi) \right\} \qquad (20-143)$$

$$W_{-1}(A,\theta,\varphi) = \frac{1}{2}\left\{ W(A,0,\theta,\varphi) + jW(A,\tfrac{\pi}{2},\theta,\varphi) \right\}$$

至此,对 χ 的积分求解完毕。

(2)φ 向的测量

对 φ 的积分重写如下

$$W_{\mu m}(A,\theta) = \frac{1}{2\pi}\int_0^{2\pi} W_{\mu}(A,\chi,\theta)e^{-jm\varphi}\mathrm{d}\varphi, \qquad m = -N,\cdots,0,\cdots,N$$

注意到

$$W_{\mu m}(A,\theta) = 0, |m| > N$$

所以 $W_{\mu m}(A,\theta)$ 也是一个带宽有限周期函数。

在进行 φ 向的扫描时，θ,χ,A 保持不变，探针以 $\Delta\varphi = 2\pi/J_\varphi$ 的间距采样，这样取样信号为 $W_{\mu}(A,\theta,j\Delta\varphi), j = 0,1,\cdots,J_{\varphi-1}$。假设 $J_\varphi = 2N+1$，利用离散傅里叶反变换 $\left\{W_{\mu m}(A,\theta)\middle| m = 0,1,\cdots,N,-N,\cdots,-1\right\}$ 就可以完成对 φ 的积分。

(3)θ 向的测量

对 θ 的积分写出如下

$$W_{\mu m}^n(A) = \frac{2n+1}{2}\int_{\theta=0}^{\pi} W_{\mu m}(A,\theta)d_{\mu m}^n(\theta)\sin\theta\mathrm{d}\theta \qquad (20-144)$$

这里 $W_{\mu m}(A,\theta)$ 是一个带宽有限函数，所以有

$$W_{\mu m}^n(A) = 0, \qquad |n| > N$$

可以写出旋转系数的有限傅里叶展开为

$$d_{\mu m}^n(\theta) = j^{\mu-m}\sum_{m'=-n}^{n} \Delta_{m'\mu}^n \Delta_{m'm}^n e^{-jm'\theta} \qquad (20-145)$$

式中展开系数 $\Delta_{m'\mu}^n$ 和 $\Delta_{m'm}^n$ 有下列递推公式

$$\sqrt{(n+m'+1)(n-m')}\Delta_{m'+1,m}^n + \sqrt{(n+m')(n-m'+1)}\Delta_{m'-1,m}^n + 2m\Delta_{m'm}^n = 0$$

$$(20-146)$$

式中只有 m' 是可变参数。而且 $-n \leqslant m' \leqslant n$ 和 $-n \leqslant m \leqslant n$，则

$$\Delta_{nm}^n = 2^{-n}\sqrt{\frac{2n(2n-1)\cdots(n-m+1)}{(n-m)!}} \qquad (20-147)$$

最低阶系数有：

$$\Delta_{00}^0 = 1, \quad \Delta_{00}^1 = 0, \quad \Delta_{01}^1 = -\frac{\sqrt{2}}{2}, \quad \Delta_{10}^1 = \frac{\sqrt{2}}{2}, \quad \Delta_{11}^1 = \frac{1}{2}$$

$$\Delta_{00}^2 = -\frac{1}{2}, \quad \Delta_{01}^2 = 0, \quad \Delta_{02}^2 = \frac{\sqrt{6}}{4}, \quad \Delta_{10}^2 = 1,$$

$$\Delta_{10}^2 = 0, \quad \Delta_{20}^2 = \frac{\sqrt{6}}{4}, \quad \Delta_{21}^2 = \frac{1}{2}, \quad \Delta_{22}^2 = \frac{1}{4}$$

$$\Delta_{nn}^n = \frac{1}{2^n}$$

在进行 θ 的扫描时，χ, φ, A 保持不变，通过探针在球面上以 $\Delta\theta = 2\pi/J_\theta$ 间距采样完成，J_θ 是在球面上采样的点数。

注意到在球面坐标系中，函数 $W_{\mu m}(A, \theta)$ 中 θ 的取值范围是 $0 \leqslant \theta \leqslant \pi$，所以积分式(20－144)并不是以 2π 为周期的函数，因此，对 θ 的积分不能像对 χ 和 φ 的积分那样简单地进行离散傅里叶反变换处理。

根据旋转系数的周期性，我们可以对式

$$W_{\mu m}(A, \theta) = \sum_{\substack{n=|m| \\ (n \neq 0)}}^{N} W_{\mu m}^n(A) d_{\mu m}^n(\theta) \tag{20－148}$$

的左边进行适当的扩展如下

$$\widetilde{W}_{\mu m}(A, \theta) = \begin{cases} W_{\mu m}(A, \theta) & 0 \leqslant \theta \leqslant \pi \\ W_{\mu m}(A, 2\pi - \theta) & \pi \leqslant \theta \leqslant 2\pi, (\mu - m) \text{ 为偶数} \\ -W_{\mu m}(A, 2\pi - \theta) & \pi \leqslant \theta \leqslant 2\pi, (\mu - m) \text{ 为奇数} \end{cases}$$

$$\tag{20－149}$$

扩展后的函数是一个周期为 2π 的周期函数，它可以展成如下傅里叶级数

$$\widetilde{W}_{\mu m}(A, \theta) = \sum_{l=-N}^{N} b_l^{\mu m} e^{jl\theta} \qquad 0 \leqslant \theta \leqslant 2\pi \tag{20－150}$$

把式(20－145)和式(20－150)代入到式(20－144)中，得到

$$W_{\mu m}^n(A) = \frac{2n+1}{2} \int_0^\pi \sum_{l=-N}^{N} b_l^{\mu m} e^{jl\theta} j^{\mu-m} \sum_{m'=-n}^{n} \Delta_{m'\mu}^n \Delta_{m'm}^n e^{-jm'\theta} \sin\theta \mathrm{d}\theta$$

$$= \frac{2n+1}{2} j^{\mu-m} \sum_{l=-N}^{N} b_l^{\mu m} \sum_{m'=-n}^{n} \Delta_{m'\mu}^n \Delta_{m'm}^n \int_0^\pi e^{j(l-m')\theta} \sin\theta \mathrm{d}\theta \tag{20－151}$$

我们记上式中最后的积分如下

$$G(l-m') = \int_0^\pi e^{j(l-m')\theta} \sin\theta \mathrm{d}\theta = \begin{cases} \pm j \dfrac{\pi}{2} & (l-m') = \pm 1 \\ 0 & |l-m'| = 3,5,7,\cdots \\ \dfrac{2}{1-(l-m')^2} & |l-m'| = 0,2,4,\cdots \end{cases}$$

$$\tag{20－152}$$

这样，在式(20－151)中，唯一的未知量就是傅里叶展开系数 $b_l^{\mu m}$，而它可以通过下述的离散傅里叶反变换给出：

$$\{b_l^{im} \mid l = 0, 1, \cdots, N, -N, \cdots, -1\}$$
$$= \mathrm{IDFL}\{\widetilde{W}(A, j\Delta\theta) \mid j = 0, 1, \cdots, J_\theta - 1\} \qquad (20-153)$$
$$\Delta\theta = \frac{2\pi}{j}$$

至此,完成对 θ 的积分。

20.4.6.2　软件结构和程序流程

　　天线近场测量系统中,利用测试系统控制和数据采集软件(AL-2000-NF-SPR)根据随软件提供的数据接口协议,就可编制球形近—远场变换软件(SNFT)并加入到测试系统的软件之间运行,它接受由控制和数据采集软件所提供的控制参考文件和微波幅相接收机接收到的双极化探针两个端口的输出数据文件,并同事先测量的探针远场方向图数据文件一起完成球形近—远场变换,然后将计算所得的待测天线的远场场分量送入输出软件,输出软件完成待测天线远场二维和三维方向图的绘制和分析。整个软件是由 C++语言编制的 WINDOWS 应用程序,运行在 IBM 兼容的 PC 机上。软件的结构和数据流程如图20-14 所示。球形近—远场变换软件(SNFT)的程序流程结构详见图20-15。

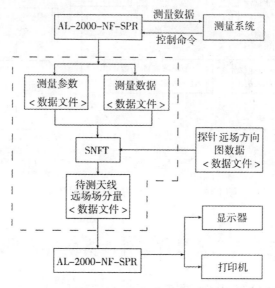

图 20-14　球形近场测量系统软件框图

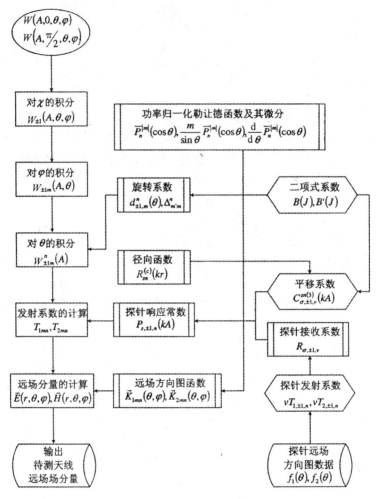

图 20-15　球形近—远场变换计算流程

20.5　航天器天线及微波器件的真空微放电效应及检测

电压击穿使空间应用的一些微波元器组件和天线在轨性能和功能恶化,引起通信噪声增加、信号的衰减甚至完全中断,更严重时造成设备损坏。电压击穿往往发生在气体电子的产生超过电子的消逝。在射频电压击穿中,电子产生机制主要有两类:一类是气体分子碰撞电离,这就是我们常说的低气压击穿,在航天器上升段 25～90 km 高度,甚至到 120 km 高度上。气压比较低,但电子的平均自由程仍小于电极间距,电子主要靠分子碰撞电离产生。另一类是在轨道飞行段,气压足够低,低到电子平均自由程大于电极的间距,电子的生成主要靠电极表面的二次电子发射。对前一种击穿的研究及对策已比较充分在此不再提及。本文仅涉及后一种击穿问题。人们通常称它为电子二次倍增的微放电击穿。这是在真空条件下传输微波大功率的无源器件出现的一种射频击穿现象。微放电引起带外干扰和交调产物,会对部件表面侵蚀,所有这些因素都会导致部件性能下降和系统工作不正常。该效应是影响在轨卫星空间电子设备及其天线性能、功能、可靠性及在轨寿命下降的一个重要因素。本节简要地说明在轨大功率发射天线及微波器件的电子二次倍增的微放电击穿的机制、规律、预防和基本检测方法。

20.5.1　电子二次倍增产生的基本条件和特点

20.5.1.1　二次电子倍增微放电击穿现象的基本条件

电子二次倍增击穿效应是表面二次电子发射引起的一种谐振现象。当自由电子被高频场俘获进入高频电极区时,在射频场的正半周中电子被加速,假如在高频场通过零时电子加速到一定速度击中电极表面产生二次电子,在负半周时,电子又反向加速到另一个电极面,只要空间电子的渡越时间正好是高频场的 1/2 周期或 1/2 周期的奇数倍时,自由电子不断被高频场加速,不断轰击出表面电子,出现谐振,如图 20－16(a)所示,这样经过 15 个以上的循环(15 个以上的 RF 周期)微放电击穿现象就可出现。

当一次电子能量小于 w_l 时,由于电子速度(能量)还不足以把电极表面的电子轰击出来,所以其发射系数<1;当电子能量增加轰击出表面电子,每次碰击时都产生二次电子,只要表面电子发射系数大于 1,使二次电子出现净增长,电子数越来越多出现了雪崩直到稳定为止。这样在电极附近就集聚了许多这样的电子,使微波电特性发生改变,这就是人们说的二次电子微放电效应。轻者使空间微波设备性能变坏,重者使其损坏。如果电子能量继续增加,当能量大于 w_u,如图 20－16(b)所示,这些电子穿透表面进入电极金属内部而消失,因此电子数变少,表面二次发射系数又降到比 1 小,则不会出现电子倍增的微放电问题。所以一次电子能量与二次发射系数有如图 20－16(b)所示的关系。自由电子能量处于($w_l \rightarrow w_u$)时电极表面易发生二次电子的微放电现象。

图 20－17(a)示出了电极表面为未处理的铝材,二次电子微放电发生电极间峰值电压 V 与电极间距与频率积($f \cdot d$)的关系曲线,这和图 20－16(a)有类似结果。为防止二次电子倍增微放电效应的发生,设计时必须避开这段危险区。根据

计算结果作一个保守的估计有如图 20-17(b)所示,图中黑区为设计禁用区。图中把自由电子的速度等效为电极间的峰值电压以纵坐标表示,而与电子自由程与加速场频率用频率有关的因素与电极距乘积"$f \cdot d$"在横坐标表示。图(a)中是对无任何表面处理的铝材的结果,一般航天器微波天线用的铝材多经过表面处理的,经过处理的表面其微放电的阀值比不处理的还会提高。所以,一般采用这个阀值曲线是可以的。设计时一定须按照工作频率、功率恰当选择电极的距离使它避开禁用区以保证其安全。

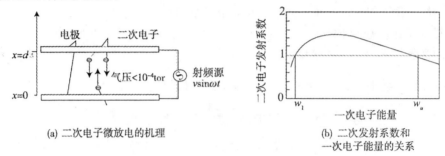

(a) 二次电子微放电的机理   (b) 二次发射系数和
一次电子能量的关系

图 20-16   二次电子倍增微放电效应机制示图

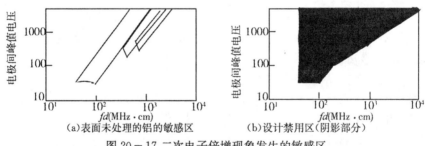

(a)表面未处理的铝的敏感区   (b)设计禁用区(阴影部分)

图 20-17 二次电子倍增现象发生的敏感区

二次电子微放电的基本条件可归纳为:

(1)气压足够得低,一般在 $10^{-2} \sim 10^{-3}$ Pa 附近。形成二次电子倍增的二电极、缝或间隙处于真空中,而且电子自由程 ≫ 电极间距,电子在电极间运动时,基本不和气体分子碰撞。

(2)穿越电极或缝的电子渡越时间正好是射频场的半个周期或半个周期的奇数倍,使二次电子在两个电极表面像雪崩似的产生,出现的一种谐振现象。

(3)电极表面电子二次发射系数 > 1。

电子二次倍增效应的基本特点:

(1)电子二次倍增效应的微放电现象仅取决于电极间的二次电子发射,与发生击穿的气体种类无关。

(2)电子二次倍增效应发生在真空环境。电子自由程≫电极间距是发生该现象的必要条件。

(3)二次电子倍增击穿电压的阈值和电极间距与工作频率(fd—GHz·mm)的乘积有关,并服从比例关系。

(4)电子二次倍增的击穿阈值与电极表面状况关系密切。

20.5.2　空间大功率微波系统电子二次倍增效应的控制

20.5.2.1　设计控制

(1)实行裕量设计

根据微波器件和天线的工作频率和射频电极间距乘积 fd(MHz·cm)数值,可查相关曲线确定微放电击穿电压或功率的阈值。该器件或天线应满足最大工作电压或功率与击穿阈值间至少应有 6 dB 的设计余量。如果设计允许可将余量放宽到 10 dB。

例如,在同轴传输系统中只要特性阻抗相同,电子二次倍增的击穿电压取决于 f 与 d 的乘积。对固定的 fd 来说,击穿电压是一个常数。图 20-18 是 JPL 实验室给出的空气填充的 50 Ω 同轴线系统击穿电压实验曲线。它是在 10~150 MHz 频段内获得的,按照比例关系这个曲线形成了空气填充 50 Ω 同轴系统二次电子倍增击穿电压的一个通用曲线。从这个曲线中可以预告该同轴系统是否存在微放电的可能。根据同轴线系统的工作频率 f 和内外导体的间距 d,计算 fd 值,在图 20-18 横坐标中找到对应的 fd 值点,同时也在纵坐标上找到所加的功率。首先过 fd 点,作一条与纵轴平行的直线与图中曲线相交。下交点为最小击穿电压,上交点代表最大击穿电压。如果所加电压或功率在这之间就有可能产生微放电击穿。低于或高于这两个值的情况,由于电子渡越时间分别太慢或太快,不能与射频场维持恰当的相位关系,因此二次电子倍增现象不出现。如果 fd 值根本不与图中曲线相交表明不会有二次电子倍增现象发生,通常将此叫做截止状态。图中 AB 线段代表了最小击穿电平,通常称为击穿门限值或阈值。这可以用来作无击穿传输线的设计条件。从空间应用器件的可靠性考虑,一般应取 6 dB 的设计裕量。

高功率单元也可利用高频电磁仿真软件(ANSOFT-HFSS)计算相关的场图和临界缝电压。在工作频率上电极间的峰值电压 $V_p = \int_c \vec{E} d\vec{l}$,$\vec{E}$ 是按最大值归一的电场值,c 是预期的放电途径。对各种材料和传输线计算,提供一组峰值电压曲线,它们是 $V_{th} \sim fd$ 的曲线。目前我国还采用 ESA(欧空局)的微放电计算结果。其设计功率裕量 $\approx 20\lg\left(\dfrac{V_{th}}{V_p \sqrt{P_i}}\right)$。$P_i$ 是输入功率。按此可进行设计裕量的初步估计。一般设计裕量在可能的条件下尽量做到 6 dB 以上。

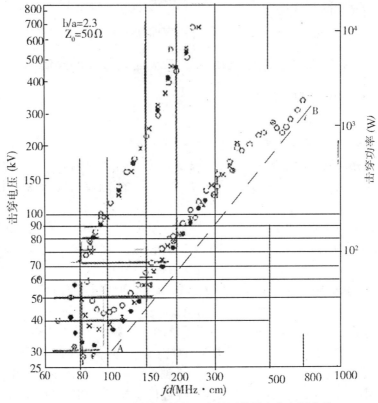

图 20－18   50 Ω 同轴系统的二次电子倍增击穿电压曲线

(2)表面材料的选择及处理

虽然在设计时可利用一些实验曲线和经验公式预计射频器件和天线的电子二次倍增击穿电压的阈值,设计时可以保证在 6 dB 余量的前提下满足。但是实际上会因电极表面材料状态,黏接剂存在,制造过程引起的表面污染,馈电区域形状和边缘状态,存放过程的污染等因素使击穿阈值发生很大的改变,有时其阈值可能会下降很多。

研究表明,表面采用不同的材料和处理,其击穿阈值就会大不一样。例如,(Al)铝合金的击穿阈值较低,但加上铬酸盐作保护涂层后击穿阈值就大大提高。无氧铜镀金和无氧铜镀银也可提高其击穿电压的阈值，它们是空间微波部件和天线推荐用导电材料。

在大功率射频器件和天线中常采用介质材料。介质间的空隙、介质与金属间的气隙都可能是放电击穿的薄弱环节。一般来说填充介质后会使次级电子发射的能量值更高，但有一些介质受热后易释放出气体，或多微孔材料的气孔内都有产生气体放电的危险。因此这种介质材料都不推荐用到空间大功率微波器件中。特别是在没有气路设计或通透性不好的器件中在轨容易形成局部压力升高随之产生击穿。实验表明聚四氟乙烯（PTFE）和卡普通（Kapton）是推荐用高频介质材料。在电子倍增放电敏感区最好不使用复合物，比如环氧树脂（Epoxy）等，因为它会降低其击穿阈值。对于包含环氧树脂复合物、粘胶或介质材料的微波大功率器件和天线，由于材料的放气会在可能放电区形成较高的气压。首先出现气体放电，这时的击穿阈值会大大地降低。因此在设计时一定应注意保持通气和气路畅通，不要让放出来的气体在敏感区聚集。为了使谐振腔或波导内的气压保持在 1.5×10^{-3} Pa 以下，要适当设计通气孔。因为气压小于 1×10^{-3} Pa 的情况下不会发生低气压电离击穿。一般来说天线馈电区多处于开区间，有一点气体立即扩散开来，不易形成气体放电；如果天线馈电区设计需要用一些介质材料和胶封，这就应该注意这一问题。

（3）边缘及突变面的处理。诸如阶梯、锐边缘、缝隙等电磁场增强处是二次电子倍增击穿的最敏感区，设计时应尽量避免这种情况的出现。

（4）对微波及天线系统尽量改善阻抗匹配状态，因为在电压最大点处电子二次倍增击穿的危险会加剧。

20.5.2.2　生产、组装

电极边缘的任何突变、尖点都要认真处理，拐角加工最好呈圆角，拐角半径与间隙高度应该相当。

应注意关键部件表面的清洁与操作。由于电极表面的状况与二次倍增击穿阈值关系甚大。在参考 ESA/ESTEC 的操作程序和多年工程积累，我们规定了航天器关键部件的清洗、装配和储藏程序（大功率发射的天线和微波器件含在其中）如下：

（1）基本清洗。首先用酒精擦洗；再用超声清洗，5 分钟周期，清洗两次，视清洁度而定。

（2）装配前清洗。首先在氟里昂液槽或氟里昂气槽中放 5～10 分钟，取出后让洗液慢慢流干。如果不用上述方法也可用棉签进行氟里昂清洗。

（3）装配。用不起毛织物包裹运往装配区。再用干燥氮吹干保证彻底清出溶剂蒸汽和灰尘。用棉手套装配,防止手与器件直接接触。

20.5.2.3　部件及产品的储藏

污染会使器件的电子二次倍增击穿阈值大大降低。对长期储藏产品要按以下条件执行:

(1)飞行产品必须用不起毛的织物或棉纸包裹放入聚乙烯密封的塑料口袋中或密封容器中,并在容器中充干燥氮气保存。

(2)产品应按储藏的条件存放。并维持存放环境的温度、湿度稳定。

20.5.3　航天天线及微波器件的二次电子倍增效应的测试

20.5.3.1　测试的必要性

微放电击穿效应是影响空间电子设备和航天器天线可靠性的一个重要因素。国际上(ESA,NASA)在20世纪五六十年代就开始了这方面的理论和实验研究。中国随着实用型通信卫星和地观测卫星的应用,涉及微波大功率的发射,从20世纪80年代也开始了这方面问题的研究和试验。电子二次倍增效应是微波器件的两个面间(或电极间)的射频场所产生的真空放电现象。由于复杂的几何形状,场分布的不均匀,空间电荷影响,残存气体分子以及电极表面的特性和洁净度或污染等因素都会使这种二次倍增击穿效应的阈值变得很不一样,表现也十分复杂,因此实验研究将是一种必要的手段。为确保空间微波设备的安全做到万无一失,大功率发射的航天器天线和微波元器件的飞行产品都必须全样通过该项实验才允许装星使用。这一点在国外已作为航天规范执行,我国也这样进行。建立相关的测试系统是必要的。

20.5.3.2　微放电击穿实验的技术要求

空间轨道环境中有一定数量的游离自由电子,当它被高频场捕获后就有产生二次电子微放电的可能。从卫星大功率发射天线系统(含相应的微波器件)的研制任务出发,地面应具有进行电子二次倍增微放电效应相关实验的环境模拟测试系统。该测试设备和系统应具备以下条件:

(1)透波空间。根据待测天线口径,确定真空容器容积的大小。对应于天线辐射空间,容器应具有电磁波通透性。要求容器壁对电波的反射功率至少不大于入射功率的10%。透波容器应有供光学或光电仪器和设备观察待测天线及试件的窗口。如果需要,容器内可根据实验要求安装热沉和外热流模拟装置以保证待测天线所需的温度环境条件。

(2)真空环境。透波容器内为真空环境。从电子二次倍增微放电效应考虑,

工作真空度应优于 1.3×10^{-3} Pa，无油污及其他污染。

（3）自由电子源。产生电子二次倍增效应必须有自由电子源。真空容器内创造的等离子环境应有自由电子，并包围试件空间。比如对低轨卫星来说，真空容器内，电子浓度不低于 $10^2 \sim 10^3 / cm^3$，电子能量控制在 $1 \sim 100 eV$ 范围，可控，可测；产生等离子体和自由电子源的设备和系统不应对待测天线辐射特性及微波器件性能产生影响（这里指天线方向图，极化和阻抗等）。

（4）真空系统的附加配置。真空罐壁应有各种接插座，保证微波，高、低频信号和电源能方便而合格地提供给待测试件；罐内有载物台，方便待测件的安装与对齐（特别在进行激光全息测量变形时的瞄准与对齐）；载物台要能方便地移动，载物台最好能电遥控。

（5）电磁兼容性。该实验系统的各种功能和性能必须满足 EMC 设计。就是说试验系统及其各种加电（热沉、照明、控制、电源等）均不对试件工作和性能产生干扰。

（6）易扩展性和多用性。本系统是一项技术要求高、学科交叉较多的工程项目。可以分期进行、逐步完善和提高。除进行卫星大功率天线及其微波部件的二次电子倍增的微放电测试外，还可加入外热流模拟和低温热沉的条件以模拟轨道空间的温度环境，引入激光全息照相测试系统，可进行反射面天线的变形测量，从而估计天线的在轨性能。另外还可增加真空罐内等离子浓度以模拟再入环境，提供再入条件下无线电黑障问题的研究、进行再入天线的设计和实验。

20.5.3.3　电子二次倍增微放电击穿效应的实验检测系统

根据上面的叙述，天线及其微波组件的电子二次倍增微放电击穿效应的实验检测系统应包括三个基本部分：

（1）透波真空罐系统。它模拟二次电子倍增的真空环境，为试件提供测试空间。

（2）等离子体产生系统。为测试空间或试件提供模拟轨道的等离子体环境，这包含诱发二次电子倍增效应的自由电子源。

（3）二次电子倍增效应监控与测量系统；根据不同的测试需求该系统配置会有些不同，但概括起来可以从：光电倍增器和光纤的光学检测；带电电子检测；二次谐波检测；噪声基底检测；正反向功率检测中进行选择。

作为一个天线微放电效应的检测系统必须提供真空、温度和等离子条件，对试件的过程监测和性能测试也是十分必要的。一套用于星载天线微波二次电子倍增击穿效应的透波真空测试系统，如图 20-19 所示。这套系统简单，为星载大功率发射天线及其微波设备的微放电性能监测提供了基本手段。

图 20-19　检测二次电子倍增的微波透波真空测试系统

20.5.3.4　试验规范

　　对于单载波工作模式,比如星载大功率发射天线及其微波组件的测试功率(或电压)分两种状态进行。

　　首先是全功率加注工作功率,观察和监测其响应,判断有无击穿现象发生;如果第一步通过,可在此基础上(连续波全功率上)再增加峰值为 3～6 dB 的脉冲功率以进行裕量测试。其占空比由具体情况确定,以保证这个脉冲电压能稳定地诱发二次电子倍增现象的发生;同时占空比的确定还要考虑连接电缆和RF 接头的耐受能力,防止过高的加热,防止测试系统部件的失效等。

20.5.4　多载波情况试验峰值电压和微放电试验

20.5.4.1　多载波的试验峰值电压

　　航天器上多载波大功率工作的情况并不少见,比如频分多路的通信卫星、多路数传系统的 RF 终端等。对于多载波、高功率情况,这些设备所承受的瞬时功率有多大? 这是进行该项试验应首先搞清楚的问题。为了说明这种情况,常用以频分多路复用的通信卫星为例。在工作频段内分成若干个子频段,比如用于TV 传输的通信卫星,500 MHz 的总工作带内,按 36 MHz 的子带宽度和4 MHz 的保护带宽,以每 40 MHz 的带宽将总工作带宽分成 12 个信道。这些信道通过多工器相加后与天线馈电网络(含 AFN,微波开关网络)及天线相连。因此多工器后面的器件包括天线都工作于多载波状态。最大的瞬时功率是多载波同相叠加。根据分析,瞬时峰值功率随时间的分布如图 20－20 所示。

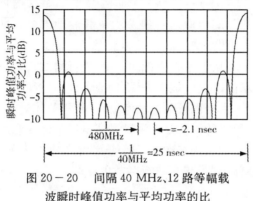

图 20－20　　间隔 40 MHz、12 路等幅载
波瞬时峰值功率与平均功率的比

可以看出,其最大瞬时功率为平均功率的 13.8 dB。将此关系推广到一般有:

$$瞬时峰值功率/平均功率 = 10\lg\frac{N^2}{(N/2)} = 10\lg(2N) \qquad (20-154)$$

它正是轨道上产生二次电子倍增的瞬时电压。式中,N 是频分多路信道的路数。

天线馈电网络(AFN)包括波束形成网络(BFN)、双工器和辐射器(馈电喇叭)。波束形成网络又包括定向耦合器、移相器和相位微调控制器等,都有可能处于多载波工作状态。

对于多载波微放电测试功率还可采取另一种分析方法估计:假设 V_g,P_g 分别为信号载波的电压和功率,载波同相叠加,其峰值电压 $=NV_g$,峰值功率 $=N^2P_g$,当 N 大于 6 时,按同相叠加的试验电压(或功率)大到难以实现,研究表明,当 N 很大时,所有载波同相相加的时间是十分短暂的,不足以维持微放电,因为要维持微放电至少电子穿过电极的次数不少于 15 次,试验中将最少次数定为 20 次。对此情况多载波与单载波的电压比有:

$$F_v = V_{mc}/V_g = -(\sqrt{N}-1)\ln(T_{20}/T_H) + \sqrt{N} \qquad (20-155)$$

式中,T_{20} 为 20 次穿越电极的时间,T_H 是多载波包罗波前的周期,

$$T_{20} = 10m/f_1$$

$$T_H = 1/\Delta f$$

m 是微放电模式的阶数,Δf 是载波频率间隔,f_1 为载波频率

对一个多载波信号在此过程中维持的组合电压与平均电压之比一般在

$\sqrt{N} \rightarrow N$ 之间。在 20 次穿越过程中改变载波相位使组合电压达到最大,如式 (20-155)。当 $T_{20} > T_H$ 时,$F_v = \sqrt{N}$;如果 F_v 已经超过 N 时,就选择 $F_v = N$。

所以多载波微放电阈值电压一般选为单载波功率的 $\sqrt{N}$ 和 N 之间。试验时加上单载波功率,并调整载波间相位以调整 F_v,使多载波与单载波功率比在上述范围内。考虑试验裕量还必须再加 3 dB 进行测试。

对二次电子倍增的微放电试验来说,构成天线 AFN 的每一个 RF 器件可以单个地经历这个试验,由于以下几方面考虑,一般不整体进行该试验。

(1)对多个器件组成的设备要检测其微放电比单件要麻烦和困难。

(2)只要其中一个检测到二次电子倍增,设备的微放电就已发生。

(3)如果要对整体 AFN 设备进行微放电试验,可能会需要更大的透波真空罐和更复杂的测试设备。

(4)整体测试有时会要求加上更多的 RF 源。

20.5.4.2　微放电监测系统

图 20-21 是 C 频段微放电测试设备的系统框图。两个在 3650/3700 MHz 的信号发生器输出,经 TWTA 放大,每一路有 200 W。两路载波在双工器中合成,在第一个双工器输出端的瞬时峰值功率比平均功率大 6 dB。双工器的信号加到在真空罐中($P < 10^{-5}$ torr)的待测单元(UUT)。

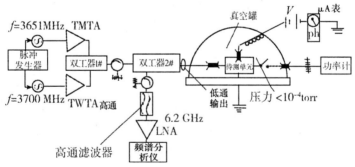

图 20-21　C 频段微放电测试系统装置

在 UUT 输出的每路载波测得的功率为 166 W(其他载波关)。把待测件输出开路在 UUT 上产生驻波,通过稍微改变传输线开路面位置就可改变驻波最大值的位置。利用 UUT 开路输出的方法,在驻波最大值相对于前向行波可增加 6 dB 的瞬时峰值功率。两个载波频率的间隔 1.3%,两个电压驻波的最大值距开路端基本上相同。实际应用中,驻波最大的瞬时峰值功率可以比任何一路载波平均功率大 15 dB。前向行波由两路 166 W 载波组成,因此在 UUT 上的瞬时载波功率是 5260 W。调整 UUT 的终端状态,可改变其驻波,以此来调节加到 UUT 上的瞬时峯值功率。考虑到试验传输线和接头的耐受功率,可以减少信号发生器占空比到 10% 以降低对传输线和 TNC 接头的加热,特别是在真空罐里的那部分。当然,减少占空比并不改变瞬时峰值功率。

第二个双工器在第一个双工器和真空罐之间,第二个双工器通过高通滤波器从高功率载波中耦合出噪声功率。2♯ 双工器耦合出 6.2 GHz 的噪声信号。用它来观察噪声电平的增加,因为微放电击穿可使噪声电平远高于热噪声。在 6.2 GHz 频带的噪声被低噪放(LNA)放大了 60 dB 并在频谱分析仪上显示。微放电检测的第二种方法是把探针插入到 UUT 中,这实际上就是细的绝缘线,线的末端插到待测件 UUT 中,如图 20 - 21 所示。串联一个小的电池把探针与微安电流表与地连起来了,探针处于正极。因为任何二次电子倍增的微放电现象发生都伴随有大量的自由电子产生,正极探针吸引部分自由电子,在微电流表中引起电流。由上可见微放电现象的检测主要是对噪声电平和自由电子的监测。

为了验证微放电的检测设备,保证两个微放电检测方案确实能检测出微放电击穿事件,在投入使用前须进行鉴定测试。

裕量代表测试瞬时峰值功率与真实电路瞬时峰值功率的比。至少 1 小时的观察周期内,如果没有检测出微放电击穿现象的发生就说明通过了测试。

20.6　航天天线几个特殊参量的测量

有关天线测量的书籍和专著已有不少,已经对天线通用测量作了详细阐述。这里仅介绍航天器天线的一些特殊测量。

20.6.1　双极化天线的测量

20.6.1.1　频率复用

随着运载能力的提高,三轴稳定姿控方式和大的太阳能帆板的使用,通信卫星的主要问题集中在如何进一步提高卫星通信容量,以适应日益增多的通信业务。对这一问题目前大致从两方面着手努力。一方面是提高卫星通信频率。将卫星通信频率从一开始的 4/6 GHz 提高到 12/14~12/18 GHz,20/30 GHz 频段。工作频率提高增加了有效使用带宽从而提高了卫星通信容量。另一方面是在现有通信频段上提高通信容量,提出了频率复用技术。"频率复用"顾名思义是在

同一频带内通过某些方式达到频带共用或多次使用,从而增加该频段上的信道数目。常用的频率复用方法大致有以下几种:

(1) 利用极化鉴别(P. D)的频率复用。它是利用电磁波不同极化间的隔离特性,使同一天线在同一波束内形成两个正交极化场(垂直和水平线极化或右旋和左旋圆极化),通过两正交场间的相互隔离特性形成两个信道,达到一次复用。使通信容量增加一倍,完成这一功能的天线一般称为极化复用的双极化天线。

(2) 时分多址(TDMA)的复用方式。卫星地面接收站使用同一频段,对每一个地面站分配不同的使用时间。对于无须连续通信的地面终端均可采用这种时间分割的共用方式来提高同一频带的有效利用。

(3) 空分多址(SDMA)的复用方式。它使同一天线在空间同时产生多个彼此隔离的波束,每一波束对应于一个地域(或一个地面终端)。这种空间分割的多波束天线通过幅值和极化控制达到波束间的隔离,它的复用能力由波束数目决定,和极化鉴别的复用技术相比,它的复用次数更多、应用也更灵活一些,随着临时任务的改变可改变覆盖以适应新的要求。近年来,这种技术得到了人们的重视,卫星上常使用反射面、透镜和相控阵来实现多波束天线。

目前在个人移动通信中还采用码分多址(CDMA)的复用技术。此外,相位鉴别的复用,不久也将会得到使用。本节着重讨论极化复用的卫星上双极化天线的测量问题。

20.6.1.2 双极化天线

(1) 天线的极化纯度。它是表征天线极化特性的一个物理量,定义为参考极化的辐射强度 $|E_R(\theta,\varphi)|$ 和交叉极化辐射强度 $|E_C(\theta,\varphi)|$ 的比,写成分贝表示有,

$$A_{pp} = 20\lg\left|\frac{E_R(\theta,\varphi)}{E_C(\theta,\varphi)}\right| \quad (\text{dB}) \qquad (20-156)$$

对双极化天线来说,极化纯度一般要求不低于 30 dB。

根据 IEEE 的标准定义,交叉极化就是与参考极化正交的极化,这个规定对圆极化来说是完全肯定的,但对线极化来说还需要首先确定参考极化。由于参考极化的不同选择将会有三种不同的极化定义。和实际测量联系起来,目前工程设计中常选用 ludwig 的第三极化定义。这种选择比较方便实用,它不是以某一坐标系的单位向量为参考极化,而是在方向图测量中根据需要规定一个参考极化方向,将它绕极化轴转 $90°$,便很自然地得到了交叉极化方向。在国际上通用的天线测试及其设备中一般都使用这个规定,因此我们对交叉极化也采取这一规定。

(2) 极化隔离度(极化鉴别力)。它表征双极化天线二正交极化之间的隔离程度。对双线极化天线来说,当照明用标准线极化天线,其极化取向为参考极化方向时,极化隔离度表为分贝有下式:

$$XPD_L = 20\lg\left|\frac{同极化端接收电平}{交叉极化端接收电平}\right| \quad (dB) \quad\quad (20-157)$$

对双圆极化天线来说,当照明用标准圆极化天线,参考极化为右旋圆极化时,其极化隔离度规定为:

$$XPD_{RC} = 20\lg\left|\frac{右旋圆极化端接收电平}{左旋圆极化端接收电平}\right| \quad (dB)$$

当参考极化为左旋圆极化时,同样

$$XPD_{LC} = 20\lg\left|\frac{左旋圆极化端接收电平}{右旋圆极化端接收电平}\right| \quad (dB)$$

根据国际电联规定,如果二信道隔离度不可低于 30 dB,这样对用极化鉴别的双极化天线来说,极化隔离度一般不要低于 33 dB。

20.6.1.3 双极化天线的电性能测试

双极化天线的极化隔离度是一个关键性指标。另外为保证通信、广播业务,覆盖区内最小增益电平也是一个重要参数。在此仅对上述两个特征性参数测量进行讨论。

(1)待测天线转台坐标系的选定

前面已经提到在双极化天线测量中选用 ludwig 的第三极化定义最为方便,对应的天线安装如图 20-22 所示。三轴转台的极化轴与待测天线的机械轴重合,这个轴就是 ludwig 定义的 φ 轴,它与方位轴垂直。转台方位轴正是 ludwig 定义的 θ 轴。方向图测量时,采用等 φ 的 θ 面测量,即对每一个角 φ(待测天线绕极化轴转某一角 φ),绕方位轴连续旋转(代表了 θ 扫描)得到了一个测量方向图。同极化方向图就是把辅助照明天线的极化平面与待测天线参考极化方向对齐时所测的方向图。而交叉极化方向图测量只需将照明辅助天线绕它的极化轴旋转 90° 后重复上述过程,在这个测量中转台的俯仰轴置于零位(实际上没有使用)。根据 ludwig 极化定义,参考极化和交叉极化可写为

$$\begin{bmatrix} \hat{i}_{ref} \\ \hat{i}_{cros} \end{bmatrix} = \begin{bmatrix} \sin\varphi & \cos\varphi \\ \cos\varphi & -\sin\varphi \end{bmatrix} \begin{bmatrix} \hat{i}_{\theta} \\ \hat{i}_{\varphi} \end{bmatrix} \quad\quad (20-158)$$

利用球坐标与直角坐标转换矩阵,上式还可写为

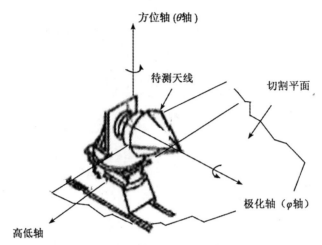

方位轴（θ轴）

待测天线

切割平面

极化轴（φ轴）

高低轴

图 20－22 　转台及天线安装示意图

$$\begin{bmatrix} \hat{i}_{ref} \\ \hat{i}_{cros} \end{bmatrix} = \begin{bmatrix} \dfrac{1}{2}\sin 2\varphi(\cos\theta-1) & \sin^2\varphi(\cos\theta-1)+1 & -\sin\varphi\sin\varphi \\ \cos^2\varphi(\cos\theta-1)+1 & \dfrac{1}{2}\sin 2\varphi(\cos\theta-1) & -\sin\varphi\cos\varphi \end{bmatrix} \begin{bmatrix} \hat{i}_x \\ \hat{i}_y \\ \hat{i}_z \end{bmatrix}$$

$$(20-159)$$

可以看出当 $\theta=0°$ 即机械轴方向时,参考极化方向就是待测天线的主极化方向,对双线极化天线来说,为测量方便在双线极化天线的反射面后面都装有一个与取作参考极化平行的基准平面,加工时须保证公差要求(一般不超过 0.01°)。同样在辅助照明天线背面也有一个表征它主极化方向的基准面,在同极化方向图测量时,转动照明天线,利用经纬仪等光学装置使二基准面对齐。对双圆极化天线来说,三种极化定义均适用,情况比较简单,不过采用 ludwig 第三极化定义使方向图测量的控制更方便一些。

(2)交叉极化电平测量

双极化天线的交叉极化电平一般不要高于－30 dB,对这样小的电平值要准确测量是十分困难的,因此使双极化天线极化隔离度的测量难度比一般测量要大得多。理想情况下对交叉极化电平测量时,要求投射到待测天线口径内为一个纯极化的均匀平面波。但实际上发射天线本身辐射就或多或少地存在交叉极化分量,再加之场地周围环境的反射、绕射等引起的去极化效应使这个条件很难完全达到,而这个因素在双极化天线的交叉电平测量中就成为一个比较重要的

误差源。在此假设待测天线同极化和交叉极化电平比为$\dfrac{R}{C}$,而场地(包括辅助明

照天线)去极化效应使投射场的同极化和交叉极化电平比为$\dfrac{R''}{C''}$。

同极化测量时,待测天线接收电平

$$R_0 \propto RR' \pm CC' \approx RR' \qquad (因为 CC' \ll RR') \qquad (20-160)$$

交叉极化测量时,待测天线接收电平

$$C_0 \propto CR' \pm RC' \qquad (20-161)$$

根据交叉极化电平定义 $A_c = 20\lg\left(\dfrac{C}{R}\right)$(dB),而实测的 A_C 由上两式可得

$$A_C \approx 20\lg\left(\frac{C}{R} \pm \frac{C'}{R'}\right) \quad \text{(dB)} \qquad (20-162)$$

因此交叉极化电平的测量误差

$$\Delta A_C = 20\lg\frac{A_{C\max}}{A_{C\min}} = 20\lg\left(\frac{\dfrac{C}{R}+\dfrac{C'}{R'}}{\dfrac{C}{R}-\dfrac{C'}{R'}}\right) \quad \text{(dB)} \qquad (20-163)$$

经过具体计算可以得到测量误差曲线如图 20－23 所示。利用这组曲线,
对给定条件可以估计测量误差,也可对给定测量误差提出测试场地的一些性能
参数。比如当待测天线 $A_C = -30$ dB 时,若要求极化纯度测量误差不大于 1 dB,
则场地去极化效应产生的交叉极化电平应压低到-49 dB 以下。由此可见对场
地杂散电平、发射天线极化纯度等均提出了十分严格的要求。

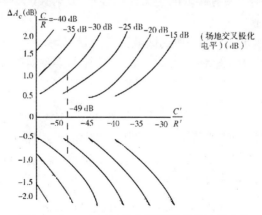

图 20－23   交叉极化电平测量误差计算曲线

考虑到目前通信、广播卫星工作于微波频段(C,Ku),如果选用一般的远场测试方法,为避免地面反射的影响,多采用抬高场地,必要时还可加微波绕射挡板和吸收材料来进一步压低地面杂散电平影响,对这种场地的设计原则可概括为以下几个方面。

1) 测试距离须足够得远,以保证待测口径面上投射波的相位要求,一般测试距 $R \geqslant k \dfrac{D^2}{\lambda}$, D, λ 为待测天线的口径直径和工作波长, $k \geqslant 2$。对成形波束或边瓣电平和交叉极化有特定要求的情况, k 的取值可大到十几甚至更多。

2) 考虑卫星实际要求,场地要能在工作频段保证有足够的测试口径。

3) 发射天线波瓣宽度设计既要保证在待测天线口径内照明幅值均匀度的要求,又要保证地面反射足够小。按经验公式

$$（待测口径照明幅度）dB \approx \pm 5872.5 \frac{1}{\Phi_{3dB}^2}\left(\frac{D_r}{R}\right)^2 \qquad (20-164)$$

式中 Φ_{3dB} 为发射天线的半功率宽度(以度为单位), D_r 为待测天线口径, R 为场地测试距离,均以米为单位,一般说来发射天线 $\Phi_{3dB} \approx 70\dfrac{\lambda}{D_T}$,这时发射天线口径选择应满足下式:

$$（待测口径照明幅度）dB \geqslant \pm 1.18\left(\frac{D_T D_r}{\lambda R}\right)^2 \qquad (20-165)$$

为减少地面反射,抬高高度选择一般应使发射天线第二、三个边瓣对地,其电平不超过 $(-30 \sim -35)$dB。

4) 为保证发射天线有很低的交叉极化电平,发射天线设计基本上应按双极化天线的要求进行。

5) 其他设计标准可参考一般的微波天线测量书籍。

在此还需着重指出的是,极化转台旋转角控制误差对交叉极化电平测量的影响。按照图 20-22 的安装方式,所测方向图可写为:

$$M(\theta) = \vec{E}(\theta,\varphi)\left[\sin\beta\hat{i}_\theta + \cos\beta\hat{i}_\varphi\right] \qquad (20-166)$$

式中, $\vec{E}(\theta,\varphi)$ 为待测天线辐射场,方向图的切割角为 φ,辅助照明天线的极化角为 β。如果待测天线在 $\theta = 0°$ 方向为 y 向线极化,当辅助照明天线极化角 $\beta = \varphi$ 时,则得参考极化方向图

$$R(\theta,\varphi) = \vec{E}(\theta,\varphi)\left[\sin\varphi\hat{i}_\theta + \cos\varphi\hat{i}_\varphi\right] \qquad (20-167)$$

而当辅助照明天线绕它的极化轴转 90°时(即 $\beta = \varphi + 90°$),则交叉极化辐射方向为

$$C(\theta,\varphi) = \vec{E}(\theta,\varphi)\left[\cos\hat{j}_\theta - \sin\hat{j}_\varphi\right] \qquad (20-168)$$

实际上由于待测天线和辅助照明天线的对齐误差和照明天线极化转台控制角误差,都会给交叉极化电平测量带来影响,在此假设角误差量为 ε,当照明天线转 90°时,实际上 $\beta=\varphi+90°+\varepsilon$,这时测量方向图

$$M(\theta)=C(\theta,\varphi)\cos\varepsilon-R(\theta,\varphi)\sin\varepsilon \qquad (20-169)$$

为了说明式(20-169)的意义,我们暂假设待测天线的交叉极化电平可忽略不计,来看看由于极化角对齐误差产生的交叉极化辐射,在此假设 ε=1.5°时,极化对齐误差产生的交叉极化电平由上式可知为-31.6 dB。这时轴上交叉极化电平不再为零,由此引起的测量误差经推算可写为

$$\Delta=20\lg\frac{\cos\varepsilon+\dfrac{R}{C}\sin\varepsilon}{\cos\varepsilon-\dfrac{R}{C}\sin\varepsilon} \qquad (20-170)$$

根据上式,极化转台旋转角误差对双极化天线极化纯度测量误差的影响示于图 20-24。可以看出对极化纯度为 30 dB 的双极化天线,要求测量误差 $\Delta\leqslant\pm1$ dB 时,则极化轴角控制误差 $\varepsilon\leqslant0.1°$,因此我们通常把对齐误差定为±0.05°。

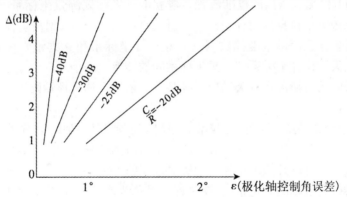

图 20-24　极化轴控制角误差对双极化天线极化纯度的测量误差计算曲线

20.6.2　电轴和指向测定

20.6.2.1　天线的组装和调整

三轴稳定同步静止轨道的国内通信卫星其视场十分局限,波束指向偏差可直接影响到卫星的覆盖效果,设计时一般都预定电轴指向某一固定方向。天线电轴指向精度与设计、加工和组装校准都有关。首先设计时保证天线的尺寸公差和精度要求。为日后的安装、检测和调校必须在结构设计时要有基准,包括定

位销、预留校准孔。如果需要可考虑采用不同厚度的垫片等。加工必须按设计要求进行,最后通过天线的组装和AIT(总装测试)达到使用要求。以反射面天线为例说明AIT的基本流程。一般反射面天线系统包括主反射面、副反射面和馈源组件。其组装与校准可分为三个部分:①天线组件(主副反射面、馈源组件和支撑结构)的装配和校准;②测试场地的校准;③天线装星后的测量和调整。

天线装配和校准的目的是要各天线反射面、馈源安装位置和指向应与设计的名义值之间的差值在允许的范围内。通常采用非接触式的电子经纬仪作为测量工具。这为天线的电测做好准备。

(1)天线机械装配的主要流程。在天线反射面设计坐标系中测量基准孔数据→建立反射面坐标系和经纬仪测量坐标系的转换关系→相对于主反射面调整副面和馈源位置→测量副面和馈源的基准孔→将测量数据转换到主反射面设计坐标中→比较转换数据与名义值,分析调整精度,判断是否满足要求。如果满足,机械装配工作完成;如果没有达到再回到副面和馈源位置调整,重复进行直到达标为止。

(2)电性测试场内的校准流程。建立电子经纬仪测量坐标系→主、副反射面和馈源相对于自身的设计坐标系测量基准孔数据→主、副反射面和馈源相对于立方镜坐标系测量基准孔数据→建立设计坐标系和立方镜坐标系的转换关系→建立天线设计坐标系和卫星坐标系间的转换矩阵→建立卫星坐标系与立方镜坐标系间的转换关系→天线分系统装星→依据上述转换矩阵进行天线指向的调整。

(3)天线装星后的测量与校准。卫星安装到测试场中,首先检测天线电轴位置和指向→调整转台位置使天线电轴指向与测试场波的基准方向一致。当完成上述工作后可以开始卫星天线的覆盖性能的电测。

为了确定电轴的真正指向,在进行卫星总装调整时,首先应对天线波束指向进行精确测量。所谓指向(或电轴)测量就是要给出天线电轴相对于机械轴的取向,最后的电轴取向是覆盖区内有最小增益比斜率和最大极化纯度间的折中选择。

20.6.2.2　电轴的测量过程及误差估计

首先确定待测天线机械轴。图20-25的安装方式已规定待测天线机械轴与极化轴重合,这通过机械测量方法可使平行度控制在$0.006°$的误差之内。一般在待测天线支架上安装有自准直经纬仪,通过调整可以使它的轴线与待测天线机械轴对齐。这个误差可控制在$\pm0.002°$范围内,然后利用几何光学方法调整转台使自准直经纬仪轴线与发射天线轴线对齐。一般误差可控制在$\pm0.009°$

的范围内然后锁定经纬仪,这时发射天线和待测天线连线所规定的方向就是待测天线的机械轴,然后测定波束最大点相对机械轴的位置。为了减少测量误差,采用多点测量取平均的办法,具体过程简述如下:对极化轴的每一个 φ 角切割,都可得到一个相对机械轴的电轴取值。如图 20－25 所示,它可写为:

$$\alpha(\varphi) = u\cos\varphi + v\sin\varphi \qquad (20-171)$$

u, v 分别为 $\varphi=0°, 90°$ 平面上相对机械轴所测得的电轴方向。

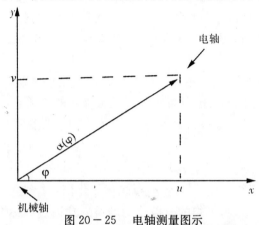

图 20－25　电轴测量图示

采用多点测量取平均的办法,对第 i 个信道 u, v 取值可写成下式

$$\left.\begin{array}{l} u(i) = \dfrac{1}{6N}\displaystyle\sum_{n=1}^{N}\sum_{m=-3}^{3} u_{mn}^{(i)} \\[4mm] v(i) = \dfrac{1}{6N}\displaystyle\sum_{n=1}^{N}\sum_{m=-3}^{3} v_{mn}^{(i)} \end{array}\right\} \qquad (20-172)$$

式中,$u_{mn}^{(i)}, v_{(mn)}^{(i)}$ 代表第 i 个信道,对第 n 个频率点,第 m 个电平值上在 $\varphi=0°, 90°$ 平面上相对机械轴所得的电轴方向,这个测量采用电子经纬仪其误差可控制在 $\pm 0.008°$ 之内,电平测量点选在 -2 dB,-4 dB,-6 dB 上。最后,双极化天线对两个信道取平均得到电轴取向

$$u = \frac{1}{2}[u(1)+u(2)]$$

$$v = \frac{1}{2}[v(1)+v(2)] \qquad (20-173)$$

20.6.3　圆极化增益测量

增益测量一般还是采用比较法。为避免标准增益喇叭和待测天线间的互

耦,最好把比较用标准喇叭安在待测天线背面,可采用 10 dB 衰减达隔离。测量时应尽量减少各因素造成的误差,具体测量过程在一般的天线测量书中都有叙述,在此不罗列了。这里要谈到对圆极化天线的增益测量。

在航天应用中为了克服航天器运行过程中姿态、指向变化引起信道极化衰落,多采用圆极化天线形式,因此信道链路中关注的是对圆极化的响应。一般天线增益测量多采用与标准增益天线比较确定。标准增益天线多为线极化的,要做一副理想圆极化标准增益天线困难较大,而且也无法找到一个各向均匀辐射的圆极化天线。所以,提出一种仍以线极化天线作为比较标准天线,测定任意椭圆极化天线的增益的方法和计算。

这个方法首先要求测出相对于标准线极化天线的增益,然后再根据待测天线的椭圆极化特性予以修正,从而得出等效圆极化的总增益。因此,等效圆极化天线增益(dB)应等于相对于线极化天线的增益(dB)加修正因子(dB)。写成数学式有:

$$G_{cp}(\text{dB})=G_{Lm}(\text{dB})+\gamma(\text{dB}) \qquad (20-174)$$

式中,G_{Lm} 为相对于线极化天线的增益,是指极化椭圆长轴与作为比较标准的线极化天线的取向一致时,测得的线极化的增益。这通过与标准线极化天线比较的方法测得该天线线极化增益,与一般增益测量是相同的。当采用圆极化分量法时,修正因子定义为:

$$\gamma(\text{dB})=10\lg(P_{cop}/P_{Lm}) \qquad (20-175)$$

P_{cop} 为主圆极化的功率,它可写为组成它的两个正交线极化功率之和,假设待测天线的主极化为右旋圆极化,它可分解成两个正交的圆极化分量,如图 20-26 所示。P_{Lm} 为长轴方向线极化功率,它正比于场强最大值的平方

$$P_{cop}\propto E_R^2+E_R^2=2E_R^2$$
$$P_{Lm}\propto (E_R+E_L)^2$$

将上两式代入式(20-175)中得

$$\gamma(\text{dB})=20\lg\frac{\sqrt{2}E_R}{E_R+E_L}=20\lg\frac{\sqrt{2}}{1+E_L/E_R} \qquad (20-176)$$

圆极化轴比 $AR(\text{dB})=20\lg\dfrac{E_R+E_L}{E_R-E_L}$,因此

$$\frac{E_L}{E_R}=\frac{10^{\frac{AR(\text{dB})}{20}}-1}{10^{\frac{AR(\text{dB})}{20}}+1} \qquad (20-177)$$

将上式代入式(20-176)中,

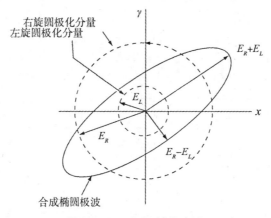

图 20 - 26　RCP 波的合成

$$\gamma(\mathrm{dB}) = 20\lg\left[\frac{1}{\sqrt{2}}\left(1 + \frac{1}{10^{\frac{AR(\mathrm{dB})}{20}}}\right)\right] \qquad (20-178)$$

以上对主极化为左旋圆极化也完全适用。具体步骤：

（1）测取长轴方向线极化的增益（线极化标准天线与极化椭圆长轴方向一致时测取的增益值）。

（2）测出待测天线的轴比：采用圆极化分量法按式（20 - 177）计算；线极化旋转法采用 $AR(\mathrm{dB}) = 20\lg(E_{\max}/E_{\min})$ 计算。

（3）按式（20 - 178）计算修正因子 $\gamma(\mathrm{dB})$。

（4）按式（20 - 174）将长轴线极化增益与修正因子相加得到待测椭圆极化天线的圆极化总增益。

从式（20 - 178）可见，当待测天线为理想线极化时，$AR(\mathrm{dB}) = \infty$，修正因子 $\gamma(\mathrm{dB}) = -3$，圆极化增益为测得的线极化增益减去 3 dB，表明线圆转换存在一半的功率损失。当待测天线为理想圆极化时，$AR(\mathrm{dB}) = 0$，修正因子 $\gamma(\mathrm{dB}) = 3$，表明理想圆极化的增益是线极化分量的两倍。

20.6.4　辐射相位中心的测定

天线辐射方向图的完整描述应该包括对两个正交极化辐射场分量的幅度和相位。天线某场分量的远场可表示为：

$$E_u(r,\theta,\varphi) = f(\theta,\varphi)e^{j\psi(\theta,\varphi)}\frac{e^{-jkr}}{r}\hat{a} \qquad (20-179)$$

$\hat{a}$ 表示某确定场分量的极化单位矢量。f,ψ 分别代表在球坐标观察点 (r,θ,φ)

某场分量的幅值和相位。

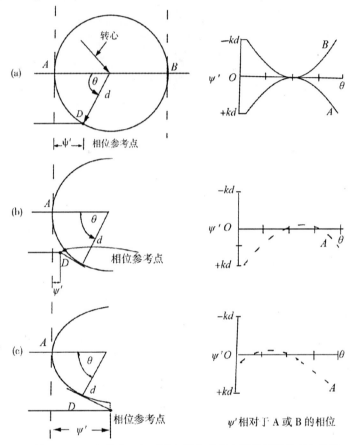

图 20-27   相位中心相对转心的各种偏离测得的相位变化曲线

在定义相位方向图时,坐标系原点 O 的精确位置是十分重要的。必须清楚地规定它相对于天线结构的位置。在很多应用中为了简化相位方向图的形式,通过恰当地选择坐标系原点的位置使其相心与转心逼近或重合。为此,通过原点 O 的平移使相位函数 ψ＝常数,如果这个条件达到了,这个等相位球面的中心就叫天线的相位中心。但对大多数天线来说,对所有观察方向能找到这样一个几何点是困难的,可以说一般不存在。但可以找到一个参考点它使相位函数 ψ 在观察范围内为一个常数,该范围往往定义为天线的主瓣范围或工作角域的范围。这一点我们称为"视在的相位中心"。

如何通过试验来确定其相位中心,或检验相位中心的位置。为了测定相心,首先把待测天线置于一旋转台上(常称为测试转台),转台能精确地绕一点旋转,而且待测天线能在转台上沿天线轴和与天线轴正交方向上精确地平移。

(1)假设天线结构对称,辐射相心沿天线结构轴上,但相位中心 A 与旋转中心有一距离 d,如图 20－27(a)所示,按此布局测得的相位函数

$$\psi' = kd(1-\cos\theta) \qquad (20-180)$$

(2)假设视在的相位中心偏离结构轴 D,如图(20－27)(b)、(c)所示。旋转时相位的变化可写为:

$$\psi' = k(d^2+D^2)\left[1-\cos\left(\theta \mp \arctan\frac{D}{d}\right)\right] \qquad (20-181)$$

上式中"－"代表图(b);"＋"代表图(c)。

按图示和式(20－180)和式(20－181)关系调整位置,最终得到的天线相位函数在规定角域内基本上为一常数,则可认为转心所在位置为该天线的视在相位中心。

相位测量误差还不可忽略射频连接线(电缆或波导)及其部件不匹配产生反射波的相互作用。另外还需考虑旋转关节、电缆弯扭、牵动引起的相移变化。对于精确测量,测量中附加的相位影响必须详细考虑和处理。

参 考 文 献

1　毛乃宏等. 天线测量手册. 国防工业出版社,1987

2　Microwave Antenna Measurements, Scientific Atlanta Co

3　Dan Slatar, Near-field Antenna Measurements

4　N76-21385,Upper-Bound Errors in Far-field Antenna Parameters Detremined From Planar Near-field Measurements

5　ALLEN C. N. , Error Analysis Techniques for Planar Near-Field Measurements, IEEE Trans. Vol-AP-36,June, 1988,pp. 754-768

6　叶云裳. 天线平面近场研究. 中国空间科学技术,1986,(3,4)

7　J. E. Hansen, "Spherical Near—Field Antenna Measurements" 1988 Peter Peregrines Ltd, London

8　Harrington, R. F , 1961. Time—Harmonic Electromagnetic field. Mcg. Hill, Now York

9　Stratton, J. A. , 1941. Electromagnetic Field. Mcgraw Hill Inc, New York

10　李全明,叶云裳. 球形近场测量研究. 第 8 届全国天线和 EMC 测量学术年会,1998

11　叶云裳,李全明. 低轨卫星数传天线微放电击穿效应与检测. 第 10 届全国天线和 EMC 测量学术年会,2002

12　ESTEC working paper no. 1556, Diagnostic Investigation into the Multipactor Effect, Susceptibility Zone Measurements and Parameters Affecting a Discharge

13　Noel R, Investigation of Telstar 4 Spacecraft Ku-Band and C-Band Antenna Components for Multipactor Breakdown, IEEE Trans. vol. AP-42, No. 4, April, 1994, pp. 558-564

14　A. C. ludwig. IEEE Trans. Vol. Ap-21. pp. 116-119. 1973

15　TA—Shing chu 等. IEEE Trans. Vol. Ap-21. pp. 339-345. 1973

16　R. Mittra 等. IEEE Trans. Vol. AP-26. pp. 220-228. 1978

17　The OTS Antenna measurements Activities. Selenia S. P. A 技术报告

18　叶云裳. 双极化天线设计与测量考虑. 中国空间科学技术, 1985, (2)

19　A. W. Rudge, The Handbook of Antenna Design, Vol. 1 and 2

20　R. Mittra, Satellite Communication Antenna Technology, 1983

21　Li Quan Ming. Ye Yunshang. Spherical Near-Field Measurements of Autennas. 4th International Symposium antenna propagation and EM Theory, pp. 36—39. 1998